QUÍMICA

um curso universitário

tradução da 4ª edição americana

Blucher

Bruce M. Mahan
Professor da Universidade da Califórnia, Berkeley
Rollie J. Myers
Professor da Universidade da Califórnia, Berkeley

QUÍMICA

um curso universitário

tradução da 4ª edição americana

COORDENADOR

Henrique Eisi Toma
Professor Titular do Instituto de Química da Universidade de São Paulo

TRADUTORES

Koiti Araki
Denise de Oliveira Silva
Professores Doutores do Instituto de Química da Universidade de São Paulo
Flávio Massao Matsumoto
Pesquisador, Dr., do Instituto de Química da Universidade de São Paulo

UNIVERSITY CHEMISTRY
A edição em língua inglesa foi publicada por
THE BENJAMIN/CUMMINGS PUBLISHING COMPANY, INC.

Química um curso universitário

14ª reimpressão - 2018

Blucher

Rua Pedroso Alvarenga, 1245, 4º andar
04531-934 - São Paulo - SP - Brasil
Tel.: 55 11 3078-5366
contato@blucher.com.br
www.blucher.com.br

FICHA CATALOGRÁFICA

Mahan, Bruce M.
Química : um curso universitário / Bruce M. Mahan, Rollie J. Myers ; coordenador Henrique Eisi Toma ; tradutores Koiti Araki, Denise de Oliveira Silva, Flávio Massao Matsumoto. - São Paulo : Blucher, 1995.

Título original : University chemistry
tradução da 4ª ed. Americana

Bibliografia.
ISBN 978-85-212-0036-9

1. Química - Estudo e ensino 2. Química ambiental I. Myers, Rollie, J. II. Toma, Henrique Eisi III. Título.

03-6647 CDD-540.7

Índices para catálogo sistemático:
1. Química : Estudo e ensino 540.7

Prefácio da edição em Português

Aos leitores:

O prefácio escrito por R. J. Myers descreve muito bem o espírito e os objetivos desta versão atualizada do texto consagrado de Bruce Mahan, *Química, um Curso Universitário.* A nova versão conserva todas as qualidades do texto original, e introduz a atualização necessária, tanto na forma didática, com no conteúdo científico.

O texto de Mahan tem sido adotado nos melhores Cursos Universitários ao longo de mais de duas décadas, e certamente continuará recebendo a preferência dos docentes mais exigentes ou experientes, por uma simples razão: nele, *os fundamentos da Química são apresentados em estado de arte, com muita profundidade e riqueza de detalhes.* Essa qualidade está se tornando escassa na maioria dos textos recentes, que exploram excessivamente a imagem, com o uso das cores e ilustrações para tornar a leitura mais leve, em detrimento do conteúdo, em sí.

A Química é uma ciência central; seus fundamentos continuarão válidos sem limite de tempo. Suas aplicações e implicações têm mudado e continuarão remodelando o nosso mundo, redimensionando a biologia e a física moderna, assim como a engenharia e as ciências dos materiais. Acreditando nesse fato, dedicamos muito do nosso tempo na tradução do texto de Mahan e Myers, em reconhecimento aos valores que recebemos dos nossos antigos mestres, e na esperança de que esses valores, que constituem os alicerces do desenvolvimento da ciência, possam ser perpetuados através das gerações.

Henrique E. Toma
Denise de Oliveira Silva
Flávio M. Matsumoto
Koiti Araki

Prefácio

Bruce Mahan escreveu a primeira edição do seu livro Química, um Curso Universitário com o intuito de utilizá-lo num curso a ser ministrado para um grupo selecionado dentre os estudantes do primeiro ano em Berkeley, que estivessem bem preparados em matemática. A quarta edição continua mantendo a tradição das edições anteriores: é intelectualmente desafiador e o raciocínio matemático é usado onde for apropriado para desenvolver o assunto em questão. Embora o texto seja comumente descrito como um clássico, as edições anteriores podiam ser melhoradas. Elas continham poucos problemas, e faltavam exemplos didáticos em algumas áreas críticas. Haviam poucas facilidades ao leitor, tais como palavras-chaves, e pouca atenção foi dispensada às unidades e dimensões. Vários capítulos da terceira edição não haviam sido revisados desde a primeira edição. O esquema de revisão foi baseado na nossa experiência de ensino utilizando o livro num grande número de escolas. Esta experiência foi adquirida em cursos com pequenos grupos de estudantes selecionados e, também, em cursos com uma centena de estudantes. Alguns materiais utilizados na revisão foram testados em aula pelos estudantes de Berkeley, nos últimos anos. As principais alterações são sumarizadas nos parágrafos que se seguem.

Problemas Novos problemas foram acrescentados duplicando o número total dos mesmos, e uma atenção especial foi dada de modo a incluir problemas com vários níveis de dificuldade. Os problemas foram classificados de acordo com os princípios envolvidos e as respostas à cerca da metade são dadas no final do livro.

Unidades As unidades SI foram adotadas como padrão no texto, mas algumas unidades populares tais como Angstroms e Debyes, também, são mostradas. As unidades de energia são dadas exclusivamente em joules, exceto onde unidades atômicas (hartree) ou elétron-volts são muito mais convenientes.

Estequiometria No Capítulo 1, a ênfase dada por Mahan em utilizar o mol como a base dos cálculos estequiométricos foi mantida, e foi dada mais ênfase com relação às unidades e dimensões. A estequiometria é tratada como um problema algébrico, porque este método correlaciona de forma apropriada a estequiometria e os cálculos de equilíbrios. Há uma introdução sucinta relativo aos fatores de conversão, no Apêndice A, e mostramos como eles podem ser utilizados nos cálculos estequiométricos. A estequiometria de espécies em solução agora é abordada por meio de exemplos nos Capítulos 3 (soluções) e 7 (redox).

Gases, Líquidos e Soluções O Capítulo 2 sobre gases continua abordando sucintamente a teoria cinética, o tamanho molecular e as interações moleculares. A liquefação dos gases agora é ilustrada como uma extensão do comportamento não-ideal dos gases. As propriedades de transporte são apresentadas num nível mais experimental. O capítulo sobre sólidos agora está no final do livro, juntamente com outros capítulos sobre tópicos especiais. O Capítulo 3 sobre líquidos e soluções, novamente, enfatiza as propriedades experimentais tais como a pressão de vapor da água e os tipos de soluções. Também, foram incluidas as discussões sobre eletrólitos e regras de solubilidade dos sais em solução aquosa. O Capítulo 3 introduz aos estudantes os conceitos termodinâmicos de entalpia e de entropia, como anteriormente, e agora, também, faz considerações sobre atividade e estados padrão para solutos, utilizando a lei de Henry.

Equilíbrio Químico O conceito de equilíbrio é introduzido no Capítulo 3 por meio dos equilíbrios de fase em líquidos, sendo o tratamento formal dado no Capítulo 4. Os quocientes e as constantes de equilíbrio são introduzidas no Capítulo 4 juntamente com o sempre útil princípio de Le Chatelier, e mostramos que a energia livre é o fator que controla os equilíbrios químicos.Os equilíbrios iônicos são tratados no Capítulo 5, bastante modificado com relação às edições anteriores, utilizando as reações globais e as relações de balanceamento de carga e massa. A não-idealidade de soluções iônicas é discutida nos Capítulos 4 e 5 mas, obviamente, a maioria dos cálculos são feitos utilizando a suposição de que as soluções são ideais.

Ligação e Estrutura Atômica A ligação química é discuta, primeiramente, no novo Capítulo 6, e nos Capítulos 11 e 12 revisados. O novo capítulo mostra somente as teorias de ligação que não dependem de funções de onda e da mecânica quântica. Estes incluem os conceitos de valência, diagramas de Lewis, TRPEV, momentos de dipolo, estrutura molecular, energias de ligação, diagramas de energia potencial e moléculas de van der Walls. Os conceitos de ligação, não-ligação e anti-ligação são, também, introduzidos. O Capítulo 10 revisado trata da estrutura atômica, inclusive espectroscopia, funções de onda e configurações atômicas, teoria quântica e o método de Hartree-Fock para considerar a repulsão elétron-elétron. Em consequência, o Capítulo 11 trata das ligações iônica e covalente, de modo similar às edições anteriores; e, também, um pouco da teoria de orbitais moleculares, inclusive com ilustrações mostrando os resultados de cálculos de orbitais moleculares para algumas moléculas simples, utilizando a moderna teoria Hartree-Fock. O tratamento dos orbitais moleculares usando a aproximação de Hückel foi ampliada e deslocada para o final do Capítulo 11. Com isso, no Capítulo 12 pode ser feito o tratamento sistemático de moléculas diatômicas e triatômicas usando qualitativamente a teoria de orbitais moleculares. Apesar de muitos cursos abordarem a ligação química no Capítulo 6, alguns professores podem não dispensar tempo suficiente para tratar da ligação química, tempo este necessário para terminar os Capítulos 11 e 12.

Eletroquímica, Termodinâmica e Cinética Química Embora estes tradicionalmente tenham sido os capítulos mais completos do livro, algumas mudanças foram feitas. Todas as tabelas foram revisadas e informações sobre o uso do equivalente-volt foram introduzidos no Capítulo 7 sobre eletroquímica e grandezas molares parciais no tratamento termodinâmico de soluções, no Capítulo 8. O Capítulo 9, sobre cinética química, inclui uma introdução formal à teoria do complexo ativado. Além disso traz dados experimentais de referências recentes, para melhor ilustrar as técnicas experimentais em cinética e mostrar o que há de mais moderno na área.

Tabela Periódica e Química Inorgânica Este extenso capítulo foi modernizado, mas manteve o uso do raciocínio termodinâmico para ajudar a explicar a química inorgânica. A mais recente proposta de notação para a tabela periódica é apresentada, porém os tradicionais números romanos continuam a ser utilizados. Todas as informações contidas nas tabelas foram revisadas e agora a teoria do campo ligante é apresentada mais cedo, no Capítulo 16 sobre os metais de transição, de modo que podem ser abordados separadamente. Foi feito um esforço para que a química descritiva se torne mais interessante para os estudantes.

Tópicos Especiais O livro termina com uma série de capítulos sobre tópicos especiais que incluem química orgânica, bioquímica, química nuclear e química do estado sólido. Todos estes capítulos foram modernizados e uma atenção especial foi dispensada no capítulo sobre química orgânica, com o intuito de introduzir a nomenclatura utilizada nos textos de orgânica atuais. Exemplos para ilustrar os cálculos de energia nuclear e de tempo de meia-vida foram acrescentados ao capítulo de química nuclear.

Apêndice Os métodos utilizando os fatores de conversão e seus usos no cálculo de constantes físicas e no tratamento de reações químicas são dadas no Apêndice A. O Sistema Internacional (SI) é explicado no Apêndice B e a lei de Coulomb para cargas pontuais e para esferas uniformemente carregadas são mostradas no Apêndice C.

Dados Um cuidado especial foi dispensado na escolha dos dados apresentados nas tabelas. Usamos principalmente os valores selecionados por Martell e Smith no caso das constantes de equilíbrio. No caso de dados termodinâmicos, foram usados os dados das tabelas recentemente publicadas pelo NBS (National Bureau of Standards), e sempre que possível utilizamos tais dados para calcular os potenciais padrão de eletrodo. No caso das propriedades físicas dos elementos foram utilizados os dados publicados por Hultgen et. alli.. Esta escolha cuidadosa dos dados tem dois propósitos: primeiro, esclarecer os estudantes sobre a existência de fontes confiáveis ou não de dados; e segundo, para gerar um texto que possa ser utilizado como referência pelos estudantes por muitos anos. Por este mesmo motivo, também, foram cuidadosamente selecionados os livros textos recomendados para leitura que aparecem no final de cada capítulo.

Agradecimentos Esta revisão não seria possível sem o auxílio e a cooperação entusiástica de várias pessoas da Universidade da Califórnia, Berkeley. Não tentarei mencionar todas as pessoas que consultei, mas apresentarei uma pequena lista das pessoas que mais contribuiram, sem maiores detalhes. Acredito que estes indivíduos e todos os demais que aqui não foram citados, generosamente, me auxiliaram porque eles respeitam muito o texto criado por Bruce Mahan. São eles: Berni Alder, Richard Andersen, Peter Armentrout, Uldis Blukis, Leo Brewer, Robert Connick, William Dauben, Norman Edelstein, Arnold Falick, Anthony Haymet, Darleane Hoffman, Harold Johnston, William Miller, Donald Noyce, Kenneth Pitzer, John Prausnitz, Fritz Schaefer, Glenn Seaborg, David Templeton e Ignacio Tinoco. Nos arquivos de Mahan encontrei comentários e correções de Francis Bonner, Angela Cioffari-Deavours, Kenneth Sauer, Trudy Schafer, Alan Scotney e Willard Stout.

Partes dos manuscritos foram enviados para revisores os quais se basearam nas edições anteriores do livro. Eu gostaria de agradecer a estes professores de outras faculdades e universidades:

Lester Andrews	Universidade de Virginia
Ruth Aranow	Universidade Johns Hopkins
Larry Bennett	Universidade de Waterloo
Robert Bryant	Universidade de Minnesota
David Dooley	Faculdade Amherst
William Jolly	Universidade da Califórnia, Berkeley
Jeffrey McVey	Universidade de Princeton
George Miller	Universidade da Califórnia, Irvine
Stewart Novick	Universidade Wesleyan
Barbara Sawrey	Universidade da Califórnia, San Diego
Robert Sharp	Universidade de Michigan
Verner Shomaker	Universidade de Washington
Brock Spencer	Faculdade Beloit
J.C. Thompsom	Universidade de Toronto
Paul Treichel	Universidade de Wisconsin, Madison
Stanley Williamson	Universidade da Califórnia, Santa Cruz
Stephen Zumdahl	Universidade de Illinois, Urbana-Champaign

Parte da revisão foi realizada enquanto estava morando em Londres por intermédio de Sylvia Myers e Germaine Greer. Uma grande parte desta revisão foi feita baseada em trabalhos de pesquisa bibliográfica e, assim, gostaria de agradecer aos funcionários da Science Museum Library (Biblioteca do Museu da Ciência) em Londres e a Dana Roth, do California Institute of Technology. Os estudantes doutorandos em Berkeley que ajudaram a responder às questões são David Eisenberg, Maria Madigan, Richard Ollman, David Shykind e Cris Wilisch. Também, gostaria de agradecer ao meu datilógrafo Peter Ray e Cordelle Yoder.

Esta revisão foi terminada pela Addison-Wesley Publishing Company e gostaria de agradecer, em especial, ao meu editor Bob Rogers e à Debra Hunter. A editora de produção foi Marion Howe e minha editora da cópia para publicação foi Susan Middleton.

Bruce Mahan morreu em 1982 após uma longa luta contra a esclerose amiotrópica lateral. Ele será lembrado pelos muitos estudantes que utilizaram seus livros de excelente qualidade e apenas podemos esperar que, porventura, um deles descubra a cura para o mal que se lhe abateu na aurora de sua vida.

Berkeley, California — Rollie J. Myers

Conteúdo

1

Estequiometria e a Base da Teoria Atômica

1.1 Origens da Teoria Atômica 1
Leis Históricas da Estequiometria 1
Compostos Não-Estequiométricos 2
1.2 Determinação de Pesos Atômicos e Fórmulas Moleculares 3
Outras Maneiras de Calcular Pesos Atômicos 4
Pesos Atômicos Precisos 5
Determinação Exata de Pesos Atômicos 5
1.3 O Conceito de Mol 7
1.4 A Equação Química 8
1.5 Relações Estequiométricas 10
1.6 Cálculos Estequiométricos 11
1.7 Epílogo 16
Resumo 16
Sugestões para Leitura 17
Problemas 17

2

As Propriedades dos Gases

2.1 As Leis dos Gases 20
A Lei de Boyle 21
A Lei de Charles e Gay-Lussac 22
A Escala de Temperatura Absoluta 23
A Equação dos Gases Ideais 25
Lei das Pressões Parciais de Dalton 26
A Utilização da Lei dos Gases 27

PARTE I
Teoria Cinética Básica

2.2 A Teoria Cinética dos Gases 29
Dedução da Lei de Boyle 29
Temperatura, Energia e a Constante dos Gases 31
Efusão e Difusão 33

2.3 Distribuição das Velocidades Moleculares 34
A Função de Distribuição de Maxwell-Boltzmann 36
2.4 Capacidades Caloríficas 37

PARTE II
O Efeito Resultante do Tamanho das Moléculas e Suas Interações

2.5 Gases Não Ideais 38
Volume Molecular 39
Forças Intermoleculares 40
Liquefação 42
2.6 Fenômenos de Transporte 44
O Caminho Livre Médio 44
Teoria do Transporte 45
Resumo 47
Sugestões para Leitura 48
Problemas 48

3
Líquidos e Soluções

3.1 Teoria Cinética dos Líquidos 52
3.2 Equilíbrios de Fase 54
Evaporação, Condensação e Pressão de Vapor 54
As Energias das Mudanças de Fase 55
O Estado de Equilíbrio 57
A Dependência da Pressão de Vapor em Relação à Temperatura 58
Diagramas de Fase 59
3.3 Tipos de Soluções 61
Eletrólitos Fortes e Eletrólitos Fracos 62
Unidades de Concentração 63
3.4 Estequiometria de Solução 64
3.5 Lei de Henry e Lei de Raoult 65
Lei de Henry 66
Estados Padrão e Atividade 66
Lei de Raoult 67
3.6 Teoria da Solução Ideal 68
Pontos de Ebulição e Congelação das Soluções 68
Pressão Osmótica 71
Soluções Ideais Contendo Dois Componentes Voláteis 73
3.7 Soluções Não Ideais 73
Soluções Iônicas 74
Soluções Não Ideais Contendo Dois Líquidos Voláteis 75
3.8 Solubilidade 76
Regras de Solubilidade para Compostos Iônicos 77
Efeitos da Temperatura 78
Resumo 78
Sugestões para Leitura 79
Problemas 80

4

Equilíbrio Químico

4.1 A Natureza do Equilíbrio Químico 83
4.2 A Constante de Equilíbrio 85
Interpretação das Constantes de Equilíbrio 88
4.3 Efeitos Externos sobre o Equilíbrio 90
Efeitos da Concentração 91
Efeitos da Temperatura 92
4.4 Energia Livre e Equilíbrio em Soluções Não Ideais 93
Equilíbrios em Solução 94
Condição Não Ideal 95
Equilíbrios Não Considerados 96
4.5 Cálculos Com a Constante de Equilíbrio 96
Dissociação do N_2O_4 96
Problemas que Incluem Pressões Iniciais 98
Resumo 100
Sugestões para Leitura 100
Problemas 101

5

Equilíbrio Iônico em Solução Aquosa

5.1 Sais Pouco Solúveis 104
Solubilidade na Presença de Íon Comum 106
Métodos Exatos para o Cálculo do Efeito do Íon Comum 107
Dois Equilíbrios de Solubilidade 108
5.2 Ácidos e Bases 110
A Teoria de Ácidos e Bases de Arrhenius 110
O Conceito de Lowry-Bronsted 111
Força dos Ácidos e Bases 111
A Escala de pH 114
A Auto-Ionização da Água 114
A Relação entre K_a *e* K_b 115
5.3 Problemas Numéricos 115
Soluções de Ácidos e Bases Fracas 115
Soluções Tampão 119
Indicadores 121
5.4 Resumo do Método da Equação Global 122
5.5 Tratamento Exato do Equilíbrio Iônico 122
5.6 Tópicos Especiais em Equilíbrio Ácido-Base 123
Titulações Ácido-Base 124
Exemplos de Tampões 126
Solubilidade de Óxidos e Sulfetos 129
Ácidos Polipróticos 131
5.7 Equilíbrios Envolvendo Íons Complexos
Resumo 137
Sugestões para Leitura 138
Problemas 138

6

Valência e Ligação Química

6.1 Radicais 142
6.2 Valência 143
6.3 Estruturas de Lewis 145
Espécies Isoeletrônicas 146
Estruturas de Octetos 146
Pares Eletrônicos 146
Representação da Ligação Covalente 146
Ligações Múltiplas 148
Carga Formal 149
Ressonância 149
Octetos Incompletos e Expandidos 150
6.4 Ligações Iônicas e Polares e Momento Dipolar 150
Momentos de Dipolo Elétrico 151
6.5 Valências Dirigidas e Geometria Molecular 153
Núcleos ou Elétrons ? 154
Geometrias Experimentais 154
6.6 Modelo de Repulsão dos Pares de Elétrons da Camada de Valência (RPEV) 155
Estruturas de Octeto Completo 155
Octetos Incompletos 156
Octetos Expandidos 156
Ligações Múltiplas 157
Resumo da TRPEV 158
6.7 Distâncias e Energias de Ligação 158
Energias de Dissociação 159
Variações nas Distâncias e Ângulos de Ligação 161
Interações Não-Ligantes e Anti-Ligantes 162
Resumo 163
Sugestões para Leitura 163
Problemas 164

7

Reações de Oxidação-Redução

7.1 Estados de Oxidação 168
7.2 O Conceito de Semi-Reação 169
7.3 Balanceamento de Reações de Oxidação-Redução 170
7.4 Células Galvânicas 173
7.5 A Equação de Nernst 179
Potenciais de Célula, Energia Livre e Constantes de Equilíbrio 181
Reações e Potenciais de Célula 183
7.6 Titulação Redox
7.7 Eletrólise 187
A Lei de Faraday da Eletrólise 188
7.8 Aplicações da Eletroquímica 188
Corrosão 189
Baterias e Células de Combustível 190
Resumo 191
Sugestões para Leitura 192
Problemas 192

8

Termodinâmica Química

8.1 Sistemas, Estados e Funções de Estado 197
Estados de Equilíbrio 197
Funções de Estado 197
8.2 Trabalho e Calor 198
8.3 A Primeira Lei da Termodinâmica 200
Determinação do ΔE 201
Entalpia 201
8.4 Termoquímica 202
Capacidade Calorífica 204
A Dependência do ΔH com Relação à Temperatura 206
8.5 Critérios para Variação Espontânea 208
Reversibilidade e Espontaneidade 208
8.6 Entropia e a Segunda Lei da Termodinâmica 210
Cálculo da Entropia 210
Entropia como uma Função da Temperatura 212
8.7 O Significado Molecular da Entropia 212
8.8 Entropia Absoluta e a Terceira Lei da Termodinâmica 213
8.9 Energia Livre 216
8.10 Energia Livre e Constantes de Equilíbrio 217
Equilíbrio em Solução 219
Exemplos Termoquímicos 221
8.11 Células Eletroquímicas 222
8.12 Dependência do Equilíbrio com Relação à Temperatura 223
8.13 Propriedades Coligativas 225
8.14 Dispositivos Baseados na Energia Térmica 227
Resumo 228
Sugestões para Leitura 229
Problemas 229

9

Cinética Química

9.1 Efeito da Concentração 233
Equações Diferenciais das Leis de Velocidade 234
Leis de Velocidade Integradas 237
Determinação Experimental das Leis de Velocidade 238
9.2 Mecanismos de Reação 239
Processos Elementares 239
Leis de Velocidade e Mecanismos de Reação 240
Aproximação do Estado Estacionário 243
Reações em Cadeia 245
9.3 Velocidade de Reação e Equilíbrio 246
9.4 Teoria Colisional das Reações Gasosas 247
9.5 Efeito da Temperatura 250
9.6 Velocidades de Reação em Solução 251
9.7 Teoria do Complexo Ativado 253
9.8 Superfícies de Reação 255
9.9 Catálise 256

Catálise Enzimática 257
Resumo 259
Sugestões para Leitura 260
Problemas 260

10
A Estrutura Eletrônica dos Átomos

10.1 A Natureza Elétrica da Matéria 266
Os Experimentos de J.J. Thomson 267
A Contribuição de Millikan 268
10.2 A Estrutura do Átomo 269
O Experimento de Rutherford Sobre o Espalhamento de Partículas α 269
10.3 As Origens da Teoria Quântica 271
A Teoria Clássica da Radiação 271
O Efeito Fotoelétrico 272
Espectroscopia e o Átomo de Bohr 273
Números Atômicos e Átomos Multieletrônicos 277
As Limitações do Modelo de Bohr 279
10.4 Mecânica Quântica 279
Dualidade Onda-Partícula 279
O Princípio da Incerteza 280
A Formulação da Mecânica Quântica 280
A Equação de Schrödinger 281
A Partícula na Caixa 282
10.5 O Átomo de Hidrogênio 284
10.6 Átomos Multieletrônicos 291
Blindagem da Carga Nuclear 291
Configuração Eletrônica 292
A Tabela Periódica 294
Níveis de Energia e Spin do Elétron 296
Energias de Ionização 297
Afinidade Eletrônica 300
10.7 Determinação Mecânico Quântica das Propriedades Atômicas 301
Correlação Eletrônica 302
Resumo 302
Sugestões para Leitura 303
Problemas 303

11
A Ligação Química

11.1 Ligação Iônica 308
Polarização 309
Sólidos Iônicos 309
Íons em Sólidos e em Soluções 312
11.2 As Ligações Covalentes Mais Simples 313
Ligações no H_2, He_2^+ *e* He_2 316
11.3 Orbitais Atômicos e Ligações Químicas 317
OM-CLOA 317
Moléculas que Obedecem a Regra do Octeto 320

11.4 Hibridização 321
Hibridização sp^2 e sp 323
Octetos Expandidos 323
11.5 Resultados de Cálculos Quantitativos Relativos à Ligação Química 325
HF 326
CH_4 327
NH_3 327
Orbitais de Hückel 328
Resumo 331
Sugestões para Leitura 332
Problemas 332

12

Sistemática da Teoria dos Orbitais Moleculares

12.1 Orbitais para Moléculas Diatômicas Homonucleares 336
12.2 Moléculas Biatômicas Heteronucleares 341
12.3 Moléculas Triatômicas 342
Hidretos Triatômicos 343
Outras Moléculas Triatômicas
Resumo 349
Sugestões para Leitura 350
Problemas 350

13

Propriedades Periódicas

13.1 A Tabela Periódica 352
13.2 Propriedades Periódicas 353
Propriedades Elétricas e Estruturais 353
Energia de Ionização, Afinidade Eletrônica e Eletronegatividade 355
Estados de Oxidação 356
Relações de Tamanho 357
13.3 Propriedades Químicas dos Óxidos 360
13.4 As Propriedades dos Hidretos 362
Água 364
Resumo 366
Sugestões para Leitura 366
Problemas 367

14

Os Elementos Representativos: Grupos I-IV

14.1 Os Metais Alcalinos 370
Os Óxidos de Metais Alcalinos 372
Os Haletos Alcalinos 373
A Ligação dos Íons de Metais Alcalinos 374

14.2 Os Metais Alcalino-Terrosos 375
Os Óxidos e Hidróxidos 377
Os Haletos 377
Outros Sais 378
14.3 Os Elementos do Grupo IIIA 379
Boro 380
Alumínio 383
Gálio, Índio e Tálio 385
14.4 Os Elementos do Grupo IVA 385
Carbono 386
Silício 388
Germânio 391
Estanho e Chumbo 391
Resumo 392
Sugestões para Leitura 392
Problemas 393

15

Os Elementos Não-Metálicos

15.1 Os Elementos do Grupo VA 396
Nitrogênio 397
Fósforo 403
Arsênio, Antimônio e Bismuto 406
15.2 Os Elementos do Grupo VIA 407
Oxigênio 407
Enxofre 409
Selênio e Telúrio 413
15.3 Os Elementos do Grupo VIIA 414
Haletos 415
Haletos de Hidrogênio 415
Óxidos de Halogênio 416
Oxiácidos de Halogênio 417
Compostos Interhalogênio 418
15.4 Compostos dos Gases Nobres 419
Resumo 420
Sugestões para Leitura 421
Problemas 421

16

Os Metais de Transição

16.1 Propriedades Gerais dos Elementos 425
Íons 426
16.2 Complexos de Metais de Transição 428
Estereoquímica 428
Nomenclatura 430
16.3 Teorias de Ligação para Complexos de Metais de Transição 430
Teoria do Campo Cristalino 431
Teoria do Campo Ligante 436
Complexos Carbonílicos de Metais de Transição 437

Compostos Organometálicos 438
16.4 Os Lantanídios 439
16.5 Química dos Metais de Transição 440
Titânio 440
Vanádio 441
Crômio 442
Manganês 443
Ferro 444
Cobalto 446
Níquel 446
16.6 Cobre, Prata e Ouro 446
Cobre 447
Prata 448
Ouro 449
16.7 Zinco, Cádmio e Mercúrio 449
Zinco 449
Cádmio 450
Mercúrio 450
Resumo 451
Sugestões para Leitura 452
Problemas 452

17

Química Orgânica

17.1 Os Alcanos ou Hidrocarbonetos Parafínicos (C_nH_{2n+2}) 455
Isômeros Estruturais 457
Nomenclatura IUPAC 457
Estereoisômeros 458
Isômeros Conformacionais 459
17.2 Os Cicloalcanos (C_nH_{2n}) 460
17.3 Hidrocarbonetos Insaturados 461
Alcenos 461
Alcinos 462
Ligações p Deslocalizadas 462
17.4 Grupos Funcionais 463
Álcoois 463
Éteres 464
Aldeídos 464
Cetonas 464
Ácidos Carboxílicos 464
Ésteres 465
Aminas 465
17.5 Reatividade dos Grupos Funcionais 465
Reações dos Álcoois 466
Reações dos Alcenos 469
Compostos Carbonílicos 470
Resumo 472
Sugestões para Leitura 473
Problemas 474

18

Bioquímica

18.1 A Célula 475
18.2 A Energética Bioquímica e o ATP 476
Reações de Oxidação-Redução 477
18.3 Lipídeos 479
Lipídios Simples 479
Função dos Lipídios 480
Oxidação dos Ácidos Graxos 480
18.4 Carboidratos 481
Monossacarídeos 481
Polissacarídeos 482
Metabolismo dos Carboidratos 483
18.5 Proteínas 485
Amino Ácidos 485
Estrutura Primária da Proteína 486
Estrutura Secundária da Proteína 490
Estrutura Terciária da Proteína 492
Estrutura Quaternária da Proteína 492
18.6 Ácidos Nucleicos 492
Estrutura do ADN 493
Estrutura do ARN 495
18.7 Funções Biológicas dos Ácidos Nucleicos 496
A Replicação do ADN 496
Os Ácidos Nucleicos e Síntese de Proteínas 497
O Código Genético 498
Resumo 499
Sugestões para Leitura 500
Problemas 500

19

O Núcleo

19.1 A Natureza do Núcleo 503
Dimensões Nucleares 503
A Forma do Núcleo 504
Massa do Núcleo 504
Forças Nucleares 506
19.2 Radioatividade 507
Processos de Decaimento Beta 508
Processos de Decaimento Alfa 509
Processos de Decaimento Gama 509
Interação da Radiação com a Matéria 510
19.3 Velocidades de Decaimento Radioativo 511
Datação Radiométrica 512
19.4 Reações Nucleares 513
Energia das Reações Nucleares 516
Reações Nucleares nas Estrelas 516
19.5 Aplicações dos Isótopos 518
Resumo 519
Sugestões para Leitura 519
Problemas 520

20

As Propriedades dos Sólidos

20.1 Propriedades Macroscópicas dos Sólidos 522
Tamanho e Formato dos Cristais 523
20.2 Tipos de Sólidos 524
Sólidos Iônicos 525
Cristais Moleculares 526
Sólidos de Rede Covalente 526
Cristais Metálicos 527
20.3 Raio-X e Estrutura Cristalina 528
Ondas Eletromagnéticas 528
Interferência de Ondas 528
Difração de Raios-X 530
Raios-X e Densidade Eletrônica 532
Análise Química por Raios-X 532
Determinação do Número de Avogadro 532
20.4 Retículos Cristalinos 533
A Célula Unitária 533
Retículos de Bravais 533
20.5 Estruturas de Empacotamento Denso 534
Estruturas de Empacotamento Denso 534
Estruturas Relacionadas com os Retículos de Empacotamento Denso 537
Arranjos e Empacotamento Local 540
20.6 Defeitos nas Estruturas dos Sólidos 540
Defeito de Ponto 540
Defeito de Linha 542
Defeito de Plano 543
20.7 Propriedades Térmicas dos Sólidos 543
20.8 Energia Reticular de Cristais Iônicos 546
20.9 Ligação Metálica 547
Resumo 549
Sugestões para Leitura 549
Problemas 550

Apêndices

A Constantes Físicas e Fatores de Conversão 551
B Unidades SI 553
C Lei de Coulomb 555

Respostas

Respostas aos Problemas Selecionados de Números Ímpar. 557

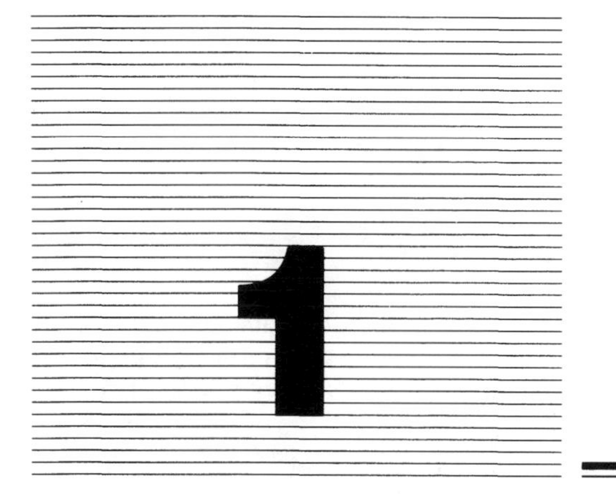

Estequiometria e a base da Teoria Atômica

A base de todo o nosso conhecimento sobre os fenômenos químicos é a **teoria atômica** da matéria. Esta é notável pela precisão detalhada com que descreve um aspecto aparentemente desconhecido do nosso mundo físico, constituindo o conjunto mais importante de idéias da ciência. Recorreremos a ela continuamente ao longo do texto, pois isto ajudará a organizar e compreender melhor o comportamento químico. Diante de reiteradas demonstrações da utilidade, dos detalhes e da sutileza do conceito atômico, podemos naturalmente imaginar como tais idéias foram geradas. Neste Capítulo faremos um breve resumo das origens da teoria atômica e mostraremos como seus conceitos se aplicam às relações de peso em reações químicas.

1.1 Origens da Teoria Atômica

A base lógica para a crença na existência dos átomos foi fornecida por J. Dalton, J. L. Gay-Lussac e A. Avogadro, em trabalhos publicados no início do século XIX. Eles mostraram que uma série de dados experimentais podiam ser resumidos num conjunto limitado de postulados relativos à natureza dos átomos. Os experimentos envolviam medidas quantitativas de peso e seus postulados referiam-se principalmente ao peso como uma propriedade atômica fundamental. Dalton mostrou que os dados experimentais aproximados de que dispunha eram coerentes com as seguintes hipóteses: (1) átomos indivisíveis existem; (2) átomos de elementos diferentes possuem pesos diferentes; e (3) os átomos combinam-se em diversas razões de números inteiros simples para formar compostos. Embora estes postulados não sejam totalmente corretos, formam uma base sólida para o entendimento da **estequiometria,** ou seja, das leis quantitativas da combinação química.

Os postulados atômicos de Dalton baseiam-se em certas relações de peso determinadas experimentalmente. Estas relações foram denominadas **lei das proporções definidas, lei das proporções múltiplas e lei das proporções equivalentes.** Daremos a seguir, uma breve explicação de cada uma delas. A familiaridade com estas leis é útil para se ter uma perspectiva da evolução da teoria atômica, embora não seja necessário compreendê-las integralmente para entender estequiometria.

Leis Históricas da Estequiometria

A palavra *estequiometria* vem do grego e significa medir algo que não pode ser dividido. Ela foi empregada pela primeira vez pelo químico alemão J. B. Richter, que em 1792 publicou *Anfangsgründe der Stöchyometrie* (Fundamentos de Estequiometria). Hoje a estequiometria *compreende* os requisitos atômicos das substâncias que participam de uma reação química, particularmente no que diz respeito ao peso.

A Lei das Proporções Definidas. Na formação de um determinado composto, seus elementos constituintes combinam-se sempre na mesma proporção de peso, independentemente da origem ou modo de preparação do composto.

John Dalton utilizou esta lei para confirmar a sua teoria atômica, transformando-a numa ciência matemática. A lei das proporções definidas por si própria não constitui uma prova da validade da teoria atômica. Contudo, se considerarmos que os átomos existem e que a formação de compostos envolve uma interação específica destes átomos, poderíamos esperar que todas as moléculas de um certo composto apresentassem o mesmo número de átomos. Portanto, se todos os átomos de um certo elemento apresentam o mesmo peso, um composto deve apresentar uma composição definida em peso. Dalton acreditava que cada uma destas afirmações condicionais era verdadeira, mas para prová-las não basta apenas observar a concordância de todas com os experimentos. É difícil, porém, imaginar qualquer teoria que possa explicar a lei das proporções definidas, sem basear-se no conceito atômico.

A Lei das Proporções Múltiplas. Se dois elementos formam mais de um composto, então os diferentes pesos de um deles que se combinam com o mesmo peso do outro guardam entre si uma razão de números inteiros simples.

Dalton também publicou tabelas de pesos atômicos relativos e de pesos moleculares. Esses pesos baseavam-se nas leis de proporções múltiplas e de proporções definidas e, segundo acreditava, em sua **regra de máxima simplicidade.** Como não é possível obter fórmulas químicas simplesmente a partir da lei das proporções múltiplas, Dalton teve que fazer uma suposição adicional. Ele considerou que as moléculas são tão simples que combinações atômicas obedecendo a razão de 1 para 1 sempre deveriam existir. Como na época conhecia-se apenas um composto de hidrogênio e oxigênio, Dalton pensou que sua fórmula deveria ser HO, e não H_2O como hoje sabemos. Ele estava propenso a aceitar também razões de 1 para 2 ou 2 para 3, desde que se encontrasse um composto onde a razão fosse de 1 para 1. Como consequência, Dalton obteve as fórmulas corretas para o CO e o CO_2 e para o NO e o NO_2. Mas ele insistia em que a fórmula da água deveria ser HO. Dalton rejeitou a **lei da combinação de volumes** dos gases. Esta lei foi defendida por Gay-Lussac, que mostrou que a água era constituída por exatamente dois volumes de gás hidrogênio para cada volume de gás oxigênio. A crença de Dalton na fórmula HO para a molécula de água fez com que durante muito tempo houvesse confusão sobre quais seriam os valores corretos dos pesos atômicos e moleculares.

A Lei das Proporções Equivalentes. Os pesos de dois elementos que reagem com um peso definido de um terceiro elemento, reagirão entre si de acordo com razões de números inteiros desses pesos.

A quantidade de um elemento ou composto que irá reagir com uma quantidade definida de uma substância de referência é denominada **equivalente**, e os **pesos equivalentes** foram medidos ainda antes dos pesos atômicos. Tomando como referência um grama (abreviado por g) de hidrogênio, o peso equivalente do oxigênio na água (H_2O) seria 16,0/2 ou 8,00, e o peso equivalente do nitrogênio na amônia (NH_3) seria 14,0/3 ou 4,66. Estes números seriam verdadeiros se acreditassemos que Dalton estava certo e que as fórmulas fossem HO e NH em vez de H_2O e NH_3, para as moléculas de água e amônia, respectivamente. Utilizando os valores de pesos equivalentes acima, podemos esperar que o nitrogênio e o oxigênio se combinem obedecendo razões de números inteiros destes pesos equivalentes.

No óxido nítrico (NO), por exemplo, a razão entre os pesos do nitrogênio e do oxigênio é 14,0/16,0 ou 0,875. De acordo com a lei das proporções equivalentes, 0,875 = n(4,66/8,00), ou seja, n = 3/2. Este valor deve-se ao fato de um átomo de nitrogênio corresponder a três equivalentes de cada átomo de hidrogênio na molécula de NH_3, e um átomo de oxigênio corresponder a dois equivalentes de cada átomo de hidrogênio na molécula de H_2O. Se considerassemos que as fórmulas da água e da amônia são HO e NH respectivamente, então a fórmula do óxido nítrico deveria ser N_3O_2.

O conceito de equivalente tornou-se uma ferramenta muito poderosa para os químicos, porém como os estudantes apresentam dificuldades para aprender a pensar em termos de equivalentes, estes têm sido substituídos por mols na maior parte das discussões modernas sobre estequiometria, conforme ilustraremos mais adiante.

Compostos Não-Estequiométricos

Todas as leis sobre pesos relativos de elementos que formam compostos estão baseadas na suposição de que os compostos apresentam fórmulas químicas definidas. Embora haja muitos exemplos destes compostos, tais como H_2O, N_2O, HCl e NH_3, também existem compostos que não apresentam fórmulas definidas.

Observa-se experimentalmente uma nítida variação nos números relativos dos átomos constituintes de sólidos iônicos tais como óxido de zinco, sulfeto cuproso e óxido de ferro. Por exemplo, a composição do sulfeto cuproso pode variar de $Cu_{1,7}S$ a Cu_2S. Os materiais que apresentam composição atômica variável são denominados **compostos não-estequiométricos** e as variações mais extremas ocorrem para sulfetos e óxidos de metais de transição.

Vejamos como a teoria atômica concilia a existência dos compostos estequiométricos e não-estequiométricos. Consideremos, primeiramente, um composto formado por moléculas simples e discretas, como o óxido nítrico, NO. Para que uma composição atômica do NO difira da razão 1:1, devemos mudar, de alguma maneira, a composição atômica de *cada* molécula de óxido nítrico. Porém, a menor mudança que podemos fazer é acrescentar ou um átomo de nitrogênio ou um átomo de oxigênio na molécula de NO. Isto resulta na formação de N_2O ou de NO_2, compostos conhecidos, cujas propriedades químicas são bastante distintas daquelas do NO. Concluímos então que não é possível efetuar nenhuma mudança na composição atômica do NO sem que haja a criação de uma nova espécie química. Portanto, a composição atômica e a composição em peso do NO são constantes. Além do mais, este e outros compostos moleculares obedecem à lei das proporções definidas.

Compostos sólidos que não contêm moléculas discretas apresentam uma situação completamente diferente. É possível preparar cristais de óxido de titânio, TiO, com uma razão atômica de 1 para 1; mas variando as condições de preparação podemos obter ainda cristais de composições que variam de $Ti_{0,75}$ a $Ti_{1,44}$. Os estudos de raios-X mostram que todos estes cristais possuem o mesmo arranjo espacial de íons. Dependendo do método de preparação do cristal, observa-se a ausência de frações variáveis dos íons titânio e óxido em sítios do retículo cristalino que podiam estar ocupados; logo, o TiO não obedece à lei das proporções definidas. Esta variação na composição atômica pode ocorrer sem afetar as propriedades químicas porque o TiO não é formado por moléculas discretas e também porque, dentro de uma determinada faixa, a mudança da razão dos átomos no cristal não acarreta mudança na estrutura cristalina. Por outro lado, as propriedades elétricas e ópticas do cristal são muito sensíveis à composição atômica do mesmo. Deste modo, a resistividade e a cor dos compostos não-estequiométricos sofrem acentuada alteração com a variação da razão atômica. Esta extrema sensibilidade das propriedades elétricas e ópticas dos sólidos em função da composição química é utilizada para a manufatura de muitos dispositivos eletrônicos, tais como transistores e circuitos integrados.

A Figura 1.1 mostra esquematicamente que a não-estequiometria pode ocorrer em virtude de vacâncias no retículo (como no TiO) ou da presença de átomos intersticiais extras (como no ZnO). Observe que a capacidade que um dos átomos, Ti, que é um metal de transição, apresenta de assumir mais de uma carga iônica propicia um mecanismo que mantém a neutralidade de carga no cristal, mesmo quando alguns íons estão ausentes. É por este motivo que a ocorrência da não-estequiometria é tão comum em compostos de metais de transição.

Podemos notar que alguns dos compostos utilizados pelos químicos no início do século XIX para "provar" a validade da lei das proporções definidas eram de fato não-estequiométricos. As variações de composição caíam dentro da ampla faixa de incerteza experimental das análises realizadas na época. Assim, esta lei que foi tão importante para o desenvolvimento da teoria atômica e que hoje constitui a base para os cálculos estequiométricos, é apenas uma aproximação, originalmente comprovada por dados que eram inadequados para revelar suas falhas. Esta é uma situação comum na ciência física: As leis são derivadas a partir de experimentos e apresentam uma validade determinada pela precisão do experimento e pelo número de casos investigados. A medida que se realizam experimentos em situações mais diversificadas e com maior grau de precisão, pode-se tornar necessário redefinir leis ou mesmo descartá-las em favor de conceitos mais gerais. Apesar de suas limitações, a idéia das proporções definidas tem sido útil.

1.2 Determinação de Pesos Atômicos e Fórmulas Moleculares

Admitida a existência de átomos de peso característico e suas tendências a se combinarem, obedecendo a uma razão de pequenos números inteiros, consideremos agora o problema de como determinar os pesos atômicos e as fórmulas moleculares. Evidentemente, se um deles fosse conhecido, o outro poderia ser determinado. Por exemplo, se soubéssemos que o óxido cúprico possui exatamente um átomo de oxigênio para cada átomo de cobre, então, a partir da observação experimental de que há 63,5g de Cu para cada 16,0g de O no CuO, deduziríamos que os pesos médios[1] de um átomo de cobre e de um átomo de oxigênio obedecem à razão de 63,5 para 16,0. Em outras palavras, o peso atômico do cobre seria 63,5 na mesma escala em que o peso atômico do oxigênio fosse igual a 16,0. É fácil, portanto, determinar os pesos atômicos se as fórmulas forem conhecidas. A recíproca também é válida: Se conhecermos os pesos atômicos, podemos prontamente determinar as fórmulas. O problema que desafiou os químicos no início do século XIX foi como determinar *simultaneamente* pesos atômicos e fórmulas, nos casos em que ambos são desconhecidos.

Em 1811, o químico italiano **Amadeo Avogadro** efetuou medidas com gases. Ele observou que a massa contida

[1] Adotaremos a prática comum em química de empregar o termo peso para nos referirmos à massa. Os químicos "pesam" com o auxílio de balanças que na realidade servem para determinar massa e não peso. Por outro lado, uma simples balança de molas (dinamômetro) serve para medir peso e não massa.

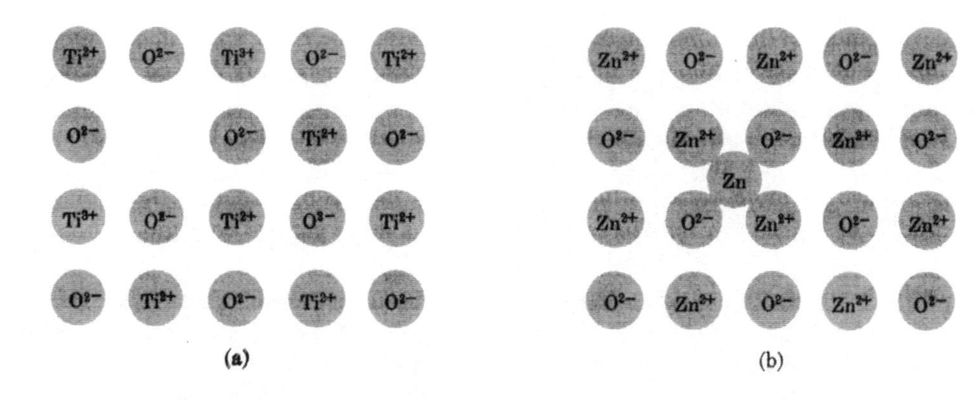

Fig. 1.1 Uma representação esquemática de não estequiometria em sólidos iônicos. Em (a) um Ti^{2+} está ausente e a neutralidade elétrica é mantida pela presença de dois íons Ti^{3+}. Em (b) um átomo de zinco neutro ocupa uma posição intersticial na estrutura cristalina.

num certo volume de gás oxigênio era igual a cerca de 16 vezes a massa contida no mesmo volume de gás hidrogênio e considerou, acertadamente, que esta razão também representava as massas relativas das partículas atômicas presentes nestes gases. Amadeo Avogadro concluiu que Dalton estava errado ao empregar a fórmula HO para a molécula de água, uma vez que a razão das massas neste caso era de 8 para 1. A hipótese de Avogadro, segundo a qual volumes iguais de gases contêm números iguais de partículas, foi rejeitada por Dalton e pela maioria dos químicos durante quase cinquenta anos.

Em 1860, o primeiro Congresso Internacional de Química tinha como objetivo encontrar uma concordância para o problema dos pesos atômicos. Uma grande quantidade de dados experimentais precisos havia sido obtida desde a época de Dalton, e era necessário encontrar uma solução para o problema dos pesos atômicos. Neste encontro, estava presente **Stanislao Cannizzaro** - de origem italiana como Avogadro - que falou em favor da hipótese deste último, segundo a qual volumes iguais de gases contêm números iguais de moléculas. Cannizzaro apresentou dados para mostrar que uma boa parte dos trabalhos experimentais sobre gases e sólidos podiam mostrar concordância se esta hipótese fosse correta. Sua Tabela de pesos atômicos, analogamente a outras anteriormente apresentadas, baseava-se na suposição de que a fórmula do hidrogênio era H_2 e seu peso molecular exatamente igual a 2. O único dado que estava em contradição com a hipótese de Avogadro referia-se ao estudo de alguns gases a alta temperatura, para os quais observou-se a ocorrência de dissociação molecular. Alguns anos depois do congresso, a análise de Cannizzaro sobre o problema dos pesos atômicos foi aceita pela maioria dos químicos.

Outras Maneiras de Calcular Pesos Atômicos

No início, o método de Cannizzaro restringia-se à determinação dos pesos atômicos de elementos que formavam compostos gasosos. Focalizemos, agora, dois outros princípios que ajudaram a estabelecer uma escala completa de pesos atômicos: **a lei de Dulong e Petit sobre a capacidade de calor atômico e a lei de Mendeleev sobre periodicidade química.**

Em 1819, Dulong e Petit mediram os calores específicos[2] de vários metais, observando que os valores encontrados diferiam consideravelmente. Eles tentaram calcular o calor necessário para aumentar de um grau não um peso definido mas sim um *número definido de átomos*. Um mol de cada elemento contém o mesmo número de átomos; assim, a multiplicação do calor específico de cada elemento por seu peso atômico dá como produto o calor necessário para elevar de 1°C um número definido de átomos de todas as substâncias. Este procedimento requer naturalmente uma Tabela precisa de pesos atômicos. A melhor Tabela de que Dulong e Petit dispunham continha vários itens que, devido à confusão sobre pesos atômicos e fórmulas moleculares, diferiam dos valores reais por fatores numéricos simples. Contudo, o produto entre o calor *específico* e alguns dos pesos atômicos era uma constante que, em unidades tradicionais de caloria, apresenta o valor aproximado de seis calorias por grau por mol (6 cal grau^{-1} mol^{-1}). Dulong e Petit consideraram que esta relação era universal e que desvios desta lei indicavam um valor de peso atômico incorreto. Além disso, eles foram capazes de "corrigir" os pesos atômicos indesejáveis, multiplicando-os por razões de números inteiros; uma vez feito isto, todos os elementos obedeciam à relação:

$$\text{calor específico}\left(\frac{\text{calorias gramas}}{\text{grau}\times\text{grama mol}}\right)\times$$

$$\text{peso atômico}\left(\frac{\text{gramas}}{\text{mol}}\right)\cong 6\left(\frac{\text{calorias}}{\text{grau}\times\text{mol}}\right).$$

A correção de alguns pesos atômicos não foi tão arbitrária como a princípio pode parecer, pois naquela época geralmente aceitava-se que as fórmulas moleculares eram incertas e que os pesos atômicos podiam apresentar desvios segundo fatores que envolviam números inteiros pequenos. Na verdade Dulong e Petit encontraram uma relação que ainda aceitamos como correta dentro de certos limites: A capacidade calorífica de 1 mol de átomos no estado sólido é igual a aproximadamente seis calorias por grau Celsius (6 cal °C^{-1}) Analisando a Tabela 1.1, verificamos que vários elementos sólidos obedecem a esta lei e que os desvios são característicos de sólidos formados por elementos muito leves.

O exemplo que se segue serve para ilustrar como, apesar de sua natureza aproximada, a lei de Dulong e Petit pode levar à obtenção de um peso atômico preciso. A partir de uma análise química cuidadosa, verificou-se que um composto constituído de cobre e cloro apresenta 0,3285 g de cloro e 0,5888 g de cobre. Considerando que o peso atômico do Cl é 35,45, qual é o peso atômico do Cu? A partir destes dados calculamos que 35,45 g de Cl combinam-se com 35,45 x 0,5888/0,3285, ou 63,54 g de Cu. Se a fórmula empírica do composto for CuCl, o peso atômico do cobre é 63,54. Mas se a fórmula for Cu_2Cl ou $CuCl_2$, o peso atômico do Cu será 31,77 ou 127,08, respectivamente. É claro que, tendo um valor aproximado do peso atômico, podemos escolher uma destas alternativas. O calor específico do Cu é 0,093 cal

2 **Calor específico** é o número de calorias (cal) ou joules (J) necessários para elevar de um grau Celsius (1°C) 1 g do material. O termo **capacidade calorífica** refere-se ao calor necessário para elevar de 1°C um mol (1 mol) de material. O conceito de mol será definido posteriormente neste capítulo.

TABELA 1.1 CAPACIDADE CALORÍFICA DE ALGUNS ELEMENTOS SÓLIDOS

Elemento Atômico	Massa (cal grau^{-1} g^{-1})	Calor Específico (cal grau^{-1} mol^{-1})	Capacidade Calorífica
Lítio	6,9	0,92	6,3
Berílio	9,0	0,39	3,5
Magnésio	24,3	0,25	6,1
Carbono (diamante)	12,0	0,12	1,4
Alumínio	27,0	0,21	5,7
Ferro	55,8	0,11	6,1
Prata	107,9	0,056	6,0
Chumbo	207,2	0,031	6,4
Mercúrio	200,6	0,033	6,6

grau^{-1} g^{-1}. Aplicando a lei de Dulong e Petit, vemos que o peso atômico do Cu é $\cong$6,0/0,093 = 64, o que nos permite concluir que o peso atômico correto é 63,54 e que a fórmula do cloreto de cobre é CuCl.

A Tabela periódica também serve como um guia para obter valores de pesos atômicos. Na Tabela de Mendeleev, publicada em 1869, os elementos foram ordenados de acordo com os pesos atômicos, determinados em sua maioria pelo método de Cannizzaro. A Tabela continha lacunas que correspondiam a elementos não descobertos ou a elementos cujos pesos atômicos eram desconhecidos ou mal calculados. Estas lacunas (ou sua ausência) auxiliaram na subsequente atribuição de pesos atômicos. O valor inicialmente atribuído ao peso atômico do urânio, U, foi 120, com base numa análise química e numa fórmula admitida para seu óxido. Mendeleev percebeu que não havia lugar na Tabela para um elemento cujo valor do peso atômico situava-se entre o do estanho, Sn (119) e o do antimônio, Sb (122). Ele sugeriu, então, que o peso tômico do U fosse próximo de 2 x 120, ou 240, como de fato era. Do mesmo modo, atribuiu-se inicialmente um peso atômico igual a 76 para o índio, In, o que forçava sua colocação entre arsênio (As) e selênio (Se). Mendeleev corrigiu o peso atômico do índio como sendo igual a 76 x 3/2 = 114, que está bem próximo do valor aceito atualmente.

Pesos Atômicos Precisos

Desde que Dalton publicou pela primeira vez sua Tabela de pesos atômicos, os químicos ficaram fascinados com sua determinação exata. O desenvolvimento de aparelhagens e técnicas ocorreu muito rapidamente, e em 1826 o químico sueco **J. J. Berzelius** publicou outra Tabela de pesos atômicos, os quais foram apresentados com quatro algarismos significativos. Estes pesos atômicos mais antigos baseavam-se em escalas que consideravam valores de referência tais como: átomo de oxigênio = 1, átomo de oxigênio = 8, ou átomo de hidrogênio = 1. Mas, após o trabalho de Cannizzaro, aceitou-se o valor 16 para o oxigênio. Devido à possibilidade de formar muitos compostos, o oxigênio era uma referência adequada, e o valor igual a 16 (exatamente) para seu peso atômico foi tomado como padrão durante muitos anos.

A descoberta de isótopos na década de 30 trouxe muita confusão sobre a escala de pesos atômicos. Os químicos continuaram a usar o peso 16 para a mistura isotópica natural de oxigênio, enquanto os físicos usavam este valor somente para o isótopo ^{16}O. Esta controvérsia só foi resolvida em 1941, quando todos concordaram em usar o peso do isótopo de carbono, ^{12}C, como sendo igual a 12 (exatamente). Ao mesmo tempo ficou claro que a precisão dos pesos atômicos dependia de uma distribuição uniforme de isótopos. Para alguns elementos esta distribuição é constante de amostra para amostra, enquanto que para outros a variação isotópica constitui uma limitação na precisão dos pesos atômicos. Exemplos extremos são os elementos que apresentam núcleo instável, e nas Tabelas de pesos atômicos geralmente encontra-se apenas o número de massa inteiro de seu isótopo mais estável. No Capítulo 19 estudaremos os isótopos e suas massas.

Há três métodos importantes para determinar pesos atômicos com precisão. São eles: (1) o princípio dos volumes molares iguais de Avogadro, aplicado a gases sob baixa pressão; (2) a determinação precisa de combinação de pesos, conforme ilustrado pela lei de combinação de proporções; e (3) a espectroscopia de massa. Faremos, a seguir, uma breve exposição destes métodos.

Determinação Exata de Pesos Atômicos

A cada dois anos, a Comissão de Pesos Atômicos e Abundâncias Isotópicas da União Internacional de Química Pura e Aplicada publica uma nova Tabela de pesos atômicos. Estes são, de fato, "massas atômicas relativas médias", pois são valores médios de abundâncias isotópicas, relativos ao ^{12}C com massa exata igual a 12.

Princípio dos Volumes Molares Iguais de Avogadro. Os pesos atômicos de gases tais como: H_2, N_2, Ne, Ar e Kr podem ser determinados, utilizando-se o princípio de Avogadro. **Condições normais de temperatura e pressão** (CNTP) referem-se a um volume de gás a 0 °C e 1 atm (atmosfera de pressão). De acordo com o princípio de Avogadro, um volume de gás nas CNTP ocupado por um peso molecular igual a um grama ou um mol deveria ser igual para todos os gases. Tomando o O_2 como material de referência, sabe-se há muito tempo que 1 mol (ou 31,9988 g) de O_2 ocupa 22,394 litros (abreviado por L) nas CNTP. Infelizmente este volume não pode ser usado para um trabalho preciso com outros gases, uma vez que a precisão do princípio de Avogadro restringe-se a gases sob condições de pressão muito baixas.

Conforme explicaremos no Capítulo 2, este volume pode ser corrigido para a condição de não ideal no caso de pressão suficientemente baixa para que a lei de Boyle seja obedecida com precisão. Esta lei estabelece que, a uma temperatura

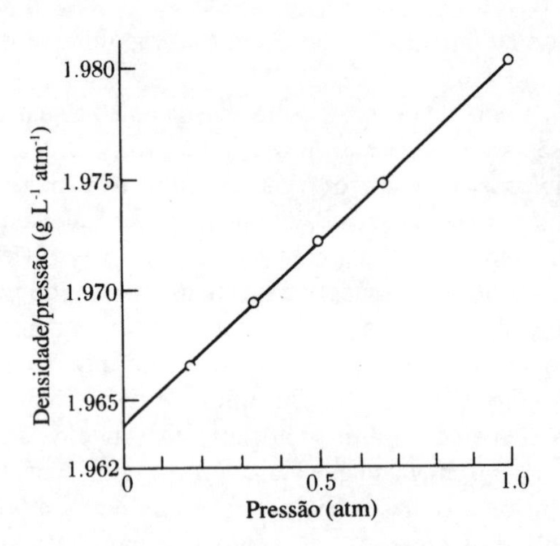

Fig. 1.2 Determinação da densidade ideal do gás CO_2 a 0 °C. As densidades medidas são extrapoladas à pressão zero que resulta em densidade ideal de 1,9635 g L^{-1} a 1 atm.

definida, o produto pressão (P) x volume (V) é igual a uma constante que pode ser avaliada por meio de medidas feitas para o gás O_2 a 0 °C e sob pressões muito menores do que 1 atm. Para 1 mol de gás O_2,

$$\frac{PV \text{ à baixa pressão}}{1 \text{ atm}} = 22{,}414 \text{ L. *}$$

Em vez de pesarmos diretamente 22,414 L de gás, na verdade determinamos pesos moleculares medindo as densidades dos gases com o auxílio de densímetros calibrados com precisão. Estas densidades são corrigidas para a condição não ideal por meio de um gráfico semelhante ao que é apresentado na Figura 1.2, onde a densidade ideal do gás CO_2 é igual a 1,9635 g L^{-1}.

A densidade corrigida pode ser usada para determinar o peso molecular com a equação:

* N.T. - Em 1988, o volume molar foi ligeiramente modificado pela IUPAC, para 22,7 L/mol, em virtude da mudança da pressão padrão para 100.000 Pa, em vez de 1 atm (101.235 Pa).

$$\text{peso molecular } \left(\frac{\text{gramas}}{\text{mol}}\right)$$

$$= \text{densidade corrigida} \left(\frac{\text{gramas}}{\text{litro}}\right) \times 22{,}414 \left(\frac{\text{litro}}{\text{mol}}\right)$$

Para o gás N_2, por exemplo, determinou-se que a densidade nas CNTP, corrigida para baixa pressão, é 1,2499 g L^{-1}. Isto corresponde a um peso molecular igual a 28,015 para a molécula de N_2 e a um peso atômico entre 14,007 e 14,008 para o nitrogênio.

Combinação de Pesos. Já foram feitas várias determinações dos pesos relativos dos elementos que formam um composto. Por exemplo, verificou-se que 1,292 g de prata (Ag) reagem com 0,9570 g de bromo (Br) para formar brometo de prata, cuja fórmula é AgBr. A razão dos pesos dos reagentes, 1,292/0,9570, ou 1,350, é igual à razão dos pesos atômicos da Ag e do Br. Considerando que o peso atômico da prata (Ag) é igual a 107,87, temos os valores 107,87/1,350 ou 79,90 para o peso atômico do Br. Para empregar o método dos volumes molares iguais dos gases e o método da combinação de pesos, é necessário que os reagentes apresentem alto grau de pureza. O método da espectrometria de massa já não apresenta esta limitação, mas para utilizá-lo é preciso determinar previamente a composição isotópica exata dos elementos.

Espectrometria de Massa. Com a espectrometria de massa podemos obter pesos atômicos com a máxima precisão. Mais uma vez, o princípio do método é simples, mas para sua execução ser bem sucedida são necessários grandes cuidados. Como podemos ver na Figura 1.3, o espectrógrafo de massa consiste em três partes principais: (1) uma fonte de íons gasosos, (2) uma região de dispersão sob vácuo onde íons de diferentes razões carga/massa são forçados a percorrer diferentes trajetórias e (3) um detector que permite localizar as trajetórias percorridas pelos diferentes íons. Um

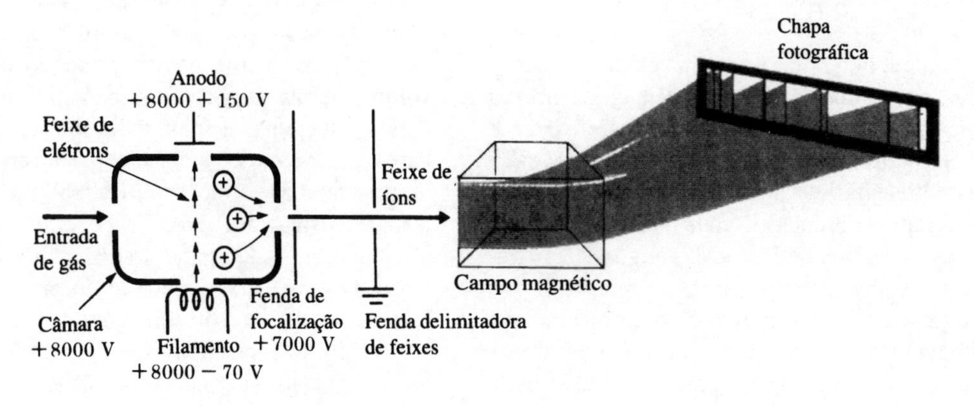

Fig. 1.3 Desenho esquemático de um espectrógrafo de massa.

filamento aquecido em um dos lados de uma pequena câmara produz um feixe de elétrons energéticos. A colisão destes elétrons com os átomos gasosos de moléculas levadas à câmara produz íons positivos, alguns dos quais são apenas fragmentos das moléculas originais. Por exemplo, o bombardeamento de vapor de água, além de H_2O^+, produz OH^+, O^+ e H^+. Os íons positivos são então acelerados por um campo elétrico. Alguns deles passam através de uma fenda na câmara e entram num tubo altamente evacuado onde são submetidos a um campo magnético. Este campo faz com que os íons sigam trajetórias circulares cujos raios (r) são dados por

$$\frac{1}{r^2} = \frac{B^2}{2V}\frac{e}{m},$$

onde B é o valor do campo magnético, V é a diferença de voltagem que faz acelerar os íons e *e/m* é a razão entre as cargas iônicas e as massas iônicas. Ions que apresentam a mesma razão carga-massa percorrem a mesma trajetória; as trajetórias de raios maiores são percorridas pelos íons que possuem as menores razões carga/massa.

O detector, que pode ser uma chapa fotográfica, bloqueia as trajetórias dos íons e grava a posição e a intensidade de cada feixe iônico. Para cada imagem observada na chapa, pode-se encontrar o raio de curvatura do caminho iônico correspondente e, então, calcular a razão carga/massa do íon. As comparações mais exatas podem ser feitas entre as massas de fragmentos que caem próximos uns dos outros na chapa fotográfica. Por exemplo, os íons $^{16}O^+$, $^{12}CH_4^+$, $^{12}CDH_2^+$, $^{12}CD^+_2$, $^{14}NH^+_2$ e $^{14}ND^+$ possuem todos massa aproximadamente igual a 16. Como mostra a Figura 1.4, o espectrógrafo de massa é capaz de resolver as pequenas diferenças de massa que existem entre estes fragmentos. Este espectrograma de massa permite efetuar cálculos exatos da massa do átomo de deutério (D), com base na massa do átomo de hidrogênio, e se a massa do hidrogênio for conhecida, é possível calcular as massas do ^{16}O e do ^{14}N, com base na massa do ^{12}C.

Vemos, portanto, que o espectrógrafo de massa permite efetuar uma determinação exata das massas dos isótopos de um certo elemento. Mas como já haviamos dito, para elementos que apresentam mais de um isótopo, o peso atômico é um número médio cujo valor depende das quantidades relativas

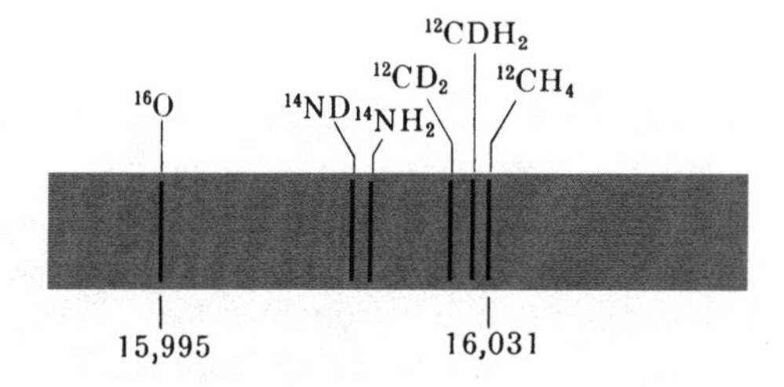

Fig. 1.4 Espectro de massa de alguns íons de massa aproximada de 16. A escala representa massas atômicas de espécies neutras.

de cada isótopo. Deste modo, é necessário determinar com exatidão as abundâncias relativas dos isótopos de um elemento antes de calcular seu peso atômico. Esta determinação também é feita com o auxílio do espectrógrafo de massa, porém, em vez de fotografar os íons, mede-se eletricamente a intensidade de cada feixe iônico. Por exemplo, verificou-se que o carbono consiste de 98,892% de ^{12}C e 1,108% de ^{13}C. Na escala de pesos atômicos, o ^{12}C têm massa exatamente igual a 12 e ^{13}C têm massa igual a 13,00335. Assim, o peso atômico da mistura isotópica é

$$\begin{aligned} 12{,}0000 \times 0{,}98892 &= 11{,}8670 \\ 13{,}0034 \times 0{,}01108 &= \underline{\ 0{,}1441} \\ & 12{,}0111 \end{aligned}$$

Considerando a grande precisão que a espectrometria de massa oferece para determinar tanto a massa quanto a abundância isotópica, poderíamos perguntar porque muitos de nossos pesos atômicos encontram-se tabelados com apenas quatro algarismos significativos.

Muitas vezes a limitação é definida não pela precisão dos instrumentos utilizados, mas sim por variações naturais dos conteúdos isotópicos dos próprios elementos. Não há razão para tabelar o peso atômico de um elemento com cinco algarismos significativos quando as variações naturais na composição isotópica causam variação já no quarto algarismo significativo.

1.3 O Conceito de Mol

As unidades fundamentais da química são o átomo e a molécula, e praticamente todas as equações da química teórica apresentam o número de moléculas como um fator importante. Não é surpreendente, pois, que a capacidade de medir e expressar o número de moléculas presentes em qualquer sistema químico seja de suma importância. Embora, hoje, seja possível detectar a presença de átomos isolados, qualquer tentativa de contar diretamente o enorme número de átomos mesmo nos menores sistemas químicos, poderia manter ocupada toda a população do mundo por muitos séculos. A solução prática para contar grande número de átomos é muito menos trabalhosa; precisamos apenas utilizar a mais fundamental das operações do laboratório, a pesagem.

Nosso estudo sobre o desenvolvimento da teoria atômica levou à conclusão de que o peso atômico expresso em gramas de cada elemento contêm um número igual de átomos, e que o mesmo número de moléculas é encontrado no peso molecular expresso em gramas de qualquer composto. Os termos peso *atômico* expresso *em gramas* e *peso molecular expresso em gramas* são inadequados e tendem a encobrir o fato de que se referem a um número definido (**número de Avogadro,** 6,0220 x 10^{23}) de partículas. É mais conveniente empregar o termo *mol* para representar a quantidade de material que contém este número de partículas.

Como definições formais, temos que:

O número de átomos de carbono contidos em exatamente 12 g de ^{12}C é denominado **número de Avogadro** (N_A). Um **mol** é a quantidade de material que contém o número de Avogadro de partículas.

Esta definições enfatizam que *mol* refere-se a *um número definido de qualquer tipo de partículas.* Deste modo é correto referir-se a um mol de He, um mol de elétrons, ou um mol de Na^+, com o significado de número de Avogadro de átomos de hélio, de elétrons, ou de íons sódio. Por outro lado, frases como "1 mol de hidrogênio" podem ser ambíguas e deveriam ser substituídas por "1 mol de átomos de hidrogênio" ou "1 mol de moléculas de H_2". Contudo, é prática comum entre os químicos, fazer com que o nome do elemento represente sua forma mais comum. Assim, frequentemente referem-se a 1 mol de O como "um mol de oxigênio", enquanto que 1 mol de O representa "um mol de *átomos* de oxigênio".

A partir das definições acima, vemos que o peso de um mol do material é sempre igual ao seu peso atômico (ou molecular) expresso em gramas. Para delimitar algum múltiplo ou fração do número de Avogadro de partículas, precisamos apenas pesar o múltiplo ou fração apropriados do peso atômico ou molecular. Isto é,

$$n(\text{mol}) = \frac{\text{peso (gramas)}}{\text{peso de um mol (gramas/mol)}} \qquad (1.1)$$

$$= \frac{\text{peso (gramas)}}{\text{peso atômico ou molecular (gramas/mol)}}$$

Na Eq. (1.1) mostramos as unidades dos números que aparecerão nesta equação. Tendo em mente estas unidades. podemos verificar se os resultados estão corretos. Usando apenas as unidades, obtemos:

$$\frac{\text{gramas}}{\text{gramas/mol}} = \text{mol},$$

que é a unidade correta.

Embora o número de mols seja muitas vezes determinado por pesagem, é mais vantajoso pensar em 1 mol como sendo um número definido de partículas em vez de um peso determinado. Um mol de uma substância *sempre* contém o número de Avogadro de partículas, mas o peso que contém 1 mol difere para as substâncias.

Alguma confusão pode surgir sobre "pesos moleculares" de substâncias que não contêm moléculas discretas. Por exemplo, no cloreto de sódio sólido, não há moléculas de NaCl, somente íons de sódio e de cloro. Contudo, é comum usar o termo *peso molecular do cloreto de sódio* como se a substância fosse formada por moléculas de NaCl. Neste contexto, *peso molecular do NaCl* significa simplesmente o peso do material que contém 6,02 x 10^{23} íons de cada tipo; e não implica a existência de moléculas no cristal. Para uma substância como o NaCl, deveríamos empregar **peso fórmula** e escrever:

$$\text{número de pesos fórmula} = \frac{\text{peso (gramas)}}{\text{peso fórmula (gramas/peso fórmula)}} \qquad (1.2)$$

Os pesos fórmula deveriam também ser utilizados, em lugar de mols, em qualquer situação onde o peso molecular real fosse variável ou onde o uso do mol pudesse confundir o leitor. Nestes casos poderíamos incluir moléculas como H_2SO_4, que facilmente sofrem dissociação e compostos não-estequiométricos, cujas fórmulas apresentam coeficientes não-inteiros.

Mas o termo *mol* é bastante conhecido e quando os químicos lêem a frase "2,00 mol de H_2SO_4 foram adicionados" eles a interpretam como se tivesse sido escrita assim "2,00 pesos fórmula de H_2SO_4 foram adicionados". Ao longo deste texto, empregaremos a palavra *mol* em circunstâncias em que a lógica nos levaria a usar **pesos fórmula.**

1.4 A Equação Química

As **equações químicas** são usadas para descrever as mudanças que ocorrem durante uma reação química. Embora na maior parte das vezes estas mudanças estejam relacionadas com o consumo de reagentes e o aparecimento de produtos, há várias maneiras de descrever estas mudanças aparentemente simples. Estas maneiras dependem de quais aspectos da reação química queremos descrever e de como queremos descrevê-los. Antes de examinar os diferentes modos de escrever equações químicas, analisaremos algumas de suas características básicas.

A molécula N_2O_5 é instável e decompõe-se lentamente ao redor da temperatura ambiente. Os produtos desta reação são NO_2 e O_2. Isto pode ser expresso pela equação:

$$N_2O_5 \rightarrow NO_2 + O_2.$$

A maior falha desta equação simples é que ela não está **balanceada.** Desde a época de Dalton sabemos que, nas reações químicas, os átomos se conservam, logo, todos os átomos de nitrogênio e oxigênio que formavam o N_2O_5 também devem ser encontrados nos produtos. A contagem dos símbolos atômicos N e O pode ser usada para balancear a equação elementar e assim podemos escrever:

$$2N_2O_5 \rightarrow 4NO_2 + O_2.$$

Os fatores numéricos que utilizamos para balancear a reação são denominados **coeficientes estequiométricos.** Analisando a equação balanceada, vemos que duas moléculas de N_2O_5 se decompõem para formar uma molécula de O_2 e quatro moléculas de NO_2. Para efeitos práticos, é melhor pensarmos em termos de mols do que em termos de moléculas individuais. Uma outra maneira de escrever esta reação em termos de mols seria:

$$N_2O_5 \rightarrow 2NO_2 + \tfrac{1}{2}O_2.$$

Os coeficientes estequiométricos desta equação são exatamente iguais à metade dos coeficientes da equação anteriormente balanceada. Observe, entretanto, que as *razões* entre mols dos produtos e mols dos reagentes são iguais em ambas as equações. Somente as razões dos coeficientes estequiométricos é que apresentam importância fundamental numa equação.

Estas equações apresentam uma séria limitação para se compreender a decomposição do N_2O_5: elas não permitem conhecer qual é o curso exato que a reação segue ao nível molecular, apenas indicam que moléculas de N_2O_5 quebram-se para formar NO_2 e O_2. A maneira como o N_2O_5 se decompõe em fase gasosa tem sido bem estudada. No processo formam-se espécies moleculares intermediárias semelhantes a NO_3 e NO e as etapas da decomposição têm sido expressas por uma série de equações químicas, tais como:

$$2N_2O_5 \rightarrow 2NO_2 + 2NO_3, \qquad (1.3a)$$

$$NO_3 + NO_2 \rightarrow NO + NO_2 + O_2, \qquad (1.3b)$$

$$NO_3 + NO \rightarrow 2NO_2. \qquad (1.3c)$$

Somando estas três equações, temos:

$$2N_2O_5 \rightarrow 4NO_2 + O_2$$

conforme exige a estequiometria.

O conjunto das três equações (1.3a,b,c) constitui o mecanismo da reação estequiométrica elementar. As equações estequiométricas elementares expressam apenas relações estequiométricas entre reagentes e produtos. O modo segundo o qual as moléculas realmente reagem deve ser expresso por uma série mais complicada de equações mecanísticas.

A seguir, apresentamos exemplos para ilustrar outros tipos de equações químicas.

Exemplo 1.1. Reações de Precipitação. Como podemos escrever a equação da reação que ocorre quando misturamos soluções **aquosas** de $BaCl_2$ e $AgNO_3$ e observamos formação de um precipitado de AgCl?

Solução. O modo mais simples de escrever esta equação é considerar que os reagentes são $BaCl_2$ e $AgNO_3$. Os produtos seriam AgCl e $Ba(NO_3)_2$ e a equação balanceada seria, então:

$$BaCl_2 + 2AgNO_3 \rightarrow 2AgCl\downarrow + Ba(NO_3)_2,$$

onde a seta (↓) indica precipitação. Embora esta equação represente uma descrição limitada do processo químico envolvido na reação, ela é bastante satisfatória para ajudar a efetuar cálculos estequiométricos, uma vez que os coeficientes estequiométricos estão corretos. Este tipo de equação pode ser chamada de **equação estequiométrica elementar.**

Muitas vezes, a melhor equação é a que descreve a **reação efetiva**. Esta equação mostra apenas as mudanças químicas efetivas que ocorrem durante a reação. A solução de $BaCl_2$ contém íons Ba^{2+} e Cl^- e a solução de $AgNO_3$ contém íons Ag^+ e NO_3^-. A solução final contém apenas os íons Ba^{2+} e NO_3^-, uma vez que Ag^+ e Cl^- precipitam na forma de AgCl. Os íons Ba^{2+} e NO_3^- são denominados **íons** não participantes pois não estão diretamente envolvidos na reação. Se começarmos com os reagentes ionizados e desprezarmos os íons não participantes, podemos escrever a equação efetiva da reação assim:

$$Ag^+(aq) + Cl^-(aq) \rightarrow AgCl(s).$$

A designação (aq) indica íons em solução aquosa e (s) representa produto sólido.

As equações das reações efetivas constituem excelentes resumos da química das reações, porém perde-se algumas informações sobre estequiometria. Podemos deduzir que são necessários 2 mols de $AgNO_3$ pois cada mol de $BaCl_2$ produz 2 mols de Cl^-. Esses aspectos da estequiometria são facilmente percebidos por estudantes experientes, mas para o iniciante talvez seja melhor basear os cálculos estequiométricos nas equações estequiométricas elementares e não nas equações efetivas mais fundamentais.

Exemplo 1.2. Equação de Neutralização. Quais são as equações para a reação em que uma solução de HCl é neutralizada por uma solução de NaOH?

Solução.

a) *Equação Estequiométrica Elementar*

$$HCl + NaOH \rightarrow H_2O + NaCl$$

b) *Equação da Reação Efetiva.* As soluções de HCl, NaOH e NaCl contêm os íons H^+, Cl^-, Na^+, OH^-. Os íons não - participantes são Na^+ e Cl^- e a equação da reação efetiva é:

$$H^+(aq) + OH^-(aq) \rightarrow H_2O.$$

Nestas equações efetivas, muitas vezes a designação (aq) é omitida por simplificação. Assim, a forma mais usual é:

$$H^+ + OH^- \rightarrow H_2O.$$

Embora nenhuma destas equações da reação efetiva forneça o mecanismo da reação, os mecanismos reais estão intimamente relacionados a elas.

1.5 Relações Estequiométricas

Para calcular as quantidades relativas dos produtos e dos reagentes envolvidos numa reação química, é necessário compreender bem as relações estequiométricas. Isto pode ser feito por meio de equações algébricas simples que, uma vez bem estabelecidas, fornecem a resposta final para qualquer problema estequiométrico. A unidade fundamental destes cálculos é o mol.

Por exemplo, considere a fórmula química:

$$Fe_2O_3.$$

Esta fórmula indica que 1 mol de Fe_2O_3 poderia ser formado a partir de 2 mols de átomos de ferro e 3 mols de átomos de oxigênio. Embora esta afirmação represente fielmente a fórmula Fe_2O_3, ela não apresenta a forma de relações algébricas. As relações algébricas entre os mols de Fe_2O_3 e os mols de átomos de ferro e de oxigênio seriam:

$$\text{n (mol) de } Fe_2O_3 = \frac{\text{n (mol) de átomos de Fe}}{2} = \frac{\text{n(mol) de átomos de O}}{3},$$

e para isto:

$$\frac{\text{n (mol) de átomos de Fe}}{\text{n (mol) de átomos de O}} = \frac{2}{3}.$$

O estudante deve ser aconselhado a pensar sobre estas relações algébricas simples, pois são fundamentais em todos os cálculos estequiométricos.

Questão. Quantos mols de Fe_2O_3 poderiam ser obtidos a partir de 10,0 mol de Fe?

Resposta. Sem pensar muito, poderíamos imaginar que a resposta é 20,0 mol ou 5,0 mol. Nossa relação algébrica mostra que 5,0 mol é a resposta correta, e a lógica elementar conduz ao mesmo resultado.

As relações algébricas entre produtos e reagentes de uma equação química são quase idênticas àquelas mostradas acima para o Fe_2O_3. Considere a seguinte equação química para os reagentes A e B formando os produtos C e D:

$$aA + bB \rightarrow cC + dD$$

onde *a, b, c* e *d* são os coeficientes estequiométricos necessários para balancear a equação. A equação química correspondente à formação do Fe_2O_3 a partir de Fe e O seria:

$$2Fe + 3O \rightarrow Fe_2O_3$$

onde *a,b* e *c* são os números inteiros 2, 3 e 1, respectivamente. As relações algébricas entre número de mols de A, B, C e D estequiometricamente exigidas pela equação balanceada são:

$$\frac{\text{n mols de A consumidos}}{a} = \frac{\text{n mols de B consumidos}}{b} = \frac{\text{n mols de C produzidos}}{c} = \frac{\text{n mols de D produzidos}}{d} = \text{n mols da reação escrita.} \quad (1.4)$$

As relações apresentadas na Eq. (1.4) são bastante convenientes, pois permitem estabelecer as relações estequiométricas de uma reação química com total precisão. Se as aplicarmos à formação do Fe_2O_3 a partir de Fe e O, obteremos as relações anteriores. A Eq. (1.4) será muito utilizada por nós, mas para exercitar, procure responder a questão abaixo.

Questão. Dada a equação:

$$Cr_2O_7^{2-} + 14H^+ + 3C_2O_4^{2-} \rightarrow 2Cr^{3+} + 6CO_2(g) + 7H_2O,$$

quais são as relações estequiométricas entre os mols de $Cr_2O_7^{2-}$, H^+ e $C_2O_4^{2-}$ consumidos e os mols de Cr^{3+} e CO_2 produzidos nesta reação?

Resposta. Usando a Eq. (1.4) e os coeficientes estequiométricos dados, obtemos o seguinte:

$$\text{n para a reação} = \text{n mols de } Cr_2O_7^{2-} = \frac{\text{n } H^+}{14} = \frac{\text{n } C_2O_4^{2-}}{3} = \frac{\text{n } Cr^{3+}}{2} = \frac{\text{n } CO_2}{6}$$

Observe que a Eq. (1.4) não mostra apenas as relações algébricas entre mols de regentes e produtos, mas também como calcular a quantidade, em mols da reação que ocorrerá. Como exemplo, podemos escrever:

$$O_2 + 2CO \rightarrow 2CO_2.$$

Se partimos de 1,00 mol de O_2, serão consumidos exatamente 2,00 mol de CO, e para isto são necessários exatamente 1,00 mol dessa reação. Se escrevêssemos:

$$\tfrac{1}{2}O_2 + CO \rightarrow CO_2,$$

a relação entre mols de O_2 e mols de CO estaria na mesma razão de 1 para 2; mas para consumir 1,00 mol de O_2 seriam necessários 2,00 mol da nova reação. Veremos várias situações em que é conveniente conhecer o número de mols da reação que está ocorrendo.

Combinando as Eqs. (1.1) e (1.4), podemos facilmente resolver quase todos os problemas que envolvem pesos ou mols numa equação química. Na próxima secção daremos vários exemplos de problemas dessa natureza para que se possa ver a importância da aplicação de soluções algébricas simples em problemas de estequiometria. Mas antes de apresentar estes exemplos, analisemos mais a fundo um assunto tratado superficialmente no início deste Capítulo - equivalentes e pesos equivalentes.

O termo *equivalente* é mais antigo do que o termo *mol*. Na época, definiu-se um equivalente como sendo a quantidade de material que produz ou consome um grama de hidrogênio. A principal vantagem de usar equivalente em lugar de mol é podermos determinar equivalentes e pesos equivalentes sem precisar consultar quaisquer fórmulas químicas ou mesmo a Tabela de pesos atômicos. Atualmente, em diversas áreas da química, o equivalente é muito utilizado. Formalmente, um mol de uma substância é definido como a quantidade necessária para igualar o número de Avogadro de partículas ou moléculas, e um equivalente de uma substância é definido como a quantidade necessária para dar o número de Avogadro de reações químicas específicas. Existem várias definições específicas para equivalente, dependendo do tipo de reação.

Para reações ácido-base, um equivalente de ácido origina um mol de íons H^+ e um equivalente de base consome um mol de íons H^+. Em reações de óxido-redução, um equivalente de um agente redutor origina um mol de elétrons e um equivalente do agente oxidante consome um mol de elétrons. Para metais que se dissolvem em ácido, produzindo H_2, um equivalente do metal é definido como a quantidade necessária para formar 1/2 mol de gás H_2. Isto significa o mesmo que formar 1 mol de átomos de hidrogênio ou aproximadamente 1 g de hidrogênio. Uma antiga forma de utilização dos equivalentes poderia ser aplicada para um sal iônico como o $AlCl_3$. Neste caso, um equivalente conteria um mol de carga positiva e um mol de carga negativa, de modo que 1/3 mol de $AlCl_3$ seria chamado de um equivalente.

As várias definições de equivalentes poderiam gerar uma grande confusão. Embora isto possa ser particularmente verdadeiro para o estudante iniciante, há também muitos casos em que químicos experientes podem ter dúvidas na hora de trabalhar com equivalentes. Por esta razão, sempre que possível, os químicos modernos substituem equivalentes por mols.

1.6 Cálculos Estequiométricos

Primeiramente, resolveremos alguns problemas estequiométricos elementares de modo que o procedimento básico possa ser entendido. Considere a seguinte equação química:

$$2CO + O_2 \rightarrow 2CO_2.$$

Ela indica que duas moléculas de CO podem reagir com uma molécula de O_2 para formar duas moléculas de CO_2. Em vez de uma molécula, podemos considerar também o número de Avogadro de moléculas envolvido numa reação. Se pensarmos em termos do número de moléculas, podemos também dizer que 2 mol de CO reagem com 1 mol de O_2 para formar dois mol de CO_2. Podemos pensar diretamente em termos de mols, em lugar de moléculas, porém lembrando sempre que mols e moléculas estão diretamente relacionados pelo número de Avogadro.

Um problema típico seria calcular o número máximo de gramas de CO_2 que pode ser produzido a partir de 12,0 g de CO. Assim, temos que usar primeiramente a Eq. (1.1), para chegar em:

$$n\,(CO) = \frac{\text{peso de CO}}{\text{peso molecular de CO}} = \frac{12{,}0 \text{ g}}{28{,}0 \text{ g mol}^{-1}} = 0{,}429 \text{ mol.}$$

Agora, usando as Eqs. (1.4) e (1.1), obtemos:

$$\frac{n\,(CO_2)}{2} = \frac{n\,(CO)}{2}$$

e

$$n\,(CO_2) = n\,(CO) \quad \frac{\text{peso de } CO_2}{\text{peso molecular de } CO_2}.$$

Se usássemos uma calculadora, não seria necessário determinar o valor 0,429 mols; considerando o peso molecular do CO_2 igual a 44,0, obteríamos:

$$\text{peso do } CO_2 = \frac{12{,}0 \text{ g}}{28{,}0 \text{ g mol}^{-1}} \times 44{,}0 \text{ g mol}^{-1} = 18{,}9 \text{ g.}$$

Poderíamos também determinar o peso de O consumido nesta reação. A partir da Eq. (1.4), temos a seguinte relação algébrica para o número de mols de O_2:

$$n\,(O_2) = \frac{n\,(CO)}{2} = \frac{0{,}429}{2} \text{ mol.}$$

O peso de O_2 pode ser obtido a partir da Eq. (1.1):

$$n\,(O_2) = \frac{n\,(CO)}{2} = \frac{0{,}429}{2} = \frac{\text{peso de } O_2}{\text{peso molecular de } O_2},$$

e

$$\text{peso de } O_2 = 32{,}0 \frac{\text{g}}{\text{mol}} \times \frac{0{,}429}{2} \text{ mol} = 6{,}9 \text{ g.}$$

Também é preciso saber que a soma dos pesos do O_2 e do CO deve ser igual ao peso do CO_2; o valor 6,9 g também pode ser obtido subtraindo-se o valor 12,0 g, do CO de partida, do valor 18,9 g, do produto obtido.

Outro cálculo fundamental é determinar a **fórmula empírica** de um composto a partir de sua composição elementar em peso. Composições em peso podem ser determinadas por análise química. Quando um químico prepara um novo composto, geralmente o submete à análise química quantitativa para determinar seus elementos, e a partir desta análise obtém uma fórmula empírica experimental. Se o composto for relativamente simples, a fórmula molecular teórica pode ser estimada a partir da fórmula empírica. Para compostos mais complexos deveríamos efetuar uma determinação de peso molecular, antes de determinar as fórmulas moleculares reais.

Considere um composto puro formado por ferro e enxofre, que, segundo a análise, é constituído por 46,6% de ferro e 53,4% de enxofre, em peso. Uma fórmula empírica contém a quantidade relativa em mols de cada elemento presente na amostra. A quantidade da amostra pode ser escolhida conforme a conveniência; quando trabalhamos com porcentagens em peso, 100,0 g de amostra é um valor adequado. O número de mols de ferro e enxofre em 100,0 g de amostra seria dado por:

$$\text{n (Fe)} = \frac{46{,}6 \text{ g}}{55{,}8 \text{ g mol}^{-1}} = 0{,}835 \text{ mol},$$

$$\text{n (S)} = \frac{53{,}4 \text{ g}}{32{,}1 \text{ g mol}^{-1}} = 1{,}66 \text{ mol},$$

Disto resulta a relação:

$$\frac{\text{n (S)}}{\text{n (Fe)}} = \frac{1{,}66}{0{,}835} = 1{,}99$$

e a fórmula empírica $FeS_{1,99}$. Este resultado é muito próximo da fórmula molecular FeS_2, que a maioria dos químicos atribuiria a um composto estequiométrico.

A melhor maneira de estabelecer fórmulas moleculares para sólidos não voláteis como o FeS_2 é examinar suas estruturas cristalinas por difração de raios-X. Embora FeS_2 pareça ser uma fórmula não usual, está bem estabelecida para um mineral denominado *pirita.* Há várias estruturas não-estequiométricas formadas por ferro e enxofre, porém, a pirita apresenta uma estrutura bem definida com íons Fe^{2+} e S_2^{2-}.

Se o FeS_2 fosse um composto volátil,seria possível confirmar seu peso molecular por meio do princípio de Avogadro para gases. Este princípio foi muito importante para ajudar estabelecer as fórmulas corretas da H_2O, do O_2 e de outros gases simples. Para qualquer gás nas CNTP,

$$\text{n (gás)} = \frac{\text{volume real nas CNTP}}{\text{volume de um mol nas CNTP}}.$$

A 0°C e 1 atm (CNTP) o volume de um mol de gás é aproximadamente igual a 22,4 L. Esta relação pode auxiliar o cálculo de pesos moleculares aproximados a partir das densidades dos gases. Mostraremos a seguir como se podem relacionar fórmulas empíricas e pesos moleculares.

Muitos compostos são formados por carbono e hidrogênio. Podemos determinar suas fórmulas empíricas, queimando-os em excesso de O_2 e coletando o CO_2 e a H_2O produzidos. Se considerarmos as fórmulas moleculares C_aH_b para os hidrocarbonetos , então a formação de CO_2 e H_2O ocorrerá segundo a reação:

$$C_aH_b + nO_2 \rightarrow aCO_2 + \frac{b}{2}H_2O. \quad (1.5)$$

Para balancear esta equação, *n* deve ser igual a $a + (b/4)$, mas esta relação não será importante em nossos cálculos estequiométricos.

Considere que o seguinte resultado foi obtido na combustão de um composto constituído de carbono e hidrogênio

$$1{,}00 \text{ g de composto} \xrightarrow{O_2} 3.30 \text{ g } CO_2 + 0.90 \text{ g } H_2O.$$

Utilizando a equação química balanceada e a Eq. (1.4), obtemos:

$$\frac{\text{n }(CO_2)}{a} = \frac{\text{n }(H_2O)}{b/2}$$

Rearranjando esta equação, vemos que:

$$\frac{b}{a} = \frac{2 \times \text{n }(H_2O)}{\text{n }(CO_2)}$$

Este resultado também pode ser obtido a partir da Eq. (1.5):

$$\frac{b}{a} = \frac{\text{n (mols de átomos de H)}}{\text{n (mols de átomos de C)}} = \frac{2 \times \text{n (mols de } H_2O)}{\text{n (mols de } CO_2)}$$

A partir dos dados, temos:

$$\text{n (mols de } H_2O) = \frac{0{,}90}{18{,}0} \text{ mol}, \text{ n (mols de } CO_2) = \frac{3{,}30}{44{,}0} \text{ mol},$$

$$\frac{b}{a} = \frac{2 \times 0{,}90/18{,}0}{3{,}30/44{,}0} = 1{,}33.$$

A fórmula empírica deste composto é $CH_{1,33}$.

Há muitas fórmulas moleculares possíveis. Uma vez que $1{,}33 \cong 4/3$, a série mais provável inclui fórmulas moleculares com números inteiros múltiplos de 3 e 4: C_3H_4, C_6H_8, C_9H_{12}, etc. Uma fórmula molecular possível, mas improvável, seria $C_{100}H_{133}$. Mesmo uma determinação de peso molecular aproximado nos permitiria diferenciar entre estas possíveis fórmulas moleculares, e isto pode ser feito se conhecermos a densidade do gás nas condições padrão. A densidade dos gases geralmente é medida em unidades de gramas por litro, e o peso molecular é o número de gramas por mol de gás. Se usarmos o princípio de Avogadro, teremos:

$$\text{peso molecular} = \text{densidade do gás nas CNTP (g L}^{-1}) \times 22.4 \text{ (L mol}^{-1}).$$

Se considerarmos os pesos atômicos do C e do H como iguais a 12,01 e 1,008, os pesos moleculares para as duas primeiras fórmulas de nossa série serão C_3H_4 = 40,06 e C_6H_8 = 80,12. Conhecendo a fórmula empírica $CH_{1,33}$ e o peso molecular aproximado que é 39,9 g, podemos concluir que sua fórmula molecular é C_3H_4. Este composto poderia ser o metilacetileno, cuja fórmula geralmente é escrita como CH_3CCH.

O procedimento usado para resolver quase todos os problemas de estequiometria é montar uma equação baseada na conservação atômica (ou balanço molar) e aplicar-lhe a expressão que relaciona o número de mols ao peso e ao peso molecular da substância em questão. Porém, a avaliação deste procedimento e a habilidade para utilizá-lo virão apenas com a experiência. Portanto, terminaremos nosso estudo com alguns exemplos. Não mostraremos todas as etapas nem todas as unidades envolvidas, sendo assim você deverá acompanhar estes exemplos com lápis, papel e calculadora em mãos.

Exemplo 1.3. Cálculo de Pesos Atômicos a partir da Combinação de Pesos. Uma amostra pura de cálcio metálico pesando 1,35 g foi quantitativamente convertida em 1,88 g de CaO puro. Se o peso atômico do oxigênio é 16,0, qual é o peso atômico do cálcio?

Solução. A partir da fórmula para o óxido de cálcio deduzimos imediatamente que:

$$n\ (\text{mols de O}) = n\ (\text{mols de Ca}),$$

$$\frac{1{,}88 - 1{,}35}{16{,}0} = n\ (\text{mols de O})$$

$$= n\ (\text{mols de Ca}) = \frac{1{,}35}{\text{peso atômico do Ca}},$$

$$\text{peso atômico do Ca} = \frac{1{,}35 \times 16{,}0}{1{,}88 - 1{,}35} = 41\ \text{g mol}^{-1}.$$

Exemplo 1.4. Relações entre Mol e Peso. Quantos mols de HCl deveriam ser adicionados a 2,00 g de $La_2(CO_3)$.$8H_2O$ para ocorrer a reação que se segue? Quantos gramas de $LaCl_3$ seriam produzidos?

Solução. A equação balanceada é a seguinte:

$$La_2(CO_3)_3.8H_2O + 6HCl \rightarrow 2LaCl_3 + 3CO_2\uparrow + 11H_2O$$

onde a seta (↑) indica produção de gás. Sabendo que o composto original possui 2 mols de La por mol de composto e que são necessários 6 mols de HCl por mol de composto, deduzimos que:

$$n\ (\text{mols de } LaCl_3) = 2 \times n \text{ mols de } La_2(CO_3)_3.\ 8H_2O,$$
$$n\ (\text{mols de HCl}) = 6 \times n \text{ mols de } La_2(CO_3)_3.\ 8H_2O.$$

Os mesmos resultados podem ser obtidos a partir da Eq. (1.4).

O peso fórmula do $La_2(CO_3)_3.8H_2O$ é 602 e o do $LaCl_3$ é 245.

Com estes dados obtemos ambas as respostas

$$n\ (\text{moles de HCl}) = \frac{6 \times 2{,}00}{602} = 1{,}99 \times 10^{-2}\ \text{mol}$$

$$\text{peso do } LaCl_3 = \frac{2 \times 2{,}00 \times 245}{602} = 1{,}63\ \text{g.}$$

Exemplo 1.5. Reagentes Limitantes numa Reação. Uma química queria preparar hidrazina (N_2H_4) a partir da reação:

$$2NH_3 + OCl^- \rightarrow N_2H_4 + Cl^- + H_2O,$$

e, para isto, misturou 3,6 mol de NH_3 com 1,5 mol de OCl^-. Quantos mols de hidrazina poderiam ser obtidos e qual é o reagente limitante da reação?

Soluções. Há várias maneiras de se resolver este problema, mas os químicos experientes notariam que ela usou duas vezes mais mols de NH_3 do que de OCl^-. Podemos então concluir que o OCl^- é o reagente limitante. Também é possível utilizar a Eq. (1.4) para obter:

$$n\ (\text{mols de reação a partir do } NH_3) = \frac{n\ (\text{mols de } NH_3)}{2} = 1{,}8\ \text{mol},$$

$$n\ (\text{mols de reação a partir do OCl}) = n(\text{mols de OCl}) = 1{,}5\ \text{mol.}$$

Como o número de mols calculados a partir do OCl^- é menor, este é o reagente limitante. Podemos novamente usar a Eq. (1.4) para o N_2H_4:

$$n\ (\text{mols de } N_2H_4 \text{ produzidos}) = n\ (\text{mols da reação}) = 1{,}5\ \text{mol.}$$

Exemplo 1.6. Análise Gravimétrica. Numa determinação gravimétrica de fósforo, uma solução aquosa do íon di-hidrogenofosfato ($H_2PO_4^-$) foi tratada com uma mistura de íons amônio (NH_4^+) e magnésio (Mg^{2+}) para se obter o precipitado de fosfato de amônio e magnésio ($MgNH_4PO_4.6H_2O$). Este foi aquecido e se decompôs dando pirofosfato de magnésio ($Mg_2P_2O_7$), o qual foi pesado. As reações efetivas são:

$$H_2PO_4^- + Mg^{2+} + NH_4^+ + 6H_2O \rightarrow$$
$$MgNH_4PO_4 \cdot 6H_2O(s) + 2H^+,$$

$$2MgNH_4PO_4 \cdot 6H_2O(s) \rightarrow$$
$$Mg_2P_2O_7(s) + 2NH_3(g) + 13H_2O(g).$$

A partir de uma solução de $H_2PO_4^-$, obteve-se 1,054 g de $Mg_2P_2O_7$. Qual o peso de NaH_2PO_4 necessário para obter uma quantidade igual à quantidade original de $H_2PO_4^-$?

Solução. A resposta pode ser obtida imediatamente se aplicarmos o princípio segundo o qual o número de átomos de P (ou o número de mols de fósforo) é conservado. Então,

$$n\ (\text{mols de P}) = n\ (\text{mols de } H_2PO_4^-) = 2 \times n\ (\text{mols de } Mg_2P_2O_7),$$

ou usando a Eq. (1.4),

$$n\ (\text{mols de } H_2PO_4) = n\ (\text{mols de } MgNH_4PO_4.6H_2O)$$

$$\frac{n\ (\text{moles de } MgNH_4PO_4.6H_2O)}{2}$$

$$n\ (\text{moles de } Mg_2P_2O_7) = \frac{1{,}054}{222{,}5}\ \text{mol.}$$

Logo, podemos seguir as etapas abaixo para obter a resposta:

$$n\ (\text{mols de } H_2PO_4^-) =$$

$$n\ (\text{mols de } Na_2H_2PO_4) = \frac{2 \times 1{,}054}{222{,}5}\ \text{mol}$$

$$\text{peso do } Na_2H_2PO_4 = \frac{2 \times 1{,}054 \times 119{,}9}{222{,}5} = 1{,}136\ \text{g.}$$

Independentemente do número de reações que transformam um reagente num produto, os pesos dos regentes que efetivamente reagem estão relacionados pelo princípio da conservação atômica. Não é necessário conhecer a sequência de reações, conforme demonstraremos no próximo exemplo.

Exemplo 1.7. Análise Gravimétrica. Uma amostra de K_2CO_3 pesando 27,6 g foi tratada com uma série de reagentes que converteram todo o carbono em CN^-, originando o composto $K_2Zn_3[Fe(CN)_6]_2$. Quantos gramas deste composto foram obtidos?

Solução. Como todo o carbono contido no reagente é encontrado também no produto, o número de mols de carbono é conservado. Além disso, cada mol de $K_2Zn_3[Fe(CN)_6]_2$ contém 2 x 6 = 12 mol de átomos de C, de modo que podemos escrever:

$$n\ (\text{mols de C}) = 12 \times n\ (\text{mols de } K_2Zn_3[Fe(CN)_6]_2)$$

$$= n\ (\text{mols de } K_2CO_3) = \frac{27{,}6}{138}\ \text{mol.}$$

Assim,

$$n\ (\text{mols de } K_2CO_3) = 12 \times n\ (\text{mols de } K_2Zn_3[Fe(CN)_6]_2),$$

$$\frac{27{,}6}{138} = \frac{12 \times \text{peso do } K_2Zn_3[Fe(CN)_6]_2}{698},$$

$$\text{peso do } K_2Zn_3[Fe(CN)_6]_2 = 11{,}6\ \text{g.}$$

Exemplo 1.8. O Princípio de Avogadro para os Gases. Após sofrer combustão, 1 volume de um composto gasoso constituído de hidrogênio, carbono e nitrogênio produziu 2 volumes de CO_2, 3,5 volumes de H_2O e 0,5 volume de N_2, que foram medidos nas mesmas condições de temperatura e pressão. Qual é a fórmula empírica do composto? Sua fórmula molecular pode ser obtida a partir destes dados?

Solução. A solução deste problema requer uma aplicação direta do princípio de Avogadro segundo o qual, nas mesmas condições de temperatura e pressão, volumes iguais dos gases contêm o mesmo número de moléculas. Observando que cada molécula de N_2 contém dois átomos de nitrogênio e que cada molécula de água contém dois átomos de hidrogênio, verificamos que os números relativos de átomos de C, H e N no composto desconhecido são

C:H:N = volume de CO_2 : 2 x volume de H_2O: 2 x volume de N_2 = 2:7:1

Sua fórmula empírica é C_2H_7N. Esta também é a fórmula molecular, uma vez que os cálculos mostram que em 1 volume (ou x mols) do composto há átomos de carbono suficientes para produzir 2 volumes (ou $2x$ mols) de CO_2. Portanto, cada mol do composto desconhecido não contém mais do que 2 mol de C. O composto em questão poderia ser etilamina, comumente escrita como $CH_3CH_2NH_2$.

Exemplo 1.9. Determinações de Peso Atômico. Uma amostra de clorato de potássio ($KClO_3$) cuidadosamente purificada pesando 4,008 g, sofreu decomposição quantitativa, produzindo 2,438 g de cloreto de potássio (KCl) e oxigênio. O KCl foi dissolvido em água e tratado com uma solução de nitrato de prata. O resultado foi a formação de 4,687 g de um precipitado de cloreto de prata (AgCl). Após tratamento posterior, verificou-se que o AgCl contém 3,531 g de Ag. Usando estes dados, calcule os pesos atômicos da Ag, do Cl e do K, supondo O = 15,999.

Soluções. A solução deste problema requer várias etapas, de modo que é aconselhável planejarmos nosso procedimento. A análise das equações

$$KClO_3 \rightarrow KCl + \tfrac{3}{2}O_2 \qquad \text{e} \qquad Cl^- + Ag^+ \rightarrow AgCl$$

mostra que se soubermos quantos mols de KCl foram produzidos, poderemos determinar o número de mols de AgCl e de Ag envolvidos. Conhecendo o peso e o número de mols da Ag, podemos calcular seu peso atômico. Este é nosso primeiro objetivo. Então, a partir do peso atômico da Ag, do peso, e do número de mols de AgCl, podemos encontrar o peso atômico do cloro. Finalmente, o número de mols de KCl, seu peso, e o peso atômico do Cl serão suficientes para calcularmos o peso atômico do K. Todo o planejamento baseia-se na expressão

$$n\ (\text{mols}) = \frac{\text{peso}}{\text{peso molecular}}$$

e no fato de sabermos que é necessário conhecer duas destas incógnitas para calcularmos a terceira.

Vamos colocar em prática nosso plano. Como conhecemos apenas o peso atômico do oxigênio, devemos usar uma relação que envolva este elemento para determinar o número de mols de KCl. Observamos na primeira equação química que:

$$n\ (\text{mols de } O_2) = 3/2 \times n\ (\text{mols de KCl})$$

$$\frac{\text{peso do } O_2}{\text{peso molecular do } O_2} = \frac{4{,}008 - 2{,}438}{31{,}999} = 0{,}04906\ \text{mol}$$

$$= \frac{3}{2} \times \text{n° mols de KCl},$$

$$n\ (\text{mols de KCl}) = 0{,}03271\ \text{mol}.$$

Da segunda equação, obtemos

$$n\ (\text{mols de KCl}) = n\ (\text{mols de Ag}),$$

$$0.03271\ \text{mol} = \frac{3{,}531\ \text{g}}{\text{peso atômico da Ag}}.$$

Calculando o peso atômico, obtemos

$$\text{peso atômico da Ag} = 107{,}9\ \text{g mol}^{-}.$$

Procedendo da mesma forma para o AgCl:

$$n\ (\text{mols de KCl}) = n\ (\text{mols de AgCl})$$

$$0{,}03271\ \text{mol} = \frac{4{,}687}{\text{fórmula peso do AgCl}}$$

$$\text{fórmula peso do AgCl} = 143{,}3\ \text{g mol}^{-1}.$$

Podemos então determinar o peso atômico do Cl a partir da fórmula peso do AgCl e do peso atômico da Ag:

$$\text{Peso atômico do Cl} = 143{,}3 - 107{,}9 = 35{,}4\ \text{g mol}^{-}.$$

Finalmente,

$$n\ (\text{mols de KCl}) = \frac{2{,}438\ \text{g}}{\text{peso fórmula do KCl}} = 0{,}03271\ \text{mol},$$

$$\text{peso fórmula do KCl} = 74{,}53\ \text{g mol}^{-1},$$

$$\text{peso atômico do K} = 74{,}53 - 35{,}4 = 39{,}1\ \text{g mol}^{-1}.$$

Este problema, apesar de longo, não requer o conhecimento de novos princípios. A capacidade de proceder de modo ordenado para resolver um problema exige o conhecimento da relação entre número de mols, peso e peso molecular.

Um problema mais elaborado, envolvendo a reação de uma mistura de substâncias para dar um único produto, pode ser facilmente resolvido por meio do princípio da conservação atômica.

Exemplo 1.10. Dois Reagentes dando um único Produto. 1,000g de uma mistura de óxido cuproso (Cu_2O) e de óxido cúprico (CuO) foi quantitativamente reduzida a 0,839 g de Cu metálico. Qual era o peso do CuO na amostra original?

Solução. A chave para resolver este problema é lembrar que os átomos de Cu são conservados. Considerando o peso do CuO igual a w, e o peso do Cu_2O igual a 1,000 - w, temos que:

n (mols de Cu nos óxidos) = n (mols de cobre metálico),
n (mols de CuO) + 2 x n (mols de Cu_2O) = n (mols de Cu)

$$\frac{w}{\text{peso fórmula do CuO}} + \frac{(2 \times 1{,}000 - w)}{\text{peso fórmula do } Cu_2O} = \frac{0{,}839}{\text{peso atômico do Cu}}$$

Considerando os pesos fórmula do CuO e do Cu_2O como sendo iguais a 79,55 e 143,09, obtemos:

$$(1{,}257 \times 10^{-2})w + (1{,}398 \times 10^{-2})(1{,}000 - w) = 1{,}320 \times 10^{-2}.$$

Agrupando os termos e multiplicando por 10^4, obtemos

$$14{,}1w = 7{,}8 \text{ e } w = 0{,}55\ \text{g}.$$

Este método depende essencialmente de estabelecermos o número limitante de mols de Cu que poderiam ser obtidos de 1,000 g de CuO puro ou de 1,000 g de Cu_2O puro. Sendo w = 1,000 g ou w = 0 g, cada termo na soma representa os valores limitantes de cada reagente.

Será mais fácil entender esta solução se usarmos os **pesos limitantes** de Cu a partir de 1,000g de CuO puro e Cu_2O puro como um método de cálculo. Para 1,000 g de CuO,

$$\text{peso de Cu} = \frac{1{,}000}{79{,}55} \times 63{,}55 = 0{,}7989\ \text{g}.$$

Para 1,000 g de Cu_2O,

$$\text{peso de Cu} = \frac{2 \times 1{,}000}{143{,}09} \times 63{,}55 = 0{,}8883\ \text{g}.$$

Como o peso observado para o Cu é 0,839 g e este valor está entre os dois pesos calculados, podemos montar uma equação para a fração em peso de CuO, que chamaremos de f:

$$0{,}799f + 0{,}888(1 - f) = 0{,}839.$$

Agrupando termos e resolvendo a equação, obtemos $f = 0,55$, o que está de acordo com os nossos cálculos anteriores.

A única diferença entre estes dois métodos é que usamos as somas de mols de Cu no primeiro e as somas de pesos de Cu no segundo. Porém, as duas soluções são equivalentes.

Um problema semelhante envolve a reação de uma mistura de metais com íon hidrogênio, conforme mostraremos no último exemplo.

Exemplo 1.11. Dois Metais Produzindo Gás Hidrogênio. Uma mistura de alumínio e zinco pesando 1,67 g foi completamente dissolvida em ácido, liberando 1,69 L de hidrogênio (H_2) puro medido nas CNTP. Qual era o peso do alumínio na mistura original?

Solução. Analisando as equações

$$Zn + 2H^+ \rightarrow Zn^{2+} + H_2,$$
$$Al + 3H^+ \rightarrow Al^{3+} + \tfrac{3}{2}H_2,$$

podemos ver que a partir de 1 mol de Zn, obteve-se 1 mol de gás H_2, enquanto 1 mol de Al produziu 3/2 mol de H_2. A soma de mols de H_2 formados a partir de ambos os metais pode ser assim escrita:

$$n \text{ (mols de Zn)} + 3/2 \times n \text{ (mols de Al)} = n \text{ (mols de } H_2).$$

Se w = peso de Al em gramas,

$$\frac{1,67 - w}{65,4} + \left(\frac{3}{2} \times \frac{w}{27,0}\right) = \frac{1,69}{22,4}, \qquad w = 1,24 \text{ g Al}.$$

1.7 Epílogo

Acabamos de apresentar diversos exemplos de cálculos estequiométricos que envolvem muita aritmética e álgebra. Agora é a sua vez de resolver os problemas do final do Capítulo, pois isso o ajudará a desenvolver o raciocínio estequiométrico. No entanto, antes de envolver a matemática, recordemos a importância da teoria atômica. Neste Capítulo utilizamos somente a propriedade atômica relacionada à massa (ou peso). No próximo, mostraremos como combinar a teoria atômica e o conceito de temperatura para explicar o princípio de Avogadro e o comportamento dos gases. Introduziremos também o conceito de tamanho molecular e discutiremos as forças intermoleculares. A medida que avançarmos no aprendizado da química, constantemente voltaremos à teoria atômica para mostrar como as propriedades das moléculas dão forma ao mundo em que vivemos.

Além dos aspectos concretos e matemáticos relacionados aos pesos atômicos e à teoria atômica, este Capítulo serviu para ilustrar vários princípios científicos. A história do desenvolvimento da escala de pesos atômicos mostra como as idéias científicas são geradas. Realizam-se vários experimentos; a comparação dos resultados permite a formulação de leis empíricas cujas validades são limitadas pela precisão dos experimentos e pelo número de situações investigadas. As tentativas de encontrar uma explicação unificada para diversas leis experimentais conduzem à elaboração de uma teoria. Durante o desenvolvimento da teoria, pode-se descobrir idéias incorretas e estas devem ser modificadas ou removidas, à medida que se realizam mais experimentos. É neste estágio que torna-se mais importante executar criteriosamente os experimentos e efetuar uma avaliação imparcial dos dados experimentais existentes. Raramente os resultados de um único experimento são suficientes para nos permitir aceitar ou rejeitar uma teoria. Portanto, para existir aceitação de idéias científicas de grande relevância, tal como a teoria atômica, é necessário que elas estejam fundamentadas na existência de uma irrefutável gama de dados experimentais que na época não foram comprovados, mas que são concordantes com a teoria. Ilustraremos estes aspectos nos Capítulos seguintes.

RESUMO

Nossa **teoria atômica** moderna foi proposta por John Dalton. Como parte de sua teoria ele desenvolveu a primeira Tabela de **pesos atômicos** que expressava as massas relativas de cada elemento. Dalton nunca resolveu completamente o problema de como determinar experimentalmente **fórmulas moleculares** e pesos atômicos porque ele rejeitou o **princípio de Avogadro.** Este princípio foi finalmente aceito e nossos pesos atômicos modernos, direta ou indiretamente, baseiam-se na suposição de que volumes iguais de gases submetidos à mesma temperatura e baixa pressão contêm o mesmo número de moléculas.

A aplicação da teoria atômica para entender quantitativamente a combinação química é denominada **estequiometria.** A unidade básica acima do nível molecular usada em estequiometria é o mol. Este corresponde ao **número de Avogadro** de moléculas e sua massa em gramas é igual ao **peso molecular.** Os pesos moleculares podem ser calculados a partir das fórmulas moleculares, somando-se os pesos atômicos de cada elemento presente na fórmula. Para **compostos não-estequiométricos** ou outras substâncias que não contêm moléculas discretas, é mais correto usar **pesos fórmula** em lugar de pesos moleculares. O termo *mol* é usado muitas vezes para designar o número de pesos fórmula mesmo quando não estejam presentes moléculas com esta fórmula.

A **equação química** expressa o que ocorre durante uma transformação química. Se for corretamente balanceada, seus **coeficientes estequiométricos** poderão ser utilizados para estabelecer relações algébricas entre número de mols de **reagentes** e número de mols de **produtos**. Estas relações e a definição de mol constituem a base para a resolução de problemas de estequiometria.

SUGESTÕES PARA LEITURA

Histórico

Greenway, F. *John Dalton and the Atom.* London: Heinemam, 1966.

Leicester, H. M. *The Historical Background of Chemistry.* New York: Dover, 1971.

Nash, L. K. *The Atomic-Molecular Theory.* Cambridge, Mass: Harvard University Press, 1950.

Partington, J. R. *History of Chemistry.* 4 vols. New York: St. Martin's Press, 1964.

Estequiometria

Kieffer, W. F. *The Mole Concept in Chemistry.* New York: Van Nostrand Reinhold, 1962.

Loebel, A. B. *Chemical Problem Solving by Dimensional Analysis,* 2 ed. Boston: Houghton Mifflin, 1978.

Nash, L. K. *Stoichiometry.* Reading, Mass.:Addison-Wesley, 1966.

Sienko, M. J. *Chemical Problems,* 2 ed. Menlo Park, Calif.: Benjamin-Cummings, 1971.

Smith, R. N. e C. Pierce. *Solving General Chemistry Problems,* 5 ed. San Francisco: Freeman, 1980.

Sorum, C. H. e R. S. Boikess. *How to Solve General Chemistry Problems,* 5 ed. Englewood Cliffs, N. J.: Prentice-Hall, 1976.

PROBLEMAS

Os problemas estão agrupados principalmente de acordo com os princípios que eles ilustram. Para ajudá-lo, as resposta dos problemas de numeração ímpar são apresentadas no final do livro. No final desta série são apresentados problemas de maior complexidade, que estão marcados com um asterisco (*).

Moléculas, Mols e Fórmulas

1.1 O bórax é comumente formulado como $Na_2B_4O_7.10H_2O$. Use a Tabela de pesos atômicos para calcular o seu peso molecular. O valor final deve conter apenas cinco algarismos significativos.

1.2. Quais são as porcentagens em peso de Na, B, O e H no bórax? Confira se a soma total é igual a $100,00 \pm 0,01$.

1.3 Uma molécula não usual em fase-gasosa tem a fórmula N_2O_5. Medindo a pressão do gás, você poderá colocar exatamente $1,00 \times 10^{-4}$ g de N_2O_5 numa ampola. Quantas moléculas de N_2O_5 conterá a ampola? Se o N_2O_5 sofrer decomposição segundo a reação:

$$N_2O_5 \rightarrow 2NO_2 + \tfrac{1}{2}O_2,$$

quantas moléculas ficarão na ampola no final desta reação? A amostra ainda pesaria $1,00 \times 10^{-4}$ g?

1.4 Um químico colocou 5,00 g de uma mistura de NO_2 e N_2O_4 numa grande ampola. Se a amostra continha 50% de cada uma das substâncias em peso, quantos mols de cada gás haviam na ampola?

1.5 Frequentemente encontra-se $NiSO_4.7H_2O$, de cor verde, em frascos com rótulos contendo a descrição: $NiSO_4.6H_2O$, cor azul. Quantos gramas a menos de Ni são encontrados em 1 lb (453,6 g) de $NiSO_4.7H_2O$, se comparado a 1 lb de $NiSO_4.6H_2O$?

1.6 Uma amostra de cobre (Cu) metálico pesando 2,50 g foi aquecida com enxofre (S), produzindo um sólido não-estequiométrico de fórmula $Cu_{1,80}S$. Quantos gramas deste produto foram obtidos?

Pesos Atômicos e Fórmulas Empíricas

1.7 Verificou-se que um óxido de antimônio (Sb) contém 24,73% de oxigênio em peso. Qual é a fórmula empírica deste óxido?

1.8 Um composto puro formado por N_2 e O_2 contém 36,854% de nitrogênio e 63,146% de oxigênio em peso. Qual é a fórmula empírica do composto e qual poderia ser sua fórmula molecular mais simples?

1.9 Uma amostra de óxido de ferro pesando 1,60 g foi aquecida numa corrente de gás hidrogênio até ser completamente convertida em 1,12 g de ferro metálico. Qual é a fórmula empírica do óxido?

1.10 Uma amostra de dicloreto de európio ($EuCl_2$) pesando 1,000 g foi tratada com excesso de nitrato de prata aquoso e todo o cloreto foi recuperado em 1,286 g de AgCl. Com base nestes dados calcule o peso atômico do Eu.

1.11 0,578 g de uma amostra de estanho puro foi tratada com flúor gasoso até que o peso do produto final desse um valor constante igual a 0,944 g. Qual é a fórmula empírica do fluoreto de estanho formado?

1.12 Ao aquecer brometo de bário ($BaBr_2$) numa corrente de gás Cl_2, houve conversão total a cloreto de bário ($BaCl_2$). A partir de 1,5000 de $BaBr_2$ obteve-se exatamente 1,0512 g de $BaCl_2$. Calcule o peso atômico do Ba com base nestes dados.

Fórmulas Moleculares

1.13 Verificou-se por meio de um espectrógrafo de massa que um composto gasoso formado por carbono e oxigênio tem um peso molecular próximo de 68,0. Qual será sua fórmula molecular?

1.14 Na secção 1.6 determinamos as fórmulas empírica e molecular de um composto de carbono e hidrogênio a partir dos pesos de CO_2 e de H_2O produzidos pela combustão. Mostre como a mesma fórmula empírica pode ser determinada considerando-se apenas o fato de que 1,00 g do composto produziu 3,30 g de CO_2. Neste caso, o peso do hidrogênio em 1,00 g de amostra poderia ser determinado por subtração.

1.15 Ao queimar 0,210 g de um composto constituído somente de carbono e hidrogênio, recuperou-se 0,660 g de CO_2. Qual é a fórmula empírica deste composto? (para ajudá-lo, veja o problema 1.14). Determinou-se que a densidade deste hidrocarboneto é igual a 1,87 g L^{-1}, nas CNTP. Qual é a fórmula molecular do composto?

1.16 Um composto não usual de enxofre e oxigênio, com peso molecular igual a 80, foi preparado. Quais são as duas fórmulas possíveis que dariam este peso molecular? Suponha que este composto apresenta no seu espectrograma de massa um pico correspondente à massa 82 com intensidade de cerca de 9% da intensidade do pico correspondente à massa 80. Determine a fórmula correta. A composição isotópica do enxofre é 4,3% de ^{34}S e 95,7% de ^{32}S. Despreze os isótopos do oxigênio considerando tudo como ^{16}O.

1.17 0,596 g de um composto gasoso constituído por boro e hidrogênio ocupa 484 cm^3 nas CNTP. Quando o composto é queimado em excesso de oxigênio, todo seu hidrogênio é recuperado em 1,17 g de H_2O e todo o boro é transformado em B_2O_3. Qual é a fórmula empírica, a fórmula molecular e o peso molecular do composto de boro-hidrogênio? Qual é o peso do B_2O_3 produzido na combustão?

Escrevendo Equações Químicas

1.18 Escreva as equações balanceadas para a combustão do C_3H_4 em O_2 produzindo CO_2 e H_2O.

1.19 Escreva a equação estequiométrica elementar balanceada e a equação da reação efetiva para a reação em que ocorre precipitação de PbS ao se passar $H_2S(g)$ numa solução de $Pb(NO_3)_2$. Para escrever a reação efetiva considere que $Pb(NO_3)_2$ e HNO_3 produzem íons.

1.20 Faça o balanceamento das seguintes equações químicas:

a) $NO_2\,(g) \rightarrow NO(g) + O_2\,(g)$
b) $NaN_3 \rightarrow Na + N_2\uparrow$
c) $HCO_3^-\,(aq) + Ca^{2+}\,(aq) \rightarrow CaCO_3\,(s) + CO_2\,(g) + H_2O$

Estequiometria de Reações Químicas

1.21 Uma mistura de alumínio e cobre finamente divididos foi tratada com HCl aquoso. O alumínio se dissolve de acordo com a reação:

$$Al + 3H^+ \rightarrow Al^{3+} + \tfrac{3}{2}H_2,$$

mas o cobre permanece na forma metálica pura. 0,350 g de uma amostra da mistura produz 415 cm^3 de H_2 puro nas CNTP. Qual é a porcentagem em peso do alumínio na mistura?

1.22 Uma amostra de chumbo puro pesando 2,075 g foi dissolvida em ácido nítrico, resultando uma solução de nitrato de chumbo. A solução foi tratada com ácido clorídrico, gás cloro e cloreto de amônio, gerando um precipitado de hexacloroplumbato de amônio $(NH_4)_2PbCl_6$). Que peso máximo deste produto poderia ser obtido da amostra de chumbo?

1.23 Pesos iguais de zinco metálico e iodo (I_2) (ou seja 5,00g de cada) foram misturados e o I_2 foi completamente convertido a ZnI_2. De acordo com a equação $Zn + I_2 \rightarrow ZnI_2$, calcule quantos mols reagem e quantos gramas de Zn permanecem sem reagir.

1.24 Uma amostra contendo 4,22 g de uma mistura de $CaCl_2$ e NaCl foi tratada de modo que todo o cloreto de cálcio precipitou na forma de $CaCO_3$, o qual foi então aquecido e convertido a CaO. O peso final do CaO é 0,959 g. Qual é a porcentagem em peso do $CaCl_2$ na mistura original?

1.25 Um químico quer preparar diborano (B_2H_6) por meio da reação

$$6LiH + 8BF_3 \rightarrow 6LiBF_4 + B_2H_6.$$

Se ele partir de 2,00 mol de LiH e de BF_3, qual será o reagente limitante e quantos mols de B_2H_6 podem ser esperados?

1.26 Se 10,0 g de $CaCO_3$ e 15,0 g de HBr reagirem de acordo com a equação:

$$CaCO_3 + 2HBr \rightarrow CaBr_2 + H_2O + CO_2\uparrow,$$

Qual será o reagente limitante e quantos gramas de $CaBr_2$ poderão ser obtidos na reação?

1.27 A partir das seguintes massas e abundâncias isotópicas, calcule o peso atômico do magnésio.

Isótopo	Abundância, %	Massa
24	78,99	23,9850
25	10,00	24,9858
26	11,01	25,9826

1.28 Um determinado metal forma dois cloretos que contêm 85,2% e 65,8% desse metal.

a) Mostre que estes compostos são coerentes com a lei das proporções múltiplas.

b) Quais são as fórmulas mais simples para estes compostos e qual é o correspondente peso atômico do metal.

c) Considerando outras fórmulas prováveis, que outros pesos atômicos seriam possíveis?

d) Consulte a Tabela periódica para determinar o peso atômico do metal.

1.29 Após exaustivo aquecimento, uma amostra desconhecida de óxido de bário deu 5,00 g de BaO puro e 366 cm^3 de gás O_2 medido nas CNTP. Qual é a fórmula empírica do óxido? Qual é o peso do óxido inicial? Escreva a equação balanceada para esta reação.

1.30 Uma amostra de óxido metálico pesando 7,380 g sofreu decomposição quantitativa produzindo 6,840 g de metal puro. O calor específico do metal é 0,0332 cal $g^{-1}K^{-1}$. Calcule o peso atômico exato do metal e a fórmula empírica do óxido.

1.31 Ao medir a densidade de um gás de certo elemento a várias pressões, encontrou-se o valor 1,784 g L^{-1} para a densidade ideal nas CNTP. A densidade ideal do gás oxigênio sob as mesmas condições é 1,429 g L^{-1}. Qual é o peso molecular do gás desconhecido? Procure as lacunas adequadas da Tabela periódica para as frações de seu peso molecular, e construa um argumento para a não existência deste composto como molécula diatômica ou poliatômica. Este peso molecular é um peso atômico?

1.32 Uma mistura de KBr e NaBr pesando 0,5600 g foi tratada com $Ag^+(aq)$ e todo o íon brometo recuperado na forma de 0,9700 g de AgBr puro. Qual é a fração em peso de KBr na amostra original?

2 As Propriedades dos Gases

Vimos no Capítulo 1 como o estudo dos gases foi importante para o desenvolvimento da teoria atômica. De acordo com o princípio de Avogadro, medir o volume de um gás equivale a contar o número de moléculas contidas neste volume, mas a importância deste tipo de medida não pode ser enfatizada de modo excessivo. Além da importância histórica dos gases, existe uma outra razão para estudá-los. O trabalho do químico é relacionar, por meio de teorias, as propriedades da matéria no estado bruto com as propriedades das moléculas individuais. Este é o caso da teoria cinética dos gases que constitui um exemplo notável de explicação bem sucedida dos fenômenos macroscópicos em termos do comportamento molecular. Ao se investigar as consequências matemáticas do fato de que um gás consiste em um grande número de partículas que colidem com as paredes do recipiente que as contêm, é possível deduzir a lei de Boyle e entender melhor o conceito de temperatura. Quando tentamos explicar o desvio dos gases em relação à lei de Boyle, podemos ter uma idéia dos tamanhos das moléculas e das forças que umas exercem sobre as outras. Assim, o estudo do estado mais simples da matéria pode nos levar à alguns dos conceitos mais universais da ciência física.

2.1 As Leis dos Gases

Em geral, o volume de qualquer material - seja sólido, líquido ou gasoso - é determinado pela temperatura e pressão às quais ele está sujeito. Existe uma relação matemática entre o volume de uma determinada quantidade de material e os valores de pressão e temperatura; esta relação matemática é denominada **equação de estado** e pode ser expressa simbolicamente por:

$$V = V(t, P, n).$$

que significa: O **volume V** é uma função da **temperatura t**, da **pressão P** e do número de mols do material. No caso de líquidos ou sólidos, as equações de estado podem ser muito complicadas, apresentando formas diferentes de uma substância para outra. Os gases, no entanto, são as únicas substâncias que apresentam equações praticamente idênticas. Veremos adiante que esta simplificação deve-se ao fato de que no estado gasoso as moléculas são essencialmente independentes umas das outras, e a natureza detalhada de moléculas individuais não afeta de forma acentuada o comportamento do gás como um todo. Porém, no momento, cuidaremos de determinar e expressar a equação de estado dos gases.

Inevitavelmente, para determinarmos uma equação de estado para gases é necessário medirmos a **pressão**, ou a força por unidade de área, que um gás exerce sobre as paredes do recipiente que o contém. A pressão dos gases geralmente é melhor expressa em unidades de atmosferas ou milímetros de mercúrio, denominadas torr, do que em unidades mais obviamente relacionadas à força e à área. Para estabelecer a relação entre a atmosfera ou milímetro de Hg como unidades de pressão e a idéia de força por unidade de área que é mais fundamental, precisamos apenas verificar como se mede experimentalmente a pressão.

Costuma-se medir a força por unidade de área exercida pela atmosfera terrestre com auxílio de um aparelho denominado barômetro (Figura 2.1). O tubo vertical que contém mercúrio é completamente evacuado, restando apenas uma quantidade muito pequena de vapor de mercúrio. Para se determinar a altura da coluna de mercúrio acima da superfície inferior do mesmo é necessário que a força por unidade de área devida ao mercúrio na coluna seja igual à força por unidade de área exercida pela atmosfera circundante sobre a sua superfície. Sob condições atmosféricas normais, ao nível do mar, esta altura é aproximadamente igual a 760 mmHg (760 torr). Portanto, por definição arbitrária, 1 atm (uma atmosfera padrão) corresponde a 760 torr quando o mercúrio está a 0 °C.

Verifiquemos agora qual é o significado de 1 atm quando expressa em termos de força por unidade de área. Consideremos um tubo de barômetro cuja altura é igual a 760 mmHg. A força exercida pela coluna de mercúrio sobre a seção transversal do tubo é igual à massa do mercúrio sob 760 mmHg vezes a aceleração da gravidade. A massa de mercúrio no tubo, por sua vez, é igual ao volume do mercúrio vezes sua densidade a 0°C. Faremos o cálculo empregando dois sistemas de unidades. No sistema cgs as unidades são: centímetros para distância, gramas para massa e segundos para tempo. Antigamente, este era o principal sistema de unidades utiliza-

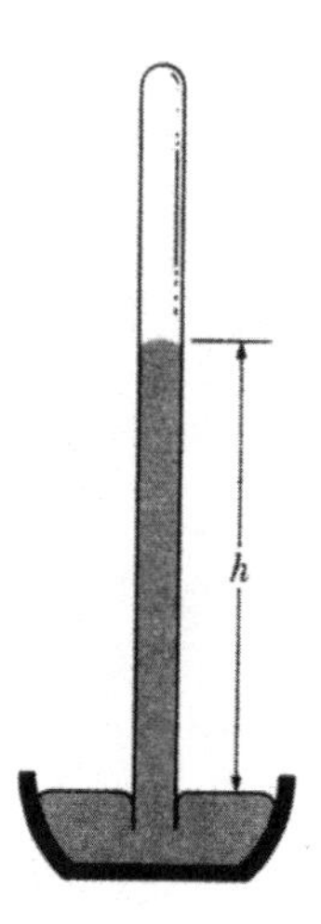

Fig. 2.1 Um barômetro de mercúrio. A pressão atmosférica é proporcional à altura *h*.

do em cálculos científicos. Mas agora, na maior parte dos trabalhos científicos emprega-se o sistema SI, que analisaremos no Apêndice B. Este baseia-se no sistema mks no qual a distância é medida em metros, a massa em kilogramas e o tempo em segundos. Cada sistema tem suas próprias unidades para força e pressão. A atmosfera não pertence a nenhum deles, conforme veremos adiante.

Primeiramente, calcularemos a força por unidade de área que corresponde a 1 atmosfera no sistema cgs. Depois, faremos a conversão para o sistema SI, utilizando os fatores que aparecem no Apêndice A.

$$P = \frac{\text{força}}{\text{área}} = \frac{\text{massa x aceleração da gravidade}}{\text{área do tubo}}$$

$$= \frac{\text{densidade de Hg x altura x área x aceleração}}{\text{área}}$$

$$= 13{,}59 \text{ g cm}^{-3} \times 76{,}00 \text{ cm} \times 980{,}7 \text{ cm s}^{-2}$$

$$= 1{,}013 \times 10^6 \text{ g cm}^{-1} \text{ s}^{-2} = 1{,}013 \times 10^6 \text{ dina cm}^{-2}$$

Se utilizarmos as unidades do sistema SI, a massa deve ser expressa em quilogramas (kg) e a distância em metros. Assim, teremos a força em newtons (N).

$$P = 1{,}013 \times 10^6 \frac{\cancel{g}}{\cancel{cm}\,s^2} \times \frac{1 \text{ kg}}{10^3 \cancel{g}} \times \frac{10^2 \cancel{cm}}{1 \text{ m}}$$

$$= 1{,}013 \times 10^5 \text{ kg m}^{-1} \text{ s}^{-2} = 1{,}013 \times 10^5 \text{ N m}^{-2}$$

A unidade de pressão no sistema SI é o **pascal** (Pa), que corresponde a N m^{-2}. Portanto,

$$1 \text{ atm} = 760 \text{ mmHg} = 760 \text{ torr}$$

$$= 1{,}013 \times 10^6 \text{ dina cm}^{-2} = 1{,}013 \times 10^5 \text{ Pa.}$$

* Veja o Apêndice A para obter o valor preciso do fator 1,013.

O pascal ainda não é muito utilizado, apesar de pertencer ao sistema SI. Uma unidade mais antiga, denominada **bar**, igual a 10^5 Pa, tem valor próximo de 1 atm, sendo assim adequada para muitos fins. Os químicos têm utilizado a atmosfera para construir muitas Tabelas termodinâmicas, e é muito provável que continuem a fazê-lo, embora atmosfera não faça parte de nenhum sistema formal de unidades.

A Lei de Boyle

A relação matemática existente entre a pressão e o volume de uma determinada quantidade de gás numa dada temperatura foi descoberta por **Robert Boyle** em 1662. Como se pode ver na Fig. 2.2, Boyle encerrou uma certa quantidade de ar na extremidade fechada de um tubo em U, o qual preencheu com mercúrio. Nesse tipo de experimento, a pressão no tubo fechado é igual à pressão da atmosfera mais a pressão exercida pela coluna de mercúrio de altura *h*. Ao se despejar mercúrio no lado maior do tubo, a pressão sobre o gás pode ser aumentada, observando-se uma correspondente diminuição de volume do mesmo gás. Boyle descobriu que para uma determinada quantidade de gás, o produto da pressão pelo volume é um valor aproximadamente constante. Notou, também, que um gás, ao ser aquecido, aumentava de volume quando a pressão era mantida constante. Contudo, Boyle não investigou este fenômeno mais a fundo, provavelmente porque a idéia de temperatura não estava bem definida na época.

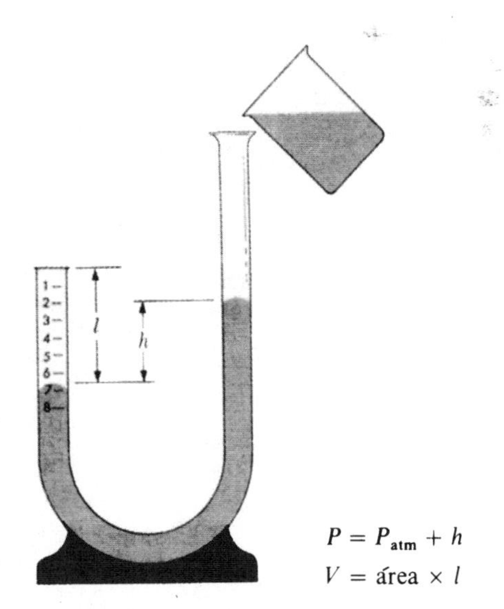

Fig. 2.2 Um tubo em U empregado na demonstração da lei de Boyle.

Apesar disso, a observação de Boyle sobre o efeito qualitativo do aquecimento de um gás foi importante pois mostrava que, para se fazer determinações significativas da relação entre pressão e volume, a temperatura do ambiente devia se manter constante durante o experimento.

É comum, nas investigações experimentais, obter-se dados como uma série de números (por exemplo, valores simultâneos de *P* e *V*) que dependem um do outro de forma desconhecida. Uma técnica adequada e muito útil para se descobrir a relação existente entre uma série de valores simultâneos de pressão e volume é a representação gráfica dos dados num sistema de coordenadas retangulares, cujos eixos representam essas duas variáveis. Uma curva regular que passa pelos pontos determinados experimentalmente pode, então, indicar a relação matemática existente entre essas variáveis. A Fig. 2.3 mostra alguns dados experimentais plotados dessa maneira.

A curva gerada pelos dados aparece como uma hipérbole retangular; os eixos das coordenadas são as assíntotas. Uma vez que a equação algébrica correspondente a uma hipérbole apresenta a forma xy = constante, podemos deduzir que para uma determinada quantidade de gás, numa temperatura constante, ***PV= constante***, o que de fato é a **Lei de Boyle**. A repetição do experimento em várias temperaturas diferentes gera uma família de hipérboles, sendo cada uma delas característica de um valor específico de temperatura. Visto que a a temperatura é uma constante ao longo de cada linha, essas curvas são denominadas **isotermas**.

Muitas vezes, uma maneira útil de representar o comportamento de um gás é plotar a pressão como uma função do volume. Uma desvantagem deste método, no entanto, é que torna-se difícil distinguir, a olho nu, o quão próxima de uma parábola perfeita encontra-se cada curva experimental. Consequentemente, é difícil dizer se um gás obedece com exatidão, ou apenas aproximadamente, a lei de Boyle. A Fig. 2.4 mostra que este problema pode ser resolvido plotando-se a pressão como uma função do recíproco do volume. Visto que a lei de Boyle pode ser escrita como

$$P = \frac{k_{n,t}}{V},$$

onde $K_{n,t,}$ é uma constante cujo valor depende da temperatura e da quantidade de gás. Um gás que obedece a essa lei deveria

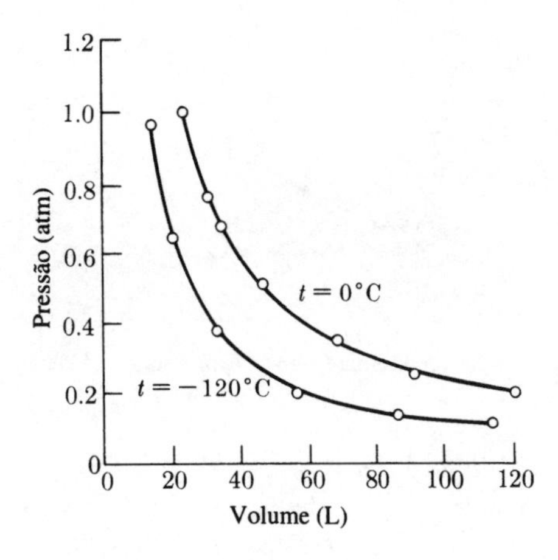

Fig. 2.3 Isotermas pressão-volume para um mol de um gás ideal.

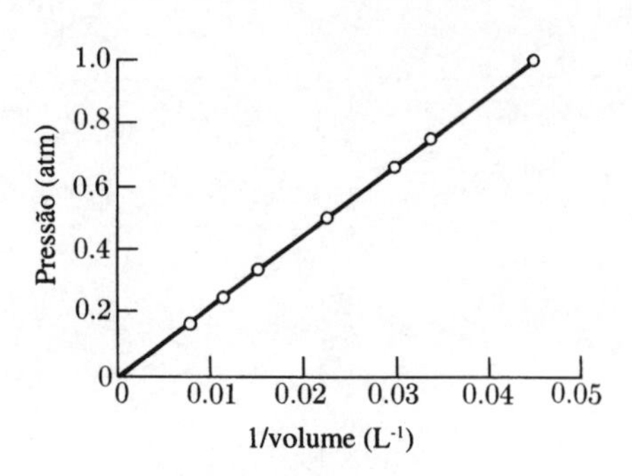

Fig. 2.4 Pressão do gás ideal da Fig. 2.3 em função do recíproco do volume a 0 °C.

apresentar uma reta para o gráfico da pressão em função do recíproco do volume. Como é possível detectar visualmente quaisquer desvios em relação à uma linha reta, ao se plotar os dados dessa maneira, fica fácil perceber o grau de exatidão com que um gás obedece à lei de Boyle.

Uma outra maneira ainda mais útil de tratar esses dados experimentais é representar graficamente o *produto* da pressão pelo volume como uma função ou da pressão ou do recíproco do volume. A Fig. 2.5 mostra que o resultado disto para um gás que obedece exatamente a lei de Boyle deve ser uma reta de inclinação zero. Os dados experimentais revelam que, na faixa de pressões investigadas, os gases, de fato, obedecem a essa lei com muita precisão. Os desvios ocorrem como consequência das forças que as moléculas exercem umas sobre as outras, mas tendem a desaparecer à medida que diminui a densidade do gás. No limite de pressões muito baixas, todos os gases obedecem à lei de Boyle com exatidão.

A Lei de Charles e Gay-Lussac

Quando se examina experimentalmente a dependência do volume de um gás em relação à temperatura, numa determinada pressão, verifica-se que o volume aumenta linearmente com a elevação da temperatura. Esta relação é conhecida como **lei de Charles e Gay-Lussac** (abreviada para lei de

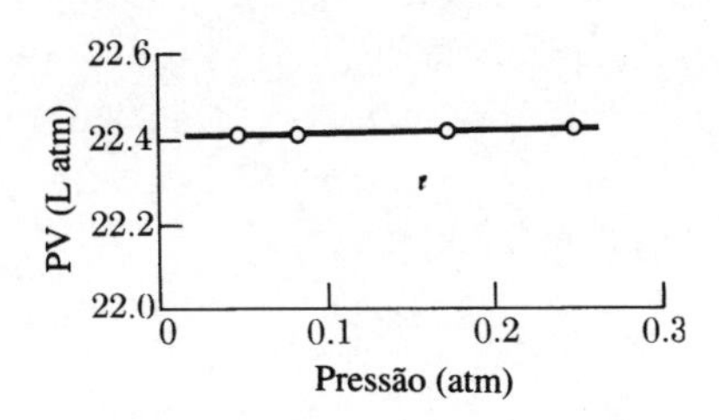

Fig. 2.5 Produto pressão-volume em função da pressão de um mol de gás ideal a 0 °C.

Charles) e pode ser expressa algebricamente da seguinte forma:

$$V = V_0(1 + \alpha t).$$

V é o volume de uma determinada quantidade de gás à pressão constante, V_0 é o volume ocupado à temperatura de zero graus na escala Celsius, α é uma constante que apresenta o valor de aproximadamente 1/273 para todos os gases e t é a temperatura na escala Celsius. Nesta equação fica estabelecido que o volume de um gás aumenta linearmente com a temperatura. Para transformar esta afirmação em fato experimental é necessário que tenhamos um conhecimento prévio de como medir a temperatura.

A experiência corrente nos fornece um conceito qualitativo de temperatura. Para criar uma escala quantitativa de temperatura, devemos escolher uma propriedade termométrica, uma propriedade da matéria que seja facilmente mensurável e que dependa do que chamamos de "calor", e definir a temperatura em termos do valor dessa propriedade. A propriedade termométrica mais comum é o comprimento de uma coluna de mercúrio que dilata-se ao longo de um tubo capilar de diâmetro uniforme a partir de um bulbo fechado. As posições do menisco do mercúrio podem ser marcadas quando o bulbo do termômetro é mergulhado numa mistura de água e gelo e quando ele está rodeado pelo vapor de água em ebulição sob pressão de 1 atm. Essas duas posições podem ser *arbitrariamente* definidas como os pontos 0 °C e 100 °C respectivamente. A distância entre as duas marcas pode então ser dividida em 99 linhas igualmente espaçadas, criando-se assim uma escala de temperatura.

A divisão da escala em unidades *iguais* é muito importante, pois assim fazendo, estabelecemos que a *temperatura aumenta linearmente com o comprimento da coluna* de mercúrio. O mesmo procedimento poderia ser efetuado utilizando-se um outro líquido, como por exemplo álcool, para construir um segundo termômetro. Se esses dois termômetros diferentes fossem colocados no mesmo banho de água e gelo, ambos indicariam 0 °C. Se fossem envolvidos pelo vapor de água em ebulição, ambos registrariam 100°C. Mas, se fossem colocados no mesmo ambiente onde o termômetro de mercúrio indicasse exatamente 25 °C, o termômetro de álcool marcaria uma temperatura ligeiramente diferente desta. De um modo geral, este comportamento repetir-se-ia em qualquer outra temperatura da escala exceto nos pontos de calibração 0 °C e 100 °C, pois para que ambos os termômetros indicassem o mesmo valor em todas as temperaturas, as equações de estado do mercúrio e do álcool teriam de ser exatamente iguais. Devido às diferenças intrínsecas em suas estruturas moleculares, esses dois líquidos, bem como quaisquer outros, não sofrem exatamente a mesma expansão para uma determinada mudança de temperatura. Consequentemente, se queremos usar um líquido para definir nossa escala de temperatura, devemos tomar o cuidado de especificar qual é o líquido que está sendo utilizado.

Para os gases, a dependência do volume em relação à temperatura é consideravelmente mais simples do que para os líquidos. Mesmo sem uma escala de temperatura é possível determinar que o volume de qualquer gás na temperatura de ebulição da água é 1,366 vezes o seu volume na temperatura de uma mistura de gelo e água. Aqui, o que importa é que a *constante de proporcionalidade é a mesma para todos os gases*. Pode-se medir, semelhantemente, a razão entre o volume de um gás no ponto de ebulição da água e seu volume no ponto de ebulição do éter. Neste caso a razão dos volumes é 1,295 para todos os gases. O fato de que todos os gases comportam-se da mesma maneira quando submetidos a uma determinada mudança de temperatura indica que as propriedades dos gases podem ser utilizadas para definir uma escala de temperatura. E é isso que se faz. A equação anterior, que expressa a lei de Charles e Gay-Lussac, $V = V_0(1 + \alpha t)$, pode ser reescrita da seguinte forma:

$$t = \frac{V - V_0}{V_0 \alpha} = \frac{1}{\alpha}\left(\frac{V}{V_0} - 1\right).$$

A segunda equação pode ser assim interpretada: a temperatura, t, é uma quantidade que *aumenta linearmente com o volume de* um gás, por definição. Isto é, a "lei" de Charles e Gay-Lussac na verdade não é uma lei, mas sim uma *definição* de temperatura.

Com efeito, nem todos os gases comportam-se *exatamente* do mesmo modo quando suas temperaturas são alteradas, mas as diferenças diminuem à medida que se reduz a pressão, geralmente tornando-se tão pequenas que em muitos casos são desprezíveis. Embora se possa usar termômetros de gás para definir uma escala de temperatura, outros dispositivos mais apropriados são utilizados em medidas práticas. A alteração na resistência de um fio de platina sob pressão constante e a voltagem produzida por um termopar de platina-ródio são exemplos de termômetros práticos.

A Escala de Temperatura Absoluta

A relação entre temperatura e volume de um gás pode ser simplificada ao se definir uma nova escala de temperatura. Partindo da lei de Charles, podemos escrever

$$V = V_0(1 + \alpha t) = V_0 \frac{1/\alpha + t}{1/\alpha}.$$

Para a razão V_1/V_2 dos volumes do gás em duas temperaturas diferentes t_1 e t_2, temos

$$\frac{V_1}{V_2} = \frac{1/\alpha + t_1}{1/\alpha + t_2}.$$

Verificando-se experimentalmente que $1/\alpha = 273{,}15$, quando t é expresso em graus Celsius,

$$\frac{V_1}{V_2} = \frac{273{,}15 + t_1}{273{,}15 + t_2}.$$

A forma dessa equação nos sugere a conveniência de se definir uma nova escala de temperatura pela equação:

$$T = 273{,}15 + t. \qquad (2.1)$$

A temperatura T é denominada **temperatura absoluta** ou temperatura na **escala Kelvin**, sendo indicada por K. Ao se utilizar a escala Kelvin, a relação entre temperatura e volume para uma determinada quantidade de gás sob pressão constante assume uma forma muito simples

$$\frac{V_1}{V_2} = \frac{T_1}{T_2}$$

ou

$$\frac{V}{T} = \text{constante} \qquad (2.2)$$

Como consequência desta última formulação, temos que o volume de um gás diminui à medida que a temperatura absoluta T diminui, tornando-se zero quando $T = 0$ K ou, pela Eq (2.1), a temperatura mais baixa possível é aquela em que $t = -273{,}15$ °C, uma vez que uma temperatura menor corresponderia a um volume negativo de gás.

Estabelecer a escala de temperatura Kelvin por meio de uma determinação experimental de α tem suas limitações. Nenhum gás obedecerá à relação dos gases ideais nas proximidades de O K; portanto, na escala Kelvin, o zero teve que ser baseado numa extrapolação partindo de 0°C. O melhor valor experimental para $1/\alpha$ variou de 273,1 a 273,2. Químicos especialistas em trabalhos a baixas temperaturas argumentaram que essa era uma maneira imprópria de definir 0 K, e que equivalia a definir a massa zero por uma extrapolação partindo de 1g. O problema foi resolvido com o estabelecimento da **Escala Internacional de Temperatura Prática (EITP-68)**. Nessa escala, 0 K é definido como a temperatura mais baixa possível. A unidade Kelvin é do mesmo **tamanho** de um grau Celsius, mas agora é exatamente 1/273,16 da temperatura Kelvin para o ponto de fusão da água sob sua própria pressão de vapor e na ausência de ar. Essa temperatura é chamada de *ponto triplo,* sendo também definida como exatamente 0,01 °C. Com essas suposições, a Eq. (2.1) torna-se uma relação exata, mas a escala Celsius é agora definida de acordo com a escala Kelvin, e não o contrário. A Tabela 2.1 dá algumas informações sobre a versão mais recente da EITP-68.

Nota-se na Tabela 2.1 que alguns pontos fixos podem ser determinados com maior precisão do que outros. O ponto de congelação normal da água na presença de ar não é tabelado como um ponto fixo, e o ponto de ebulição da água agora não é mais exatamente 100° C. Embora os pontos de congelação e de ebulição não sejam exatamente definidos, eles diferem em menos de 0,01°C dos valores 0° C e 100°C, respectivamente. Vários termômetros podem ser utilizados para efetuar interpolações entre os pontos fixos da Tabela 2.1.

TABELA 2.1 ESCALA INTERNACIONAL DE TEMPERATURAS PRÁTICA DE 1968*

Definições Básicas

1. Ponto de congelação da água sobre sua própria pressão de vapor (ponto triplo) = 273,16 K (exato)
2. t(°C)=T(K) - 273,15 (exato)

Pontos fixos adicionais		***T*(K)**	***t*(°C)**
H_2	ponto triplo	13,81	-259,34
H_2	ponto de ebulição a 250 torr	17,042	-256,108
H_2	ponto de ebulição a 760 torr	20,28	-252,87
Ne	ponto de ebulição a 760 torr	27,102	-246,048
O_2	ponto triplo	54,361	-218,789
Ar	ponto triplo	83,798	-189,352
O_2	ponto de condensação a 760 torr	90,188	-182,962
H_2O	ponto de ebulição a 760 torr	373,15	100,00
Sn	ponto de congelação	505,1181	231,9681
Zn	ponto de congelação	692,73	419,58
Ag	ponto de congelação	1235,08	961,93
Au	ponto de congelação	1337,58	1064,43

* Conforme corrigido em 1975, de *Metrologia,* **12**, 7-17, 1976.

A Equação dos Gases Ideais

As medidas experimentais anteriormente analisadas mostraram que à temperatura constante, PV é uma constante, e que à pressão constante, V é proporcional à T. Agora queremos combinar essas relações numa equação que expresse o comportamento dos gases. De acordo com a lei de Boyle:

$$PV = C'(T, n),$$

onde $C'(T,n)$ é uma constante que depende somente da temperatura e do número de mols de gás. Da lei de Charles sabemos que, sob pressão constante, o volume de uma determinada quantidade de gás é diretamente proporcional à temperatura absoluta. Assim, a dependência de $C'(T,n)$ em relação à temperatura deve ser:

$$C'(T, n) = C(n)T,$$

onde C(n) é um parâmetro que depende apenas do número de mols n do gás. Portanto, agora podemos escrever:

$$PV = C(n)T,$$

o que é coerente tanto com a lei de Boyle quanto com a lei de Charles. Efetuando um pequeno rearranjo, podemos escrever:

$$\frac{PV}{T} = C(n). \tag{2.3}$$

Um gás que obedece a essa equação de estado, a qual inclui as leis de Boyle e de Charles, é chamado de **gás ideal**. Esse resultado também pode ser expresso como:

$$\frac{P_1 V_1}{T_1} = \frac{P_2 V_2}{T_2}. \tag{2.4}$$

A equação (2.4) é uma forma simples de expressar as leis dos gases. Ela pode ser usada para calcular o volume V_2 de um gás sob as condições arbitrárias P_2 e V_2, conhecendo-se seu volume V_1, à temperatura T_1 e pressão P_1.

Exemplo 2.1 Uma certa amostra de gás ocupa um volume de 0,452 L,à 87 ^{0}C e 0,620 atm.Qual será o seu volume à 1 atm e 0^0 C?

Solução. Considerando V_1=0,452 L, P_1=0,620 atm, T_1=87+273 = 360 K, P_2 = 1 atm e T_2 = 273 K, e partindo da Eq (2.4), temos que:

$$V_2 = V_1 \times \frac{T_2}{T_1} \times \frac{P_1}{P_2} = 0{,}452 \times \frac{273}{360} \times \frac{0{,}620}{1{,}00}$$
$$= 0{,}213 \text{ L}.$$

Em vez de lembrar ou referir-se à Eq. (2.4), é geralmente mais simples e seguro usar um método intuitivo. Como a temperatura final é menor do que a inicial, sabemos que devemos multiplicar V por uma razão de temperaturas menor do que a unidade para obter V_2:

$$V_2 \propto V_1 \times \frac{273}{360}.$$

Também, a pressão final é mais alta do que a inicial. Isso leva à um volume final menor e, assim, devemos multiplicar V_1 por uma razão de pressões menor do que a unidade para obter V_2: Assim

$$V_2 = V_1 \times \frac{273}{360} \times \frac{0{,}620}{1{,}00},$$

que é exatamente a expressão obtida por meio de um simples emprego mecânico da Eq. (2.4).

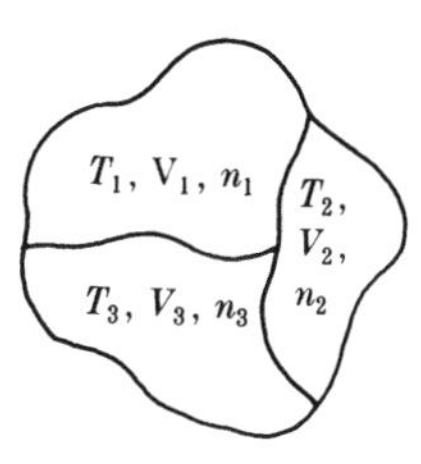

Fig. 2.6 Um volume de gás V dividido em três partes.

Nossa equação de estado final para um gás ideal pode ser facilmente escrita simplificando-se ainda mais a Eq. (2.3). Mas, primeiro, vamos examinar as variáveis P, V e T. Para fazê-lo, imaginemos, como mostra a Fig. 2.6, um grande volume V de gás dividido em um conjunto de secções com volumes V_1, V_2 e V_3, contendo n_1, n_2 e n_3 mols de gás, respectivamente.

Para que as leis de Charles e de Boyle sejam aplicadas a este gás, as temperaturas e pressões têm de ser iguais em todas as partes. Assim,

$$T = T_1 = T_2 = T_3 \quad \text{e} \quad P = P_1 = P_2 = P_3.$$

Essas variáveis são denominadas variáveis intensivas, uma vez que não dependem do tamanho da secção ou do número de moléculas de cada amostra. Isso não é verdade para os volumes V_1, V_2 e V_3, para os quais

$$V = V_1 + V_2 + V_3.$$

O volume é chamado de **variável extensiva**, já que depende do tamanho da amostra tomada para se efetuar a medida.

Uma variável intensiva pode ser gerada a partir de cada volume, quando estes são divididos pelo número de mols contidos em cada amostra, ou seja,

$$\tilde{V}_i = \frac{V_i}{n_i} \qquad (2.5)$$

com $\tilde{V}_1 = V_1/n_1$, $\tilde{V}_2 = V_2/n_2$ e $\tilde{V}_3 = V_3/n_3$, então temos uma variável intensiva que é igual em todas as partes:

$$\tilde{V} = \tilde{V}_1 = \tilde{V}_2 = \tilde{V}_3.$$

Essa variável é o volume por mol. Há circunstâncias em que uma variável intensiva pode não ser igual em toda a amostra, mas por enquanto não nos preocuparemos com isto.

Uma vez reduzidas à forma intensiva as três variáveis da lei dos gases, P, V e T, a Eq. (2.3) pode ser simplificada ainda mais. Visto que agora nenhuma dessas variáveis depende do número de mols, n, a Eq. (2.3) pode ser escrita como:

$$\frac{P\tilde{V}}{T} = C = \text{constante}$$

A essa constante geralmente se atribui o símbolo R, e a **equação de estado dos gases ideais** fica assim:

$$\frac{P\tilde{V}}{T} = R \qquad P\tilde{V} = RT \qquad (2.6)$$

Se preferirmos usar o volume total V em lugar do volume por mol $\tilde{V}$, fazemos um rearranjo, utilizando a Eq. (2.5)

$$PV = nRT. \qquad (2.7)$$

A constante R é conhecida como ***constante universal dos gases*** e independe da pressão, da temperatura ou do número de mols contidos na amostra. Se o valor numérico de R for conhecido, medidas de P, V e T podem ser utilizadas para o cálculo de n.

Podemos calcular o valor de R a partir de uma informação já disponível. Sabendo que 1 mol de gás ideal ocupa um volume de 22,4138 L à 1 atm e 273,15 K (CNTP), podemos escrever:

$$R = \frac{(1 \text{ atm})(22{,}4138 \text{ L})}{(1 \text{ mol})(273{,}15 \text{ K})}$$

$$= 0{,}082057 \text{ L atm mol}^{-1} \text{ K}^{-1}.$$

Note que o valor numérico de R depende das unidades utilizadas para medir pressão, volume e temperatura. A expressão $PV = nRT$ é obedecida por todos os gases nos limites de baixas densidades e altas temperaturas - condições "ideais" sob as quais é mínima a importância das forças entre moléculas. Consequentemente, a Eq. (2.7) é conhecida como lei dos gases perfeitos ou **equação de estado dos gases ideais**.

Exemplo 2.2 Calcular o número de mols contidos numa amostra de um gás ideal cujo volume é 0,452 L à 87 °C e 0,620 atm.

Solução. Utilizando a Eq. (2.7), vemos que P = 0,620 atm, V = 0,452 L e T = 360 K:

$$n = \frac{PV}{RT} = \frac{(0{,}620 \text{ atm})(0{,}452 \text{ L})}{(0{,}0821 \text{ L atm mol}^{-1} \text{ K}^{-1})(360 \text{ K})}$$

$$= 0{,}00948 \text{ mol}.$$

No exemplo 2.1 verificamos que o volume dessa mesma amostra de gás sob condições normais de temperatura e pressão era de 0,213 L. Portanto, podemos também calcular o número de mols:

$$n = \frac{V(\text{CNTP})}{22{,}4} = \frac{0{,}213 \text{ L}}{22{,}4 \text{ L mol}^{-1}} = 0{,}0095 \text{ mol}.$$

O uso da equação de estado dos gases ideais é uma alternativa ao procedimento de se calcular o volume do gás sob condições normais e dividi-lo pelo volume de 1 mol nessas mesmas condições.

No sistema SI, os volumes são dados em metros cúbicos (m) e as pressões em pascals (Pa). Nosso valor de R pode ser convertido a essas unidades utilizando-se o valor anterior e os fatores de conversão

$$R = 0{,}082057 \frac{\cancel{\text{L}}\ \cancel{\text{atm}}}{\text{mol K}} \times \frac{1 \text{ m}^3}{10^3 \cancel{\text{L}}} \times \frac{1{,}01325 \times 10^5 \text{ Pa}}{1 \cancel{\text{atm}}}$$

$$= 8{,}3144 \text{ m}^3 \text{ Pa mol}^{-1} \text{ K}^{-1}.$$

Esse valor pode ser usado em cálculos como aquele mostrado no Exemplo 2.2, contanto que pressão e volume sejam expressos em pascal e metro cúbico, respectivamente. Veremos mais adiante, neste capítulo que esse valor do sistema SI para R também tem outras aplicações, uma vez que o SI é um sistema de unidades coerente.

Lei das Pressões Parciais de Dalton

Quando Dalton formulou pela primeira vez a sua teoria atômica, ele tinha acabado de elaborar uma teoria sobre a vaporização da água e o comportamento de misturas gasosas.

A partir das medidas efetuadas, Dalton concluiu que numa mistura de dois gases, cada um deles agia independentemente do outro. É claro que ele não chegou a compreender as origens da teoria cinética dos gases, que veremos mais adiante. Pensou que a pressão do gás surgia das forças entre moléculas. Porém, suas medidas levaram-no a concluir que, num gás, moléculas distintas não interagiam; a interação ocorria somente entre moléculas semelhantes, sem o "conhecimento" da presença do outro gás. Um dos contemporâneos de Dalton, William Henry, deu a sua própria versão da **lei das pressões parciais**: "Todo gás é um vácuo para qualquer outro gás." Logo veremos que essa afirmação é verdadeira para os gases ideais, quer consideremos moléculas idênticas ou distintas.

Suponhamos que uma mistura de dois gases ideais A e B esteja contida num volume V à uma temperatura T. Então, como cada gás é ideal, podemos escrever

$$P_A = n_A \frac{RT}{V}, \qquad P_B = n_B \frac{RT}{V}. \qquad (2.8)$$

Ou seja, na mistura, cada gás exerce a mesma pressão que exerceria se fosse o único gás presente e essa pressão é proporcional ao número de mols do gás. As quantidades P_A e P_B são denominadas pressões parciais de A e B, respectivamente. De acordo com a lei de Dalton das **pressões parciais,** a pressão total, P_t, exercida sobre as paredes do recipiente é a soma das pressões parciais dos dois gases e depende somente do número total de mols n_t:

$$P_t = P_A + P_B = (n_A + n_B)\left(\frac{RT}{V}\right) = n_t \frac{RT}{V}$$

A expressão pode ser generalizada para aplicar-se a uma mistura contendo qualquer número de gases. O resultado é:

$$P_t = \sum_i P_i = \frac{RT}{V} \sum_i n_i = n_t \frac{RT}{V},$$

onde i é um indicador que identifica cada componente da mistura e o símbolo Σ_i representa a operação de somatória de todas as quantidades indicadas. Uma outra expressão útil para a lei das pressões parciais pode ser obtida, escrevendo-se

$$P_A = n_A \frac{RT}{V},$$

$$P_t = \frac{RT}{V} \sum_i n_i = \frac{RT}{V} n_t,$$

$$\frac{P_A}{P_t} = \frac{n_A}{\sum_i n_i} = \frac{n_A}{n_t} = X_A,$$

ou

$$P_A = P_t X_A. \qquad (2.9)$$

A quantidade X_A é chamada de fração molar do componente A, e a Eq. (2.9) diz que a pressão parcial de qualquer componente A é igual à pressão total da mistura multiplicada por X_A, a fração de mols totais do componente A.

A Utilização das Leis dos Gases

Todo químico precisa ter uma perfeita compreensão das leis dos gases para poder aplicá-las a vários problemas. Os seguintes exemplos ilustram como estas leis são utilizadas na prática da química.

Exemplo 2.3 Um bulbo de volume desconhecido V contém um gás ideal sob pressão de 1 atm. Uma válvula reguladora é aberta, permitindo a expansão do gás para um outro bulbo previamente evacuado, cujo volume é exatamente 0,500 L. Estabelecido o equilíbrio entre os bulbos, nota-se que a temperatura não mudou e que a pressão do gás é de 530 torr. Qual é o volume desconhecido, V, do primeiro bulbo?

Solução. Uma vez que se trata de um gás ideal e a temperatura é constante, podemos usar a lei de Boyle:

$$P_1V_1 = P_2V_2,$$

$$760V_1 = 530(0{,}500 + V_1),$$

$$(760 - 530)V_1 = (530) \times (0{,}500),$$

$$V_1 = 1{,}15 \text{ L}.$$

A equação dos gases ideais pode ser utilizada para ajudar a calcular pesos moleculares a partir de medidas de densidade dos gases. É o que veremos em seguida.

Exemplo 2.4 Verifica-se que 0,896 g de um composto gasoso puro contendo apenas nitrogênio e oxigênio ocupa 524 cm³ sob pressão de 730 torr e temperatura de 28 °C. Quais são o peso molecular e a fórmula molecular do gás?

Solução. O peso molecular sempre poderá ser calculado a partir do número de mols correspondentes a um determinado peso de material. Neste problema, é possível chegar ao número de mols do gás, empregando-se a equação de estado dos gases ideais:

$$n = \frac{PV}{RT} = \frac{\dfrac{730 \text{ torr}}{760 \text{ torr atm}^{-1}} \times \dfrac{524 \text{ cm}^3}{1000 \text{ cm}^3 \text{ L}^{-1}}}{0{,}0821 \text{ L atm mol}^{-1} \text{ K}^{-1} \times 301 \text{ K}} = 0{,}0204 \text{ mol}.$$

Nesse cálculo usamos dois fatores de conversão para expressar a pressão e o volume em unidades coerentes com o nosso valor de R. O peso molecular do gás, então, é

$$\frac{0{,}896 \text{ g}}{0{,}0204 \text{ mol}} = 43{,}9 \text{ g mol}^{-1}.$$

A única combinação dos pesos atômicos do nitrogênio e do oxigênio que resulta 44 é (2 x 14) + 16, o que significa que a fórmula molecular do gás é N_2O.

Segue-se uma simples ilustração do uso da lei das pressões parciais de Dalton.

Exemplo 2.5 A válvula entre um tanque de 5 L no qual a pressão gasosa é de 9 atm e outro de 10 L contendo gás sob 6 atm é aberta e o equilíbrio é atingido à temperatura constante. Qual é a pressão final nos dois tanques?

Solução. Imaginemos poder distinguir os gases nos dois tanques, chamando-os de componentes a e b. Assim, quando a válvula de conexão for aberta, cada um deles se expande até preencher um volume total de 15 L. Para cada gás,

$$P_1V_1 = P_2V_2,$$

onde

P_1 = pressão inicial,

V_1 = volume inicial,

P_2 =. pressão parcial final = $\dfrac{P_1V_1}{V_2}$,

V_2 = volume total final.

Resolvendo a equação para cada pressão parcial:

$$P_a = \frac{5 \times 9}{15} = 3 \text{ atm}$$

e

$$P_b = \frac{10 \times 6}{15} = 4 \text{ atm}.$$

De acordo com a lei das pressões parciais, a pressão total é:

$$P = P_a + P_b = 3 + 4 = 7 \text{ atm}.$$

Nosso último exemplo combina o uso da lei de Dalton com a equação de estado dos gases ideais.

Exemplo 2.6 Uma amostra de PCl_5 pesando 2,69 g foi colocada num frasco de 1,00 L e completamente vaporizada a uma temperatura de 250 °C. A pressão total observada nessa temperatura foi de 1,00 atm. Existe a possibilidade de que um pouco de PCl_5 tenha se dissociado de acordo com a equação:

$$PCl_5(g) \rightleftharpoons PCl_3(g) + Cl_2(g).$$

Quais devem ser as pressões parciais finais de PCl_5, PCl_3 e Cl_2 nessas condições experimentais?

Solução. A solução desse problema engloba várias etapas. Para verificar se o PCl_5 de fato dissociou-se, primeiro calcularemos a pressão que teria sido observada caso *nenhum* PCl_5 se dissociasse. Isso pode ser feito a partir do número de mols de PCl_5 utilizados, e também do volume e da temperatura do frasco. Sabendo-se que o peso molecular do PCl_5 é 208, o número de mols de PCl_5 inicialmente presentes no frasco é

$$n = \frac{2{,}69 \text{ g}}{208 \text{ g mol}^{-1}} = 0{,}0129 \text{ mol}.$$

A pressão inicial corespondente a esse número de mols seria

$$P = \frac{nRT}{V}$$

$$= \frac{(0{,}0129 \text{ mol})(0{,}0821 \text{ L atm mol}^{-1} \text{ K}^{-1})(523 \text{ K})}{1{,}00 \text{ L}}$$

$$= 0{,}554 \text{ atm}.$$

Visto que a pressão total observada é maior do que esta, certamente deve ter ocorrido alguma dissociação do PCl_5. Utilizando a lei das pressões parciais, podemos escrever:

$$P_{PCl_5} + P_{PCl_3} + P_{Cl_2} = P_t$$
$$= 1{,}00 \text{ atm}.$$

Sabendo que a reação química produz igual número de mols de PCl_3 e de Cl_2:

$$P_{PCl_3} = P_{Cl_2}.$$

Além disso, já que para cada PCl_3 formado um PCl_5 é removido da mistura, a pressão parcial de PCl deve diminuir em relação ao seu valor máximo de 0,554 atm segundo a expressão:

$$P_{PCl_5} = 0{,}554 - P_{PCl_3}.$$

Podemos escrever a lei de Dalton como:

$$(0{,}554 - P_{PCl_3}) + P_{PCl_3} + P_{PCl_3} = 1{,}00.$$

Resolvendo para P_{PCl_3}

$$P_{PCl_3} = P_{Cl_2} = 1{,}00 - 0{,}554$$
$$= 0{,}446 \text{ atm}$$

e

$$P_{PCl_5} = 0{,}554 - 0{,}446$$
$$= 0{,}108 \text{ atm}.$$

Assim fica fácil calcular as frações molares de cada componente da mistura a partir das pressões parciais e da pressão total:

$$X_{Cl_2} = X_{PCl_3} = \frac{0{,}446 \text{ atm}}{1{,}00 \text{ atm}} = 0{,}446 \quad \text{e} \quad X_{PCl_5} = \frac{0{,}108 \text{ atm}}{1{,}00 \text{ atm}} = 0{,}108.$$

Observe que a soma das frações molares é igual a 1,000.

PARTE I
TEORIA CINÉTICA BÁSICA

O restante deste Capítulo é dividido em duas partes. Na parte I analisaremos aqueles aspectos relacionados aos gases que podem ser explicados admitindo-se que não haja interação entre as moléculas de gás. Isso abrange as características mais simples dos gases, incluindo a justificativa teórica da lei dos gases ideais. Contudo, há muitos aspectos que dependem do fato de que as moléculas têm um tamanho finito, e ao ficarem suficientemente próximas umas das outras, acabam por interagir. Na segunda parte do capítulo trataremos destes últimos.

2.2 A Teoria Cinética dos Gases

Na introdução deste capítulo dissemos que um dos desafios dos químicos é relacionar as propriedades da matéria bruta com as propriedades das moléculas individuais. Nesta seção veremos que simples suposições sobre a estrutura e o comportamento das moléculas na fase gasosa levam a uma teoria molecular dos gases inteiramente coerente com várias propriedades macroscópicas observadas.

Para desenvolver uma teoria molecular dos gases, devemos primeiramente supor que podemos representar um gás por meio de um modelo simples. Um **modelo** é um constructo imaginário que incorpora apenas aqueles aspectos considerados importantes para determinar o comportamento de sistemas físicos reais. Esses aspectos geralmente são selecionados intuitivamente, mas às vezes fundamentam-se em bases matemáticas. A validade de um modelo qualquer só pode ser determinada quando se comparam as previsões nele baseadas com os fatos experimentais.

Uma característica importante do nosso modelo é que as partículas gasosas, sejam átomos ou moléculas, comportam-se como pequenos centros de massa que, na maioria das vezes, não exercem nenhuma força uns sobre os outros. Essa suposição é feita com base em medidas de densidade de líquidos e sólidos que mostram que o volume efetivo deslocado por uma única molécula é de apenas 10^{-23} cm^3, enquanto que para um gás sob 1 atm, à 0 °C, o volume por molécula é de $(22{,}4 \times 10^3)/(6 \times 10^{23})$, ou 4×10^{-20} cm^3. Uma vez que o volume real de uma molécula é bem menor do que o volume por molécula no estado gasoso, podemos justificadamente supor que as moléculas são partículas quase pontuais que se comportam independentemente, exceto durante breves momentos em que colidem umas com as outras. Além do mais, sabendo-se que as moléculas dos gases exercem forças umas sobre as outras somente nos breves instantes da colisão, todas as propriedades macroscópicas evidentes de um gás devem ser consequência principalmente do *movimento* independente da molécula. Por esta razão, a idéia que iremos desenvolver denomina-se teoria cinética dos gases.

Dedução da Lei de Boyle

Nas páginas seguintes apresentaremos duas deduções da lei de Boyle. A primeira é muito fácil de compreender e fornece o resultado correto, mas talvez não seja convincente devido às várias simplificações óbvias. A segunda é semelhante à primeira, porém, mais elaborada, devido à exclusão da maior parte das simplificações. O objetivo ao se apresentar duas deduções da lei de Boyle é demonstrar que os **métodos** e o **raciocínio** envolvidos, bem como o resultado final da dedução, é que são úteis e reveladores.

Considere N moléculas, todas com a mesma massa m, contidas num recipiente cúbico de volume V. Queremos calcular a pressão, ou a força por unidade de área, nas paredes, resultante dos impactos moleculares. Primeiramente devemos admitir que todas as moléculas no recipiente movimentam-se ao longo de três coordenadas cartesianas perpendiculares às paredes da caixa e têm a mesma velocidade c. Agora focalizemos nossa atenção num cilindro imaginário que se estende perpendicularmente a partir de uma das paredes, conforme nos mostra a Fig. 2.7. A base do cilindro possui uma área arbitrária A. Determinamos que o comprimento é igual a ct, onde c é a velocidade molecular e t um arbitrário mas curto intervalo de tempo. O cilindro apresenta a seguinte propriedade: contém todas as moléculas que atingirão a parede num tempo t, pois as moléculas localizadas na extremidade do cilindro e que se movimentam em direção à parede percorrerão a distância ct no tempo t. Aquelas que

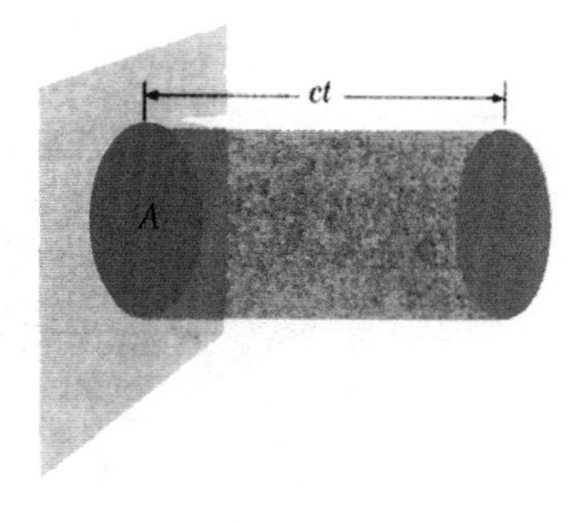

Fig. 2.7 O cilindro imaginário de área da base A e altura ct que contém as moléculas que colidirão com a base A no tempo t.

estiverem mais próximas da parede irão alcançá-la num intervalo de tempo menor.

A força experimentada por uma molécula numa colisão com a parede é dada pela segunda lei de Newton,

$$f = ma,$$

onde a é a aceleração sofrida pela molécula. Sabendo-se que a aceleração é definida como a mudança de velocidade por unidade de tempo, podemos usar a segunda lei de Newton na forma

$$f = ma = m\frac{\Delta c}{\Delta t} = \frac{\Delta(mc)}{\Delta t}.$$

Isso pode ser reescrito como

força = mudança de momento por unidade de tempo.

Em vez de calcular $\Delta(mc)/\Delta t$, a variação do momento por unidade de tempo, calcularemos a variação do momento da molécula *por colisão*, e multiplicaremos pelo número de colisões na parede por unidade de tempo. Ou seja,

$$\text{força} = \frac{\text{variação do momento}}{\text{por impacto}} \times \frac{\text{número de impactos}}{\text{por unidade de tempo}}$$

A variação do momento que ocorre num impacto pode ser obtida subtraindo-se o momento de uma molécula após a colisão de seu momento antes da colisão. Inicialmente, uma molécula que se desloca em direção a uma parede tem um momento mc, depois da colisão, admite-se que sua velocidade apresenta direção contrária, porém mesma magnitude. O momento final é, portanto, $-mc$, e a variação do momento, ou seja, o valor final menos o inicial, é,

$$\Delta(mc) = -mc - mc = -2mc.$$

Essa é a variação do momento para a molécula, enquanto que o momento atribuído à parede é o valor negativo deste, ou $2mc$, uma vez que em toda colisão há conservação do momento.

Agora é muito simples calcular o número de colisões numa área A e num tempo t. O volume do cilindro é igual a sua área vezes o comprimento, ou Act, e uma vez que o número de moléculas por unidade de volume é N/V, o número total de moléculas no cilindro de colisão é $N\,Act/V$. No entanto, destas, somente um sexto movimenta-se em direção à parede, já que apenas um terço movimenta-se ao longo de qualquer um dos três eixos coordenados, e somente metade destas desloca-se na direção correta. Consequentemente, o número de moléculas que atinge a área A *por unidade de tempo é:*

$$\frac{1}{6}\frac{N}{V}\frac{Act}{t} = \frac{1}{6}\frac{NAc}{V}.$$

Assim, a força exercida em A, é

$$f = 2mc \times \frac{1}{6}\frac{NAc}{V} = \frac{1}{3}\frac{NAmc^2}{V}.$$

A pressão é a força por unidade de área, f/A, portanto

$$P = \frac{f}{A} = \frac{1}{3}\frac{Nmc^2}{V} \quad \text{ou} \quad PV = \tfrac{1}{3}Nmc^2.$$

Podemos aperfeiçoar nossa suposição incorreta de que todas as moléculas apresentam a mesma velocidade **c**, substituindo $\mathbf{c}^2$ na última expressão pelo valor médio $\overline{c^2}$. Assim, temos

$$PV = \frac{2}{3}N\frac{m\overline{c^2}}{2}. \qquad (2.10)$$

Isto se parece muito com a lei de Boyle. De fato, *se* for verdade que, $\frac{1}{2}m\overline{c^2}$, a energia cinética média das moléculas de um gás, é constante à temperatura constante, então a Eq. (2.10) expressa exatamente a lei de Boyle: para um gás ideal, o produto da pressão pelo volume é uma constante que depende do número de moléculas da amostra. Uma comparação entre a Eq. (2.10) e a lei dos gases ideais ($PV = nRT$) também mostra que $\overline{c^2}$ está diretamente relacionado com a temperatura em Kelvins.

Dedução da Lei de Boyle com o Uso do Cálculo Diferencial. A dedução anterior realmente nos leva ao resultado correto, mas a suposição de que todas as moléculas movimentam-se apenas paralelamente aos eixos coordenados ou perpendicularmente às paredes não é correta e tende a abalar nossa confiança no resultado. Felizmente, essa suposição pode ser eliminada, o que nos dá a oportunidade de utilizar o cálculo diferencial na dedução.

Consideremos o cilindro mostrado na Fig. 2.8. A área de sua base é A e a altura inclinada é ct, onde c é a velocidade molecular e t um tempo curto e arbitrário. O eixo do cilindro é estabelecido pelo ângulo θ formado com a direção perpendicular à parede e pelo ângulo ϕ. No cilindro, as moléculas que se movimentam paralelamente ao seu eixo com velocidade c têm um componente de velocidade perpendicular à parede igual a $c\cos\theta$, e ao atingirem a parede adquirem um novo componente perpendicular $-c\cos\theta$. O momento atribuído à parede em tal colisão é, portanto, $2mc\cos\theta$.

Agora devemos calcular qual é o número de moléculas no cilindro que se movimentam paralelamente ao seu eixo. Esse é igual ao volume do cilindro, $Act\cos\theta$, vezes o número

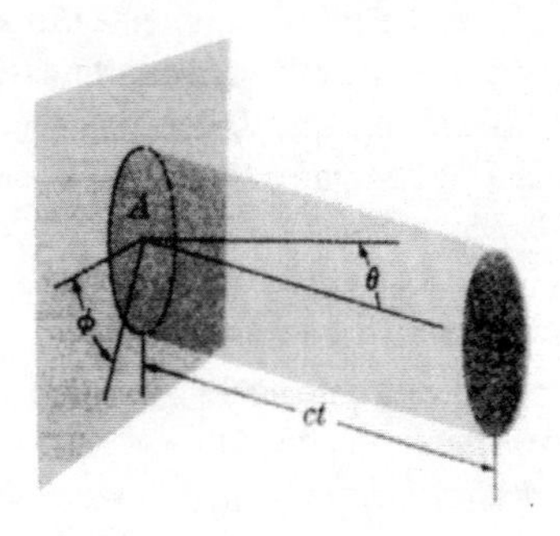

Fig. 2.8 Um cilindro de colisão oblíqua de altura inclinada ct e área de base A. Todas as moléculas em seu interior que se movem à parede com as direções especificadas por θ e ϕ colidirão nela durante o tempo t.

de moléculas por unidade de volume, N/V, vezes a fração de moléculas que se movimentam na direção especificada pela pequena amplitude dos ângulos θ e ϕ, ou $\theta + d\theta$ e $\phi + d\phi$ respectivamente. Esta fração é:

$$\frac{d\phi \text{ sen } \theta \, d\theta}{4\pi},$$

à qual se chega dividindo r^2 sen θ $d\theta$ $d\phi$ (a área da superfície de uma esfera de raio r correspondente aos ângulos diferenciais $d\phi$ e $d\theta$) pela área total da esfera ($4\pi r^2$). Consequentemente, a variação de momento por unidade de área e de tempo (isto é, a pressão) devido às moléculas no cilindro é

$$\left(\frac{2mc \cos \theta}{At}\right)(Act \cos \theta)\left(\frac{N}{V}\right)\left(\frac{d\phi \text{ sen } \theta \, d\theta}{4\pi}\right)$$

$$\frac{Nmc^2}{2\pi V} \cos^2 \theta \text{ sen}\theta \, d\theta \, d\phi.$$

Para obter a pressão total resultante de todas as possíveis orientações do cilindro, devemos adicionar (por integração) os valores dos termos trigonométricos para todos os valores permitidos de θ e ϕ. O ângulo θ pode variar de 0 a $\pi/2$ antes que o cilindro imaginário atinja a parede, ao passo que ϕ varia de 0 a 2π. Assim calculamos

$$\frac{Nmc^2}{2\pi V} \int_0^{2\pi} d\phi \int_0^{\pi/2} \cos^2 \theta \text{ sen } \theta \, d\theta.$$

A integral de ϕ é igual a 2π. A integral de θ pode ser calculada observando-se que $d(\cos\theta) = -\text{sen}\theta \, d\theta$. Assim, se considerarmos $x = \cos\theta$, teremos

$$\int_0^{\pi/2} \cos^2 \theta \text{ sen } \theta \, d\theta = -\int_1^0 x^2 \, dx = -\left.\frac{x^3}{3}\right|_1^0 = \frac{1}{3}.$$

A expressão para a pressão total será, portanto,

$$P = \frac{Nmc^2}{2\pi V}(2\pi)\left(\frac{1}{3}\right)$$

ou, rearranjando e substituindo c^2 por $\overline{c^2}$, teremos

$$PV = \frac{2}{3}\frac{N m\overline{c^2}}{2},$$

que é o resultado obtido pelo método mais elementar.

Podemos utilizar essa técnica para calcular a velocidade com que as moléculas, vindas de todas as direções, atingem uma unidade de área de uma parede. A contribuição de um cilindro com orientação (ϕ, θ) é o volume do cilindro (Act cosθ) multiplicado pelo número de moléculas por unidade de volume (N/V) e pela fração que se desloca ao longo de (θ, ϕ) em direção à parede (senθ $d\theta$ $d\phi/4\pi$) dividido pelo tempo t e área A:

$$\left(\frac{Act}{At} \cos \theta\right)\left(\frac{N}{V}\right)\left(\frac{\text{sen } \theta \, d\theta \, d\phi}{4\pi}\right).$$

Para obter a velocidade total com que as moléculas atingem uma unidade de área da parede, integramos sobre os ângulos permitidos:

$$\begin{aligned} \text{velocidade colisional com a parede} &= \frac{Nc}{4\pi V} \int_0^{2\pi} d\phi \int_0^{\pi/2} \cos \theta \sin \theta \, d\theta \\ &= \frac{Nc}{4V}. \end{aligned} \tag{2.11}$$

Podemos substituir c pela velocidade média $\bar{c}$, e assim chegar a uma expressão exata para a velocidade de colisão com a parede. O emprego do método elementar anteriormente utilizado para deduzir a lei de Boyle resultaria em $N\bar{c}/6V$ para a velocidade de colisão com a parede, que é um valor muito pequeno. Seu sucesso na dedução da lei de Boyle foi consequência de compensação de erros. Não se deve ficar surpreso ao verificar que, apesar dos desvios, chegou-se à forma correta da lei de Boyle. Não é raro, em ciência, uma dedução simplificada originar resultados melhores do que o esperado, considerando-se as suas limitações. Por esta razão, a prática científica mais aconselhável é efetuar primeiro a dedução mais simples. Geralmente os primeiros aperfeiçoamentos que tentamos fazer numa teoria simples podem não alterar o resultado ou então levar a uma resposta ainda pior. Neste caso, porém, como queríamos saber o valor correto para a velocidade de colisões contra a parede, tivemos de efetuar a dedução mais detalhada que levou à Eq. (2.11).

Temperatura, Energia e a Constante dos Gases

Agora temos duas equações para o produto da pressão pelo volume. Uma delas é uma equação experimental que tem sido utilizada para definir a temperatura em Kelvin. Trata-se da Eq. (2.6):

$$P\tilde{V} = RT.$$

A segunda é uma equação teórica baseada na teoria cinética dos gases. É a Eq. (2.10). Para relacioná-la com $P\tilde{V}$, devemos substituir seu número arbitrário de moléculas N pelo número de Avogadro, N_A. Feita a substituição, a Eq. (2.10) torna-se

$$P\tilde{V} = \frac{2}{3} N_A \frac{m\overline{c^2}}{2}. \tag{2.12}$$

Comparando diretamente esses dois resultados, temos

$$\frac{m\overline{c^2}}{2} = \frac{3RT}{2N_A}. \tag{2.13}$$

O termo do lado esquerdo da Eq. (2.13) corresponde à energia cinética média por molécula, uma vez que a energia cinética é sempre igual a $\frac{1}{2}$ da massa vezes o quadrado da velocidade para qualquer objeto em movimento. Podemos simplificar a Eq. (2.13) utilizando a constante dos gases por molécula, que é chamada de constante de Boltzmann, k, dada por

$$k = \frac{R}{N_A},$$

Utilizando k, obtemos

$$\frac{m\overline{c^2}}{2} = \frac{3}{2}kT. \qquad (2.14)$$

Os químicos geralmente preferem pensar em termos de mols em vez de moléculas individuais. Se multiplicarmos a energia cinética média por molécula na equação (2.14) por N_A, obteremos seu equivalente molar:

$$\text{energia cinética translacional média por mol de gás} = \tfrac{3}{2}RT. \qquad (2.15)$$

Vale a pena destacar o fato de que as Eqs. (2.14) e (2.15) relacionam R e T, medidos em escala macroscópica com a utilização de grandes volumes de material, com o parâmetro microscópico, a energia cinética média das moléculas individuais. É claro que devemos conhecer o número de Avogadro para fazer esse cálculo, mas N_A é o parâmetro necessário para efetuar conversões de mols em moléculas.

De acordo com a Eq. (2.15), a quantidade RT, e consequentemente $P\tilde{V}$, devem ter unidades de energia por mol. Até agora tínhamos expresso ambas as quantidades em L atm mol^{-1}. Esta é uma unidade pouco utilizada e não faz parte do sistema SI. Para assegurar que a quantidade pressão vezes volume possua unidades de energia, podemos escrever

$$\text{pressão x volume} = \frac{\text{força}}{\text{área}}(\text{área x comprimento})$$
$$= \text{força x comprimento.}$$

Uma vez que o trabalho ou energia é definido como o produto da força pela distância, vemos que, na verdade, PV tem as unidades de energia. No sistema SI a força é medida em newtons (N) e a distância em metros. Calculemos o valor de R na unidade de energia do sistema SI, que é o joule (J). Como as unidades desse sistema são coerentes, já havíamos feito esse cálculo quando determinamos R nas unidades m^3 Pa mol^{-1} K^{-1}. O valor obtido foi

$$R = 8{,}3144 \text{ m}^3 \text{ Pa mol}^{-1} \text{ K}^{-1},$$

e, portanto,

$$R = 8{,}3144 \text{ J mol}^{-1} \text{ K}^{-1}.$$

Os estudantes que quiserem confirmar essa conversão precisam apenas lembrar que 1 J = 1 N m e 1 Pa = N m^{-2}. O maior problema com relação às unidades atmosfera e litro é que elas não pertencem a nenhum sistema coerente de unidades. Nós continuamos a utilizá-las porque são convenientes, mas aos poucos, estão sendo substituídas pelo pascal e pelo metro cúbico, que fazem parte do sistema SI. A Tabela 2.2 traz um resumo dos valores de R.

TABELA 2.2 AS CONSTANTES DOS GASES E DE BOLTZMANN EM VÁRIAS UNIDADES

R	=	0,08206 L atm mol^{-1} K^{-1}	
	=	8,3144 m^3 Pa mol^{-1} K^{-1}	(SI)
	=	8,3144 J mol^{-1} K^{-1}	(SI)
	=	1,9872 cal mol^{-1} K^{-1}	(SI)
k	=	R/N_A	
	=	1,3807 x 10^{-16} erg K^{-1}	
	=	1,3807 x 10^{-23} J K^{-1}	(SI)

As velocidades moleculares podem ser calculadas rearranjando-se a Eq. (2.13). Assim temos

$$\sqrt{\overline{c^2}} = \sqrt{\frac{3kT}{m}} = \sqrt{\frac{3RT}{M}} \qquad (2.16)$$

onde $M = N_A m$ = massa molar ou peso molecular em grama ou quilograma. A velocidade determinada pela Eq. (2.16) é chamada de **velocidade média quadrática** ou **vmq**. Isto não é a mesma coisa que a velocidade média simples da Eq. (2.11). Para as moléculas de N_2 a 298 K , temos, em unidades cgs:

$$m = \frac{28{,}0}{N_A} = 4{,}65 \times 10^{-23} \text{ g},$$

$$\sqrt{\overline{c^2}} = \left[\frac{(3 \times 1{,}381 \times 10^{-16} \text{ erg K}^{-1})(298 \text{ K})}{4{,}65 \times 10^{-23} \text{ g}}\right]^{1/2}$$
$$= 5{,}15 \times 10^4 \text{ cm s}^{-1}.$$

Para unidades do sistema SI, podemos usar a forma molar ou molecular. Se utilizarmos a forma molar e lembrarmos que, para N_2, M = 28,0 x 10^{-3} kg mol^{-1}, teremos

$$\sqrt{\overline{c^2}} = \left[\frac{(3 \times 8{,}314 \text{ J mol}^{-1} \text{ K}^{-1})(298 \text{ K})}{28{,}0 \times 10^{-3} \text{ kg mol}^{-1}}\right]^{1/2}$$
$$= 5{,}15 \times 10^2 \text{ m s}^{-1}.$$

A Tabela 2.3 mostra valores de vmq na temperatura de 298 K.

É comum querer conhecer quais são as velocidades relativas das moléculas gasosas quando todas estão na mesma

TABELA 2.3 VELOCIDADE MÉDIA QUADRÁTICA DE MOLÉCULAS A 298 K

Argônio	431 m s^{-1}	Hidrogênio	1930 m s^{-1}
Dióxido de carbono	411	Oxigênio	482
Cloro	323	Agua	642
Hélio	1360	Xenônio	238

temperatura. Embora a Eq. (2.16) forneça apenas a velocidade vmq, analisaremos mais adiante outros métodos de cálculo que mostram que a velocidade média apresenta a mesma dependência que a velocidade vmq em relação à massa. Por esta razão, para os dois gases na mesma temperatura, podemos escrever que

$$\frac{\bar{c}_1}{\bar{c}_2} = \sqrt{\frac{m_2}{m_1}} = \sqrt{\frac{M_2}{M_1}}. \qquad (2.17)$$

Em qualquer temperatura, moléculas mais leves movimentam-se mais rapidamente do que moléculas mais pesadas, e a razão das velocidades moleculares médias $(\bar{c}_1/\bar{c}_2)$ é igual à raiz quadrada da razão das massas moleculares.

Quando deduzimos a lei de Boyle, mostramos que a frequência das colisões contra a parede é proporcional à raiz quadrada da massa molecular. Consequentemente, à mesma temperatura, moléculas mais leves colidem com mais frequência contra as paredes do recipiente do que aquelas mais pesadas. Por outro lado, a variação de momento por colisão contra a parede é proporcional a $m\bar{c}$, e, levando em conta a Eq. (2.17), vemos que $m\bar{c}$ aumenta proporcionalmente à raiz quadrada da massa molecular. Assim, embora as moléculas mais leves colidam mais frequentemente com as paredes do recipiente, as mais pesadas experimentam maior variação de momento por colisão. Esses dois fatores se cancelam e a pressão do gás fica sendo independente da natureza das moléculas.

Efusão e Difusão

Existem dois experimentos que permitem observar diretamente a dependência da velocidade molecular média com relação à massa. Consideremos primeiramente o aparato mostrado na Fig. 2.9. Um gás é separado de uma câmara de vácuo por uma parede contendo um pequeno orifício. Se este for suficientemente pequeno e estreito, conforme aparece na Figura, não haverá "extravasamento" ou fluxo coletivo da massa para a região de vácuo. Em vez disto, moléculas individuais atravessarão independentemente o orifício somente se suas trajetórias permitirem que elas se aproximem da área da parede onde ele se encontra. A velocidade com que as moléculas passam pelo orifício, que é a velocidade de **efusão**, é igual à velocidade com que elas atingem uma unidade de área da parede vezes a área A do orifício. Da Eq. (2.1), temos

$$\text{velocidade de efusão} = \text{velocidade de colisão com a parede por cm}^2 \times \text{área do orifício}$$

$$= \frac{1}{4}\frac{N}{V}\bar{c} \times A.$$

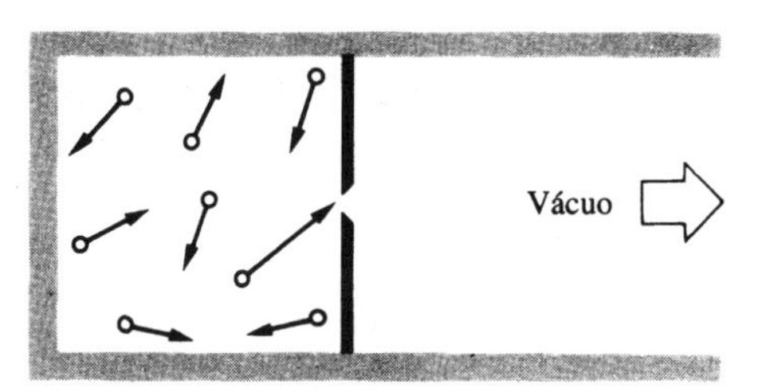

Fig. 2.9 Uma representação esquemática de um aparato de efusão molecular. O diâmetro do orifício é menor do que a distância que as moléculas percorrem entre as colisões. Conseqüentemente as moléculas passam de modo independente, e não coletivamente, através do orifício.

Uma vez que $\bar{c}$, a velocidade molecular média, é inversamente proporcional à raiz quadrada da massa molecular, podemos escrever

$$\text{velocidade de efusão} \propto m^{-1/2}.$$

Isso é observado experimentalmente. Em particular, ao permitirmos que uma mistura equimolar de H_2 e N_2 passe por efusão através de um orifício, podemos esperar que

$$\frac{\text{Velocidade de efusão do } H_2}{\text{Velocidade de efusão do } N_2} = \frac{\bar{c}_{H_2}}{\bar{c}_{N_2}} = \sqrt{\frac{m_{N_2}}{m_{H_2}}} = \sqrt{\frac{28}{2}} = 3{,}7. \qquad (2.18)$$

Assim, o gás que atravessa o orifício deve conter maior quantidade de H_2 e o gás que permanece no recipiente deve conter mais N_2. De fato, este é o resultado experimental. As velocidades de efusão podem ser utilizadas para determinar pesos moleculares.

O segundo tipo de experimento que serve para demonstrar a diferença nas velocidades moleculares é a **difusão** gasosa. A Fig. 2.10 mostra um aparato em que os gases hidrogênio e nitrogênio, inicialmente sob mesma pressão e temperatura, estão separados por uma parede porosa. Esta parede impede que os gases fluam rapidamente, mas permite que as moléculas passem de uma câmara para outra. Observa-se que o fluxo inicial de difusão do hidrogênio da esquerda para a direita é mais rápido do que o fluxo de nitrogênio da direita para a esquerda. Depois de um longo tempo, as pressões se igualam novamente.

A explicação para a velocidade de fluxo de difusão é mais complicada do que a explicação para a efusão molecular, pois a difusão envolve os efeitos de colisão entre as moléculas, o

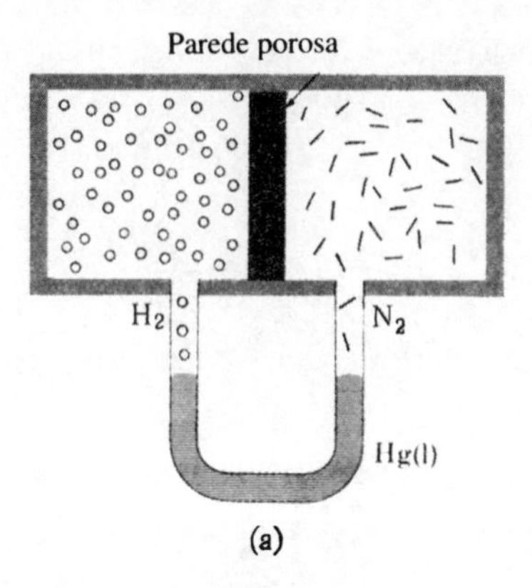

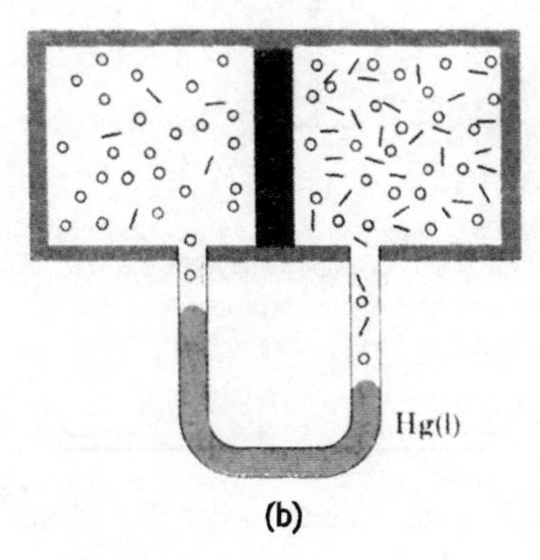

Fig. 2.10 Mistura difusional de H_2 e N_2. (a) Estado inicial, e (b) algum tempo depois.

que não acontece com a efusão. Contudo, a dependência da velocidade de difusão em relação à massa molecular pode ser deduzida como se segue. A medida que cada gás começa a difundir-se através da placa porosa, transfere momento para esta. Inicialmente, as pressões dos gases em cada lado da placa são iguais, e isso significa que o momento que cada gás confere à placa deve ser o mesmo. Uma vez que os gases estão fluindo, o momento por unidade de tempo que cada gás confere à placa é igual ao produto do fluxo de moléculas J (número de moléculas por segundo) que atravessa a placa pelo momento médio das moléculas, $m\bar{c}$. Assim,

$$\text{momento transferido por segundo pelo } H_2 = J_{H_2} m_{H_2} \bar{c}_{H_2},$$
$$\text{momento transferido por segundo pelo } N_2 = J_{N_2} m_{N_2} \bar{c}_{N_2}.$$

Inicialmente esses momentos são iguais, já que as pressões são iguais. Portanto,

$$J_{H_2} m_{H_2} \bar{c}_{H_2} = J_{N_2} m_{N_2} \bar{c}_{N_2},$$
$$\frac{J_{H_2}}{J_{N_2}} = \frac{(m\bar{c})_{N_2}}{(m\bar{c})_{H_2}}.$$

Agora, sabendo-se que $\bar{c} \propto m^{-1/2}$, obtemos

$$\frac{\text{Velocidade de difusão do } H_2}{\text{Velocidade de difusão do } N_2} = \frac{J_{H_2}}{J_{N_2}} = \sqrt{\frac{m_{N_2}}{m_{H_2}}}.$$

O resultado é que a razão das velocidades de difusão é inversamente proporcional à raiz quadrada da razão das massas, ou seja, o mesmo que vimos para a efusão. Observe, porém, que as dependências da efusão e da difusão com relação ao inverso das massas surgem de dois modos diferentes. Na efusão, o fluxo molecular é *diretamente* proporcional à velocidade molecular, e portanto, *inversamente* proporcional à raiz quadrada da massa molecular. Na difusão, o fluxo molecular é inversamente proporcional ao momento molecular $m\bar{c}$, e portanto, inversamente proporcional à raiz quadrada da massa molecular. O fato da velocidade de difusão ser maior para os gases mais leves pode ser tomado como base para um procedimento de purificação. Se tivéssemos uma mistura equimolar de hidrogênio e nitrogênio e permitíssemos que ela se difundisse através de uma parede porosa para uma região de vácuo, o gás que inicialmente se difundisse pela barreira estaria enriquecido em hidrogênio. O fator de enriquecimento seria a razão das velocidades de difusão dos dois gases, ou como mostra a Eq. (2.18), um fator de 3,7. Se a amostra enriquecida fosse coletada e difundida através de uma outra barreira porosa, ocorreria ainda um maior enriquecimento dessse gás. É por uma elaboração desse processo que o isótopo ^{235}U é separado do ^{238}U. O UF_6 gasoso difunde-se através de milhares de barreiras porosas até ocorrer um enriquecimento satisfatório de ^{235}U. O fator de enriquecimento em cada barreira é de apenas

$$\left(\frac{238 + 114}{235 + 114}\right)^{1/2} = 1{,}004,$$

e, consequentemente, são necessárias muitas barreiras e uma cuidadosa coleta e reciclagem do gás para se conseguir uma boa separação isotópica.

2.3 Distribuição das Velocidades Moleculares

Conforme inferimos em nossa dedução cinética da lei de Boyle, nem todas as moléculas gasosas deslocam-se com a mesma velocidade. Para obter um quadro mais detalhado do comportamento de um gás, talvez fosse útil conhecer a velocidade de cada molécula. Todavia, isso é definitivamente impossível. Apenas para escrever os 6 x 10^{23} valores das velocidades moleculares presentes num mol de gás num dado instante, seria preciso uma pilha de papel que ultrapassaria a distância da Terra à Lua. Pior ainda é perceber que esses dados seriam válidos para menos de 10^{-9} s. Por causa das colisões, a velocidade de cada molécula é alterada bilhões de vezes a cada segundo. Consequentemente, devemos abandonar a idéia de algum dia conhecermos a velocidade de cada molécula mesmo numa amostra de gás de tamanho modesto.

Porém, ainda há uma maneira útil de abordar o problema. Podemos tirar vantagem do fato de haver uma grande número de moléculas presente em qualquer amostra gasosa e fazer uma previsão estatística de *quantas* dessas moléculas apresentam uma determinada velocidade. Essa abordagem é semelhante àquela utilizada em problemas atuais, tais como as taxas de mortalidade numa grande população. Num gás, apesar da constante "troca" de velocidades nas colisões, o número de moléculas com uma velocidade qualquer (por exemplo, no pequeno intervalo entre c e $c + \Delta c$) é uma constante. Sendo assim, é possível especificar a **distribuição das velocidades moleculares** como a fração $\Delta N/N$ das moléculas que apresentam velocidades entre cada valor de c e $c + \Delta c$.

Se fôssemos escolher um valor para o intervalo Δc, digamos 50 m s^{-1}, poderíamos retirar uma alíquota contendo um pequeno número de moléculas de N_2 para determinar $\Delta N/N$ para a amostra, em cada intervalo de velocidade. A Fig. 2.11 mostra um gráfico para uma amostra destas. Este tipo de gráfico de barras é denominado histograma. Ele mostra que cerca de 10% das moléculas de N_2 a 273 K apresentam velocidades entre 375 e 425 m s^{-1}, mas somente 2% apresentam velocidades entre 775 e 825 m s^{-1}. Muito poucas apresentam velocidades acima de 1000 m s^{-1}.

Á medida que diminui o intervalo num gráfico destes, a fração por intervalo também diminui. Assim, a Fig. 2.12 mostra uma representação gráfica de $\Delta N/N\Delta c$ (a fração de moléculas por valor de intervalo) para um valor muito pequeno do intervalo Δc. Neste caso, uma distribuição totalmente regular foi obtida no limite em que Δc tende a zero. Como veremos na próxima seção, essa curva regular é resultado de um cálculo teórico. Medidas reais sempre resultam num histograma, pois Δc para um conjunto de medidas não pode chegar a zero.

A distribuição da velocidade molecular, deduzida a partir de considerações estatísticas e confirmada experimentalmente, é representada graficamente na Fig. 2.12. Observe que há relativamente poucas moléculas com velocidades muito altas ou muito baixas. O valor de c para o qual $\Delta N/N\Delta c$ atinge um máximo é chamado de velocidade mais provável, c_{mp}. A curva de distribuição não é simétrica em torno de seu máximo e, consequentemente, a velocidade média $\bar{c}$ é um pouco maior do que c_{mp}, enquanto que a velocidade média quadrática $c_{vmq} = (\overline{c^2})^{½}$ é maior ainda. No entanto, cálculos exatos mostram que essas velocidades estão relacionadas por

$$c_{mp} : \bar{c} : c_{vmq} = 1 : \frac{2}{\sqrt{\pi}} : \sqrt{\frac{3}{2}} \cong 1:1.13:1.22$$

e para muitos fins podem ser consideradas iguais. Frequentemente é útil conhecer a fração de moléculas que apresentam velocidades entre dois valores diferentes c_1 e c_2; este número é igual à área sob a curva de distribuição entre c_1 e c_2. Levando isso em consideração, podemos ver, com base na Fig. 2.12 que a maioria das moléculas gasosas apresenta velocidades próximas da velocidade média $\bar{c}$.

A Fig. 2.13 mostra como a distribuição das velocidades muda à medida que se eleva a temperatura do gás. Os valores de c_{mp} $\bar{c}$, e c_{vmq} aumentam e a curva de distribuição torna-se mais larga. Em outras palavras, em temperaturas mais elevadas há mais moléculas com velocidades maiores do que em temperaturas mais baixas. A dependência da curva de distribuição em relação à temperatura é útil para explicar o efeito da temperatura sobre a velocidade das reações químicas. Consideremos a possibilidade de que, para reagir, uma molécula

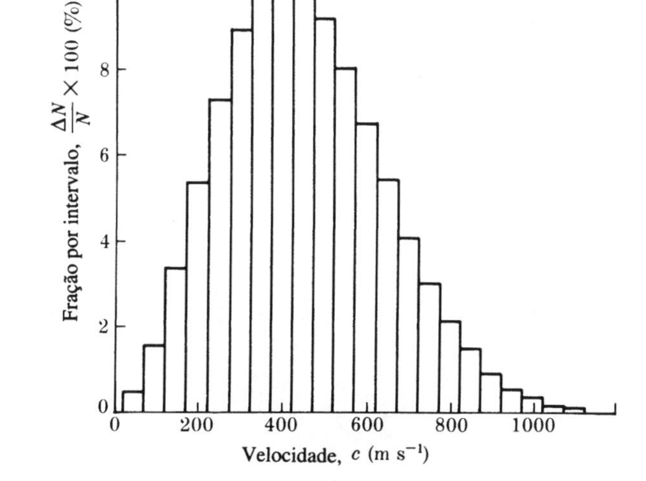

Fig. 2.11 Histograma de velocidades para N_2 a 273 K. O intervalo Δc é de 50 m s^{-1}.

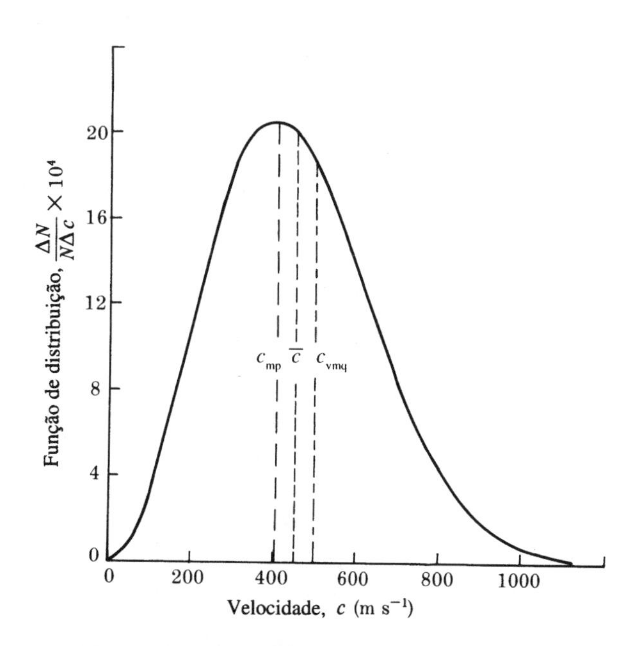

Fig. 2.12 Função de distribuição de velocidades para N_2 a 273 K. A função é formada por ($\Delta N/N\Delta c$) com valores de Δc pequenos.

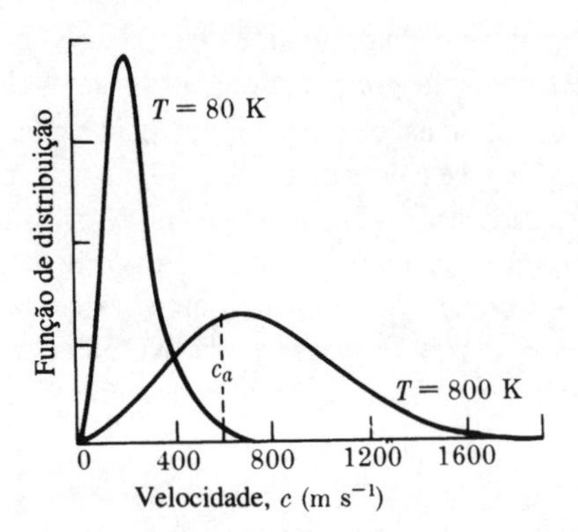

Fig. 2.13 Distribuição de velocidades moleculares para oxigênio a duas temperaturas.

deve ter uma velocidade maior do que c_a, mostrada na Fig. 2.13. A área sob a curva de distribuição para velocidades maiores do que c_a é muito pequena a baixas temperaturas, e assim muito poucas moléculas conseguem reagir. A medida que a temperatura aumenta, a curva de distribuição se alarga, e a área sob a curva correspondente às velocidades maiores que c_a aumenta. Portanto, em temperaturas mais elevadas, mais moléculas satisfazem o critério para ocorrer reação, e a velocidade de reação aumenta. O processo de ganho de energia para que uma reação ocorra é denominado **ativação**.

A Função de Distribuição de Maxwell-Boltzmann

A fórmula matemática da função de distribuição de velocidade foi deduzida pela primeira vez por James C. Maxwell e Ludwing Boltzmann, em 1860. A expressão deles para $\Delta N/N$ é

$$\frac{\Delta N}{N} = 4\pi \left(\frac{m}{2\pi kT}\right)^{3/2} e^{-mc^2/2kT} c^2 \, \Delta c, \qquad (2.19)$$

onde m é a massa molecular, k é a constante de Boltzmann, T é a temperatura absoluta e e é a base dos logaritmos naturais. Não deduziremos esta *equação*, pois isto requer cálculos matemáticos razoavelmente elaborados. Porém, é útil analisar a expressão e ver que a dependência de $\Delta N/N$ em relação à c é o produto de dois fatores. Um deles é

$$e^{-(1/2)(mc^2/kT)},$$

e , e o outro, excetuando as constantes, é c^2.

O fator exponencial é um exemplo especial de um termo chamado fator de Boltzmann, $e^{-\varepsilon/kt}$, sendo $\varepsilon = ½mc^2$. Um aspecto geral e muito importante de todos os sistemas é que a fração N_ε/N de moléculas com energia ε é proporcional a $e^{-\varepsilon/kt}$. Assim, numa dada temperatura, a tendência é haver menos moléculas com alta energia do que com baixa energia.

A origem do fator c^2 na lei de distribuição está no fato de que há mais "caminhos" pelos quais uma molécula pode apresentar uma velocidade alta do que uma velocidade baixa. Por exemplo, há apenas um caminho pelo qual uma molécula pode ter velocidade zero: quando ela não se movimenta ao longo dos eixos x, y ou z. Mas se a molécula apresentar uma velocidade infinita, digamos 100 m s^{-1}, ela poderá movimentar-se em ambos os sentidos ao longo do eixo x, mas não ao longo de y ou z, ou poderá deslocar-se em y a 100 m s^{-1}, e não em x ou z, ou ainda movimentar-se com uma velocidade de 57,7 m s ao longo de cada um dos eixos. Qualquer combinação de componentes de velocidade que satisfaça a relação $v_x^2 + v_y^2 + v_z^2 = c^2 = (100)^2$ é possível. A medida que a velocidade da molécula aumenta, o número de combinações possíveis dos componentes de velocidade coerentes com a respectiva velocidade aumenta proporcionalmente a c^2.

Para visualizar esse argumento com mais clareza, precisamos apenas representar graficamente a equação $v_x^2 + v_y^2 + v_z^2 = c^2$ num sistema de coordenadas em que v_x, v_y, e v_z são os eixos coordenados.

A Fig. 2.14 mostra que essa equação gera uma superfície esférica de raio c. A superfície contém todos os valores de v_x, v_y e v_z coerentes com uma velocidade c. Portanto, o número de caminhos possíveis pelos quais uma molécula pode ter velocidade c deve ser proporcional ao número de pontos na superfície ou à área da superfície.

Sendo esta uma esfera, sua área e o número de caminhos correspondentes a uma velocidade c são proporcionais a c^2.

Assim, a distribuição Maxwell-Boltzmann contém dois fatores opostos. O fator c^2 favorece a presença de moléculas com altas velocidades e é responsável pelo fato de haver poucas moléculas com velocidades próximas de zero. O fator de Boltzmann $e^{-mc^2/2kT}$, favorece as baixas velocidades e limita o número de moléculas que poderiam apresentar velocidades altas.

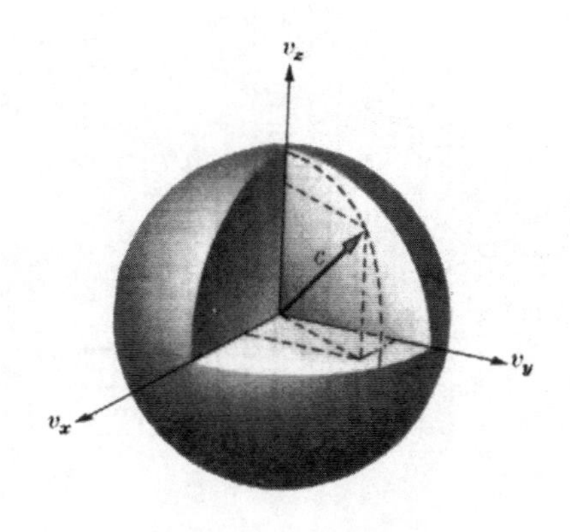

Fig. 2.14 Representação gráfica de $v_z + v_y + v_x = c^2$.

2.4 Capacidades Caloríficas

No Capítulo 1 definimos a capacidade calorífica de uma substância como sendo a quantidade de calor necessária para elevar de 1°C a temperatura de 1 mol desta substância. A teoria cinética molecular permite efetuar uma previsão e uma interpretação satisfatória das capacidades caloríficas experimentais de muitos gases.

Primeiramente devemos observar que a nossa definição de capacidade calorífica é incompleta. Descobriu-se experimentalmente que o valor da capacidade calorífica medido depende do modo como o gás é aquecido. Quando uma substância é "aquecida", na verdade estamos fornecendo energia a ela, e esta energia pode ser distribuída de várias maneiras. Se o gás for aquecido sob condição de volume constante, toda a energia acrescentada contribui para a elevação da temperatura. Mas, se o aquecimento ocorrer sob pressão constante, o gás se expandirá à medida que a temperatura for aumentando. A expansão de qualquer substância contra uma pressão aplicada produz trabalho, que é uma outra forma de energia, e uma quantidade maior da energia fornecida será utilizada para elevar a temperatura. Esses dois modos diferentes de fornecer energia resultam em duas capacidades caloríficas distintas, C_v (volume constante) e C_p (pressão constante).

Consideremos inicialmente o aquecimento de um gás sob volume constante. De acordo com a teoria cinética, a energia translacional para um gás ideal (Eq. 2.15) é

$$\tilde{E} = \tfrac{3}{2}RT.$$

Se o gás for monoatômico (composto de átomos simples), a única energia que poderá mudar com a temperatura é a sua energia translacional. Portanto, se aumentarmos a energia de E_1 para E_2, devemos mudar a temperatura de T_1 para T_2, e de nossa equação de energia, temos

$$\tilde{E}_2 - \tilde{E}_1 = \tfrac{3}{2}R(T_2 - T_1), \qquad \Delta\tilde{E} = \tfrac{3}{2}R\Delta T.$$

Mas $\Delta\tilde{E}/\Delta T$ é o incremento em energia por grau por mol, ou a capacidade calorífica quando o volume é constante:

$$\tilde{C}_V = \frac{\Delta\tilde{E}}{\Delta T} \qquad \text{e} \qquad \tilde{C}_V = \tfrac{3}{2}R.$$

Assim, $\tilde{C}_V$ para um gás monoatômico ideal, é igual a $^3/_2R$. As unidades tradicionais para capacidade calorífica são as calorias, e o valor para R em calorias é muito próximo de 2 cal mol^{-1} K^{-1}. Com isso, nosso $\tilde{C}_V$ é igual a 3 cal mol^{-1} K^{-1}. No sistema SI, temos o valor aproximado de 12 J mol^{-1} K^{-1}.

Quando a temperatura é elevada à pressão constante, digamos 1 atm, o gás se expande e seu volume varia de V_1 para V_2. A quantidade de trabalho que o gás produz nessa expansão requer uma quantidade adicional de energia para aumentar a temperatura, visto que nem toda a energia fornecida é utilizada na translação. Conseqüentemente, C_p deverá ser maior que C_v; mas este incremento é fácil de ser calculado para um gás ideal.

O trabalho realizado pela expansão é igual à diferença dos produtos PV inicial e final, pois lembremos que PV tem unidades de energia. Para $\Delta(P\tilde{V})$, considerando uma variação à pressão constante, podemos escrever

$$\Delta(P\tilde{V}) = P\Delta\tilde{V} = P(\tilde{V}_2 - \tilde{V}_1) = P\tilde{V}_2 - P\tilde{V}_1.$$

Para 1 mol de gás, $P\tilde{V} = RT$

$$P\tilde{V}_2 - P\tilde{V}_1 = RT_2 - RT_1 = R\Delta T.$$

Assim, a capacidade de calor "extra" devido à expansão do gás é $\Delta(PV)/\Delta T = R$, e portanto,

$$\tilde{C}_P = \tilde{C}_V + R = \tfrac{3}{2}R + R = \tfrac{5}{2}R,$$

$$\tilde{C}_P/\tilde{C}_V = \tfrac{5}{3} = 1.67.$$

A razão das capacidades caloríficas $\tilde{C}_P/\tilde{C}_V$ pode ser medida experimentalmente. A Tabela 2.4 mostra que os valores encontrados para os gases monoatômicos estão de acordo com as previsões da teoria cinética. No entanto, também fica claro que para os gases diatômicos as razões são consistentemente menores que 1,67. Examinaremos agora as causas desses desvios.

Inicialmente observamos que $\tilde{C}_V$, a capacidade calorífica devida ao movimento translacional das moléculas, é igual a $^3/_2R$, e que existem três componentes de velocidade independentes associados ao movimento translacional. Portanto, po-

TABELA 2.4 RAZÕES DE CAPACIDADES CALORÍFICAS $\tilde{C}_p/\tilde{C}_v$, PARA ALGUNS GASES

Gás	$\tilde{C}_p/\tilde{C}_v$	Gás	$\tilde{C}_p/\tilde{C}_v$
He	1,66	H_2	1,41
Ne	1,64	O_2	1,40
Ar	1,67	N_2	1,40
Kr	1,68	CO	1,40
Xe	1,66	NO	1,40
Hg	1,67	Cl_2	1,36

demos inferir que cada um dos três movimentos translacionais independentes contribui com ½R para a capacidade calorífica. Sendo assim, podemos esperar que, caso seja viável qualquer outro tipo de movimento para as moléculas do gás, haverá contribuições adicionais à capacidade calorífica, expressas em unidades de ½R.

Vemos na Figura 2.15 que, além dos três movimentos translacionais, uma molécula diatômica pode girar em torno do seu centro de massa de dois modos mutuamente perpendiculares e independentes. Considerando que cada um desses movimentos contribui com $\frac{1}{2}R$ para a capacidade calorífica, temos

$$\tilde{C}_V = \tfrac{3}{2}R + \tfrac{1}{2}R + \tfrac{1}{2}R = \tfrac{5}{2}R,$$
$$\tilde{C}_P = \tilde{C}_V + R = \tfrac{7}{2}R,$$
$$\tilde{C}_P/\tilde{C}_V = \tfrac{7}{5} = 1{,}40.$$

Esse argumento intuitivo explica em grande parte as razões das capacidades caloríficas observadas para os gases diatômicos.

Se a nossa análise parasse por aqui, estaríamos desprezando o fato de que os átomos de uma molécula diatômica não são rigidamente mantidos a uma distância fixa uns dos outros, mas vibram em torno de uma distância média bem definida. Esse movimento vibracional é independente das rotações e translações e, evidentemente, deve contribuir para a capacidade calorífica total da molécula. Todavia, a contribuição do movimento vibracional não é significativa para a maioria das moléculas diatômicas. Este fato pode ser explicado somente quando utilizamos a mecânica quântica, em lugar das leis de movimento de Newton, para analisarmos o movimento vibracional. Tal análise está além dos nossos objetivos, mas o seu resultado é a previsão de que o movimento vibracional pode contribuir para a capacidade calorífica com qualquer quantidade entre 0 e R, sendo que para aproximar-se do último valor, é preciso atingir altas temperaturas para a maior parte das moléculas.

Resumindo, o fornecimento de calor para um gás eleva a sua temperatura, mas essa energia pode ser distribuída entre os movimentos translacional, rotacional e vibracional das moléculas.

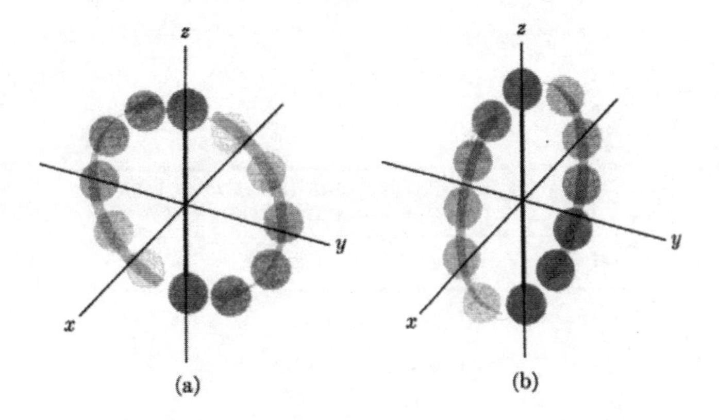

Fig. 2.15 Movimento de rotação de uma molécula diatômica. (a) Rotação em torno do eixo x. (b) Rotação em torno do eixo y.

Conseqüentemente, a capacidade calorífica das moléculas, mais do que para os átomos, depende da quantidade de energia adicional distribuída entre os movimentos moleculares rotacional e vibracional.

PARTE II
OS EFEITOS RESULTANTES DO TAMANHO DAS MOLÉCULAS E DE SUAS INTERAÇÕES

Próximo da temperatura ambiente e 1 atm de pressão, a distância média entre as moléculas num gás é centenas de vezes maior que os diâmetros moleculares. Esse fato permite que muitos gases obedeçam à teoria dos gases ideais. Mas, quando a pressão sofre uma grande elevação ou a temperatura é reduzida, mesmo gases como o N_2 e o H_2 começam a desviar-se do comportamento ideal. Além do mais, há várias propriedades dos gases que dependem das colisões moleculares. Tomemos como exemplo a difusão de moléculas num gás. Quanto tempo uma molécula de gás leva para delocar-se, apenas por difusão em ar parado, de uma extremidade à outra de uma sala? Sabendo-se que as moléculas de um gás apresentam velocidades próximas de 500 m s^{-1}, julgaríamos que esse tempo deveria ser, na verdade, muito pequeno. Experiências simples mostram que o tempo necessário é de muitos minutos ou mesmo horas em ar muito parado.

A razão disso é que as moléculas de um gás deslocam-se somente em linha reta até colidirem com outra molécula, tomada aleatoriamente, quando então ambas seguirão em outra direção, que pode até ser oposta. Esse movimento pode ser considerado como um **percurso aleatório**, e tais percursos são uma maneira bem lenta de se chegar de um determinado ponto a outro.

Muitas das propriedades dos gases, tais como difusão, condutividade térmica e viscosidade, dependem das colisões moleculares. Essas propriedades serão analisadas nas próximas seções, juntamente com as propriedades dos gases não ideais.

2.5 Gases Não Ideais

A equação de estado dos gases ideais, $P\tilde{V} = RT$, embora seja de uma simplicidade atraente, tem aplicação restrita. Trata-se de uma representação precisa do comportamento dos gases ideais quando estes estão sob pressões não muito maiores do que 1 atm, e a temperaturas bem acima do ponto em que sofrem condensação. Em outras palavras, a equação dos gases ideais é uma aproximação das equações de estado mais precisas, as quais devem ser utilizadas quando os gases estão sob altas pressões e baixas temperaturas. Essas equações mais precisas são matematicamente mais complicadas e, portanto, sua utilização apresenta maiores dificuldades. Não obstante, levaremos seu estudo adiante, pois as fórmulas dessas equações podem revelar muita coisa sobre as forças que as moléculas exercem umas sobre as outras.

A quantidade $z = P\tilde{V}/RT$ é denominada **fator de compressibilidade** de um gás. Se o gás fosse ideal, z seria igual à unidade em quaisquer condições. Dados experimentais, alguns dos quais podemos ver na Fig. 2.16, revelam claramente que z pode desviar-se consideravelmente de seu valor ideal, próximo do qual se chega somente na faixa de baixas pressões. Além disso, desvios do comportamento ideal podem fazer com que z assuma valor maior ou menor que a unidade, dependendo da temperatura e da pressão.

Uma equação de estado empírica gerada intuitivamente por J.D. van der Waals em sua tese de doutorado, em 1873, reproduz o comportamento observado com razoável precisão. A **equação de van der Waals** é a seguinte:

$$\left(P + \frac{a}{\tilde{V}^2}\right)(\tilde{V} - b) = RT,$$

onde a e b são constantes positivas, características de um gás em particular. Apesar de ser somente mais uma das várias expressões utilizadas para representar o comportamento dos gases em grandes faixas de pressão e temperatura, essa expressão é talvez a mais simples de usar e interpretar. Para densidades de gás muito baixas, $\tilde{V}$ tende a se tornar muito maior do que b, e $a/\tilde{V}^2$ tende a zero. Sob tais condições, podemos fazer a seguinte aproximação

$$P + \frac{a}{\tilde{V}^2} \cong P,$$

$$\tilde{V} - b \cong \tilde{V},$$

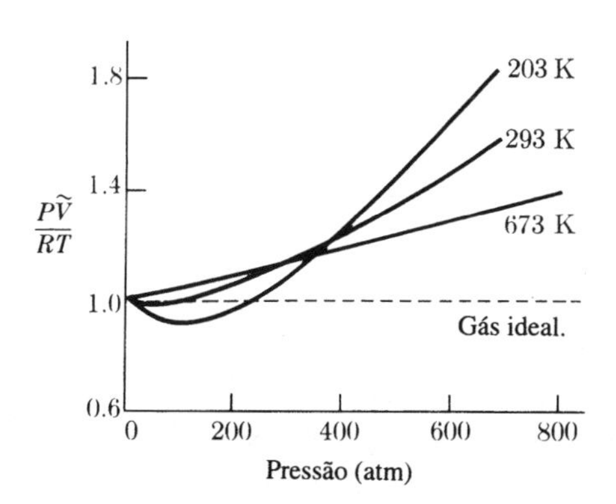

Fig. 2.16 Fator de compressibilidade para o nitrogênio em função da pressão.

e, assim, a baixas pressões, a equação de van der Waals para um mol de gás se reduz a $P\tilde{V} = RT$

Para analisar mais detalhadamente essa equação, iremos rearranjá-la da seguinte forma:

$$z = \frac{P\tilde{V}}{RT} = \frac{\tilde{V}}{\tilde{V} - b} - \frac{a}{RT}\frac{1}{\tilde{V}}.$$

Agora podemos ver que à medida que diminui o volume por mol, aumenta o valor dos termos do lado direito da equação. No entanto, se a temperatura for alta, o segundo termo tenderá a ser pequeno, e teremos

$$z = \frac{P\tilde{V}}{RT} \cong \frac{\tilde{V}}{\tilde{V} - b} > 1.$$

Isso reproduz os desvios "positivos" em relação à condição ideal observados para temperaturas e pressões altas. Por outro lado, na temperatura ambiente e para densidades moderadas, a aproximação

$$\frac{\tilde{V}}{\tilde{V} - b} \cong 1$$

é mantida e o termo proporcional a a torna-se importante. Assim, temos

$$z = \frac{P\tilde{V}}{RT} \cong 1 - \frac{a}{RT}\frac{1}{\tilde{V}}.$$

Portanto, o fator de compressibilidade é menor do que a unidade, conforme se observa para muitos gases de densidades moderadas à baixas temperaturas. Os efeitos tanto de a quanto de b podem ser observados analisando-se os dados da Fig. 2.16.

Volume Molecular

Agora buscaremos uma explicação para a origem e a importância das constantes a e b de van der Waals. A constante b tem unidades de volume por mol, e de acordo com a Tabela 2.5 seu valor para muitos gases é de cerca de 30 cm^3 mol^{-1}. Numa aproximação grosseira, 30 cm^3 e o volume que 1 mol de gás ocupa quando condensado em líquido. Isto, por sua vez, sugere que de algum modo b está relacionado ao volume das próprias moléculas. A comparação da equação simplificada de van der Waals $P(\tilde{V} - b) = RT$, sendo $P\tilde{V} = RT$ sustenta ainda mais esse ponto de vista. Ao deduzirmos a equação de estado dos gases ideais, admitimos que as moléculas são pontos de massa que têm disponível para si todo o volume geométrico do recipiente. Se as moléculas não são pontos, mas apresentam um tamanho finito, cada uma delas deve excluir do recipiente um certo volume de todas as outras. Se chamarmos esse volume excluído de b, então poderíamos

TABELA 2.5 CONSTANTES DE VAN DER WAALS*

Gás	a(L^2 atm mol^{-2})	b(L mol^{-1})
^4He	0,0342	0,0238
H_2	0,245	0,0266
N_2	1,35	0,0386
O_2	1,36	0,0318
CO	1,45	0,0395
CH_4	2,27	0,0431
CO_2	3,61	0,0429
H_2O	5,47	0,0305

* Calculados a partir dos valores de P_c e T_c da Tabela 2.7.

dizer que o volume "real" disponível para o movimento molecular é $\tilde{V} - b$, e que, portanto, a equação $P\tilde{V} = RT$ deve ser expressa como $P(\tilde{V} - b) = RT$. Assim, o efeito do tamanho molecular finito é fazer com que a pressão observada para um dado volume seja maior do que o previsto pela lei dos gases ideais.

Suponhamos que as moléculas sejam esferas impenetráveis de diâmetro ρ e perguntemos como esse diâmetro está relacionado com o fator *b* de van der Waals. Na Fig. 2.17, pode-se ver que a presença de uma molécula exclui um volume de $\frac{3}{4}\pi\rho^3$ a partir do centro de qualquer outra molécula. Para um conjunto de moléculas, podemos considerar que metade delas exclui um certo volume da outra metade, de modo que o volume total excluído por mol é

$$\frac{N_A}{2}\left(\tfrac{4}{3}\pi\rho^3\right) = \tfrac{2}{3}\pi\rho^3 N_A = b, \qquad (2.20)$$

Uma vez que ρ é o dobro do raio molecular, o valor de *b* dado pela Eq. (2.20) é de quatro vezes o volume real de um mol de moléculas. Assim, determinando-se experimentalmente o fator *b* de van der Waals, podemos ter uma estimativa do tamanho de uma molécula.

Forças Intermoleculares

Para interpretar o fator $a/\tilde{V}^2$ na equação de estado de van der Waals, notamos mais uma vez que a pressão de um gás surge

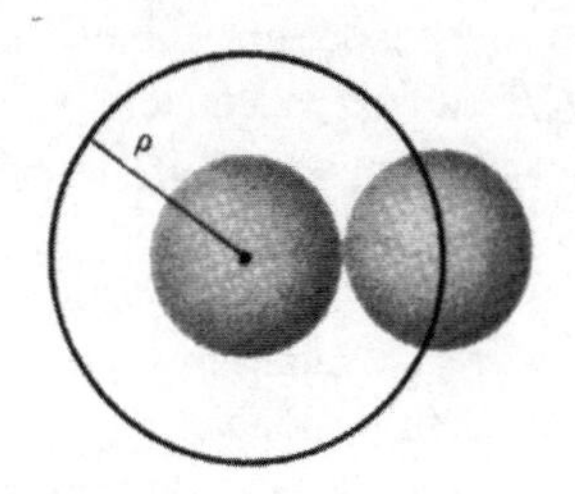

Fig. 2.17 Volume excluído devido ao tamanho molecular finito.

de um transporte de momento para as paredes do recipiente. Se houver forças de atração entre moléculas, esse transporte de momento, de algum modo, será impedido pela interação de moléculas que estão próximas das paredes com as moléculas que estão "atrás" delas, no interior do gás. Com efeito, forças de atração fazem com que as moléculas que se aproximam das paredes transfiram parte de seu momento para outras moléculas gasosas e não para as paredes. Podemos esperar que a magnitude desse efeito de "pressão interna" seja conjuntamente proporcional às densidades de cada um dos *pares* de moléculas interagentes, ou a $(N/V)^2$. Para 1 mol de gás, isso pode ser expresso como $a/\tilde{V}^2$, onde *a* é uma constante de proporcionalidade maior que zero e que mede a intensidade das forças de atração intermoleculares.

Devido exclusivamente à ação das forças de atração intermoleculares, a pressão *efetiva* de um gás real é mais baixa do que aquela prevista pela lei dos gases ideais. Portanto, devemos acrescentar o termo $a/\tilde{V}^2$ à pressão efetiva *P* para obter $[P + (a/\tilde{V}^2)]$, uma quantidade que, ao ser multiplicada pelo volume, dá o produto pressão-volume ideal $(P\tilde{V}_{ideal} = RT$. Este argumento racionaliza o modo como o termo da pressão interna $a/\tilde{V}^2$ aparece na equação de van der Waals.

Também devemos notar que, se existem forças de atração entre as moléculas, duas delas podem se ligar formando um par molecular associado, ou **dímero.** A ligação entre essas moléculas é muito fraca, de modo que, sob condições normais, somente uma pequena fração das moléculas gasosas apresenta-se como dímeros. Para cada dímero formado, o número efetivo de partículas livres diminui de uma unidade. De acordo com a teoria cinética, a pressão do gás é proporcional ao número de partículas livres, não importando qual seja a massa. Assim, se um número razoável de moléculas for dimerizado, o número real de partículas livres será menor do que o número estequiométrico de moléculas, e a pressão observada será menor do que o valor ideal de RT/V. Esta é a mesma conclusão a que chegamos anteriormente, utilizando um argumento diferente.

Um pequeno rearranjo da equação de van der Waals deixará claro como os desvios do comportamento ideal dependem da temperatura. Para 1 mol, escrevemos como antes,

$$\frac{P\tilde{V}}{RT} = \frac{\tilde{V}}{\tilde{V} - b} - \frac{a}{RT\tilde{V}}.$$

Para $\tilde{V}/(\tilde{V} - b) \cong 1 + b/\tilde{V}$, teremos

$$\frac{P\tilde{V}}{RT} = 1 + \left(b - \frac{a}{RT}\right)\frac{1}{\tilde{V}}. \qquad (2.21)$$

Isso mostra claramente que, para uma primeira aproximação, os desvios do comportamento ideal são proporcionais a $1/\tilde{V}$, e que a magnitude e o sinal dos desvios dependem do tamanho das moléculas, da intensidade das forças de atração entre elas e da temperatura. Para temperaturas altas, a quantidade $P\tilde{V}/RT$ tenderá a ser maior que a unidade, enquanto que o oposto será verdadeiro para temperaturas baixas.

Questão. Na assim chamada **temperatura de Boyle**, os efeitos das forças intermoleculares de repulsão e de atração simplesmente se anulam, e um gás não ideal comporta-se idealmente. Partindo da Eq. (2.21), expresse T_{Boyle} em termos das constantes a e b de van der Waals. Qual é a temperatura de Boyle para o He?

Resposta. Quando $(b - a/RT) = 0$, a Eq. (2.21) é a equação de um gás ideal. Portanto, $T_{\text{Boyle}} = a/bR$ e para He, $T_{\text{Boyle}} = 17{,}5$ K.

A Equação (2.21) nos dá uma representação adequada do comportamento dos gases somente numa limitada faixa de densidades. Uma simples extensão dessa equação, que pode ajustar-se aos dados experimentais para um intervalo maior de densidades, é a **equação de estado virial:**

$$\frac{P\tilde{V}}{RT} = 1 + \frac{B(T)}{\tilde{V}} + \frac{C(T)}{\tilde{V}^2} + \frac{D(T)}{\tilde{V}^3} + \cdots$$

As quantidades $B(T)$, $C(T)$, etc., são chamadas de segundo, terceiro, etc., coeficientes viriais, e dependem apenas da temperatura e das propriedades das moléculas do gás. O segundo coeficiente virial, $B(T)$, representa as contribuições das interações entre pares de moléculas à equação de estado, enquanto que o terceiro coeficiente virial, $C(T)$, mede os efeitos devidos às interações simultâneas de três moléculas. No modelo de van der Waals simples, onde as moléculas são representadas como esferas rígidas que se atraem umas às outras fracamente, a segunda constante virial é $b - a/RT$.

O modelo de van der Waals para interações moleculares é reconhecidamente muito grosseiro, pois não podemos imaginar que as moléculas sejam esferas impenetráveis de diâmetro bem definido. Felizmente, as determinações experimentais dos coeficientes viriais resultaram num quadro mais detalhado e satisfatório das forças intermoleculares. Todas as moléculas se atraem mutuamente quando estão separadas por distâncias da ordem de algumas unidades de angstrom (símbolo Å, equivalente a uma centena de picômetro, pm). A intensidade dessas forças de atração diminui à medida que as distâncias intermoleculares aumentam. Quando as moléculas ficam muito próximas umas das outras, elas se repelem, e a magnitude dessa força de repulsão aumenta rapidamente à medida que diminui a separação intermolecular. Costuma-se descrever esses fenômenos representando-se graficamente a energia potencial intermolecular de um par de moléculas como uma função da distância entre seus centros de massa.

Vemos na Figura 2.18 a forma geral da energia potencial utilizada para descrever a interação entre duas moléculas esféricas hipotéticas. A força entre elas para qualquer separação é igual à inclinação negativa da curva de energia potencial naquele ponto. Observamos que, se a energia

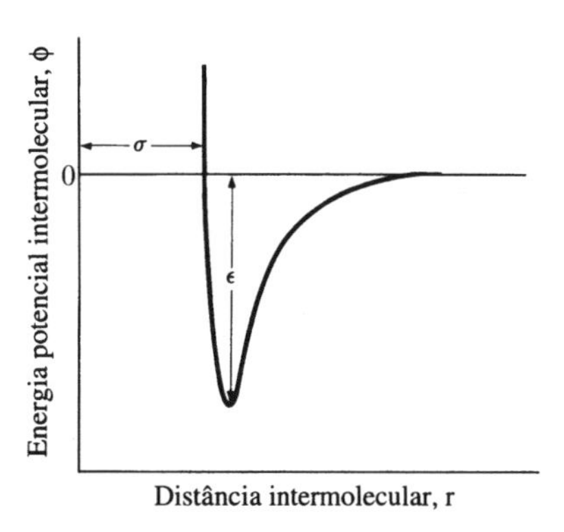

Fig. 2.18 Representação gráfica da função de energia potencial intermolecular de Lennard-Jones.

potencial de duas moléculas infinitamente separadas é considerada como sendo igual a zero, a energia potencial torna-se negativa à medida que as moléculas se aproximam. Depois de alcançar um valor mínimo, a energia potencial aumenta abruptamente quando as moléculas chegam ainda mais próximas umas das outras, e a força entre elas torna-se repulsiva.

Uma representação algébrica da curva de energia potencial intermolecular é

$$\phi = 4\epsilon\left[\left(\frac{\sigma}{r}\right)^{12} - \left(\frac{\sigma}{r}\right)^{6}\right],$$

conhecida como **função potencial 6-12 de Lennard-Jones.** Nesta expressão, r é a separação dos centros moleculares e o parâmetro ϵ é igual ao valor mínimo da energia potencial, ou, como se pode ver na Fig. 2.18, a profundidade do "poço" de energia potencial. O parâmetro de distância σ é igual à distância mínima de aproximação entre duas moléculas que colidem com energia cinética inicial zero. Num certo sentido, σ é uma medida do diâmetro das moléculas. Na verdade, o diâmetro real de uma molécula é uma quantidade mal definida, pois duas moléculas podem aproximar-se uma da outra até a distância em que sua energia cinética inicial de movimento relativo é convertida inteiramente em energia potencial. Se a energia cinética inicial for grande, então a distância de maior aproximação será um pouco menor que σ.

Os valores dos parâmetros ε e σ dependem da natureza das moléculas interagentes. De um modo geral, ambos os parâmetros aumentam à medida que aumenta o número atômico dos átomos interagentes. A Figura 2.19 mostra as curvas de energia potencial para três gases inertes. Notamos que ϵ é da mesma ordem de magnitude, ou um tanto menor, que kT na temperatura ambiente. Isso significa que a energia cinética média das moléculas gasosas é maior do que o maior valor possível da energia potencial de atração de um par molecular. Visto que as moléculas geralmente encontram-se bem separadas a pressões normais, a energia potencial ***média*** de interação é bem menor que a energia cinética média e

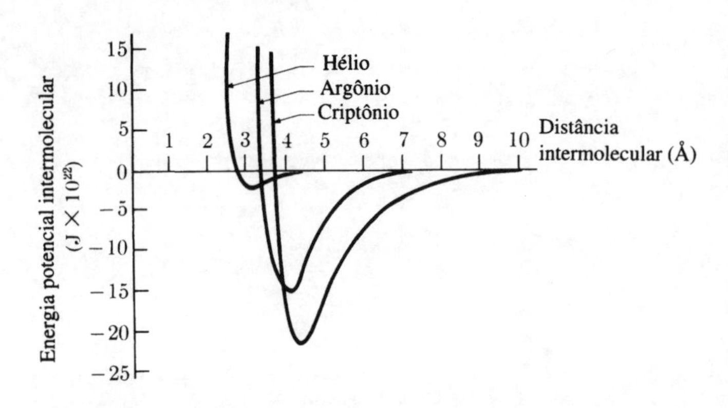

Fig. 2.19 Função de energia potencial intermolecular de Lennard-Jones para He, Ar e Kr.

consequentemente é a energia cinética que é amplamente responsável pelo comportamento observado para os gases.

A energia potencial de interação cumpre um importante papel em várias propriedades dos gases. Destas, a mais proeminente é o comportamento não ideal, mas os métodos teóricos utilizados para calcular os coeficientes viriais a partir da função potencial 6-12 de Lennard-Jones estão muito além dos objetivos deste texto. Na próxima seção analisaremos a liquefação, um processo diretamente relacionado com a parte atrativa do potencial de Lennard-Jones. A Tabela 2.6 mostra alguns parâmetros 6-12.

Os valores de ϵ na Tabela 2.6 foram divididos pela constante de Boltzmann, *k*, e apresentam dimensões de temperatura. Conseqüentemente, os valores de ϵ na Tabela representam a temperatura em que a energia cinética molecular kT é igual à profundidade do poço de potencial, conforme nos mostra a Fig. 2.18. Essa temperatura não pode representar exatamente o ponto em que as moléculas estarão juntas, porque a distribuição de Maxwell-Boltzmann propicia às moléculas uma ampla faixa de energias. Porém, se os gases forem resfriados abaixo dessa temperatura, espera-se então uma condição não ideal extrema. Os valores da Tabela 2.6 foram calculados a partir da viscosidade dos gases, e o efeito das interações moleculares sobre as propriedades de transporte do gás, tais como a viscosidade, será analisado no fim deste Capítulo. A prova mais notável da existência de uma força de atração entre moléculas gasosas estáveis surgiu como resultado do desenvolvimento de técnicas de resfriamento de gases a temperaturas muito baixas, sem liquefação. Com essas técnicas é possível preparar moléculas com fórmulas tais como Ar_2, Kr_2, Ar.HCl, e assim por diante. Essas moléculas foram chamadas de **moléculas de van der Waals** e algumas de suas propriedades serão analisadas no Capítulo 6.

Liquefação

Quando a temperatura é reduzida de modo que kT torna-se significativamente menor que ϵ, as moléculas ficarão juntas no fundo dos poços de potencial mostrados na Figura 2.19. Sob certas pressões, esse processo de aglutinação envolve um grande número de moléculas, de forma que uma dada molécula é rodeada por, e interage com, várias moléculas ao mesmo tempo. Essas interações levam à formação de um líquido. O comportamento do gráfico $P-\tilde{V}$ é particularmente interessante quando um líquido é formado. Na Fig. 2.20 vemos um gráfico dessa natureza para N_2.

O comportamento desses sistema pode ser melhor compreendido seguindo-se uma isoterma até a formação do líquido. O ponto A no canto direito da Fig. 2.20 corresponde ao N_2 gasoso a 124 K. A medida que o gás é comprimido, seguimos a isoterma de 124 K até alcançarmos o ponto B. Neste ponto formam-se as primeiras gotas de N_2 líquido. Este líquido tem o volume molar $\tilde{V}$ dado pelo ponto C. O volume molar médio tanto do líquido quanto do gás encontra-se ao longo da linha horizontal CB. Para manter a temperatura constante à medida que o líquido é formado, deve-se retirar calor do sistema. Conseqüentemente, a posição ao longo da linha CB é inteiramente determinada pela maneira como o calor é retirado. Isso ocorre porque tanto a temperatura quanto a pressão são constantes ao longo de CB; o aquecimento e o resfriamento são as únicas maneiras de afetar as quantidades relativas de N_2 líquido e N_2 gasoso.

Se o sistema for suficientemente resfriado, tornar-se-á inteiramente líquido no ponto C. Agora a pressão pode ser aumentada, por exemplo, até o ponto D. A inclinação da isoterma nessa região mostra que o volume dos líquidos é alterado muito lentamente com a pressão. Analisando as isotermas da Fig. 2.20, verificamos que o líquido também pode ser formado a temperaturas de até cerca de 126 K. A

TABELA 2.6 CONSTANTES DO POTENCIAL 6-12 DE LENNARD-JONES*

Gás	ε/k (K)	σ (Å)	Gás	ε/k (K)	σ (Å)
He	10,2	2,55	H_2	59,7	2,83
Ne	32,8	2,82	N_2	71,4	3,80
Ar	93,3	3,54	O_2	106,7	3,47
Kr	178,9	3,66	CH_4	148,6	3,76
Xe	231,0	4,05	CO_2	195,2	3,94

*Determinado a partir dos valores de viscosidade gasosa por R. C. Reid, J. M. Prausnitz, e T.K. Sherwood, *The Properties of Gases and Liquids,* 3a Ed. (New York: McGraw-Hill, 1977), pp. 678-679.

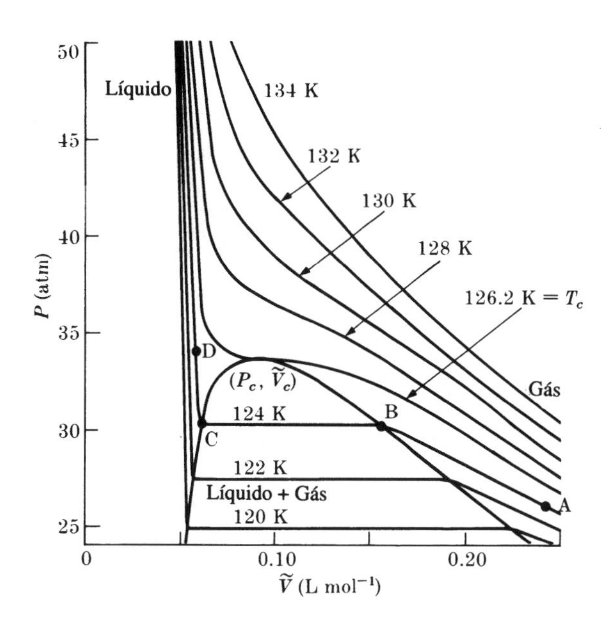

Fig. 2.20 Isotermas pressão-volume para N_2 acima e abaixo de sua temperatura crítica de 126,2 K.

126,2 K o estado líquido desaparece e a curva arredondada, com seu máximo em 126,2 K, é aquela em que o gás e o líquido coexistem. Acima de 126,2 K não se pode obter o N_2 líquido. Embora as isotermas de alta pressão também sejam abruptas para 128 K e 130 K, essas curvas *não* representam um líquido. O N_2 muito denso obtido acima de 126,2 K pode ser chamado de N_2 **supercrítico** ou N_2 fluido, mas não N_2 líquido. A temperatura de 126,2 K é denominada **temperatura crítica, T_c**, e a **pressão crítica, P_c**, e o **volume crítico, $\tilde{V}_c$**, correspondem ao ponto onde a isoterma de 126,2 K se encontra com a curva de coexistência gás-líquido. A Tabela 2.7 fornece valores para as constantes críticas de vários gases.

Seria interessante se T_c pudesse ser calculada a partir das funções potenciais intermoleculares, mas esta é uma tarefa de grande vulto em física estatística que ainda não foi resolvida.

TABELA 2.7 TEMPERATURAS, PRESSÕES E VOLUMES CRÍTICOS*

Gás	**T_c(K)**	**P_c (atm)**	**V_c (L mol^{-1})**
^{4}He	5,19	2,24	0,0573
H_2	33,2	12,8	0,0650
N_2	126,2	33,5	0,0895
O_2	154,6	49,8	0,0734
CO	132,9	34,5	0,0931
CH_4	190,6	45,4	0,0990
CO_2	304,2	72,8	0,0940
H_2O	647,3	217,6	0,0560

*Valores de R. C. Reid, J. M. Prausnitz e T. K. Sherwood, *The Properties of Gases and Liquids*, 3a Ed., (New York: McGraw-Hill, 1977), pp. 629-665.

Valores de T_c, P_c, e $\tilde{V}_c$ podem ser relacionados às constantes a e b da equação de van der Waals, e esta equação permite prever isotermas muito semelhantes àquelas que aparecem na Fig. 2.20. No entanto, *a* e *b* não são constantes físicas reais para quaisquer gases, pois são resultado de uma adequação aproximada a uma equação de estado observada. As constantes críticas são constantes verdadeiras e podem ser usadas para produzir os **parâmetros reduzidos** T_r, P_r e $\tilde{V}_r$. Com $T_r = T/T_c$, $P_r = P/P_c$, $\tilde{V}_r = \tilde{V}/\tilde{V}_c$, esses parâmetros reduzidos estão muito próximos de fornecer a mesma equação de estado reduzida para todos os gases simples. Métodos estatísticos ainda estão sendo desenvolvidos de modo a permitir uma explicação teórica para essa equação de estado reduzida.

Há muitas aplicações práticas para os gases comprimidos até à liquefação. A mais importante é na refrigeração, quando se utiliza um ciclo de compressão do gás e expansão do líquido. Do lado externo do refrigerador, um gás de trabalho como NH_3 é comprimido até tornar-se líquido. Neste processo libera-se calor para o ar no exterior. O líquido é então bombeado por meio de um sistema de bombeamento até a porção interna do refrigerador. Enquanto ainda se encontra no interior do refrigerador, o líquido se expande e passa para o estado gasoso, o que significa uma retirada de calor do sistema. Depois disso o gás volta para o compressor externo para mais um ciclo. O resultado deste processo é o resfriamento interno e o aquecimento externo de um refrigerador. Originariamente, o gás de trabalho utilizado para o ciclo era a amônia, que tem sido amplamente substituída por gases mais inertes como os clorofluorcarbonos CCl_2F_2, $CHClF_2$ e CCl_3F. Todos estes gases de trabalho devem apresentar temperaturas críticas bem acima da temperatura ambiente, mas ainda permanecem no estado gasoso aproximadamente a 1 atm de pressão nas temperaturas encontradas no interior de um refrigerador.

Na região arredondada da curva da Fig. 2.20, o N_2 existe em duas fases: líquida e gasosa. Forças gravitacionais separam essas duas fases, de modo que o líquido, mais denso, aparece abaixo do gás. Num sistema como esse, há um pronunciado aumento no volume molar quando se passa da fase líquida para a fase gasosa. Essa fronteira chama-se **menisco**. Embora a temperatura e a pressão sejam iguais nas fases líquida e gasosa, outras propriedades intensivas, como por exemplo o volume molar, não são as mesmas para ambas as fases. Na ausência de forças gravitacionais, pode parecer que o líquido e o gás formam um sistema uniforme, mas esta uniformidade não existe ao nível molecular. O líquido e o gás apresentam espaçamentos moleculares diferentes. Um exame mais detalhado de um sistema de duas fases aparentemente uniforme revelaria a existência de pequenas gotas de líquido rodeadas por gás. Um sistema uniforme não homogêneo ao nível molecular geralmente é denominado **mistura**, mas para o sistema líquido-gás, a denominação mais apropriada seria **suspensão**. A medida que a temperatura do sistema aproxima-se de T_c, os volumes molares do líquido e do gás tornam-se quase que idênticos. O comportamento das moléculas e de suas interações abaixo de T_c são de grande interesse, e muitos estudos teóricos têm por finalidade o entendimento dos sistemas que se encontram muito próximos de seus pontos críticos.

No canto superior esquerdo da fig. 2.20 podemos ver que as características de $P-\tilde{V}$ são semelhantes acima e abaixo de T_c. O gás supercrítico acima de T_c apresenta muitas das propriedades de um líquido real, podendo ser utilizado como solvente. O H_2O supercrítico pode ser usado como um solvente de alta temperatura para muitas substâncias que se dissolvem no H_2O líquido comum; e o CO_2 supercrítico, por sua vez, é utilizado como solvente no processamento de alimentos. Qualquer CO_2 residual deixado nos alimentos é inofensivo, o que o o torna um solvente excepcional.

Se o N_2 for resfriado bem abaixo das temperaturas indicadas na Fig. 2.20, até cerca de 63 K, formar-se-á N_2 sólido sob pressões próximas de 1 atm. No estado sólido as moléculas são aglutinadas por longos períodos numa estrutura bem definida. As posições das moléculas nos sólidos geralmente são determinadas pelo *termo de repulsão* na função potencial intermolecular. As estruturas desses sólidos moleculares parecem corresponder ao empacotamento de moléculas rígidas de tamanhos e formas bem definidas. Por outro lado, no líquido, as moléculas fazem parte de um fluido e estão continuamente alterando sua posição umas em relação às outras. É o termo de atração da função potencial intermolecular que desempenha o papel principal na formação e preservação de um líquido como tal. Os líquidos apresentam estruturas mais complexas do que aquelas que esperaríamos para simples empacotamentos de moléculas rígidas.

2.6 Fenômenos de Transporte

Além da condição não ideal, há várias propriedades dos gases que dependem do tamanho da molécula. Essas propriedades podem ser classificadas com sendo os seguintes fenômenos de transporte:

condutividade térmica - transporte de calor
difusão - transporte de moléculas
viscosidade - transporte de momento

Analisaremos essas propriedades com maiores detalhes mais adiante. Por enquanto, é importante saber que todas elas dependem da distância que a molécula irá percorrer antes de colidir com outra molécula. A distância média percorrida antes de haver a colisão é denominada **caminho livre médio,** e o seu cálculo é fundamental para entender os fenômenos de transporte em um gás.

O Caminho Livre Médio

Vejamos como as colisões afetam o movimento das moléculas. Na Fig. 2.21, destaca-se a trajetória de uma molécula de gás em particular. Cada segmento de sua trajetória entre as colisões é denominado caminho livre. Uma vez que esses caminhos livres apresentam comprimento finito, a progressão da molécula em qualquer direção é inibida. O que nos interessa é calcular o valor médio do comprimento desses caminhos, ou seja, o caminho livre médio.

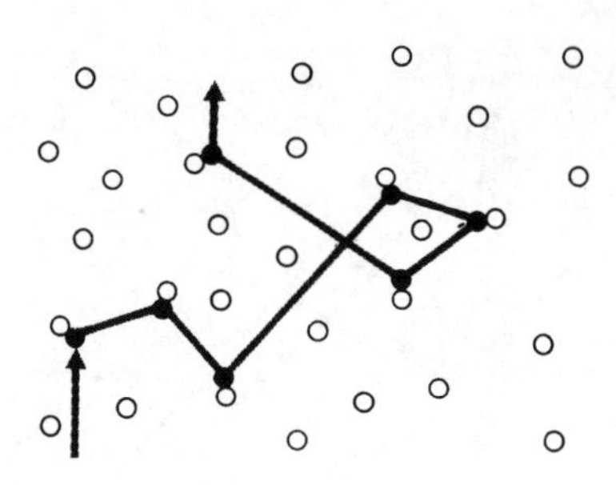

Fig. 2.21 Caminhos moleculares livres mostrado como um deslocamento aleatório.

Para alcançar esse objetivo, consultemos a Fig. 2.22, que representa o movimento de uma determinada molécula tipo "esfera rígida" com relação às outras. Admitiremos que a molécula em questão é muito mais rápida do que as demais à medida que se movimenta através do gás e colide com qualquer outra molécula cuja distância centro-a-centro é menor que ρ, o diâmetro molecular. Assim, essa molécula percorre um cilindro de colisão cuja área seccional é $\pi\rho^2$ e cujo comprimento aumenta numa velocidade dada por $\bar{c}$, a velocidade média das moléculas. Ocorrerá colisão com qualquer molécula cujo centro esteja dentro do cilindro, conforme podemos ver na Figura. Se n^* for número médio de moléculas por unidade de volume, o número médio de colisões por segundo, sofridas pela molécula em questão, será:

colisões por segundo = volume percorrido por segundo x moléculas por unidade de volume

$$= \pi\rho^2\bar{c}n^*.$$

O resultado que acabamos de obter será correto se a única molécula em movimento for a molécula que estamos considerando. Se todas as moléculas da Fig. 2.22 estiverem se deslocando com a mesma velocidade média, o número de colisões por segundo será maior por um fator de $\sqrt{2}$ em relação ao que obtivemos, como podemos verificar por meio de cálculos mais detalhados. O caminho livre médio λ é a distância média percorrida pela molécula entre as colisões. Isso deverá ser igual à distância média percorrida por segundo dividida pelo número médio de colisões corrigido por segundo:

$$\lambda = \frac{\bar{c}}{\sqrt{2}\pi\rho^2\bar{c}n^*} = \frac{1}{\sqrt{2}\pi\rho^2 n^*}. \qquad (2.22)$$

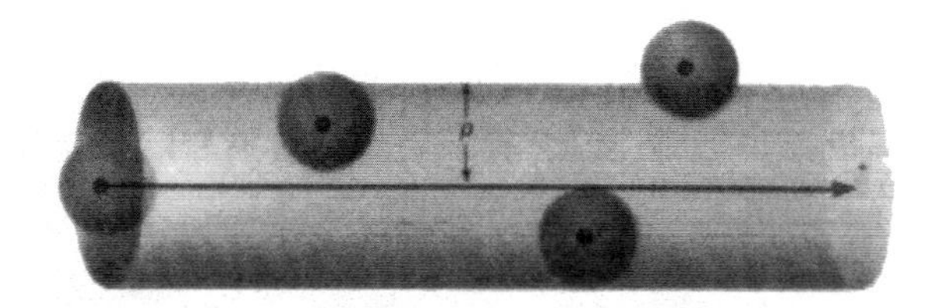

Fig. 2.22 Cilindro de colisão percorrido por uma molécula. As primeiras duas moléculas, cujos centros estão dentro do cilindro, devem sofrer colisão.

Podemos usar a equação dos gases ideais para obter n^*:

$$n^* = \frac{nN_A}{V} = \frac{N_A P}{RT}.$$

Utilizando essa igualdade na Eq. (2.22), obtemos

$$\lambda = \frac{RT}{\sqrt{2}\pi\rho^2 N_A P}. \qquad (2.23a)$$

Nessa equação devemos utilizar o sistema SI (incluindo o valor de R): pressão em pascals e distância em metros. Se quisermos a pressão em atmosferas, podemos convertê-la em pascals e usar a Eq. (2.23a), ou então a seguinte equação de caminho livre médio modificada, com R em L atm mol^{-1} K^{-1} e λ em cm:

$$\lambda = \frac{1000\,RT}{\sqrt{2}\pi\rho^2 N_A P}, \qquad (2.23b)$$

onde o fator 1000 é usado para converter litros em centímetros cúbicos.

Para uma estimativa numérica de ρ, o diâmetro molecular, podemos usar o parâmetro do potencial de Lennard-Jonnes σ, que, segundo mostram os experimentos, é de aproximadamente 3×10^{-8} cm para muitas moléculas gasosas pequenas. Se utilizarmos esse valor na Eq. (2.23b), supondo 1 atm de pressão e 300 K, obteremos

$$\lambda = \frac{(1000\ \text{cm}^3\ \text{L}^{-1})(0{,}082\ \text{L atm mol}^{-1}\ \text{K}^{-1})(300\ \text{K})}{\sqrt{2}\pi(3 \times 10^{-8}\ \text{cm})^2(6{,}0 \times 10^{23}\ \text{mol}^{-1})(1\ \text{atm})}$$

$$= 1{,}0 \times 10^{-5}\ \text{cm}.$$

É uma distância pequena, mas é mais de 300 vezes o tamanho de uma molécula. A dependência de $1/P$ na Eq. (2.23b), leva a um resultado em que λ pode ser expresso em centímetros quando P cai para 10^{-5} atm, ou cerca de 10^{-2} torr. Essas pressões geralmente são obtidas em sistemas de vácuo nos laboratórios.

Teoria do Transporte

Como o próprio nome indica, a teoria do **transporte** trata do fluxo de alguma propriedade do material. Por exemplo, **condutividade térmica** é o fluxo de calor entre áreas com diferentes temperaturas, e **difusão** é o fluxo de moléculas entre áreas com diferentes concentrações. **Viscosidade** é mais complicado, mas em geral é um fluxo de momento ou uma variação de energia entre duas áreas com diferentes velocidades tangenciais. Uma variação de energia relacionada com a distância é equivalente a uma força, e portanto a viscosidade é um obstáculo ou resistência ao movimento.

A diferença na temperatura, na concentração ou na velocidade é expressa como uma variação que ocorre com a distância, ou um gradiente. Admite-se que todos os fluxos sejam diretamente proporcionais a esses gradientes. A equação básica é:

fluxo = -(constante de proporcionalidade) x gradiente.

O sinal negativo nessa equação é ilustrado pelo exemplo de condutividade de calor da Fig. 2.23. Nessa Figura o bloco mais quente é separado do mais frio por uma distância de 20 mm, e a diferença de temperatura é de 40 K. Isso nos dá um gradiente térmico de 40 K/20 mm, ou 2×10^3 K m^{-1}. Uma vez que a energia sempre fluirá do bloco mais quente para o mais frio, o fluxo é oposto ao gradiente, conforme indicado na Figura.

As equações de transporte básicas para calor e fluxo molecular são

$$\text{velocidade de transporte de calor por unidade de área} = -\kappa \frac{\Delta T}{\Delta d} \quad (\text{J m}^{-2}\,\text{s}^{-1}), \qquad (2.24)$$

$$\text{velocidade de tranporte de molécula por unidade de área} = -D \frac{\Delta n^*}{\Delta d} \quad (\text{molécula m}^{-2}\,\text{s}^{-1}). \qquad (2.25)$$

Assim definidas, as constantes k e D dependem apenas das propriedades do gás.

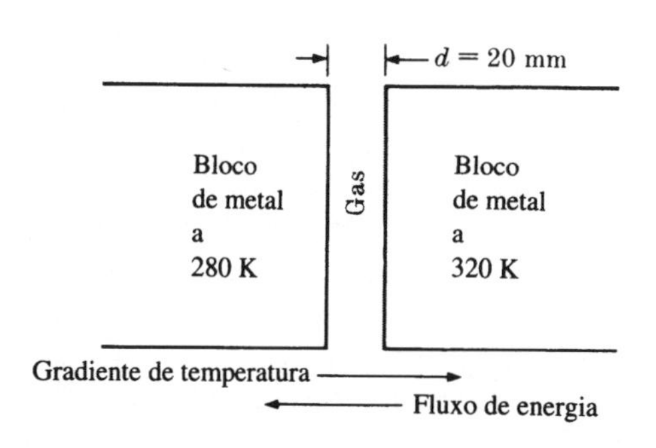

Fig. 2.23 Aparato de condutividade térmica. A teoria do transporte assume que o caminho livre médio de um gás é muito menor que o espaçamento d.

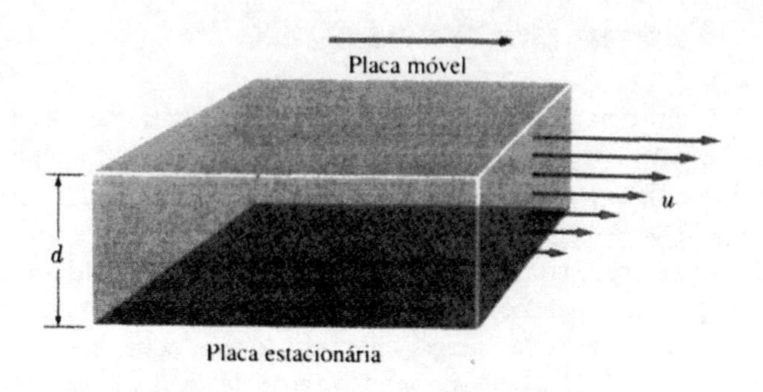

Fig. 2.24 Gás entre uma placa móvel e uma estacionária.

A viscosidade de um fluido representa uma fricção interna que faz com que os efeitos de um movimento através do fluido sejam transmitidos numa direção *perpendicular* àquela do movimento. Consideremos a Fig. 2.24, que mostra um gás confinado entre uma placa estacionária e outra em movimento. O movimento da placa superior faz com que a camada adjacente do gás movimente-se *como um todo* com uma velocidade u. Camadas do gás sucessivamente mais distantes da placa em movimento também se movimentam, mas com uma velocidade cada vez menor. Visto que esse movimento é transmitido através do gás, a placa estacionária "sente" uma força na direção do movimento da placa superior. Os experimentos mostram que essa força por unidade de área da placa é dada por

$$\text{força por unidade de área} = -\eta \frac{\Delta u}{\Delta d} \ (\text{N m}^{-2}), \qquad (2.26)$$

onde $\Delta u/\Delta d$ é o quanto a velocidade u da massa varia com a distância Δd da placa em movimento, e η é a constante de proporcionalidade denominada **constante de viscosidade**. Seu valor depende somente da natureza do gás.

Há uma outra maneira de considerar o fenômeno da viscosidade, que torna mais clara a situação física. A placa estacionária "sente" uma força porque as moléculas do gás na placa em movimento adquirem um momento mu na direção do movimento da placa. Se essas moléculas pudessem prosseguir sem impedimentos até a placa estacionária, transfeririam a esta seu momento extra, exercendo, portanto, uma força sobre ela. Até certo ponto, porém, estão impedidas de fazê-lo graças às colisões que tendem a randomizar a direção e a quantidade de seu momento extra. O coeficiente de viscosidade é uma medida da eficiência do transporte de momento.

O coeficiente de difusão D, a condutividade térmica k e a viscosidade η devem aumentar à medida que aumentam as velocidades moleculares médias $\bar{c}$ e os caminhos livres médios λ. Além disso, k dependerá da capacidade de calor das moléculas. Também veremos que η depende da massa das moléculas, e tanto k quanto η dependem do número de moléculas por unidade de volume n^*. Deduções bem detalhadas dão os seguintes resultados para D, k e η:

$$D = \frac{3\sqrt{2}\pi}{64}\bar{c}\lambda, \qquad (2.27a)$$

$$\kappa = \frac{25\pi}{64}\bar{c}\lambda n^* c_v, \qquad (2.27b)$$

$$\eta = \frac{5\pi}{32}\bar{c}\lambda n^* m, \qquad (2.27c)$$

onde c_v é a capacidade calorífica por molécula e m a massa.

A velocidade média $\bar{c}$ das moléculas dos gases pode ser deduzida da distribuição de Maxwell-Boltzmann:

$$\bar{c} = \sqrt{\frac{8kT}{\pi m}}. \qquad (2.28)$$

A substituição das Eq. (2.28) e (2.22) por qualquer uma das Eqs. (2.27) dará a equação dos gases ideais e esferas rígidas para essas propriedades de transporte. Se utilizarmos a viscosidade como exemplo, obteremos

$$\eta = \frac{5}{16}\sqrt{\frac{k}{\pi}}\left(\frac{\sqrt{mT}}{\rho^2}\right). \qquad (2.29)$$

Um dos aspectos mais interessantes da Eq. (2.29) é que ela prevê que a viscosidade do gás deve ser independente da pressão. Verifica-se que isso é verdadeiro para pressões próximas de 1 atm, e também para pressões mais baixas, até λ aproximar-se do diâmetro do tubo usado para medir a viscosidade. A pressões assim tão baixas, os gases sofrem efusão e não difusão, como é admitido nas Eqs. (2.24), (2.25) e (2.26).

Uma representação gráfica de alguns valores experimentais para a viscosidade do gás CO_2, acima e abaixo da temperatura ambiente pode ser vista na Fig. 2.25. Se tentarmos acomodar os pontos experimentais à Eq. (2.9), o melhor ajuste será para $\rho = 4{,}5 \times 10^{-8}$ cm, mas a curva calculada não segue os pontos experimentais.

A razão para o limitado sucesso do modelo de esfera rígida na previsão das propriedades de transporte é que ele não leva em conta as atrações moleculares. Consideremos duas moléculas deslocando-se no gás e uma passando próxima da outra, porém fora do diâmetro de suas esferas rígidas. Uma vez presente o potencial de atração, essas duas moléculas irão interagir, trocando energia e momento. A magnitude da troca depende da velocidade com que passam uma pela outra. Moléculas lentas terão uma grande interação. Podem até atrair-se a ponto de colidirem. Moléculas rápidas passarão velozmente e terão uma interação menor. A velocidade das moléculas que sofrem colisão depende da temperatura; portanto, a altas temperaturas as atrações moleculares serão menos importantes do que a baixas temperaturas.

Esses efeitos foram expressos em nível quantitativo com a utilização do potencial 6-12 de Lennard-Jones. Assim, a Eq. (2.29) toma a seguinte forma:

$$\eta = \frac{5}{16}\sqrt{\frac{k}{\pi}}\left(\frac{\sqrt{mT}}{\sigma^2}\right)\left(\frac{1}{\Omega}\right), \quad (2.30)$$

onde Ω é uma integral de colisão adimensional que depende da razão de ε e a temperatura do gás. No caso de muitos gases, o valor de Ω será próximo de 1,0 a altas temperaturas e de 2,0 à temperatura ambiente. Quando a Eq. (2.30) é utilizada com as integrais de colisão apropriadas para CO_2, os valores da Fig. 2.25 apresentam uma ótima concordância com os dados experimentais para a viscosidade do CO_2.

A integral de colisão que serve para corrigir a viscosidade do gás serve também para corrigir a condutividade térmica. Conseqüentemente, o valor correto da razão κ/η é obtido por meio dos cálculos utilizando esferas rígidas. A equação da difusão, Eq. (2.27a), requer uma integral de colisão que pode diferir por um fator de 2 em relação àquela usada na Eq. (2.30).

As propriedades de transporte são uma boa ilustração das limitações com que nos deparamos ao tratarmos as moléculas como esferas rígidas. Em química, há muitas situações importantes em que precisamos entender como as moléculas se atraem umas às outras sem formar uma ligação. Os líquidos comuns são um desses exemplos. Por razões históricas, chamamos essas atrações de forças de van der Waals, mas o potencial 6-12 de Lennard-Jones é o nosso instrumental quantitativo para expressar essas interações.

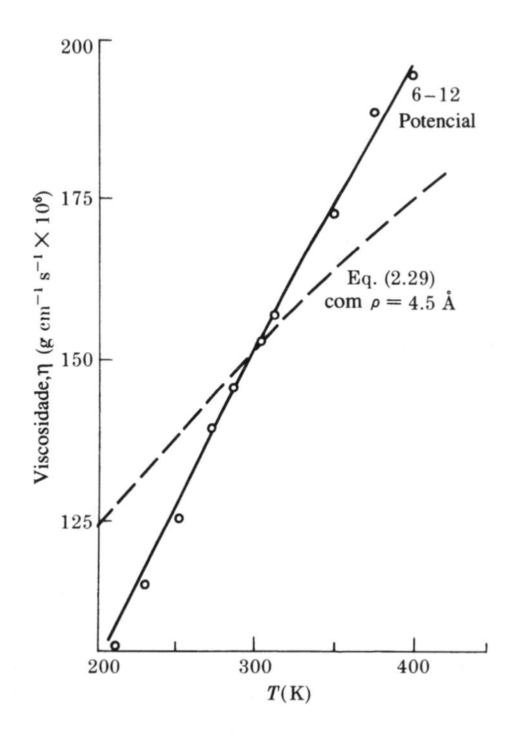

Fig. 2.25 A viscosidade do CO_2 em função da temperatura. A curva tracejada é a Eq. (2.29) com $\rho = 4{,}5$ Å, e a curva sólida inclui uma correção por integral colisional usando os parâmetros de Lennard-Jones dados na Tabela 2.6.

RESUMO

Quando n mols de um gás são submetidos a uma **pressão P** e a uma **temperatura t**, seu **volume V** pode ser calculado por uma relação matemática denominada **equação de estado,** $V = V(t, P, n)$. Cada gás tem a sua própria equação de estado, que deve ser determinada experimentalmente; mas todos os gases à pressões suficientemente baixas obedecem à mesma relação dos gases ideais. A temperatura constante, essa relação é a **lei de Boyle (PV = constante),** e à pressão constante é a **lei de Charles e Gay-Lussac** [$V = V(1 + at)$]. A forma mais geral da **equação de estado dos gases ideais é** $PV = nRT$, onde R é uma nova constante física e T é a **temperatura absoluta** em **Kelvin**. Utilizando a moderna definição em que $t = T - 273{,}15$ (onde t está em graus Celsius e 0 K é a temperatura mais baixa possível), a temperatura absoluta pode ser determinada seja utilizando um termômetro de gases ideais seja com termômetros práticos e com as calibrações de temperatura fornecidas pela **Escala Internacional de Temperatura Prática - 1968 (EITP).** Gases como H_2, He_2, N_2 e O_2 podem ser investigados pela equação dos gases ideais a temperaturas normais e a pressões de apenas algumas atmosferas ou menos; mas, a temperaturas muito baixas ou a altas pressões, todos os gases estão sujeitos a grandes desvios. A uma temperatura suficientemente baixa, todos os gases condensarão no estado **líquido**. Esses desvios podem ser explicados mais facilmente pela **equação de estado de van der Waals,** onde se considera o **volume molecular e as atrações moleculares.**

Na dedução teórica da equação de estado dos gases ideais despreza-se os efeitos do volume molecular e da atração molecular e supõe-se que as moléculas deslocam-se independentemente num gás a baixa pressão. A pressão produzida pelo gás é o resultado da colisão das moléculas com as paredes. Sua **energia cinética média** = $\frac{3}{2}kT$, onde a **constante de Boltzmann** $k = R/N$. No sistema de unidades SI, R = 8,3144 tanto em J mol^{-1} K^{-1} quanto em Pa m^3 mol^{-1} K^{-1}. O valor 0,08206 atm L mol^{-1} K^{-1} geralmente é utilizado em cálculos práticos para gases ideais.

Uma vez que as moléculas de massa maior deslocam-se mais lentamente, elas **efundem** mais lentamente através de um pequeno orifício ou **difundem** mais vagarosamente num tubo estreito do que as moléculas mais leves. A **função de distribuição de Maxwell-Boltzmann**, que depende da massa e da temperatura das moléculas do gás, mostra como a velocidade destas se distribuem. A **velocidade média e a velocidade média quadrática** também podem ser calculadas a partir da massa e da temperatura. A **capacidade calorífica** de um gás depende do número de modos com que as moléculas podem ter energias cinética e potencial internas, além da energia cinética de translação que está presente em todos os gases.

A medida mais direta do tamanho das moléculas num gás é o **caminho livre médio**. Esta variável controla todas as **propriedades de transporte**, incluindo **difusão, condutividade térmica e viscosidade.** As interações entre pares de moléculas no gás podem ser representadas por uma função de energia potencial. A **função potencial 6-12 de Lennard-Jones** é uma função de dois parâmetros com um poço de profundidade ε e uma distância σ. Os valores ε/k para os pares de moléculas interagentes tais como H_2, N_2 e O_2 estão razoavelmente próximos das **temperaturas críticas** de seus líquidos, e σ é coerente com a constante b de van der Waals. A inclusão do potencial 6-12 no cálculo das propriedades de transporte proporciona uma excelente concordância com os valores experimentais.

SUGESTÕES PARA LEITURA

Histórico

Sobre dados biográficos de Ludwig Boltzmann, Robert Boyle, Jacques-Alexandre-Cesar Charles, Joseph Louis Gay-Lussac e James Clerk Maxwell, ver *Dictionary of Scientific Biografy,* New York: Scribners, 1971.

Teoria Cinética dos Gases

Nível Elementar

Hildebrand, J.H. *An Introduction to Molecular Kinetic Theory.* New York: Van Nostrand Reinhold, 1963.

Cowling, T.G. *Molecules in Motion.* London: Hutchinson's University Press, 1950.

Nível Médio

Golden, S. *Elements of the Theory of Gases.* Reading, Mass.: Addison-Wesley, 1964.

Jeans, J. *An Introduction to the Kinetic Theory of Gases.* Cambridge: Cambridge University Press, 1946.

Kauzman, W. *Kinetic Theory of Gases.* Menlo Park, Calif.: Benjamin-Cummings, 1966.

Nível Avançado

Curtis, C.F., J.O. Hirchfelder e R.B. Bird. *Molecular Theory of Gases and Liquids.* New York: Wiley, 1964. Present, R.D. *Kinetic Theory of Gases.* New York: McGraw-Hill, 1958.

Propriedades Físicas dos Gases

Perry, R.H. e C.H. Chilton. Chemical Engineers Handbook. New York: McGraw-Hill, 1973. Reid, R.C., J.M. Prausnitz e T.K. Sherwood. The Properties of Bases and Liquids, 3 ed. New York: McGraw-Hill, 1977.

PROBLEMAS

Cálculos para Gases Ideais

2.1 Se a temperatura de uma amostra de gás ideal variar de 10 °C a 750 torr para -30 °C, qual será a pressão final em torr e em atmosferas? Considere que o volume não se altera.

2.2 Um gás ideal é comprimido de 2,50 L para 1,50 L, e aquecido de 25 °C para 50 °C. Se a pressão inicial for igual a 1,10 atm, qual será a pressão final?

2.3 2,96 g de cloreto de mercúrio são vaporizados numa ampola de 1,00 L a 680 K e a uma pressão de 458 torr. Qual é o peso molecular e a fórmula molecular do vapor de cloreto de mercúrio?

2.4 Escândio (Sc) metálico reage com ácido clorídrico aquoso em excesso, produzindo gás hidrogênio. Verifica-se que cada 2,25 g de Sc libera 2,41 L de hidrogênio, medido a 100 °C e 722 torr. Calcule o número de mols de H_2 liberado, o número de mols de Sc consumido e escreva uma equação balanceada para essa reação.

2.5 Um gás ideal a 650 torr ocupa uma ampola de volume desconhecido. Retira-se uma certa quantidade de gás e verifica-se que esta ocupa 1,52 cm^3 a 1 atm. A pressão do gás que permaneceu na ampola é de 600 torr. Admitindo-se que todas as medidas foram feitas à mesma temperatura, calcule o volume da ampola.

2.6 Um bom vácuo produzido com a aparelhagem de um laboratório comum corresponde a uma pressão de 10^{-6} torr a 25 °C. Calcule o número de moléculas por centímetro cúbico a essa mesma pressão e temperatura.

Pressão Parcial e Fração Molar

2.7 Se 2,0 g de He e 2,0 g de H fossem inseridos numa ampola de 15,0 L, qual seria a fração molar de cada um dos gases?

Se a ampola for mantida a 30 °C, quais serão as pressões parciais e a pressão total?

2.8 Duas ampolas de 2,50 L são conectadas por uma válvula reguladora. Enquanto fechada, cada ampola é preenchida com 0,200 mol de gás. Considere que em cada ampola haja um gás ideal diferente e que eles sejam mantidos a 25 °C. Qual será a pressão total em cada ampola enquanto a válvula estiver fechada, e quais serão as pressões parciais e a pressão total depois que a válvula ficar aberta por um longo tempo? As respostas seriam diferentes se fossem dois gases da mesma substância? Explique.

2.9 Etileno gasoso, C_2H_4, reage com gás hidrogênio na presença de um catalisador de platina para formar etano, C_2H_6, segundo a equação

$$C_2H_4(g) + H_2(g) \rightarrow C_2H_6(g).$$

Uma mistura de C_2H_4 e H_2, contendo um número maior de mols de H_2 que de C_2H_4, tem uma pressão de 52 torr em um volume desconhecido. Depois de o gás ter sido passado por um catalisador de platina, sua pressão diminui para 34 torr, no mesmo volume e à mesma temperatura. Que fração molar da mistura original corresponde ao etileno?

2.10 Uma amostra de N_2F_4 equivalente a 3,00 mols é colocada numa ampola. Se exatamente 50% das moléculas de N_2F_4 forem decompostas de acordo com a equação

$$N_2F_4 \rightarrow 2NF_2,$$

quais serão as frações molares de N_2F_4 e NF_2 na ampola? Se a medida da pressão total da ampola for de 750 torr, quais seriam as pressões parciais de N_2F_4 e NF_2, também em torr? Considere comportamento de gás ideal.

2.11 Uma mistura de metano, CH_4, e acetileno, C_2H_2, ocupa um certo volume a uma pressão total de 63 torr. A amostra é então queimada, produzindo CO_2 e H_2O. Coleta-se apenas o CO_2 e verifica-se que sua pressão é de 96 torr, no mesmo volume e à mesma temperatura que a mistura original. Qual é a fração molar do gás correspondente ao metano?

2.12 Uma amostra de gás nitrogênio é borbulhada em água a 25 °C e 500 cm^3 são coletados num cilindro graduado invertido. Verifica-se que a pressão total do gás, que está saturado com vapor d'água, é de 740 torr a 25 °C. Se a pressão parcial do vapor d'água for de 24 torr, quantos mols de N_2 existem na amostra?

Teoria Cinética

2.13 Calcule a velocidade C_{vmq} em que ms^{-1} a 25 °C para átomos gasosos de Ar. Use também a Eq. (2.28) para calcular a velocidade média.

2.14 Quantas colisões por segundo entre os átomos gasosos de Ar ocorreriam em 1 m^2 das paredes de um recipiente? Considere uma temperatura de 25 °C e uma pressão de 1,00 x 10^5 Pa.

2.15 A primeira evidência de que gases nobre como Ar e Ne eram monoatômicos envolveram a interpretação de medidas de suas capacidades caloríficas. Explique como a informação sobre C_v e C_p pode levar a tal conclusão.

2.16 Costuma-se afirmar que a barreira do som para um avião é de 650 milhas náuticas h^{-1}. Isto corresponde a uma velocidade em que as moléculas dos gases não conseguem sair do caminho da aeronave. Considere que 1 milha náutica = 1,853 km para determinar essa velocidade em metros por segundo, e compare esse valor com a velocidade vmq de moléculas de N_2 a 0 °C.

Unidades e Dimensões para Pressão e Energia

2.17 As vezes a pressão atmosférica é dada em unidades de polegadas de H_2O a 4 °C, e outras vezes em milibars. Sabendo-se que a densidade da H_2O a 4 °C é 0,9999 g cm^{-3} e 1 bar = 10^5 Pa, converta 1 atm de pressão em cada uma dessas unidades.

2.18 Ocasionalmente as pressões também são dadas em libras por polegada quadrada (lb pol^{-2}). Neste caso, as "libras" são a força gerada por esse número de libras de massa sob gravidade normal. Considere que 1 lb = 453,6 g e determine o número de "libras por polegada quadrada" em 1 atmosfera.

2.19 Escreva as dimensões de cada termo das seguintes equações, utilizando as unidades do sistema SI. Cancele as dimensões para chegar ao resultado desejado.

a) Eq. (2.7)
b) Eq. (2.15)
c) Eq. (2.16) [J = kg m^2 s^{-2}]

2.20 A unidade do sistema SI para energia é o joule (J), que tem substituído na maior parte das vezes a caloria como unidade molar para uso químico. Responda as seguintes perguntas utilizando joules:

a) Qual é a energia cinética translacional média de um mol de gás He a 25 °C?
b) Qual é a capacidade calorífica, C_v, do gás em (a)?
b) Qual é a capacidade calorífica, C_p, do gás em (a)?

Gases Não Ideais

2.21 Considere 3,0 x 10^{-8} cm como sendo o diâmetro de uma molécula. Qual é o volume, medido em centímetros cúbicos, que corresponde a esse diâmetro para uma molécula esférica, e qual seria o volume molecular total para um mol dessas moléculas? Se a equação dos gases ideais sempre fosse obedecida, qual a pressão que a 300 K daria um volume molar total igual ao volume molecular real?

2.22 Verifiquemos a precisão numérica da equação de estado de van der Waals e a importância relativa de cada termo para o N_2 acima de sua temperatura crítica. Utilize os valores de a e b dados na Tabela 2.5 e compare os valores que você calculou com aqueles da Fig. 2.20. Considere $T = 128$ K para todos os cálculos. Primeiro resolva para $P + a/\tilde{V}^2$, quando $\tilde{V} = 0{,}2000$ L mol^{-1}, e depois resolva para a pressão P. Até que ponto isso pode ser comparado com a Fig. 2.20? Repita essas etapas para $\tilde{V} = 0{,}1000$ L mol^{-1}. O que se pode concluir sobre a precisão da equação de van der Waals acima da temperatura crítica?

2.23 Soluções analíticas diretas para a equação de van der Waals dão os seguintes valores para as constantes críticas: $\tilde{V}_c = 3b$, $P_c = a/27b^2$ e $T_c = 8a/27bR$. Mostre que esses valores satisfazem a equação de van der Waals. Veja a Eq. 2.20 e decida qual é a propriedade especial da equação de estado que permite encontrar a solução matemática para os valores críticos.

2.24 Use os valores experimentais de T_c e P_c para N_2, que se encontram na Tabela 2.7, e ache os valores a e b de van der Waals a partir das fórmulas dadas no Problema 2.23. Aqueles devem concordar com os valores da Tabela 2.5. Depois utilize um outro par de valores críticos, tais como P_c e $\tilde{V}_c$, e encontre uma segunda série de valores a e b. Qualquer diferença nas duas séries significa uma falha da equação de van der Waals.

2.25 Há um problema óbvio com a equação de van der Waals, quando se tenta adaptá-la ao estado líquido. A densidade da água líquida na temperatura ambiente é muito próxima de 1,00 g cm^{-3}. Qual é o valor de $\tilde{V}$ para H_2O em unidades de L mol^{-1}? Compare isso com o valor de b para H_2O na Tabela 2.5. É possível que $\tilde{V}$ seja menor que b na equação de van der Waals? Você pode imaginar alguma situação em que o volume excluído b seja menor para os líquidos do que para os gases? *Sugestão*: Desenhe três ou mais moléculas próximas, utilizando a Fig. 2.17.

2.26 O termo $a/\tilde{V}^2$ pode ser considerado como uma pressão interna devido à atração molecular. Já que o volume dos líquidos não se altera muito com a pressão externa P, suas pressões internas devem ser altas. Considere o valor 1,00 g cm^{-3} como a densidade de H_2O líquido e determine a pressão interna da água líquida de acordo com a constante a de van der Walls mostrada na Tabela 2.5 para H_2O.

Caminho Livre Médio

2.27 Admitindo-se que o diâmetro molecular é dado pelo parâmetro σ do potencial 6-12 de Lennard-Jones, e que $\bar{c}$ é igual à velocidade média quadrática, calcule o número de colisões que uma molécula de nitrogênio experimenta por segundo num gás a 25 °C e a pressões de 1 atm, 0,76 torr e 7,6 x 10^{-6} torr. Repita os cálculos para He a 1 atm.

2.28 Utilizando o valor de σ do potencial de Lennard-Jones como uma estimativa do diâmetro molecular, calcule o caminho livre médio de uma molécula de nitrogênio a 25 °C e às seguintes pressões: 1 atm, 1 torr, 10^{-6} torr.

2.29 Na dedução da lei de Boyle, utilizando a teoria cinética, admitimos que as moléculas colidem somente com as paredes do recipiente e não umas com as outras. Como comparar o caminho livre médio e a distância entre as paredes a fim de que essa suposição seja válida? A que pressão essa relação é satisfeita para moléculas de 3 Å de diâmetro e a 25 °C, num recipiente cúbico de 10 cm de aresta.

2.30 No estado líquido, o caminho livre médio é do mesmo tamanho das moléculas. Partindo da Eq. (2.22), mostre que, se $\lambda = \rho$, o volume disponível para uma molécula é aproximadamente igual a ρ^3.

Propriedades de Transporte

2.31 Utilize a Eq. (2.29)para deduzir uma expressão da razão entre a viscosidade de Xe e He gasosos, ambos à mesma temperatura. Empregue os valores de σ da Tabela 2.6 para avaliar os diâmetros moleculares ρ de esfera rígida, e torne a razão quantitativa. Próximo à temperatura ambiente, o valor registrado é de 1,16. Por que esses valores não concordam entre si?

2.32 O gás $^1H_2$ e sua forma isotópica com o dobro de massa, $^2H_2$, devem apresentar idênticos parâmetros 6-12 de Lennard-Jones. Calcule a razão de suas viscosidades. A razão observada é de 1,415 ± 0,002.

2.33 Use as Eqs.(2.22) e (2.28) para obter uma expressão da condutividade térmica k semelhante à Eq. (2.29). Será que k depende da pressão do gás? Calcule também um valor para a razão κ/η do Ne em unidades de cal K^{-1} g^{-1}. O valor observado é de 0,370 cal K^{-1} g^{-1}.

2.34 Um composto gasoso que contém apenas carbono, hidrogênio e nitrogênio é misturado exatamente com o volume de oxigênio necessário para ocorrer a combustão completa produzindo CO_2, H_2O e N_2. A queima de 9 volumes da **mistura** gasosa produz 4 volumes de CO_2, 6 volumes de vapor d'água e 2 volumes de N_2, todos à mesma temperatura e pressão. Quantos volumes de oxigênio serão necessários para a combustão? Qual é a fórmula molecular do composto?

2.35 Um balão feito de borracha permeável ao hidrogênio em todas as suas formas isotópicas é preenchido com gás deutério puro (D_2 ou $^2H_2$) e em seguida colocado numa caixa contendo H_2 puro. O balão irá expandir-se ou contrair-se?

2.36 A integração da equação da curva de distribuição de Maxwell-Boltzmann nos dá

$$\bar{c} = \sqrt{\frac{8kT}{\pi m}}.$$

Também se pode determinar $\bar{c}$ com o uso da integração numérica, somando-se

$$\left(\frac{\Delta N}{N}\right) c$$

num histograma. Calcule os valores utilizados na Fig. 2.11 até $\bar{c} = 1300$ ms^{-1} e determine $\bar{c}$ por integração numérica. Compare esse valor com o calculado a partir da fórmula exata para N_2 a 273 K. Para a integração numérica, leia os valores da Figura ou use a Eq. (2.19).

2.37 Gases reais obedecem à equação de estado $P\tilde{V} = RT$ somente quando sua pressão for muito baixa. Utilizando os dados fornecidos na Tabela para CO_2 e O_2, mostre graficamente que, para uma temperatura constante de 0 °C, $P\tilde{V}$ não é uma constante, conforme prevê a lei dos gases ideais. Isso pode ser feito representando-se graficamente $P\tilde{V}$ como uma função de P numa escala suficientemente expandida de modo a mostrar as variações em $P\tilde{V}$. A partir desse gráfico determine o valor que RT deve assumir para todos os gases ideais a 0 °C. Determine também com base no gráfico as constantes da equação de estado empírica $P\tilde{V} = A + BP$ para CO_2.

CO_2		O_2	
P (atm)	**$P\tilde{V}$ (L atm)**	**P (atm)**	**$P\tilde{V}$ (L atm)**
1,00000	22,2643	1,0000	22,3939
0,66667	22,3148	0,7500	22,3987
0,50000	22,3397	0,5000	22,4045
0,33333	22,3654	0,2500	22,4096
0,25000	22,3775		
0,16667	22,3897		

Qual a percentagem de erro no volume de 1 mol de CO_2 a 1 atm de pressão, quando se utiliza o valor ideal de $P\tilde{V}$ e se desprezam as imperfeições do gás?

2.38 Com um procedimento semelhante àquele utilizado no Problema 2.37, verificou-se que o valor de $P\tilde{V}$ para um gás ideal a 100 °C é 30,6194. Se admitirmos que a relação empírica $P\tilde{V} = j + kt$ (onde t é a temperatura em graus Celsius) é mantida, determine os valores de j e de k para um gás ideal a partir das informações disponíveis. Com esses valores de j e de k determine R e o valor de T (a temperatura absoluta correspondente a 0 °C).

3 Líquidos e Soluções

Em essência, os líquidos apresentam um volume definido e fluem com facilidade, preenchendo o recipiente em que se encontram. Embora essas propriedades físicas sejam interessantes e relevantes, a característica química mais importante dos líquidos é a sua capacidade de agir como solventes. E é como tal que o líquido dissolve e circunda outras moléculas, permitindo, ao mesmo tempo, que elas tenham a mesma liberdade de movimento das moléculas líquidas. Este movimento através de um fluido faz com que as moléculas dissolvidas procurem, aleatoriamente, sítios para reação química e reajam com outras moléculas que também possam estar dissolvidas no solvente. Muitas das reações químicas que ocorrem diariamente na Terra têm lugar nos oceanos, nos lagos e nos fluidos biológicos - todos soluções aquosas. Por esta razão, a água é o mais importante dos solventes, merecendo uma especial atenção. Nos laboratórios e nas indústrias, usamos também solventes não aquosos. Misturas destes solventes geralmente são utilizadas para purificar e concentrar outros materiais.

Neste Capítulo introduziremos o conceito de pressão de vapor. Esta propriedade intensiva serve como uma ponte entre as propriedades de líquidos e sólidos e aquelas dos gases ideais, que já conhecemos do Capítulo anterior. A pressão de vapor também nos dá um exemplo de variação espontânea de equilíbrio, conceitos que serão temas dos dois Capítulos seguintes.

Nos Capítulos anteriores aprendemos que os sólidos e os gases representam estados extremos de comportamento de conjuntos de moléculas. O estado líquido pode ser considerado uma condição intermediária em que a substância apresenta algumas das propriedades encontradas tanto nos sólidos quanto nos gases. Como estes últimos, os líquidos têm as mesmas propriedades em todas as direções, são **isotrópicos**, e fluem rapidamente quando submetidos à tensão; porém, como os sólidos, são densos, relativamente incompressíveis e suas propriedades em grande parte são determinadas pela natureza e intensidade das forças intermoleculares. Veremos também que com respeito à ordem molecular, os líquidos encontram-se entre os sólidos e os gases. O fato de as moléculas nos líquidos estarem livres para movimentar-se em longos percursos indica imediatamente que elas não apresentam uma ordem de longo alcance ou de longa distância como os sólidos. Contudo, um líquido geralmente é apenas 10% menos denso do que quando encontra-se no estado sólido; isto deve significar que as moléculas de um líquido encontram-se aglutinadas com certa regularidade e não apresentam aquele caos associado às moléculas dos gases.

3.1 Teoria Cinética dos Líquidos

Neste Capítulo enfatizaremos mais as propriedades macroscópicas diretamente observáveis dos líquidos e das soluções, do que o comportamento de moléculas individuais. No entanto, um dos aspectos mais atraentes e interessantes do estudo da química é a tentativa de explicar o comportamento da matéria bruta em termos de propriedades moleculares. Portanto, nesta seção traçaremos um breve perfil de um modelo molecular que nos ajudará a entender e relacionar fenômenos associados ao estado líquido.

Já observamos que, num líquido, as moléculas encontram-se próximas umas das outras; consequentemente, são consideráveis as forças exercidas sobre uma molécula pelas suas vizinhas. Assim, é extremamente difícil analisar o movimento de uma única molécula, pois cada uma delas sofre colisões a cada instante, submetendo-se às forças de até doze vizinhas mais próximas. O que podemos dizer então sobre o movimento das moléculas nos líquidos? Uma das observações mais reveladoras a esse respeito foi feita pelo botânico Robert Brown, em 1827. Brown descobriu que partículas coloidais muito pequenas (10^{-4} cm de diâmetro) suspensas num líquido estão sujeitas a um movimento aleatório. Esse movimento ocorre sem nenhuma causa externa aparente, tais como agitação ou convecção, estando evidentemente associado a uma propriedade intrínseca a todos os líquidos. Um grande número de observações experimentais tem confirmado a idéia de que esse **movimento Browniano** é uma manifestação direta do movimento térmico das moléculas. Quando suspensa num líquido, uma partícula muito pequena sofre constantes colisões com todas as moléculas ao seu redor. Se a partícula for suficientemente pequena, haverá tão poucas moléculas capazes de colidir com ela que, num instante qualquer o número de moléculas que a atingem de um lado poderá ser diferente do número das que a atingem por outros lados; conseqüentemente, a partícula será deslocada. Um desequilíbrio subseqüente de forças colisionais poderá ocorrer, desta vez deslocando a partícula numa direção diferente. A maior parte desses deslocamentos é tão pequena que não pode ser detectada individualmente; o movimento observado resulta de muitos pequenos deslocamentos aleatórios. Em essência, uma partícula browniana é uma "molécula" grande o bastante para ser observável, mas suficientemente pequena para executar movimentos térmicos aleatórios observáveis.

A análise do movimento das partículas Brownianas mostra que sua energia cinética média é $\frac{3}{2}kT$. Uma vez que cada partícula deve ser tratada como uma das moléculas do líquido, concluímos que a energia cinética média de uma molécula num líquido também é $\frac{3}{2}kT$ exatamente igual à energia cinética de uma molécula gasosa à mesma temperatura. Considerações mais detalhadas também levaram à conclusão de que as energias cinéticas de moléculas na fase líquida distribuem-se num amplo espectro de valores, de acordo com a lei de distribuição de Maxwell-Boltzmann, Eq.(2.19). Em outras palavras, tanto nos líquidos quanto nos gases, as moléculas apresentam um incessante movimento aleatório; a energia *cinética* média e a fração de moléculas com qualquer valor específico de energia cinética são iguais para ambas as fases à mesma temperatura. No entanto, uma molécula num líquido está sempre sujeita às forças de suas vizinhas; portanto,sua energia *potencial* é mais baixa, e suas trajetórias não desviadas, mais curtas do que seriam na fase gasosa.

A Figura 3.1 traz uma comparação esquemática das estruturas de um sólido e de um líquido. No líquido há regiões em que o arranjo de átomos é quase um empacotamento perfeito. Porém, em outras áreas os átomos apresentam apenas cinco ou quatro vizinhos mais próximos, em vez de seis. Esta irregularidade introduz lacunas naquilo que poderia ter sido uma perfeita estrutura de empacotamento. Devido ao incessante movimento aleatório das moléculas, essas lacunas não têm um tamanho ou forma definidos; podem aparecer espontaneamente, sofrer distorção e movimentar-se de um lugar para outro. Desde que a introdução desses buracos aumenta a distância média entre as moléculas, a energia potencial intermolecular média de um líquido deve ser maior do que a de um sólido. É justamente por esta razão que se deve fornecer calor para fundir um sólido.

Essa imagem da destruição do retículo de um sólido por fusão é coerente com a existência de temperaturas de fusão bem definidas. Não é possível introduzir a estrutura desordenada dos líquidos no retículo dos sólidos gradualmente numa certa faixa de temperaturas.

A ordem é uma propriedade associada ao arranjo de muitos átomos; uma estrutura não pode ser, ao mesmo tempo, ordenada e desordenada. Assim, a fusão e a congelação são chamados de **fenômenos cooperativos**, pois envolvem um rearranjo combinado de um grande número de átomos. A **fusão** ocorre abruptamente quando os átomos adquirem energia térmica suficiente para destruir o retículo cristalino, energeticamente mais estável, em favor de uma estrutura líquida mais desordenada.

Há outras propriedades dos líquidos que podem ser facilmente explicadas em termos da desordem de sua estrutura. Consideremos, por exemplo, a fluidez. Na temperatura de congelação, tanto um sólido quanto um líquido contêm o mesmo tipo de molécula à mesma temperatura. No entanto, o sólido é rígido, enquanto que o líquido cede a uma pequena tensão aplicada. A fim de explicar esse fenômeno, precisamos apenas recordar que, para deformar um retículo cristalino *perfeito*, um *grande número* de átomos deve ser deslocado, uns em relação aos outros e *ao mesmo tempo*. Visto que muitos átomos devem movimentar-se de uma só vez, a deformação de um sólido é dificultada por forças intermoleculares intensas. Porém, se houver defeitos, fica bem mais fácil produzir a deformação. Os defeitos geram caminhos de baixa energia por onde os átomos poderão deslocar-se. É claro que num líquido esses defeitos ocorrem em profusão. Isto é, a estrutura intrinsicamente desordenada de um líquido gera muitos caminhos pelos quais grupos de átomos podem movimentar-se sem que isso signifique um aumento das distâncias interatômicas médias. Com efeito, as irregularidades ou lacunas na estrutura propiciam um mecanismo de fluxo em que apenas algumas moléculas pre-

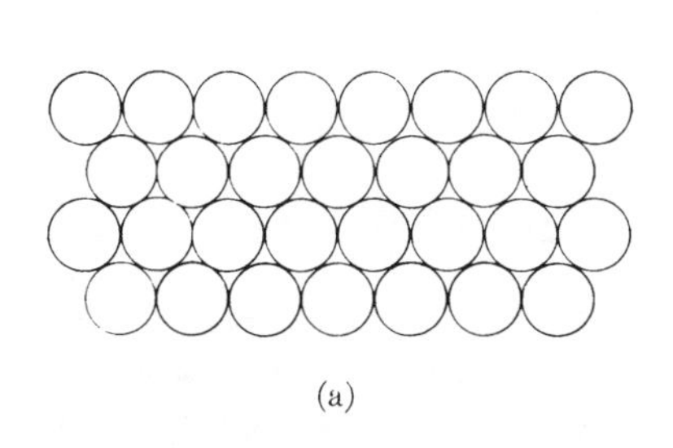

(a)

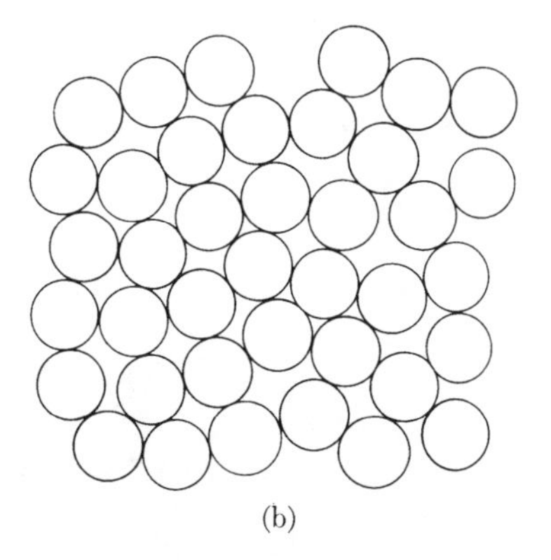

(b)

Fig. 3.1 Visão esquemática de estruturas em (a) um cristal e (b) um líquido. (De G. W. Castellan, *Physical Chemistry*. Reading, Mass.: Addison-Wesley, 1983.)

cisam movimentar-se simultaneamente. Por conseqüinte, as forças intermoleculares que resistem a esse movimento são relativamente pequenas. Uma molécula que esteja próxima de uma lacuna poderá entrar nela e deixar o espaço que antes ocupava para uma outra molécula, e assim por diante. Assim, o deslocamento molecular ocorre sem perturbações mais sérias para a estrutura do líquido. A mistura difusiva espontânea de dois líquidos, quando postos em contato um com o outro, obedece a um mecanismo semelhante. A medida que as lacunas aparecem, desaparecem e se alteram, as moléculas dos dois líquidos podem misturar-se simplesmente como conseqüência de sua energia cinética térmica.

Pergunta. Você poderia explicar por que o tamanho dos átomos não costuma ser um fator crítico na determinação da solubilidade das substâncias nos líquidos, ao passo que é importante para determiná-la nos sólidos?

Resposta. Os líquidos podem deformar-se e criar lacunas que se ajustam a moléculas de qualquer tamanho. Num sólido, o tamanho da lacuna corresponde tão-somente ao tamanho das partes que faltam num retículo regular.

3.2 Equilíbrios de Fase

Uma boa parte deste Capítulo trata de situações em que duas fases, tais como um líquido e um gás, coexistem num recipiente fechado. Uma **fase** é definida como uma parte do sistema, no interior do recipiente, que pode apresentar a mesma temperatura e pressão das outras partes, enquanto que outras variáveis intensivas, como volume molar ou densidade, são diferentes. Em nosso estudo sobre liquefação na Seção 2.5, demos um exemplo para um líquido e um gás. Se não estiver ocorrendo nenhuma conversão *efetiva* de uma fase em outra, diz-se que as duas fases estão em *equilíbrio* entre si. É essencial para o estudo da química uma ampla compreensão dos aspectos qualitativo e quantitativo dos equilíbrios físico e químico. Felizmente, um estudo de equilíbrios de fase fornece vários exemplos simples dos aspectos gerais de todos os equilíbrios que utilizaremos repetidamente neste livro.

Evaporação, Condensação e Pressão de Vapor

Se uma amostra de água em fase líquida ou sólida for colocada num recipiente vazio, parte dela será convertida em vapor, formando água gasosa. Esta mudança é chamada de ***evaporação***, para o líquido, ou ***sublimação***, para o sólido. Podemos escrever uma equação para a evaporação espontânea, como se fosse uma equação química:

$$H_2O(\ell) \rightarrow H_2O(g).$$

Uma vez que algumas ligações intermoleculares fracas na água líquida são quebradas para formar o gás, isto pode ser considerado um tipo de reação química simples.

Essa reação também pode ser revertida. Se o vapor d'água for comprimido num pequeno volume, ocorrerá uma ***condensação*** espontânea, formando gotas de água líquida. Esta reação é expressa por

$$H_2O(g) \rightarrow H_2O(\ell)$$

Ambas as reações podem ocorrer ao mesmo tempo. Se a velocidade de evaporação for igual à de condensação, as quantidades de água líquida e gasosa não serão alteradas com o tempo. Este caso especial é denominado **equilíbrio de fase**, sendo que a água líquida mais a água gasosa, juntas formam um **sistema em equilíbrio.** As equações para este sistema são

$$H_2O(\ell) \rightleftharpoons H_2O(g)$$

ou

$$H_2O(g) \rightleftharpoons H_2O(\ell).$$

Para que se tenha um sistema em equilíbrio, a pressão da água gasosa deve ser igual àquilo que chamamos de **pressão de vapor** do líquido ou sólido que está abaixo dela.
A 25,0°C, $H_2O(l)$ formará com $H_2O(g)$ um sistema em equilíbrio, se a pressão da $H_2O(g)$ for igual a 23,76 torr. Se $H_2O(g)$ a -5,0°C tiver uma pressão de apenas 3,01 torr, estará em equilíbrio com qualquer $H_2O(s)$ no sistema. Muitos líquidos têm uma pressão de vapor muito maior do que a da água e por isso são **voláteis**. Algumas pressões de vapor são muito baixas e os sólidos não voláteis parecem não evaporar de modo algum. Calculou-se que cerca de um átomo gasoso de tungstênio é tudo o que se necessita para formar um sistema em equilíbrio com o tungstênio sólido, à temperatura ambiente, num volume que é quase o tamanho do universo conhecido.

A pressão necessária para atingir o equilíbrio não depende da quantidade de sólido ou líquido presentes, nem do volume do recipiente. O único requisito é haver alguma quantidade de ambas as fases no sistema em equilíbrio final. Por esta razão, é difícil pensar nesse equilíbrio em termos de velocidades iguais. Não é fácil imaginar como a velocidade de condensação de um grande volume de gás poderia ajustar-se sempre à velocidade de evaporação de um pequeno volume de líquido para atingir a mesma pressão que seria obtida se os volumes fossem iguais. Porém, isso é verdadeiro.

Uma outra maneira de considerar a pressão de vapor é tomá-la como uma propriedade intensiva das fases sólida ou líquida. Todas as propriedades intensivas independem da quantidade de substância. Essa propriedade intensiva específica determina o equilíbrio com o vapor. Quando o sólido ou o líquido estão em contato com o vapor cuja pressão é igual à pressão de vapor, forma-se um sistema em equilíbrio.

Se o sistema em equilíbrio também incluir o ar ou um outro gás qualquer, a pressão de vapor representará a pressão parcial da forma gasosa que deverá estar presente para que tenhamos um sistema em equilíbrio. Normalmente, admitiremos que todas as pressões de vapor são independentes da pressão total num líquido ou num sólido. No entanto, como veremos na Seção 3.6, a pressão osmótica é exatamente um resultado do efeito da pressão total sobre a pressão de vapor. Esta, conforme explicaremos mais adiante, depende muito da temperatura.

Ilustraremos o conceito de pressão de vapor com os seguintes exemplos.

Exemplo 3.1. Um fluxo de gás nitrogênio é borbulhado em água a 25,0°C. A água encontra-se a céu aberto, onde a pressão barométrica é de 759,0 torr. As bolhas de N_2 são muito pequenas e sobem lentamente para a superfície da água. Qual é a composição dessas bolhas no momento em que alcançam a superfície?

Solução. Suponhamos que as bolhas atinjam o equilíbrio com a água líquida a 25,0°C, segundo a equação

$$H_2O(\ell) \rightleftharpoons H_2O(g) \qquad P_{vap} = 23,8 \text{ torr.}$$

Na superfície, a pressão total nas bolhas é igual à pressão barométrica. Da lei das pressões parcias de Dalton, temos

$$P_t = P_{H_2O} + P_{N_2} = 759,0 \text{ torr,}$$

onde

$$P_{H_2O} = 23,8 \text{ torr.}$$

Portanto,

$$P_{N_2} = 759,0 - 23,8 = 735,2 \text{ torr.}$$

As frações molares de H_2O e N_2 nas bolhas são

$$X_{N_2} = \frac{P_{N_2}}{P_t} = \frac{735,2}{759,0} = 0,9686,$$

$$X_{H_2O} = \frac{P_{H_2O}}{P_t} = \frac{23,8}{759,0} = 0,0314.$$

Exemplo 3.2 Uma ampola de 20,0 L é termostatizada a 25,0 °C.
Depois de feito o vácuo, injeta-se nela 1,00 g de H_2O. Qual será a pressão na ampola e quantos gramas de H_2O permanecerão na forma líquida?

Soluções. Se alguma H_2O líquida permanecer na ampola, a pressão ali será a pressão de vapor da H_2O a 25,0 °C, ou 23,8 torr. Mas se não restar nenhuma H_2O líquida, a pressão será calculada como a pressão do gás ideal para 1,00 g de H_2O gasosa numa ampola de 20,0 L a 25°C. Para resolver esse tipo de problema é necessário fazer uma dessas duas suposições e depois prosseguir até obter uma contradição. Se não for encontrada nenhuma contradição, a suposição estava correta. Suponhamos que restou um pouco de água líquida. Calculemos agora a quantidade de água no vapor utilizando a lei dos gases ideais:

$$n = \frac{PV}{RT} = \frac{(23,8/760)(20,0)}{(0,08205)(298,15)}$$
$$= 2,56 \times 10^{-2} \text{ mol,}$$

$$\text{o peso da água no vapor} = 18,0 \times 2,56 \times 10^{-2}$$
$$= 0,46\text{g.}$$

Já que esse valor é menor do que 1,00 g, nossa suposição era válida, e

$$\text{peso do líquido} = 1,00 - 0,46 = 0,54 \text{ g.}$$

Se tivéssemos feito a outra suposição, teríamos encontrado para a H_2O uma pressão maior que a sua pressão de vapor. Isto não é possível porque ocorreria a reação

$$H_2O(g) \rightarrow H_2O(\ell)$$

As Energias Envolvidas nas Mudanças de Fase

A fim de realizar ou descrever um experimento controlado, os cientistas começam por isolar ou definir a parte do universo físico na qual estão interessados. Esta parte do universo que será submetida à investigação é denominada **sistema**; todas as outras entidades externas que possam influenciar o comportamento do sistema são conhecidas como **ambiente**. Nesta seção, nossos sistemas consistirão em materiais puros interconversíveis entre as fases líquida, gasosa e sólida por modificações apropriadas em seu ambiente.

Qualquer pessoa que já saiu de uma piscina e tomou vento sabe que quando a água (o sistema) evapora, absorve calor do ambiente (neste caso, a pele). O mesmo efeito pode ser verificado com qualquer outro líquido volátil. Alguns líquidos, como o cloreto de etila, podem resfriar a pele ao evaporarem, sendo assim utilizados como anestésicos locais. Sabe-se também que quando um gás se condensa num líquido, libera calor para o ambiente. A absorção de calor na evaporação e a liberação de calor na condensação são demonstrações diretas de que a energia de um líquido é menor do que a de um gás na mesma temperatura. Para que um líquido evapore, é preciso realizar trabalho contra as forças de atração entre as moléculas, e isto requer fornecimento de energia do ambiente na forma de calor. Inversamente, quando um vapor condensa, o sistema passa para um estado de menor energia. Assim, a energia é transferida, como calor, do sistema para o ambiente.

A quantidade de calor absorvida na evaporação de um mol de líquido é de grande importância, visto ser uma medida da energia potencial intermolecular. Por exemplo, quando 1 mol de H_2O é completamente vaporizado a 25 °C, absorve do ambiente 10,520 cal ou 44,01 kJ. Isto pode ser representado da seguinte maneira:

$$H_2O(\ell) + 44{,}01\text{ kJ} \rightarrow H_2O(g).$$

Poderíamos ficar propensos a dizer que as energias de $H_2O(g)$ e $H_2O(l)$ diferem em 44,01 kJ mol^{-1}. No entanto, isso não é realmente correto, pois, de acordo com as medidas usuais, os calores das reações químicas (a serem definidos mais adiante) não correspondem exatamente às energias. As reações químicas geralmente são medidas à *pressão constante* tal como 1 atm de pressão total. Sob essas condições, os calores de reação estão relacionados àquilo que é chamado de variações de entalpia.

A **Entalpia**, H, apresenta uma equação de estado semelhante à do volume:

$$H(\text{substância}) = H(T, P, n).$$

A **entalpia molar**, $\tilde{H}$, é uma propriedade intensiva definida como

$$\tilde{H}(\text{substância}) = H(T, P, 1\text{ mol})$$

e para 1 atm de pressão existe a **entalpia molar padrão**

$$\tilde{H}^\circ(\text{substância}) = H(T, 1\text{ atm}, 1\text{ mol}).$$

Não podemos medir a entalpia com um instrumento simples como a régua, a exemplo do que fazemos com o volume. Mas, conforme mostraremos no Capítulo 8, as **variações de entalpia,** $\Delta\tilde{H}^\circ$, estão relacionadas aos **calores de reação** à pressão constante:

$$\tilde{H}^\circ(\text{produtos}) - \tilde{H}^\circ(\text{reagentes}) = \Delta\tilde{H}^\circ(\text{reação}) \quad (3.1)$$

= calor *absorvido* por mol de reação a 1 atm.

Para a evaporação da água a 25°C, o calor de reação conhecido nos dá

$$\tilde{H}^\circ(H_2O(g)) - \tilde{H}^\circ(H_2O(\ell)) = \Delta\tilde{H}^\circ = 44{,}01\text{ kJ mol}^{-1}.$$

A evaporação da água é uma reação **endotérmica**, o que significa que absorve calor. Uma reação que libera calor é **exotérmica**; a reação inversa deverá ser endotérmica. Para as nossas duas reações,

$$H_2O(\ell) \rightarrow H_2O(g) \quad \Delta\tilde{H}^\circ = 44{,}01\text{ kJ mol}^{-1} \quad (3.2a)$$

$$H_2O(g) \rightarrow H_2O(\ell) \quad \Delta\tilde{H}^\circ = -44{,}01\text{ kJ mol}^{-1}. \quad (3.2b)$$

Reações exotérmicas têm valores negativos de $\Delta\tilde{H}^\circ$. Esta é a entalpia liberada pelos reagentes ao formarem os produtos. É um processo análogo ao de uma bola rolando morro abaixo e convertendo energia potencial em energia cinética. Em nosso caso, o sistema desce um "morro" de entalpia e converte entalpia em calor. A sublimação de $H_2O(s)$ é ainda mais endotérmica do que a evaporação de $H_2O(l)$, e as medidas realizadas a 0°C e extrapoladas para 25°C nos dão

$$H_2O(s) \rightarrow H_2O(g) \quad \Delta\tilde{H}^\circ = 50{,}02\text{ kJ mol}^{-1}. \quad (3.3)$$

A fusão de $H_2O(s)$ para formar $H_2O(l)$ pode ser calculada a partir dos valores de $\Delta\tilde{H}^\circ$ dados nas Eqs. (3.2a) e (3.3), e para $H_2O(s) \rightarrow H_2O(l)$:

$$\begin{aligned}
&\Delta\tilde{H}^\circ \\
&= \tilde{H}^\circ(H_2O(\ell)) - \tilde{H}^\circ(H_2O(s)) \\
&= \tilde{H}^\circ(H_2O(g)) - \tilde{H}^\circ(H_2O(s) - [\tilde{H}^\circ(H_2O(g)) - \tilde{H}^\circ(H_2O(\ell))] \\
&= 50{,}02 - 44{,}01 \\
&= 6{,}01\text{ kJ mol}^{-1}.
\end{aligned}$$

Nosso terceiro valor, mais uma vez para 25°C, é

$$H_2O(s) \rightarrow H_2O(\ell) \quad \Delta\tilde{H}^\circ = 6{,}01\text{ kJ mol}^{-1}. \quad (3.4)$$

Este resultado também pode ser obtido de um modo mais visual, subtraindo-se a reação de evaporação da reação de sublimação:

$$\begin{array}{rll}
 & H_2O(s) \rightarrow H_2O(g) & \Delta\tilde{H}^\circ = 50{,}02 \\
-1 \times & [H_2O(\ell) \rightarrow H_2O(g) & \Delta\tilde{H}^\circ = 44{,}01] \\
\hline
 & H_2O(s) \rightarrow H_2O(\ell) & \Delta\tilde{H}^\circ = 6{,}01\text{ kJ mol}^{-1}.
\end{array}$$

Um exame das Eqs. (3.2) a (3.4) nos revela duas coisas. Primeiro, que é necessário mais calor para a sublimação [Eq. (3.3)] do que para a evaporação [Eq. (3.2a)], pois sempre é preciso um calor adicional para fundir um sólido e produzir o seu líquido. A liberdade de movimento que as moléculas têm num líquido comparada à que se observa num sólido é obtida à custa de uma energia potencial intermolecular mais alta. Embora energia e entalpia não sejam a mesma coisa, estão intimamente relacionadas; quando se aumenta a energia, aumenta-se a entalpia. Segundo, que o calor necessário, seja para sublimar ou evaporar e formar o gás é sempre muito maior do que aquele requerido para fundir o sólido e formar o líquido [Eq. (3.4)]. Isto ocorre porque o gás não tem energia potencial intermolecular, enquanto que o líquido e o sólido, ambos possuem quantidades relativamente grandes de energia potencial negativa ou energia de ligação, em virtude das forças intermoleculares. A passagem do estado sólido ou líquido para o gasoso requer uma grande quantidade de energia calorífica para separar as moléculas compactamente agrupadas naqueles estados.

Na Tabela 3.1, temos uma comparação entre os **calores (entalpias) de fusão** ($\Delta\tilde{H}_{fus}$) e de vaporização do líquido ($\Delta\tilde{H}_{vap}$) e o parâmetro $\varepsilon*$, de Lennard-Jones, que nos dá a energia de interação máxima de um par de moléculas. Exceutando o He e o H_2, o $\Delta\tilde{H}_{vap}$ corresponde à energia máxima de sete a nove pares e o $\Delta\tilde{H}_{fus}$ corresponde à energia máxima de cerca de um ou dois pares.

O Estado de Equilíbrio

Agora já podemos obter de nosso estudo do equilíbrio líquido- vapor algumas generalizações muito úteis que se aplicam a todas as situações de equilíbrio físico ou químico. Enfatizamos que a energia potencial das moléculas no estado líquido é menor do que aquela das moléculas na fase gasosa. Também observamos que um líquido, quando deixado num recipiente fechado, tende inevitavelmente a atingir um estado de equilíbrio em que há uma concentração definida de moléculas na fase vapor. Sendo assim, no equilíbrio, o sistema não se encontra numa condição de energia mínima, pois a energia do sistema sempre poderá ser reduzida, condensando-se totalmente o vapor. Esta conclusão pode parecer estranha, visto que toda a nossa experiência com sistemas mecânicos sugere que estes procuram uma condição de equilíbrio em que sua energia é a mais baixa possível: objetos caem, relógios param e um líquido depois de agitado deixa de movimentar-se. Podemos resumir todos estes fenômenos dizendo que os sistemas mecânicos procuram uma situação de repouso, de energia mínima.

Energia Mínima. Quase que a mesma coisa se pode afirmar sobre os sistemas moleculares. Está claro que uma das forças propulsoras que determinam o comportamento dos sistemas moleculares é a tendência a procurar um estado de menor energia possível. Afinal de contas, esta é a razão porque um gás se condensa e um líquido congela. Também é verdade que a tendência para uma energia mínima não pode ser o único fator que governa o comportamento dos sistemas moleculares; se assim fosse, não existiriam gases em nenhuma temperatura. Há uma outra força propulsora tão importante quanto o fator energia. Em poucas palavras, é a tendência dos sistemas em assumirem um estado de caos molecular máximo ou desordem.

Desordem Máxima. Talvez a demonstração mais simples dessa tendência seja a observação de um gás ideal expandir-se espontaneamente num espaço em que foi feito o vácuo. Certamente que o gás não se comporta dessa maneira para atingir um estado de energia mínima, pois vimos que a energia de um gás ideal depende somente de sua temperatura, e esta não precisa variar durante a expansão. Porém, quando um gás ocupa um volume maior, todas as moléculas têm mais espaço disponível para si, o que torna mais difícil prever a posição exata de qualquer uma delas. Toda vez que o arranjo detalhado das moléculas for desconhecido ou incognoscível, dizemos que o sistema está desordenado. Assim, podemos justificadamente descrever a expansão de um gás ideal dizendo que ele aumenta a variedade de posições disponíveis para as moléculas, aumentando deste modo a desordem do sistema.

A evaporação de um líquido ilustra ainda uma outra tendência à desordem máxima. No estado líquido, o movimento de qualquer uma das moléculas é de algum modo limitado pela presença de suas vizinhas. As moléculas se distribuem de tal maneira que, se soubermos onde uma delas está, poderemos prever a localização das outras com alguma segurança. Esta possibilidade é reduzida consideravelmente para as moléculas na fase gasosa, onde a qualquer momento sua distribuição é completamente aleatória. Assim, podemos classificar a fase gasosa como uma condição de maior caos molecular do que as fases líquida ou sólida.

TABELA 3.1 ENTALPIAS DE FUSÃO E DE VAPORIZAÇÃO

	ΔH_{fus}	ΔH_{vap}	$\varepsilon*$	Temperatura (K)	
Substância		**kJ mol^{-1}**		**Ebulição**	**Fusão**
He	(0,02)	0,084	0,085	4	-
H_2	0,117	0,899	0,496	20	14
N_2	0,721	5,59	0,594	77	63
Ar	1,188	6,45	0,776	87	84
O_2	0,445	6,82	0,887	90	54
CH_4	0,94	8,16	1,236	112	91
Xe	2,30	12,6	1,921		

Ora, se a tendência dos sistemas para atingir um estado de máximo caos molecular fosse de importância absoluta, todos os materiais finalmente evaporariam ou se dissociariam, e não haveria sólidos nem líquidos em nenhuma temperatura. Portanto, por um lado temos um impulso na direção da energia mínima, que se cumpre quando as moléculas se associam em uma das fases de condensação; e, por outro, a propensão para o caos molecular, provocada pela evaporação ou separação das moléculas em unidades independentes. A condição de equilíbrio deve ser um meio-termo entre essas duas tendências conflitantes, ou seja, ao máximo caos e à energia mínima. Conseqüentemente, temos duas maneiras de interpretar a condição do equilíbrio líquido-vapor. De um lado, o equilíbrio representa a situação em que as velocidades de evaporação e condensação são iguais. De outro, o equilíbrio é a condição em que há uma acomodação mais favorável entre as tendências naturais do sistema para atingir a energia mínima e o caos máximo.

Entropia. Nesta altura já deve estar claro que o conceito de caos molecular é importante não apenas na descrição da natureza dos arranjos atômicos em fases puras, mas também para entender os fatores responsáveis pelas mudanças e equilíbrios de fase. De fato, caos molecular é um conceito útil na análise de qualquer fenômeno, químico ou físico, que envolva conjuntos de moléculas. Veremos no Capítulo 8 que é possível definir e determinar experimentalmente uma propriedade de um sistema que mede o caos molecular. Essa propriedade tem o nome de **entropia**. Para uma completa apreciação do que é a entropia e de como ela depende das propriedades dos sistemas, será necessário o uso dos argumentos termodinâmicos apresentados no Capítulo 8. Mas, por enquanto, veremos que a relação qualitativa entre entropia e caos molecular é suficiente. O que dissemos a respeito da natureza dos sólidos, líquidos e gases sugere que a entropia de um líquido é maior do que a de um sólido, e que a entropia de um gás é maior do que ambas. Nossas observações sobre a tendência natural dos sistemas a atingir um estado de caos molecular podem ser expressas de outra maneira ao dizermos que os sistemas apresentam uma tendência a atingir um estado de máxima entropia.

Resumindo o nosso estudo, registramos quatro importantes aspectos de todos os equilíbrios que podem ser ilustrados pelo equilíbrio líquido-vapor:

1. O equilíbrio nos sistemas moleculares é dinâmico e apresenta-se como uma conseqüência da igualdade das velocidades de reações opostas.
2. Um sistema caminha espontaneamente em direção a um estado de equilíbrio. Se for perturbado por algumas mudanças em seu ambiente, ele reagirá de modo tal a restaurar o equilíbrio.
3. A natureza e as propriedades de um estado de equilíbrio serão as mesmas, independentemente de como ele tenha sido atingido.
4. A condição de um sistema em equilíbrio representa um meio-termo entre duas tendências opostas: uma propensão das moléculas para assumir o estado de menor energia e o impulso em direção ao caos molecular ou entropia máxima.

A Dependência da Pressão de Vapor em Relação à Temperatura

Medidas experimentais mostram que a pressão de vapor de equilíbrio de um líquido aumenta à medida que aumenta a temperatura. Na Figura 3.2 são apresentados dados que ilustram esse ponto. A temperatura em que a pressão de vapor de equilíbrio é igual a 1 atm chama-se temperatura de ebulição normal, ou **ponto de ebulição**. No processo de ebulição, formam-se bolhas de vapor por todo o líquido. Em outras palavras, a evaporação ocorre *em toda parte* do líquido, e não apenas na superfície. A razão porque isso acontece somente quando a pressão de vapor se iguala à pressão atmosférica, é fácil de entender. Para que uma bolha se forme e cresça, a pressão de vapor dentro da bolha deve ser pelo menos igual à pressão exercida sobre ela pelo líquido. Esta, por sua vez, é igual à pressão da atmosfera mais a própria pressão do peso do líquido sobre a bolha. Portanto, a formação de bolhas ocorre somente quando a pressão de vapor do líquido for igual (ou ligeiramente maior) à pressão atmosférica.

A formação de uma bolha no interior de um líquido puro é um processo difícil, pois requer que muitas moléculas com energias cinéticas maiores do que aquelas necessárias à evaporação estejam próximas umas das outras. Logo o fato de o líquido estar à temperatura de ebulição não é uma garantia de que esta ocorrerá. Se isto não acontecer, a adição contínua de calor fará com que o líquido torne-se superaquecido: isto é, atinja uma temperatura maior do que a do ponto de ebulição. Quando finalmente ocorre a formação de bolhas num líquido superaquecido, isto se dá com uma violência quase que explosiva, pois a pressão de vapor em qualquer das bolhas formadas excede em muito a pressão atmosférica, e as bolhas tendem a expandir-se rapidamente. Essa ebulição violenta, pode ser evitada com a introdução de agentes no líquido que formem as bolhas logo que a temperatura de ebulição for

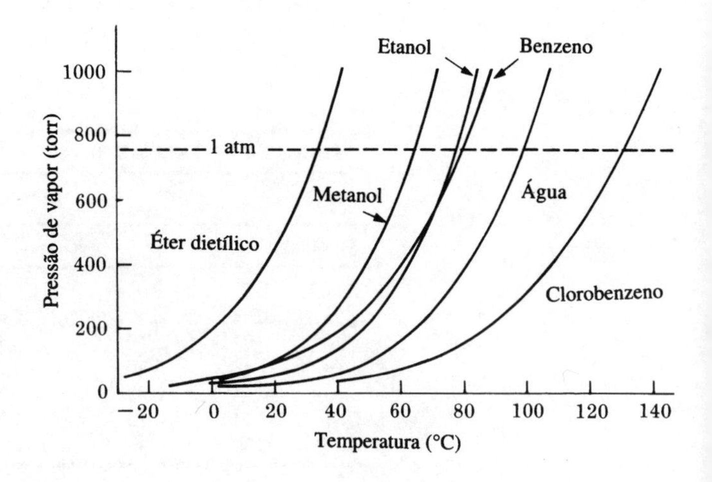

Fig. 3.2 As pressões de vapores de vários líquidos traçadas em função da temperatura.

atingida. Pedaços de material cerâmico poroso servem muito bem para esse fim.

Podemos ver na Fig. 3.2 que a comparação dos pontos de ebulição é uma maneira conveniente, embora aproximada, de avaliar as volatilidades relativas dos líquidos. Isto é, líquidos que entram em ebulição a baixas temperaturas geralmente apresentam pressões de vapor que são maiores em todas as temperaturas do que as pressões de vapor de líquidos que entram em ebulição em temperaturas muito mais elevadas. No entanto, algumas das curvas da Fig. 3.2 se interseccionam, o que significa que há exceções à correspondência entre pressão de vapor e temperatura normal de ebulição.

Pressões de vapor para líquidos ou sólidos podem ser estreitamente relacionadas por uma simples equação:

$$\log(\text{pressão de vapor}) = -\frac{A}{T} + B \qquad (3.5)$$

sendo que A e B são constantes características de cada material. Há valores Tabelados de A e B para muitas substâncias. Os valores de A dependem dos **calores de vaporização**, $\Delta\tilde{H}_{vap}$, dos líquidos ou dos **calores de sublimação**, $\Delta\tilde{H}_{sub}$, dos sólidos. A **equação de Clapeyron** relaciona as pressões de vapor a duas temperaturas com o $\Delta\tilde{H}$ de vaporização:

$$\ln.\frac{(P_v)T_2}{(P_v)T_1} = -\frac{\Delta\tilde{H}_{vap}}{R}\left(\frac{1}{T_2} - \frac{1}{T_1}\right) \qquad (3.6)$$

A dedução dessa equação a partir da termodinâmica baseia-se em várias suposições, como veremos no Capítulo 8. A mais importante delas é a que admite que o $\Delta\tilde{H}_{vap}$ não varia com a temperatura, e de fato a Eq. (3.6) é mais precisa para pequenas faixas de temperatura.

Fórmulas complicadas como as da Eq. (3.6) são facilmente manipuladas com o uso de calculadoras. Pratique, empregando o seguinte exemplo.

Exemplo 3.3 O ponto de ebulição do CCl_4 é de 77 °C e seu calor de vaporização, cerca de 31 kJ mol^{-1}. Calcule a pressão de vapor em atmosferas a 25 °C.

Solução. A 77 °C, ou 350 K, a pressão de vapor do CCl_4 deve ser de 1 atm. Rearranjando a Eq. (3.6), obtemos

$$(PV)_{T_2} = (PV)_{T_1} e^{-\frac{\Delta\tilde{H}_{vap}(T_1 - T_2)}{RT_1T_2}}$$

$$(PV)_{298} = 1{,}00\, e^{-\frac{(31 \times 10^3\ J\ mol^{-1})(52\ K)}{(8{,}31\ J\ mol^{-1}\ K^{-1})(350\ K)(298\ K)}}$$
$$= 0{,}156\ \text{atm.}$$

A pressão de vapor da água líquida é particularmente importante. A Tabela 3.2 fornece valores para um ampla faixa de temperaturas. Os valores relativos à água líquida abaixo de 0 °C são para o líquido super-resfriado, não cristalizado. Observemos que os dados da Tabela 3.2 vão até 374 °C. Esta é a temperatura crítica para a água; e acima desta, não se pode obter água líquida.

TABELA 3.2 PRESSÃO DE VAPOR DA ÁGUA LÍQUIDA

t (°C)	*Torr*	*Atmosferas*
-10	(2,149)*	(2,828 x 10^{-3})*
-5	(3,163)*	(4,162 x 10^{-3})*
0	4,579	6,025 x 10^{-3}
10	9,209	1,212 x 10^{-2}
20	17,54	2,308 x 10^{-2}
25	23,76	3,126 x 10^{-2}
30	31,82	4,187 x 10^{-2}
60	149,4	1,966 x 10^{-1}
80	355,1	4,672 x 10^{-1}
100	760,0	1,000
120	148,9 x 10	1,959
200	116,6 x 10^2	1,534 x 10
374	165,5 x 10^3	2,178 x 10^2

*Para líquido super-resfriado abaixo do ponto de congelação.

Diagramas de Fase

Assim como o líquido, um sólido pode existir em equilíbrio com o seu vapor num recipiente fechado. Portanto, numa dada temperatura qualquer, todo sólido possui uma determinada pressão de vapor característica. A pressão de vapor de um sólido aumenta à medida que aumenta a temperatura. É útil representar graficamente no mesmo diagrama a pressão de vapor de um sólido e de seu líquido, conforme podemos ver na Fig. 3.3. A medida que a temperatura sobe, a pressão de vapor do sólido aumenta mais rapidamente do que a pressão de vapor do líquido, uma vez que o calor de vaporização do sólido é maior. Por isso, as duas curvas de pressão de vapor se interseccionam. Na temperatura correspondente à intersecção, as fases líquida e sólida estão em equilíbrio e

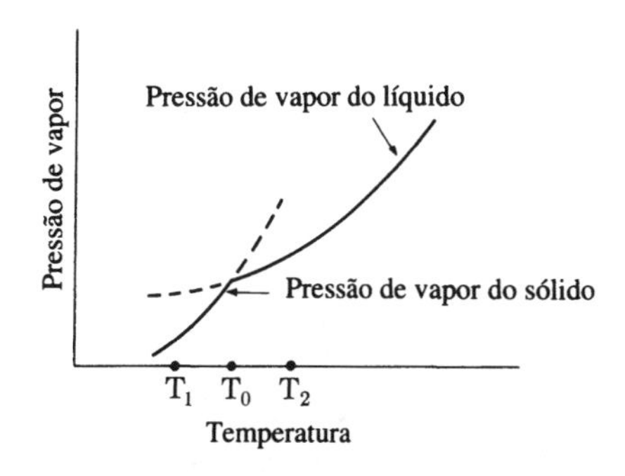

Fig. 3.3 Pressão de vapor de um sólido e seu líquido, em função da temperatura.

apresentam a mesma pressão de vapor. Não é difícil construir um raciocínio mostrando que, nessa condição, líquido e sólido devem estar em equilíbrio um com o outro.

Vejamos a aparelhagem que aparece na Fig. 3.4. Um dos balões contém um sólido; e o outro, o seu líquido. Ambos estão conectados, de modo que o vapor pode passar livremente de um lado para o outro. Agora, deixemos os dois balões imersos num banho à temperatura T_1. Se a pressão de vapor do sólido em T_1 for menor do que a do líquido, então o gás fluirá do balão que contém o líquido para aquele que contém o sólido. A medida que persiste o fluxo, o líquido evapora e o vapor se condensa como sólido. E assim continua até que todo o líquido evapore. Por outro lado, se a aparelhagem for mantida a uma temperatura T_2, em que a pressão de vapor do sólido é maior do que a do líquido, o vapor fluirá do sólido para o líquido. Concomitantemente, ocorrerá a sublimação do sólido e a condensação do vapor para o líquido, e o processo continuará até que todo o sólido seja consumido.

É claro que o sólido e o líquido não estão em equilíbrio nas temperaturas T_1 e T_2, pois se assim estivessem o sistema não se alteraria e ambas as fases permaneceriam como tal indefinidamente. Por outro lado, se a temperatura da aparelhagem for mantida em T_0 , onde as pressões de vapor do líquido e do sólido são iguais, a pressão será uniforme e o vapor não tenderá a fluir de um compartimento para o outro. Assim, tanto a fase líquida quanto a sólida permanecerão como tal indefinidamente. Esta persistência do estado do sistema indica que as fases sólida e líquida estão em equilibrio numa temperatura em que suas pressões de vapor são iguais. Esta situação é um exemplo específico de um importante princípio geral: *se cada uma das fases estiver em equilíbrio simultâneo com uma terceira, então as duas fases estarão em equilíbrio entre si.*

A temperatura em que o líquido, o vapor e o sólido encontram-se em equilíbrio simultâneo entre si é chamada de **temperatura do ponto triplo**. Geralmente, o ponto triplo está muito próximo daquilo que é conhecido como **ponto de congelação**, que é a temperatura em que líquido, vapor e sólido encontram-se em equilíbrio simultâneo *na presença de 1 atm de pressão do ar*. Por exemplo, a água líquida e o gelo estão simultaneamente em equilíbrio com o vapor d'água somente à temperatura de 0 °C, na presença de ar a 1 atm de pressão. Se o ar for completamente eliminado do recipiente, então água, gelo e vapor ficarão simultaneamente em equilíbrio apenas numa temperatura de 0,01 °C. Esta temperatura é o ponto triplo da água, e vemos que ela difere só um pouco do ponto de congelação normal.

Consideremos mais detalhadamente o equilíbrio entre vapor d'água, gelo e água líquida. A pressão de vapor da água no ponto triplo é de 4,588 torr. O que aconteceria se a pressão aplicada ao sistema por um pistão atingisse um valor maior que 4,588 torr? Em primeiro lugar, o vapor d'água inicialmente presente seria totalmente convertido em líquido e sólido. Verificou-se experimentalmente que à medida que aumenta a pressão sobre o sistema, sua temperatura deverá abaixar, *para que tanto o gelo quanto a água permaneçam em equilíbrio*. Para cada pressão *maior* que 4,588 torr, há apenas uma temperatura específica em que o gelo e a água podem ambos estar presentes em equilíbrio; e à medida que a pressão aumenta, diminui a temperatura necessária para manter o equilíbrio. Uma outra maneira de expressar essa situação é dizer que à medida que aumenta a pressão aplicada sobre o gelo, diminui a sua temperatura de fusão.

A Fig. 3.5 é denominada **diagrama de fase** da água. As linhas representam valores simultâneos de pressão e temperatura em que duas fases podem estar presentes em equilíbrio. Nas temperaturas e pressões que se encontram na linha OA, estão em equilíbrio a água líquida e seu vapor. Ao longo da linha OB, gelo e seu vapor encontram-se em equilíbrio, enquanto que a temperatura e a pressão em que gelo e água líquida estão em equilíbrio situam-se ao longo de OC. Somente à pressão e temperatura correspondentes ao ponto triplo (0,01°C, 4,588 torr) é que o gelo, a água e o vapor d'água presentes encontram-se simultaneamente em equilíbrio. As áreas entre as curvas representam temperaturas e pressões em que só pode existir uma fase.

Podemos ver na Fig. 3.5 que quando o gelo funde, sua pressão de vapor é consideravelmente menor do que 760 torr.

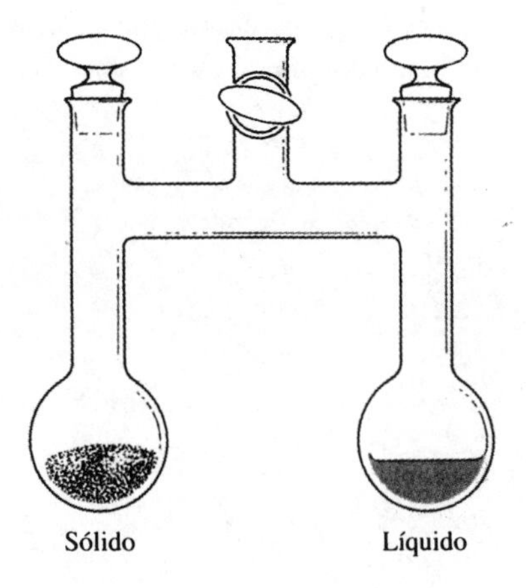

Fig. 3.4 Aparato para equilíbrar duas fases que não estão em contato.

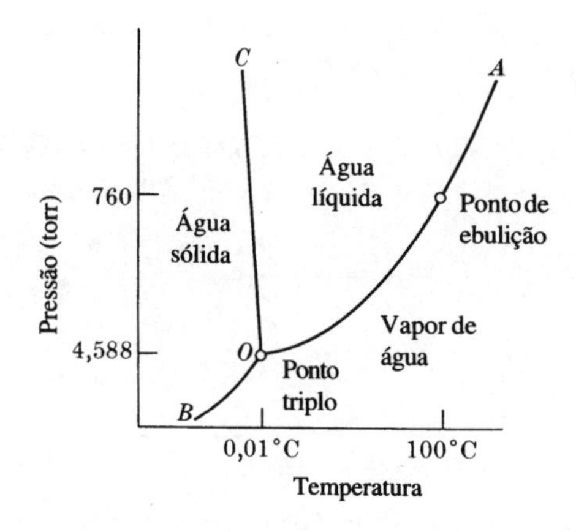

Fig. 3.5 Diagrama de fases para a água (não desenhado em escala).

Este é o comportamento observado para a maior parte das substâncias. No entanto, o dióxido de carbono e o iodo são sólidos cujas pressões de vapor atingem 760 torr em temperaturas *mais* baixas que a temperatura do ponto triplo, e conseqüentemente essas substâncias sublimam a 1 atm sem ao menos fundirem. Sabe-se que o dióxido de carbono sublima a -78°C e a 1 atm, mas ao ser armazenado em cilindros sob algumas centenas de atmosferas, é um líquido à temperatura ambiente. O ponto triplo do CO_2 é de -56,6°C a 5,1 atm. Com esta informação é possível construir um diagrama de fase para o CO_2 semelhante ao da Fig. 3.5.

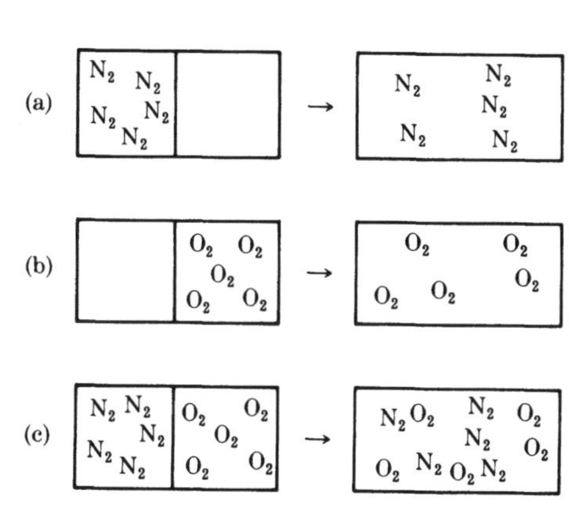

Fig. 3.6 A expansão de gás é ilustrada por uma solução de N_2 e O_2 (diagramático). A expansão de (a) N_2 e de (b) O_2 são mostrados como sendo equivalentes à formação de (c) uma solução de N_2 e O_2.

3.3 Tipos de Soluções

As **soluções** podem apresentar composições continuamente variáveis e ser homogêneas numa escala que está além do tamanho das moléculas individuais. Esta definição pode ser utilizada para abranger uma ampla variedade de sistemas, incluindo soluções comuns como álcool em água ou $AgClO_4$ em benzeno e mesmo grandes proteínas em soluções aquosas de sais. As vezes também é útil considerar como soluções algumas suspensões coloidais que apresentam movimento Browniano, bem como soluções sólidas em que um sólido está uniformemente dissolvido em outro.

Pode-se descrever a maior parte das soluções como tendo um componente predominante denominado solvente e um ou mais componentes minoritários chamados de solutos. Geralmente o solvente é um líquido, enquanto que os solutos podem ser sólidos, líquidos ou gasosos. O tipo de interação entre os componentes é que distingue as soluções dos compostos. Estes se formam como o resultado de interações entre entidades que se associam de modo relativamente permanente, ao passo que as interações em soluções envolvem conjuntos continuamente variáveis de soluto e moléculas de solventes, uma interação amplamente distribuída entre um grande número de moléculas de solventes. Na Tabela 3.3 encontram-se alguns exemplos de soluções, e para cada um deles queremos entender por que o soluto se dissolve no solvente.

O_2(g) em N_2(g). Este primeiro exemplo é, logicamente, o de um gás dissolvido em outro gás. Todos os gases se dissolvem uns nos outros em todas as proporções. A explicação para isso é porque o soluto e o solvente não interagem. Vemos na Fig. 3.6 que o processo de dissolução mútua de dois gases é equivalente à expansão de cada gás até o maior volume sem qualquer interação um com o outro. Como podemos ver na Figura e também já sabemos de nossa experiência do dia-a-dia que essa mistura ocorre espontaneamente. Num gás, a elevada energia térmica das moléculas as mantém sempre em movimento. Este movimento permite que elas se distribuam entre as duas ampolas num arranjo que apresente a *maior probabilidade* de ocorrência. Essa distribuição resulta em pressões parciais iguais de O_2 ou N_2 em cada ampola contendo ambos os gases totalmente misturados. É importante notar que a energia do sistema não se alterou, somente o modo como as moléculas estão distribuídas, isto é, a entropia, *S*, do sistema variou.

Para qualquer processo espontâneo, em que não há variação de energia, a entropia deverá aumentar, portanto $\Delta S > 0$. Em nossa vida diária, observamos muitas mudanças em que o aumento de entropia determina a natureza da mudança. Por exemplo, quando embaralhamos um maço de cartas, confiamos que, ao terminarmos, estas estarão ordenadas mais aleatoriamente. Em nível molecular, a entropia é também uma medida de randomicidade; um máximo em entropia corresponde à distribuição mais provável numa base estatística.

TABELA 3.3 ALGUNS EXEMPLOS DE SOLUÇÕES

Soluto	Solvente	Nome ou Tipo	Calor de Dissolução por Mol de Soluto (kJ)*
O_2(g)	N_2(g)	Gasoso	0
Tolueno	Benzeno	Ideal	-0,1
Acetona	Clorofórmio	Não ideal	5
NaCl(s)	H_2O(l)	Iônico	-3,9
H_2SO_4(l)	H_2O(l)	Iônico	95,3

* Valores positivos são calores liberados.

Embora a mistura de gases ideais seja controlada pela entropia, a mistura de moléculas que interagem entre si pode certamente ser controlada pela energia. No processo de mistura, as interações moleculares farão com que a energia ou aumente ou diminua. Transformações químicas muito exotérmicas apresentam uma grande diminuição de energia e de entalpia; conseqüentemente, são espontâneas. No entanto, a maioria dos solutos se dissolve em solventes porque, com a mistura aumenta-se a entropia do sistema ($\Delta S > 0$); ou seja, é mais provável para os solutos dissolverem-se nos solventes do que permanecerem separados como substâncias puras.

Tolueno em Benzeno. Estes dois líquidos semelhantes prontamente se dissolvem um no outro. A primeira vista, poderíamos pensar que esta solução apresenta o mesmo padrão de mistura de dois gases ideais, mas isso não é correto, já que as moléculas num líquido interagem fortemente entre si. A chave para essa solução é que as moléculas de ambos os líquidos possuem estruturas eletrônicas e tamanhos semelhantes. Conseqüentemente, as *interações* benzeno-benzeno, benzeno-tolueno e tolueno-tolueno são muito *similares*. Uma molécula de tolueno, como uma aproximação, não "sabe" se está cercada por outras moléculas de tolueno ou por moléculas de benzeno. Como era de se esperar, há um **calor de solução** bastante desprezível. Os dois líquidos se dissolvem completamente um no outro, portanto são **miscíveis**. Este sistema, e alguns outros, também formam aquilo que chamamos de **solução ideal**. A entropia adquirida ao se misturar tolueno com benzeno é a mesma que se obtém na mistura de dois gases ideais. Moléculas de solvente e soluto não apresentarn quaisquer interações específicas umas com as outras, que difiram daquelas que mantêm com moléculas de sua própria espécie. Conseqüentemente, as moléculas se distribuem aleatoriamente na solução e a variação de entropia na mistura é a mesma de dois gases ideais.

Acetona em Clorofórmio. Estes dois líquidos não são muito semelhantes; a atração que as moléculas de acetona e clorofórmio têrn umas pelas outras é bem diferente daquela que existe entre moléculas iguais. Quando a acetona e o clorofórmio se misturam, libera-se calor, de modo que ambos não formam uma solução ideal.

Mesmo assim, são totalmente miscíveis. Em alguns casos, quando as moléculas dos dois líquidos apresentam interações bem diferentes, eles poderão não ser completamente miscíveis. Por exemplo, água e acetona são totalmente miscíveis, mas água e clorofórmio não são. A propriedade dos líquidos utilizada para caracterizar as interações solvente-soluto é a **polaridade**. A polaridade mede a pequena separação de cargas positivas e negativas nas moléculas. A água é considerada o mais polar dos solventes comuns, conforme atesta o fato de que é o melhor solvente para solutos iônicos, o que verificaremos mais adiante neste Capítulo. A acetona tem um valor intermediário de polaridade, enquanto que o clorofómio é muito menos polar que a acetona. A interação entre moléculas de diferentes graus de polaridade é bem distinta daquela que ocorre entre moléculas da mesma espécie. Esta diferença de interação é que resulta na **imiscibilidade**.

Pergunta. Na sua opinião as moléculas de hidrocarboneto encontradas na gasolina são solventes polares ou apolares?

Resposta. São apolares, pois a água e a gasolina são imiscíveis.

NaCl(s) em H_2O(l). O composto NaCl apresenta uma alta temperatura de fusão, característica da maior parte dos sólidos iônicos. É formado por íons Na^+ e Cl^-. Quando o NaCl se dissolve na água, esses íons interagem com as moléculas de água e se separam. A interação com a água é particularmente grande para íons positivos, sendo que a Na^+ está cercado por seis moléculas de água estreitamente ligadas. Íons circundados por moléculas de água estreitamente ligadas são ditos **hidratados**. Para sais como $CaCl_2$ ou $AlCl_3$, as moléculas de água interagem ainda mais fortemente com os seus cátions e liberam calor ao se dissolverem. Para o NaCl, a energia necessária para separar os íons Na^+ e Cl^- é quase compensada pela energia de interação entre a água e os íons. Sais como $NaNO_3$ ou NH_4NO_3 tornam suas soluções mais frias ao se dissolverem para produzir as íons hidratados Na^+ NH_4^+ e NO_3^-. Nunca se esperaria que a entropia de solução para um sólido iônico fosse tão alta quanto sua entropia de vaporização; no entanto, sais como, por exemplo, NaCl e $NaNO_3$, se dissolvem na água porque há uma probabilidade maior de encontrá-los na forma de íons separados e hidratados do que empacotados ordenadamente num sólido. Mais uma vez, a entropia é o fator limitante.

H_2SO_4(*l*) em H_2O(*l*). Quase todo químico sabe que H_2SO_4 libera uma grande quantidade de calor ao se dissolver em água. Embora o H_2SO_4 puro não contenha íons, em soluções aquosas diluídas ele se ioniza completamente em H^+ e SO_4^{2-}. Seu elevado calor de solução surge em grande parte do calor de hidratação do H^+. Outros solutos que produzem prótons, como HCl(g) e $HClO_4$(*l*), também apresentam calores de solução elevados e negativos, dissolvendo-se rapidamente na água.

Eletrólitos Fortes e Eletrólitos Fracos

Solutos que produzem íons quando dissolvidos em água são chamados de **eletrólitos**. Em soluções de **eletrólitos fortes**, todos os solutos assumem a forma de íons separados, ao passo que soluções de **eletrólitos fracos** consistem principalmente de moléculas dissolvidas e um número relativamente pequeno de íons separados. A palavra *eletrólito* vem da condutividade elétrica que íons separados conferem as soluções. **Cátions** são íons de carga positiva e **ânions** são íons de carga negativa.

Na Tabela 3.4 encontram-se exemplos de eletrólitos

TABELA 3.4 ALGUNS ELETRÓLITOS TÍPICOS*

Fortes	Fracos
ácidos	
HCl, HNO_3, $HClO_4$, H_2SO_4 (primeiro próton)	HCN, HF, CH_3COOH, CO_2 (H_2CO_3), H_3PO_4
bases	
NaOH, KOH, $Ca(OH)_2$, $Ba(OH)_2$	NH_3 (NH_4OH), piridina, CH_3NH_2
sais	
NaCl, K_2SO_4, NH_4Cl, $MgCl_2$, $Zn(NO_3)_2$, $AgBrO_3$, $CaCrO_4$	$PbCl_2$, $HgCl_2$

* Assume-se que a solução contenha cerca de 0,1 mol de soluto por litro de solução, ou até o limite de suas solubilidades.

fortes e fracos. A maior classe de eletrólitos fracos é formada pelos ácidos, tanto orgânicos, como CH_3COOH, quanto inorgânicos como HCN e H_3PO_4 . A categoria mais numerosa de eletrólitos fortes é formada pelos sais da maioria dos íons metálicos. Sais geralmente considerados fracos contêm metais pesados como chumbo e mercúrio. No entanto, outros sais também podem ser classificados como fracos, pois muitos íons +2 e +3 apresentam um equilíbrio complexo com vários ânions e talvez não sejam inteiramente constituídos de íons separados em soluções razoavelmente concentradas.

Unidades de Concentração

Além do registro qualitativo dos componentes presentes numa solução, também se deve especificar a quantidade de cada um deles. Geralmente, especifica-se apenas as quantidades relativas dos componentes, uma vez que as propriedades das soluções não dependem das quantidades absolutas do material presente. A quantidade relativa de uma substância é conhecida como sua **concentração**, que é expressa em seis conjuntos de unidades:

1. Unidades de fração molar. A fração molar do componente 1 é o número de mols do componente 1 dividido pelo número total de mols de todos os componentes da solução. Para uma solução formada de dois componentes, 1 e 2, temos:

$$\text{fração molar do componente } 1 = \frac{n_1}{n_1 + n_2},$$

$$\text{fração molar do componente } 2 = \frac{n_2}{n_1 + n_2},$$

sendo que n_1 e n_2 são os números de mols dos componentes 1 e 2 na solução. Geralmente, o símbolo X representa a composição expressa em unidades de fração molar. Em nosso exemplo,

$$X_1 = \frac{n_1}{n_1 + n_2} \qquad X_2 = \frac{n_2}{n_1 + n_2}.$$

Para um número arbitrário (i) de componentes, teríamos

$$X_1 = \frac{n_1}{n_1 + n_2 + \cdots + n_i} \qquad X_2 = \frac{n_2}{n_1 + n_2 + \cdots + n_i}.$$

Sempre será verdadeiro que a soma de todas as frações molares é igual à unidade:

$$X_1 + X_2 + \cdots = 1.$$

As unidades de fração molar são úteis quando se quer enfatizar a relação entre alguma propriedade da solução dependente da concentração e os números relativos de moléculas de soluto e solvente.

2. Molalidade. A molalidade de uma solução é definida como o número de mols de soluto em 1000 *g* de *solvente*. Costuma ser simbolizada pela letra *m* minúscula. Assim, uma solução aquosa 1 *m* de cloreto de sódio contém 1 mol de íons sódio e 1 mol de íons cloreto em 1000 g de água. A molalidade é uma unidade útil em cálculos de pontos de congelação e de ebulição das soluções, mas o fato de ser difícil pesar solventes líquidos fez com que ela se tornasse uma unidade inconveniente para o uso comum em laboratório.

3. Molaridade. Esta é a unidade de concentração mais comum. A molaridade de uma solução é a quantidade em mols de soluto em 1 *L* de *solução*. O símbolo da molaridade é o *M* maiúsculo. Uma solução 0,2 *M* de $BaCl_2$ contém 0,2 mol do sal cloreto de bário em um litro de solução. A concentração do íon bário também é 0,2 *M*, mas a concentração do íon cloreto é 0,4 *M*, uma vez que há dois mols de íon cloreto para cada mol de cloreto de bário. A molaridade é uma unidade bastante conveniente para o trabalho em laboratório, já que as soluções aquosas de molaridade conhecida podem ser facilmente preparadas pesando-se pequenas quantidades do soluto e medindo-se o volume da solução com recipientes calibrados. Todavia, sabendo-se que o volume de uma solução depende da temperatura, a concentração expressa em unidades de molaridade também dependerá da temperatura. Esta é uma desvantagem que as unidades de fração molar e molalidade não apresentam.

4. Formalidade. A formalidade de uma solução é o número de pesos-fórmula, em gramas de soluto, por litro; o símbolo desta unidade é *F*. A formalidade é muito semelhante à molaridade, e seu uso evita a dificuldade de se atribuir um peso molecular a algo (como por exemplo, o NaCl) que não contém moléculas discerníveis. Se a fórmula original do cloreto de sódio for escrita como NaCl, uma solução 1 *F* (pronuncia-se um formal) de NaCl contém 58,5 g de cloreto de sódio em 1 L de solução. Quando existe de fato uma molécula (e, portanto, peso molecular), a molaridade e a formalidade tornam-se idênticas. Para soluções de substâncias ou materiais iônicos dos quais apenas as fórmulas empíricas são conhecidas, a formalidade seria a unidade de concentração preferida. No entanto, a maioria dos químicos evita o uso da formalidade como unidade de concentração em prol de uma notação uniforme. Por exemplo, neste livro nos referiremos sempre a uma solução que contém 58,5 g de cloreto de sódio por litro como uma solução 1 *M* de NaCl, mesmo que não existam moléculas de cloreto de sódio na solução.

5. Normalidade. O equivalente-peso de qualquer material é o peso que reagiria com, ou seria produzido por 7,999 g de oxigênio ou 1,008 g de hidrogênio. A normalidade de uma solução é o número de equivalentes-pesos do soluto em 1 L de solução. O equivalente-peso do íon zinco, por exemplo, é (65,38/2,016) x 1,008, uma vez que 65,38 g de zinco metálico produzirão 2,016 g de gás hidrogênio numa reação com qualquer ácido. Portanto, uma solução um normal do íon zinco (Zn^{2+}1 *N*) contém 32,5 g de Zn^{2+} em 1 L de solução. A normalidade é uma unidade geralmente utilizada para certos cálculos de análise quantitativa.

6. Percentagem. As unidades anteriores são utilizadas por químicos, mas na área médica é comum o uso da percentagem como unidade de concentração. Há vários tipos diferentes de percentagem. Para dois líquidos, podemos preparar uma solução 25% (v/v) com 25 mL de soluto e adicionando o solvente até que o *volume total* chegue a 100 mL. Para um soluto sólido, uma solução 25% (p/v) seria preparada pesando-se 25 g do soluto e adicionando o solvente até que o volume total seja de 100 mL. Esta é uma solução **percentual peso por volume**. Uma unidade de concentração percentual muito utilizada é **gramas de soluto por decilitro (dL) de solução**. As balanças digitais modernas tornam a pesagem muito mais fácil; assim, as soluções preparadas como uma **percentagem peso por peso** (p/p) tornar-se-ão mais comuns. Evidentemente, esta unidade pode ser diretamente relacionada com a molalidade.

3.4 Estequiometria de Solução

Uma manipulação química muito comum é medir quantitativamente certa quantidade de uma solução a fim de se obter uma quantidade conhecida de soluto. O método mais usado é a medida da solução por *volume* e a utilização de concentrações como molaridades, normalidades, ou mesmo percentagens (p/v). Os exemplos que se seguem ilustram vários tipos diferentes de problemas envolvendo a medida de soluções.

Exemplo 3.4 Prepara-se uma solução dissolvendo-se 2,50 g de NaCl em 550,0 g de H_2O. A densidade da solução resultante é de 0,997 g cm^{-3}. Qual é a molalidade (*m*), a molaridade (*M*) e a fração molar (*X*) de NaCl nessa solução?

Soluções.

$$\text{n (mols de NaCl)} = \frac{2{,}50 \text{ g}}{58{,}44 \text{ g mol}^{-1}} = 0{,}0428 \text{ mol},$$

$$\text{molalidade} = \frac{\text{moles de NaCl}}{\text{quilogramas de solvente}} = \frac{0{,}0428}{0{,}5500} = 0{,}0778\ m.$$

Para calcular a molaridade, precisamos do volume da solução:

$$\text{volume} = \frac{\text{massa total (g)}}{\text{densidade da solução (g cm}^{-3})}$$

$$= \frac{550{,}0 \text{ g } H_2O + 2{,}5 \text{ g NaCl}}{0{,}997 \text{ g cm}^{-3}}$$

$$= 554 \text{ cm}^3,$$

$$\text{molaridade} = \frac{\text{n (mols de NaCl)}}{\text{volume em litros}} = \frac{0{,}0428}{0{,}554} = 0{,}0773\ M.$$

Para calcular a fração molar precisamos do nº mol de H_2O:

$$\text{n (mols de } H_2O) = \frac{550{,}0 \text{ g}}{18{,}02 \text{ g mol}^{-1}} = 30{,}52 \text{ mol},$$

$$X_{NaCl} = \frac{\text{mols de NaCl}}{\text{total de mols}} = \frac{0{,}0428}{30{,}52 + 0{,}04} = 1{,}40 \times 10^{-3}$$

Exemplo 3.5 Quantos mililitros* de uma solução 0,250 *M* de HCl serão necessários para se obter 0,0100 mol de íons Cl^-?

Solução. É importante lembrar a definição básica de molaridade:

$$\text{molaridade (mol L}^{-1}) = \frac{\text{n (mols de soluto)}}{\text{volume em litros}}$$

ou saber quantos mols do soluto há num dado volume da solução em litros, *V*:

$$\text{n (mols do soluto)} = V\text{ (L)} \times \text{molaridade (mol L}^{-1}).$$

Também é conveniente usar unidades de milimols (mmol)

$$\text{n (milimols do soluto)} = V\text{ (mL)} \times \text{molaridade (mmol mL}^{-1}).$$

Para este problema

$$0{,}0100 \text{ mol} = 10{,}0 \text{ mmol} = V\text{ (mL)} \times 0{,}250 \text{ mmol mL}^{-1},$$

* A unidade moderna mililitro (mL) corresponde ao centímetro cúbico (cm^3), mas a maioria dos químicos prefere utilizar o termo "mililitro" para as soluções.

ou

$$V = \frac{10,0}{0,250} = 40,0 \text{ mL}.$$

Exemplo 3.6 Quantos mililitros de uma solução 0,250 *M* de $CaCl_2$ são necessários para se obter 0,0100 mol de íon Cl^-?

Solução. Podemos usar o mesmo método do Exemplo 3.5, mas devemos lembrar que trata-se de uma quantidade determinada de Cl^-. Uma vez que

$$CaCl_2 \rightarrow Ca^{2+} + 2Cl^-,$$

temos que usar a molaridade do Cl^- e não apenas a molaridade do $CaCl_2$. Neste caso,

$$\text{molaridade do } Cl^- = 2 \text{ x molaridade do } CaCl_2 = 0,500\ M.$$

e utilizando novamente os milimols, obtemos

$$V = \frac{10,0}{0,500} = 20,0 \text{ mL}.$$

Exemplo 3.7 Quantos mililitros de uma solução 6,00 *M* de HCl serão precisos para preparar 50,0 mL de HCl 0,200 *M*?

Solução. Nesse tipo de problema supõe-se que nenhum HCl seja perdido ao se preparar a solução e que

$$\text{n (mols de HCl)} = (V \times \text{molaridade})_{\text{inicial}}$$
$$= (V \times \text{molaridade})_{\text{final}}.$$

Podemos utilizar também milimols e obter

$$\text{n (milimols iniciais)} = \text{n (milimols finais)}$$
$$V(6,00) = (50,0)(0,200)$$
$$V = \frac{(50,0)(0,200)}{6,00} = 1,67 \text{ mL}.$$

Pergunta. Se, no Exemplo 3.7, o $CaCl_2$ for substituído por HCl, você acha que a resposta irá mudar? A solução final 0,200 *M* em HCl teria a mesma molaridade que a solução final 0,200 *M* em $CaCl_2$?

Resposta. O volume é ainda 1,67 mL, mas a solução de $CaCl_2$ tem duas vezes mais íons Cl^- em solução.

O próximo exemplo trata da **titulação** de uma base por um ácido. Nessa titulação o **ponto final** é atingido exatamente quando uma quantidade suficiente de ácido é adicionada para neutralizar a base. Se o volume de ambas as soluções for medido e a molaridade de uma delas for conhecida, a molaridade da outra poderá ser calculada.

Exemplo 3.8 Um químico titulou 25,00 mL de NaOH 0,200 *M* com uma solução de HCl 0,500 *M*. Quantos mililitros da solução de HCl seriam necessários para se obter quantitativamente a reação

$$OH^- + H^+ \rightarrow H_2O?$$

Solução. Para que esta reação seja quantitativa, devemos satisfazer a relação nº mols iniciais de OH = nº mols adicionados de H^+. Novamente, utilizando milimols, é necessário que

$$(25,0)(0,200) = V_{HCl}(0,500)$$
$$V_{HCl} = \frac{(25,0)(0,200)}{0,500} = 10,0 \text{ mL}.$$

Exemplo 3.9 Suponhamos que um químico faça a seguinte mistura:

50,0 mL de 0,2000 *M* NaCl,

50,00 mL de 0,2500 *M* $AgNO_3$.

Qual seria a molaridade final da Ag^+ se todo o Cl^- precipitasse de acordo com a equação

$$Cl^-(aq) + Ag^+(aq) \rightarrow AgCl(s)?$$

Solução. Podemos calcular o seguinte:

$$\text{n (milimols iniciais de } Ag^+) = (50,00)(0,2500)$$
$$= 12,50$$
$$\text{n (milimols iniciais de } Cl^-) = (50,00)(0,2000)$$
$$= 10,00$$

A quantidade de Ag^+ em excesso é = 12,50 - 10,00 = 2,50 milimol. Se admitirmos um volume final de 100,0 mL, então

$$\text{molaridade de } Ag^+ = \frac{2,50}{100,0} = 2,50 \times 10^{-2}\ M.$$

3.5 Lei de Henry e Lei de Raoult

No começo do Capítulo analisamos o significado da pressão de vapor para um líquido ou sólido puros. Nesta seção estudaremos as relações entre pressões de vapor de um soluto e pressões de vapor de um solvente numa solução. Essas relações são denominadas respectivamente lei de Henry e lei de Raoult. Poderíamos pensar que, em virtude de nomes tão antigos e históricos, essas duas relações não apresentassem muito interesse. No entanto, interpretações modernas dessas leis formam a base de todas as medidas de equilíbrios químicos em soluções.

Lei de Henry

Esta lei foi proposta originariamente em 1802 por William Henry para explicar a solubilidade dos gases em água. Suas medidas indicaram que essa solubilidade era diretamente proporcional à pressão do gás. Mais ou menos na mesma época, Dalton, um amigo de Henry, também determinou que as solubilidades dos gases em misturas dependem de suas pressões parciais. Essa proporcionalidade é utilizada para definir a **constante da lei de Henry**, K_H; e se usarmos a fração molar do gás na solução como uma medida de sua solubilidade, a lei de Henry poderá ser expressa como

$$K_H = \frac{\text{pressão parcial do gás}}{\text{fração molar em solução}}. \qquad (3.7)$$

Na Figura 3.7 vemos uma representação gráfica da lei de Henry para HCl(g) dissolvido em cicloexano, e a Tabela 3.5 fornece alguns valores de K_H para gases em água.

Quanto maior o valor de K_H, menor a solubilidade a uma determinada pressão parcial do gás. Nitrogênio e oxigênio apresentam menor solubilidade a temperaturas mais altas, sendo este um comportamento típico dos gases.

Por esta razão surgem as primeiras bolhas quando a água é aquecida. Uma vez que o hélio é menos solúvel do que qualquer outro gás, ele é utilizado para diluir o oxigênio no gás de respiro durante mergulhos em alto mar. Menor solubilidade resulta em menos bolhas no sangue durante a descompressão. No exemplo 3.10 temos um problema típico envolvendo a lei de Henry.

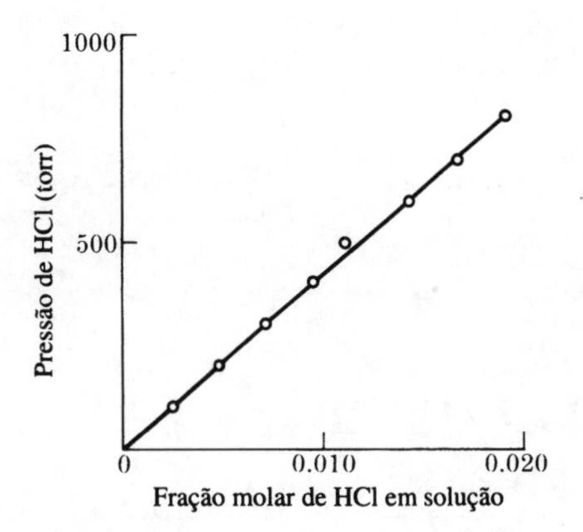

Fig. 3.7 Resultados experimentais para a solubilidade de HCl gasoso em cicloexano a 20 °C. O coeficiente angular da reta é a constante da lei de Henry.

TABELA 3.5 ALGUMAS CONSTANTES DA LEI DE HENRY PARA GASES EM ÁGUA

Gás	Temp (°C)	K_H(torr)
He	20	$10{,}9 \times 10^7$
H_2	20	$5{,}2 \times 10^7$
N_2	20	$5{,}75 \times 10^7$
	30	$6{,}68 \times 10^7$
O_2	20	$2{,}95 \times 10^7$
	30	$3{,}52 \times 10^7$
CO_2	25	$1{,}24 \times 10^6$
H_2S	25	$4{,}12 \times 10^5$

Exemplo 3.10. Se gás N_2 for borbulhado em água a 20° C, quantos mililitros (nas CNTP) desse gás se dissolveriam em um litro de água? Suponha que a pressão parcial de N_2 é igual a 742,5 torr.

Solução. Utilizando a Eq. (3.7) e o valor de K da Tabela 3.5, verificamos que

$$X_{N_2} = \frac{742{,}5 \text{ torr}}{5{,}75 \times 10^7 \text{ torr}} = 1{,}29 \times 10^{-5}.$$

Um litro de água contém 55,5 mols de H_2O. Se a solução contém n mols de N_2 e n é um valor pequeno, então

$$X_{N_2} = \frac{n}{n + 55{,}5} \cong \frac{n}{55{,}5},$$

ou

$$n = (55{,}5)(1{,}29 \times 10^{-5}) = 7{,}16 \times 10^{-4} \text{ mol}$$

$$\text{Volume nas CNTP} = 7{,}16 \times 10^{-4} \text{ mol} \times 22{,}400 \text{ mL mol}^{-1} = 16{,}0 \text{ mL}.$$

Pergunta. Há alguma razão lógica para a pressão parcial considerada no Exemplo 3.10?

Resposta. Consulte a Tabela 3.2 e veja que 742,5 + 17,5 = 760,0, onde 760 torr é a pressão total e 17,5 torr é a pressão de vapor da água a 20° C.

Estados Padrão e Atividades

O **estado padrão** é o estado de referência de uma substância ao qual todos os outros estados podem ser relacionados. Este conceito é particularmente importante em termodinâmica e nos estudos quantitativos de equilíbrio químico. Para os gases, consideramos a pressão de 1 atm como o estado padrão. Trata-se de uma pressão conveniente, já que a maioria dos gases obedece à lei dos gases ideais a 1 atm de pressão. Numa solução ou mistura de gases, suas pressões parciais podem ser utilizadas como unidades de concentração para relacionar cada gás com o seu estado padrão.

Para soluções de não eletrólitos tais como tolueno em benzeno, podemos considerar como estados padrão o tolueno e o benzeno enquanto líquidos puros. A fração molar de cada um é uma unidade de concentração adequada para relacionar o solvente e o soluto com seus estados padrão, ou seja, os líquidos puros.

Em soluções iônicas tais como NaCl em água, considera-se a água pura como o estado padrão do solvente. No entanto, não utilizamos NaCl(s) como o estado padrão deste soluto porque NaCl(s) e NaCl em solução comportam-se como substâncias completamente diferentes. Em solução, os íons Na^+ e Cl^- estão rodeados pela água; como tais, não são muito semelhantes aos íons Na^+ e Cl^- no NaCl(s). O que precisamos é de um estado padrão em que os íons Na^+ e Cl^- estejam rodeados pela água como ocorre em solução.

Geralmente se afirma em muitos textos elementares que o estado padrão para NaCl em água é uma solução 1 *M* ou 1 *m*. Infelizmente, trata-se de uma grande simplificação, longe de ser verdade. Soluções iônicas um molal são razoavelmente concentradas e apresentam um alto grau de interação soluto-soluto. Para um estado padrão, queremos uma solução mais ideal sem interações soluto-soluto. Poderíamos recorrer a soluções muito diluídas como 10^{-4} *m* para o nosso estado padrão, mas não é conveniente usar concentrações tão baixas como estados de referência. Em vez disso, criaremos um novo estado padrão baseado na lei de Henry para soluções diluídas e uma nova unidade de concentração denominada **atividade.**

Numa solução aquosa, os íons individuais Na^+ e Cl^- obedecerão à lei de Henry para soluções diluídas. Podemos assim escrever

$$K'_H = \frac{\text{pressão do soluto}}{\text{molalidade do soluto}} = \frac{P_{\text{soluto}}}{\text{molalidade}} \qquad (3.8)$$

sendo que, para esta expressão da lei de Henry, utilizamos molalidade em lugar de fração molar. A pressão do soluto é a pressão de vapor dos íons Na^+ ou Cl^- sobre a solução. Essas pressões são tão pequenas que a Eq. (3.8) é uma expressão inteiramente teórica e K'_H não pode ser medido diretamente. Se não houvesse interações soluto-soluto, a Eq. (3.8) seria obedecida para concentrações crescentes até 1 *m*, mas isto não é verdadeiro para soluções iônicas. A Equação (3.8) é precisa para uma solução de NaCl somente até cerca de 10^{-4} *m*. Mais adiante neste Capítulo veremos qual é a causa desses ligeiros desvios do comportamento em relação à uma solução ideal.

Para o estado padrão de soluções iônicas, extrapolamos a Eq. (3.8) até 1 **m** e criamos um estado padrão hipotético. A pressão de vapor dos íons Na^+ ou Cl^- sobre esse estado padrão é

$$P_{\text{estado padrão}} = P^0_{\text{soluto}} = K'_H \times 1 \text{ molal}.$$

Isso é chamado de estado padrão hipotético porque extrapolamos uma propriedade de uma solução diluída até 1 *m*. Uma solução 1 *m* real poderia estar submetida a essa pressão de Na^+ ou Cl^-, mas isso é improvável por causa das interações soluto-soluto. A atividade do soluto pode ser definida uma vez conhecido o estado padrão; mas precisamos conhecer a pressão de vapor dos íons Na^+ ou Cl^- sobre uma solução de NaCl. Já que não podemos medir diretamente essas pressões de vapor, o resultado é uma outra equação teórica:

$$\text{atividade do soluto} = \frac{\text{pressão do soluto}}{\text{pressão do estado padrão}} = \frac{P_{\text{soluto}}}{K'_H \times 1 \text{ molal}}. \qquad (3.9a)$$

As expressões de constante de equilíbrio que apresentaremos no próximo Capítulo são propriamente definidas ao utilizarmos as atividades como unidades de concentração.

Um dos aspectos interessantes da atividade é que ela está intimamente relacionada à molalidade. Enquanto for válida a Eq. (3.8), $P_{\text{soluto}} = K'_H$ x molalidade. Substituindo na Eq. (3.9a), temos

$$\text{atividade do soluto diluído} = \frac{K'_H \times \text{molalidade}}{K'_H \times 1 \text{ molal}} = \frac{\text{molalidade}}{1 \text{ molal}}. \qquad (3.9b)$$

Podemos ver que, para uma solução diluída, a atividade é igual à molalidade, exceto que as dimensões a esta associadas foram eliminadas. Como unidade de concentração, a atividade relaciona-se com a molalidade apenas de modo aproximado no caso de soluções concentradas, mas é igual à última para as soluções diluídas.

Nesta altura, poderíamos perguntar como é possível definir quantidades importantes tais como estado padrão e atividade, utilizando pressões de vapor que não podemos medir diretamente. Muitas propriedades como constantes de equilíbrio e voltagens de células podem ser medidas. Nos Capítulos posteriores mostraremos como essas propriedades experimentais podem estar relacionadas com as atividades. A maior parte dessas relações dependem de equações termodinâmicas que deduziremos no Capítulo 8.

Lei de Raoult

A lei de Henry aplica-se ao soluto numa solução, enquanto que a lei de Raoult é aplicada ao *solvente* numa solução. A diferença básica nas duas leis, além das origens históricas, é que, em soluções diluídas, os solutos estão cercados por moléculas do solvente, ao passo que estas encontram-se rodeadas por moléculas de sua própria espécie. Quando François Raoult propôs sua lei em 1885, sua principal preocupação era explicar as temperaturas de congelação das soluções. Ele propôs que a pressão de vapor do solvente é reduzida pela presença do soluto, e é proporcional à fração molar do *solvente*:

$$P_{\text{solvente}} = X_{\text{solvente}} P^0_{\text{solvente}}, \qquad (3.10)$$

sendo que P^0_{solvente} é a pressão de vapor do solvente puro. Esta relação mostra que a pressão de vapor do solvente numa solução depende do número de mols do soluto presente na solução. Toda propriedade que mede diretamente o número de mols do soluto presente numa solução é chamada de propriedade coligativa. O peso molecular de um soluto em solução pode ser determinado pela medida de uma **propriedade coligativa** tal como a pressão de vapor do solvente.

3.6 Teoria da Solução Ideal

Soluções que obedecem às leis de Henry e de Raoult são consideradas soluções que seguem a **teoria da solução ideal.** Uma solução diluída obedece a essa teoria. Mesmo as soluções moderadamente concentradas podem obedecê-la, se as interações soluto-soluto forem pequenas. Certos não eletrólitos, como o tolueno em benzeno, obedecem à teoria da solução ideal em todas as concentrações. Conforme mencionamos no começo do Capítulo, esses dois líquidos formam aquilo que é chamado de solução ideal. Para esses casos especiais, as interações soluto-solvente e soluto-soluto são as mesmas. A lei de Henry torna-se bem simples para soluções ideais: K_H é igual à pressão de vapor do soluto puro. Para o caso das soluções ideais em particular, escolhe-se como o estado padrão do soluto o próprio soluto puro .

Nesta seção trataremos das temperaturas de ebulição e congelação e de outras propriedades das soluções do ponto de vista da teoria da solução ideal. Começaremos mostrando como a lei de Raoult pode ser utilizada para determinar os pesos moleculares dos solutos em solução. Antigamente esse método foi muito importante para determinar as fórmulas moleculares; também ajudou a estabelecer a teoria dos eletrólitos fortes e fracos.

Seguiremos a convenção utilizando a notação P_1 e X_1 para a pressão de vapor e fração molar do solvente e P_2 e X_2 para a pressão de vapor e fração molar do soluto. Então, a lei de Raoult fica sendo

$$P_1 = X_1 P_1^0.$$

A pressão de vapor do solvente é abaixada de uma quantidade ΔP devido à presença do soluto:

$$\Delta P = P_1^0 - P_1 = P_1^0(1 - X_1).$$

Sabendo-se que

$$X_1 + X_2 = 1 \qquad \text{temos} \qquad 1 - X_1 = X_2,$$

e, portanto

$$\Delta P = X_2 P_1^0. \qquad (3.11)$$

Este resultado simples será muito útil quando examinarmos o efeito do soluto sobre os pontos de ebulição e congelação da solução. Porém, em si mesmo, fornece um método para determinar pesos moleculares de substâncias dissolvidas. Podemos escrever

$$\Delta P = P_1^{\circ}\left(\frac{n_2}{n_1 + n_2}\right) = P_1^{\circ}\left(\frac{w_2/PM_2}{w_1/PM_1 + w_2/PM_2}\right) \qquad (3.12)$$

Se uma solução é formada pela adição de um certo peso conhecido w_2 de uma substância 2, cujo peso molecular PM_2 não é conhecido, a um peso conhecido w_1 de um solvente cujo peso molecular PM_1 e a pressão de vapor P_1^0 são conhecidos, então a medida de ΔP, o **abaixamento da pressão de vapor**, permite efetuar o cálculo de PM_2, o peso molecular não conhecido.

Exemplo 3.11 A pressão de vapor de água a 20 °C é de 17,54 torr. Quando 114 g de sacarina são dissolvidos em 1000 g de água, a pressão de vapor é reduzida em 0,11 torr. Calcule o peso molecular da sacarina.

Solução.

$$\Delta P = P_1^{\circ} \frac{n_2}{n_1 + n_2}$$

$$0{,}11 = 17{,}54 \left[\frac{114/\text{PM}}{114/\text{PM} + (1000/18{,}0)}\right]$$

$$\text{PM} = 325$$

Na verdade, a fórmula molecular da sacarina é $C_{12}H_{22}O_{11}$, que corresponde a um peso molecular de 342. Este valor está de acordo com o nosso PM calculado, levando em conta a baixa precisão de ΔP.

Pontos de Ebulição e Congelação das Soluções

É útil comparar as pressões de vapor da solução ideal de um soluto não-volátil com a do próprio solvente puro, como uma função da temperatura. Vemos na Figura 3.8 que, em todas as temperaturas, a pressão de vapor da solução é mais baixa que a do solvente; e, conforme prevê a Eq. (3.11), a diferença aumenta à medida que aumentam a temperatura e a pressão de vapor. A intersecção da curva de pressão de vapor da solução com a linha correspondente a 760 torr define o ponto de ebulição normal da solução. Fica claro na Fig. 3.8 que o

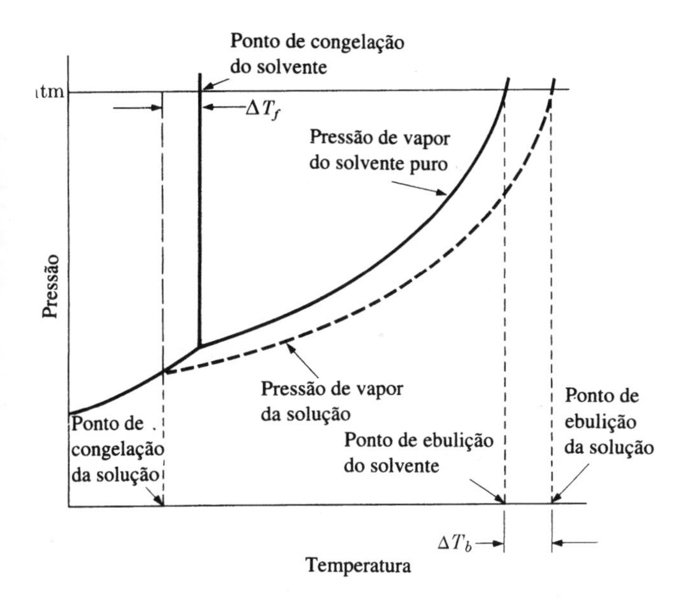

Fig. 3.8 Diagrama que mostra o abaixamento da pressão de vapor, o aumento da temperatura de ebulição e o abaixamento do ponto de congelação, o qual ocorre quando um soluto não volátil é dissolvido em um solvente volátil. Não está em escala.

ponto de ebulição da solução é mais alto do que o do solvente puro.

A intersecção da curva de pressão de vapor da solução com a curva de pressão de vapor do solvente sólido puro é o ponto de congelação da solução, e deveria ser a temperatura em que aparecem os primeiros cristais do solvente quando a solução é resfriada. Portanto, a temperatura em que os cristais começam a aparecer é definida como o ponto de congelação de uma solução numa dada concentração. Vemos na Fig. 3.8 que o ponto de congelação de uma solução é mais baixo do que o do solvente em uma quantidade ΔT_c denominada abaixamento **do ponto de congelação**. Observamos também que o ponto de congelação da solução diminui (e portanto ΔT_c aumenta) à medida que aumenta a concentração do soluto.

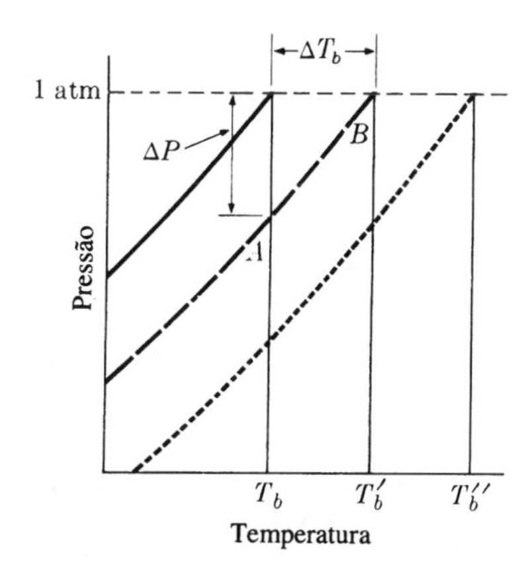

Fig. 3.9 Relação entre o abaixamento da pressão de vapor e a elevação do ponto de ebulição. As pressões de vapores do solvente puro e de soluções de duas concentrações são mostradas.

Recorrendo à Fig. 3.9, podemos deduzir a relação quantitativa entre a **elevação do ponto de ebulição** ΔT_e, e a concentração do soluto. Para valores pequenos de ΔT_e e ΔP, o segmento AB da curva de pressão de vapor pode ser considerado uma linha reta. Assim, pelas propriedades dos triângulos semelhantes, ΔT é proporcional a ΔP. Para soluções ideais e pela Eq. (3.11), ΔP é proporcional a X_2, a fração molar do soluto. Se K_e' for a constante de proporcionalidade que relaciona X_2 a ΔT, teremos

$$\Delta T = K_e'X_2 = K_e'\left(\frac{n_2}{n_1 + n_2}\right). \qquad (3.13)$$

Podemos simplificar essa equação se restringirmos nosso tratamento a soluções muito diluídas. Para uma solução diluída, $n_2 << n_1$; portanto, na Eq. (3.13) fazemos a aproximação

$$\frac{n_2}{n_1 + n_2} \cong \frac{n_2}{n_1};$$

isto é, desprezamos n_2 no denominador, se ele for bem menor que n_1. Além disso, podemos escrever

$$\frac{n_2}{n_1} = \frac{w_2/PM_2}{w_1/PM_1}$$

sendo que w_1 e w_2 referem-se aos pesos dos componentes 1 e 2 presentes na solução; e PM_1 e PM_2 referem-se aos seus pesos moleculares. Assim, a Eq. (3.13) fica sendo

$$\Delta T = K_e'\left(\frac{w_2/PM_2}{w_1/PM_1}\right). \qquad (3.14)$$

As experiências mostram que, para soluções ideais, o valor da constante K_e' depende somente da identidade do *solvente*, e não do soluto. A quantidade PM_1 também é uma propriedade apenas do solvente; assim, é razoável combinar PM_1 com K_e' para obter uma nova constante. Definimos a constante K_e pela equação

$$1000\ K_e = K_e'PM_1.$$

Portanto, a substituição na Eq. (3.14) nos dá

$$\Delta T = K_e\left(\frac{w_2/PM_2}{w_1}\right)1000.$$

O fator que está dentro do parênteses é o número de mols do componente 2 por grama do componente 1. Se esta quantidade for multiplicada por 1000, ficará igual ao número de mols do soluto por 1000 g do solvente, ou seja, a molalidade. Assim, obtemos a forma final para a dependência do ponto de ebulição com relação à concentração:

$$\Delta T = K_e \times \text{molalidade}. \qquad (3.15)$$

TABELA 3.6 CONSTANTES MOLAIS DE PONTOS DE EBULIÇÃO E DE CONGELAÇÃO

Solvente	Ponto de Ebulição (°C)	Ke (Km^{-1})	Ponto de Congelação (°C)	Kc (Km^{-1})
Ácido Acético	118,1	2,93	17	3,9
Benzeno	80,2	2,53	5,4	5,12
Clorofórmio	61,2	3,63	-	-
Naftaleno	-	-	80	6,8
Água	100,0	0,51	0	1,86

A constante K_e é denominada **constante de elevação molal do ponto de ebulição**; é igual ao incremento de temperatura do ponto de ebulição de uma solução ideal 1 *m*. Como K'_e, K_e é uma *quantidade característica apenas do solvente*. A Tabela 3.6 fornece valores de K_e para diferentes líquidos. Essas constantes são obtidas pela medida dos pontos de ebulição das soluções de concentração conhecida.

Exemplo 3.12 Exatamente 1,00 g de uréia dissolvida em 75,0 g de água resulta numa solução que entra em ebulição a 100,114°C. O peso molecular da uréia é 60,1. Qual é o K_e da água?

Solução. Para a molalidade da solução, obtemos

$$\text{molalidade} = \left(\frac{1,00}{60,1}\right)\left(\frac{1000}{75,0}\right) = 0,222\,m$$

Sabendo-se que $\Delta T_e = 0,114$ C, verificamos que

$$K_e = \frac{\Delta T_e}{\text{molalidade}} = \frac{0,114}{0,222} = 0,513 \text{ K } m^{-1}.$$

O fenômeno da elevação do ponto de ebulição nos dá um método simples para determinar os pesos moleculares dos materiais solúveis. Uma quantidade previamente pesada de um material de peso molecular desconhecido é dissolvida numa quantidade conhecida de um solvente cuja constante de elevação do ponto de ebulição também é conhecida. A medida do incremento no ponto de ebulição permite efetuar o cálculo da molalidade da solução e, portanto, assim obtém-se o peso molecular do soluto.

Exemplo 3.13 Prepara-se uma solução dissolvendo-se 12,00 g de glicose em 100 g de água. Verifica-se que ela entra em ebulição a 100,34° C. Qual é o peso molecular da glicose?

Solução. A constante de elevação do ponto de fusão da água é 0,51. Portanto, a molalidade da solução é

$$\text{molalidade} = \frac{\Delta T_e}{K_e} = \frac{0,34}{0,51} = \frac{0,67 \text{ mol}}{\text{kg } H_2O}.$$

Assim como foi preparada, a solução conteria 120 g de glicose em 1000 g de água, o que corresponde, conforme acabamos de ver, a 0,67 mol. Portanto

$$\text{PM} = \frac{120}{0,67} = 179 \text{ g mol}^{-1}.$$

Esta resposta está bem próxima do valor exato 180, que pode ser deduzido da fórmula da glicose, $C_6H_{12}O_6$.

Analisando a Fig. 3.10 vemos que a variação na temperatura de congelação da solução está relacionada à variação na pressão de vapor produzida pela adição do soluto. Se a Figura ABC for considerada um triângulo, então a redução do ponto de congelação ΔT_c será diretamente proporcional a ΔP, o abaixamento da pressão de vapor. Utilizando a Eq. (3.11), teremos

$$\Delta T_f = K'_f X_2, \tag{3.16}$$

sendo que X_2 é a fração molar do soluto e K_c é uma constante de proporcionalidade. Mais uma vez limitamo-nos às soluções diluídas, e assim podemos fazer a aproximação

$$X_2 = \frac{n_2}{n_1 + n_2} \cong \frac{n_2}{n_1} = \frac{w_2/\text{PM}_2}{w_1/\text{PM}_1} \tag{3.17}$$

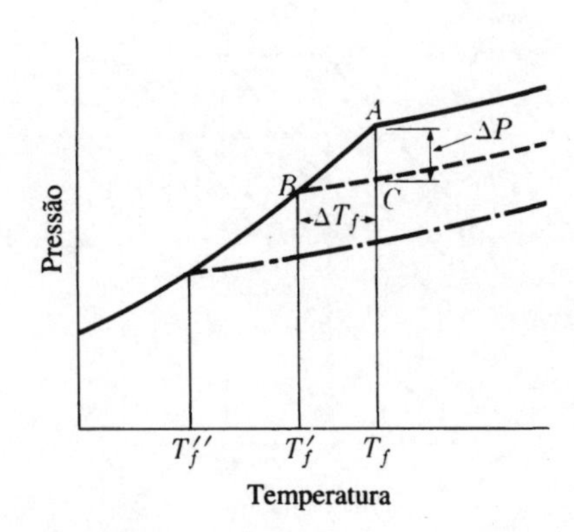

Fig. 3.10 Relação entre o abaixamento da pressão de vapor e o abaixamento do ponto de congelação para um solução de um soluto não volátil em um solvente volátil. As pressões de vapor do solvente puro e de soluções à duas concentrações diferentes são mostradas.

Se definirmos a constante molal de abaixamento do ponto de congelação, K_c, por

$$1000\, K_c = K_c'\mathrm{PM}_1. \qquad (3.18)$$

então a partir das Eqs. (3.16), (3.17) e (3.18) teremos

$$\Delta T_c = K_c \left(\frac{w_2/\mathrm{PM}_2}{w_1}\right) 1000$$

$$= K_c \times \text{molalidade} \qquad (3.19)$$

Experimentalmente verifica-se que K_c é função apenas do *solvente*, e não depende da natureza do soluto. Na Tabela 3.6 são dados os valores de K_c para vários líquidos.

As medidas de abaixamento do ponto de congelação podem ser utilizadas para determinar os pesos moleculares de substâncias dissolvidas mediante um procedimento análogo àquele empregado nos experimentos de elevação do ponto de ebulição. Uma quantidade previamente pesada de um soluto de peso molecular desconhecido é dissolvido numa quantidade conhecida de um líquido cuja constante de abaixamento do ponto de congelação também é conhecida. O ponto de congelação da solução é medido, o abaixamento do ponto de congelação e a molalidade da solução são calculados, e chega-se ao peso molecular do soluto a partir dos pesos do soluto e do solvente, e da molalidade.

Exemplo 3.14 A temperatura de congelação do benzeno puro é 5,40 °C. Quando 1,15 g de naftaleno forem dissolvidos em 100 g de benzeno, a solução resultante apresentará um ponto de congelação de 4,95 °C. A constante molal de redução do ponto de congelação para o benzeno é 5,12. Qual é o peso molecular do naftaleno?

Solução. A molalidade da solução é

$$\text{molalidade} = \frac{\Delta T_c}{K_c} = \frac{5{,}40 - 4{,}95}{5{,}12} = 0{,}088\, m.$$

O peso do naftaleno em 1000 g de solvente é de 11,5 g. Conseqüentemente, o peso molecular do naftaleno é

$$\mathrm{PM} = \frac{11{,}5}{0{,}088} = 131\ \mathrm{g\,mol^{-1}}.$$

O peso molecular calculado para o naftaleno ($C_{10}H_8$) é 128, o que corresponde muito bem ao resultado obtido por determinação experimental.

Em nosso tratamento do abaixamento do ponto de congelação e da elevação do ponto de ebulição, utilizamos a Eq. (3.11), que se refere a um sistema com apenas uma espécie de soluto. Como deveremos tratar soluções em que estão presentes duas ou mais espécies distintas de soluto? Tais soluções existem quando um sal como NaCl ou $BaCl_2$ é dissolvido em água. Uma solução 1 m de cloreto de sódio contém 1 mol de íons sódio e 1 mol de íons cloreto em 1000 g do solvente. A concentração total das partículas do soluto é 2 m, e a solução apresenta um abaixamento do ponto de fusão de $2K_c$. Assim, de um modo geral, a molalidade a ser utilizada nas Eqs. (3.15) e (3.19) é a molalidade *total* de todas as espécies de soluto.

Exemplo 3.15 Quando 3,24 g de nitrato de mercúrio, $Hg(NO_3)_2$, são dissolvidos em 1000 g de água, verifica-se que o ponto de congelação da solução é -0,0558 °C. Quando 10,84 g de cloreto de mercúrio, $HgCl_2$, são dissolvidos em 1000 g de água, o ponto de congelação da solução é -0,0744 °C. A constante molal de abaixamento do ponto de congelação da água é 1,86. Algum desses sais está dissociado em íons em soluções aquosas?

Solução. Partindo dos dados do ponto de congelação, verificamos que a molalidade do nitrato de mercúrio é

$$\text{molalidade} = \frac{\Delta T_c}{K_c} = \frac{0{,}0558}{1{,}86} = 0{,}0300\, m.$$

Mas o número de mols de $Hg(NO_3)_2$ em 1000 g de água era

$$\mathrm{n\,(Hg(NO_3)_2)} = \frac{3{,}24}{324} = 0{,}0100\ \mathrm{mol}.$$

Isso significa que, em solução aquosa, o nitrato de mercúrio dissocia-se gerando Hg^{2+} e dois íons NO_3^-.

Os dados do ponto de congelação mostram que a molalidade da solução de cloreto de mercúrio é

$$\text{molalidade} = \frac{\Delta T_c}{K_c} = \frac{0{,}0744}{1{,}86} = 0{,}040\, m.$$

O número de mols do cloreto de mercúrio dissolvido em 1000 g do solvente é

$$\mathrm{n\,(HgCl_2)} = \frac{10{,}84}{271} = 0{,}040\ \mathrm{mol}.$$

Portanto, o cloreto de mercúrio deve estar presente em solução, na maior parte, como moléculas não dissociadas de $HgCl_2$. Isto confirma o fato de que $HgCl_2$ é um eletrólito fraco, conforme se vê na Tabela 3.4.

Pressão Osmótica

Vimos que o abaixamento da pressão de vapor do solvente por um soluto não volátil e a resultante elevação do ponto de ebulição e abaixamento do ponto de congelação podem ser utilizados para determinar os pesos moleculares de substâncias dissolvidas. O fenômeno da **pressão osmótica** também está associado ao abaixamento da pressão de vapor e igualmente pode ser usado para determinar os pesos moleculares das moléculas do soluto. Além do mais, a pressão osmótica é muito importante na atividade de sistemas vivos.

O fenômeno da pressão osmótica envolve uma **membrana semipermeável**, uma espécie de filme que apresenta poros suficientemente grandes para permitir a passagem de pequenas moléculas de solvente, mas pequenos o bastante para impedir a passagem de moléculas do soluto que tenham peso molecular elevado. Quando uma solução é separada de seu solvente puro por uma membrana semipermeável, um pouco desse solvente atravessa a membrana e chega até a solução, conforme podemos ver na Fig. 3.11. O fluxo pára o sistema atinge o equilíbrio depois que o menisco alcança uma certa altura determinada pela concentração da solução. Nessas condições de equilíbrio, a solução sofre uma pressão hidrostática maior do que a do solvente puro. A altura do menisco multiplicada pela densidade da solução e pela aceleração da gravidade nos dá a pressão extra sobre a solução, e esta é a pressão osmótica π.

A partir de medidas experimentais em soluções diluídas de concentração conhecida, verificou-se que a relação entre a pressão osmótica e a concentração é simplesmente

$$\pi = cRT, \qquad (3.20)$$

sendo que c é a concentração do soluto, R é a constante dos gases e T, a temperatura em kelvin. Se c for expresso em mols por litro e R for igual a 0,082 L atm mol^{-1} K^{-1}, a pressão osmótica π é expressa em atmosferas. No Capítulo 8, a equação (3.20) será deduzida a partir dos métodos da termodinâmica. Por enquanto, chamaremos a atenção para a relação entre a pressão osmótica e o abaixamento da pressão de vapor do solvente com o seguinte raciocínio.

Consideremos um solvente puro e uma solução correspondente com um soluto não-volátil nos dois compartimentos do sistema mostrado na Fig. 3.4. Porque a pressão de vapor da solução é mais baixa do que a do solvente puro, este tenderá a evaporar-se, fluir para o compartimento da solução

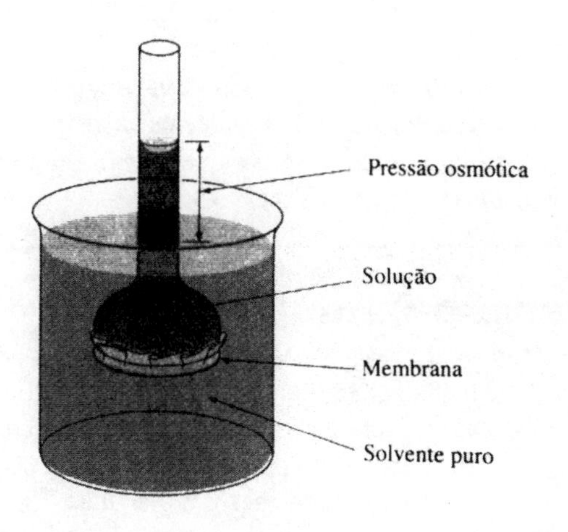

Fig. 3.11 Um aparato simples para a exibição do fenômeno da pressão osmótica.

e nela condensar-se. Isto é perfeitamente análogo ao que acontece no experimento de pressão osmótica: o fluxo de solvente puro atravessa a membrana semipermeável até o compartimento da solução. *Se elevássemos a pressão de vapor da solução* de volta a um valor igual à pressão de vapor do solvente puro, poderíamos parar o fluxo do solvente puro para a solução. Isto pode ser feito, e de fato o é, no experimento de pressão osmótica, exercendo-se pressão hidrostática sobre a solução.

De acordo com a Eq.(3.20), a pressão osmótica correspondente a uma concentração de soluto de 1 mol L^{-1} seria

$$\begin{aligned}\pi &= (0{,}082 \text{ L atm mol}^{-1} \text{ K}^{-1})(273 \text{ K})(1 \text{ mol L}^{-1}) \\ &= 22{,}4 \text{ atm.}\end{aligned}$$

É possível medir com precisão pressões menores que 10 atm. Portanto, a pressão osmótica de soluções 10^{-4} M é facilmente detectável. Esta grande sensibilidade da pressão osmótica é utilizada favoravelmente na determinação do peso molecular de importantes moléculas biológicas. Tais substâncias apresentam baixas molalidades por causa de seu elevado peso molecular. No entanto, geralmente se pode medir a pressão osmótica de soluções muito diluídas e, conhecendo-se o peso do material dissolvido, calcular o seu peso molecular.

Exemplo 3.16 Uma solução aquosa contendo 5,0 g de hemoglobina de cavalo em 1 L de água apresenta uma pressão osmótica de 1,80 x 10^{-3} atm a 298 K. Qual é o peso molecular da hemoglobina de cavalo?

Solução. Pela Eq. (3.20)

$$\begin{aligned}c = \frac{\pi}{RT} &= \frac{1{,}80 \times 10^{-3}}{(0{,}082)(298)} \\ &= 0{,}74 \times 10^{-4} \text{ mol L}^{-1}.\end{aligned}$$

Sabendo-se que 5,0 g L^{-1} corresponde a 0,74 x 10^{-4} mol L ,

$$\text{PM} = \frac{5{,}0}{0{,}74 \times 10^{-4}} = 68{,}000 \text{ g mol}^{-1}.$$

A pressão osmótica cumpre um importante papel em muitos processos naturais. É um mecanismo crucial no transporte da água do solo para as plantas e sua evaporação nas folhas, sendo que uma baixa pressão osmótica é necessária para a sobrevivência de todas as células biológicas. A osmose inversa é utilizada em nível industrial para a dessalinização da água. Neste método, a água contendo sal é bombeada aplicando-se uma pressão equivalente à sua pressão osmótica, através de membranas sintéticas especialmente fabricadas para isso. A água que sai do outro lado é isenta de sal. Visto que a pressão osmótica da água do mar é muito alta para a maior parte das membranas, esse processo é utilizado principalmente para dessalinizar água salobra com um conteúdo salino menor que o da água marinha.

Soluções Ideais Contendo dois Componentes Voláteis

Se dois líquidos voláteis forem misturados para formar uma solução ideal, não haverá liberação ou absorção de calor e ambos os componentes obedecerão à lei de Raoult em toda a amplitude de concentrações. Isto é,

$$P_1 = X_1P_1^0 \qquad \text{e} \qquad P_2 = X_2P_2^0.$$

A pressão de vapor da solução será simplesmente a soma das pressões parciais de cada componente:

$$P_t = P_1 + P_2 = X_1P_1^0 + X_2P_2^0.$$

Na Figura 3.12 vemos como as pressões de vapor parcial e total para uma solução ideal contendo dois componentes voláteis depende da concentração.

Observe que a composição de um vapor em unidades de fração molar não é igual à composição da solução líquida com a qual está em equilíbrio. Por exemplo, consideremos uma mistura de benzeno (componente 1) e tolueno (componente 2). Selecionemos uma mistura líquida em que a fração molar do benzeno (X_1) é 0,33 e a do tolueno (X_2), 0,67. Assim, a 20 °C, teremos

$$P_1^0 = 75 \text{ torr} \qquad \text{e} \qquad P_2^0 = 22 \text{ torr},$$

de modo que

$$P_1 = (0{,}33)(75) = 25 \text{ torr}$$
$$P_2 = (0{,}67)(22) = 15 \text{ torr}$$

e

$$P_t = P_1 + P_2 = 40 \text{ torr}.$$

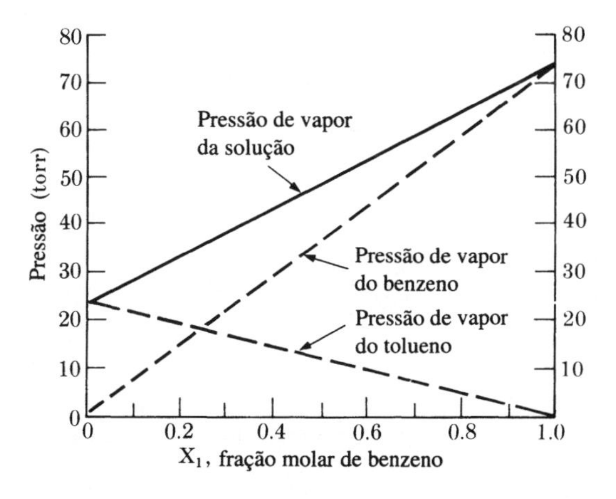

Fig. 3.12 Pressão de vapor em função da composição de uma solução ideal de benzeno e tolueno, a 20 °C.

A composição do vapor em unidades de fração molar pode ser obtida utilizando-se a lei de Dalton. No vapor, temos

$$X_1 = \frac{P_1}{P_t} = \frac{25}{40} = 0{,}63 \qquad \text{e} \qquad X_2 = \frac{P_2}{P_t} = \frac{15}{40} = 0{,}37.$$

O vapor é quase duas vezes mais rico em benzeno do que o líquido. Esta é uma ilustração específica do fato geral de que, quando uma solução ideal está em equilíbrio com seu vapor, este é sempre mais rico do que o líquido no que diz respeito ao componente mais volátil da solução. Este fato é a base para um procedimento que irá permitir a separação dos componentes da solução, conforme nos mostram os exemplos seguintes.

Exemplo 3.17 Suponhamos que o vapor (63% de benzeno, 37% de tolueno) do exemplo anterior seja coletado, condensado e depois evaporado mais uma vez, de modo a entrar em equilíbrio com o seu vapor.
Qual é a composição deste novo vapor?

Solução. Temos, como antes,

$$P_1^0 = 75 \text{ torr} \qquad \text{e} \qquad P_2^0 = 22 \text{ torr}.$$

Mas agora, as frações molares dos componentes 1 e 2 no líquido são 0,63 e 0,37. Portanto, suas pressões de vapor são dadas por

$$P_1 = (0{,}63)(75) = 47 \text{ torr},$$
$$P_2 = (0{,}37)(22) = 8{,}1 \text{ torr},$$
$$P_t = 47 + 8{,}1 = 55 \text{ torr}.$$

Partindo desses dados, calculamos as frações molares na fase vapor:

$$X_1 = \frac{P_1}{P_t} = \frac{47}{55} = 0{,}85 \qquad \text{e} \qquad X_2 = \frac{P_2}{P_t} = \frac{8{,}1}{55} = 0{,}15.$$

Assim, a segunda evaporação produziu um vapor ainda mais rico em benzeno, o componente mais volátil. É claro que, se recolhêssemos o vapor mais uma vez, condensássemos e depois permitíssemos que uma pequena quantidade evaporasse, obteríamos um vapor ainda mais rico em benzeno. A repetição do processo de evaporação-condensação tende, pois, a produzir um vapor que é quase benzeno puro, e um líquido que é quase tolueno puro.

3.7 Soluções Não Ideais

A maioria das soluções obedece à teoria das soluções ideais somente numa estreita faixa de concentração; soluções ideais como a do exemplo anterior são bem raras. Isto significa que a maior parte das soluções é não ideal. A única questão que permanece é: que tipo de desvios da teoria das soluções ideais podemos esperar. Solubilidade limitada, na verdade não é um desvio dessa teoria. Uma elevada constante da lei de Henry pode tornar a pressão de vapor do soluto na solução igual à pressão de vapor do soluto puro, em concentrações relativamente baixas. Até essa concentração, a solução poderá obedecer à teoria da solução ideal. Para os líquidos, os exemplos mais notáveis de condição não ideal são as misturas azeótropicas e outras misturas de ebulição constante que analisaremos mais adiante. Nelas, os desvios da condição ideal devem-se às interações moleculares. Porém, uma vez que um número tão grande de moléculas interagem num líquido, nenhuma teoria até o momento conseguiu explicar adequadamente esses desvios. Soluções iônicas bastante diluídas apresentam desvios bem definidos da condição ideal. Isto é o que analisaremos em primeiro lugar.

Soluções Iônicas

No Capítulo 5 trataremos dos equilíbrios químicos para as soluções iônicas. Esses equilíbrios são importantes para muitos sistemas químicos, e entender a natureza dos cálculos do Capítulo 5 é fundamental para entender química. Nesta seção estudaremos o grande erro que pode resultar desses cálculos: desprezar os desvios da condição ideal para essas soluções.

Soluções iônicas consistem em cátions e ânions que estão separados um do outro e livres para se deslocarem na solução. O movimento desses íons deve-se à energia térmica que eles, e todas as moléculas, possuem. Se os íons se movimentassem em completa liberdade, obedeceriam à lei de Henry, e suas soluções seguiriam a teoria das soluções ideais. A lei de Henry ainda é uma relação adequada para estudos teóricos, mesmo que a pressão de vapor dos íons sobre uma solução fosse imensuravelmente pequena. Essas soluções iônicas apresentarão desvios da teoria das soluções ideais como resultado da **interação coulômbica** que existe entre corpos eletricamente carregados como os íons. A interação coulômbica diminui a energia de dois íons de cargas opostas, enquanto aumenta a energia de dois íons com a mesma carga. Essa interação de relativo longo alcance diminui muito mais lentamente com a distância do que os típicos potenciais entre moléculas neutras que aparecem na Fig. 2.19.

O resultado dessas interações nas soluções iônicas é que o cátion se vê cercado por uma "nuvem" de ânions e cada ânion está rodeado por uma nuvem de cátions. O tamanho e a densidade de carga nessas nuvens depende da concentração iônica da solução. Para concentrações ou cargas iônicas maiores, essas nuvens são mais densas e encontram-se mais próximas dos íons interagentes.

O efeito dessas **atrações interiônicas** é abaixar a pressão de vapor e a atividade dos íons a valores menores que aqueles previstos pela lei de Henry. Para soluções de NaCl, medidas indiretas mostram que as pressões de vapor de seus íons a

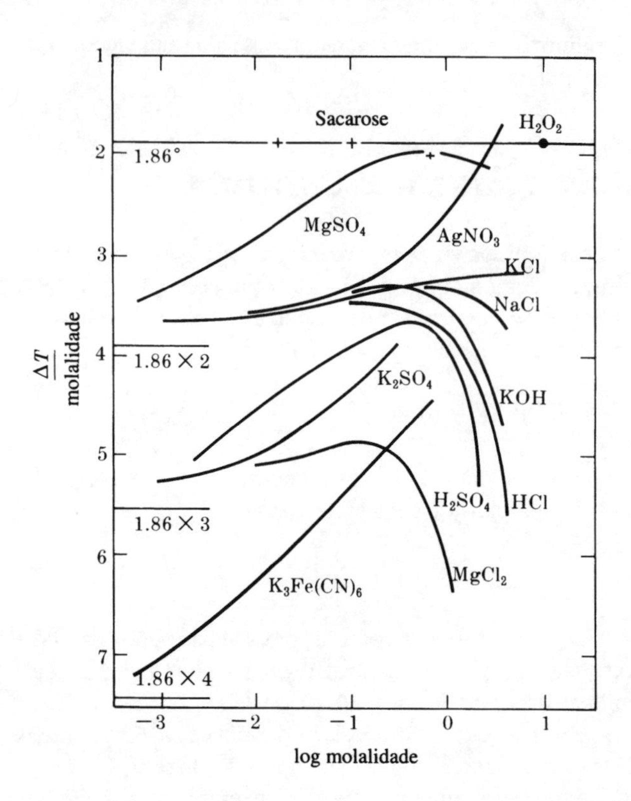

Fig. 3.13 Abaixamento do ponto de congelação ΔT_c/molalidade para várias soluções aquosas traçado contra log molalidade. (De J. H. Hildebrand, *Journal of Chemical Education*, **48**, 224-225, 1971.)

0,1m são apenas cerca de 80% dos valores previstos pela teoria das soluções ideais. Acima dessa concentração, por vezes ocorre uma inversão devido a efeitos complicadores presentes em soluções iônicas concentradas. A pressão de vapor do HCl pode ser medida acima de suas soluções concentradas, sendo que essas pressões excedem os valores previstos pela teoria das soluções ideais.

A medida dos abaixamentos dos pontos de congelação é uma maneira simples de determinar desvios da teoria das soluções ideais. Isso tem sido feito para um grande número de soluções iônicas. A Figura 3.13 ilustra os resultados de algumas dessas medidas. Não-eletrólitos como a sacarina e H_2O_2 fornecem, para o abaixamento do ponto de congelação, valores iguais a 1,86 (ΔT_c /molalidade), conforme se pode prever pelo valor de K_c para às soluções aquosas da Tabela 3.6. Para moléculas como $MgSO_4$, KCl e HCl, que produzem dois íons, ΔT_c /molalidade deveria ser 1,86 x 2. Para moléculas como K_2SO_4 e H_2SO_4 , que produzem três íons, ΔT_c / molalidade deveria ser 1,86 x 3; e para K_3 $[Fe(CN)]_6$, que produz quatro íons, deveria ser 1,86 x 4. Pode-se ver na Fig. 3.13 que esses valores de solução ideal são alcançados no caso das soluções iônicas somente quando as molalidades são menores que 10^{-3} *m*.

Embora esses abaixamentos do ponto de congelação sejam medidas dos desvios da lei de Raoult para o solvente, podem também estar relacionadas matematicamente com os desvios da lei de Henry para os solutos. Dessa relação pode-se demonstrar que se o valor de ΔT_c/molalidade for menor do que aquele previsto pela teoria das soluções ideais, conforme verificamos para as soluções 10^{-3} *m* na Fig. 3.13, então a atividade do soluto deve ser menor do que o previsto pela lei de Henry. Esse é o efeito esperado devido à atração coulômbica entre cátions e ânions numa solução iônica. Na Figura 3.13 vemos claramente que as soluções iônicas obedecem à teoria das soluções ideais somente em molalidades muito baixas; além do mais, em concentrações altas como 0,1 m, cada solução apresenta o seu próprio desvio característico da teoria das soluções ideais.

Nos Capítulos 4 e 5 daremos exemplos para ilustrar o efeito que a condição não ideal exerce sobre os cálculos de constantes de equilíbrio para soluções iônicas.

Soluções Não Ideais Contendo Dois Líquidos Voláteis

Uma **solução não ideal** é formada quando a mistura dos componentes é acompanhada por liberação ou absorção de calor. As soluções não ideais não obedecem à lei de Raoult e, de fato, a dependência de suas pressões de vapor em relação à concentração pode ser bem complicada. Para fins de estudo, é conveniente dividir as soluções não ideais em dois grupos: aquelas cuja formação é acompanhada pela liberação de calor e as que são formadas com absorção de calor.

Quando se misturam dois líquidos, a liberação de calor indica que os componentes encontram-se numa condição de menor energia do que no estado puro. Esse comportamento ocorre quando a estrutura molecular dos componentes é tal que as forças de atração entre moléculas diferentes são mais fortes do que entre moléculas da mesma espécie. Um exemplo desse par de moléculas é o clorofórmio, $CHCl_3$, e a acetona, $(CH_3)_2CO$. Quando as moléculas de clorofórmio e acetona se aproximam umas das outras, o átomo de H do clorofórmio é fortemente atraído pelo átomo de O da acetona, conforme podemos ver na Fig. 3.14. Esse tipo de interação, conhecido como **ponte de hidrogênio** será estudado com mais detalhes no Capítulo 6. Pontes de hidrogênio não ocorrem no $CHCl_3$ ou $(CH_3)_2CO$ puros, pois não existem átomos de O no clorofórmio e os átomos de H da acetona não apresentam as características elétricas necessárias para a formação de fortes pontes de hidrogênio.

Uma vez que a liberação de calor indica que as moléculas em solução encontram-se numa situação de menor energia, não causa surpresa que a pressão de vapor de cada componente seja menor do que o previsto pela lei de Raoult. A Fig. 3.15 mostra as pressões de vapor como funções da concentração para as misturas clorofórmio-acetona. As linhas tracejadas indicam as previsões da lei de Raoult. Dizemos que essa solução apresenta **desvios negativos da lei de Raoult**, uma vez que, a cada concentração, a pressão de vapor de cada componente é menor do que o previsto por essa lei. Observemos, porém, que em cada extremidade da escala de concentração, o componente em excesso se desvia muito pouco da lei de Raoult. Já que o componente em excesso é sempre tido como o solvente, vemos que, dentro de uma aproximação aceitável e numa solução diluída, o *solvente* obedece à lei de Raoult.

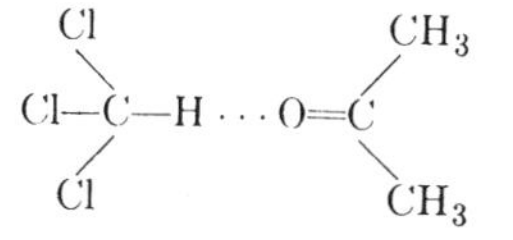

Cl CH3
Cl—C—H · · · O=C
Cl CH3

Fig. 3.14 Interação de ligação por hidrogênio entre clorofórmio, $CHCl_3$, e acetona, $(CH_3)_2CO$.

A absorção de calor durante a mistura indica que as moléculas componentes da solução apresentam uma energia maior do que no estado puro. Em outras palavras, as forças de atração entre moléculas diferentes são mais fracas do que entre moléculas da mesma espécie. Uma vez que as moléculas de uma tal solução encontram-se numa condição de alta energia, não nos surpreeende que tenham uma tendência cada vez maior de escapar da solução, e que a pressão de vapor de cada um dos componentes seja maior que o previsto pela lei de Raoult. Soluções que apresentam esses **desvios positivos da lei de Raoult** geralmente são o resultado da mistura de um líquido formado por moléculas polares e apolares. Na solução, a forte atração entre duas moléculas polares é substituída pela atração fraca entre moléculas polares e apolares, uma situação energeticamente desfavorável. O sistema acetona-dissulfeto de carbono nos dá um exemplo desse tipo de comportamento. O dissulfeto de carbono é uma molécula linear e apolar, cujos átomos se encontram simetricamente dispostos (S=C=S). A acetona apresenta alguma polaridade, e quando misturada com dissulfeto de carbono, as

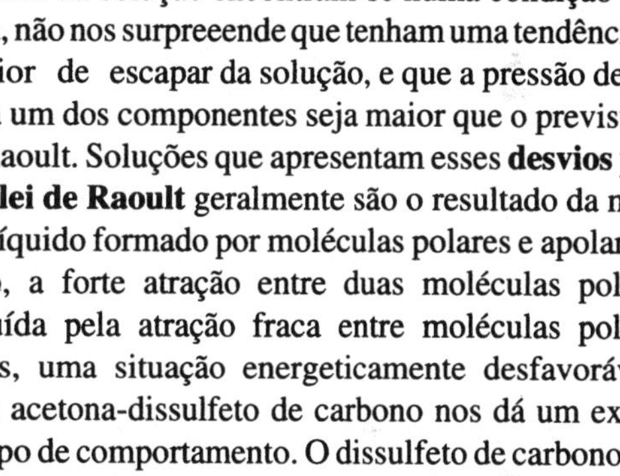

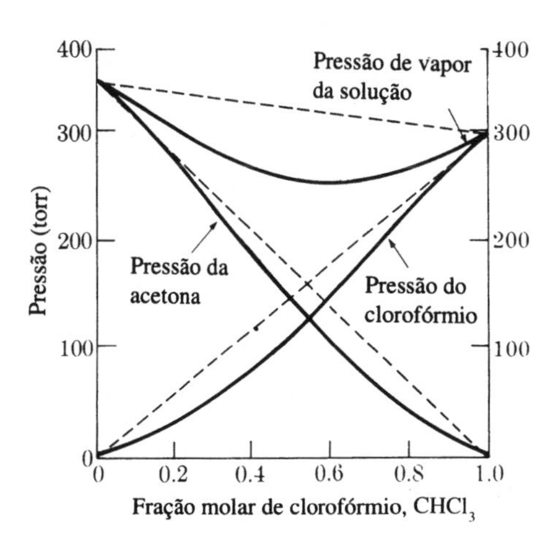

Fig. 3.15 Pressão de vapor em função da composição para soluções de acetona e clorofórmio. O comportamento esperado se a solução fosse ideal está representado pelas linhas tracejadas.

pressões de vapor de ambos os componentes excedem as previsões da lei de Raoult, conforme se vê na Fig. 3.16.

Em nossos estudos sobre soluções ideais, dissemos que o vapor em equilíbrio com tais soluções está sempre enriquecido com o mais volátil dos dois componentes, isto é, aquele com o ponto de ebulição mais baixo. No entanto, essa regra simples não se aplica às soluções não ideais. Podemos ver nos dados da Fig. 3.16 que há um máximo na curva para a pressão de vapor da solução. Esse máximo ocorre na fração molar 0,65 do CS_2 e corresponde a uma pressão de vapor de 680 torr. Mostraremos o efeito desse máximo numa destilação, mas para que a Fig. 3.16 descreva uma destilação, teremos que supor que ela ocorre numa temperatura constante de 35° C e a uma pressão barométrica sempre igual à pressão de vapor da solução.

Nessas circunstâncias, podemos utilizar as curvas de pressão de vapor dos dois componentes para fornecer valores de pressões parciais no vapor sobre a solução. Se inserirmos essas pressões na lei das pressões parciais de Dalton, poderemos determinar as frações molares de cada componente no vapor para qualquer composição líquida. Quando isso é feito, verificamos que, para qualquer fração molar menor que 0,65 de CS_2, o vapor será mais rico em $(CH_3)_2CO$ do que a solução, e para frações molares maiores que 0,65 de CS_2, o vapor será mais rico em CS_2 do que a solução. À medida que a destilação continua, a composição de qualquer solução varia, aproximando-se de 0,65 de CS_2, e a pressão de vapor da solução aproxima-se do máximo, ou seja, 680 torr.

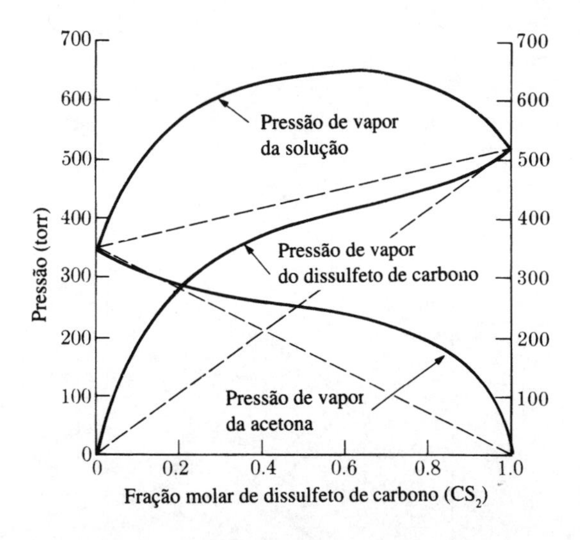

Fig. 3.16 Pressão de vapor em função da composição para soluções de acetona e dissulfeto de carbono. As linhas tracejadas representam o comportamento esperado se as soluções fossem ideais. A temperatura é de 35 °C.

Nesta pressão, a composição do vapor e do líquido são iguais e a destilação segue sem qualquer outra variação na composição. Soluções que destilam sem variação em sua composição são conhecidas como **azeotrópicas.**

3.8 Solubilidade

Embora haja muitos pares de substâncias, como a água e o álcool etílico, que podem ser misturados em quaisquer proporções para formar **soluções homogêneas**, a experiência mostra que a capacidade de um solvente para dissolver um dado soluto geralmente é limitada. Quando um solvente, em contato com excesso de soluto, atinge e mantém uma concentração constante de soluto, este e a solução estão em equilíbrio. Dizemos assim que essa é uma solução **saturada**. A solubilidade de uma substância num determinado solvente, a uma dada temperatura, é a concentração do soluto na solução saturada. Em outras palavras, a solubilidade de um soluto é a concentração de soluto característica do estado de equilíbrio entre o soluto e a solução. É difícil exagerar a importância do conceito de solubilidade em química. Trata-se da base de inúmeros processos laboratoriais e industriais que servem para preparar, separar e purificar substâncias químicas, sendo também o fator de restrição em vários fenômenos geológicos e outros processos de ordem natural. A **solubilidade** de uma substância num determinado solvente é controlada principalmente pela natureza do próprio solvente e do soluto, mas também pelas condições de temperatura e pressão. Analisemos esses fatores, limitando-nos ao caso especial das soluções ideais.

Dois líquidos que formam uma solução ideal são sempre miscíveis em qualquer proporção. São, portanto, infinitamente solúveis um no outro. Se nos lembrarmos de dois fatos, será fácil sabermos por quê. Primeiro, solubilidade limitada e solução saturada somente ocorrem quando um soluto e sua solução atingem o equilíbrio. Segundo, o estado de equilíbrio é um meio-termo entre uma tendência natural para a energia mínima e uma entropia máxima. A mistura de dois líquidos ideais é sempre acompanhada de um aumento de entropia, pois na solução as moléculas do soluto espalham-se aleatoriamente por todo o solvente, em vez de permanecerem agregadas como acontece no estado puro. Isto é, se localizássemos uma molécula do soluto na solução, não poderíamos prever a identidade de suas vizinhas mais próximas, o que seria possível se a molécula estivesse na fase de soluto puro. Conseqüentemente, a solução tem uma entropia maior do que o solvente ou o soluto puros, e a tendência no sentido do caos molecular máximo favorece a mistura dos dois líquidos. Além do mais, o fato de *não haver variação de energia* no processo de mistura significa que a tendência para a energia mínima não restringe a formação de solução. Portanto, os dois componentes líquidos de uma solução ideal podem misturar-se em qualquer proporção.

Consideremos agora uma substância sólida dissolvida num solvente líquido. O sólido é tal que, quando fundido, converte-se num líquido que, por sua vez, pode formar uma solução ideal com o solvente. Pode-se imaginar a dissolução do sólido ocorrendo em dois estágios hipotéticos:

$$\text{soluto sólido} \rightarrow \text{soluto líquido} \rightarrow \text{soluto em solução}$$

Especificamos que no segundo estágio não há qualquer variação de energia, pois a solução formada é ideal. Em contrapartida, o primeiro estágio envolve absorção de energia de uma quantidade igual a $\Delta H_{\text{fusão}}$ por mol de soluto. Conseqüentemente, enquanto a tendência para a entropia máxima favorece a dissolução do sólido, a tendência para a energia mínima favorece a sua não dissolução. Portanto, a solubilidade do sólido é limitada, formando-se assim uma solução saturada que representa a melhor acomodação entre a maximização da entropia e a minimização da energia. Uma vez que o $\Delta H_{\text{fusão}}$ está relacionado com a intensidade das forças de atração entre as moléculas do soluto, podemos deduzir que as magnitudes dessas mesmas forças determinam a solubilidade do sólido nas soluções ideais.

Com certa cautela, podemos estender nosso raciocínio para as soluções não ideais. Dois líquidos que se misturam liberando calor serão infinitamente solúveis um no outro, pois ambos os efeitos, de energia e de entropia, favorecem a mistura. Dois líquidos que se misturam com absorção de calor *poderão* apresentar solubilidade limitada, pois, se o processo de mistura for energicamente desfavorável, a tendência para o caos molecular máximo poderá ou não ser suficiente para permitir que os líquidos se misturem em todas as proporções.

Da mesma maneira, a solubilidade de um sólido provalvemente será pequena se ele se dissolver somente com uma considerável absorção de calor. Por outro lado, se a dissolução do sólido for acompanhada de liberação de calor, sua solubilidade poderá ser bastante elevada. Mesmo com essas generalizações, é difícil prever ou até racionalizar qualitativamente as solubilidades das substâncias que formam soluções notadamente não ideais, pois a variação de energia e entropia que acompanha a mistura de moléculas que interagem fortemente são sutis e difíceis de serem antecipadas.

Regras de Solubilidade Para Soluções Iônicas

Os químicos trabalham muito com soluções aquosas, o que torna necessário saber quais são os sais solúveis e quais são os insolúveis. Para os objetivos deste estudo, definiremos **sal** como um composto que, em solução, produz um cátion que não seja H^+ e um ânion.

Os sais são sempre sólidos cristalinos, diferentemente dos ácidos, que também podem ser gases ou líquidos. Um **sal solúvel** é aquele que faz parte de uma solução mais concentrada que 0,01 *M*, digamos, 0,1 *M*. Um **sal insolúvel** apresenta uma solubilidade muito menor do que 0,01 *M*. Sais pouco solúveis têm solubilidade próxima de 0,01 *M*. Para cada regra de solubilidade, tentaremos dar uma interpretação a nível molecular. Essas regras valem para soluções aquosas a temperaturas próximas da temperatura ambiente.

Sais Essencialmente Solúveis

Todos os nitratos são solúveis. O ânion NO_3^- é um íon grande de carga única. Temos aqui sólidos de baixo ponto de fusão e alta solubilidade. Outros ânions que seguem essa regra são: ClO_4^-, ClO_3^-, NO_2^-, $HCOO^-$ e CH_3COO^-.

Todos os cloretos, brometos e iodetos são solúveis, exceto os de Ag^+, Hg_{23}^{2+} e Pb^{2+}. Estes ânios de carga única são menores do que os anteriormente citados juntamente com os nitratos e apresentam interações mais fortes com os cátions em seus sólidos. Disso resultam pontos de fusão mais elevados e solubilidades um pouco menores. O sais dos cátions maiores e mais polarizáveis, tais como Ag^+. Hg_2^{2+} e Pb^{2+}, apresentam solubilidades mais baixas. Cloreto de chumbo, $PbCl_2$, é pouco solúvel, e AgCl e Hg_2Cl_2 são insolúveis. Sais de Br^- e I^- são menos solúveis do que os de Cl^-. O íon F^- é particularmente pequeno e forma alguns sais insolúveis adicionais, tais como CaF_2, BaF_2 e PbF_2.

Todos os sulfatos são solúveis, exceto os de Ba^{2+}, Sr^{2+} e Pb^{2+}. O íon SO_4^{2-} é grande, mas possui carga dupla e seus sais geralmente não menos solúveis do que os de Cl^-. $CaSO_4$, Ag_2SO_4 e Hg_2SO_4 são pouco solúveis.

Todos os sais que produzem íons Na^+, K^+ e NH_4^+ *são solúveis.* Estes íons são fortemente hidratados e possuem apenas uma carga. Os sais de sódio geralmente são mais solúveis do que os de potássio, e os de lítio são os mais solúveis de todos. O íon complexo $[Co(NO_2)_6]^{-3}$ forma sais insolúveis com K^+ e NH_4^+.

Sais Essencialmente Insolúveis

Todos os hidróxidos são insolúveis, exceto os de Na^+, K^+, NH_4^+ e Ba^{+2}. O íon hidroxila OH^- é um caso especial. Trata-se de um íon relativamente pequeno; mas, em sólidos, o O^{2-} geralmente substitui dois OH^- com perda de água. Muitos hidróxidos rapidamente transformam-se em óxidos. Diferentemente do comportamento dos correspondentes SO_4^{2-} o $Ba(OH)_2$ (lê-se hidróxilo de bário) é mais solúvel do que o $Ca(OH)_2$, que é pouco solúvel.

Todos os carbonatos e fosfatos são insolúveis, exceto os de Na^+, K^+ e NH_4^-. Os íons carbonato e fosfato são ânios de carga múltipla; CO_3^{2-} é menor que SO_4^{2-} e também é menos solúvel. Se esses íons forem protonados (receberem prótons) para formar HCO_3^-, HPO_4^{2-} ou H_2PO_4, seus sais geralmente serão solúveis. A relativa solubilidade do $Ca(HCO_3)_2$ em relação ao $CaCO_3$ é geologicamente importante. Os íons CO_3^{2-} e PO_4^{3-} são tão básicos que seus sais costumam apresentar quantidade variáveis de OH^-.

Todos os sulfetos são insolúveis, exceto os de Na^+, K^+, NH_4^+, Mg^{2+}, Ca^{2+}, Sr^{2+}, Ba^{2+} e Al^{3+}. A insolubilidade acentuada de muitos sais de S^{2-} tem sido aproveitada para indentificar e separar cátions. O íon Al^{3+} apresenta uma afinidade tão grande por OH^- que chega a formar $Al(OH)_3$ insolúvel em soluções básicas, em vez de ligar-se ao sulfeto.

Efeitos da Temperatura

A adição de um sal à água e a formação de uma solução poderá produzir calor (reação exotérmica, $\Delta H_{sol} < 0$), consumir calor (reação endotérmica, $\Delta H_{sol} > 0$) ou apenas envolver uma pequena quantidade de calor ($\Delta H_{sol} \cong 0$). O efeito da temperatura sobre a solubilidade de um sal depende do sinal e da magnitude de seu ΔH_{sol}. Isto pode ser explicado seja em termos qualitativos, utilizando o princípio da lei de Châtelier, conforme veremos no Capítulo 4, seja com uma equação termodinâmica exata, conforme veremos no Capítulo 8. Sais que aquecem suas soluções (liberando calor na dissolução) são menos solúveis em temperaturas mais elevadas, enquanto aqueles que resfriam a solução (absorvendo calor na dissolução) são mais solúveis em temperaturas mais altas.

Na Figura 3.17 vemos a influência da temperatura na solubilidade de três sais. Quando se adiciona $NaNO_3$ à água, há absorção de calor $\Delta H_{SOl} > 0$). Observamos aqui que a solubilidade aumenta rapidamente com a temperatura. Para o NaCl, a quantidade de calor do processo é pequena e sua solubilidade varia muito pouco com a temperatura. Para o Na_2SO_4, a solubilidade primeiro aumenta para depois diminuir com a elevação da temperatura. Abaixo de 32,38^{0}C, o sólido presente, em equilíbrio com uma solução saturada de Na_2SO_4, tem a fórmula $Na_2SO_4 \cdot 10H_2O$. Nesta fórmula a água é parte integrante da estrutura do sólido, de modo que $Na_2SO_4 \cdot 10H_2O$ e Na_2SO_4 apresentam sólidos com arranjos completamente diferentes.

No $Na_2SO_4 \cdot 10H_2O$, os íons Na^+ estão cercados por várias moléculas de H_2O; portanto, comparando-se com a solução, no sólido esses íons estão parcialmente hidratados. Por esta razão, quando $Na_2SO_4 \cdot 10H_2O$ se dissolve em água, menos energia é liberada à medida que os íons Na^+ tornam-se totalmente hidratados. O ΔH_{sol} para o $Na_2SO_4 \cdot 10H_2O$ dissolvido em água é positivo (endotérmico). Quando o Na_2SO_4 sólido se dissolve em água, os íons Na^+ tornam-se hidratados e o seu ΔH_{sol} é negativo (exotérmico). A temperatura de transição de 32,38 °C, em que $Na_2SO_4 \cdot 10H_2O$ torna-se menos estável que o Na_2SO_4 mais a solução, é bastante precisa, podendo ser utilizada como temperatura padrão para a calibração de termômetros.

Na Fig. 3.17, também podemos observar um fato adicional para o Na_2SO_4. As soluções produzidas pela dissolução de Na_2SO_4 ou de $Na_2SO_4 \cdot 10H_2O$ são idênticas. Ambas contêm íons Na^+ e SO_4^{2-} dissolvidos em água. Uma vez que Na_2SO_4 é o sólido mais estável acima de 32,38 °C, sua solubilidade deve ser menor do que a do $Na_2SO_4 \cdot 10H_2O$ acima desta temperatura, conforme podemos ver na Fig. 3.17. Abaixo de 32,38 °C, $Na_2SO_4 \cdot 10H_2O$ é a forma mais estável; abaixo desta temperatura, sua solubilidade deve ser menor do que a do Na_2SO_4. Esses dois fatos exigem que as

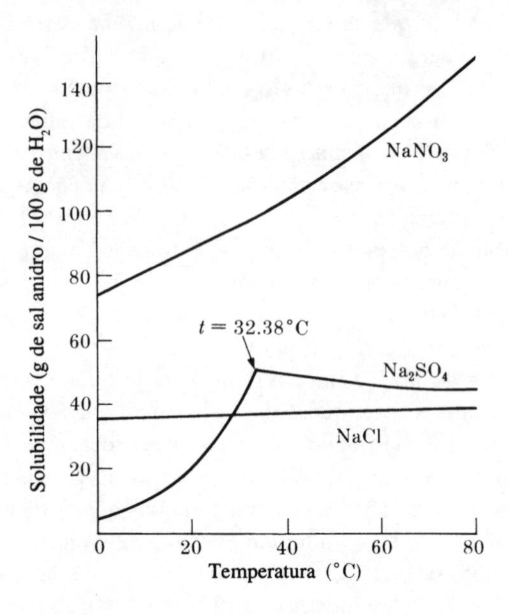

Fig. 3.17 Dependência da solubilidade com a temperatura para três sais em água.

duas curvas de solubilidades se encontrem, de modo a formar uma cúspide ascendente. Aproximadamente a 20 °C, um hidrato **meta estável** de fórmula $Na_2SO_4 \cdot 7H_2O$ poderá, por vezes, ser isolado. É claro, sua solubilidade é maior do que aquela do $Na_2SO_4 \cdot 10H_2O$, mais estável. Uma substância meta estável lentamente se converterá na forma mais estável.

A técnica para recuperar solutos puros de suas soluções é conhecida como **recristalização**. Para sais que são mais solúveis em temperaturas mais altas, precisamos apenas saturar a solução à temperaturas elevadas e depois resfriá-la de volta à temperatura ambiente para produzir os cristais. Para o $NaNO_3$, seria possível recuperar cerca de 50% do sal por recristalização, começando a 100 °C e resfriando a 0 °C. Por outro lado, para o NaCl, muito pouco sal será obtido por recristalização; portanto, as soluções deverão ser evaporadas. Para o Na_2SO_4, podem-se obter grandes quantidades de $Na_2SO_4 \cdot 10H_2O$ por simples recristalização; porém, aquecer a solução acima de 33^0 C apenas diminuiria o rendimento do $Na_2SO_4 \cdot 10H_2O$. O nome histórico desse produto cristalino hidratado é **sal de Glauber.**

RESUMO

Neste capítulo estudamos várias propriedades dos líquidos que são importantes para a química. Para um líquido puro, a **pressão de vapor** está relacionada à evaporação e à condensação. Quando a pressão parcial no vapor for igual à pressão de vapor, as velocidades de **evaporação** e de **condensação** deverão ser iguais, produzindo assim um **equilíbrio de fases**. Essas pressões de vapor dependem da temperatura e da **entalpia de vaporização**, de acordo com a **equação de Clapeyron.** Os **diagramas de fase** mostram as regiões onde as várias fases podem existir. Para uma substância pura, as três fases - sólido, líquido e vapor - podem existir em equilíbrio somente numa combinação específica de pressão e temperatura denominada **ponto triplo.**

Quando um soluto se dissolve num solvente, as variações de **entropia** e **entalpia** são determinadas pela natureza das interações soluto-solvente. A formação de algumas soluções não apresenta nenhuma variação de entalpia; para essas soluções apenas o aumento de entropia faz com que o soluto se dissolva no solvente. Entretanto, muitas soluções apresentam grandes interações soluto-solvente que produzem **calores (entalpias) de solução** que podem ser **exotérmicos** ou **endotérmicos**. A propriedade mais importante para caracterizar um solvente é a sua **polaridade.** A água é um solvente muito polar. Ela é capaz de dissolver sólidos iônicos, dando soluções eletrolíticas contendo íons separados. **Eletrólitos fortes** dissolvem-se totalmente gerando íons, ao passo que nos **eletrólitos fracos** os íons não se apresentam completamente separados uns dos outros em solução.

A quantidade de um soluto contida num solvente pode ser caracterizada por várias **unidades de concentração,** incluindo **fração molar, molalidade, molaridade, formalidade, normalidade** e as **percentagens**. Cada unidade tem a sua vantagem; nos cálculos estequiométricos, a molaridade **(mols por litro)** é a unidade mais utilizada.

A pressão de vapor de um soluto numa solução diluída obedece à **lei de Henry**, e a pressão de vapor do solvente segue a **lei de Raoult**. Quando a solução não é suficientemente diluída para obedecer a essa **teoria das soluções ideais,** a pressão de vapor do soluto poderá ser utilizada para definir sua **atividade** relativamente a um **estado padrão** em solução. Para a maior parte dos solutos, considera-se o estado padrão como uma solução **(hipotética 1** ***m*****) ideal**. A lei de Raoult pode ser utilizada para calcular várias **propriedades coligativas** tais como **abaixamento do ponto de congelação, elevação do ponto de ebulição e pressão osmótica.** Estas propriedades podem ser relacionadas com os **pesos moleculares** dos solutos nas soluções.

Uma solução ideal obedece à lei de Raoult, tanto para o soluto quanto para o solvente, em todas as concentrações. Para soluções iônicas em água, observa-se desvio tanto da lei de Henry quanto da lei de Raoult mesmo em soluções tão diluídas quanto 10^{-3} *m*. Para soluções contendo dois líquidos voláteis, desvios da condição ideal podem produzir misturas **azeótropicas**, em que vapor e solução apresentam a mesma composição. A solubilidade de eletrólitos em água é determinada por muitos fatores e podem ser explicadas somente por **regras gerais de solubilidade;** mas os **efeitos da temperatura** dependem apenas dos calores de solução.

SUGESTÕES PARA LEITURA

Histórico

Hildebrand, J.H. A history of solution theory, *Annual Reviews of Physical Chemistry,* pp. 1-23, 1981.

Partington, J.R. *History of Chemistry,* vol. 3 New York: St. Martin's Press, 1964.

Líquidos e Soluções

Dreisbach, D. *Liquids and Solutions.* Boston: Houghton Mifflin, 1966.

Hildebrand, J.H. A view of aqueous electrolytes through a watery eye, *Journal of Chemical Education,* **48,** 224-225, 1971.

Hildebrand, J.H. e R.E. Powell. *Principles of Chemistry,* 7- ed. New York: Macmillan, 1964, cap. 16.

Scott, R.L. Some unsolved problems of liquids and solutions, *Journal of Chemical Education,* **30,** 542-549, 1953.

Estequiometria de Solução, Pressão de Vapor e Propriedades Coligativas

Nash, L.K. *Stoichiometry.* Reading, Mass.: Addison-Wesley, 1966.

Sienko, M.J. *Chemical Problems,* 2-ed. Menlo Park, Calif.: Benjamin-Cummings, 1972.

Smith, R.N. e C. Pierce. *Solving General Chemistry Problems.* San Francisco: Freeman, 1980.

Diagramas de Fase

Landolt-Bornstein, *Numerical Data and Functional Relationships in Science and Technology, New Series, IV-3 Thermodynamic Equilibria of Boiling Mixtures,* Berlin: Springer-Verlag, 1975; ver também 6- ed., II-2a e IV-4b.

Pupezin, J., G. Janeso e W.A. van Hook. The vapor pressure of water: A good reference system, *Journal of Chemical Education,* 48, 114-118, 1971.

PROBLEMAS

Equilíbrios de Fase e Pressão de Vapor

3.1 O enxofre apresenta duas formas cristalinas denominadas enxofre rômbico e enxofre monoclínico. Uma delas é metaestável em relação à outra. O que se pode concluir do fato de a pressão de vapor da forma monoclínica ser mais alta do que a da forma rômbica a 25 °C? Utilize o sistema da Fig. 3.4 para a sua argumentação.

3.2 Utilize a Fig. 3.5 para explicar o que observaríamos se a pressão sobre um bloco de gelo, mantido a -1 °C, fosse elevada bem acima de 1 atm. O que essa observação tem a ver com a nossa capacidade de patinar no gelo?

3.3 Em algumas áreas, a neve do inverno sublima no ar sem jamais fundir. Utilize o calor de sublimação ($\Delta\tilde{H}_{sub}$) e a pressão de vapor do gelo a 0 °C para determinar quão baixa deve ser a pressão parcial do vapor d'água no ar acima do gelo a 20 °C para que este possa sublimar.

3.4 A pressão de vapor do D_2O(l) a 20 °C é de 15,2 torr, e a 30°C é de 28,0 torr. Com estes dois valores, determine o $\Delta\tilde{H}_{vap}$ do D_2O(l). Compare-o com o valor dado para $H_2O(l)$ na Seção 3.2, na temperatura de 25 °C.

3.5 A amônia líquida costuma ser usada como solvente e apresenta algumas propriedades semelhantes às da água. Se a 1 atm a temperatura de ebulição da amônia é de -33,6 °C, e a -68,5 °C sua pressão de vapor é de 100 torr, determine um valor para o seu $\Delta\tilde{H}_{vap}$. Use esse valor para calcular a temperatura em que a pressão de vapor da amônia líquida é de 10 atm. (A temperatura real é de 25,7 °C.)

3.6 Dez litros de ar seco são borbulhados lentamente em água líquida a 20 °C. Observa-se uma perda em peso de 0,172 g do líquido. Admitindo-se a formação de 10 L de vapor d'água saturado, calcule a pressão de vapor da água a 20 °C.

3.7 A pressão de vapor do benzeno, C_6H_6, a 25 °C é de 94,7 torr. Depois de injetado 1,00 g de benzeno numa ampola de 10,0 L mantida a 25 °C, qual será a pressão parcial do benzeno na ampola e quantos gramas permanecerão no estado líquido?

Unidades de Concentração e Estequiometria de Solução

3.9 Qual é a molalidade e a molaridade de uma solução de etanol, C_2H_5OH, em água se a fração molar do etanol for 0,0500? Suponha que a densidade da solução seja igual a 0,997 g mL^{-1}.

3.10 No frasco de uma solução aquosa de NaCl está assinalado 10,0% (p/p). Se a densidade da solução for 1,071 g mL^{-1}, qual será a sua molalidade e a sua molaridade?

3.11 Quantos mililitros de $NaNO_3$ 0,500 *M* seriam necessários para preparar 200 mL de uma solução de $NaNO_3$ 0,250 *M*?

3.12 HNO_3 concentrado é HNO_3 69% (p/p) e tem uma densidade de 1,41 g mL. Quantos mililitros desse HNO_3 concentrado seriam necessários para preparar 100 mL de HNO_3 6 M?

3.13 Um químico titula 25,00 mililitros de uma solução de H_3PO_4 com uma solução 0,2050 *M* em NaOH, gastando 37,75 mL para atingir o ponto final. Se apenas dois hidrogênios do H_3PO_4 reagirem com os OH^- adicionados nessa titulação, qual será a molaridade dessa solução de H_3PO_4?

3.14 Enquanto titula 25,00 mL de uma solução de H_2SO_4 com uma solução de NaOH 0,2050 *M*, um químico ultrapassa o ponto final e tem que fazer uma titulação de retorno com uma solução 0,100 M em HCl para obter um ponto final apropriado. Se ele adicionar 32,50 mL de NaOH e 2,50 mL de HCl, qual será a molaridade dessa solução de H_2SO_4 ?

3.15 Calcule quantos mililitros de $KMnO_4$ 0,100 *M* são necessários para reagir completamente com 0,0100 mol do íon oxalato, $C_2O_4^{2-}$, de acordo com a reação

$$2MnO_4^- + 5C_2O_4^{2-} + 16H^+ \rightarrow 2Mn^{2+} + 10CO_2(g) + 8H_2O.$$

3.16 Calcule quantos mililitros de uma solução 0,250 *M* em HCl seriam necessários para fazer o seguinte:
a) preparar 50,0 mL de HCl 0,100 *M*,
b) reagir com OH^- em 15,0 mL de $Ba(OH)_2$ 0,200 *M*,
c) dissolver 0,500 g de $CaCO_3$ (s) de acordo com a reação

$$CaCO_3(s) + 2H^+ \rightarrow Ca^{2+} + H_2O + CO_2(g).$$

A Lei de Henry para os Gases

3.17 Em análise química qualitativa é comum saturar soluções aquosas com $H_2S(g)$. Se $H_2S(g)$ for borbulhado em água a 25 °C com uma pressão total de 1 atm, qual seria a pressão parcial do $H_2S(g)$ em cada bolha? Utilize esse valor e o K_H do H_2S para determinar a sua molaridade nessa solução. Considere a densidade da água como sendo igual a 1,00 g mL^{-1}.

3.18 As primeiras evidências de que o ar é uma mistura e não um composto vieram da análise de ar dissolvido em água. Utilize os valores de K_H para determinar a composição do ar dissolvido a 20 °C. Considere as frações molares no ar comum como sendo 0,79 para o N_2 e 0,21 para o O_2. Despreze a pressão do argônio, já que este gás não era conhecido pelos químicos da época.

Soluções Ideais e Lei de Raoult

3.19 Etanol e metanol formam uma solução muito próxima da ideal. A 20 °C a pressão de vapor do etanol é de 44,5 torr e a do metanol, 88,7 torr.

a) Calcule as frações molares do metanol e do etanol numa solução obtida pela mistura de 1,30 mol de etanol com 1,25 mol de metanol.

b) Calcule as pressões parciais e a pressão de vapor total dessa solução e a fração molar do etanol no vapor.

3.20 A 20 °C a pressão de vapor do benzeno puro é de 74,7 torr e a do tolueno puro 22,3 torr. Qual a composição da solução desses dois componentes que apresenta uma pressão de vapor de 50,0 torr nessa temperatura? Qual a composição do vapor em equilíbrio com essa solução?

Propriedades Coligativas da Teoria das Soluções Ideais

3.21 O ponto de ebulição de uma solução contendo 0,402 g de naftaleno, $C_{10}H_8$, em 26,6 g de clorofórmio é 0,455 °C mais alto que o do clorofórmio puro. Qual é a constante molal de elevação do ponto de ebulição para o clorofórmio?

3.22 A pressão de vapor de uma solução aquosa diluída é de 23,45 torr a 25 °C, ao passo que a pressão de vapor da água pura nessa temperatura é de 23,76 torr. Calcule a concentração molal do soluto e utilize o valor Tabelado de K_H da água para prever o ponto de ebulição da solução.

3.23 Qual o peso de etilenoglicol, $C_2H_6O_2$, a ser adicionado a cada 1000 g de um solvente aquoso para abaixar o ponto de congelação a -10 °C? (Esse é o anticongelante utilizado nos automóveis)

3.24 Quando 1,00 g de enxofre é dissolvido em 20,0 g de naftaleno, a solução resultante congela numa temperatura de 1,31 °C mais baixa que a do naftaleno puro. Qual é o peso molecular do enxofre?

3.25 A constante de abaixamento do ponto de congelação para o cloreto mercúrico, $HgCl_2$, é 34,3 $K\,m^{-1}$. Para uma solução contendo 0,849 g de cloreto mercuroso (fórmula empírica HgCl) em 50 g de $HgCl_2$, o abaixamento do ponto de congelação é de 1,24 °C. Qual é o peso molecular do cloreto mercuroso nessa solução? Qual a sua fórmula molecular?

3.26 Retirar água fresca de águas salinas sempre requer trabalho. É fácil calcular o trabalho mínimo necessário para a osmose reversa, uma vez que é igual ao produto PV. Qual seria a pressão necessária para a osmose reversa de uma pequena quantidade de água fresca a partir de uma grande quantidade de uma solução 0,010 M de NaCl a 25°C? Multiplique esse valor por 1 L e converta-o em trabalho em joules para obter a quantidade mínima de trabalho para retirar 1 L de água fresca de NaCl 0,010 M.

Solubilidade e Soluções Iônicas

3.27 A solubilidade do bórax, $Na_2B_4O_7 \cdot 10H_2O$, em água aumenta à medida que aumenta a temperatura. Há liberação ou absorção de calor quando esse sal é dissolvido? O ΔH do processo de dissolução é positivo ou negativo?

3.28 Utilize as regras de solubilidade para prever o que precipitará da solução quando cada um dos seguintes compostos for misturado:

a) NaCl 0,5 M com $Pb(NO_3)_2$ 0,5 M,

b) $Ba(ClO_4)_2$ 0,5 M com $(NH_4)_2SO_4$ 0,5 M,

c) K_2CO_3 0,5 M com $CaBr_2$ 0,5 M.

3.29 A 55°C, o etanol tem uma pressão de vapor de 280 torr, e a pressão de vapor do metilcicloexano é de 168 torr. Uma solução contendo ambos os compostos em que a fração molar do etanol é 0,68 apresenta uma pressão de vapor total de 380 torr. Esta solução é formada com liberação ou absorção de calor?

3.30 As seguintes soluções são misturadas:

a) 50,0 mL de $AgNO_3$ 0,400 M,

b) 25,0 mL de NaCl 0,200 M,

c) 25,0 mL de KBr 0,750 M.

Considere que nenhum AgCl irá precipitar até que todo o AgBr tenha precipitado. Quais seriam as molaridades dos íons não participantes da reação NO_3^-, Na^+ e K^+? Restou algum Ag^+ depois de precipitados todo o AgBr e AgCl possíveis? Teria sobrado algum Cl^- ou Br^-? Qual seria a concentração do íon em excesso que restou?

3.31 As pressões de vapor de prata metálica sólida foram calculadas como sendo igual a $1{,}0 \times 10^{-5}$ torr a 767 °C e $1{,}0 \times 10^{-4}$ torr a 848 °C. Use estes valores para determinar as constantes A e B da prata na Eq. (3.5). Com os valores de A e B, calcule o número de átomos de prata gasosos em uma milha cúbica de atmosfera da terra em equilíbrio com a prata sólida a 25 °C. O volume de uma milha cúbica é $4{,}17 \times 10^{12}$ L.

3.32 Os pontos de ebulição do N_2 líquido e O_2 líquido são 77,35 K e 90,19 K, respectivamente. Se suas pressões de vapor forem iguais a 1,352 atm e 0,297 atm, respectivamente, a 80,00 K, determine os calores de vaporização. O ar líquido (79% de N_2 e 21% de O_2 em peso) entra em ebulição a 78,8 K. Verifique esse valor de ponto de ebulição supondo um gás ideal e calcule as frações molares de N_2 e O_2 no vapor acima do ar líquido em ebulição.

3.33 Sabendo-se que HCl dissolvido em água dissocia-se em íons H^+ e Cl^-, pela teoria das soluções ideais sua equação da lei de Henry tem de ser modificada para

$$K'_H = \frac{P_{HCl}}{(\text{molalidade de HCl})^2}$$

Se o valor de K'_H para HCl a 25 °C é 3,70 x 10^{-4} torr/m^2, que pressão de solução ideal de HCl deverá haver sobre uma solução 4,0 m? A pressão real medida é de 0,0182 torr, e isto revela desvios do comportamento de uma solução ideal para a solução 4,0 m. Utilize as seguintes equações para apresentar esses desvios numa forma padronizada.

$$\text{coeficiente de atividade média} = \gamma_{\pm} = \left(\frac{P_{real}}{P_{ideal}}\right)^{1/2}$$

$$\text{atividade iônica média} = a_{\pm} = \gamma_{\pm} \times \text{molalidade}$$

O valor mais preciso de γ, medido por outros métodos, é 1,762 para uma solução 4,0 m a 25 °C. Repita o cálculo para uma solução 6,0 m em que a pressão medida é de 0,140 torr.

4 Equilíbrio Químico

Neste capítulo estudaremos as conseqüências da reversibilidade das reações químicas, e também o fato de que,em sistemas químicos fechados, ocorre finalmente um estado de equilíbrio entre reagentes e produtos. Assim, começaremos a desenvolver conceitos que nos levarão a uma expressão **quantitativa** da "reatividade química." As concentrações de um sistema químico que atinge o equilíbrio refletem a tendência intrínseca dos átomos a existirem seja como reagentes seja como produtos. Portanto, se aprendermos a descrever quantitativamente o estado de equilíbrio, seremos capazes de substituir enunciados qualitativos sobre "a tendência da reação se efetivar" por expressões numéricas bem definidas da extensão com que os reagentes são convertidos em produtos.

4.1 A Natureza do Equilíbrio Químico

Vimos no Capítulo 3 que a existência de um equilíbrio característico da pressão de vapor para uma fase condensada deve-se a um processo de evaporação **reversível**. Um líquido ou um sólido vaporizados podem, mediante uma mudança nas condições, ser recondensados. Tanto a evaporação quanto a condensação podem ocorrer, e para cada substância há um conjunto de condições - valores específicos de temperatura e pressão de vapor - em que esses dois fenômenos ocorrem em velocidades iguais. Sob estas condições, ambas as fases permanecem como tais indefinidamente. Dizemos então que o sistema está em equilíbrio.

Estado de Equilíbrio. As reações químicas, assim como as mudanças de fases, são reversíveis. Conseqüentemente, haverá condições de concentração e temperatura sob as quais reagentes e produtos coexistem em equilíbrio. Para ilustrar a questão, e enfatizar a íntima conexão entre equilíbrios de fase e equilíbrios químicos, consideremos a decomposição térmica do carbonato de cálcio:

$$CaCO_3(s) \rightarrow CaO(s) + CO_2(g). \qquad (4.1)$$

Quando essa reação é realizada num recipiente aberto que permite a eliminação de CO_2, há uma total conversão do $CaCO_2$ em CaO. Por outro lado, sabe-se que o CaO reage com CO_2, e se a pressão deste último for suficientemente alta, o óxido poderá ser inteiramente convertido em carbonato:

$$CaO(s) + CO_2(g) \rightarrow CaCO_3(s). \qquad (4.2)$$

É claro que isto é o inverso da reação (4.1). Assim, devemos considerar as reações (4.1) e (4.2) como processos químicos reversíveis, um fato que indicamos com a seguinte notação:

$$CaCO_3(s) \rightleftharpoons CaO(s) + CO_2(g).$$

Este sistema químico é rigorosamente análogo ao sistema "físico" que consiste em uma fase condensada e seu vapor. Assim como um líquido e seu vapor atingem o equilíbrio num recipiente fechado, há certos valores de temperatura e pressão para CO_2 em que $CaCO_3$, CaO e CO_2 permanecem como tais indefinidamente. Quando se tem $CaCO_3$ puro num frasco fechado, ele começa a se decompor de acordo com a reação (4.1). A medida que o CO_2 se acumula, sua pressão aumenta, e finalmente a reação (4.2) começa a ocorrer numa velocidade perceptível que aumenta à medida que se eleva a pressão de CO_2 . Por fim, as velocidades da reação de decomposição e da reação inversa tornam-se iguais, e a pressão do dióxido de carbono permanece constante. O sistema atingiu o equilíbrio. Esse fenômeno é conhecido como **estado de equilíbrio**.

Natureza Dinâmica. No estudo sobre equilíbrio de fase, no Capítulo 3, utilizamos o equilíbrio líquido-vapor para ilustrar quatro características de todas as situações de equilíbrio. Reexaminemos cada uma dessas características para ver como podem ser exemplificadas pelos equilíbrios químicos.

A primeira característica do estado de equilíbrio é ser dinâmico; trata-se de uma situação permanente mantida pela igualdade das velocidades de duas reações químicas opostas.

Isto é, quando o sistema formado por $CaCO_3$, CaO e CO_2 atinge o equilíbrio com relação à reação

$$CaCO_3(s) \rightleftharpoons CaO(s) + CO_2(g),$$

dizemos que o $CaCO_3$ continua a ser convertido em CaO e CO_2 e que o CO_2 e o CaO continuam a formar $CaCO_3$. Não é difícil provar experimentalmente essa afirmação. Primeiramente, decompomos um pouco de $CaCO_3$ puro num sistema fechado e permitimos que ele atinja o equilíbrio com o CaO e com uma certa pressão de CO_2. Depois, conectamos o sistema com um outro frasco que contém, à mesma temperatura e pressão, um pouco de CO_2 "marcado" com carbono radioativo ^{14}C. Esta operação em si mesma não perturba o equilíbrio entre o CO_2 e os sólidos, desde que a pressão e a temperatura sejam sempre constantes. Passado algum tempo, retira-se um pouco do sólido para exame de radioatividade. A radiação característica do ^{14}C é encontrada no $CaCO_3$, indicando que algum $^{14}CO_2$ reagiu com CaO para formar $Ca^{14}CO_3$, mesmo o sistema estando sempre em equilíbrio. Enquanto isto ocorria, um pouco de $CaCO_3$ deve ter-se dissociado em CaO e CO_2 para manter uma pressão constante de CO_2. Assim, embora não tenha havido nenhuma mudança efetiva de composição, as reações opostas prosseguiram, e as condições de equilíbrio foram mantidas por uma estabilidade dinâmica. Esse tipo de experimento pode ser executado com vários sistemas, e os resultados sempre indicam que a estabilidade dinâmica das velocidades de reações opostas é uma característica dos sistemas em equilíbrio.

Espontaneidade. A segunda generalização é que os sistemas tendem a atingir um estado de equilíbrio espontaneamente. Um sistema pode deslocar-se do equilíbrio somente por alguma influência externa, e uma vez deixado a si próprio, o sistema perturbado voltará ao estado de equilíbrio. Devemos ser cuidadosos para entender o significado da palavra *espontaneamente*. Neste contexto significa que a reação prossegue numa velocidade finita *sem a ação de influências externas*, tais como variações de temperatura ou pressão. A afirmação de que os sistemas seguem naturalmente em direção ao equilíbrio não pode ser demonstrada por um único e simples exemplo, pois trata-se de uma generalização baseada na observação de muitos sistemas diferentes sob as mais diversas condições. Porém, podemos racionalizar esse comportamento com um argumento simples. Um sistema segue em direção ao estado de equilíbrio porque a velocidade da reação numa direção excede a velocidade da reação inversa. Geralmente, verifica-se que a velocidade de uma reação diminui à medida que a concentração dos reagentes diminui. Portanto, à medida que os reagentes são convertidos em produtos, a velocidade da reação direta diminui e a da reação inversa aumenta. Quando as duas velocidades tornam-se iguais, cessa a reação efetiva e é mantida uma concentração constante de todos os reagentes. Para que o sistema se deslocasse do equilíbrio, a velocidade ou da reação direta ou da inversa teria de apresentar uma variação. Isto não acontecerá se as condições externas tais como pressão e temperatura se mantiverem constantes. Assim, os sistemas seguem em direção ao equilíbrio por causa de um desequilíbrio nas velocidades da reação; no equilíbrio, essas velocidades são iguais, e não há como, o sistema não perturbado, deslocar-se deste estado.

Reversibilidade. A terceira generalização sobre o equilíbrio é que a natureza e as propriedades do estado de equilíbrio são iguais, não importa a direção a partir da qual ele é atingido. É fácil ver que isso se aplica ao nosso exemplo do sistema $CaCO_3$, CaO e CO_2, pois para cada temperatura há um valor definido da pressão de equilíbrio do CO_2 em que sua velocidade de formação se iguala à velocidade de conversão em $CaCO_3$. Não interessa se essa pressão é atingida ao se permitir que o $CaCO_3$ se decomponha ou o CO_2 reaja com CaO puro. As velocidades das reações direta e inversa tornam-se iguais; a reação efetiva cessa quando a pressão de equilíbrio do CO_2 for atingida, seja a partir de um valor acima ou abaixo do valor de equilíbrio.

É preciso um certo cuidado quando se aplica a terceira generalização aos sistemas químicos. Consideremos a reação

$$PCl_5(g) \rightleftharpoons PCl_3(g) + Cl_2(g).$$

Verifica-se experimentalmente que as concentrações de equilíbrio são iguais quando 1 mol de PCl_5 puro se decompõe num volume invariável ou quando 1 mol de PCl_3 e 1 mol de Cl_2 são misturados e reagem no mesmo volume. Se, num outro experimento, 1 mol de PCl_3 e 2 mols de Cl_2 forem misturados, um novo estado de equilíbrio será atingido. Para nos aproximarmos deste novo estado de equilíbrio a partir da direção oposta, teríamos que misturar 1 mol de PCl_5 com 1 mol de Cl_2. Ou seja, nossa afirmação de que o estado de equilíbrio é o mesmo, não importando como ele é atingido, pressupõe o envolvimento de um número invariável de átomos de cada elemento por unidade de volume.

O fato de a natureza do estado de equilíbrio não depender da direção a partir da qual ele é atingido geralmente é utilizado como um critério para o equilíbrio químico. Algumas reações químicas são excessivamente lentas. Como então distinguir entre concentrações, que realmente não variam com o tempo, de reagentes que existem em equilíbrio e uma condição que se altera tão lentamente que não podemos detectar nenhuma reação efetiva? Se, ao juntarmos reagentes puros e depois produtos puros, chegarmos às mesmas concentrações de todas as substâncias, quando então aparentemente cessa toda a reação, estaremos seguros de que essa condição independente do tempo é a de um equilíbrio real. Se a condição alcançada a partir dos produtos for diferente daquela obtida a partir dos reagentes, o equilíbrio ainda não foi atingido e teremos um simples caso de reação muito lenta.

Natureza Termodinâmica. A quarta generalização diz que o estado de equilíbrio representa um meio-termo entre duas tendências opostas: a propensão das moléculas a assumir o estado de energia mínima e o ímpeto em direção a um estado de entropia máxima. Não é difícil analisar a situação de equilíbrio para a reação

$$CaCO_3(s) \rightleftharpoons CaO(s) + CO_2(g)$$

nesses termos. No $CaCO_3$ sólido, o carbono e o oxigênio encontram-se numa condição altamente ordenada: estão agrupados em íons carbonato, CO_3^{2-} que ocupam sítios bem definidos no retículo cristalino. A reação química corresponde à "liberação" de um fragmento do íon CO_3^{2-} na forma de uma molécula gasosa de CO_2. Estas moléculas gasosas podem movimentar-se para qualquer lugar no interior do recipiente, e suas posições a qualquer instante distribuem-se aleatoriamente. Assim, as moléculas de CO_2 apresentam entropia maior na fase gasosa do que quando fazem parte do grupo CO_3^{2-} no sólido iônico. Se predominasse a tendência para o caos molecular máximo, o $CaCO_3$ iria decompor-se completamente em CaO e CO_2 . No entanto, os experimentos mostram que o sistema absorve energia quando o CO_2 surge a partir do $CaCO_3$. Portanto, a mudança que ocorre no sistema, satistazendo a tendência à maximização da entropia, infringe a propensão à minimização da energia, e vice-versa. Sendo assim, a pressão de equilíbrio do CO_2 numa mistura de $CaCO_3$ e CaO representa a melhor conciliação entre as duas tendências opostas.

Há muitas outras reações químicas em que é fácil discernir entre a influência da entropia e da energia. O exemplo mais simples é a reação de dissociação de uma molécula gasosa:

$$H_2(g) \rightleftharpoons 2H(g).$$

A tendência para a entropia máxima favorece a reação de dissociação, pois este processo converte pares ordenados de átomos em átomos livres que podem movimentar-se independentemente, apresentando assim uma distribuição aleatória no espaço em qualquer instante. Por outro lado, a dissociação requer energia para quebrar a ligação química entre os átomos e, conseqüentemente, a tendência no sentido da energia mínima favorece o estado em que as moléculas permaneçam não dissociadas. De um modo geral, as reações em que as moléculas são fragmentadas e as ligações, quebradas, mostram-se favorecidas pela tendência à maximização da entropia, mas desfavorecidas pela tendência à minimização da energia.

Há reações em que as variações de energia e de entropia são bem menos óbvias. Por exemplo, a variação de entropia na reação

$$N_2(g) + O_2(g) \rightleftharpoons 2NO(g)$$

é quase zero, não sendo possível discernir por simples observação se o fator entropia favorece os produtos ou os reagentes. Do mesmo modo, não se pode ver por mera observação que a energia dos reagentes é menor que a dos produtos. Para analisar os efeitos da energia e da entropia para essa reação, devemos utilizar os métodos quantitativos da termodinâmica descritos no Capítulo 8. Ali veremos que é possível avaliar quantitativamente as variações de energia e entropia e usar essa informação para prever até que ponto uma reação irá evoluir, partindo dos reagentes para chegar aos produtos.

Embora a natureza geral dos equilíbrios de fase e dos equilíbrios químicos seja a mesma, a maneira como o estado de equilíbrio é especificado nos dois casos é um pouco diferente. Situações de equilíbrio de fase geralmente podem ser descritas simplesmente dizendo-se que um certo composto funde numa determinada temperatura e pressão, ou que a pressão de vapor tem um certo valor numa dada temperatura. Para especificar situações de equilíbrio químico, geralmente é preciso fornecer as concentrações de *várias* substâncias a cada temperatura. Felizmente, para cada reação química há uma única função que, de modo conciso, expressa todas as situações possíveis de equilíbrio numa determinada temperatura. Essa quantidade, a constante de equilíbrio, é da máxima importância em química. Nós a estudaremos detalhadamente na próxima seção.

4.2 A Constante de Equilíbrio

É um fato experimental que a pressão de CO_2 em equilíbrio com CaO e $CaCO_3$ sólidos é função apenas da temperatura da mistura de reação. Uma vez que o sistema tenha atingido o equilíbrio, os sólidos CaO ou $CaCO_3$ poderão ser adicionados ou retirados, e contanto que *alguma* quantidade de cada sólido esteja presente no sistema, a pressão de CO_2 permanecerá constante. Assim, para caracterizar o estado de equilíbrio desse sistema, basta indicar **a pressão parcial de equilíbrio** do CO_2 que é semelhante a uma pressão de vapor.

A situação é um pouco diferente quando se encontram envolvidas numa reação química várias substâncias dissolvidas ou gasosas. Consideremos a reação entre gás hidrogênio e vapor de iodo para formar iodeto de hidrogênio gasoso:

$$H_2(g) + I_2(g) \rightleftharpoons 2HI(g). \qquad (4.3)$$

É fácil demonstrar experimentalmente que essa reação é reversível, e que o mesmo estado de equilíbrio pode ser atingido seja a partir de H_2 e I_2 puros, como reagentes, seja por decomposição de HI puro. Ora, enquanto o estado de quilíbrio do sistema $CaCO_3$, CaO, CO_2 pode ser caracterizado por um único número (a pressão de CO_2), no sistema H_2, I_2, HI há um grande número de conjuntos de pressões que podem existir no equilíbrio. Esta variedade de composições de equilíbrio ocorre porque é possível atingi-lo começando a reação com pressões iguais de H_2 e I_2, com H_2 em excesso em relação ao I_2, ou vice versa. Para qualquer escolha de concentrações iniciais, atinge-se um estado de equilíbrio, mas para cada escolha a concentração de cada substância no equilíbrio é diferente. No entanto, há uma relação simples entre as concentrações das substâncias no equilíbrio.

Para estudarmos o estado de um sistema, precisamos definir **o quociente de reação Q**. Para a reação (4.3) é

$$Q = \frac{P_{HI}^2}{P_{H_2}P_{I_2}}.$$

TABELA 4.1 EQUILÍBRIO NA REAÇÃO DE H_2, I_2 E HI*

Pressão Parcial (atm)			
H_2	I_2	HI	$Q_{eq} = P_{HI}^2/P_{H_2}P_{I_2}$
0,1645	0,09783	0,9447	55,46
0,2583	0,04229	0,7763	55,17
0,1274	0,1339	0,9658	54,68
0,1034	0,1794	1,0129	55,31
0,02703	0,02745	0,2024	55,21
0,06443	0,06540	0,4821	55,16

* Dados de Taylor e Crist, *Journal of the American Chemical Society*, **63**, 1377, 1941. Nos quatro primeiros experimentos o HI foi formado a partir de seus elementos. Nos dois últimos, o equilíbrio foi atingido pela decomposição do HI. A temperatura era de 689,6 K.

Se misturarmos amostras de HI, H_2 e I_2, o quociente de reação poderá ter qualquer valor dependendo da mistura, mas depois que o equilíbrio é atingido, obtém-se apenas um único valor de Q. A Tabela 4.1 mostra os valores experimentais obtidos para Q depois de atingido o equilíbrio a 698,6 K. O valor obtido no equilíbrio depende da temperatura, conforme mostraremos mais adiante neste Capítulo, mas não depende das condições iniciais.

Por ser muito importante, o valor de equilíbrio para Q tem um nome e um símbolo especiais. Chama-se **constante de equilíbrio K** e

$$\text{constante de equilíbrio} = K = Q_{eq}. \qquad (4.4a)$$

A fórmula da expressão de Q segue algumas regras simples. Para uma reação cuja forma geral é

$$aA + bB \rightleftharpoons cC + dD,$$

$$Q = \frac{[C]^c[D]^d}{[A]^a[B]^b},$$

sendo que os colchetes indicam a concentração de cada espécie existente no sistema. No caso dos gases, usaremos com freqüência a pressão parcial em vez da concentração.

Na maioria das situações, estaremos interessados apenas na Eq. (4.4a) sob condições de equilíbrio. A **expressão da constante de equilíbrio** é dada por

$$K = \frac{[C]^c[D]^d}{[A]^a[B]^b}, \qquad (4.4b)$$

onde se entende que essas concentrações são aquelas que existem *no equilíbrio*.

Na expressão da constante de equilíbrio, Eq. (4.4b), as concentrações dos **produtos** da reação, cada uma elevada a uma potência igual ao seu coeficiente estequiométrico da reação química, aparecem no **numerador,** e as concentrações dos **reagentes**, cada uma elevada ao seu valor apropriado, aparecem no **denominador**. Por que existe isso que chamamos de constante de equilíbrio, e por que assume essa forma? É possível responder a esta pergunta utilizando os métodos da termodinâmica ou cinética de reação, que serão apresentados nos Capítulos 8 e 9. Por enquanto, consideremos a constante de equilíbrio como um fato experimental. Entretanto, é preciso observar que a expressão da Eq. (4.4b) é válida somente se estivermos lidando com substâncias que sejam gases ideais ou se apresentem como solutos que obedecem à teoria das soluções ideais. Assim, a Eq. (4.4b) poderia ser chamada de **lei ideal dos equilíbrios químicos**.

Há várias questões relativas ao uso das constantes de equilíbrio que devem ser cuidadosamente observadas. Primeiramente, como devemos escrever a expressão da constante de equilíbrio para reações como

$$CaCO_3(s) \rightleftharpoons CaO(s) + CO_2(g)$$

que tratam de sólidos puros como CaO e $CaCO_3$? Aplicando diretamente a Eq. (4.4b), a expressão apropriada é

$$K' = \frac{[CO_2][CaO]}{[CaCO_3]}.$$

Neste exemplo, a fase sólida é uma **mistura** de cristais microscópicos individuais de CaO e $CaCO_3$ puros; e, por convenção, as concentrações dos sólidos puros não se incluem na expressão da constante de equilíbrio. Em primeiro lugar, a concentração de um sólido puro, em si mesmo, é uma constante, não sendo alterada pela reação química ou por adição ou remoção do sólido. Além do mais, trata-se de um fato experimental que nem a quantidade de $CaCO_3$ nem a de CaO afetam a pressão de equilíbrio do CO_2, contanto que esteja presente *alguma* quantidade de cada sólido. Conseqüentemente, podemos incluir as concentrações constantes dos sólidos puros na própria constante de equilíbrio e escrever

$$[CO_2] = \frac{[CaCO_3]}{[CaO]}K' \equiv K \qquad [CO_2] = K.$$

Assim, a constante de equilíbrio para a decomposição do $CaCO_3$ é igual à concentração (ou pressão) do CO_2 no equilíbrio. O mesmo princípio se aplica à reação

$$Cu^{2+}(aq) + Zn(s) \rightleftharpoons Cu(s) + Zn^{2+}(aq).$$

A constante de equilíbrio é

$$\frac{[Zn^{2+}]}{[Cu^{2+}]} = K.$$

Os metais não aparecem na expressão de equilíbrio, pois são sólidos puros de composição invariável. Um outro ponto importante é ilustrado pela relação entre a constante de equilíbrio para a reação

$$2H_2(g) + O_2(g) \rightleftharpoons 2H_2O(g)$$

e a constante de equilíbrio para a reação mais simples

$$H_2(g) + \tfrac{1}{2}O_2(g) \rightleftharpoons H_2O(g).$$

Para a primeira, temos

$$K_1 = \frac{[H_2O]^2}{[H_2]^2[O_2]},$$

enquanto que para a segunda reação escreveríamos

$$K_2 = \frac{[H_2O]}{[H_2][O_2]^{1/2}}.$$

Comparando essas expressões, chegamos a

$$K_2 = K_1{}^{1/2}.$$

De um modo geral, se uma reação for *multiplicada* por um certo fator, sua constante de equilíbrio deverá ser *elevada a uma potência* igual a esse fator, a fim de que se possa obter a constante de equilíbrio da nova reação.

Um problema estreitamente ligado ao caso anterior é a relação entre as constantes de equilíbrio para uma reação como

$$2NO(g) + O_2(g) \rightleftharpoons 2NO_2(g)$$

e sua inversa,

$$2NO_2(g) \rightleftharpoons 2NO(g) + O_2(g).$$

Para a primeira reação, temos

$$K_1 = \frac{[NO_2]^2}{[NO]^2[O_2]},$$

enquanto que a constante de equilíbrio para a reação inversa é

$$K_2 = \frac{[NO]^2[O_2]}{[NO_2]^2}.$$

Comparando as duas expressões, teremos

$$K_2 = \frac{1}{K_1}.$$

Ou seja, as constantes de equilíbrio para uma reação e sua inversa são recíprocas uma da outra. Poderíamos ter obtido esse resultado seguindo a regra anterior, isto é, multiplicando a reação direta por -1 e elevando K_1 a -1.

Geralmente é preciso juntar duas reações para obter uma terceira. A constante de equilíbrio desta última está relacionada às constantes de equilíbrio das duas reações constituintes, conforme ilustra o seguinte exemplo:

$$2NO(g) + O_2(g) \rightleftharpoons 2NO_2(g) \qquad K_1 = \frac{[NO_2]^2}{[NO]^2[O_2]},$$

$$2NO_2(g) \rightleftharpoons N_2O_4(g) \qquad K_2 = \frac{[N_2O_4]}{[NO_2]^2},$$

$$2NO(g) + O_2(g) \rightleftharpoons N_2O_4(g) \qquad K_3 = \frac{[N_2O_4]}{[NO]^2[O_2]}$$

$$= \frac{[NO_2]^2}{[NO]^2[O_2]}\frac{[N_2O_4]}{[NO_2]^2}.$$

Comparando as três constantes de equilíbrio, vemos que $K_3 = K_1K_2$. Assim, quando duas ou mais reações são *somadas*, suas constantes de equilíbrio devem ser *multiplicadas* para dar a constante de equilíbrio da reação global.

A magnitude da constante de equilíbrio depende das unidades utilizadas para expressar as concentrações das substâncias. Por exemplo, consideremos a reação de síntese da amônia a 673 K:

$$N_2(g) + 3H_2(g) \rightleftharpoons 2NH_3(g).$$

Quando a constante de equilíbrio for escrita em função das pressões parciais das substâncias expressas em unidades de atmosferas, o resultado experimental é

$$K_{P_{atm}} = \frac{(P_{NH_3})^2}{(P_{N_2})(P_{H_2})^3} = 1{,}64 \times 10^{-4}.$$

Todavia, se as pressões fossem expressas em torr, usaríamos um valor de K_P dado por

$$K_{P_{torr}} = K_{P_{atm}} \frac{\left(\frac{760\ torr}{atm}\right)^2}{\left(\frac{760\ torr}{atm}\right)\left(\frac{760\ torr}{atm}\right)^3},$$

$$K_{P_{torr}} = \frac{K_{P_{atm}}}{(760)^2} = 2{,}84 \times 10^{-10}.$$

Do mesmo modo, poderíamos utilizar mols por litro em vez de pressão. Da lei dos gases ideais, vemos que

$$C_{mol\,L^{-1}} = \frac{n}{V} = \frac{P}{RT},$$

sendo que P está em atmosferas e R, em unidades de L atm mol^{-1} K^{-1}. Portanto, o fator de conversão de pressão para concentração é $1/RT$.

$$K_{C_{mol\,L^{-1}}} = K_{P_{atm}} \frac{(1/RT)^2}{(1/RT)(1/RT)^3}$$

$$= K_{P_{atm}}(RT)^2$$

$$= 1{,}64 \times 10^{-4} \times (0{,}08206 \times 673)^2$$

$$= 0{,}500.$$

Esses mesmos resultados podem ser obtidos a partir da análise dimensional. Para a formação de NH_3, as dimensões de $K_{P_{atm}}$ são atm^{-2}. O fator de conversão entre torr e atmosferas é 760 torr atm^{-1}; portanto, $1{,}64 \times 10^{-4}$ atm^{-2} deve ser dividido por $(760 \text{ torr atm}^{-1})^2$ para dar $2{,}84 \times 10^{-10}$ $torr^{-2}$. Embora isso mostre a utilidade geral das dimensões, pode-se notar que não as fornecemos quando arrolamos os valores das constantes de equilíbrio. O motivo é que as constantes de equilíbrio utilizadas nas equações termodinâmicas não têm dimensões. As equações termodinâmicas relacionam as propriedades dos materiais às propriedades dos estados padrão, e as concentrações usadas nas constantes de equilíbrio termodinâmicas também estão relacionadas às concentrações dos estados padrão. Conseqüentemente, as constantes de equilíbrio termodinâmicas são calculadas com concentrações adimensionais. O valor da constante de equilíbrio independe do fato de lhe atribuirmos ou não uma dimensão.

Do modelo desses cálculos podemos ver que

$$K_{P_{\text{torr}}} = K_{P_{\text{atm}}}(760)^{\Delta n} \tag{4.5}$$

e

$$K_{C_{\text{mol L}^{-1}}} = \frac{K_{P_{\text{atm}}}}{(RT)^{\Delta n}}, \tag{4.6}$$

sendo que:

$$\Delta n = \text{n (mols) dos produtos gasosos} - \text{n (mols) dos reagentes gasosos.} \tag{4.7}$$

É importante notar que, ao calcular Δn, somente os produtos *gasosos* e os reagentes devem ser considerados. Para a reação de síntese da amônia conforme expressa anteriormente, $\Delta n = -2$, enquanto que na reação

$$2C(s) + O_2(g) \rightleftharpoons 2CO(g),$$

$\Delta n = +1$, uma vez que somente O_2 e CO são gases.

Interpretação das Constantes de Equilíbrio

O valor numérico da constante de equilíbrio de uma reação é uma expressão concisa da tendência dos reagentes de se converterem em produtos. Visto que às vezes a forma algébrica da constante de equilíbrio mostra-se razoavelmente complexa, é preciso ter cuidado e alguma experiência para interpretar seu valor numérico. Nesta seção examinaremos alguns tipos de reações simples com o objetivo de extrair informações qualitativas do valor da constante de equilíbrio.

Como nosso primeiro exemplo, escolhemos reações com apenas uma substância de concentração variável.

$$CaCO_3(s) \rightleftharpoons CaO(s) + CO_2(g) \qquad K = [CO_2],$$
$$I_2(s) \rightleftharpoons I_2 \text{ (em solução de } CCl_4) \qquad K = [I_2].$$

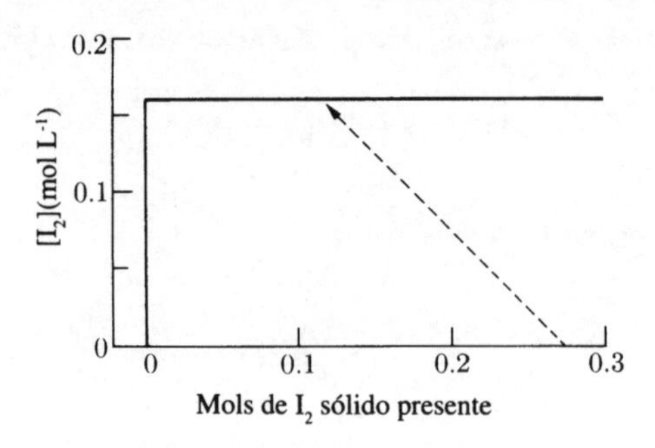

Fig. 4.1 Solubilidade de I_2 em CCl_4. A linha sólida horizontal representa o estado de equilíbrio do sistema, enquanto a linha tracejada representa um possível caminho para um estado de equilíbrio.

Para essas reações, o valor da constante de equilíbrio é simplesmente igual à concentração de equilíbrio de uma única substância. Para a segunda reação, o valor da constante de equilíbrio é apenas a solubilidade do I_2 em CCl_4. Uma das maneiras de se representar a solubilidade do iodo é indicar num gráfico as concentrações de iodo dissolvido como uma função da quantidade do iodo sólido presente, conforme podemos ver na Fig. 4.1. A linha horizontal significa que se houver qualquer excesso de iodo sólido, a solução estará saturada, e a concentração do iodo dissolvido deverá ser igual a *K*. A linha vertical, por sua vez, significa que enquanto não houver nenhum I_2 sólido, a concentração do I_2 dissolvido poderá ter qualquer valor menor que *K*.

Esse diagrama é útil para representar aquilo que acontece quando uma certa quantidade de I_2 é adicionada a *um* litro de solvente. O estado inicial em que I_2 está presente somente como o sólido não dissolvido é representado por um ponto no eixo horizontal. A medida que o I_2 se dissolve, os estados pelos quais passa o sistema formam uma reta de inclinação -1, uma vez que para cada mol de I_2 que é adicionado à solução, a concentração aumenta em 1 *M*. A condição final de equilíbrio encontra-se na intersecção desta reta com a reta horizontal contínua. Se a quantidade inicial de I_2 for insuficiente para formar uma solução saturada, a linha tracejada intersectará a linha vertical. Uma pequena reflexão sobre este exemplo nos levará a concluir que qualquer situação inicial que não seja representada por um ponto na linha contínua da Fig. 4.1 não é um estado de equilíbrio, e tal sistema irá aproximar-se do equilíbrio com a precipitação ou a dissolução do iodo sólido. A progressão para o equilíbrio é representada por uma reta de inclinação negativa, e o estado final do sistema, pela intersecção desta reta com a ordenada ou a reta de equilíbrio $[I_2] = K$.

Agora, vejamos as reações do tipo

$$Zn(s) + Cu^{2+}(aq) \rightleftharpoons Cu(s) + Zn^{2+}(aq)$$

$$K = \frac{[Zn^{2+}]}{[Cu^{2+}]} = 2 \times 10^{37},$$

$$HCl(g) + LiH(s) \rightleftharpoons H_2(g) + LiCl(s)$$

$$K = \frac{[H_2]}{[HCl]} = 8 \times 10^{30},$$

$$\underset{n\text{- butano}}{CH_3CH_2CH_2CH_3} \rightleftharpoons \underset{\text{isobutano}}{CH_3\overset{\overset{\displaystyle CH_3}{|}}{C}HCH_3},$$

$$K = \frac{[\text{isobutano}]}{[n\text{-butano}]} = 2{,}5.$$

Em cada exemplo o quociente da relação entre a concentração dos produtos e dos reagentes é uma constante no equilíbrio. Assim, o valor de K nos dá diretamente o quociente das concentrações no equilíbrio: Se o valor de K for menor que 1, predomina a concentração do reagente; e se K for um valor alto, a formação do produto será bastante favorecida. As constantes de equilíbrio dependem da temperatura e os valores citados referem-se a 25 °C.

Os possíveis estados de equilíbrio para esses sistemas podem ser representados graficamente, com a concentração do produto no equilíbrio como uma função da concentração do reagente. O resultado para o sistema *n*-butano-isobutano, que aparece na Fig. 4.2, é uma linha reta de inclinação K. Qualquer ponto na reta corresponde a um estado de equilíbrio, enquanto que qualquer sistema representado por um ponto que não esteja na reta não se encontra em equilíbrio.

Na Fig. 4.2 temos dois caminhos que um sistema poderia seguir à medida que avança para uma condição de equilíbrio. Se inicialmente houver apenas n-butano puro, a reação começará num ponto do eixo horizontal e será uma reta de inclinação -1, pois 1 mol L^{-1} do produto surgirá para cada mol por litro do reagente que for consumido. Se no início houver somente isobutano, a reação começará no eixo vertical e será uma reta de inclinação -1. Ambas as retas terminam na reta de equilíbrio. Com esses dois exemplos, fica claro que qualquer mistura arbitrária de isobutano e *n*-butano que não apresentar um quociente das concentrações igual a K será representada por um ponto em algum lugar fora da reta de equilíbrio. O sistema avançará até o equilíbrio, seguindo uma trajetória cuja inclinação é -1 e cuja direção é determinada pelo fato da relação entre as concentrações iniciais ser maior ou menor que K.

Um terceiro tipo de reação que apresenta uma expressão elementar da constante de equilíbrio é ilustrado por

$$BaSO_4(s) \rightleftharpoons Ba^{2+}(aq) + SO_4{}^{2-}(aq)$$

$$K = [Ba^{2+}][SO_4{}^{2-}] = 1 \times 10^{-10},$$

$$NH_4HS(s) \rightleftharpoons NH_3(g) + H_2S(g)$$

$$K = [NH_3][H_2S] = 9 \times 10^{-5}.$$

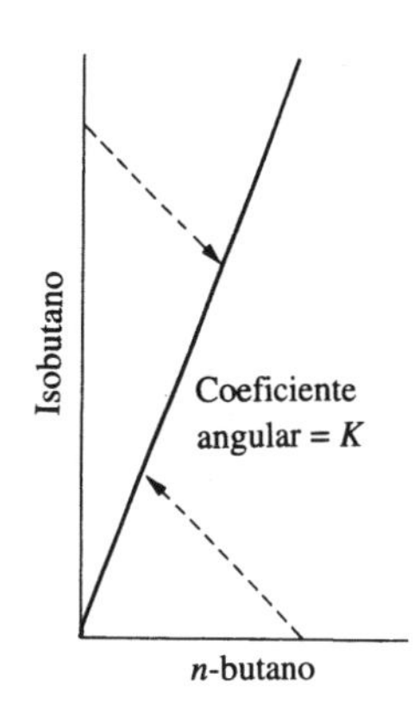

Fig. 4.2 Estado de equilíbrio do sistema *n*-butano-isobutano. As linhas tracejadas representam possíveis caminhos para o equilíbro.

A magnitude numérica de uma constante de equilíbrio deste tipo depende das unidades que escolhermos para a concentração. Neste exemplo e naqueles que se seguem, as unidades de concentração são mols por litro. Sendo assim, podemos interpretar sem dificuldade o valor da constante de equilíbrio. Um valor pequeno de K significa que, no equilíbrio, as concentrações de ambos os produtos devem ser pequenas; ou, se a concentração de um deles for grande, a do outro será *muito* pequena. Para o caso especial em que a concentração dos dois produtos é a mesma, ambas devem ser iguais a $K^{1/2}$. Geralmente, a concentração dos dois produtos não é igual, e o valor de K limita somente o produto das duas concentrações.

Essas idéias podem ser entendidas com o auxílio da Fig. 4.3, onde a equação

$$[Ba^{2+}][SO_4{}^{2-}] = K = 1 \times 10^{-10}$$

é representada graficamente. Os estados de equilíbrio situam-se numa hipérbole retangular que tem os eixos coordenados como assíntotas. Vemos que se a concentração de SO_4^{2-} for elevada pela adição de $NaSO_4$, a concentração de Ba^{2+} no equilíbrio deverá tornar-se muito pequena.

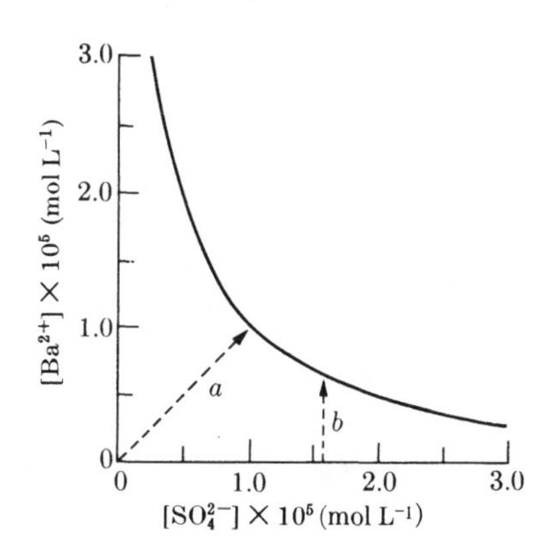

Fig. 4.3 Estado de equilíbrio do sistema $BaSO_4$-H_2O. A linha tracejada *a* é o caminho ao equilíbrio seguido quando $BaSO_4$ puro é dissolvido em água, enquanto *b* representa a adição de $BaCl_2$ a uma solução muito diluída de H_2SO_4.

Na Fig. 4.3 temos exemplos de caminhos que os sistemas poderiam seguir para atingir um estado de equilíbrio. Se $BaSO_4$ for dissolvido em água, o sistema seguirá uma reta de inclinação 1, partindo da origem, uma vez que as concentrações dos dois íons aumentam igualmente à medida que o $BaSO_4$ se dissolve. Por outro lado, se pequenas quantidades de $BaCl_2$ sólido forem adicionadas a uma solução de H_2SO_4, a concentração do Ba^{2+} aumentará ao longo de uma reta vertical que finalmente intersectará a hipérbole de equilíbrio. O $BaSO_4$ começará a precipitar numa concentração de Ba^{2+} correspondente a esse ponto de intersecção. Quaisquer outros acréscimos de Ba^{2+} fará com que precipite mais $BaSO_4$, e conseqüentemente a concentração de SO_4^{2-} diminuirá. A medida que o processo continua, o ponto que representa o sistema segue a hipérbole na direção do aumento de $[Ba^{2+}]$ e da diminuição de SO_4^{2-}.

O quarto tipo de reação tem a forma geral

$$A \rightleftharpoons 2B \qquad K = \frac{[B]^2}{[A]}.$$

Como exemplos específicos, temos

$$H_2(g) \rightleftharpoons 2H(g) \qquad K_{1000} = \frac{[H]^2}{[H_2]} = 2{,}1 \times 10^{-21},$$

$$N_2O_4(g) \rightleftharpoons 2NO_2(g) \qquad K_{298} = \frac{[NO_2]^2}{[N_2O_4]} = 5{,}9 \times 10^{-3},$$

sendo que as concentrações são expressas em mols por litro e as constantes de equilíbrio dão a temperatura em kelvin. Embora haja apenas duas espécies químicas envolvidas, a interpretação desse tipo de constante de equilíbrio é menos evidente do que no caso anterior, pois *K* não é mais um simples produto ou coeficiente de concentrações. Porém, continua sendo verdade que se *K* for um número muito pequeno, a concentração do reagente predominará no equilíbrio, ao passo que se *K* for muito grande, o produto será favorecido. Os exemplos que acabamos de apresentar indicam, portanto, que à temperatura ambiente a dissociação de H_2 é desprezível, mas a dissociação de N_2O_4 é perceptível.

O tratamento gráfico dos equilíbrios que analisamos é útil pois nos proporciona uma maneira clara de ver se um dado conjunto de concentrações corresponde a uma estado de equilíbrio e como um sistema que não está em equilíbrio irá se alterar. Infelizmente, se a reação envolver mais de duas substâncias diferentes de concentração variável, a representação gráfica do sistema fica ainda mais difícil. Entretanto, nossos argumentos baseados no tratamento gráfico de sistemas simples fornecem sugestões de algumas generalizações que podemos expressar algebricamente e aplicar a todos os sistemas. As concentrações das substâncias que aparecem na reação geral

$$aA + bB \rightleftharpoons cC + dD$$

podem ser utilizadas para calcular o quociente de reação

$$\frac{[C]^c[D]^d}{[A]^a[B]^b} = Q.$$

Quanto tivermos concentrações tais que

$$Q = K,$$

o *sistema estará em equilíbrio.* Se as concentrações forem tais que

$$Q < K,$$

os *reagentes estão em excesso* em relação aos valores do equilíbrio, e a reação prosseguirá até o equilíbrio, da esquerda para a direita, conforme a escrevemos. Por outro lado, se

$$Q > K,$$

os *produtos estão em excesso* em relação aos seus valores de equilíbrio, e a reação prosseguirá da direita para a esquerda.

4.3 Efeitos Externos sobre o Equilíbrio

Os equilíbrios químicos são dinâmicos e sensíveis a mudanças ou perturbações. Essas perturbações incluem a adição de solvente a uma solução, o aumento do volume de um gás, a adição de um produto ou reagente ao sistema, ou a variação de temperatura. Como resposta a uma perturbação, um sistema estabelecerá um novo conjunto de condições de equilíbrio.

A única maneira de determinar com exatidão como um equilíbrio irá responder às novas condições é utilizando os princípios da termodinâmica. Segundo um desses princípios, no equilíbrio o quociente de reação Q é igual à constante de equilíbrio *K*. Com as constantes de equilíbrio podemos determinar quantitativamente as novas condições para qualquer equilíbrio. Porém, há uma regra geral, denominada **princípio de Le Châtelier**, que é utilizada para analisar rapidamente o efeito das perturbações sobre os equilíbrios químicos. Proposto originariamente por um químico e engenheiro de nome Henry Louis Le Châtelier, esse princípio trata os equilíbrios químicos como se fossem equilíbrios mecânicos. Por esta razão, é mais uma regra do que um princípio. Químicos perspicazes descobriram circunstâncias em que, aparentemente, essa regra não leva ao resultado correto. Mas o princípio de Le Châtelier, além de fácil de aprender,é correto em quase todos os casos.

Segundo esse princípio, se um sistema em equilíbrio for submetido a uma perturbação ou tensão que altere qualquer um dos fatores que determinam o estado de equilíbrio, o sistema reagirá de modo tal a minimizar o efeito da perturbação. O princípio de Le Châtelier é muito útil no tratamento de equilíbrios químicos, pois permite prever rapidamente a resposta **qualitativa** de um sistema às mudanças de condições externas. Essas previsões qualitativas são guias valiosos que estão de acordo com a análise matemática quantitativa dos equilíbrios. Nesta seção ilustraremos a aplicação do princípio de Le Châtelier e compararemos suas previsões com os resultados de argumentos baseados mais diretamente na expressão da constante de equilíbrio.

Efeitos da Concentraçào

Primeiramente, consideremos uma solução saturada de iodo em tetracloreto de carbono, em contato com excesso de iodo sólido. Que efeito terá a adição de uma pequena quantidade de CCl_4 puro ao sistema? A conseqüência imediata será deslocar o sistema do equilíbrio, pois imediatamente após a adição do solvente puro, a concentração de I_2 em solução ficará menor do que o valor no equilíbrio. Assim, a adição do solvente de fato afeta o valor de um fator que determina o estado de equilíbrio e, portanto, trata-se de uma tensão no sentido sugerido pelo princípio de Le Châtelier. Neste caso, o princípio de Le Châtelier prevê que mais I_2 irá se dissolver, minimizando deste modo o efeito da adição do solvente. A experiência nos assegura que realmente é isso o que acontece.

A expressão da constante de equilíbrio pode ser utilizada para fazer uma previsão qualitativa do comportamento ou resposta de um sistema diante de uma perturbação. Para o exemplo de que estamos tratando, a relação

$$Q = [I_2] = K$$

mantém-se no equilíbrio, mas imediatamente após a adição do solvente, temos

$$Q = [I_2] < K.$$

Essa situação pode ser corrigida se a reação

$$I_2(s) \rightarrow I_2 \text{ (em solução)}$$

evoluir da esquerda para a direita. Assim, as previsões baseadas no princípio de Le Châtelier e nas comparações entre Q e K estarão de acordo entre si e com o fato experimental.

Pergunta. A adição de mais $I_2(s)$ representaria uma perturbação para o equilíbrio?

Resposta. Não, porque o I_2 é um sólido e a quantidade de sólido não é importante, contanto que haja *algum* sólido presente.

Para examinar uma situação um pouco mais complicada, vejamos como será o equilíbrio entre sulfato de bário sólido e uma solução aquosa de seus íons:

$$BaSO_4(s) \rightleftharpoons Ba^{2+}(aq) + SO_4{}^{2-}(aq).$$

Qual será o efeito da adição de uma pequena quantidade de uma solução concentrada de Na_2SO_4? Essa adição causa um imediato e acentuado aumento na concentração do íon sulfato, e portanto uma tensão que desloca o sistema do equilíbrio Partindo do princípio de Le Châtelier, prevemos uma reação na direção que minimiza os efeitos dessa tensão; isto é, uma reação que retira da solução alguns dos íons sulfato adicionados. Conseqüentemente, a adição de uma solução de Na_2SO_4 deve provocar a precipitação do $BaSO_4$.

Vejamos como se pode fazer a mesma previsão utilizando a expressão da constante de equilíbrio. No equilíbrio, a relação

$$Q = [Ba^{2+}][SO_4{}^{2-}] = K \qquad (4.8)$$

se mantém, mas imediatamente após a adição de excesso de íon sulfato, antes que qualquer reação ocorra, devemos ter

$$Q = [Ba^{2+}][SO_4{}^{2-}] > K.$$

É claro que para o sistema atingir o equilíbrio as concentrações de Ba^{2+} e SO_4^{2-} devem diminuir, o que acontece graças à precipitação do sulfato de bário sólido. Mais uma vez as previsões baseadas na constante de equilíbrio e no princípio de Le Châtelier estão de acordo.

Podemos evidenciar ainda mais as conclusões sobre o comportamento do sistema do sulfato de bário utilizando a representação gráfica do estado de equilíbrio do sistema. A Figura 4.4 representa a Eq. (4.8) na forma de uma hipérbole retangular. Inicialmente o sistema pode ser representado por um ponto nessa curva de equilíbrio, mas a adição súbita do íon sulfato faz com que o sistema siga uma linha horizontal, distanciando-se da reta de equilíbrio. Por si próprio o sistema retorna ao equilíbrio seguindo, no gráfico, uma linha de inclinação +1. O estado final está na intersecção desta reta com a curva de equilíbrio. A Fig. 4.4 mostra claramente que a concentração final do íon bário é *menor* que a concentração inicial; também mostra que a concentração final do íon sulfato é *maior* que a concentração inicial, porém menor do que se esperaria após a adição se não tivesse havido nenhuma precipitação.

Os métodos que temos utilizado aplicam-se igualmente aos equilíbrios gasosos. Por exemplo, se a reação

$$SO_2(g) + \tfrac{1}{2}O_2(g) \rightleftharpoons SO_3(g)$$

estiver inicialmente em equilíbrio, qual será o efeito de uma súbita adição de gás oxigênio à mistura? Essa adição traz perturbação, e baseados no princípio de Le Châtelier prevemos uma reação efetiva que consumirá um pouco do oxigênio

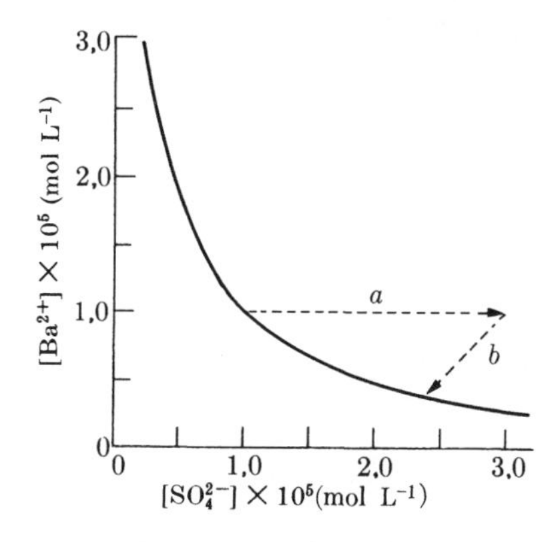

Fig. 4.4 Perturbação do equilíbrio de solubilidade do sulfato de bário pela adição do íon sulfato. A linha *a* representa o afastamento do equilíbio causado pela adição de sulfato, e a linha *b* é o caminho seguido pelo sistema para encontrar um novo estado de equilíbio.

adicionado - a reação de SO_2 e O_2 produzindo SO_3. Utilizando a expressão da constante de equilíbrio , concluímos que imediatamente após a adição de O_2, a relação

$$Q = \frac{[SO_3]}{[SO_2][O_2]^{1/2}} < K$$

se mantém, podendo ser convertida à igualdade somente se se formar SO_3 a partir de SO_2 e O_2.

Agora podemos estudar as conseqüências da variação de volume num recipiente que contém um sistema gasoso em equilíbrio. Uma variação no volume total altera as concentrações de todos os gases e, portanto, pode provocar um deslocamento do equilíbrio. Este comportamento é evidente se imaginarmos a reação

$$2NO_2(g) \rightleftharpoons N_2O_4(g) \qquad K = \frac{[N_2O_4]}{[NO_2]^2}$$

inicialmente em equilíbrio, e indagarmos o que aconteceria se diminuíssemos o volume do recipiente por um fator de 2. Se não ocorrer nenhuma reação (o que supomos seja o caso no instante após a diminuição do volume), o resultado imediato será a duplicação de todas as concentrações. Nesse estado teremos

$$Q = \frac{[N_2O_4]}{[NO_2]^2} < K.$$

Esta desigualdade deve ser verdadeira, pois se todas as concentrações forem dobradas, o numerador do quociente da concentração aumentará de um fator 2, enquanto que o denominador aumentará de um fator 2 elevado ao quadrado, ou seja, 4. O quociente de reação não será então igual à constante de equilíbrio; portanto, deverá ocorrer uma reação que faz aumentar a concentração de N_2O_4 ao mesmo tempo em que faz diminuir a concentração de NO_2. A utilização do princípio de Le Châtelier confirma essa previsão. Neste caso a tensão será o aumento na concentração total das moléculas uma tensão que pode ser atenuada se o sistema responder com a diminuição da quantidade líquida de moléculas. Uma vez que duas moléculas de NO_2 são consumidas para cada molécula de N_2O_4 formada, a resposta do sistema será a conversão de NO_2 em N_2O_4.

Pergunta. Suponha que um gás inerte seja bombeado numa ampola de vidro onde tenha se estabelecido um equilíbrio NO_2-N_2O_4. Isto irá perturbar o equilíbrio?

Resposta. Sabendo-se que um gás ideal não distingue a presença de qualquer outro gás, o gás inerte não deverá perturbar o equilíbrio. Você concorda com esta conclusão ou discorda dela? Utilize a expressão da constante de equilíbrio para fundamentar sua resposta.

Uma variação de volume necessariamente não desloca um sistema gasoso do equilíbrio. Se a reação

$$\underset{\text{butano}}{CH_3CH_2CH_2CH_3} \rightleftharpoons \underset{\text{isobutano}}{CH_3\overset{\overset{CH_3}{|}}{C}HCH_3}$$

estiver em equilíbrio e o volume do recipiente for diminuído pela metade, a concentração de cada substância dobrará. Mas a relação

$$Q = \frac{[\text{isobutano}]}{[\text{butano}]} = K$$

mostra que mesmo nessa situação de maior concentração o sistema permanece em equilíbrio. Toda mudança de concentração do butano é acompanhada por uma idêntica mudança de concentração do isobutano; assim, a razão dessas duas concentrações permanece constante. Refletindo um pouco sobre este exemplo, e sobre o anterior, chegamos à conclusão de que somente nos casos de reações em que o número de mols dos reagentes gasosos é diferente do número de mols dos produtos gasosos, uma variação de volume deslocará o sistema do equilíbrio.

Efeitos da Temperatura

Qual é o efeito de uma variação de temperatura num sistema inicialmente em equilíbrio? De um modo geral, os valores numéricos das constantes de equilíbrio dependem da temperatura. Portanto, se a temperatura de um sistema inicialmente em equilíbrio for alterada, alguma reação efetiva deverá ocorrer para que o sistema atinja o equilíbrio na nova temperatura. Experimentos mostram que se uma reação for exotérmica, isto é, se $\Delta H < 0$, sua constante de equilíbrio *diminuirá* à medida que a temperatura aumentar. Do ponto de vista do princípio de Le Châtelier, um aumento de temperatura é uma tensão parcialmente atenuada pela ocorrência de uma reação efetiva que se desenvolve com absorção de calor pelo sistema. Consideremos então a reação

$$2NO_2(g) \rightleftharpoons N_2O_4(g) \qquad \Delta\tilde{H}^\circ = -57{,}20 \text{ kJ mol}^{-1},$$
$$K_{273} = 57, \qquad K_{298} = 6{,}9,$$

sendo que os *K*s são as constantes de equilíbrio K_{Patm} a 273 e 298 K, respectivamente. A reação é exotérmica, *K* de fato diminui, e as espécies reagentes serão favorecidas à medida que a temperatura aumentar. Também de acordo com o princípio de Le Châtelier, o aumento da temperatura deve favorecer a formação de reagentes a partir dos produtos, pois esta é a direção da reação que absorve calor. Portanto, a previsão baseada no princípio de Le Châtelier e os valores reais observados da constante de equilíbrio são coerentes.

Examinemos o seguinte exemplo de reação endotérmica:

$$N_2(g) + O_2(g) \rightleftharpoons 2NO(g) \qquad \Delta\tilde{H}^\circ = 181 \text{ kJ mol}^{-1}.$$

Podemos prever, pelo princípio de Le Châtelier, que um aumento de temperatura favorecerá a formação de óxido nítrico, pois este processo é acompanhado de absorção de calor. A determinação dos constantes de equilíbrio confirmam nossa previsão, como podemos notar abaixo:

$$K_{2000} = 4{,}1 \times 10^{-4} \text{ e } K_{2500} = 36 \times 10^{-4}$$

No caso especial de uma reação para a qual $\Delta H = 0$, um aumento de temperatura não favorecerá nem produtos nem reagentes, pois a reação não ocorrerá com absorção de calor em nenhum dos dois sentidos. Em conformidade com esta conclusão, verifica-se que as constantes de equilíbrio das reações para as quais $\Delta H = 0$ são independentes da temperatura.

4.4 Energia Livre e Equilíbrios em Soluções Não Ideais

Os primeiros a proporem a expressão da constante de equilíbrio foram dois cientistas noruegueses, C.M. Gullberg e P. Waage, em trabalhos publicados entre 1864 e 1867. Eles chamaram essa expressão de **lei da ação das massas**, termo que, por vezes, ainda hoje é utilizado. Seus estudos basearam-se em medidas experimentais e em idéias teóricas sobre as velocidades das reações. Porém, nosso entendimento atual deste assunto baseia-se na termodinâmica química, e nesta seção faremos um resumo da contribuição da termodinâmica para a compreensão do equilíbrio químico, particularmente para as soluções não ideais.

Como já dissemos, algumas reações ocorrem porque a *energia* dos produtos é menor que a energia dos reagentes; e outras ocorrem porque a *entropia* dos produtos é maior que a dos reagentes. Para avaliar se uma reação irá ou não ocorrer, seria útil que tivéssemos uma função universal que incluísse tanto a energia quanto a entropia do sistema. Para reações químicas efetuadas à temperatura constante, essa função universal é denominada **energia livre**. Para que uma reação ocorra, a energia livre do sistema deve sempre *diminuir*. Além disso, quando a energia livre alcança um valor mínimo, a reação efetiva pára de evoluir, uma vez que o equilíbrio foi alcançado. Na Fig. 4.5 vemos a energia livre de um sistema de gases ideais, composto de N_2O_4 e NO_2, a 25 °C e a uma pressão total constante de 1 atm. A medida que o N_2O_4 se dissocia, de acordo com a reação

$$N_2O_4(g) \rightarrow 2NO_2(g),$$

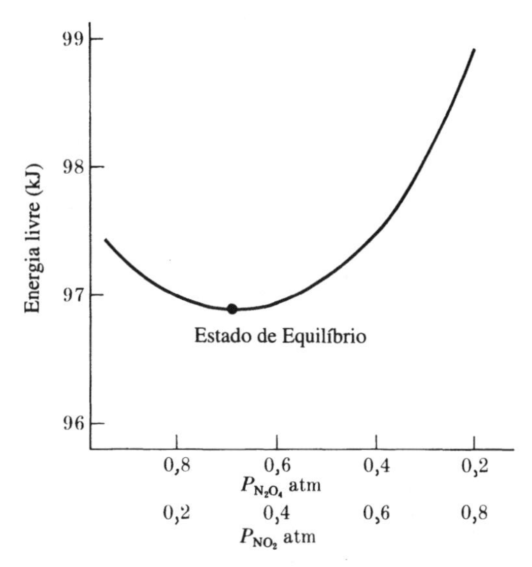

Fig. 4.5 Gráfico que representa a energia livre de um sistema que passa por um mínimo no equilíbrio. Traçado para $N_2O_4 \rightarrow 2NO_2(g)$ a 25 °C com pressão constante de 1 atm e com 1 mol de N_2O_4 inicial.

a pressão parcial do N_2O_4 cai abaixo de 1 atm e a energia livre do sistema também diminui. Quando $P_{N_2O_4} = 0{,}68$ atm e $P_{NO_2} = 0{,}32$, a energia livre alcança um valor mínimo. O sistema em que $P_{N_2O_4} = 0{,}68$ atm e $P_{NO_2} = 0{,}32$ atm é um sistema em equilíbrio. Se começássemos com excesso de NO_2, o sistema diminuiria sua energia livre até atingir o mesmo mínimo e o mesmo estado de equilíbrio, conforme nos mostra a Fig. 4.5.

Para reações químicas à temperatura e pressão constantes, a função energia livre que atinge um mínimo no equilíbrio é denominada **energia livre de Gibbs**, e seu símbolo usual é G. Para uma amostra de um gás ideal, a energia livre molar $\tilde{G}_i$ depende, de um modo muito simples, de sua pressão parcial P_i. A respectiva equação é

$$\tilde{G}_i = \tilde{G}_i^\circ + RT \ln \frac{P_i}{P_i^\circ} \tag{4.9}$$

sendo P_i° a pressão do estado padrão do gás e $\tilde{G}_i^\circ$ a energia livre molar do estado padrão. Pela convenção termodinâmica comum, $P_i^\circ = 1$ atm para os gases ideais. Consideremos a reação geral usual entre gases ideais:

$$aA(g) + bB(g) \rightleftharpoons cC(g) + dD(g).$$

Se utilizarmos a Eq. (4.9) com todos os $P_i^\circ = 1$ atm e seguirmos a definição usual da variação da energia livre de Gibbs para uma reação, então

$$\begin{aligned}\Delta\tilde{G} &= c\tilde{G}_C + d\tilde{G}_D - a\tilde{G}_A - b\tilde{G}_B \\ &= \Delta\tilde{G}^\circ + RT \ln \frac{P_C{}^c P_D{}^d}{P_A{}^a P_B{}^b},\end{aligned} \tag{4.10}$$

Essas pressões agora são adimensionais, pois se apresentam como P_i/P_i°. A equação acima mostra como a variação de energia livre de uma reação depende dos valores das pressões parciais dos reagentes e dos produtos. Para uma reação espontânea, que se desloca da esquerda para a direita, $\Delta\tilde{G}$ deve ser negativo, de modo que a energia livre do sistema possa diminuir à medida que os reagentes se transformam em produtos. Mas, à medida que as pressões parciais dos reagentes diminuem e as dos produtos aumentam, o valor de $\Delta\tilde{G}$ na Eq. (4.10) finalmente chegará a zero. Neste ponto, atinge-se o equilíbrio e a energia livre de todo o sistema atinge um mínimo, conforme podemos ver na Fig. 4.5.

Supondo que $\Delta\tilde{G} = 0$, a Eq. (4.10) torna-se

$$RT \ln\left(\frac{P_C{}^c P_D{}^d}{P_A{}^a P_B{}^b}\right)_{eq} = -\Delta\tilde{G}^\circ,$$

sendo que as pressões parciais nesta equação correspondem a valores no equilíbrio. Lembrando a definição da constante de equilíbrio K_P, obtemos

$$K_P = \frac{P_C{}^c P_D{}^d}{P_A{}^a P_B{}^b} = e^{-(\Delta\tilde{G}^\circ/RT)}. \quad (4.11)$$

Essa equação não só confirma a expressão da constante de equilíbrio que demos anteriormente, mas também mostra a relação entre K_P e a variação da energia livre molar do estado padrão para a reação.

Podemos ilustrar o uso de energias livres tabeladas para calcular as constantes de equilíbrio aplicando a Eq. (4.11) à reação

$$N_2O_4(g) \rightleftharpoons 2NO_2(g).$$

No Capítulo 8 são fornecidas as energias livres molares padrão de formação de $N_2O_4(g)$ e $NO_2(g)$ a partir de $N_2(g)$ e $O_2(g)$ a 25°C, em vez das energias livres molares absolutas, mas $\Delta\tilde{G}^\circ$ também pode ser calculado partindo-se destas últimas. Seus valores são 97,83 e 51,29 kJ mol^{-1}, respectivamente. Assim,

$$\Delta\tilde{G}^\circ = (2)(51{,}29) - 97{,}83 = 4{,}75 \text{ kJ mol}^{-1}.$$

Se utilizarmos esse valor na Eq. (4.11), onde $T = 298{,}15$ K e $R = 8{,}3144 \times 10^{-3}$ kJ mol^{-1}, teremos

$$K_P = e^{-4{,}75/2{,}479} = 0{,}147.$$

Usaremos esse valor em cálculos, na seção seguinte, para mostrar que a Eq. (4.11) representa o mesmo estado de equilíbrio que aquele ilustrado na Fig. 4.5. Fizemos muito pouco, ou nada, para provar nossas afirmações sobre a energia livre e sua aplicabilidade no equilíbrio químico. Para tanto é preciso um pleno conhecimento de termodinâmica, o que só será possível no Capítulo 8.

Equilíbrios em Solução

Embora a Eq. (4.9) seja importante para obter a expressão da constante de equilíbrio a partir da termodinâmica para os gases ideais, seu principal uso é na obtenção da expressão da constante de equilíbrio para solutos em solução, incluindo situações de condição não ideal. No Capítulo 3 apresentamos o conceito de atividade, conforme se deduz da lei de Henry, e de pressões de vapor dos solutos em solução. O estado padrão para um soluto em solução não é o mesmo que para um gás ideal. É uma solução real 1 *m*, ou uma solução hipotética 1 m, conforme é exigido por quaisquer desvios da lei de Henry. A atividade de um soluto foi definida como a razão entre sua pressão de vapor na solução e sua pressão de vapor no estado padrão. Se compararmos esta definição com os termos da Eq. (4.9), obteremos

$$\tilde{G}_i = \tilde{G}_i^\circ + RT \ln \{i\}, \quad (4.12)$$

sendo que $\{i\}$ é a atividade do *i*-ésimo soluto em solução. O significado exato do símbolo $\tilde{G}_i$ numa solução será analisado no Capítulo 8, mas por enquanto nós o consideramos como a energia livre molar do *i*-ésimo soluto.

Se aceitarmos a definição da atividade de um soluto, então a Eq. (4.9) com atividades no lugar das pressões levará à versão da Eq. (4.10) correspondente à solução:

$$\Delta\tilde{G} = \Delta\tilde{G}^\circ + RT \ln \frac{\{C\}^c\{D\}^d}{\{A\}^a\{B\}^b},$$

sendo que $\{A\}$, $\{B\}$, $\{C\}$ e $\{D\}$ são as atividades das espécies indicadas. No equilíbrio, $\Delta\tilde{G} = 0$, resultando na seguinte expressão da constante de equilíbrio:

$$K = \frac{\{C\}^c\{D\}^d}{\{A\}^a\{B\}^b} = e^{-(\Delta\tilde{G}^\circ/RT)}. \quad (4.13)$$

Antes de reduzirmos essa expressão exata da constante de equilíbrio a uma fórmula que contenha molaridades, veremos como os gases, os sólidos e os solventes aparecem nessa expressão. Para os gases, uma vez que seus estados padrão correspondem a 1 atm de pressão, utilizamos as pressões parciais, como fizemos na Eq. (4.11). Os sólidos, cujos estados padrão são o próprio sólido puro, sempre têm uma atividade igual a 1 e, portanto, não aparecem na expressão da constante de equilíbrio. Para um solvente como a água, o estado padrão é o próprio solvente puro. No caso de soluções diluídas, pode-se usar a lei de Raoult para calcular a atividade do solvente; mas, desde que a atividade é sempre um valor próximo de 1,00, também é omitida da expressão da constante de equilíbrio. No cálculo de valores para $\Delta\tilde{G}^\circ$, todos os reagentes e produtos devem ser incluídos. Sólidos e solventes, ambos afetam o *valor* da constante de equilíbrio, mas não aparecem no quociente de reação, já que suas atividades são igual a 1.

Para solutos que obedecem à lei de Henry, podemos usar a Eq. (3.9b), substituindo as atividades pelas molalidades adimensionais. Assim, a Eq. (4.13) fica sendo

$$K = \frac{(\text{molalidade})^c_C\ (\text{molalidade})^d_D}{(\text{molalidade})^a_A\ (\text{molalidade})^b_B} = e^{-(\Delta \bar{G}^\circ/RT)}. \quad (4.14)$$

Na verdade, a maior parte das constantes de equilíbrio atualmente tabeladas baseiam-se em molaridades e não em molalidades. Por esta razão, todos os nossos cálculos de equilíbrio para soluções serão feitos com molaridades em vez de molalidades.

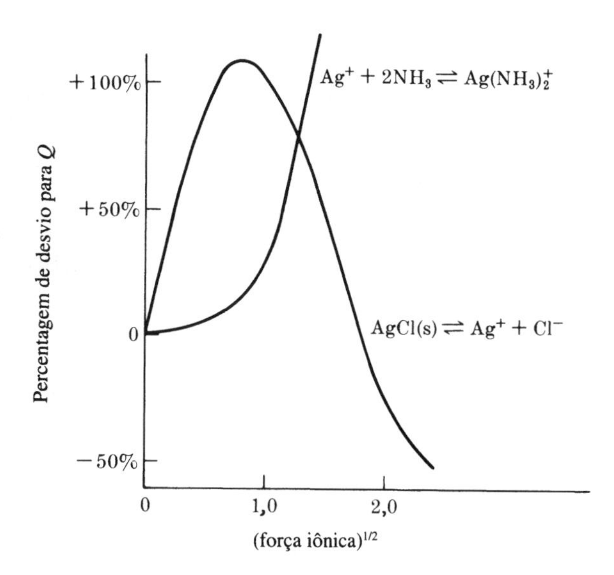

Fig. 4.6 O efeito da força iônica de solução em quocientes molares de duas reações. Em forças iônicas baixas o quociente molar de reação torna-se igual à constante de equilíbrio porque todos os coeficientes de atividade tornam-se 1,00.

Condição Não Ideal

Se quisermos obter a mais alta precisão possível em cálculos de equilíbrio, devemos utilizar as atividades em lugar das molaridades. Apesar do fato de que faremos poucos cálculos dessa natureza, é bom conhecer os erros introduzidos quando não usamos as atividades. Para melhor ilustrar isto, apresentemos o **coeficiente de atividade**. Este coeficiente é o fator que converte a molaridade de um soluto, $[i]$, em sua atividade, $\{i\}$, sendo definido como

$$\text{coeficiente de atividade do soluto } i = \gamma_i = \frac{\{i\}}{[i]}. \quad (4.15)$$

Para soluções diluídas, todos os coeficientes de atividade serão iguais a 1,00, mas, para que ocorram interações de longo alcance entre íons, geralmente são necessárias soluções muito diluídas.

A Fig. 4.6 ilustra a importância das atividades para os dois equilíbrios específicos:

$$AgCl(s) \rightleftharpoons Ag^+ + Cl^- \qquad K_{ps} = 1{,}8 \times 10^{-10},$$
$$Ag^+ + 2NH_3 \rightleftharpoons Ag(NH_3)_2^+ \qquad K = 1{,}7 \times 10^7.$$

Se utilizarmos a Eq. (4.15) e as atividades, a expressão exata da constante de equilíbrio para ambos os equilíbrios será

$$\{Ag^+\}\{Cl^-\} = K_{ps} = [Ag^+][Cl^-]\gamma_{Cl^-}\gamma_{Ag^+} = Q_{ps}\gamma_{Cl^-}\gamma_{Ag^+} \quad (4.16)$$

$$\frac{\{Ag(NH_3)_2^+\}}{\{Ag^+\}\{NH_3\}^2} = K = \frac{[Ag(NH_3)_2^+]}{[Ag^+][NH_3]^2}\frac{\gamma_{Ag(NH_3)_2^+}}{\gamma_{Ag^+}(\gamma_{NH_3})^2} = Q\frac{\gamma_{Ag(NH_3)_2^+}}{\gamma_{Ag^+}(\gamma_{NH_3})^2}. \quad (4.17)$$

Analisando essas duas equações, verificamos como os quocientes de reação usuais, em termos de molaridades, na verdade não são constantes independentes de interações iônicas. Como vimos no Capítulo 3, o primeiro efeito dessas interações é diminuir as atividades dos íons em relação às suas molaridades. Isto corresponde a uma diminuição do coeficiente de atividade γ para cada íon, em relação ao valor 1,00 que aparece na teoria das soluções ideais. A medida que a interação entre os íons reduz ambos os valores de γ na Eq. (4.16), o quociente de reação Q_{ps} deverá aumentar. Isto é necessário, pois o valor de K_{ps} na Eq. (4.16) é constante e não depende das interações iônicas em solução. A Eq. (4.17) apresenta uma combinação mais complicada de valores de γ. Ainda não está claro como as interações iônicas afetam o valor de seu quociente de reação expresso em termos de molaridades.

Nas duas curvas da Fig. 4.6 vemos a variação percentual dos quocientes de reação das Eqs. (4.16) e (4.17), quando um sal como $NaClO_4$ é adicionado à solução. Ao redor dos íons Na^+ e ClO_4^- formam-se nuvens iônicas e estes constituem a **força iônica** (indicada pela letra grega μ) da solução. Para um sal simples como $NaClO_4$, a força iônica é igual à molaridade. Na representação gráfica da Fig. 4.6 é utilizada a raiz quadrada dessa molaridade para expandir o gráfico na região das soluções diluídas, de modo a resultar uma reta para o desvio inicial. O conceito de força iônica pressupõe que os íons Na^+ e ClO_4^- formam uma típica nuvem iônica semelhante ao excesso de íons Ag^+ e Cl^-. Se a força iônica total for mantida constante, os termos das Eqs. (4.16) e (4.17) que contêm coeficientes de atividade também deverão permanecer constantes.

Podemos ver na Fig. 4.6 que o equilíbrio entre AgCl(s) e Ag^+ e Cl^- é fortemente afetado pela força iônica da solução. Observamos no gráfico que há um desvio de 20% para 0,01 *M*. Isto porque tanto γ_{Ag^+} quanto γ_{Cl^-} são rapidamente diminuidos pelas nuvens iônicas em volta desses íons e o produto $[Ag^+][Cl^-]$ deve aumentar, conforme mostra a Figura. Para o equilíbrio do derivado de NH_3, γ_{Ag^+} e $\gamma_{Ag(NH_3)_2^+}$ são diminuidos quase que igualmente, havendo pouca influência sobre esse equilíbrio até a força iônica chegar a 0,1 *M*. Já que não se pode esperar esse efeito de cancelamento para a maior parte das expressões da constante de equilíbrio, conta-se com um erro de pelo menos 10% nos cálculos de equilíbrio nos quais se utilizam molaridades para soluções com forças iônicas de 0,01 *M*. Desvios mais elevados devem ser esperados para forças iônicas maiores.

Talvez fosse possível eliminar esses erros ao se incluir nos cálculos os coeficientes de atividade. Infelizmente, esses não estão disponíveis para a maioria dos sistemas. O procedimento mais utilizado é medir os quocientes de reação em molaridade como uma função da concentração de $NaClO_4$, ou qualquer outro sal inerte, adicionado. Isto resulta em "constantes" de equilíbrio não mais constantes, mas que pelo menos são conhecidas para algumas soluções iônicas representativas. Tabelas dessas constantes de equilíbrio dependentes da força iônica podem ser encontradas na literatura sobre química. No próximo Capítulo faremos uso de alguns desses valores.

Equilibrios não Considerados

Uma segunda fonte de erro nos cálculos de equilíbrio é a presença de equilíbrios desconhecidos ou pouco conhecidos. Em soluções contendo íons Ag^+ e Cl^-, por exemplo, equilíbrios iônicos complexos, tais como

$$Ag^+ + 2Cl^- \rightleftharpoons AgCl_2^-,$$
$$2Ag^+ + Cl^- \rightleftharpoons Ag_2Cl^+,$$

devem ser incluídos. O primeiro é tido como o mais importante, mas uma total compreensão das soluções que contêm Ag^+ e Cl^- requer um bom conhecimento de *todos* os equilíbrios possíveis.

Devido às complicações introduzidas pelos efeitos da força iônica e pelos equilíbrios não considerados, a maior parte dos cálculos de equilíbrio pode ser efetuada com uma precisão de aproximadamente 10%. Se neste texto pudermos fazer uma aproximação que introduza um erro de 5%, tal método será considerado satisfatório para resolver problemas envolvendo equilíbrios químicos. Isto é verdadeiro especialmente se os equilíbrios se tratarem de soluções iônicas, uma vez que nestes casos a condição não ideal pode ocorrer para concentrações relativamente baixas.

4.5 Cálculos Com a Constante de Equilíbrio

Em muitas situações é necessário conhecer as concentrações dos reagentes e dos produtos de uma reação, quando o sistema está em equilíbrio. Em vez de medir esses valores diretamente para cada nova situação, é mais fácil calculá-los, se a constante de equilíbrio para a reação for conhecida. Nesta seção faremos alguns cálculos com a constante de equilíbrio para ilustrar a técnica e demonstrar como o valor da constante de equilíbrio pode ser interpretado quantitativamente. Focalizaremos agora algumas reações simples com gases e, no Capítulo 5, iremos considerar situações de equilíbrio entre íons em solução aquosa.

Dissociação de N_2O_4

As constantes de equilíbrio de reações entre gases geralmente são expressas em termos das pressões parciais dos reagentes e, a não ser quando indicado de outro modo, as unidades são atmosferas. Assim, para a reação

$$N_2O_4(g) \rightleftharpoons 2NO_2(g),$$

teremos

$$K_P = \frac{P^2_{NO_2}}{P_{N_2O_4}}.$$

Nesse equilíbrio relativamente simples há vários parâmetros que podem ser usados para especificar o estado do sistema:

$P_{N_2O_4}$ = pressão parcial de equilíbrio de N_2O_4,

P_{NO_2} = pressão parcial de equilíbrio de NO_2,

P_t = pressão total,

P_0 = pressão inicial do N_2O_4 antes da dissociação,

f = fração de N_2O_4 dissociada no equilíbrio - também chamada de extensão da reação.

Se dois desses parâmetros forem medidos, então os outros poderão ser calculados juntamente com um valor para K_p. Do mesmo modo, se conhecermos K_p e medirmos um desses parâmetros, então poderemos calcular os demais. Isso pressupõe não só que a temperatura é mantida constante, mas também que, para P_0 poder ser facilmente utilizado como parâmetro, o volume deve ser mantido constante. A maioria das reações em fase gasosa são feitas numa ampola a volume constante.

Calcular $P_{N_2O_4}$ e P_{NO_2}, conhecendo P_t e K_p. Se conhecermos $P_{N_2O_4}$ e P_{NO_2}, o cálculo de P_t e K_p será um problema trivial. Porém, é mais razoável conhecer K_p, medir P_t e depois calcular $P_{N_2O_4}$ e P_{NO_2}. No próximo exemplo, mostraremos dois métodos para resolver este problema, mas antes resumiremos as equações necessárias. Da lei de Dalton,

$$P_{N_2O_4} + P_{NO_2} = P_t,$$

e da expressão da constante de equilíbrio,

$$\frac{P^2_{NO_2}}{P_{N_2O_4}} = K_P = 0{,}15,$$

sendo que nosso resultado termodinâmico anterior para K_p a 25° C foi arredondado para dois algarismos significativos. Essas duas equações podem ser resolvidas para as duas incógnitas, uma vez que é dado um valor para P_t.

Exemplo 4.1 Dado P = 1,00 atm, calcule $P_{N_2O_4}$ e P_{NO_2} a 25 °C.

Método A. Uma solução puramente numérica para este problema, baseada na lógica da tentativa e erro.

1ª ETAPA. Com o nosso conhecimento de química, podemos imaginar que nem $P_{N_2O_4}$ nem P_{NO_2}, apresentam valores muito pequenos. Suponhamos que $P_{N_2O_4}$= 0,50 atm. Isto requer que P_{NO_2}= 0,50 atm; mas também devemos calcular P_{NO_2} utilizando a expressão da constante de equilíbrio. Uma vez que $P^2_{NO_2} = K_p P_{N_2O_4}$, então

$$P_{NO_2} = (0{,}15 \times 0{,}50)^{1/2} = 0{,}27 \text{ atm.}$$

É claro que para isso $P_{N_2O_4}$ deveria ser igual a 1,00 - 0,27 = 0,73 atm, e não 0,50 atm como supusemos.

2ª ETAPA. Uma vez que P_{NO_2} mostrou-se muito pequeno na 1ª Etapa, devemos ter considerado um valor muito pequeno para $P_{N_2O_4}$. Suponhamos que $P_{N_2O_4}$=0,70 atm. Isto requer que P_{NO_2} = 0,30 atm.

Mas,

$$P_{NO_2} = (0{,}15 \times 0{,}70)^{1/2} = 0{,}32 \text{ atm,}$$
$$P_{N_2O_4} = 1{,}00 - 0{,}32 = 0{,}68 \text{ atm.}$$

3ª ETAPA. Temos agora um valor para P_{NO_2} que é apenas um pouco elevado; portanto, suponhamos que $P_{N_2O_4}$= 0,68 atm. Isto requer que P_{NO_2} = 0,32 atm. Calculando, a partir da expressão da constante de equilíbrio, teremos

$$P_{NO_2} = (0{,}15 \times 0{,}68)^{1/2} = 0{,}32 \text{ atm.}$$

Agora temos um resultado coerente; além disso, a resposta também está de acordo com a Fig.4.5. Note que a dependência da raiz quadrada de P_{NO_2} em relação a K_P e $P_{N_2O_4}$ contribuiu para que as nossas estimativas convergissem.

Método B. Uma solução puramente algébrica para o problema, baseada na fórmula quadrática. Façamos com que

$$x = P_{NO_2} \quad \text{e} \quad P_{N_2O_4} = 1{,}00 - x.$$

Substituindo na expressão de K , temos

$$\frac{x^2}{1{,}00 - x} = 0{,}15 \quad \text{ou} \quad x^2 + 0{,}15x - 0{,}15 = 0$$

$$x = \frac{-0{,}15 \pm \sqrt{0{,}0225 + 0{,}60}}{2}$$
$$= +0{,}32 \text{ ou } -0{,}94 \text{ atm.}$$

Podemos rejeitar a raiz negativa como sendo fisicamente impossível. A maioria dos estudantes prefere este segundo método, embora não haja nenhuma informação química nele, a não ser as duas equações estequiométricas de início.

Pergunta. Experimente usar ambos os métodos quando P_t= 0,50 atm.

Resposta. No método A, melhores químicos seguirão o princípio de Le Châtelier. Se fizessemos uma aproximação para o dobro do volume, avaliaríamos que $P_{N_2O_4}$ é menor que 1/2 (0,68 atm). Tente supor que $P_{N_2O_4}$ = 0,30 atm. O método B nos dá x = 0,21 ou -0,36 atm.

Calcular f, conhecendo P_t e K_p. Sabendo o valor de f, temos o número relativo de mols de N_2O_4 e de NO_2 no sistema. No entanto, essas relações são um pouco complicadas; portanto usaremos a seguinte dedução simplificada que inclui P_o. Uma vez que 1 - f é a fração de N_2O_4 original que permanece no sistema de equilíbrio, então

$$P_{N_2O_4} = (1 - f)P_0 \quad \text{e} \quad P_{NO_2} = 2fP_0,$$

sendo que o fator 2 resulta do fato de que 2 mols de NO_2 são produzidos para cada mol de N_2O_4 que se dissocia. Combinando essas duas expressões, temos que

$$P_t = P_{NO_2} + P_{N_2O_4} = 2fP_0 + (1 - f)P_0$$
$$= (1 + f)P_0,$$

e as frações molares são

$$X_{N_2O_4} = \frac{P_{N_2O_4}}{P_t} = \frac{1 - f}{1 + f},$$

$$X_{NO_2} = \frac{P_{NO_2}}{P_t} = \frac{2f}{1 + f}.$$

De modo que

$$P_{N_2O_4} = \frac{1 - f}{1 + f} P_t,$$

$$P_{NO_2} = \frac{2f}{1 + f} P_t.$$

Agora podemos voltar para a constante de equilíbrio e utilizar essas expressões em lugar das pressões parciais, para obter

$$K_P = \frac{\left(\dfrac{2fP_t}{1 + f}\right)^2}{\left(\dfrac{1 - f}{1 + f}\right) P_t} = \frac{4f^2 P_t}{1 - f^2}. \qquad (4.18)$$

Essa é a expressão que estávamos procurando: a condição de equilíbrio expressa em termos da pressão total de reagentes e produtos, P_t, e de f, a fração do N_2O_4 original que se dissociou. Tenhamos em mente que K_P é uma constante que depende apenas da temperatura. Portanto, à medida que P_t varia, a fração do N_2O_4 dissociado deve variar de modo a manter constante o lado direito da Eq. (4.18). Suponhamos, por exemplo, que o volume do sistema seja aumentado, de modo que P_t diminua. Será que f aumentará ou diminuirá? Pelo princípio de Le Châtelier, esperamos que mais N_2O_4 se dissocie e, assim, f aumente enquanto P_t diminui. É isto o que mostra a Eq. (4.18). Para uma melhor visualização, rearranjando esta Eq., obtemos

$$P_t = \frac{K_P}{4}\left(\frac{1}{f^2} - 1\right),$$

Assim, é óbvio que se P_t diminui, f deve aumentar, uma vez que K_p é uma constante. Conforme previsto pelo princípio de Le Châtelier, uma diminuição na pressão total por causa de um aumento de volume favorece a formação dos produtos nessa reação.

Exemplo 4.2 Uma mistura de N_2O_4 e O_2 apresenta, no equilíbrio, uma pressão total de 1,5 atm. Qual a fração de N_2O_4 que se dissociou em NO_2 a 25 °C? Se o volume do sistema for aumentado, de modo que a pressão seja reduzido a 1 atm, que fração do N_2O_4 original será dissociado?

Soluções. A constante de equilíbrio é K_P= 0,15. Pela Eq. (4.18)

$$K_P = \frac{4f^2 P_t}{1 - f^2} \qquad 0,15 = \frac{4f^2}{1 - f^2}\,1,5,$$

$$6,15f^2 = 0,15 \qquad f = 0,16.$$

Depois que a pressão cai para 1 atm,

$$0,15 = \frac{4f^2}{1 - f^2}(1) \qquad f = 0,19.$$

Portanto, f aumenta à medida que a pressão total diminui.

Problemas que Incluem Pressões Iniciais

Em nossa última série de exemplos consideraremos reações que incluem as pressões iniciais, seja de reagentes, seja de produtos. A estequiometria torna-se um passo muito importante para a resolução desses casos. Com a finalidade de apresentar algo relacionado ao raciocínio estequiométrico, primeiramente consideraremos uma simples reação sólido-gás, sem quaisquer gases inicialmente presentes no sistema. Vejamos a reação

$$NH_4HS(s) \rightleftharpoons NH_3(g) + H_2S(g),$$
$$K_P = P_{NH_3} P_{H_2S} = 0,11,$$

sendo a constante de equilíbrio calculada a 25 °C. Uma vez que o hidrogenossulfeto de amônio é um sólido de composição invariável, não se inclui na expressão da constante de equilíbrio. Utilizemos o valor da constante de equilíbrio para calcular as pressões parciais da amônia e do gás sulfídrico em equilíbrio com o sal puro a 25 °C. Sabendo-se que os gases provêm da evaporação do sal puro em quantidades equimolares, temos

$$P_{NH_3} = P_{H_2S},$$
$$K_P = P_{NH_3} P_{H_2S} = P_{NH_3}^2 = 0,11,$$
$$P_{NH_3} = 0,33 \text{ atm} = P_{H_2S}.$$

Assim, quando o sal puro evapora num recipiente em que foi feito vácuo, a pressão a 25 °C de cada gás é igual a 0,33 atm, no equilíbrio.

Qual seria o efeito provocado pela introdução de gás amônia puro no sistema amônio-sulfeto de hidrogênio, após o sistema ter atingido o equilíbrio? Pelo princípio de Le Châtelier, há uma tensão que pode ser atenuada se NH_3 for consumida ao reagir com H_2S. O resultado da adição de NH_3 seria a diminuição da pressão do gás H_2S no equilíbrio. Pode-se chegar a esta conclusão com o uso da expressão da constante de equilíbrio, pois se P_{NH_3} aumentar, P_{H_2S} deverá diminuir para que o produto permaneça constante.

Exemplo 4.3. NH_4HS sólido é colocado num frasco contendo 0,50 = atm de amônia. Qual será a pressão da amônia e do sulfeto de hidrogênio quando o equilíbrio for atingido?

Solução. Havendo adição de amônia, as pressões deste gás e do sulfeto de hidrogênio não serão iguais quando o equilíbrio for atingido. No entanto, podemos escrever

$$P_{NH_3} = 0{,}50 + P_{H_2S}.$$

portanto,

$$K_P = P_{NH_3} P_{H_2S} = (0{,}5 + P_{H_2S}) P_{H_2S},$$
$$0{,}11 = (0{,}50 + P_{H_2S}) P_{H_2S},$$
$$P_{H_2S} = 0{,}17 \text{ atm},$$
$$P_{NH_3} = 0{,}50 + 0{,}17 = 0{,}67 \text{ atm}.$$

Comparando a pressão do sulfeto de hidrogênio com aquela encontrada após a evaporação do sólido puro no vácuo, vemos que a amônia adicionada inibiu a evaporação do sólido, conforme seria de se esperar tendo em vista o princípio de Le Châtelier. Observamos também que, podendo-se atingir o equilíbrio a partir de ambas as direções, os resultados desse cálculo aplicam-se ao caso em que uma quantidade de amônia, equivalente a uma pressão de 0,5 atm nesse frasco, é adicionada ao sólido já em equilíbrio com o seu vapor.

As duas reações analisadas são particularmente fáceis de entender, uma vez que cada uma delas trata apenas de dois reagentes de concentração variável. Nossa experiência com elas, entretanto, nos ajudará a lidar com a reação

$$PCl_5(g) \rightleftharpoons PCl_3(g) + Cl_2(g).$$

Quando as pressões são expressas em atmosferas,

$$K_P = \frac{P_{PCl_3} P_{Cl_2}}{P_{PCl_5}} = 11{,}5$$

a uma temperatura de 300° C.

Primeiramente, imaginemos que uma quantidade suficiente de PCl_5 sólido puro é colocada num frasco, de modo que, quando a temperatura for elevada a 300 °C, todo ele vaporize, dando uma pressão P_0 em atmosferas, *caso nenhum* PCl_5 *se dissocie*. Se algumas moléculas se dissociarem produzindo PCl_3 e Cl_2, teremos

$$P_{Cl_2} = P_{PCl_3} \quad \text{e} \quad P_{PCl_5} = P_0 - P_{Cl_2},$$

uma vez que para cada mol de PCl_5 que se dissocia, formam-se 1 mol de Cl_2 e 1 mol de PCl_3. Com essas relações podemos escrever toda a expressão da constante de equilíbrio em termos da pressão parcial de Cl_2 e P_0, a pressão de PCl_5 que existiria se nenhuma dissociação ocorresse:

$$K_P = \frac{P_{PCl_3} P_{Cl_2}}{P_{PCl_5}} = \frac{P^2_{Cl_2}}{P_0 - P_{Cl_2}} = 11{,}5.$$

Suponhamos, como um caso específico, que P_0= 1,50 atm. Então, no equilibrio,

$$K_P = 11{,}5 = \frac{P^2_{Cl_2}}{1{,}50 - P_{Cl_2}}.$$

Pela tentativa e erro, ou utilizando a fórmula quadrática, obtemos

$$P_{Cl_2} = 1{,}34 \text{ atm},$$
$$P_{PCl_3} = 1{,}34 \text{ atm},$$
$$P_{PCl_5} = 1{,}50 - 1{,}34 = 0{,}16 \text{ atm}.$$

Podemos calcular a fração f do PCl_5 que se dissociou:

$$f = \frac{P_{Cl_2}}{P_0} = \frac{1{,}34}{1{,}50} = 0{,}89.$$

Para comparar, suponhamos agora que uma quantidade suficiente de PCl_5 tenha sido consumida, de modo que P_0 = 3,00 Teremos então

$$K_P = 11{,}5 = \frac{P^2_{Cl_2}}{3{,}00 - P_{Cl_2}},$$

$$P_{Cl_2} = 2{,}47 \text{ atm} \quad P_{PCl_3} = 2{,}47 \text{ atm} \quad P_{PCl_5} = 0{,}53 \text{ atm}.$$

Para a fração dissociada, verificamos que

$$f = \frac{2{,}47}{3{,}00} = 0{,}82.$$

Quando se aumenta a quantidade total do material num volume fixo, a fração de PCl_5 que se dissocia diminui.

Que efeito terá a adição de gás cloro a essa mistura? É claro que qualitativamente o Cl_2 adicionado deverá inibir a dissociação de PCl_5. Para que isto seja demonstrado quantitativamente, suponhamos que 1,50 atm de Cl_2 seja adicionado a uma quantidade de PCl_5 suficiente para exercer uma pressão de 3,00 atm, se não houver dissociação. Assim, se algum PCl_5 se dissociar, temos, pela estequiometria da reação, que

$$P_{PCl_5} = 3{,}00 - P_{PCl_3} \quad P_{Cl_2} = 1{,}50 + P_{PCl_3}.$$

Substituindo essas relações na expressão da constante de equilíbrio, teremos

$$K_P = 11,5 = \frac{P_{PCl_3}P_{Cl_2}}{P_{PCl_5}} \qquad 11,5 = \frac{P_{PCl_3}(1,50 + P_{PCl_3})}{3,00 - P_{PCl_3}},$$

$$P_{PCl_3} = 2,26 \text{ atm} \quad P_{Cl_2} = 3,76 \text{ atm} \quad P_{PCl_5} = 0,74 \text{ atm}.$$

A expressão para a fração de PCl_5 que se dissociou é

$$f = \frac{P_{PCl_3}}{P_0} = \frac{2,26}{3,0} = 0,75.$$

A comparação dessas respostas com aquelas correspondentes do cálculo anterior mostra que a adição de Cl_2 de fato diminui a quantidade de PCl_5 que se dissocia. A fração dissociada também seria diminuída pela adição de PCl_3, como poderá ser verificado por meio de cálculos similares aos apresentados acima

RESUMO

Este Capítulo serviu como uma introdução ao equilíbrio químico e à formulação **da lei dos equilíbrios químicos**. Para sistemas químicos em reação, **reagentes** são **espontaneamente** convertidos em produtos, mas alguns **produtos** também voltam a ser convertidos em reagentes. No equilíbrio, as velocidades de formação de produtos e reagentes são iguais. Neste **estado de equilíbrio** as quantidades dos produtos e dos reagentes devem satisfazer a relação segundo a qual o **quociente de reação Q** é igual à **constante de equilíbrio K.** Algumas reações são espontâneas porque a energia dos produtos é *menor* que a dos reagentes; e outras são espontâneas porque a *entropia* dos produtos é *maior* que a dos reagentes. Em sistemas mantidos à temperatura constante, a combinação de energia e entropia que regula o equilíbrio é denominada **energia livre**; sistemas em equilíbrio são aqueles que atingiram um mínimo em sua energia livre. A constante de equilíbrio está relacionada com a diminuição de energia livre que ocorreria se os reagentes fossem convertidos em produtos, todos em seus estados padrão. Para os gases, o estado padrão é igual a 1 atm de pressão; para os solutos, o estado padrão é uma solução 1 *m*, admitindo-se que a lei de Henry seja obedecida. O **princípio de Le Châtelier** é importante para o entendimento **qualitativo** de como um sistema em equilíbrio responde a perturbações tais como variações de volume, concentração e temperatura.

Neste Capítulo também estudamos o uso **quantitativo** das **expressões da constante de equilíbrio** para calcular as **pressões parciais de equilíbrio** dos reagentes e produtos em reações gasosas. Foram apresentados vários tipos de problemas incluindo gases, que exigiram atenção tanto para a estequiometria quanto para as condições da expressão da constante de equilíbrio. O próximo Capítulo tratará de problemas quantitativos semelhantes para reações iônicas em solução.

SUGESTÕES PARA LEITURA

Históricos

Lindauer, M.W. The evolution of the concept of chemical equilibrium, *Journal of Chemical Education,* 39, 384-390, 1962.

Lund, E.W.. Guldberg and Waage and the law of mass action, *Journal of Chemical Education*, 42, 548-550, 1965.

Introduções ao Equilíbrio

Dickerson, R.E., H.B. Gray, M.Y. Darensbourg, e D.J. Darensbourg. *Chemical Principles,* 4 ed., Menlo Park, Calif.: Benjamin-Cummings, 1984, cap. 4.

Segal, B.G. *Chemistry: Experiment and Theory.* New York: Wiley, 1985, cap. 8.

Waser, J., K.N. Trueblood e C.M. Knobler. *Chem One*, 2 ed., New York. McGraw-Hill, 1980, cap. 11.

Princípio de Le Châtelier

de Heer, J. Le Châtelier, Scientific Principle or "Sacred Cow"?; A. Standen. Le Châtelier, Common Sense, and "Metaphysics." Ambos em *Journal of Chemical Education,* 35, 132-136, 1958.

Gold, J. e V. Gold. Neither Le Châtelier's nor a principle, *Chemistry in Britain*, 20, 802-803, 806, 1984.

PROBLEMAS

Expressões da Constante de Equilíbrio

4.1 Dê os quocientes de reação para cada uma das seguintes reações. Para gases, use as pressões P_i e para os solutos, as concentrações *[i]*.

a) $NH_4NO_3(s) \rightleftharpoons 2H_2O(g) + N_2O(g)$
b) $N_2(g) + 3H_2(g) \rightleftharpoons 2NH_3(g)$
c) $Cu(s) + Cu^{2+}(aq) \rightleftharpoons 2Cu^{+}(aq)$
d) $2Fe^{3+}(aq) + 3I^{-}(aq) \rightleftharpoons 2Fe^{2+}(aq) + I_3^{-}(aq)$
e) $CaCO_3(s) + 2H^{+}(aq) \rightleftharpoons H_2O(\ell) + Ca^{2+}(aq) + CO_2(g)$

4.2 Dê os quocientes de reação para cada uma das seguintes reações.

a) $2NOCl(g) \rightleftharpoons 2NO(g) + Cl_2(g)$
b) $Zn(s) + CO_2(g) \rightleftharpoons ZnO(s) + CO(g)$
c) $MgSO_4(s) \rightleftharpoons MgO(s) + SO_3(g)$
d) $Zn(s) + 2H^{+}(aq) \rightleftharpoons Zn^{2+}(aq) + H_2(g)$
e) $NH_4Cl(s) \rightleftharpoons NH_3(g) + HCl(g)$

4.3 Em quais das seguintes reações a constante de equilíbrio depende das unidades de concentração?

a) $CO(g) + H_2O(g) \rightleftharpoons CO_2(g) + H_2(g)$
b) $COCl_2(g) \rightleftharpoons CO(g) + Cl_2(g)$
c) $NO(g) \rightleftharpoons \frac{1}{2}N_2(g) + \frac{1}{2}O_2(g)$

4.4 Entre os metais Zn, Mg e Fe, qual é aquele que remove a maior quantidade de íons cúpricos da solução? As seguintes constantes de equilíbrio são válidas à temperatura ambiente.

$$Zn(s) + Cu^{2+}(aq) \rightleftharpoons Cu(s) + Zn^{2+}(aq) \qquad K = 2 \times 10^{37}$$
$$Mg(s) + Cu^{2+}(aq) \rightleftharpoons Cu(s) + Mg^{2+}(aq) \qquad K = 6 \times 10^{90}$$
$$Fe(s) + Cu^{2+}(aq) \rightleftharpoons Cu(s) + Fe^{2+}(aq) \qquad K = 3 \times 10^{26}$$

4.5 Dado o equilíbrio

$$N_2O_4(g) \rightleftharpoons 2NO_2(g),$$

com $K_p = 0{,}15$ em unidades de atmosfera a 25°C.

a) Qual é o valor de K_p quando as pressões são em torr?
b) Qual é o valor de K_p quando as unidades são mol por litro?

4.6 Para a reação $\frac{1}{2}O_2(g) + \frac{1}{2}N_2(g) \rightleftharpoons NO(g)$,

$K_p = 6{,}82 \times 10^{-16}$. Qual é o valor de K_p para

$$2NO(g) \rightleftharpoons O_2(g) + N_2(g)?$$

4.7 As constantes de equilíbrio para as seguintes reações foram medidas a 823 K:

$$CoO(s) + H_2(g) \rightleftharpoons Co(s) + H_2O(g) \qquad K = 67,$$
$$CoO(s) + CO(g) \rightleftharpoons Co(s) + CO_2(g) \qquad K = 490.$$

A partir desses dados, calcule a constante de equilíbrio da reação

$$CO_2(g) + H_2(g) \rightleftharpoons CO(g) + H_2O(g)$$

medidas a 823 K.

4.8 Dadas as seguintes reações e suas constantes de equilíbrio,

$$H_2O(\ell) \rightleftharpoons H^{+}(aq) + OH^{-}(aq) \qquad K = 1{,}0 \times 10^{-14},$$
$$CH_3COOH(aq) \rightleftharpoons CH_3COO^{-}(aq) + H^{+}(aq) \qquad K = 1{,}8 \times 10^{-5},$$

qual é a constante de equilíbrio para

$$CH_3COO^{-}(aq) + H_2O(\ell) \rightleftharpoons CH_3COOH(aq) + OH^{-}(aq)?$$

Interpretação das Constantes de Equilíbrio

4.9 No equilíbrio

$$Zn(s) + Cu^{2+}(aq) \rightleftharpoons Cu(s) + Zn^{2+}(aq)$$

com $K = 2 \times 10^{37}$, o que acontecerá com o Cu^{2+} e o Zn^{2+} numa solução 0,1 *M* em relação a cada íon, mas que não contém nenhum Zn(s) nem Cu(s), quando os seguintes elementos forem adicionados?
a) Zn(s) e Cu(s)
b) Somente Zn(s)
c) Somente Cu(s)

4.10 Para a reação $H_2(g) + I_2(g) \rightleftharpoons 2HI(g)$,

$K = 55{,}3$ a 699 K. Numa mistura que consiste em 0,70 atm de HI e 0,02 atm de H_2 e de I_2 a 699 K, haverá alguma reação efetiva? Em caso positivo, HI será consumido ou formado?

4.11 Um importante equilíbrio na química da poluição do ar é a reação

$$NO_2(g) \rightleftharpoons NO(g) + \tfrac{1}{2}O_2(g),$$

sendo que $K_p = 6{,}6 \times 10^{-7}$ em unidades de atmosferas a 25°C. Se NO(g) e O_2 (g), ambos a 1 atm, forem misturados, o que se observaria? NO é incolor e NO_2 é vermelho-castanho. Se NO(g) for gerado quimicamente num tubo de ensaio aberto, onde ocorreria o equilíbrio?

4.12 O composto gasoso NOBr decompõe-se de acordo com a reação

$$NOBr(g) \rightleftharpoons NO(g) + \tfrac{1}{2}Br_2(g).$$

A 350 K, a constante de equilíbrio é igual a 0,15. Se 0,50 atm de NOBr, 0,40 atm de NO e 0,20 atm de Br_2 forem misturados nessa temperatura, ocorrerá alguma reação? Caso isto aconteça, o Br_2 será consumido ou formado?

Princípio de Le Châtelier

4.13 Nitrogênio e oxigênio reagem formando amônia segundo a reação

$$\tfrac{1}{2}N_2 + \tfrac{3}{2}H_2 \rightleftharpoons NH_3 \qquad \Delta\tilde{H}^\circ = -46 \text{ kJ mol}^{-1}.$$

Se uma mistura dos três gases estivesse em equilíbrio, qual seria o efeito sobre a quantidade de NH_3 se ocorresse o seguinte:

a) A mistura fosse comprimida.
b) A temperatura fosse elevada.
c) Mais H_2 fosse introduzido.

4.14 Você esperaria que a constante de equilíbrio da reação

$$I_2(g) \rightleftharpoons 2I(g)$$

aumentasse ou diminuísse à medida que a temperatura se elevasse? Por quê?

4.15 Considere uma solução saturada com Ag_2SO_4(s), de acordo com o equilíbrio

$$Ag_2SO_4(s) \rightleftharpoons 2Ag^+(aq) + SO_4^{2-}(aq).$$

Como a quantidade de Ag_2SO_4 sólido em equilíbrio seria afetada em cada uma das seguintes situações?

a) Adição de mais água
b) Adição de $AgNO_3$ (s)
c) Adição de $NaNO_3$ (s)
d) Adição de NaCl(s) (*Nota*: precipitará algum AgCl.)

4.16 A temperatura ambiente, a reação

$$\tfrac{1}{2}O_2(g) + \tfrac{1}{2}N_2(g) \rightleftharpoons NO(g)$$

apresenta um valor extremamente pequeno para K_p; mas a 2400 °C seu valor de K_p é suficientemente alto para que o ar aquecido contenha cerca de 2 mols por cento de NO.

a) O que se pode concluir sobre o ΔH dessa reação?
b) A percentagem de NO no ar a 2400 °C aumentaria, diminuiria ou permaneceria inalterada se o ar fosse comprimido a 10 atm?

4.17 A seguir apresentamos o equilíbrio de dissociação para o ácido HSO_4^-:

$$HSO_4^-(aq) + H_2O(\ell) \rightleftharpoons H_3O^+(aq) + SO_4^{2-}(aq)$$

$$K = 1{,}0 \times 10^{-2}.$$

a) Se uma solução 1 *M* de HSO_4^- for diluída a 0,1 *M* pela adição de água, a concentração de equilíbrio do H_3O^+ aumentaria, diminuiria ou não se alteraria?
b) O que se pode dizer sobre a fração de HSO_4^- que se dissocia em SO_4^{2-} com essa mesma diluição?

4.18 Sugira quatro alternativas pelas quais a concentração de equilíbrio do SO_3 pode ser aumentada num recipiente fechado, sabendo-se que a única reação é

$$SO_2(g) + \tfrac{1}{2}O_2(g) \rightleftharpoons SO_3(g) \qquad \Delta\tilde{H}^\circ = -99 \text{ kJ mol}^{-1}.$$

Cálculos da Constante de Equilíbrio

4.19 Sabendo-se que NO_2 é vermelho-castanho, enquanto que N_2O_4 é incolor, a pressão parcial de NO_2 pode ser determinada por absorção de luz. Se a 35 °C a pressão total de um sistema em equilíbrio é de 2,00 atm e P_{NO_2} = 0,65 atm, qual o valor de K_p nessa temperatura?

4.20 Para a reação

$$\tfrac{1}{2}O_2(g) + \tfrac{1}{2}N_2(g) \rightleftharpoons NO(g),$$

$K_p = 6{,}8 \times 10^{-6}$ a 25°C. Utilize esta informação para determinar a pequena pressão parcial de equilíbrio do NO na atmosfera ao nível do mar (78% N_2, 21% O_2 e 1% Ar, em percentagem por mol. Use também os dados do problema 4.11 para calcular a pressão de equilíbrio do NO_2 na atmosfera.

4.21 Um químico introduz uma amostra de N_2O_4 numa ampola mantida a 25 °C. Após atingido o equilíbrio, a pressão total é de 0,54 atm. Qual a fração de N_2O_4 que se dissociou em NO_2 e qual é a pressão na ampola antes que qualquer N_2O_4 se dissocie?

4.22 A 375 K, a constante de equilíbrio K_p da reação

$$SO_2Cl_2(g) \rightleftharpoons SO_2(g) + Cl_2(g)$$

é 2,4 quando as pressões são expressas em atmosferas. Suponha que 6,7 g de SO_2Cl_2 sejam introduzidas numa ampola de 1 L e a temperatura seja elevada a 375 K. Qual seria a a pressão do SO_2Cl_2 se não houvesse dissociação? Quais são as pressões de SO_2, Cl_2 e SO_2Cl_2 no equilíbrio?

4.23 A constante de equilíbrio para a reação

$$CO_2(g) + H_2(g) \rightleftharpoons CO(g) + H_2O(g)$$

é 0,10 a 690 K. Se forem introduzidos numa grande ampola a 690 K 0,50 mol de CO_2 e 0,50 mol de H_2, quantos mols de cada um destes gases haverá no equilíbrio? *Nota*: Uma vez que a constante de equilíbrio não depende das unidades, na fórmula de Q pode-se usar o mol em vez de concentração ou pressão.

4.24 A 1000 K, a pressão de CO_2 em equilibrio com $CaCO_3$ e CaO é igual a 3,9 x 10^{-2} atm. Quando as pressões são expressas em atmosferas, a constante de equilíbrio para a reação

$$C(s) + CO_2(g) \rightleftharpoons 2CO(g)$$

à mesma temperatura, é igual a 1,9. C, CaO e $CaCO_3$ sólidos são misturados e atingem o equilíbrio a 1000 K num recipiente fechado. Qual é a pressão do CO no equilíbrio?

4.25 Utilize os dados do problema 4.10 para determinar os valores de equilíbrio para as pressões parciais de HI, H_2 e I_2 na mistura descrita.

4.26 Utilize os dados do problema 4.22 para determinar as pressões parciais de equilíbrio quando inicialmente houver 1 atm de Cl_2 e mais 6,7 g de SO_2Cl_2. Compare este resultado com o do problema 4.22 e mostre que a sua resposta está de acordo com o princípio de Le Châtelier.

4.27 Há vários anos atrás descobriu-se que acima de 500° C o equilíbrio

$$F_2(g) \rightleftharpoons 2F(g)$$

podia ser determinado por medidas diretas de pressão. Construiu-se uma aparelhagem com duas ampolas idênticas. Uma foi preenchida com N_2 e a outra, com F_2. Suas pressões foram igualadas a 500 °C e depois as ampolas foram seladas e aquecidas. Partindo dos seguintes resultados experimentais, determine K_p para a dissociação a 707 °C e a 840 °C. Considere que as moléculas de N_2, muito estáveis, não se dissociaram.

Temperatura (°C)	Bulbo de N_2	Bulbo de F_2
500	0,600 atm	0,600 atm
707	0,761 atm	0,796 atm
840	0,864 atm	0,984 atm

4.28 A **solubilidade molal** s de AgCl(s) em água apresenta um ligeiro aumento quando a força iônica μ é elevada pela adição de sais como $NaNO_3$. Isto ocorre porque o equilíbrio

$$AgCl(s) \rightleftharpoons Ag^+(aq) + Cl^-(aq)$$

deve ser descrito em atividades. Portanto,

$$K_{ps} = \{Ag^+\}\{Cl^-\}$$
$$= s^2\gamma_\pm{}^2,$$

sendo que $\gamma_\pm$ é o coeficiente de atividade médio. O valor de $\gamma_\pm$ diminui com o aumento da força iônica da solução. Partindo dos seguintes dados, mostre que log s vs $\sqrt{\mu}$ é uma linha reta.

Determine também $\gamma_\pm$ quando μ = 0,010 m.

$NaNO_3$ adicionado, μ(molalidade)	Solubilidade de AgCl, s(molalidade)
1,0 x 10^{-4}	1,29 x 10^{-5}
1,6 x 10^{-3}	1,34 x 10^{-5}
3,6 x 10^{-3}	1,37 x 10^{-5}
1,0 x 10^{-2}	1,43 x 10^{-5}

5 Equilíbrio Iônico em Solução Aquosa

O equilíbrio entre espécies iônicas, em solução aquosa, merece uma atenção especial devido à sua importância em várias áreas da química. Os conceitos utilizados, no tratamento de problemas relativos a equilíbrio iônico, são os mesmos aplicados em outras situações nas quais se observa o estabelecimento de um equilíbrio químico. Assim, o estudo do equilíbrio iônico nos oferece uma chance de revermos os conceitos gerais enquanto estudamos uma aplicação prática importante.

Apresentaremos o equilíbrio iônico em três níveis de complexidade. No primeiro, serão abordados os equilíbrios envolvendo sais pouco solúveis e que se comportam como eletrólitos fortes. Neste nível, desenvolveremos o uso e a manipulação de expressões de constantes de equilíbrio simples. No segundo nível, introduziremos sistemas com dois equilíbrios simultâneos.

Apesar destes equilíbrios poderem ocorrer no caso de sais pouco solúveis, eles são mais importantes no caso dos ácidos e bases fracas. Assim, despenderemos a maior parte deste capítulo no estudo de equilíbrios ácido-base. No terceiro nível, trataremos de sistemas que apresentam vários equilíbrios simultâneos, ou seja, ácidos polipróticos fracos, formação de complexos metálicos iônicos e sais pouco solúveis.

A habilidade de resolver problemas envolvendo equilíbrios é o resultado da compreensão dos princípios físicos e de uma intuição que somente pode ser adquirida com a experiência. Este capítulo deve ser lido com um lápis, uma calculadora e um pedaço de papel à mão, e as etapas de cada dedução e exemplo devem ser trabalhados independentemente do texto.

Você não estará preparado para dar o próximo passo enquanto não for capaz de resolver os problemas estudados sem o auxílio do livro.

5.1 Sais Pouco Solúveis

O problema de se encontrar a concentração de equilíbrio de um sal pouco solúvel é uma das mais simples aplicações do conceito de equilíbrio químico. Considere o caso da dissolução de cloreto de prata sólido em água, a qual ocorre segundo a reação:

$$AgCl(s) \rightleftharpoons Ag^+(aq) + Cl^-(aq). \quad (5.1)$$

Quando o equilíbrio entre o sólido puro e a solução for alcançada, a 25°C, verificaremos que somente $1{,}3 \times 10^{-5}$ mol de AgCl se dissolveu em 1 L de água. Por menor que esta concentração possa parecer, ela é suficiente para ser importante em muitas situações encontradas no laboratório. Assim, estamos interessados em encontrar uma expressão que nos permita calcular rigorosamente a solubilidade de sais como o AgCl, sob as mais diversas condições.

Aplicando o procedimento geral para escrever a expressão da constante de equilíbrio, temos que

$$K = \frac{[Ag^+][Cl^-]}{[AgCl(s)]}.$$

Mas, lembre-se de que a concentração de um sólido puro é uma constante e, imediatamente, podemos simplificar nossa expressão definindo uma nova constante K_{ps} como sendo igual a

$$K_{ps} = [Ag^+][Cl^-].$$

Conseqüentemente, a constante de equilíbrio da reação (5.1) é o produto da concentração das espécies iônicas. Por isso, o

K_{ps} deste tipo de reação é, freqüentemente, denominado a constante do produto iônico ou simplesmente o **produto de solubilidade.** Abaixo são dados três equilíbrios e suas respectivas **expressões do produto de solubilidade:**

$$CaF_2(s) \rightleftharpoons Ca^{2+}(aq) + 2F^-(aq)$$
$$K_{ps} = [Ca^{2+}][F^-]^2,$$

$$Ag_2CrO_4(s) \rightleftharpoons 2Ag^+(aq) + CrO_4{}^{2-}(aq)$$
$$K_{ps} = [Ag^+]^2[CrO_4{}^{2-}],$$

$$La(OH)_3(s) \rightleftharpoons La^{3+}(aq) + 3OH^-(aq)$$
$$K_{ps} = [La^{3+}][OH^-]^3.$$

Nestes exemplos foi adotada a convenção de não se introduzir concentrações invariantes na expressão da constante de equilíbrio. Os produtos de solubilidade de alguns sais são dados na Tabela 5.1.

As constantes de equilíbrio de solubilidade de eletrólitos fortes são aplicáveis somente para substâncias pouco solúveis. Existem dois motivos principais que explicam esta limitação. Primeiro, as soluções concentradas de eletrólitos, tais como uma solução saturada de cloreto de potássio, não se comportam idealmente. Nestes casos, a expressão da constante de equilíbrio, da maneira simples que a escrevemos, não é rigosamente válida. Segundo, para resolvermos os problemas práticos de análise química, freqüentemente, nos valemos da diferença de solubilidade entre dois sais pouco solúveis. São exatamente nestes casos que as informações fornecidas pelas constantes de equilíbrio se tornam muito valiosas. Assim, estamos na situação privilegiada de termos uma teoria que melhor se aplica aos casos de maior interesse.

TABELA 5.1 PRODUTOS DE SOLUBILIDADE*

	K_{ps}		K_{ps}
$Al(OH)_3$	3×10^{-34}	$Mg(OH)_2$	$7,1 \times 10^{-12}$
$BaCO_3$	$5,0 \times 10^{-9}$	$Mn(OH)_2$	2×10^{-13}
$BaCrO_4$	$2,1 \times 10^{-10}$	Hg_2Cl_2	$1,2 \times 10^{-18}$
BaF_2	$1,7 \times 10^{-6}$	$AgBrO_3$	$5,5 \times 10^{-5}$
$BaSO_4$	$1,1 \times 10^{-10}$	AgBr	$5,0 \times 10^{-13}$
$CaCO_3$	$4,5 \times 10^{-9}$	AgCl	$1,8 \times 10^{-10}$
CaF_2	$3,9 \times 10^{-11}$	Ag_2CrO_4	$1,2 \times 10^{-12}$
$CaSO_4$	$2,4 \times 10^{-5}$	AgI	$8,3 \times 10^{-17}$
$Cu(OH)_2$	$4,8 \times 10^{-20}$	AgSCN	$1,1 \times 10^{-12}$
$Cu(IO_3)_2$	$7,4 \times 10^{-8}$	$ZnCO_3$	$1,0 \times 10^{-10}$
$La(OH)_3$	2×10^{-21}	$Zn(OH)_2$(am)†	3×10^{-16}
$PbSO_4$	$1,6 \times 10^{-8}$	$Zn(OH)_2$(cr)	6×10^{-17}

* Para 25°C e baixas forças iônicas. Os valores para óxidos e sulfetos estão dados na Tabela 5.7 Valores baseados em R. M. Smith e A. E. Martell, *Critical Stability Constants*, Vol. 4 (New York: Plenum Press, 1976).
† am = amorfo/ cr = cristalino.

Há uma outra razão para se utilizar as expressões das constantes de equilíbrio para o caso de sais pouco solúveis: devido às pequenas concentrações daquelas substâncias em solução, é muito difícil medirmos diretamente as solubilidades das mesmas. Contudo, é possível detectar pequeníssimas quantidades de íons dissolvidos medindo-se os potenciais das células eletroquímicas, como veremos no Cap.7. A medida dos potenciais nos dá, diretamente, o produto de solubilidade K_{ps} dos sais; o qual nos possibilita calcular a solubilidade. Suponhamos que se saiba o valor do produto de solubilidade do AgCl em água:

$$[Ag^+][Cl^-] = K_{ps} = 1,8 \times 10^{-10}, \qquad (5.2)$$

cujas concentrações devem estar em mols por litro. Como poderemos calcular a solubilidade do AgCl em água a partir deste dado ?

Podemos notar por meio da Eq.(5.1) que para cada mol de Ag^+ dissolvido, também, temos 1 mol de Cl^- em solução. Não há outra fonte deste íon e, assim, podemos inferir que $[Ag^+]=[Cl^-]$. Substituindo-se na Eq.(5.2), temos que

$$[Ag^+][Cl^-] = [Ag^+]^2 = 1,8 \times 10^{-10},$$
$$[Ag^+] = 1,3 \times 10^{-5}\,M.$$

Esta é a concentração de Ag^+ presente quando o equilíbrio, entre a solução e o excesso de sólido não dissolvido, for alcançado. Podemos notar pela estequiometria da Eq.(5.1) que este também é o número máximo de mols de AgCl que se dissolve em 1 L de água pura. Logo, a solubilidade deste sal é igual a $1,3 \times 10^{-5}$ M.

O cálculo da solubilidade de sais análogos ao CaF_2, em água pura, pode ser efetuado de maneira semelhante ao do caso anterior. A reação global da reação de dissolução e o produto de solubilidade correspondente são:

$$CaF_2(s) \rightleftharpoons Ca^{2+}(aq) + 2F^-(aq),$$
$$[Ca^{2+}][F^-]^2 = K_{ps} = 3,9 \times 10^{-11}.$$

A única fonte de Ca^{2+} e F^-, em água pura, é o próprio sal; e pela estequiometria podemos concluir que existem duas vezes mais íons F^- que íons Ca^{2+}. Portanto,

$$[F^-] = 2[Ca^{2+}]$$

e

$$[Ca^{2+}][F^-]^2 = [Ca^{2+}](2[Ca^{2+}])^2 = 3,9 \times 10^{-11},$$
$$4[Ca^{2+}]^3 = 3,9 \times 10^{-11},$$
$$[Ca^{2+}] = 2,1 \times 10^{-4}\,M.$$

A solubilidade do CaF_2, em água pura, é igual a $2,1 \times 10^{-4}$, visto que 1 mol de íons Ca^{2+} (aq) se formam por mol de sal dissolvido.

Quando exemplos similares aos anteriores são apresentados, freqüentemente, somos solicitados para explicar por que uma das concentrações deve ser multiplicada por dois *e* elevada ao quadrado. A forma da constante de equilíbrio requer que a concentração de íon *fluoreto* seja elevada ao quadrado. Por outro lado, a estequiometria requer que a concentração de íons fluoreto seja *igual a duas vezes a concentração de íons cálcio*. Estes dois requisitos levam ao aparecimento do fator $(2[Ca^{2+}])^2$ durante a resolução do problema.

Pergunta. Qual é a proporção entre $[Ag^+]$ e $[CrO^{2-}_4]$ em equilíbrio com Ag_2CrO_4 (s), quando cromato de prata é dissolvido em água pura? Em seguida, calcule a solubilidade do Ag_2CrO_4 utilizando o valor do produto de solubilidade em água.

Resposta. $[Ag^+] = 2[CrO^{2-}_4]$ e a solubilidade = 6,7 x 10^{-5} M.

Por meio destes exemplos, você já deve ter percebido qual é o modelo seguido para a resolução dos problemas. As expressões dos produtos de solubilidade contém duas concentrações desconhecidas. Então, precisa-se de uma relação adicional, decorrente da estequiometria da reação, para se chegar a um problema de duas equações e duas incógnitas. Assim, pode-se resolver o problema e obter o resultado desejado.

Nas próximas duas seções, mostraremos como a solubilidade dos sais é influenciada pela presença de íons que participam do equilíbrio de solubilidade. Este fenômeno é, freqüentemente, denominado **efeito do íon-comum.**

Solubilidade na Presença de íon Comum

Vamos calcular a solubilidade do AgCl numa solução 1,0 x 10^{-2} *M* de $AgNO_3$, para percebermos as vantagens de se conhecer os produtos de solubilidade dos sais. Partindo-se de uma solução saturada de AgCl, em água pura, o que acontecerá se adicionarmos $AgNO_3$ sólido suficiente para que sua concentração seja igual a 1,0 x 10^{-2}*M* ? A presença de Ag^+ provoca uma perturbação no equilíbrio de solubilidade do AgCl e, de acordo com o princípio de Le Châtelier, o equilíbrio deve se deslocar no sentido de minimizar tal efeito. Portanto, podemos inferir que a solubilidade do AgCl (medido pela concentração de Cl^-), na solução 1,0 x 10^{-2} *M* de Ag^+, deve ser menor do que em água pura.

Devemos calcular a concentração de Cl^-, na solução 1,0 x 10^{-2} *M* de $AgNO_3$ saturada com AgCl, para verificarmos a asserção acima. Poderíamos calcular a concentração de íon Cl^- utilizando a expressão do produto de solubilidade

$$[Cl^-] = \frac{K_{ps}}{[Ag^+]},$$

se conhecêssemos a concentração de íon Ag^+ no equilíbrio. Neste sentido, podemos utilizar a relação estequiométrica abaixo:

$$[Ag^+] = [Ag^+]_{(\text{do } AgNO_3)} + [Ag^+]_{(\text{do AgCl})} \cdot \qquad (5.3)$$

O segundo termo do lado direito deve ser menor do que 1,3 x 10^{-5} *M*, a concentração de íon Ag^+ numa solução saturada de AgCl em água pura, de acordo com o princípio de Le Châtelier. O primeiro termo do lado direito é igual a 1,0 x 10^{-2} *M*, o qual é muito maior do que o segundo. Assim, podemos desprezar o segundo termo do lado direito. Substituindo, temos que

$$[Ag^+] \cong 1,0 \times 10^{-2}\ M$$

e, conseqüentemente

$$[Cl^-] = \frac{K_{ps}}{[Ag^+]} \cong \frac{1,8 \times 10^{-10}}{1,0 \times 10^{-2}} = 1,8 \times 10^{-8}\ M.$$

Esta quantidade deve ser igual ao número de mols de AgCl dissolvido em 1 L de solução, o qual é igual à solubilidade do AgCl numa solução 1,0 x 10^{-2} *M* de Ag^+. Podemos notar que a solubilidade é bem menor do que em água pura, sendo o resultado coerente com o princípio de Le Châtelier. Além disso, dado que a quantidade de Ag^+ proveniente da dissolução do AgCl é muito menor do que 1,0 x 10^{-2} *M*, podemos justificar a simplificação que fizemos anteriormente ao desprezarmos a contribuição desta fonte de Ag^+ com relação à concentração de $AgNO_3$.

Vamos calcular a solubilidade do CaF_2 em (1) uma *solução* 1,0 x 10^{-2} *M* de $Ca(NO_3)_2$ e (2) uma solução 1,0 x 10^{-2} *M* de NaF. Este será o último exemplo do uso dos produtos de solubilidade e do significado da palavra *solubilidade*.

No caso da solubilização do CaF_2 numa solução de $Ca(NO_3)_2$, não podemos dizer que a solubilidade daquele sal é igual à concentração de equilíbrio de Ca^{2+}, visto que a maior parte destes íons são provenientes do $Ca(NO_3)_2$ e não do CaF_2. Entretanto, o CaF_2 é a única fonte de íons F^- e para cada mol de CaF_2 que se dissolve dois mols de íons F^- vão para a solução. Portanto, a solubilidade do sal, em mols por litro, é igual a

$$\text{solubilidade por mol} = 1/2[F^-].$$

Assim, nosso problema é encontrar a concentração de íons F^- no estado de equilíbrio.

Podemos calcular a $[F^-]$, por meio da expressão da constante de equilíbrio se conhecêssemos a $[Ca^{2+}]$, pois

$$[Ca^{2+}][F^-]^2 = K_{ps} \qquad [F^-] = \left(\frac{K_{ps}}{[Ca^{2+}]}\right)^{1/2}.$$

A concentração de íons cálcio pode ser obtida resolvendo-se a equação do balanço de matéria:

$$[Ca^{2+}] = [Ca^{2+}]_{(do\ Ca(NO_3)_2)} + [Ca^{2+}]_{(do\ CaF_2)} \quad (5.4)$$

Vimos, anteriormente nesta secção, que a concentração de íons Ca^{2+}, resultante da dissolução de CaF_2 em água pura, é igual a 2,1 x 10^{-4} *M*. Pelo princípio de Le Châtelier, sabemos que uma quantidade ainda menor de CaF_2 irá se dissolver numa solução 1,0 x 10^{-2} *M* de $Ca(NO_3)_2$. Assim, sabemos que a *contribuição* do CaF_2 para a concentração de íons Ca^{2+} será inferior a 2,1 x 10^{-4} *M*. Portanto, podemos desprezar a contribuição do CaF_2 para a concentração total de Ca^{2+}, de modo que

$$[Ca^{2+}] \cong 1{,}0 \times 10^{-2}\ M,$$

Substituindo na expressão do produto de solubilidade,

$$[F^-] = \left(\frac{K_{ps}}{[Ca^{2+}]}\right)^{1/2}$$

temos que

$$[F^-] \cong \left(\frac{3{,}9 \times 10^{-11}}{1{,}0 \times 10^{-2}}\right)^{1/2} = 6{,}2 \times 10^{-5}\ M,$$

Logo,

$$\text{solubilidade} = \tfrac{1}{2}[F^-] \cong 3{,}1 \times 10^{-5}\ M.$$

Em acordo com o princípio de Le Châtelier, a solubilidade do CaF_2 foi diminuida pela presença de um de seus íons. Além disso, o fato da concentração de Ca^{2+}, proveniente da dissolução do CaF_2, ser de apenas 6.2 x 10^{-5} *M*, torna justificável a simplificação feita no cálculo da concentração de íons Ca^{2+} em solução.

Agora, vamos determinar a solubilidade do CaF_2 numa solução 1,0 x 10^{-2} de NaF. Nestas condições, podemos dizer que a solubilidade do CaF_2 é igual à concentração de íons Ca^{2+}, no equilíbrio:

$$\text{solubilidade} = [Ca^{2+}].$$

Como no nosso exemplo anterior, podemos estimar a concentração de íons em excesso e calcular a concentração dos demais íons utilizando o produto de solubilidade. A concentração de íons F^- é igual a

$$[F^-] = [F^-]_{(do\ NaF)} + [F^-]_{(do\ CaF_2)} \quad (5.5)$$

O primeiro termo do lado direito é igual a 1,0 x 10^{-2} M, e o segundo deve inferior a 4,2 x 10^{-4} *M*, ou seja, a concentração de F^- numa solução saturada de CaF_2 em água. Então, podemos concluir que

$$[F^-] \cong 1{,}0 \times 10^{-2}\ M,$$

e utilizando a expressão da constante de equilíbrio,

$$[Ca^{2+}] = \frac{K_{ps}}{[F^-]^2} \cong \frac{3{,}9 \times 10^{-11}}{(1{,}0 \times 10^{-2})^2} = 3{,}9 \times 10^{-7}\ M.$$

Portanto, a solubilidade do CaF_2, numa solução 1,0 x 10^{-2} *M* de NaF, é igual a 3,9 x 10^{-7} *M*. Novamente, podemos perceber que podemos desprezar a concentração de íons F^- provenientes da dissolução do CaF_2, pois a contribuição do CaF_2 (~2x3,9x10^{-7} *M*) para a concentração total de F^- é muito menor do que 1,0 x 10^{-2}*M*.

Pergunta. A solubilidade do Ag_2CrO_4 em água pura é igual a 6,7 x 10^{-5} *M*. A solubilidade deste sal, numa solução 0,05 M de $AgNO_3$, será maior ou menor do que 6,7 x 10^{-5} *M*? Por quê?

Resposta. Nesta solução a $[Ag^+]$ foi aumentada para 0,05 *M*, portanto a $[CrO_4^{2-}]$ deve diminuir. A solubilidade calculada é igual a 4,8 x 10^{-10} *M*.

Estes exemplos foram utilizados para ilustrar como o produto de solubilidade pode ser utilizado para se calcular a solubilidade de um sal em qualquer solução contendo um de seus íons. Também, foi possível notar que o princípio de Le Châtelier é um ótimo guia para a resolução dos problemas. Além disso, a comparação com outras situações mais simples podem ser muito úteis, pois facilitam a visualização de possíveis aproximações que simplificam consideravelmente os cálculos.

Métodos Exatos para o Cálculo do Efeito do Íon Comum

Os problemas dos exemplos anteriores foram resolvidos fazendo-se algumas aproximações. Apesar das aproximações serem totalmente justificáveis devido à grande quantidade de íon comum presente, nem sempre elas são apropriadas. Portanto, sempre precisamos dispor de um método exato, que não dependa de aproximações. Nos problemas com apenas um equilíbrio simples, as equações exatas podem ser deduzidas facilmente utilizando-se o procedimento denominado **método da reação global**. Neste método, a reação mais importante é descrita por uma reação global. No caso da dissolução de AgCl(s) em água pura ou numa solução de $AgNO_3$, a reação global é

$$AgCl(s) \rightleftharpoons Ag^+(aq) + Cl^-(aq).$$

A concentração de Ag^+ proveniente da dissolução do AgCl deve ser igual à concentração de Cl^-, como pode ser observado a partir da reação global. Tendo isto em mente, podemos reescrever a Eq.(5.3) de forma exata:

$$[Ag^+] = C_0 + [Cl^-], \qquad (5.3 \text{ exata})$$

onde C_0 é a molaridade da solução de $AgNO_3$, ou seja, é igual a concentração inicial de íons Ag^+ antes da dissolução do AgCl. A partir desta relação estequiométrica e da expressão do produto de solubilidade, temos que

$$(C_0 + [Cl^-])[Cl^-] = K_{ps},$$

Esta equação pode ser resolvida para a concentração de Cl, para quaisquer valores de K_{ps} e C_0.

A reação global para a dissolução do CaF_2(s) é

$$CaF_2(s) \rightleftharpoons Ca^{2+}(aq) + 2F^-(aq).$$

Há duas soluções exatas para os problemas envolvendo CaF_2 (s), dependendo se a solução contém $Ca(NO_3)_2$ ou NaF. Analogamente ao caso anterior, temos que

$$[Ca^{2+}] = C_0 + \tfrac{1}{2}[F^-], \qquad (5.4 \text{ exata})$$

onde C_0 é a concentração molar do $Ca(NO_3)_2$ adicionado, e

$$[F^-] = C_0 + 2[Ca^{2+}], \qquad (5.5 \text{ exata})$$

onde C_0 é a concentração inicial de F^- adicionado. As duas equações acima podem ser substituidas na expressão do produto de solubilidade, de modo a se obter equações contendo apenas uma incógnita. Em ambos os casos, a equação resultante é uma expressão cúbica, que pode ser resolvida facilmente por métodos numéricos.

Em todos os casos foi utilizada uma idéia básica: os íons que participam do produto de solubilidade provêm de mais de uma fonte, porém a grandeza de interesse são suas concentrações totais. Para facilitar os cálculos estequiométricos dois tipos de íons Ag^+, Ca^{2+} e F^- foram considerados. No entanto, para o sistema não importa a origem de tais íons. O sistema não pode reconhecer se os íons são provenientes de um sal solúvel ou se são provenientes da solubilização do sal pouco solúvel de interesse.

O método da reação global é muito eficiente para se obter as soluções exatas ou quase exatas de um problema. Em alguns exemplos que se seguem, mostraremos um método completamente sistemático que prescinde da equação global. Este método é voltado para a resolução de problemas que tratam de vários equilíbrios simultâneos. Neste método não há a necessidade de se conhecer a reação química principal que ocorre no sistema, como no método da reação global.

Dois Equilíbrios de Solubilidade

Suponha que tenhamos adicionado uma solução de $AgNO_3$ numa solução contendo íons Cl^- e CrO_4^{2-}. Dado que AgCl(s) e Ag_2CrO_4(s) são relativamente insolúveis, ambos ou um deles poderá precipitar após a adição de $AgNO_3$, e um equilíbrio se estabelecerá. Não é muito difícil de se analisar este tipo de problema e se chegar a um resultado quantitativo satisfatório.

Para fixarmos o conjunto de condições iniciais, vamos supor que partimos de uma solução contendo 0,10 *mols* de NaCl e 0,010 *mols* de Na_2CrO_4 por litro de solução. Porém, antes de acrescentarmos o $AgNO_3$, precisamos conhecer os dois produtos de solubilidade e prever o que nos aguarda. Os produtos de solubilidade são:

$$[Ag^+][Cl^-] = 1{,}8 \times 10^{-10},$$
$$[Ag^+]^2[CrO_4^{2-}] = 1{,}2 \times 10^{-12}.$$

Quando íons Ag^+ forem adicionados à solução contendo íons Cl^- e CrO_4^{2-}, a alta concentração de íons Ag^+ fará com que os quocientes de reação do AgCl(s) e Ag_2CrO_4(s) excedam seus produtos de solubilidade. Conseqüentemente, ambas as espécies irão precipitar. A quantidade de precipitado aumentará continuamente até que cada quociente de reação se torne igual ou inferior aos seus produtos de solubilidade. Se um excesso de íons Ag^+ for adicionado, ambos os precipitados permanecerão no meio e os quocientes de reação de ambos serão iguais a seus produtos de solubilidade. Se uma pequena quantidade de Ag^+ for adicionado, restará apenas o precipitado de um dos sais. Para decidirmos qual dos dois precipitados irá persistir, precisamos calcular a concentração de Ag^+ necessário para formar cada um dos precipitados, nas condições de equilíbrio. Considerando-se as condições iniciais anteriormente estabelecidas, na qual $[Cl^-] = 0{,}10$ M e $[CrO_4^{2-}] = 0{,}010$ *M*,

$$[Ag^+]_{(p/\,AgCl)} = \frac{1{,}8 \times 10^{-10}}{0{,}10} = 1{,}8 \times 10^{-9}\,M,$$

$$[Ag^+]_{(p/\,Ag_2CrO_4)} = \left(\frac{1{,}2 \times 10^{-12}}{0{,}010}\right)^{1/2} = 1{,}1 \times 10^{-5}\,M.$$

Podemos observar pelos nossos cálculos que o Ag_2CrO_4 (s) não pode existir em equilíbrio com a solução, enquanto a concentração de Ag^+ for inferior a 1,1 x 10^{-5} *M*. Porém, AgCl(s) precipitará quando a concentração de Ag^+ se tornar igual a 1,8 x 10^{-9} *M*. Obviamente, o AgCl precipitará primeiro. O Ag_2CrO_4 não poderá precipitar enquanto uma quantidade suficiente de Cl^- não for removida da solução. O precipitado começará a se formar somente quando a concentração de Cl^- se tornar suficientemente baixa para que a concentração de Ag^+ aumente para 1,1 x 10^{-5} *M*. Se supusermos que o volume da solução não se altera após a adição de

$AgNO_3$ então, a concentração de Cl^- em solução para que o Ag_2CrO_4 comece a precipitar (a concentração de Ag^+ foi determinada anteriormente) deverá ser igual a

$$[Cl^-]\ (\text{p/saturação do } Ag_2CrO_4) = \frac{1{,}8 \times 10^{-10}}{1{,}1 \times 10^{-5}}$$

$$= 1{,}6 \times 10^{-5}\ M$$

A precipitação do Ag_2CrO_4 é utilizada para indicar o ponto final das titulações do íon Cl^- com Ag^+. O **ponto de equivalência** (condição na qual uma quantidade equivalente de reagente foi adicionado à solução problema) desta titulação será alcançado quando $[Cl^-] = [Ag^+]$. O valor calculado acima está muito próximo desta condição, e a fração de Cl^- precipitado na forma de AgCl(s), quando o Ag_2CrO_4 começar a se formar é, praticamente, igual à unidade. Isto pode ser observado abaixo:

$$\text{fração de } Cl^- \text{ precipitado} = \frac{0{,}10 - (1{,}6 \times 10^{-5})}{0{,}10}$$

$$= 0{,}99984.$$

O aparecimento da coloração vermelha do Ag_2CrO_4(s) é um indicador satisfatório do ponto de equivalência. O precipitado vermelho recém formado é perfeitamente visível na solução amarela de CrO_4^{2-}, repleta de AgCl(s) branco. O ponto de equivalência, também, pode ser determinado eletroquimicamente utilizando-se um eletrodo de prata, como será mostrado no próximo capítulo.

No exemplo que se segue, consideraremos o equilíbrio resultante da adição de $AgNO_3$ numa solução contendo íons Cl^- e Br^-. Para tornar o problema mais interessante, adicionaremos uma quantidade suficiente de Ag^+ para obter ambos os precipitados: AgCl(s) e AgBr(s).

Exemplo 5.1. Supondo-se que 0,1100 mol de $AgNO_3$ sejam adicionados a 500 ml de uma solução contendo 0,1000 mol de NaCl e 0,1000 mol de NaBr, quais serão as concentrações de equilíbrio dos íons Ag^+, Cl^- e Br^-?

Resposta. Os produtos de solubilidade de interesse são:

$$[Ag^+][Cl^-] = 1{,}8 \times 10^{-10}, \quad (5.6)$$

$$[Ag^+][Br^-] = 5{,}0 \times 10^{-13}. \quad (5.7)$$

De acordo com nossa discussão prévia, esperamos que quase todo o Br^- seja precipitado como AgBr(s) e que um pouco de AgCl(s) também seja formado. Se estas hipóteses não se confirmarem, teremos uma contradição. Assim, podemos supor que o Br^- irá precipitar quantitativamente e que o Ag^+ restante irá precipitar na forma de AgCl(s). Logo,

nº de mols inicial de AgBr(s) = 0,1000,

nº de mols inicial de AgCl(s) = 0,0100.

Se utilizarmos o subscrito zero para nos referirmos às concentrações iniciais, temos que

$$[Br^-]_0 = 0 \qquad [Ag^+]_0 = 0,$$

$$[Cl^-]_0 = \frac{0{,}1000 - 0{,}0100}{0{,}500}\ \text{mol L}^{-1} = 0{,}1800\ M.$$

Podemos determinar a concentração de Ag^+ utilizando a Eq.(5.6) e a concentração de Cl^- obtido acima. Então, este resultado pode ser substituido na Eq.(5.7) para obtermos a concentração de Br^-. Os valores calculados são dados abaixo:

$$[Ag^+] = 1{,}0 \times 10^{-9}\ M,$$

$$[Br^-] = 5{,}0 \times 10^{-4}\ M.$$

Embora estes resultados sejam satisfatórios, gostaríamos de saber por que a concentração de Br^- é tão grande. Na realidade omitimos uma importante reação que ocorre neste sistema:

$$Cl^-(aq) + AgBr(s) \rightleftharpoons Br^-(aq) + AgCl(s). \quad (5.8)$$

A expressão da constante de equilíbrio desta reação é

$$K = \frac{[Br^-]}{[Cl^-]} = \frac{K_{ps}(AgBr)}{K_{ps}(AgCl)} = 2{,}8 \times 10^{-3}.$$

Podemos notar que a razão entre as concentrações de Cl^- e Br^- é uma constante, quando ambos os sólidos (AgCl(s) e AgBr(s)) estão presentes. Além disso, a Eq.(5.8) pode ser utilizada para se estabelecer a seguinte relação estequiométrica entre as concentrações inicial e final de Cl^-:

$$[Cl^-] = [Cl^-]_0 - [Br^-].$$

Mesmo aplicando-se esta expressão, a concentração de Cl^- varia muito pouco com relação à concentração inicial de Cl^-. Porém, se as magnitudes dos valores de K_{ps} do AgCl(s) e AgBr(s) fossem semelhantes, a diferença seria considerável.

Este problema ilustrou algumas das dificuldades que podem surgir quando dois equilíbrios estão presentes. Embora o método da reação global seja satisfatório, ele requer muito raciocínio a nível químico.

5.2 Ácidos e Bases

Talvez, não exista uma classe de equilíbrios tão importante quanto aquela envolvendo ácidos e bases. A medida que continuarmos o estudo da química, perceberemos que as **reações ácido-base** incluem uma vasta quantidade de transformações químicas.

Portanto, os princípios e problemas práticos tratados na próxima seção são de uso muito geral. Antes de abordarmos os problemas matemáticos dos equilíbros ácido-base, devemos dedicar algum tempo na discussão da nomenclatura e classificação de ácidos, bases e sais.

Á Teoria dos Ácidos e Bases de Arrhenius

A classificação das substâncias como **ácidos** foi inicialmente sugerida por causa do sabor (Latim *acidus* = azedo; *acetum* = vinagre). Alkalis (Arábico *al kali* = cinzas de uma planta) foram tomados como as substâncias capazes de reverter ou neutralizar o efeito dos ácidos. A denominação mais moderna para tais substâncias é **base**. Admitia-se, também, que um ácido deveria conter o elemento oxigênio como um constituinte essencial (Grego *oxus* = ácido; *gennae* = gerador). Todavia, Humphry Davy, em 1810, demonstrou que o ácido clorídrico contém somente hidrogênio e cloro. Pouco depois, floresceu a idéia de que todos os ácidos devem ter o hidrogênio como um de seus constituintes essenciais.

Uma das importantes contribuições da **teoria da dissociação iônica de Arrhenius**, desenvolvida por S. Arrhenius entre 1880 e 1890, foi explicar por que os ácidos possuem forças diferentes. A atividade química e a condutividade elétrica das soluções de ácidos foi concebida como sendo devida à dissociação reversível dos mesmos em íons, sendo um deles o íon H^+:

$$HCl \rightleftharpoons H^+ + Cl^-,$$
$$CH_3COOH \rightleftharpoons CH_3COO^- + H^+$$

Assim, a força dos ácidos foi associada com o grau de dissociação dos mesmos: um ácido será tanto mais forte quanto maior for seu grau de dissociação.

Podemos utilizar um raciocínio similar para o comportamento das bases, as quais produziriam o íon hidroxila em solução:

$$NaOH(s) \rightleftharpoons Na^+(aq) + OH^-(aq),$$
$$Mg(OH)_2(s) \rightleftharpoons Mg^{2+}(aq) + 2OH^-(aq).$$

Então, o próton seria responsável pelas propriedades ácidas, enquanto que o OH^- seria responsável pelas propriedades básicas. O produto da reação de um ácido com uma base foi denominado **sal**. Por exemplo, na reação

$$2HCl + Mg(OH)_2 \rightarrow MgCl_2 + 2H_2O,$$

o sal $MgCl_2$ é um dos produtos da reação entre um ácido e uma base. Por esta razão, imaginava-se que os sais fossem neutros.

Apesar do desenvolvimento desta idéia ter trazido um avanço considerável na teoria química, ela gerou certas dificuldades. A primeira era explicar a natureza do próton em solução aquosa, e a segunda era justificar por que certas substâncias que não contém íons OH^- se comportam como bases. Vamos examinar estas dificuldades uma de cada vez.

É universalmente aceito que uma das razões da água ser um excelente solvente para compostos iônicos reside no fato dela conferir uma grande estabilidade aos íons em solução, decorrente da forte atração eletrostática entre as moléculas de água e os íons. Esta atração é particularmente forte por causa da distribuição assimétrica de cargas na molécula de água. Cada íon em meio aquoso é hidratado por várias moléculas de água. Há quatro ou seis moléculas de água para cada íon Be^{2+}, Mg^{2+} e Al^{3+}. O próton é o único íon que não possui elétrons. Conseqüentemente, o raio de H^+ é igual ao seu raio nuclear, ou seja, 10^{-13} cm, o qual é muito menor do que 10^{-8} cm, ou seja, o raio aproximado dos demais íons. Portanto, o próton deve ser capaz de se aproximar e interagir com a nuvem eletrônica da molécula do solvente de maneira muito mais efetiva do que qualquer outro íon. Em outras palavras, comparando-se os íons de uma maneira geral, o próton deve ser aquele capaz de se ligar mais intimamente ao solvente. Assim, é incorreto imaginarmos que a dissociação dos ácidos origina prótons "livres".

Há um número considerável de evidências experimentais de que o próton hidratado H_3O^+, denominado **íon hidrônio**, é particularmente estável. Sabe-se que o íon hidrônio se forma quando uma descarga elétrica é passada através de vapor d'água. Além disso, o H_3O^+ foi identificado em vários cristais, como sendo uma espécie distinta. Em particular, o cristal de ácido perclórico hidratado, $HClO_4.H_2O$, é realmente constituído de íons H_3O^+ e ClO_4^-. Os dados acima sugerem que a verdadeira forma do H^+, em solução aquosa, é H_3O^+. Mesmo assim, estamos simplificando demasiadamente e o H_3O^+, muito provavelmente, deve estar associado a outras moléculas de água. Apesar de não conhecermos o estado exato em que se encontra o íon H^+ em solução aquosa, temos a certeza de que ele não é um próton "livre". Neste capítulo, para enfatizarmos a hidratação do próton ele será representado como H_3O^+ (aq), ou seja, um íon hidrônio com um número indeterminado de moléculas de água associadas a ele. Entretanto, esta notação tem a desvantagem de congestionar as equações químicas, devido à presença de moléculas de água em excesso. Assim, nos capítulos subseqüentes achamos melhor abandonar a notação H_3O^+ e utilizar simplesmente H^+ (aq) para representar o próton em meio aquoso.

O impacto destes argumentos sobre as reações ácido-base pode ser analisado da seguinte maneira: se o próton existir na forma hidratada H_3O^+, a dissociação de um ácido não pode ser precisamente descrita por:

$$HCl \rightleftharpoons H^+ + Cl^-.$$

Uma descrição mais realista da dissociação de um ácido é aquela que considera esta reação como sendo a *transferência* de um próton do ácido para o solvente:

$$HCl + H_2O \rightleftharpoons H_3O^+(aq) + Cl^-(aq).$$

Por outro lado, esta reação sugere que um ácido não é necessariamente uma substância que se dissocia gerando um próton, mas uma substância *capaz de transferir ou doar um próton* para outra substância. Este é um conceito útil, como veremos posteriormente.

A teoria dos ácidos e bases de Arrhenius sugere que todas as propriedades básicas sejam devido à presença do íon hidróxido. Contudo, há substâncias que não contém o íon hidróxido capazes de neutralizar ácidos. Por exemplo, em amônia líquida pura, a reação

$$HCl(g) + NH_3(\ell) \rightleftharpoons NH_4^+ + Cl^-$$

ocorre prontamente. Assim, podemos considerar a amônia como sendo uma base, dado que ela reage com um ácido conhecido, o HCl. A solução resultante da dissolução de carbonato de sódio, Na_2CO_3, em água tem a propriedade de neutralizar ácidos. O carbonato de sódio não pode se dissociar produzindo, diretamente, íons hidróxido, porém suas reações sugerem que ele deve ser uma base. Logo, aparentemente, precisamos de uma teoria mais abrangente do que a teoria de Arrhenius para compreendermos a verdadeira natureza dos ácidos e bases.

O Conceito de Lowry-Bronsted

Em 1923, as considerações que acabamos de descrever culminaram numa conceituação de ácidos e bases mais poderosa e geral denominada **definição de Lowry-Bronsted**: *um ácido é* uma espécie que possui *tendência de perder ou doar um próton,* e uma *base* é uma espécie que possui *tendência de aceitar ou adicionar um próton.* Em conformidade com a nova definição, a ionização do HCl em água passou a ser descrita como sendo a doação de um próton (que atua como um ácido) para a água (que age como uma base).

$$\underset{\text{ácido}}{HCl(aq)} + \underset{\text{base}}{H_2O} \rightleftharpoons H_3O^+(aq) + Cl^-(aq)$$

Esta reação é reversível, podendo o Cl^- (aq) aceitar um próton do H_3O^+ e retornar à forma inicial de HCl(aq). Logo, o íon cloreto deve ser uma base e H_3O^+ também, deve ser um ácido. Visto que o HCl difere do Cl^- somente por um próton, eles são denominados um **par ácido-base conjugado.** Analogamente, H_3O^+ e H_2O são um par ácido-base conjugado. Para demonstrarmos este princípio, podemos reescrever nossas reações como:

$$HCl + H_2O \rightleftharpoons H_3O^+ + Cl^-,$$
$$\text{ácido 1} + \text{base 2} \rightleftharpoons \text{ácido 2} + \text{base 1},$$

onde os números indicam os pares conjugados. O comportamento do íon carbonato como base pode ser representado como

$$CO_3^{2-} + H_2O \rightleftharpoons HCO_3^- + OH^-,$$
$$\text{base 1} + \text{ácido 2} \rightleftharpoons \text{ácido 1} + \text{base 2}.$$

A definição de Lowry-Bronsted de *ácidos* e *bases* é mais geral e inclui outras substâncias, além de H^+ e OH^-. Por conseguinte, esta definição apresenta a vantagem de permitir a discussão de um maior número de reações, utilizando-se a mesma linguagem, o mesmo tratamento matemático e os mesmos métodos.

Força dos Ácidos e Bases

A definição de Lowry-Bronsted sugere que um *ácido forte* é aquele que possui uma maior tendência para transferir um próton para uma outra molécula. E, uma *base forte* é aquela que possui uma grande afinidade por prótons. Então, podemos medir quantitativamente a força de um ácido determinando a fração dos reagentes que se transformam nos produtos, em reações análogas àquela dada abaixo:

$$HSO_4^- + H_2O \rightleftharpoons H_3O^+ + SO_4^{2-},$$
$$\text{ácido 1} + \text{base 2} \rightleftharpoons \text{ácido 2} + \text{base 1}.$$

Todavia, uma pequena reflexão é suficiente para nos fazer concluir que a extensão na qual os reagentes formam os produtos não é ditada, simplesmente, pela tendência do ácido 1 em perder um próton mas, também, pela tendência da base 2 em aceitar o próton. Assim, dado que a transferência de próton depende tanto das propriedades do ácido 1 como da base 2, é óbvio que a única maneira de compararmos a força dos *ácidos individualmente* é por meio da determinação de suas tendências em transferir um próton para uma *mesma base*, geralmente a água.

Então, determinando-se a habilidade dos vários ácidos em transferir um próton para a água, podemos ordená-los de acordo com suas forças. A medida quantitativa da força dos ácidos é fornecida pela **constante de dissociação dos ácidos,** K_a, a qual é a constante de equilíbrio da seguinte reação geral:

$$HA + H_2O \rightleftharpoons H_3O^+ + A^- \qquad K_a = \frac{[H_3O^+][A^-]}{[HA]}. \tag{5.9}$$

A Tabela 5.2 contém as constantes de dissociação de vários ácidos importantes. Nesta Tabela, os ácidos estão arranjados em ordem decrescente de constantes de dissociação. Os ácidos fortes, tais como HCl, HNO_3 e $HClO_4$ deveriam estar no início da Tabela, mas suas constantes são tão grandes que não podem ser medidas em água. No final da Tabela, também, deveriam aparecer vários ácidos cujas constantes são demasiadamente pequenas para serem medidas em água, tais como NH_3, OH^- e CH_3OH. Muitos ácidos, tais como os ácidos oxálico, sulfuroso e fosfórico, podem doar mais do que um próton, e por isso são denominados **ácidos polipróticos.** Todas as constantes dos ácidos polipróticos estão juntas. O íon hidrogenossulfato é especial. Poderíamos esperar que ele tivesse duas constantes listadas na Tabela. Todavia, dado que o H_2SO_4 é um ácido forte sua base conjugada HSO_4^- possui apenas uma constante de dissociação e pode ser tratada como se não pertencesse à classe dos ácidos polipróticos.

TABELA 5.2 CONSTANTES DE DISSOCIAÇÃO DE ÁCIDOS*

Nome Comum	Equilíbrio	K_a(25°C)
Ácido oxálico	$\begin{matrix}COOH\\ COOH\end{matrix} + H_2O \rightleftharpoons \begin{matrix}COO^-\\ COOH\end{matrix} + H_3O^+$	$5{,}6 \times 10^{-2}$
	$\begin{matrix}COO^-\\ COOH\end{matrix} + H_2O \rightleftharpoons \begin{matrix}COO^-\\ COO^-\end{matrix} + H_3O^+$	$5{,}4 \times 10^{-5}$
Ácido sulfuroso	$H_2SO_3 + H_2O \rightleftharpoons HSO_3^- + H_3O^+$	$1{,}2 \times 10^{-2}$
	$HSO_3^- + H_2O \rightleftharpoons SO_3^{2-} + H_3O^+$	$6{,}6 \times 10^{-8}$
Íon hidrogenossulfato	$HSO_4^- + H_2O \rightleftharpoons SO_4^{2-} + H_3O^+$	$1{,}0 \times 10^{-2}$
Ácido fosfórico	$H_3PO_4 + H_2O \rightleftharpoons H_2PO_4^- + H_3O^+$	$7{,}1 \times 10^{-3}$
	$H_2PO_4^- + H_2O \rightleftharpoons HPO_4^{2-} + H_3O^+$	$6{,}3 \times 10^{-8}$
	$HPO_4^{2-} + H_2O \rightleftharpoons PO_4^{3-} + H_3O^+$	$4{,}5 \times 10^{-13}$
Glicina (protonada)	$\overset{NH_3^+}{C}H_2COOH + H_2O \rightleftharpoons \overset{NH_3^+}{C}H_2COO^- + H_3O^+$	$4{,}5 \times 10^{-3}$
	$\overset{NH_3^+}{C}H_2COO^- + H_2O \rightleftharpoons \overset{NH_2}{C}H_2COO^- + H_3O^+$	$1{,}7 \times 10^{-10}$
Ácido cloroacético	$ClCH_2COOH + H_2O \rightleftharpoons ClCH_2COO^- + H_3O^+$	$1{,}4 \times 10^{-3}$
Ácido nitroso	$HNO_2 + H_2O \rightleftharpoons NO_2^- + H_3O^+$	$7{,}1 \times 10^{-4}$
Ácido fluorídrico	$HF + H_2O \rightleftharpoons F^- + H_3O^+$	$6{,}8 \times 10^{-4}$
Ácido fórmico	$HCOOH + H_2O \rightleftharpoons HCOO^- + H_3O^+$	$1{,}8 \times 10^{-4}$
Ácido láctico	$CH_3\overset{OH}{C}HCOOH \rightleftharpoons CH_3\overset{OH}{C}HCOO^- + H_3O^+$	$1{,}4 \times 10^{-4}$
Ácido acético	$CH_3COOH + H_2O \rightleftharpoons CH_3COO^- + H_3O^+$	$1{,}8 \times 10^{-5}$
Íon piridínio	$C_5H_5NH^+ + H_2O \rightleftharpoons C_5H_5N + H_3O^+$	$5{,}9 \times 10^{-6}$
Ácido carbônico	$H_2CO_3 + H_2O \rightleftharpoons HCO_3^- + H_3O^+$	$4{,}4 \times 10^{-7}$
	$HCO_3^- + H_2O \rightleftharpoons CO_3^{2-} + H_3O^+$	$4{,}7 \times 10^{-11}$
Íon imidazólio†	$HImz^+ + H_2O \rightleftharpoons Imz + H_3O^+$	$1{,}0 \times 10^{-7}$
Sulfeto de hidrogênio	$H_2S + H_2O \rightleftharpoons HS^- + H_3O^+$	$9{,}5 \times 10^{-8}$
	$HS^- + H_2O \rightleftharpoons S^{2-} + H_3O^+$	$\sim 1 \times 10^{-19}$
Íon hidrazínio	$N_2H_5^+ + H_2O \rightleftharpoons N_2H_4 + H_3O^+$	$1{,}0 \times 10^{-8}$
Cianeto de hidrogênio	$HCN + H_2O \rightleftharpoons CN^- + H_3O^+$	$6{,}2 \times 10^{-10}$
Íon amônio	$NH_4^+ + H_2O \rightleftharpoons NH_3 + H_3O^+$	$5{,}7 \times 10^{-10}$
Fenol	$C_6H_5OH + H_2O \rightleftharpoons C_6H_5O^- + H_3O^+$	$1{,}0 \times 10^{-10}$
Íon metilamônio	$CH_3NH_3^+ + H_2O \rightleftharpoons CH_3NH_2 + H_3O^+$	$2{,}3 \times 10^{-11}$
Peróxido de hidrogênio	$H_2O_2 + H_2O \rightleftharpoons HO_2^- + H_3O^+$	$2{,}2 \times 10^{-12}$

*Para 25 °C e baixas forças iônicas. Valores de A.E. Martell e R. M. Smith, Critical Stability Constants, Vol. 1-5 (New York: Plenum Press, 1971-82).

† Imz = imidazol, NHCH:NCH:CH

Os nomes de alguns ácidos e suas bases conjugadas são dados abaixo:

Ácido	**Base conjugada**
Fosfórico, H_3PO_4	Íon dihidrogenofosfato, $H_2PO_4^-$
Íon dihidrogenofosfato, $H_2PO_4^-$	Íon monohidrogenofosfato HPO_2^{2-}
Carbônico, H_2CO_3	Íon hidrogenocarbonato (ou Bicarbonato), HCO_3^-
Íon hidrogenocarbonato HCO_3^-	Íon carbonato, CO_3^{2-}
Acético, CH_3COOH	Íon acetato, CH_3COO^-
Íon amônio, NH_4^+	Amônia, NH_3

Numa série de derivados de um ácido poliprótico, as primeiras bases conjugadas são ácidas. Este comportamento torna o tratamento dos equilíbrios dessas espécies em solução mais complicado. Por isso trataremos dos ácidos polipróticos separadamente.

Os ácidos orgânicos, tais como o ácido acético, possuem um grupo carboxilato, – C(O)OH ou, simplesmente, -COOH, e o ácido oxálico é o ácido dicarboxílico mais simples. A amônia é uma base e sua forma protonada, ou ácido conjuga do, é o íon amônio. A glicina é o amino-ácido mais simples e como todos os amino-ácidos ela possui ambos, um grupo carboxilato e um grupo amino: $-NH_2$. A força dos oxiácidos inorgânicos, tais como o HNO_3 e HNO_2, pode ser correlacionada com a relação entre o número de oxigênios e hidrogênios na molécula. O H_2SO_4 e o HNO_3 são ácidos fortes e possuem uma relação elevada. Por outro lado, o H_2SO_3 e o HNO_2 apresentam uma relação pequena e são **ácidos fracos.** Da série dos ácidos halogenídricos, HF, HCl, HBr e HI, somente o HF é um ácido fraco. O íon F^- possui muitas características especiais. Dentre elas podemos citar a possível formação do íon bifluoreto, FHF^-, o qual complica seu equilíbrio de dissociação.

A maioria das bases fracas listadas na Tabela 5.2 são, também, classificadas como **bases de Lewis.** Uma base de Lewis reage não apenas com um próton mas, também, com qualquer outro receptor de elétrons, o qual é denominado **ácido de Lewis**. Uma **Reação ácido-base de Lewis** ocorre porque uma base de Lewis possui elétrons que podem ser compartilhados com um ácido de Lewis. Íons metálicos, tais como Cu^{2+}, Ag^+, Hg^{2+} e mesmo Ca^{2+} são classificados como ácidos de Lewis. Eles formam complexos com as bases de Lewis da Tabela 5.2. Íons complexos tais como $Cu(NH_3)^{2+}{}_4$, $Fe(CN)^{3-}{}_6$ e $HgCl^+$ podem ser facilmente obtidos. As propriedades básicas do NH_3 serão discutidas no final deste capítulo e no Cap.6.

Uma base abstrairá os prótons de qualquer ácido, inclusive da água. Se B for uma base típica, esta reação será expressa por

$$B + H_2O \rightleftharpoons HB^+ + OH^-,$$

e, sua constante de equilíbrio será igual a

$$K_b = \frac{[HB^+][OH^-]}{[B]}. \tag{5.10}$$

Novamente, a concentração da água não foi incluida na expressão da constante, pois o solvente é semelhante à água pura. Além de um valor de K_a, cada ácido da Tabela 5.2 deve ter um valor de K_b ou seja, a **constante de equilíbrio da base** conjugada dos respectivos ácidos. Observe que K_b sempre se refere à reação na qual uma base recebe um próton da água, enquanto que K_b sempre se refere à reação na qual o ácido doa um próton para a água. Ácidos fortes possuem bases conjugadas *muito fracas* e ácidos *muito fracos* possuem bases conjugadas *fortes.* Então, se formos ordená-las segundo a Tabela 5.2, as maiores constantes da base deveriam ser colocadas na parte inferior da Tabela. Mostraremos a relação entre o K_a do ácido e o K_b da sua base conjugada depois de discutirmos o equilíbrio de auto-ionização da água.

Você deve ter percebido que a designação (aq) não foi utilizada na Tabela 5.2. Visto que este capítulo é voltado para soluções aquosas, achamos desnecessário continuarmos a enfatizar que o solvente é a água e, a partir desse momento, utilizaremos a notação simplificada. Você não deve se esquecer de que todas as constantes dos ácidos fracos contidos na Tabela 5.2 são para soluções aquosas. Uma quantidade apreciável destes ácidos fracos e de suas bases conjugadas pode ser dissolvida em água na sua forma molecular, ou seja, não dissociada em seus respectivos íons. A designação (aq) seria válida para todas as espécies em suas formas não dissociadas em solução. Por exemplo, escrevemos a forma básica da amônia como NH_3, mas em alguns textos ela é denotada como NH_4OH ($NH_3 + H_2O$). Visto ser impossível distinguirmos NH_3 de NH_4OH monitorando a reação de dissociação do ácido ou da base, o símbolo NH_3 representará a amônia dissolvida em água em todas as formas hidratadas possíveis. Há vários outros ácidos e bases, na Tabela 5.2, que geram mais de uma espécie quando em solução. Em cada caso, utilizaremos uma única fórmula para representá-las.

A Escala de pH

Freqüentemente, as concentrações de íons H^+ em solução são muito pequenas pois, geral trabalhamos com soluções diluídas. Por exemplo, a concentração de íons H^+ numa solução saturada de CO_2 é igual a $1,2 \times 10^{-4}$ *M*, e numa solução 0,5 M de ácido acético é igual a 3×10^{-3} *M*. Por isso, torna-se conveniente expressarmos a concentração de íons H^+ como o negativo do logarítmo decimal de sua concentração molar, de modo a obtermos uma notação mais compacta. Assim, definimos **pH** como

$$\mathbf{pH = -\log[H_3O^+].}$$

Por exemplo, o pH de uma solução saturada de CO_2 é igual a

$$\text{pH} = -\log[H_3O^+] = -\log(1{,}2 \times 10^{-4}) = 3{,}92.$$

Por outro lado, uma solução que tenha pH igual a 4,50 deve ter $[H_3O^+] = 3{,}2 \times 10^{-5}$ *M*, como pode se observar abaixo:

$$4{,}50 = -\log[H_3O^+],$$
$$10^{-4{,}50} = [H_3O^+],$$
$$3{,}2 \times 10^{-5} = [H_3O^+].$$

Esta prática não é restrita ao íon hidrogênio. Por exemplo, **pOH** e **pAg** são os logarítmos negativos das concentrações de íon hidróxido e de íon Ag^+, respectivamente. Também, é muito comum expressar as constantes de equilíbrio na forma de seus logarítmos negativos, por exemplo, **p**K_a e **p**K_b.

A Auto-Ionização da Água

Foi mostrado anteriormente que a água pode agir como um ácido e como uma base. Assim, não é surpreendente que a reação

$$\underset{\text{ácido 1}}{H_2O} + \underset{\text{base 2}}{H_2O} \rightleftharpoons \underset{\text{ácido 2}}{H_3O^+} + \underset{\text{base 1}}{OH^-} \qquad (5.11)$$

ocorra em água pura numa pequena mas, facilmente, mensurável extensão. Seguindo a convenção de não colocarmos na expressão as concentrações que se mantêm constantes, temos que

$$[H_3O^+][OH^-] = K_w \qquad (5.12)$$

para a expressão da constante de equilíbrio. A grandeza K_w é denominada **constante do produto iônico da água,** cujo valor é igual a $1,00 \times 10^{-14}$, à 25 °C, quando as concentrações são dadas em mols por litro. As reações análogas àquela da Eq.(5.11), onde uma substância reage consigo mesma, são denominadas **reações de desproporcionamento.**

Uma solução neutra, por definição, tem a mesma concentração de H_3O^+ e OH^-. Então, se

$$[H_3O^+] = [OH^-] \quad [H_3O^+][OH^-] = 1{,}00 \times 10^{-14},$$

temos que

$$[H_3O^+] = [OH^-] = 1{,}00 \times 10^{-7}\,M$$

numa solução aquosa neutra, a 25° C. Alternativamente, podemos dizer que

$$\text{pH} = \text{pOH} = 7{,}00.$$

Aplicando-se o logarítmo negativo em ambos os lados da Eq.(5.12), temos que

$$\text{pH} + \text{pOH} = \text{p}K_w = 14{,}00$$

a 25° C. Então, podemos obter o pOH, simplesmente, subtraindo-se o valor do pH de 14,00.

A **auto-ionização da água** sempre contribui para a concentração de íons hidrogênio e hidróxido em solução, mas raramente ela é um fator que aumenta a complexidade dos cálculos da $[H^+]$, em meio ácido ou básico. Por exemplo, vamos calcular a concentração de H_3O^+ numa solução obtida dissolvendo-se 0,1 mol de HCl num volume de água suficiente para perfazer 1 L de solução. Vamos supor que o HCl esteja totalmente dissociado em seus íons. A concentração de H_3O^+ será igual a 0,1 *M* ? Talvez não, pois a auto-ionização da água contribui para a concentração de H_3O^+.

Neste caso, é fácil convencermo-nos de que a contribuição da auto-ionização da água para a concentração de H_3O^+ é insignificante. Como foi visto anteriormente, a concentração de H_3O^+ é igual a $1,00 \times 10^{-7}$ *M* em água pura. Se o íon H_3O^+ for adicionado à água pura na forma de HCl, o equilíbrio de auto-ionização da água estará sujeito a uma perturbação. De acordo com o princípio de Le Châtelier o sistema irá reagir de modo a minimizar esta perturbação. Isto implica que, a medida que a concentração de H_3O^+ aumentar, a auto-ionização da água deve diminuir, e sua *contribuição à concentração* de H_3O^+ *deve ser menor do que* 10^{-7} *M*. Portanto, numa solução 0,1 M de HCl, a concentração de H_3O^+ será igual a 0,1 *M*, pois a contribuição devido a auto-ionização da água será desprezível.

Agora que sabemos que a concentração de H_3O^+ numa solução 0,1 M de HCl é igual a 0,1 M, podemos calcular a concentração de equilíbrio de OH^- nesta mesma solução. No equilíbrio, a 25 C, as concentrações de H_3O^+ e OH^- *sempre* obedecem a Eq.(5.13):

$$[H_3O^+][OH^-] = K_w = 1{,}00 \times 10^{-14}. \qquad (5.13)$$

Dado que $[H_3O^+] = 0{,}1$ M,

$$[OH^-] = \frac{10^{-14}}{[H_3O^+]} = \frac{10^{-14}}{10^{-1}} = 10^{-13}\,M.$$

Podemos notar que, numa solução *ácida*, a concentração de H_3O^+ é maior e a concentração de OH^- menor do que suas respectivas concentrações em água pura.

As discussões com relação à importância da contribuição da auto-ionização da água para as concentrações de H_3O^+ e de OH^-, provenientes da dissociação de ácidos ou bases, são muito importantes. Os resultados obtidos acima serão utilizados com freqüência para simplificar as expressões matemáticas decorrentes da resolução de problemas relativos a ácidos e bases fracos. Resumindo, podemos dizer que se o ácido dissolvido contribuir com uma concentração de H_3O^+ igual ou superior a 10^{-6} *M*, a contribuição da água para a concentração total de H_3O^+ é desprezível. Uma regra similar pode ser enunciada para as bases, com relação à concentração de OH^-

A Relação entre K_a e K_b

Antes de começarmos a resolver os problemas numéricos relativos aos equilíbrios de ácidos e bases fracas, precisamos saber como podemos determinar K_b a partir de K_a. Se tomarmos a Eq.(5.10) como sendo a definição de K_b, então, a equação e a constante de dissociação do ácido conjugado HB^+ são:

$$HB^+ + H_2O \rightleftharpoons H_3O^+ + B \qquad K_a = \frac{[H_3O^+][B]}{[HB^+]}.$$

Vamos multiplicar este resultado por K_b, expresso pela Eq.(5.10), de modo que

$$K_aK_b = \frac{[H_3O^+][B]}{[HB^+]}\frac{[HB^+][OH^-]}{[B]}$$

$$= [H_3O^+][OH^-].$$

Dado que $[H_3O^+][OH^-] = K_w$,

$$K_aK_b = K_w \tag{5.14}$$

para qualquer par ácido-base conjugado.

Vamos calcular K_b da reação abaixo, para ilustrarmos como se deve utilizar a Eq.(5.14):

$$NH_3 + H_2O \rightleftharpoons OH^- + NH_4{}^+,$$

onde

$$K_b = \frac{[OH^-][NH_4{}^+]}{[NH_3]}.$$

Podemos notar que o NH_3 é a base conjugada do NH^+_4, analisando-se a Tabela 5.2 e a expressão do equilíbrio para a base. O K_a da NH_4^+ é igual a 5,7 x 10^{-10}. Substituindo-se este valor na Eq.(5.14), temos que

$$K_b = \frac{K_w}{K_a} = \frac{1{,}00 \times 10^{-14}}{5{,}7 \times 10^{-10}} = 1{,}8 \times 10^{-5}.$$

Alguns livros texto consideram o NH_4OH como sendo a base presente numa solução de amônia. Visto que a única diferença entre NH_3 e NH_4OH é uma molécula de água, ambos podem ser utilizados para representar a espécie NH_3 (aq).

Pergunta. Quais são as duas bases mais fortes dentre aquelas mostradas na Tabela 5.2, e quais são os valores de suas constantes?

Resposta. PO_4^{3-} (K_b= 2,2 x 10^{-2}) e S^{2-} ($K_b \cong 10^5$).

5.3 Problemas Numéricos

Nesta seção, resolveremos vários problemas práticos envolvendo ácidos e bases. Nos restringiremos a um único par conjugado de ácidos e bases fracas, deixando o tratamento dos ácidos polipróticos fracos para uma seção posterior voltada para os equilíbrios envolvendo múltiplas etapas. Inicialmente, discutiremos a respeito de soluções de ácidos e bases puras e, em seguida, analisaremos as soluções tampão, as quais são formadas pela mistura de um ácido e uma base fracas.

Soluções de Ácidos e Bases Fracas

Agora, vamos tentar calcular a concentração de H_3O^+ numa solução contendo apenas ácido acético, um reagente comum em qualquer laboratório e um típico ácido fraco. Sua reação com a água é

$$CH_3COOH + H_2O \rightleftharpoons H_3O^+ + CH_3COO^-$$

Vamos abreviar as fórmulas do ácido acético e do íon acetato para HAc e Ac^-. Assim, a constante de equilíbrio de dissociação pode ser expressa por

$$\frac{[H_3O^+][Ac^-]}{[HAc]} = K_a = 1{,}8 \times 10^{-5}. \tag{5.15}$$

A magnitude desta constante de equilíbrio é característica de muitos ácidos fracos, e este é o motivo pelo qual o ácido acético é considerado um ácido fraco típico.

Suponha que tenhamos adicionado C_0 mols de ácido acético puro numa quantidade suficiente de água para preparar 1 L de solução. Algumas moléculas do ácido irão se dissociar gerando H_3O^+ e Ac^-, restando uma concentração desconhecida de ácido não dissociado. Nosso intuito é calcular as concentrações de equilíbrio de H_3O^+, Ac^- e HAc utilizando as expressão da constante de ionização, Eq.(5.15). Para isso precisamos transformar uma equação com três incógnitas numa equação com apenas uma incógnita.

O método que utilizaremos será um método intuitivo, com procedimentos aproximados. Primeiro, devemos reconhecer que existem duas fontes de H_3O^+: a dissociação do ácido e a auto-ionização da água. Porém, verificamos que a segunda fonte é, na maioria dos casos, desprezível comparada com a primeira, quando se trata de soluções ácidas. Vamos assumir que todo o H_3O^+ em solução seja proveniente da ionização do ácido, como uma primeira tentativa. Conseqüentemente, por meio da estequiometria da reação de dissociação temos que

$$[H_3O^+] = [Ac^-], \qquad (5.16)$$

pois a única fonte destes íons é o ácido, cuja reação de ionização produz quantidades iguais de H_3O^+ e Ac^-.

A Eq.(5.16) nos permite transformar a Eq.(5.15) numa equação de duas incógnitas. Para resolvermos o problema, precisamos de mais uma relação. Esta pode ser obtida admitindo-se que a constante do equilíbrio de dissociação é pequena. Logo, deve existir, em equilíbrio com o ácido não dissociado HAc, apenas uma pequena quantidade de H_3O^+ e Ac^-. Isto sugere que a concentração de HAc é *aproximadamente* igual a C_0 no estado de equilíbrio, ou seja, a concentração *de HAc* que deveria estar presente se nenhuma molécula *dissociasse*. Assim, temos que

$$[HAc] = C_0. \qquad (5.17)$$

Agora, vamos calcular a $[H_3O^+]$ para três diferentes valores de C_0 e verificar se nossas suposições se justificam, numa situação real típica. Primeiro, vamos calcular para $C_0 = 1{,}0 M$. Utilizando-se as Eqs.(5.15), (5.16) e (5.17), temos que

$$K_a = \frac{[H_3O^+][Ac^-]}{[HAc]} \cong \frac{[H_3O^+]^2}{C_0},$$

$$[H_3O^+] \cong (C_0K_a)^{1/2} = (1 \times 1{,}8 \times 10^{-5})^{1/2}$$

$$\cong 4{,}2 \times 10^{-3}\, M.$$

Esta resposta não é exata, pois fizemos duas aproximações. Entretanto, podemos utilizar este resultado para verificarmos se nossas aproximações se justificam.

Nossa primeira aproximação foi a de que a contribuição da auto-ionização da água para a concentração de H_3O^+ é muito menor do que a contribuição do ácido. A concentração de H_3O^+ proveniente da ionização da água não pode ser maior do que 10^{-7} M, e este valor é bem menor do que $4{,}2 \times 10^{-3}$ M. Portanto, nossa primeira hipótese e a aproximação de que $[H_3O^+] = [Ac^-]$ é justificável.

Nossa segunda suposição foi a de que muito pouco HAc se dissocia, de modo que $C_0 \cong [HAc]$. Estritamente falando, a concentração de HAc no equilíbrio é dada por

$$[HAc] = C_0 - [Ac^-] \cong C_0 - [H_3O^+].$$

Mas $C_0 = 1{,}0$ M e $[H_3O^+] \cong 4.2 \times 10^{-3}$ *M*. Portanto, nossa segunda hipótese, também, se justifica, e a aproximação de que $C_0 = [HAc]$ introduz um erro menor do que 1 %.

Agora, testemos nossas aproximações quando $C_0 = 1{,}0 \times 10^{-2}$ *M*, ou seja, numa solução bastante diluida de ácido acético. Novamente, vamos supor que

$$[H_3O^+] = [Ac^-],$$

$$C_0 = [HAc] = 1{,}0 \times 10^{-2}\, M,$$

Assim, temos que

$$\frac{[H_3O^+][Ac^-]}{[HAc]} \cong \frac{[H_3O^+]^2}{C_0} = K_a,$$

$$[H_3O^+] \cong (C_0K_a)^{1/2} = (10^{-2} \times 1{,}8 \times 10^{-5})^{1/2}$$

$$\cong 4{,}2 \times 10^{-4}\, M.$$

Agora, devemos verificar a validade de nossas suposições. A concentração de H_3O^+ proveniente da auto-ionização da água é menor do que 10^{-7} *M*, como havíamos discutido anteriormente. Este valor é consideravelmente menor do que $4{,}2 \times 10^{-4}$ *M*. Portanto, a hipótese de que $[H_3O^+] = [Ac^-]$ é correta.

A validade da segunda hipótese depende da concentração de H_3O^+: se ela for muito menor do que C_0, então, podemos afirmar que $C_0 \cong [HAc]$. Todavia, podemos notar que a $[H_3O^+]$ é cerca de 4 % de C_0. Logo, teremos alguns problemas para justificar a validade da aproximação de que $[HAc] = 1{,}0 \times 10^{-2}$ *M*. Contudo, apesar de termos cometido um erro de cerca de 4 % no valor da concentração de HAc, o erro na concentração de H_3O^+ é menor, pois esta depende da *raiz quadrada* da concentração de HAc. Além disso, nas situações práticas de laboratório, raramente estamos interessados em saber a concentração de H_3O^+ com um erro menor do que alguns porcentos. Assim, neste caso, nossa segunda suposição pode ser considerada satisfatória, mas no limite de aceitabilidade.

A discussão acima sugere que se tentarmos calcular a $[H_3O^+]$ para uma solução de ácido acético cujo $C_0 = 1{,}0 \times 10^{-4}$ *M*, pelo menos uma das aproximações acima utilizadas não será válida. Vamos verificar quão sério é o erro e o que podemos fazer a respeito. Supondo-se que $[H_3O^+] = [Ac^-]$ e que $[HAc] = 1{,}0 \times 10^{-4}$ *M*, temos que

$$[H_3O^+] \cong (C_0K_a)^{1/2} = (1{,}8 \times 10^{-5} \times 10^{-4})^{1/2}$$

$$\cong 4{,}2 \times 10^{-5}\, M.$$

Logo, não há dúvidas de que a primeira hipótese é válida. Porém, o resultado mostra que a $[H_3O^+]$ é comparável a C_0, logo a hipótese de que

$$[HAc] = C_0 - [H_3O^+] \cong C_0$$

não se justifica. O erro na concentração de HAc é maior do que 40 %, e o erro correspondente à concentração de H_3O^+ é de cerca de 20%.

Há duas maneiras de se evitar esta dificuldade. A primeira é utilizar a relação exata

$$[HAc] = C_0 - [H_3O^+],$$
$$C_0 = 1{,}0 \times 10^{-4}\,M$$

na expressão da constante de equilíbrio, considerando-se que $[H_3O^+] = [Ac^-]$. Assim, temos que

$$\frac{[H_3O^+][Ac^-]}{[HAc]} = \frac{[H_3O^+]^2}{C_0 - [H_3O^+]} = K_a,$$

o qual é uma expressão quadrática em $[H_3O^+]$. Vamos rearranjá-la de modo que

$$[H_3O^+]^2 + K_a[H_3O^+] - C_0K_a = 0,$$

e resolvê-la utilizando a equação de Bhaskara:

$$[H_3O^+] = \frac{-K_a \pm \sqrt{K_a^2 + 4K_aC_0}}{2}.$$

Substituindo-se os valores de K_a e C_0, temos que

$$[H_3O^+] = 3{,}4 \times 10^{-5}\,M.$$

Podemos notar que este resultado é cerca de 25 % menor do que o resultado aproximado obtido anteriormente.

O segundo método, para tratar os problemas nos quais as simplificações se mostraram inadequadas, consiste em se fazer aproximações sucessivas até se obter o resultado correto. No presente exemplo, a suposição de que $[HAc] = C_0$ provou ser inexata. Vamos utilizar o resultado aproximado de $[H_3O^+]$ para melhorar nossa estimativa acerca da concentração de HAc. Substituindo-se $[H_3O^+] \cong 4{,}2 \times 10^{-5}$ na expressão exata

$$[HAc] = C_0 - [H_3O^+]$$

temos, como uma segunda estimativa, que

$$[HAc] \cong C_0 - 4{,}2 \times 10^{-5} = 5{,}8 \times 10^{-5}\,M.$$

Substituindo-se este valor na expressão da constante de equilíbrio

$$\frac{[H_3O^+]^2}{5{,}8 \times 10^{-5}} = 1{,}8 \times 10^{-5},$$
$$[H_3O^+] \cong 3{,}2 \times 10^{-5}\,M.$$

Esta segunda estimativa da concentração de H_3O^+ é aproximadamente igual ao valor "exato", obtido por meio da resolução da equação quadrática. Se não conhecêssemos o resultado exato do problema, poderíamos testar a validade desta segunda estimativa repetindo o procedimento acima, utilizando este último valor de H_3O^+. Se dois resultados sucessivos forem aproximadamente iguais, a estimativa é satisfatória.

Pergunta. Use o resultado da segunda aproximação, $[H_3O^+]=3{,}2 \times 10^{-5}$ para calcular o valor da terceira estimativa para a concentração de H_3O^+. O que você pode concluir comparando estes dois resultados ?

Resposta. Neste caso, a terceira estimativa não é muito melhor do que a segunda.

Talvez, o método das aproximações sucessivas possa parecer pior do que o método baseado na resolução da equação quadrática, para a determinação da solução exata. No entanto, freqüentemente, o método das aproximações sucessivas se torna mais adequada, uma vez que ele pode ser aplicado para situações na qual o método exato requer a resolução de equações cúbicas ou de quarta ordem.

Para encontrarmos a concentração de íons hidróxido, numa solução de base fraca em água pura, deve-se utilizar um método análogo ao que acabamos de discutir para os ácidos fracos. Metilamina, CH_3NH_2, é uma base fraca capaz de aceitar um próton da água, segundo a reação:

$$CH_3NH_2 + H_2O \rightleftharpoons CH_3NH_3^+ + OH^-.$$

A expressão correspondente da constante de equilíbrio é

$$\frac{[CH_3NH_3^+][OH^-]}{[CH_3NH_2]} = K_b = 4{,}3 \times 10^{-4},$$

onde o valor de K_b foi calculado utilizando-se a Eq.(5.14) e o valor de K_a, dado na Tabela 5.2. Qual é a concentração de equilíbrio de OH^- numa solução preparada diluindo-se 0,100 mol de CH_3NH_2 com água, de modo a se obter 1 L de solução?

Devemos fazer duas suposições, para reduzirmos o número de incógnitas de três para uma. A primeira é a de que a contribuição devida à ionização da água para a concentração total de OH^- é desprezível, comparado com a contribuição da base. Logo, pela estequiometria da reação de ionização, temos que

$$[CH_3NH_3^+] = [OH^-].$$

A segunda suposição é a de que a maior parte das moléculas de CH_3NH_2 permanece inalterada, visto que a constante de equilíbrio para a sua conversão em $CH_3NH_3^+$ é pequena. Por conseguinte podemos supor que

$$[CH_3NH_2] = 0{,}100 - [CH_3NH_3^+] \cong 0{,}100\,M.$$

é uma boa aproximação. Note que estas suposições e aproximações são exatamente análogas às utilizadas no tratamento dos problemas relativos à dissociação de ácidos fracos. Utilizando nossas duas aproximações e a constante de equilíbrio, podemos obter uma equação para calcular a concentração de OH^-:

$$K_b = \frac{[CH_3NH_3^+][OH^-]}{[CH_3NH_2]} = \frac{[OH^-]^2}{0{,}100} = 4{,}3 \times 10^{-4},$$

$$[OH^-] = 6{,}6 \times 10^{-3}\,M.$$

Para justificar nossas simplificações lembramos que 6,6 x 10^{-3} M é muito maior do que 10^{-7} M, ou seja, a concentração máxima de OH^- proveniente da auto-ionização da água. A segunda aproximação,

$$[CH_3NH_2] \cong 0{,}100\,M,$$

requer que

$$[OH^-] = [CH_3NH_3^+] \ll 0{,}100\,M,$$

Esta condição é satisfeita, mas está próxima de uma situação limite, a partir da qual o erro se tornaria muito grande. A segunda suposição se torna válida quando K_b for pequeno e a concentração de base for, relativamente, grande. Uma segunda estimativa da concentração de OH^- pode ser obtida aplicando-se o método das aproximações sucessivas:

$$[CH_3NH_2] \cong 0{,}100 - 6{,}6 \times 10^{-3} = 9{,}3 \times 10^{-2}\,M,$$

logo,

$$\frac{[OH^-]^2}{9{,}3 \times 10^{-2}} = 4{,}3 \times 10^{-4},$$

e

$$[OH^-] = 6{,}3 \times 10^{-3}\,M.$$

Este é apenas um pouco menor do que nosso primeiro resultado e, portanto, é suficientemente exato para ser utilizado na maioria dos casos.

Você não deve se esquecer de que calculamos a concentração de OH^- e não de H_3O^+. A concentração desta espécie pode ser obtida a partir do equilíbrio de auto-ionização da água,

$$2H_2O \rightleftharpoons H_3O^+ + OH^-,$$

o qual deverá ser suprimido pelo OH^- proveniente da metilamina. Facilmente, podemos calcular a concentração de H_3O^+ por meio da expressão da constante de equilíbrio:

$$[H_3O^+] = \frac{K_w}{[OH^-]} = \frac{1{,}00 \times 10^{-14}}{6{,}3 \times 10^{-3}} = 1{,}6 \times 10^{-12}\,M.$$

Este valor corresponde a um pH de 11,8, ou seja, uma solução bastante básica. Neste momento, é importante perceber que a determinação da concentração de OH^- de uma solução de base fraca é quase idêntica ao procedimento utilizado para se calcular a concentração de H_3O^+ de um ácido fraco. Em ambos, supusemos que a concentração do ácido ou da base não dissociada era conhecida, e substituimos este valor na expressão da constante de equilíbrio. É possível obtermos um resultado exato utilizando-se a equação quadrática, desde que seja possível desprezarmos a contribuição devido a auto-ionização da água. Esta complicação é encontrada muito raramente mas, posteriormente, ilustraremos um método exato que, inclusive, leva em consideração a contribuição da água.

Hidrólise. No passado, as reações de certas substâncias com a água conferindo à solução um pH característico, como por exemplo nas soluções de acetato de sódio ($Na^+ + CH_3COO^-$) ou cloreto de amônio ($NH_4^+ + Cl^-$), foram denominadas **reações de hidrólise.** Literalmente, este termo significa ruptura ou quebra pela água e foi o resultado do desconhecimento dos conceitos de ácidos e bases conjugadas. Você deve perceber claramente que o íon acetato, CH_3COO^-, gera uma solução básica porque ele é uma *base*, com uma constante de equilíbrio conhecida, e que o íon amônio é um ácido. As concentrações de H_3O^+ numa solução de acetato e numa solução de metilamina, são calculadas exatamente da mesma maneira, utilizando o procedimento previamente descrito.

Pergunta. Qual é a concentração de H_3O^+ numa solução 0,10 M de acetato de sódio ?

Resposta. O Na^+ tem uma acidez tão diminuta que não pode ser medida e o CH_3COO^- é a base conjugada do ácido acético. Você deve obter o seguinte resultado: $[H_3O^+] = 1{,}3 \times 10^{-9}\,M$.

Uma das razões que levaram ao conceito de hidrólise foi a idéia de que tanto o acetato de sódio como o cloreto de amônio deveriam ser neutros, pois ambos são sais. É fato que sais formados a partir de ácidos e bases fortes são neutros. Entretanto, sais resultantes da combinação de ácidos fortes e bases fracas ou bases fortes e ácidos fracos nunca são neutros.

Pergunta. Cite dois exemplos de sais neutros e dois de sais que dão origem a soluções básicas. Você poderia explicar por que as soluções de acetato de amônio são neutras ?

Resposta. Cloreto de sódio e nitrato de potássio, KNO_3, são dois sais que dão origem a soluções neutras, enquanto que o hidrogenoperóxido de sódio, $NaHO_2$, e o cianeto de sódio, NaCN, geram soluções levemente básicas. A segunda questão é um pouco difícil: a razão principal porque as soluções de acetato de amônio são neutras reside no fato de que o K_a do NH_4^+ é igual ao K_b do CH_3COO^-.

Nesta seção, foram discutidos alguns exemplos específicos envolvendo equilíbrios ácido-base para ilustrar o método geral por meio do qual os problemas correlatos podem ser resolvidos. Tentamos evitar a dedução de uma fórmula matemática geral que permitisse chegar ao resultado, diretamente, numa única etapa. Qualquer fórmula *simples* que deduzíssemos, necessariamente, seria aproximada e poderia levar a erros grosseiros em determinadas situações. A única maneira de se estar certo de que uma dada expressão é apropriada para a resolução de um problema é deduzindo-a, seguindo os procedimentos sugeridos nesta seção. Também, é necessário considerar as características químicas e físicas do sistema a ser analisado.

Soluções Tampão

Até agora, somente tratamos de soluções de ácidos fracos ou bases fracas puras. Nesta seção, veremos como calcular as concentrações de equilíbrio numa solução que contenha a mistura de um ácido fraco com sua base conjugada ou de uma base com seu ácido conjugado. Os argumento que utilizaremos são uma extensão daqueles utilizados na seção anterior.

Vamos calcular a concentração de H_3O^+ numa solução preparada pela mistura de 0,70 mols de ácido acético e 0,60 mols de acetato de sódio e completando-se o volume para 1 L de solução. A expressão da constante de equilíbrio do ácido acético,

$$\frac{[H_3O^+][Ac^-]}{[HAc]} = 1{,}8 \times 10^{-5},$$

pode ser rearranjado de modo a obtermos a expressão abaixo:

$$[H_3O^+] = \frac{[HAc]}{[Ac^-]} \times 1{,}8 \times 10^{-5}, \qquad (5.18)$$

Obviamente, precisamos determinar as concentrações de Ac^- e HAc para que possamos calcular a concentração de H_3O^+.

Apenas uma pequena quantidade de ácido acético, dos 0,70 mols iniciais, deve ter se dissociado: foi verificado anteriormente que o ácido acético é um ácido fraco e que a maior parte do mesmo permanece na forma não dissociada, quando dissolvido em água pura. Esta constatação permanecerá válida quando dissolvermos HAc numa solução que já contenha uma grande quantidade de íons acetato ? Aplicando-se o princípio de Le Châtelier pode-se concluir que o íon acetato irá reprimir a dissociação do ácido pelo efeito do íon-comum. Anteriormente verificamos que a dissociação do ácido acético em água pura é desprezível. Então, torna-se ainda mais razoável assumirmos que tal fenômeno ocorre em menor extensão numa solução contendo íons acetato.

Pela discussão acima podemos supor que a [HAc] = 0,70 *M*. Contudo, há mais uma coisa que precisamos verificar. O ácido acético pode ser *produzido* a partir do íon acetato em excesso, devido às suas propriedades básicas:

$$Ac^- + H_2O \rightleftharpoons HAc + OH^-,$$

Isto sugere que a concentração de HAc pode ser maior do que 0,70 *M*. Porém, quando investigamos as propriedades básicas de uma solução 0,10 *M* de acetato de sódio puro, notamos que apenas uma pequena quantidade de HAc é produzido. Numa solução que já contém HAc, a reação com a água será reprimida, e sua contribuição para a concentração de HAc será desprezível. Assim, podemos concluir que *desde que a quantidade de ácido acético adicionada à solução seja relativamente grande,* a quantidade perdida devido à dissociação, ou ganha devido ao equilíbrio da base, deve ser muito pequena. Portanto, podemos considerar que a concentração de HAc é igual a 0,70 *M*.

Para obtermos uma boa aproximação com relação à concentração de Ac^-, primeiro lembramos que sua concentração deverá ser relativamente elevada, dado que o acetato de sódio está totalmente dissociado em seus íons. A diminuição da concentração de Ac^- devido à reação com a água é pequena numa solução de acetato de sódio pura, e deve ser ainda menor numa solução na qual o excesso de HAc reprime a hidrólise. O aumento da $[Ac^-]$ devido à dissociação do HAc, também, é desprezível, como visto anteriormente. Conseqüentemente, podemos concluir que a concentração de Ac^- é aproximadamente igual a 0,60 M.

Substituindo-se as concentrações aproximadas de HAc e Ac^- na Eq.(5.18)

$$[H_3O^+] = \frac{[HAc]}{[Ac^-]} \times 1{,}8 \times 10^{-5} = \frac{0{,}70}{0{,}60} \times 1{,}8 \times 10^{-5}$$
$$= 2{,}1 \times 10^{-5}\, M.$$

Logo, a concentração de H_3O^+ é menor do que numa solução de ácido acético puro de concentração comparável. Este resultado é consistente com o princípio de Le Châtelier, o qual nos permite prever que a adição de Ac^- a uma solução de HAc irá reprimir a dissociação do ácido e diminuir a concentração de H_3O^+.

Examinando os argumentos que utilizamos para a resolução deste problema, podemos perceber que as aproximações serão válidas *somente* quando o ácido e sua base conjugada estiverem presentes em concentrações relativamente elevadas. Assim, é seguro utilizar o procedimento descrito acima desde que a razão das concentrações do ácido e de sua base conjugada se encontrem na faixa entre 0,1 e 10. Além disso, é necessário que a concentração total de ácido seja, numericamente, muito maior do que sua constante de dissociação.

As soluções contendo quantidades apreciáveis do ácido e de sua base conjugada são denominadas **soluções tampão**, e possuem propriedades úteis e importantes. A concentração de H_3O^+ se mantém inalterada mesmo que estas soluções sejam diluidas. A expressão geral para a concentração de H_3O^+ é

$$[H_3O^+] = \frac{[\text{ácido}]}{[\text{base conjugada}]} K_a. \qquad (5.19)$$

sendo a Eq.(5.18) um caso especial da mesma.

A concentração de H_3O^+ depende somente de K_a e da *razão* entre as concentrações do ácido e de sua base conjugada. Quando uma solução tampão for diluída, a concentração de ambos irá variar, mas a razão entre aquelas concentrações e, portanto, a $[H_3O^+]$ permanecerá constante.

Além disso, as soluções tampão tendem a manter a concentração de H_3O^+ praticamente inalteradas mesmo quando pequenas quantidades de ácidos ou bases fortes forem adicionadas. Para exemplificar este fenômeno, vamos calcular a variação que ocorre na concentração de H_3O^+ quando 1 ml de HCl 1 *M* for adicionado a 1 L de (a) água pura e (b) à solução de HAc e Ac^- que acabamos de estudar.

No caso (a), adicionamos

$$(0{,}001\ \text{L})(1\ \text{mol L}^{-1}) = 0{,}001\ \text{mol}$$

de H_3O^+ a 1 L de água, e a concentração da solução resultante é igual a 10^{-3} *M*. Logo, a adição de HCl provocou uma variação de 10^4 vezes na concentração de H_3O^+, em relação àquela da água pura: $[H_3O^+] = 10^{-7}$ M.

No caso (b), quando adicionamos 0,001 mol de H_3O^+ à solução contendo Ac^- e HAc, acontece a seguinte reação:

$$Ac^- + H_3O^+ \rightarrow HAc + H_2O.$$

Temos certeza disto, porque a constante de equilíbrio desta reação é igual a

$$\frac{[HAc]}{[H_3O^+][Ac^-]} = \frac{1}{K_a} = \frac{1}{1{,}8 \times 10^{-5}} = 5{,}6 \times 10^4.$$

Visto que a constante é grande, virtualmente, todo o ácido adicionado reage com o íon acetato produzindo ácido acético. Portanto, a nova concentração de ácido acético será igual a

$$[HAc] = 0{,}70 + 0{,}001 \cong 0{,}701\ M.$$

Dado que 0,001 mol de Ac^- se combinou com o H_3O^+ adicionado, a nova concentração de Ac^- será igual a

$$[Ac^-] = 0{,}60 - 0{,}001 \cong 0{,}599\ M.$$

Assim, a nova concentração de H_3O^+ será igual a

$$[H_3O^+] = \frac{[HAc]}{[Ac^-]} K_a = \frac{0{,}701}{0{,}599} \times 1{,}8 \times 10^{-5}$$
$$= 2{,}1 \times 10^{-5}\ M.$$

Considerando-se o número de significativos permitidos, a concentração de H_3O^+ permaneceu constante após a adição de HCl. Um resultado similar será obtido quando verificarmos o efeito da adição de 0,001 mol de uma base forte. Estas soluções apresentam a propriedade de armazenar o excesso de ácido e o excesso de base, respectivamente, na forma de um ácido fraco e na forma de sua base conjugada. Esta característica das soluções tampão faz com que a concentração de H_3O^+ se mantenha praticamente inalterada, modificando o efeito da adição de ácidos e bases à solução. Por este motivo, estas soluções são denominadas **tampões**.

Previamente foi dito que as soluções tampão conservam o mesmo pH após uma diluição. Esta afirmação não pode ser totalmente verdadeira, pois a adição de água deve deslocar o pH de qualquer solução em direção ao pH = 7. No caso de uma solução tampão, simplesmente, esta variação é muito pequena. O tampão ácido acético-acetato de sódio é um tampão ácido, e a reação global responsável pelo excesso de H_3O^+ deve ser a dissociação do ácido acético:

$$HAc + H_2O \rightleftharpoons H_3O^+ + Ac^-.$$

Podemos notar que a concentração de ácido acético deve diminuir um pouco com relação à inicial, enquanto que a concentração de Ac^- deve aumentar por uma quantidade correspondente. As equações exatas, baseadas nesta equação global são:

$$[HAc] = [HAc]_0 - [H_3O^+],$$
$$[Ac^-] = [Ac^-]_0 + [H_3O^+].$$

Substituindo-se estas equações na Eq.(5.19), temos que

$$[H_3O^+] = \frac{[HAc]_0 - [H_3O^+]}{[Ac^-]_0 + [H_3O^+]} K_a. \quad (5.20)$$

Considerando-se o caso de tampões cuja $[H_3O^+] = 10^{-5}$ M, se a concentração inicial do ácido e da respectiva base conjugada fossem aproximadamente iguais a 0,1 *M*, a adição de pequenas quantidades de ácidos fortes provocariam pequenas variações na concentração de H_3O^+, como se pode constatar a partir da Eq.(5.20). No entanto, se diminuíssemos a concentração do tampão anterior por um fator de 1000, para uma mesma quantidade de ácido adicionado, o termo $[H_3O^+]$ começa a se tornar importante. Vamos exemplificar este último caso assumindo que a solução tampão tenha sido preparada dissolvendo-se $6{,}0 \times 10^{-4}$ mols de acetato de sódio e $7{,}0 \times 10^{-4}$ mols de ácido acético em água, de modo a obter 1 L de solução tampão. Determinamos anteriormente que $[H_3O^+] = 2{,}1 \times 10^{-5}$ *M* para uma concentração 1000 vezes maior de acetato de sódio e ácido acético. Dado que a Eq.(5.20) quando rearranjada se transforma numa equação quadrática, esta poderia ser resolvida diretamente. Porém para os nossos propósitos é melhor utilizarmos os métodos das aproximações sucessivas, substituindo-se a concentração de H_3O^+ previamente determinada. Assim, utilizando-se $[H_3O^+] = 2{,}1 \times 10^{-5}$ M, como um resultado aproximado, temos que

$$[H_3O^+] = \frac{(0{,}70 \times 10^{-3}) - (2{,}1 \times 10^{-5})}{(0{,}60 \times 10^{-3}) + (2{,}1 \times 10^{-5})} K_a$$
$$= \frac{0{,}68 \times 10^{-3}}{0{,}62 \times 10^{-3}} \times 1{,}8 \times 10^{-5} = 2{,}0 \times 10^{-5}\ M.$$

A variação foi muito pequena, mas a concentração de H_3O^+ se deslocou no sentido esperado. Se este tampão fosse novamente diluído, então, as correções introduzidas pela Eq.(5.20) devem se tornar ainda mais significativas. A Eq.(5.20), também, é importante no caso de tampões cujas concentrações de H_3O^+ são elevadas, visto que as correções se tornam muito maiores nestas condições.

Pergunta. Qual seria a concentração final de H_3O^+ se 0,100 mol de $NaHSO_4$ ($K = 1,0 \times 10^{-2}$) e 0,100 mol de Na_2SO_4 fossem dissolvidos em 1 L de H_2O?

Resposta. $[H_3O^+] = 8.5 \times 10^{-3} M$.

Todavia, a Eq.(5.20) falha completamente quando o tampão contém mais OH^- que H_3O^+. No caso de tampões básicos, a reação global é a produção de OH^- devido à reação da base conjugada com a água. Este caso será ilustrado numa seção posterior.

Indicadores

Moléculas de corantes, cujas cores são dependentes da concentração de H_3O^+, proporcionam a maneira mais simples de estimar o pH de uma solução. Estes indicadores são ácidos fracos cujas bases conjugadas apresentam cores diferentes com relação aos primeiros; ou são bases fracas cujos ácidos conjugados são de cores diferentes.

Por exemplo, o indicador vermelho de fenol se ioniza de acordo com a equação

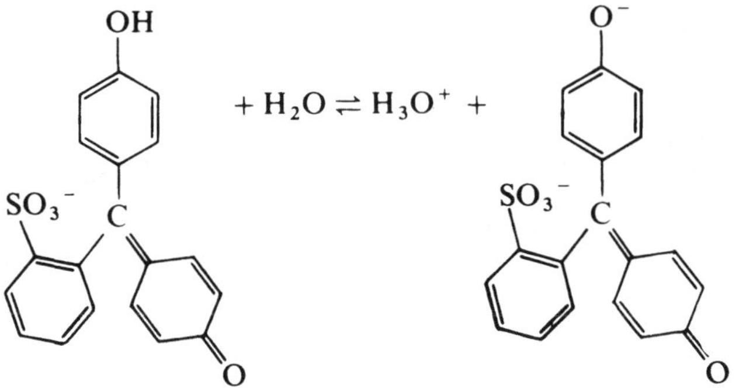

OH ... SO_3^- ... C ... O $\quad + H_2O \rightleftharpoons H_3O^+ + \quad$ O^- ... SO_3^- ... C ... O

amarelo — vermelho

a qual abreviaremos da seguinte forma:

$$HIn + H_2O \rightleftharpoons H_3O^+ + In^-,$$

e

$$K_I = \frac{[H_3O^+][In^-]}{[HIn]},$$

onde HIn é o indicador ácido, In^- é sua base conjugada e K_I é a constante de equilíbrio. Se adicionarmos uma pequena quantidade deste indicador a uma solução, a reação de dissociação não irá alterar de forma significativa a concentração de H_3O^+ do meio. Porém, o inverso é verdadeiro. A concentração de H_3O^+ da solução determinará a razão entre as concentrações de In^- e HIn, segundo a equação:

$$\frac{[In^-]}{[HIn]} = \frac{K_I}{[H_3O^+]}.$$

A cor da solução dependerá da concentração de H_3O^+: se ela for alta, [HIn] » [In^-] e a solução será amarela; mas se ela for pequena, [In^-] » [HIn] e a solução será vermelha.

Há uma limitação natural para a faixa de pH na qual um dado indicador pode ser utilizado. O olho consegue detectar variações de cor, somente quando a razão entre as concentrações das duas espécies se encontram na faixa de 0,1 a 10. No caso do vermelho de fenol teríamos as seguintes situações:

$$\frac{[In^-]}{[HIn]} = 0.1 \qquad \text{solução amarela,}$$

$$\frac{[In^-]}{[HIn]} = 1 \qquad \text{solução alaranjada,}$$

$$\frac{[In^-]}{[HIn]} = 10 \qquad \text{solução vermelha.}$$

Analisando a expressão da constante de equilíbrio, podemos notar que as três relações acima citadas correspondem à concentrações de H_3O^+ iguais a $10K_I$, K_I e $0,1K_I$, respectivamente. Portanto, o indicador é sensível às variações de pH apenas numa faixa de concentração de H_3O^+ de 100 vezes, centrada no valor de $[H_3O^+] = K_I$. Para medirmos um pH, por exemplo, na faixa de 7±1, devemos utilizar um indicador cuja constante de dissociação ácida seja igual a cerca de 10^{-7}. Devemos selecionar o indicador adequado para outras faixas de pH de modo análogo. Podemos inferir que o vermelho de fenol deve ter um $K_I \sim 10^{-7}$, a partir da faixa de pH indicada na Tabela 5.3. No caso da fenolftaleína, um indicador muito comumente usado nos laboratórios, o K_I é de cerca de 10^{-9}.

TABELA 5.3 FAIXAS DE pH DE ALGUNS INDICADORES ÁCIDO-BASE*

Indicador	Intervalo de pH	Mudança de cor, ácido a base
Azul de timol	1,2-2,8	vermelho-amarelo
Alaranjado de metila	2,1-4,4	laranja-amarelo
Vermelho de metila	4,2-6,3	vermelho-amarelo
Azul de bromotimol	6,0-7,6	amarelo-azul
Vermelho de fenol	6,4-8,0	amarelo-vermelho
Vermelho de cresol	7,2-8,8	amarelo-vermelho
Fenolftaleína	8,3-10,0	incolor-vermelho
Amarelo de alizarina	10,1-12,0	amarelo-vermelho

5.4 Resumo do Método da Equação Global

Nas seções anteriores, deduzimos algumas equações para a resolução de problemas relativos a ácidos e bases fracas. Nesta seção, apresentaremos tais equações de forma compacta, mostrando suas relações com a equação global correspondente.

1. Um Ácido Fraco HA com Concentração Inicial C_0. A reação global é

$$HA + H_2O \rightleftharpoons A^- + H_3O^+.$$

Assim,

$$[HA] = C_0 - [H_3O^+],$$
$$[A^-] = [H_3O^+],$$
$$\frac{[H_3O^+]^2}{C_0 - [H_3O^+]} = K_a. \quad (5.21a)$$

Resolver para $[H_3O^+]$.

2. Uma Base Fraca B com Concentração Inicial C_0. A reação global é

$$B + H_2O \rightleftharpoons HB^+ + OH^-.$$

Assim, temos que

$$[B] = C_0 - [OH^-],$$
$$[HB^+] = [OH^-],$$
$$\frac{[OH^-]^2}{C_0 - [OH^-]} = K_b = \frac{K_w}{K_a}. \quad (5.21b)$$

Resolver para $[OH^-]$ e depois para $[H_3O^+]$, por meio da seguinte relação:

$$[H_3O^+] = \frac{K_w}{[OH^-]}.$$

3. Uma Solução Tampão com Concentração Inicial de Ácido Fraco $[HA]_0$ e de Base Conjugada $[A^-]_0$

a) *Tampão ácido* ($K_a \gg 10^{-7}$). A reação global é

$$HA + H_2O \rightleftharpoons A^- + H_3O^+.$$

Logo, temos que

$$[HA] = [HA]_0 - [H_3O^+] \cong [HA]_0,$$
$$[A^-] = [A^-]_0 + [H_3O^+] \cong [A^-]_0,$$
$$[H_3O^+] = \frac{[HA]_0 - [H_3O^+]}{[A^-]_0 + [H_3O^+]} K_a \cong \frac{[HA]_0}{[A^-]_0} K_a. \quad (5.22a)$$

Resolver para $[H_3O^+]$ utilizando o método das aproximações sucessivas.

b) *Tampão básico* ($K_a \ll 10^{-7}$). A reação global é

$$A^- + H_2O \rightleftharpoons HA + OH^-.$$

Por conseguinte,

$$[A^-] = [A^-]_0 - [OH^-] \cong [A^-]_0,$$
$$[HA] = [HA]_0 + [OH^-] \cong [HA]_0,$$
$$[H_3O^+] = \frac{[HA]_0 + [OH^-]}{[A^-]_0 - [OH^-]} K_a \cong \frac{[HA]_0}{[A^-]_0} K_a. \quad (5.22b)$$

Resolver para $[H_3O^+]$ utilizando o método das aproximações sucessivas. No caso de tampões básicos, algumas pessoas preferem usar a seguinte relação:

$$[OH^-] = \frac{[A^-]_0 - [OH^-]}{[HA]_0 + [OH^-]} K_b \cong \frac{[A^-]_0}{[HA]_0} K_b. \quad (5.23)$$

Outras reações e suas soluções para problemas relativos a equilíbrios ácido-base serão abordadas nas próximas seções.

5.5 Tratamento Exato do Equilíbrio Iônico

Todas as equações dadas na seção anterior contém aproximações, porque uma reação global simples não é capaz de descrever todas as reações químicas que estão ocorrendo numa solução, quando mais de um equilíbrio químico estiver presente. Todas as soluções de ácidos fracos e bases fracas apresentam os equilíbrios de dissociação associados com o ácido ou com a base e com a auto-ionização da água. Isto não implica que as equações anteriores não sejam válidas. Apenas, estamos frisando que elas não são exatas. Nesta seção, vamos mostrar como podemos deduzir expressões exatas para os tipos de problemas abordados até o momento, e para qualquer outro tipo que for encontrado futuramente. Em seguida, vamos comparar os resultados exatos com os resultados obtidos aplicando os métodos anteriormente citados. Apesar do método exato proporcionar resultados um pouco melhores ou iguais aos obtidos pelo método das reações globais, ele é um método sistemático e que pode ser aplicado de forma linear para resolver problemas relativos a quaisquer equilíbrios iônicos.

No método exato, uma equação independente é determinada para cada concentração desconhecida do sistema. Em seguida, estas ***n* equações** são resolvidas para as ***n* incognitas**. Estas equações podem ser obtidas a partir das seguintes considerações:

1. Existe uma expressão da constante de equilíbrio para todos os equilíbrios independentes.
2. Há relações estequiométricas diretas que correlacionam as concentrações iniciais e finais dos solutos. O conjunto dessas relações são denominadas **balanço de matéria**.
3. Visto que estamos tratando com espécies iônicas em solução, o número total de cargas positivas, em solução, deve ser igual ao número de cargas negativas. Esta expressão é denominada de **balanço de cargas.**

Obtém-se uma melhor compreensão acerca das três fontes de equações, acima citada, aplicando-as a problemas reais.

I. Um Ácido Fraco com Concentração Inicial C_0

Há dois equilíbrios independentes: a auto-ionização da água e a dissociação do ácido. Suas constantes de equilíbrio são

$$[H_3O^+][OH^-] = K_w,$$

$$\frac{[H_3O^+][A^-]}{[HA]} = K_a.$$

Temos quatro concentrações desconhecidas: $[H_3O^+]$, $[OH^-]$, $[A^-]$ e $[HA]$. Logo, precisamos de duas equações adicionais:

balanço material: $[HA]_0 = [HA] + [A^-] = C_0,$

balanço de cargas: $[H_3O^+] = [OH^-] + [A^-].$

Agora temos quatro equações e quatro incógnitas. Você deve ter percebido que a concentração de OH^- é muito menor do que a de H_3O^+, numa solução de um ácido fraco. Se a concentração de OH^- for desprezada na equação do balanço de cargas, obteremos a expressão deduzida utilizando-se o método das reações globais, Eq.(5.20). Se tivermos um caso excepcional de um ácido suficientemente fraco, tal que a H_3O^+ seja aproximadamente igual a 10^{-7} *M*, a expressão exata dará o resultado correto; mas a Eq.(5.20) será inadequada para a resolução do problema.

II. Uma Base Fraca A^- com Concentração Inicial C_0

Estamos utilizando uma base carregada negativamente para ilustrarmos seu efeito na equação de balanço de cargas. Dado que a solução deve conter um cátion, assumiremos que este é o íon Na^+. Por conseguinte, temos cinco incógnitas.

Podemos utilizar as expressões das constantes de equilíbrio do problema I ou podemos utilizar a expressão de K_w juntamente com a expressão de K_b para a base A^-.

balanço material: $[Na^+] = [A^-]_0 = C_0,$

$[A^-]_0 = [A^-] + [HA] = C_0,$

balanço de cargas: $[Na^+] + [H_3O^+] = [A^-] + [OH^-].$

Combine as cinco equações e resolva para as cinco concentrações desconhecidas.

Pergunta. A concentração de que espécie deve ser desprezada, na equação do balanço de cargas, para se obter a expressão deduzida pelo método da reação global ?

Resposta. A concentração de H_3O^+.

III. Uma Solução Tampão com Concentração Inicial de Ácido Fraco $[HA]_0$ e de Base Conjugada $[A^-]_0$

Novamente, começamos com as duas equações das constantes de equilíbrio utilizadas no Problema I ou II.

balanço material, $[Na^+] = [A^-]_0,$

$[HA]_0 + [A^-]_0 = [HA] + [A^-],$

balanço de cargas: $[Na^+] + [H_3O^+] = [A^-] + [OH^-].$

As expressões acima podem ser substituidas na equação da constante de equilíbrio do HA, de modo a obtermos a seguinte expressão:

$$[H_3O^+] = \frac{[HA]}{[A^-]}K_a = \frac{[HA]_0 - [H_3O^+] + [OH^-]}{[A^-]_0 + [H_3O^+] - [OH^-]}K_a. \quad (5.24)$$

A Eq.(5.24) é válida tanto para tampões ácidos como para tampões básicos, sendo a forma geral das Eqs.(5.22a) e (5.22b).

5.6 Tópicos Especiais em Equilíbrio Ácido-Base

O equilíbrio ácido-base possui muitas facetas, sendo que iremos explorar apenas algumas delas. Nesta seção, verificaremos como o pH varia durante uma titulação, alguns aspectos práticos das soluções tampão, a solubilidade de óxidos e sulfetos e o equilíbrio, em múltiplas etapas, de ácidos polipróticos. Em cada uma das situações acima, vamos utilizar os conceitos estudados sobre os equilíbrios ácido-base, discutidos em seções anteriores deste capítulo. Tentaremos utilizar o método das reações globais em todos os casos, exceto aqueles nos quais eles se mostrem inadequados. Nestes casos, dependeremos das equações exatas.

Titulações Ácido-Base

A **titulação ácido-base** é uma das técnicas mais importantes da química analítica. O procedimento geral é usado para se determinar a quantidade de um ácido pela adição de uma quantidade equivalente de uma base, ou vice-versa. Para perceber como devemos planejar uma titulação ácido-base adequadamente, é esclarecedor calcularmos a concentração de H_3O^+ durante os vários estágios da titulação. Vamos, por exemplo, titular 50,00 mL de uma solução 0,2000 M de HCl com 50,00 mL de NaOH 0,2000 *M*.

Na realidade, este é um problema de equilíbrio bastante simples, dado que se trata de um sistema com um único equilíbrio: a auto-ionização da água.

$$2H_2O \rightleftharpoons H_3O^+ + OH^-$$

No início da titulação, a concentração de H_3O^+ é igual a 0,2000 M, e

$$[OH^-] = \frac{K_w}{[H_3O^+]} = \frac{1{,}00 \times 10^{-14}}{0{,}2000} = 5{,}00 \times 10^{-14}.$$

A medida que NaOH for adicionado, o OH^- reage com H_3O^+ de acordo com a reação

$$OH^- + H_3O^+ \rightarrow 2H_2O.$$

Desconsiderando a auto-ionização da água, temos que

$$\text{excesso de } H_3O^+ \text{ (milimols)} = (50{,}00 \times 0{,}2000) - (V \times 0{,}2000) = (50{,}00 - V) \times 0{,}2000,$$

onde *V* é o volume, em mililitros, de NaOH adicionado. Utilizando a concentração inicial de H_3O^+ e sabendo que o volume total da solução resultante após a adição da base é igual a 50,00+V, podemos concluir que

$$[H_3O^+]_0 = \frac{50{,}00 - V}{50{,}00 + V} \times 0{,}2000.$$

A este valor devemos adicionar a concentração de H_3O^+ proveniente da auto-ionização da água, para calcularmos a concentração total de H_3O^+:

$$[H_3O^+] = [H_3O^+]_0 + [OH^-]$$

$$= \frac{50{,}00 - V}{50{,}00 + V} \times 0{,}2000 + [OH^-].$$

A concentração inicial de OH^- é muito pequena quando V = 0, como pudemos verificar acima, e pode ser desprezada até que o volume adicionado de NaOH se torne quase igual a 50,00 mL. Podemos testar esta aproximação calculando a $[OH^-]$ por meio da equação

$$[OH^-]_0 = \frac{K_w}{[H_3O^+]}$$

analogamente à situação quando V=0. A Tabela 5.4 contém os resultados de tais cálculos.

Nota-se, pela Tabela 5.4, que a auto-ionização da água pode ser desprezada até que o volume adicionado de NaOH seja aproximadamente igual a 50,00 mL. Após termos adicionado 50,00 mL, temos um excesso de OH^-, e a expressão deve ser modificada para:

$$[OH^-]_0 = \frac{V - 50{,}00}{V + 50{,}00} \times 0{,}2000,$$

$$[OH^-] = [OH^-]_0 + [H_3O^+],$$

$$[H_3O^+] = \frac{K_w}{[OH^-]}.$$

TABELA 5.4 TITULAÇÃO DE 50,00 mL DE HCl 0,200 *M* COM DIFERENTES VOLUMES DE NaOH 0,2000 *M*.

Volume *V* (mL)	$[H_3O^+]_0$ (M)	$[OH^-]$ (M)	$[H_3O^+]$ (M)
0,2000	0	0,2000	$5{,}00 \times 10^{-14}$
10,00	0,1333	$7{,}50 \times 10^{-14}$	0,1333
40,00	0,02222	$4{,}50 \times 10^{-13}$	0,02222
49,00	$2{,}020 \times 10^{-3}$	$4{,}95 \times 10^{-12}$	$2{,}020 \times 10^{-3}$
49,90	$2{,}002 \times 10^{-4}$	$5{,}00 \times 10^{-11}$	$2{,}002 \times 10^{-4}$
49,99	$2{,}000 \times 10^{-5}$	$5{,}00 \times 10^{-10}$	$2{,}000 \times 10^{-5}$
50,00	0	$1{,}00 \times 10^{-7}$	$1{,}00 \times 10^{-7}$

Na Fig.5.1 é mostrado o gráfico de pH *versus* V desta titulação ácido-base. Pode-se notar a rápida variação de pH ao redor de *V*=50,00 mL, ou seja, o ponto de equivalência. Por causa desta rápida variação de pH, praticamente todos os indicadores, que mudam de cor na faixa de 4,0 a 10,0, são satisfatórios para se determinar o final da titulação.

Nestes cálculos não consideramos o fato de que toda solução de NaOH contém quantidades variáveis de Na_2CO_3. Este se deve à contaminação da solução devido ao $CO_2(g)$ presente no ar, o qual se combina com NaOH segundo a reação

$$CO_2(g) + 2OH^- \rightarrow CO_3^{2-} + H_2O.$$

Apesar desta reação consumir o OH^- da solução, o carbonato resultante, também é uma base e reage com HCl segundo a reação

$$CO_3^{2-} + 2H_3O^+ \rightarrow CO_2(g) + 3H_2O.$$

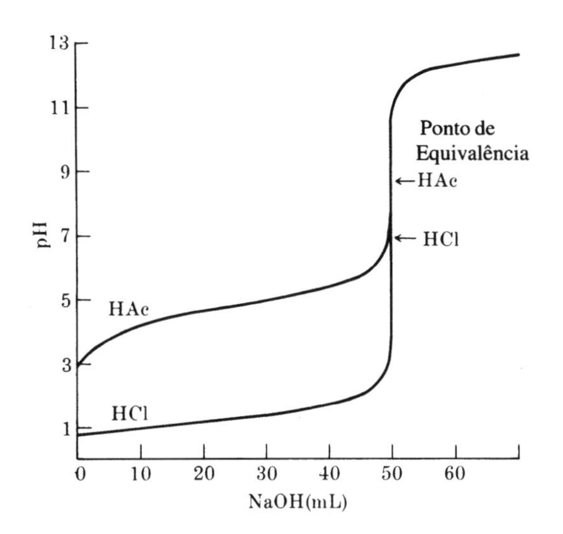

Fig. 5.1 Mudança de pH durante a titulação de 50,00 mL de ácido 0,2000 *M* com NaOH 0,2000 *M*.

Se o CO_2(g) fosse completamente removido da solução, ele não influenciaria o resultado da titulação. Contudo, sempre um pouco de CO_2(g) permanece dissolvido na solução aquosa, de modo que CO_2(aq), HCO_3^- ou mesmo CO_3^- podem estar presentes no final da titulação, dependendo do indicador utilizado para se determinar o ponto de equivalência. O CO_2 dissolvido pode fazer variar o volume de titulante utilizado numa dada titulação. Por exemplo, se o indicador for vermelho de metila (pH = 4,5), o CO_2 dissolvido não será titulado, mas se for a fenolftaleína (pH = 9), praticamente todo o CO_2 dissolvido será titulado até HCO_3^-. O CO_3^{2-} tem um efeito bem diferente se uma solução de NaOH for titulada com HCl, visto que, neste caso, a solução permanece alcalina até o final da titulação.

Também, pode-se observar na Fig. 5.1, a variação do pH em função do volume, a medida que 50,00 mL de uma solução 0,2000 *M* de ácido acético é titulada com NaOH 0,2000 M. O cálculo dos pH's em função do volume de base adicionado, ao longo da curva de titulação, é um excelente exercício de revisão sobre os equilíbrios de ácidos e bases fracas. Vamos utilizar dois métodos. No primeiro aplicaremos as equações anteriormente deduzidas, e para isso precisamos dividir a curva em quatro regiões.

Região 1 (*V* = 0 mL). Esta corresponde à solução de HAc 0,2000 pura. A concentração de H_3O^+ pode ser facilmente calculada por meio da Eq.(5.21a).

Região 2 (*V* = 0,01 a 49,99 mL). Esta corresponde a região onde se formam as soluções tampão, visto que o OH^- adicionado reage com o ácido formando Ac^-, de acordo com a reação:

$$OH^- + HAc \rightarrow Ac^- + H_2O.$$

As concentrações iniciais, deduzidas a partir da estequiometria da reação, são

$$[HAc]_0 = \frac{50{,}00 - V}{50{,}00 + V} \times 0{,}2000,$$

$$[Ac^-]_0 = \frac{V}{50{,}00 + V} \times 0{,}2000.$$

Quando 4,0 ≤ V ≤ 49,95, os termos de correção devido à concentração de $[H_3O^+]$ ou de $[OH^-]$ nas Eqs.(5.22a) ou (5.22b) podem ser desprezados e a H_3O^+ pode ser facilmente calculada utilizando-se a seguinte expressão:

$$[H_3O^+] = \frac{50{,}00 - V}{V} \times 1{,}8 \times 10^{-5}.$$

Quando 0,01 ≤ V ≤ 1,0, é recomendável resolver o problema utilizando a equação na sua forma quadrática. Você pode confirmar a exatidão notando que, quando 0,01 ≤ V ≤ 0,05, estas soluções praticamente tem a mesma concentração de H_3O^+ da solução 0,200 M de HAc. Quando 49,95 ≤ V ≤ 49,99 devemos usar a Eq.(5.22b), dado que nesta condição a solução já é básica (a concentração de OH^- é aproximadamente igual a concentração de HAc).

Região 3 (*V* = 50,00 mL). Esta solução corresponde, exatamente, a uma solução 0,1000 M de acetato de sódio, e a $[H_3O^+]$ poderá ser mais facilmente determinada utilizando-se a Eq.(5.21b). Este é o ponto de equivalência desta titulação. Apesar disso, a solução obtida é básica e seu pH é igual a 8,87, pois o Ac^- é uma base fraca.

Região 4 (*V* ≤ 50,01 mL). Neste caso, existe um excesso de OH^-, sendo que sua concentração inicial pode ser calculada por meio da equação

$$[OH^-]_0 = \frac{V - 50{,}00}{V + 50{,}00} \times 0{,}2000.$$

A concentração final de OH^- poderia ser diferente daquela calculada utilizando-se a expressão acima, devido à autoionização da água e às propriedades básicas do Ac^-. O último é o fator mais importante. Sua reação global é

$$Ac^- + H_2O \rightleftharpoons HAc + OH^-.$$

Assim, a concentração final de OH^- deveria ser igual a

$$[OH^-] = [OH^-]_0 + [HAc],$$

onde deveríamos calcular a concentração de HAc utilizando o K_b do Ac^- e supondo-se que

$$[Ac^-] \cong 0{,}10\,M.$$

A contribuição do Ac^- para a concentração total de OH^- diminui rapidamente e a concentração de OH^- se torna igual ao valor estequiométrico de $[OH^-]_0$ em excesso, quando V = 50,04 mL. Esta é a razão porque as duas curvas de titulação mostradas na Fig.5.1 se juntam após a adição de mais de 50,00 ml de NaOH. A escolha do indicador para a titulação de um ácido fraco, como o HAc, com NaOH é muito mais problemática que na titulação de um ácido forte. Visto que o pH, no ponto de equivalência, é igual a 8,87 e a variação rápida do pH ocorre numa região mais restrita da curva de titulação. No caso do HAc, devemos optar por um indicador cuja variação de coloração ocorra em torno de 9. Fenolftaleína seria o indicador mais comum e recomendado para este propósito, pois se torna rósea próximo do pH = 9, como desejado.

Pergunta. Que indicador seria adequado para a titulação de uma solucão de NH_3 0,2 M com HCl 0,2? Primeiro calcule o pH no ponto de equivalência.

Resposta. O pH, no ponto de equivalência, é igual a 5,1. Logo, vermelho de metila é um bom indicador para a titulação.

Método Exato. Enquanto os métodos anteriores nos proporcionam um excelente exercício de revisão das equações baseadas no método da reação global, existem alguns inconvenientes em utilizá-las em várias partes da curva de titulação. O método exato pode ser utilizado para se obter uma única equação que relaciona a concentração de H_3O^+ com a quantidade de NaOH adicionado. Esta equação tem vários termos, cada um dos quais contém a concentração de H_3O^+. Por conseguinte, é mais fácil resolvermos a equação exata substituindo-se os valores para a concentração de H_3O^+ e determinando-se o volume, V, de NaOH adicionado do que determinando-se a concentração de H_3O^+ a partir do volume, V, de titulante adicionado.

A primeira vista, utilizar um suposto valor de $[H_3O^+]$ para se calcular V parece ser um método não muito recomendável. Porém, como estamos calculando os pontos sobre uma curva de titulação, semelhante aos apresentados na Fig.5.1, é indiferente se calculamos V a partir de $[H_3O^+]$ ou se calculamos a concentração de H_3O^+ utilizando um valor de V, como sugerido acima. A equação exata é recomendada quando se utiliza uma calculadora programável, pois uma única equação é suficiente para se traçar a curva de titulação como um todo.

A equação do balanço de cargas, para o NaOH adicionado a uma solução de HA, é

$$[Na^+] + [H_3O^+] = [A^-] + [OH^-].$$

Rearranjando-se de modo a resolvermos para a concentração de Na^+, o qual mede a quantidade de NaOH adicionado, temos que

$$[Na^+] = [A^-] - [H_3O^+] + [OH^-].$$

Esta equação exata é valida em quaisquer partes da curva de titulação, sendo que a $[H_3O^+]$ e a $[OH^-]$ são insignificantes na maior parte da mesma. Se os termos da equação anterior fossem substituidos pela relação proveniente da equação do balanço de massa, do equilíbrio de dissociação e do equilíbrio de dissociação da água, obteríamos a seguinte expressão:

$$[Na^+] = \frac{K_a[HA]_0}{[H_3O^+] + K_a} - [H_3O^+] + \frac{K_w}{[H_3O^+]}. \tag{5.25a}$$

O primeiro termo do lado direito é muito importante e é a solução exata da expressão da constante de equilíbrio

$$\frac{[H_3O^+][A^-]}{[HA]_0 - [A^-]} = K_a$$

para $[A^-]$. Resolvendo-se a Eq.(5.25a) para V, o volume (em mililitros) de NaOH 0,2000 M adicionado a 50,00 mL de uma solução 0,2000 M de ácido fraco, temos que

$$V = \frac{50{,}00K_a}{[H_3O^+] + K_a} - \frac{V + 50{,}00}{0{,}2000}\left([H_3O^+] - \frac{K_w}{[H_3O^+]}\right). \tag{5.25b}$$

O termo $V + 50{,}00$ representa o volume total da solução. Este problema poderia ser mais facilmente resolvido se supusermos que o volume total é uma constante e o termo $V + 50{,}00$ possa ser substituido pela mesma. Contudo, em ambos os casos citados acima, o valor de V pode ser calculado para cada concentração de H_3O^+. Desta forma, a composição da solução foi determinada pelo pH e este pode ser denominado o **método pH-composição.**

Exemplos de Tampões

As soluções tampões são muito importantes no controle do pH em sistemas químicos e biológicos, pois muitas substâncias simples e quase todos as moléculas biológicas se comportam como ácidos fracos. As transformações químicas realizadas por estas substâncias são muito influenciadas pelo pH do meio e, portanto, o controle deste fator se torna essencial.

Dado que é muito comum falarmos de pH ao invés de $[H_3O^+]$, freqüentemente, a expressão da constante de equilíbrio para a dissociação de um ácido fraco é escrita na sua forma logarítmica:

$$pH = pK_a + \log\frac{[\text{base conjugada}]}{[\text{ácido fraco}]} \tag{5.26}$$

Nos textos da área biológica, esta é denominada a **equação de Henderson-Hasselbalch.** Podemos notar que uma variação de pH de 0,30 unidades corresponde a uma variação nas quantidades relativas do ácido fraco e de sua base conjugada por um fator de 2, pois log 2 = 0,30. Para que um tampão seja capaz de aceitar íons H_3O^+ ou OH^- dos reagentes mantendo inalterado o pH, o tampão deve conter quantidades apreciáveis tanto do ácido fraco quanto de sua base conjugada. Esta exigência impõe uma limitação na faixa em que o pH pode diferir com relação ao seu pK_a, e normalmente se aceita que a concentração de H_3O^+ não deve diferir do K_a por um fator superior a 10. Isto corresponde a um valor de pH que se encontra dentro de uma faixa de 1,0 unidade de pK_a. Considerando-se as limitações acima, um par constituido por um ácido fraco e sua base conjugada pode ser utilizado para preparar tampões, cujos pH's são iguais a $pK_a \pm 1,0$. Um novo par deve ser utilizado, caso o pH esteja fora daqueles limites. Atualmente, há um conjunto de ácidos fracos selecionados para o preparo de soluções tampão, que abrangem toda a faixa de pH. Estes são denominados **tampões de Good** (desenvolvidos por N.E. Good): a diferença entre os pK_a's de dois pares ácido fraco-base conjugados adjacentes é aproximadamente constante e, além disso, possuem outras propriedades favoráveis. Nos trabalhos de pesquisa, os tampões clássicos, preparados utilizando-se os ácidos mostrados na Tabela 5.2, têm sido substituídos pelos tampões de Good.

A maioria das soluções tampões são preparadas adicionando-se uma solução de NaOH a um ácido fraco ou uma solução de HCl a uma base fraca. O exemplo abaixo é um problema que ilustra a preparação de um tampão.

Exemplo 5.2. Quantos mililitros de uma solução 0,100 *M* de NaOH devem ser adicionados a 50,0 mL de ácido fórmico (HCOOH) 0,100 *M*, para obtermos uma solução tampão, cujo pH seja igual a 4,00?

Resposta. A adição de OH^- tem como objetivo converter parte do HCOOH em $HCOO^-$, sua base conjugada. A reação global desta reação é

$$OH^- + HCOOH \rightarrow HCOO^- + H_2O.$$

Assim,

$$n^o \text{ de mols de HCOOH} = n^o \text{ de mols de NaOH adicionado} = 0{,}100\ V \times 10^{-3},$$

$$n^o \text{ de mols inicial de HCOOH} = n^o \text{ de mols inicial de HCOOH}^- \; n^o \text{ de mols de NaOH adicionado} = (50{,}0 \times 0{,}100 - 0{,}100\ V) \times 10^{-3},$$

onde, *V* é o volume de NaOH adicionado, em mililitros. Para resolvermos este problema, utilizaremos a equação para as soluções tampão, Eq.(5.19):

$$[H_3O^+] = 1{,}00 \times 10^{-4} = \frac{[HCOOH]}{[HCOO^-]} \times 1{,}8 \times 10^{-4},$$

e

$$\frac{[HCOOH]}{[HCOO^-]} = \frac{1}{1{,}8} = 0{,}56.$$

O volume total da solução tampão é desconhecido, mas podemos concluir que as concentrações finais de HCOOH e $HCOO^-$ serão muito maiores do que 10^{-4} *M*, pois estamos partindo de uma solução 0,1 *M* do ácido. Isto implica que podemos desprezar as variações nas concentrações de HCOOH e $HCOO^-$, calculadas acima, devido a contribuição da dissociação da água. E, visto que a razão entre as concentrações é igual a razão entre os números de mols, temos que

$$\frac{50{,}0 \times 0{,}100 - 0{,}100V}{0{,}100V} = 0{,}56,$$

ou

$$\frac{50{,}0 - V}{V} = 0{,}56.$$

Logo,

$$V = 32\ \text{mL}.$$

Sempre que soubermos a concentração de H_3O^+, podemos usar as equações deduzidas pelo método exato. Podemos adaptar a Eq.(5.25b), a solução exata para a curva de titulação de um ácido fraco, para o problema acima. Assim,

$$V = \frac{50{,}00K_a}{[H_3O^+] + K_a},$$

onde os termos secundários, contendo $[H_3O^+]$, foram desprezados. Se substituirmos $K_a = 1,8 \times 10^{-4}$ e $[H_3O^+] = 1,00 \times 10^{-4}$ nesta equação simplificada, novamente, teremos que $V = 32$ mL. Também, poderíamos ter estimado que *V* deve ser um pouco maior do que 25 mL, pois a concentração de H_3O^+ desejado era um pouco menor do que $1,8 \times 10^{-4}$ *M*. Porém, a resolução algébrica é a melhor maneira de se obter o volume correto.

O exemplo 5.2 ilustrou um importante tipo de problema prático relativo a preparação de tampões. Nos próximos três exemplos apresentaremos situações que ilustram outros aspectos práticos da aplicação de soluções tampão para se manter a concentração de H_3O^+ constante, sob várias condições. Dentre elas serão discutidas as situações nas quais ocorrem a liberação de H_3O^+ durante a reação química, a variação da temperatura de 25 a 35° C e a variação na concentração iônica, ou força iônica, das soluções tampão. Apesar dos cálculos serem direcionados para o caso dos tampões devido a importância prática dos mesmos, os princípios podem ser aplicados para quaisquer equilíbrios que envolvam ácidos ou bases fracas.

Exemplo 5.3. Supoe-se que um tampão NH_4^+-NH_3 seja capaz de manter o pH de uma solução constante, dentro da faixa de 0,30 unidades de pH, durante a reação

$$CH_3COOCH_3 + 2H_2O \rightarrow$$

$$CH_3COO^- + H_3O^+ + CH_3OH.$$

Se a solução tampão tivesse a seguinte composição inicial,

$$[CH_3COOCH_3]_0 = 0{,}020\ M,$$
$$[NH_4^+]_0 = 0{,}100\ M,$$
$$[NH_3]_0 = 0{,}058\ M,$$

quais seriam os pH's inicial e final da solução ? Este tampão satisfaz as condições acima descritas ?

Resposta. Utilizaremos a equação

$$pH = pK_a + \log \frac{[\text{base conjugada}]}{[\text{ácido fraco}]}$$

$$= 9{,}24 + \log \frac{[NH_3]}{[NH_4^+]}.$$

Se desprezarmos as pequenas variações que ocorrem nas concentrações iniciais, devido às reações com a água que geram o íon OH^- em solução, podemos utilizar estas concentrações para determinarmos o pH da solução inicial:

$$pH = 9{,}24 + \log \frac{0{,}058}{0{,}100} = 9{,}00.$$

A medida que o CH_3COOCH_3 reage, H_3O^+ é produzido no meio, a concentração de NH^+_4 aumenta e a concentração de NH_3 diminui proporcionalmente, de acordo com a reação

$$NH_3 + H_3O^+ \rightarrow NH_4^+ + H_2O.$$

Quando todo CH_3COOCH_3 tiver reagido, as seguintes concentrações são esperadas:

$$[NH_4^+] = 0{,}100 + 0{,}020 = 0{,}120,$$
$$[NH_3] = 0{,}058 - 0{,}020 = 0{,}038.$$

Portanto, o pH final deve ser igual a

$$pH = 9{,}24 + \log \frac{0{,}038}{0{,}120} = 8{,}74.$$

Houve uma variação de 0,26 unidades de pH, o qual é um pouco menor do que o máximo valor admitido de 0,30 unidades.

Exemplo 5.4. De quanto seria a variação de pH de um tampão se a solução fosse aquecida de 25,0 para 35,0^0 C ?

Resposta. A resposta a esta pergunta depende muito do tampão utilizado. Cada ácido apresenta uma variação característica do pK_a em função da temperatura. De acordo com o princípio de Le Châtelier, esta mudança depende se a reação de dissociação é endotérmica ou exotérmica. Na Tabela 5.5 é dada uma pequena lista de valores de pK_a e os respectivos $\Delta\tilde{H}^0$ de dissociação, para duas temperaturas. O pK_w da água também foi incluido.

Se considerarmos o tampão do Exemplo 5.3, podemos notar que seu pK_a diminui 0,30 unidades quando a temperatura muda de 25 para 35^0 C. Entretanto, seu pOH variará por uma quantidade diferente, pois o pK_w também mudou em função da temperatura. Para se calcular o valor do pOH podemos utilizar a equação

$$pH + pOH = pK_w.$$

Os resultados para o tampão NH_4^+-NH_3, nas condições iniciais, são sumarizadas abaixo:

	25,0°C	35,0°C
pH	9,00	8,70
pOH	5,00	4,98

Pode-se notar que a concentração de OH^- muda muito pouco no caso deste tampão, mas a concentração de H_3O^+ aumenta por um fator de 2,0 ao elevarmos a temperatura de 25,0 para 35,0^{0}C.

TABELA 5.5 EFEITO DA TEMPERATURA SOBRE ÁCIDOS FRACOS E ÁGUA*

Ácido Fraco kJ mol^{-1}	$\Delta\tilde{H}^0_{diss}$ 25°C	$\Delta\tilde{H}^0_{diss}$ 35°C	pK_a
HSO_4^-	-22,6	1,99	2,12
CH_3COOH	-0,4	4,76	4,76
NH_4^+	52,1	9,24	8,94
H_2O(pKw)	55,8	14,00	13,68

* As variações de pK com a temperatura foram calculadas usando-se a equação termodinâmica.

$$pK_2 - pK_1 = \frac{-\Delta\tilde{H}^0}{R \ln 10} \frac{(T_2 - T_1)}{T_1 T_2}.$$

Dados de A. E. Martell e R. M. Smith, *Critical Stability Constants*, Vol. 1-5 (New York: Plenum Press, 1971-82).

Exemplo 5.5. A força iônica influencia o pH de uma solução tampão ? Se a resposta for afirmativa, justifique.

Resposta. No Cap.4 foi mostrado como os equilíbrios iônicos são afetados pela presença de íons em solução. O efeito dos íons pode ser verificado adicionando-se sais, tais como $NaClO_4$, à solução. Por ser um eletrólito forte, a molaridade deste sal será igual à força iônica da solução. No caso de um ácido neutro que se dissocia gerando íons, tal como o ácido acético, o primeiro efeito do aumento da força iônica será uma diminuição dos coeficientes de atividade dos íons. Contudo, o HAc dissolvido na sua forma não dissociada será muito pouco influenciado. Se o quociente de reação Q_a, para a dissociação do HAc for expressa utilizando-se concentrações molares, então, inicialmente ele irá aumentar a medida que a força iônica aumenta. Este comportamento é análogo ao do Q_{ps} do AgCl(s) mostrado na Fig.4.6. Nos livros textos de química estes quocientes de reação são denominados *constantes de equilibrio,* mas cada um deles é especificado para uma dada força iônica. Na Tabela 5.6 são mostrados alguns valores de pK_a da literatura dependentes da força iônica, para três ácidos e o pK dependente da força iônica. Uma *diminuição* no valor do pK representa um *aumento* na constante de equilíbrio K. Com isto em mente, podemos perceber que a constante de dissociação molar do HAc aumenta com o aumento da força iônica. No caso do NH_4^+ a tendência é no sentido oposto, embora a variação em função da força iônica seja menor. O efeito da força iônica sobre o HSO_4^- é significativamente maior, por causa da interação das nuvens eletrônicas dos íons em solução com o íon SO_4^{2-}. Como esperado, a variação na constante de dissociação da água é similar àquela da constante de dissociação do HAc, visto que ambos são espécies neutras que se dissociam formando íons.

TABELA 5.6 EFEITO DA FORÇA IÔNICA EM ÁCIDOS FRACOS E ÁGUA*

Ácido Fraco	Valores de pK a 25°C à força iônica de			
	0 M	0,1 M	0,5 M	1 M
HSO_4^-	1,99	1,55	1,32	1,10
CH_3COOH	4,76	4,56	4,50	4,57
NH_4^+	9,24	9,29	9,32	9,40
H_2O	14,0	13,78	13,74	13,79

* Estes valores correspondem a -log Q, onde Q é o valor do quociente da reação no equilíbrio baseado em molaridades, nas forças iônicas indicadas. Dados de A. E. Martell e R. M. Smith, *Critical Stability Constants*, Vol. 1-5 (New York: Plenum Press, 1971-82).

Vamos considerar o tampão NH_4^+-NH_3, que utilizamos no Exemplo 5.3, para o qual

$$[NH_4^+]_0 = 0{,}100\,M \quad \text{e} \quad [NH_3]_0 = 0{,}058\,M.$$

Vamos supor que o íon amônio tenha como contra-íon o íon cloreto, cuja concentração, também, é igual a 0,100 M. Assim, a força iônica desta solução é similar àquela da solução 0,100 M de $NaClO_4$. Se observarmos a Tabela 5.6, poderemos notar que devemos utilizar um pK_a para o NH_4^+ igual a 9,29 ao invés de 9,24, o valor utilizado anteriormente no Exemplo 5.3. Conseqüentemente, o pH desta solução é, na realidade, 0,05 unidades maior do que o pH = 9,00 anteriormente determinado.

Isto significa uma variação de pH de cerca de 10%, mas se considerarmos um tampão acetato com a mesma força iônica de 0,1 M, a mudança no pH será de 0,20 unidade no sentido oposto ao do tampão amônio. Isto corresponde a uma variação de mais de 50% na concentração de H_3O^+. Nas duas soluções tampão a concentração de OH^- também deve variar com a força iônica, dado que o K_w muda, como mostrado na Tabela 5.6. Podemos notar que o efeito da força iônica, claramente, limita nossa habilidade de calcular as constantes de equilíbrio com precisão. Na maioria dos cálculos de constantes prévios foi ignorada a contribuição da força iônica. Assim, tais constantes podem ter um erro muito maior do que 5%, o limite de exatidão que estamos considerando aceitável.

Solubilidade de Óxidos e Sulfetos

Na Tabela 5.1 são dados os produtos de solubilidade de vários compostos. Os produtos de solubilidade listados na Tabela são as constantes de equilíbrio de solubilidade daqueles sólidos gerando íons em solução. A natureza destes íons é representada pelas respectivas fórmulas químicas. O que faríamos se os íons no sólido não existissem como espécies majoritárias em solução? No caso do Hg_2Cl_2, é sabido que o íon Hg^+ não existe em solução e que o K_{ps} representa o equilíbrio

$$Hg_2Cl_2(s) \rightleftharpoons Hg_2^{2+} + 2Cl^-.$$

O íon Hg_2^{2+} está presente no Hg_2Cl_2 sólido e em solução.

Temos um problema muito mais complicado envolvendo as propriedades ácido-base, quando estudamos os sólidos contendo o íon óxido, O^{2-}. O íon O^{2-} é a base conjugada de um ácido extremamente fraco, o OH^- Você não encontrará o valor de seu K_a na Tabela 5.2, mas ele foi estimado como sendo menor do que 10^{-36}. Como o K_a do O^{2-} é muito menor do que 10^{-14}, o valor de K_b é muito grande. Então, no estado de equilíbrio da reação

$$O^{2-} + H_2O \rightleftharpoons 2OH^-,$$

existe uma quantidade incomensuravelmente pequena de O^{2-} em solução.

Considere a solubilização do CuO, um óxido preto, em água. A equação global é

$$CuO(s) + H_2O \rightleftharpoons Cu^{2+} + 2OH^-,$$

e a expressão do produto de solubilidade é igual a

$$K_{ps} = [Cu^{2+}][OH^-]^2 = 4{,}5 \times 10^{-21}.$$

Esta expressão para o K_{ps} do CuO é idêntica à expressão do K_{ps} para o sólido azul $Cu(OH)_2$. Dado que o valor do K_{ps} para o óxido é menor do que o valor para o $Cu(OH)_2$, mostrados na Tabela 5.1, podemos concluir que o CuO é mais estável que o $Cu(OH)_2$. Os valores de K_{ps} para outros óxidos metálicos são dados na Tabela 5.7.

Pergunta. Qual das suas substâncias possui o menor valor de K_{ps}: $Cu(OH)_2$ ou CuO ? Qual deles é o sólido mais estável em água?

Resposta. Quando dois sólidos produzirem os mesmos íons em solução, aquele que for menos solúvel será o mais estável, no caso o CuO.

Se for adicionado um excesso de H_3O^+ ao CuO(s), a reação global para a solubilização do mesmo muda. Os íons OH^- se combinam com o H_3O^+, segundo a reação

$$2OH^- + 2H_3O^+ \rightleftharpoons 4H_2O \qquad K = (10^{14})^2,$$

e temos que incluir esta reação em nossos cálculos. A soma das duas equações é

$$CuO(s) + 2H_3O^+ \rightleftharpoons Cu^{2+} + 3H_2O,$$

e

$$K_{psa} = \frac{[Cu^{2+}]}{[H_3O^+]^2} = K_{ps} \times 10^{28},$$

onde K_{psa} é o produto de solubilidade em meio ácido. Alguns valores de K_{psa} para óxidos são dados na Tabela 5.7. Se a concentração de H_3O^+ no equilíbrio fosse de cerca de 10^{-1} *M*, o único óxido, dentre aqueles mostrados na Tabela 5.7, que não seria muito solúvel seria o Fe_2O_3. Para dissolver o Fe_2O_3 (s), geralmente, os químicos usam HCl, pois o Cl^- forma um complexo que estabiliza o Fe^{3+} em solução.

O efeito do H_3O^+ sobre a solubilidade dos sulfetos tem sido utilizado há muito tempo para separar íons tais como Cu^{2+}, Fe^{2+}, Hg^{2+} e Zn^{2+}. A teoria sobre o equilíbrio químico aplicada nestas separações, freqüentemente, é utilizada nos livros texto como exemplo do efeito do íon H_3O^+ sobre o equilíbrio de solubilidade envolvendo ácidos e bases fracas. Nestes tratamentos, o valor de K_a do equilíbrio

$$HS^- + H_2O \rightleftharpoons H_3O^+ + S^{2-},$$

sempre foi considerado como sendo próximo a 10^{-14}. Contudo, recentes trabalhos experimentais demonstraram que este pode ser da ordem de 10^{-19}. Nestas circunstâncias deveríamos escrever a reação global e a expressão do K_{ps} para o CuS(s) como:

$$CuS(s) + H_2O \rightleftharpoons Cu^{2+} + HS^- + OH^-$$

$$K_{ps} = [Cu^{2+}][HS^-][OH^-].$$

Os valores de K_{ps} de alguns sulfetos, considerando-se as expressões acima, são dadas na Tabela 5.7.

Quando H_3O^+ é adicionado à solução do sulfeto metálico, ocorrem as seguintes reações:

$$OH^- + H_3O^+ \rightleftharpoons 2H_2O \qquad K = 1{,}0 \times 10^{14}$$

$$HS^- + H_3O^+ \rightleftharpoons H_2S + H_2O \qquad K = 1{,}0 \times 10^{7}$$

Quando $[H_3O^+] > 10^{-6}$ M, a reação de solubilização de um sulfeto, tal como o CuS(s) e sua expressão da constante de equilíbrio, é dada por

TABELA 5.7 PRODUTOS DE SOLUBILIDADES PARA ÓXIDOS E SULFETOS*

Óxidos			**Sulfetos**		
	K_{ps}	K_{psa}		K_{ps}	K_{psa}
CuO	$4{,}5 \times 10^{-21}$	$4{,}5 \times 10^{7}$	CdS	8×10^{-28}	8×10^{-7}
Fe_2O_3	4×10^{-86}	4×10^{-2}	CuS	6×10^{-37}	6×10^{-16}
PbO (amarelo)	8×10^{-16}	8×10^{12}	FeS	6×10^{-19}	6×10^{2}
PbO (vermelho)	5×10^{-16}	5×10^{12}	PbS	3×10^{-28}	3×10^{-7}
HgO (vermelho)	$3{,}6 \times 10^{-26}$	$3{,}6 \times 10^{2}$	HgS (preto)	2×10^{-53}	2×10^{-32}
Ag_2O	$3{,}8 \times 10^{-16}$	$3{,}8 \times 10^{12}$	HgS (verm.)	4×10^{-54}	4×10^{-33}
ThO_2	2×10^{-50}	2×10^{6}	Ag_2S	6×10^{-51}	6×10^{-30}
ZnO	$2{,}2 \times 10^{-17}$	$2{,}2 \times 10^{11}$	SnS	1×10^{-26}	1×10^{-5}
			α-ZnS	2×10^{-25}	2×10^{-4}
			β-ZnS	3×10^{-23}	3×10^{-2}

* Para 25°C e baixa força iônica. Adaptado de R. M. Martell, *Critical Stability Constants,* Vol. 4 (New York: Plenum Press, 1976).

$$CuS(s) + 2H_3O^+ \rightleftharpoons Cu^{2+} + H_2S + H_2O,$$

$$K_{psa} = \frac{[Cu^{2+}][H_2S]}{[H_3O^+]^2} = K_{ps} \times 10^{21}.$$

O fator 10^{21} está correto se considerarmos a precisão dos valores de K_{ps}.

O exemplo abaixo, relativo à separação do Zn^{2+} e Fe^{2+} por precipitação fracionada dos respectivos sulfetos, ilustrará a utilidade dos valores de K_{psa}.

Exemplo 5.6. A concentração final de H_3O^+ é igual a 0,3 *M*, após o borbulhamento de $H_2S(g)$ numa solução contendo Zn^{2+} 0,1 M e Fe^{2+} 0,1 *M*. Nestas condições, poderão os íons Zn^{2+} e Fe^{2+} ser separados quantitativamente ?

Resposta. A constante da lei de Henry, para o H_2S gasoso, nos permite calcular a concentração da solução saturada de H_2S como sendo igual a 0,1 *M*. Assumindo-se que ZnS e FeS sejam precipitados, podemos utilizar seus valores de K_{psa} para determinar as concentrações de equilíbrio dos respectivos íons metálicos:

$$[Zn^{2+}] = \frac{K_{psa}[H_3O^+]^2}{[H_2S]} =$$

$$\frac{(2 \times 10^{-4})(0,3)^2}{0,1} = 2 \times 10^{-4}\,M,$$

$$[Fe^{2+}] = \frac{(6 \times 10^2)(0,3)^2}{0,1} = 5 \times 10^2\,M$$

A baixa concentração de íon Zn^{2+} encontrada acima nos permite concluir que somente $(2 \times 10^{-4}/0,1) \times 100$, ou 0,2%, da concentração inicial (0,1 *M*) de Zn^{2+} permanecerá em solução. Logo, o zinco foi quantitativamente precipitado na forma de ZnS(s). A concentração calculada de Fe^{2+} é maior do que o valor inicial de 0,1 *M*. Deste resultado, podemos inferir que o FeS não precipitará nas condições descritas acima. Portanto, a separação deverá ser quantitativa, após a filtração.

A separação acima é complicada pela presença de β-ZnS, uma outra forma cristalina do sulfeto de zinco que apresenta uma solubilidade 150 vezes maior do que o α-ZnS, a forma mais estável deste composto. Esta complicação é observada nas precipitações fracionadas provocando a precipitação incompleta do ZnS.

Pergunta. Se a concentração de H_3O^+ do exemplo anterior fosse diminuida, FeS começaria a precipitar. Qual é a concentração limite de H_3O^+ na qual tal fenômeno tem início ?

Resposta. $[H_3O^+] = 4 \times 10^{-3}$ M.

Outros Sais. Vários sais listados na Tabela 5.1 se tornam mais solúveis quando a concentração de H_3O^+ aumenta. A maioria deles possui como ânion uma base conjugada dos ácidos dados na Tabela 5.2. A solubilidade do $CaCO_3(s)$ será discutida, posteriormente, neste capítulo, pois esta substância é muito importante em geoquímica. Os cromatos são exceções. O $HCrO_4^-$, além de ser um ácido fraco ($K_a = 3,1 \times 10^{-7}$) similar ao HSO_4^-, **dimeriza** de acordo com a reação

$$2HCrO_4^- \rightleftharpoons Cr_2O_7^{2-} + H_2O \qquad K = 34.$$

O dímero, $Cr_2O_7^{2-}$, é denominado dicromato e tem uma cor alaranjada que o distingue do CrO_4^{2-} amarelo. Um fenômeno semelhante ocorre com o HF, o qual forma o íon bifluoreto, FHF^-, de acordo com a reação

$$HF + F^- \rightleftharpoons FHF^- \qquad K = 3.$$

Poucos ácidos fracos formam dímeros análogos ao $Cr_2O_7^{-2}$ e FHF.

A solubilidade de sólidos tais como $Mg(OH)_2$, $BaSO_4$, $BaCO_3$ e acetato de prata, em meio ácido, podem ser determinados utilizando-se os valores de K_{ps} e K_a, e determinando-se as concentrações das formas ácidas e básicas em solução.

Ácidos Polipróticos

Os problemas abordados até o momento trataram de equilíbrios simples, nos quais apenas um ácido fraco ou base fraca estava presente em solução, além da água. Contudo, as situações nas quais mais do que um ácido ou base fracas coexistem em solução são muito importantes, e surgem naturalmente quando um ácido pode se dissociar, sucessivamente, duas ou mais vezes:

$$H_2CO_3 + H_2O \rightleftharpoons HCO_3^- + H_3O^+ \quad K_1 = 4,4 \times 10^{-7},$$

$$HCO_3^- + H_2O \rightleftharpoons CO_3^{2-} + H_3O^+ \quad K_2 = 4,7 \times 10^{-11},$$

$$\frac{[H_3O^+][HCO_3^-]}{[H_2CO_3]} = K_1 \qquad \frac{[H_3O^+][CO_3^{2-}]}{[HCO_3^-]} = K_2$$

$$\frac{[H_3O^+]^2[CO_3^{2-}]}{[H_2CO_3]} = K_1K_2.$$

Logo, uma solução de ácido carbônico é, na realidade, uma mistura de dois ácidos: H_2CO_3 e HCO_3^-. A constante K_1 é denominada a primeira constante de ionização do ácido carbônico e K_2 é a segunda constante de ionização.

Apesar de vários ácidos mostrados na Tabela 5.2 serem polipróticos, utilizaremos o ácido carbônico como exemplo, pois ele tem importância prática na química, na geologia e na biologia. Segundo a lei de Henry, a fração molar total de CO_2 dissolvido, exceto as espécies dissociadas, é proporcional à pressão de $CO_2(g)$ acima da solução. Utilizando-se a Eq.(3.7) e os dados da Tabela 3.4, a 25° C, temos que

$$\frac{P_{CO_2}}{X_{CO_2}} = 1,24 \times 10^6 \text{ torr.} \qquad (5.27)$$

O CO_2 dissolvido pode estar na forma não hidratada, CO_2, e na forma hidratada, H_2CO_3. A fração molar X_{CO_2}, na Eq.(5.27), deve incluir ambas as formas. Eles se encontram em equilíbrio, segundo a reação

$$CO_2 + H_2O \rightleftharpoons H_2CO_3, \qquad (5.28)$$

Dado que a constante de atividade da água é constante, não se pode distinguir o CO_2 e o H_2CO_3 medindo-se suas concentrações no equilíbrio. Por conseguinte, tornou-se prática comum o uso da fórmula H_2CO_3 para representar *ambas* as formas de CO_2 presentes em solução. Entretanto, chegou-se à conclusão de que a forma predominante em meio aquoso é o CO_2 não hidratado por meio de medidas cinéticas. Assim, seria mais correto utilizarmos a fórmula CO_2 ao invés de H_2CO_3. Mas, neste livro, seguiremos a convenção tradicional representaremos ambas as formas por H_2CO_3.

Em nosso organismo, existe uma enzima denominada anidrase carbônica. Sua função é catalisar a reação (5.28) de modo que o CO_2 e H_2CO_3 ou HCO_3^-, possam ser rapidamente convertidos entre si. A demanda energética do metabolismo celular produz grandes quantidades de CO_2 nas suas várias formas que precisam ser eliminadas pela via respiratória. A enzima é necessária para acelerar a conversão entre as formas hidratada e não hidratada. Na presença da enzima, a velocidade pode ser aumentada por um fator de até 10^7 vezes.

Podemos rearranjar a Eq.(5.27) de modo a obtermos a molaridade das formas hidratada e não-hidratada do CO_2, mas primeiro temos que expressar as frações molares em molaridades:

$$X_{CO_2} = \frac{\text{nº de mols de } CO_2 \text{ dissolvido}}{\text{nº mols total em solução}} \cong \frac{\text{nº mols de } CO_2 \text{ por litro}}{\text{nº mols de água por litro.}}$$
$$= \frac{[H_2CO_3]}{55,5},$$

onde a aproximação é boa para soluções diluídas, que possuem um número muito menor de mols de espécies dissolvidas do que o número de mols de água por litro, ou seja, 55,5 mols. Assim, temos que

$$\frac{P_{CO_2}}{[H_2CO_3]} = \frac{1,24 \times 10^6}{55,5} = 2,23 \times 10^4 \text{ torr } M^{-1}.$$

Ao se borbulhar CO_2 (g) em água a 25 °C, à pressão total constante de 1 atm, P_{CO_2}= 736 torr e P_{H_2O} = 24 torr. Assim,

$$[H_2CO_3] = 0,033\ M,$$

é a concentração molar do CO_2 dissolvido numa solução aquosa saturada, a 25 °C, e pressão total de 1 atm.

H_2CO_3. Inicialmente, vamos calcular a concentração de H_3O^+, HCO_3^- e CO_3^{2-}, numa solução aquosa saturada de CO_2. Podemos assumir que a reação principal seja

$$H_2CO_3 + H_2O \rightleftharpoons H_3O^+ + HCO_3^-.$$

pois K_1 é muito maior do que K_2. Assim, temos que

$$[H_3O^+] = [HCO_3^-]$$

e

$$[H_3O^+] = \sqrt{0,033K_1} = 1,2 \times 10^{-4}\ M.$$

Podemos verificar a validade de nossa suposição determinando a concentração de CO_3^{2-}, utilizando a segunda reação de dissociação,

$$HCO_3^- + H_2O \rightleftharpoons H_3O^+ + CO_3^{2-},$$

e se

$$[H_3O^+] = [HCO_3^-],$$

então

$$[CO_3^{2-}] = K_2 = 4,7 \times 10^{-11}\ M.$$

Este valor é muito menor do que a $[HCO_3^-]$; logo nossa hipótese com relação à reação principal é válida.

Talvez você não goste do método da reação global e prefira utilizar o método exato. Abaixo são dadas as cinco equações e cinco incógnitas necessárias ao cálculo:

$$[H_3O^+][OH^-] = K_w \qquad \frac{[H_3O^+][HCO_3^-]}{[H_2CO_3]} = K_1,$$

$$[H_2CO_3] = 0,033\ M \qquad \frac{[H_3O^+][CO_3^{2-}]}{[HCO_3^-]} = K_2,$$

$$[H_3O^+] = [HCO_3^-] + [OH^-] + 2[CO_3^{2-}].$$

Simplificamos a última equação desprezando as concentrações de OH^- e CO_3^{2-}.

Ao se borbulhar CO_2 (g) numa solução de $NaHCO_3$, forma-se uma solução tampão cuja concentração de H_3O^+ estará centrada em torno do valor de K_1. Outro tampão poderia ser formado misturando-se uma solução de $NaHCO_3$ com uma solução de Na_2CO_3. A concentração de H_3O^+ deste tampão estará centrado em torno de K_2. A concentração exata destas soluções tampão podem ser calculadas substituindo-se as concentrações de H_2CO_3, HCO_3^- e CO_3^{2-} na equação,

$$[H_3O^+] = \frac{[\text{ácido fraco}]}{[\text{base conjugada}]} K_a.$$

H_2CO_3-HCO_3^-. Este sistema tampão é responsável pelo controle do pH do sangue. O solvente denominado plasma contém sais dissolvidos e se assemelha a uma solução 0,1 *M* de NaCl. As células do sangue podem ser facilmente separados do plasma por centrifugação. O exemplo que se segue refere-se ao pH do plasma sangüíneo.

Exemplo 5.6[*1]. O plasma sangüíneo está em equilíbrio com $CO_2(g)$ numa pressão parcial de 41 torr e pH fisiológico. Se este for retirado de uma pessoa em repouso e acidificado, ocorre a liberação de $CO_2(g)$ cujo volume é equivalente ao de uma solução 27×10^{-3} M. Qual é o pH do plasma, a 37,5 °C?

Resposta. A constante da lei de Henry do $CO_2(g)$ em água, a 37,5 °C, é igual a $3,2 \times 10^4$ torr M^{-1}. A concentração de H_2CO_3 é igual a $1,3 \times 10^{-3}$ M, à pressão de 41 torr. Portanto, a maior parte do CO_2 liberado deve ser proveniente do HCO_3^- dissolvido, e podemos estimar que a $[HCO_3^-] = 26 \times 10^{-3}$ M.

Logo,

$$[H_3O^+] = \frac{[H_2CO_3]}{[HCO_3^-]} K_1 = \frac{1,3 \times 10^{-3}}{26 \times 10^{-3}} \times 8,1 \times 10^{-7}$$
$$= 4,0 \times 10^{-8}\, M.$$

Nos cálculos acima, foi utilizado o valor de K_1 medido para o plasma sangüíneo a 37,5 °C. Este valor é aproximadamente igual ao valor de K_1 para uma solução de NaCl, a 37,5 °C. O pH calculado é igual a 7,40, exatamente o pH normal do sangue.

HCO_3^--CO_3^{2-}. Se um tampão for preparado pela mistura de $NaHCO_3$ e Na_2CO_3, devem ocorrer apreciáveis mudanças nas concentrações iniciais quando o sistema alcançar o equilíbrio, pois a concentração de OH^- é relativamente grande. Podemos utilizar a Eq.(5.22b) ou (5.23) para verificarmos isso. Uma complicação adicional aparece devido às propriedades básicas do HCO_3^-, pois este pode reagir com a água,

$$HCO_3^- + H_2O \rightleftharpoons H_2CO_3 + OH^-,$$

e levar a uma diminuição da concentração de HCO_3^- em *relação* ao valor inicial. Porém, este aspecto não é considerado naquelas equações. Esta asserção pode ser testada determinando-se a concentração de H_2CO_3 num tampão HCO_3^--CO_3^{2-}. Supondo-se que a composição da solução seja definida pelas concentrações abaixo,

$$[HCO_3^-]_0 = 0,010\, M \quad e \quad [CO_3^{2-}]_0 = 0,010\, M,$$

e substituindo-se estes valores na Eq.(5.22b), temos que

$$[H_3O^+] = \frac{0,010 + [OH^-]}{0,010 - [OH^-]} \times 4,7 \times 10^{-11},$$

Esta equação pode ser resolvida, obtendo-se como resultado $[H_3O^+] = 4,9 \times 10^{-11}$ M. Podemos estimar a concentração de H_2CO_3 como sendo igual a

$$[H_2CO_3] = \frac{[H_3O^+][HCO_3^-]}{K_1} \cong 10^{-6}\, M.$$

A concentração de HCO_3^- não é significativamente modificada devido à sua reação com a água. Portanto, a Eq.(5.22b) é aplicável ao tratamento da maioria das soluções tampão obtidas utilizando-se o par HCO_3^--CO_3^{2-}.

CO_3^{2-}. Uma solução de carbonato de sódio, Na_2CO_3, é bastante básica, pois o íon CO_3^{2-} é a base conjugada de um ácido relativamente fraco. As soluções de Na_2CO_3 foram usadas durante anos como substância de limpeza por ser mais básico que as soluções de NH_3. Atualmente, o Na_2CO_3 foram substituidos, em grande parte, pelo fosfato de sódio, Na_3PO_4, a base conjugada de um ácido ainda mais fraco. As concentrações de OH^- numa solução de Na_2CO_3 ou Na_3PO_4 pode ser determinadas utilizando-se a Eq.(5.21b), a equação padrão para bases fracas. No caso de soluções que se encontrem nos dois extremos do equilíbrio do ácido carbônico, ou seja, que tenham predominância de H_2CO_3 ou CO_3^{2-}, as equações aproximadas para ácidos fracos e bases fracas são válidas para a determinação da concentração de H_3O^+.

HCO_3^-. O problema mais interessante no sistema do ácido carbônico é a determinação da concentração de H_3O^+ de uma solução de $NaHCO_3$. Neste caso, as propriedades básicas do íon HCO_3^- *não podem* ser ignoradas. Temos de encarar o fato de que HCO_3^- é ao mesmo tempo um ácido e uma base. A reação global de uma substância que se comporta, simultaneamente, como um ácido e como uma base é similar à reação de auto-ionização da água, que denominamos **reação de desproporcionamento.** Ou seja, o HCO_3^- pode reagir consigo mesmo da maneira que se segue:

$$HCO_3^- + HCO_3^- \rightleftharpoons H_2CO_3 + CO_3^{2-}. \quad (5.29)$$

Para a reação acima

$$K = K_2/K_1 = 1,1 \times 10^{-4}.$$

Esta relação provém do fato da Eq.(5.29) ser igual a soma das duas reações abaixo:

$$HCO_3^- + H_2O \rightleftharpoons H_3O^+ + CO_3^{2-} \qquad K_2,$$

$$HCO_3^- + H_3O^+ \rightleftharpoons H_2O + H_2CO_3 \qquad \frac{1}{K_1}.$$

Supondo-se que a Eq.(5.29) seja a reação global que ocorre quando HCO_3^- for dissolvido em água, então, ela apresenta a importante característica de permitir a determi-

*Dados de C.J. Lambertsen, Medical Physiology, V. B. Mountcastle, 14° ed., vol. 2, St. Louis: Mosby, 1980.

nação da concentração de H_3O^+ desta solução. Podemos notar observando-se a estequiometria da reação que

$$[CO_3^{2-}] = [H_2CO_3].$$

Se esta relação for verdadeira, a concentração de H_3O^+ será constante. Podemos visualizar mais facilmente este fato se escrevermos a reação de dissociação combinada

$$H_2CO_3 + 2H_2O \rightleftharpoons CO_3^{2-} + 2H_3O^+,$$

cuja constante de equilíbrio $K = K_1K_2$. Rearranjando-se a expressão da constante de equilíbrio desta reação, obtemos a relação

$$[H_3O^+]^2 = \frac{[H_2CO_3]}{[CO_3^{2-}]} K_1 K_2, \quad (5.30)$$

e, se $[H_2CO_3] = [CO_3^{2-}]$, então

$$[H_3O^+] = (K_1 K_2)^{1/2} = 4{,}5 \times 10^{-9}\, M. \quad (5.31)$$

A Eq.(5.31) é um resultado bastante surpreendente, mas ao mesmo tempo muito lógico. A concentração de H_3O^+ num tampão H_2CO_3-HCO_3^- é numericamente semelhante a K_1, enquanto que no tampão HCO_3^--CO_3^{2-} ela é semelhante a K_2. Dado que uma solução de HCO_3^- apresenta uma "composição intermediária" entre elas, é bastante razoável que sua concentração de H_3O^+ seja a média geométrica do pH dos dois tampões. Conseqüentemente, o pH de uma solução de $NaHCO_3$ é a média de pK_1 e pK_2. Percebe-se por meio da comparação do resultado de cálculos exatos, efetuados para uma solução 0,10 *M* de $NaHCO_3$, com o resultado obtido utilizando-se a Eq.(5.31), que esta é muito precisa. No caso de soluções mais diluídas, a quantidade de OH^- provenientes da reação

$$HCO_3^- + H_2O \rightleftharpoons H_2CO_3 + OH^- \quad (5.32)$$

precisam ser levados em consideração nos cálculos. Esta reação aumenta a concentração de H_2CO_3 e, também, de H_3O^+, como pode-se notar analisando-se a Eq.(5.30). Há várias circunstâncias, envolvendo ácidos polipróticos fracos, nas quais a concentração de H_3O^+ está relacionada com a média geométrica de duas constantes de equilíbrio.

Os químicos geralmente não consideram o ácido carbônico adequado para se preparar soluções tampão, pois estas são instáveis devido à perda de CO_2 (g). Nos sistemas "vivos", onde o CO_2 (g) pode entrar e sair, existem muitas aplicações para o equilíbrio do ácido carbônico. As aplicações que se seguem são provenientes da geologia.

Solubilidade do $CaCO_3$. Muitas águas naturais contém CO_2 (g) dissolvido. Quando estas águas encontram uma rocha calcárea, o qual é constituido basicamente por $CaCO_3$ (s), aquela se dissolve de acordo com a reação

$$CaCO_3(s) + H_2CO_3 \rightleftharpoons Ca^{2+} + 2HCO_3^-. \quad (5.33)$$

A constante de equilíbrio desta reação pode se calculada combinando-se as reações abaixo e multiplicando-se suas constantes de equilíbrio:

$$CaCO_3(s) \rightleftharpoons Ca^{2+} + CO_3^{2-} \quad K_{ps},$$

$$CO_3^{2-} + H_3O^+ \rightleftharpoons HCO_3^- + H_2O \quad \frac{1}{K_2},$$

$$H_2CO_3 + H_2O \rightleftharpoons HCO_3^- + H_3O^+ \quad K_1,$$

$$CaCO_3(s) + H_2CO_3 \rightleftharpoons Ca^{2+} + 2HCO_3^- \quad K = K_{ps}\frac{K_1}{K_2}.$$

A expressão da constante de equilíbrio para esta reação global é igual a

$$K = \frac{[Ca^{2+}][HCO_3^-]^2}{[H_2CO_3]} = K_{ps}\frac{K_1}{K_2} = 4{,}2 \times 10^{-5}.$$

A partir da Eq.(5.33), temos que $[HCO_3^-] = 2[Ca^{2+}]$ e dado que $[H_2CO_3] = 0{,}033$ M para uma solução aquosa saturada de CO_2 (g), a 25 ºC e 1 atm de pressão total, temos que a solubilidade do $CaCO_3$ (s), nestas condições, é igual a:

$$[Ca^{2+}] = 7{,}0 \times 10^{-3}\, M.$$

Este valor não corresponde a uma solubilidade muito elevada, mas, mesmo assim, é 100 vezes maior do que a solubilidade do $CaCO_3$ (s) na ausência de H_2CO_3.

Uma característica interessante da reação (5.33) é que ela pode ser facilmente revertida. Isto ocorrerá todas as vezes que a P_{CO_2} acima da solução for diminuida, pois isto acarretará a diminuição da concentração de H_2CO_3. Quando a água contendo $CaCO_3$ dissolvido são expostas a um fluxo de ar vindo do exterior, o CO_2 dissolvido é removido e o carbonato de cálcio volta a precipitar. Este processo é responsável pela formação das estalactites e estalagmites encontradas nas cavernas formadas em rochas calcáreas.

Método Exato. As duas constantes de dissociação ácida do ácido carbônico diferem por um fator de 10^4. Esta diferença nos permitiu fazer simplificações neste sistema que nos possibilitaram encontrar as reações globais apropriadas. Foi desenvolvido um método formal de tratamento dos ácidos polipróticos fracos. Este formalismo é aplicável na resolução de problemas envolvendo ácidos fracos nos quais pode-se utilizar a seguinte lógica: "o pH define a composição" (pH-to-composition logic). Entretanto, o método pode ser adaptado para casos onde a lógica "a composição define o pH" (composition-to-pH logic) pode ser utilizada. Na próxima seção será ilustrado este método, por meio da resolução de problemas relativos a íons complexos. Também, veremos como tal método pode ser adaptado para equilíbrios envolvendo ácidos polipróticos.

5.7 Equilíbrios Envolvendo Íon-Complexo

Em nossa análise sobre o equilíbrio em múltiplas etapas, concentramos nossas atenções, principalmente, para a ionização de ácidos dipróticos. Contudo, os métodos que foram desenvolvidos até o momento são válidos para outros tipos de equilíbrios, como mostraremos no próximo exemplo.

A amônia é uma base de Lewis típica, capaz de formar complexos do tipo ácido-base com muitos íons metálicos, principalmente com os metais de transição. Por exemplo, as constantes medidas para o equilíbrio Ag^+ e NH_3 são

$$Ag^+ + NH_3 \rightleftharpoons AgNH_3^+ \qquad K_1 = 2{,}0 \times 10^3, \quad (5.34)$$

$$AgNH_3^+ + NH_3 \rightleftharpoons Ag(NH_3)_2^+ \qquad K_2 = 8{,}0 \times 10^3. \quad (5.35)$$

Numa solução aquosa, o íon Ag^+ está hidratado por seis moléculas de água. Estas estão coordenadas ao metal formando um íon complexo, que seria mais adequadamente representado por $Ag(H_2O)_6^+$. Uma molécula de água é substituida por uma molécula de NH_3, para formar o íon $AgNH_3^+$. Logo, a fórmula mais apropriada seria $AgNH_3(H_2O)_5$. No caso do íon $Ag(NH_3)_2^+$ (ou mais precisamente $Ag(NH_3)_2(H_2O)_4^+$), duas moléculas de água foram substituídas por moléculas de amônia. É possível preparar o íon $Ag(NH_3)_6^+$ em amônia líquida, mas em solução aquosa, normalmente, não se observa a substituição de mais do que duas moléculas de água por moléculas de amônia, no caso do íon Ag^+.

Pergunta. Qual é a base mais forte: NH_3 ou H_2O? Para responder a esta pergunta, verifique qual ácido, NH_4^+ ou H_3O^+, é o ácido mais forte. O ácido mais forte terá a base conjugada mais fraca.

Resposta. H_3O^+ é o ácido mais forte e NH_3 é a base mais forte.

A formação de uma série mais extensa de complexos de amônia foi observada no caso do íon Cu^{2+}:

$$Cu^{2+} + NH_3 \rightleftharpoons CuNH_3^{2+} \qquad K_1 = 1{,}1 \times 10^4$$

$$CuNH_3^{2+} + NH_3 \rightleftharpoons Cu(NH_3)_2^{2+} \qquad K_2 = 2{,}7 \times 10^3$$

$$Cu(NH_3)_2^{2+} + NH_3 \rightleftharpoons Cu(NH_3)_3^{2+} \qquad K_3 = 6{,}3 \times 10^2$$

$$Cu(NH_3)_3^{2+} + NH_3 \rightleftharpoons Cu(NH_3)_4^{2+} \qquad K_4 = 30.$$

Estes complexos de cobre são bastante conhecidos, particularmente porque a adição de NH_3 a uma solução de Cu^{2+} muda a intensidade e a própria coloração da solução. Estes complexos de cobre e amônia conferem uma cor azul muito mais intensa do que os aqua complexos de cobre.

O problema que vamos resolver nesta seção trata da determinação das quantidades relativas destes complexos em solução, no estado de equilíbrio. Primeiro vamos aplicar o método para o caso do íon Ag^+ e, em seguida, vamos discutir como poderemos estendê-lo para o caso do íon Cu^{2+}. Quando NH_3 for adicionado a uma solução de Ag^+, as quantidades relativas de Ag^+, $AgNH_3^+$ e $Ag(NH_3)_2^+$ se tornam dependentes da concentração de NH_3 em solução. Se C_0 for a soma das concentrações de todas as espécies contendo íon prata, então

$$C_0 = [Ag^+] + [AgNH_3^+] + [Ag(NH_3)_2^+], \quad (5.36)$$

e as frações molares de cada espécie serão dadas por

$$X_{Ag^+} = \frac{[Ag^+]}{C_0} \qquad X_{AgNH_3^+} = \frac{[AgNH_3^+]}{C_0}$$

$$X_{Ag(NH_3)_2^+} = \frac{[Ag(NH_3)_2^+]}{C_0}.$$

Antes de escrevermos as frações molares em função da concentração real de NH_3 em solução, vamos observar a Fig.5.2, no qual é mostrado o gráfico que representa o resultado de tais cálculos. Nesta Figura, as três frações molares são mostradas em função de pNH_3, ou seja, $-\log [NH_3]$. Quando a $[NH_3] = 1 \times 10^{-6}\,M$, praticamente toda a prata estará presente na forma de íons Ag^+, e quando a $[NH_3] = 1 \times 10^{-2}$ M, quase toda a prata estará presente como $Ag(NH_3)_2^+$. A espécie $AgNH_3^+$ nunca é a espécie predominante. A concentração máxima, $X = 20\%$, será alcançada quando a $[NH_3] = 2{,}5 \times 10^{-4}\,M$.

A razão do $AgNH_3^+$ nunca ser a espécie predominante pode ser facilmente percebida comparando-se os valores de $K_1\ K_2$. Pode-se observar, pelas Eqs.(5.34) e (5.35), que $K_1 < K_2$. Conseqüentemente, $AgNH_3^+$ deverá se desproporcionar em solução de acordo com a reação

$$2AgNH_3^+ \rightleftharpoons Ag^+ + Ag(NH_3)_2^+ \qquad K = K_2/K_1 = 4.0.$$

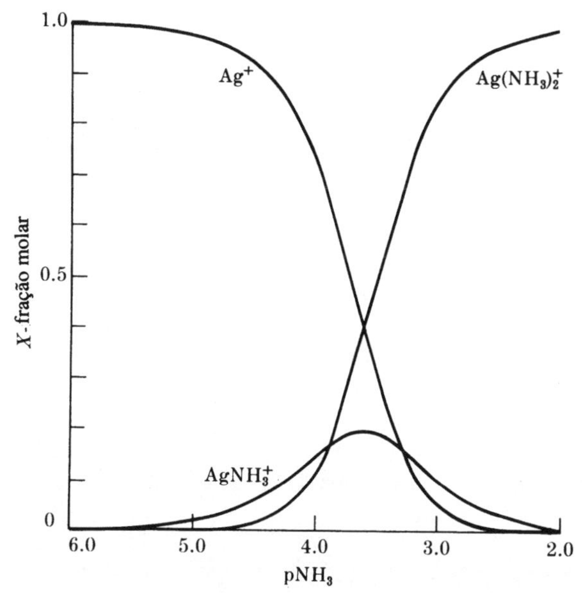

Fig. 5.2 Diagrama de distribuição de fração molar para amin-complexos de prata.

Pergunta. Explique como foi determinado a constante de equilíbrio da reação de desproporcionamento. Esta reação é semelhante ao desproporcionamento do HCO_3^-? O HCO_3^- é uma espécie minoritária, analogamente ao $AgNH_3^+$? Uma solução pode conter mais do que 90 % de HCO_3^-?

Resposta. Podemos utilizar o mesmo procedimento adotado no caso da reação de desproporcionamento do HCO_3^- para determinarmos a constante. Dado que

$$K_{HCO_3^-} \ll K_{AgNH_3^+} \cong 1,$$

HCO_3^- é uma espécie bastante estável, ao contrário do $AgNH_3^+$. Pode-se observar na Fig.5.2 três pontos onde as curvas das frações molares se cruzam. As concentrações de amônia nestes pontos podem ser facilmente calculadas, como mostrado no exemplo que se segue.

Exemplo 5.7: Quais são as concentrações de NH_3 nos três pontos onde as curvas se cruzam, na Fig.5.2 ?

Resposta. No ponto com a maior concentração de amônia, temos que

$$[Ag^+] = [AgNH_3^+].$$

Se introduzirmos esta igualdade na expressão da constante de equilíbrio para a reação (5.34), podemos notar que

$$[NH_3] = 1/K_1 = 5{,}0 \times 10^{-4}\,M \qquad pNH_3 = 3{,}30.$$

Para o ponto com menor concentração de amônia, temos que

$$[AgNH_3^+] = [Ag(NH_3)_2^+].$$

Substituindo-se na expressão da constante de equilíbrio da reação (5.35), temos que

$$[NH_3] = 1/K_2 = 1{,}25 \times 10^{-4} \qquad pNH_3 = 3{,}90.$$

No caso do ponto de cruzamento intermediário, temos que

$$[Ag^+] = [Ag(NH_3)_2^+].$$

Para utilizarmos esta igualdade, temos que combinar as reações (5.34) e (5.35). Assim, temos que

$$Ag^+ + 2NH_3 \rightleftharpoons Ag(NH_3)_2^+,$$

e a constante de equilíbrio é igual a $K = K_1K_2$. Substituindo-se esta e a igualdade anterior na expressão da constante de equilíbrio da reação, temos que

$$[NH_3]^2 = 1/K_1K_2 = 6{,}25 \times 10^{-8}$$
$$pNH_3 = 7{,}20/2 = 3{,}60.$$

As equações utilizadas para se calcular todos os valores mostrados na Fig.5.2 podem ser deduzidas diretamente do método exato. Estas equações são ideais para serem resolvidas numa calculadora programável, pois todos os resultados podem ser obtidos utilizando-se uma série exponencial. Substituindo-se as Eqs.(5.34) e (5.35) na Eq.(5.36), obtemos a seguinte expressão:

$$C_0 = [Ag^+](1 + K_1[NH_3] + K_1K_2[NH_3]^2),$$

e as frações molares, para cada espécie, serão dadas por

$$X_{Ag^+} = \frac{[Ag^+]}{C_0} = \frac{1}{1 + K_1[NH_3] + K_1K_2[NH_3]^2},$$

$$X_{AgNH_3^+} = \frac{[AgNH_3^+]}{C_0} = \frac{K_1[NH_3]}{1 + K_1[NH_3] + K_1K_2[NH_3]^2}$$

$$X_{Ag(NH_3)_2^+} = \frac{[Ag(NH_3)_2^+]}{C_0} = \frac{K_1K_2[NH_3]^2}{1 + K_1[NH_3] + K_1K_2[NH_3]^2}$$

Se quisermos, facilmente, podemos encontrar o valor para $[NH_3]_0$, a quantidade estequiométrica de NH_3 que deve ser adicionado à solução, de modo a obtermos qualquer ponto ao longo das curvas de distribuição da Fig.5.2. Primeiro calculamos o número médio de mols $\langle n \rangle$ de amônia por mol de Ag^+ em solução, ou seja, a fórmula média, $Ag(NH_3)_n^+$, de todos os complexos de prata presentes no equilíbrio:

$$\langle n \rangle = 0X_{Ag^+} + 1X_{AgNH_3^+} + 2X_{Ag(NH_3)_2^+},$$

e

$$[NH_3]_0 = \langle n \rangle C_0 + [NH_3].$$

Vamos aplicar as equações acima para os valores de concentração correspondentes ao primeiro ponto de cruzamento. Nesta condição, $X_{AgNH_3^+} = X_{Ag(NH_3)_2^+} = 0{,}167$ e $X_{ag} = 0{,}666$ e $[NH_3] = 1{,}25 \times 10^{-4}\,M$. Logo,

$$\langle n \rangle = 0{,}167 + (2 \times 0{,}167) = 0{,}500,$$

e se a concentração total de prata for igual a 0,10 *M*, então, $C_0 = 0{,}10\,M$, e a quantidade de NH_3 adicionada deve ser igual a

$$[NH_3]_0 = (0{,}50 \times 0{,}10) + (1{,}25 \times 10^{-4})$$
$$\cong 0{,}050\,M.$$

O procedimento descrito acima pode ser utilizado para tratar os equilíbrios envolvendo os complexos de cobre com amônia. Apesar deste sistema ser bem mais complicado, ele pode ser simplificado. Note que os valores de *K* sucessivos se tornam cada vez menores. Este comportamento se assemelha ao das constantes de dissociação de ácidos polipróticos, mostrados na Tabela 5.2.

Pergunta. Qual é a sua espectativa com relação à possibilidade de ocorrer uma reação de desproporcionamento com qualquer uma das aminas de cobre ? Cada uma das espécies sucessivamente formadas, a medida que a concentração de amônia for aumentada, poderá ser a espécie preponderante numa dada região do diagrama de distribuição, em unidade de fração molar ?

Resposta. A reação de desproporcionamento deve ocorrer em pequena escala, e devem haver regiões nas quais cada uma das espécie seja mais estável que as demais, no diagrama de distribuição.

A equação geral para um número qualquer de espécies, contendo apenas um único íon metálico, pode ser expressa de forma compacta utilizando-se a equação

$$X_i = \frac{\beta_i[NH_3]^i}{\sum_{j=0}^{n} \beta_j[NH_3]^j},$$

onde, $\beta_0 = 1$, $\beta_1 = K_1$, $\beta_2 = K_1 K_2$, $\beta_n = K_1 K_2 ... K_n$

Antes de abandonarmos o assunto sobre os íons complexos, resolveremos um problema prático que ilustrará uma importante característica da formação dos complexos.

Exemplo 5.8. Quando AgCl(s) for adicionado a uma solução de NH_3, aquele se dissolverá devido à formação de complexos de prata com amônia. Qual será a solubilidade do AgCl(s) numa solução de NH_3 1,00 *M* ?

Resposta. Observando-se a Fig.5.2, percebe-se que quase a totalidade dos íons prata estarão presente como $Ag(NH_3)_2^+$. Podemos supor que a reação global seja

$$AgCl(s) + 2NH_3 \rightleftharpoons Ag(NH_3)_2^+ + Cl^-.$$

A constante de equilíbrio desta reação é

$$K = K_{ps} K_1 K_2 = 2{,}9 \times 10^{-3}.$$

A partir da reação global, temos que

$$[NH_3] = 1{,}00 - 2[Cl^-] \qquad [Ag(NH_3)_2] = [Cl^-],$$

e a expressão da constante de equilíbrio, após a substituição das relações anteriores, será

$$\frac{[Cl^-][Cl^-]}{(1{,}00 - 2[Cl^-])^2} = 2{,}9 \times 10^{-3}.$$

Resolvendo-se para a concentração de Cl^-, a qual é igual a solubilidade, temos que

$$[Cl^-] = 4{,}9 \times 10^{-2}\,M.$$

Podemos verificar a validade de nossa reação global calculando a concentração de NH_3:

$$[NH_3] = 1{,}00 - 0{,}10 = 0{,}90\,M.$$

De acordo com a Fig.5.2, a espécie predominante nesta condição é o $Ag(NH_3)_2^+$. Portanto, nossa reação global é satisfatória.

A solubilidade real será um pouco maior do que o valor calculado. Se analisarmos a Fig.4.6, podemos notar que para uma concentração de Cl^- igual a 5 x 10^{-2} *M*, o efeito da força iônica deve aumentar o valor de Q_{ps} cerca de 40 %. Assim, se incluirmos esta correção devido à não idealidade, a solubilidade real será 20% maior do que o valor que acabamos de calcular.

RESUMO

Nossos primeiros cálculos foram relativos à determinação da solubilidade de sais pouco solúveis utilizando-se seus **produtos de solubilidade,** ou K_{ps}. A relações estequiométricas foram combinadas com a **expressão do produto de solubilidade** para se efetuar tais cálculos. Quando um íon comum está presente na solução, espera-se uma solubilidade bem menor que em água pura. Geralmente, o **efeito do íon-comum** pode ser calculado desprezando-se a quantidade de íons provenientes da solubilização dos sais pouco solúveis. Quando este fator se tornar importante, pode-se determinar a solubilidade por meio da resolução das equações exatas, sejam elas quadráticas ou cúbicas. Foi apresentado um exemplo no qual dois sais pouco solúveis compartilhavam o mesmo íon. Embora tais problemas envolvam **dois equilíbrios químicos** simultâneos, eles podem ser resolvidos determinando-se a **equação da reação global** apropriada.

O tópico principal deste capítulo são os equilíbrios envolvendo **ácidos e bases.** Na **teoria de Arrhenius** um ácido doa um próton para a solução, enquanto que uma base doa um OH^-. De acordo com a **definição,** mais precisa, **de Lowry-Bronsted** um ácido doa um H^+ e uma base aceita um *íon* H^+. Conseqüentemente, todo ácido possui uma **base conjugada,** e toda base tem um **ácido conjugado.** A água comporta-se como uma base ao aceitar um H^+ de um ácido e como um ácido ao doar um H^+ para uma base. O íon OH^- é a base mais forte que pode ser encontrada em meio aquoso. Visto que a água é, ao mesmo tempo, um ácido e uma base, ela pode se **auto-ionizar.** A constante de equilíbrio desta **reação de desproporcionamento** é igual a $K_w = 1{,}00 \times 10^{-14}$, em água pura a 25°C, e $[H_3O^+] = [OH^-] = 1{,}00 \times 10^{-7}$M. É conveniente utilizarmos uma escala logarítmica, tais como **pH = -log** $[H_3O^+]$ **e pOH = -log** $[OH^-]$ para expressarmos as concentrações de H_3O^+ e OH^-, respectivamente. Assim, podemos dizer que pH= pOH = 7,00, em água pura a 25°C.

A **constante de dissociação,** K_a, de um ácido fraco e a **constante da base,** K_b, para sua base conjugada estão relacionadas pela equação $K_aK_b = K_W$. Por este motivo, não precisamos tabelar separadamente as constantes dos ácidos e das bases. Assim, somente as constantes dos ácidos foram incluidas nas Tabelas. Estas podem ser utilizadas para se calcular as concentrações de equilíbrio nas **soluções de ácidos fracos** e em **soluções de bases fracas**. As **soluções tampão** contém quantidades estequiométricas de um ácido fraco e de sua base conjugada. Os tampões são particularmente importantes para se obter soluções de pH's constantes e definidos. Os **indicadores** são ácidos fracos cuja forma ácida ou sua base conjugada apresentam uma coloração intensa. Suas cores denotam o pH das soluções.

Embora a maioria dos equilíbrios ácido-base possa ser resolvida considerando-se uma reação global apropriada, é possível utilizar um método exato para resolver um problema com ***n*-incognitas** por meio da determinação de ***n*-equações.** Além das expressões das constantes de equilíbrio, podemos acrescentar as equações de balanceamento de matéria e de balanceamento de cargas. Foram feitas comparações entre os resultados obtidos pelo método da reação global e pelo método exato.

Vários tópicos especiais foram discutidos, dentre eles as titulações ácido-base. Alguns problemas práticos envolvendo soluções tampão, solubilidade de óxidos e sulfetos, e os equilíbrios em multiplas etapas para ácidos polipróticos, também, foram discutidos. Encerramos este capítulo tratando de maneira sistemática o equilíbrio em múltiplas etapas entre os íons metálicos e bases de Lewis, tais como o NH_3. Este método sistemático pode ser utilizado para resolver os problemas que envolvem vários equilíbrios simultâneos em soluções de ácidos polipróticos.

SUGESTÕES PARA LEITURA

Histórico

Bell, R.P. The use of the terms "acid" and "base", *Quaterly Reviews of the Chemical Society of London*, 1, 113-125, 1947.

Walden, P. *Salts, Acids, and Bases, Electrolytes, Stereochemistry*, New York: McGraw-Hill, 1929.

Cálculos de Equilíbrios

Bard, A.J. *Chemical Equilibrium*, New York: Harper & Row, 1966.

Blackburn, T.R. *Equilibrium: A Chemistry of Solutions*. New York: Holt, 1969.

Butler, J.N. *Ionic Equilibrium: A Mathematical Approach.* Reading, Mass.: Addison-Wesley, 1964.

Butler, J.N. *Carbon Dioxide Equilibria end Their Applications*. Reading, Mass.: Addison-Wesley, 1982.

Fischer, R.B. e D.G. Peters. *Chemical Equilibrium.* Philadelphia: Saunders, 1970.

Guyon, J.C. e B.E. Jones. *Introduction to Solution Equilibrium.* Boston: Allyn and Bacon, 1969.

Nyman, C.J. e R.E. Hamm. *Chemical Equilibrium.* Boston: Heath, 1968.

Rossotti, H. *The Study of Ionic Equilibria.* New York: Longman, 1978.

Sienko, M.J. *Chemistry Problems,* 2- ed. Menlo Park, Calif.: Benjamin-Cummings, 1972.

PROBLEMAS

Expressões do Produto de Solubilidade

5.1 A solubilidade do $BaSO_4$(s), em água a 25°C, foi determinada por meio de medidas de condutividade elétrica como sendo igual a $1,05 \times 10^{-5}$ M. Calcule o valor do K_{ps} a partir deste resultado.

5.2 Foi constatado experimentalmente que numa solução saturada de iodato de cádmio, $Cd(IO_3)_2$, a 25°C, $[Cd^{2+}] = 1,79 \times 10^{-3}$ M. Qual é a concentração de IO_3^- e qual é o valor do produto de solubilidade do $Cd(IO_3)_2$?

5.3 Use o produto de solubilidade do $Mg(OH)_2$ dado na Tabela 5.1 para determinar a solubilidade deste sal, em mols por litro.

5.4 A Tabela 5.1 contém o produto de solubilidade da forma cristalina e amorfa do $Zn(OH)_2$. Qual deles é mais solúvel? Qual é a forma mais estável ? Justifique sua resposta.

Solubilidade na Presença de um Íon-Comum

5.5 Calcule a solubilidade do sulfato de chumbo nos seguintes casos:

a) água pura
b) na presença de 0,10 *M* de $Pb(NO_3)_2$
c) na presença de 1,0 x 10^{-4} *M* de Na_2SO_4.

5.6 Calcule a solubilidade do CaF_2 numa solução 5,0 x 10^{-3} *M* de NaF. Justifique suas suposições e aproximações.

5.7 Quais serão as concentrações de equilíbrio de Ag^+, CrO_4^{2-} e Na^+ quando um excesso de Ag_2CrO_4 (s) for adicionado a uma solução 2,0 x 10^{-3} *M* de Na_2CrO_4?

5.8 Repita os cálculos do problema 5.7 considerando-se uma solução 2,0 x 10^{-5} *M* de Na_2CrO_4.

5.9 Quais serão as concentrações de Ag^+, Cl^-, Na^+ e NO_3^- quando o sistema resultante da mistura de 50,00 ml de $AgNO_3$ 0,100 *M* com 50,00 mL de NaCl 0,050 *M* alcançar a condição de equilíbrio ? Suponha que o volume final seja igual a 100 mL.

5.10 Se 40,0 mL de $AgNO_3$ 0,100 *M* fossem adicionados a 60,0 mL de $NaBrO_3$ 0,150 M, quais seriam as concentrações de BrO_3^- e de Ag^+ em equilíbrio na solução ? Suponha que o volume total seja igual a 100 mL.

Equilíbrio de Solubilidade Envolvendo Dois Sais

5.11 Na_2SO_4 sólido foi adicionado lentamente a uma solução contendo 0,10 M de íons Ca^{2+} e 0,10 M de íons Ba^{2+}. Qual será a concentração de SO_4^{2-} no instante da formação do primeiro precipitado?

5.12 Suponha que mais Na_2SO_4 sólido tenha sido lentamente adicionado à suspensão do problema anterior até ocorrer a formação do segundo precipitado. Qual é a concentração de SO_4^{2-} nesta situação ? A primeira espécie foi completamente precipitada ?

5.13 Se adicionarmos AgCl(s) e AgBr(s) em excesso a um volume qualquer de água quais seriam as concentrações de Ag^+, Cl^- e Br^- no equilíbrio ?

5.14 Imagine que 0,10 mol de $Ca(NO_3)_2$, 0,10 mol de $Ba(NO_3)_2$ e 0,15 mol de Na_2SO_4 tenham sido adicionados a 600 mL de água. Quais serão as concentrações de Ca^{2+}, Ba^{2+}, SO_4^{2-}, Na^+ e NO_3^- no estado de equilíbrio ?

Fundamentos de Equilíbrio Ácido-Base

5.15 Disponha as seguintes espécies em ordem crescente de acidez em água: HNO_2, HSO_3^-, HSO_4^-, HPO_4^{2-}, HCO_3^- e OH^-.

5.16 Ordene as seguintes espécies em ordem crescente de basicidade: NO_2^-, HSO_3^-, HSO_4^-, HPO_4^{2-}, HCO_3^- e OH^-.

5.17 Calcule o valor de K_b para cada uma das seguintes espécies: CH_3COO^-, CH_3NH_2, $^+NH_3CH_2COO^-$ e S^{2-}.

5.18 Calcule o valor das constantes de equilíbrio para cada uma das seguintes reações:
a) $OH^- + CH_3COOH \rightleftharpoons CH_3COO^- + H_2O$
b) $CH_3COOH + HCOO^- \rightleftharpoons HCOOH + CH_3COO^-$

5.19 Cada uma das soluções abaixo se enquadram dentro de uma das seguintes categorias:
-muito ácida, MA (pH = 0 a 2)
-ácida, A (pH = 2 a 6)
-aproximadamente neutra, AN (pH = 6 a 8)
-básica, B (pH = 8 a 12)
-muito básica, MB (pH = 12 a 14)
Classifique cada uma das soluções abaixo segundo as categorias descritas acima. Você deveria ser capaz de resolver o problema proposto fazendo apenas alguns cálculos simples.
a) HCl 0,1 M b) HCl 1 x 10^{-5} M
c) NaOH 0,1 M d) CH_3COOH 1 M
e) acetato de sódio 1 M f) NaCl 1 M
g) NH_4Cl 1 M

5.20 Utilize as categorias dadas acima para classificar as seguintes misturas, resultantes da combinação de iguais volumes das soluções abaixo:
a) HCl 1*M* + NaOH 2*M* b) NaOH 1*M* + CH_3COOH 2*M*
c) HCl 1*M* + NH_3 2*M* d) HCl 1*M* + imidazol 2*M*
e) NaOH 1*M* + NH_3 2*M*
Justifique sua escolha mostrando a reação global ou a natureza da solução final.

Problemas Envolvendo Equilíbrio Ácido-Base

5.21 Determine $[H_3O^+]$, $[OH^-]$, pH e pOH para cada um dos seguintes casos:
a) H_2O pura b) CH_3COOH 0,20 *M*
c) NH_3 0,20 *M* d) CH_3COONa 0,20 *M*

5.22 Determine a concentração de H_3O^+ numa solução 0,25 *M* de HCOOH. Repita os cálculos para uma solução 2,5 x 10^{-3} *M* do mesmo ácido.

5.23 Calcule a concentração de H_3O^+ numa solução 0,15 *M* de $NaHO_2$. Repita os cálculos para uma solução 1,5 x 10^{-3} *M* de $NaHO_2$.

5.24 Se 3,0 x 10^{-2} mol de um ácido fraco fossem dissolvidos formando 1 L de solução e se o pH fosse igual a 2,0, qual seria a constante de dissociação, K_a, deste ácido ?

Problemas Envolvendo Soluções Tampão?

5.25 Qual é a concentração de H_3O^+ de uma solução tampão contendo 0,020 mol de HCOOH e 0,100 mol de HCOONa por litro ?

5.26 Qual é a concentração de H_3O^+ numa solução cujas concentrações iniciais de NH_4Cl e NH_3 são, repectivamente, 3,0 x 10^{-3} e 2,0 x 10^{-3} *M*?

5.27 Qual é a concentração de H_3O^+ numa solução preparada dissolvendo-se 1,0 mol de HCOOH e 0,020 mol de HCOONa por litro de solução ?

5.28 Qual é a concentração de H_3O^+ da solução resultante da diluição de uma mistura contendo 0,25 mol de HCl e 0,40 mol de NH_3, de modo a se obter 500 mL de solução ?

5.29 Qual seria a concentração final de H_3O^+ se 2,0 mL de HCl 2,0 *M* fosse adicionado à solução do problema 5.25 ?

5.30 Qual seria a concentração final de H_3O^+ se 2,0 mL da solução do problema 5.25 fosse diluido até o volume final de 100 mL?

Titulações Ácido-Base

5.31 Determine as concentrações de H_3O^+ durante a titulação de 50,00 mL de uma solução 0,2000 *M* de HCOOH com uma solução 0,2000 *M* de NaOH,quando os seguintes volumes do titulante forem adicionados:

a) V = 0 mL　　b) V = 0,10 mL
c) V = 5,00 mL　　c) V = 25,00 mL
e) V = 50,00 mL　　f) V = 60,00 mL

5.32 Considerando-se a titulação de 50,00 mL de uma solução 0,2000 **M** de NH_3 com HCl 0,2000 **M**, repita o problema 5.31 usando os mesmos volumes acima sugeridos.

Problemas Envolvendo Soluções Tampão no Laboratório

5.33 Quantos mililitros de NaOH 0,20 **M** devem ser adicionados a 100 mL de uma solução 0,20 **M** de NH_4Cl, para se obter uma solução tampão cujo pH seja igual a 9,00 ?

5.34 Um dos tampões de Good é uma piperazina substituida denominada HEPES. Seu pK_a é igual a 7,31, a 37 °C. Quantos mililitros de uma solução 0,10 *M* de NaOH devem ser adicionados a 2,0 x 10^{-3} mol da forma ácida da HEPES para preparar 100 mL de uma solução tampão cujo pH é igual a 7,00, a 37 °C?

Acidos Polipróticos

5.35 Quais são as concentrações de H_3PO_4, H_3O^+, $H_2PO_4^-$, HPO_4^{2-} e PO_4^{3-} numa solução 0,200 M de H_3PO_4? Essas concentrações satisfazem a relação abaixo ?

$$0.200 = [H_3PO_4] + [H_2PO_4^-] + [HPO_4^{2-}] + [PO_4^{3-}],$$
$$[H_3O^+] = [H_2PO_4^-] + 2[HPO_4^{2-}] + 3[PO_4^{3-}] + [OH^-]$$

5.36 Quando respiramos muito rapidamente estamos superventilando nossos pulmões e como conseqüência sentiremos um pouco de vertigem. Sob estas condições, P_{CO_2} diminui para 20 torr e o CO_2 total dissolvido no plasma sangüíneo será igual a 21 x 10^{-3} *M*. Qual é o pH do plasma nesta situação?

5.37 Qual é a concentração de OH^- numa solução 0,50 *M* de NaH_2PO_4?

5.38 Estime a concentração de H_3O^- numa solução 0,50 *M* de NaH_2PO_4.

5.39 Qual é a concentração de H_3O^+ de uma solução resultante da adição de 20,0 mL de uma solução 0,250 M de NaOH a 25,0 mL de uma solução 0,250 *M* de H_3PO_4?

5.40 Qual é a concentração de H_3O^+ numa solução obtida misturando-se 35,0 mL de NaOH 0,250 *M* com 25,0 mL de H_3PO_4 0,250 *M*?

Íon Complexos

5.41 Dada a reação global $2AgNH_3^+ \rightleftharpoons Ag^+ + Ag(NH_3)_2^+$, determine as concentrações de $AgNH_3^+$, Ag^+ e de $Ag(NH_3)_2^+$ numa solução preparada adicionando-se $AgNH_3^+$ suficiente para que a concentração seja igual a 0,100 *M*, em água.

5.42 Qual será a concentração de NH_3 quando a seguinte condição for satisfeita: $[Cu(NH_3)_3^{2+}] = [Cu(NH_3)_4^{2+}]$?

5.43 Qual é a concentração de NH_3 necessária para que $[Cu(NH_3)_3^{2+}] = 0,10\ [Cu(NH_3)_4^{2+}]$? Qual é a razão entre as concentrações de $Cu(NH_3)_4^{2+}$ e $Cu(NH_3)_2^{2+}$ naquela condição?

5.44 Sabe-se que o cloreto de prata é solúvel numa solução 4 *M* de NH_3, enquanto que o brometo de prata é insolúvel. Estime as solubilidades do AgCl(s) e do AgBr(s) numa solução 4 *M* de amônia. Como a não-idealidade da solução afetará a solubilidade dos mesmos ?

5.45 O K_{PS} do iodato de chumbo, $Pb(IO_3)_2$, é igual a 2,5 x 10^{-13}, a 25 °C. Foram adicionados 35,0 mL de $Pb(NO_3)_2$ 0,150*M* a 15,0 mL de KIO_3 0,800 *M*.Determine as concentrações de K^+, NO_3^-, Pb^{2+} e IO_3^- nesta mistura, no equilíbrio. E, também, mostre que $[K^+]+2[Pb^{2+}]=[NO_3^-]+[IO_3^-]$. Suponha que o volume total seja igual a 50,0 mL.

5.46 Ácidos fracos desconhecidos podem ser caracterizados por seus valores de pK_a. O método padrão para a determinação do pK_a requer o preparo de uma solução tal que pH = pK_a. Isto é feito titulando-se uma amostra qualquer do ácido fraco com NaOH e, então, fazendo-se a titulação inversa com HCl até que se satisfaça a condição pH = pKa. Se uma amostra de ácido acético necessitasse de 47,6 mL de NaOH 0,500

M para se visualizar o ponto final com fenolftaleína, qual seria o volume de HCl 0,500 *M* que deve ser adicionado para se satisfazer aquela condição? Suponha que o volume total após a adição de HCl seja de cerca de 100 mL. Os valores de pK_1 e pK_2 de um ácido desconhecido são, repectivamente, iguais a 5 e 8. Uma amostra deste ácido precisou de 44,4 mL de NaOH 0,500 *M* para ser titulado, tendo fenolftaleína como indicador. Quais são os volumes de HCl 0,500 *M* que devem ser adicionados para que $pH = pK_1$ e $pH = pK_2$?

5.47 Uma solução contém dois ácido fracos, HA (0,050 *M*) e HB (0,010 *M*), cujas constantes de dissociação são iguais a 2,0 x 10^{-5} e 6,0 x 10^{-5}, respectivamente. Escreva as equações de balanceamento de matéria e de cargas para este sistema e utilize-as para determinar a concentração de H_3O^+ da solução.

5.48 Quantos mililitros de NaOH 0,250 *M* devem ser adicionados a 100 mL de H_3PO_4 0,250 M para se obter uma solução tampão cujo pH seja igual a 7,00 ?

5.49 A solubilidade do $CaCO_3(s)$ apresenta um interesse especial. Este é um problema complicado dado que o íon CO_3^{2-} é uma base particularmente fraca e a presença de $CO_2(g)$, como impureza, também pode influenciar significativamente o equilíbrio de solubilidade. Mostre que as duas reações abaixo

$$CaCO_3(s) \rightleftharpoons Ca^{2+} + CO_3^{2-}$$

$$CaCO_3(s) + H_2O \rightleftharpoons Ca^{2+} + HCO_3^- + OH^-$$

são igualmente importantes para os equilíbrios de solubilidade dados acima, na ausência de $CO_2(g)$. Use o método exato para obter a solubilidade correta, em água pura.

5.50 A solubilidade do AgCl(s), determinado experimentalmente, é menor numa solução de NaCl do que em água pura, como previsto pelo efeito do íon-comum. Porém, quando a concentração de Cl^- se encontra entre 10^{-3} e 10^{-2} *M*, a solubilidade começa a aumentar e continua aumentando a medida que a concentração de Cl^- cresce. Isto ocorre devido a formação de um íon complexo:

$$Ag^+ + Cl^- \rightleftharpoons AgCl(aq) \qquad K_1 = 2{,}0 \times 10^3,$$

$$Ag^+ + 2Cl^- \rightleftharpoons AgCl_2^- \qquad K_2 = 1{,}8 \times 10^5.$$

Use estas constantes para calcular a solubilidade do AgCl(s) quando a concentração de equilíbrio do $[Cl^-] = 1{,}0 \times 10^m$ M, onde m = -5, -4, -3 e -2. Em cada caso, calcule $[Cl^-]_0$, a quantidade estequiométrica de Cl^- adicionado.

5.51 A reação global que descreve a precipitação de CuS quando $H_2S(g)$ é borbulhado numa solução contendo Cu^{2+} é $H_2S(g)$

$$H_2S(g) + 2H_2O + Cu^{2+} \rightleftharpoons CuS(s) + 2H_3O^+.$$

a) Supondo-se que $H_2S(g)$ tenha sido borbulhado numa solução 0,20 *M* de $CuSO_4$, qual seria a concentração de H_3O^+ para que todo Cu^{2+} precipitasse ?

b) Use este valor para estimar a concentração real de Cu^{2+} em solução, para verificar se realmente houve a precipitação quantitativa do Cu^{2+} sugerida em (a).

6 Valência e Ligação Química

As ligações químicas unem os átomos para formar moléculas, porém nem todos os átomos conseguem formar ligações. Dois átomos de neônio exercem atração mútua tão fraca que não chega a resultar em uma molécula Ne_2. A maioria, entretanto, forma ligações fortes com átomos da própria espécie e com outros tipos de átomos. Sob o ponto de vista histórico, a propriedade de um átomo de formar ligações foi descrita como sendo sua valência. O modo de pensar que teve origem nas primeiras teorias de valência ajudou a desenvolver nossa atual compreensão a respeito das ligações químicas. O conceito foi usado primordialmente pelos químicos antes de se ter conhecimento dos elétrons e núcleos, e desde então se envolveu numa espécie de mistério dentro da química. Por essa razão poucos químicos da atualidade ainda utilizam o termo valência, exceto como adjetivo, por exemplo, elétron de valência, ou camada de valência. O uso histórico da valência é importante e a visão introduzida por Lewis da ligação por pares de elétrons surgiu de uma tentativa de explicar as valências conhecidas dos primeiros 20 elementos da tabela periódica. Neste capítulo exploraremos as teorias de ligação química que não dependem diretamente das funções de onda e da mecânica quântica. Entre elas se incluem a representação de Lewis, tipo elétron = ponto, e a teoria da repulsão dos pares eletrônicos da camada de valência (TRPE). Sob o ponto de vista de teoria de valência, essas abordagens ou conceitos são úteis pois permitem prever muitos aspectos das ligações químicas, embora atualmente o emprego da mecânica quântica seja imprescindível. Isso será focalizado nos Capítulos 10, 11 e 12, enquanto neste capítulo, o intuito é voltado para uma introdução geral sobre as moléculas e as ligações químicas.

Quando Dalton propôs sua teoria atômica, as técnicas experimentais na química já eram relativamente bem desenvolvidas. Com o auxílio dessas técnicas e das novas idéias de Dalton, os químicos foram capazes de determinar as fórmulas empíricas para uma grande variedade de compostos. Os símbolos propostos por Berzelius foram assimilados. Esses símbolos eram derivados dos nomes em latim para os elementos, para evitar o problema da escolha entre os vários símbolos nacionalísticos derivados dos nomes em francês, alemão ou em inglês. Os símbolos propostos por Dalton, baseados em diagramas e círculos foram descartados. Nas publicações científicas que surgiram após a aceitação da teoria de Dalton apareceram várias fórmulas químicas. Exceto por algumas mudanças e vários erros, essas fórmulas se parecem com as que usamos hoje. A maior dificuldade com muitas das velhas fórmulas é que o número de átomos de carbono e de oxigênio é geralmente maior, por um fator de 2. Muitos químicos pós-Dalton usaram 6 e 8 para os pesos atômicos do carbono e do oxigênio, no lugar dos valores corretos, de 12 a 16. Essa dificuldade foi finalmente resolvida em 1858 quando a hipótese de Avogadro passou a ser aceita. Na Figura 6.1 estão alguns exemplos das primeiras fórmulas.

Após os químicos terem estabelecido as fórmulas empíricas de um número de compostos, eles se defrontaram com a tarefa de dar maior sentido ou significado às mesmas. Por exemplo, eles procuraram saber por que um composto denominado álcool tinha como fórmula C_2H_6O e por que uma substância conhecida como álcool da madeira possuía a fórmula CH_4O. A química orgânica surgia dessas questões, visto que um grande número de fórmulas incorporando carbono estava sendo estabelecido. No sentido mais geral, os químicos quiseram entender por que ocorriam compostos com determinadas fórmulas e qual era a relação entre a fórmula e as propriedades do composto. Essa preocupação ainda é um problema central na química, e a busca de respostas prossegue na atualidade. Na época, entretanto, os químicos buscavam respostas para questões fundamentais sobre fórmulas químicas, e muitas teorias foram propostas e mais tarde abandonadas. Neste capítulo discutiremos apenas as teorias que permanecem em uso e que continuam a ter impacto na forma de pensar sobre a ligação química.

6.1 Radicais

Uma das formas mais eficientes de tratar as fórmulas químicas consiste em considerar as partes que têm um significado especial. Por exemplo, a água com sua fórmula H_2O pode ser dividida em duas partes, H e OH, cada qual é chamada de

Fórmulas Antigas		Fórmulas Modernas	
J. Dalton 1835			
Binário			
Água	○⊙	Água	H_2O
Gás Nitroso	⦶○	Óxido nítrico	NO
Óxido Carbônico	⊜○	Monóxido de Carbono	CO
J. Berzelius 1835			
Ácido Pirogálico	3 CH + 3 O	Pirogalol	$C_6H_3(OH)_3$
Ácido Pirúvico	3 CH + 5 O	Ácido Pirúvico	$CH_3COCOOH$
A. W. Williamson 1854			
Ácido Sulfúrico	HO SO_2 HO	Ácido Sulfúrico	H_2SO_4
Sulfato Ácido de Potassa	HO SO_2 KO	Hidrogenossulfato de Potássio	$KHSO_4$
A. Kekulé 1858			
Aethylen	C_2H_4	Etileno	CH_2CH_2
Propylen	C_3H_6	Propileno	CH_3CHCH_2
Benzol	C_6H_6	Benzeno	C_6H_6

Fig. 6.1 Antigas fórmulas químicas típicas e os seus equivalentes modernos.

radical. Podemos considerar a água como sendo formada pela combinação do radical H com o radical OH. Os radicais que consideramos importantes são os que apresentam um número ímpar de elétrons. A palavra *radical* foi introduzida na química muito antes do elétron ter sido descoberto, e por isso, iremos traçar um pouco de sua história.

Por volta de 1785, os químicos franceses, Antoine Lavoisier e Guyton de Morveau decidiram tornar a química das substâncias dos reinos vegetal e animal tão simples como a dos compostos inorgânicos. Eles imaginaram que os açúcares e os ácidos orgânicos resultam da reação de radicais com oxigênio. Sem o auxílio da teoria atômica, não dispunham de fórmulas para tais radicais, porém os consideraram semelhantes, se não idênticos, aos elementos. Após a teoria atômica, as fórmulas puderam ser estabelecidas; e o NH_4, CN, CH_3 , C_2H_5 e assim por diante foram chamados de **compostos radicalares**. Seus nomes foram atribuídos de forma a serem empregados como base para **denominação dos compostos,** tais como cloreto de metila ou cianeto de amônio. Muitos químicos tentaram preparar radicais livres. Quando o C_2H_6 foi inicialmente preparado, pensava-se que se tratava do radical metila, CH_3. Somente por volta de 1900 que M. Gomberg obteve pela primeira vez um radical livre, que mostrou ser altamente reativo.

Os radicais livres são muito importantes na química. Muitas reações químicas ocorrem com participação de radicais livres, como **intermediários reativos**. Atualmente conhecemos a estrutura e a reatividade de muitos radicais livres. O radical livre, típico, é **univalente**, capaz de formar uma única ligação química. Enquanto os radicais livres são moléculas com propriedades conhecidas, os radicais originalmente propostos por Lavoisier eram apenas uma abordagem conceitual para os compostos orgânicos. Encontraremos, contudo, que os **grupos** metila no CH_3Cl e no C_2H_6 apresentam propriedades semelhantes. Atualmente consideramos os compostos orgânicos como sendo formados por grupos, e não por radicais.

Na Tabela 6.1 estão relacionados alguns radicais com seus nomes mais comuns. Todos apresentam um número ímpar de elétrons. Na teoria da ligação química, que apresentaremos mais tarde neste capítulo, iremos mostrar que as moléculas mais estáveis possuem um número par de elétrons e que os radicais livres mais reativos possuem um elétron extra, dando um número ímpar. Essa observação levou à teoria que considera que a ligação química é formada a partir do emparelhamento de dois elétrons. As teorias baseadas em radicais se originaram dos nomes dos compostos, porém radicais livres, de verdade, são compostos muito reativos que têm papel importante na química.

6.2 Valência

Em 1857, F. A. Kekulé mostrou que para uma série de compostos orgânicos, os carbonos sempre estavam associa-

TABELA 6.1 ALGUNS RADICAIS UNIVALENTES, COM UM ELÉTRON DESEMPARELHADO

Inorgânico		Orgânico	
fórmula	**nome**	**fórmula**	**nome**
H	Hidrogênio	CH_3	Metila
F	Flúor	CH_3CH_2	Etila
Cl	Cloro	$CH_3CH_2CH_2$	n-Propila
Li	Lítio	CH_3CHCH_3	Isopropila
Na	Sódio	$(CH_3)_3C$	tert-Butila
OH	Hidroxila	C_6H_5	Fenila
NH_2	Amida	$C_6H_5CH_2$	Benzila
HO_2	Hidroperoxila	$(C_6H_5)_3C$	Trifenilmetila
NO	Oxido nítrico	$H_2C{=}CHCH_2$	Alila
NO_2	Dióxido de nitrogênio	$CH_3C{=}O$	Acetila
ClO_2	Dióxido de cloro	$[(CH_3)_3C]_2NO$	Nitróxido de di-tert-butila

* Nota: Os três últimos radicais inorgânicos e o último orgânico não reagem completamente consigo e são chamados de **radicais livres estáveis**. Eles podem reagir com outros radicais livres.

dos a quatro radicais. Nessa série estavam o CH_4, CH_3Cl, $CHCl_3$, $C(NO_2)Cl_3$ e CH_3CN, entre outros. Kekulé concluiu que cada composto provavelmente poderia ser transformado nos demais por meio de reagentes apropriados. Antes dessa série, o H_2O já havia sido agrupada com CH_3OH, C_2H_5OH e $(C_2H_5)_2O$ por causa das semelhanças em suas propriedades, por exemplo, como solventes, ou na reatividade, ou pelo fato de que todos continham oxigênio. Tratava-se portanto de uma série quimicamente *semelhante*, ao passo que na série estudada por Kekulé, a semelhança era maior do ponto de vista físico. As propriedades químicas do CH_4 e $C(NO_2)Cl_3$ são bastante diferentes, porém ambos apresentam quatro grupos ou radicais ligados ao carbono. Em 1858 Kekulé denominou o carbono nessa série como sendo tetraatômico ou tetrabásico. Em poucos anos, essa natureza tetraatômica do carbono passou a ser considerada sua **valência,** igual a 4.

De acordo com Kekulé, a valência era um número que representava o poder de combinação de um elemento e obedecia regras simples. A valência do hidrogênio era sempre igual a 1. Considerando a fórmula da água, H_2O, a valência do oxigênio seria 2. Segundo as fórmulas CH_4 e NH_3, o carbono teria valência 4 e o nitrogênio, valência 3. Essas valências foram confirmadas ao longo da série de compostos que se seguiam após a água, CH_3 OH, e $(CH_3)_2$ O, e em compostos do tipo amônia, CH_3NH_2, $(CH_3)_2NH$ e $(CH_3)_3N$.

Um grande avanço no conceito de valência surgiu em 1858 quando A. J. Couper passou a usar linhas para ligar átomos, como forma de indicação da valência. Em 1864, A. C. Brown publicou fórmulas esquemáticas que se parecem bastante com as que usamos atualmente. Na Figura 6.2 estão mostradas algumas dessas fórmulas esquemáticas.

O conceito simples de valência encontrou dificuldades à medida que os químicos foram preparando maior número de compostos. Muitos elementos, como o nitrogênio, enxofre e fósforo, tinham indubitavelmente mais que uma valência possível, embora Kekulé sempre tivesse rejeitado a ocorrên-

fórmula empírica C_2H_6, isto é:

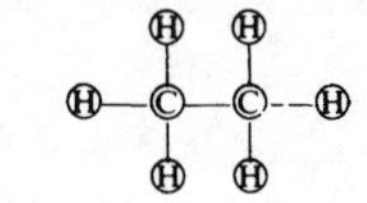

A fórmula constitucional do ácido succínico é

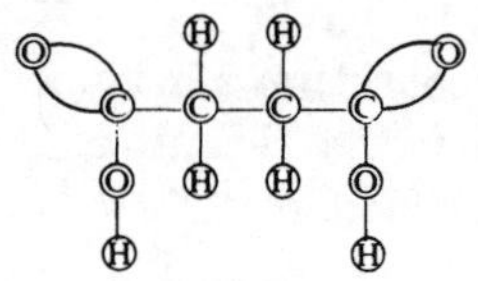

e do óxido de etileno

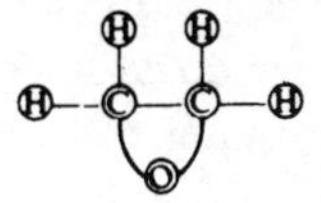

(a) Notação gráfica de A. C. Brown em 1863.

Agora resta apenas uma fórmula possível para etileno que é:

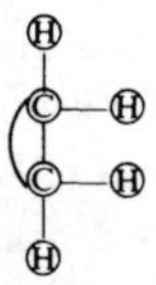

ou $\begin{cases} CH_2 \\ CH_2 \end{cases}$.

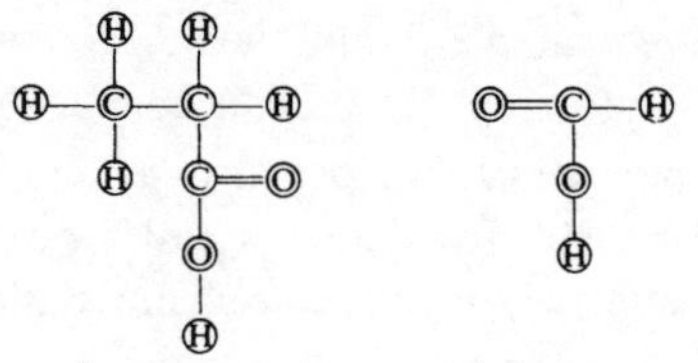

Ácido Propiônico Ácido Fórmico

(b) Fórmulas gráficas de E. Frankland e B. F. Duppa em 1869.

Fig. 6.2 Fórmulas antigas que usam linhas para indicar valência. Todas estas fórmulas de ligação são essencialmente corretas.

cia de valências múltiplas. Outros químicos postularam que os elementos com múltiplas valências tinham valência par ou ímpar, isto é, 3 e 5, ou 1 e 3, ou 2 e 4. Em 1869, quando Mendeleev publicou sua classificação periódica, que era baseada em pesos atômicos, constatou que as valências dos elementos seguiam um padrão simples dentro da tabela.

O conceito de valência foi muito útil aos químicos. Quase todas as moléculas orgânicas poderiam ser esquematizadas de forma coerente com as valências simples do hidrogênio, carbono, nitrogênio e oxigênio. Isso permitiu o crescimento da química orgânica, e mesmo atualmente as estruturas das moléculas orgânicas são formuladas dessa maneira.

6.3 Estruturas de Lewis

As primeiras teorias de valência foram limitadas pelo fato de não se conhecer a estrutura dos átomos. Isso foi resolvido em parte, em 1897, quando J. J. Thompson descobriu o elétron. Muitos cientistas assimilaram imediatamente essa descoberta, porém o número e a distribuição dos elétrons permanecia desconhecida. Durante 1901-1902, enquanto Lewis tentava explicar a tabela periódica aos alunos do primeiro ano do curso de química, ele chegou à conclusão que o arranjo dos elétrons nos átomos seria parecido com um cubo. Ele não sabia exatamente quantos elétrons haviam em um dado átomo, porém constatou que a Tabela periódica poderia ser explicada se os elétrons ficassem em grupos sucessivos de oito, como nos vértices de vários cubos concêntricos. Visto que os elementos químicos seguem uma certa ordem na tabela periódica, Lewis supôs que os átomos de cada elemento sucessivo tinham um elétron a mais em relação ao anterior. Tratava-se apenas de um palpite, mas que acabou se confirmando até o momento em que ele publicou sua teoria. Na Figura 6.3 está mostrada uma página das anotações de Lewis nesse período.

O primeiro artigo que Lewis escreveu onde representava os elétrons por pontos, formando diagramas estruturais, foi publicado em 1916. Um pouco antes dessa data, Ernest Rutherford havia mostrado que o número total de elétrons em um átomo neutro era igual ao seu número de ordem sequencial, ou **número atômico**, na Tabela periódica.

Apesar desses avanços, a verdadeira estrutura para os elétrons em átomos não seria conhecida até o aparecimento da mecânica quântica dez anos mais tarde. Lewis abandonaria rapidamente sua hipótese de átomos cúbicos, porém como veremos mais tarde, a colocação dos elétrons nos vértices de um cubo tem alguma utilidade na visualização das ligações químicas.

Nas estruturas de Lewis, **a ligação covalente** resulta do compartilhamento de **um par de elétrons** entre dois átomos. Esse compartilhamento é uma característica particular das ligações encontradas na maioria das moléculas orgânicas.

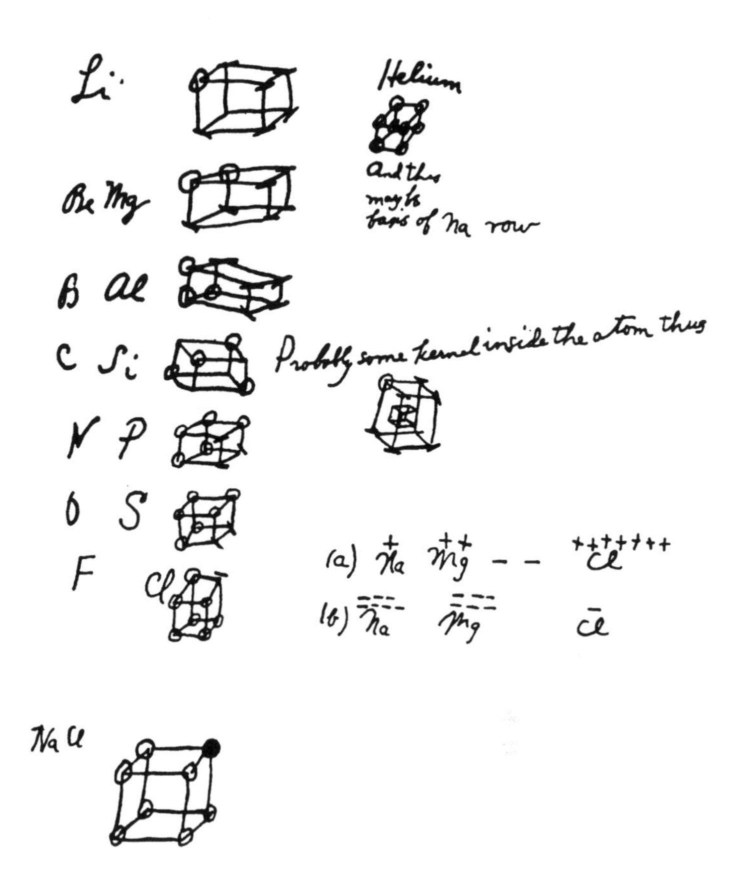

Fig. 6.3 Uma página das anotações de Lewis que mostra seu primeiro diagrama de elétrons desenhado em 1902. (De G.N. Lewis, *Valence and Structure of Atoms and Molecules*. New York: Dover, 1966. Publicado originalmente em 1923).

Para muitos compostos inorgânicos, Lewis propôs que o compartilhamento seria tão desigual que os elétrons seriam transferidos de um átomo para outro, levando à formação de íons. Uma valência sem sinal era consistente com elétrons igualmente compartilhados, enquanto o compartilhamento desigual seria extremo quando se tratasse de ligações entre elementos metálicos e não metálicos, com valência positiva e negativa.

A teoria de Lewis é chamada frequentemente de **teoria do octeto**, por causa do agrupamento cúbico de oito elétrons. Na Tabela 6.2 está mostrada uma parte da tabela periódica para os primeiros 20 elementos. Os números positivos ou negativos referem-se às valências eletropositivas, ou eletronegativas, respectivamente. A valência adequada para ligações em moléculas orgânicas corresponderia ao menor valor, sem sinal, tal que a sequência da esquerda para a direita deveria ser lida 1, 2, 3, 4, 3, 2, 1 e 0. Os dois primeiros elementos, H e He, constituiam exceções na teoria do octeto e eram tratados como casos especiais. A hipótese central de Lewis era que o número total de elétrons para cada elemento corresponderia ao seu número atômico. Na Tabela 6.2, o número atômico de cada elemento é mostrado como índice inferior à esquerda do símbolo.

Observando a Tabela 6.2, é possível constatar as hipóteses básicas da teoria do octeto de Lewis. Por exemplo, o flúor encontra-se na sétima coluna, e precisa receber um elétron para completar oito. Isso é conseguido através da formação de uma ligação. O carbono está na quarta coluna e precisa de quatro elétrons para completar oito; forma assim quatro ligações. Antes de prosseguir, precisamos levar em conta que existem nove elétrons do fluor e seis no carbono.

O hélio, que é o primeiro elemento estável ou não reativo, tem dois elétrons; os outros elementos estáveis têm 8 ou 16 elétrons adicionais. Os primeiros 2, 10 ou 18 elétrons são considerados com se formassem um **caroço** ou **camada fechada**. Os elétrons externos a esse caroço, porém em número insuficiente para formar um octeto, constituem os **elétrons de valência**. No caso do nitrogênio, por exemplo, que tem um total de sete elétrons, subtraindo o caroço com dois elétrons, sobram um total de cinco elétrons de valência. Para o cloro, que tem 17 elétrons, subtraindo o caroço com 2 + 8 = 10 elétrons, sobram 7 elétrons de valência. O número de elétrons de valência para cada elemento na Tabela 6.2, com exceção do hélio, é igual ao número da coluna (na linha superior), que também corresponde à posição do elemento na tabela periódica. Os **gases nobres** são o hélio, com dois elétrons de valência, e o neônio e argônio, com oito elétrons de valência. Eles apresentam estruturas eletrônicas com estabilidade extra, sem poder de combinação, consistente com uma valência nula.

TABELA 6.2 VALÊNCIA DOS PRIMEIROS 20 ELEMENTOS

+1 −7	+2 −6	+3 −5	+4 −4	+5 −3	+6 −2	+7 −1	+8 0
$_{1}H$							$_{2}He$
$_{3}Li$	$_{4}Be$	$_{5}B$	$_{6}C$	$_{7}N$	$_{8}O$	$_{9}F$	$_{10}Ne$
$_{11}Na$	$_{12}Mg$	$_{13}Al$	$_{14}Si$	$_{15}P$	$_{16}S$	$_{17}Cl$	$_{18}Ar$
$_{19}K$	$_{20}Ca$						

Espécies Isoeletrônicas

Quando as espécies apresentam o mesmo número de elétrons, elas são **isoeletrônicas**, e tem estruturas eletrônicas semelhantes. Apresentam ainda as mesmas estruturas de Lewis e portanto, igual número de elétrons de valência. Visto que os gases nobres são estáveis, as espécies isoeletrônicas em relação aos mesmos também devem ser relativamente estáveis. A seguir estão alguns exemplos de átomos e íons isoeletrônicos que apresentam camada de valência completa:

2 elétrons	He, Li^{+}, Be^{2+}, H^{-}
10 ou 18 elétrons	Ne, Ar, Na^{+}, Mg^{2+}, Al^{3+}, F^{-}, O^{2-}, N^{3-}, K^{+}, Cl^{-}.

Estruturas de Octeto

Quando Lewis desenhou pela primeira vez suas estruturas, ele inspirou-se em um cubo. Para os gases nobres, os oito elétrons na camada de valência estariam em cada vértice do cubo. Nessa época nada se conhecia sobre o movimento dos elétrons. Após Niels Bohr ter desenvolvido o modelo planetário para os elétrons no átomo de hidrogênio, Lewis supôs que os elétrons provavelmente girariam ao redor do núcleo em alguma espécie de órbita. Dessa forma, dispôs o octeto de elétrons da seguinte maneira, tentando representar o modelo planetário:

$$:\overset{..}{\underset{..}{Ne}}: \qquad :\overset{..}{\underset{..}{Ar}}:$$

Os dois elétrons no He e no Li^{+} foram colocados juntos, por constituírem uma camada fechada especial:

$$He: \qquad Li:^{+}$$

Na maioria das moléculas orgânicas o único átomo que pode ter apenas dois elétrons é o hidrogênio. Dessa forma, esse caso especial de representação de camada completa se aplica bem para as ligações com o hidrogênio.

Pares Eletrônicos

Nas estruturas de octeto os elétrons são mostrados agrupados em pares. Isso é feito porque Lewis havia contado os elétrons presentes nas moléculas estáveis, e encontrado, com muito poucas exceções, sempre um número par. As exceções eram o NO, NO_2 e ClO_2, com 11, 17 e 19 elétrons.

Lewis imaginava que os elétrons tinham **momentos magnéticos.** Tais momentos existiam em barras magnéticas com pólos norte e sul (N, S). O estado de menor energia para duas barras magnéticas ocorre quando estes estão paralelos e os pólos N,S de um estão emparelhados com os pólos N, S do outro. No raciocício de Lewis, o emparelhamento eletrônico seria semelhante ao emparelhamento de duas barras magnéticas. Atualmente sabemos que os elétrons apresentam de fato momentos magnéticos; contudo, o emparelhamento não pode ser explicado por uma interação magnética direta, e tem sido considerado uma propriedade fundamental das funções de onda eletrônicas. O emparelhamento eletrônico constitui o ponto central na construção das estruturas de Lewis, e se aplica bem na maioria das ligações.

Representação da Ligação Covalente

A etapa final na representação estrutural consiste em mostrar a formação das ligações covalentes. Na ligação covalente, um par de elétrons é compartilhados entre dois átomos, como exemplificado para o H_2 e o CH_4:

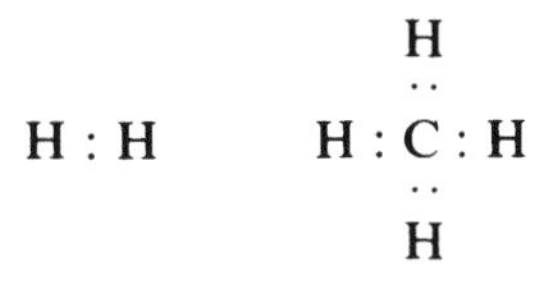

```
              H
              ..
H : H     H : C : H
              ..
              H
```

O H_2 tem um par de elétrons compartilhados, ou ligação, ao passo que o CH_4 tem quatro ligações, sendo que os elétrons compartilhados completam o octeto para o carbono.

Cada par de elétrons compartilhado constitui uma **ligação simples**, e se representa da seguinte maneira:

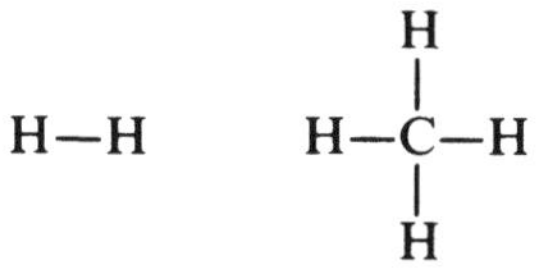

```
             H
             |
H—H        H—C—H
             |
             H
```

Esse tipo de representação já era usado muitos anos antes de se saber da existência de elétrons. Para visualizar melhor a formação dessas ligações, podemos escrever os átomos H e C em separado, com seus elétrons de valência:

```
          .
H ·     · C ·
          .
```

Depois, podemos imaginar os dois átomos de H se aproximando para formar H_2, por meio do compartilhamento de elétrons:

```
→     ←
H ·   · H    →    H : H
```

Para o CH_4 teríamos:

```
      H↓
      .                 H
      .                 ..
→           ←
H ·  · C ·  · H   →   H : C : H
      .                 ..
      .                 H
      H↑
```

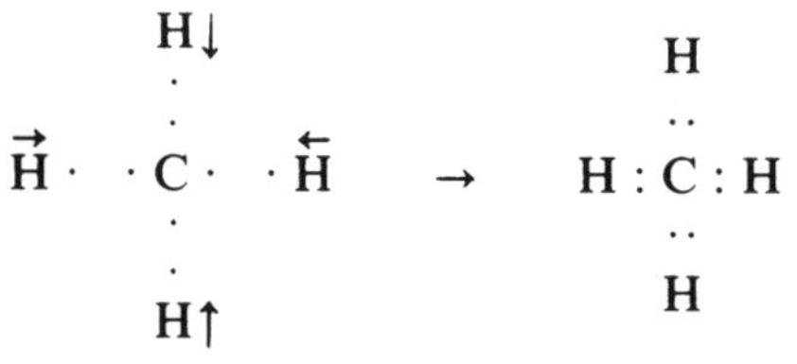

Uma molécula particularmente interessante é o NH_3. Entre suas inúmeras propriedades, a amônia é uma base e pode assimilar um próton para formar NH_4^+. Para o átomo de N, a representação de sua camada de valência, para formar três ligações é

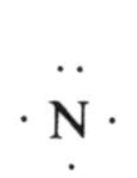

```
  ..
· N ·
  .
```

e o diagrama de Lewis para o NH_3 fica

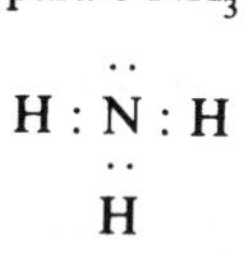

```
    ..
H : N : H
    ..
    H
```

Nesse caso, novamente temos um octeto completo, porém existe um par extra de elétrons de valência que não é usado na formação de ligação. Esse par é denominado **par isolado**. A presença de um ou mais pares isolados, ou solitários, dá origem a uma **base de Lewis.** Se um próton, H^+, se aproximar da amônia, ele pode se ligar utilizando o par isolado no nitrogênio, para formar

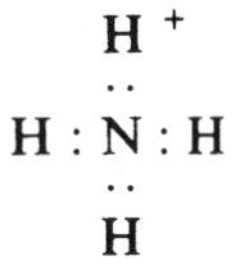

```
    H +
    ..
H : N : H
    ..
    H
```

A carga positiva está distribuída uniformemente entre os quatro hidrogênios, de forma que todas as ligações no NH_4^+ são experimentalmente equivalentes.

Pergunta. Como ficam as estruturas de Lewis para o F_2 e o CF_4?

Resposta. Escreva a representação da camada de valência para o átom de F e siga os exemplos anteriores. Observe que no CF_4 tanto o C como o F apresentam octetos completos.

Exemplo 6.1. Represente as estruturas de Lewis e de valência para o alcool metílico, CH_3OH.

Solução: O álcool metílico é visto mais facilmente como uma combinação do radical CH_3 e um radical OH. Para construir o CH_3 podemos remover um átomo de H do CH_4,

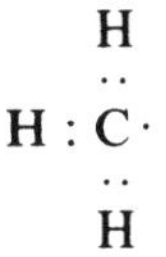

```
    H
    ..
H : C ·
    ..
    H
```

Da mesma forma, removendo um H da H_2O, temos o OH

```
    ..          ..
H : O : H     · O : H
    ..          ..
```

Devemos agora combinar os radicais CH_3 e OH, para completar os octetos:

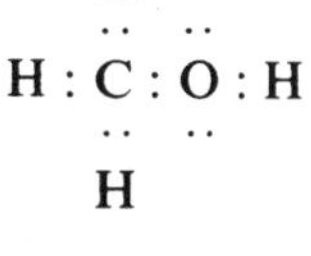

```
    H
    ..  ..
H : C : O : H
    ..  ..
    H
```

Atribuindo as valências 4, 2 e 1 para o C, O, e H, respectivamente, chegamos à representação estrutural correspondente:

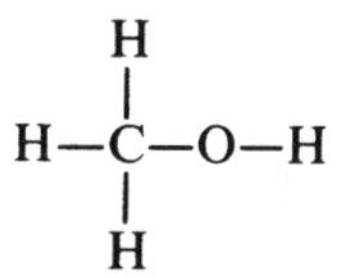

```
  H
  |
H—C—O—H
  |
  H
```

A informação mais importante transmitida por essas estruturas é que o CH_3OH apresenta octetos completos e que deve ser uma base de Lewis semelhante a água.

Exemplo 6.2. Seria possível representar uma estrutura de Lewis para o SO_4^{2-} que tivesse apenas ligações simples entre os átomos? Considere o átomo de enxofre no centro, quatro ligações simples S-O, e octetos completos.

Resposta. Visto que o S e o O se encontram na mesma coluna da pequena tabela periódica mostrada na Tabela 6.2, eles apresentam as mesmas estruturas bivalentes

```
  ..      ..
: S ·   : O ·
  ·       ·
```

Para formar quatro ligações simples com o *S* e uma ligação simples com o O, podemos redistribuir os elétrons de modo a formar S^{2+} e O^{-}, com as seguintes representações de valência:

```
[  ·  ]2+   [  ..  ]-
[ · S · ]   [ · O : ]
[  ·  ]     [  ..  ]
```

Se recombinarmos o S^{2+} com os quatro O^{-}, teremos o SO_4^{2-},

```
[        ..        ]2-
[      : O :       ]
[  ..    ..   ..   ]
[ : O :  S  : O :  ]
[  ..    ..   ..   ]
[      : O :       ]
[        ..        ]
```

Existem alguns inconvenientes em se usar essa representação para o SO_4^{2-}, porém essa seria a resposta da questão.

Ligações Múltiplas

Se um par de elétrons compartilhados constitui uma ligação simples, então **duplas** e **triplas ligações** implicam no compartilhamento de dois e três pares eletrônicos. Os elétrons compartilhados pertencem aos octetos de ambos os átomos. Apesar das representações de Lewis para moléculas com duplas e triplas ligações serem um pouco complicadas, elas expressam bem o compartilhamento dos pares eletrônicos nas ligações. Dois exemplos importantes de dupla e tripla ligações são:

```
H    H
..   ..
C :: C        : N ::: N :
..   ..
H    H
 etileno       dinitrogênio
```

A dupla ligação no etileno faz com que cada carbono fique cercado por oito elétrons de valência. O número total de elétrons de valência disponível para os dois carbonos mais quatro hidrogênios é

$$(2 \times 4) + (4 \times 1) = 12 \text{ elétrons}$$

ou seis elétrons por carbono. Isso pode ser visto na estrutura de Lewis para radical instável CH_2:

```
  H
  ..
: C
  ..
  H
```

Esse radical é **bivalente**: para adquirir outro par de elétrons ele acaba compartilhado dois pares de elétrons. Se dois radicais CH_2 compartilhassem apenas um par de elétrons,ambos os carbonos não teriam estruturas de octeto. No caso do dinitrogênio, com apenas 5 elétrons de valência por átomo, o compartilhamento de três pares é necessário para proporcionar octetos para cada átomo de N.

A colocação exata dos atomos dé H no etileno não é uma parte importante da representação estrutural de Lewis. Quando desenhamos essas estruturas, geralmente procuramos reproduzir a molécula de forma correta, em duas dimensões. A representação para o etileno é

```
H       H
  \   /
   C=C
  /   \
H       H
```

onde os ângulos são próximos de 120°.

Existem muitas limitações para as estruturas de Lewis. Visto que o N_2 tem uma ligação tripla, poderíamos pensar que a molécula C_2, que existe em altas temperaturas, tem uma ligação quádrupla. Contudo, ligações quádruplas não podem ser formadas entre os primeiros 20 elementos ou mesmo, pela maioria dos elementos. O dioxigênio também não segue exatamente a regra do octeto. A molécula tem uma dupla ligação, contudo também apresenta elétrons desemparelhados. Para explicar a ligação no C_2 e O_2, utilizaremos a teoria dos orbitais moleculares, no Capítulo 12.

Exemplo 6.3. Como fica a representação de Lewis para o CN^- e para o ácido fórmico?

Solução. O íon CN^- tem 10 elétrons de valência, e é isoeletrônico e com a mesma estrutura de Lewis em relação ao N_2.

Os químicos orgânicos concluiram a partir da teoria da

valência que muitos ácidos orgânicos apresentam o grupo carboxílico, cuja estrutura é a seguinte:

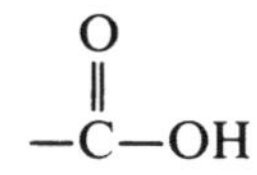

$$-\overset{\overset{\displaystyle O}{\|}}{C}-OH$$

A estrutura de Lewis para o ácido fórmico é

$$H:\overset{\overset{:O:}{::}}{C}:\ddot{\underset{..}{O}}:H \quad \text{ou} \quad H-\overset{\overset{:O:}{\|}}{C}-\ddot{\underset{..}{O}}-H$$

A estrutura à direita é derivada da de Lewis, na qual as ligações são representadas por linhas, e os pontos são usados apenas para os elétrons não compartilhados. Nós usaremos ambos os tipos de representação nas discussões seguintes.

Carga Formal

Na representação estrutural do SO_4^{2-} com ligações simples, tivemos que partir do S^{2+} e O^- com suas formas de valência. Se em suas ligações covalentes os elétrons fossem compartilhados igualmente, o S permaneceria S^{2+} e os quatro oxigênios, O^-. Os números +2 e -1 constituem **cargas formais.** Para evitar ter que determinar a constituição de valência de cada átomo na molécula, podemos calcular as cargas formais, dividindo os elétrons nas ligações covalentes igualmente entre os átomos. Se compararmos então o número total de elétrons de valência que atribuímos a cada átomo com o número de elétrons de valência do átomo neutro, poderemos determinar a carga formal sobre cada átomo. Isso pode ser ilustrado para o monóxido de carbono da seguinte maneira

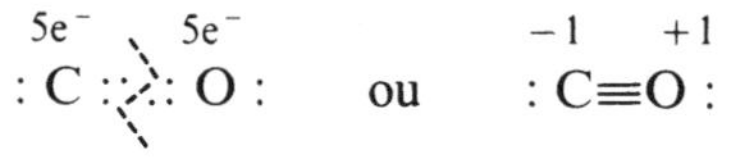

$$\overset{5e^-}{:C:}\,\vdots\,\overset{5e^-}{:O:} \quad \text{ou} \quad :\overset{-1}{C}\equiv\overset{+1}{O}:$$

onde os átomos de carbono C e O apresentam 4 e 6 elétrons, respectivamente. Suas cargas formais estão indicadas no diagrama à direita.

As cargas formais não representam as cargas reais sobre os átomos, visto que se partiu da hipótese de que os elétrons se encontram igualmente compartilhados nas ligações covalentes; entretanto, fornecem um quadro aproximado a respeito da separação de carga na molécula. As estruturas de Lewis que mostram diferenças de carga maiores que 2 entre os átomos unidos por ligações covalentes são pouco prováveis. Para o SO_4^{2-}, a maioria dos químicos prefere uma estrutura onde a diferença entre as cargas formais do enxofre e oxigênio é de apenas 1. Isso requer a presença de mais de oito elétrons ao redor do enxofre. A **expansão do octeto** será discutida mais adiante.

Ressonância

Se quizermos explicar algumas ligações em particular, usando as representações de Lewis, precisaremos de um novo conceito. Vamos considerar a molécula de O_3. Uma fórmula possível é

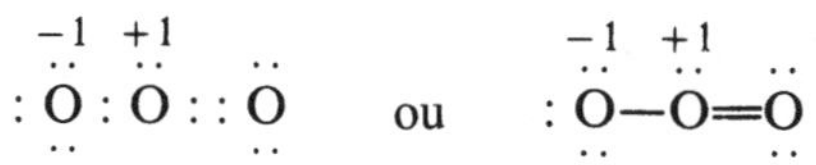

$$:\overset{-1}{\ddot{\underset{..}{O}}}:\overset{+1}{\ddot{O}}::\ddot{\underset{..}{O}} \quad \text{ou} \quad :\overset{-1}{\ddot{\underset{..}{O}}}-\overset{+1}{\ddot{O}}=\ddot{\underset{..}{O}}$$

Nessa estrutura o átomo à esquerda é semelhante ao O^- no SO_4^{2-} com ligações simples, porém o átomo à direita é diferente e não tem carga formal. As medidas experimentais indicam, entretanto, que os átomos à direita e à esquerda são idênticos. Isso significa que para descrevermos a ligação na molécula de O_3, teremos que incluir outra estrutura de Lewis:

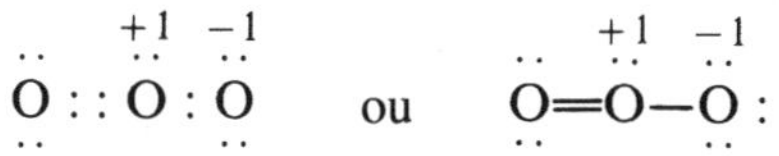

$$\ddot{\underset{..}{O}}::\overset{+1}{\ddot{O}}:\overset{-1}{\ddot{\underset{..}{O}}} \quad \text{ou} \quad \ddot{\underset{..}{O}}=\overset{+1}{\ddot{O}}-\overset{-1}{\ddot{\underset{..}{O}}}:$$

Com o desenvolvimento da mecânica quântica, Linus Pauling introduziu o conceito de **ressonância** para explicar esse tipo de situação, onde as duas estruturas de Lewis possíveis coexistiriam sob a forma de **estruturas ressonantes**. Na realidade, a ligação no O_3 é considerada uma média das duas estruturas, e ressonância é o termo usado para explicar como isso ocorre. Contudo, existem enfoques corretos e errados a respeito de como a ressonância ocorre. O *enfoque incorreto* considera que ambas as formas de O_3 existem e que os elétrons oscilam nas duas estruturas, dando origem a uma média temporal. O *enfoque correto* considera que existe apenas uma forma, que corresponde à média. A diferença entre esses dois enfoques pode parecer trivial, porém não o é. A ligação no O_3 só pode ser representada por uma estrutura média:

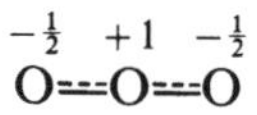

$$\overset{-\frac{1}{2}}{O}\overset{+1}{\,=\!=\!O\,}\overset{-\frac{1}{2}}{=\!=O}$$

As ligações no O_3, como mostrado nessa estrutura, apresentam 1.5 elétrons cada.

O benzeno é outro exemplo de ressonância com duas formas em que participam ligações simples e duplas:

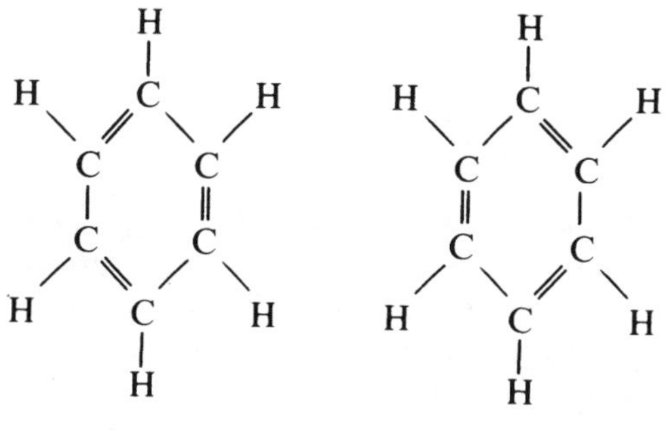

```
        H                         H
        |                         |
  H     C     H             H     C     H
   \  //  \  /               \  /  \\  /
    C      C                  C      C
    |      ||                 ||     |
    C      C                  C      C
   /  \\  /  \               /  \  //  \
  H     C     H             H     C     H
        |                         |
        H                         H
```

A teoria dos orbitais moleculares, que discutiremos mais tarde, conduz à estrutura média sem nunca utilizar duas estruturas distintas, e é um método superior quando envolve ressonância. Ambos os métodos consideram que cada ligação C-C no benzeno encerra 1½ elétrons.

Exemplo 6.4. Represente uma estrutura de ressonância para o íon nitrato, NO_3^-.

Solução. Nos **oxiânions** (ânions que contém oxigênio) como o NO_3^-, ClO_4^- e PO_4^{3-} os oxigênios estão ligados a um átomo central. Só no peróxido é que temos oxigênio ligado a outro oxigênio. Com esse fato em mente, podemos escrever três estruturas de ressonância para o NO_3^-,

```
               -1               -1
[    :O:    ]-1 [   :O:    ]-1 [   :O:    ]-1
[  :O:N:O:  ]   [ O::N:O:  ]   [ :O:N::O  ]
  -1 +1 -1          +1 -1        -1 +1
```

onde as cargas formais estão indicadas. Os experimentos mostram que todos os três oxigênios no NO_3^- são idênticos e assim, a estrutura real, é uma média das três. Isso faz com que cada ligação N–O apresente $1\frac{1}{3}$ elétrons.

Octetos Incompletos e Expandidos

Nem todas as moléculas estáveis podem ser representadas por estruturas de Lewis com octetos completos, mesmo se nos restringirmos aos primeiros 20 elementos. Para os elementos após o cálcio é muito comum que mais de oito elétrons estejam envolvidos na ligação. Moléculas com octetos incompletos são frequentes na química do boro. A molécula de BF_3 é bastante estável, com ligações covalentes, cujas propriedades refletem a presença de um **octeto incompleto.** Sua estrutura de Lewis é

```
:F:B:F:
  :F:
```

e como esperado, o composto tem um caráter ácido, formando compostos com bases como NH_3. O proton, sem dúvida, é outra espécie capaz de aceitar elétrons e formar uma ligação covalente com NH_3 ou H_2O. Mesmo os hidrogênios ligados ao nitrogênio, oxigênio ou fluor apresentam propriedades de ácidos de Lewis e podem compartilhar um par de elétrons com bases. A **ligação de hidrogênio** que está presente na água líquida pode ser representada por

```
H            H
 \           |
  O :---H—O :
 /
H
```

Nesse diagrama poderíamos pensar que o próton está tentando compartilhar dois pares de elétrons. A melhor interpretação consiste em considerar que na ligação O-H original ocorre um compartilhamento desigual de elétrons, tal que o hidrogênio fica com uma fração de carga positiva. Como resultado, existe uma atração entre a carga positiva no hidrogênio e o par eletrônico isolado no oxigênio. Quando o hidrogênio se liga ao carbono para formar CH_4, os elétrons são compartilhados igualmente e não se formam ligações de hidrogênio. Na química, as ligações de hidrogênio desempenham um papel central, e a água ilustra apenas um exemplo de sua importância.

A **expansão do octeto** é particularmente comum para o fósforo, enxofre e após os 20 primeiros elementos na tabela periódica. O composto SF_6 é estável e apresenta, com certeza, mais que quatro pares de elétrons na camada de valência. A natureza da ligação no PF_5, SF_6 e compostos correlatos será abordada na Seção 6.6. No PF_5 e SF_6 é melhor supor que existem cinco e seis pares de elétrons, respectivamente, ao redor dos átomos centrais, de P e S.

A explicação para o fato de ocorrer mais de oito elétrons na camada de valência para os elementos mais pesados pode ser tirada do exame da tabela periódica. O gás nobre que vem depois do argônio é o criptônio, com 18 elétrons a mais. Os dez elétrons a mais podem ser explicados por meio da mecânica quântica. O fato surpreendente é que uma camada de valência com 18 elétrons não foi encontrada para o terceiro gás nobre, mas sim no quarto. A explicação disso será dada no Capítulo 10. Considerando a possibilidade de uma camada com 18 elétrons, podemos esperar que o fósforo, enxofre e cloro possam compartilhar algumas vezes mais que o total de oito elétrons de valência.

6.4 Ligações Iônicas e Polares, e Momentos Dipolares

Como já vimos anteriormente, em uma ligação covalente um par de elétrons é compartilhado entre dois átomos. Esse compartilhamento ocorre tal que ambos os átomos possam completar seus octetos. Outra maneira pela qual um átomo pode completar seu octeto é através do ganho de elétrons, sendo que o átomo doador também fica um octeto completo. Cada átomo fica com uma carga positiva e negativa, e passa a ser íon. A atração entre íons positivos e negativos resulta numa ligação iônica, como no cloreto de sódio, cuja formação pode ser escrita da seguinte maneira

$$Na + Cl \rightarrow Na^+Cl^-$$

Tanto o Na^+ como o Cl^- apresentam octetos completos. No NaCl sólido, ou na molécula de NaCl gasosa, os íons Na^+ e Cl^- estão sempre fortemente associados. Quando o NaCl é dissolvido em água, os íons Na^+ e Cl^- se hidratam e se separam.

Os compostos iônicos sólidos consistem de um retículo de íons, como mostramos na Figura 1.1. Cada íon de um dado sinal é cercado por outros íons de sinais opostos. A interação entre esses íons é regida pela **lei de Coulomb**, discutida no Apêndice C. Numa forma generalizada, essa lei estabelece que a energia de interação diminui em função de $1/r$, onde r é a distância entre as cargas. A interação entre íons em um sólido é de longo alcance. Em contraste as energias de van der Waals para moléculas neutras seguem o potencial de Lennard-Jones, e decrescem muito mais rapidamente, em função de $1/r^6$. As interações de longo alcance entre os íons de um sólido iônico resultam em altos pontos de fusão e de ebulição. Podemos pensar que o CCl_4 consiste de íons C^+ e Cl^-, porém seus baixos pontos de fusão e de ebulição não são coerentes com ligações iônicas. Na Tabela 6.3 estão mostrados os pontos de ebulição para os diversos cloretos. Os pontos de ebulição são maiores para o LiCl, NaCl e alguns outros compostos do lado esquerdo da tabela, o que é consistente com o comportamento dos compostos iônicos, e são muito baixos para o CCl_4, $SiCl_4$ e BCl_3, como seria esperado para compostos covalentes. As moléculas $TiCl_4$, $AlCl_3$ e $BeCl_2$ não parecem ser inteiramente iônicas ou covalentes. Isso é confirmado pela condutividade elétrica dos compostos em estado de fusão. O $TiCl_4$ no estado de fusão tem baixa condutividade elétrica, e a condutividade do $BeCl_2$ e $AlCl_3$ no estado de fusão é bem menor em relação à apresentada pelos compostos iônicos. Esses compostos tem ligações intermediárias entre covalentes e iônicas.

A ligação iônica é encontrada na maioria dos sais e nos óxidos e sulfetos metálicos mais comuns. Os metais encontrados no lado esquerdo da tabela periódica tendem a perder seus elétrons de valência para os elementos não-metálicos do lado direito da tabela. Os oxiânions NO_3^-, ClO_4^- e SO_4^{2-} também apresentam estruturas octeto completo e formam ligações iônicas. O íon óxido, O^{2-}, não pode ser obtido em soluções aquosas e forma ligações iônicas em sólidos com íons metálicos como no Na_2O e CaO. Os metais de transição localizam-se no centro da tabela periódica e constituem um caso especial. Seus íons, como o Mn^{2+} e Cu^{2+}, formam ligações iônicas porém não apresentam estruturas de camada completa, como os gases nobres. Isso também é verdadeiro com os íons da série dos lantanídios.

Em uma ligação iônica ideal existe uma transferência completa de carga eletrônica de um átomo para outro, e na ligação covalente ideal, os pares de elétrons são igualmente compartilhados. Na ligação covalente do HCl, por exemplo, existe uma transferência parcial de carga tal que o hidrogênio fica levemente positivo e o cloreto, levememente negativo. Esse compartilhamento desigual resulta em uma ligação **polar**. Só em casos como o H_2 e o N_2 onde os dois lados da molécula são idênticos, a ligação é completamente **apolar**. As ligações entre átomos diferentes tem algum grau de polaridade. No NaCl a polaridade é tão grande que é melhor considerá-lo como sendo constituído por íons Na^+ e Cl^-.

Momentos de Dipolo Elétrico

Para medir a separação de carga nas ligações em moléculas polares, podemos colocá-las em um campo elétrico, como mostrado na Figura 6.4. O lado negativo de cada molécula será atraído pela placa positiva e o lado positivo será atraído pela placa negativa. As moléculas como um todo são neutras e não tem carga resultante. Assim, as moléculas polares apenas tentam se orientar no campo e não se deslocam na direção das placas. Essa mudança na **orientação** produz uma variação de energia, que pode ser medida por diversos métodos, e a partir dos resultados podemos determinar o **momento elétrico dipolar** das moléculas.

No caso de uma molécula iônica o momento de dipolo pode ser facilmente visualizado. Podemos considerar duas esferas com cargas $-q$ e $+q$ cujos centros estão separados por uma distância ℓ:

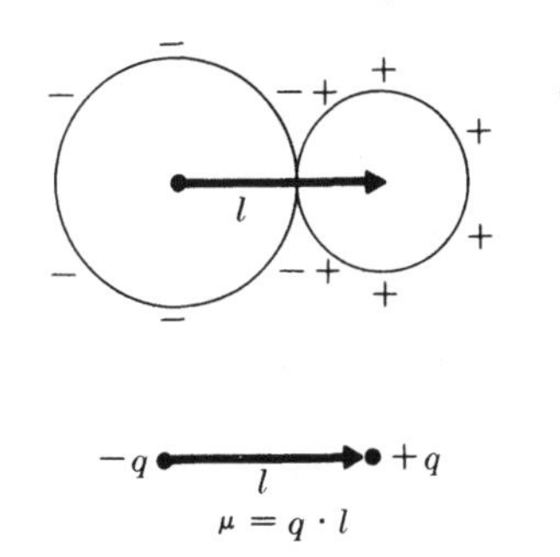

Visto que em uma distribuição uniforme de carga, o centro de carga em cada esfera se localiza no ponto central da mesma, podemos considerar a interação elétrica com o campo como se as cargas $+q$ e $-q$ estivessem localizadas nas extremidades de ℓ. O momento de dipolo elétrico μ é igual o produto de q e ℓ.

TABELA 6.3 PONTOS DE EBULIÇÃO DE ALGUNS CLORETOS (°C)

LiCl	1380	$BeCl_2$	490	BCl_3	12.5	CCl_4	76
NaCl	1440	$MgCl_2$	1400	$AlCl_3$	183	$SiCl_4$	57
KCl	1380	$CaCl_2$	1600	$ScCl_3$	1000	$TiCl_4$	136

momento dipolar elétrico = $\mu = q\ell$.

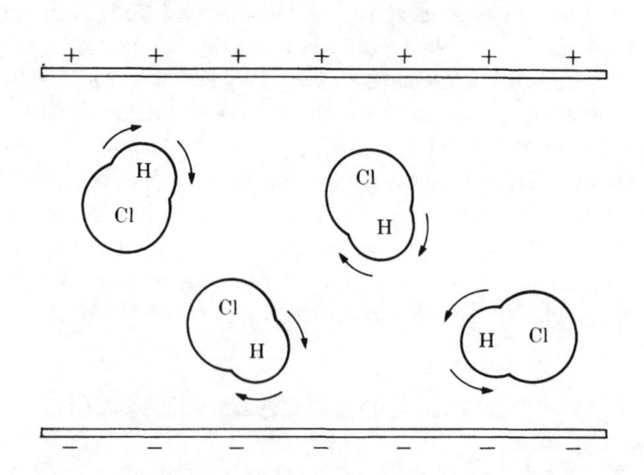

Fig. 6.4 A orientação de moléculas de HCl em um campo elétrico. As moléculas girarão ligeiramente para que as partes positiva (H) e negativa (Cl) possam se mover próximo às placas com cargas opostas.

Para uma ligação covalente não podemos esperar que as cargas estejam distribuídas sobre superfícies esféricas, porém ainda é possível calcular o momento de dipolo. Matematicamente, o momento é dado pela soma de cada carga na molécula multiplicada pela coordenada correspondente, em um sistema conveniente de eixos. O componente x do momento de dipolo é dado por

$$\mu_x = \sum_i q_i x_i.$$

Os valores de momento de dipolo de moléculas tem sido tabelados por muitos anos, usando uma unidade especial de cargas em **unidades eletrostáticas** (ues) e distâncias em centímetros. Essa unidade constitui um **Debye** (D) quando o produto ues x cm for dividido por um fator de 10^{-18}:

$$1\ \text{D} = \frac{q(\text{ues}) \times \ell(\text{cm})}{10^{-18}}.$$

No sistema SI as cargas são dadas em coulombs (C) e as distâncias em metros (m). Podemos converter esse produto em unidades Debye dividindo por 3,355 x 10^{-30}:

$$1\ \text{D} = \frac{q(\text{C}) \times \ell(\text{m})}{3{,}355 \times 10^{-30}}.$$

Vamos calcular o valor teórico do momento de dipolo para o NaCl. As esferas Na^+ e Cl^- estão separados por 2,4 x 10^{-8} cm ou 240 pm; e têm uma carga de 4,80 x 10^{-10} ues ou 1,60 x 10^{-19} C. Em unidades Debye, o momento de dipolo do NaCl é

em unid. cgs-ues

$$\mu_{\text{NaCl}} = \frac{(4{,}80 \times 10^{-10})(2{,}4 \times 10^{-8})}{10^{-18}} =$$

em unid. SI

$$\frac{(1{,}60 \times 10^{-19})(240 \times 10^{-12})}{3{,}335 \times 10^{-30}} = 12\ \text{D}.$$

Os valores de momentos dipolares de algumas moléculas em fase gasosa estão mostrados na Tabela 6.4.

Podemos ver que as cinco primeiras moléculas iônicas na Tabela 6.4 têm momentos de dipolo muito maiores do que as demais moléculas covalentes. O valor observado para o NaCl, contudo, é menor do que o calculado, por cerca de 25%. Isso pode ser tomado como indicação de alguma ligação covalente. Contudo, um pequeno desvio de uma distribuição uniforme de cargas nas esferas, chamado de **polarização**, pode ser esperado, e isso deveria reduzir o momento dipolar. Os calculos teóricos mostram que a ligação iônica ainda é mantida, mesmo incluindo a quantidade esperada de polarização. O momento de dipolo observado para o CO é muito menor do que se esperaria se as cargas formais previamente calculadas fossem cargas reais. Medidas muito precisas puderam estabelecer a direção do momento de dipolo do CO, mostrando que o carbono é de fato negativo, como sugerem as cargas formais na molécula.

Os momentos de dipolo dados na coluna à direita da Tabela 6.4 mostram algumas relações importantes entre as estruturas das moléculas e seus momentos dipolares. O valor para o N_2 é zero, como esperado. O valor para o CO_2 também é zero, mas para o ozônio, O_3, é 0,5 D. Comparando suas estruturas podemos saber por que:

$q-$ $2q+$ $q-$
O=C=O
⟶ ⟵
μ_{lig} μ_{lig}

μ
$q-$ $q-$
O O
μ_{lig} O μ_{lig}
$2q+$

O valor para o CO_2 é zero porque o CO_2 é uma molécula linear, com o carbono no centro. As duas ligações dipolares se cancelam, deixando o CO_2 sem momento dipolar resultante.

TABELA 6.4 MOMENTOS DE DIPOLO PARA MOLÉCULAS GASOSAS

Molécula	μ(D)	Molécula	μ(D)
LiCl	7,3	N_2	0
NaCl	9,0	CO_2	0
KCl	10,3	O_3	0,5
BaO	8,0	SO_2	1,6
BaS	10,9	N_2O	0,2
CO	0,1	H_2O	1,8
HF	1,8	H_2O_2	2,1
HCl	1,1	NH_3	1,5
HBr	0,8	CH_3Cl	1,9

A molécula do O_3 não é linear, e o oxigênio central bastante diferente dos outros dois. As duas ligações dipolares não apontam exatamente no sentido oposto, visto que o O_3 é uma molécula angular e seu momento dipolar não é nulo.

O valor do momento de dipolo par o NH_3 é particularmente importante. Poderíamos pensar que o NH_3 constitui uma molécula plana com ângulos de 120º:

q+ H — 3q− N — q+ H, q+ H

μ_{lig} μ_{lig} μ_{lig}

Se fosse plana os três momentos de dipolo de cada ligação se anulariam quando somados. O BF_3, por exemplo, constitui uma molécula planar e não apresenta momento dipolar. Contudo, o NH_3 tem momento dipolar. A explicação é que sua estrutura é na realidade, piramidal:

3q− N; H q+; H q+; H q+ — dipolo total

Além da geometria, o par de elétrons isolados no nitrogênio contribui bastante para o momento de dipolo da molécula.

Pergunta. O CH_4 apresenta momento de dipolo elétrico?

Resposta. Se examinarmos a estrutura do CH_4, veremos que como o NH_3 a molécula não é plana , porém em contraste, é bastante simétrica. Por isso, o momento dipolar resultante é nulo. Isso também se aplica no caso do CF_4

6.5 Valência Dirigida e Geometria Molecular

Em 1874, J. H. van't Hoff e J. A. leBel propuseram independentemente que o carbono no CH_4 tinha quatro ligações direcionadas para os vértices de um **tetraédro** regular. Essa hipótese foi feita para explicar a existência de dois **isômeros** de compostos com quatro grupos diferentes ao redor do carbono. **Isômeros** são compostos que tem mesma fórmula química, porém diferentes propriedades físicas e químicas. Os tipos de isômeros que van't Hoff e leBel estavam explicando são denominados **isômeros ópticos,** que apresentam propriedades químicas idênticas, porém giram o plano da luz polarizada em direções opostas. Não é nossa intenção explicar como funciona a rotação da luz polarizada, porém é fácil visualizar as diferenças em alguns tipos de isômeros. Considere, por exemplo, os dois isômeros geométricos do ácido orgânico, maleico e fumárico:

(H)(COOH)C=C(H)(COOH) — ácido maleico, 130,5 °C

(COOH)(H)C=C(H)(COOH) — ácido fumárico, 307 °C

Os dois grupos -COOH estão no mesmo lado, ou em lados opostos da dupla ligação. Para explicar a rigidez da dupla ligação, van't Hoff supôs que os dois carbonos tinham seus tetraédros unidos por uma aresta, como mostrado para o etileno:

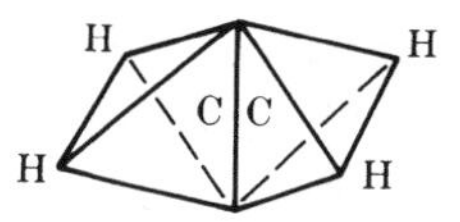

Para formar o ácido maleico, precisamos apenas substituir dois hidrogênios de um lado por dois grupos -COOH; ou dois hidrogênios opostos, para formar o ácido fumárico. Sabemos atualmente que os átomos de carbono não são pequenos objetos tetraédricos com átomos ligados nos vértices, porém essa proposta de átomo tetraédrico constituiu uma etapa importante para a compreensão da geometria molecular.

É difícil superestimar a importância da **geometria molecular** na compreensão da química. As moléculas são multidimensionais, no sentido de que muitos ângulos e distâncias de ligação estão presentes nas mesmas. As fórmulas químicas podem, no máximo, informar sobre as ligações entre os átomos na molécula. A maneira pela qual a molécula se distribui no espaço é determinada pelos modos com que os vários ângulos e distâncias se ajustam para dar forma espacial à mesma. Para facilitar nossa compreensão a respeito da geometria espacial, podemos lançar mão de modelos. Os modelos mais usados utilizam pequenas esferas para átomos e palitos de plástico ou madeira para fazer as ligações. Os modelos mais realísticos são do tipo "space-filling" ou maciços, onde os tamanhos das esferas atômicas representam os raios de van der Waals. O problema de se usar tais modelos é que eles realmente preenchem o espaço, dificultando a visualização do que se passa entre os átomos, bem como dos átomos que ficam escondidos. Por essa razão, nossos modelos não tentarão representar as dimensões verdadeiras dos átomos, ficando as esferas menores do que o esperado de forma a permitir a localização dos núcleos. Atualmente, a ilustração de estruturas moleculares complexas é feita com vantagem por computação. Na Figura 6.5 está um exemplo típico de estrutura molecular gerada por computador.

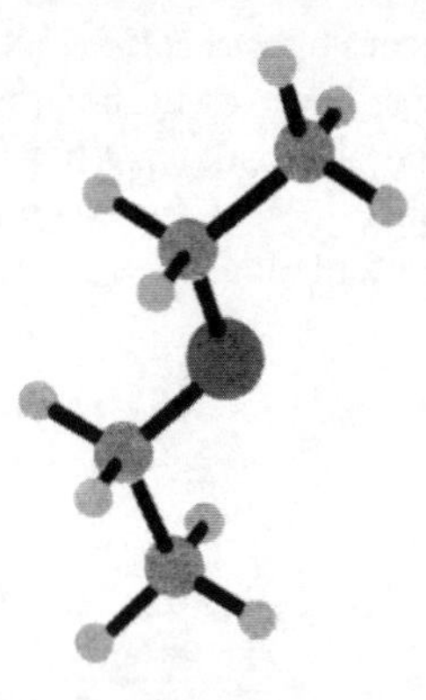

Fig. 6.5 Uma estrutura molecular desenhada por computador.

Em primeiro lugar iremos discutir as moléculas pequenas por causa de suas geometrias mais simples. Não será difícil estender e combinar essas geometrias simples para moléculas maiores. A geometria molecular atinge seu ápice na bioquímica. Estamos atualmente aprendendo que a geometria molecular e a maneira com que as moléculas se ajustam não determinam apenas seus aspectos físicos, mas também até questões de vida ou morte.

Núcleos ou Elétrons?

Quando especificamos o formato de uma molécula, nós apresentamos as posições dos *núcleos*. A maioria dos métodos experimentais para determinação de estrutura molecular proporcionam informações sobre as posições dos núcleos e das camadas completas de elétrons, porém muito pouco a respeito dos elétrons de valência, mesmo que participem da estrutura. Na Seção 6.6 usaremos um modelo (RPEV) que reflete a relação entre a localização dos elétrons de valência e a dos núcleos que ajudam a unir. Com isso, estaremos estendendo as estruturas de Lewis para três dimensões, e mostrando como a geometria molecular está relacionada com a natureza direcional da valência.

Existe um ponto importante que precisamos mencionar, de passagem. Nós iremos assumir que os núcleos encontram-se fixos nas moléculas. Contudo, a maioria dos núcleos se movem em resposta às vibrações térmicas, e somente uma posição média pode ser representada. Na maioria das moléculas, essas vibrações chegam a afetar os ângulos e distâncias de ligação em cerca de 10% de seus valores médios. Em um pequeno número de **moléculas fluxionais**, ocorrem vibrações de maior amplitude que chegam a provocar troca de posição dos núcleos nas ligações. Na maioria dos casos, contudo, podemos considerar os núcleos como sendo fixos e representar as moléculas como modelos rígidos.

Geometrias Experimentais

A geometria molecular será focalizada em termos das ligações entre os átomos. Para isso, iremos concentrar nossa atenção em moléculas com um átomo central ligado aos demais átomos. Alguns exemplos estão mostrados na Figura 6.6.

Tipo de molécula		Geometria	Exemplos
AX_2	Linear		BeH_2, CO_2, I_3^-
	Angular	α	H_2O $\alpha = 105°$ O_3 $\alpha = 117°$
AX_3	Trigonal plana	120°	BF_3, NO_3^-
	Pirâmide trigonal	α	NH_3 $\alpha = 108°$ PF_3 $\alpha = 94°$
	Forma de T	α	BrF_3 $\alpha = 86°$
AX_4	Tetraédrico		CH_4, SO_4^{2-}
	Tetraedro distorcido	β α	SF_4 $\alpha = 102°$ $\beta = 187°$
	Quadrado plana	90°	XeF_4, IF_4^-
AX_5	Bipirâmide trigonal	90° 120°	PF_5
	Pirâmide de base quadrada	α 90°	BrF_5 $\alpha = 87°$
AX_6	Octaédrico		SF_6, SiF_6^{2-}

Fig. 6.6 Geometrias moleculares experimentais.

As moléculas do tipo AX_2 tem duas geometrias, **linear e angular.** Um exemplo de geometria angular é a água, porém muitas outras moléculas, como OF_2, SO_2 e CF_2 também são angulares.

As moléculas do tipo AX_3 apresentam três geometrias; **trigonal plana , trigonal piramidal** e em **formato de T.** Não é por coincidência que o berílio e o boro ficam no centro de moléculas lineares ou trigonal planares. Isso será discutido na próxima seção. As moléculas do tipo AX_4 podem apresentar geometria **tetraédrica perfeita,** como no CH_4, onde os quatro ângulos são 109,4^0 , e ainda **quadrado plana** e **tetraédrica distorcida.** No SF_4 os ângulos tetraédricos aumentam para quase 180^0 e os outros encolhem para bem menos que 109^0. As moléculas do tipo AX_5 tem duas geometrias, **bipirâmide trigonal** e **piramidal quadrada.** O tipo AX_6 admite apenas uma geometria importante, a **octaédrica.** Existem moléculas com mais de seis átomos ligados ao átomo central, porém elas não serão discutidas visto que geralmente são fluxionais.

6.6 Modelo de Repulsão dos Pares Eletrônicos da Camada de Valência (RPEV)

Conforme mencionamos anteriormente, quando Lewis imaginou os octetos, ele desenhou um diagrama cúbico tendo os elétrons nos vértices (Figura 6.3). Mais tarde, em uma publicação datada de 1916, ele decidiu colocar os elétrons em pares, em quatro vértices *alternados* do cubo. Essa sugestão não tem consequências maiores nas estruturas de Lewis, porém a idéia passou a ser usada na teoria de *repulsão dos pares eletrônicos da camada de valência* (RPEV). Sua ilustração para o octeto de ligação ao redor do carbono é a seguinte:

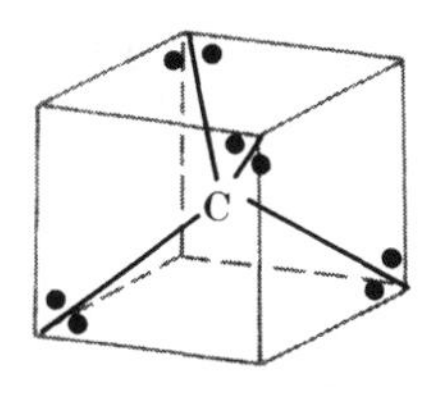

O ângulo formado pelas ligações nesse modelo é o tetraédrico, 109,47^0. Os elétrons ao redor do carbono, estão na realidade, em movimentos bastante complexos. Para entender isso, é necessário o conhecimento da mecânica quântica. Com base nisso, J. W. Linnett desenvolveu a idéia de que os elétrons no octeto fazem parte de dois grupos de quatro. Em cada grupo a repulsão entre os elétrons é máxima, provocando seu distanciamento recíproco de forma a ocuparem os vértices opostos de um cubo. Os dois quartetos eletrônicos acabariam ocupando dessa forma todos os vértices do cubo, conforme foi proposto por Lewis. Contudo, sabemos que os elétrons de um conjunto reagem de forma diferente, quando estão diante dos elétrons do outro conjunto, ou diante dos elétrons que se aproximam para formar ligações. Cada elétron de um conjunto se *emparelha* com um elétron do outro conjunto. O resultado são quatro pares de elétrons. As *estruturas de Linnett* constituem uma variação dos octetos de Lewis, onde cada conjunto de elétrons é indicado com símbolos distintos:

H : F̤̈ :	$H\,{}^{x}_{o}\overset{ox}{\underset{xo}{F}}{}^{o}_{x}$
Lewis	Linnett

Muitas vezes não há necessidade de se fazer essa diferenciação. Contudo, o raciocínio de Linnett de colocar o primeiro quarteto de elétrons nos vértices opostos do cubo, para depois fazer o emparelhamento com o segundo quarteto, constitui uma extensão importante do modelo de Lewis. Em 1940 N. V. Sidgwick e H. M. Powell propuseram, pela primeira vez, a extensão do modelo de Lewis para a geometria molecular, e em 1957, R. J. Gillespie and R. S. Nyholm chegaram aos mesmos resultados a partir da teoria de Linnett. Mais tarde, Gillespie deu forma definitiva à teoria conhecida como RPEV (repulsão dos pares eletrônicos de valência) para o problema da geometria molecular.

Estruturas de Octeto Completo

Nesse modelo, todos os átomos apresentam octetos completos e apenas as ligações simples são tratadas como participantes da estrutura com os pares de elétrons dispostos nos vértices alternados do cubo. Isso inclui o H_2O, CH_4, NH_3 (Fig. 6.6) e outras moléculas como o OF_2, CF_4, NH_4 e NF_3. As representações apropriadas para o CH_4, NH_3 e H_2O são:

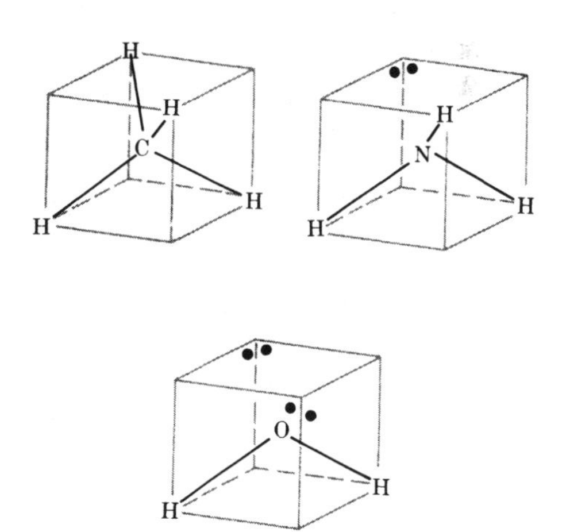

Os ângulos de ligação no NH_3 e H_2O são próximos do tetraédrico (109,47^0), porém esse modelo simples não pode prever exatamente o ângulo que não é determinado por simples simetria. Entretanto, a concordância entre a experiência e a teoria para NH_3 e H_2O é ainda muito boa.

Vamos formalizar nossa discussão para o restante da seção fazendo uma contagem dos pares eletrônicos de valência, (PV), pares de ligação (PL) e pares isolados (PI) em cada molécula. Para o CH_4, NH_3 e H_2O temos,

	PV	PL	PI
CH_4	4	4	0
NH_3	4	3	1
H_2O	4	2	2

Esses dados obedecem à equação

$$PV = PL + PI$$

Quando PV = 4, podemos esperar uma estrutura eletrônica baseada em ângulos tetraédricos.

Octetos Incompletos

Quando PV < 4, temos um octeto incompleto. Na Fig. 6.6, isso seria verdadeiro para o BeH_2 e o BF_3, onde PV = 2, PL = 2, PI=O, e PV = 3, PL = 3 e PI = O, respectivamente. Pela teoria de Linnett, a repulsão intereletrônica levaria aos seguintes arranjos:

linear 180°   plana 120°

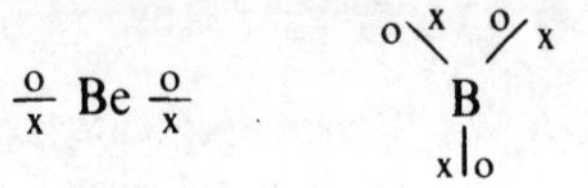

Be   B

Para chegar ao ângulo de 120^0 para PV = 3, podemos partir da molécula de NH_3 porém, sem o par isolado. Isso faria com que o ângulo de $109{,}47^0$ aumentasse até 120^0. Utilizando as estruturas de Lewis para o BeH_2 e BF_3, chegaríamos às geometrias corretas da Fig. 6.6; linear e trigonal plana, respectivamente.

Octetos Expandidos

No caso de moléculas AX_5, PL = 5, e para AX_6, PL = 6. O número de pares de valência depende do número de pares isolados, porém, para todos os octetos expandidos teremos PV > 4. Se utilizarmos as estruturas de Lewis, obteremos o seguinte para as moléculas restantes da Fig. 6.6:

	PV	PL	PI
BrF_3	5	3	2
SF_4	5	4	1
PF_5	5	5	0
XeF_4	6	4	2
BrF_5	6	5	1
SF_6	6	6	0

Esses cálculos podem ser ilustrados para o BrF_3. O bromo tem sete elétrons de valência, cada flúor também tem sete, e o valor de PL = 3. O número de elétrons de valência no bromo é dado por

$$7_{(total)} = 3_{(na\ lig.)} + 4_{(como\ par\ isol.)}$$

e assim obtemos PI = 2. Podemos também escrever uma estrutura de Lewis expandida:

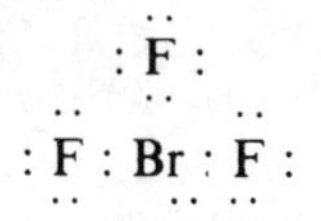

$$\begin{array}{c} :\ddot{F}: \\ :\ddot{F}:\ddot{Br}:\ddot{F}: \end{array}$$

Temos agora que decidir como colocar os elétrons ao redor do átomo central quando PV = 5 e PV = 6. Essa decisão é fácil, se olharmos para as estruturas experimentais do PF_5 e SF_6 na Fig. 6.6:

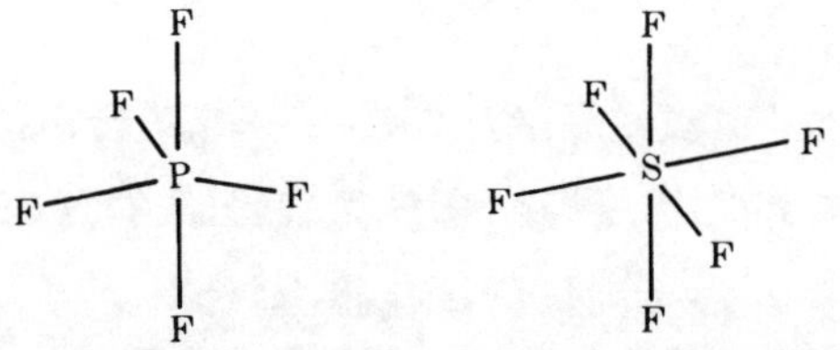

PV = 5, PL = 0   PV = 6, PL = 0

É mais fácil visualizar as moléculas com PV = 6 do que com PV = 5, por isso vamos discutir o primeiro caso antes. Como todas as ligações e elétrons são equivalentes na estrutura do SF_6, podemos usar qualquer par para obter PI = 1 e assim, para a espécie correlata BrF_5 teremos:

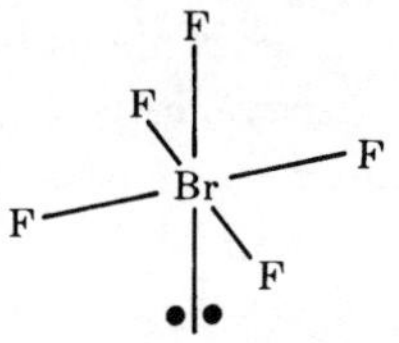

PV = 6, PL = 5, PI = 1

Isso resulta numa pirâmide quadrada para o BrF_5. Para o XeF_4 temos que decidir qual par eletrônico da estrutura do BrF_5 deve ser retirado para obter PI = 2. No BrF_5 temos quatro ligações **equatoriais** e uma **axial** na direção oposta do par isolado. Se observarmos a geometria quadrado plana do XeF_4, concluiremos que seu segundo par isolado está situado na outra posição axial:

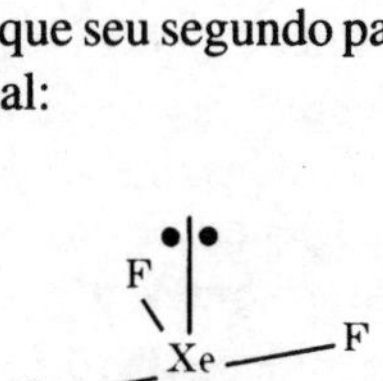

PV = 6, PL = 4, PI = 2

Esta estrutura e outras similares permitem concluir que os pares isolados tendem a ficar o mais *distante possível* de outros pares isolados.

Quando PV = 5, nem todas as ligações e pares eletrônicos são equivalentes. A molécula de PF_5 apresenta duas ligações axiais e três equatoriais. No SF_4, com PI = 1, se o par isolado estivesse na posição axial, obteríamos uma estrutura, e se estivesse na posição equatorial, teríamos outra:

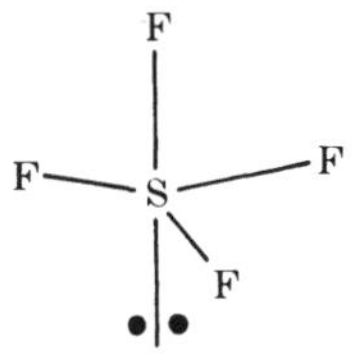

PI axial 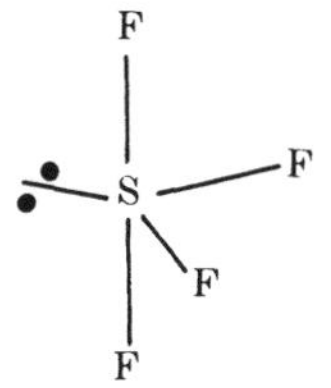 PI equatorial

Comparando com a geometria verdadeira do SF_4 na Fig. 6.6, podemos concluir que quando PV = 5, os pares isolados ficam na *posição equatorial.*

Podemos agora combinar essa regra com a anterior sobre o distanciamento máximo dos pares isolados para deduzir a geometria do ClF_3, onde PI = 2. Visto que os elétrons equatoriais estão mais próximos dos elétrons axiais quando o ângulo é de 90° do que quando o ângulo é de 120°, ambas as regras sugerem que todos os pares isolados devem ficar em posições equatoriais. No ClF_3 teremos a geometria correta com formato de T:

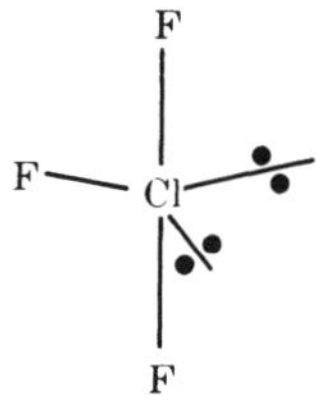

Na molécula de ClF_3 os dois ângulos FClF são menores que 90°. Isso pode ser explicado pela RPEV se considerarmos que os pares eletrônicos isolados requerem mais espaço do que os pares de ligação. Os ângulos desviam-se apenas de alguns graus em relação à geometria ideal, porém a mesma tendência pode ser vista para o NH_3 e H_2O, onde os ângulos de ligação são menores que o ideal, de 109,47°. Tendo em vista que desvios consistentes tem sido observados, em relação à geometria ideal, pode ser generalizado na teoria RPEV que os pares isolados devem ocupar mais espaço na geometria final, em relação aos pares de ligação.

Ligações Múltiplas

A estrutura do CO_2 apresenta duas duplas ligações, O=C=O, e o formaldeído apresenta ligações simples e duplas, $H_2C=O$. Podemos utilizar a teoria RPEV para essas moléculas? A resposta é sim, porém para entender como, precisamos saber mais sobre a natureza das ligações múltiplas. Uma **ligação múltipla** apresenta dois tipos de ligações, denominados **sigma** (σ) e **pi** (π). A geometria da molécula é determinada principalmente pelas ligações σ, e assim, se contarmos apenas os elétrons σ poderemos continuar usando as mesmas regras anteriores na previsão das estruturas. Determinar o número de elétrons é uma tarefa fácil: basta contar o número total de elétrons e subtrair os elétrons π. As ligações duplas contém dois elétrons σ e dois elétrons π. As ligações triplas contém dois elétrons σ e quatro elétrons π. Considere o CO_2 com suas duas duplas ligações:

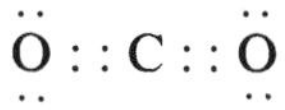

Ö : : C : : Ö

No carbono central,

$$PV_{total} = 4 \qquad PV_{\pi} = 1 + 1 = 2,$$

além disso,

$$PV_{\sigma} = PV_{total} - PV_{\pi}$$

$$PV_{\sigma} = 4 - 2 = 2 \quad \text{e} \quad PI = 0,$$

Dessa forma, PVσ = 2, levaria a uma molécula linear, como se observa na prática. Considere agora o $H_2C=O$, onde o C tem uma ligação dupla

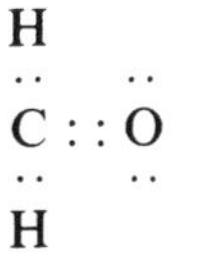

No átomo de carbono central, PI = O, e $PV_{\sigma} = 4 - 1 = 3$, o que é consistente com uma geometria trigonal planar. A conclusão está correta, apesar dos ângulos de ligação não serem exatamente 120°. Existe outra maneira simples de contar o número de pares de valência para os elétrons σ. Visto que cada átomo que está ligado ao átomo central tem exatamente um par de elétrons σ em sua ligação, precisamos contar apenas quantos átomos existem ao redor deste. Esse número é muitas vezes chamado de **número de simetria**, NS. Para o CO_2, NS = 2, para o H_2CO, NS = 3. Em outras palavras,

$$PV_{\sigma} = NS.$$

Pergunta. Que geometria poderia ser prevista para a seguinte molécula:

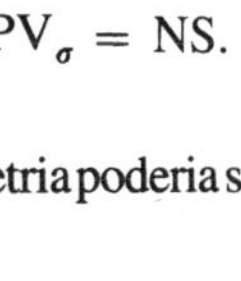

Esse caso requer um octeto expandido para o S, porém lembre-se que existem duas ligações duplas.

Resposta. Tetraédrica.

Resumo da Teoria RPEV

O método baseado em RPEV permite expandir a representação de Lewis e funciona bem na previsão da geometria molecular. Após a apresentação da mecânica quântica e funções de onda eletrônicas, veremos que a hibridização dos orbitais atômicos é outra maneira de explicar a geometria das moléculas. A hibridização não é um conceito simples ou fácil de entender, nem é aceito de forma unânime como princípio correto, pelos pesquisadores que lidam com mecânica quântica. A teoria RPEV, por outro lado, não depende do uso da mecânica quântica, e como as estruturas de Lewis, tem a vantagem da simplicidade e da confiabilidade. Na Tabela 6.5. consta um resumo do método baseado em RPEV. Antes de mudar de assunto, vale a pena reforçar seus princípios básicos, tendo em mente que a geometria eletrônica tem sido usada para determinar a posição dos núcleos, que por sua vez pode ser confrontada com os experimentos. A geometria nuclear é uma propriedade fundamental da molécula, enquanto a geometria eletrônica proporciona apenas uma representação simplificada, visto que os elétrons não estão imóveis no espaço. As estruturas de Lewis constituem representações didáticas dos elétrons nas moléculas; a descrição mais apropriada exige o uso de funções de onda.

TABELA 6.5 SUMÁRIO DA TEORIA RPEV

PV*		Geometria Assumida para o Par Eletrônico
2	Linear	Dois a 180°
3	Trigonal plano	Três a 120°
4	Tetraédrico	Quatro a 109,47°
5†	Bipirâmide trigonal	Dois axiais a 180°, três equatoriais a 120°
6**	Octaédrico	Seis a 90°

* Ligações simples ou elétrons σ.
† Os pares não compatilhados serão equatoriais.
** Dois pares não compartilhados estarão em lados opostos formando posições axiais.

6.7 Distâncias e Energias de Ligação

Considere a aproximação de dois átomos de H, formando uma molécula de H_2. A medida que os átomos se aproximam até a distância de ligação, eles passsam a exercer fortes atrações mútuas. Isso faz com que a energia seja menor quando os átomos estão ligados do que quando estão livres. É como se os átomos estivessem unidos por uma mola, que os trazem de volta para a região de menor energia potencial. Esse abaixamento de energia, é equivalente à formação da ligação química. Os métodos da mecânica quântica nos permitem calcular essa energia em função da distância entre os núcleos. Isso pode ser visto na Fig. 6.7, onde a energia é dada por mol de H_2.

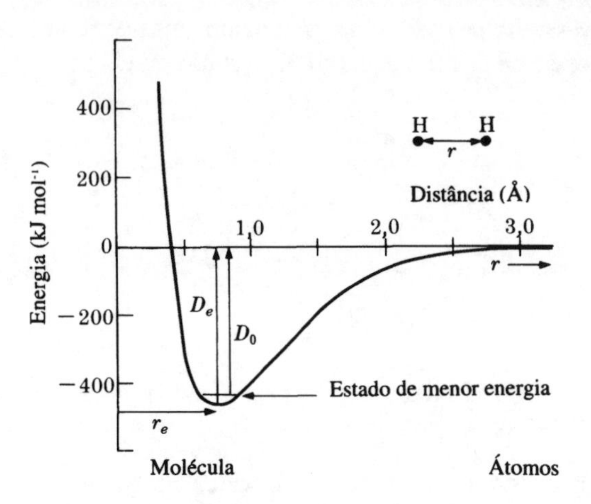

Fig. 6.7 Curva de energia para dois átomos de H que formam uma ligação química. O estado de menor energia é um resultado da mecânica quântica.

Na Figura 6.7, a energia passa por um mínimo e depois aumenta à medida em que os núcleos se aproximam demais. A configuração mais estável para a molécula do H_2 corresponderia ao fundo da curva de energia. Sua **energia de ligação**, no ponto de mínima, seria dada pelo valor de D_e, e a **distância da ligação** corresponderia a r_e. Contudo, nenhuma molécula de H_2 ficaria estacionária, no fundo do poço de energia. De acordo com os princípios da mecânica quântica, todas as moléculas vibram para frente e para trás. Assim, o menor valor de energia para as moléculas de H_2, na *realidade*, equivale ao representado por uma linha desenhada logo acima do fundo do poço, e a **energia média de ligação** é dada por D_0. A **distância média de ligação**, r_0, não está mostrada na Figura 6.7, porém é muito próximo de r_e, visto que a vibração molecular é uniforme, para frente e para trás.

Na Tabela 6.6. são dados os valores das energias de ligação e das distâncias de equilíbrio para algumas **moléculas biatômicas**. Os valores de r_e podem ser determinados pelo exame espectroscópico das moléculas gasosas, de forma que conhecemos as distâncias entre os núcleos em moléculas biatômicas com grande precisão. A distância para o H_2 é $0{,}7414 \times 10^{-8}$ cm, ou 74,14 pm. As distâncias variam de 1 Å até cerca de 3,5Å . As distâncias mais curtas ocorrem em moléculas com apenas uns poucos elétrons e naquelas com ligações fortes.

As energias de ligação para moléculas com octetos completos variam de 150 a 1000 kJ mol^{-1}. Muitos valores são próximos de 400 kJ mol^{-1}, que podem ser considerados como uma média aproximada para ligações simples. As moléculas de N_2, CO e O_2 tem ligações múltiplas; os primeiros dois tem ligações triplas e o segundo, dupla. As energias de ligação correspondentes são maiores, em torno de 1000 para as duas primeiras e de 500 kJ mol^{-1} para o O_2. Os íons N_2^+ e O_2^+ são bastante interessantes. A energia de ligação para o N_2^+ é menor que para o N_2, ao passo que o O_2^+ tem maior energia de ligação que o O_2. Suas distâncias de ligação seguem o

TABELA 6.6 ENERGIA DE LIGAÇÃO E DISTÂNCIA DE EQUILÍBRIO PARA MOLÉCULAS DIATÔMICAS*

Molécula	D_0 (kJ mol^{-1})	r_e (Å)	Molécula	D_0 (kJ mol^{-1})	r_e (Å)
H_2	432,07	0,7414	F_2	154,6	1,4119
H_2^+	255,76	1,052	Cl_2	239,22	1,988
N_2	941,6	1,0977	Br_2	190,14	2,2811
N_2^+	840,7	1,1164	I_2	148,82	2,666
O_2	493,6	1,2075	ICl	207,74	2,3209
O_2^+	642,9	1,1164	IBr	175,4	2,4690
CO	1070,2	1,2832	HF	566,3	0,9168
OH	423,8	0,9697	HCl	427,8	1,2746
Na_2	69,5	3,0789	HBr	362,6	1,4144
Na_2^+	94	3,54	HI	294,7	1,6092

* Valores de K. P. Huber e G. Herzberg, *Molecular Spectra and Structures*, Vol. IV (New York: Van Nostrand Reinhold, 1979).

padrão: quanto mais curta, mais forte a ligação. No modelo de Lewis, não é possível aumentar a força de uma ligação por meio da remoção de elétrons. Os íons H_2^+ e Na_2^+ apresentam ligações, apesar destas conterem **apenas um elétron.** Os detalhes das energias das ligações mostram que o modelo de Lewis funciona bem, porém tem algumas limitações fundamentais. Posteriormente, iremos usar o método dos **orbitais moleculares** para explicar os motivos dessas limitações.

Todos os compostos na metade direita da Tabela 6.6. são constituídos por **halogênios**. A energia de ligação do F_2 é particularmente baixa, e não segue o padrão observado para o Cl_2, Br_2 e I_2. As causas envolvidas são complicadas, porém uma é a repulsão entre os pares eletrônicos opostos ao longo da ligação F-F. As energias de ligação do HF para o HI diminuem uniformemente. Contudo, essas energias de ligação são consideravelmente maiores do que esperaríamos se usássemos as energias do H_2 e os halogênios como referência. A energia de ligação para o HCl, por exemplo, é 427,8 kJ mol^{-1}, enquanto a média das energias de ligação do H_2 e Cl_2 é apenas 335,65 kJ mol^{-1}. Esse aumento nas energias de ligação é geralmente encontrado quando se comparam ligações polares (p. ex. H-Cl) com ligações apolares (p. ex. H-H ou Cl-Cl). Como já vimos antes, nas ligações polares os elétrons não estão compartilhados por igual. O átomo que fica com a maior parte é o que tem maior **eletronegatividade**. Os cálculos dos aumentos nas energias de ligação constituem uma maneira eficiente de se construir tabelas de eletronegatividades relativas dos elementos. Os não metais são mais eletronegativos que os metais, e o flúor vem a ser o elemento mais eletronegativo de todos. Poderíamos pensar que o uso de momentos de dipolo seria um meio excelente para determinar as eletronegatividades, contudo nem sempre é o caso. Os momentos de dipolo também dependem das distâncias que separam as cargas, e sofrem efeito da presença de pares isolados. O carbono e o oxigênio, por exemplo, tem maior diferença de eletronegatividade que o nitrogênio e o oxigênio, porém o momento de dipolo do CO é menor que o do NO.

Energias de Dissociação

Se uma ligação for quebrada em uma **molécula poliatômica,** os produtos serão um radical e um átomo, ou talvez dois radicais. Nesses casos, fica difícil atribuir a energia necessária para quebrar totalmente uma ligação. O radical pode não ter a mesma energia, como radical livre, que tinha quando fazia parte da molécula. Em outras palavras, pode ocorrer redistribuição de energia, de tal forma que as **energias de dissociação** de ligação e as energias de ligação podem não ser idênticas. Isso está ilustrado para a H_2O, onde a dissociação formando OH e H, corresponde à reação:

$$H_2O \rightarrow OH + H \qquad D_0(H{-}OH) = 493{,}7\ \text{kJ mol}^{-1}.$$

Podemos ver na Tabela 6.6 que

$$OH \rightarrow H + O \qquad D_0(O{-}H) = 423{,}8\ \text{kJ mol}^{-1}.$$

Somando,

$$H_2O \rightarrow 2H + O \qquad D_0(H{-}O{-}H) = 917{,}5\ \text{kJ mol}^{-1}.$$

A energia de ligação entre duas ligações O-H idênticas no H_2O deve ser a metade desse valor, ou 458,8 kJ mol^{-1}. A quantidade D_0(H-O-H) correspondente à *energia de atomização* é igual à soma de todas as energias de ligação na molécula.

Os valores de D_0 dados na Tabela 6.6 correspondem às entalpias molares de dissociação, $\Delta\tilde{H}^0$, porém apenas se a dissociação ocorresse a zero Kelvin. Nos vários cálculos termodinâmicos, frequentemente queremos conhecer $\Delta\tilde{H}^0$ a 298 K. Alguns desses valores estão relacionados na Tabela 6.7, com o símbolo D^0. Eles serão denominados energias de dissociação de ligação, mesmo se tratando de variações de entalpia: $D^0 = \Delta\tilde{H}^0$ para dissociação em produtos nas condições padrão.

Os valores de D^0 para moléculas biatômicas são cerca de 4 kJ mol^{-1} maiores que os os valores correspondentes para D_0. Esse aumento resulta do fato de que a 298 K os produtos apresentam energia cinética, quando a 0 K essa energia é nula. No caso dos radicais poliatômicos, outros efeitos também podem mudar a relação entre D_0 e D^0. Os valores de D^0 na Tabela 6.7, podem ser usados para uma variedade de cálculos termodinâmicos simples, de forma a se obter calores de atomização e valores de $\Delta\tilde{H}^0$ para reações a 298 K. Esses cálculos podem ser ilustrados pelos seguintes exemplos.

Exemplo 6.5. Calcule o calor de atomização do CH_4 a 298 K

Solução. Os valores da Tabela 6.7 podem ser usados para calcular as etapas de atomização:

	$\Delta\tilde{H}^\circ$(kJ mol^{-1})
$CH_4 \rightarrow CH_3 + H$	430
$CH_3 \rightarrow CH_2 + H$	473
$CH_2 \rightarrow CH + H$	422
$CH \rightarrow C + H$	339

Para a atomização completa,

$$CH_4 \rightarrow C + 4H \qquad \Delta\tilde{H}^\circ = 1664 \text{ kJ mol}^{-1}.$$

Essa é a entalpia necessária para atomizar o CH_4 a 298 K. A energia de cada ligação no CH_4 é próxima de 1/4 desse valor, que é 416 kJ mol^{-1}

Exemplo 6.6. Calcule o valor de $\Delta\tilde{H}^0$ para a reação

$$CH_4 + Cl_2 \rightarrow CH_3Cl + HCl$$

Solução. Essa reação pode ser escrita como a soma da dissociação de duas ligações e da formação de duas outras:

	$\Delta\tilde{H}^\circ$ (kJ mol^{-1})
$CH_4 \rightarrow CH_3 + H$	430
$Cl_2 \rightarrow 2Cl$	243
$CH_3 + Cl \rightarrow CH_3Cl$	−339
$H + Cl \rightarrow HCl$	−432
	−98

Então

$$\Delta\tilde{H}^\circ = -98 \text{ kJ mol}^{-1},$$

Portanto a reação é **exotérmica**. O motivo principal é que a ligação C-Cl é mais forte que a Cl-Cl.

Exemplo 6.7. Para a decomposição do ozônio a 298 K,

$$2O_3(g) \rightarrow 3O_2(g) \qquad \Delta\tilde{H}^\circ = -285 \text{ kJ mol}^{-1}.$$

Com base nesse valor e na Tabela 6.7, calcule a energia de dissociação, a 298 K, para

$$O_3 \rightarrow O_2 + O.$$

Solução. A decomposição do ozônio equivale à soma da dissociação do O_3 e da formação do O_2:

	$\Delta\tilde{H}^\circ$ (kJ mol^{-1})
$2(O_3 \rightarrow O_2 + O)$	$2D^\circ(O_2—O)$
$2O \rightarrow O_2$	−498

e portanto

$$2D^\circ(O_2—O) - 498 = -285,$$

$$D^\circ(O_2—O) = \frac{498 - 285}{2}$$

$$= 107 \text{ kJ mol}^{-1}.$$

TABELA 6.7 ENERGIAS DE DISSOCIAÇÃO DE LIGAÇÃO EM MOLÉCULAS SIMPLES*

Dissociação A–X	D°(A-X)(kJ mol^{-1})	Dissociação A–X	D°(A-X)(kJ mol^{-1})
H—H	436	O—O	498
Cl—H	432	HO—O	269
Br—H	366	HO—OH	214
CH_3—H	430	H_3C—OH	377
CH_2—H	473	OC—O	532
CH—H	422	C—O	1077
C—H	339	H_3C—Cl	339
HO—H	499	H_3C—Br	285
O—H	428	F—F	158
HO_2—H	374	Cl—Cl	243
O_2—H	197	Br—Br	193

* Este valores correspondem ao $\Delta\tilde{H}^0$ das dissociações de ligações a 298 K. Estes vêm da publicação do National Bureau of Standards com o mesmo título por B. de B. Darwent, NSRDS-NBS no 31 (1970). Todas as ligações estão indicados aqui por uma linha simples, apesar deles poderem ser ligações múltiplas.

Esse valor é um tanto pequeno, e justifica a baixa estabilidade do ozônio, visto que a dissociação térmica dos átomos de O constitui a primeira etapa na decomposição do O_3.

Variações nas Distâncias e Ângulos de Ligação

As investigações sobre a estrutura das moléculas têm produzido um conjunto muito grande de informações sobre ângulos e distâncias de ligação. A melhor maneira de se trabalhar com essas informações consiste em fazer comparações entre estruturas de moléculas semelhantes. Podemos pensar em moléculas como membros de **famílias estruturais**. É importante ser capaz de reconhecer as características de uma família em conjunto com as variações sistemáticas entre os membros da família. Nas Tabelas 6.8 e 6.9 estão algumas informações sobre dois tipos de famílias estruturais. A primeira família é constituida pelos **hidrocarbonetos,** formados por carbono e hidrogênio, e a segunda pelos **hidretos** do tipo AH_2

As variações nas distâncias carbono-carbono mostradas na Tabela 6.8 são consistentes com ligações simples, duplas e triplas. Ao mesmo tempo, existem variações pequenas, porém semelhantes nas distâncias de ligação C-H associadas com os carbonos nas ligações múltiplas. Mais tarde introduziremos o conceito de hibridização dos orbitais do carbono, que se correlaciona muito bem com as variações nas distâncias C-H. Os ângulos HCH já foram explicados anteriormente por meio da RPEV.

Na dupla ligação do etileno, os grupos CH encontram-se unidos no mesmo plano, enquanto no aleno, eles estão em planos perpendiculares entre sí. Ambos os arranjos são consistentes com um modelo para dupla ligação, sugerido há cerca de 100 anos atrás, onde dois tetraédros se unem por meio de uma aresta. Porém o modelo de orbitais para a dupla ligação, que descreveremos no Cap. 11, mostra que é seu componente π que mantém os grupos CH_2 segundo as geometrias mostradas para o etileno e para o aleno. No etano, por outro lado, o modelo orbital indica que os dois grupos CH_3 devem ter liberdade para girar sobre a ligação C-C. Existe contudo uma pequena interação entre os dois grupos CH_3 no etano, que favorece a conformação **anti-eclipsada**, em relação à conformação **eclipsada**. Se olharmos para baixo, no sentido da ligação C-C, a molécula H_3C-CH_3 ficaria da seguinte maneira:

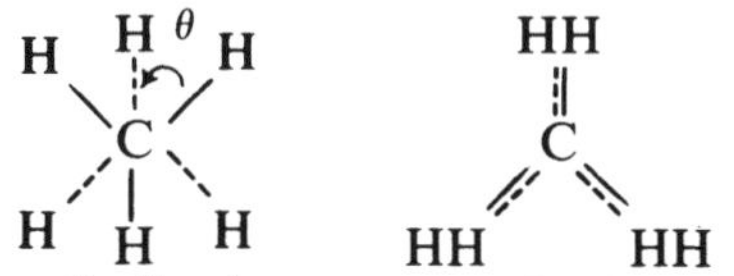

anti-eclipsada	eclipsada
$\theta = 60°$	$\theta = 0$

Enquanto a diferença de energia entre essas conformações é apenas 12 kJ mol^{-1}, isso representa cerca de cinco vezes o produto RT à temperatura ambiente. Numa molécula com uma cadeia longa de grupos CH_2, cada ligação C-C fica anti-eclipsada em relação ao grupo vizinho. Isso leva a uma estrutura de cadeia em zig-zag para moléculas como o polietileno, $CH_3(CH_2)_n CH_3$, ou ácidos graxos, como o esteárico, $CH_3(CH_2)_{16}COOH$. As propriedades físicas dessas cadeias longas são bastante influenciadas por essa pequena energia de natureza conformacional.

Os valores na Tabela 6.9 mostram uma diminuição da distância à medida em que caminhamos para a direita ao longo de um período, ou para baixo, dentro de uma família. As duas estruturas do CH_2 são particularmente interessantes. Esse radical bivalente pode ser preparado pela decomposição do H_2C=C=O e outras moléculas. Muitos anos atrás, os químicos observaram que, quando preparados por métodos diferentes, o CH_2 parecia ter formas distintas. Uma forma era mais reativa quimicamente que a outra. Foi proposto que na forma mais reativa os elétrons encontram-se emparelhados, e na menos reativa, desemparelhados. As estruturas de Linnett para as duas formas são:

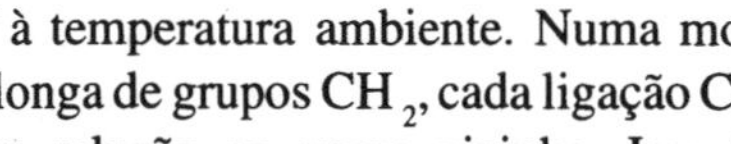

desemparelhado	emparelhado

TABELA 6.8 ESTRUTURAS DE HIDROCARBONETOS SIMPLES*

Molécula	Fórmula	Comprimentos de ligações (Å) C--C	C--H	Ângulos
Metano	CH_4	—	1,094	∠HCH = 109,47° (tetraédrico).
Etano	H_3C—CH_3	1,536	1,091	∠HCH = 108,0°, os dois grupos CH_3 podem rodar da anti-eclipsada para eclipsada com energia de 12 kJ mol^{-1}.
Etileno	H_2C=CH_2	1,339	1,086	Planar, ∠HCH = 117,6° não há rotação do CH_2
Aleno	H_2C=C=CH_2	1,308	1,087	Planos CH_3 em ângulo reto, ∠HCH = 118,2°.
Acetileno	HC≡CH	1,208	1,058	Molécula linear.

* Estes são valores de r_0. As distâncias de ligação e os ângulos no equilíbrio provavelmente devem ser ligeiramente menores. De G. Herzberg, Molecular Spectra and Structure, Vol. III (New York: Van Nostrand Reinhold, 1966).

TABELA 6.9 DISTÂNCIA E ÂNGULOS DE LIGAÇÕES PARA MOLÉCULAS AH_2

Fórmula	A—H (Å)	∠HAH
BeH_2*	(1,33)	(180°)
BH_2	1,31	131°
CH_2 (desemparelhado)†	1,08	134°
CH_2 (emparelhado)†	1,11	102,4°
NH_2	1,024	103,4°
OH_2	0,957	104,5°
SH_2	1,35	93,3°
SeH_2	1,46	91°
TeH_2	1,65	89,5°

* Os valores para o BeH_2 são baseados em cálculos da mecânica quântica.

† As moléculas de CH_2 com todos os elétrons emparelhados e os que têm dois elétrons desemparelhados diferem em energia em apenas 38 kJ mol^{-1}. A estrutura desemparelhada possui a menor energia.

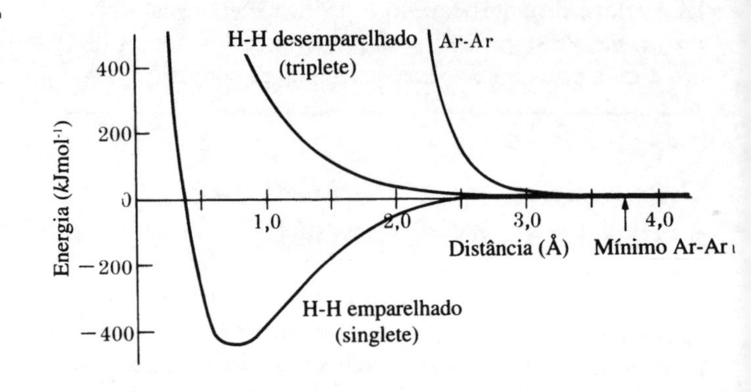

Fig. 6.8 Comparação entre energias H-H e Ar-Ar. Há duas curvas para H-H, dependendo do emparelhamento de seus elétrons. A curva Ar-Ar tem um mínimo raso a 3,8 Å que não pode ser visto nesta escala. Em contraste, a curva para H-H desemparelhado não tem um mínimo porque este é sempre repulsivo.

As medidas espectroscópicas e os cálculos bastante detalhados de mecânica quântica confirmaram que existe cerca de 38 kJ mol^{-1} de diferença entre as duas estruturas eletrônicas para o CH_2. No Capítulo 12, usaremos um modelo relativamente simples de orbitais moleculares para mostrar que o CH_2 com elétrons desemparelhados teria um ângulo maior do que se os elétrons estivessem emparelhados, sendo quase linear, como mostrado na Tabela 6.9.

Interações Ligantes e Anti-Ligantes

Quando dois átomos de argônio colidem, não é esperado que uma ligação química venha a se formar, mesmo que fraca. No Capítulo 2, contudo, vimos que as forças de van der Waals também atuam em espécies com octeto completo, como Ar, H_2 e N_2. As curvas de energia potencial associadas à interação intermolecular entre hélio, argônio e criptônio já foram ilustradas na Fig. 2.19. Essas curvas se parecem muito com as de uma ligação química convencional, exceto pelo fato de que as energias envolvidas são de apenas 1 kJ mol^{-1}. Na Figura 6.8 está mostrada uma comparação entre dois átomos de argônio e a ligação química no H_2. O ponto de mínima na curva de energia do argônio associado não é visível nessa escala típica para ligação química..

A energia de dissociação do Ar_2 é menor que *RT*; como resultado a energia térmica ambiente (300 K) acaba dissociando a molécula. Em temperaturas muito baixas, o Ar_2 existe, e tem sido preparado por técnicas especiais, no estado gasoso. Essas moléculas são mantidas por **interações não-ligantes**, do tipo van der Waals. Na Tabela 6.10 estão relacionadas algumas características desse tipo de molécula que só existe à baixas temperaturas.

A molécula de He_2 tem uma ligação tão fraca que até a mínima energia vibracional quântica consegue provocar sua dissociação. Por outro lado, o valor de D_0 para a molécula de Xe_2 é da ordem de um centésimo da energia de uma ligação por par de elétrons. Medidas espectroscópicas em gases super-resfriados tem sido usadas para determinar as geometrias de moléculas do tipo van der Waals. Visto que essas interações não obedecem à uma valência fixa, e não são direcionais, tem sido possível preparar uma variedade de moléculas, com geometrias pouco comuns. Na molécula Ar.ClF o átomo de argônio está atraído fracamente pelos átomos de Cl que possui mais elétrons. Isso resulta em uma geometria linear, com o Ar ligado ao átomo de Cl. Na molécula de $Ar.CO_2$, o argônio é atraído com mesma intensidade pelos três átomos no CO_2, resultando em uma molécula com formato de T. No $HCl.C_2H_2$ temos um caso pouco comum em que o próton é

TABELA 6.10 ALGUMAS MOLÉCULAS DE VAN DER WAALS

Molécula	D_0 (kJ mol^{-1})	r_e (Å)	Cometário
He_2	0	3,0	D_e = 0,087 kJ mol^{-1}
Ne_2	0,195	3,2	
Ar_2	1,01	3,76	
Kr_2	1,51	4,0	
Xe_2	2,22	4,36	
Ar.ClF	—	3,3	Ar --- Cl — F (r = distância Ar---Cl)
$Ar.CO_2$	—	3,5	O = C = O, Ar abaixo do C (r = distância Ar---CO₂)
$HCl.C_2H_2$	—	3,7	H — C ≡ C — H, H—Cl abaixo da ligação tripla (r)

atraído pela ligação tripla, por causa de sua maior densidade eletrônica, formando uma geometria do tipo T.

Interações não ligantes são muito importantes na maioria dos líquidos de baixa polaridade, como CCl_4, CS_2 e benzeno. Essas interações podem ser de apenas 1 a 5 kJ mol^{-1}, porém mantêm o líquido coeso. Elas não são fortes o bastante para formar moléculas como $CCl_4.CCl_4$ em fase condensada, porém são as forças que separam o líquido da fase gasosa. As forças não ligantes também são particularmente importantes em moléculas muito grandes, conhecidas como **macromoléculas.** Essas forças desempenham um papel significativo na determinação das formas que as macromoléculas adotam, e da maneira com que elas se ajustam. Existem muitas situações na biologia onde as interações não ligantes, juntamente com as pontes de hidrogênio, desempenham papéis importantes para a função e a atividade das biomoléculas.

Se as interações de van der Waals são do tipo *não-ligantes,* que vem a ser uma interação *antiligante*? Para responder a essa questão, vamos voltar à interação entre dois átomos de H. A molécula de H_2 só se forma quando os elétrons na ligação encontram-se *emparelhados*. A estrutura de Linnett para o H_2 é

$$H \overset{o}{\underset{x}{}} H$$

O que aconteceria se os dois átomos de H com elétrons do mesmo tipo se aproximassem, para formar

$$H \overset{o}{\underset{o}{}} H?$$

O resultado seria uma ***antiligação***, e essa situação seria descrita por uma curva de energia potencial como a mostrada na Figura 6.8, sem qualquer ponto de mínima. Portanto, no H_2, os elétrons não emparelhados levariam a uma interação antiligante, sem formar uma molécula estável. Os elétrons desemparelhados não estão necessariamente associados com interações antiligantes. Esse tipo de interação também ocorre com elétrons emparelhados. O H_2 está sendo usado como exemplo, porque é o caso mais simples. O princípio básico da anti-ligação é que a *energia dos átomos sempre aumenta quando esse tipo de interação ocorre.* Na abordagem da ligação por meio de orbitais moleculares, os orbitais serão diferenciados em ligantes, não-ligantes e antiligantes. No Capítulo 10 veremos qual é o significado dos símbolos de Linnett para os elétrons, e no Capítulo 11, mostraremos por que o desemparelhamento dos elétrons no H_2 leva à destruição da ligação química.

RESUMO

As **estruturas de Lewis** constituem uma forma de explicar as **valências** observadas para os 20 primeiros elementos na tabela periódica. Nesses diagramas, a **ligação covalente** é mostrada como um compartilhamento de **pares eletrônicos de valência** entre os átomos, de forma a se completar o octeto. **Ligações simples, duplas e tripla**s apresentam um, dois e três pares de elétrons compartilhados. **Ressonância e carga formal** são pontos essenciais nessas estruturas. Nas **ligações iônicas** os elétrons são transferidos de forma que os íons fiquem com octetos completos. O **momento de dipolo elétrico** é uma medida da extensão da separação de carga. Tanto a **ligação polar** como a iônica resulta em um momento dipolar, enquanto que uma **ligação apolar** não apresenta momento de dipolo.

O modelo de **repulsão dos pares eletrônicos de valência, RPEV,** pode ser usado para explicar muitas das **geometrias moleculares** observadas. Os octetos completos formam estruturas eletrônicas baseadas em **tetraedros** regulares. Duas geometrias que representam **octetos expandidos** são a **bipirâmide trigonal,** com cinco pares de elétrons, e a **octaédrica,** com seis pares. Em muitas moléculas, existem **pares eletrônicos isolados,** e as geometrias refletem apenas uma parte da disposição geométrica dos pares eletrônicos de valência.

Em uma **molécula biatômica**, a **energia de ligação** é a quantidade de energia necessária para converter a molécula em íons. Numa **molécula poliatômica** a **energia de atomização** é a soma de todas as energias de ligação. A medida mais próxima da energia de uma ligação específica em uma molécula poliatômica vem a ser a **energia de dissociação da ligação.** A energia ou calor de reação pode ser calculada a partir das energias de **dissociação de ligação**. As distâncias de ligação variam de 1 a 3,5 Å. Moléculas com ligações muito fracas podem ser formadas por meio de forças de van der Waals, ou **interações não ligantes**. As distâncias interatômicas nos compostos do tipo **van der Waals** são maiores que as correspondentes às ligações normais.

A maioria das moléculas estáveis apresentam um número par de elétrons, porém os **radicais livres** são reativos e apresentam **um elétron** extra ou ímpar. A teoria de Lewis é baseada em um emparelhamento de elétrons, porém situações com **elétrons desemparelhados** também são encontradas com grandes alterações nas ligações da molécula. Nas moléculas de H_2, o desemparelhamento dos elétrons leva a uma interação repulsiva, denominada **antiligante.**

SUGESTÕES PARA LEITURA

História

Hiebert, E. N. The experimental basis of Kekulé's valence theory, *Journal of Chemical Education*, 36, 320-327, 1959.

Lewis, G. N. *Valence and the structure of atoms and molecules.* New York; Dover, 1966. (Original publicado em 1923).

Russel, C. A. *The history of valence.* Leiscester, England: Leiscester University Press, 1971.

Strangfes, A. N. *Electrons and valence*. College Station: Texas A & M Press, 1982.

Modelo RPEV

Gillespie, R. J. The electron-pair repulsion model for molecular geometry, Journal of *Chemical Education*, **47**, 118-123, 1970.

Gillespie, R. J. *Molecular Geometry*. Princeton, N. J.: Van Nostrand Reinhold, 1972.

Linnett, J. W., *The electronic structure of molecules*. London: Methuen, 1960.

Tratamentos Gerais de Ligação

Dickerson, R. E., H. B. Gray, M. Y. Darensborg e D. J. Darensborg, *Chemical Principles*, 4th. ed. Menlo Park, Calif.; Benjamin-Cummings, 1984, cap. 9.

Nebergill, W. H., H. F. Holtzclaw and W. R. Robinson. *College Chemistry*, Lexington, Mass.; Heath, 1980, cap. 5.

Pauling L and P. Pauling, *Chemistry*, San Francisco, Calif.; Freeman, 1975, cap. 6.

Waser, J., K. N. Trueblood and C. M. Knobler. *Chem. One*, New York: McGraw-Hill, 1980, cap. 17.

PROBLEMAS

Fórmulas de Valência

6.1 Escreva as estruturas de valência para as seguintes moléculas. Considere a valência = 1 para o hidrogênio, flúor e cloro; 2 para o oxigênio e o enxofre; 3 para o fósforo e 4 para o silício.

a) Fosfina, PH_3 b) Hidrazina, N_2H_4
c) Sulfeto de carbonilo, COS d) Fosgeno, $COCl_2$
e) Metil silano, CH_6Si f) Hidroxilamina, NH_3O

6.2 Utilize as mesmas valências do problema 6.1 para desenhar todas as estruturas possíveis para os compostos:

a) C_3H_8O b) C_4H_6

6.3 Cada radical mostrado na Tabela 6.1 tem um átomo cuja valência não se encontra completa. Nesse átomo é mais provável a ocorrência de elétron desemparelhado. Considere os radicais n-propil e isopropil. Localize o carbono com valência incompleta.

6.4 Use as valências normais de cada átomo para escrever as estruturas dos compostos seguintes, cujos nomes estão baseados em radicais:

a) Metilamina b) Cloreto de isopropila
c) Cianeto de Hidrogênio d) Cloreto de acetila
e) Hidróxido de Lítio f) Brometo de alila

Diagramas de Lewis

6.5 Escreva as estruturas de Lewis para os seguintes átomos ou íons: Ne, F, O, N, C, B, Na^+ e P. Mostre os radicais com o número correspondente de elétrons desemparelhados.

6.6 Repita o problema 6.5 usando as estruturas de Linnett. Comece com os elétrons de um tipo, e emparelhe conforme for necessário, com os elétrons do outro tipo.

6.7 Escreva as estruturas de Lewis para as seguintes fórmulas, e verifique sua concordância com a presença de octetos completos. Mostre se existem cargas formais.

a) Uréia b) peróxido de hidrogênio

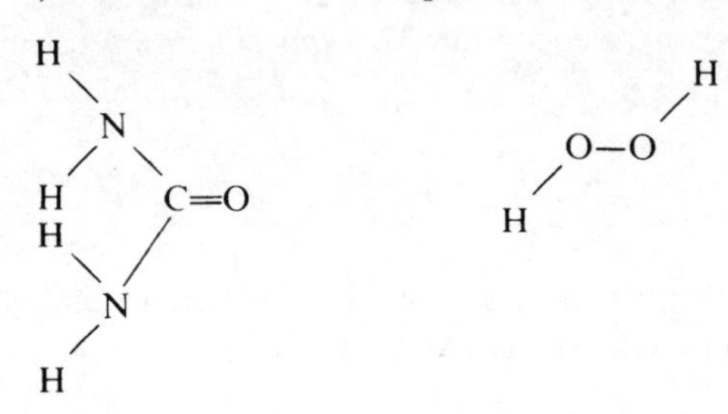

c) íon tiocianato d) íon hiponitroso

$[N{\equiv}C{-}S]^-$ $[O{-}N{=}N{-}O]^{2-}$

6.8 Na teoria clássica de valência, a valência 5 também foi considerada para o nitrogênio. A estrutura de valência proposta para o óxido nitroso era N≡N=O, com valências 3 e 5 para os nitrogênios.

a) Desenhe a estrutura de Lewis correspondente ao N≡N-O. A ligação N-O, nessa estrutura constitui uma **dupla ligação** semi-polar, por causa das cargas formais.

b) Qual a molécula, bem conhecida de todos, que apresenta apenas duplas ligações e é isoeletrônica com o N_2O? Escreva a estrutura de Lewis para o N_2O, tomando como base essa molécula. Existe uma **ligação tripla semi-polar** entre os nitrogênios?

6.9 Escreva as estruturas de Lewis para cada um dos seguintes compostos, considerando que as cargas formais devem ser as menores possíveis, e que os octetos devem ficar completos. Se ocorrer ressonância, escreva todas as formas ressonantes possíveis. O átomo central está sublinhado, em caso de dúvida.

a) $\underline{Si}H_4$ b) $\underline{O}Cl_2$
c) $\underline{O}Cl^-$ d) NO^+
e) $\underline{C}OS$ f) $\underline{S}O_2$
g) $\underline{N}O_2^-$ h) $\underline{Cl}O_4^-$

6.10 Escreva as estruturas de Lewis como no problema anterior. Use seu conhecimento prévio para decidir qual é o átomo central.

a) SO_3 b) AlH_4^-
c) ClO_3^- d) N_2O_4
e) CH_2O f) CH_4O

Geometria Molecular e Momentos de Dipolo

6.11 Considere as moléculas ilustradas na Fig. 6.6. Quais delas apresentariam momentos dipolares, e quais teriam momentos nulos por causa do cancelamento dos dipolos de ligação?

6.12 Se a distância internuclear O-H na água é 0,957 Å, calcule a distância próton-próton na mesma. Use o ângulo dado na Fig. 6.6. O raio de van der Waals citado por Pauling para o átomo de H é de 110 pm. A distância próton-próton é maior ou menor que o dobro dos raios de van der Waals?

6.13 Calcule um valor aproximado para a quantidade de separação de carga no HCl. Considere a carga positiva q centrada sobre o hidrogênio e uma carga negativa igual, centrada sobre o cloro. Use os valores dados nas Tabelas 6.4 e 6.6 para o momento de dipolo e a distância ℓ. Qual é o valor de q em unidades de carga elétrica?

6.14 O momento de dipolo determinado para o CS é 2,0 D, enquanto o do CO é apenas 0,1 D. Use esses valores de momentos de ligação para estimar o valor do momento dipolar da molécula linear OCS. Visto que o momento dipolar experimental do OCS é 0,7 D, que você conclui a respeito da transferência de momentos de ligação de uma molécula para outra?

RPEV

6.15 Faça uma previsão dos ângulos de ligação para o CH_4, NH_3 e H_2O. Quais teriam ângulos tetraédricos exatos e quais teriam ângulos aproximados? Quais são os ângulos observados?

6.16 Explique por que o NH_3 e o BH_3 devem apresentar ângulos de ligação bastante distintos?

6.17 Para cada uma das seguintes moléculas e íons, calcule o número de pares eletrônicos de valência (PV), pares de ligação (PL), e pares isolados (PI). Considere apenas ligações σ. Faça uma previsão dos ângulos de ligação e das geometrias determinadas pelos outros núcleos. O átomo central é citado primeiro.

a) OF_2 b) PF_3
c) BF_4^- d) ICl_4^-
e) IF_2^- f) ClO_3^-

6.18 Dadas as seguintes moléculas triatômicas, CS_2, XeF_2, SF_2, CH_2 (emparelhado), HNO e HCN, determine PV, PL e PI para cada uma e discuta o caráter linear ou angular. Para as moléculas que apresentam ligações múltiplas, considere apenas os elétrons σ ou pense em termos de simetria, NS.

6.19 O método RPEV pode ser usado para prever as estrutura de radicais poliatômicos. Cada radical deve ter ângulos intermediários entre as moléculas com elétrons emparelhados que apresentam um elétron a mais ou a menos.
a) Considere primeiro o CH_3. Que estrutura o método RPEV prevê para o BH_3 e o NH_3? Se o ângulo HCH no CH_3 é de 117°, como o espaço ocupado por um elétron desemparelhado se compara com o ocupado por dois elétrons emparelhados?
b) Utilize esse raciocínio para o CH_2 com dois elétrons desemparelhados. Que molécula semelhante tem dois pares de elétrons isolados? Que você prevê para a estrutura do CH_2 (desemparelhado)? Compare sua previsão com o ângulo dado na Tabela 6.9.

6.20 Utilize o mesmo raciocínio no problema 6.19, para o radical NO_2.
a) Qual seria a estrutura do NO_2^+?
b) Qual seria a estrutura do NO_2^-?
c) Faça uma previsão do ângulo de ligação para o NO_2. O ângulo observado é 134°.
(O diagrama de Lewis para o NO_2 está abordado no problema 6.38).

Energias de Ligação

6.21 Calcule a variação de energia a O K para a reação

$$C_2(g) + O_2(g) \rightarrow 2CO(g).$$

O valor de D_0 para o C_2 gasoso é 599 kJ mol^{-1}. Essa mudança de energia é concordante com o conceito de que as ligações polares são mais fortes que as não-polares?

6.22 Calcule as mudanças de energia a O K nas reações

$$I_2(g) + Cl_2(g) \rightarrow 2ICl(g),$$
$$I_2(g) + Br_2(g) \rightarrow 2IBr(g).$$

Essas energias concordam com a lógica de que a diferença de eletronegatividade entre Cl e I deve ser maior do que a entre Br e I?

6.23 Existem três maneiras de se calcular o calor de atomização do H_2O_2 a partir dos valores dados na Tabela 6.7. Mostre que essas três maneiras conduzem ao mesmo valor, levando em conta os erros de arredondamento na tabulação.

6.24 Existe uma quarta maneira de dissociar o H_2O_2, porém ela envolve a quebra simultânea e a formação de ligações, começando com

$$H_2O_2 \rightarrow H_2O + O.$$

Use o calor de atomização determinado no problema 6.23 e os dados da Tabela 6.7 para determinar o calor dessa dissociação.

6.25 Determine se a seguinte reação é exotérmica ou endotérmica a 298 K e em que extensão.

$$2CH_3Cl + Br_2 \rightarrow 2CH_3Br + Cl_2$$

6.26 É provável que um átomo de O consiga remover um átomo de H do CH_4? Se a reação for muito endotérmica, ela provavelmente nunca ocorrerá. Determine o calor dessa reação

$$CH_4 + O \rightarrow CH_3 + OH.$$

Use conceitos simples de ligação para explicar o resultado.

Estrutura e Ligação

6.27 As energias necessárias para atomizar o CH_4, C_2H_6, C_2H_4 e C_2H_2 são 1642, 2788, 2226 e 1627 kJ mol^{-1}, respectivamente. Considere que a energia da ligação C-H é a mesma para todas essas moléculas, e use as energias de atomização para calcular os valores das energias das ligações C-H, C-C, C=C e C≡C.

6.28 Use as energias de ligação determinadas no problema 6.27 para calcular os valores das energias de atomização do propano, C_3H_8, e aleno, C_3H_4. Os valores experimentais são 3980 e 2795 kJ mol, respectivamente. Uma boa concordância entre as energias observadas e calculadas indicaria que as energias das ligações C-H, C-C e C=C são relativamente constantes nessas moléculas.

6.29 Que ângulo HCH a teoria RPEV prevê para o etileno? Use o ângulo observado dado na Tabela 6.8 para estimar o efeito aparente dos elétrons π, em comparação com do par de elétrons isolados no H_2O e NH_3 ?

6.30 O benzeno, C_6H_6 tem uma estrutura de anel. Aplique a teoria RPEV para um fragmento pequeno do benzeno, e verifique que ângulo CCC é consistente com esse modelo. Esse ângulo é o mesmo esperado para um hexágono regular?

6.31 O valor de D_0 para o C_2 gasoso é 599 kJ mol^{-1}. Compare esse valor com as energias de ligação carbono-carbono calculadas no problema 6.27. A ligação no C_2 é mais próxima de uma simples, dupla ou tripla? Desenhe a melhor estrutura de Lewis que concorda com suas conclusões. Seria possível ao C_2 ter octetos completos? Veremos no Capítulo 12 que a teoria dos orbitais moleculares pode explicar a ligação C_2.

6.32 A distância carbono-carbono no benzeno é 1,397 Å. Escreva duas estruturas de ressonância para o benzeno e estime o número médio de elétrons entre dois carbonos. De todas as distâncias de ligação dadas na Tabela 6.8, o que você conclui sobre as distâncias C-C e o número de pares eletrônicos na ligação? Isso é feito melhor colocando em gráfico as distâncias de ligação em função do número de pares eletrônicos na ligação.

6.33 Mostre que o vértice do cubo onde se insere uma molécula de CH_4 é $(3/4)^{1/2}$ vezes a distância C-H. Use esse resultado para calcular, em angstrons, a distância hidrogênio-hidrogênio no CH_4.

6.34 Enquanto os momentos de dipolo são iguais à soma dos momentos das ligações, estas últimas podem mudar de uma molécula para outra. O momento de dipolo do H_2O é 1,85 D. Use a geometria conhecida para o H_2O e calcule o momento dipolar da ligação O-H. Compare esse valor com o momento dipolar do radical OH, que é 1,66 D.

6.35 Sabemos que o momento dipolar do CH_4 é nulo. A partir desse fato, o que você conclui sobre o momento de dipolo de um grupo CH_3 com ângulos tetraédricos? Mostre que a soma vetorial conduz à essa mesma conclusão.

6.36 Sabendo a resposta do problema 6.35, o que você conclui sobre os momentos de dipolo esperados para o CH_3F e CF_3H? Considere uma geometria tetraédrica e momentos de ligação que são os mesmos em ambas as moléculas. Os valores experimentais são 1,85 e 1,65 D.

6.37 Note a grande diferença entre D^0 (OC-O) e D^0 (C-O). Isso indicaria que as duas ligações C-O no CO_2 não são equivalentes? Se essa não é a resposta para essa diferença, qual seria outra explicação? Sugestão: Desenhe as estruturas eletrônicas para o CO_2 e CO.

6.38 O radical NO_2 tem 17 elétrons de valência e é angular, enquanto o CO_2 tem 16 elétrons de valência e é linear.

Qual é a diferença em suas ligações?

a) Desenhe uma estrutura de Lewis para o NO_2^+ com as mesmas ligações que no CO_2.

b) No NO_2 temos que reduzir uma ligação N=O a uma ligação N-O, porém acabaremos com apenas sete elétrons ao redor do nitrogênio ou do oxigênio. Represente as estruturas de Lewis para ambos os casos.

c) Que estrutura é mais lógica? Considere as cargas formais e o ângulo ONO de 134^0.

7 Reações de Oxi-Redução

No Cap.5, salientamos que as reações ácido-base formam uma grande classe de processos químicos que apresentam em comum a *tranferência de prótons*. Há um outro grupo de reações, igualmente grande e importante, nas quais ocorre a *transferência de elétrons*, de um modo evidente ou sutil. Obviamente, estamos nos referindo às *reações de oxidação-redução*. Por exemplo,

$$Zn + Cu^{2+} \rightleftharpoons Zn^{2+} + Cu \qquad (7.1)$$

é uma reação de oxidação-redução na qual a transferência de elétrons é evidente, enquanto que

$$2CO + O_2 \rightleftharpoons 2CO_2$$

é um exemplo de uma reaçaq de oxidação-redução na qual a transferência de elétrons não é tão óbvia.

As vezes, nos perguntamos porque o termo **oxidação** tornou-se um termo geral, aplicável a todas as reações nas quais elétrons são transferidos para uma outra espécie, mesmo que esta não seja o oxigênio. Considere a reação de oxidação abaixo:

$$Zn + \tfrac{1}{2}O_2 \rightleftharpoons ZnO.$$

Cada átomo de zinco perdeu dois elétrons transformando-se no íon Zn^{2+}. A mesma transformação pode ser observada nas seguintes reações:

$$Zn + Cl_2 \rightleftharpoons ZnCl_2,$$
$$Zn + 2H^+(aq) \rightleftharpoons Zn^{2+}(aq) + H_2.$$

Assim, parece lógico nos referirmos a todos os processos nos quais o zinco perde elétrons como sendo reações de oxidação. O mesmo argumento é aplicável para as reações envolvendo qualquer outra substância. Logo, é uma generalização muito útil dizermos que uma substância química é *oxidada quando ela perde elétrons.*

A perda de elétrons por uma substância deve ser acompanhada pelo ganho de elétrons por alguma outra espécie, sendo este último processo denominado **redução**. Na reação (7.1), o zinco metálico é oxidado a Zn^{2+} enquanto que o Cu^{2+} é reduzido a cobre metálico. É comum designarmos a substância que promove a redução de uma outra como sendo o **agente redutor** ou simplesmente o **redutor,** e a substância responsável pela oxidação de outra é denominada **agente oxidante** ou simplesmente **oxidante**. Na reação (7.1), o zinco é o redutor (e é oxidado) enquanto que o Cu^{2+} é o oxidante (e é reduzido).

7.1 Estados de Oxidação

O conceito de estado de oxidação surgiu devido à necessidade de se descrever as transformações que ocorrem nas reações de oxidação- redução. É conveniente definirmos o **estado de oxidação** ou o **número de oxidação** de espécies monoatômicas como sendo o número atômico menos o número total de elétrons ou, simplesmente, como a carga do átomo. Logo, os estados de oxidação do S^{2-}, Cl^-, Cu^+, Co^{2+} e Fe^{3+} são -2, -1, +1, +2 e +3, respectivamente. O estado de oxidação dos elementos puros, em quaisquer de suas formas, é definido como sendo igual a zero.

Apesar de haver uma relação direta entre o estado de oxidação e a carga de uma espécie monoatômica, a extensão deste conceito para espécies poliatômicas não é simples. Por exemplo, podemos nos perguntar quais são os estados de oxidação de cada átomo presente na H_2O ou no NO_3^-. Se insistirmos que o estado de oxidação é a carga real sobre um átomo na molécula, no mínimo, precisaríamos deter um conhecimento detalhado sobre a distribuição de cargas na molécula, para atribuirmos os estados de oxidação. Esta informação raramente é disponível. Todavia, podemos estender o conceito de estado de oxidação para sistemas poliatômicos se abandonarmos a idéia de que o estado de oxidação é a carga real sobre um dado átomo. Simplesmente, temos que decidir *arbitrariamente* que, em compostos tais como o NO, o átomo de oxigênio terá um número de oxidação de -2, exatamente como no ZnO. Isto é equivalente a dizer que ao átomo de oxigênio foram cedidos 10 dos 15 elétrons da molécula de NO. O átomo de nitrogênio deve ter cinco elétrons, dois a menos que seu número atômico. Logo, seu número de oxidação deverá ser +2.

Entretanto, devemos ter em mente que, na realidade, o átomo de O não tem uma carga real de -2 e o átomo de N não tem uma carga real de+2. A evidência experimental indica que os 15 elétrons estão igualmente distribuídos ao redor dos dois núcleos. Apesar da atribuição de números de oxidação para os átomos em moléculas poliatômicas ser arbitrária e muitas vezes estar longe da distribuição real de densidades eletrônicas, ele continua sendo útil como veremos no decorrer deste capítulo. Abaixo é mostrado o conjunto de regras utilizadas para se determinar o número de oxidação em moléculas poliatômicas:

1. O estado de oxidação de todos os elementos puros, em qualquer forma, é igual a zero.

2. O estado de oxidação do oxigênio é igual a -2 em todos os seus compostos, exceto nos peróxidos tais como H_2O_2 e Na_2O_2.

3. O estado de oxidação do hidrogênio é igual a +1 em todos os seus compostos, exceto quando o hidrogênio estiver diretamente ligado a metais. Nestes casos, o estado de oxidação é igual a -1.

4. Os estados de oxidação para os demais elementos são calculados de tal forma que a soma algébrica dos estados de oxidação dos mesmos seja igual à carga da molécula ou do íon.

Também, é útil lembrar que certos elementos sempre apresentam o mesmo estado de oxidação: +1 para metais alcalinos, +2 para metais alcalinos terrosos e -1 para halogênios, exceto quando estão combinados com o oxigênio ou outros halogênios.

Vamos determinar os estados de oxidação do cloro e do nitrogênio nos íons ClO^-, NO_2^- e NO_3^-, para ilustrar o uso daquelas regras. No caso do ClO^-, inicialmente atribuímos o estado de oxidação para o oxigênio como sendo igual a -2. Agora podemos calcular o valor para o cloro usando a regra 4:

$$\text{estado de oxidação do O} + \text{estado de oxidação do Cl} = -1,$$
$$-2 + \text{estado de oxidação do Cl} = -1,$$
$$\text{estado de oxidação do Cl} = -1 + 2 = +1.$$

Por meio de um procedimento análogo, podemos determinar que o estado de oxidação do nitrogênio é igual a +3 e +5, no NO_2^- e no NO_3^-, respectivamente.

Considere a reação

$$ClO^- + NO_2^- \rightleftharpoons NO_3^- + Cl^-.$$

para verificarmos uma das aplicações do número de oxidação.

As cargas dos íons contendo nitrogênio e contendo cloro são as mesmas, nos reagentes e nos produtos. Considerando-se que esta é uma reação de oxidação-redução, o processo de transferência de elétrons não é tão óbvio. Entretanto, utilizando-se os números de oxidação, podemos ver que o cloro foi reduzido do estado +1 (no ClO^-) para o estado -1 (no Cl^-), enquanto que o nitrogênio foi oxidado do estado +3 (no NO_2^-) para o estado +5 (no NO_3^-)

Compare o exemplo anterior com a reação

$$2CCl_4 + K_2CrO_4 \rightleftharpoons 2Cl_2CO + CrO_2Cl_2 + 2KCl.$$

Esta é uma reação de oxidação-redução ? Certamente, a ligação do oxigênio ao carbono nos sugere que sim. Para termos certeza, vamos calcular o estado de oxidação do crômio no K_2CrO_4 e no CrO_2Cl_2. Primeiro, vamos considerar o íon CrO_4^{2-}. Se atribuirmos aos átomos de oxigênio o estado de oxidação -2, o número de oxidação do crômio deve ser igual a +6, para que a carga do íon seja igual a -2. Agora, vamos considerar o caso do cloreto de cromila, CrO_2Cl_2. Se atribuirmos a cada átomo de oxigênio e cloro, respectivamente, os estados de oxidação -2 e -1, o átomo de crômio terá, novamente, um número de oxidação igual a +6. Portanto, o estado de oxidação do crômio não se alterou na reação. Por outro lado, podemos verificar que o estado de oxidação do cloro também não se modificou durante a reação, aplicando-se a regra de que o estado de oxidação do cloro é igual a -1 exceto quando o halogênio se encontra diretamente ligado a átomos de oxigênio. Finalmente, o carbono se manteve com o mesmo estado de oxidação +4, no CCl_4 e no Cl_2CO. Logo, aquela não pode ser uma reação de oxidação-redução.

Pudemos notar por meio destes dois exemplos que o conceito de estado de oxidação nos fornece um meio de registrar o número de elétrons de cada átomo que constitui os compostos. Isto nos permite reconhecer uma reação de oxidação-redução. Uma segunda aplicação do conceito seria no sentido de proporcionar uma lógica que possibilita o reconhecimento de similaridades e a correlação de propriedades químicas. Por exemplo, as propriedades ácidas dos íons de metais de transição no estado de oxidação +2 são muito semelhantes. O mesmo pode ser dito com relação aos íons no estado +3. Contudo, o grupo dos íons no estado de oxidação +3 são pronunciadamente mais ácidos do que o dos íons no estado +2. Este comportamento, ou seja, o aumento da acidez com o aumento do número de oxidação, pode ser observado na química de outros elementos. Em nossos estudos da química descritiva dos elementos, encontraremos outros exemplos de correlações entre o comportamento químico e o estado de oxidação. Finalmente, o conceito de estado de oxidação é útil no balanceamento das reações de oxidação-redução, como veremos posteriormente neste capítulo.

7.2 O Conceito de Semi-reação

As reações de oxidação-redução apresentam a extraordinária característica de se processarem mesmo quando os reagentes estão fisicamente afastados, porém devem estar ligados através de um circuito elétrico. Na Fig.7.1, é ilustrada uma **célula galvânica** na qual ocorre a reação entre zinco metálico e íons Cu :

$$Zn(s) + Cu^{2+}(aq) \rightarrow Cu(s) + Zn^{2+}(aq).$$

A célula consiste de dois béqueres, um dos quais contém uma solução 1 M de Cu^{2+} e uma placa de cobre e o outro uma solução de Zn^{2+} e uma placa de zinco metálico. A conexão, entre as duas soluções, é feita através de uma "ponte salina", ou seja, um tubo contendo a solução de um eletrólito, geralmente, NH_4NO_3 ou KCl. A difusão das soluções através da ponte salina é minimizada fechando-se as extremidades do tubo com uma substância fibrosa, por exemplo, lã de vidro. Alternativamente, pode-se dissolver o eletrólito num material gelatinoso. Quando as duas placas metálicas são conectadas por meio de um amperímetro, imediatamente observa-se que uma reação química está ocorrendo. A placa de zinco começa a se dissolver e mais cobre metálico é depositado sobre a placa de cobre. A solução de Zn^{2+} torna-se mais concentrada e a solução de Cu^{2+} torna-se mais diluída. O amperímetro indica que há um fluxo de elétrons da placa de zinco para a de cobre. Estes fenômenos continuam a ocorrer desde que o circuito elétrico esteja fechado, ou seja, a conexão elétrica externa e a ponte salina sejam mantidas, e ambos os reagentes estejam presentes, mesmo em pequenas quantidades.

Agora, vamos analisar o que aconteceu em cada béquer mais detalhadamente. Observamos que existe um fluxo de elétrons, provenientes da placa de zinco, através do circuito externo e que íons zinco são produzidos a medida que a placa se dissolve. Podemos sumarizar estas observações por meio da seguinte equação:

$$Zn \rightarrow Zn^{2+}(aq) + 2e^- \qquad \text{na placa de zinco}$$

Também, observamos que o fluxo de elétrons para a placa de cobre é acompanhada pela deposição de cobre metálico sobre a mesma e pela diminuição da concentração da solução de Cu^{2+}. Podemos representar estes fenômenos por meio da seguinte equação:

$$2e^- + Cu^{2+}(aq) \rightarrow Cu \qquad \text{na placa de cobre}.$$

Finalmente, devemos examinar a função da ponte salina. Visto que íons zinco são produzidos a medida que os elétrons deixam o eletrodo de zinco, temos um processo que tende a produzir uma carga global positiva no béquer esquerdo. Da mesma forma, a chegada de elétrons no eletrodo de cobre provocando a redução de íons Cu^{2+} a cobre metálico, tende a produzir uma carga global negativa no béquer da direita. A função da ponte salina é evitar que ocorra a acumulação de cargas em ambos os lados, pois ela permite a difusão dos íons negativos do béquer da direita para o da esquerda e vice-versa. Se esta troca de íons não fosse possível, imediatamente, haveria um acúmulo de cargas em ambos os lados. Conseqüentemente, o fluxo de elétrons através do circuito

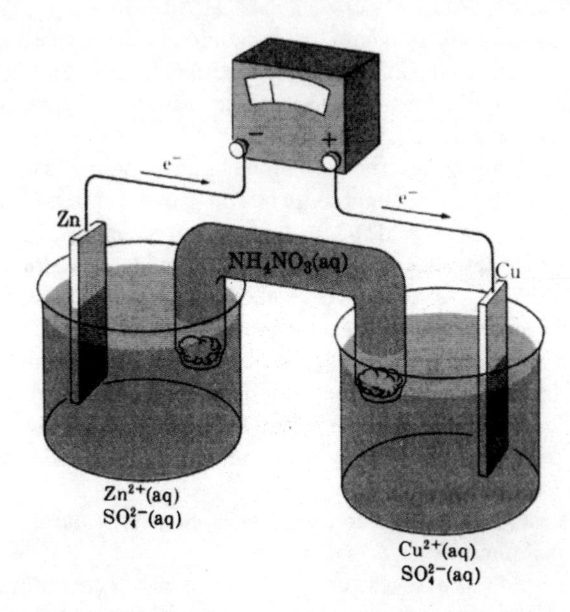

Fig. 7.1 Uma célula galvânica. Todas as concentrações são de 1 *M*.

externo seria interrompido e a reação de oxidação-redução, também, seria interrompida. Portanto, embora a ponte salina não participe dos processos químicos, ela é imprescindível para o funcionamento da célula.

A análise do funcionamento desta célula galvânica nos sugere que as reações de oxidação-redução podem ser separados em duas **semi-reações**:

$$\begin{array}{rl} Zn \rightleftharpoons Zn^{2+} + 2e^- & \text{oxidação} \\ 2e^- + Cu^{2+} \rightleftharpoons Cu & \text{redução} \\ \hline Zn + Cu^{2+} \rightleftharpoons Zn^{2+} + Cu & \end{array}$$

Muitas outras reações de oxidação-redução podem ser realizadas em células galvânicas. É natural imaginarmos estas reações como sendo duas reações independentes que ocorrem nos respectivos eletrodos. Entretanto, *conceitualmente,* sempre podemos separar as reação de oxidação-redução em duas semi-reações. As vantagens são as seguintes:

1. O conceito de semi-reação pode ajudar muito no balanceamento de reações de oxidação-redução.
2. Os potênciais de semi-reação podem ser usados para comparar a força de vários agentes oxidantes e redutores. Nas próximas duas seções examinaremos estes ítens em detalhes.

7.3 Balanceamento de Reações de Oxidação-Redução

O balanceamento de reações de oxidação-redução por meio do "método das semi-reações" consiste em quatro etapas:

1. Identificar espécies que estão sendo oxidadas e reduzidas.

2. Escrever separadamente as semi-reações para os processos de oxidação e redução.
3. Fazer o balanceamento de cargas e de matéria ("átomos") das semi-reações.
4. Combinar as semi-reações balanceadas de modo a compor a reação de oxidação-redução global.

Ilustraremos as etapas descritas acima fazendo o balanceamento da reação

$$H_2O_2 + I^- \rightarrow I_2 + H_2O,$$

a qual ocorre em meio aquoso ácido.

Determinando-se os números de oxidação dos átomos, imediatamente, podemos notar que o íon iodeto foi oxidado a iodo elementar, passando do estado de oxidação -1 para zero. Analogamente, podemos notar que o estado de oxidação do oxigênio na H_2O_2 é igual a -1, enquanto na H_2O é igual a -2. Logo, o peróxido de hidrogênio foi *reduzido* à água. Assim, temos que

$$I^- \rightarrow I_2 \quad \text{oxidação,} \qquad H_2O_2 \rightarrow H_2O \quad \text{redução.}$$

Tendo-se identificado as reações de oxidação e de redução e escrito o esboço das semi-reações, podemos passar para a terceira etapa: o balanceamento. Podemos fazer o balanceamento de matéria, da reação de oxidação do iodeto, escrevendo que

$$2I^- \rightarrow I_2,$$

Porém, esta reação ainda não está balanceada, pois a carga total dos reagentes e dos produtos não é a mesma. Por outro lado, a reação de oxidação consiste na remoção de um elétron de cada íon iodeto. Assim, temos que

$$2I^- \rightleftharpoons I_2 + 2e^-,$$

é a semi-reação balanceada com relação à carga e à matéria.

Podemos iniciar o balanceamento da semi-reação de redução escrevendo que

$$H_2O_2 \rightarrow 2H_2O,$$

Esta já está balanceada com relação ao número de átomos de oxigênio mas não com relação ao de átomos de hidrogênio. Devemos adicionar alguma forma de hidrogênio no lado esquerdo. O problema é decidir qual é o reagente apropriado. Uma análise da reação global mostra que os átomos de hidrogênio aparecem somente no estado de oxidação +1, tanto nos reagentes como nos produtos. Visto que o hidrogênio não é oxidado nem reduzido, os átomos de hidrogênio que introduzirmos para balancear a semi-reação devem estar no estado de oxidação +1. Como a reação ocorre em meio aquoso ácido, prótons estão disponíveis* e podemos escrever que

$$2H^+ + H_2O_2 \rightarrow 2H_2O,$$

O balanço de matéria da semi-reação foi satisfeito, mas o balanço de cargas ainda não. Podemos sanar este problema adicionando-se dois elétrons do lado esquerdo,

$$2e^- + 2H^+ + H_2O_2 \rightleftharpoons 2H_2O,$$

de modo a obtermos a semi-reação balanceada para o processo de redução.

Antes de avançarmos para a etapa 4, devemos frisar que no *balanceamento* das semi-reações, utilizamos os requisitos gerais de balanço de carga e de matéria, mas não utilizamos o conceito de número de oxidação. O número de oxidação de cada íon iodeto muda de -1 para zero, sendo consistente com os dois elétrons adicionados do lado direito da semi-reação. Concomitantemente, cada um dos dois átomos de oxigênio da H_2O_2 foram reduzidos do estado -1 para o estado -2, indicando que dois elétrons são necessários para a redução de cada molécula de peróxido de hidrogênio. Portanto, as semi-reações balanceadas são consistentes com os princípios de conservação da matéria e de carga e com nossa convenção sobre os estados de oxidação.

Devemos combinar as duas semi-reações de forma que os elétrons não apareçam como reagentes ou produtos, para obtermos a equação global balanceada. Isto pode ser facilmente efetuado no nosso exemplo, simplesmente, adicionando-se as duas semi-reações da maneira como foram escritas:

$$\begin{array}{r} 2I^- \rightleftharpoons I_2 + 2e^- \\ 2e^- + 2H^+ + H_2O_2 \rightleftharpoons 2H_2O \\ \hline 2H^+ + 2I^- + H_2O_2 \rightleftharpoons 2H_2O + I_2 \end{array}$$

Visto que as semi-reações foram balanceadas química e eletricamente, a reação global também estará balanceada.

As semi-reações nos permitem balancear equações aplicando somente os princípios da conservação de matéria e de carga. Assim, os números de oxidação ou balanço de elétrons podem ser utilizados como uma maneira de verificarmos se o trabalho realizado está correto. Vamos tratar o exemplo abaixo para testarmos a confiabilidade do procedimento adotado:

$$\text{benzaldeído} + Cr_2O_7^{2-} \rightleftharpoons \text{ácido benzóico} + Cr^{3+}$$

benzaldeído ácido benzóico

* Aqui voltamos a representa o próton em meio aquoso, simplesmente, como H^+, ao invés de H_3O^+. Este procedimento simplifica a forma das equações de oxidação-redução, pois diminui o número de moléculas de água que aparecem na mesma.

Deve ser bastante trabalhoso calcular os números de oxidação de todos os átomos do benzaldeído e do ácido benzóico. Mas, não precisamos determiná-los para balancear a equação. Podemos começar com

$$C_6H_5CHO \rightarrow C_6H_5COOH$$

e fazer o balanço material da seguinte forma:

$$C_6H_5CHO + H_2O \rightarrow C_6H_5COOH + 2H^+,$$

Adicionamos uma molécula de água para obtermos um átomo de oxigênio no estado -2, no lado esquerdo da equação, e dois H^+ do lado direito para satisfazermos o requisito de balanço de matéria. E, dois elétrons devem ser acrescentado do lado direito para satisfazermos o requisito de balanço de cargas e obtermos a semi-reação completa:

$$C_6H_5CHO + H_2O \rightleftharpoons C_6H_5COOH + 2H^+ + 2e^-.$$

A soma dos números de oxidação dos sete átomos de carbono no C_6H_5CHO deve ser igual a -(6-2)= -4, dado que há seis átomos de H no estado +1 e um átomo de O no estado -2, e a molécula é neutra. Analogamente, a soma dos números de oxidação de sete átomos de carbono no C_6H_5COOH deve ser igual a -(6- 4) = -2, já que existem dois átomos de O no estado de oxidação -2 na molécula de ácido benzóico. Logo, a variação global no estado de oxidação dos átomos de carbono é igual a -2+4=+2, o qual indica que a molécula de benzaldeído perdeu dois elétrons ao ser oxidado a ácido benzóico. Esta análise é consistente com nossa semi-reação.

Finalmente, temos de balancear a semi-reação

$$Cr_2O_7{}^{2-} \rightarrow 2Cr^{3+}.$$

Adicionando-se H^+ do lado esquerdo e H_2O do lado direito, temos que

$$14H^+ + Cr_2O_7{}^{2-} \rightarrow 2Cr^{3+} + 7H_2O.$$

Agora, precisamos adicionar seis elétrons do lado esquerdo, para balancearmos eletricamente a semi-reação:

$$6e^- + 14H^+ + Cr_2O_7{}^{2-} \rightleftharpoons 2Cr^{3+} + 7H_2O.$$

Agora, devemos combinar as duas semi-reações de modo a eliminarmos os elétrons da reação global:

$$3\times[C_6H_5CHO + H_2O \rightleftharpoons C_6H_5COOH + 2H^+ + 2e^-]$$
$$1\times[6e^- + 14H^+ + Cr_2O_7^{2-} \rightleftharpoons 2\,Cr^{3+} + 7H_2O]$$
$$\overline{3C_6H_5CHO + Cr_2O_7^{2-} + 8H^+ \rightleftharpoons C_6H_5COOH + 2Cr_3{}^+ + 4H_2O}$$

Podemos notar, analisando os dois exemplos anteriores, que podemos adicionar prótons e moléculas de água em qualquer um dos dois lados da semi-reação na tentativa de balanceá-la quimicamente com relação ao oxigênio no estado -2 e ao hidrogênio no estado +1. Esta constatação é verdadeira desde que a reação a ser balanceada esteja ocorrendo em meio aquoso ácido. O procedimento é um pouco diferente no caso de reações em meio básico, como mostraremos no próximo exemplo.

Vamos balancear a reação

$$ClO^- + CrO_2{}^- \rightarrow CrO_4{}^{2-} + Cl^-$$

em meio alcalino.

A semi-reação contendo átomos de cloro é

$$ClO^- \rightarrow Cl^-.$$

Átomos de oxigênio no estado de oxidação -2 devem aparecer nos produtos. Visto que estamos trabalhando em meio aquoso alcalino podemos adicionar oxigênio na forma de OH^- ou H_2O. Para evitarmos problemas no momento de optar por uma ou outra espécie, primeiro deveremos utilizar os números de oxidação para sabermos quantos elétrons devem aparecer na semi-reação. Em seguida, deveremos fazer o balanceamento de cargas para decidir quantos OH devem ser utilizados e, finalmente, completar o balanceamento adicionando H_2O onde forem requisitados pelo princípio da conservação da matéria.

Assim, a redução do átomo de cloro do estado +1, no ClO^-, para o estado -1, no Cl^-, requer a adição de dois elétrons do lado esquerdo da equação:

$$2e^- + ClO^- \rightarrow Cl^-.$$

Agora, é óbvio que precisamos adicionar $2OH^-$ do lado direito para conseguirmos o balanceamento de cargas:

$$2e^- + ClO^- \rightarrow Cl^- + 2OH^-.$$

Finalmente, a semi-reação pode ser completamente balanceada adicionando-se moléculas de água do lado esquerdo da equação:

$$2e^- + H_2O + ClO^- \rightleftharpoons Cl^- + 2OH^-.$$

É verdade que poderíamos ter começado com

$$ClO^- \rightarrow Cl^-,$$

e poderíamos ter balanceado rapidamente a semi-reação adicionando uma molécula de água do lado esquerdo e dois íons OH^- do lado direito,

$$ClO^- + H_2O \rightarrow Cl^- + 2OH^-.$$

e, então, poderíamos fazer o balanceamento de cargas adicionando dois elétrons do lado esquerdo, sem utilizar os números de oxidação. Todavia, a adição imediata de OH^- e H_2O, freqüentemente, provoca uma certa confusão. E, como mostrado acima, o método pode ser bastante simplificado se utilizarmos o conceito de número de oxidação.

Para finalizar, precisamos balancear a semi-reação

$$CrO_2^- \rightarrow CrO_4^{2-},$$

observando que o estado de oxidação do crômio varia de +3 para +6. Assim, três elétrons são requisitados do lado direito da equação:

$$CrO_2^- \rightarrow CrO_4^{2-} + 3e^-.$$

e, $4OH^-$ devem aparecer do lado esquerdo, de modo a satisfazer o balanço de cargas:

$$4OH^- + CrO_2^- \rightarrow CrO_4^{2-} + 3e^-,$$

Facilmente podemos perceber que $2H_2O$ são necessários do lado direito, para satisfazer o balanço material:

$$4OH^- + CrO_2^- \rightleftharpoons CrO_4^{2-} + 2H_2O + 3e^-.$$

Para obtermos a reação global, devemos combinar as semi-reações como se segue:

$$\begin{array}{r} 3 \times [2e^- + H_2O + ClO^- \rightleftharpoons Cl^- + 2OH^-] \\ 2 \times [4OH^- + CrO_2^- \rightleftharpoons CrO_4^{2-} + 2H_2O + 3e^-] \\ \hline 2OH^- + 3ClO^- + 2CrO_2^- \rightleftharpoons 3Cl^- + 2CrO_4^{2-} + H_2O \end{array}$$

Selecionamos uma *reação de desproporcionamento* redox, como nosso último exemplo. Neste tipo de reação uma mesma substância se oxida e se reduz, como na reação

$$P_4 + OH^- \rightarrow PH_3 + H_2PO_2^-.$$

A semi-reação de oxidação pode ser expressa como:

$$P_4 \rightarrow 4H_2PO_2^-.$$

O átomo de fósforo está no estado de oxidação +1 no ânion hipofosfito, $H_2PO_2^-$. Logo, quatro elétrons devem ser produzidos na semi-reação acima:

$$P_4 \rightarrow 4H_2PO_2^- + 4e^-.$$

Agora, precisamos apenas adicionar $8OH^-$ do lado esquerdo para satisfazermos o requisito de balanço material e de cargas:

$$8OH^- + P_4 \rightleftharpoons 4H_2PO_2^- + 4e^-.$$

A reação de redução pode ser expressa como

$$P_4 \rightarrow 4PH_3.$$

O estado de oxidação do fósforo muda de zero para -3. Portanto, 12 elétrons são necessários do lado esquerdo e $12OH^-$ devem ser adicionados do lado direito, para balancear a equação:

$$12e^- + 12H_2O + P_4 \rightleftharpoons 4PH_3 + 12OH^-$$

A reação global pode ser obtida combinando-se as semi-reações da seguinte forma:

$$\begin{array}{r} 3 \times [8OH^- + P_4 \rightleftharpoons 4H_2PO_2^- + 4e^-] \\ 1 \times [12e^- + 12H_2O + P_4 \rightleftharpoons 4PH_3 + 12OH^-] \\ \hline 12OH^- + 4P_4 + 12H_2O \rightleftharpoons 12H_2PO_2^- + 4PH_3 \end{array}$$

Os quatro exemplos discutidos acima ilustram a maioria das dificuldades que podem surgir durante o balanceamento de equações de oxidação-redução.

7.4 Células Galvânicas

Na Seção 7.2, exploramos os aspectos qualitativos das células galvânicas para mostrar a origem do conceito de semi-reação. Nesta seção, discutiremos este tipo de **células eletroquímicas** de forma mais completa, para que possamos perceber como elas podem ser utilizadas para compararmos quantitativamente as forças dos agentes oxidantes e redutores.

Primeiro, vamos examinar alguns tipos de eletrodos comumente utilizados nas células eletroquímicas. Freqüentemente, são **eletrodos ativos**, ou seja, o material do eletrodo pode se dissolver ou se formar durante a operação da mesma. Como um exemplo, já vimos o caso dos eletrodos de placa de zinco e de cobre, os quais são, respectivamente, consumido e formado à medida que a reação

$$Zn + Cu^{2+} \rightleftharpoons Zn^{2+} + Cu$$

acontece da esquerda para a direita.

Também, são comuns os **eletrodos inertes** que se mantêm inalterados pelas reações na célula. Por exemplo, considere a célula mostrada na Fig.7.2. O béquer da esquerda contém uma mistura de íons ferroso e férrico e uma placa de platina, enquanto que o béquer da direita contém um eletrodo de cobre em contato com uma solução de Cu^{2+}. Quando o circuito for fechado e a célula entrar em operação o cobre metálico será oxidado e o íon férrico será reduzido, ou seja,

$$Cu + 2Fe^{3+} \rightleftharpoons 2Fe^{2+} + Cu^{2+}.$$

Assim, os íons férrico adquirem elétrons no eletrodo de platina e se reduzem a íons ferroso, mas o eletrodo permanece inalterado. Estes eletrodos devem ser confeccionados com materiais inertes, de modo a não sofrerem reações químicas durante o funcionamento da célula: platina e carbono grafítico são as duas substâncias mais comumente utilizadas.

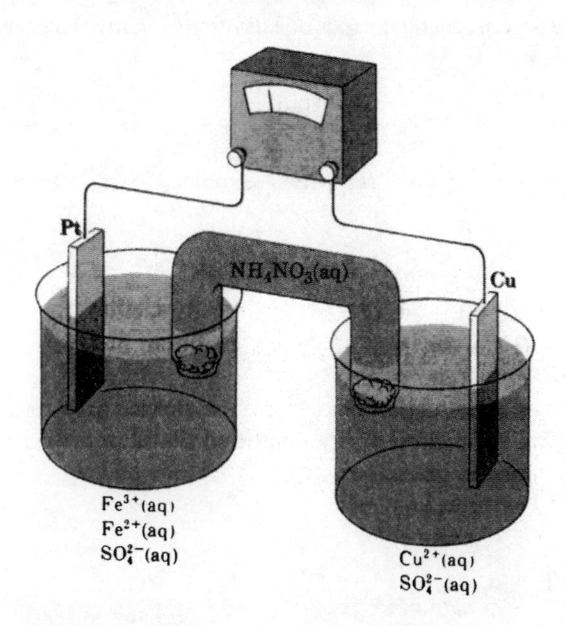

Fig. 7.2 Uma célula galvânica. A semi-célula da esquerda usa uma placa de platina como um eletrodo sensor inerte.

O terceiro tipo comum de eletrodo é denominado **eletrodo gasoso,** o qual se assemelha muito aos eletrodos inertes. Um eletrodo gasoso de hidrogênio é mostrado na Fig. 7.3, conectado a uma semi-célula de cobre. Neste caso, a reação global é

$$H_2(g) + Cu^{2+}(aq) \rightleftharpoons Cu(s) + 2H^+(aq).$$

O eletrodo de hidrogênio gasoso é um pedaço de platina, cuja superfície se encontra saturada com hidrogênio gasoso, a 1 atm de pressão. A superfície do eletrodo serve como um sítio

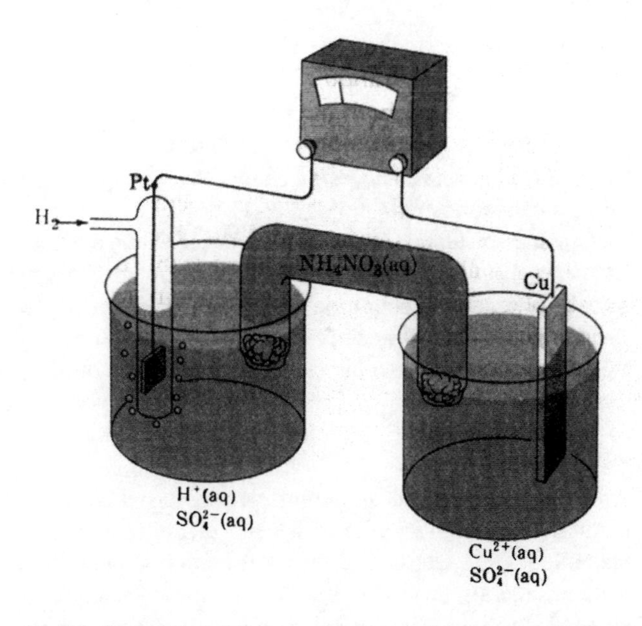

Fig. 7.3 Uma célula galvânica em que a semi-célula da esquerda usa um eletrodo de hidrogênio gasoso.

onde as moléculas de hidrogênio podem ser transformadas em prótons, por meio da reação:

$$H_2(g) \rightleftharpoons 2H^+(aq) + 2e^-.$$

Dependendo do sentido da reação global, o processo inverso pode estar ocorrendo no eletrodo gasoso. Assim, a platina metálica permanece inalterada, servindo apenas para fornecer ou remover elétrons na medida em que são necessários. A área superficial do eletrodo gasoso é aumentada por meio da deposição de platina finamente dividida, sendo denominada platina platinizada, com o intuito de aumentar a velocidade das reações de oxidação-redução que ocorrem na superfície da mesma.

Agora, vamos retomar a célula eletroquímica constituída das semi-células de zinco e de cobre, mostrada na Fig.7.1 e imaginar que os eletrodos estejam conectados aos terminais de um voltímetro. Alguns poucos experimentos, à temperatura constante, serão suficientes para demonstrar que a diferença de potencial (ddp) da célula é uma função da razão entre as concentrações de íons Zn^{2+} e Cu^{2+}. Se a temperatura for igual a 25^0 C e as concentrações dos íons forem iguais, a leitura no voltímetro será igual a 1,10 V. Se a concentração de íons Zn^{2+} for maior ou se a concentração de íons Cu^{2+} for menor a ddp irá diminuir, e vice-versa.

Agora, vamos imaginar que substituímos a semi-célula de cobre/íons Cu^{2+} por uma semi-célula que consiste de um fio de prata mergulhado numa solução de nitrato de prata. Mais uma vez, os experimentos irão demonstrar que a ddp da célula depende da razão entre as concentrações dos íons, e quando forem iguais o potencial desenvolvido será igual a 1,56 V. Esta ddp é significativamente maior que a ddp produzida pela célula de zinco-cobre, operando nas mesmas condições de concentração. Logo, podemos notar que a ddp de uma célula galvânica depende das substâncias que participam das reações na célula e de suas concentrações. Para facilitar a comparação entre diferentes células galvânicas, cada uma delas deveria ser caracterizada por uma ddp, medida sob condições padrão de temperatura e de concentração. O estado padrão é definido da seguinte forma: 1 molal de concentração* para todas as espécies dissolvidas, 1 atm de pressão para todos os gases e a forma mais estável ou comumente encontrada para sólidos, a 25^0 C. A ddp medida nestas condições é denominada o **potencial padrão da célula** e representado por $\Delta\mathscr{E}^0$.

O potencial padrão da célula é uma medida muito útil e importante. Em primeiro lugar, $\Delta\mathscr{E}^0$ determina, em parte, a quantidade de trabalho que uma célula galvânica pode realizar, quando estiver operando nas condições padrão. Suponha que os terminais da célula estejam conectados a um motor elétrico cuja eficiência seja igual a 100 %. Neste caso, quando

* Na realidade, atividade unitária. Se a lei de Henry for obedecida esta concentração corresponde a uma solução 1 molal. Vide Cap. 3 para verificar as discussões anteriores sobre o estado padrão dos solutos.

uma corrente, i, flui através de uma ddp igual a $\Delta\mathscr{E}^0$ por um tempo *t*, o trabalho realizado é definido pela equação

$$i \times t \times \Delta\mathscr{E}^\circ = \text{trabalho elétrico},$$

E, visto que o produto da corrente (em amperes) e o tempo (em segundos) é igual à carga total *q* (em coulombs), temos que

$$q(\text{C}) \times \Delta\mathscr{E}^\circ(\text{V}) = \text{trabalho elétrico (J)}. \quad (7.2)$$

Logo, o trabalho que uma célula eletroquímica pode realizar é dado pelo produto de sua ddp e a quantidade de carga que ela pode fornecer. Se a célula estiver operando nas condições padrão, sua ddp ($\Delta\mathscr{E}^0$) dependerá apenas da natureza química dos reagentes e dos produtos. Por outro lado, a quantidade de carga *q* que uma dada célula pode fornecer depende da quantidade (não da concentração) de reagente disponível na célula. Portanto, dentre os fatores que determinam a quantidade de trabalho que pode ser realizado por uma célula eletroquímica, somente $\Delta\mathscr{E}^0$ está diretamente relacionado com a natureza química dos reagentes.

O aspecto mais importante do potencial padrão da célula é que ele é a medida quantitativa da tendência dos reagentes, em seus *estados padrão*, de formar os produtos, também, nos seus *estados padrão*. Resumindo, o $\Delta\mathscr{E}^0$ representa a *força motriz* da reação química. Na Fig.7.4 é mostrado o significado desta afirmação.

Uma célula padrão de zinco-cobre ($\Delta\mathscr{E}^0$= 1,10 V) foi conectada a uma fonte de energia elétrica cujo potencial é ajustável, de tal modo que o potencial aplicado se oponha ao potencial da célula. Um amperímetro, também, foi conectado de forma a indicar o sentido do fluxo de elétrons.

Quando o potencial aplicado é menor do que 1,10 V, o amperímetro indica que os elétrons fluem do eletrodo de zinco para o eletrodo de cobre através do circuito externo. Logo, a reação espontânea da célula, sob estas condições, é

$$Zn + Cu^{2+} \rightarrow Cu + Zn^{2+}$$

ou seja, exatamente a mesma reação que ocorre quando os eletrodos são conectados por um fio condutor ou quando zinco metálico for adicionado a uma solução contendo íons Cu^{2+}.

Quando o potencial aplicado for igual a 1,10 V, verificaremos que a corrente será igual a zero e nenhuma reação ocorrerá na célula. Nesta condição, a força motriz da reação química é neutralizada por uma força motriz externa de igual magnitude, que se opõe à célula. Se o potencial aplicado fosse aumentado de modo a se tornar maior do que 1,10 V, o amperímetro iria indicar que o sentido do fluxo de elétrons foi invertido. Nesta situação os elétrons fluem do eletrodo de cobre para o eletrodo de zinco e o cobre metálico será transformado em íons cúpricos. Concomitantemente, os íons zinco serão convertidos em zinco metálico. As reações descritas acima podem ser representadas pela equação

$$Cu + Zn^{2+} \rightarrow Cu^{2+} + Zn.$$

Esta é exatamente a reação inversa da reação espontânea da célula.

Portanto, parece razoável tomarmos o potencial da célula como a medida da força motriz da reação química. E, quando uma força motriz de magnitude superior ao da célula se opuser a mesma, o sentido da reação espontânea será inverti-

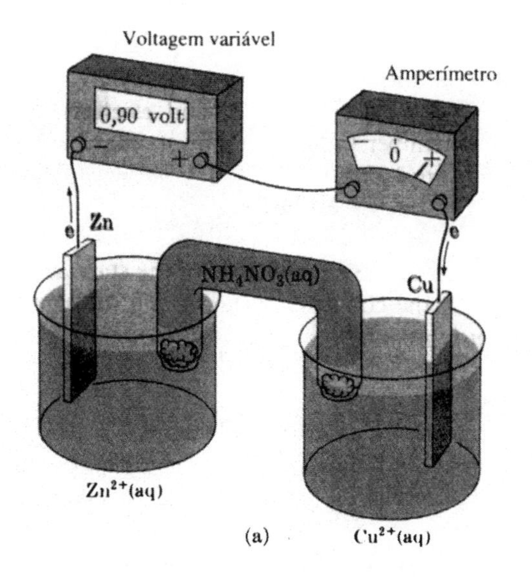

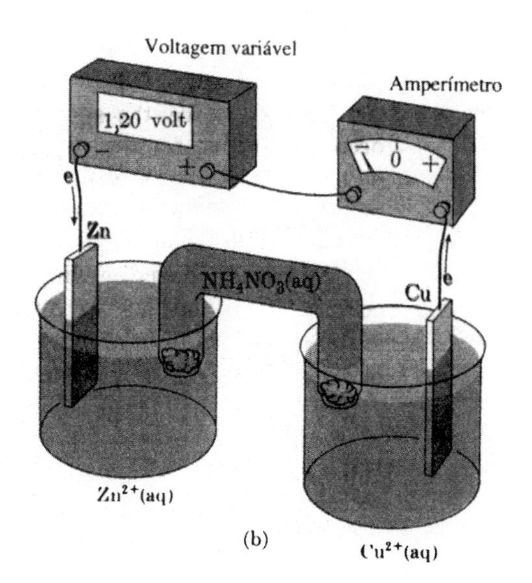

Fig. 7.4 Efeito da oposição de uma célula contra uma voltagem externa variável. (a) Quando a voltagem externa é menor que a da célula, os elétrons fluem no sentido horário. (b) Quando a voltagem externa excede a da célula, o fluxo de elétrons é invertido. As concentrações correpondem às condições padrões.

da. Neste caso, ocorrerá uma **eletrólise**. Contudo, devemos ser cuidadosos e nos lembrar que o potencial padrão da célula mede a tendência dos reagentes formarem os produtos, nos seus estados padrão. A força motriz para qualquer outro estado dos reagentes e dos produtos será diferente.

O significado da magnitude do potencial padrão da célula foi bastante discutido, e agora precisamos introduzir a convenção com relação ao sinal de $\Delta\mathscr{E}^0$. Se a reação ocorrer *espontaneamente da esquerda para a direita da maneira como foi escrita,* o sinal de $\Delta\mathscr{E}^0$ será positivo. Por exemplo,

$$Zn + Cu^{2+} \rightleftharpoons Cu + Zn^{2+} \qquad \Delta\mathscr{E}^\circ = +1{,}10\ V.$$

Se *o sentido da reação espontânea for da direita para a esquerda,* $\Delta\mathscr{E}^0$ terá sinal negativo. Logo, temos que para a reação

$$Cu + Zn^{2+} \rightleftharpoons Cu^{2+} + Zn \qquad \Delta\mathscr{E}^\circ = -1{,}10\ V.$$

o $\Delta\mathscr{E}^0$ é igual a -1,10 V. Então, podemos dizer que quanto mais positivo for o valor de $\Delta\mathscr{E}^0$, maior será a tendência da reação ocorrer da esquerda para a direita.

No caso da célula de zinco-cobre, o valor de $\Delta\mathscr{E}^0$ pode ser considerado como sendo a medida da tendência do zinco metálico em doar elétrons transformando-se em íons Zn^{2+} e dos íons Cu^{2+} em receber elétrons transformando-se em cobre metálico. Ou seja, a magnitude do $\Delta\mathscr{E}^0$ é, simultaneamente, a manifestação da força do zinco metálico como redutor e da força do íon cúprico como oxidante. Todavia, seria muito útil se a tendência de uma semi-reação ocorrer pudesse ser medida, de modo que a força dos vários agentes oxidantes e redutores possam ser comparadas. Em outras palavras, gostaríamos de ter em mãos os potênciais padrão das semi-reações ao invés dos valores de $\Delta\mathscr{E}^0$.

Podemos considerar qualquer valor de $\Delta\mathscr{E}^0$ como sendo a soma de dois potênciais de semi-célula, associados a cada uma das semi-reações da célula. Entretanto, como todas as células galvânicas imprescindem de duas semi-reações, nunca poderemos medir os valores absolutos do potencial de uma única semi-célula, apenas a soma de duas delas. Mesmo assim, é possível obtermos os valores numéricos dos potênciais de semi-célula, simplesmente, atribuindo-se arbitrariamente o potencial zero para uma semi-reação. Este procedimento é análogo à escolha de Greenwich, na Inglaterra, como o ponto zero de longitude. Embora, somente as diferenças de longitude possam ser medidas, uma vez definido o valor da longitude de um ponto, automaticamente, os valores numéricos das demais coordenadas se tornam definidos. De modo similar, decidiu-se atribuir à semi-reação

$$H_2\,(1\ atm) \rightleftharpoons 2H^+\ (\text{atividade unitária}) + 2e^-,$$

exatamente o potencial $\mathscr{E}^\circ = 0{,}000$ V, quando os reagentes e os produtos estiverem em seus estados padrão. Na prática, utilizaremos concentrações molares ao invés de atividades, como fizemos no caso dos cálculos relativos a equilíbrios químicos. Devemos proceder da seguinte maneira para atribuirmos os potênciais de semi-célula para as demais semi-reações: primeiro devemos medir a magnitude da diferença de potencial padrão quando cada uma das semi-células é combinada com a semi-célula de hidrogênio. Assim, quando a semi-célula de zinco-íon zinco for conectada ao eletrodo padrão de hidrogênio, notaremos que o potencial medido é igual a 0,76 V e que os elétrons fluem do eletrodo de zinco para o eletrodo de hidrogênio. Portanto, a reação espontânea da célula é

$$Zn(s) + 2H^+\,(1\ M) \rightarrow Zn^{2+}\,(1\ M) + H_2\,(1\ atm).$$

Ao realizarmos um experimento análogo, acoplando a semi-célula de cobre-íon cúprico com o eletrodo de hidrogênio, obteremos um potencial igual a 0,34 V. Mas, neste caso os elétrons fluem do eletrodo de hidrogênio para o eletrodo de cobre. O sentido da reação espontânea deve ser

$$Cu^{2+}\,(1\ M) + H_2\,(1\ atm) \rightarrow Cu + 2H^+\,(1\ M).$$

A informação de que dispomos até o momento nos permite dizer que a *magnitude* absoluta do potencial da semi-célula de zinco-íon zinco é igual a 0,76 V e da semi-célula de cobre-íon cobre é igual a 0,34 V. Mas, os sinais de ambos serão iguais ? A resposta é não, pelos seguintes motivos. Queremos, no caso dos potênciais de semi-célula, aplicar o conceito de que quanto mais positivo for o potencial maior será a força motriz da reação da esquerda para a direita. Assim, se adotarmos a *convenção de que todas as semi-reações devem ser escritas como reações de redução,* como nos exemplos que se seguem

$$Zn^{2+} + 2e^- \rightleftharpoons Zn,$$
$$2H^+ + 2e^- \rightleftharpoons H_2,$$
$$Cu^{2+} + 2e^- \rightleftharpoons Cu,$$

então, a magnitude e o sinal dos potênciais de semi-célula devem refletir a tendência relativa das reações ocorrerem da esquerda para a direita. Os experimentos anteriormente descritos nos permitem concluir que na célula de zinco/hidrogênio o zinco metálico reduz espontaneamente o íon H^+. Portanto, o potencial da semi-célula H^+/H_2 deve ser mais positivo que o da semi-célula Zn^{2+}/Zn, pois quando as duas são combinadas é a primeira que ocorre da esquerda para a direita. Assim, temos que

$$Zn^{2+} + 2e^- \rightleftharpoons Zn \qquad \mathscr{E}^\circ = -0{,}76\ V,$$

para o sinal e a magnitude do potencial da semi-célula de zinco.

Analogamente, os experimentos com a célula de cobre/hidrogênio indicam que o íon cúprico é um melhor oxidante que o íon H^+, ou seja, a semi-reação íon cúprico/cobre tem uma maior tendência de se processar da esquerda para a direita que a semi-reação íon hidrogênio/hidrogênio gasoso.

Logo, o potencial da semi-célula Cu^{2+}/Cu deve ser mais positivo do que da semi-célula H^+/H_2. Logo, temos que

$$Cu^{2+} + 2e^- \rightleftharpoons Cu \qquad \mathscr{E}^\circ = +0,34 \text{ V}.$$

Assim, a Tabela de potênciais de semi-célula pode ser reescrita como se segue,

$$\begin{aligned} Zn^{2+} + 2e^- &\rightleftharpoons Zn & \mathscr{E}^\circ &= -0,76 \text{ V}, \\ 2H^+ + 2e^- &\rightleftharpoons H_2 & \mathscr{E}^\circ &= 0,00 \text{ V}, \\ Cu^{2+} + 2e^- &\rightleftharpoons Cu & \mathscr{E}^\circ &= +0,34 \text{ V}, \end{aligned}$$

onde o aumento no potencial implica numa maior tendência da semi-reação ocorrer da esquerda para a direita.

Podemos verificar a consistência de nossas atribuições calculando o potencial padrão da reação

$$Zn + Cu^{2+} \rightleftharpoons Zn^{2+} + Cu$$

utilizando os potenciais padrão de semi-célula

$$\begin{aligned} Zn^{2+} + 2e^- &\rightleftharpoons Zn & \mathscr{E}^\circ &= -0,76 \text{ V}, \\ Cu^{2+} + 2e^- &\rightleftharpoons Cu & \mathscr{E}^\circ &= +0,34 \text{ V}. \end{aligned}$$

Devemos combinar estas semi-reações de tal modo que o zinco metálico apareça do lado esquerdo da equação e os elétrons sejam eliminados. Portanto, devemos *inverter o sentido* da primeira semi-reação e, conseqüentemente, *inverter o sinal* do potencial desta semi-célula:

$$\begin{aligned} Zn &\rightleftharpoons Zn^{2+} + 2e^- & \mathscr{E}^\circ &= +0,76 \text{ V}, \\ 2e^- + Cu^{2+} &\rightleftharpoons Cu & \mathscr{E}^\circ &= +0,34 \text{ V}, \\ \hline Zn + Cu^{2+} &\rightleftharpoons Cu + Zn^{2+} & \Delta\mathscr{E}^\circ &= +1,10 \text{ V}. \end{aligned}$$

O $\Delta\mathscr{E}^0$ resultante é numericamente igual ao valor do potencial da célula medido experimentalmente. Além disso, o sinal positivo do $\Delta\mathscr{E}^0$ indica que a reação é espontânea da esquerda para a direita. Esta asserção, também, é confirmada experimentalmente. Assim, podemos concluir que nossa convenção de sinais é internamente consistente.

Outro exemplo poderá ilustrar melhor os princípios da construção de uma tabela de potenciais de semi-célula e trazer importantes evidências de como se deve combinar as semi-reações e os potenciais a elas associados. Quando uma célula padrão for construída conectando-se um eletrodo de hidrogênio a um eletrodo de prata mergulhado numa solução 1 *M* de Ag^+, o potencial será igual a 0,80 V, sendo o eletrodo de hidrogênio o polo negativo. Portanto, os elétrons devem ser produzidos no eletrodo de hidrogênio e consumidos no eletrodo de prata, durante o funcionamento da célula. Logo, a reação espontânea deve ser

$$H_2 + 2Ag^+ \rightarrow 2Ag + 2H^+.$$

Podemos concluir a partir do sentido da reação espontânea que o íon prata é um melhor oxidante do que o H^+. Logo, a semi-reação

$$Ag^+ + e^- \rightleftharpoons Ag$$

possui uma maior tendência de acontecer da esquerda para a direita do que a reação

$$2H^+ + 2e^- \rightleftharpoons H_2.$$

Portanto, o potencial de semi-célula da semi-reação Ag^+/Ag deve ser igual a +0,80 V.

Agora, vamos combinar a semi-reação Ag^+/Ag com a semi-reação Cu^{2+}/Cu e calcular o potencial padrão da célula galvânica resultante. Temos que

$$\begin{aligned} Cu^{2+} + 2e^- &\rightleftharpoons Cu & \mathscr{E}^\circ &= +0,34 \text{ V}, \\ Ag^+ + e^- &\rightleftharpoons Ag & \mathscr{E}^\circ &= +0,80 \text{ V}. \end{aligned}$$

O sentido da semi-reação Cu^{2+}/Cu deve ser invertida e a semi-reação Ag^+/Ag deve ser multiplicada por 2, para eliminarmos os elétrons da reação global:

$$\begin{aligned} Cu &\rightleftharpoons Cu^{2+} + 2e^- & &-0,34 \text{ V}, \\ 2e^- + 2Ag^+ &\rightleftharpoons 2Ag & &+0,80 \text{ V}, \\ \hline Cu + 2Ag^+ &\rightleftharpoons Cu^{2+} + 2Ag & \Delta\mathscr{E}^\circ &= 0,46 \text{ V}. \end{aligned}$$

O potencial medido experimentalmente concorda com o valor calculado, e seu sinal indica, corretamente, que o cobre metálico deve reduzir o íon prata durante a operação da célula.

Observe que o sinal do potencial de semi-célula do par Cu^{2+}/Cu foi mudado quando o sentido da semi-reação foi invertido, mas o valor do potencial de semi-célula do par Ag^+/Ag não foi alterado quando esta semi-reação foi multiplicada por 2. A razão para este comportamento reside no fato de que o valor numérico de $\Delta\mathscr{E}^0$ está diretamente relacionado com o potencial gerado por uma célula galvânica real. Este depende apenas da natureza química dos componentes da célula, e não da maneira como a reação é escrita. Assim, as reações

$$\begin{aligned} Cu + 2Ag^+ &\rightleftharpoons Cu^{2+} + 2Ag, \\ \tfrac{1}{2}Cu + Ag^+ &\rightleftharpoons \tfrac{1}{2}Cu^{2+} + Ag, \end{aligned}$$

representam a mesma célula e possuem o mesmo valor de $\Delta\mathscr{E}^0$. Por outro lado, o sinal do potencial da célula não é o resultado de uma medida direta, e devemos utilizar as convenções anteriormente estabelecidas.

Posteriormente, mostraremos que a variação de energia livre na célula depende da maneira como escrevemos a reação. As duas reações acima não possuem a mesma variação de energia livre padrão, embora elas tenham o mesmo valor de $\Delta\mathscr{E}^0$. Esta diferença deverá ser considerada em certos cálculos.

Agora, podemos resumir as convenções relacionadas com os potenciais de semi-célula:

1. Foi atribuído ao eletrodo padrão de hidrogênio um potencial, exatamente, igual a zero volts.

2. Quando todas as semi-reações forem escrita como reduções, ou seja, na forma

$$\text{oxidante} + ne^- \rightleftharpoons \text{redutor},$$

as semi-reações que ocorrerem mais prontamente que a semi-reação $2H^+/H_2$ (g) terão potenciais positivos, e aquelas que tiverem uma menor tendência a ocorrer terão potenciais negativos.

3. A magnitude do potencial de semi-célula é uma medida quantitativa da tendência da semi-reação ocorrer da esquerda para a direita.

4. Se o sentido da semi-reação for invertida, o sinal do potencial da semi-célula também deverá ser invertido. Todavia, quando uma semi-reação for multiplicada por um número positivo, seu potencial permanecerá inalterado.

Nesta discussão, adotamos a convenção de que as semi-reações devem ser escritas na forma de reduções. Esta convenção, tradicional nos países europeus, foi recomendado e adotado internacionalmente. Nos Estados Unidos, adotou-se a convenção de se escrever as semi-reações na forma de oxidações, como por exemplo,

$$Zn \rightleftharpoons Zn^{2+} + 2e^- \qquad \mathscr{E}^\circ = 0{,}762 \text{ V},$$
$$2Cl^- \rightleftharpoons Cl_2 + 2e^- \qquad \mathscr{E}^\circ = -1{,}360 \text{ V}.$$

Note que o sinal de $\mathscr{E}^0$ foi invertido, pois o sentido da semi-reação também foi mudado. Freqüentemente, serão encontradas semi-reações tabelados segundo esta convenção em livros mais antigos.

A Tabela 7.1 contém os **potenciais padrão de redução** de algumas semi-reações. Tais tabelas não somente nos permitem comparar quantitativamente a força dos agentes oxidantes e redutores como, também, oferecem uma maneira compacta de armazenar informações químicas. Se os valores de $\mathscr{E}^0$ para 50 semi-células forem tabelados, torna-se possível o cálculo dos valores de $\Delta\mathscr{E}^0$ para (50 x 49)/2 ou 1225 reações.

Foram acrescentados à Tabela 7.1 semi-reações em meio ácido e em meio básico. Duas listas se tornam necessárias pois as reações globais de muitas delas mudam drasticamente ao passarmos de uma solução ácida para uma alcalina. O íon permanganato, MnO_4^-, o qual é um ótimo agente oxidante tanto em meio ácido como em meio básico, forma duas espécies reduzidas diferentes dependendo do pH. Em soluções ácidas o produto principal de redução é o Mn^{2+}, enquanto que em soluções alcalinas o produto de redução é o MnO_2 (s). No caso do alumínio, um bom redutor em meio ácido e básico, o produto de oxidação em meio ácido é o íon Al^{3+} e em meio básico é o hidroxo complexo, $[Al(OH)_4]^-$. É necessário saber muita química para compreendermos por que a reação global em meio ácido difere daquela em meio básico. Algumas semi-reações, tais como a da redução de O_2(g) à H_2O, apresentam potenciais dependentes do pH, pois a espécie predominante em solução, e que participa da reação, muda em função do pH. Somente algumas poucas reações, tais como as reações de redução do Li^+ e Na^+, são iguais em ambos os meios, e são tabeladas apenas em meio ácido. Na primeira vez que você ler este capítulo recomendamos que você se concentre na lista de semi-reações em meio ácido e postergar os estudos em meio alcalino.

TABELA 7.1 POTENCIAIS DE REDUÇÃO PADRÕES A 25°c

Semi-Reação, Solução Ácida	$\mathscr{E}^\circ$**(V)**
$F_2(g) + 2e^- \rightleftharpoons 2F^-$	2,890
$O_3(g) + 2H^+ + 2e^- \rightleftharpoons O_2(g) + H_2O$	2,075
$Ce^{4+} + e^- \rightleftharpoons Ce^{3+}$	1,74
$MnO_4^- + 8H^+ + 5e^- \rightleftharpoons Mn^{2+} + 4H_2O$	1,512
$PbO_2(s) + 4H^+ + 2e^- \rightleftharpoons Pb^{2+} + 2H_2O$	1,458
$Cl_2(g) + 2e^- \rightleftharpoons 2Cl^-$	1,360
$Cr_2O_7^{2-} + 14H^+ + 6e^- \rightleftharpoons 2Cr^{3+} + 7H_2O$	1,36
$O_2(g) + 2H^+ + 4e^- \rightleftharpoons 2H_2O$	1,229
$IO_3^- + 6H^+ + 5e^- \rightleftharpoons \frac{1}{2}I_2(s) + 3H_2O$	1,210
$Br_2(\ell) + 2e^- \rightleftharpoons 2Br^-$	1,078
$AuCl_4^- + 3e^- \rightleftharpoons Au + 4Cl^-$	1,001
$2Hg^{2+} + 2e^- \rightleftharpoons Hg_2^{2+}$	0,908
$PtCl_4^{2+} + 2e^- \rightleftharpoons Pt + 4Cl^-$	0,811
$Ag^+ + e^- \rightleftharpoons Ag$	0,799
$Hg_2^{2+} + 2e^- \rightleftharpoons 2Hg(\ell)$	0,796
$Fe^{3+} + e^- \rightleftharpoons Fe^{2+}$	0,77
$I_3^- + 2e^- \rightleftharpoons 3I^-$	0,535
$I_2(s) + 2e^- \rightleftharpoons 2I^-$	0,535
$Cu^+ + e^- \rightleftharpoons Cu$	0,518
$Cu^{2+} + 2Cl^- + e^- \rightleftharpoons CuCl_2^-$	0,447
$Fe(CN)_6^{3-} + e^- \rightleftharpoons Fe(CN)_6^{4-}$	0,361
$Cu^{2+} + 2e^- \rightleftharpoons Cu$	0,339
$Hg_2Cl_2(s) + 2e^- \rightleftharpoons 2Hg(\ell) + 2Cl^-$	0,268
$AgCl(s) + e^- \rightleftharpoons Ag + Cl^-$	0,222
$Cu^{2+} + e^- \rightleftharpoons Cu^+$	0,160
$2H^+ + 2e^- \rightleftharpoons H_2(g)$	0 (por definição)
$H^+ + D^+ + 2e^- \rightleftharpoons HD(g)$†	−0,0076
$Pb^{2+} + 2e^- \rightleftharpoons Pb$	−0,126
$Ni^{2+} + 2e^- \rightleftharpoons Ni$	−0,236
$Co^{2+} + 2e^- \rightleftharpoons Co$	−0,282
$Eu^{3+} + e^- \rightleftharpoons Eu^{2+}$	−0,35
$PbSO_4(s) + 2e^- \rightleftharpoons Pb + SO_4^{2-}$	−0,355
$Cr^{3+} + e^- \rightleftharpoons Cr^{2+}$	−0,42
$Fe^{2+} + 2e^- \rightleftharpoons Fe$	−0,44

* Estes valores foram calculados a partir de valores de ΔG° de D.D. Wagman et alli, the NBS tables of chemical thermodynamic properties, *Journal of Physical and Chemical Data*, **11**, suppl. 2, 1982. Valores para Fe^{2+}, onde os valores NBS são errôneos, e para substâncias não listadas por NBS são de A. J. Bard, R. Parsons e J. Jordan. Eds., *Standard Potentials in Aqueous Solution* (New York: Marcel Dekker, 1985).

† D = deutério = ^2H, um isótopo de hidrogênio que possui o dobro da massa do ^1H normal.

Semi-Reação, Solução Ácida	$\mathscr{E}°$(V)
$Cr^{3+} + 3e^- \rightleftharpoons Cr$	−0,74
$Zn^{2+} + 2e^- \rightleftharpoons Zn$	−0,762
$Mn^{2+} + 2e^- \rightleftharpoons Mn$	−1,182
$SiF_6^{2-} + 4e^- \rightleftharpoons Si + 6F^-$	−1,36
$Al^{3+} + 3e^- \rightleftharpoons Al$	−1,68
$AlF_6^{3-} + 3e^- \rightleftharpoons Al + 6F^-$	−2,07
$Mg^{2+} + 2e^- \rightleftharpoons Mg$	−2,357
$La^{3+} + 3e^- \rightleftharpoons La$	−2,362
$Na^+ + e^- \rightleftharpoons Na$	−2,714
$Ca^{2+} + 2e^- \rightleftharpoons Ca$	−2,869
$Li^+ + e^- \rightleftharpoons Li$	−3,040
Semi-Reação, Solução Básica	$\mathscr{E}°$**(V)**
$ClO^- + H_2O + 2e^- \rightleftharpoons Cl^- + 2OH^-$	0,891
$HO_2^- + H_2O + 2e^- \rightleftharpoons 3OH^-$	0,867
$MnO_4^- + 2H_2O + 3e^- \rightleftharpoons MnO_2(s) + 4OH^-$	0,597
$O_2(g) + 2H_2O + 4e^- \rightleftharpoons 4OH^-$	0,414
$ClO_4^- + H_2O + 2e^- \rightleftharpoons ClO_3^- + 2OH^-$	0,339
$ClO_3^- + H_2O + 2e^- \rightleftharpoons ClO_2^- + 2OH^-$	0,330
$PbCO_3(s) + 2e^- \rightleftharpoons Pb + CO_3^{2-}$	−0,506
$Pb(OH)_3^- + 2e^- \rightleftharpoons Pb + 3OH^-$	−0,538
$Fe(OH)_3(s) + e^- \rightleftharpoons Fe(OH)_2(s) + OH^-$	−0,55
$Ni(OH)_2(s) + 2e^- \rightleftharpoons Ni + 2OH^-$	−0,688
$2H_2O + 2e^- \rightleftharpoons H_2(g) + OH^-$	−0,828
$Zn(OH)_4^{2+} + 2e^- \rightleftharpoons Zn + 4OH^-$	−1,189
$Al(OH)_4^- + 3e^- \rightleftharpoons Al + 4OH^-$	−2,310
$Ca(OH)_2(s) + 2e^- \rightleftharpoons Ca + 2OH^-$	−3,028

Exemplo 7.1. Utilize a Tabela 7.1 e ordene as seguintes substâncias em ordem crescente de poder oxidante,em meio ácido: Cl_2, O_3 e Ag^+. Qual é o redutor mais forte e qual é o mais fraco dentre os seguintes metais: Zn, Pb e Al ?

Respostas. Para encontrarmos a ordem crescente de poder oxidante, devemos notar que, na Tabela 7.1, uma dada substância é um oxidante mais forte que qualquer outra abaixo dela. Portanto, o poder oxidante aumenta à medida que subimos na Tabela, do Ag^+ para o Cl_2 e do Cl_2 para o O_3.

Os agentes redutores aparecem do lado direito da Tabela 7.1. Um dado redutor é sempre mais forte que aqueles acima dele. Logo, o alumínio é o redutor mais forte, e o Pb é o mais fraco.

7.5 A Equação de Nernst

Até o momento estávamos interessados exclusivamente no funcionamento de células galvânicas nas condições padrão; sendo que associamos o sinal e a magnitude de $\Delta\mathscr{E}^0$ com a força motriz da reação eletroquímica. Entretanto, devemos ser muito cuidadosos ao usar os valores de $\Delta\mathscr{E}^0$. Lembre-se de que estes valores são válidos somente se os produtos formados e os reagentes consumidos estiverem em seus estados padrão. Por exemplo, o fato de que para a reação

$$Co(s) + Ni^{2+}(aq) \rightleftharpoons Co^{2+}(aq) + Ni(s),$$

o $\Delta\mathscr{E}^0$ =0,046 V, apenas indica que se ambos os íons estiverem presentes na concentração de 1 *M*, o níquel metálico será formado e o cobalto metálico será oxidado ao seu íon, espontaneamente. Contudo, observa-se em experimentos realizados com uma solução de Ni^{2+} 0,01 *M* e uma solução de Co^{2+} 1 *M* que, nesta condição, o sentido da reação espontânea é o inverso daquele nas condições padrão. Portanto, antes de podermos predizer o sentido de uma reação fora das condições padrão, precisamos compreender como o potencial das células galvânicas varia em função da concentração.

Esta relação é dada pela **equação de Nernst**. Acabamos postergando demasiadamente a dedução termodinâmica desta equação, mas para uma reação geral

$$aA + bB \rightleftharpoons cC + dD,$$

a equação de Nernst nos permite calcular o potencial da célula, a 25° C, por meio da seguinte relação:

$$\Delta\mathscr{E} = \Delta\mathscr{E}° - \frac{0.059}{n}\log Q. \qquad (7.3)$$

Como foi explicado no Cap.4, o quociente Q da reação depende das concentrações de todas as espécies, ou seja, [A], [B], [C] e [D], de acordo com a seguinte relação:

$$Q = \frac{[C]^c[D]^d}{[A]^a[B]^b}.$$

Na equação de Nernst, $\Delta\mathscr{E}^0$ é o potencial padrão da célula, n é o número de elétrons transferidos na reação, da maneira como foi escrita, e o logarítmo é na base 10. O fator 0,059 é igual para todas as células operando á temperatura de 25° C. A validade desta expressão é confirmada por uma grande quantidade de trabalhos experimentais. A equação de Nernst pode ser deduzida a partir dos princípios termodinâmicos mais fundamentais. Uma dedução simplificada será apresentada na próxima seção, sendo a dedução rigorosa postergada para o Cap.8.

Vamos aplicar a equação de Nernst para o caso específico da reação

$$Co + Ni^{2+} \rightleftharpoons Co^{2+} + Ni \qquad \Delta\mathscr{E}° = 0{,}046\ V.$$

Temos que

$$\Delta\mathscr{E} = 0{,}046 - \frac{0{,}059}{2}\log\frac{[Co^{2+}]}{[Ni^{2+}]}, \qquad (7.4)$$

onde substituimos $\Delta\mathscr{E}^0$ pelo seu valor numérico, 0,046 V; e visto que dois elétrons são transferidos na reação, n=2. Embora níquel metálico e cobalto metálico estejam participando da reação global eles não são incluidos no quociente de reação, pois suas concentrações são constantes. Então, o termo relativo ao quociente de reação da equação de Nernst, segue as mesmas convenções adotadas para a expressão da constante de equilíbrio.

Assim, se a reação fosse escrita como

$$2Co + 2Ni^{2+} \rightleftharpoons 2Co^{2+} + 2Ni \qquad \Delta\mathscr{E}^\circ = 0{,}046\ V,$$

então, n = 4 e a equação de Nernst correta seria

$$\Delta\mathscr{E} = 0{,}046 - \frac{0{,}059}{4}\log\frac{[Co^{2+}]^2}{[Ni^{2+}]^2}$$

$$= 0{,}046 - \frac{0{,}059}{2}\log\frac{[Co^{2+}]}{[Ni^{2+}]}.$$

Comparando a equação acima com a Eq.(7.4), podemos notar que a hipótese de que o potencial associado com uma reação se mantém inalterado, ao se multiplicar a reação por um número positivo, é confirmada.

A equação de Nernst estabelece que o potencial da célula está relacionado com o logarítmo da concentração dos reagentes. Na situação particularmente simples representada pela Eq.(7.4), podemos perceber que se a razão $[Co^{2+}]/[Ni^{2+}]$ variasse por um fator de 10, o potencial da célula seria modificado por uma quantidade igual a 0,059/2, ou 0,030 V. Se a concentração dos reagentes aumentasse ou se a concentração dos produtos diminuisse, o potencial da célula tornar-se-ia mais positivo. Por exemplo, se a $[Ni^{2+}]=1\,M$ e $[Co^{2+}]=0{,}1\,M$, então

$$\Delta\mathscr{E} = 0{,}046 - \frac{0{,}059}{2}\log 0{,}1 = 0{,}046 + 0{,}030$$

$$= 0{,}076\ V.$$

Portanto, se continuarmos associando a magnitude do potencial da célula com a tendência da reação ocorrer, podemos dizer que a força motriz da célula

$$Co + Ni^{2+}\ (1\ M) \rightleftharpoons Co^{2+}\ (0{,}1\ M) + Ni$$

é maior do que a força motriz da célula

$$Co + Ni^{2+}\ (1\ M) \rightleftharpoons Co^{2+}\ (1\ M) + Ni.$$

Também, podemos calcular o $\Delta\mathscr{E}$ quando a $[Co^{2+}]$=1 M e a $[Ni^{2+}]=0{,}01\,M$:

$$\Delta\mathscr{E} = 0{,}046 - \frac{0{,}059}{2}\log\frac{1}{0{,}01} = 0{,}046 - 0{,}059$$

$$= -0{,}013\ V.$$

O valor negativo de $\Delta\mathscr{E}$ indica que a reação

$$Co + Ni^{2+}\ (0{,}01\ M) \rightleftharpoons Co^{2+}\ (1\ M) + Ni$$

deve ocorrer espontaneamente da direita para a esquerda. Assim, pode-se perceber por meio destes exemplos que, utilizando-se uma Tabela de potenciais de semi-célula e a equação de Nernst, torna-se possível prever o sentido da reação espontânea de uma dada reação, sob quaisquer condições de concentração.

Por outro lado, pode-se inferir, a partir da equação de Nernst, que uma simples diferença de concentração pode gerar uma diferença de potencial, embora o potencial padrão da célula seja igual a zero. Considere a célula mostrada na Fig.7.5 como sendo nosso próximo exemplo. Uma das semi-células consiste de um eletrodo de prata mergulhado numa solução 1 M de Ag^+, enquanto a outra semi-célula é constituida pelo mesmo eletrodo de prata, porém mergulhado numa solução 0,01 M de Ag^+. O sistema descrito acima é denominado uma **célula de concentração.** Os experimentos mostram inequivocamente que uma diferença de potencial é gerada entre os eletrodos, e que o eletrodo imerso na solução mais diluida é o polo negativo. Logo, as semi-reações que ocorrem nesta célula de concentração são

$$Ag(s) \rightleftharpoons Ag^+\ (0{,}01\ M) + e^-$$

na solução diluída,

$$e^- + Ag^+\ (1\ M) \rightleftharpoons Ag(s)$$

na solução concentrada,

e a reação global da célula é

$$Ag^+\ (1\ M) \rightarrow Ag^+\ (0{,}01\ M).$$

Ou seja, a reação espontânea da célula tende a igualar as concentrações nas duas semi-células. Apesar do potencial padrão ser igual a zero, uma diferença de potencial será desenvolvida sendo, no presente caso, igual a

$$\Delta\mathscr{E} = 0 - \frac{0{,}059}{1}\log\frac{0{,}01}{1}$$

$$= 0{,}12\ V.$$

O fato de existir uma ddp e, portanto, uma força motriz que impulsiona aquela reação, não deveria nos surpreender. Sabemos que quando uma solução concentrada é colocada em contato físico com uma solução mais diluída, elas se misturam espontaneamente no sentido de formar uma solução de concentração intermediária e uniforme. O potencial das células de concentração é a medida desta tendência natural das soluções de diferentes concentrações se misturarem ao serem colocadas em contato.

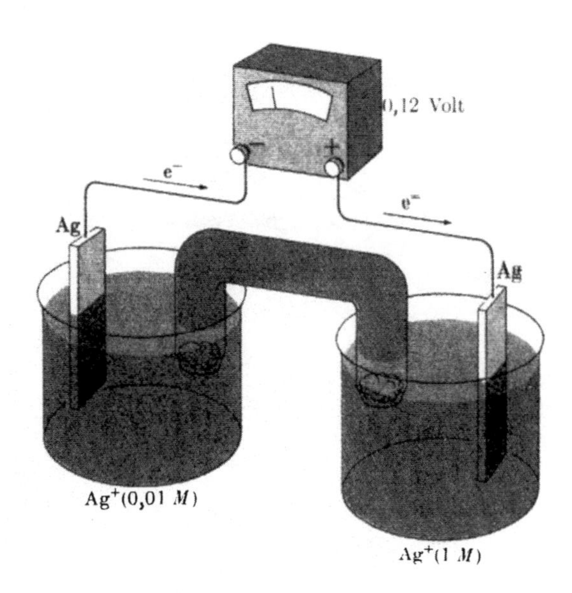

Fig. 7.5 Uma célula de concentração de íons prata.

Potenciais da Célula, Energia Livre e Constantes de Equilíbrio

O nome da equação que relaciona o potencial de uma célula com suas concentrações foi dado em homenagem a H.W. Nernst, um famoso físico-químico alemão que mostrou como se pode deduzir tal equação a partir da termodinâmica. No Cap.4 mostramos como a variação de energia livre numa dada reação química está relacionada com o equilíbrio químico da mesma. A variação de energia livre numa célula eletroquímica está diretamente relacionada com seu potencial. Ambos são a medida da força motriz da reação em direção ao estado de equilíbrio, e a relação entre eles é muito simples.

A diminuição de energia livre que ocorre durante uma reação espontânea, à temperatura e à pressão constantes, é igual ao trabalho elétrico máximo que esta reação pode realizar. Esta quantidade de trabalho já foi deduzida para as condições padrão (Eq.(7.2)). No caso de uma célula eletroquímica em qualquer outra condição, temos que

$$\begin{aligned} -\Delta G &= \text{diminuição de energia livre} \\ &= \text{trabalho elétrico máximo} \\ &= q\,\Delta\mathscr{E}. \end{aligned} \tag{7.5}$$

A quantidade de carga transferida de um eletrodo para o outro, quando ocorre um mol de reação química, é igual a

$$q(\text{por mol de reação}) = n\mathscr{F}$$

onde $\mathscr{F}$ é denominado a **constante de Faraday**, e é igual a quantidade de carga de 1 mol de elétrons, em coulombs. Analogamente aos casos anteriores, n é o número de elétrons transferidos na reação, da maneira como foi escrita. Se combinarmos estas duas equações, temos que

$$\Delta\tilde{G} = -n\mathscr{F}\,\Delta\mathscr{E}, \tag{7.6}$$

e, nas condições padrão,

$$\Delta\tilde{G}^\circ = -n\mathscr{F}\,\Delta\mathscr{E}^\circ. \tag{7.7}$$

Agora, podemos retornar ao Cap.4 e utilizar a definição de atividade para calcularmos o ΔG, para a reação geral

$$a\text{A} + b\text{B} \rightleftharpoons c\text{C} + d\text{D}$$

O resultado é igual a Eq.(4.12):

$$\Delta\tilde{G} = \Delta\tilde{G}^\circ + RT\ln\frac{\{\text{C}\}^c\{\text{D}\}^d}{\{\text{A}\}^a\{\text{B}\}^b}.$$

Se substituirmos as Eqs.(7.6) e (7.7) na expressão da energia livre e resolvermos para $\Delta\mathscr{E}$, obteremos a forma da equação de Nernst:

$$\Delta\mathscr{E} = \Delta\mathscr{E}^\circ - \frac{RT}{n\mathscr{F}}\ln\frac{\{\text{C}\}^c\{\text{D}\}^d}{\{\text{A}\}^a\{\text{B}\}^b}. \tag{7.8}$$

Se calcularmos o valor da razão entre as constantes físicas da Eq.(7.8), a 25° C, teremos que

$$\begin{aligned} \frac{RT}{\mathscr{F}} &= \frac{8{,}3144\ \text{J mol}^{-1}\ \text{K}^{-1}\ 298{,}15\ \text{K}}{96.485\ \text{C mol}^{-1}}, \\ &= 2{,}5692 \times 10^{-2}\ \text{J C}^{-1}, \\ &= 2{,}5692 \times 10^{-2}\ \text{V}. \end{aligned}$$

Se utilizarmos o logarítmo na base 10 ao invés do logarítmo natural, a 25° C, a Eq.(7.8) adquire a seguinte forma:

$$\Delta\mathscr{E} = \Delta\mathscr{E}^\circ - \frac{0{,}059159}{n}\log\frac{\{\text{C}\}^c\{\text{D}\}^d}{\{\text{A}\}^a\{\text{B}\}^b}. \tag{7.9}$$

A equação de Nernst que utilizaremos apresenta duas aproximações: 1) usaremos molaridades ao invés de atividades. O efeito desta modificação poderia ser um pouco amenizado se utilizássemos molalidades, porém normalmente expressamos as concentrações em molaridades nos cálculos menos rigorosos. 2) A constante a 25° C (0,059159) será arredondada para 0,059 V, visto que não estaremos utilizando atividades e, logo, não teremos tal precisão. Estas duas aproximações tornam a Eq.(7.9) e a Eq.(7.3) exatamente iguais.

A relação precisa entre as constantes de equilíbrio e os potenciais padrão das células pode ser obtida combinando-se as Eqs.(4.10) e (7.7). Assim, temos que

$$K = e^{n\mathcal{F}\Delta\mathscr{E}^\circ/RT}, \quad (7.10)$$

Esta equação é válida para qualquer temperatura. Alguns estudantes podem preferir a dedução convencional, a qual utiliza a equação de Nernst aproximada, a 25° C. Nesta dedução valemo-nos do fato de que quando $\Delta\mathscr{E} = 0$, a célula galvânica se encontra no seu estado de equilíbrio. Assim, para uma reação geral do tipo

$$aA + bB \rightleftharpoons cC + dD,$$

podemos dizer que, no equilíbrio,

$$\Delta\mathscr{E} = 0 = \Delta\mathscr{E}^\circ - \frac{0{,}059}{n}\log Q_{eq} \quad (7.11)$$

onde o subscrito no quociente de reação, Q, indica que as concentrações são aquelas do estado de equilíbrio.

O quociente de reação, na Eq.(7.11), é igual à constante de equilíbrio da reação:

$$Q_{eq} = K.$$

Portanto, a Eq.(7.11) pode ser escrita como

$$0 = \Delta\mathscr{E}^\circ - \frac{0{,}059}{n}\log K,$$

$$\log K = \frac{n\,\Delta\mathscr{E}^\circ}{0{,}059},$$

$$K = 10^{n\Delta\mathscr{E}^\circ/0{,}059}. \quad (7.12)$$

As Eqs.(7.10) e (7.12) são particularmente interessantes e importantes porque eles expressam a relação entre K e $\Delta\mathscr{E}^0$. Ou seja, aquelas equações correlacionam os dois fatores que utilizamos para medir a tendência de uma reação ocorrer em direção à formação dos produtos. Podemos notar que quando $\Delta\mathscr{E}^0$ for positivo K também será positivo; e quanto maior o valor de $\Delta\mathscr{E}^0$ maior será o valor de K. Portanto, nosso critério de que quanto maior for K ou $\Delta\mathscr{E}^0$, tanto maior será a tendência dos reagentes se transformarem nos produtos são consistentes entre si.

Foi frisado anteriormente que um valor negativo de $\Delta\mathscr{E}^0$ implica na impossibilidade dos reagentes formarem os produtos espontaneamente, nos seus estados padrão. Todavia, isto não implica que nenhuma molécula do produto jamais será formado a partir dos reagentes. Apenas, indica que, a partir dos reagentes nos seus estados padrão, os produtos serão formados numa concentração menor do que aquela correspondente à concentração no estado padrão (1 M), como se pode notar analisando-se as Eqs.(7.10) e (7.12).

Exemplo 7.2. Calcule o $\Delta\mathscr{E}^0$ e o K da reação:

$$2Fe^{3+} + 3I^- \rightleftharpoons 2Fe^{2+} + I_3^-.$$

Resposta. Consultando-se a Tabela 7.1, temos que

$$e^- + Fe^{3+} = Fe^{2+} \qquad \mathscr{E}^\circ = 0{,}77\ V,$$
$$2e^- + I_3^- = 3I^- \qquad \mathscr{E}^\circ = 0{,}535\ V.$$

Devemos multiplicar a primeira semi-reação por 2 e combinar com o inverso da segunda. Assim, temos que a reação global é

$$2Fe^{3+} + 3I^- \rightleftharpoons 2Fe^{2+} + I_3^-.$$

Os potênciais de semi-célula devem ser combinados de maneira análoga, para calcularmos o $\Delta\mathscr{E}^0$:

$$\Delta\mathscr{E}^\circ = 0{,}77 - 0{,}535 = 0{,}24\ V.$$

Logo,

$$K = 10^{n\Delta\mathscr{E}^\circ/0{,}059} = 10^{(2)(0{,}24)/0{,}059} = 9 \times 10^7.$$

Assim, uma diferença de potencial relativamente pequena corresponde a uma constante de equilíbrio muito grande.

Exemplo 7.3. O $\Delta\mathscr{E}^0$ para a reação com n = 2

$$Fe + Zn^{2+} \rightleftharpoons Zn + Fe^{2+}$$

é igual a -0,353 V. Qual será a concentração de Fe^{2+}, no estado de equilíbro, quando um pedaço de ferro metálico for mergulhado numa solução 1 *M* de Zn^{2+} ?

Resposta. A constante de equilíbrio será igual a

$$K = 10^{n\Delta\mathscr{E}^\circ/0{,}059} = 10^{(2)(-0{,}353)/0{,}059}$$
$$= 1{,}1 \times 10^{-12}.$$

Dado que

$$K = \frac{[Fe^{2+}]}{[Zn^{2+}]},$$

a $[Fe^{2+}] = 1{,}1 \times 10^{-12}$, pois a $[Zn^{2+}] = 1\ M$.

Torna-se claro, a partir destes exemplos, que a relação entre $\Delta\mathscr{E}^0$ e K nos permite medir constantes de equilíbrio ou muito grandes ou muito pequenas, por meio de experimentos eletroquímicos nos quais todos os reagentes tenham a conveniente concentração de 1 *M* ou 1 atm de pressão, no caso de gases.

Reações e Potenciais da Célula

Os exemplos anteriores ilustraram como os valores de $\Delta\mathscr{E}^0$ podem ser utilizados para calcular as constantes de equilíbrio das reações. Também, podemos utilizar os valores das constantes de equilíbrio para calcularmos os potenciais das células. Considere a célula de concentração, mostrada na Fig.7.5. O que aconteceria com seu potencial se íons cloreto fossem adicionados à semi-célula do lado esquerdo? Imediatamente, o íon Cl^- formaria AgCl(s), segundo a reação

$$Ag^+ + Cl^- \rightleftharpoons AgCl(s).$$

Esta reação deve diminuir a concentração de íons Ag^+ na semi-célula do lado esquerdo. A equação de Nernst desta célula de concentração é

$$\Delta\mathscr{E} = -\frac{0{,}059}{1}\log\frac{[Ag^+]}{1}$$

Então, o potencial da célula deve ter se tornado maior do que 0,12 V, pois a concentração de Ag^+ tornou-se menor do que 0,01 M. Suponha que tenha sido adicionado uma quantidade suficiente de Cl^- de tal modo que $[Cl^-] = 1{,}00\ M$. Utilizando-se a expressão do produto de solubilidade, à temperatura de 25° C,

$$[Ag^+][Cl^-] = 1{,}8 \times 10^{-10},$$

e a $[Ag^+] = 1{,}8 \times 10^{-10}\ M$. Substituindo-se este resultado na equação de Nernst, temos que

$$\Delta\mathscr{E} = -\frac{0{,}059}{1}\log(1{,}8 \times 10^{-10}) = 0{,}58\ V.$$

Este potencial pode ser medido experimentalmente e comparado com o resultado de nossos cálculos. Visto que as concentrações de Cl^- e Ag^+ são grandes, elas podem ser facilmente medidas. Caso os potenciais medido e calculado não forem concordantes, então, o pesquisador terá um bom motivo para duvidar do valor do K_{ps} do AgCl(s). A medida de potenciais é um importante método para se determinar constantes de equilíbrio.

Embora seja útil e correto imaginarmos que o efeito da adição de Cl^- é abaixar a concentração de Ag^+, também, devemos mudar a maneira de expressar a reação eletroquímica. Esta deve representar as reações químicas *principais* que ocorrem na célula. Estas foram modificadas quando Cl^- foi adicionado. Antes da adição de Cl^-, Ag^+ era a espécie preponderante na semi-célula do lado direito. Após a adição, o Cl^- se tornou a espécie em maior concentração e Ag^+ passou a ser uma espécie minoritária. O fluxo de elétrons produz íons Ag^+ na semi-célula do lado esquerdo, mas estes íons devem reagir rapidamente a medida que são formados, produzindo mais AgCl(s). A semi-reação, na presença de um excesso de Cl^-, é expressa por

$$Ag(s) + Cl^- \rightleftharpoons e^- + AgCl(s),$$

e apresenta um valor característico de $\mathscr{E}^0$. A reação global da célula, na presença de excesso de Cl^-, é:

$$\begin{array}{lll} \text{esquerda:} & Ag(s) + Cl^- \rightleftharpoons e^- + AgCl(s) & -\mathscr{E}^\circ_{AgCl} \\ \text{direita:} & Ag^+ + e^- \rightleftharpoons Ag(s) & \mathscr{E}^\circ_{Ag^+} \\ \hline & Ag^+ + Cl^- \rightleftharpoons AgCl(s) & \mathscr{E}^\circ_{Ag^+} - \mathscr{E}^\circ_{AgCl} \end{array}$$

O Ag^+ nesta reação provém da semi-célula da direita e o Cl^- da semi-célula da esquerda. A equação de Nernst desta reação é

$$\Delta\mathscr{E} = \Delta\mathscr{E}^\circ - \frac{0{,}059}{1}\log\frac{1}{[Ag^+][Cl^-]},$$

onde

$$\Delta\mathscr{E}^\circ = \mathscr{E}^\circ_{Ag^+} - \mathscr{E}^\circ_{AgCl}.$$

Visto que $[Ag^+] = 1\ M$ e $[Cl^-] = 1\ M$, o potencial da célula previamente calculado como sendo igual a 0,58 V, deve ser equivalente ao $\Delta\mathscr{E}^0$. Assim,

$$0{,}58\ V = \mathscr{E}^\circ_{Ag^+} - \mathscr{E}^\circ_{AgCl}.$$

Se resolvermos a equação acima para $\mathscr{E}^0_{AgCl}$, temos que

$$\mathscr{E}^\circ_{AgCl} = \mathscr{E}^\circ_{Ag^+} - 0{,}58\ V = 0{,}80 - 0{,}58 = 0{,}22\ V.$$

O valor que consta na Tabela 7.1 é 0,222 V. Este é mais preciso do que o resultado encontrado acima.

Um eletrodo constituido por um fio de prata recoberto com AgCl(s), em contato com uma solução 1 *M* de KCl, é comumente utilizado como eletrodo de referência em instrumentos eletroquímicos, tais como pHmetros. O outro eletrodo de referência, comumente utilizado nos laboratórios, é denominado *semi-célula de calomelano.* Este se constitui de um eletrodo de mercúrio recoberto com Hg_2Cl_2(s)(calomelano), que é mergulhado numa solução de KCl. Seu $\mathscr{E}^0$, também, foi compilado na Tabela 7.1. Estes eletrodos de referência são exemplos de semi-células reversíveis e extremamente reprodutíveis, que podem gerar potenciais com precisão superiores a 1 mV. Muitas semi-reações dão origem a eletrodos de má qualidade. Seus potenciais são listados na Tabela 7.1 com o intuito de possibilitar a realização de cálculos. Contudo, nem todas as semi-reações poderão ser facilmente utilizadas para se confeccionar células eletroquímicas.

Equivalente-Volt. Em todos os exemplos anteriores, nunca relacionamos o potencial de uma semi-reação ao número de elétrons. Geralmente, o potencial de uma célula galvânica real é completamente independente do número de elétrons na reação. Assim, as duas reações abaixo

$$Cu^{2+} + Zn \rightleftharpoons Cu + Zn^{2+} \qquad n = 2,$$
$$2Cu^{2+} + 2Zn \rightleftharpoons 2Cu + 2Zn^{2+} \qquad n = 4,$$

devem possuir o mesmo valor de $\Delta\mathscr{E}^0$,ou seja, 1,10 V. Aparentemente, as equações de Nernst para os dois casos parecem ser diferentes, por apresentarem valores de n diferentes. Contudo, ambos são idênticos, e possuem o mesmo $\Delta\mathscr{E}$ e $\Delta\mathscr{E}^0$, como foi demonstrado anteriormente.

Agora, considere as três semi-reações abaixo, para íons cobre em solução,

	$\mathscr{E}^\circ$ (V)
$Cu^+ + e^- \rightleftharpoons Cu$	0,518,
$Cu^{2+} + 2e^- \rightleftharpoons Cu$	0,339,
$Cu^{2+} + e^- \rightleftharpoons Cu^+$	0,160.

Qual é a relação entre estes três potenciais ? Se subtrairmos a primeira semi-reação da segunda, obteremos a terceira. Entretanto, não podemos subtrair seus potenciais, pois 0,339 - 0,518 $\neq$ 0,160. Obviamente, não podemos subtrair o potencial das duas semi-reações e obter o valor correto da semireação resultante.

Neste caso, o motivo da dificuldade se encontra no fato de que os valores de n não são iguais para as três semireações. Anteriormente, quando somamos ou subtraimos reações, estávamos operando com funções de estado, tais como a entalpia e a energia livre. No entanto, $\mathscr{E}^0$ não é uma função de estado. Por outro lado, analisando-se a Eq.(7.7) podemos perceber que o produto $n\mathscr{E}$, denominado equivalente-volt, é uma função de estado, pois tal produto é proporcional à energia livre. Agora, vamos verificar se o uso do **equivalente-volt** nos permite calcular o valor correto do terceiro $\mathscr{E}^0$ do cobre:

	n	$\mathscr{E}^\circ$ (V)	$n\mathscr{E}^\circ$ (V-eq.)
$Cu \rightleftharpoons e^- + Cu^+$	1	$-0,518$	$-0,518$
$Cu^{2+} + 2e^- \rightleftharpoons Cu$	2	0,339	0,678
$Cu^{2+} + e^- \rightleftharpoons Cu^+$	1		0,160

Nestes cálculos, o valor final de n é igual a 1 e $\mathscr{E}^0$ = 0,160, como esperado. Neste caso, os valores de n $\mathscr{E}^0$ e $\mathscr{E}^0$ são idênticos, mas em muitos casos eles serão diferentes.

Nas células galvânicas normais o valor de n da semireação de redução é exatamente igual ao valor de n da semireação de oxidação, que por sua vez é igual ao valor de n da reação balanceada. Por esta razão, o $\mathscr{E}^0$ se comporta como uma função de estado e pode ser somado e subtraido da mesma maneira que as reações. Todavia, sempre que o valor de n variar durante as operações com as semi-reações, o equivalente-volt deve ser utilizado ao invés dos potenciais padrão das semi-reações.

Exemplo 7.4. Calcule o $\Delta\mathscr{E}^0$ da seguinte reação:

$$IO_3^- + 6H^+ + 6e^- \rightleftharpoons I^- + 3H_2O$$

Resposta. Esta reação pode ser escrita como a soma de duas reações dadas na Tabela 7.1:

	$\mathscr{E}^\circ$ (V)	$n\mathscr{E}^\circ$ (V-eq.)
$IO_3^- + 6H^+ + 5e^- \rightleftharpoons \frac{1}{2}I_2(s) + 3H_2O$	1,210	6,050
$\frac{1}{2}I_2(s) + e^- \rightleftharpoons I^-$	0,535	0,535
$IO_3^- + 6H^+ + 6e^- \rightleftharpoons I^- + 3H_2O$		6,585

Visto que n = 6 para a reação resultante:

$$\mathscr{E}^\circ = \frac{6,585}{6} = 1,098 \text{ V}.$$

$$\Delta\mathscr{E}^0 = (6,585/6) = 1,098 \text{ V}.$$

7.6 Titulação Redox

As **titulações redox** são importantes em química analítica, e a discussão das mesmas nos proporciona um melhor discernimento sobre o funcionamento das células galvânicas, bem como do uso da equação de Nernst.

Vamos tratar da estequiometria de tais titulações, antes de aplicarmos a equação de Nernst à titulação redox. Utilizamos a titulação do Fe^{2+} com MnO_4^-, como um exemplo típico. Em meio ácido, o Fe^{2+} é oxidado a Fe^{3+},

$$Fe^{2+} \rightarrow Fe^{3+} + e^-,$$

e o MnO_4^- é reduzido a Mn^{2+},

$$MnO_4^- + 5e^- + 8H^+ \rightarrow Mn^{2+} + 4H_2O.$$

Exemplo 7.5. Quantos mililitros de uma solução 0,02000 M de $KMnO_4$ serão necessários para titular exatamente 25,00 ml de uma solução 0,2000 M de $Fe(NO_3)_2$?

Resposta. Considerando-se 25,00 ml de uma solução 0,2000 M de Fe^{2+}, temos que

$$\text{milimols de } Fe^{2+} = 25,00 \times 0,2000,$$

e, num volume V (em mililitros) da solução de MnO_4^-, temos que

$$\text{milimols de } MnO_4^- = V \times (0,02000).$$

A reação balanceada é

$$MnO_4^- + 5Fe^{2+} + 8H^+ \rightarrow Mn^{2+} + 5Fe^{3+} + 4H_2O.$$

Isto quer dizer que no ponto de equivalência a seguinte relação deve ser satisfeita:

$$\frac{V(0,02000)}{1} = \frac{(25,00)(0,2000)}{5}$$

logo,

$$V = 50,00 \text{ mL}.$$

Este problema pode ser resolvido utilizando-se o conceito de equivalentes redox ao invés de mols. Um equivalente de um agente oxidante ou redutor é definido como sendo a quantidade necessária de reagente para aceitar ou doar 1 mol de elétrons. Dado que o MnO_4^- pode receber cinco elétrons por mol, temos que

nº de equivalentes de MnO_4^- = 5 x nº de mols de MnO_4^-,

e

normalidade do MnO_4^- = 5 x molaridade do MnO_4^-.

No caso do Fe^{2+}, o número de mols é igual ao número de equivalente. No ponto de equivalência, temos que

nº de equivalentes do MnO_4^- = nº de equivalentes do Fe .

No caso da solução de MnO_4^- 0,02000 *M*, temos que

normalidade do MnO_4^- = (5)(0,02000) = 0,1000 *N*,

e, no caso da solução 0,2000 *M* de Fe^{2+}, temos que

normalidade do Fe^{2+} = 0,2000 *N*.

Assim, podemos resolver para o volume de titulante, MnO_4^-

$$V_{MnO4^-} = (25,00 \text{ ml}) \frac{0,2000N}{0,1000N} = 50,00 \text{ ml}.$$

Utilizaremos o íon cérico, Ce^{4+}, em nosso primeiro cálculo aplicando a equação de Nernst, porque ele é um agente oxidante monoeletrônico. Considere a titulação de 50,00 ml de uma solução 0,200 *M* de Fe^{2+} por um volume *V* (em mililitros) de uma solução 0,2000 *M* de Ce^{4+}. A reação é

$$Fe^{2+} + Ce^{4+} \rightarrow Fe^{3+} + Ce^{3+}. \quad (7.13)$$

Esta titulação pode ser realizada com o aparelho mostrado na Fig.7.6. O íon cérico é adicionado ao béquer do lado direito contendo íon ferroso, por meio de uma bureta. Dentro deste béquer foram colocados uma ponte salina e um eletrodo de platina. Este sistema está acoplado a um eletrodo padrão de hidrogênio. O voltímetro deve indicar o potencial de semi-célula da solução titulada, pois o potencial do eletrodo padrão de hidrogênio é igual a zero, por definição.

As duas reações abaixo,

$$Ce^{4+} + e^- \rightleftharpoons Ce^{3+}, \quad (7.14a)$$

$$Fe^{3+} + e^- \rightleftharpoons Fe^{2+} \quad (7.14b)$$

podem ocorrer no eletrodo de platina. Qual das duas reações determina o potencial do eletrodo de platina ? Vamos supor que, após cada adição de Ce^{4+}, ocorra uma reação (7.13) que rapidamente alcance seu estado de equilíbrio. Visto que o equilíbrio envolve Fe^{2+}, Fe^{3+}, Ce^{3+} e Ce^{4+}, isto implica que o potencial de semi-célula das duas semi-reações (Eqs.(7.14a e 7.14b)) se tornam *exatamente iguais*. Portanto, podemos considerar o béquer da direita como uma semi-célula de Fe^{3+}/Fe^{2+} ou de Ce^{4+}/Ce^{3+}, segundo nossa conveniência.

Vamos verificar como o potencial muda a medida que a solução é titulada. No início, o béquer da direita, na Fig.7.6, é uma semi-célula de Fe^{3+}/Fe^{2+}. A reação completa da célula galvânica e seu potencial são:

$$Fe^{3+} + \tfrac{1}{2}H_2(g) \rightleftharpoons Fe^{2+} + H^+,$$

$$\Delta\mathscr{E} = \Delta\mathscr{E}^\circ - \frac{0,059}{1}\log\frac{[H^+][Fe^{2+}]}{(P_{H_2})^{1/2}[Fe^{3+}]}, \quad (7.15)$$

onde, P_{H_2} = 1 atm e $[H^+]$ = 1 *M*. A mudança do $\Delta\mathscr{E}$ será devido à variação na semi-célula de Fe^{3+} e Fe^{2+}. O potencial desta semi-célula pode ser calculado expandindo-se a Eq.(7.15) de modo a obtermos as equações correspondentes às duas partes que compõem a célula:

$$\Delta\mathscr{E} = \mathscr{E}_{Fe} - \mathscr{E}_H,$$

e

$$\mathscr{E}_{Fe} = \mathscr{E}^\circ_{Fe} - \frac{0,059}{1}\log\frac{[Fe^{2+}]}{[Fe^{3+}]}, \quad (7.16)$$

$$\mathscr{E}_H = \mathscr{E}^\circ_H - \frac{0,059}{1}\log\frac{(P_{H_2})^{1/2}}{[H^+]}. \quad (7.17)$$

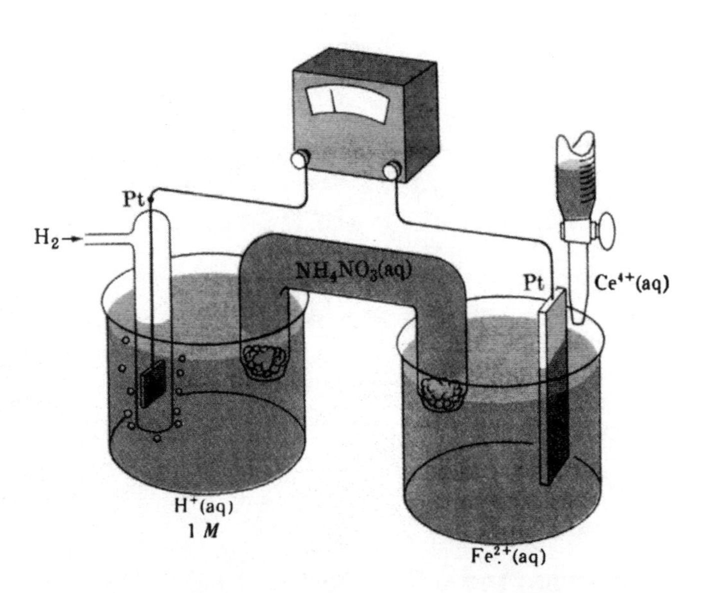

Fig. 7.6 Aparato para uma titulação de óxido-redução através da medição do potencial de meia célula da solução titulada.

As duas expressões acima são o resultado da aplicação da equação de Nernst às duas semi-reações abaixo,

$$Fe^{3+} + e^- \rightleftharpoons Fe^{2+} \qquad e \qquad H^+ + e^- \rightleftharpoons \tfrac{1}{2}H_2(g),$$

tal que $[e^-] = 1$. Embora esta seja uma maneira conveniente para obtermos as Eqs.(7.16) e (7.17) rapidamente, as duas equações são o resultado do desmembramento da Eq. (7.15), de forma a obtermos a diferença entre dois potenciais.

Quando Ce^{4+} for adicionado ao béquer contendo o íon Fe^{2+}, o potencial medido, $\Delta\mathscr{E}$, também pode ser considerado como sendo originário da semi-célula Ce^{4+}/Ce^{3+}. Assim, temos que

$$\mathscr{E}_{Ce} = \mathscr{E}^{\circ}_{Ce} - \frac{0{,}059}{1}\log\frac{[Ce^{3+}]}{[Ce^{4+}]} \qquad (7.18)$$

Quando o equilíbrio químico entre Fe^{2+} e Ce^{4+} for alcançado, $\mathscr{E}_{Fe} = \mathscr{E}_{Ce}$. Podemos escrever o potencial de semi-célula desta solução no equilíbrio como

$$\mathscr{E} = \mathscr{E}_{Fe} = \mathscr{E}_{Ce}.$$

Tanto a Eq.(7.16) como a Eq.(7.18) podem ser utilizadas para se determinar o valor de $\mathscr{E}$. A escolha dependerá da facilidade com que se consegue resolver uma ou outra equação.

Antes do ponto de equivalência desta titulação ser alcançado, a solução conterá o íon Fe^{3+} titulado e o íon Fe^{2+} remanescente. As quantidades destes íons podem ser calculadas baseando-se apenas na estequiometria, desde que o volume de Ce^{4+} adicionado não esteja muito próximo do volume de equivalência, ou seja, $V = 50{,}00$ mL. Estes valores podem ser calculados como se segue:

$$[Fe^{3+}]_0 = \frac{0{,}2000\,V}{50{,}00 + V}$$

$$[Fe^{2+}]_0 = \frac{0{,}2000(50{,}00 - V)}{50{,}00 + V},$$

Estes resultados podem ser substituidos na Eq.(7.15) para se determinar o valor de $\mathscr{E}$, até as proximidades do ponto de equivalência. Para volumes maiores que o volume de equivalência, haverá um excesso de Ce^{4+}, e os valores estequiométricos para as concentrações molares de Ce^{3+} e o excesso de Ce^{4+} serão dados pelas expressões abaixo:

$$[Ce^{3+}]_0 = \frac{(0{,}2000)(50{,}00)}{50{,}00 + V}$$

$$[Ce^{4+}]_0 = \frac{0{,}2000(V - 50{,}00)}{50{,}00 + V}.$$

Estes valores podem ser substituidos na Eq.(7.18) para se determinar o $\mathscr{E}$ após o ponto de equivalência. O gráfico de $\mathscr{E}$ *versus* V, resultante da titulação, é mostrado na Fig.7.7.

Analogamente às titulações ácido-base, o ponto de equivalência de uma titulação redox requer um tratamento especial. No presente exemplo, quando V se tornar igual a 50,00 mL, as concentrações de equilíbrio do íon ferroso e do íon cérico não serão iguais a zero. Na realidade, serão iguais a algum valor muito pequeno, definido pela condição de equilíbrio. Embora, haja uma pequeníssima quantidade de Fe^{2+} no ponto de equivalência, deve haver uma quantidade exatamente igual de Ce^{4+} em solução.
Portanto, no ponto de equivalência temos que

$$[Ce^{4+}] = [Fe^{2+}], \qquad (7.19a)$$

$$[Ce^{3+}] = [Fe^{3+}]. \qquad (7.19b)$$

Visto que estas duas relações são simultaneamente satisfeitas somente no ponto de equivalência, podemos usá-los para encontrarmos o potencial correspondente. Primeiro, gostaríamos de frisar que o potencial de semi-célula, sempre, poderá ser escrito de duas maneiras:

$$\mathscr{E} = \mathscr{E}^{\circ}_{Fe} - 0{,}059\log\frac{[Fe^{2+}]}{[Fe^{3+}]}$$

$$= \mathscr{E}^{\circ}_{Ce} - 0{,}059\log\frac{[Ce^{3+}]}{[Ce^{4+}]}.$$

Combinando-se estas expressões, temos que

$$2\mathscr{E} = \mathscr{E}^{\circ}_{Fe} + \mathscr{E}^{\circ}_{Ce} - 0{,}059\log\frac{[Fe^{2+}][Ce^{3+}]}{[Fe^{3+}][Ce^{4+}]}. \qquad (7.20)$$

Porém, segundo as Eqs.(7.19a,b)

$$\frac{[Ce^{4+}]}{[Ce^{3+}]} = \frac{[Fe^{2+}]}{[Fe^{3+}]}, \qquad \frac{[Fe^{2+}][Ce^{3+}]}{[Fe^{3+}][Ce^{4+}]} = 1$$

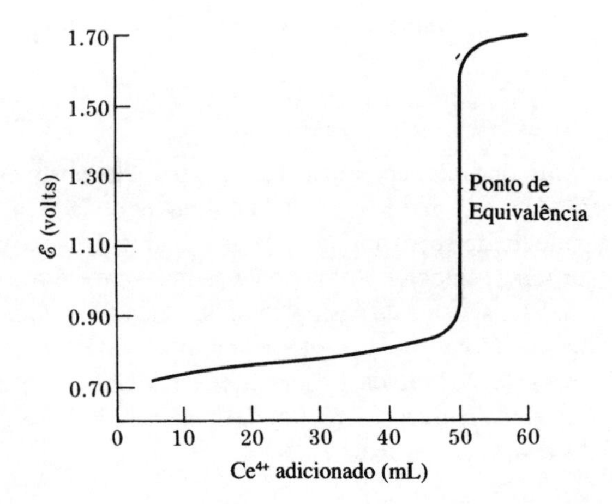

Fig. 7.7 Variação do potencial de semi-célula da solução durante a titulação de 50,00 mL de Fe^{3+} 0,2000 *M* com Ce^{4+} 0,2000 *M*.

no ponto de equivalência. Assim, nestas condições, a Eq.(7.20) pode ser reescrita como

$$2\mathscr{E}_{pe} = \mathscr{E}^{\circ}_{Fe} + \mathscr{E}^{\circ}_{Ce} - 0{,}059 \log 1,$$
$$\mathscr{E}_{pe} = \tfrac{1}{2}(\mathscr{E}^{\circ}_{Fe} + \mathscr{E}^{\circ}_{Ce}). \quad (7.21)$$

Assim, $\mathscr{E}_{pe}$, o potencial de semi-célula no ponto de equivalência, é a média dos potenciais padrão das duas semi-células. A Eq.(7.21) é válida para todas as situações em que o número de elétrons transferidos, nas duas semi-reações envolvidas, sejam iguais.

Uma análise da curva de titulação nos permite concluir que o potencial do eletrodo varia muito rapidamente na vizinhança do ponto de quivalência. De fato, entre $V = 49{,}90$ ml e $V = 50{,}10$ ml, a variação de potencial é de 0,65 V. Portanto, aparentemente o ponto de equivalência poderá ser localizado facilmente com grande precisão, acompanhando-se a titulação por meio de um voltímetro. E, realmente, o desenvolvimento desta idéia nos proporciona o método mais elegante e conveniente de se realizar muitos tipos de titulações.

Quando as duas semi-reações envolvidas na titulação tiverem números diferentes de elétrons, a expressão do potencial, no ponto de equivalência, deve ser um pouco modificada. Vamos ilustrar esta situação utilizando a reação

$$5Fe^{2+} + MnO_4^- + 8H^+ \rightleftharpoons 5Fe^{3+} + Mn^{2+} + 8H_2O,$$

a qual pode ser desmembrada nas seguintes semi-reações:

$$Fe^{3+} + e^- \rightleftharpoons Fe^{2+},$$
$$MnO_4^- + 8H^+ + 5e^- \rightleftharpoons Mn^{2+} + 4H_2O.$$

O potencial de semi-célula para a solução que está sendo titulada pode ser expressa de duas maneiras, como havíamos mencionado anteriormente:

$$\mathscr{E} = \mathscr{E}^{\circ}_{Fe} - 0{,}059 \log \frac{[Fe^{2+}]}{[Fe^{3+}]} \quad (7.22)$$
$$= \mathscr{E}^{\circ}_{Mn} - \frac{0{,}059}{5} \log \frac{[Mn^{2+}]}{[MnO_4^-][H^+]^8}. \quad (7.23)$$

No ponto de equivalência, temos que

$$5[MnO_4^-] = [Fe^{2+}],$$
$$5[Mn^{2+}] = [Fe^{3+}],$$

Assim, podemos concluir que

$$\frac{[Fe^{2+}]}{[Fe^{3+}]} = \frac{[MnO_4^-]}{[Mn^{2+}]}.$$

Se substituirmos esta expressão na Eq.(7.22), temos que

$$\mathscr{E}_{pe} = \mathscr{E}^{\circ}_{Fe} - 0{,}059 \log \frac{[MnO_4^-]}{[Mn^{2+}]}. \quad (7.24)$$

Agora, devemos multiplicar a Eq.(7.23) por 5 e combinar o produto com a Eq.(7.24), de tal forma que

$$\mathscr{E}_{pe} + 5\mathscr{E}_{pe}$$
$$= \mathscr{E}^{\circ}_{Fe} + 5\mathscr{E}^{\circ}_{Mn} - 0{,}059 \log \frac{[Mn^{2+}]}{[MnO_4^-]} \frac{[MnO_4^-]}{[Mn^{2+}][H^+]^8},$$
$$6\mathscr{E}_{pe} = \mathscr{E}^{\circ}_{Fe} + 5\mathscr{E}^{\circ}_{Mn} + 0{,}059 \log [H^+]^8,$$
$$\mathscr{E}_{pe} = \frac{\mathscr{E}^{\circ}_{Fe} + 5\mathscr{E}^{\circ}_{Mn}}{6} + \frac{0{,}059}{6} \log[H^+]^8. \quad (7.25)$$

Notamos que quando o número de elétrons nas duas semi-reações são diferentes, o potencial no ponto de equivalência é a média ponderada dos potenciais das duas semi-células. Também, podemos observar que o potencial no ponto de equivalência pode ser influenciado pelas concentrações de quaisquer outras espécies que apareçam na reação global da titulação, tais como o íon H^+ neste exemplo.

7.7 Eletrólise

Até o momento, nossa única preocupação foi com o estudo de células galvânicas, nas quais a reação espontânea que ocorre na célula eletroquímica é uma fonte de potencial e trabalho elétrico. O inverso desta situação é a **eletrólise**, onde o potencial aplicado por uma fonte externa é utilizado para provocar uma transformação química. Estas células são denominadas **células eletrolíticas**. Atualmente, os processos eletrolíticos são de grande importância industrial, além de terem influenciado o desenvolvimento das idéias relativas à natureza elétrica da matéria, como veremos no Cap.10.

Um dos processos eletroquímico mais simples ocorre quando dois eletrodos de cobre, conectados aos terminais positivo e negativo de uma fonte de potencial, são mergulhados numa solução aquosa contendo sulfato de cobre. Ao ligarmos a fonte, observa-se o aparecimento de uma corrente elétrica. Concomitantemente, cobre metálico é depositado no eletrodo conectado ao polo negativo, enquanto que o eletrodo de cobre ligado ao polo oposto é oxidado a Cu^{2+}. *O eletrodo no qual ocorre a reação de redução* é sempre denominado **catodo,** enquanto que o **anodo** é sempre *o eletrodo no qual ocorre a reação de oxidação.* Assim, temos que

$$Cu^{2+} + 2e^- \rightarrow Cu \qquad \text{no catodo,}$$
$$Cu \rightarrow Cu^{2+} + 2e^- \qquad \text{no anodo.}$$

Utilizando-se uma célula análoga àquela descrita acima, pode-se obter cobre metálico com uma pureza de 99,98 %

depositado no catodo, partindo-se de um anodo de cobre impuro (99,0 %). Por conseguinte, este e outros processos de purificação eletrolítica tem sido comumente utilizados na preparação de grandes quantidades de metais de alta pureza.

Por outro lado, as técnicas eletrolíticas tornaram possível a obtenção dos elementos mais ativos, a partir de seus compostos. Observando-se uma tabela de potenciais de oxidação-redução, facilmente, notaremos que existem íons, tais como Na^+, Mg^{2+} e Al^{3+}, que são extremamente difíceis de serem reduzidos:

$$Na^+ + e^- \rightleftharpoons Na \qquad \mathscr{E}° = -2{,}714\ V,$$
$$Mg^{2+} + 2e^- \rightleftharpoons Mg \qquad \mathscr{E}° = -2{,}357\ V,$$
$$Al^{3+} + 3e^- \rightleftharpoons Al \qquad \mathscr{E}° = -1{,}68\ V.$$

De fato, não há reagentes químicos, baratos e facilmente disponíveis no mercado, que possam reduzir tais íons aos seus metais correspondentes, em larga escala. Como resultado, a produção comercial de metais ativos ocorre quase que exclusivamente por via eletrolítica. Por exemplo, na eletrólise de $MgCl_2$ fundido, as seguintes reações são observadas:

$$Mg^{2+} + 2e^- \rightarrow Mg \qquad \text{no cátodo,}$$
$$2Cl^- \rightarrow Cl_2 + 2e^- \qquad \text{no anodo.}$$

Cerca de 6V são aplicados para efetuar a reação acima. Mesmo esta pequena diferença de potencial é suficiente para transformar o catodo de uma célula eletrolítica em um agente redutor extremamente poderoso.

A Lei de Faraday para a Eletrólise

Os aspectos quantitativos da eletrólise podem ser facilmente compreendidos: o número de mols de material oxidado ou reduzido na superfície de um eletrodo depende apenas da estequiometria da reação e da quantidade de eletricidade que será adicionada à célula. Por exemplo, 1 mol de elétrons irá reduzir e depositar 1 mol de Ag^+, 1/2 mol de Cu^{2+} ou 1/3 mol de Al^{3+}, como se pode perceber a partir das seguintes equações:

$$Ag^+ + e^- \rightarrow Ag,$$
$$Cu^{2+} + 2e^- \rightarrow Cu,$$
$$Al^{3+} + 3e^- \rightarrow Al.$$

A quantidade total de carga que deve ser passada através da célula eletrolítica para produzir 1 mol de Ag, no catodo, é igual a 1 $\mathscr{F}$.

Este corresponde à carga de 1 mol de elétrons e foi cuidadosamente medido pelo National Bureau of Standards (NBS). Utilizando-se os padrões NBS para corrente e potencial, o valor mais recente para a constante de faraday, com seis significativos, é

$$\mathscr{F} = 96.485{,}4\ C\ mol^{-1}.$$

O valor antigo,dado no Apêndice A, foi calculado a partir da carga de 1 mol de elétrons, determinados por diversos métodos. O valor da NBS é mais preciso do que o necessário para o tipo de cálculo mostrado no exemplo que se segue.

Exemplo 7.6. Quantos gramas de cobre serão depositados no catodo de uma célula eletrolítica, se passarmos uma corrente de 0,600 A durante 7,00 minutos ?

Resposta. Visto que o produto da corrente, em ampéres, e o tempo, em segundos, é igual à carga em coulombs, temos que:

$$\text{carga} = (0{,}600\ A)(7{,}00\ \text{minutos})(60\ \text{min}\ s^{-1}) = 252\ A\ s = 252\ C.$$

O número de mols de elétrons é obtido dividindo-se o valor acima pela constante de faraday.

$$\text{mols de elétrons} = \frac{252\ C}{96.485\ C\ mol^{-1}} = 2{,}612 \times 10^{-3}\ mol.$$

Assim, temos que

$$\text{massa de Cu} = (1{,}306 \times 10^{-3}\ mol)(63{,}55 g mol^{-1}) = 8{,}30 \times 10^{-2}\ g.$$

Esta é uma quantidade relativamente pequena de material. Para a produção de magnésio em escala comercial, são utilizadas correntes de aproximadamente 50.000 A. Isto corresponde à passagem de cerca de 0,5 $\mathscr{F} s^{-1}$ ou a cerca de 6 g s^{-1} de magnésio depositados no catodo. Neste tipo de célula, a substância química gerada no anodo, também, deve ter algum valor comercial, devido ao alto custo relativo da energia elétrica.

7.8 Aplicações da Eletroquímica

Uma simples inspeção dos processos que ocorrem na natureza nos revela um número incontável de fenômenos naturais nos quais as reações de oxidação-redução desempenham o papel principal. De fato, a fotossíntese, o processo básico que sustenta a vida na Terra, é a reação de redução do dióxido de carbono e da água a carboidratos essenciais à planta, acompanhada da reação de oxidação do oxigênio no estado 2- ao oxigênio elementar. Os processos metabólicos que ocorrem nos animais são análogos ao inverso da fotossíntese. Neste caso, os carboidratos e outros alimentos são oxidados a dióxido de carbono e água. Se investigarmos detalhadamente veremos que os processos químicos fundamentais da vida são constituidos por um grande número de reações de oxidação-redução, que interagem entre si de modo sutil. A natureza de algumas destas reações de oxidação-redução biologicamente importantes será discutida no Cap.18. No momento, vamos estudar a aplicação dos princípios eletroquímicos a dois processos aparentemente bastante simples: o fenômeno da corrosão de metais e o armazenamento e produção de energia pelas células galvânicas.

Corrosão

Nos Estados Unidos da América, mais de 1×10^{10} dólares são consumidos por ano para reparar os danos provocados pela **corrosão** - a perda de material devido ao ataque químico. Em algumas circunstâncias, o mecanismo da reação de corrosão é equivalente ao que atua nas reações de oxidação-redução que ocorrem em solução. Porém, no caso da corrosão oxidativa de metais, o mecanismo é eletroquímico e semelhante aos processos discutidos na Secção 7.4, relativos às células galvânicas.

O mecanismo de corrosão do ferro será investigado utilizando-se o exemplo mostrado na Fig.7.8. O sistema a ser considerado será um prego de ferro cuja superfície parcialmente molhada está exposta ao oxigênio atmosférico. O prego é um sólido muito imperfeito: ele consiste de microcristais orientados ao acaso e, portanto, formam retículos desordenados e contém muitas impurezas. Os átomos de ferro próximos às interfaces dos microcristais estão ligados por forças relativamente fracas. Alguns destes átomos, facilmente, se oxidam e passam para a fase aquosa na forma de íons:

$$Fe(s) \rightarrow Fe^{2+}(aq) + 2e^-.$$

Assim, algumas das interfaces entre os microcristais servem como anodos, onde o ferro é oxidado a íon ferroso. Esta reação não poderia continuar se os elétrons não fossem removidos de alguma forma. Dado que o ferro é um bom condutor de eletricidade, estes elétrons podem migrar para certos sítios na superfície do ferro que facilitem a reação de redução. Na presença de oxigênio dissolvido na fase aquosa, a reação

$$\tfrac{1}{2}O_2 + H_2O + 2e^- \rightarrow 2OH^-$$

pode ocorrer. Tais sítios se comportam como se fossem micro-catodos distribuidos pela superfície do prego. O resultado das reações acima é a produção de Fe^{2+} e OH^-, às custas do consumo de ferro metálico e de oxigênio. Em seguida, é possível a oxidação direta do íon ferroso pelo oxigênio:

$$2Fe^{2+} + \tfrac{1}{2}O_2 + H_2O \rightarrow 2Fe^{3+} + 2OH^-.$$

Finalmente, quando Fe^{3+} se difundir até os sítios que atuam como catodos, onde OH^- é abundante, a reação

$$2Fe^{3+} + 6OH^- \rightarrow Fe_2O_3 + 3H_2O$$

ocorre provocando a precipitação do óxido de ferro, popularmente conhecido como ferrugem.

As regiões que se comportam como catodos e como anodos ficam tão próximas umas das outras na superfície de um objeto de ferro que não conseguimos distinguí-los, e a ferrugem parece se formar uniformemente por toda a superfície molhada. Entretanto, mesmo nestas circunstâncias, podemos notar que a corrosão é mais rápida quando a fase aquosa contém eletrólitos dissolvidos. A razão deste fenômeno é simples: os eletrólitos dissolvidos atuam como pontes salinas. O processo de separação de cargas, resultante da produção de Fe^{2+} nas regiões que atuam como anodos e a formação de OH^- nos sítios que atuam como catodos, tornaria a reação cada vez mais lenta até, eventualmente, parar completamente. Ao fornecer um reservatório de íons com cargas positivas e negativas, os sais em solução impedem a acumulação de cargas em ambos os eletrodos e, assim, aumentam a velocidade da corrosão eletroquímica.

Há várias maneiras de se inibir ou prevenir a corrosão. O modo mais óbvio de fazê-lo é cobrindo a superfície do metal com um material polimérico, tal como uma tinta, que seja impermeável ao oxigênio e à umidade. Em alguns casos, o recobrimento pode ser feito com um material nobre como o ouro, o qual não se oxida espontaneamente ao ar. Geralmente, utiliza-se um metal que se auto-protege e ao substrato devido à formação de uma camada de um óxido impermeável. Alguns metais, tais como o zinco, o estanho, o níquel e o crômio protegem o ferro contra a corrosão por meio deste mecanismo.

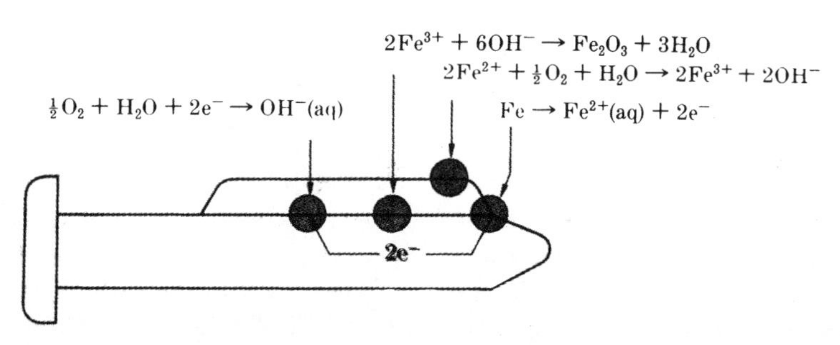

Fig. 7.8 Corrosão de um prego de ferro molhado, pelo oxigênio atmosférico. A oxidação do ferro ocorre principalmente nas áreas altamente tensionadas perto do ponto.

No caso de reservatórios e tubulações subterrâneas é impraticável ou pouco eficaz se fazer o recobrimento com chapas ou depositando-se o metal protetor eletroquimicamente. Nestes casos é possível evitar a corrosão utilizando-se um **anodo de sacrifício**: um bloco de um metal facilmente oxidável, tal como o zinco ou o magnésio, é enterrado e conectado eletricamente ao objeto a ser protegido. O bloco de magnésio atua como um anodo e a medida que se dissolve por meio da reação

$$Mg(s) \rightarrow Mg^{2+}(aq) + 2e$$

ele fornece elétrons ao objeto de ferro e evita a oxidação do mesmo como um todo. Neste caso, o objeto a ser protegido atua como catodo, sendo que a redução do oxigênio a OH^- ocorre na superfície do mesmo. Quando o metal de sacrifício for totalmente consumido, este pode ser substituido e, assim, podemos continuar protegendo o material contra a corrosão.

Baterias e Células de Combustível

As células galvânicas se constituem numa maneira segura e compacta de se armazenar energia elétrica. Esta pode ser liberada de maneira controlada na forma de uma corrente elétrica, gerada por uma diferença de potencial. Um grande número de semi-reações tem sido utilizado em dispositivos práticos. A escolha da reação é influenciada pela disponibilidade e custo dos materiais, suas estabilidades mecânicas, a temperatura de operação da célula, a energia total armazenada por unidade de massa e os fatores relativos à segurança.

A **bateria** comum mais antiga é a **célula seca de Leclanché**. Uma placa de zinco é o anodo, o qual é consumido durante o funcionamento da mesma. Um bastão de carbono em contato com dióxido de manganês atua como catodo e o eletrólito é uma mistura de cloreto de zinco e cloreto de amônio dissolvidos num gel de amido e água, com viscosidade suficiente para evitar seu vazamento. A célula gera uma ddp de cerca de 1,4 V, segundo a reação:

$$Zn + 2MnO_2 + H_2O \rightarrow Zn(OH)_2 + Mn_2O_3$$

A célula de Leclanché é um exemplo de uma **célula primária,** ou seja, uma célula que pode ser utilizada uma única vez, não sendo possível recarregá-la invertendo-se o fluxo de corrente. Outro exemplo de uma célula primária é a **célula de mercúrio** a qual produz cerca de 1,4 V por meio da reação

$$Zn + HgO \rightarrow ZnO + Hg$$

tendo como eletrólito uma pasta de hidróxido de potássio.

As **baterias secundárias** *podem* ser convenientemente recarregadas ou restauradas, quase que completamente à condição inicial, invertendo-se o fluxo da corrente elétrica. O exemplo mais conhecido deste tipo de dispositivo é a **bateria de chumbo,** na qual ocorre a seguinte reação:

$$Pb(s) + PbO_2(s) + 4H^+(aq) + 2SO_4^{2-}(aq) \rightleftharpoons 2PbSO_4(s) + 2H_2O.$$

Quando em funcionamento, o chumbo metálico se oxida a sulfato de chumbo no anodo e o dióxido de chumbo se reduz a sulfato de chumbo no catodo. Visto que o ácido sulfúrico é consumido neste processo, a densidade do eletrólito diminui em função do tempo de operação da célula. Assim, a densidade pode ser utilizada como um indicador da carga disponível na bateria. Cada célula gera pouco mais de 2 V, sendo que as baterias comuns de automóveis consistem de seis células conectadas em série. Uma diferença de potencial um pouco maior que 12 V, que se opõe ao potencial gerado pelas células, é aplicada aos eletrodos para recarregar a bateria. Neste processo, a reação espontânea da célula é invertida transformando o sulfato de chumbo em chumbo metálico e dióxido de chumbo. O processo de regeneração dos eletrodos no processo de recarga nunca é perfeito, pois formam-se cristais aciculares e outras estruturas instáveis. Eventualmente, o cristal em crescimento pode provocar um curto circuito e a bateria deixa de funcionar.

As principais virtudes das baterias de chumbo são sua confiabilidade, seu tempo de vida e sua relativa simplicidade. Entretanto, a presença de um eletrólito líquido é uma desvantagem, assim como a grande massa de chumbo necessária para produzir uma corrente aceitável. Por isso, outras baterias secundárias estão em uso corrente e outras estão sendo desenvolvidas. A **bateria de níquel-cádmio** está sendo extensivamente utilizada em pequenos dispositivos eletrônicos. Esta bateria gera cerca de 1,3 V por meio da reação

$$Cd + Ni_2O_3 + 3H_2O \rightleftharpoons Cd(OH)_2 + 2Ni(OH)_2$$

As **baterias de metal alcalino-enxofre**, que operam segundo reações análogas a

$$2Li + S \rightleftharpoons Li_2S,$$

produzem ddp's relativamente maiores (1,9 a 2,3 V) e são muito mais leves. Infelizmente, estas células operam somente à altas temperaturas (acima de 350º C) e não são adequadas para aplicações que requeiram longos períodos de desuso e partidas rápidas.

As células citadas até o momento se baseiam na oxidação de um eletrodo metálico por agentes oxidantes diversos. Apesar do eletrodo metálico ser uma fonte conveniente e portátil de pequenas quantidades de energia, ele não é adequado para a produção de energia em larga escala. Para este propósito, seria vantajoso termos células que fossem capazes de produzir eletricidade a partir da oxidação de combustíveis gasosos, baratos e disponíveis em grande escala, tais como o gás natural (CH_4), o monóxido de carbono ou hidrogênio. Alguns passos importantíssimos foram dados neste sentido. É importante ressaltar que algumas células de combustível comerciais já foram desenvolvidas.

As **células de combustível** são muito eficientes na conversão da energia liberada na combustão em trabalho. Numa termoelétrica, o combustível (geralmente óleo combustível) é queimado para produzir o vapor necessário para movimentar as turbinas que acionam os geradores elétricos. A eficiência global de conversão da energia química em trabalho foi melhorada, subindo para cerca de 35-40 %, mas não se esperam melhoras significativas neste processo. No Cap. 8 veremos que a percentagem de eficiência η, das turbinas a vapor e outros dispositivos similares, é intrinsicamente limitada pela natureza do processo e pode ser calculado usando a expressão

$$\eta \leqslant 100 \frac{T_q - T_f}{T_q},$$

Na equação acima T_q é a temperatura, em Kelvins, na qual o vapor entra na turbina e T_f é a temperatura do vapor que sai da turbina. Na prática, T_q e T_f são aproximadamente iguais a 800 e 400 K, respectivamente; e a máxima eficiência esperada é de cerca de 50%. Em contraste, uma célula de combustível não é um dispositivo térmico e não possui uma limitação intrínseca na sua eficiência. As células de combustível reais convertem a energia química dos combustíveis em trabalho com uma eficiência de cerca de 75 %. A principal limitação é o calor dissipado devido à resistência interna da própria célula.

As células de combustível parecem ser adequados para a conversão de combustíveis em energia útil, por causa de sua alta eficiência e devido ao caráter não poluente de sua operação. Infelizmente, sua aplicação tem sido limitada pelas dificuldades em se encontrar uma combinação combustível-eletrodo-eletrólito adequada que permita a oxidação rápida do combustível. Os melhores resultados tem sido obtidos com uma célula que usa hidrogênio como combustível. A Fig.7.9 é um diagrama esquemático que ilustra seu funcionamento: o gás hidrogênio, a 40 atm, é forçado a passar por um eletrodo poroso de níquel, onde é oxidado à água na presença de hidróxido de potássio aquoso:

$$H_2(g) + 2OH^-(aq) \rightarrow 2H_2O + 2e^-.$$

O catodo é um eletrodo de níquel recoberto com óxido de níquel, que catalisa a reação de redução do oxigênio:

$$\tfrac{1}{2}O_2(g) + H_2O + 2e^- \rightarrow 2OH^-(aq).$$

Assim, a reação global da célula é a combustão do hidrogênio, na presença de oxigênio, formando água na forma líquida. A pressão de operação da célula pode ser abaixada para uma pressão próxima a 1 atm se não forem necessárias correntes muito elevadas, e se o eletrólito for uma solução aquosa concentrada de KOH. Tais células de combustível tem sido utilizadas como fonte de energia em algumas espaçonaves tripuladas.

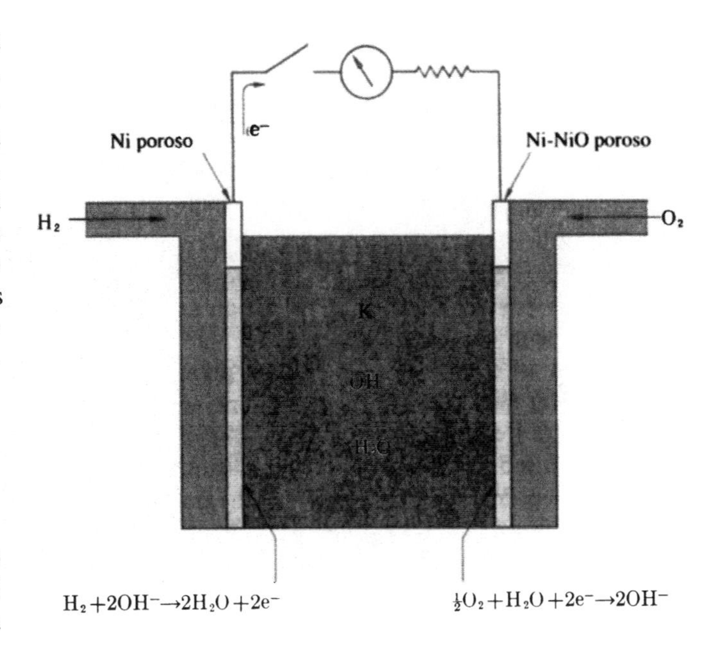

Fig. 7.9 Um diagrama esquemático de uma célula a combustível de H_2-O_2 que opera com um eletrólito aquoso de KOH.

Apesar dos hidrocarbonetos poderem ser oxidados a dióxido de carbono e água sobre eletrodos de platina, o custo de tais células inviabiliza seu uso em larga escala. Até o momento, o meio mais prático de se utilizar hidrocarbonetos ou carvão em células de combustível é por meio do acoplamento de um estágio intermediário, no qual se obtém hidrogênio a partir da reação dos hidrocarbonetos ou do carvão com vapor d'água:

$$C(s) + H_2O \rightarrow CO + H_2,$$
$$C_nH_{2n+2} + nH_2O \rightarrow nCO + (2n + 1)H_2,$$
$$CO + H_2O \rightarrow CO_2 + H_2.$$

O hidrogênio obtido pode ser utilizado como combustível nas células de combustível convencionais, depois de passar por uma etapa de purificação. É necessário o desenvolvimento de grandes instalações que transformem carvão em hidrogênio ou o desenvolvimento de eletrodos que permitam o uso direto dos combustíveis fósseis, para que as células de combustível se tornem acessíveis para a população em geral.

RESUMO

Neste capítulo introduzimos o conceito de **estado de oxidação** e mostramos como ele pode ser utilizado no balanceamento de reações redox. Foi enfatizado o uso de **semi-reações.** Quando dois eletrodos forem acoplados de tal modo que uma reação de oxidação-redução produza uma corrente elétrica num circuito externo, este arranjo forma uma célula eletroquímica denominada **célula galvânica.** Estas células são capazes de transformar a energia livre dos reagentes em trabalho elétrico. Os potenciais destas células são uma medida direta da força motriz da reação de formação dos produtos a partir dos reagentes. O **potencial padrão da célula** é o potencial gerado por uma célula quando os reagentes e os produtos estiverem nos seus estados padrão. A **equação de Nernst** relaciona os potenciais de uma célula, em quaisquer condições, com o potencial padrão e as concentrações dos reagentes e dos produtos. Os potenciais padrão de uma célula podem ser calculados utilizando-se uma tabela de **potenciais padrão de redução**. Estes potenciais estão diretamente relacionados com as energias químicas livres e podem ser utilizados para calcular as constantes de equilíbrio da reação de oxidação-redução.

O potencial de redução de uma solução varia rapidamente nas proximidades do ponto de equivalência de uma **titulação redox.** Esta variação pode ser utilizada como um meio para se determinar o ponto de equivalência em análise quantitativa. Os potenciais das células podem ser utilizados para acompanhar a maioria das titulações, desde que se use um eletrodo adequado. Uma **eletrólise** é um processo na qual se induz um fluxo de corrente no sentido inverso ao do processo espontâneo, por meio da aplicação de um potencial externo. Este tipo de dispositivo é denominado **célula eletrolítica.** Uma das constantes físicas mais importantes é o **faraday** pois é o fator que relaciona quantitativamente a corrente com o tempo e a quantidade de substância eletrolisada; sendo equivalente à carga de 1 mol de elétrons. Foram discutidos várias aplicações dos conceitos eletroquímicos, dentre elas o processo de **corrosão**, as **baterias** e as **células de combustível.**

SUGESTÕES PARA LEITURA

Histórico

Dubpernell, G., et alli.,eds. *Selected Topics in the History of Electrochemistry*. Princeton, N.J.: Sociedade de Eletroquímica, 1978.

Ostwald, W. *Electrochemistry: History and Theory*, 2 vols. Springfield, Va.: Departamento de Comércio dos Estados Unidos da América, Serviço Nacional de Informações Técnicas, 1980. Traduzido da edição alemã de 1896.

Eletroquímica

Anson, F.,Electrode Sign Convention, *Journal of Chemical Education,* **36,** 394-395, 1959.

Bard. A.J., R. Parsons e J. Jordan, editores, *Standard Potentials in Aqueous Solution.* N.Y.: Marcel Dekker, 1985.

Blackburn, T.R., *Equilibrium: A Chemistry of Solutions.* N.Y.: Holt, 1969.

Fischer, R.B. e D.G. Peters, *Chemical Equilibrium.* Philadelphia: Saunders, 1970.

Hohnson, D.C., editor, Electrochemistry: State of the Art, *Journal of Chemical Education,* **60,** 258-340, 1983.

Latimer, W. *Oxidation Potencials*, 2- ed., Englewood Cliffs, N.J.: Prentice-Hall, 1952.

Pimentel, G.C. e R.D. Spratley, *Understanding Chemistry,* San Francisco: Holden-Day, 1971, Cap.6.

Skoog, D.A. e D.M. West, *Fundamentals of Analytical Chemistry*, 4- ed., N.Y.: Saunders, 1982, Caps. 13 e 14.

PROBLEMAS

Balanceamento

7.1 Complete e balanceie as seguintes reações em meio aquoso ácido:

a) $I_2(s) + H_2S(g) \rightarrow H^+ + I^- + S(s)$

b) $I^- + H_2SO_4$ (conc. a quente) $\rightarrow I_2(s) + SO_2(g)$

c) $Ag + NO_3^- \rightarrow Ag^+ + NO(g)$

d) $CuS + NO_3^- \rightarrow Cu^{2+} + SO_4^{2-} + NO(g)$

e) $S_2O_3^{2-} + I_3^- \rightarrow S_4O_6^{2-} + I^-$

f) $Zn + NO_3^- \rightarrow Zn^{2+} + NH_4^+$

g) $HS_2O_3^- \rightarrow S(s) + HSO_4^-$

h) $Cr_2O_7^{2-} + C_2H_4O \rightarrow C_2H_4O_2 + Cr^{3+}$

i) $MnO_4^{2-} \rightarrow MnO_2(s) + MnO_4^-$

7.2 Complete e balanceie a seguinte reação, em meio aquoso ácido.

$ClO_3^- + As_2S_3 \rightarrow Cl^- + H_2AsO_4^- + SO_4^{2-}$

7.3 Complete e balanceie as seguintes reações,em meio alcalino.

a) $Al + NO_3^- + OH^- \rightarrow Al(OH)_4^- + NH_3$

b) $PbO_2(s) + Cl^- \rightarrow ClO^- + Pb(OH)_3^-$

c) $N_2H_4 + Cu(OH)_2(s) \rightarrow N_2(g) + Cu$

d) $Ag_2S(s) + CN^- + O_2(g) \rightarrow Ag(CN)_2^- + S(s)$

e) $ClO^- + Fe(OH)_3(s) \rightarrow Cl^- + FeO_4^{2-}$

7.4 Complete e balanceie as seguintes reações, em meio alcalino.

a) $HO_2^- + Cr(OH)_3^- \rightarrow CrO_4^{2-}$

b) $Cu(NH_3)_4^{2+} + S_2O_4^{2-} \rightarrow SO_3^{2-} + Cu + NH_3$

c) $ClO_2(g) \rightarrow ClO_2^- + ClO_3^-$

d) $V \rightarrow HV_6O_{17}^{3-} + H_2(g)$

e) $Mn(CN)_6^{4-} + O_2(g) \rightarrow Mn(CN)_6^{3-}$

Potenciais de Redução

7.5 Quais dos seguintes agentes oxidantes se tornam mais fortes a medida que a concentração de H^+ aumenta ? Quais se mantém inalterados e quais se tornam mais fracos ?

a) Cl_2 (g) b) O_2 (g)

c) $Cr_2O_7^{2-}$ c) Ag^+

7.6 Consulte a tabela de potenciais de redução padrão e escolha um agente oxidante capaz de promover as seguintes reações:

a) Cl^- a Cl_2 (g)

b) Pb a Pb^{2+}

c) Fe^{2+} a Fe^{3+}

Da mesma maneira, escolha um agente redutor para as reações abaixo:

d) Fe^{2+} a Fe

e) Ag^+ a Ag

f) Fe^{3+} a Fe^{2+} (mas não a Fe^0)

7.7 Compare o valor de $\mathscr{E}^0$ do par Fe^{3+}/Fe^{2+} com o $\mathscr{E}^0$ do par $[Fe(CN)_6]^{3-}/[Fe(CN)_6]^{4-}$ e responda: Qual dos dois íons, Fe^{3+} ou Fe^{2+}, forma o complexo mais estável com o íon CN^- ?

7.8 Compare os potenciais de redução do alumínio em meio ácido e em meio alcalino. Explique por que o alumínio é um agente redutor mais forte em meio alcalino do que em meio ácido. O mesmo comportamento seria observado para o sódio metálico ?

Cálculos Utilizando $\mathscr{E}^0$

7.9 Utilize os dados da Tabela 7.1 para calcular a constante de equilíbrio da reação

$$Hg^{2+} + Hg(\ell) \rightleftharpoons Hg_2^{2+}.$$

7.10 Utilize os dados da Tabela 7.1 para calcular a constante de equilíbrio para a reação:

$$Fe^{3+} + I^- \rightleftharpoons Fe^{2+} + \tfrac{1}{2}I_2(s).$$

7.11 O íon Cu^+ é estável em meio aquoso ? Determine a constante de equilíbrio da reação

$$2Cu^+ \rightleftharpoons Cu^{2+} + Cu.$$

para tomar uma decisão. Use dois pares diferentes de semi-reações em seus cálculos. Note que eles possuem diferentes valores de $\Delta\mathscr{E}^0$, mas o mesmo valor de K. Cada par corresponde a uma célula galvânica diferente.

7.12 O íon $CuCl_2^-$ é estável numa solução aquosa contendo 1 *M* de íons cloreto ? Responda determinando a constante de equilíbrio da seguinte reação:

$$2CuCl_2^- \rightleftharpoons Cu^{2+} + Cu + 4Cl^-.$$

Suponha que o íon Cu^{2+} não forme ou forme complexos muito fracos com Cl^-.

7.13 Utilizando somente as informações contidas na Tabela 7.1, determine o valor de $\mathscr{E}^0$ da reação abaixo:

$$Fe^{3+} + 3e^- \rightleftharpoons Fe.$$

7.14 Utilizando somente as informações contidas na Tabela 7.1 calcule o valor de $\mathscr{E}^0$ da seguinte reação:

$$Hg^{2+} + 2e^- \rightleftharpoons Hg(\ell).$$

Mostre que o valor de $\mathscr{E}^0$ obtido é consistente com a constante de equilíbrio calculada no problema 7.9.

Células Galvânicas

7.15 A semi-célula A consiste de uma placa de cádmio mergulhada numa solução 1 *M* de Cd^{2+}, e a semi-célula B consiste de uma placa de zinco mergulhada numa solução 1 *M* de Zn^{2+}. As duas semi-células foram conectadas, uma de cada vez, com uma semi-célula padrão de hidrogênio. Assim, as magnitudes dos potenciais de cada semi-célula foram medidas:

$$\text{(A)}\ Cd^{2+} + 2e^- \rightleftharpoons Cd \qquad |\mathscr{E}^0| = 0{,}40\ V,$$

$$\text{(B)}\ Zn^{2+} + 2e^- \rightleftharpoons Zn \qquad |\mathscr{E}^0| = 0{,}76\ V.$$

a) Quando as semi-células foram conectadas com a semi-célula de hidrogênio, constatou-se que os eletrodos de Zn e de Cd são os polos negativos. Qual é o sinal correto de $\mathscr{E}^0$?

b) Qual é o oxidante mais forte e qual é o redutor mais forte, dentre as seguintes espécies: Cd, Cd^{2+}, Zn e Zn^{2+}?

c) Quando Cd metálico for mergulhado numa solução de Zn^{2+} será observada alguma reação ? E quando Zn metálico for mergulhado numa solução de Cd^{2+} ?

d) O que acontecerá se OH^- for adicionado à semi-célula B: seu potencial de redução se tornará mais positivo, mais negativo ou permanecerá inalterado ? Considere que o íon Zn^{2+} forme o complexo $Zn(OH)_4^-$.

e) Se as semi-células A e B forem conectadas de modo a formar uma célula eletroquímica, qual será o potencial desenvolvido?

Qual será o polo negativo ?

7.16 Uma célula eletroquímica foi construída, combinando-se uma semi-célula constituida por um fio de platina mergulhado numa solução contendo Fe^{2+} 1 M e Fe^{3+} 1 M com uma semi-célula que consiste de um eletrodo de Tl mergulhado numa solução 1 M de Tl^+. Use a Tabela 7.1 e a semi-reação

$$Tl^+ + e^- \rightleftharpoons Tl \qquad \mathscr{E}^\circ = -0{,}34\ V$$

para responder às seguintes questões:
a) Qual é o polo negativo ?
b) Em que eletrodo ocorre a reação de redução ? (Este eletrodo é sempre denominado catodo)
c) Qual é o potencial desenvolvido pela célula ?
d) Escreva as reações da célula, de modo que a reação espontânea seja da esquerda para a direita.
e) Qual é a constante de equilíbrio da reação ?
f) Se a concentração de Tl^+ for diminuida, o potencial da célula irá aumentar, diminuir ou permanecer inalterado?

7.17 Uma célula eletroquímica foi construída colocando-se um eletrodo de prata numa solução 0,020 *M* de Ag^+ e um eletrodo de cobre numa solução 0,050 *M* de Cu^{2+} e conectando-os por meio de um fio. Qual é o potencial da célula ? Qual é o polo positivo ?

7.18 Uma célula eletroquímica foi montada mergulhando-se um eletrodo de chumbo numa solução 0,10 *M* de Pb^{2+} e mergulhando-se um eletrodo de chumbo, recoberto com $PbSO_4$ (s) numa solução 0,10 *M* de SO_4^{2-}. O circuito foi fechado conectando-se os eletrodos através de um fio de cobre. Use os valores de $\mathscr{E}^0$ da Tabela 7.1 para determinar o potencial da célula. Qual é o polo positivo ?

7.19 Duas semi-células de hidrogênio foram acopladas de modo a formar uma célula eletroquímica. O pH de uma das semi-célula é igual a 1,0, mas o pH da outra célula é desconhecida. O potencial desenvolvido é igual a 0,16 V, e a semi-célula com pH conhecido atua como polo positivo. A concentração desconhecida de H^+ é maior ou menor do que o,1*M* ? Qual é a concentração de H^+ desta semi-célula?

7.20 Uma célula de concentração é constituída por dois eletrodos de prata. Um deles está mergulhado numa solução 0,050 *M* de Ag^+ e o outro eletrodo, recoberto com AgBr(s), está mergulhado numa solução 0,010 *M* de Br^-. Se o potencial da célula fosse igual a 0,53 V, qual seria o valor do K_{ps} do AgBr(s) ?

Titulações Redox

7.21 Para titularmos 25,00 ml de uma solução de Fe^{2+} são necessários 18,05 ml de uma solução 0,1500 M de $K_2Cr_2O_7$. Calcule a concentração de Fe^{2+}, considerando-se que no ponto de equivalência são produzidos Fe^{3+} e Cr^{3+}.

7.22 A concentração de H_2O_2 pode ser determinada reagindo-se o peróxido de hidrogênio com KI, em meio ácido, de forma a se obter I_3^- e H_2O, e titulando-se o íon triiodeto com uma solução padrão de $S_2O_3^{2-}$:

$$2S_2O_3^{2-} + I_3^- \rightarrow S_4O_6^{2-} + 3I^-.$$

Qual seria a concentração de H_2O_2 se, para titularmos 25,00 ml desta solução fossem necessários 34,25 ml de uma solução 0,2000 *M* de $S_2O_3^{2-}$?

7.23 Determine o potencial de semi-célula durante a titulação de 50,00 ml de uma solução 0,2000 *M* de Fe^{2+} com uma solução 0,2000 *M* de Ce^{4+}. Utilize os volumes de Ce^{4+} abaixo:
a) 10,00 ml b) 25,00 ml
c) 40,00 ml d) 50,00 ml
e) 60,00 ml

7.24 Considere a reação da titulação abaixo:

$$VO_2^+ + Cr^{2+} + 2H^+ \leftrightarrows VO^{2+} + Cr^{3+} + H_2O,$$

e a semi-reação

$$VO_2^+ + 2H^+ + e^- \leftrightarrows VO^{2+} + H_2O \qquad \mathscr{E}^0 = 1{,}00\ V.$$

Suponha que a titulação seja conduzida adicionando-se uma solução 0,2000 *M* de VO_2^+ em 50,00 ml de uma solução 0,2000 M de Cr^{2+}, contendo 1,000 *M* de H^+.
a) Deduza uma expressão que lhe permita calcular o potencial de semi-célula da solução antes do ponto de equivalência.
Note que a concentração de H^+ varia durante a titulação.
b) Calcule o potencial de semi-célula quando 25,00 ml da solução de VO_2^+ forem adicionados.
c) Calcule o potencial de semi-célula no ponto de equivalência.
d) Determine o potencial de semi-célula quando 60,00 ml de solução de VO_2^+ forem adicionados .

Eletrólise

7.25 Três células eletrolíticas foram conectadas em série: a primeira contém sulfato de zinco, a segunda nitrato de prata e a terceira sulfato de cobre. Uma corrente constante de 1,5 A foi passada pelas células até que 1,45 g de prata fossem depositadas no catodo da segunda célula. Por quanto tempo as células estiveram ligadas ? Quais são as massas de cobre e de zinco depositadas na primeira e terceira células, respectivamente ?

7.26 Durante a eletrólise do sulfato de sódio, a reação abaixo ocorre no anodo:

$$2H_2O \rightarrow 4H^+ + O_2 + 4e^-.$$

Se uma corrente constante de 2,40 A for utilizada na eletrólise de uma solução aquosa de sulfato de sódio durante 1 hora, qual será o volume de oxigênio produzido, a 25^0 C e 1 atm ?

***7.27** Utilize os potenciais de redução do alumínio, em meio básico e em meio ácido, para calcular a constante de equilíbrio da reação

$$Al^{3+} + 4OH^- \rightleftharpoons Al(OH)_4^-.$$

***7.28** Uma química desenvolveu um método eletroquímico para acompanhar a titulação de 50,00 ml de uma solução 0,2000 M de NaCl com uma solução 0,2000 *M* de $AgNO_3$. Ela utilizou um eletrodo padrão de hidrogênio conectado a um eletrodo de prata mergulhado na solução a ser titulada.

a) Esquematize a aparelhagem por ela utilizada.
b) Que potencial ela deveria ter medido quando 25,00 mL de $AgNO_3$ tiverem sido adicionados?
c) Qual é o potencial no ponto de equivalência ? Qual é o polo positivo ?
d) Esquematize o gráfico que deveria ter sido obtido na titulação. Utilize o gráfico da Fig.7.7 como modelo.

***7.29** Em 1980, 82 pesquisadores do National Bureau of Standards publicaram um novo valor para a constante de Faraday, obtido por meio da eletrólise da prata e uma nova massa atômica para a mesma. Num dos experimentos, verificou-se que 4.999,5612 mg de prata foram depositados por uma corrente de 0,20383818 A por um período de 21.939,2099 s. A nova massa atômica da prata é igual a 107,86815 g. Use estes dados para calcular o novo valor da constante de faraday. Atente para o fato de que o valor calculado contém alguns erros, pois aqueles números não contém todas as correções possíveis utilizadas nas suas determinações.

***7.30** As medidas eletroquímicas são excelentes para se determinar a atividade de uma dada espécie. Podemos conectar um eletrodo padrão de hidrogênio com um eletrodo de prata, recoberto com AgCl(s), através de uma ponte salina, para medirmos a atividade do HCl. O eletrodo de hidrogênio, a ponte salina e o eletrodo de Ag/AgCl(s) estão mergulhados na mesma solução de HCl. Este arranjo elimina um erro muito comum na medida de potenciais, denominado **potencial de junção líquida**, pois todas as solução são as mesmas, exceto por uma pequena quantidade de H_2 (g) dissolvido e do AgCl(s). O potencial de 0,46419 V, a 25°C, corrigido para a pressão de 1 atm de H_2 (g), foi obtido para uma concentração molal de HCl igual a 0,01000 mol kg^{-1}. Um potencial igual a 0,35240 V foi obtido para uma concentração de HCl igual a 0,1000 mol kg^{-1}, nas mesmas condições. a) Expresse o potencial da célula em função das atividade, $\{H^+\}$ e $\{Cl^-\}$, e o potencial padrão da célula, $\mathscr{E}^0$, considerando que

$$AgCl(s) + e^- \rightleftharpoons Ag + Cl^- \qquad \mathscr{E}° = 0{,}22239\ V.$$

b) Calcule o produto das atividade $\{H^+\}\{Cl^-\}$ para as duas concentrações de HCl mencionadas acima, ou seja, 0,01 e 0,1 mol kg^{-1}.
c) O coeficiente de atividade médio é definido por $\{H^+\}\{Cl^-\}=\gamma_{+/-}^2$ (molalidade)^2. Calcule o valor de γ_{+-} para as duas concentrações de HCl.

8 Termodinâmica

Nos três capítulos anteriores tratamos da descrição quantitativa de sistemas químicos. Encontramos duas maneiras equivalentes de expressar a tendência dos reagentes de se transformarem em produtos: por meio da constante de equilíbrio K e do potencial padrão, $\Delta\mathscr{E}^0$, da reação. Assim, podemos descrever o quão deslocada está uma reação no sentido da formação dos produtos, mas temos apenas uma vaga idéia do por quê das constantes serem grandes para algumas reações e pequenas para outras. O estudo da termodinâmica química nos permitirá ter uma melhor compreensão da reatividade química, pois correlaciona as constantes de equilíbrio com as propriedades individuais dos reagentes e dos produtos. O papel da termodinâmica para a compreensão das reações químicas pode ser ilustrado utilizando-se o diagrama abaixo:

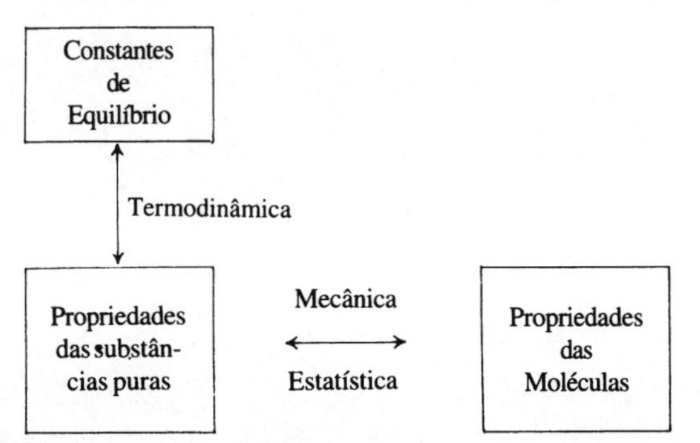

Note que a termodinâmica relaciona apenas as propriedades macroscópicas da matéria com seu comportamento nos processos físicos e químicos. E, a possibilidade de se obter as informações acima descritas valendo-se apenas das propriedades macroscópicas observáveis da matéria, sem se fazer quaisquer suposições acerca da estrutura molecular da matéria, transforma a termodinâmica num poderoso instrumento nas mãos dos químicos, tanto em função da sua generalidade quanto de sua confiabilidade.

O raciocínio termodinâmico se baseia em três leis. Duas delas são do conhecimento de todos:

A energia do universo é constante.

A entropia do universo está aumentando.

Estas leis não foram deduzidas. Elas sintetizam duas propriedades universais que foram inferidas a partir das observações experimentais relativas ao comportamento da matéria. Sua generalidade tem sido demonstrada com freqüência, e acreditamos que as conclusões fundamentadas nas leis termodinâmicas se mantenham válidas para quaisquer experimentos que venham a ser realizados.

Devemos, antes de utilizar as leis da termodinâmica conhecer o que são energia e entropia - como são medidos, e como estão relacionados às outras propriedades da matéria. Se o requisito acima for satisfeito, seremos capazes de mostrar como uma série de propriedades que considerávamos até então independentes, por exemplo fatos empíricos, podem ser deduzidas a partir das leis mais fundamentais da termodinâmica. Seremos capazes, por exemplo, de *provar* que a reação geral entre reagentes ideais

$$aA + bB \rightleftharpoons cC + dD,$$

deverá ocorrer até que o quociente

$$Q = \frac{[C]^c[D]^d}{[A]^a[B]^b} \quad \text{seja igual a} \quad Q_{eq} = K. \quad (8.1)$$

Ou seja, a equação (8.1) não representa apenas um fato experimental isolado; ela é o resultado da aplicação das leis da termodinâmica e das propriedades dos gases e das soluções ideais. Além disso, mostraremos como podemos associar uma grandeza chamada energia livre padrão por mol com cada elemento e composto, e observaremos que a constante de equilíbrio de qualquer reação pode ser expressa em função das energias livres dos reagentes e dos produtos. Portanto, a termodinâmica relaciona os valores das constantes de equilíbrio às propriedades individuais dos reagentes e dos produtos puros. Esta característica já seria suficiente para justificar o estudo da termodinâmica pelos químicos.

8.1 Sistemas, Estados e Funções de Estado

Quando realizamos um experimento, selecionamos a parte do universo de interesse e tentamos isolá-la de quaisquer distúrbios não controlados. Este objeto, cujas propriedades desejamos estudar, é denominado sistema. Todas as demais partes do universo, cujas propriedades não são de interesse imediato, são denominadas vizinhanças. A vizinhança pode influenciar as propriedades do sistema, por exemplo, determinando sua temperatura e sua pressão. Porém, em um experimento cuidadosamente planejado tais influências deverão ser controladas e mensuráveis. Alguns destes experimentos foram discutidos no capítulo 3.

Estados de Equilíbrio

A termodinâmica está interessada nos estados de equilíbrio dos sistemas. Um estado de equilíbrio é um estado no qual as propriedades macroscópicas do sistema , tais como temperatura, densidade e composição química são bem definidas e não se alteram com o passar do tempo. Assim, a termodinâmica não se preocupa com a velocidade com a qual os processos químicos e físicos ocorrem, e nem se preocupa em descrever os sistemas enquanto alguma transformação estiver ocorrendo. O raciocínio termodinâmico pode ser utilizado, simplesmente, para nos dizer se é ou não possível alcançarmos um estado particular dos produtos partindo-se de um estado qualquer dos reagentes. Entretanto, ele não pode nos dizer se aquela transformação pode ser conseguida num curto intervalo de tempo ou num intervalo de tempo equivalente à vida de uma pessoa. Esta informação parece ser limitada, mas mesmo assim é muito importante. Se a termodinâmica nos mostrar que uma dada reação é impossível, é perda de tempo tentar. Por outro lado, se a termodinâmica nos mostrar que uma reação é possível, *em princípio,* vale a pena os esforços na tentativa de efetuá-la na prática. A termodinâmica foi aplicada com sucesso durante as tentativas de síntese do diamante a partir da grafite. Muitos esforços foram infrutíferos, mas a termodinâmica mostrava que a reação seria possível, sob condições de alta temperatura e pressão. Esta certeza encorajou os pesquisadores a continuarem seus esforços, os quais foram coroados de sucesso.

Funções de Estado

A descrição dos sistemas termodinâmicos é feita por meio de certas grandezas denominadas funções de estado. **Uma função de estado** é uma propriedade do sistema, caracterizada por um valor numérico bem definido para cada estado e independente da maneira pela qual o estado é alcançado. Pressão, volume e temperatura são funções de estado e, além destas existem mais cinco funções de estado importantes para a termodinâmica. As funções de estado possuem duas propriedades fundamentais. Primeiro, atribuindo-se os valores para algumas poucas funções de estado (normalmente duas ou três), automaticamente, os valores para as demais funções se tornam constantes e definidos. Segundo, quando o estado de um sistema é modificado, *as alterações dependem somente dos estados iniciais e finais dos sistemas* e não da maneira como as transformações foram efetuadas.

Vamos analisar a conseqüência de se atribuir valores para o volume V e a temperatura T de um mol de um gás ideal, como uma ilustração da primeira propriedade das funções de estado. Sabemos que a pressão $P=RT/V$. Então, o valor da função de estado P foi automaticamente determinado pela definição do volume e da temperatura do gás. Todas as demais funções de estado assumem valores definidos, embora a relação algébrica entre elas e o volume e a temperatura possam ser complicadas.

Simplesmente, precisamos considerar uma mudança no estado de um gás ideal de $P_1 = 1$ atm, $V_1 = 22{,}4$ L, $T_1 = 273$ K para um estado final no qual $P_2 = 10$ atm, $V_2 = 4{,}48$ L e $T_2 = 546$ K, para demonstrarmos a segunda propriedade das funções de estado. A variação de pressão*

$$\Delta P = P_2 - P_1 = 9 \text{ atm}.$$

A variação de volume é

$$\Delta V = V_2 - V_1 = 17{,}9 \text{ L}.$$

A variação de temperatura é

$$\Delta T = T_2 - T_1 = 273 \text{ K}.$$

Isto é, as variações em cada uma das funções de estado dependem somente de seus valores nos estados inicial e final e *não* dependem da maneira como as transformações foram efetuadas. Não importa que a pressão tenha sido elevada para 100 atm e o volume tenha diminuido para 0,224 L durante as transformações. As variações nas funções de estado são determinadas apenas pelos estados inicial e final do sistema e não pelo caminho percorrido entre eles.

Esta propriedade das funções de estado não é trivial, embora possa parecer óbvia. Grandezas cujos valores são dependentes de como as transformações ocorrem não são funções de estado. Por exemplo, a diferença de longitude entre dois pontos na superfície da Terra é uma constante que depende somente das coordenadas dos dois pontos. Por outro

* O símbolo Δ sempre indica uma diferença entre as funções de estado final e inicial. Assim, $\Delta P = P_f - P_i = P_2 - P_1$

lado, a distância percorrida entre os dois pontos depende do caminho seguido. Logo, a diferença de longitude é uma função de estado, porém a distância percorrida não. Portanto, para decidirmos se uma dada transformação é possível ou não, devemos fixar nossas atenções às variações nas funções de estado, pois somente estas independem do caminho seguido, de acordo com as premissas da termodinâmica.

8.2 Trabalho e Calor

O trabalho mecânico é definido como o produto da força pela distância,

$$\text{trabalho mecânico} \equiv \text{força x distância},$$
$$w = f \times r,$$

onde f é uma força constante aplicada na direção do deslocamento r. **Trabalho** é a maneira pela qual a energia de um sistema mecânico é alterada. Então, ao elevarmos uma massa m a uma altura h, contra a aceleração gravitacional g, estamos aplicando uma força mg por uma distância h e o trabalho realizado sobre a massa m é dado por:

$$w = mg \times h.$$

Podemos dizer que mudamos a energia potencial da massa m de um valor arbitrário zero, na superfície da Terra, para um novo valor mgh.

O trabalho realizado sobre uma partícula livre de massa m com uma aceleração constante a, que percorre uma distância r_2-r_1 é dado por $w = ma(r_2 - r_1)$. No entanto,

$$r_2 - r_1 = \left(\frac{v_2 + v_1}{2}\right) t,$$

onde $(v_2$-$v_1)/2$ é a velocidade média da partícula entre r_2 e r_1, e t é o tempo dispendido para percorrer a distância r_2-r_1. Por outro lado,

$$v_2 - v_1 = at,$$

assim,

$$w = ma(r_2 - r_1)$$
$$= m\frac{(v_2 - v_1)}{t} \times \left(\frac{v_2 + v_1}{2}\right) t = \frac{mv_2^2}{2} - \frac{mv_1^2}{2}. \quad (8.2)$$

O lado direito da Eq. 8.2 é justamente a diferença entre a energia cinética final e inicial da partícula. Analogamente ao caso anterior, o trabalho efetuado sobre um sistema mecânico é igual à *variação* de energia da partícula.

Uma forma de trabalho particularmente interessante é aquela associada às variações de pressão e/ou volume. Considere o caso ilustrado na Fig. 8.1 onde é mostrado um gás, confinado num cilindro com pistão, que está se expandindo contra uma força externa constante f_{ex}. O trabalho realizado pelo gás pode ser calculado como sendo o produto da força pelo deslocamento do pistão. Entretanto, nesta e em todas as aplicações futuras o símbolo w terá um significado especial: *w será o trabalho realizado pela vizinhança sobre o sistema.* Assim, quando um gás se expande contra uma força externa f_{ex}, o sistema está realizando um trabalho sobre a vizinhança e w deve ser um número negativo. Portanto, devemos escrever que

$$w = -f_{ex}(r_2 - r_1)$$

para o trabalho realizado sobre o gás durante a expansão. Note que w é uma grandeza negativa para o processo de expansão, pois r_2 é maior que r_1 e f_{ex} é sempre um valor positivo. Este resultado é consistente com a definição de w dada acima.

Podemos introduzir a área A do pistão para definirmos uma nova expressão para w, em termos da pressão e do volume.

$$w = -\frac{f_{ex}}{A} A(r_2 - r_1). \quad (8.3)$$

Porém $A(r_2$-$r_1) = \Delta V$, a variação de volume do gás. E, f_{ex}/A é a força por unidade de área, ou seja, a pressão externa contra a qual o gás está se expandindo. Assim, podemos reescrever a Eq.(8.3) como

$$w = -P_{ex}\,\Delta V \quad (8.4)$$

se a pressão for constante.

Podemos calcular o trabalho para um caso mais geral, no qual a pressão não é constante, dizendo que uma variação infinitesimal de volume, dV, gera uma quantidade infinitesimal de trabalho dw.
Então,

$$dw = -P_{ex}\,dV. \quad (8.4)$$

A pressão permanece virtualmente constante e igual a P_{ex}, durante a variação infinitesimal de volume. O trabalho efetuado durante um deslocamento finito é a somatória dos trabalhos infinitesimais realizados para se ir do estado 1 ao estado 2. Assim,

$$w = -\int_{V_1}^{V_2} P_{ex}\,dV. \quad (8.5)$$

Esta fórmula geral nos permite calcular o trabalho desde que conheçamos *como P_{ex} depende de V*. Se a pressão externa for constante durante a expansão, podemos deixar P_{ex} fora da integral e escrever que

$$w = -P_{ex}\int_{V_1}^{V_2} dV \quad = -P_{ex}(V_2 - V_1) \quad = -P_{ex}\,\Delta V,$$

e, assim, obtivemos novamente a Eq.(8.4).

Observe que a pressão *externa* é utilizada nos cálculos do trabalho. Nenhum trabalho será realizado pelo sistema, qualquer que seja a pressão *interna*, a menos que ele interaja com a vizinhança por meio de uma força *externa*, representada por P_{ex}. Assim, se $P_{ex} = 0$, não há conexão mecânica entre o sistema e sua vizinhança, e nenhum trabalho poderá ser realizado sobre ou pelo sistema.

Alguns livros texto chegaram a fazer suposições acerca do uso de pistões ideais, sem massa e sem atrito, para o desenvolvimento da termodinâmica baseada em pistões e cilindros, semelhantes ao ilustrado na Fig. 8.1. Contudo, a termodinâmica como ciência não depende do uso de pistões ideais ou reais. O sistema representado na Fig. 8.1 foi simplificado para deduzirmos a Eq.(8.5). Muitos recursos que utilizaremos para modificar o estado de um sistema permitirão o uso de equações mais simplificadas. Por exemplo, podemos considerar que a pressão interna é igual à pressão externa P_{ex}, se os estados associados à cada etapa durante a transformação do sistema forem definidos pela temperatura, pressão e volume. Para a maioria dos casos poderemos considerar $P_{in} = P_{ex}$. Porém, serão apresentados, posteriormente neste capítulo, alguns poucos exemplos nos quais será imprescindível fazermos a distinção entre P_{in} e P_{ex}.

Analisando a Eq.(8.5) observaremos que o trabalho realizado num processo de expansão depende de como o sistema é conduzido do estado V_1 para o estado V_2. Isto se torna mais claro na Fig.8.2. Existem dois caminhos simples pelos quais o sistema pode mudar do estado definido por P_1 e V_1 para o estado caracterizado por P_2 e V_2. Na parte (a), primeiro mudamos o volume de V_1 para V_2, aquecendo o sistema sob pressão interna constante. Em seguida, mudamos a pressão interna de P_1 para P_2, resfriando o sistema à volume constante. Na parte (b), simplesmente, invertemos a seqüência. Os trabalhos realizados, nos dois casos ilustrados na Fig.8.2, são iguais às áreas sob as curvas que descrevem o caminho para se ir do estado inicial ao final. É fácil constatar que o trabalho realizado depende de como as modificações são conduzidas, apesar dos estados inicial e final serem os mesmos. Logo, *o trabalho não é uma função de estado*.

O trabalho não é a única maneira pela qual a energia pode ser transferida de ou para um sistema mecânico *hipotético* simples. Mas, devemos reconhecer que há outros modos pelos quais a energia pode ser trocada nos sistemas reais se houver uma diferença de temperatura entre o sistema e a vizinhança. A energia pode ser transferida por meio de um "fluxo de calor", por radiação ou condução.

O conceito de calor é obscurecido pela tendência histórica de se imaginá-lo como "algo que flui". Na realidade, o **calor** não é uma substância. É uma das maneiras pelas quais os sistemas trocam energia, analogamente ao que ocorre quando o sistema realiza um trabalho. A demonstração deste fato foi apresentada por James Joule, que mostrou ser possível obter a mesma mudança de estado (no caso, um certo aumento de temperatura) ou realizando trabalho sobre um corpo ou aquecendo-o. Além disso, demonstrou que a razão entre a quantidade de calor (medida em calorias) e a quantidade de trabalho (medido em joules), necessária para promover uma mesma transformação, é uma constante. Ou seja, que a mudança de estado provocada por uma caloria é equivalente à mudança de estado provocada por 4,184 J de trabalho realizado sobre o sistema. A única distinção entre uma forma de troca de energia e a outra é que a *energia na forma de trabalho é transferida por meio de uma conexão mecânica entre o sistema e a vizinhança, enquanto que a energia na forma de calor somente pode ser transferida quando houver uma diferença de temperatura entre os mesmos.*

Nossa discussão com relação à natureza do calor nos permite tirar mais uma conclusão: o calor não é uma função de estado. Esta afirmação deve ser verdadeira, pois como foi demonstrado por Joule, uma mesma mudança de estado pode ser obtida por meio do calor transferido ou do trabalho realizado. No caso em que somente trabalho é utilizado para modificar o estado de um sistema, a quantidade de calor é zero, e vice-versa. Isto significa que a quantidade de calor utilizada depende de como é realizada a mudança de estado.

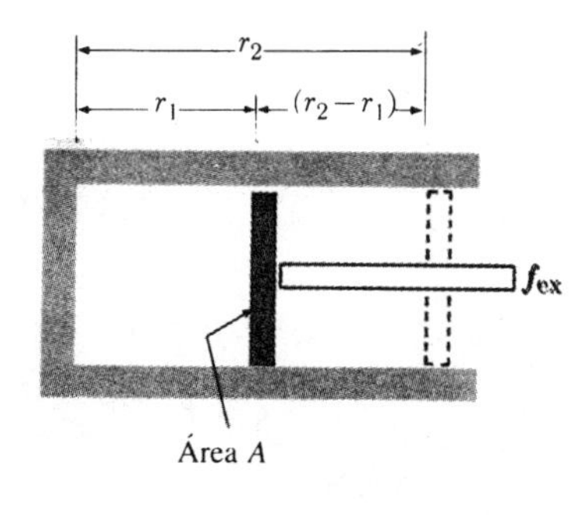

Fig. 8.1 Expansão de um gás contra uma força externa f_{ex}.

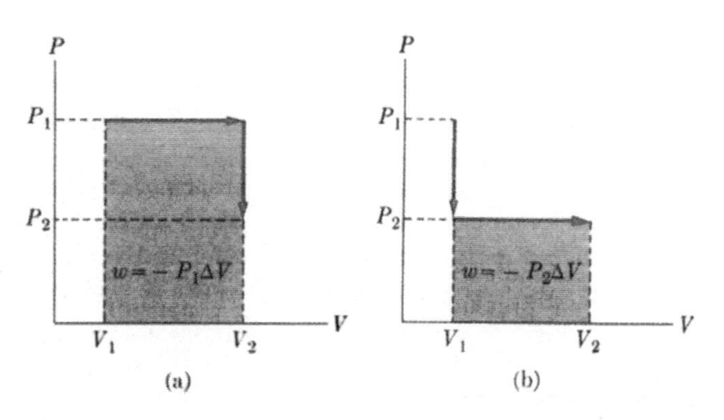

Fig. 8.2 O trabalho realizado entre o estado inicial e o final depende do caminho percorrido.

8.3 A Primeira Lei da Termodinâmica

Nossas discussões tem sugerido que existe uma diferença fundamental entre calor, trabalho e **energia**. Calor e trabalho estão relacionados aos *processos*, aos meios pelos quais são promovidas as variações de volume ou de temperatura. Por outro lado, a energia é uma *propriedade* que pode ser associada a um estado de equilíbrio particular dos sistemas. Logo, a energia deve ser uma função de estado.

Este fato pode ser mais facilmente constatado analisando-se a energia de um sistema mecânico simples, por exemplo, uma partícula livre de massa m movendo-se no vácuo com uma velocidade v. Sabemos que a energia cinética de tal sistema é igual a $mv^2/2$. Se a partícula estiver a uma altura h acima da superfície da Terra, podemos dizer que sua energia potencial, com relação à superfície terrestre, é mgh. Observemos que as energias cinética e potencial são funções, apenas, do estado do sistema, ou seja, da velocidade e da posição da partícula.

Qualquer quantidade macroscópica de uma substância química pode ser considerada como sendo constituída por um conjunto de sistemas mecânicos simples. Se pudermos associar uma energia interna a um sistema químico, será esta energia interna uma função de estado ? Para respondermos a esta questão vamos considerar dois estados de um sistema, conectados através de dois caminhos diferentes: "*a*" e "*b*". Se necessitarmos de uma quantidade de energia ΔE_a para irmos do estado 1 ao estado 2 pelo caminho "*a*", e de uma quantidade de energia $\Delta \mathscr{E}_b$ para conduzirmos o sistema pelo caminho "*b*", e se considerarmos que a energia interna é uma função de estado, necessariamente

$$\Delta E_a = \Delta E_b.$$

Agora, suponhamos que a energia *não* é uma função de estado e que $\Delta E_b > \Delta E_a$. Quais serão as conseqüências ? Se tomarmos o caminho "*a*" para irmos do estado 1 ao estado 2, estaremos introduzindo no sistema uma quantidade de energia ΔE_a. Mas, se *retornarmos* ao estado 1 pelo caminho "*b*" recuperaremos uma quantidade de energia ΔE_b maior que ΔE_a. Assim, seria possível, por meio daquelas operações, *extraírmos* uma quantidade de energia $\Delta E_b - \Delta E_a$, além de regenerarmos o estado inicial do sistema. E, nada nos impediria de repetirmos a operação acima, de modo a obtermos toda a energia de que necessitamos.

Todas as tentativas para se executar as operações acima citadas não foram bem sucedidas. O fracasso foi tão bem documentado que atualmente é aceito como uma verdade universal e expressa como **a lei da conservação de energia**: A energia não pode ser criada nem destruída, apenas pode ser transferida ou transformada. Conseqüentemente, podemos concluir que, no nosso caso $\Delta E_b = \Delta E_a$, e que as variações de energia devem ser independentes do caminho percorrido entre os estados "*a*" e "*b*". Em outras palavras, a energia interna é uma função de estado; e a prova mais contundente para se chegar a esta conclusão é a inegável evidência de que a energia é conservada.

Consideremos o efeito da adição de uma quantidade de calor q ao sistema. Se a energia for conservada e se o sistema não realizar nenhum trabalho, então q deve aparecer na forma de um aumento na energia interna do sistema, igual a ΔE. Então,

$$\Delta E = q \qquad \text{(nenhum trabalho realizado)}$$

Se realizarmos um trabalho sobre um outro sistema mas não permitirmos a transferência de calor para a vizinhança, a energia correspondente ao trabalho realizado deve aparecer na forma de um aumento na energia interna do sistema. Neste caso,

$$\Delta E = w \qquad \text{(nenhum calor trocado)}$$

Em geral, esperamos encontrar processos nos quais calor é trocado e trabalho é realizado sobre o sistema. Os exemplos acima mencionados conduzem-nos à expressão

$$\Delta E = q + w, \tag{8.6}$$

$$\underset{\text{interna}}{\text{variação na energia}} = \underset{\text{pelo sistema}}{\text{calor trocado}} + \underset{\text{pelo sistema}}{\text{trabalho realizado}}$$

A equação (8.6) é a representação matemática da **primeira lei da termodinâmica**. Podemos dizer, então, que a primeira lei da termodinâmica é simplesmente a lei da conservação de energia, na qual se considera com rigor os efeitos da troca de calor e do trabalho realizado.

Note que tanto *o calor adicionado ao sistema como o trabalho realizado sobre o sistema*, foram considerados como sendo valores positivos. Esta é a convenção adotada pela maioria dos livros textos de termodinâmica e físico-química. Contudo, muitos livros textos antigos adotavam a convenção de que w é o trabalho *realizado* pelo sistema. Se considerarmos esta definição a primeira lei da termodinâmica deve ser expressa de acordo com a equação abaixo:

$$\Delta E = q - w \qquad \text{(convenção antiga)}$$

e o trabalho PV deve ser expresso como

$$w = \int P\,dV \qquad \text{(convenção antiga)}.$$

Portanto, ao consultar livros textos mais antigos, verifique qual é a convenção adotada para evitar confusões.

A idéia de que a termodinâmica se vale somente das propriedades macroscópicas da matéria e nunca dos resultados da teoria atômica, foi reforçada anteriormente. Entretanto, é freqüente o uso dos resultados da teoria atômica e cinética com o intuito de se ter uma melhor compreensão do que realmente são as funções de estado. Assim, podemos questionar sobre o que é a energia interna, em termos das propriedades atômicas. A energia interna de um sistema é a somatória da energia cinética das moléculas, da energia potencial associada à interação entre as moléculas, e da energia cinética e potencial dos elétrons e dos núcleos. Esta pode não ser uma listagem completa das contribuições à energia interna, e , na realidade, devemos adicionar a energia associada com a matéria existente no sistema. Quando a energia interna do sistema muda, algumas ou todas as contribuições associadas a ela variam. A termodinâmica possui a propriedade de nos mostrar como podemos usar o conceito de energia interna sem termos que examinar as contribuições individuais para a mesma.

Determinação do ΔE

Suponhamos que para um dado processo químico, os reagentes sejam completamente transformados em produtos, isotermicamente, a 25 °C. Esta é a descrição de uma mudança de estado de um sistema químico, e, portanto, deve haver um valor definido de ΔE associado à mesma. Interessa-nos saber qual é o valor de ΔE, pois ele nos diz qual é a diferença de energia interna entre os produtos e os reagentes. ΔE nos permite comparar quantitativamente a estabilidade mecânica dos reagentes com a dos produtos. Como podemos medir o valor de ΔE de uma reação química ?

Para responder, devemos empregar a Eq.(8.6),

$$\Delta E = q + w,$$

e reconhecer que quando uma reação química ocorre sob condições normais, a única forma do sistema executar trabalho é por meio de uma variação na pressão e/ou volume. Então

$$w = -\int_{V_1}^{V_2} P\,dV, \qquad \Delta E = q - \int_{V_1}^{V_2} P\,dV. \tag{8.7}$$

Mas se a reação for executada dentro de um recipiente fechado, de modo que o volume do sistema se mantenha constante e igual a V_1

$$\Delta E = q - \int_{V_1}^{V_2} P\,dV = q - 0 \quad = q_V \text{ (V constante)}. \tag{8.8}$$

Podemos observar que ΔE é numericamente igual ao calor absorvido pelo sistema, quando a reação é realizada a volume constante. O subscrito na Eq.(8.8) reforça este aspecto.

Para medirmos o ΔE,simplesmente, precisamos realizar uma reação a volume constante e medir o calor liberado ou absorvido. Se o calor for liberado, q_v será um valor negativo e a energia interna dos produtos será menor que a dos reagentes. As reações nas quais o calor é liberado pelo sistema são denominadas *reações exotérmicas*. Se o calor for absorvido pelo sistema, q e ΔE serão positivos e os produtos terão uma energia interna maior que a dos reagentes. As reações nas quais o calor é absorvido pelo sistema são denominadas *reações endotérmicas*.

Entalpia

As reações químicas são comumente realizadas à *pressão constante* de 1 atm e não a volume constante. Conseqüentemente, o calor absorvido sob estas condições não será igual a q_v ou ΔE. É conveniente definirmos uma nova função, para que possamos discutir os efeitos térmicos sobre as reações efetuadas à pressão constante.

$$H \equiv E + PV. \tag{8.9}$$

A **entalpia (H)** definida pela Eq.(8.9), é uma função de estado, pois seu valor depende somente dos valores de E, P e V. Observe que a entalpia deve ter as unidades de energia.

Uma variação de entalpia pode ser expressa matematicamente como

$$\Delta H = \Delta E + \Delta(PV) = q + w + \Delta(PV), \tag{8.10}$$

onde, para uma mudança do estado 1 para o estado 2

$$\Delta(PV) = P_2V_2 - P_1V_1.$$

Vamos restringir nossa atenção às transformações que ocorrem à pressão constante. Para tais reações

$$\left.\begin{aligned} w &= -P\,\Delta V \\ \Delta(PV) &= PV_2 - PV_1 \\ &= P\,\Delta V \end{aligned}\right\} \text{ somente à pressão constante}$$

Substituindo-se as relações acima na Eq.(8.10)

$$\Delta H = q - P\,\Delta V + P\,\Delta V = q_P. \tag{8.11}$$

Logo, a variação de entalpia é igual ao calor absorvido q_p, quando a reação é realizada à pressão constante. O ΔH é negativo para uma reação exotérmica, e positivo no caso de uma reação endotérmica.

Quais são as diferenças entre ΔH e ΔE ?

$$\Delta H = \Delta E + \Delta(PV). \tag{8.12}$$

Observam-se variações muito pequenas de volume quando as reações envolvem *somente* líquidos e/ou sólidos, pois as densidades de todas as substâncias condensadas contendo os mesmos átomos são muito similares. Então, se as reações forem efetuadas à pressões relativamente baixas (por exemplo 1 atm), $\Delta(PV)$ será muito pequeno e

$\Delta H \cong \Delta E$ (reações envolvendo somente sólidos e líquidos)

Por outro lado, se gases forem produzidos ou consumidos durante a reação, ΔH e ΔE podem ser muito diferentes. Visto que

$$PV = nRT,$$

para os gases ideais, à temperatura constante, temos que

$$\Delta(PV) = \Delta n\, RT,$$

onde Δn é a diferença entre as quantidades, em mols, do gás produzido e consumido na reação. Substituindo na Eq. (8.12),

$$\Delta H = \Delta E + \Delta n\, RT \quad \text{(T constante).} \qquad (8.13)$$

Quando ΔH e ΔE forem expressos em joules, R = 8,3144 J $mol^{-1}K^{-1}$.

Exemplo 8.1. 1.440 cal de calor são absorvidos quando 1 mol de gelo se funde a 0 °C, à pressão constante de 1 atm. Os volumes molares do gelo e da água são, respectivamente, 0,0196 e 0,0180. Calcule ΔH e ΔE.

Resposta. Visto que $\Delta H = q_q$,

$$\Delta H = 1440 \text{ cal} = 6025 \text{ J}.$$

Agora, devemos calcular o valor de $\Delta(PV)$, de forma a podermos calcular o valor de ΔE por meio da Eq.(8.12). P = 1 atm, então

$$\Delta(PV) = P\,\Delta V = P(V_2 - V_1) = (1)(0{,}0180 - 0{,}0196) \text{ L atm}$$
$$= -1{,}6 \times 10^{-3} \text{ L atm} = -1{,}6 \times 10^{-3}\,\frac{8{,}3144}{0{,}08206}$$
$$= -0{,}16 \text{ J}.$$

A diferença entre ΔH e ΔE é desprezível, pois ΔH = 6.025 J, e podemos dizer que ΔE = 1.440 cal ou 6.025 J.

Exemplo 8.2. O ΔH da reação de 1 mol de grafite com 0,5 mol de oxigênio gerando 1 mol de monóxido de carbono, a 25 °C e 1 atm, é igual a -110.525 J. Calcule ΔE, sabendo-se que o volume molar da grafite é 0,0053 L.

$$C_{grafite} + \tfrac{1}{2}O_2 \rightleftharpoons CO$$

Resposta. Sabemos que a variação no número de mols de gás é Δn=0,5. Portanto, a variação de volume, ΔV, de gás é 0,5 x (24,5 L) = 12,2 L. Este aumento de volume é muito maior do que a dimuição de volume provocada pelo consumo de grafite sólido. Assim, podemos desprezá-la e dizer que

$$\Delta H = \Delta E + \Delta n\, RT,$$
$$-110.525 \text{ J} = \Delta E + \tfrac{1}{2}(8{,}3144 \text{ J K}^{-1})(298{,}15 \text{ K}),$$
$$\Delta E = -110.525 \text{ J} - 1.239 \text{ J} = -111.764 \text{ J}.$$

8.4 Termoquímica

Agora, sabemos que o ΔH associado com qualquer mudança de estado, em princípio, pode ser calculado, diretamente, pelo calor absorvido pelo sistema à pressão constante, ou indiretamente, a partir da medida de q_v e aplicação da Eq.(8.12). A grandeza comumente utilizada para reações químicas é a **variação de entalpia padrão por mol,** $\Delta\tilde{H}^\circ$. Esta é definida como a variação de entalpia do sistema, por mol de reação, quando os reagentes são transformados em produtos, ambos nos seus estados padrão. O estado padrão de uma substância é a sua forma mais estável, à 1 atm de pressão e à temperatura de 298,15 K. Então, podemos escrever que

$$C_{grafite} + O_2(g) \rightleftharpoons CO_2(g)$$
$$\Delta\tilde{H}^\circ_{298} = -393{,}51 \text{ kJ mol}^{-1}.$$

Isto significa que se um mol de carbono for completamente transformado em 1 mol de dióxido de carbono, e se os reagentes e os produtos estiverem à pressão de 1 atm e à temperatura de 298,15 K, 393,51 kJ de calor serão liberados. Neste caso, a variação de entalpia padrão da reação será igual a -393,51 kJ mol^{-1}.

A combustão do carbono a dióxido de carbono pode ser efetuada quantitativamente num calorímetro e o ΔH pode ser medido adequadamente. O mesmo é verdadeiro para a reação

$$CO(g) + \tfrac{1}{2}O_2(g) \rightleftharpoons CO_2(g)$$
$$\Delta\tilde{H}^\circ_{298} = -282{,}98 \text{ kJ mol}^{-1}.$$

Por outro lado, a combustão do carbono a monóxido de carbono,

$$C_{grafite} + \tfrac{1}{2}O_2(g) \rightleftharpoons CO(g), \qquad (8.14)$$

é difícil de ser efetuada quantitativamente. Sem um excesso de oxigênio, a combustão do carbono é incompleta. Mas, com excesso de oxigênio, o monóxido de carbono pode ser oxidado a dióxido de carbono. Contudo, como a entalpia é uma função de estado, torna-se desnecessária a medida direta do ΔH da reação (8.14).

Podemos chegar ao valor acima desejado notando que existem duas maneiras de se combinar grafite e oxigênio para se obter dióxido de carbono. Tais caminhos de reação estão

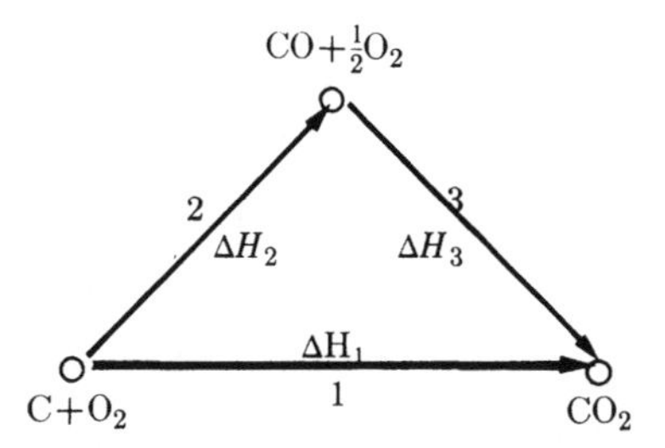

Fig. 8.3 Caminhos alternativos para a conversão de carbono e oxigênio a dióxido de carbono. Como a entalpia é uma função de estado, $\Delta H_1 = \Delta H_2 + \Delta H_3$.

ilustrados na Fig.8.3. Podemos realizar a reação, diretamente, por meio da etapa 1, para a qual a entalpia ΔH_1 é conhecida; ou, alternativamente, podemos efetuar a reação seguindo as etapas 2 e 3, para as quais temos as variações de entalpia ΔH_2 e ΔH_3. Já que H é uma função de estado, ΔH para a transformação do carbono a dióxido de carbono deve ser *independente do caminho da reação.* Isto significa que

$$\Delta H_1 = \Delta H_2 + \Delta H_3.$$

Ambos, ΔH_1 e ΔH_3 foram medidos; logo

$$\Delta \tilde{H}_1 = -393{,}51 \text{ kJ mol}^{-1},$$
$$\Delta \tilde{H}_3 = -282{,}98 \text{ kJ mol}^{-1},$$
$$\Delta \tilde{H}_2 = \Delta \tilde{H}_1 - \Delta \tilde{H}_3 = -110{,}53 \text{ kJ mol}^{-1}.$$

Esta é a variação de entalpia padrão para a transformação do carbono a monóxido de carbono:

$$C(s) + \tfrac{1}{2}O_2(g) \rightleftharpoons CO(g) \qquad \Delta \tilde{H}^\circ_{298} = -110{,}53 \text{ kJ mol}^{-1}.$$

Os argumentos que acabamos de utilizar são um exemplo da **lei de Hess da soma constante dos calores:** O calor liberado ou absorvido numa reação química é independente do caminho seguido, à pressão constante. O raciocínio que utilizamos é equivalente ao seguinte procedimento: combinamos algebricamente as reações químicas cujas entalpias são conhecidas, de modo a obtermos a reação desejada. Para calcularmos a entalpia da reação global, combinamos algebricamente os valores conhecidos de ΔH, de forma análoga ao procedimento utilizado no caso das equações químicas. Assim,

$$\begin{array}{r} C(s) + O_2(g) \rightleftharpoons CO_2(g) \\ -[CO(g) + \tfrac{1}{2}O_2(g) \rightleftharpoons CO_2(g)] \\ \hline C(s) + \tfrac{1}{2}O_2(g) \rightleftharpoons CO(g) \end{array}$$

$$\begin{array}{r} \Delta \tilde{H}^\circ = -393.51 \text{ kJ mol}^{-1} \\ -[\Delta \tilde{H}^\circ = -282.98 \text{ kJ mol}^{-1}] \\ \hline \Delta \tilde{H}^\circ = -110.53 \text{ kJ mol}^{-1} \end{array}$$

Um cálculo um pouco mais elaborado é necessário para determinarmos o $\Delta \tilde{H}^\circ$da reação,

$$C(s) + 2H_2(g) \rightleftharpoons CH_4(g)$$

a partir dos seguintes valores experimentais de $\Delta \tilde{H}^\circ$

(a) $C(s) + O_2(g) \rightleftharpoons CO_2(g)$
(b) $H_2(g) + \tfrac{1}{2}O_2(g) \rightleftharpoons H_2O(\ell)$
(c) $CH_4(g) + 2O_2(g) \rightleftharpoons CO_2(g) + 2H_2O(\ell)$

$\Delta \tilde{H}^\circ$

(a) $-393{,}51$ kJ mol^{-1},
(b) $-285{,}83$ kJ mol^{-1},
(c) $-890{,}32$ kJ mol^{-1}.

Para obtermos a reação desejada, devemos multiplicar a reação (b) por 2, somar o produto com a equação (a) e subtrair a equação (c). Os valores de $\Delta \tilde{H}^\circ$ devem ser combinados, exatamente, da mesma maneira.

$$\begin{array}{r} C(s) + O_2(g) \rightleftharpoons CO_2(g) \\ 2 \times [H_2(g) + \tfrac{1}{2}O_2(g) \rightleftharpoons H_2O(\ell)] \\ -[CH_4(g) + 2O_2(g) \rightleftharpoons CO_2(g) + 2H_2O(\ell)] \\ \hline C(s) + 2H_2(g) \rightleftharpoons CH_4(g) \end{array}$$

$$\begin{array}{r} \Delta \tilde{H}^\circ = -393{,}51 \text{ kJ mol}^{-1}, \\ 2 \times [\Delta \tilde{H}^\circ = -285{,}83 \text{ kJ mol}^{-1}], \\ -[\Delta \tilde{H}^\circ = -890{,}32 \text{ kJ mol}^{-1}], \\ \hline \Delta \tilde{H}^\circ = -74{,}85 \text{ kJ mol}^{-1}. \end{array}$$

Resumindo: Um valor específico de ΔH está associado a cada reação química. Quando um número qualquer de reações são combinadas algebricamente para gerar uma reação global, os valores de ΔH devem ser combinados, exatamente, da mesma maneira para se obter o ΔH da reação global.

O uso da lei de Hess nos permite evitar um grande número de experimentos calorimétricos de difícil execução. Podemos armazenar, de uma forma particularmente eficiente, as informações termoquímicas conhecidas, por meio da compilação de Tabelas contendo **as entalpias padrão de formação por mol** dos compostos. O $\Delta \tilde{H}^\circ_f$é o ΔH da reação de formação do composto puro a partir de seus elementos, com todas as substâncias em seus estados padrão. Assim, para as reações

$$C(s) + \tfrac{1}{2}O_2(g) \rightleftharpoons CO(g)$$
$$H_2(g) + \tfrac{1}{2}O_2(g) \rightleftharpoons H_2O(\ell)$$

$$\Delta \tilde{H}^\circ = \Delta \tilde{H}^\circ_f(CO) = -110{,}53 \text{ kJ mol}^{-1},$$
$$\Delta \tilde{H}^\circ = \Delta \tilde{H}^\circ_f(H_2O, \ell)$$
$$= -285{,}83 \text{ kJ mol}^{-1}.$$

$$H_2(g) + O_2(g) + C(s) \rightleftharpoons HCOOH(\ell)$$

$$\Delta\tilde{H}^\circ = \Delta\tilde{H}_f^\circ(HCOOH) = -424{,}72 \text{ kJ mol}^{-1},$$

as variações de entalpias apresentadas são as entalpias padrão de formação por mol de monóxido de carbono, de água na sua forma líquida e de ácido fórmico. As entalpias de formação de todos os elementos, nos seus estados padrão, são iguais a zero, por definição.

Para compreendermos porque as entalpias de formação são úteis, vamos tentar calcular o $\Delta\tilde{H}^\circ$ da reação

$$HCOOH(\ell) \rightleftharpoons CO(g) + H_2O(\ell) \qquad \Delta\tilde{H}^\circ = ?$$

Podemos usar as informações termoquímicas disponíveis se imaginarmos que esta reação é conduzida por um caminho no qual o ácido fórmico é, inicialmente, decomposto nos seus elementos, ou seja, C, H_2 e O_2, e que estes reagem formando CO e H_2O. Este caminho de reação é descrito na Fig.8.4.

Visto que $\Delta\tilde{H}^\circ$ para a reação global é independente do caminho da reação

$$\Delta H_1 = \Delta H_2 + \Delta H_3.$$

Mas, $\Delta\tilde{H}_3$ é a soma das entalpias de formação do CO e da H_2O:

$$\Delta\tilde{H}_3 = \Delta\tilde{H}_f^\circ(CO) + \Delta\tilde{H}_f^\circ(H_2O, \ell).$$

E, $\Delta\tilde{H}_2$ é igual ao recíproco da entalpia de formação do ácido fórmico, uma vez que a etapa 2 é, justamente, o *inverso* da reação de formação do ácido fórmico a partir dos seus elementos. Assim,

$$\Delta\tilde{H}_2 = -\Delta\tilde{H}_f^\circ(HCOOH),$$

e

$$\Delta\tilde{H}_1 = \Delta\tilde{H}_f^\circ(CO) + \Delta\tilde{H}_f^\circ(H_2O, \ell) - \Delta\tilde{H}_f^\circ(HCOOH) = +28{,}36 \text{ kJ mol}^{-1}. \qquad (8.15)$$

Podemos observar, no exemplo anterior, que a entalpia da reação pode ser calculada a partir das entalpias de formação dos reagentes e dos produtos. A expressão geral derivada da Eq.(8.15)
é:

$$\Delta\tilde{H}^\circ = \sum \Delta\tilde{H}_f^\circ(\text{produtos}) - \sum \Delta\tilde{H}_f^\circ(\text{reagentes}). \qquad (8.15a)$$

Esta equação nos mostra que, a princípio, qualquer reação pode ser conduzida por um caminho em que a primeira etapa é a decomposição dos reagentes aos seus elementos, seguido da formação dos produtos a partir desses elementos. A primeira etapa contribui com $-\Delta H_f$ de cada reagente e a segunda com o ΔH_f de cada produto.

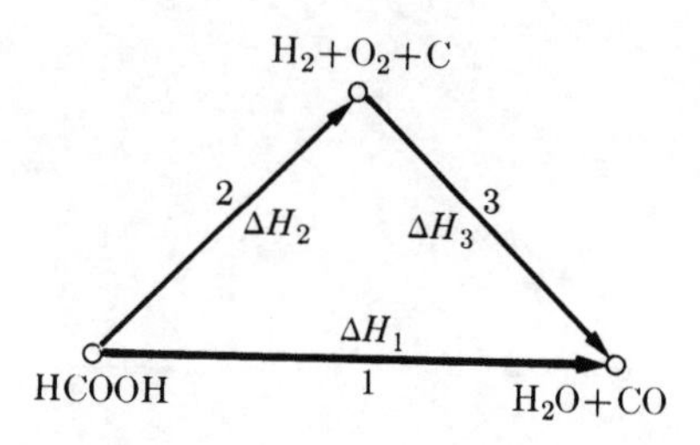

Fig. 8.4 Caminhos alternativos para a conversão de ácido fórmico a monóxido de carbono e água.

A entalpia padrão de formação por mol é uma medida da estabilidade mecânica dos compostos em relação aos elementos que os constituem; além de ser uma grandeza útil para se efetuar cálculos termodinâmicos. Foram compiladas na Tabela 8.1 as entalpias de formação de alguns compostos típicos. Quando o $\Delta\tilde{H}_f^\circ$ é positivo, o composto é energeticamente menos estável que os elementos que o constituem, em seus estados padrão, e vice-versa.

Podemos notar que enquanto o F_2 e o Cl_2 são gases em seus estados padrão, a forma gasosa do Br_2 e do I_2 não correspondem aos seus estados padrão. Visto que a forma mais estável dos elementos, a 25 °C, é considerada como sendo o estado padrão dos mesmos, Br_2 líquido e I_2 sólido são os estados padrão destes elementos. Assim, o $\Delta\tilde{H}_f^\circ$ para o Br_2 e o I_2 gasosos serão iguais aos calores de vaporização e sublimação, respectivamente, a 25 °C. No caso de compostos que apresentam várias formas alotrópicas, ou seja, compostos que possuem duas ou mais estruturas cristalinas nas quais o arranjo tridimensional das moléculas no sólido são diferentes, somente uma delas pode ser tomada como sendo seu estado padrão. Geralmente, esta é a forma mais estável, a 25°C e 1 atm. A grafite é a forma padrão do carbono e a estrutura cristalina ortorrômbica foi considerada como a forma padrão do enxofre.

Todos os óxidos de nitrogênio apresentam $\Delta\tilde{H}_f^\circ$ positivos e tendem a liberar calor ao se decomporem, gerando N_2 e O_2. Mas, visto que tais substâncias são produtos comerciais armazenados e transportados na forma de gases comprimidos, pode-se concluir que a reação de decomposição dos mesmos deve ser extremamente lenta.

Capacidade Calorífica

A capacidade calorífica por mol de uma substância é definida como sendo a quantidade de calor necessária para aumentar em 1 °C ou 1 K a temperatura de 1 mol da mesma. Visto que o calor não é uma função de estado, a quantidade necessária para se produzir uma dada mudança de estado é dependente do caminho seguido. Assim, dois tipos de capacidade calorífica são utilizados: C_p e C_v para mudanças de estado à pressão e à volume constantes, respectivamente. As capacidades caloríficas podem ser definidas matematicamente como

TABELA 8.1 ENTALPIAS DE FORMAÇÃO, $\Delta \tilde{H}_f^\circ$ (kJ mol^{-1}) A 298,15 K*

Elementos

gases				sólidos	
H	217,965	F_2	0	$C_{grafite}$	0
H_2	0	S	278,805	$C_{diamante}$	1,895
C	716,682	Cl	121,679	$Na_{cristal}$	0
C_2	831,90	Cl_2	0	$S_{rômbico}$	0
N	472,704	Br	111,884	$S_{monoclínico}$	0,36
N_2	0	Br_2	30,907	$Ca_{cristal}$	0
O	249,170	I	106,838	$Fe_{cristal}$	0
O_2	0	I_2	62,438	$Cu_{cristal}$	0
O_3	142,7			$Zn_{cristal}$	0
F	78,99			$Ag_{cristal}$	0

Compostos Inorgânicos

gases				líquidos		sólidos	
H_2O	-241,818	SO	6,259	H_2O	-285,830	$CaO_{cristal}$	-635,09
H_2O_2	-136,31	SO_2	-296,830	H_2O_2	-187,78	$Ca(OH)_{2,cristal}$	-986,09
NH_3	-46,11	SO_3	-395,72	SO_3	-441,04	$CaCO_{3,calcita}$	-1206,92
HCl	-92,307	ClO	101,84			$CaCO_{3,aragonita}$	-1207,13
HI	26,48	ClO_2	102,5			$BaCO_{3,whiterita}$	-1216,3
CO	-110,52					$BaSO_{4,cristal}$	-1473,2
CO_2	-393,509					$Fe_2O_{3,hematita}$	-824,2
NO	90,25					$CuO_{cristal}$	-157,3
NO_2	33,18					$ZnO_{cristal}$	-348,28
N_2O	82,05					$AgCl_{cristal}$	-127,068

Compostos Orgânicos†

gases		líquidos	
CH_4 (metano)	-74,85	CH_3OH (metanol)	-238,66
C_2H_6 (etano)	-83,85	C_2H_5OH (etanol)	-227,69
C_2H_4 (etileno)	52,51	CH_3COOH (ác. acético)	-484,5
C_2H_2 (acetileno)	227,48	C_6H_6 (benzeno)	49,08
C_3H_8 (propano)	-104,68		
C_3H_6 (propileno)	19,71		
C_4H_{10} (n-butano)	-125,65		
C_4H_{10} (isobutano)	-134,18		
C_4H_8 (1-buteno)	-0,54		
C_4H_8 (cis-2-buteno)	-7,4		
C_4H_8 (trans-2-buteno)	-11,0		
C_6H_6 (benzeno)	82,93		

* A maior parte dos valores foram tomados de D. D. Wagman et alli, The NBS tables of chemical thermodynamic properties, *Journal of Physical and Chemical Reference Data,* **11**, supl. 2, 1982.

† Os valores de entalpias de formação de hidrocarbonetos são de Thermodynamics Research Center, *American Petroleum Institute Research Project 44 Tables* (College Station: Texas A & M University, 1982-3).

$$C_P = \frac{dq_P}{dT} = \frac{dH}{dT}, \qquad (8.16)$$

$$C_V = \frac{dq_V}{dT} = \frac{dE}{dT}. \qquad (8.17)$$

A quantidade de calor necessária para variarmos a temperatura de n mols de uma substância de T_1 para T_2 pode ser expressa como

$$q_P = n\int_{T_1}^{T_2} \tilde{C}_P\, dT = n\tilde{C}_P \int_{T_1}^{T_2} dT \qquad (8.18)$$

$$= n\tilde{C}_P\,\Delta T \quad \text{se } \tilde{C}_P \text{ for constante.}$$

$$q_V = n \int_{T_1}^{T_2} \tilde{C}_V \, dT = n\tilde{C}_V \int_{T_1}^{T_2} dT \qquad (8.19)$$

$$= n\tilde{C}_V \, \Delta T \qquad \text{se } \tilde{C}_V \text{ for constante,}$$

A diferença entre C_p e C_v pode ser encontrada facilmente:

$$H = E + PV$$

$$\frac{dH}{dT} = \frac{dE}{dT} + \frac{d(PV)}{dT} \qquad C_P = C_V + \frac{d(PV)}{dT}.$$

No caso de líquidos e sólidos, o termo $d(PV)/dT$ é, geralmente, pequeno e $C_p \cong C_v$. Para gases ideais, $P\tilde{V} = RT$ e considerando-se 1 mol:

$$\frac{d(P\tilde{V})}{dT} = \frac{d(RT)}{dT} = R \qquad \tilde{C}_P = \tilde{C}_V + R.$$

A constante dos gases é $R \cong 8{,}3$ J mol^{-1} K^{-1}. Comparando-se os valores das capacidades caloríficas de gases mostradas na Tabela 8.2 com R, podemos notar que R, a diferença entre $\tilde{C}_P$ e $\tilde{C}_V$, corresponde a uma fração apreciável da capacidade calorífica.

Algumas capacidades caloríficas mostradas na Tabela 8.2 foram calculadas e outras foram determinadas experimentalmente. O cálculo, considerando-se um gás monoatômico, é simples pois envolve apenas o princípio da equipartição de energia, discutido brevemente na Secção 2.4. Segundo este princípio $\tilde{C}_P = 5/2\,R$ ou 20,786 J mol^{-1} K^{-1}, para um gás monoatômico. Os pequenos desvios observados, comparando-se o valor anterior com os valores mostrados na Tabela 8.2, para os átomos de H e O podem ser explicados por meio da mecânica quântica estatística. Tal metodologia, também, se torna necessária no cômputo dos valores de C_P para gases diatômicos e triatômicos. Os valores para líquidos, sólidos e gases poliatômicos são valores experimentais, pois para efetuarmos o cálculo seria necessário conhecermos, com precisão, os espaçamentos entre os níveis de energia nas moléculas.

Todas as capacidades caloríficas listadas na Tabela 8.2 aumentam à medida que a temperatura aumenta. As exceções são os gases monoatômicos, que já alcançaram o limite predito pelo princípio de equipartição clássico. A dependência da capacidade calorífica com relação à temperatura deve ser conhecida para que possamos realizar um trabalho confiável em termodinâmica. Este aspecto será ilustrado na próxima secção.

A Dependência do ΔH com Relação à Temperatura

Até o momento estávamos analisando o ΔH das reações à temperatura constante. Contudo, na maioria dos casos, a entalpia de uma reação é uma função da temperatura. Mostraremos, nesta secção, como podemos aplicar o fato do ΔH ser independente do caminho da reação para deduzirmos a expressão do ΔH em função da temperatura.

Consideremos a reação geral

$$a\text{A} + b\text{B} \rightleftharpoons c\text{C} + d\text{D}.$$

A transformação dos reagentes em produtos pode ser efetuada por um dos caminhos mostrados na Fig. 8.5. Suponhamos que conhecemos o valor de ΔH_1, a variação de entalpia quando os reagentes são transformados em produtos, à temperatura T_1. Queremos encontrar o valor de ΔH_2, a variação de entalpia quando a reação é executada, à temperatura T_2.

Visto que ΔH é uma função de estado, podemos inferir a partir da Fig. 8.5 que

$$\Delta H_1 = \Delta H' + \Delta H_2 + \Delta H'',$$

TABELA 8.2 CAPACIDADE CALORÍFICA MOLAR A PRESSÃO CONSTANTE °C (J.mol^{-1}.K^{-1})*

Gases				Líquidos		Sólidos	
He	20,786	CO	29,142	H_2O	75,291	$C_{grafite}$	8,527
Ne	20,786	CO_2	37,11	CH_3OH	81,6	$C_{diamante}$	6,113
Ar	20,786	CH_4	35,69	C_6H_6	136,03	$S_{rômbico}$	22,72
H	20,784	C_2H_6	52,47			$S_{monoclínico}$	23,23
O	21,912	C_6H_6	82,34			$CaO_{cristal}$	42,80
H_2	28,824					$Ca(OH)_{2cristal}$	87,49
N_2	29,125					$Cu_{cristal}$	24,435
O_2	29,355					$CuO_{cristal}$	42,30
HCl	29,12					$Ag_{cristal}$	25,35
H_2O	33,577					$AgCl_{cristal}$	50,79

* Todos os valores estão a 298,15 K e foram tomados de Thermodynamic Research Center, *American Petroleum Institute Research Project 44 Tables* (College Station: Texas A & M University, 1982-3); e de D. D. Wagman et alii, The NBS tables of chemical thermodynamic properties, *Journal of Physical and Chemical Reference Data*, **11**, supl. 2, 1982.

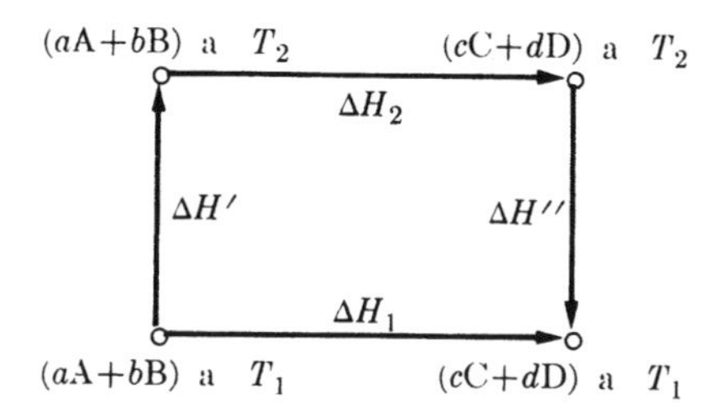

Fig. 8.5 Caminhos alternativos para converter reagentes em produtos.

onde $\Delta H'$ é a variação de entalpia associada com a mudança de temperatura dos *reagentes*, de T_1 para T_2, e $\Delta H''$ é a variação de entalpia dos *produtos*, resultante da variação de temperatura de T_1 para T_2 à pressão constante. A capacidade calorífica global dos reagentes é

$$C_P(\text{reagentes}) = aC_P(\text{A}) + bC_P(\text{B}),$$

de forma que

$$\Delta H' = \int_{T_1}^{T_2} C_P(\text{reagentes})\,dT.$$

Analogamente,

$$C_P(\text{produtos}) = cC_P(\text{C}) + dC_P(\text{D}),$$

e, portanto,

$$\Delta H'' = \int_{T_2}^{T_1} C_P(\text{produtos})\,dT.$$

Agora, ΔH_2 é o único parâmetro desconhecido; assim

$$\Delta H_2 = \Delta H_1 - \Delta H'' - \Delta H'$$
$$= \Delta H_1 - \int_{T_2}^{T_1} C_P(\text{produtos})\,dT - \int_{T_1}^{T_2} C_P(\text{reagentes})\,dT.$$

Podemos trocar o sinal do segundo termo do lado direito da equação se invertermos os limites de integração. Então,

$$\Delta H_2 = \Delta H_1 + \int_{T_1}^{T_2} C_P(\text{produtos})\,dT - \int_{T_1}^{T_2} C_P(\text{reagentes})\,dT.$$

Se considerarmos 1 mol de reação, esta expressão pode ser simplificada.

$$\Delta\tilde{C}_P^\circ = \tilde{C}_P^\circ(\text{produtos}) - \tilde{C}_P^\circ(\text{reagentes})$$
$$= c\tilde{C}_P^\circ(\text{C}) + d\tilde{C}_P^\circ(\text{D}) - a\tilde{C}_P^\circ(\text{A}) - b\tilde{C}_P^\circ(\text{B}).$$

As integrais podem ser combinadas de tal forma que

$$\Delta\tilde{H}_2^\circ = \Delta\tilde{H}_1^\circ + \int_{T_1}^{T_2} \Delta\tilde{C}_P^\circ\,dT. \qquad (8.20)$$

Percebemos, agora, que a diferença entre os $\Delta\tilde{H}^\circ$s de reação depende da *diferença* entre as capacidades caloríficas dos produtos e dos reagentes, nas duas temperaturas. Freqüentemente, esta diferença entre as capacidades caloríficas é muito pequena e o $\Delta\tilde{H}^\circ$ varia muito pouco com a temperatura.

Exemplo 8.3. Estime o valor de $\Delta\tilde{H}^\circ$ à 400 K, para a reação

$$CO(g) + \tfrac{1}{2}O_2(g) \rightarrow CO_2(g).$$

Resposta. O valor de $\Delta\tilde{H}_f^\circ$ a 298,15 K, pode ser obtido a partir dos valores mostrados na Tabela 8.1.

$$\Delta\tilde{H}_{298}^\circ = -393{,}509 - (-110{,}525) = -282{,}984 \text{ kJ mol}^{-1}.$$

O valor de $\Delta\tilde{C}_P^\circ$, a 298,15 K, pode ser calculado a partir dos dados da Tabela 8.2.

$$\Delta\tilde{C}_P^\circ = 37{,}11 - [29{,}14 + (\tfrac{1}{2})(29{,}355)] = -6{,}71 \text{ J mol}^{-1}\text{ K}^{-1}$$
$$= -6{,}71 \times 10^{-3} \text{ kJ mol}^{-1}\text{ K}^{-1}.$$

Se assumirmos que $\Delta\tilde{C}_P^\circ$ na Eq. 8.20, não varia com a temperatura, então

$$\Delta\tilde{H}_2^\circ = \Delta\tilde{H}_1^\circ + \Delta\tilde{C}_P^\circ(T_2 - T_1).$$

Para T_1 = 298,15 K e T_2 = 400 K,

$$\Delta\tilde{H}_{400}^\circ = -282{,}984 - (6{,}71 \times 10^{-3})(101{,}85)$$
$$= -282{,}984 - 0{,}683 = -283{,}667 \text{ kJ mol}^{-1}.$$

Nossos cálculos mostram que $\Delta\tilde{H}^0$ se torna, apenas, um pouco mais negativo, mesmo com um aumento de temperatura de 100 K, pois $\Delta\tilde{C}_P^\circ$ é pequeno.

Existe um grande interesse no estudo das propriedades termodinâmicas à altas temperaturas, mais especificamente para trabalhos sobre combustão e na pesquisa aero-espacial. Os dados utilizados na Tabela 8.1 estão relacionados, principalmente, com as propriedades das substâncias a 298 K e foram transcritas das Tabelas da **NBS** (National Bureau of Standards). Porém, as Tabelas **JANAF** de termoquímica, citadas no final deste capítulo, contém as propriedades termodinâmicas até cerca de 6000 K. Obviamente, os dados desta Tabela foram obtidos, a partir das capacidades caloríficas calculadas ou medidas em função da temperatura. A reação dada no Exemplo 8.3 apresenta uma variação de $\Delta\tilde{H}^\circ$ de somente -0,481 kJ mol^{-1}, segundo os dados das Tabelas da **JANAF** para uma variação de temperatura de 298 para 400 K, enquanto que estimamos um valor de -0,683 kJ mol^{-1} utilizando os dados da NBS. A razão desta pequena diferença reside no fato do $\tilde{C}_P^\circ$ para o CO_2 aumentar mais rapidamente com a temperatura do que o $\tilde{C}_P^\circ$ para o O_2 ou CO e no fato do $\Delta\tilde{C}_P^\circ$ ser de apenas -3,07 J mol^{-1} K^{-1}, a 400 K. O valor de $\Delta\tilde{C}_P^\circ$ varia com a temperatura, embora essa variação possa ser muito pequena. Logo, se supusermos que o $\Delta\tilde{C}_P^\circ$ é independente da temperatura, poderemos estar incorrendo num erro apreciável, mesmo trabalhando em faixas de temperatura tão pequenas quanto 100 K.

8.5 Critérios Para Variação Espontânea

Várias equações foram deduzidas a partir da primeira lei da termodinâmica de forma a podermos fazer uso dos dados calorimétricos eficientemente. Contudo, não alcançamos, ainda, o nosso objetivo maior, ou seja, o de aprendermos a utilizar as propriedades individuais das substâncias para predizermos até que ponto uma reação pode ocorrer. É verdade que podemos associar uma entalpia de formação para cada composto e calcular, a partir das mesmas, o ΔH de uma reação. Mas, o valor do ΔH por si só não é suficiente para podermos avaliar se uma dada reação irá ocorrer espontaneamente. Apesar de existirem inúmeras reações exotérmicas com constantes de equilíbrio elevadas, é também um fato experimental que muitas reações endotérmicas ocorrem até que praticamente todo o reagente seja consumido.

Há também processos físicos que ocorrem espontaneamente num sentido preferencial que não pode ser explicado com base apenas na primeira lei da termodinâmica. Um gás ideal se expande espontaneamente em direção à um recipiente no qual se fez vácuo. A teoria cinética dos gases e os experimentos realizados demonstram que a energia de um gás ideal independe do volume, portanto, o processo de expansão não faz diminuir a energia do sistema.

O processo *inverso*, ou seja, a contração espontânea ou compressão das moléculas gasosas é permitida pela primeira lei da termodinâmica, mas nunca ocorre. Analogamente, observamos que o calor flui espontaneamente de um corpo mais quente para um mais frio. O processo inverso nunca ocorre, apesar de obedecer a primeira lei da termodinâmica.

Fica evidente que a primeira lei da termodinâmica, isoladamente, não consegue explicar o porquê da espontaneidade dos fenômenos físicos e químicos.

Esta conclusão não deveria nos surpreender. Frisamos, em capítulos anteriores, que a tendência das moléculas a atingir um estado de energia mínima é insuficiente para explicar a ocorrência de muitos processos físicos e químicos. Temos, então de reconhecer uma tendência adicional dos sistemas em direção a um máximo de desordem molecular. Neste capítulo, fixaremos nossa atenção à descrição da tendência de todos os sistemas em direção ao caos molecular, e vamos perceber que a espontaneidade pode ser explicada pela aplicação da segunda lei da termodinâmica. Antes, porém, faremos algumas considerações com relação à espontaneidade e reversibilidade.

Reversibilidade e Espontaneidade

As funções de estado de um sistema nunca diferem entre si mais do que uma quantidade infinitesimal num **processo reversível**. Estes processos são algumas vezes denominados processos quase-estáticos, visto que as variações nas funções de estado ocorrem numa velocidade infinitamente lenta. As funções de estado do sistema, tais como a temperatura e a pressão, num processo reversível, nunca diferem daquelas da vizinhança por mais do que uma quantidade infinitésima. Por exemplo, para executarmos uma expansão reversível devemos satisfazer a seguinte condição:

$$P_{\text{int}} = P_{\text{ex}} + dP,$$

e para uma compressão reversível,

$$P_{\text{int}} = P_{\text{ex}} - dP,$$

onde P_{int} é a pressão do sistema. Por não existir mais do que uma diferença infinitesimal de pressão entre o sistema e a vizinhança, a força resultante atuante sobre o sistema, também, será infinitesimalmente pequena e, portanto, as transformações ocorrerão de forma quase-estática. Analogamente, para que a temperatura varie de forma reversível, a condição abaixo deve ser satisfeita se o aquecimento ou o resfriamento forem realizados de forma infinitamente lenta.

$$T_{\text{ex}} = T_{\text{int}} \pm dT,$$

Um **processo espontâneo ou irreversível** ocorre a uma velocidade finita. Se o processo estiver relacionado a uma variação de pressão ou de temperatura, estas variáveis, no sistema e na vizinhança, devem diferir por uma quantidade finita. Portanto, existe uma importante diferença entre os processos reversíveis e irreversíveis. A *direção* de um processo reversível pode ser alterada a qualquer momento simplesmente fazendo-se uma modificação infinitesimal nas vizinhanças. Ou seja, uma compressão reversível pode ser transformada numa expansão reversível diminuindo-se a pressão externa por uma quantidade infinitesimal. Por outro lado, um processo irreversível não pode ser invertido modificando-se a vizinhança por uma quantidade infinitesimal. Neste caso, teremos que promover uma modificação na vizinhança que seja maior do que a diferença de pressão ou temperatura, ou outra função termodinâmica qualquer, responsável pelo processo irreversível.

O trabalho irreversível. Deve-se frisar que o trabalho efetuado sobre um sistema num processo reversível é menor do que o correspondente trabalho efetuado num processo irreversível. No caso de uma compressão reversível, P_{ext} e P_{int}

diferem, apenas, por uma quantidade infinitesimal. Logo podemos escrever que

$$w_{rev} = -\int P_{ex}\,dV = -\int (P_{int} + dP)\,dV \cong -\int P_{int}\,dV,$$

visto que o produto de infinitésimos pode ser desprezado. No caso de uma compressão irreversível $P_{ext} > P_{int}$, logo

$$w_{irrev} = -\int_{V_1}^{V_2} P_{ex}\,dV > -\int_{V_1}^{V_2} P_{int}\,dV = w_{rev}.$$

A escolha do sentido da desigualdade pode ser feita facilmente se lembrarmos numa compressão $V_2 < V_1$; logo as integrais são negativas; portanto, o trabalho é positivo. Dado que $P_{ext} > P_{int}$, a desigualdade apresentada está correta e podemos concluir que

$$w_{rev} < w_{irrev}. \tag{8.21}$$

Consideremos a compressão reversível e isotérmica de um gás ideal. Num processo reversível $P_{int} = P_{ext}$ e $P = nRT/V$. Então

$$w_{rev} = -\int_{V_1}^{V_2} P_{ex}\,dV = -\int_{V_1}^{V_2} \frac{nRT}{V}\,dV = -nRT\int_{V_1}^{V_2} \frac{dV}{V},$$

$$= -nRT\ln\frac{V_2}{V_1}. \tag{8.22}$$

Logo, o trabalho realizado sobre o gás, durante a compressão reversível, é dado pela área sob a isoterma PV entre V_1 e V_2, como mostrado na Fig.8.6.

Agora, suponhamos que a correspondente compressão irreversível seja efetuada de tal forma que a pressão externa seja aumentada instantaneamente de $P_{ext} = P_1 = nRT/V_1$ para $P_{ext} = P_2 = nRT/V_2$, sem que haja uma *mudança apreciável no volume do sistema.* Desta forma, a compressão de V_1 para V_2 ocorre a uma pressão constante, igual a P_2. O trabalho realizado sobre o sistema, nesta compressão irreversível, é mostrado na Fig.8.6. Logo,

$$w_{irrev} = -\int_{V_1}^{V_2} P_{ex}\,dV = -P_2(V_2 - V_1) > 0.$$

Analisando-se a Fig.8.6 é possível observar facilmente que $w_{rev} < w_{irrev}$, como havíamos demonstrado anteriormente.

Agora, vamos comparar o trabalho realizado durante as expansões reversível e irreversível de um gás. Numa expansão reversível, novamente, temos que $P_{int} = P_{ext}$ e

$$w_{rev} = -\int_{V_1}^{V_2} P_{int}\,dV.$$

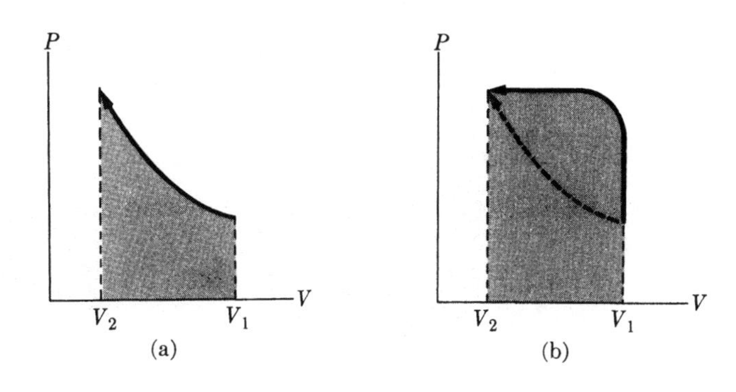

Fig. 8.6 Trabalho realizado na compressão isotérmica de um gás ideal: (a) caminho reversível; (b) caminho irreversível, para o qual traçou-se P_{ex}.

Numa expansão irreversível $P_{ext} < P_{int}$ e $V_2 > V_1$ e

$$w_{irrev} = -\int_{V_1}^{V_2} P_{ex}\,dV > -\int_{V_1}^{V_2} P_{int}\,dV = w_{rev}.$$

Logo, ambos os termos são negativos, mas o termo da esquerda é menos negativo que o da direita e novamente temos que

$$w_{rev} < w_{irrev}.$$

Este resultado, análogo ao encontrado anteriormente, é ilustrado na Fig.8.7.

Transferência de Calor Irreversível. A distinção entre q_{rev} e q_{irrev} é importante na aplicação da segunda lei da termodinâmica. Podemos deduzir a relação entre os dois a partir da Eq.(8.21).

Imagine a mesma mudança de estado, sendo primeiro realizada reversivelmente e, em, seguida irreversivelmente. Podemos expressar os dois processos como segue:

$$q_{rev} = \Delta E - w_{rev} \qquad q_{irrev} = \Delta E - w_{irrev}.$$

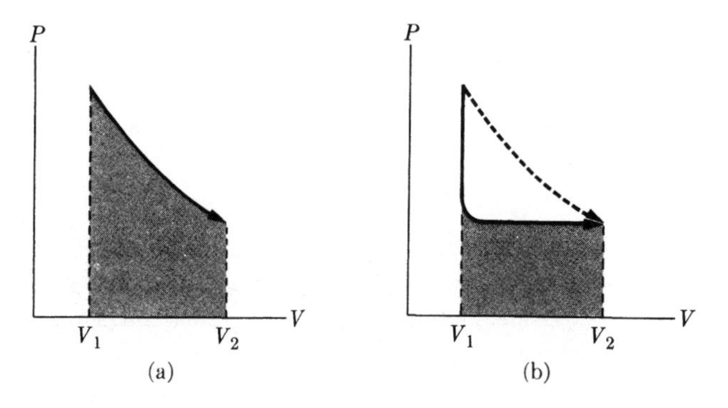

Fig. 8.7 Comparação entre trabalhos realizados por um gás em expansão isotérmica: (a) caminho reversível; (b) caminho irreversível, para o qual traçou-se P_{ex}.

Visto que os estados inicial e final são os mesmos, temos que a diferença da segunda pela primeira é igual a

$$q_{rev} - q_{irrev} = w_{irrev} - w_{rev}.$$

Porém, a Eq.(8.21) nos diz que $w_{rev} < w_{irrev}$, portanto

$$q_{rev} - q_{irrev} > 0 \qquad q_{rev} > q_{irrev}. \tag{8.23}$$

Assim, podemos observar que existe uma relação entre os calores absorvidos pelo sistema, durante os processos reversíveis e irreversíveis. Posteriormente iremos utilizar esta desigualdade para deduzirmos o critério de espontaneidade.

8.6 Entropia e a Segunda Lei da Termodinâmica

Da mesma forma que a primeira lei da termodinâmica descreve o comportamento geral da função de estado denominada energia, a segunda lei da termodinâmica nos informa acerca do comportamento geral de uma outra função de estado denominada **entropia**. Discutimos a entropia de uma forma descritiva, no Cap.3. Neste capítulo abordaremos o assunto de uma forma mais completa. A variação de entropia de um sistema, para quaisquer mudanças de estado, é definida como

$$\Delta S \equiv \int_1^2 \frac{dq_{rev}}{T}. \tag{8.24}$$

A Eq.(8.24) nos diz para conduzirmos o sistema do estado 1 para o estado 2 por meio de um caminho *reversível*. Em seguida, devemos fazer a somatória das razões de cada quantidade infinitesimal de calor pela temperatura na qual o calor foi trocado pelo sistema, para obtermos o valor da entropia.

As variações de entropia devem, *sempre*, ser calculadas considerando-se processos *reversíveis*. Entretanto, a entropia é uma função de estado e, portanto, independe do caminho da reação. Esta aparente contradição não existe, pois

$$\frac{dq_{rev}}{T} \neq \frac{dq_{irrev}}{T}.$$

Esta situação é semelhante àquela encontrada no cálculo do ΔH. O ΔH é independente do caminho da reação, mas ele é igual a q somente quando o processo é efetuado à pressão constante. A variação de entropia, também, é independente do caminho da reação, mas é igual a $\int dq/T$ somente quando o processo é realizado por meio de um caminho reversível. É o termo $\int dq/T$ que depende do caminho da reação, não o ΔS da reação.

A segunda lei da termodinâmica. A entropia S é uma função de estado. A entropia do universo é constante se o processo for reversível. Porém, a entropia do universo aumenta se o processo for irreversível.

As leis da termodinâmica não foram derivadas matematicamente. Elas são as expressões gerais de fatos experimentais, como havíamos frisado anteriormente. "Provamos" que a energia é uma função de estado mostrando que se contrariássemos esta constatação, seria possível a criação ilimitada de energia a partir de um ciclo. Todos os experimentos nos mostram que isto não é possível. Para provar a segunda lei da termodinâmica, mostraremos que contrariá-la implicaria na possibilidade dos gases se comprimirem espontaneamente e do calor fluir espontaneamente das regiões frias para as quentes.

Cálculo da Entropia

Gases Ideais à Temperatura Constante. Demonstraremos o uso da Eq.(8.24) calculando a variação de entropia que acompanha a expansão isotérmica de um gás ideal. Neste caso podemos reescrever a Eq.(8.24) como

$$\Delta S = \int_1^2 \frac{dq_{rev}}{T} = \frac{1}{T}\int_1^2 dq_{rev} = \frac{q_{rev}}{T},$$

onde q_{rev} é o calor adicionado ao sistema para irmos do estado 1 ao estado 2. Agora, desejamos expressar o ΔS em função dos volumes inicial e final do gás. Para tal, utilizaremos o fato experimental de que a energia interna de um gás depende *somente* de sua temperatura. Este é consistente com a teoria cinética dos gases, discutida no Cap.2, onde escrevemos que para um gás ideal

$$\tilde{E}_{trans} = \tfrac{3}{2}RT.$$

Portanto, se a temperatura for constante, a energia interna global e a energia translacional de um gás ideal serão constantes. Então, no caso de uma expansão isotérmica

$$\Delta E = 0 = q + w.$$

Se a expansão for isotérmica e reversível, pela Eq.(8.22), temos que

$$q_{rev} = -w_{rev} = nRT \ln \frac{V_2}{V_1}.$$

Logo

$$\Delta S = \frac{q_{rev}}{T} = nR \ln \frac{V_2}{V_1}. \tag{8.25}$$

Se $V_2 > V_1$, o gás expandiu-se e, conseqüentemente, houve um aumento na sua entropia. Se $V_1 > V_2$, o gás sofreu uma contração e observaremos uma diminuição na sua entropia.

São estas duas últimas constatações consistentes com a segunda lei da *termodinâmica* ? Sabemos que a variação de entropia do universo (sistema e vizinhança) deve ser igual a zero para um processo reversível. Portanto, para verificarmos se a segunda lei da termodinâmica é obedecida ou não, deveremos calcular as variações de entropia do sistema e da vizinhança.

Expansão Reversível. Um gás absorve uma quantidade de calor q durante uma expansão reversível, de tal forma que a variação de entropia seja igual a

$$\Delta S_{gas} = \frac{q_{rev}}{T}.$$

A vizinhança, um termostato à temperatura constante, perde uma quantidade de calor equivalente a q_{rev}. Logo, a variação de entropia da vizinhança é dada por

$$\Delta S_{viz} = -\frac{q_{rev}}{T},$$

onde q_{rev}, o calor absorvido pelo sistema, deve ser um número positivo. Portanto, a variação total de entropia é

$$\Delta S = \Delta S_{gas} + \Delta S_{viz} = \frac{q_{rev}}{T} - \frac{q_{rev}}{T} = 0.$$

Assim, para um processo reversível $\Delta S = 0$, como é requerido pela segunda lei da termodinâmica.

Expansão Irreversível. Vamos considerar a expansão isotérmica irreversível de um gás, de V_1 a V_2. Dado que S é uma função de estado, ΔS será independente do caminho percorrido entre os estados inicial e final. Então, podemos dizer que

$$\Delta S_{gas} = nR \ln \frac{V_2}{V_1}.$$

Então, qual é a diferença entre a expansão irreversível e a reversível ? Suponhamos que a expansão seja efetuada contra uma força externa igual a zero. Neste caso, $w = 0$, e visto que $\Delta E = 0$ para um processo isotérmico sobre um gás ideal, $q = 0$. Logo, nenhum calor foi perdido pela vizinhança, o que indica que a sua variação de entropia foi igual a zero. Então,para esta expansão irreversível, temos que

$$\Delta S = \Delta S_{gas} + \Delta S_{viz} = nR \ln \frac{V_2}{V_1} + 0 > 0$$

a qual é maior que zero. A entropia do universo aumentou, como é exigido pela segunda lei da termodinâmica.

Compressão Espontânea. Agora, podemos examinar a possibilidade de ocorrer uma compressão espontânea de um gás ideal de V_1 para V_s, sem nenhuma influência externa. A variação de entropia do gás deve ser igual a:

$$\Delta S_{gas} = nR \ln \frac{V_s}{V_1},$$

a qual é negativa, pois $V_s < V_1$. Se a compressão ocorresse espontaneamente, sem a influência da vizinhança, então, certamente, $\Delta S_{viz} = 0$, pois não haveria nenhuma alteração na vizinhança. Logo, temos que a variação total de entropia é igual a

$$\Delta S = nR \ln \frac{V_s}{V_1} + 0 < 0.$$

Assim, a compressão espontânea de um gás é impossível de acordo com a segunda lei da termodinâmica, pois a variação de entropia do universo seria, neste caso, negativa. Em outras palavras: Se negassemos a validade da segunda lei da termodinâmica estaríamos admitindo que a compressão espontânea de um gás seria possível, o que nunca foi observado de fato.

Sentido Espontâneo do Fluxo de Calor. Consideremos outra aplicação dos critérios estabelecidos pela segunda lei da termodinâmica para uma variação espontânea. Dois blocos, à temperaturas T_q e T_f diferentes, foram colocados em contato momentaneamente. O bloco frio absorveu uma pequena quantidade de calor dq, e o bloco quente perdeu exatamente a mesma quantidade de calor. A quantidade de calor transferida foi tão pequena que a variação de temperatura nos dois blocos foi insignificante. Este fluxo espontâneo de calor provocou um aumento na entropia ?

Se o corpo frio recebeu o calor dq reversivelmente, então

$$dS_f = \frac{dq}{T_c}.$$

Analogamente, se o corpo quente perdeu calor reversivelmente

$$dS_q = -\frac{dq}{T_q},$$

onde dq, o calor absorvido pelo bloco frio, é um número positivo. Esta variação de entropia, calculada com base na suposição de que a tranferência de calor efetuada é reversível, é igual à variação de entropia experimentada pelos blocos, quando foram colocados em contato momentâneo e sofreram uma transferência irreversível de calor.

Então, temos que a variação global de entropia é

$$dS = dS_f + dS_q = \frac{dq}{T_f} - \frac{dq}{T_q} > 0.$$

Dado que $T_q > T_f$, a variação total da entropia é maior do que zero, como é requisitado pela segunda lei da termodinâmica. Se a quantidade de calor dq tivesse passado *do* bloco quente *para* o frio, a variação se entropia seria expressa por

$$dS = dS_f + dS_q = -\frac{dq}{T_f} + \frac{dq}{T_q} < 0.$$

Portanto, o inesperado fluxo de calor de um corpo frio para um corpo quente infringe a segunda lei da termodinâmica.

Estes dois exemplos sugerem como poderíamos usar a segunda lei da termodinâmica para encontrarmos o sentido no qual a variação seria espontânea. Deveríamos calcular a variação de entropia associada ao processo em questão. Se a variação de entropia do sistema e de suas vizinhanças fosse negativa, o processo não ocorreria. Se a variação total de entropia fosse positiva o processo ocorreria espontaneamente. Esta seria uma das maneiras possíveis de se utilizar a segunda lei, mas veremos que existem outros procedimentos mais eficientes.

Entropia como uma Função da Temperatura.

Vamos calcular a variação de entropia que acompanha uma variação finita de temperatura. Devemos imaginar um processo reversível, no qual a diferença de temperatura entre a vizinhança e o sistema não seja maior do que por uma quantidade infinitesimal. Podemos substituir dq_{rev} na expressão

$$\Delta S = \int \frac{dq_{rev}}{T}$$

por

$$dq_{rev} = n\tilde{C}_P\, dT \qquad \text{ou} \qquad dq_{rev} = n\tilde{C}_V\, dT,$$

dependendo se o processo for executado a pressão ou volume constante. Assim,

$$\Delta S = \int_{T_1}^{T_2} \frac{n\tilde{C}_P}{T}\, dT \qquad \text{(P constante)} \qquad (8.26)$$

$$\Delta S = \int_{T_1}^{T_2} \frac{n\tilde{C}_V\, dT}{T} \qquad \text{(V constante)} \qquad (8.27)$$

Se o intervalo de temperatura for pequeno, $\tilde{C}_P$ e $\tilde{C}_V$ serão aproximadamente constantes, e

$$\Delta S = n\tilde{C}_P \ln \frac{T_2}{T_1}, \qquad \Delta S = n\tilde{C}_V \ln \frac{T_2}{T_1}.$$

Raramente $\tilde{C}_P$ e $\tilde{C}_V$ são realmente constantes e, portanto, devemos conhecer, exatamente, como estas funções dependem da temperatura, antes de integrarmos as Eqs. (8.26) e (8.27).

8.7 O Significado Molecular da Entropia

Podemos ter uma melhor compreensão das funções termodinâmicas se tentarmos interpretá-las em função de suas propriedades moleculares, apesar da termodinâmica não estar fundamentada em dados estruturais da matéria. Vimos que a pressão dos gases decorre das colisões de suas moléculas com as paredes do recipiente que as contém, que a temperatura é um parâmetro que expressa a energia cinética média das moléculas, e que a energia interna consiste na somatória das energias cinética e potencial de todos os átomos, moléculas, elétrons e núcleos do sistema. Então, que propriedades moleculares estão relacionadas com a entropia?

Para respondermos a esta questão, devemos admitir que existem duas maneiras de se descrever os estados termodinâmicos de um sistema: (1) *macroscopicamente,* valendo-se de funções de estado tais como P, V e T; e (2) *microscopicamente,* por meio das velocidades e posições de todos os átomos no sistema. A descrição microscópica completa nunca é usada para descrever um sistema termodinâmico, pois, simplesmente, para descrevermos $3 \times 6 \times 10^{23}$ coordenadas de posição e $3 \times 6 \times 10^{23}$ componentes de velocidade de um mol de uma substância monoatômica, necessitaríamos de uma pilha de papel de tamanho carta equivalente a 10 anos luz de altura. Além disso, esta descrição do sistema seria válida apenas por um instante, dado que as posições e as velocidades dos átomos estão sempre se modificando rapidamente. Assim, mesmo quando estivermos observando um sistema termodinâmico qualquer, no seu estado de equilíbrio *macroscópico,* seu estado*microscópico* estará se modificando muito rapidamente.

Apesar desta imensa atividade molecular, as propriedades dos estados macroscópicos permanecem constantes. Isto significa que existem muitos estados microscópicos consistentes com alguns estados macroscópicos. *Entropia é a medida do número de estados microscópicos associados com um dado estado macroscópico.*

Vamos utilizar um baralho como o análogo de um sistema termodinâmico, de forma que possamos explorar em maior profundidade este assunto. O baralho pode estar em dois estados macroscópicos distintos: podem estar "ordenado" segundo uma seqüência bem definida ou "desordenado". O estado microscópico do sistema ordenado pode ser especificado descrevendo-se a ordem exata do arranjo de cartas. Percebemos que existe somente um estado microscópico coerente com o estado macroscópico ordenado. Entretanto, há muitos estados microscópicos coerentes com o estado macroscópico desordenado, pois as cartas podem ser arranjadas aleatoriamente de muitas maneiras diferentes. Visto que a entropia mede e aumenta com o número de estados microscópicos existentes para um dado estado macroscópico do sistema, podemos dizer que o estado desordenado possui uma entropia maior que o estado ordenado.

Podemos perceber por que as cartas passam do estado ordenado para o desordenado quando são misturadas, utilizando a analogia acima. Simplesmente existe uma maior probabilidade das cartas ficarem desordenadas, visto que o número de estados microscópicos associados ao estado macroscópico desordenado é muito maior do que ao estado ordenado. Se estendermos este raciocínio para sistemas termodinâmicos reais, notaremos que a entropia possui uma tendência natural de aumentar, pois isto corresponde ao deslocamento do sistema de uma condição de menor probabilidade para uma condição de maior probabilidade.

Agora, podemos compreender melhor porque um gás se expande espontaneamente para uma região de menor pressão. Cada molécula terá um número maior de posições disponíveis ao ocupar um volume maior. Conseqüentemente, o gás terá um número maior de estados microscópicos associados a um dado estado do sistema, se compararmos com a situação em que o gás ocupava um volume menor. O gás ocupa todo o volume do recipiente porque este é o estado mais provável em que podemos encontrá-lo. Portanto, é possível que as moléculas do gás venham a se aglutinar ocupando uma parte do volume do recipiente que o contém, mas a probabilidade de que isto venha a ocorrer é praticamente nula.

Há outro aspecto conceitual que devemos discutir. Notamos que existe uma tendência natural dos sistemas de se deslocarem para um estado de caos molecular. Por que estes estados mais desordenados são mais prováveis que os estados mais organizados ? A resposta se encontra no significado literal da palavra desordem. Um **sistema desordenado** é um sistema no qual temos poucas informações acerca dos estados microscópicos. A razão da ausência de informações detalhadas decorre do fato do sistema possuir um número muito grande de estados microscópicos. Por isso, o melhor que podemos fazer é supor que o sistema está num daqueles estados num determinado instante. Se apenas alguns poucos estados microscópicos estivessem disponíveis para o sistema, seríamos capazes de fazer uma descrição precisa das posições e velocidades e deveríamos ser capazes de avaliar em que estado microscópico o sistema poderia se encontrar num dado instante. Logo, um sistema desordenado é um sistema que possui um número relativamente grande de estados microscópicos disponíveis e esta é a razão dos estados desordenados serem mais prováveis que os estados ordenados.

Os valores de ΔS, relativos às mudanças de fase, ilustram muito bem a correlação entre entropia e caos molecular. Quando um sólido se funde, reversivelmente à pressão constante, uma quantidade de calor equivalente a ΔH_{fus}, a **entalpia de fusão**, é absorvida pelo mesmo. Assim, temos que a variação de entropia devido à fusão é igual a

$$\Delta\tilde{S}^\circ = \frac{q_{rev}}{T} = \frac{\Delta\tilde{H}^\circ_{fus}}{T_{fus}},$$

a qual é sempre positiva. No caso da transição gelo-água $\Delta H_{fus}{}^0 = 6.025$ J mol^{-1}, $T_{fus} = 273{,}15$ K e $\Delta\tilde{S}^\circ = 22{,}06$ J mo^{-1}K^{-1}. Sabemos, também, que no líquido as moléculas estão num estado mais desorganizado que no sólido cristalino. Isto é consistente com um aumento de entropia durante a fusão.

Quando um líquído é vaporizado isotermicamente, calor é absorvido pelo mesmo e, portanto, a entropia do sistema aumenta. Podemos reconhecer que há um aumento correspondente no caos molecular como resultado da evaporação. Se a evaporação for realizada reversivelmente, à temperatura de ebulição T_{eb}, e 1 atm, temos que

$$\Delta\tilde{S}^\circ = \frac{q_{rev}}{T} = \frac{\Delta\tilde{H}^\circ_{vap}}{T_{eb}}$$

Para 1 mol de éter etílico $\Delta\tilde{H}_{vap}{}^0 = 27{,}2$ kJ mol^{-1}, $T_{eb} = 308$ K e $\Delta\tilde{S} = 88{,}3$ J mol^{-1} K^{-1}. Quando cálculos similares foram efetuados para vários outros líquidos constatou-se que $\Delta S \cong 88$ J mol^{-1} K , em todos os casos. Isto significa que o aumento na desordem molecular durante a evaporação é, praticamente, o mesmo para todos os líquidos, (Regra de Trouton).

8.8 Entropia Absoluta e a Terceira Lei da Termodinâmica

Durante nossos estudos sobre a entalpia, vimos como é útil selecionarmos e atribuirmos uma entalpia de formação definida a um certo estado da matéria. Nossa escolha, ao definirmos que a entalpia de formação de todos os elementos em seus estados padrão é igual a zero, foi por simples conveniência. Poderíamos ter atribuído o valor zero para qualquer outro estado dos elementos. No caso da entropia a situação é um pouco diferente. Visto que a entropia está associada com o número de estados microscópicos disponíveis no sistema, existe um candidato natural para a escolha do valor zero de entropia. Num cristal perfeito e no zero absoluto existe apenas um estado microscópico possível: cada átomo deve estar no seu local correspondente dentro do retículo cristalino e deve possuir um mínimo de energia. Então, podemos dizer que este é o estado de máxima ordem ou entropia zero.

Terceira Lei da Termodinâmica. A entropia dos cristais perfeitos de todos os elementos e compostos puros é igual a zero, no zero absoluto.

A terceira lei nos permite atribuir uma entropia absoluta para cada elemento e composto, em qualquer temperatura. Para 1 mol de material, temos a partir da Eq.(8.26) que

$$\tilde{S}^\circ_T - \tilde{S}^\circ_0 = \int_0^T \frac{\tilde{C}^\circ_P\, dT}{T}, \qquad \tilde{S}^\circ_T = \int_0^T \frac{\tilde{C}^\circ_P\, dT}{T}, \tag{8.28}$$

dado que $\tilde{S}_0 = 0$, de acordo com a terceira lei da termodinâmica. A capacidade calorífica é dependente da temperatura.

Assim, para calcularmos a entropia de um sólido como o diamante, a 298 K, temos que medir C_p em função da temperatura, de 0 K a 298 K. Poderemos, então, resolver graficamente a integral da Eq.(8.28) medindo a área sob a curva do gráfico C_p/T em função de T. O gráfico é mostrado na Fig. 8.8.

Vamos supor que estejamos interessados em calcular a entropia absoluta padrão $\Delta\tilde{S}^\circ_{298}$ de uma substância que funde a uma temperatura, T_{fus}, menor do que 298 K. Neste caso, a variação de entropia associada àquela transição de fase deve ser incluida na expressão da entropia absoluta. Para tal, modificamos a Eq.(8.28) de forma que

$$\tilde{S}^\circ_{298} = \int_0^{T_m} \frac{\tilde{C}^\circ_P}{T}\, dT + \frac{\Delta\tilde{H}^\circ_{fus}}{T_{fus}} + \int_{T_{fus}}^{298} \frac{\tilde{C}'^\circ_P}{T}\, dT,$$

onde $\tilde{C}^\circ_P$ e $\tilde{C}'^\circ_P$ são as capacidades caloríficas do sólido e do líquido, e $\Delta\tilde{H}_{fus}{}^0$ é a entalpia de fusão. Se existissem outras

TABELA 8.3 ENTROPIAS ABSOLUTAS $\tilde{S}^\circ$ (J mol^{-1} K^{-1}) A 298,15 K*

Elementos

gases				sólidos	
H	114,604	F_2	202,67	$C_{grafite}$	5,740
H_2	130,575	S	238,141	$C_{diamante}$	2,377
C	157,987	Cl	165,089	$Na_{cristal}$	51,21
C_2	199,309	Cl_2	222,957	$S_{rômbico}$	31,80
N	153,189	Br	174,913	$S_{monoclínico}$	32,77
N_2	191,50	Br_2	245,354	$Ca_{cristal}$	41,42
O	160,946	I	180,682	$Fe_{cristal}$	27,28
O_2	205,029	I_2	260,58	$Cu_{cristal}$	33,150
O_3	238,82			$Zn_{cristal}$	41,63
F	158,645			$Ag_{cristal}$	42,55

Compostos Inorgânicos

gases				líquidos		sólidos	
H_2O	188,716	SO	221,84	H_2O	69,91	$CaO_{cristal}$	39,75
H_2O_2	232,6	SO_2	248,11	H_2O_2	109,6	$Ca(OH)_{2,cristal}$	83,39
NH_3	192,34	SO_3	256,76	SO_3	113,8	$CaCO_{3,calcita}$	92,9
HCl	186,799	ClO	226,52			$CaCO_{3,aragonita}$	88,7
HI	206,485	ClO_2	256,84			$BaCO_{3,whiterita}$	112,1
CO	179,565					$BaSO_{4,cristal}$	132,2
CO_2	213,63					$Fe_2O_{3,hematita}$	87,40
NO	210,652					$CuO_{cristal}$	42,63
NO_2	239,95					$ZnO_{cristal}$	43,64
N_2O	219,74					$AgCl_{cristal}$	96,2

Compostos Orgânicos†

gases		líquidos	
CH_4 (metano)	186,27	CH_3OH (metanol)	126,8
C_2H_6 (etano)	229,12	C_2H_5OH (etanol)	160,7
C_2H_4 (etileno)	219,20	CH_3COOH (ác. acético)	159,8
C_2H_2 (acetileno)	200,79	C_6H_6 (benzeno)	269,45
C_3H_8 (propano)	198,41		
C_3H_6 (propileno)	266,60		
C_4H_{10} (isobutano)	295,39		
C_4H_8 (1-buteno)	307,83		
C_4H_8 (cis-2-buteno)	300,7		
C_4H_8 (trans-2-buteno)	295,8		
C_6H_6 (benzeno)	269,45		

* A maior parte dos valores são de D. D. Wagman et alli, The NBS tables of chemical thermodynamic properties, *Journal of Physical and Chemical Reference Data,* **11**, supl. 2, 1982. Os valores NBS foram corrigidos para o estado padrão de 1 atm. Isto afeta somente os gases, cujas entropias estão 0,1094 J mol^{-1} K^{-1} abaixo da tabela NBS que se baseia no estado padrão de 105 kPa.

† As entropias absolutas dos hidrocarbonetos foram obtidas de Thermodynamics Research Center, *American Petroleum Institute Research Project 44 Tables* (College Station: Texas A & M University, 1982-3).

transições de fase na faixa de temperatura entre 0 K e 298 K, por exemplo a vaporização da substância, suas contribuições à entropia deveriam ser computadas de maneira análoga.

A Tabela 8.3 contém as entropias absolutas dos mesmos elementos e compostos compilados na Tabela 8.1. Observe que as substâncias que apresentam estruturas moleculares semelhantes possuem entropias similares. Por exemplo, as substâncias sólidas que apresentam as menores entropias são constituídas por átomos leves e formam cristais rígidos. A entropia ou desordem de um cristal está associada às amplitudes de vibração dos átomos no retículo cristalino, em torno de suas posições de equilíbrio. As amplitudes de vibração em cristais moles, constituídos por átomos pesados, são relativamente grandes. Cada átomo se movimenta dentro de um volume maior e possuem um maior grau de liberdade em cristais moles, se comparados com cristais mais duros. Este maior volume disponível significa uma maior entropia, como no caso dos gases.

As entropias de todos os gases monoatômicos são aproximadamente iguais e tendem a aumentar a medida que aumenta a massa atômica. As entropias dos gases diatômicos são maiores que as dos gases monoatômicos, e as entropias dos gases triatômicos são maiores ainda. Em geral, a entropia aumenta a medida que aumenta a complexidade das moléculas. Numa molécula constituída por muitos átomos, estes podem vibrar em torno de suas posições de equilíbrio de várias maneiras diferentes. E, como nos sólidos, estes movimentos contribuem para aumentar o número de estados microscópicos possíveis e, portanto, a entropia. As moléculas poliatômicas podem girar em torno do seu centro de massa. Este grau de liberdade adicional, também, contribui para aumentar a entropia, e esta contribuição se torna cada vez maior a medida que as moléculas se tornam mais complexas.

Podemos tornar quantitativa a relação entre a estrutura molecular e a entropia. Podemos calcular a entropia de uma substância a partir dos valores de certas propriedades mecânicas das moléculas. Este é o escopo da **mecânica estatística,**

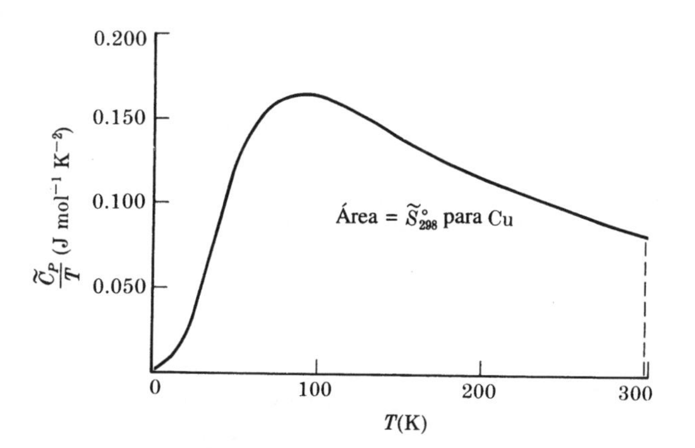

Fig. 8.8 $\tilde{C}_P/T$ em função da temperatura para o cobre metálico. A área sob a curva é igual à entropia molar absoluta do cobre a 298 K.

a qual foi mencionada no início deste capítulo. Mas, no momento, estamos interessados, apenas, em recordar a relação qualitativa entre a entropia e a complexidade molecular.

Podemos calcular as variações de entropia que acompanham as reações químicas utilizando as Tabelas de entropias absolutas. Para uma reação geral

$$aA + bB \rightleftharpoons cC + dD,$$

temos que

$$\begin{aligned}\Delta\tilde{S}^\circ &= c\tilde{S}^\circ(C) + d\tilde{S}^\circ(D) - a\tilde{S}^\circ(A) - b\tilde{S}^\circ(B)\\ &= \sum \tilde{S}^\circ_{\text{produtos}} - \sum \tilde{S}^\circ_{\text{reagentes}}.\end{aligned}$$

Este procedimento é análogo ao utilizado para encontrarmos o $\Delta\tilde{H}^\circ$ a partir das entalpias de formação.

Exemplo 8.4. Calcule o $\Delta\tilde{S}^\circ$ a 298,15 K, de cada uma das seguintes reações:

(a) $\frac{1}{2}N_2(g) + \frac{1}{2}O_2(g) \rightleftharpoons NO(g)$,
(b) $Ca(s) + \frac{1}{2}O_2(g) \rightleftharpoons CaO(s)$,
(c) $\frac{1}{2}H_2 \rightleftharpoons H$.

Respostas. Para a reação (a), temos que

$$\begin{aligned}\Delta\tilde{S}^\circ &= \tilde{S}^\circ(NO) - \tfrac{1}{2}\tilde{S}^\circ(N_2) - \tfrac{1}{2}\tilde{S}^\circ(O_2)\\ &= 210{,}65 - \tfrac{1}{2}(191{,}50) - \tfrac{1}{2}(205{,}03)\\ &= 12{,}39 \text{ J mol}^{-1}\text{ K}^{-1}.\end{aligned}$$

A variação de entropia é pequena, visto que os reagentes e os produtos apresentam estruturas análogas. Utilizando-se o mesmo procedimento para a reação (b):

$$\begin{aligned}\Delta\tilde{S}^\circ &= \tilde{S}^\circ(CaO) - \tilde{S}^\circ(Ca) - \tfrac{1}{2}\tilde{S}^\circ(O_2)\\ &= -104{,}19 \text{ J mol}^{-1}\text{ K}^{-1}.\end{aligned}$$

Neste caso, houve uma diminuição considerável da entropia, pois o oxigênio passou de uma forma bastante desordenada (O_2) para uma forma na qual seus átomos estão firmemente presos num retículo cristalino. No caso da reação (c),

$$\begin{aligned}\Delta\tilde{S}^\circ &= \tilde{S}^\circ(H) - \tfrac{1}{2}\tilde{S}^\circ(H_2)\\ &= 49{,}32 \text{ J mol}^{-1}\text{ K}^{-1}.\end{aligned}$$

Novamente, tivemos um aumento da entropia, porque existem mais estados microscópicos disponíveis quando os átomos constituintes da molécula de hidrogênio são dissociados, do que quando os átomos estão ligados.

8.9 Energia Livre

Nosso critério de reversibilidade é dado por

$$\Delta S = 0 \text{ (processo reversível)},$$
$$\Delta S > 0 \text{ (processo irreversível)}.$$

Vimos, há pouco, como podemos aplicar os critérios acima aos processos de expansão dos gases e ao fluxo de calor. Embora as relações acima nos permitam decidir se um dado processo será reversível ou irreversível, elas não são sempre de fácil aplicação. Por exemplo, a variação de entropia ao qual nos referimos é aquela do *sistema mais a de suas vizinhanças.* Se o critério de espontaneidade fosse expresso, exclusivamente, em função das propriedades do sistema, seria muito mais fácil aplicá-lo aos *sistemas químicos.*

Tal relação foi discutida brevemente no Cap.4. Estamos nos referindo à **energia livre de Gibbs, G,** a qual estamos redefinindo como

$$G \equiv H - TS.$$

Primeiro, precisamos obter a equação diferencial da equação acima, para deduzirmos o critério de espontaneidade em função de G. Assim, temos que

$$dG = dH - T\,dS - S\,dT.$$

Vamos restringir nossa discussão para as condições mais comuns em processos químicos, ou seja, temperatura e pressão constantes. Nestas circunstâncias

$$dT = 0,$$
$$dH = dq,$$
$$dG = dq - T\,dS \qquad (P \text{ e } T \text{ constantes}).$$

Mas, pela definição de entropia, $TdS = dq_{rev}$; portanto

$$dG = dq - dq_{rev} \qquad (P \text{ e } T \text{ constantes}).$$

Agora, existem duas possibilidades. Se o processo for reversível, $dq = dq_{rev}$, logo

$$dG = 0 \qquad (\text{processo reversível à } P \text{ e } T \text{ constantes}). \tag{8.29a}$$

Se o processo for irreversível, $q < q_{rev}$ e $dq < dq_{rev}$, como foi demonstrado na Secção 8.5. Portanto,

$$dG = dq - dq_{rev}, \tag{8.29b}$$
$$dG < 0 \qquad (\text{processo irreversível à } P \text{ e } T \text{ constantes})$$

As Equações (8.29a) e (8.29b) somente se aplicam à variações infinitesimais. Para variações finitas temos que

$$\Delta G = 0 \text{ (processo reversível à } P \text{ e } T \text{ constantes)}, \tag{8.30a}$$
$$\Delta G < 0 \text{ (processo irreversível à } P \text{ e } T \text{ constantes)}. \tag{8.30b}$$

Para decidirmos se uma dada reação será espontânea, à pressão e temperatura constantes, temos que calcular *apenas o ΔG do sistema.* Se o processo for espontâneo $\Delta G < 0$. Se, $\Delta G = 0$, os estados inicial e final estão em equilíbrio. Se, $\Delta G > 0$, a reação direta não acontecerá espontaneamente, mas a reação inversa será espontânea.

No Cap.4 apresentamos um exemplo da aplicação daqueles princípios: mostramos o gráfico da energia livre do equilíbrio

$$N_2O_4(g) \rightleftharpoons 2NO_2(g) \qquad (\text{P e T constantes}).$$

Concluimos que o estado de equilíbrio, definido pela constante de equilíbrio, corresponde ao estado de menor energia livre, ou seja, $\Delta G = 0$.

Agora, vamos testar este critério utilizando uma simples mudança de fase: a evaporação da água formando seu vapor, à 1 atm de pressão. A variação de energia livre é representada por

$$G = H - TS,$$
$$\Delta G = \Delta H - T\,\Delta S, \tag{8.31}$$

para um processo à temperatura constante. No caso da reação

$$H_2O(\ell) \rightleftharpoons H_2O(g) \qquad (P = 1 \text{ atm}),$$

podemos utilizar as Tabelas 8.1 e 8.3 e calcular

$$\Delta\tilde{H}^\circ_{298} = 44{,}012 \text{ kJ mol}^{-1},$$
$$\Delta\tilde{S}^\circ_{298} = 118{,}806 \text{ J mol}^{-1}\text{ K}^{-1}.$$

Podemos substituir estes valores na Eq.(8.31) de modo que

$$\Delta\tilde{G}^\circ_{298} = 44{,}012 - (118{,}806)(298{,}15)$$
$$= 8.590 \text{ J mol}^{-1}.$$

A variação de energia livre é positiva porque a reação é espontânea da direita para a esquerda, ou seja, no sentido oposto ao da reação descrita acima. O ΔG diminui a medida que a temperatura aumenta. Considerando-se que o $\Delta\tilde{H}^\circ$ e o $\Delta\tilde{S}^\circ$ são independentes da temperatura, podemos calcular a temperatura na qual $\Delta G^0 = 0$. Assim,

$$T(\Delta\tilde{G}^\circ = 0) = \frac{\Delta\tilde{H}^\circ}{\Delta\tilde{S}^\circ} \cong \frac{44.012}{118{,}806} = 370{,}5 \text{ K}.$$

Se corrigíssemos os valores de $\Delta\tilde{H}^\circ$ e de $\Delta\tilde{S}^\circ$ considerando a temperatura de 373 K, seríamos capazes de mostrar que $\Delta\tilde{G}^\circ$ é exatamente igual a zero quando T = 373,15 K.

8.10 Energia Livre e Constantes de Equilíbrio

Para decidirmos se uma dada mudança de estado será espontânea, simplesmente, temos que encontrar a variação de energia livre que acompanha o processo e aplicar a Eq.(8.30). Observe, entretanto, que a entropia e, conseqüentemente, a energia livre dependem da pressão. Portanto, devemos ser cuidadosos ao especificar a pressão ou as concentrações nas quais a variação de energia livre foi determinada. Torna-se, assim, conveniente compilar as variações de energia livre padrão por mol das reações, $\Delta\tilde{G}^\circ$ ou seja, a variação de **energia livre por mol** de reação que acompanha a transformação dos reagentes em produtos, ambos nos seus estados padrão.

Anteriormente, associamos uma entalpia padrão de formação para cada composto, nos seus estados padrão, para resolvermos alguns problemas termoquímicos. Podemos definir, de maneira análoga, a variação de **energia livre de formação por mol, $\Delta\tilde{G}^\circ_f$**, como sendo a variação de energia livre quando um mol de uma substância, no seu estado padrão, é formada a partir de seus elementos, também, nos seus estados padrão. É fácil obtermos os valores de $\Delta\tilde{G}^\circ_f$, pois estes estão relacionados com os valores de $\Delta\tilde{H}^\circ_f$ e $\Delta\tilde{S}^\circ_f$ segundo a equação abaixo:

$$\Delta\tilde{G}^\circ_f = \Delta\tilde{H}^\circ_f - T\,\Delta\tilde{S}^\circ_f, \qquad (8.32)$$

onde todos os parâmetros termodinâmicos foram determinados à mesma temperatura T. Os valores de $\Delta\tilde{G}^\circ_f$ a 298,15 K, para os mesmos elementos e compostos das Tabelas anteriores, estão compilados na Tabela 8.4. *A energia livre padrão de formação de todos os elementos em seus estados padrão é, por definição, igual a zero.* Assim, contanto que sejam conhecidos os valores de $\Delta\tilde{G}^\circ_f$ de cada composto, podemos calcular as variações de energia livre padrão de qualquer reação

$$a\mathrm{A} + b\mathrm{B} \rightleftharpoons c\mathrm{C} + d\mathrm{D}$$

utilizando a expressão

$$\Delta\tilde{G}^\circ = c\,\Delta\tilde{G}^\circ_f(\mathrm{C}) + d\,\Delta\tilde{G}^\circ_f(\mathrm{D}) - a\,\Delta\tilde{G}^\circ_f(\mathrm{A}) - b\,\Delta\tilde{G}^\circ_f(\mathrm{B}).$$

A equação geral pode ser escrita como se segue:

$$\Delta\tilde{G}^\circ = \sum \Delta\tilde{G}^\circ_f\ (\text{produtos}) - \sum \Delta\tilde{G}^\circ_f\ (\text{reagentes}). \qquad (8.33)$$

Se o $\Delta\tilde{G}^\circ$ de uma reação for negativo, os reagentes podem ser convertidos em seus produtos, *ambos nos seus estados padrão,* e vice-versa. Se o $\Delta\tilde{G}^\circ$ for positivo, a reação inversa ocorrerá espontaneamente.

O fato do $\Delta\tilde{G}^\circ$ ser positivo não significa que nenhuma molécula do produto poderá ser formada a partir dos reagentes, em seus estados padrão. O produto pode se formar, mas sua concentração relativa será pequena. Nosso problema, agora, é descobrirmos a relação entre a magnitude do $\Delta\tilde{G}^\circ$ e as quantidades de produtos e de reagentes presentes no estado de equilíbrio.

Para deduzirmos tal equação, devemos ter uma expressão que relacione a energia livre com a pressão. Da definição de energia livre, temos que

$$G = H - TS = E + PV - TS,$$

logo,

$$dG = dE + P\,dV + V\,dP - T\,dS - S\,dT.$$

Porém, numa situação em que somente o trabalho PV pode ser realizado, $dE = dq - PdV$, então

$$dG = dq + V\,dP - T\,dS - S\,dT.$$

TdS e dq são equivalentes; logo, temos que

$$dG = V\,dP - S\,dT. \qquad (8.34)$$

Esta equação é muito importante, pois nos mostra como a energia livre varia com a pressão e a temperatura. Ilustraremos sua aplicação para o caso dos gases ideais, à temperatura constante. Numa variação isotérmica de pressão, temos que

$$dG = V\,dP.$$

Se tivermos 1 mol de um gás ideal

$$d\tilde{G} = \frac{RT}{P}\,dP.$$

Vamos integrar esta expressão, tomando como um de seus limites a pressão $P^\circ = 1$ atm, a pressão padrão. Assim, um dos limites de $\tilde{G}$ será $\tilde{G}^\circ$ a energia livre padrão de um mol de gás ideal. Portanto,

$$\int_{\tilde{G}^\circ}^{\tilde{G}} d\tilde{G} = \int_{P^\circ}^{P} \frac{RT}{P}\,dP, \qquad \tilde{G} - \tilde{G}^\circ = RT\ln\frac{P}{P^\circ} = RT\ln P, \qquad (8.35)$$

onde $\tilde{G}$ é a energia livre por mol a qualquer pressão (em atm) e $\tilde{G}^\circ$ é a energia livre padrão. Se considerarmos n mols, em vez de 1 mol, temos que

$$n\tilde{G} = n\tilde{G}^\circ + nRT\ln P. \qquad (8.36)$$

Utilizamos esta expressão para deduzir a relação entre a constante de equilíbrio e a energia livre, na Secção 4.4. Repetiremos a dedução mais detalhadamente.

TABELA 8.4 ENERGIAS LIVRES DE FORMAÇÃO, $\Delta\tilde{G}°f$ (kJ mol^{-1}) A 298,15 K*

Elementos

gases				sólidos	
H	203,263	F_2	0	$C_{grafite}$	0
H_2	0	S	238,283	$C_{diamante}$	2,900
C	671,290	Cl	105,696	$Na_{cristal}$	0
C_2	775,92	Cl_2	0	$S_{rômbico}$	0
N	455,579	Br	82,429	$S_{monoclínico}$	0,07
N_2	0	Br_2	3,143	$Ca_{cristal}$	0
O	231,747	I	70,283	$Fe_{cristal}$	0
O_2	0	I_2	19,360	$Cu_{cristal}$	0
O_3	163,2			$Zn_{cristal}$	0
F	61,93			$Ag_{cristal}$	0

Compostos Inorgânicos

gases				líquidos		sólidos	
H_2O	-228,588	SO	-19,837	H_2O	-237,178	$CaO_{cristal}$	-604,05
H_2O_2	-105,60	SO_2	-300,194	H_2O_2	-120,42	$Ca(OH)_{2,cristal}$	-898,56
NH_3	-16,48	SO_3	-371,076	SO_3	-373,80	$CaCO_{3,calcita}$	-1128,84
HCl	-95,299	ClO	98,11			$CaCO_{3,aragonita}$	-1127,80
HI	1,72	ClO_2	120,5			$BaCO_{3,whiterita}$	-1137,6
CO	-137,152					$BaSO_{4,cristal}$	-1362,2
CO_2	-394,359					$Fe_2O_{3,hematita}$	-742,2
NO	86,55					$CuO_{cristal}$	-129,7
NO_2	51,29					$ZnO_{cristal}$	-318,32
N_2O	104,18					$AgCl_{cristal}$	-109,805

Compostos Orgânicos†

gases		líquidos	
CH_4 (metano)	-50,82	CH_3OH (metanol)	-166,35
C_2H_6 (etano)	-31,95	C_2H_5OH (etanol)	-174,89
C_2H_4 (etileno)	68,43	CH_3COOH (ác. acético)	-390,0
C_2H_2 (acetileno)	209,97	C_6H_6 (benzeno)	124,42
C_3H_8 (propano)	-24,40		
C_3H_6 (propileno)	62,14		
C_4H_{10} (n-butano)	-16,56		
C_4H_{10} (isobutano)	-20,76		
C_4H_8 (1-buteno)	70,24		
C_4H_8 (cis-2-buteno)	65,5		
C_4H_8 (trans-2-buteno)	63,4		
C_6H_6 (benzeno)	129,65		

* A maior parte dos valores são de D. D. Wagman et alli, The NBS tables of chemical thermodynamic properties, *Journal of Physical and Chemical Reference Data*, **11**, supl. 2, 1982. Os valores NBS foram corrigidos para o estado padrão de 1 atm; veja as tabelas NBS para maiores detalhes sobre estas correções.

† As energias livres de formação de hidrocarbonetos foram tomadas de Thermodynamic Research Center, *American Petroleum Institute Research Project 44 Tables* (College Station: Texas A & M University, 1982-3).

Precisamos, justamente, da equação (8.36) para relacionarmos o $\Delta\tilde{G}°$ com as constantes de equilíbrio. A próxima etapa é o cálculo do ΔG da reação geral entre gases ideais,

$$aA(P_A) + bB(P_B) \rightleftharpoons cC(P_C) + dD(P_D),$$

onde P_A, P_B, P_C e P_D são as pressões dos reagentes e dos produtos. Sabemos que

$$\Delta\tilde{G} = \sum \tilde{G}(\text{produtos}) - \sum \tilde{G}(\text{reagentes})$$
$$= c\tilde{G}(C) + d\tilde{G}(D) - a\tilde{G}(A) - b\tilde{G}(B).$$

Substituindo na Eq.(8.35), temos que

$$\Delta\tilde{G} = [c\tilde{G}°(C) + d\tilde{G}°(D) - a\tilde{G}°(A) - b\tilde{G}°(B)] + cRT\ln P_C$$
$$+ d\,RT\ln P_D - a\,RT\ln P_A - b\,RT\ln P_B.$$

Os termos entre colchetes são iguais ao $\Delta G°$ e os termos restantes podem ser combinados, de forma que

$$\Delta \tilde{G} = \Delta \tilde{G}° + RT \ln \frac{(P_C)^c(P_D)^d}{(P_A)^a(P_B)^b} = \Delta \tilde{G}° + RT \ln Q \qquad (8.37)$$

Esta equação é muito importante, pois relaciona as variações de energia livre, de quaisquer reações entre gases ideais, com as variações de energia livre padrão e as pressões dos reagentes. Neste caso, não há restrições para as pressões dos reagentes e dos produtos.

Suponhamos que as pressões parciais na Eq.(8.37) correspondam àquelas do estado de equilíbrio. Neste caso, $\Delta \tilde{G} = 0$, e

$$0 = \Delta \tilde{G}° + RT \ln Q_{eq}.$$

No equilíbrio, o quociente Q_{eq} é igual à constante de equilíbrio da reação, de modo que

$$\Delta \tilde{G}° = -RT \ln K. \qquad (8.38)$$

A Eq.(8.38) é a relação quantitativa entre a variação de energia livre padrão e a constante de equilíbrio, que estávamos procurando.

A importância da Eq.(8.38) não pode ser superestimada. Em primeiro lugar, ela se constitui numa prova de que existe algo semelhante a uma constante de equilíbrio. Ou seja, visto que G é uma função de estado, $\Delta \tilde{G}°$ deve ser uma constante que depende somente da temperatura e da natureza dos reagentes e dos produtos, em seus estados padrão. Portanto, a Eq.(8.38) nos diz que, numa dada temperatura, a razão entre as concentrações

$$\frac{(P_C)^c(P_D)^d}{(P_A)^a(P_B)^b} = K$$

é uma constante, no equilíbrio.

A segunda característica importante da Eq.(8.38) é que ela nos permite correlacionar as propriedades individuais das substâncias com a extensão em que a reação ocorre. A variação de energia livre padrão pode ser calculada por meio dos $\Delta \tilde{G}_f°$ dos reagentes e dos produtos, e estas podem ser obtidas por meio dos valores de $\Delta \tilde{H}_f°$ e $\tilde{S}°$ correspondentes. E, finalmente, a Eq.(8.38) nos permite ter uma melhor compreensão do significado de $\Delta \tilde{G}°$. Podemos aplicar o antilogarítimo e expressar a constante de equilíbrio da maneira que se segue.

$$K = e^{-\Delta \tilde{G}°/RT}. \qquad (8.39)$$

Podemos notar que se $\Delta \tilde{G}° < 0$, o expoente será positivo e $K > 1$. Quanto mais negativo for o valor de $\Delta \tilde{G}°$ maior será o valor da constante de equilíbrio, ou seja, a reação estará mais deslocada no sentido da formação dos produtos. Ao contrário, se $\Delta \tilde{G}_f° > 0$, $K < 1$ e, portanto, a maior parte das espécies, no equilíbrio, estará na forma dos reagentes. O caso especial e raro no qual $\Delta \tilde{G}° = 0$ corresponde a uma constante de equilíbrio unitária.

Se reescrevermos a Eq.(8.39) numa forma mais expandida, poderemos ter uma melhor compreensão das forças que atuam sobre as reações químicas. Substituindo a expressão,

$$\Delta \tilde{G}° = \Delta \tilde{H}° - T\Delta \tilde{S}°, \qquad (8.40)$$

na Eq.(8.39), temos que

$$K = e^{\Delta \tilde{S}°/R} e^{-\Delta \tilde{H}°/RT}. \qquad (8.41)$$

Podemos observar que quanto maior for $\Delta \tilde{S}°$ maior será o valor de K. Então, a tendência no sentido de se alcançar o máximo de caos molecular contribui diretamente para a magnitude de K. Analogamente, fica claro que quanto mais negativo for o $\Delta \tilde{H}°$, maior será o valor de K. Deste modo, a tendência dos átomos de tentarem alcançar o estado de menor energia também contribui para aumentar o valor da constante de equilíbrio.

Equilíbrio em Solução

Ao deduzirmos a expressão que correlaciona $\Delta \tilde{G}°$ com K, assumimos que os reagentes e os produtos eram gases. Se os reagentes e os produtos estivessem em solução, teríamos que redefinir a constante de equilíbrio e modificar nossa interpretação do que é o $\Delta \tilde{G}°$. Para tal vamos começar com a Eq.(8.35), mas devemos manter inalteradas as pressões dos estados padrão, pois estas são definidas diferentemente para os gases e para as espécies em solução. Dado que uma solução pode conter vários solutos, reescreveremos a Eq.(8.35) para o i-ésimo soluto como

$$\tilde{G}_i = \tilde{G}_i° + RT \ln \frac{P_i}{P_i°}.$$

O estado padrão de espécies em solução foi discutido no Cap.3, ao analisarmos a constante da Lei de Henry para um dado soluto. Este estado padrão corresponde a uma solução real que possui uma pressão P_1^0 de soluto, acima da solução, equivalente ao de uma solução ideal cuja concentração é igual a 1 molal. Esta é freqüentemente chamada de **solução hipotética 1-m.** A atividade $\{i\}$, introduzida no Cap.4, de qualquer soluto em solução é definida como sendo a razão P_1/P_1^0. As soluções diluídas devem ter um baixo valor de $\{i\}$, e as soluções concentradas, acima de 1 m, um alto valor de $\{i\}$. Não podemos supor que $\{i\}$ seja proporcional à molalidade, exceto no caso de soluções diluídas, pois, geralmente, trabalhamos com soluções reais, ou seja, soluções que apresentam um comportamento não ideal. Anteriormente definimos uma fator de correção denominado coeficiente de atividade γ_1 como

$$\{i\} = \gamma_i(\text{molalidade})_i.$$

Se substituirmos P_1/P_1^0 por {i}, temos que

$$\tilde{G}_i = \tilde{G}_i^\circ + RT \ln\{i\} \quad (8.42a)$$

$$= \tilde{G}_i^\circ + RT \ln \gamma_i(\text{molalidade})_i \quad (8.42b)$$

As Eqs.(8.42a e 8.42b) são aplicáveis, somente, ao vapor do soluto acima da solução. É desejável se ter uma equação que seja válida para o soluto em solução. A diferença entre os dois casos, apesar de ser simbólica, é importante na compreensão da termodinâmica das soluções. Considere o equilíbrio

soluto em solução $\rightleftharpoons$ soluto no vapor.

Vamos permitir que um número infinitesimal de mols do soluto, dn_1, passe da solução para o vapor, em equilíbrio com a mesma. Visto que estamos tratando de um equilíbrio a temperatura e pressão constantes,

$$dG = 0 = dG_{\text{vapor}} + dG_{\text{solução}}$$

para uma variação de dn_1 mols. No caso de gases ideais, podemos medir a energia livre de cada componente, num determinado estado, independentemente. Se dn_1 mols passam para o estado de vapor, temos que

$$dG_{\text{vapor}} = \tilde{G}_i\, dn_i,$$

onde $\tilde{G}_1$ é a energia livre por mol no vapor. Entretanto, não podemos medir a energia livre do soluto e do solvente independentemente, no caso de uma solução. Apenas, podemos medir quanto a energia livre do sistema - solvente e soluto - varia em função das mudanças em todos os componentes. Esta variação deve ser expressa como uma **derivada parcial** já que a solução depende de todos os seus componentes, mais a temperatura e a pressão. Se $-dn_1$ mols de soluto forem retirados da solução, temos que

$$dG_{\text{solução}} = -\left(\frac{\partial G}{\partial n_i}\right)_{T,P,nj} dn_i.$$

Se substituirmos as duas últimas equações na equação acima, que combina aqueles parâmetros, teremos que

$$\underset{\text{solução}}{\left(\frac{\partial G}{\partial n_i}\right)_{T,P,nj}} = \underset{\text{vapor}}{\tilde{G}_i}.$$

O termo da esquerda é denominado **energia livre parcial por mol** da solução. Este termo é algumas vezes denominado **potencial químico** da solução. Podemos simplificar em muito todas as nossas equações se utilizarmos o mesmo símbolo para representar a energia livre por mol e a energia livre parcial por mol. Neste livro, usaremos $\tilde{G}_i$ para representar ambos; sendo que o leitor deverá descobrir a qual deles nos referimos, em função do contexto no qual aquele símbolo for utilizado. Esta convenção é, invariavelmente, adotada quando os dados termodinâmicos para gases ideais, líquidos puros, sólidos e soluções são apresentados conjuntamente na mesma Tabela. Se adotarmos a convenção acima, podemos retomar as Eqs.(8.42a e b) e dizer que agora elas se aplicam ao soluto em solução. Precisamos somente nos lembrar de que $\tilde{G}_i$ e $\tilde{G}_i^\circ$ agora se referem às energias livres parciais por mol.

No caso de um equilíbrio no qual todas as espécies estão em solução, podemos escrever o equivalente da Eq.(8.37) usando a Eq.(4.12):

$$\Delta\tilde{G} = \Delta\tilde{G}^\circ + RT \ln \frac{\{C\}^c\{D\}^d}{\{A\}^a\{B\}^b}, \quad (4.12)$$

onde {A} é a atividade da espécie A, e assim por diante. A forma da expressão acima é idêntica a da Eq.(8.37). Assim, a expressão para a constante de equilíbrio é igual a

$$\frac{\{C\}^c\{D\}^d}{\{A\}^a\{B\}^b} = K. \quad (8.43a)$$

Se todas as espécies em solução se comportassem idealmente, o coeficiente de atividade deveria ser igual a 1,00. No caso de soluções bastante diluídas ou ideais

$$\frac{(\text{molalidade})^c_C\,(\text{molalidade})^d_D}{(\text{molalidade})^a_A\,(\text{molalidade})^b_B} = K \quad (8.43b)$$

onde as concentrações molais não apresentam unidade e são, portanto, números puros. Pressões adimensionais, também, se tornam necessárias na Eq.(8.37).

Uma vez mais iremos tratar de equilíbrios envolvendo sólidos e líquidos puros. Visto que seus estados padrão são os sólidos e líquidos puros per si, suas atividades sempre serão iguais a unidade. Devido a esta definição do estado padrão, podemos dizer que sólidos e líquidos puros podem ser excluídos das expressões das constantes de equilíbrio. A água é um caso especial. A atividade da água se aproxima de 1, no caso de soluções diluídas, e por esta razão ela é excluída da maioria das expressões das constantes de equilíbrio. No entanto, a atividade da água deve ser considerada quando tratarmos de reações que envolvam a produção ou o consumo de H_2O em soluções concentradas.

Para podermos utilizar a Eq.(8.38) para quaisquer equilíbrios envolvendo espécies em solução aquosa, necessitamos ter em mãos uma Tabela contendo as **energias livres parciais de formação por mol.** A Tabela 8.5 nos fornece alguns destes valores, juntamente com os valores das **entalpias parciais de formação por mol** e das **entropias parciais**

TABELA 8.5 VALÔRES TERMODINÂMICOS PARCIAIS MOLARES PARA MOLÉCULAS E ÍONS EM ÁGUA*

Espécies em Solução	ΔH_f°	$\Delta G^\circ f$ (kJ mol⁻¹)	S° (J mol⁻¹ K⁻¹)
		neutros	
He(aq)	-1,7	19,7	54,4
O_2(aq)	-11,7	16,4	110,9
CO_2(aq)	-473,80	-386,01	117,6
NH_3(aq)	-80,29	-26,57	111,3
CH_3COOH(aq)	-485,76	-396,56	178,7
		dissociados	
H^+(aq) + Cl	-167,159	-131,261	56,5
Na^+(aq) + Cl^-(aq)	-407,27	-393,149	115,5
		íons simples	
H^+(aq)	0	0	0
Cl^-(aq)	-167,159	-131,261	56,5
Na^+(aq)	-240,12	-261,889	59,0
OH^-(aq)	-229,994	-157,293	-10,75
NH_4^+(aq)	-132,51	-79,38	113,4
HCO_3^-(aq)	-691,99	-586,85	91,2
SO_4^{2-}(aq)	-909,27	-744,63	20,1
Cu^{2+}(aq)	64,77	65,52	-99,6
Zn^{2+}(aq)	-153,89	-147,03	-112,1
Ag^+(aq)	105,579	77,123	72,68

* Para soluções ideais 1 M a 298,15 K. Os valores foram tomados de D. D. Wagman et alli, The NBS tables of chemical thermodynamic properties, *Journal of Physical and Chemical Reference Data,* 11, supl. 2, 1982. Os valores de $\Delta G^\circ f$ foram corrigidos ao estado padrão de 1 atm para os elementos.

por mol. Os dados para as espécies neutras nos mostram a influência do solvente e da variação do estado padrão 1-m. Por exemplo, os valores positivos do $\Delta\tilde{G}_f^\circ$ para os gases He e O_2 indicam que suas solubilidades em água a 1 atm são menores que 1 *m*, à pressão de 1 atm. Estes valores de $\Delta\tilde{G}_f^\circ$ estão relacionados às constantes da lei de Henry pela Eq.(8.38).

Os valores para o HCl e NaCl dissociados podem ser medidos diretamente a partir de suas soluções. Contudo, os valores da Tabela para os íons correspondentes foram calculados tomando-se arbitrariamente o H^+ (aq) como referência. Podemos inferir como os dados experimentais obtidos para o HCl e NaCl foram utilizados para calcular os valores mostrados na Tabela para o Cl^- e Na^+. Por causa da escolha arbitrária do H^+ (aq) como referência, os valores para os demais íons não apresentam um comportamento simples.

Exemplos Termoquímicos

Os próximos dois exemplos ilustrarão o uso dos dados contidos nas Tabelas 8.1, 8.3 e 8.4. Em seguida ilustraremos como se pode utilizar os dados contidos na Tabela 8.5.

Exemplo 8.5. Use os valores de $\Delta\tilde{H}_f^\circ$ e $\tilde{S}^\circ$ dados nas Tabelas 8.1 e 8.3 para calcular o valor do $\Delta\tilde{G}_f^\circ$ do O_3, dado na Tabela 8.4.

Resposta. A equação para a formação do O_3 a partir dos elementos é

$$\tfrac{3}{2}O_2(g) \rightleftharpoons O_3(g).$$

Calcularemos o $\Delta\tilde{G}_f^\circ$ utilizando a Eq.(8.32):

$$\Delta\tilde{G}_f^\circ = \Delta\tilde{H}_f^\circ - T\,\Delta\tilde{S}_f^\circ.$$

O valor do $\Delta\tilde{H}_f^\circ$ pode ser obtido diretamente da Tabela 8.1 e é igual a 142,7 kJ mol⁻¹. No entanto, a entropia de formação a partir dos elementos deve ser calculada utilizando-se os valores das entropias absolutas dadas na Tabela 8.3:

$$\begin{aligned}\Delta\tilde{S}_f^\circ &= \tilde{S}^\circ(O_3) - \tfrac{3}{2}\tilde{S}^\circ(O_2)\\ &= 238{,}82 - \tfrac{3}{2}(205{,}029)\\ &= -68{,}72 \text{ J mol}^{-1}\text{ K}^{-1}.\end{aligned}$$

Todos os dados são relativos a temperatura de 298,15 K. Visto que as entropias foram dadas em joules e as entalpias em quilojoules, podemos converter todos os dados da Eq.(8.32) para quilojoules simplesmente expressando a temperatura em quilokelvins:

$$\Delta\tilde{G}_f^\circ = (142{,}7 \text{ kJ mol}^{-1}) - (0{,}29815 \text{ kK})(-68{,}72 \text{ J mol}^{-1} \text{ K}^{-1})$$
$$= 163{,}2 \text{ kJ mol}^{-1}.$$

O resultado concorda exatamente com o valor dado na Tabela 8.4.

Exemplo 8.6. Calcule o $\Delta\tilde{G}^\circ$ e o K para a reação

$$NO + O_3 \rightleftharpoons NO_2 + O_2.$$

Qual dos dois fatores, $\Delta\tilde{H}^\circ$ ou $\Delta\tilde{S}^\circ$, contribui em maior grau para o valor da constante de equilíbrio da reação ?

Resposta. Da Tabela 8.4

$$\Delta\tilde{G}^\circ = \Delta\tilde{G}_f^\circ(NO_2) + \Delta\tilde{G}_f^\circ(O_2) - \Delta\tilde{G}_f^\circ(NO) - \Delta\tilde{G}_f^\circ(O_3)$$
$$= 51{,}29 + 0 - (86{,}55 + 163{,}2)$$
$$= -198{,}5 \text{ kJ mol}^{-1}.$$

Utilizando a Eq.(8.38), temos que

$$K = e^{-\Delta\tilde{G}^\circ/RT} = e^{198{,}5/2{,}479} = 6{,}0 \times 10^{34}.$$

A constante de equilíbrio é bastante favorável no sentido da formação dos produtos. Segundo a Eq.(8.41)

$$K = e^{\Delta\tilde{S}^\circ/R} e^{-\Delta\tilde{H}^\circ/RT}.$$

Assim, podemos estimar separadamente as contribuições entálpica e entrópica para a constante de equilíbrio:

$$\Delta\tilde{H}^\circ = \Delta\tilde{H}_f^\circ(NO_2) + \Delta\tilde{H}_f^\circ(O_2) - \Delta\tilde{H}_f^\circ(NO) - \Delta\tilde{H}_f^\circ(O_3)$$
$$= 33{,}18 + 0 - (90{,}25 + 142{,}7)$$
$$= -199{,}8 \text{ kJ mol}^{-1}.$$

E,

$$\Delta\tilde{S}^\circ = \tilde{S}^\circ(NO_2) + \tilde{S}^\circ(O_2) - \tilde{S}^\circ(NO) - \tilde{S}^\circ(O_3)$$
$$= 239{,}95 + 205{,}03 - (210{,}65 + 238{,}82)$$
$$= -4{,}49 \text{ J mol}^{-1} \text{ K}^{-1}.$$

Finalmente, aplicando a Eq.(8.41b)

$$K = e^{\Delta\tilde{S}^\circ/R} e^{-\Delta\tilde{H}^\circ/RT} = e^{-0{,}54} e^{80{,}60} = 0{,}6 \times 10^{35}.$$

A contribuição da entropia para a reação é muito pequena dado que a estrutura molecular dos produtos e dos reagentes são similares.

Portanto, a verdadeira energia propulsora da reação provém do fato dos produtos serem energeticamente mais estáveis que os reagentes.

Exemplo 8.7. Use os valores dados nas Tabelas 8.4 e 8.5 para calcular a constante de equilíbrio da reação abaixo, a 25 °C.

$$H_2O(\ell) \rightleftharpoons H^+(aq) + OH^-(aq).$$

Calcule, também, o $\Delta\tilde{S}^\circ$.

Resposta.

$$\Delta\tilde{G}^\circ = -157{,}293 + 0 - (-237{,}178) = 79{,}885 \text{ kJ mol}^{-1},$$
$$K = e^{-32{,}225} = 1{,}01 \times 10^{-14}.$$

O resultado acima deve ser igual ao valor de K_w, em molalidade, que o **NBS** (National Bureau of Standards) utiliza para calcular o $\Delta\tilde{G}_f^\circ$ do íon OH^-. O valor utilizado no Cap.5 foi calculado a partir de concentrações molares. Novamente, precisaremos nos valer dos dados compilados nas Tabelas 8.1 e 8.5 para determinarmos o $\Delta\tilde{H}^\circ$.

$$\Delta\tilde{H}^\circ = -229{,}994 + 0 - (-285{,}830) = 55{,}836 \text{ kJ mol}^{-1}$$

Esta reação é indubitavelmente endotérmica. Logo o K_w deve aumentar com o aumento da temperatura.

8.11 Células Eletroquímicas

Já dispomos de um método para calcular as variações de energia livre padrão das reações químicas: a Eq.(8.39). Nesta secção veremos que o $\Delta\tilde{G}^\circ$ de uma reação também pode ser obtido a partir da determinação do potencial padrão, $\Delta\mathscr{E}^\circ$. Isto não nos surpreende, pois tanto o potencial padrão como o ΔG^0 estão relacionados com a constante de equilíbrio. Logo, deve existir uma relação entre ambos.

Antes de estabelecermos a relação entre $\Delta\tilde{G}^\circ$ e $\Delta\mathscr{E}^\circ$, precisamos encontrar a relação entre energia livre e trabalho elétrico. Tomando a definição de energia livre temos que

$$dG = dH - T\,dS - S\,dT$$
$$= dq + dw + P\,dV + V\,dP - T\,dS - S\,dT.$$

Novamente, restringiremos nossos argumentos para o caso de um processo reversível, à pressão e temperatura constantes. Considerando que $dq = TdS$, temos que

$$dG = dw + P\,dV.$$

O termo PdV é o trabalho realizado devido a variação de volume, enquanto que dw representa todo o trabalho realizado sobre o sistema. Se o sistema for uma célula eletroquímica, dw se refere ao trabalho PV mais o trabalho elétrico, de tal modo que

$$w = w_{PV} + w_{\text{elet}},$$
$$dG = dw + P\,dV$$
$$= dw_{PV} + dw_{\text{elet}} + P\,dV$$
$$= dw_{\text{elet}},$$
$$\Delta G = w_{\text{elet}} \quad \text{(P e T constantes).} \tag{8.44}$$

Então, o ΔG do processo é o trabalho elétrico reversível realizado sobre o sistema.

No Cap.7, usamos a relação entre o trabalho elétrico e a variação de energia livre, à temperatura e pressão constantes, para deduzirmos a equação de Nernst. Neste capítulo seguiremos a convenção termodinâmica do trabalho realizado sobre a célula eletroquímica, enquanto que no Cap.7 adotamos a convenção mais intuitiva do trabalho realizado pela célula eletroquímica. Após recordarmos nossa convenção, poderemos discutir os passos que nos levarão à Eq. (8.44). Esta será a dedução da Eq.(7.5), apresentada no capítulo anterior sem "provas".

A Eq.(8.44) foi deduzida para o caso especial do trabalho elétrico. Contudo, ela continua sendo válida, mesmo se acrescentarmos qualquer outro tipo de trabalho ao trabalho de expansão do gás contra uma pressão constante. Tais trabalhos podem ser denominados **trabalhos globais.** Podemos reescrever a Eq.(8.44), considerando esta última notação, como

$$-\Delta G = -w_{\text{global}}$$

onde $-w_{\text{global}}$ é o trabalho global efetuado pelo sistema. Desta forma podemos observar que, para um processo reversível, a diminuição de *energia livre* é igual ao trabalho global realizado pelo sistema, durante a mudança de estado. Esta é a origem do termo energia livre, pois a diferença no valor de G é igual à energia que pode ser obtida do sistema, na forma de trabalho. O termo *energia livre* foi utilizado pela primeira vez por H. von Helmholtz para a função de estado

$$A \equiv E - TS.$$

Esta energia livre, agora denominada **energia livre de Helmholtz** se relaciona com o trabalho global efetuado, à temperatura e *volume* constantes. É comum denominarmos A de energia livre dos físicos e G de energia livre dos químicos, visto que os químicos preferem trabalhar à pressão constante enquanto que os físicos preferem medir tal parâmetro à volume constante. Muitos textos anteriores adotaram o símbolo F para as duas formas de se medir a energia livre, dependendo do interesse do autor.

No Cap.7 a equação de Nernst foi deduzida, mas repetiremos as principais etapas a título de recordação. Se n mols de elétrons forem produzidos por uma célula operando num potencial reversível $\Delta\mathscr{E}$, temos que

$$w_{\text{elet}} = -n\mathscr{F}\,\Delta\mathscr{E},$$

onde $\mathscr{F}$ é a constante de Faraday. Se combinarmos a equação acima com a Eq.(8.44),

$$\Delta\tilde{G} = -n\mathscr{F}\,\Delta\mathscr{E}, \tag{7.6}$$

$$\Delta G^\circ = -n\mathscr{F}\,\Delta\mathscr{E}^\circ. \tag{7.7}$$

A relação entre o $\Delta\tilde{G}$ e o $\Delta\tilde{G}^\circ$, dos reagentes e dos produtos em solução, foi apresentada pela primeira vez no Cap.4, por meio da Eq.(4.12), e rediscutida na dedução da Eq.(8.37):

$$\Delta\tilde{G} = \Delta\tilde{G}^\circ + RT\ln\frac{\{C\}^c\{D\}^d}{\{A\}^a\{B\}^b}.$$

Substituindo as variações de energia livre pelas correspondentes expressões envolvendo as diferenças de potencial, temos que

$$\Delta\mathscr{E} = \Delta\mathscr{E}^\circ - \frac{RT}{n\mathscr{F}}\ln\frac{\{C\}^c\{D\}^d}{\{A\}^a\{B\}^b}. \tag{7.8}$$

Se utilizarmos molaridades em vez de atividades, $\log_{10}$ em vez de ln e a temperatura de 25 °C, obteremos a seguinte expressão:

$$\Delta\mathscr{E} = \Delta\mathscr{E}^\circ - \frac{0{,}059}{n}\log\frac{[C]^c[D]^d}{[A]^a[B]^b}.$$

Esta forma da equação de Nernst foi utilizada no Cap.7 para fazermos cálculos.

8.12 Dependência do Equilíbrio com a Temperatura

O princípio de Le Châtelier é um guia qualitativo que nos permite predizer como o equilíbrio será afetado por uma variação de temperatura. Entretanto, podemos obter uma relação quantitativa entre K e T usando os conceitos termodinâmicos disponíveis. Para deduzirmos tal expressão, precisamos combinar duas equações básicas: as Eqs.8.38 e 8.40,

$$\Delta\tilde{G}^\circ = -RT\ln K, \tag{8.38}$$

$$\Delta\tilde{G}^\circ = \Delta\tilde{H}^\circ - T\,\Delta\tilde{S}^\circ, \tag{8.40}$$

de modo que

$$\ln K = -\frac{\Delta\tilde{H}^\circ}{RT} + \frac{\Delta\tilde{S}^\circ}{R}. \quad (8.45)$$

Esta equação nos diz que se $\Delta\tilde{H}^\circ$ e $\Delta\tilde{S}^\circ$ fossem independentes da temperatura, ln K seria uma função linear de $1/T$. Mas, serão o $\Delta\tilde{H}^\circ$ e o $\Delta\tilde{S}^\circ$ realmente independentes da temperatura? A Eq.(8.20) nos mostra que se a diferença entre as capacidades caloríficas dos reagentes e dos produtos forem muito pequenas, então, o $\Delta\tilde{H}^\circ$ será essencialmente independente da temperatura, numa pequena faixa de temperatura. E, visto que $\Delta\tilde{S}^\circ$ pode ser expresso, para qualquer temperatura, como

$$\Delta\tilde{S}^\circ = \Delta\tilde{S}^\circ_{298} + \int_{298}^{T} \frac{\Delta\tilde{C}^\circ_P}{T}\, dT,$$

se $\Delta\tilde{C}^\circ_P \cong 0$, $\Delta\tilde{S}^\circ$ também seria independente da temperatura. Se considerarmos válida esta aproximação, então, podemos inferir a partir da Eq.(8.45) que o valor de K diminui com o aumento da temperatura, no caso das reações exotérmicas; e que K aumenta com o aumento da temperatura, no caso das reações endotérmicas. Estas conclusões são consistentes com a avaliação qualitativa baseada no princípio de Le Châtelier.

O sinal do $\Delta\tilde{H}^\circ$ indica o sentido para o qual K varia em função da temperatura, enquanto que a magnitude daquela constante indica o quão rapidamente K varia em função temperatura. De acordo com a Eq.(8.45), o gráfico de ln K em função de $1/T$ deve ser uma reta, cujo coeficiente angular é igual a $-\Delta\tilde{H}^\circ/R$. A Fig.8.9 demonstra a validade das asserções acima.

Outra forma da Eq.(8.45), particularmente útil para cálculos numéricos, pode ser obtida considerando-se o equilíbrio em duas temperaturas diferentes. Podemos, então, escrever que

$$\ln K_1 = -\frac{\Delta\tilde{H}^\circ}{RT_1} + \frac{\Delta\tilde{S}^\circ}{R},$$

$$\ln K_2 = -\frac{\Delta\tilde{H}^\circ}{RT_2} + \frac{\Delta\tilde{S}^\circ}{R},$$

Subtraindo a primeira expressão da segunda, temos que

$$\ln\frac{K_2}{K_1} = -\frac{\Delta\tilde{H}^\circ}{R}\left(\frac{1}{T_2} - \frac{1}{T_1}\right). \quad (8.46)$$

Portanto, se conhecêssemos o valor de $\Delta\tilde{H}^\circ$ e de K a uma dada temperatura, poderíamos calcular o valor de K para qualquer outra temperatura utilizando a Eq.(8.46). Por outro lado, se medíssemos o valor de K em duas temperaturas, poderíamos calcular o valor de $\Delta\tilde{H}^\circ$. Assim, poderíamos obter o $\Delta\tilde{H}^\circ$ de uma reação, sem nunca termos efetuado uma única medida calorimétrica.

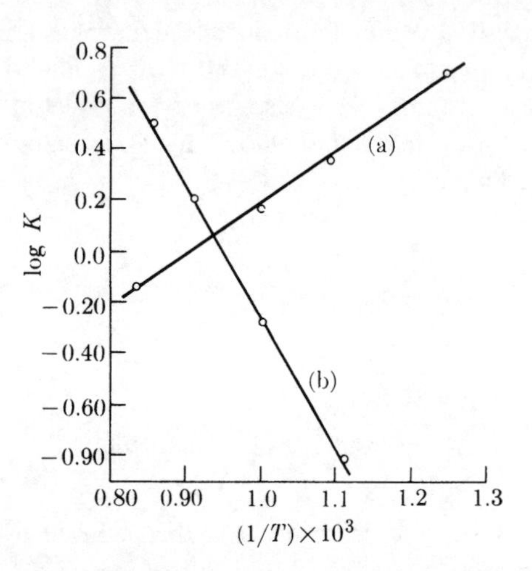

Fig. 8.9 Log K versus $1/T$ para duas reações. (a) $CO_2(g) + H_2 = CO(g) + H_2O(g)$, $\Delta H^\circ = -38$ kJ mol^{-1}; (b) $SO_3(g) = SO_2(g) + ½\, O_2(g)$, $\Delta H^\circ = 92$ kJ mol-1. Para log K coeficiente angular é $\Delta H^\circ/2.30R$.

Exemplo 8.8. Use os valores Tabelados das energias livres e entalpias de formação e estime a constante de equilíbrio K da reação abaixo,

$$NO(g) + \tfrac{1}{2}O_2(g) \rightleftharpoons NO_2(g)$$

a 325 °C.

Resposta. Primeiro determinamos K a 298,15 K. Utilizando os dados da Tabela 8.4, temos que

$$\Delta\tilde{G}^\circ = 51{,}29 - 86{,}55 = -35{,}26 \text{ kJ mol}^{-1}.$$

Agora, podemos obter o valor desejado aplicando a Eq.(8.39).

$$K = e^{-\Delta\tilde{G}^\circ/RT} = e^{14{,}22} = 1{,}50 \times 10^6 = K_1.$$

O valor de $\Delta\tilde{H}^\circ$, a 298,15 K, pode ser calculado a partir dos dados da Tabela 8.1.

$$\Delta\tilde{H}^\circ = 33{,}18 - 90{,}25 = -57{,}07 \text{ kJ mol}^{-1}.$$

Finalmente, aplicando a Eq.(8.46) temos que

$$\ln\frac{K_2}{K_1} = -\frac{\Delta\tilde{H}^\circ}{R}\left(\frac{1}{T_2} - \frac{1}{T_1}\right)$$

$$\ln K_2 - 14{,}22 = \frac{57.070}{8{,}3144}\left(\frac{1}{598{,}15} - \frac{1}{298{,}15}\right)$$

$$\ln K_2 = 2{,}67 \quad \text{or} \quad K_2 = e^{2{,}67} = 14{,}5.$$

Este resultado concorda com o princípio de Le Châtelier, pois a reação é exotérmica e K diminuiu com o aumento da temperatura.

Exemplo 8.9. Para a reação

$$\tfrac{1}{2}N_2(g) + \tfrac{3}{2}H_2(g) \rightleftharpoons NH_3(g),$$

$K = 1{,}3\text{x}10^{-2}$ a 673 K e $K = 3{,}8\text{x}10^{-3}$ a 773 K. Qual é o valor de $\Delta\tilde{H}°$ desta reação, na faixa de temperatura considerada ?

Resposta. Simplesmente, precisamos substituir os valores de K e T na Eq.(8.46), como se segue:

$$-\ln\frac{3{,}8\times10^{-3}}{1{,}3\times10^{-2}} = \frac{\Delta\tilde{H}°}{8{,}314}\left(\frac{1}{773}-\frac{1}{673}\right),$$

$$\Delta\tilde{H}° = -53{,}2\ \text{kJ mol}^{-1}.$$

8.13 Propriedades Coligativas

As equações que deduzimos serão muito úteis nas discussões subseqüentes sobre a química descritiva dos elementos. Porém, é importante frisar que a Eq.(8.46) pode ser utilizada para analisarmos os fenômenos do aumento do ponto de ebulição e da diminuição do ponto de fusão, devido a presença de um soluto. Por meio da Eq.(8.46) podemos descobrir como as constantes empíricas para o aumento da temperatura de ebulição e a diminuição da temperatura de fusão podem ser relacionadas às propriedades mais fundamentais do solvente.

Consideremos, inicialmente, o caso da elevação da temperatura de ebulição de uma solução ideal, constituída por um solvente volátil e um soluto não-volátil. O equilíbrio se estabelece entre o solvente líquido, cuja fração molar é X_1, e seu vapor, à pressão de 1 atm. A reação correspondente é

$$\text{líquido (concentração } X_1) \rightleftharpoons \text{vapor (1 atm).}$$

A constante de equilíbrio para esta reação é

$$K = \frac{[\text{vapor}]}{[\text{líquido}]} = \frac{1\ \text{atm}}{X_1} = \frac{1}{X_1}.$$

Dado que sempre estamos interessados no ponto de ebulição normal da solução, a pressão de vapor é sempre igual a 1 atm. A temperatura de ebulição da solução varia em função da concentração X_1 do solvente. Para relacionarmos a temperatura de ebulição com X_1 precisamos encontrar a dependência da constante de equilíbrio com a temperatura. Nossa expressão geral é

$$\ln\frac{K_2}{K_1} = -\frac{\Delta\tilde{H}°}{R}\left(\frac{1}{T_2}-\frac{1}{T_1}\right). \qquad (8.46)$$

Vamos tomar T_1 como sendo a temperatura de ebulição do solvente puro (T_0), portanto, $X_1 = 1$ e $K_1 = 1$. Substituindo K_2 por $1/X_1$, o valor da constante de equilíbrio a uma temperatura arbitrária $T_2 = T$, e $\Delta\tilde{H}°$ pela entalpia de vaporização, podemos reescrever a Eq.(8.46) como

$$\ln\frac{1}{X_1} = -\frac{\Delta\tilde{H}°_{\text{vap}}}{R}\left(\frac{1}{T}-\frac{1}{T_0}\right) = \frac{\Delta\tilde{H}°_{\text{vap}}}{R}\left(\frac{T_0-T}{TT_0}\right).$$

O aumento da temperatura de ebulição é dado simplesmente por

$$\Delta T = T - T_0.$$

Se a solução fosse diluída, ΔT seria muito pequeno e $T \cong T_0$. Logo, podemos considerar o produto $T\text{x}T_0$ como sendo igual a T_0^2, de modo que

$$\ln X_1 = -\frac{\Delta\tilde{H}°_{\text{vap}}}{RT_0^2}\Delta T.$$

Podemos simplificar esta equação ainda mais. Se tivéssemos uma mistura de apenas dois componentes, $X_1 = 1 - X_2$, e

$$\ln X_1 = \ln(1 - X_2) \cong -X_2,$$

onde, a última igualdade é válida somente quando X_2 for pequeno. Nestes casos, podemos escrever que

$$-X_2 = -\frac{\Delta\tilde{H}°_{\text{vap}}}{RT_0^2}\Delta T, \qquad \Delta T = \frac{RT_0^2}{\Delta\tilde{H}°_{\text{vap}}}X_2.$$

No Cap.3, mostramos que a relação entre X_2 e a molalidade, em soluções *diluídas*, é igual a

$$X_2 \cong \frac{\text{PM}_1}{1000}\ (\text{molalidade})$$

onde PM_1 é o peso molecular do solvente. Utilizando esta relação, temos que

$$\Delta T = \left(\frac{RT_0^2\ \text{PM}_1}{1000\ \Delta\tilde{H}°_{\text{vap}}}\right)\text{ molalidade} = K_e(\text{molalidade}). \quad (8.47)$$

A Eq.(8.47) nos fornece uma relação entre a constante de aumento da temperatura de ebulição K_e em função de T_0, PM_1 e $\Delta\tilde{H}°_{\text{vap}}$. Todas elas são propriedades do solvente puro. Logo, K_e deve ser válido para todas as soluções ideais do mesmo solvente.

O mesmo tipo de análise pode ser aplicado ao caso da diminuição da temperatura de fusão. Neste caso, o equilíbrio se estabelece entre um solvente sólido puro e a mesma substância no estado líquido, a uma concentração X_1. A reação considerada é

$$\text{sólido (puro)} \rightleftharpoons \text{líquido (concentração } X_1)$$

Visto que a concentração do sólido puro é constante, a constante de equilíbrio é expressa, simplesmente, por

$$K = X_1.$$

Novamente, estamos interessados na temperatura na qual o equilíbrio se estabelece, para soluções de diferentes concentrações. Portanto, devemos encontrar a relação entre K e T. Vamos considerar que $T_1 = T_0$, a temperatura de fusão do solvente puro. Portanto, $X_1 = 1$ e $K_1 = 1$. A constante de equilíbrio, a uma temperatura arbitrária $T = T_2$, é dada por $K_2 = K = X_1$. Considerando que $\Delta\tilde{H}^\circ$ é a entalpia de fusão e substituindo os parâmetros acima na Eq.(8.46), temos que

$$\ln X_1 = -\frac{\Delta\tilde{H}^\circ_{\text{fusão}}}{R}\left(\frac{1}{T} - \frac{1}{T_0}\right) = -\frac{\Delta\tilde{H}^\circ_{\text{fusão}}}{R}\left(\frac{T_0 - T}{TT_0}\right).$$

Sabendo que a diminuição da temperatura de fusão é $\Delta T = T_0 - T$ e que $T \times T_0 \cong T_0^2$, quando o ΔT é pequeno, temos que

$$\ln X_1 = -\frac{\Delta\tilde{H}^\circ_{\text{fusão}}}{R}\frac{\Delta T}{T_0^2}.$$

Considerando-se que $\ln X_1 = \ln(1-X_2) \cong -X_2$, como no caso anterior

$$\Delta T = \frac{RT_0^2}{\Delta\tilde{H}^\circ_{\text{fusão}}} X_2.$$

Utilizando unidades de concentração molal em vez de fração molar, temos que

$$\Delta T = \left(\frac{RT_0^2\ \text{PM}_1}{1000\ \Delta\tilde{H}^\circ_{\text{fusão}}}\right) \text{molalidade} = K_e\ (\text{molalidade}) \tag{8.48}$$

Podemos observar, analisando a Eq.(8.48), que a constante de diminuição da temperatura de fusão K_f é função apenas das propriedades do solvente puro.

Vamos voltar nossas atenções para o fenômeno da pressão osmótica, o qual já foi descrito na Secção 3.6. Neste caso, estamos tratando de um equilíbrio entre um solvente puro e uma solução do mesmo solvente, sobre a qual uma pressão externa está sendo aplicada. O estado de equilíbrio será alcançado somente quando a energia livre por mol do solvente *na solução* for equivalente ao do solvente puro. A energia livre parcial por mol de um solvente ideal, cuja fração molar é igual a X_1, pode ser descrita pela equação

$$\tilde{G}_1 = \tilde{G}_1^\circ + RT \ln X_1,$$

onde $\tilde{G}_1^\circ$ é a energia livre por mol do solvente puro. Dado que $X_1 < 1$, $\ln X_1$ é negativo e o solvente na solução possui uma energia livre menor que o solvente puro.

Se uma pressão externa for aplicada sobre a solução, a energia livre parcial por mol do solvente pode ser aumentada até que seja equivalente à energia livre por mol do solvente puro. De acordo com a Eq.(8.34), o efeito da pressão sobre a energia livre é dado por

$$dG = V\,dP$$

no caso de um processo isotérmico. Visto que a pressão osmótica é a diferença de pressão exercida sobre a solução e o solvente puro, de forma que a energia livre do solvente puro e do solvente em solução sejam equivalentes, o aumento da energia livre por mol em função da pressão é igual a

$$\Delta\tilde{G}_1 = \tilde{V}_1 \int_0^\pi dP = \pi\tilde{V}_1.$$

Estamos supondo que o solvente é virtualmente incompressível, de modo que o volume parcial por mol $\tilde{V}_1$ é independente da pressão.

O efeito combinado da diluição e da pressão externa sobre a energia livre do solvente é descrito pela equação

$$\tilde{G}_1 = \tilde{G}_1^\circ + RT \ln X_1 + \pi\tilde{V}_1.$$

Quando o solvente na solução estiver em equilíbrio com o solvente puro, $\tilde{G}_1 = \tilde{G}_1^\circ$, e

$$\pi\tilde{V}_1 = -RT \ln X_1.$$

Substituindo X_1 por $1-X_2$ e expandindo o termo logarítmico de modo análogo ao caso anterior, temos que

$$\pi\tilde{V}_1 = RTX_2.$$

Se a solução fosse diluída, $X_2 \cong n_2/n_1$ e $\tilde{V}_1 \cong V/n_1$, onde V seria o volume da solução e n_1 e n_2 seriam os números de mols do solvente e do soluto, respectivamente. Logo,

$$\pi\frac{V}{n_1} = RT\frac{n_2}{n_1},$$

$$\pi = \frac{RT}{V} n_2 = cRT, \tag{8.49}$$

onde c é a concentração do soluto em mols por litro. Assim, chegamos à expressão utilizada na Secção 4.4 para relacionar a pressão osmótica π com a concentração e a temperatura da solução.

Todas as equações acima, relativas às propriedades coligativas, foram deduzidas supondo-se que as soluções se comportassem idealmente. Contudo, facilmente, podemos modificá-las para o caso de soluções suficientemente concentradas, para que apresentem um desvio do comportamento ideal. A energia livre parcial por mol da água numa solução, $\tilde{G}_1$, está relacionada com a atividade da água, a_1 de acordo com a equação

$$\tilde{G}_1 = \tilde{G}_1^\circ + RT \ln a_1.$$

Portanto, as deduções das equações para a elevação da temperatura de ebulição, para o abaixamento da temperatura de fusão e para a pressão osmótica podem ser corrigidas, de modo a considerar o desvio da idealidade, simplesmente, substituindo-se $\ln X_1$ por $\ln a_1$. Por meio desta nova equação, pode-se determinar a atividade da água numa solução a partir dos valores experimentais de ΔT e da pressão osmótica π. A atividade a_1 da água pode ser diferente de X_1 mesmo no caso de algumas soluções moderadamente concentradas, e o comportamento da água pode se desviar da lei de Raoult. Os valores de a_1 determinados desta forma podem ser utilizados para calcular a atividade e o coeficiente de atividade do soluto. A correlação entre a atividade do solvente e a atividade do soluto é bastante complicada: a atividade do solvente deve ser integrada sobre uma faixa de concentrações, para se calcular a atividade do soluto. Estes cálculos foram efetuados para alguns compostos, tais como NaCl, sacarose e vários amino-ácidos, pois, nestes casos, os equilíbrios químicos em solução são difíceis de serem avaliados experimentalmente.

8.14 Dispositivos Baseados na Energia Térmica

Os primórdios da termodinâmica foram marcados pelos trabalhos relativos à operação e eficiência das máquinas para conversão de calor em trabalho. Realmente, existem duas regras usuais derivadas da segunda lei da termodinâmica que trata da existência de uma limitação natural no processo de conversão de calor em trabalho. Nesta secção, utilizaremos nossos conhecimentos sobre a segunda lei da termodinâmica para deduzirmos a eficiência limite de conversão de calor em trabalho num processo cíclico, ou seja, num processo análogo ao que ocorre nos motores a explosão. Assim, iremos analisar o comportamento de um dispositivo idealizado denominado **dispositivo térmico de Carnot.**

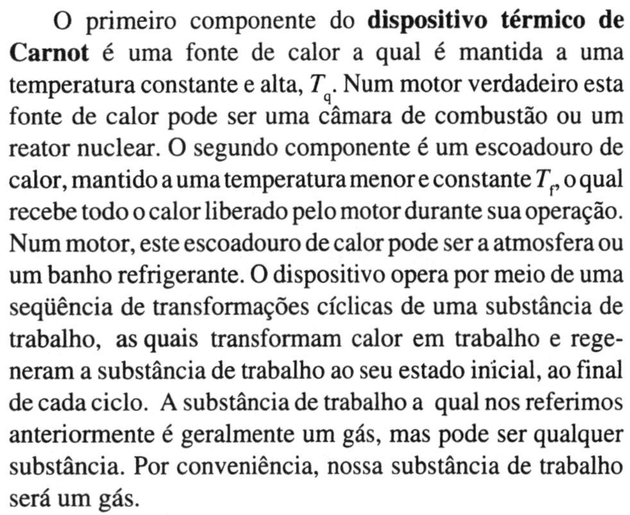

O primeiro componente do **dispositivo térmico de Carnot** é uma fonte de calor a qual é mantida a uma temperatura constante e alta, T_q. Num motor verdadeiro esta fonte de calor pode ser uma câmara de combustão ou um reator nuclear. O segundo componente é um escoadouro de calor, mantido a uma temperatura menor e constante T_f, o qual recebe todo o calor liberado pelo motor durante sua operação. Num motor, este escoadouro de calor pode ser a atmosfera ou um banho refrigerante. O dispositivo opera por meio de uma seqüência de transformações cíclicas de uma substância de trabalho, as quais transformam calor em trabalho e regeneram a substância de trabalho ao seu estado inicial, ao final de cada ciclo. A substância de trabalho a qual nos referimos anteriormente é geralmente um gás, mas pode ser qualquer substância. Por conveniência, nossa substância de trabalho será um gás.

O ciclo utilizado no dispositivo de Carnot é mostrado na Fig. 8.10. Há quatro etapas, as quais são realizadas *utilizando-se processos reversíveis:*

1. O gás absorve uma quantidade q_1 de calor da fonte de calor. A medida que absorve calor, o gás se expande isotermicamente e executa um trabalho. O valor de q_1 é positivo, mas w_1, o trabalho realizado pelo gás, é negativo.

2. O gás está termicamente isolado de suas vizinhanças. Assim, apesar dele realizar um trabalho durante a expansão, $q_2 = 0$, pois não há troca de calor. Tal processo é denominado uma **expansão adiabática**. Dado que o gás realiza um trabalho sem receber calor, há uma diminuição na energia interna do mesmo e a temperatura torna-se menor. O processo de expansão adiabática continua até que a temperatura do gás diminua de T_q até T_f, a temperatura do escoadouro de calor.

3. Permite-se, nesta etapa, que o gás entre em contato com o escoadouro de calor à temperatura T_f e, então, comprime-se isotermicamente o mesmo. Neste processo, o calor é transferido para o componente mais frio, de modo que q_3, o calor absorvido pelo gás, é um número negativo. Por outro lado, um trabalho é realizado sobre o gás e w_3 é um número positivo.

4. Na etapa final, o gás é, novamente, isolado termicamente de suas vizinhanças e comprimido adiabaticamente. Logo,

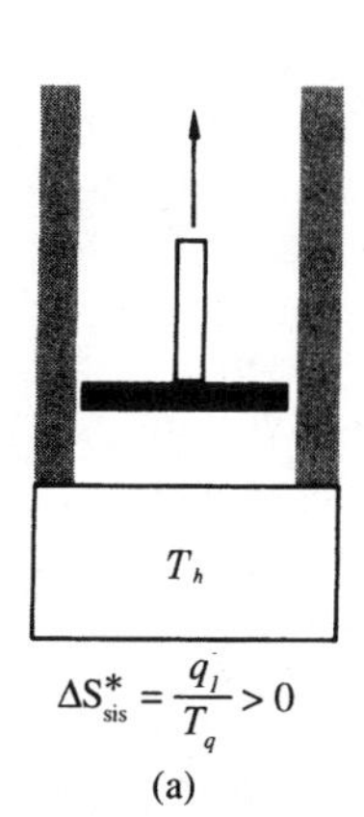

$\Delta S^*_{sis} = \frac{q_1}{T_q} > 0$

(a)

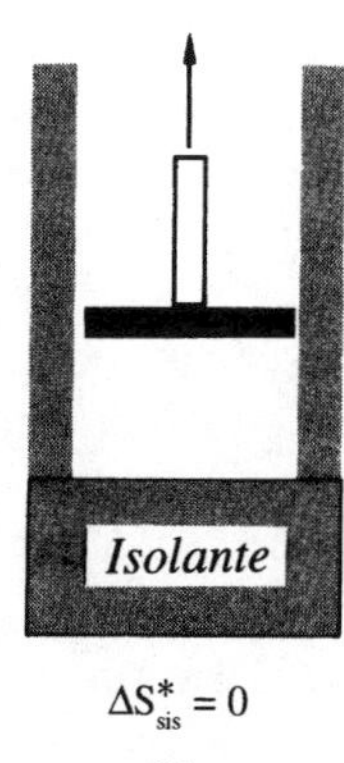

$\Delta S^*_{sis} = 0$

(b)

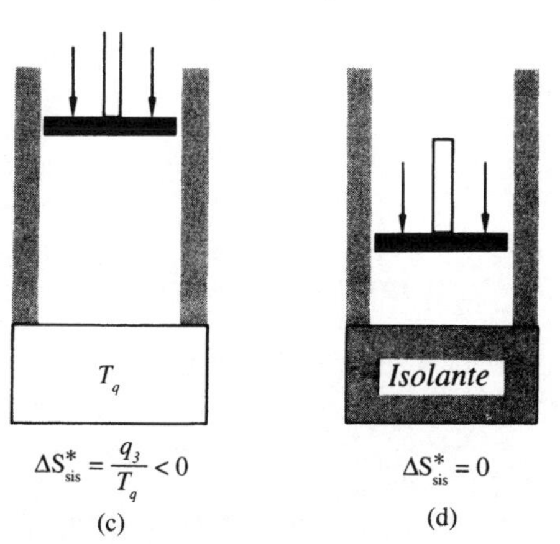

$\Delta S^*_{sis} = \frac{q_3}{T_q} < 0$

(c)

$\Delta S^*_{sis} = 0$

(d)

Fig. 8.10 Operação de uma máquina térmica de Carnot: (a) expansão isotérmica a T_q; (b) expansão adiabática; (c) compressão isotérmica a T_f; (d) compressão adiabática ao estado inicial.

$q_4 = 0$ e w_4 é um número positivo. Durante a compressão a temperatura do gás se eleva até T_q.

Ao término do ciclo o gás retornou ao seu estado inicial. Portanto, $\Delta S_{gas} = 0$, $\Delta E_{gas} = 0$, e

$$q_1 + q_3 = -w_1 - w_2 - w_3 - w_4 = -w. \qquad (8.50)$$

Na Eq.(8.50), *w* é o trabalho global realizado sobre o gás, logo -*w* é o trabalho global realizado pelo gás. Analogamente, $q_1 + q_3$ corresponde à soma de todo calor transferido para o gás, de tal forma que a Eq.(8.50) é uma equação de conservação da energia.

Para determinarmos qual é o trabalho máximo que pode ser executado pelo gás, devemos considerar as variações de entropia que ocorrem durante um ciclo. De acordo com a segunda lei da termodinâmica, a variação global de entropia do gás e dos dois componentes do dispositivo deve ser igual a zero, pois todos os processos que constituem o ciclo são realizados reversivelmente, ou seja

$$\Delta S_{gas} + \Delta S_{comp} = 0.$$

Porém, $\Delta S_{gas} = 0$, pois os estados final e inicial do gás são os mesmos. Logo $\Delta S_{comp} = 0$ e podemos escrever a variação de entropia da fonte de calor e do escoadouro como sendo igual

$$\Delta S_{res} = -\frac{q_1}{T_q} - \frac{q_3}{T_f} = 0.$$

O sinal negativo aparece porque quando q_1 (ou q_3) é absorvido pelo gás, a mesma quantidade de calor é abstraida da fonte de calor. Assim,

$$q_1 + q_3 = -w$$

e

$$-\frac{q_1}{T_q} + \frac{q_1 + w}{T_f} = 0$$

ou

$$-\frac{w}{q_l} = 1 - \frac{T_c}{T_q} \equiv \eta. \qquad (8.51)$$

O termo $-w/q_1$ é justamente o trabalho global executado sobre a vizinhança dividido pela quantidade de calor retirada da fonte de calor; e, portanto, corresponde à eficiência η do dispositivo de Carnot, quando operado reversivelmente.

Pode-se inferir a partir da Eq.(8.51) que a eficiência η tenderá ao limite 1 somente quando a razão T_f/T_q se aproximar de zero. Pode-se provar que nenhum outro dispositivo térmico pode ser mais eficiente que o dispositivo de Carnot. E, portanto, a eficiência limite de qualquer dispositivo térmico, operando entre duas temperaturas T_q e T_f, pode ser calculada por meio da Eq.(8.51). Evidentemente, é vantajoso operarmos o dispositivo numa condição na qual T_q seja a mais alta possível e T_f seja a mais baixa possível. Contudo, há limitações práticas impostas pela natureza da fonte de calor e do escoadouro de calor e pelas propriedades da substância de trabalho utilizada. Nas plantas de aquecimento a vapor comerciais, T_q e T_f podem ser controladas de tal modo que a eficiência seja de 45 %, mesmo considerando as perdas de calor e perdas por atrito. No entanto, os motores a explosão, utilizados nos automóveis, alcançam uma eficiência de somente 15 %, em parte devido à temperatura relativamente alta nos escapamentos, junto ao bloco do motor..

RESUMO

Neste capítulo foi apresentado um tratamento sistemático da termodinâmica química. Foram utilizados, em vários capítulos anteriores, equações sem o rigor e a fundamentação da lógica termodinâmica desenvolvidos neste capítulo. Demonstramos que a termodinâmica é uma ciência bastante avançada, aplicável a muitos aspectos da química.

Inicialmente definimos o que são **funções de estado, energia e entalpia**. Demonstramos como estão relacionadas com o calor absorvido por um sistema químico a volume e pressão constantes. Para calcularmos a função de estado **entropia**, precisamos medir o calor trocado pelo sistema quando o conduzimos por meio de um tipo de processo específico denominado **processo reversível.** A função de estado denominada **energia livre de Gibbs** depende da entalpia e da entropia e está diretamente relacionada ao equilíbrio químico, à temperatura e pressão constantes. Uma **reação espontânea**, num sistema cuja energia é constante, requer um aumento de entropia, porém se a temperatura e a pressão do sistema forem constantes, o processo será espontâneo somente se houver uma diminuição de energia livre. Contudo, a termodinâmica somente nos diz o que pode acontecer, não o que acontecerá.

Foi demonstrado que as constantes de equilíbrio, que utilizamos em capítulos anteriores, estão diretamente relacionadas à diferença entre as **energias livres padrão por mol** dos produtos e dos reagentes. Além disso, demonstramos que a constante de equilíbrio de uma reação em solução deve ser expressa em atividades em vez de concentrações, mas que ambas se tornam equivalentes quando as soluções se tornam, suficientemente, diluídas. As variações nas constantes de equilíbrio com a temperatura podem ser diretamente relacionadas às variações nas **entalpias padrão por mol.** Os potenciais eletroquímicos também estão diretamente relacionados às energias livres. A equação de Nernst é deduzida a partir destas energias livres. Os valores das **entalpias de formação, entropias absolutas** e **energias livres de formação** de um conjunto significativo de reagentes, nas condições padrão, foram apresentados na forma de Tabelas. As **entalpias parciais de formação por mol**, as **entropias parciais por mol** e as **energias livres parciais de formação por mol** daquelas substâncias em solução aquosa também foram apresentadas na forma de Tabelas. Ilustramos o uso destes dados no cálculo de constantes de equilíbrio e outros parâmetros termodinâmicos. Discutimos também os aspectos termodinâmicos das propriedades **coligativas** e dos **dispositivos térmicos.** A termodinâmica clássica, apresentada neste capítulo, não utiliza as propriedades microscópicas da matéria, ao contrário, se fundamenta na experiência humana com as **três leis da termodinâmica.**

SUGESTÕES PARA LEITURA

Historicos

Carnot, S. *Reflections on the Motive Power of Fire and Other Papers on the Second Law of Thermodinamics by Clausius and Clayperon,* Gloucester, Mass.: Peter Smith, 1977.

Mendelsshon, K. *The Quest for Absolute Zero*, New York: McGraw-Hill, 1966.

Rukeyser, M. *Willard Gibbs.* Garden City, N.Y.: Doubleday Doran, 1942. Uma biografia popular sobre o Americano solitário que introduziu a termodinâmica como ciência.

Introdução à Termodinâmica

Mahan, B.H. *Elementary Chemical Thermodynamics.*Menlo Park, Calif.:Benjamin, 1963.

Nash, L. *Introduction to Chemical Thermodynamics.* Reading, Mass.: Addison-Wesley, 1963.

Waser, J. *Basic Chemical Thermodynamics.* Menlo Park, Calif.:Benjamin, 1966.

Textos mais Avançados

Bent, H.A. *The Second Law.* New York: Oxford University Press, 1965.

Klotz, I.M. and R.M. Rosenberg. *Introduction to Chemical Thermodinamics*, 2- ed. Mento Park, Calif.: Benjamin, 1972.

Lewis, G.N. and M. Randall. *Thermodinamics*, rev. K.S. Pitzer and L. Brewer, 2- ed. New York, McGraw-Hill, 1961.

Tabelas de Dados Termodinâmicos

Stull, D.R. e H. Prophet. *JANAF Thermochemical Tables*, 2° ed. National Standards Reference Data Series, National Bureau of Standards (US) 37, 1971.

Thermodynamics Research Center. *American Petroleum Institute Research Project 44 Tables.* College Station: Texas A & M University.

Wagman, D.D. et alli. The NBS tables of chemical thermodynamic properties, *Journal of Physical and Chemical Reference Data*, 11, supl.2, 1982.

PROBLEMAS

Unidades em Problemas Termodinâmicos

8.1 Expresse cada um dos valores abaixo em joules (J).
a) 100 m^3 Pa de trabalho PV
b) 100 L atm de trabalho PV
c) 100 cal de calor
d) 100 C V de trabalho elétrico

8.2 O trabalho elétrico realizado por uma cela galvânica é igual a $nF\Delta\varepsilon$. Calcule a energia em kJ mol^{-1} quando dois equivalentes de elétrons são produzidos por uma cela cujo $\Delta\varepsilon = 1{,}50$ V.

Funções de Estado

8.3 Uma amostra de gás, inicialmente, num estado definido por P_1, V_1 e T_1 é conduzida, por um processo em uma única etapa, ao estado definido por P_2, V_2 e T_2. Em seguida, o estado inicial do sistema é regenerado conduzindo-se o sistema por um caminho diferente do anteriormente utilizado. Dentre os seguintes parâmetros: ΔT, ΔP, ΔV, q, w e ΔE, quais devem ser iguais a zero, no ciclo descrito acima ?

8.4 Se o gás do problema 8.3 for ideal, mas se ao final do ciclo somente a temperatura T_1 for igual à inicial, sendo o volume e a pressão diferentes, quais funções continuam a ser iguais a zero ?

Primeira Lei da Termodinâmica

Processos Envolvendo Gases Ideais

8.5 Um mol de um gás ideal é aquecido lentamente de 200 a 300 K, à pressão constante de 2,0 atm. Calcule q, w, ΔE e ΔH em joules. Considere que $C_p = 5R/2$.

8.6 Um mol de um gás ideal é aquecido lentamente de 200 a 300 K, mantendo-se o volume constante e igual a 10 L. Calcule q, w, ΔE e ΔH em joules. Considere que $C_v = 3R/2$.

8.7 Se um mol de um gás ideal se expandisse lentamente, à temperatura constante, de modo que $P = P_{ex}$, então $w = RT \ln V_1/V_2$. Qual é a expressão correspondente para q ?

8.8 Explique por que o ΔE e o ΔH do gás são iguais a zero, no problema 8.7.

8.9 Considere dois balões de mesmo volume e conectados por meio de uma torneira. Num deles se fez vácuo e no outro adicionou-se um mol de um gás ideal. A torneira é, então, aberta permitindo a difusão do gás de um balão para o outro. Calcule q, w, ΔE e ΔH para este sistema. (Joule não observou nenhuma variação de temperatura durante a expansão do gás num sistema termicamente isolado. Este foi denominado o experimento de Joule).

8.10 O segundo balão, do problema 8.9, contém um outro gás ideal à mesma pressão e inerte com relação ao primeiro. Se abrirmos a torneira e permitirmos a mistura dos dois gases, por difusão, quais serão os valores de q, w, ΔE e ΔH para este processo espontâneo ?

Processos Envolvendo Sistemas Químicos

8.11 Use os dados da Tabela 8.1 para calcular o valor de $\Delta\tilde{H}°$, a 25 °C, para cada uma das seguintes reações:

$$Fe_2O_3(s) + 3CO(g) \rightleftharpoons 3CO_2(g) + 2Fe(s)$$
$$2H_2O_2(g) \rightleftharpoons 2H_2O(g) + O_2(g)$$
$$N(g) + NO(g) \rightleftharpoons N_2(g) + O(g)$$

8.12 Use os dados da Tabela 8.1 para calcular o valor de $\Delta\tilde{H}°$, a 25 °C, para a reação

$$CaO(s) + H_2O(\ell) \rightarrow Ca(OH)_2(s).$$

Em seguida, use as capacidades caloríficas da Tabela 8.2 para estimar o valor de ΔH^0, a 100 °C.

8.13 Uma amostra de 0,6037 g de naftaleno ($C_{10}H_8$) sólido foi queimado em atmosfera de O_2 (g) a CO_2 (g) e H_2O(l), numa bomba calorimétrica a volume constante. A temperatura do calorímetro é de cerca de 25 °C, mas aumenta 2,270 °C devido ao calor liberado na combustão. A capacidade calorífica do calorímetro e seu conteúdo foi determinada utilizando-se uma resistência elétrica, sendo igual a 10,69 kJ $°C^{-1}$. Utilizando os dados acima calcule o ΔE de combustão de 1 mol de naftaleno. Qual é o ΔH^0 de combustão ? (considere que os gases são ideais e despreze os volumes dos sólidos e líquidos. Lembre-se de balancear a reação.) Utilize os dados da Tabela 8.1 e calcule o $\Delta\tilde{H}^°_f$ do naftaleno.

8.14 Etileno (C_2H_4) e propileno (C_3H_6) podem ser hidrogenados de acordo com as reações abaixo:

$$C_2H_4(g) + H_2(g) \rightleftharpoons C_2H_6(g),$$
$$C_3H_6(g) + H_2(g) \rightleftharpoons C_3H_8(g),$$

produzindo, respectivamente, etano (C_2H_6) e propano (C_3H_8). Utilize os dados compilados na Tabela 8.1 e calcule o valor de $\Delta\tilde{H}°$ daquelas reações. Estes resultados sugerem que o $\Delta\tilde{H}°$ para quaisquer reações do tipo

$$C_nH_{2n} + H_2 \rightleftharpoons C_nH_{2n+2}$$

poderia ser aproximadamente constante? Teste esta idéia para outra reação análoga utilizando um outro composto da Tabela 8.1.

Entropia

Processos Envolvendo Gases Ideais

8.15 Calcule o valor de ΔS para o gás do problema 8.5.

8.16 Calcule o valor de ΔS para o gás do problema 8.6.

8.17 Calcule o valor de ΔS, em J $mol^{-1}K^{-1}$, de um mol de gás ideal cujo volume foi duplicado, à temperatura constante.

8.18 Calcule o valor de ΔS para o gás do problema 8.9. Lembre-se de que ΔS é uma função de estado, mas de que precisamos encontrar um caminho constituido por processos reversíveis para efetuar os cálculos.

8.19 Calcule o ΔS para ambos os gases do problema 8.10, mas considerando que cada balão contém 0,50 mol de gás, de modo que se tenha no total 1 mol de gás. Pode-se utilizar as pressões parciais dos gases e a Eq.(8.25) para se efetuar os cálculos.

8.20 Explique por que as respostas dos três últimos problemas são todas iguais. (sugestão: um gás ideal sente a presença de outro gás ideal que ocupa o mesmo recipiente ?)

Processos Envolvendo Sistemas Químicos

8.21 Use os valores Tabelados das entropias absolutas para calcular o $\Delta\tilde{S}^°_{298}$ para as reações do problema 8.11.

8.22 Use os valores Tabelados das entropias absolutas para calcular o $\Delta\tilde{S}^°_{298}$ para a reação do problema 8.12. Use, também, os valores Tabelados das capacidades caloríficas para estimar o $\Delta\tilde{S}^°_{373}$.

8.23 Use os valores Tabelados das entropias absolutas para calcular o $\Delta\tilde{S}^°_f$ das seguintes substâncias, a 298,15 K: NO(g), NO_2(g), AgCl(crist) e CH_3OH(l).

8.24 Calcule o $\Delta\tilde{S}^°_{298}$ para cada uma das reações abaixo:

$$Cl_2(g) \rightarrow 2Cl(g) \qquad Cu(s) + \tfrac{1}{2}O_2(g) \rightarrow CuO(s)$$
$$2C_{grafite} \rightarrow C_2(g) \qquad H_2(g) + Cl_2(g) \rightarrow 2HCl(g)$$

Explique o sinal e a magnitude dos valores de $\Delta\tilde{S}°$, por meio da variação na desordem molecular que acompanha cada reação.

8.25 Calcule as entropias de vaporização dos seguintes líquidos, nas suas temperaturas normais de ebulição.

	T_b (K)	$\Delta\tilde{H}^\circ_{vap}$ (kJ mol^{-1})
Cl_2	238	20,4
C_6H_6	353	30,7
$CHCl_3$	334	29,4

	T_b (K)	$\Delta\tilde{H}^\circ_{vap}$ (kJ mol^{-1})
$PbCl_2$	1145	104
H_2O	373	40,7
C_2H_5OH	351	38,6

A observação experimental de que a maioria dos líquidos possui $\Delta\tilde{S}^\circ_{vap}$ = 88 J mol^{-1} K^{-1} é conhecida como **regra de Trouton**. Como o desvio da $H_2O(l)$ e do $C_2H_5OH(l)$ com relação à regra de Trouton pode ser explicado por meio das ligações de hidrogênio entre suas moléculas?

8.26 As capacidades caloríficas da prata sólida em calorias, na faixa de 15 a 298,15 K, são fornecidas a seguir. Faça um gráfico de C_p/T *versus* T e integre a área sob a curva. Este resultado será a entropia da Ag(s), segundo a terceira lei da termodinâmica, o qual você pode comparar com o valor compilado na Tabela 8.3. Para efetuar a integração você pode utilizar um método numérico, contar os quadrados ou mesmo recortar e pesar o papel de gráfico.

T (K)	15	20	30	40	50	70
C_P (cal mol-1 K-1)	0,16	0,41	1,14	2,01	2,78	3,90
T (K)	90	130	170	210	250	298,15
C_P (cal mol-1 K-1)	4,57	5,29	5,64	5,84	5,91	6,06

Energia Livre e Equilíbrio

8.27 Use os resultados de $\Delta\tilde{S}^\circ_f$ para os compostos do problema 8.23 e os valores de $\Delta\tilde{H}^\circ_f$ da Tabela 8.1 para calcular o $\Delta\tilde{G}^\circ_f$ de cada composto, a 25 °C. Compare os valores obtidos com aqueles contidos na Tabela 8.4.

8.28 Quais dos compostos orgânicos gasosos, contidos na Tabela 8.4, são termodinamicamente instáveis com relação à sua decomposição em H_2 (g) e grafite, a 25 °C e 1 atm de pressão ?
Quais são os compostos, de fórmula C_4H_8, termodinamicamente mais estáveis, a 25 °C. Esta estabilidade é devido ao $\Delta\tilde{H}^\circ_f$ ou ao $\Delta\tilde{S}^\circ_f$?

8.29 A pressão de vapor da água, em equilíbrio sobre $BaCl_2.H_2O$ a 25 °C, é igual a 2,5 torr. Qual é o ΔG da reação

$$BaCl_2 \cdot H_2O(s) \rightarrow BaCl_2(s) + H_2O(g),$$

se o vapor d'água for produzido a uma pressão de 2,5 torr? Qual seria o $\Delta\tilde{G}$ de uma reação *imaginária* na qual a pressão de vapor fosse igual a 1 atm ?

8.30 O $\Delta\tilde{H}^\circ_{vap}$ da água, na temperatura normal de ebulição, é igual a 40,7 kJ mol^{-1}. Calcule q, w, ΔE, ΔS e ΔG para a vaporização reversível de 1 mol de água, à pressão constante de 1 atm e temperatura de 373 K, considerando que o volume da água líquida é desprezível e que o vapor d'água é um gás ideal.

8.31 Calcule o $\Delta\tilde{G}^\circ$ e o $\Delta\tilde{H}^\circ$, a partir dos dados Tabelados neste capítulo, para a reação

$$SO_2(g) + \tfrac{1}{2}O_2(g) \rightleftharpoons SO_3(g),$$

Determine a constante de equilíbrio, a 298 K e a 600 K, supondo-se que o $\Delta\tilde{H}^\circ$ seja independente da temperatura.

8.32 A constante de equilíbrio da reação

$$\tfrac{1}{2}N_2(g) + \tfrac{1}{2}O_2(g) \rightleftharpoons NO(g),$$

é igual a 1,11x10^{-2} e 2,02x10^{-2}, respectivamente, à 1.800 e 2.000 K. Calcule a variação de energia livre padrão $\Delta\tilde{G}^\circ_{2000}$, à 2.000 K e compare-a com o $\Delta\tilde{G}^\circ_{298}$ da Tabela 8.4. A partir das duas constantes de equilíbrio calcule o $\Delta\tilde{H}$ da reação.

8.33 Use os valores da Tabela 8.5 para calcular a constante de equilíbrio, a 25 °C, da reação

$$NH_4^+(aq) \rightleftharpoons H^+(aq) + NH_3(aq).$$

8.34 Use os dados das Tabelas 8.4 e 8.5 para estimar as constantes de equilíbrio, a 15 e 35 °C, da reação

$$H_2O(\ell) \rightleftharpoons H^+(aq) + OH^-(aq).$$

8.35 A constante de dissociação do ácido acético

$$CH_3COOH(aq) \rightleftharpoons H^+(aq) + CH_3COO^-(aq)$$

é igual a 1,8x10^{-5}, a 25 °C. Use este dado mais os valores da Tabela 8.5 para calcular o $\Delta\tilde{G}^\circ_f$ do íon CH_3COO^- (aq).

8.36 Use os dados da Tabela 8.5 para calcular a constante de equilíbrio, a 25 °C, da reação

$$He(g) \rightleftharpoons He(aq).$$

Qual é a molalidade do He(aq) quando P_{He} = 1 atm. O He(g) se torna mais ou menos solúvel em água com o aumento da temperatura ?

Eletroquímica

8.37 Use os dados das Tabelas 8.4 e 8.5 para calcular o $\Delta\tilde{G}^\circ$ e o $\Delta\mathscr{E}^0$ da reação

$$2Ag^+(aq) + H_2(g) \rightleftharpoons 2Ag(s) + 2H^+(aq).$$

Utilizando os resultados obtidos, determine o $\mathscr{E}^0$ da semi-reação

$$Ag^+(aq) + e^- \rightleftharpoons Ag(s).$$

8.38 Baseando-se no método utilizado para resolver o problema 8.37 e o fato de que para a reação

$$Cu^{2+}(aq) + 2e^- \rightleftharpoons Cu(s)$$

$\mathscr{E}^0 = 0{,}336$ V, a 25 ºC, calcule o valor do $\Delta\tilde{G}_f^\circ$ do Cu^{2+} (aq). Compare este resultado com o valor compilado na Tabela 8.5.

8.39 Use os dados das Tabelas 8.4 e 8.5 para calcular o $\mathscr{E}^0$ da semi-reação

$$AgCl(s) + e^- \rightleftharpoons Ag(s) + Cl^-(aq).$$

8.40 O trabalho elétrico reversível realizado por uma cela eletroquímica, em quilojoules, pode ser calculado diretamente utilizando os valores compilados na Tabela 8.5. Faça o cálculo para 1 mol da reação abaixo, nas condições padrão.

$$Zn^{2+}(aq) + Cu(s) \rightleftharpoons Cu^{2+}(aq) + Zn(s)$$

Propriedades Coligativas

8.41 As entalpias padrão de fusão e vaporização da água são 6,02 e 40,7 kJ mol^{-1}, respectivamente. Use estes dados para calcular a constante de abaixamento da temperatura de fusão molal, a 0 º C, e a constante de elevação da temperatura de ebulição molal da água, a 100 ºC.

8.42 A pressão osmótica de algumas soluções de soro-albumina bovina foram medidas para se calcular seu peso molecular. Que peso molecular seria consistente com o seguinte resultado: π = 0,268 torr para uma solução ideal da proteína, a 25 ºC, cuja concentração é igual a 1,00 g L^{-1}.

***8.43** (a) Um mol de um gás ideal se expande reversivelmente de 2 a 20 L. Calcule a variação de entropia do sistema e das vizinhanças. (b) A mesma expansão isotérmica foi efetuada irreversivelmente, de tal forma que nenhum trabalho for realizado pelo ou sobre o gás. Calcule a variação de entropia do sistema e da vizinhança. (c) Use os resultados anteriores e mostre numericamente que, num sistema isolado, a contração espontânea de um gás ideal é impossível, pois infringe a segunda lei da termodinâmica.

***8.44** (a) Calcule a variação de entropia quando um mol de água super-resfriada congela isotermicamente a -10 ºC. Obviamente, o processo descrito é irreversível. Logo, para se calcular o ΔS, um caminho reversível entre os estados inicial e final deve ser encontrado. Por exemplo

$$H_2O(\ell),\ -10°C \rightarrow H_2O(\ell),\ 0°C,$$
$$H_2O(\ell),\ 0°C \rightarrow H_2O(s),\ 0°C,$$
$$H_2O(s),\ 0°C \rightarrow H_2O(s),\ -10°C.$$

A entalpia de fusão por mol do gelo, a 0 ºC, é igual a 6.025 J mol^{-1}, a capacidade calorífica do gelo é igual a 37,7 J mol^{-1} K^{-1} e a capacidade calorífica por mol da água é igual a 75,3 J mol^{-1} K^{-1}. Use estes dados para calcular o ΔS da água quando esta congela a -10 ºC. (b) A entalpia de fusão do gelo a -10 ºC é igual a 5.648 J mol^{-1}. Determine a variação de entropia da vizinhança quando 1 mol de água congela a -10 ºC. (c) Qual é a variação de entropia total (do sistema e da vizinhança) neste processo ? (d) O processo é reversível ou irreversível, de acordo com a segunda lei da termodinâmica ?

***8.45** Considerando-se a reação

$$N_2O_4(g) \rightleftharpoons 2NO_2(g),$$

os seguintes valores de log K foram obtidos, em diferentes temperaturas:

$\log_{10}K$	$-1{,}45$	$-1{,}02$	$-0{,}587$	$-0{,}036$	0,379	0,903
T (K)	282	298	306	325	343	362

Faça um gráfico de Log K em função de 1/T e determine o ΔH^0 da reação de dissociação do N_2O_4. O coeficiente angular da reta é igual a $-\Delta\tilde{H}°/R$ ou $-\Delta\tilde{H}°/2{,}3R$?

***8.46** Use os dados das Tabelas 8.1 e 8.4 para calcular o $\Delta\tilde{H}_{vap}^\circ$ do benzeno, C_6H_6, a 25 ºC. Utilize estes resultados para estimar a temperatura de ebulição do C_6H_6. Considere que o $\Delta\tilde{H}_{vap}^\circ$ é independente da temperatura.

***8.47** Existe um grande interesse no desenvolvimento de um processo de obtenção de água potável a partir da água do mar, que tenha o menor custo energético possível. Mostre que o trabalho necessário para se "retirar" 1 mol de água da solução salina por um processo reversível, à temperatura e pressão constantes é igual a

$$w = -RT \ln a_1,$$

onde a_1 é a atividade da água na solução. Calcule o trabalho mínimo requerido, em joules, para se obter 1 galão (3,8 L) de água potável, supondo-se que a atividade da água na água marinha, a 25 ºC, é igual a 0,98. Calcule o custo da água potável por galão considerando-se que 1 quilowatt/hora de eletricidade custa US$0,05.

9 Cinética Química

No capítulo anterior utilizamos os conceitos termodinâmicos para determinarmos quais reações podem ocorrer. Entretanto, a termodinâmica é uma teoria baseada no estado de equilíbrio: Ela nos permite prever qual é o sentido no qual uma dada reação deve ocorrer para que se chegue ao estado de equilíbrio, mas não nos permite dizer com que velocidade tal reação vai ocorrer efetivamente. Podemos observar, a partir da nossa experiência diária, que algumas transformações acontecem muito lentamente e que algumas substâncias termodinamicamente instáveis parecem possuir tempos de vida demasiadamente longos. Uma segunda limitação da termodinâmica é que ela apenas nos fornece informações limitadas acerca das etapas intermediárias de uma reação química. Por exemplo, é inútil para um químico orgânico saber que os produtos termodinamicamente estáveis de suas reações, provavelmente, serão CO_2 e H_2O. Nas reações orgânicas são formados produtos de estabilidade intermediária, e o produto mais estável pode jamais ser encontrado no reator, devido à baixa velocidade de formação.

A medida que avançarmos nos estudos sobre as velocidades das reações químicas, verificaremos que o raciocínio baseado na termodinâmica nos será de grande utilidade. Contudo, a cinética química é um campo de estudos com uma ênfase bem diferente daquela do capítulo anterior. Neste capítulo trataremos das velocidades das reações químicas e como elas são influenciadas pela maneira como os reagentes são transformados em produtos. Algumas reações ocorrem em cerca de 10^{-6} s enquanto outras demoram dias ou anos. O equilíbrio químico de certos sistemas nunca puderam ser medidos pois todas as reações envolvidas eram extremamente lentas.

Veremos que há muitos fatores que podem influenciar as velocidades das reações químicas, mas dentre eles a temperatura é o mais importante. É verdade que a temperatura muda a posição de equilíbrio das reações químicas, como vimos no capítulo anterior mas, invariavelmente, observam-se mudanças muito mais acentuadas nas velocidade das reações do que na composição do estado de equilíbrio, para uma mesma variação de temperatura. As reações que apresentam este comportamento serão explicadas posteriormente neste capítulo.

Inicialmente, discutiremos o efeito da concentração sobre a velocidade das reações. Porém, antes de apresentarmos um tratamento sistemático sobre o assunto, devemos explicar porque abordaremos somente reações em sistemas homogêneos. O conceito de equilíbrio químico pode ser aplicado indistintamente para sistemas heterogêneos, por exemplo num equilíbrio de solubilidade, ou homogêneos, como no caso do equilíbrio de dissociação de um ácido fraco. Contudo, as velocidades das reações em sistemas contendo duas fases dependem das quantidades de ambas as fases. Além disso, dependem da maneira como uma fase está dispersa na outra e da área superficial total entre as mesmas. A teoria baseada no equilíbrio evita todas estas complicações. Porém, tais fatores devem ser considerados quando se trata da velocidade de uma reação. Os sistemas mais simples são homogêneos, ou seja, sistemas nos quais todas as espécies estão distribuidas uniformente e não apresentam efeitos dependentes da área superficial. Pelos motivos citados, primeiro estudaremos os sistemas homogêneos.

9.1 Efeito da Concentração

Nesta secção mostraremos as equações utilizadas no tratamento dos dados cinéticos. Um conjunto típico de dados é mostrado na Fig.9.1, juntamente com a curva teórica obtida a partir da lei de velocidade integrada. Os pontos experimentais se referem a uma reação bastante simples: a reação de **isomerização** envolvendo dois compostos estruturalmente semelhantes. Seus nomes comerciais são estilbeno e isoestilbeno, mas seus nomes sistemáticos são *trans*-1,2-difenileteno e *cis*-1,2-difenileteno, *trans* e *cis* $C_6H_5CH{=}CHC_6H_5$. A reação é a seguinte:

$$C_6H_5(H)C{=}C(H)C_6H_5 \rightleftharpoons C_6H_5(H)C{=}C(H)C_6H_5$$

cis *trans*

Observa-se que durante a reação de isomerização os dois grupos fenila giram em torno da dupla ligação. Esta reação é muito lenta, à temperatura ambiente, de modo que ambos os isômeros podem ser preparados e armazenados nas formas *cis* e *trans* puras. Os dados mostrados na Fig.9.1 foram obtidos por G.B. Kistiakowsky e W.R. Smith: uma amostra do isômero cis foi rapidamente vaporizada aquecendo-se a mesma num tubo de vidro fechado, a 301 °C. Esta temperatura foi mantida durante um intervalo de tempo controlado e a reação foi interrompida resfriando-se a amostra gasosa à temperatura ambiente. A fração da amostra que se transformou no isômero *trans* foi determinada medindo-se o ponto de fusão da mistura reacional, obtida após o aquecimento. Este é um experimento muito simples, característico de muitas medidas cinéticas.

Se amostras puras dos isômeros *cis* ou *trans* fossem mantidas àquela temperatura por um período muito longo, estabelecer-se-ia um equilíbrio. As observações experimentais indicam que partindo-se do isômero *cis*, cerca de 90% se encontra na forma *trans*, no equilíbrio. Mas, Kistiakowsky e Smith não encontraram exatamente a mesma composição quando fizeram experimento distintos partindo-se dos isômeros cis e *trans* puros. Esta diferença indica a presença de **reações paralelas** e portanto de subprodutos, um problema comum em muitos experimentos envolvendo a determinação de velocidades de reação.

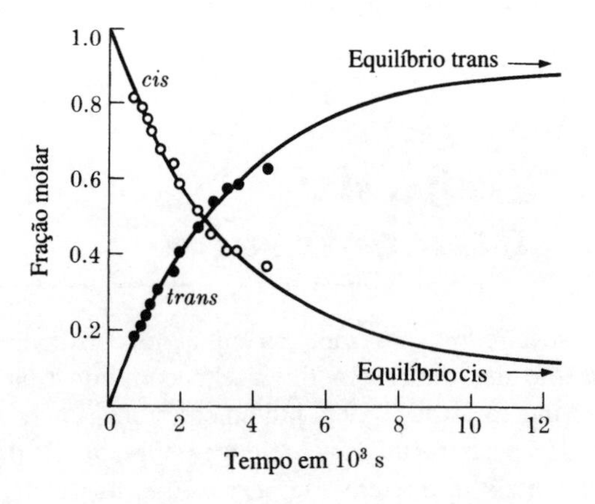

Fig. 9.1 Resultados experimentais para a isomerização *cis* ↔ *trans* dos estilbenos. Os pontos são para várias pressões totais e áreas superficiais da reação em fase gasosa a 301°C. As curvas foram calculadas assumindo-se que não ocorrem reações paralelas. (Dados de G. B. Kistiakowsky e W. R. Smith, Kinetics of thermal cis-trans isomerism. III, *Journal of the American Chemical Society,* **56**, 638, 1934.)

Os vários pontos experimentais, mostrados na Fig.9.1, correspondem a tubos com diferentes diâmetros e áreas superficiais internas, e diferentes pressões totais de estilbeno no seu interior. Veremos, posteriormente, que se uma mesma fração dos reagentes se transformar em produtos quando as pressões parciais iniciais forem diferentes, isto implica numa lei de velocidade de primeira ordem. Kistiakowsky e Smith observaram que a velocidade de reação era independente da área superficial interna do tubo. Assim, eles concluiram que se tratava de uma reação homogênea em fase gasosa e não uma reação heterogênea dependente da superfície de contato do gás com as paredes internas do recipiente.

As frações molares dos isômeros *cis* e *trans*, mostradas na Fig.9.1, são diretamente proporcionais às suas pressões parciais ou concentrações, desde que a pressão total seja mantida constante durante a reação. Os dados indicam uma variação contínua das velocidades $d[cis]/dt$ e $d[trans]/dt$. As velocidades são maiores no início da reação e tendem a zero, a medida que o sistema se aproxima do equilíbrio. Veremos que estas velocidades podem ser representadas por equações denominadas equações diferenciais da lei de velocidade e que as equações integradas nos permitem obter as curvas mostradas na Fig.9.1.

Equações Diferenciais das Leis de Velocidade

A medida que os produtos são formados, estes tendem a reagir regenerando os reagentes. Logo, temos que a velocidade global de uma reação, da esquerda para a direita, é veloc. global = veloc. reação direta - veloc. reação inversa.

Quando o sistema alcança o estado de equilíbrio, a velocidade global de reação é igual a zero; e a velocidade da reação no sentido direto (da esquerda para a direita) se torna igual à velocidade da reação no sentido inverso. Quando o sistema está longe de sua composição de equilíbrio, a velocidade no sentido direto ou inverso será predominante, dependendo se há um excesso de reagentes ou de produtos, respectivamente. Para simplificar nossas discussões vamos nos limitar aos casos nos quais somente a reação no sentido direto é importante. Esta é a situação na qual os reagentes são colocados em contato e a mistura reacional está muito afastada do seu estado de equilíbrio.

Com esta restrição em mente, vamos considerar a reação

$$NO + O_3 \rightarrow NO_2 + O_2,$$

onde a seta indica que somente a reação da esquerda para a direita é importante. Que relações algébricas correlacionam as várias derivadas parciais $d[NO]/dt$, $d[O_3]/dt$, $d[NO_2]/dt$ e $d[O_2]/dt$ entre si? Podemos inferir, analisando a estequiometria da reação, que as concentrações de óxido nítrico e de ozone devem diminuir com a mesma velocidade. Esta é exatamente a mesma velocidade com que aumentam as concentrações de dióxido de nitrogênio e de oxigênio. Visto que as concentrações de óxido nítrico e de ozone estão diminuindo $d[NO]/dt$ e $d[O_3]/dt$ são números negativos, enquanto que $d[NO_2]/dt$ e $d[O_2]/dt$ são positivos. Logo, temos que

$$-\frac{d[NO]}{dt} = -\frac{d[O_3]}{dt} = \frac{d[NO_2]}{dt} = \frac{d[O_2]}{dt}$$

$$= \text{velocidade da reação em mol L}^{-1}\text{ s}^{-1}$$

Agora, vamos considerar as relações entre as derivadas de concentração da reação

$$2HI(g) \rightarrow H_2(g) + I_2(g).$$

Dado que 2 mols de HI desaparecem para cada mol de H_2 formado, a concentração de HI varia com uma velocidade duas vezes maior do que a concentração de H_2. Lembrando que $d[HI]/dt$ é um número negativo, podemos escrever que

$$-\frac{1}{2}\frac{d[HI]}{dt} = \frac{d[H_2]}{dt} = \frac{d[I_2]}{dt}. \quad (9.1)$$

Podemos observar que a concentração dos vários reagentes e produtos podem variar com velocidades diferentes. Então, qual é a velocidade da reação ? Ela é igual à velocidade com que a concentração de HI varia ou a velocidade com que a concentração de H_2 varia ?

Podemos resolver este problema aplicando nossos argumentos para a reação geral

$$aA + bB \rightarrow cC + dD.$$

Examinando-se a Eq.1.4, podemos concluir que a relação entre as várias derivadas de concentração é

$$-\frac{1}{a}\frac{d[A]}{dt} = -\frac{1}{b}\frac{d[B]}{dt} = \frac{1}{c}\frac{d[C]}{dt} = \frac{1}{d}\frac{d[D]}{dt}. \quad (9.2)$$

Todos os termos da igualdades acima correspondem à velocidade da reação. Portanto, a velocidade de decomposição do HI é igual a qualquer um dos termos da Eq.(9.1). Se aplicarmos estas considerações para a reação

$$30CH_3OH + B_{10}H_{14} \rightarrow 10B(OCH_3)_3 + 22H_2$$

temos que

$$\text{veloc. reação} \equiv -\frac{1}{30}\frac{d[CH_3OH]}{dt} = -\frac{d[B_{10}H_{14}]}{dt}$$

$$= \frac{1}{10}\frac{d[B(OCH_3)_3]}{dt} = \frac{1}{22}\frac{d[H_2]}{dt}.$$

Qualquer uma das derivadas de concentração podem ser utilizadas para expressar a velocidade da reação, desde que sejam corrigidas adequadamente, multiplicando-se pelo inverso do coeficiente estequiométrico da espécie considerada.

A expressão matemática que mostra como a velocidade da reação depende das concentrações é denominada **lei de velocidade diferencial**. Em muitos casos é possível expressar a lei de velocidade diferencial como o produto das concentrações dos reagentes, cada uma delas elevada a uma certa potência. Assim, para a reação

$$3A + 2B \rightarrow C + D,$$

a lei de velocidade diferencial pode ser expressa como

$$-\frac{1}{3}\frac{d[A]}{dt} = \frac{d[C]}{dt} = k[A]^n[B]^m.$$

Em geral, os expoentes n e m são números inteiros ou semi-inteiros, sendo denominados **ordens** da reação relativos às espécies A e B, respectivamente. A soma $n + m$ é denominada **ordem global da reação.** É importante ressaltar que n e m não são *necessariamente iguais aos coeficientes estequiometricos de A e de B na reação.* A ordem com relação a cada reagente deve ser determinada experimentalmente. Ela não pode ser predita ou deduzida a partir da equação química que descreve a reação. Por exemplo, os experimentos mostram que a lei de velocidade diferencial da reação $H_2 + I_2 \rightarrow 2HI$ é descrita pela equação

$$-\frac{d[H_2]}{dt} = k[H_2][I_2].$$

Visto que a concentração de cada reagente está elevada à potência unitária, nos referimos a esta reação como sendo de primeira ordem com relação ao H_2 e ao I_2, e de segunda ordem com relação à reação global. Todavia, a lei de velocidade diferencial para a reação aparentemente similar $H_2 + Br_2 \rightarrow 2HBr$ é

$$-\frac{d[H_2]}{dt} = k'[H_2][Br_2]^{1/2},$$

ou seja, a reação é de primeira ordem com relação ao hidrogênio e de ordem meio com relação ao bromo, sendo que a ordem global da reação é igual a 3/2. Embora ambas as reações tenham a mesma estequiometria e o iodo e o bromo sejam substâncias similares, as leis de velocidade são diferentes.

A constante k que aparece na lei de velocidade diferencial é denominada *constante de velocidade* ou mais formalmente constante de velocidade específica da reação, visto que ela é numericamente igual a velocidade de reação quando todas as concentrações são iguais a unidade. Cada reação é caracterizada por uma constante de velocidade, cujo valor é determinado pela natureza dos reagentes e pela temperatura. Podemos calcular a velocidade de reação para uma concentração qualquer dos reagentes, a partir do valor numérico da constante de velocidade. Na realidade, a constante de velocidade é o valor numérico que expressa a influência da natureza dos reagentes e da temperatura sobre a velocidade. Conseqüentemente, um dos objetivos da química teórica é compreender, ou mesmo ser capaz de predizer, os valores das constantes de velocidade, a partir da estrutura eletrônica dos reagentes e dos produtos.

As leis de velocidade contêm a diferencial dC/dt, a qual pode ser experimentalmente aproximada para $\delta C/\delta t$, onde δC é uma pequena variação de concentração que ocorre no intervalo de tempo δt. A velocidade inicial $\delta C/\delta t$, pode ser medida analisando-se os dados cinéticos logo no início da reação, visto que conhecemos a concentração dos reagentes nesta situação. Aquele parâmetro é importante para a determinação da lei de velocidade e para se estimar a constante de velocidade. O uso do método das velocidades iniciais é ilustrado nos exemplos que se seguem.

Exemplo 9.1. Os dados abaixo são referentes à velocidade de isomerização do estilbeno a 301° C:

$P_0(cis) = 11{,}8$ torr; depois de t = 1.008 s, $P(cis) = 9{,}1$ torr.

$P_0(cis) = 197$ torr; depois de t = 948 s, $P(cis) = 153$ torr.

Use os dados acima para calcular a velocidade inicial, em torr s^{-1}, supondo que a reação seja de primeira ordem. Estime o valor da constante de velocidade, k, em s^{-1}.

Resposta. Em unidades de pressões parciais, a equação da lei de velocidade de primeira ordem é expressa pela equação

$$-\frac{dP(cis)}{dt} = kP(cis).$$

Considerando o caso em que a pressão inicial é menor, temos que

$$\frac{\delta P(cis)}{\delta t} = \frac{9{,}1 - 11{,}8}{1.008} = -2{,}7 \times 10^{-3} \text{ torr s}^{-1},$$

$$k \cong \frac{2{,}7 \times 10^{-3} \text{ torr s}^{-1}}{11{,}8 \text{ torr}} = 2{,}3 \times 10^{-4} \text{ s}^{-1}.$$

E, na situação em que a pressão inicial é maior

$$\frac{\delta P(cis)}{\delta t} = \frac{153 - 197}{948} = -4{,}7 \times 10^{-2} \text{ torr s}^{-1},$$

$$k \cong \frac{4{,}7 \times 10^{-2} \text{ torr s}^{-1}}{197 \text{ torr}} = 2{,}4 \times 10^{-4} \text{ s}^{-1}.$$

Valores mais precisos poderiam ter sido obtidos se utilizássemos a média dos valores de P_0 (cis) e $P(cis)$. Contudo, a concordância, entre os dois valores de k, confirma que a reação segue uma lei de velocidade de primeira ordem.

Exemplo 9.2. A reação entre o NO e o H_2, a 1.100 K, é descrita pela equação abaixo:

$$2H_2(g) + 2NO(g) \rightarrow N_2(g) + 2H_2O(g).$$

Logo, a pressão total no reator deve diminuir a medida que a reação ocorre. Portanto, $\delta P(N_2)/\delta t$ pode ser determinado medindo-se a velocidade de diminuição da pressão total. Considerando que a lei de velocidade seja descrita pela expressão

$$\frac{\delta P(N_2)}{\delta t} = kP(H_2)^a P(NO)^b$$

determine os valores inteiros que melhor descrevam as ordens de reação a e b, utilizando os dois conjuntos de dados referentes às velocidades iniciais daquela reação* . Determine a constante de velocidade, em mol por litro, utilizando uma das séries de dados abaixo.

$P_0(H_2)$ (torr)	$P_0(NO)$ (torr)	$\delta P(N_2)/\delta t$ (torr s^{-1})
289	400	1.60
147	400	0.77
400	300	1.03
400	152	0.25

Os dois conjuntos de dados foram obtidos em temperaturas um pouco diferentes.

Resposta. Podemos observar, a partir do primeiro conjunto de dados, que a velocidade de reação diminui à metade quando a pressão de H_2 também diminui à metade. Logo, podemos inferir que $a = 1$. Por outro lado, podemos notar , a partir da análise do segundo conjunto de dados, que a velocidade diminui por um fator de 4,1 quando a pressão de NO diminui à metade. Portanto, podemos concluir que $b = 2$. Assim, podemos reescrever a lei de velocidade substituindo os valores dados na primeira linha da Tabela. Logo.

$$k = \frac{1{,}60 \text{ torr s}^{-1}}{(289 \text{ torr})(400 \text{ torr})^2} = 3{,}5 \times 10^{-8} \text{ torr}^{-2} \text{ s}^{-1}.$$

Mantivemos somente dois significativos devido às incertezas com relação à lei de velocidade. Podemos usar a constante dos gases ideais $R = 0{,}082$ L atm mol^{-1} K^{-1} para transformar as unidades de pressão em mols por litro:

$$k = \left(\frac{3{,}5 \times 10^{-8}}{\text{torr}^2 \text{ s}}\right)\left(\frac{760 \text{ torr}}{1 \text{ atm}}\right)^2 (RT)^2$$

$$= 1{,}6 \times 10^2 \text{ L}^2 \text{ mol}^{-2} \text{ s}^{-1},$$

onde supusemos que T = 1.100 K.

* Dados de C.N. Hinshelwood e T.E. Green, The interaction of nitric oxide and hydrogen, Journal of the Chemical Society, 730, 1926.

Leis de Velocidade Integradas

As leis de velocidade diferenciais são a síntese de como as velocidades de reação dependem das concentrações dos reagentes. Elas são úteis para sabermos como as concentrações se modificam em função do tempo. Esta informação pode ser obtida integrando-se a lei de velocidade diferencial. O nosso primeiro exemplo será a reação de decomposição do pentóxido de dinitrogênio:

$$N_2O_5 \rightarrow 2NO_2 + \tfrac{1}{2}O_2.$$

A reação é de primeira ordem com relação à concentração de N_2O_5. Segundo os dados experimentais:

$$-\frac{d[N_2O_5]}{dt} = k[N_2O_5].$$

Se substituirmos a concentração de N_2O_5 por C, temos que

$$-\frac{dC}{dt} = kC,$$

a qual pode ser rearranjada de modo a obtermos a expressão:

$$-\frac{dC}{C} = k\,dt,$$

O lado esquerdo da equação diferencial é uma função apenas de C, e, com exceção da constante, o lado direito contém apenas o termo diferencial com relação ao tempo. Portanto, podemos integrar a equação acima tomando como limites C_0(a concentração em $t = 0$) e C (a concentração no tempo t). Assim

$$-\int_{C_0}^{C} \frac{dC}{C} = k\int_0^t dt$$

$$-\ln C\Big|_{C_0}^{C} = kt\Big|_0^t$$

$$-\ln\frac{C}{C_0} = kt. \qquad (9.3)$$

Logo, o logarítmo da concentração dos reagentes deve diminuir linearmente com o tempo, para uma reação de primeira ordem. Então, se fizermos um gráfico de ln C em função de t obteremos uma reta cujo coeficiente angular será igual a $-k$. Podemos notar, na Fig.9.2, que foi obtida uma reta utilizando-se os dados para a reação de decomposição do N_2O_5.

Se a reação fosse de segunda ordem, a dependência da concentração em função do tempo seria diferente. Exemplificaremos este caso utilizando a reação de dimerização do butadieno, C_4H_6,

$$C_4H_6(g) \rightarrow \tfrac{1}{2}C_8H_{12}(g),$$

a qual segue a lei de velocidade diferencial de segunda ordem

$$-\frac{d[C_4H_6]}{dt} = k[C_4H_6]^2.$$

Se substituirmos a concentração de C_4H_6 por C, podemos rearranjar a equação de tal forma que

$$-\frac{dC}{C^2} = k\,dt.$$

Novamente, podemos integrar a equação diferencial resultante entre os limites C_0 e C e 0 e t:

$$-\int_{C_0}^{C} \frac{dC}{C^2} = k\int_0^t dt,$$

$$\frac{1}{C}\Big|_{C_0}^{C} = kt\Big|_0^t,$$

$$\frac{1}{C} - \frac{1}{C_0} = kt. \qquad (9.4)$$

Então, a recíproca da concentração é uma função linear do tempo, para uma reação de segunda ordem. Assim, o gráfico de $1/C$ em função de t deve ser uma reta cujo coeficiente angular é igual a k e cujo coeficiente linear é igual a $1/C_0$. Na Fig.9.3, podemos verificar quão satisfatoriamente a reação de dimerização do C_4H_6 segue a Eq.(9.4).

Quando deduzimos as Eqs.(9.3) e (9.4), escrevemos nossas reações de modo que o coeficiente estequiométrico das espécies consideradas fossem iguais a 1. Entretanto, é mais comum escrevermos a reação de dimerização como se segue:

$$2C_4H_6(g) \rightarrow C_8H_{12}(g).$$

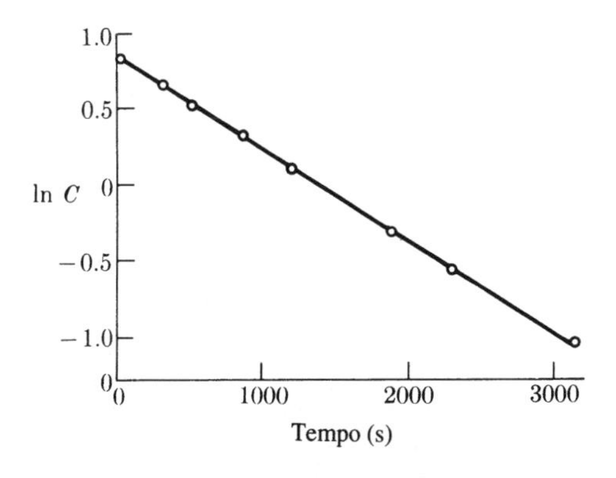

Fig. 9.2 Logaritmo natural da concentração de N_2O_5 traçado em função do tempo. O coeficiente angular da reta é o negativo da constante de velocidade de primeira ordem.

A lei de velocidade para a reação conforme a equação acima é:

$$\text{veloc. reação} = -\frac{1}{2}\frac{d[C_4H_6]}{dt} = k'[C_4H_6]^2.$$

As constantes de velocidade k e k' diferem por um fator de 2, visto que as duas equações também diferem por um fator de 2 e $k=2k'$. Para sermos coerentes ao utilizarmos as Eqs.(9.3) e (9.4), a constante de velocidade k deve ser substituída por ak, onde a é o coeficiente estequiométrico da espécie considerada, na reação. Somente desta maneira teremos certeza de que o valor calculado de k é coerente com a maneira como escrevemos a reação.

Estes são dois exemplos de como a lei de velocidade diferencial pode ser modificada de modo a obtermos uma expressão que nos possibilite conhecer como a concentração se modifica em função do tempo. Outras leis de velocidade diferenciais mais complicadas podem ser integradas. Todavia o processo é muitas vezes difícil e, freqüentemente, obtém-se expressões algébricas complicadas. Isto não é muito problemático, visto que virtualmente todas as informações de interesse podem ser obtidas diretamente a partir das equações diferenciais.

Determinação Experimental das Leis de Velocidade

As duas leis de velocidade integradas, Eqs.(9.3) e (9.4), podem ser utilizadas para se determinar a ordem de uma reação, se a concentração do reagente em função do tempo for conhecida. Uma das maneiras de se caracterizar os sistemas é pela determinação do **tempo de meia-vida** do reagente, $\tau_{1/2}$.

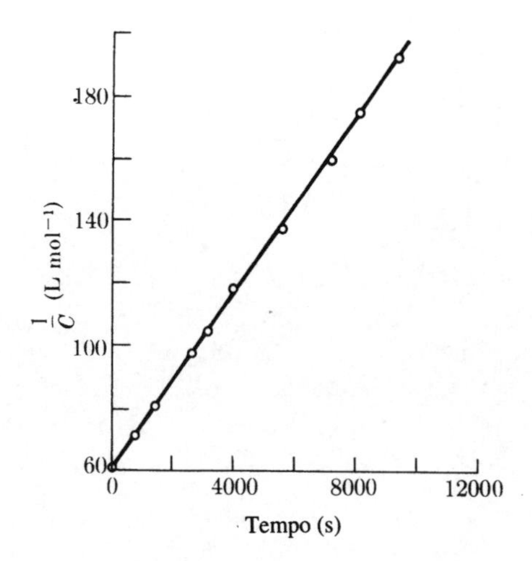

Fig. 9.3 Recíproco da concentração de butadieno traçado em função do tempo. O coeficiente angular da reta é igual à constante velocidade da reação de dimerização.

O tempo de meia-vida é o tempo necessário para que a concentração da espécie considerada diminua para a metade do seu valor inicial. As leis de velocidade de primeira e segunda ordens nos fornecem duas expressões distintas para $\tau_{1/2}$. Se tomarmos a Eq.(9.3) e assumirmos que $a = 1$, o tempo para que C se torne igual a $C_0/2$ é dado por

$$-\ln\frac{C}{C_0} = -\ln\frac{1}{2} = k\tau_{1/2},$$
$$\tau_{1/2} = \frac{\ln 2}{k} = \frac{0{,}693}{k} \quad \text{(primeira-ordem)} \qquad (9.5)$$

Tomando a Eq. (9.4) e considerando a = 1,

$$\frac{1}{C} - \frac{1}{C_0} = \frac{2}{C_0} - \frac{1}{C_0} = k\tau_{1/2},$$
$$\tau_{1/2} = \frac{1}{kC_0} \quad \text{(segunda ordem).} \qquad (9.6)$$

Assim, chegamos a conclusão de que os tempos de meia-vida para as reações de primeira ordem são independentes das concentrações iniciais, enquanto que o tempo de meia-vida é inversamente proporcional à concentração inicial do reagente para reações de segunda ordem. As dimensões das constantes de velocidade de primeira e segunda ordens são diferentes, de modo que as Eqs.(9.5) e (9.6) sejam dimensionalmente corretas.

No caso de reações entre dois ou mais reagentes não podemos utilizar nem a Eq.(9.3) nem a Eq.(9.4), visto que mais de uma espécie tem sua concentração modificada em função do tempo. Entretanto, podemos utilizar um grande excesso estequiométrico de todos os reagentes, exceto de um deles, de tal modo que somente a concentração deste reagente, efetivamente, varie com o tempo. Esta técnica é conhecida como *método do excesso*. Caso o íon H^+ participe da reação, podemos tamponar a solução de tal forma que o pH se mantenha constante. Assim, podemos determinar a ordem da reação para todos os reagentes, realizando vários experimentos independentes, simplesmente, alternando o reagente limitante. O próximo exemplo ilustra o método.

Exemplo 9.3. Peróxido de hidrogênio e íon iodeto reagem, em meio ácido, de acordo com a seguinte equação:

$$H_2O_2 + 2H^+ + 3I^- \rightarrow 2H_2O + I_3^-.$$

A reação pode ser monitorada retirando-se e analisando-se amostras da mistura reacional, em intervalos de tempos bem estabelecidos. As amostram devem ser resfriadas de forma a evitar a continuidade da reação e em seguida o I_3^- formado pode ser titulado com uma solução diluida de $S_2O_3^{2-}$. O H_2O_2 não reage com $S_2O_3^{2-}$, ao contrário do I_3^-. As concentrações de I_3^- obtidas podem ser utilizadas para calcular as concentrações de H_2O_2 remanescentes. O gráfico do $\ln[H_2O_2]$ *versus* tempo é uma linha reta. Seus coeficientes angulares estão

Tabelados abaixo em min^{-1}. A concentração inicial de H_2O_2 é de cerca de 8×10^{-4} *M*.

$[I^-]$ (*M*)	$[H^+]$ (*M*)	slopes (min^{-1})
0,0958	0,0413	−0,108
0,270	0,0413	−0,290
0,347	0,0413	−0,380

Determine a ordem de reação do H_2O_2 e do I^-.

Resposta. As concentrações de I^- e de H^+ são suficientemente grandes, comparadas com a concentração de H_2O_2, para que possamos considerá-las constantes durante a reação. Visto que o gráfico de $\ln[H_2O_2]$ *versus* tempo é uma reta, podemos inferir que a reação é de primeira ordem com relação a H_2O_2. Logo, a lei de velocidade é

$$\frac{d[H_2O_2]}{dt} = -k[H^+]^a[I^-]^b[H_2O_2],$$

e para cada experimento realizado,

$$\text{coeficiente angular} = -k[H^+]^a[I^-]^b.$$

Se dividirmos os coeficientes angulares Tabelados por $[I^-]$, temos que

$$\frac{\text{coef. angular}}{[I^-]} = -1{,}13, \ -1{,}07, \ \text{e} \ \ -1{,}10\,M^{-1}\,min^{-1}$$

respectivamente. Visto que os valores são aproximadamente constantes, podemos concluir que $b = 1$. A ordem com relação ao H^+ não pode ser determinada utilizando-se os dados apresentados na Tabela. Porém, num dos problemas do final deste capítulo serão apresentados alguns exemplos nos quais deverá ser determinada a ordem de reação com relação ao íon H^+.

9.2 Mecanismos de Reação

Agora vamos tentar obter uma descrição química completa de como as moléculas dos reagentes se transformam em produtos. Em alguns casos, a reação ocorre em uma única etapa: duas moléculas dos reagentes colidem e formam as moléculas dos produtos. Um exemplo é a reação em fase gasosa

$$NO + O_3 \rightarrow NO_2 + O_2.$$

Entretanto, a maioria das reações não seguem caminhos de reação tão simples entre os reagentes e os produtos. Por exemplo, a reação em solução aquosa

$$H_2O_2 + 2Br^- + 2H^+ \rightarrow Br_2 + 2H_2O$$

não ocorre por meio da colisão simultânea de dois íons H^+, dois íons Br^- e uma molécula de H_2O_2. A probabilidade de cinco espécies se encontrarem num mesmo lugar ao mesmo tempo é muito pequena. É tão pequena que os produtos nunca seriam produzidos à velocidade que são experimentalmente observados, caso a reação ocorresse por meio daquele caminho. O caminho de reação possível consiste num processo de duas etapas sucessivas, sendo que em nenhuma delas ocorre a colisão de mais do que três espécies simultaneamente:

$$Br^- + H^+ + H_2O_2 \rightarrow HOBr + H_2O,$$
$$H^+ + HOBr + Br^- \rightarrow H_2O + Br_2.$$

Outras reações podem apresentar um número muito maior de etapas. Por exemplo, a decomposição do N_2O_5, em fase gasosa, segue o seguinte mecanismo de reação:

$$N_2O_5 + N_2O_5 \rightarrow N_2O_5^* + N_2O_5,$$
$$N_2O_5^* \rightarrow NO_2 + NO_3,$$
$$NO_2 + NO_3 \rightarrow NO + NO_2 + O_2,$$
$$NO + NO_3 \rightarrow 2NO_2,$$

onde $N_2O_5^*$ é uma molécula num estado excitado, possuindo energia suficiente para se dissociar. Cada etapa é denominada um **processo elementar**, visto que cada processo elementar é um evento simples no qual algum tipo de transformação ocorre. O conjunto de processos elementares que descrevem a reação global é denominado **mecanismo de reação**. O mecanismo de reação deve ser determinado experimentalmente. Porém, para compreendermos como isto é feito, primeiro, precisamos discutir os três tipos possíveis de processos elementares.

Processos Elementares

Os processos elementares são classificados de acordo com sua **molecularidade**, ou seja, o número de espécies envolvidas no processo. Um evento com a participação de uma única espécie é denominado **processo unimolecular**. A decomposição ou o rearranjo de uma molécula no estado excitado, é um processo elementar unimolecular. Por exemplo,

$$O_3^* \rightarrow O_2 + O,$$

```
    CH2*
   /   \       → CH3CH=CH2
CH2 — CH2
```

Um **processo bimolecular** depende da colisão de duas moléculas dos reagentes. Por exemplo,

$$NO + O_3 \rightarrow NO_2 + O_2,$$
$$Cl + CH_4 \rightarrow CH_3 + HCl,$$
$$Ar + O_3 \rightarrow Ar + O_3^*,$$

são todos processos bimoleculares. Nenhuma reação química ocorre no último processo, mas na colisão entre Ar e O_3, uma certa quantidade de energia foi transferida para a molécula de ozônio. Agora esta molécula possui um excesso de energia interna que, eventualmente, pode causar sua dissociação, como mostrado acima.

Os processos elementares nos quais três partículas participam são denominados **termoleculares**. Muitos processos termoleculares ocorrem quando a associação ou combinação de duas espécies depende de uma terceira partícula, que tem como função remover o excesso de energia produzida durante a formação das ligações químicas. Temos como exemplos:

$$O + O_2 + N_2 \rightarrow O_3 + N_2,$$
$$O + NO + N_2 \rightarrow NO_2 + N_2.$$

Utilizando o princípio da conservação de energia, podemos dizer que a molécula de ozônio, formada pela associação de um átomo e uma molécula de oxigênio, possui energia suficiente para redissociar. Somente se uma parte desta energia for removida por uma terceira espécie, no caso a molécula de nitrogênio, um produto estável pode ser formado. Processos elementares com molecularidade superior a três não são conhecidos, pois existe uma probabilidade muito pequena de que venha a ocorrer uma colisão na qual mais do que três partículas se encontrem simultaneamente no espaço.

Anteriormente, ressaltamos que a ordem de uma reação não pode, em geral, ser predita a partir da estequiometria da reação. Entretanto, a ordem de um processo elementar é previsível. Por exemplo, considere o processo elementar bimolecular genérico

$$A + B \rightarrow C + D.$$

Para que uma molécula de A e uma de B reajam, torna-se imprescindível que elas se encontrem. O número de colisões, num intervalo de tempo, é diretamente proporcional às concentrações de A e de B. Portanto, qualquer processo elementar bimolecular deve seguir uma lei de velocidade de segunda ordem do tipo

$$-\frac{d[A]}{dt} = k[A][B].$$

Uma argumentação similar se aplica para o caso dos processos elementares envolvendo três partículas. Podemos concluir que um processo elementar termolecular do tipo

$$A + B + C \rightarrow D + E,$$

segue uma lei de velocidade global de terceira ordem, e de primeira ordem com relação a cada um dos reagentes:

$$-\frac{d[A]}{dt} = k[A][B][C].$$

Finalmente, consideremos os processos unimoleculares. Neste caso estamos trabalhando com um conjunto de moléculas, sendo que cada uma delas se rearranja ou se decompõe independentemente umas das outras. É óbvio que a medida que o número de moléculas aumenta, também aumenta o número de moléculas que se decompõe num dado intervalo de tempo. Logo, a velocidade de reação será proporcional à concentração, e o processo unimolecular

$$A^* \rightarrow B$$

ocorrerá segundo a lei de velocidade de primeira ordem

$$-\frac{d[A^*]}{dt} = k[A^*].$$

Assim, podemos concluir que *no caso de processos elementares, a molecularidade é igual a ordem da reação.* Um processo unimolecular é de primeira ordem, um processo bimolecular é de segunda ordem e um processo termolecular é de terceira ordem. Entretanto, é importante notar que o *inverso não é verdadeiro:* Nem todas as reações de primeira, segunda e terceira ordens são, respectivamente, unimoleculares, bimoleculares e termoleculares. Tivemos anteriormente um exemplo ilustrativo: a decomposição do N_2O_5 é uma reação de primeira ordem, mas ela se processa por meio de um mecanismo complexo que consiste de processos elementares unimoleculares e bimoleculares. Encontraremos uma explicação para este fato ao examinarmos a relação entre as leis de velocidade e os mecanismos de reação.

Leis de Velocidade e Mecanismos de Reação

Agora temos de encontrar uma maneira de correlacionarmos as ordens e velocidades de reação, experimentalmente determinadas,com as ordens e velocidades dos processos elementares que compõem o mecanismo de reação. Felizmente esta questão tem uma resposta simples e direta para muitas reações químicas. Considere a reação hipotética

$$3A + 2B \rightarrow C + D,$$

a qual supostamente ocorre segundo o mecanismo abaixo:

$$
\begin{array}{c}
A + B \rightarrow E + F \\
A + E \rightarrow H \\
A + F \rightarrow G \\
\underline{H + G + B \rightarrow C + D} \\
3A + 2B \rightarrow C + D
\end{array}
$$

Os produtos C e D se formam após uma seqüência de quatro processos elementares. É óbvio que *o produto não pode se formar mais rapidamente que a etapa mais lenta.* Portanto, se uma dada etapa for muito mais lenta que todas as demais, a velocidade de reação global será limitada por esta etapa. Logo, a velocidade de reação deverá ser igual a da etapa mais lenta. Por este motivo, o processo elementar mais lento do mecanismo proposto é denominado ***etapa determinante da velocidade***. Vamos supor que a primeira etapa do nosso mecanismo genérico seja a mais lenta e tenha uma constante de velocidade igual a k_1. Dado que o processo é bimolecular, a lei de velocidade é de segunda ordem: primeira ordem com relação a A e a B. Conseqüentemente, verificaremos que a lei de velocidade poderá ser descrita pela expressão:

$$-\frac{1}{3}\frac{d[A]}{dt} = k_1[A][B].$$

Assim, um mecanismo extremamente complicado pode gerar uma lei de velocidade muito simples. Nestes argumentos, também, encontramos a explicação do por quê nem todas as reações que seguem leis de velocidade de segunda ordem são processos elementares bimoleculares. A reação global

$$3A + 2B \rightarrow C + D$$

não é um processo elementar; ela é complexa. No entanto, a reação segue uma lei de velocidade de segunda ordem, pois sua etapa mais lenta é um processo bimolecular.

Saindo do abstrato e voltando para casos concretos, vamos examinar umas poucas reações, aparentemente, complicadas mas cujas leis de velocidade são simples. Por exemplo, a reação

$$2NO_2 + F_2 \rightarrow 2NO_2F$$

segue a lei de velocidade de segunda ordem

$$-\frac{1}{2}\frac{d[NO_2]}{dt} = k_{exp}[NO_2][F_2],$$

onde k_{exp} é a constante de velocidade experimental. A lei de velocidade nos mostra que tanto o NO_2 como o F_2 participam da etapa determinante. Contudo, a estequiometria nos mostra que a primeira reação entre uma molécula de NO_2 e outra de F_2 deve produzir algo mais do que NO_2F. Estas duas constatações nos sugerem que o mecanismo mais provável para a reação é

1. $NO_2 + F_2 \xrightarrow{k_1} NO_2F + F$ (lenta),
2. $F + NO_2 \xrightarrow{k_2} NO_2F$ (rápido).

O primeiro processo bimolecular é a etapa determinante. Sua lei de velocidade e, portanto, da reação global é de segunda ordem. Visto que a reação global ocorre exatamente à mesma velocidade de reação 1, k_{exp} deve ser igual a k_1.

Já foi mencionado que o mecanismo da reação

$$2Br^- + 2H^+ + H_2O_2 \rightarrow Br_2 + 2H_2O$$

é

1. $H^+ + Br^- + H_2O_2 \xrightarrow{k_1} HOBr + H_2O,$
2. $HOBr + H^+ + Br^- \xrightarrow{k_2} Br_2 + H_2O.$

Como se chegou a esta conclusão ? A mais importante evidência do mecanismo de reação é a lei de velocidade:

$$\frac{d[Br_2]}{dt} = k_{exp}[H_2O_2][H^+][Br^-].$$

Segundo esta equação somente H_2O_2, H^+ e Br^- participam da etapa determinante da velocidade. Para decidirmos quais serão os produtos da etapa determinante, devemos utilizar nossa imaginação e nossos conhecimentos de química descritiva, além dos princípios da conservação da matéria e da carga. Podemos inferir, a partir da estequiometria da reação, que HOBr e H_2O são os possíveis produtos da reação entre H^+, Br^- e H_2O_2. Para reforçar nossa hipótese, HOBr é uma espécie conhecida, apesar de ser relativamente instável. E, uma análise da estrutura molecular dos reagentes nos mostra que HOBr e H_2O podem ser formados a partir dos reagentes, sem que as geometrias normais destas moléculas sejam seriamente distorcidas. Ou seja, podemos representar estruturalmente a etapa lenta como se segue:

```
H         H     ┌H         H┐    H          H
 \       /      │ \       / │     \        /
  O — O     →   │  O     O  │  →   O  +  O
 ↗      ↖       │ ⋰       ⋱ │     /        \
Br⁻       H⁺    └Br        H┘   Br          H
```

A espécie entre colchetes representa o intermediário no qual a ligação O-O está se rompendo, enquanto as ligações Br-O e H-O estão se formando. Esta estrutura instável, denominada **complexo ativado,** permanece no meio reacional por cerca de 10^{-13} segundos.

Para justificarmos a etapa final do mecanismo, deveremos utilizar alguns conhecimentos extras de química descritiva. É possível prepararmos soluções levemente alcalinas contendo HOBr e Br^-. Porém, quando estas misturas são acidificadas, rapidamente, se observa a formação de bromo.

Esta é uma evidência de que a reação

$$HOBr + H^+ + Br^- \rightarrow H_2O + Br_2$$

ocorre rapidamente. Em outras palavras, as características da segunda etapa são consistentes com nossa experiência química.

O mecanismo de reação pode se modificar se alterarmos as condições experimentais. A reação entre monóxido de carbono e dióxido de nitrogênio,

$$NO_2 + CO \rightarrow CO_2 + NO,$$

segue a lei de velocidade

$$\frac{d[CO_2]}{dt} = k[NO_2][CO]$$

à temperaturas acima de 500 K. O mecanismo de reação se constitui de um único processo elementar no qual um átomo de oxigênio é transferido do NO_2 para o CO, como ilustrado abaixo:

$$NO_2 + CO \rightarrow \left[\begin{matrix} O & & O & & O \\ & \diagdown \; \diagup & & \diagdown \; \diagup & \\ & N & & C & \end{matrix} \right] \rightarrow CO_2 + NO.$$

Em temperaturas menores, a lei de velocidade desta reação muda para

$$\frac{d[CO_2]}{dt} = k'[NO_2]^2,$$

a qual não mais depende da concentração de monóxido de carbono. Ao examinarmos o mecanismo à baixas temperaturas, descobriremos a razão desta mudança.

$$\begin{aligned} NO_2 + NO_2 &\rightarrow NO_3 + NO \quad &\text{(lento)},\\ NO_3 + CO &\rightarrow NO_2 + CO_2 \quad &\text{(rápido)}. \end{aligned}$$

A primeira reação é a etapa determinante e, portanto, a velocidade deve ser independente da concentração de monóxido de carbono, apesar dele estar presente no meio reacional. Quando a temperatura é maior do que 500 K, as duas reações acima ocorrem mais lentamente que a reação direta entre o NO_2 e o CO. O inverso é verdadeiro em temperaturas mais baixas. Esta é a razão da mudança de mecanismo: a reação sempre ocorre pelo caminho mais rápido disponível.

Selecionamos a reação entre o hidrogênio e o bromo gasosos como nosso próximo exemplo de uma reação mecanisticamente complexa.

$$H_2(g) + Br_2(g) \rightarrow 2HBr(g).$$

Esta reação é interessante porque segue uma lei de velocidade de ordem 3/2.

$$\frac{1}{2}\frac{d[HBr]}{dt} = k[H_2][Br_2]^{1/2}.$$

Até agora, nossas discussões não deram nenhuma pista de como é possível existir reações cujas ordens sejam semi-inteiras. Os inúmeros experimentos tem demonstrado que a reação acima segue o seguinte mecanismo:

$$\left.\begin{aligned} Br_2 + M &\xrightarrow{k_1} 2Br + M \\ 2Br + M &\xrightarrow{k_{-1}} Br_2 + M \end{aligned}\right\} \quad \text{(equilíbrio rápido)},$$

$$\begin{aligned} Br + H_2 &\xrightarrow{k_2} HBr + H \quad &\text{(lento)},\\ H + Br_2 &\xrightarrow{k_3} HBr + Br \quad &\text{(rápido)}. \end{aligned}$$

Os dois primeiros processos elementares culminam no estabelecimento de um equilíbrio rápido entre o bromo molecular e seus átomos. O símbolo M representa qualquer molécula que possa colidir com Br_2 de modo a provocar sua dissociação e remover o excesso de energia do par de átomos, de tal forma que eles possam reagir. O terceiro e o quarto processos transformam o hidrogênio e o bromo em brometo de hidrogênio, *sem que haja o consumo efetivo dos átomos de bromo*. A etapa determinante é a reação entre um átomo de bromo e uma molécula de hidrogênio. Portanto, podemos concluir que a velocidade da reação é expressa por

$$\frac{1}{2}\frac{d[HBr]}{dt} = k_2[H_2][Br]. \qquad (9.7)$$

Para encontrarmos a lei de velocidade em função da concentração de bromo molecular, utilizaremos a constante de equilíbrio entre os átomos e a molécula de bromo:

$$Br_2 \rightleftharpoons 2Br, \qquad \frac{[Br]^2}{[Br_2]} = K_{eq} \qquad [Br] = \sqrt{K_{eq}[Br_2]}.$$

Substituindo na Eq.(9.7), temos que

$$\frac{1}{2}\frac{d[HBr]}{dt} = k_2 K_{eq}^{1/2}[H_2][Br_2]^{1/2},$$

a qual é equivalente à lei de velocidade experimentalmente encontrada. Podemos observar que a constante de velocidade experimental é, na realidade, o produto da constante de velocidade k_2 e a raiz quadrada da constante de equilíbrio, ou seja, $(K_{eq})^{1/2}$. Este exemplo mostra quão importante é conhecermos o mecanismo da reação para a interpretação e compreensão do significado de uma constante de velocidade, k, experimentalmente determinada. Devemos saber se ela é igual à constante de velocidade de um processo elementar ou se é, na realidade, uma combinação algébrica de constantes de velocidade e constantes de equilíbrio.

Apesar de termos frisado a importância da lei de velocidade para o estabelecimento do mecanismo de reação, a lei de velocidade per si não nos permite decidir entre um ou outro mecanismo quando vários deles são coerentes com os dados experimentais. Um exemplo marcante deste fato é encontrado na reação entre o óxido nítrico e o oxigênio:

$$2NO + O_2 \rightarrow 2NO_2.$$

A lei de velocidade é

$$-\frac{d[O_2]}{dt} = k_{exp}[NO]^2[O_2].$$

Os dois mecanismos possíveis, consistentes com a lei de velocidade, são:

$$NO + NO \underset{}{\overset{K}{\rightleftharpoons}} N_2O_2 \quad \text{(equilíbrio rápido)},$$
$$N_2O_2 + O_2 \xrightarrow{k} 2NO_2 \quad \text{(lento)},$$
$$-\frac{d[O_2]}{dt} = k[N_2O_2][O_2] = kK[NO]^2[O_2];$$

e

$$NO + O_2 \overset{K'}{\rightleftharpoons} OONO \quad \text{(equilíbrio rápido)},$$
$$NO + OONO \xrightarrow{k'} 2NO_2 \quad \text{(lento)},$$
$$-\frac{d[O_2]}{dt} = k'[OONO][NO] = k'K'[NO]^2[O_2].$$

A causa da dificuldade se encontra no fato de que a lei de velocidade contém apenas as informações sobre a composição do complexo ativado. E, infelizmente, ambos os mecanismos propostos acima possuem o mesmo complexo ativado, ou seja, o N_2O_4. Uma escolha definitiva entre os dois mecanismos somente será possível, quando for determinada a estrutura do intermediário. Em geral, sempre devemos utilizar todas as fontes possíveis de informações para selecionarmos o mecanismo de reação, não somente a lei de velocidade.

Aproximação do Estado Estacionário

Os mecanismos que discutimos até o momento foram de dois tipos. Na situação mais simples, a primeira etapa é a mais lenta e determinante da velocidade de reação, sendo seguida por algumas etapas rápidas. Uma outra situação, também relativamente simples, é aquela na qual a primeira etapa do mecanismo é um equilíbrio rápido, responsável pela produção de um intermediário. Este reage lentamente, determinando a velocidade de reação. No entanto, devemos salientar que existem casos intermediários, nos quais todas as etapas do mecanismo ocorrem à velocidades comparáveis. Nestes casos, a dedução exata da lei de velocidade é bastante complicada. Felizmente, as leis de velocidade de muitos desses casos podem ser facilmente deduzidas, aplicando-se a aproximação do estado estacionário.

Considere o seguinte mecanismo geral, aplicável à muitas reações de decomposição térmica e isomerizações:

$$1.\quad A + M \underset{k_{-1}}{\overset{k_1}{\rightleftharpoons}} A^* + M,$$
$$2.\quad A^* \xrightarrow{k_2} B + C.$$

Na primeira etapa, a molécula de interesse A colide com qualquer molécula M. Como resultado, a molécula A adquire uma quantidade extra de energia interna transformando-se na espécie A*. O processo inverso, no qual uma molécula A* é desativada por uma colisão com M também ocorre. Na segunda etapa, A* se decompõe nos produtos B e C. Sabemos que se a primeira etapa for determinante da velocidade e se K_1 for muito maior que k_{-1}, a lei de velocidade será descrita pela equação

$$\frac{d[B]}{dt} = k_1[A][M]. \qquad (9.8)$$

Por outro lado, se a magnitude de k_{-1} for elevada, e A estiver em equilíbrio com A, temos que

$$\frac{[A^*]}{[A]} = \frac{k_1}{k_{-1}},$$
$$\frac{d[B]}{dt} = k_2[A^*] = \frac{k_1k_2}{k_{-1}}[A]. \qquad (9.9)$$

Neste caso, faremos uso da **aproximação do estado estacionário** para encontrarmos a lei de velocidade geral do sistema.

Para que a reação comece a ocorrer, as moléculas de A* precisam ser formadas nas colisões entre A e M. No início, a concentração de A* deve aumentar rapidamente. Porém, a medida que sua concentração aumenta o número de moléculas desativadas pelas colisão com M e devido à sua decomposição gerando os produtos, também, aumentam. Assim, podemos prever que existirá uma condição na qual a velocidade de produção de A* será exatamente igual a velocidade de consumo do mesmo. Neste momento, a concentração de A será finita e se manterá aproximadamente constante em função do tempo. Podemos expressar esta **concentração do estado estacionário** como se segue:

veloc. produção de A* = veloc.de consumo de A*

$$k_1[A][M] = k_{-1}[A^*][M] + k_2[A^*],$$
$$[A^*] = \frac{k_1[A][M]}{k_{-1}[M] + k_2}. \qquad (9.10)$$

Visto que a velocidade da reação é descrita por

$$\frac{d[B]}{dt} = k_2[A^*],$$

podemos substituir A* pela Eq.(9.10), de modo a obtermos a expressão geral da lei de velocidade.

$$\frac{d[B]}{dt} = \frac{k_1 k_2[A][M]}{k_{-1}[M] + k_2} \quad (9.11)$$

Agora, vamos tentar encontrar as condições nas quais a Eq.(9.11) possa ser simplificada de forma a obtermos as Eqs.(9.8) e (9.9). Suponha que as pressões de gás sejam suficientemente baixas, de modo que k_{-1} [M] << K_2. Nesta condição, praticamente, todo A* formado reagirá gerando os produtos e a reação 1, no sentido direto, será a etapa determinante da velocidade. Assim, podemos simplificar a Eq.(9.11).

$$\frac{d[B]}{dt} = \frac{k_1 k_2[A][M]}{k_{-1}[M] + k_2} \cong \frac{k_1 k_2[A][M]}{k_2} \cong k_1[A][M]$$

$$(\text{se } k_{-1}[M] \ll k_2),$$

A situação inversa, na qual k_{-1} [M]>>k_2, pode ser conseguida elevando-se consideravelmente a pressão. Podemos inferir que neste caso algumas poucas moléculas de A* se decompõem gerando os produtos. Neste caso, A* está em equilíbrio com A. Logo, podemos desprezar k_2 no denominador da Eq.(9.11) de modo que

$$\frac{d[B]}{dt} \cong \frac{k_1 k_2[A][M]}{k_{-1}[M]} = \frac{k_1}{k_{-1}} k_2[A]$$

$$(\text{se } k_{-1}[M] \gg k_2),$$

Esta é, justamente, a expressão esperada se A* estivesse em equilíbrio com A. Então, os casos mais simples nos quais a primeira ou a segunda etapa do mecanismo são as etapas determinantes da reação estão incluidos na expressão geral, Eq.(9.11), na forma de casos especiais.

A aproximação do estado estacionário pressupõe, como vimos, a formação de um **intermediário** de reação. Sua concentração pode ser calculada assumindo-se que ele é consumido tão rapidamente quanto é formado. Esta aproximação não pode ser estritamente válida durante toda a reação, pois isto implicaria na hipótese de que a concentração do intermediário é efetivamente constante durante a transformação. Esta asserção não é válida no início da reação, quando a concentração do intermediário aumenta de zero até a concentração do estado estacionário, nem no final, quando a concentração tende a zero. Todavia, quando a concentração do intermediário for suficientemente pequena, a aproximação se torna válida e importante na análise mecanística das reações.

Como um exemplo prático da aplicação da aproximação do estado estacionário, podemos considerar a decomposição do N_2O_5 gasoso:

$$2N_2O_5 \rightarrow 4NO_2 + O_2,$$

a qual, em pressões moderadas, segue a seguinte lei de velocidade:

$$\frac{d[O_2]}{dt} = k_{exp}[N_2O_5].$$

O mecanismo proposto, fundamentado nas várias evidências experimentais, é

$$N_2O_5 \underset{k_{-1}}{\overset{k_1}{\rightleftharpoons}} NO_2 + NO_3,$$
$$NO_3 + NO_2 \xrightarrow{k_2} NO + NO_2 + O_2,$$
$$NO_3 + NO \xrightarrow{k_3} 2NO_2.$$

O NO_3 é a espécie intermediária, cuja concentração é pequena e pode ser calculada por meio da aproximação do estado estacionário. A mesma consideração é válida para o NO. Neste caso, temos que

veloc. produção do NO = veloc. consumo de NO,

$$k_2[NO_2][NO_3] = k_3[NO][NO_3],$$
$$[NO] = (k_2/k_3)[NO_2]. \quad (9.12)$$

Devemos proceder da seguinte forma para o NO_3:

veloc. produção do NO = veloc. consumo do NO ,

$$k_1[N_2O_5] = (k_{-1}[NO_2] + k_2[NO_2] + k_3[NO])[NO_3].$$

Se substituirmos a [NO] pela Eq.(9.12) e resolvermos para a $[NO_3]$,

$$[NO_3] = \frac{k_1[N_2O_5]}{k_{-1}[NO_2] + 2k_2[NO_2]}$$

no estado estacionário. A velocidade de produção de oxigênio, a qual é igual a velocidade da reação, é descrita pela expressão:

$$\frac{d[O_2]}{dt} = k_2[NO_2][NO_3].$$

Substituindo a $[NO_3]$, obtida por meio da aproximação do estado estacionário, temos que

$$\frac{d[O_2]}{dt} = \frac{k_1 k_2[N_2O_5]}{k_{-1} + 2k_2},$$

a qual é idêntica à lei de velocidade experimental. Note que a relação entre a constante de velocidade experimental e as constantes de velocidade das etapas individuais é igual a

$$k_{exp} = \frac{k_1 k_2}{k_{-1} + 2k_2}.$$

Pergunta. A aproximação do estado estacionário é válida para um intermediário de reação, mas nunca para um reagente ou um produto. Por quê ?

Resposta. Os reagentes são somente consumidos e os produtos são apenas formados, enquanto que um intermediário é consumido a medida que é formado.

Reações em Cadeia

Até agora, mostramos mecanismos de reação nos quais um intermediário, gerado numa etapa é consumido numa outra, levando a formação dos produtos. Entretanto, existe um grande número de **reações em cadeia** como, por exemplo, a reação iniciada pela absorção de luz

$$H_2(g) + Cl_2(g) \rightarrow 2HCl(g)$$

a qual segue o seguinte mecanismo:

$$\begin{aligned} &1.\quad Cl_2 + \text{light} \longrightarrow 2Cl \\ &2.\quad Cl + H_2 \xrightarrow{k_2} HCl + H, \\ &3.\quad H + Cl_2 \xrightarrow{k_3} HCl + Cl, \\ &4.\quad 2Cl + M \xrightarrow{k_4} Cl_2 + M. \end{aligned}$$

Na etapa 1 o intermediário reativo Cl é produzido; este reage gerando uma molécula de HCl, na etapa 2. Porém, concomitantemente, um átomo de H é produzido e pode reagir com uma molécula de Cl_2, gerando outra molécula de HCl e um átomo de Cl. O resultado das etapas 2 e 3 é a produção de duas moléculas de HCl sem que haja o consumo do intermediário Cl. Este mecanismo é análogo ao encontrado na reação entre o H_2 e o Br_2 . A denominação *reação em cadeia* advém da possibilidade de se repetir indefinidamente as reações das etapas 2 e 3. A etapa 1, responsável pela produção do intermediário reativo Cl, é denominada **reação de iniciação,** enquanto que a etapa 4 é uma **reação de terminação da cadeia**. As etapas 2 e 3 são conhecidas como as **reações de propagação da cadeia.**

As reações em cadeia ocorrem nas chamas, nas explosões, nos processos atmosféricos e da vida, e são importantes na produção de polímeros sintéticos. Podemos citar como exemplos deste último, as reações de polimerização do etileno (CH_2CH_2) e do cloreto de vinila (CH_2CHCl) gerando polietileno e cloreto de polivinila (PVC), respectivamente. A reação direta é extremamente lenta.

$$2n(CH_2CHCl) \rightarrow (-CH_2\underset{\displaystyle Cl}{\underset{|}{C}}HCH_2\underset{\displaystyle Cl}{\underset{|}{C}}H-)_n$$

Contudo, se uma pequena quantidade de uma substância produtora de radicais livres estiver presente, a polimerização ocorre rapidamente por meio de uma reação em cadeia. Peróxido de benzoíla é um iniciador adequado, pois ele se decompõe nos radicais benzoil ($C_6H_5CO_2$) e radical benzila (C_6H_5):

$$C_6H_5\overset{\overset{\displaystyle O}{\|}}{C}-O-O-\overset{\overset{\displaystyle O}{\|}}{C}-C_6H_5 \rightarrow$$

$$C_6H_5\overset{\overset{\displaystyle O}{\|}}{C}-O\cdot + C_6H_5\cdot + CO_2.$$

Estes radicais (simbolizados por R) reagem com o cloreto de vinila e as reações de propagação da cadeia tem início:

$$R\cdot + CH_2{=}\underset{\displaystyle Cl}{\underset{|}{C}}H \rightarrow RCH_2-\underset{\displaystyle Cl}{\underset{|}{C}}H\ ,$$

$$RCH_2-\underset{\displaystyle Cl}{\underset{|}{C}}H\cdot + CH_2{=}\underset{\displaystyle Cl}{\underset{|}{C}}H \rightarrow RCH_2\underset{\displaystyle Cl}{\underset{|}{C}}HCH_2\underset{\displaystyle Cl}{\underset{|}{C}}H\ ,$$

$$R(CH_2CHCl)_n\cdot + CH_2CHCl \rightarrow R(CH_2CHCl)_{n+1}\ .$$

A etapa de terminação da cadeia ocorre quando dois radicais poliméricos se combinam.

O número de intermediários ou **propagadores da cadeia** na mistura reacional é determinado pelas velocidades relativas das etapas de iniciação e terminação. Um bom exemplo é a reação do H_2 com o Br_2 discutido anteriormente. As velocidades de dissociação das moléculas de bromo e recombinação de seus átomos determinam a concentração de átomos de bromo:

$$\left.\begin{aligned} Br_2 + M &\xrightarrow{k_1} 2Br + M \\ M + 2Br &\xrightarrow{k_{-1}} Br_2 + M \end{aligned}\right\} \quad \text{equilíbrio rápido,}$$

$$[Br] = (k_1/k_{-1})^{1/2}[Br_2]^{1/2},$$

e as reações de propagação da cadeia são:

$$\begin{aligned} Br + H_2 &\rightarrow HBr + H, \\ H + Br_2 &\rightarrow HBr + Br, \end{aligned}$$

as quais produzem as mesmas espécies que consomem. Entretanto, há reações nas quais algumas etapas geram mais radicais ou propagadores de cadeia do que são consumidos. Tais etapas são denominadas **reações de ramificação da cadeia.** A reação entre o oxigênio e o hidrogênio é um bom exemplo:

$$\begin{aligned} O_2 + M &\rightarrow 2O && \text{iniciação} \\ O + H_2 &\rightarrow OH + H && \text{ramificação} \end{aligned}$$

$$H + O_2 \rightarrow OH + O \qquad \text{ramificação}$$
$$OH + H_2 \rightarrow H_2O + H \qquad \text{propagação}$$
$$\left.\begin{aligned} H + O_2 + M &\rightarrow HO_2 + M \\ 2HO_2 &\rightarrow H_2O_2 + O_2 \end{aligned}\right\} \text{terminação}$$

Se a velocidade das reações de ramificação forem maiores que a velocidade das reações de terminação, a concentração dos propagadores da cadeia aumenta continuamente e a velocidade da reação de propagação aumenta indefinidamente. Estes tipos de reações nas quais a velocidade é irrestrita, são responsáveis pelas explosões. Uma reação em cadeia pode ser mantida sob controle, se fizermos com que a etapa de terminação seja suficientemente rápida. Neste caso, as reações de ramificação não conseguem aumentar a concentração e o número de propagadores da cadeia. Outro método viável seria a introdução controlada dos reagentes na mistura reacional. Neste caso, a velocidade seria limitada pela concentração dos reagentes.

Sumarizando nossa discussão sobre os efeitos da concentração e os mecanismos de reação, devemos lembrar que as seguintes etapas são importantes durante as investigações sobre a cinética das reações químicas:

1. A lei de velocidade deve ser determinada estudando-se o efeito das concentrações dos reagentes sobre a velocidade de reação.
2. A lei de velocidade, concomitantemente com sua imaginação, sua experiência química e seus conhecimentos sobre estequiometria e estrutura molecular, deverá ser usada para deduzir o provável mecanismo de reação.
3. O mecanismo é utilizado para demonstrar se a constante de velocidade medida experimentalmente é igual à constante de velocidade de um processo elementar, ou se é a combinação algébrica de constantes de velocidade e constantes de equilíbrio.
4. A dependência da constante de velocidade com relação à temperatura deve ser determinada. Esta informação permite-nos interpretar a magnitude da constante de velocidade em função da natureza dos reagentes.

O último ítem ainda não foi discutido. Abordaremos este tópico após uma breve discussão sobre as relações entre as constantes de velocidade e o equilíbrio químico.

9.3 Velocidade de Reação e Equilíbrio

Comentamos, no Cap.4, que no estado de equilíbrio as velocidades das reações direta e inversa são exatamente iguais. Este princípio nos permite estabelecer uma relação entre as constantes de equilíbrio e as constantes de velocidade. Vamos considerar a reação

$$CO + NO_2 \xrightarrow{k_1} CO_2 + NO$$

e sua reação inversa

$$NO + CO_2 \xrightarrow{k_{-1}} NO_2 + CO.$$

Ambas as reações são processos elementares e são as únicas responsáveis pela interconversão de CO a CO_2 e NO_2 a NO, à temperaturas acima de 500 K. Quando a mistura destas moléculas alcança o estado de equilíbrio químico, as velocidades das duas reações devem ser iguais. Logo

$$k_1[CO]_{eq}[NO_2]_{eq} = k_{-1}[CO_2]_{eq}[NO]_{eq},$$

onde o subscrito "eq" indica que estas são as concentrações encontradas na condição de equilíbrio. Podemos rearranjar esta expressão, de modo que

$$\frac{k_1}{k_{-1}} = \frac{[CO_2]_{eq}[NO]_{eq}}{[CO]_{eq}[NO_2]_{eq}}.$$

O quociente das concentrações no equilíbrio é igual à constante de equilíbrio. Assim esta equação nos mostra que

$$\frac{k_1}{k_{-1}} = K_{eq}.$$

Esta é a equação geral que correlaciona a constante de equilíbrio e as constantes de velocidade das reações direta e inversa de *qualquer processo elementar.*

Não é difícil estendermos nossos argumentos para as reações que se processam por meio de um mecanismo em várias etapas. Por exemplo, a reação

$$2NO_2 + F_2 \rightarrow 2NO_2F,$$

ocorre segundo as seguintes etapas:

$$NO_2 + F_2 \xrightarrow{k_1} NO_2F + F,$$
$$F + NO_2 \xrightarrow{k_2} NO_2F.$$

A condição de equilíbrio em tais sistemas é alcançada quando as velocidades de cada *processo elementar e de seu inverso* são exatamente iguais. As reações inversas do nosso mecanismo são:

$$F + NO_2F \xrightarrow{k_{-1}} NO_2 + F_2,$$
$$NO_2F \xrightarrow{k_{-2}} NO_2 + F.$$

No equilíbrio

$$k_1[NO_2]_{eq}[F_2]_{eq} = k_{-1}[NO_2F]_{eq}[F]_{eq},$$
$$k_2[NO_2]_{eq}[F]_{eq} = k_{-2}[NO_2F]_{eq}.$$

Agora, vamos combinar estas duas equações de modo a eliminarmos a concentração de átomos de flúor, multiplicando os termos da direita e da esquerda, de modo que

$$k_1 k_2[NO_2]^2_{eq}[F_2]_{eq}[F]_{eq} = k_{-1}k_{-2}[NO_2F]^2_{eq}[F]_{eq}.$$

Rearranjando, temos que

$$\frac{k_1 k_2}{k_{-1}k_{-2}} = \frac{[NO_2F]^2_{eq}}{[NO_2]^2_{eq}[F_2]_{eq}}.$$

Novamente, a relação entre as concentrações é igual à constante de equilíbrio, e concluímos que

$$\frac{k_1 k_2}{k_{-1}k_{-2}} = K_{eq}.$$

o princípio que estabelece que cada processo elementar e seu inverso ocorrem à mesma velocidade, no equilíbrio, é conhecido como **o princípio do balanceamento detalhado** ou o **princípio da reversibilidade microscópica.**

Este princípio estabelece a relação entre a constante de equilíbrio de uma reação e as constantes de velocidade de seus processos elementares.

9.4 Teoria das Colisões para Reações no Estado Gasoso

Agora que conhecemos as relações entre os mecanismos de reação, constantes de velocidade e constantes de equilíbrio, podemos começar a analisar teoricamente os fatores que determinam a magnitude das constantes de velocidade específicas. Consideraremos, na nossa discussão, as reações bimoleculares no estado gasoso, para as quais a teoria está melhor estabelecida.

A idéia fundamental na qual se baseia a teoria colisional pode ser sumarizada da seguinte maneira: para que duas moléculas A e B venham a reagir, seus centros de massa devem se aproximar até uma distância crítica. Denominaremos esta distância de ρ. Seu valor exato depende da natureza das moléculas, mas, em geral, esperamos que ρ não seja muito maior do que a distância de uma ligação química, ou seja, cerca de 2 a 3 Å. Na Secção 2.6, deduzimos a expressão para o número de colisões experimentadas por uma molécula por segundo:

$$\text{colisões moleculares}^{-1}\ \text{s}^{-1} = \pi\rho^2\bar{c}n^*,$$

onde n^* é o número de moléculas por centímetro cúbico e $\bar{c}$ é a velocidade relativa média das moléculas, em centímetros por segundo. Podemos adaptar esta expressão de modo que possamos calcular o número total de choques de **A** com **B**, num intervalo de tempo qualquer. Se a concentração de **B,** em moléculas por centímetro cúbico, for n^*_B, então, o número de colisões experimentadas por *uma* molécula de **A** com as moléculas de **B** por segundo será igual a $\pi\rho^2\bar{c}n^*_B$. Se a concentração de A for igual a n^*_A, o número total de colisões do tipo **A-B**, por centímetro cúbico por segundo, será igual a

$$\text{colisões cm}^{-3}\ \text{s}^{-1} = \pi\rho^2\bar{c}n^*_A n^*_B. \qquad (9.13)$$

esta seria igual à velocidade da reação química caso as moléculas de **A** e de **B** se combinassem prontamente a cada colisão.

Aparentemente, a Eq.(9.13) nos permite calcular a velocidade máxima possível de uma reação, sendo interessante utilizá-la para avaliar uma situação típica. Se considerarmos que ambos os gases estão a 1 atm de pressão e a 0 ºC, $n^*_A = n^*_B = 2{,}8\times10^{19}$ moléculas cm^{-3}. Os valores de ρ e $\bar{c}$ são, em muitos casos, iguais a 3×10^{-18} cm e 5×10^4 cm s^{-1}, respectivamente. Logo,

$$\begin{aligned}\text{n}^\circ \text{ de colisões} &= (3{,}14)(3\times10^{-8})^2(5\times10^4)(2{,}8\times10^{19})^2\\ &= 1{,}1\times10^{29}\ \text{moléculas cm}^{-3}\ \text{s}^{-1}\\ &= 1{,}8\times10^8\ \text{mol L}^{-1}\ \text{s}^{-1},\end{aligned}$$

no caso de dois gases a 1 atm e a O ºC. O número total de colisões corresponde a uma velocidade de reação extremamente elevada: se os dois reagentes fossem misturados, reagiriam completamente em cerca de 10^{-9}s. Somente algumas poucas reações são tão rápidas. Dentre elas temos

$$N + NO \rightarrow N_2 + O,$$
$$O + NO_2 \rightarrow NO + O_2.$$

Por outro lado, existem muitas reações, utilizadas em laboratório e na indústria química, cujas velocidades variam de 10^{-2} a 10^{-3} mol L^{-1} s^{-1}, ou seja, são de 10^{10} a 10^{11} vezes mais lentas do que a velocidade limite estimada pela teoria colisional. Há reações que ocorrem ainda mais lentamente. Portanto, devem existir outros fatores, além daqueles consideradas até o momento, que são responsáveis por esta enorme variação nas velocidades de reação.

A pista que pode nos levar à descoberta do fator mais importante é a seguinte: em geral, as velocidades de reação são muito influenciadas pela temperatura. Apenas algumas *poucas* reações são virtualmente independentes da temperatura. Em geral, uma variação de 10 ºC corresponde a um aumento da velocidade das reações bimoleculares por um fator de 1,5 a 5. A Eq.(9.13) não leva em consideração esta característica. Ela apenas nos sugere que a única maneira pela qual a temperatura pode influenciar a velocidade de reação é por meio da variação da velocidade média das moléculas $\bar{c}$, a qual é proporcional a $T^{1/2}$. Assim,

$$\text{número total de colisões cm}^{-3}\ \text{s}^{-1} \propto \bar{c} \propto T^{1/2}.$$

Se aumentarmos a temperatura de 300 a 310 K, o número total de colisões aumenta por um fator de

$$\left(\frac{310}{300}\right)^{1/2} = 1{,}015.$$

Podemos notar que a velocidade média das moléculas é, praticamente, independente da temperatura, sendo esta pequena variação insuficiente para explicar a dependência das velocidades de reação com relação a temperatura.

Que propriedade dos gases seria sensível a temperatura? Se observarmos a Fig.9.4, onde são mostrados os gráficos da **função de distribuição de energia de Maxwell-Boltzmann** para duas temperaturas, a resposta se torna óbvia. A área sob cada uma das curvas, correspondente à faixa em que as energias são iguais ou maiores que o valor de E_a, é igual à fração das moléculas que possuem uma energia cinética de translação relativa maior ou igual a E_a, denominada **energia de ativação.** A medida que a temperatura varia, a área sob a curva de distribuição de energia maiores que E_a, também, varia. Se E_a fosse elevada e estivesse localizada próxima ao extremo direito da curva de distribuição, a área sob a curva poderia se modificar por um fator considerável em função da temperatura. Portanto, se supusermos que somente as moléculas que se chocam com uma energia maior ou igual a um certo valor mínimo reagem, podemos explicar porque as velocidades de reação são, em geral, menores e mais sensíveis às variações de temperatura do que os valores estimados utilizando-se a teoria colisional por meio do número total de colisões por centímetro cúbico por segundo. A energia de ativação é a energia mínima de translação relativa necessária para que a reação possa ocorrer, e é um fator muito importante que define a magnitude da constante de velocidade.

Em quaisquer colisões que levem à uma reação, algumas ligações são quebradas e novas ligações são formadas. Durante uma dessas colisões, *a energia total* das partículas

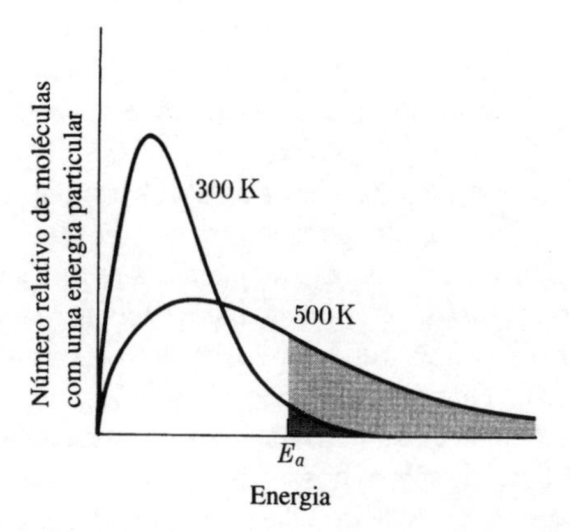

Fig. 9.4 Distribuição de energias cinéticas moleculares em duas temperaturas. O número de moléculas com energia E_a ou maior é proporcional à área hachureada para cada temperatura.

permanecem constantes. Porém, as quantidades relativas de energias cinética e potencial das espécies participantes serão alteradas na medida em que um tipo de energia é transformada na outra. A razão da existência da energia de ativação pode ser mais facilmente explicada se assumirmos que existe um arranjo atômico, intermediário entre reagentes e produtos, e cuja energia é maior que a de ambos. Assim, o par de moléculas reagentes deve possuir uma energia total, no mínimo, igual à energia potencial da espécie intermediária, para gerar os produtos.

Tomemos, como um exemplo específico, a reação

$$F + H_2 \rightarrow HF + H$$

Esta é uma reação das mais simples, pois há apenas três tipos de átomos participantes. Para facilitar, assumiremos que os reagentes colidem de tal forma que os três núcleos sempre estejam, simultaneamente, sobre uma linha reta. O gráfico da energia potencial em função das "coordenadas de reação", que representa a transformação dos reagentes em produtos, é mostrado na Fig.9.5.

Quando F e H_2 estão vários angstrons distantes um do outro, a coordenada de reação é simplesmente a distância entre seus centros de massa. Nesta região a energia potencial é essencialmente constante. A medida que o átomo de flúor se aproxima da molécula de hidrogênio, inicialmente, ocorre um pequeno abaixamento da energia potencial devido à atuação das forças atrativas de van der Waals. Porém, se o átomo de flúor se aproximar demasiadamente da molécula de hidrogênio, a energia potencial do sistema voltará a aumentar.

Na região onde os três átomos estão próximos, as coordenadas de reação representam, concomitantemente, a diminuição da distância H-F e o aumento da distância H-H. Os cálculos teóricos demonstram que a energia potencial máxima é alcançada quando a distância H-H e H-F são aproximadamente iguais a 0,77 e 1,5 Å, respectivamente. Nesta situação, o átomo de hidrogênio central está parcialmente ligado a ambos os átomos das extremidades. Esta configuração de máxima energia é o complexo ativado. O complexo ativado se decompõe na medida em que o átomo de hidrogênio terminal se afasta e a molécula de HF se forma. As coordenadas de reação, à direita do máximo de energia potencial, representam a distância entre os centros de massa do HF e do H, e a energia potencial se mantém praticamente constante.

A curva mostrada na Fig.9.5 representa um dos caminhos possíveis para se ir dos reagentes aos produtos. Se todas as possibilidades fossem consideradas, uma superfície de energia potencial seria obtida. Partindo-se de $F + H_2$ para se obter $H + HF$, o caminho de menor energia de ativação é aquele que segue o arranjo linear de três átomos apresentado na Fig.9.5. As coordenadas de reação da Fig.9.5 são a combinação das duas distâncias em F---H---H. A natureza desta combinação depende dos detalhes da superfície de energia e será discutida ainda neste capítulo.

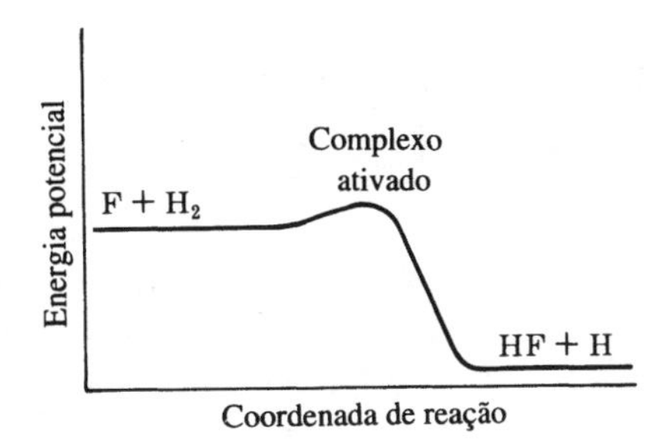

Fig. 9.5 Energia potencial em função da coordenada de reação para o sistema linear de átomos na reação $F + H_2 \rightarrow HF + H$.

A maneira mais completa de se tratar uma reação química é pela análise da superfície de energia potencial, formada pelo sistema químico considerado. É comum desprezarmos todos os caminhos de reação, exceto o de menor energia de ativação. Se este procedimento for seguido, ou seja, se supusermos que existe apenas um único estado ativado e portanto uma única energia de ativação, teremos que acrescentar um termo que represente a probabilidade de colisão, conforme a geometria requerida neste caso mais favorável. Quando estes critérios de energia e orientação são considerados, a expressão teórica da velocidade de reação para uma reação bimolecular em fase gasosa é:

$$\text{velocidade} = p\left(\frac{8\pi kT}{\mu}\right)^{1/2} \rho^2 e^{-\tilde{E}_a/RT} n_A^* n_B^*, \qquad (9.14)$$

onde μ é a massa reduzida, ou seja,

$$\mu = \frac{m_A m_B}{m_A + m_B},$$

k é a constante de Boltzmann, definida no Cap.2, e R é a constante dos gases ideais em unidades de J mol^{-1} K^{-1}. O fator p é denominado **fator estérico** e engloba os requisitos de orientação. Sua magnitude depende da complexidade dos reagentes e do quão sensível é a altura da barreira de energia potencial com relação à geometria do complexo ativado. Existem alguns métodos para se estimar o valor de p a partir das propriedades mecânicas e da geometria do complexo ativado. Geralmente, p é aproximadamente igual a 10^{-1} para reações entre átomos e moléculas simples, mas pode ser menor do que 10^{-5}, no caso de reações entre moléculas mais complexas.

Podemos notar que o termo $e^{-\tilde{E}_a/RT}$ é o fator que controla a velocidade de reação, segundo a Eq.(9.14). Na Tabela 9.1 foram compiladas as velocidades experimentais de algumas reações e suas respectivas energias de ativação. Em geral, quanto maior for a energia de ativação menor será a velocidade. Se considerarmos que RT é igual a 2,5 kJ mol^{-1}, a 298 K, podemos inferir que o termo $e^{-\tilde{E}_a/RT}$ terá uma grande influência sobre a velocidade da maioria das reações da Tabela 9.1. Além disso, este fator faz com que a maioria das reações se tornem mais rápidas em função do aumento de temperatura. A enorme faixa de grandezas abrangida pelas velocidades de reação, mencionada no início do capítulo, refletem a faixa de energias de ativação abrangida pelas reações químicas.

No caso de reações de recombinação de átomos, tais como

$$H + H + M \rightarrow H_2 + M,$$

observa-se uma energia de ativação muito baixa, quase nula. Há alguns outros casos nos quais a velocidade de reação, na realidade, diminue um pouco com o aumento da temperatura. Contudo, a maioria das reações bimoleculares possuem energias de ativação de magnitudes apreciáveis, cujas velocidades aumentam rapidamente com o aumento da temperatura.

Na Fig.9.6 é mostrado um gráfico que ilustra como as energias de ativação da reação direta e inversa estão relacionadas às variações globais de energia da reação. A reação direta e inversa passam pelo mesmo complexo ativado. Logo,

TABELA 9.1 CONSTANTES DE VELOCIDADES E ENERGIAS DE ATIVAÇÃO DE ALGUMAS REAÇÕES BIMOLECULARES*

Reação em Fase Gasosa	k_{exp} a 298 K (L mol^{-1} s^{-1})	$\tilde{E}_a$ (kJ mol^{-1})
$H + O_3 \rightarrow OH + O_2$	$1,7 \times 10^{10}$	4,0
$F + H_2 \rightarrow HF + H$	$1,7 \times 10^{10}$	4,7
$OH + CH_4 \rightarrow CH_3 + H_2O$	$5,4 \times 10^4$	14,2
$O + O_3 \rightarrow 2O_2$	$5,1 \times 10^6$	19,1
$Cl + H_2 \rightarrow HCl + H$	$1,1 \times 10^7$	19,4
$N + O_2 \rightarrow NO + O$	$5,4 \times 10^4$	26,8
$O + H_2 \rightarrow OH + H$	$2,1 \times 10^3$	38,0
$N_2O_5 + N_2 \rightarrow NO_2 + NO_3 + N_2$	$9,6 \times 10^1$	92,1

* De CODATA Task Group on Chemical Kinetics, Evaluated kinetic and photochemical data for atmospheric chemistry: Supplement I, *Journal of Physical and Chemical Reference Data*, **11**, 327-496, 1982.

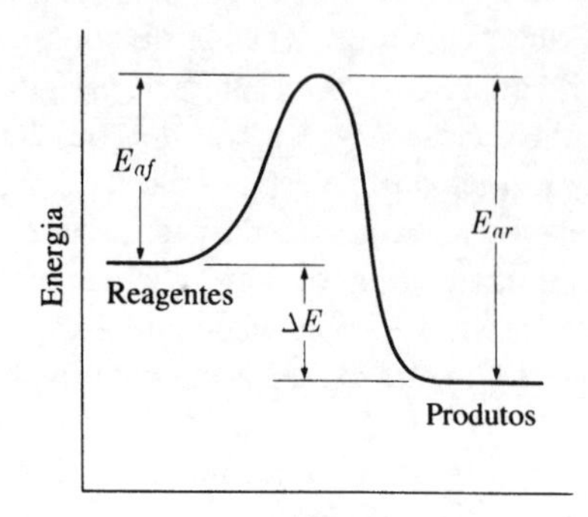

Fig. 9.6 Relação entre as energias de ativação da reação direta E_{ad}, da reação inversa E_{ai}, e da variação líquida da energia interna ΔE.

se denominarmos a energia de ativação da reação no sentido direto de E_{ad} e no sentido inverso de E_{ai}, teremos que

$$\Delta E = E_{ad} - E_{ai}$$

é a variação global de energia da reação no sentido direto.

Vamos retomar a Eq.(9.14) e igualar a constante de velocidade da reação bimolecular ao termo $k'n^*_A\, n^*_B$, onde k' é a constante de velocidade bimolecular teórica. Assim,

$$k' n_A^* n_B^* = p\left(\frac{8\pi kT}{\mu}\right)^{1/2} \rho^2 e^{-\tilde{E}_a/RT} n_A^* n_B^*.$$

Cancelando as concentrações, temos que

$$k' = p\left(\frac{8\pi kT}{\mu}\right)^{1/2} \rho^2 e^{-\tilde{E}_a/RT} \qquad (9.15)$$

Esta é a equação da constante de velocidade bimolecular, segundo a teoria colisional. Pode-se concluir, analisando-se a eq.(9.15), que magnitude da constante de velocidade é determinada pela temperatura e pela natureza dos reagentes, por meio dos fatores p, ρ, μ e E_a. Agora que identificamos os principais fatores que definem a magnitude da constante de velocidade de uma reação bimolecular, perguntamo-nos se é possível calcular as constantes de velocidade teoricamente. A princípio, isto é possível. Contudo, as constantes de velocidade obtidas não são satisfatórias, na maioria dos casos. Para calcularmos a constante de velocidade precisamos saber todas as propriedades mecânicas do complexo ativado. Existem alguns métodos que podem ser utilizados para estimarmos as propriedades geométricas dos complexos ativados, mas é muito difícil computarmos exatamente a energia de ativação. Dado que as velocidades de reação são muito sensíveis à magnitude da energia de ativação, no momento, é impossível prevermos corretamente a magnitude da maioria das velocidade de reação.

9.5 Efeito da Temperatura

Visto que é impossível prevermos as energias de ativação das reações, estas devem ser obtidas experimentalmente. Antes de mostrarmos como isto pode ser efetuado, devemos salientar que, na Eq.(9.15), exceto pelo termo $e^{-E_a/RT}$ os demais são pouco influenciados pela temperatura. Em particular, $T^{1/2}$ varia muito pouco mesmo para uma variação de 10 K. Por outro lado, a magnitude do termo $e^{-E_a/RT}$ se modifica rapidamente em função da temperatura. Tendo estas idéias em mente, podemos reescrever a Eq.(9.15) como

$$k = Ae^{-\tilde{E}_a/RT} \qquad (9.16)$$

e considerar que **o fator pré-exponencial A** é, virtualmente, independente da temperatura. Se reescrevermos a equação anterior na forma logarítmica, temos que

$$\ln k = \ln A - \frac{\tilde{E}_a}{RT} \qquad (9.17a)$$

$$\ln k \cong -\frac{\tilde{E}_a}{RT} + \text{constante.} \qquad (9.17b)$$

Pode-se inferir, a partir da Eq.(9.17b), que um gráfico de ln k *versus* $1/T$ será uma reta. Esta relação foi experimentalmente verificada, como pode ser observado na Fig.9.7. O coeficiente angular da reta é igual a $-\tilde{E}_a/R$. Portanto, as energias de ativação podem ser obtidas experimentalmente medindo-se k em várias temperaturas. Em seguida, faz-se um gráfico destes dados, análogo àquele apresentado na Fig.9.7, e calcula-se $\tilde{E}_a$ por meio do coeficiente angular.

Se a energia de ativação e a constante de velocidade numa temperatura forem conhecidos, torna-se possível calcular a constante de velocidade da reação para qualquer outra temperatura. Para isso, precisamos escrever a Eq.(9.17a) para duas temperaturas:

$$\ln k_2 = \ln A - \frac{\tilde{E}_a}{RT_2},$$

$$\ln k_1 = \ln A - \frac{\tilde{E}_a}{RT_1}.$$

Subtraindo a segunda equação da primeira, temos que

$$\ln\frac{k_2}{k_1} = -\frac{\tilde{E}_a}{R}\left(\frac{1}{T_2} - \frac{1}{T_1}\right). \qquad (9.18)$$

Então, se T_1, k_1 e E_a forem conhecidos, k_2 pode ser calculado para um valor de T_2 qualquer.

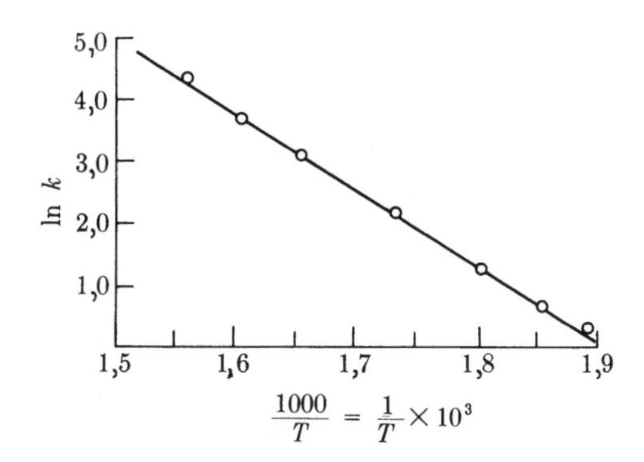

Fig. 9.7 Logaritmo natural da constante de velocidade em função do recíproco da temperatura para a dimerização do butadieno. O coeficiente angular da reta é igual a - E_a/R.

Exemplo 9.4. Qual é a energia de ativação e a constante de velocidade, a 305 K, da reação:

$$C_2H_5I + OH^- \rightarrow C_2H_5OH + I^-,$$
$$k = 5{,}03 \times 10^{-2}\ M^{-1}\ s^{-1} \qquad 289\ K,$$
$$k = 6{,}71\ M^{-1}\ s^{-1} \qquad 333\ K.$$

Resposta. Segundo a Eq.(9.18),

$$\tilde{E}_a = R\left(\frac{T_1 T_2}{T_2 - T_1}\right)\ln\frac{k_2}{k_1}$$
$$= 8{,}31\ \frac{(289)(333)}{44}\ln\frac{6{,}71}{5{,}03 \times 10^{-2}}$$
$$= 89{,}0\ kJ\ mol^{-1}.$$

Para calcularmos a constante de velocidade a 305 K, utilizaremos a constante de velocidade da reação, a 333 K:

$$\ln k_2 = \ln k_1 - \frac{\tilde{E}_a}{R}\left(\frac{T_1 - T_2}{T_1 T_2}\right)$$
$$= \ln 6{,}71 - \frac{89.000}{8{,}31}\left[\frac{333 - 305}{(333)(305)}\right],$$
$$\ln k_2 = 1{,}90 - 2{,}95 = -1{,}05,$$
$$k_2 = 0{,}35\ M^{-1}\ s^{-1}.$$

O valor medido experimentalmente é igual a 0,37 $M^{-1}s^{-1}$.

9.6 Velocidades de Reação em Solução

As reações em fase gasosa ocorrem por meio de processos elementares nos quais no máximo três espécies colidem simultaneamente. A situação é bem diferente no caso de reações em solução. As moléculas dos reagentes, dispersas numa solução, não somente colidem entre si, mas são constantemente sujeitas às forças de interação de várias moléculas de solvente presentes na vizinhança. Assim, aparentemente, qualquer reação em solução é um evento complicado no qual não somente o comportamento dos reagentes mas, também, das 10 ou 20 moléculas de solvente devem ser considerados. Apesar desta aparente complexidade, podemos chegar a uma boa compreensão das reações em solução analisando três fatores que influenciam a velocidade das reações:

1. A freqüência com que as moléculas dos reagentes, inicialmente afastadas se aproximam tornando-se vizinhas. Esta é denominada freqüência de encontros.
2. O período de tempo em que os reagentes se mantêm como vizinhos antes de se separarem. Este é denominado duração de um encontro. Durante este período os dois reagentes podem colidir ou vibrar um contra o outro centenas de vezes.
3. O requisito de energia e orientação que as moléculas dos reagentes devem satisfazer para que possam reagir.

O primeiro e o terceiro fatores são semelhantes aos conceitos que introduzimos durante a discussão das reações em fase gasosa. O segundo fator está relacionado com um fenômeno que se observa somente em fase condensada. Qualquer um dos três fatores acima pode determinar a velocidade de reação. A partir de agora, vamos abordar cada um deles mais detalhadamente.

Há várias reações nas quais a energia de ativação é nula ou inexiste o requisito orientacional. As moléculas reagem logo que se encontram. Conseqüentemente a velocidade de reação é limitada somente pelo primeiro fator: a freqüência dos encontros. Dois exemplos deste tipo de reação são:

$$I + I \rightarrow I_2 \qquad \text{(em solução de } CCl_4\text{)},$$
$$H_3O^+ + SO_4^{2-} \rightarrow HSO_4^- + H_2O \qquad \text{(em solução de } H_2O\text{)}$$

Visto que os reagentes apresentam estruturas simples e que os produtos são muito mais estáveis que os reagentes, não é surpreendente que inexistam restrições orientacionais ou energéticas. As moléculas dos reagentes se deslocam no líquido por difusão. Como as velocidades daquelas reações são determinadas única e exclusivamente pelas velocidades com que as moléculas se difundem no meio, estas reações são denominadas **reações controladas por difusão**. A velocidade de difusão depende da natureza do solvente. Se as moléculas do solvente forem grandes e se existirem forças de interação fortes entre elas, o deslocamento das moléculas dos reagentes será dificultado pelas moléculas do solvente e as velocidades de reação tenderão a diminuir. Logo, as reações controladas por difusão são rápidas em solventes de baixa viscosidade, onde as moléculas do solvente são facilmente deslocadas pelas moléculas dos reagentes que estão se difundindo.

As reações controladas por difusão são extremamente rápidas e, conseqüentemente, suas constantes de velocidade são difíceis de serem medidas. Entretanto, esforços consideráveis e muita engenhosidade tem sido utilizados para resolver os problemas inerentes a tais sistemas. A Tabela 9.2 contém algumas poucas constantes de velocidade experimentais de reações controladas por difusão. A reação de neutralização entre H_3O^+ e OH^- é a mais rápida em solução aquosa, pois ambos se difundem mais rapidamente que qualquer outro íon, em meio aquoso. A constante de velocidade para a reação entre H_3O^+ e F^- é menor, porque F^- se difunde mais lentamente que OH^-. Comparando-se as constantes de velocidade das três últimas reações, podemos concluir que a natureza elétrica dos reagentes influencia a velocidade de reação. Naturalmente, esperaríamos que a freqüência com que duas espécies de cargas opostas se encontram fosse maior do que a freqüência de encontros de um íon e uma espécie neutra, ou a freqüência de encontros de duas espécies de mesma carga. Os dados da Tabela 9.2 confirmam nossas expectativas: as velocidades das reações de neutralização decrescem a medida que aumenta o número de cargas semelhantes nos reagentes.

O segundo fator responsável pelo controle da velocidade de reação também está relacionado com o efeito do solvente sobre o movimento das moléculas dos reagentes. Por exemplo, considere o caso de uma molécula de iodo que, de alguma maneira, absorveu energia suficiente para se dissociar nos seus respectivos átomos. Se a molécula estivesse em fase gasosa, a dissociação ocorreria instantaneamente, e os dois átomos poderiam estar separados por várias centenas de angstrons após cerca de 10^{-11}s. Entretanto, se a molécula de iodo estivesse em solução, ela estaria rodeada pelas moléculas do solvente. Estas dificultariam a separação dos seus átomos e, possivelmente, evitariam que se dissociasse. Esta propriedade das moléculas do solvente de envolver e dificultar a dissociação é conhecida como **efeito gaiola**. Todavia, existem situações em que o efeito gaiola pode agir no sentido de aumentar a velocidade de reação, ao contrário do exemplo anterior. Suponha que duas moléculas se encontrem mas não satisfaçam o requisito orientacional ou energético na primeira colisão. Então, ao invés de se separarem imediatamente, elas serão mantidas juntas dentro da gaiola do solvente. A duração deste encontro pode ser de 10^{-10}s, tempo suficiente para que as moléculas possam adquirir a energia ou a orientação adequada para reagirem. Esta argumentação mostra uma diferença essencial entre as reações em fase gasosa e em fase líquida. Quando em fase gasosa, as moléculas colidem e, se não houver reação se separam imediatamente. Quando em solução, as moléculas tem *encontros* prolongados, nos quais podem colidir centenas de vezes. Se mesmo assim não houver reação, as moléculas dos reagentes tendem a se afastar.

O terceiro fator controlador da velocidade de reação, o requisito de energia e orientação, a princípio, é definido pela natureza dos reagentes. Porém, mesmo neste caso o solvente tem um papel importante. Um bom exemplo é a reação

$$(CH_3)_3CCl + OH^- \rightarrow (CH_3)_3COH + Cl^-,$$

a qual ocorre por meio do seguinte mecanismo:

$$(CH_3)_3CCl \rightarrow (CH_3)_3C^+ + Cl^- \quad \text{(lenta)},$$
$$(CH_3)_3C^+ + OH^- \rightarrow (CH_3)_3COH \quad \text{(rápida)}.$$

Somente o cloreto de t-butila $(CH_3)_3$ CCl participa da etapa determinante. Logo, a reação é de primeira ordem com relação a este reagente e independe da concentração de OH^-. Esta reação pode ser estudada em meio aquoso ou numa mistura de água e solventes orgânicos. Como resultado, constatou-se que a velocidade aumenta rapidamente com o aumento da concentração de água na mistura utilizada como solvente. Este comportamento pode ser explicado se nos lembrarmos de que, na etapa determinante da reação, ocorre a formação de um par iônico. Este processo acontece mais facilmente, ou mais freqüentemente, num solvente que estabilize espécies carregadas. Ou seja, solventes polares cujas moléculas interagem fortemente com espécies iônicas, estabilizando-as, devem aumentar a velocidade de formação dos

TABELA 9.2 CONSTANTES DE VELOCIDADES PARA REAÇÕES CONTROLADAS POR DIFUSÃO EM SOLUÇÕES AQUOSAS

Reação	k_{exp} (M^{-1} s^{-1})
$H_3O^+ + OH \rightarrow 2H_2O$	$1,4 \times 10^{11}$
$H_3O^+ + F^- \rightarrow HF + H_2O$	1×10^{11}
$H_3O^+ + HS^- \rightarrow H_2S + H_2O$	$7,5 \times 10^{10}$
$H_3O^+ + N(CH_3)_3 \rightarrow H_2O + HN(CH_3)_3^+$	$2,6 \times 10^{10}$
$H_3O^+ + CuOH^+ \rightarrow Cu_2+ (aq) + H_2O$	1×10^{10}
$H_3O^+ + (NH_3)_5CoOH^{2+} \rightarrow (NH_3)_5CoH_2O^{3+} + H_2O$	$4,8 \times 10^{9}$

mesmos. Este é exatamente o comportamento observado: a reação é 10^4 vezes mais rápida numa mistura de 90 % de água e 10 % de acetona do que numa mistura de 10 % de água e 90 % de acetona. Isto é, esperamos que as reações sejam tanto mais rápidas quanto maior for a estabilidade do complexo ativado no solvente utilizado. Se, como no exemplo anterior, o complexo ativado for muito polar a reação será mais rápida em solventes polares. Porém, se duas espécies polares ou iônicas formarem complexos ativados neutros ou apolares, a reação será mais rápida em solventes apolares.

9.7 Teoria do Complexo Ativado

Nas secções anteriores descrevemos o complexo ativado como sendo um estado de alta energia dos reagentes, que deve ser superado para se chegar aos produtos. Tais estados são denominados **estados de transição** e possuem uma existência transitória. Uma vez formado, o complexo ativado deve gerar os produtos ou perder o excesso de energia e regenerar os reagentes. Estas etapas podem ser descritas, para o caso de uma reação bimolecular, como:

$$A + B \rightleftharpoons (AB)^{\ddagger} \qquad (9.19a)$$

$$(AB)^{\ddagger} \xrightarrow{k_1} C + D \qquad (9.19b)$$

onde $(AB)^{\ddagger}$ é o complexo ativado.

O tratamento teórico simplificado da Eq.(9.19a), assume o estabelecimento de um equilíbrio termodinâmico para o complexo ativado, de modo que

$$K^{\ddagger} = \frac{[(AB)^{\ddagger}]}{[A][B]}. \qquad (9.20)$$

A constante de equilíbrio $K^{\ddagger}$ pode ser calculada utilizando-se os métodos discutidos nos capítulos anteriores e sabendo-se que

$$K^{\ddagger} = e^{-\Delta\tilde{G}^{\circ\ddagger}/RT} = e^{\Delta\tilde{S}^{\circ\ddagger}/R} e^{-\Delta\tilde{H}^{\circ\ddagger}/RT}, \qquad (9.21)$$

onde

$$\Delta\tilde{G}^{\circ\ddagger} = \Delta\tilde{H}^{\circ\ddagger} - T\,\Delta\tilde{S}^{\circ\ddagger}.$$

A Eq.(9.19b) não pode ser analisada utilizando-se argumentos termodinâmicos, mas podemos utilizar argumentos cinéticos. Sua lei de velocidade é expressa pela equação

$$\frac{d[C]}{dt} = k_1[(AB)^{\ddagger}],$$

e substituindo-se $[(AB)^{\ddagger}]$, pela relação obtida na Eq. (9.20),

$$\frac{d[C]}{dt} = k_1 K^{\ddagger}[A][B] = k[A][B].$$

Podemos substituir $K^{\ddagger}$ pela Eq.(9.21), de tal modo que

$$k = k_1 K^{\ddagger} = k_1 e^{\Delta\tilde{S}^{\circ\ddagger}/R} e^{-\Delta\tilde{H}^{\circ\ddagger}/RT}. \qquad (9.22)$$

Se desprezarmos a pequena diferença que existe entre $\Delta\tilde{H}^{\circ\ddagger}$ e $\Delta\tilde{E}^{\circ\ddagger}$, os termos $k_1 e^{\Delta\tilde{S}^{\circ\ddagger}/R}$ e $\Delta\tilde{H}^{\circ\ddagger}$, a **entalpia de ativação,** da Eq.(9.22) são equivalentes ao fator pré-exponencial A e a energia de ativação $\tilde{E}_a$ da Eq.(9.16), respectivamente.

O complexo ativado é formado no ponto de maior energia ao longo do caminho de reação, mostrado na Fig.9.5. As coordenadas de reação devem se modificar de modo a seguir o caminho de reação no sentido dos produtos, para que estes sejam formados. Este deslocamento dos átomos pode ser considerado como sendo uma única "vibração" ao longo das coordenadas de reação, impulsionada pela energia térmica, kT. A constante de velocidade k_1 representa a freqüência com que tais vibrações ocorrem. Os cálculos estatísticos, fundamentados na mecânica quântica, indicam que $k_1 = kT/h$, onde h é a constante de Planck, a qual discutiremos no próximo capítulo. Sabendo-se o valor de k_1, precisamos determinar o $\Delta\tilde{H}^{\circ\ddagger}$ e o $\Delta\tilde{S}^{\circ\ddagger}$, ou seja, as propriedades do complexo ativado, para que possamos calcular a velocidade de reação.

Se considerarmos a reação

$$CH_3 + H_2 \rightarrow CH_4 + H,$$

podemos postular a seguinte estrutura para o complexo ativado:

```
H
 \
H—C——H——H
 /  ⏟    ⏟
H  1,3 Å  0,9 Å
```

Na estrutura acima, o radical CH_3 foi distorcido de modo que se aproximasse da geometria normal esperada para o CH_4, mas a distância da nova ligação C—H e da ligação H—H são maiores do que as distâncias de ligação nas moléculas de metano e hidrogênio. Obviamente, estamos supondo que a medida que a nova ligação C—H se forma a ligação H—H vai se rompendo. Todas as características acima citadas são, normalmente, esperadas para um complexo ativado.

Descreveremos, no Cap.11, alguns métodos para verificarmos a validade da estrutura proposta, baseada na mecânica quântica, para o complexo ativado. Estes métodos podem ser utilizados para calcular o $\Delta\tilde{H}^{\circ\ddagger}$, o qual pode ser comparado com a energia de ativação experimental. Atualmente, estes cálculos podem ser efetuados, apesar dos resultados não serem muito satisfatórios. Os resultados dos cálculos para a reação $F + H_2$ serão discutidos no próximo capítulo. Uma das características interessantes da teoria do complexo ativado é a possibilidade de se calcular a **entropia de ativação**, $\Delta\tilde{S}^{0\ddagger}$, a qual determina a magnitude do fator pré-exponencial A. Os valores de entropia podem ser calculados satisfatoriamente, mesmo se tivermos um conhecimento aproximado sobre a estrutura molecular. O caso mais simples é aquele no qual apenas dois átomos participam da formação do complexo ativado. Fórmulas estatísticas exatas podem ser deduzidas, de modo que as contribuições devido às variações nos termos translacionais e rotacionais possam ser consideradas no cálculo do $\Delta\tilde{S}^{0\ddagger}$. Quando estas expressões são substituídas na Eq.(9.22),considerando-se que $k_1=kT/h$, obtém-se um resultado idêntico ao da teoria colisional supondo-se que p=1 (Eq.(9.15)). No caso de sistemas simples, os resultados obtidos por meio da teoria colisional ou por meio da teoria do complexo ativado são, essencialmente, idênticos.

Quando o complexo ativado é uma espécie poliatômica, torna-se imprescindível considerarmos o fator estérico p. Em alguns casos, p deve ser da ordem de 10^{-5}, para que os resultados da teoria colisional sejam concordantes com os dados experimentais. Há casos nos quais os valores do fator pré-exponencial A, obtido por meio da teoria colisional para um complexo ativado poliatômico cujos átomos estão fracamente ligados, são maiores do que os valores estimados pela teoria do complexo ativado. Este tipo de desvio é explicado pela teoria do complexo ativado como sendo devido à contribuição vibracional ao valor do $\Delta\tilde{S}^{0\ddagger}$. A teoria colisional estima que $A \cong 10^{11}$ L mol^{-1} s^{-1}, para moléculas pequenas, a 25 °C. Na Tabela 9.3, mostramos uma comparação entre alguns valores observados de A e aqueles obtidos a partir dos valores calculados de $\Delta\tilde{S}^{0\ddagger}$. A concordância entre eles é muito boa. Todavia, erros associados aos valores da energia de ativação experimentais podem comprometer a exatidão dos valores experimentais de A por um fator de até 5 vezes, ou ±0,7 numa escala logarítmica.

Algumas reações entre espécies iônicas em solução apresentam valores de $\Delta\tilde{S}^{0\ddagger}$ muito negativos e provocam a diminuição da velocidade de tais reações. Nestes casos, as moléculas do solvente, que se encontram na vizinhança dos íons, contribuem significativamente para o $\Delta\tilde{S}^{0\ddagger}$. A velocidade da reação de ionização de ácidos fracos em água, cuja reação geral é

$$HA + H_2O \rightarrow H_3O^+ + A^-,$$

é bem mais lenta devido ao caráter altamente polar do complexo ativado, o qual pode ser esquematizado como

$$[H^+ \cdots A^-].$$

Este é muito semelhante a um par iônico, e a hidratação do mesmo torna o $\Delta\tilde{S}^{0\ddagger}$ muito negativo. A hidratação dos íons provoca uma grande diminuição na entropia do solvente, devido ao seu ordenamento na esfera de hidratação. A reação inversa entre um ácido e uma base, discutida na seção anterior, é controlada por difusão: sua energia e entropia de ativação são aproximadamente iguais a zero. A teoria do complexo ativado pode explicar a maioria dos efeitos de solvente sobre a velocidade de reação. O efeito da força iônica pode ser completamente explicado pelo efeito da força iônica sobre a concentração de equílibrio da espécie $(AB)^\ddagger$. Assim, as reações entre íons de sinais opostos tornam-se mais lentas e aquelas entre íons de mesmo sinal tornam-se mais rápidas, com o aumento da força iônica. O efeito é determinado pela carga total do complexo ativado em relação à carga dos reagentes.

O maior mérito da teoria do complexo ativado consiste no fato dela fornecer um meio de correlacionar as propriedades do complexo ativado com a velocidade da reação. Em alguns casos, tal correlação pode ser tornada quantitativa por meio do cálculo do $\Delta\tilde{H}^{0\ddagger}$ e do $\Delta\tilde{S}^{0\ddagger}$. Contudo, na maioria dos casos esta correlação é essencialmente conceitual, dado que a teoria do complexo ativado nos fornece uma maneira adicional de analisarmos os dados experimentais, permitindo-nos ter uma melhor compreensão de como as reações ocorrem.

TABELA 9.3 COMPARAÇÃO DE FATORES PRÉ-EXPONENCIAIS CALCULADOS E OBSERVADOS*

Reação	log A Observado	log A Calculado†
$H + H_2 \rightarrow H_2 + H$	10,7	10,7
$CH_3 + H_2 \rightarrow CH_4 + H$	~9,0	9,0
$CD_3 + CH_4 \rightarrow CD_3H + CH_3$	8,5	8,3
$CH_3 + C_5H_{12} \rightarrow CH_4 + C_5H_{11}$	8,0	8,7

* Fatores pré-exponenciais a várias temperaturas em unidades de L mol^{-1} s^{-1}.

† Cálculos de D. J. Wilson e H. S. Johnston, Theoretical pre-exponential factors for hydrogen atom abstraction reactions, *Journal American Chemical Society,* 79, 29, 1957, usando-se estimativas de $\Delta S°$

9.8 Superfícies de Reação

Nos últimos anos, temos sido capazes de combinar equações da mecânica quântica e a capacidade cada vez maior dos computadores digitais para se determinar a energia eletrônica de muitas moléculas. Apresentaremos, no Cap.11, alguns destes cálculos. Nesta secção mostraremos como tais cálculos podem ser aplicados no caso de reações químicas simples. Nosso exemplo utilizará a reação

$$F + H_2 \rightarrow FH + H.$$

Nós restringiremos nossa atenção ao caminho de reação mais provável, no qual o sistema F---H---H forma uma molécula linear. A energia potencial deste sistema é determinada pelas distâncias F---H e H---H. Esta energia potencial é igual à energia eletrônica da espécie F---H---H.

No início da reação a distância F---H é grande e a distância H---H é igual a 0,74 Å, a distância normal de ligação na molécula de hidrogênio. No final da reação, a distância H---H será grande e a distância F---H será igual à distância normal de ligação na molécula de fluoreto de hidrogênio, ou seja, 0,92 Å. Durante as fases, onde as distâncias são intermediárias entre aqueles dois extremos, o sistema passa por vários estados, inclusive aquele correspondente ao complexo ativado. Este será um caminho especial de baixa energia que se forma por meio de uma combinação particular das duas distâncias de ligação. A energia potencial para este sistema descreve uma superfície. Na Fig.9.8, é mostrado um diagrama de contornos da **superfície de energia potencial.**

A reação, no sentido em que foi escrita, começa no lado inferior direito e se desloca no sentido do lado superior esquerdo do diagrama. A energia do sistema foi considerada igual a zero para as espécies F e H_2 separadas, e o verdadeiro ponto inicial da reação se encontra fora da escala do gráfico, no lado inferior direito. Quando a distância F---H se torna igual a 4,8 Å, a energia do sistema aumenta para 1 kJ mol^{-1}. Mas, o primeiro contorno mostrado na Fig.9.8 corresponde a uma energia potencial de 6,7 kJ mol^{-1}. As curvas de energia associadas com os estados finais, ao invés dos estados iniciais do sistema, são mostradas na Figura 9.8, pois os cálculos das energias associadas com as espécies H---H, nas quais as distâncias internucleares são grandes, são mais fáceis de serem efetuados. O complexo ativado se forma quando as distâncias F---H e H---H são iguais a 1,54 e 0,77 Å, respectivamente, e a energia é igual a 7,0 kJ mol^{-1}. A energia de ativação experimentalmente calculada é igual a 4,7 kJ mol^{-1} (Tabela 9.1), mas sua incerteza é de no mínimo ± 1 kJ mol^{-1}.

Após a formação do complexo ativado, a reação continua através dos contornos da Fig.9.8 até alcançar o canto superior esquerdo do diagrama, onde os produtos são estabilizados. O valor de $\Delta\tilde{E}°$ calculado para esta reação é igual a -144kJ mol^{-1}, enquanto que o valor experimental é igual a -133 kJ mol^{-1}. No Cap.11 discutiremos as reações desta discrepância. Ela persiste, apesar dos cálculos utilizados para se obter o diagrama da Fig.9.8 terem sido corrigidos, eliminando-se a maioria dos erros devido à correlação eletrônica. A natureza destas correlações serão discutidas nos Caps.10 e 11. A Fig.9.8 deve

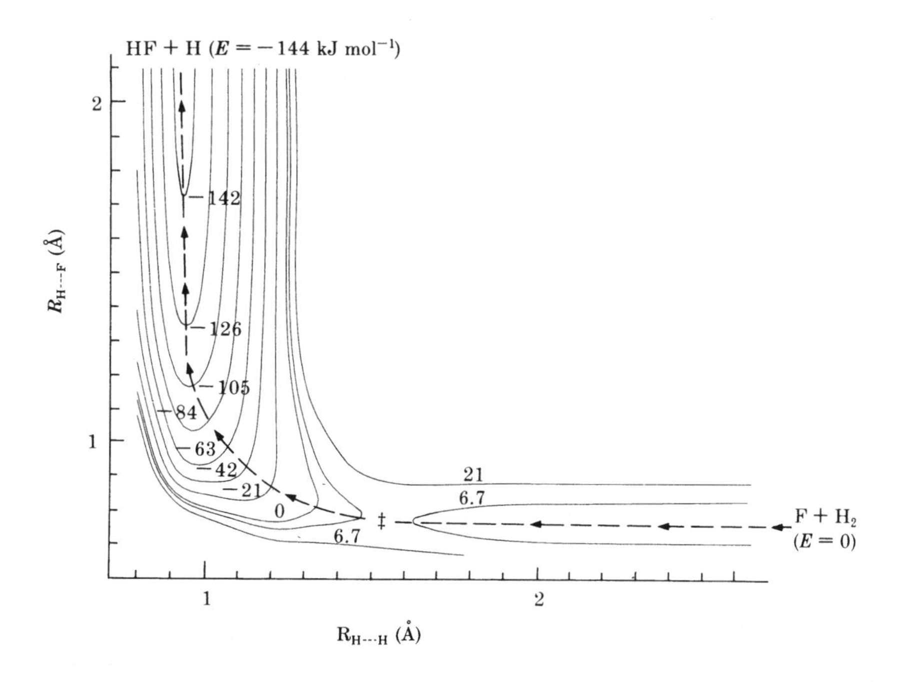

Fig. 9.8 Contorno de superfície de energia potencial calculado para a reação de F + H_2 com uma aproximação estérica linear. A linha tracejada é o caminho de reação de menor energia; no complexo ativado (denotado por n) R_{H--F} = 1,54 Å e R_{H--H} = 0,77 Å. (Ver C. F. Bender et alli, Potential energy surface including electron correlation for F + H_2 → FH + H_2: refined linear surface, Science, 176, 1412, 1972).

corresponder aproximadamente à energia potencial real sentida pelo sistema. Na Fig.(9.9) é mostrada a mesma superfície de potencial da Figura anterior, mas na qual se pode observar o "vale" formado pelos produtos. A região onde se forma o complexo ativado, também, pode ser observada, caracterizando-se por uma pequena elevação da energia potencial.

Na Fig.9.5 utilizamos uma linha para representar o caminho mais provável de reação. Aquele corresponde ao caminho de menor energia, indicado na Fig.9.8 por uma linha tracejada, e ao fundo do vale da Fig.9.9. A coordenada de reação da Fig.9.5 é a combinação das distâncias F---H e H---H que caracteriza este caminho de menor energia, dos reagentes aos produtos. A superfície de reação pode conter caminhos nos quais os reagentes possuem um excesso de energia cinética. Neste caso, o sistema parece vibrar contra as "paredes" do vale de energia potencial. O caminho de menor energia é o mais importante, pois ele requer a quantidade mínima de energia de ativação.

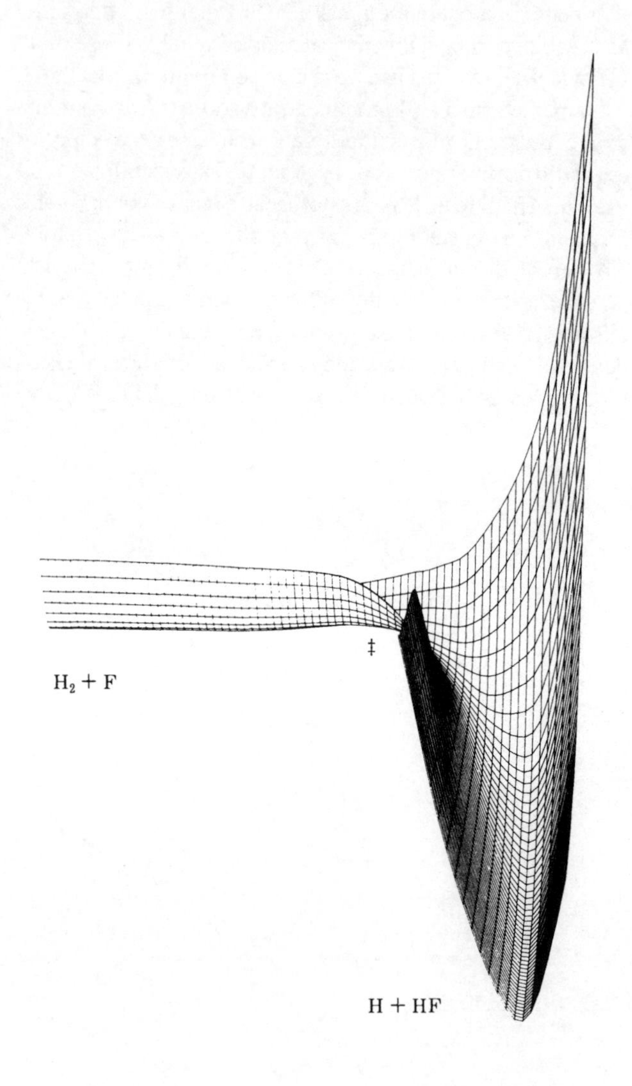

Fig 9.9 Uma visão tridimensional da superfície de reação calculada para $F + H_2$ a partir do ponto de vista dos produtos. O complexo ativado (n) é visível apenas porque nesta escala a energia de $F + H_2$ não está estendida ao limite da energia mais baixa. (Cortesia de H. F. Schaefer.)

9.9 Catálise

Anteriormente, notamos que existem muitas reações que ocorrem a uma velocidade extremamente lenta, apesar de possuirem constantes de equilíbrio bastante favoráveis. Para tirarmos vantagem destas reações, principalmente em processos industriais, é importante encontrarmos meios de aumentarmos suas velocidades. Esta é a descrição do problema geral abordado pela área de catálise. De acordo com a definição formal correntemente utilizada, um **catalisador** é uma substância que aumenta a velocidade de uma dada reação, porém, sem sofrer modificações. Na prática, esta definição tem se mostrado muito restrita. Há muitos casos nos quais uma substância, que não participa da estequiometria geral da reação, aumenta a velocidade da reação, mas, ao mesmo tempo sofre transformações. Um exemplo simples é a reação de hidrólise de um éster, cuja equação global é

$$CH_3COOC_2H_5 + H_2O \rightarrow C_2H_5OH + CH_3COOH.$$

O íon hidroxila não participa da estequiometria desta reação, mas se fosse adicionado ao meio reacional a velocidade da reação aumentaria. Entretanto, um dos produtos de reação é um ácido, o qual vai consumir os íons hidroxila a medida que forem formados na reação. Mesmo assim, chamamos o íon hidroxila de catalisador, pois de acordo com a definição trivial, um catalisador é qualquer reagente que aumenta a velocidade de uma reação, apesar de não *aparecer* na estequiometria geral da equação química.

Como os catalisadores aumentam a velocidade das reações? A resposta geral é que eles proporcionam um novo e mais rápido caminho, por meio do qual a reação pode ocorrer. Tais caminhos podem ser "construídos" de várias maneiras diferentes. Por exemplo, considere a reação entre os íons cérico e taloso:

$$2Ce^{4+} + Tl^{+} \rightarrow 2Ce^{3+} + Tl^{3+}.$$

Esta reação é lenta pois, para que ocorra a remoção simultânea de dois elétrons do íon Tl^{+}, é necessário que aconteça uma colisão envolvendo três íons de mesma carga. Esta reação é catalisada por M^{2+}, o qual age da seguinte maneira:

$$Ce^{4+} + Mn^{2+} \rightarrow Ce^{3+} + Mn^{3+},$$
$$Ce^{4+} + Mn^{3+} \rightarrow Ce^{3+} + Mn^{4+},$$
$$Mn^{4+} + Tl^{+} \rightarrow Tl^{3+} + Mn^{2+}.$$

Ou seja, a presença de Mn^{2+} permite que a reação se processe por meio de um novo mecanismo ou caminho de reação, substituindo um processo termolecular lento por três reações bimoleculares rápidas.

Os catalisadores podem atuar modificando a estrutura eletrônica dos reagentes. Por exemplo, a transformação de um álcool em um haleto orgânico é catalisada por íons H^+. A reação é

$$Br^- + C_2H_5OH \rightarrow C_2H_5Br + OH^-.$$

O papel do íon H^+ parece ser o de facilitar a saída do grupo OH^-, da seguinte maneira:

$$H^+ + C_2H_5OH \rightleftharpoons C_2H_5\overset{\overset{H^+}{|}}{O}-H$$

$$Br^- + \begin{matrix} CH_3 & & H^+ \\ & \diagdown & | \\ & C- & O-H \\ & \diagup\ \diagdown & \\ H & & H \end{matrix} \rightarrow \left[\begin{matrix} & CH_3 & \\ & | & \\ Br\cdots & C & \cdots OH_2 \\ & \diagup\ \diagdown & \\ H & & H \end{matrix} \right] \rightarrow$$

(equilíbrio rápido), $CH_3CH_2Br + H_2O$ (lento).

A interação do próton com o grupo hidroxila do álcool, aparentemente, diminui a energia de ativação da segunda etapa, a etapa lenta da reação.

As reações discutidas acima são exemplos de **catálise homogênea**, visto que o processo catalítico se processa numa única fase. Interfaces ou superfícies, também, podem aumentar a velocidade das reações. Estas são denominadas catálise heterogênea. Um dos melhores exemplos de **catálise heterogênea** é a reação de hidrogenação de compostos orgânicos insaturados. A reação

$$H_2 + C_2H_4 \rightarrow C_2H_6$$

é extremamente lenta em fase gasosa e em temperaturas moderadas. Contudo, ocorre rapidamente na superfície de metais tais como níquel, platina e paládio. Alguns experimentos, realizados de forma independente, mostraram que estes metais podem "dissolver" ou absorver uma grande quantidade de hidrogênio, incorporando-o no retículo do metal na forma de átomos de hidrogênio. Podemos representar esta reação como se segue:

$$\tfrac{1}{2}H_2(g) + M \rightleftharpoons M \cdot H$$

onde M representa o metal e M.H se refere ao conjunto de átomos de hidrogênio dissolvido no retículo cristalino do metal. Sabemos que os átomos de hidrogênio são mais reativos que as moléculas e, assim, a hidrogenação do C_2H_4 pode ocorrer segundo a reação:

$$2M \cdot H + C_2H_4 \xrightarrow{\text{na superfície}} C_2H_6.$$

Na realidade, o metal proporciona um novo caminho de reação, de baixa energia de ativação, para a dissociação do hidrogênio molecular em seus átomos.

Os óxidos metálicos, freqüentemente, são catalisadores eficazes para reações de oxidação. Dois exemplos são mostrados abaixo:

$$CO + \tfrac{1}{2}O_2 \xrightarrow{Cu_2O} CO_2, \qquad SO_2 + \tfrac{1}{2}O_2 \xrightarrow{V_2O_5} SO_3.$$

A característica mais marcante destes óxidos metálicos é sua especificidade - um óxido muito eficiente como catalisador para a reação de oxidação do monóxido de carbono pode não influenciar a velocidade da reação de oxidação do dióxido de enxofre. Provavelmente, isto se deve à interação ou ligação diferenciada entre as substâncias a serem oxidadas com a superfície do catalisador. Entretanto, a natureza das superfícies e suas interações com as moléculas gasosas é um dos mais complicados problemas da química. Explicar detalhadamente o fenômeno da catálise superficial é um dos grandes desafios das pesquisas em química, na atualidade. Dada a enorme importância econômica dos processos catalíticos, tal compreensão sobre os mecanismos de atuação dos diversos catalisadores pode ser muito importante para a nossa sociedade.

Catálise Enzimática

Nos sistemas vivos, transformações moleculares envolvendo processos extremamente complicados são catalisadas por grandes moléculas de proteínas denominadas enzimas. Estes catalisadores podem ser muito específicos: por exemplo, a enzima urease catalisa a reação de hidrólise da uréia, $(NH_2)_2CO$, segundo a reação

$$(NH_2)_2CO + 2H_2O \xrightarrow{\text{urease}} 2NH_4^+ + CO_3^{2-}$$

Todavia, a urease não apresenta nenhum efeito sobre a velocidade de hidrólise de outras moléculas, mesmo daquelas cujas estruturas moleculares sejam muito semelhantes às da uréia. Esta especificidade é uma característica muito importante da ação enzimática. As enzimas proporcionam um mecanismo através da qual uma dada reação específica, necessária para a função vital, possa ocorrer rapidamente e em temperaturas moderadas. Contudo, a especificidade das enzimas varia. A enzima α-quimotripsina, a qual é secretada pelo pâncreas humano, pode catalisar a hidrólise de ésteres, amidas e polipeptídeos (vide Caps.17 e 18), e é utilizada para acelerar a digestão de pequenas moléculas de proteínas.

A ação das enzimas é caracterizada pela formação de associações ou complexos com a molécula (denominada o **substrato**) cujas reações são por elas catalisadas. Estes complexos enzima-substrato podem se dissociar formando os reagentes e as enzimas livres, ou os produtos e as enzimas livres. Assim, temos o mecanismo geral

$$E + S \underset{k_{-1}}{\overset{k_1}{\rightleftharpoons}} ES, \qquad ES \xrightarrow{k_2} E + P,$$

onde *E* se refere à molécula da enzima, *S* ao substrato, *ES* ao **complexo enzima-substrato** e *P* às moléculas dos produtos. Este mecanismo simples, em três etapas, não considera os detalhes de como a enzima e o substrato estão ligados ou que vibração leva à formação dos produtos. Tais questões são atualmente de grande interesse para os bioquímicos, e em alguns casos, foram elucidados os detalhes dos mecanismos de ação das enzimas. Todavia, o comportamento geral da maioria das reações catalisadas por enzimas pode ser compreendido, utilizando-se o modelo simples do mecanismo em três etapas.

Vamos deduzir a lei de velocidade deste mecanismo. Para nos adequarmos à notação comumente utilizada na bioquímica, vamos representar a velocidade de aparecimento dos produtos por *V*. Assim,

$$\frac{d[\mathrm{P}]}{dt} = V = k_2[\mathrm{ES}], \tag{9.23}$$

e para continuarmos nossa dedução, precisamos encontrar a expressão para a concentração do complexo enzima-substrato. No estado estacionário, quando a velocidade de formação e consumo de ES forem exatamente iguais, temos que

$$k_1[\mathrm{E}][\mathrm{S}] = (k_{-1} + k_2)[\mathrm{ES}]. \tag{9.24}$$

Esta equação pode ser resolvida para a concentração do complexo enzima-substrato [ES], mas ela contém a concentração de enzima livre [E], a qual é desconhecida. Porém, existe uma maneira de contornarmos esta dificuldade. Podemos escrever a equação do balanço material para a enzima como

$$[\mathrm{E_0}] = [\mathrm{E}] + [\mathrm{ES}],$$

onde $[E_0]$ é a concentração total de enzima. Resolvendo esta equação para [E] e substituindo o resultado na Eq.(9.24), temos que

$$k_1[\mathrm{S}]([\mathrm{E_0}] - [\mathrm{ES}]) = (k_{-1} + k_2)[\mathrm{ES}],$$

$$[\mathrm{ES}] = \frac{k_1[\mathrm{E_0}][\mathrm{S}]}{k_{-1} + k_2 + k_1[\mathrm{S}]}$$

para a concentração do complexo enzima-substrato. Substituindo esta expressão na Eq. (9.23), temos que a velocidade de reação é dada por

$$V = \frac{k_1 k_2[\mathrm{E_0}][\mathrm{S}]}{k_{-1} + k_2 + k_1[\mathrm{S}]}.$$

Agora, dividimos o numerador e o denominador por k_1 e definimos uma nova constante

$$K_m \equiv \frac{k_{-1} + k_2}{k_1}.$$

Substituindo-se a constante na equação acima, temos que (9.25)

$$V = \frac{k_2[\mathrm{E_0}][\mathrm{S}]}{K_m + [\mathrm{S}]}. \tag{9.25}$$

Esta expressão é conhecida como a **equação de Michaelis-Menten,** pois eles foram os primeiros cientistas a utilizarem tal equação para interpretarem a cinética de reações catalisadas por enzimas. Escrevendo o recíproco da equação, obtemos uma outra forma comum da lei de velocidade de Michaelis-Menten:

$$\frac{1}{V} = \frac{1}{k_2[\mathrm{E_0}]} + \frac{K_m}{k_2[\mathrm{E_0}][\mathrm{S}]}. \tag{9.26}$$

Podemos observar que o recíproco da velocidade de reação é uma função linear do recíproco da concentração do substrato, quando a quantidade total de enzima é mantida constante.

Freqüentemente, a Eq.(9.26) é utilizada graficamente de modo a se obter os valores de k_2 $[E_0]$ e K_m. Contudo, existem várias limitações ao uso da Eq.(9.26). Em muitos casos, os produtos competem com o substrato pelo sítio de coordenação da enzima, e a reação inversa também é catalisada pela enzima. Por estas razões a Eq.(9.26) é, freqüentemente, restrita às velocidades iniciais da reação e utilizada na seguinte forma:

$$\frac{1}{v} = \frac{1}{V_{\mathrm{max}}} + \frac{K_m}{V_{\mathrm{max}}}\frac{1}{[\mathrm{S}]}, \tag{9.27}$$

onde *v* é a velocidade inicial. Um gráfico de **Lineweaver-Burk** é construído plotando-se 1/*v* em função de 1/[S] para uma série de experimentos, nos quais a concentração de enzima é mantida constante, mas a concentração de substrato é variada. O coeficiente linear é igual a $1/V_{max}$, o qual é igual ao recíproco de k_2 $[E_0]$. Porém, em muitos casos, a concentração real da enzima é desconhecida. O coeficiente angular deste gráfico é igual a K_m/V_{max}. A intersecção com o eixo *x* é igual a $-1/K_{max}$. Freqüentemente, este ponto está fora da escala.

Podemos analisar a dependência da velocidade da reação *V* em função da concentração do substrato *S*, utilizando a Eq. (9.25). Em concentrações suficientemente baixas de substrato, a condição

$$[\mathrm{S}] \ll K_m,$$

pode ser satisfeita e, portanto, a concentração do substrato pode ser desprezada com relação ao valor de K_m, no denominador da Eq.(9.25). Assim, temos que

$$V = \frac{k_2}{K_m}[\mathrm{E_0}][\mathrm{S}] = \frac{V_{\mathrm{max}}}{K_m}[\mathrm{S}], \qquad [\mathrm{S}] \ll K_m,$$

Podemos observar que quando as concentrações do substrato são baixas, a reação segue uma lei de velocidade de primeira ordem com relação ao substrato e a enzima.

Agora, consideremos a situação inversa na qual a concentração de substrato seja suficientemente elevada, de modo que

$$[S] \gg K_m.$$

Neste caso, podemos desprezar K_m com relação a [S] no denominador da Eq.(9.25). Assim, as concentrações de substrato se cancelam na expressão da lei de velocidade e temos que

$$V = k_2[E_0] = V_{max}, \quad [S] \gg K_m.$$

Logo, a lei de velocidade é de primeira ordem com relação à enzima, mas de ordem zero com relação ao substrato.

Por que a lei de velocidade da reação muda de uma lei de primeira ordem para uma de ordem zero, com relação ao substrato, a medida que a concentração do mesmo aumenta? Cada molécula de enzima possui um ou mais **sítios ativos**, nos quais o substrato deve se ligar para que ocorra a transformação catalítica dos substratos aos produtos. Quando a concentração de substrato é baixa, a maioria dos sítios ativos encontram-se desocupados, a qualquer instante da reação. Aumentando-se a concentração de substrato, o número de sítios ativos ocupados torna-se maior e a velocidade da reação aumenta. Quando a concentração do substrato se torna muito elevada, praticamente, todos os sítios ativos estão ocupados. Portanto, a partir desta proporção entre as concentrações de substrato e de enzima, não se consegue mais aumentar a concentração do complexo enzima-substrato e a velocidade atinge um valor limite. Uma análise da expressão para a concentração do complexo enzima-substrato

$$[ES] = \frac{[E_0][S]}{K_m + [S]},$$

confirma o comportamento descrito acima. Se as concentrações de substrato forem baixas, temos que

$$[ES] \cong \frac{[E_0][S]}{K_m}, \quad [S] \ll K_m,$$

de modo que [ES] aumenta linearmente com [S]. Se as concentrações de substrato forem elevadas,

$$[ES] \cong [E_0], \quad [S] \gg K_m,$$

o qual indica que todos os sítios ativos da enzima estão ocupados pelas moléculas do substrato.

Um modo de alterarmos o padrão das funções celulares é por meio da inibição de enzimas específicas, por agentes químicos externos. Este é o mecanismo de atuação de vários agentes quimioterápicos. As moléculas que agem como inibidores de uma enzima são quimicamente e estruturalmente muito similares à molécula do substrato normal, e podem ocupar os sítios ativos das enzimas, mas não reagem. Tais substâncias são denominadas **inibidores competitivos**, pois competem com o substrato pelos sítios ativos das enzimas.

RESUMO

Os dados experimentais das velocidades das reações químicas em sistemas homogêneos são descritos por uma **lei de velocidade.** As velocidades de variação das concentrações podem ser tratadas utilizando-se uma **lei de velocidade diferencial**. Se as velocidades de reação forem expressas como a variação das concentrações em função do tempo, é necessário utilizar as **leis de velocidade integradas**. A **ordem de reação de cada espécie** é a potência à qual sua concentração está elevada, na lei de velocidade diferencial. A **ordem da reação global** é a soma das ordens de todas as espécie participantes da lei de velocidade. O **tempo de meia-vida** de uma **reação de primeira ordem** não depende da concentração inicial, enquanto que o tempo de meia-vida de uma **reação de segunda ordem** diminui em função do inverso da concentração inicial.

Um **mecanismo de reação** é um conjunto de **processos elementares** que explica a molecularidade de uma reação química. A reação de decomposição de uma molécula com alto conteúdo energético ocorre por meio de um **processo unimolecular.** Um **processo bimolecular** é resultante da colisão de duas moléculas dos reagentes. Um **processo termolecular** necessita da participação de uma terceira espécie, geralmente inerte, a qual colide simultaneamente com duas moléculas dos reagentes, fornecendo ou absorvendo energia, de tal modo que a reação se processe. As leis de velocidade podem ser explicadas por este conjunto de processos elementares, juntamente com o conhecimento sobre as velocidades relativas de cada um desses processos. Os **intermediários de reação** não devem aparecer nas leis de velocidade. Eles devem ser eliminados considerando-se os **equilíbrios** nos quais participam ou aplicando-se a **aproximação do estado estacionário.** As **reações em cadeia** produzem intermediários que propagam a reação. As reações em cadeia cujas **etapas de propagação** produzem um número maior de moléculas do intermediários do que as que são efetivamente consumidas, podem provocar explosões.

As duas principais teorias que permitem compreender os detalhes das reações químicas são a **teoria das colisões** e a **teoria do complexo ativado.** Na teoria colisional, a velocidade de uma reação é determinada pelo número de colisões que ocorrem com energia suficiente para superar a barreira de **energia de ativação E_a**, e com uma orientação adequada para reagir. O **complexo ativado** é um estado de alta energia dos reagentes que leva a formação dos produtos. Na teoria do complexo ativado supõe-se que o complexo ativado esteja em equilíbrio com os reagentes. A **entropia de ativação** $\Delta S^{o\ddagger}$ e a **entalpia de ativação** ($\Delta H^{o\ddagger}$), determinam a velocidade de reação. Ambas as teorias levam a uma expressão geral da constante de velocidade $k = Ae^{-E_a/RT}$, onde o **fator pré-exponencial A,** praticamente, independe da temperatura. A grande dependência das constantes de velocidade com relação à temperatura provém da energia de ativação. Nos últimos anos tem se tornado possível o cálculo das **superfícies de energia potencial**, as quais mostram em detalhes a formação do complexo ativado.

Discutimos o papel do solvente nas reações em solução. Certas **reações entre íons** são extremamente rápidas e **controladas por difusão.** Algumas reações são dificultadas pelo solvente devido ao **efeito gaiola,** enquanto outras, nas quais ocorrem separação de cargas, são profundamente afetadas pela presença do solvente. Na teoria do complexo ativado, estes efeitos estão relacionados com a participação do solvente na determinação da magnitude da entropia de ativação.

Um **catalisador** é uma substância que aumenta a velocidade de certas reações químicas, mas que não aparece na equação química global. H^+ e OH^- são catalisadores de muitas reações em solução. Metais e óxidos metálicos são utilizados comercialmente como **catalisadores heterogêneos.** Nos sistemas biológicos, grandes moléculas de proteínas denominadas **enzimas** agem como catalisadores. A velocidade destas reações, freqüentemente, são expressas utilizando-se a **equação de Michaelis-Menten**, a qual pode ser deduzida postulando-se a existência de um **complexo enzima-substrato.**

SUGESTÕES PARA LEITURA

Histórico

King, M.C., *Experiments in Time: The Development of Chemical Kinetics*, Ambix, pt. I, **28**, 70-82, 1981; pt. II, **29**, 49-61, 1982.

Introdutório

Campbell, J.A., *Why Do Chemical Reactions Ocurr?* Englewood Cliffs, N.J.: Prentice-Hall, 1965.

Dence, J.B., H.B. Gray e G.S. Hammond, *Chemical Dynamics,* N.Y.: Benjamin, 1968.

King, E.L., How Chemical Reactions Occur, N.Y.: Benjamin, 1963.

Pilling, M.J., *Reaction Kinetics,* Oxford, England: Oxford University Press, 1975.

Avançados

Frost, A.A. e R.G. Pearson, *Kinetics and Mechanisms,* 2° ed., N.Y.: Wiley, 1961.

Nichols, J., *Chemical Kinetics: A Modern Survey of Gas Kinetics,* N.Y.: Wiley, 1976.

Sykes, A.G., *Kinetics of Inorganic Reactions,* Oxford, England: Pergamon Press, 1966.

Weston, R.E. e H.A. Schearz, *Chemical Kinetics*, Englewood Cliffs, N.J.: Prentice-Hall, 1972.

PROBLEMAS

Expressões da Lei de Velocidade

9.1 Considerando-se a reação,

$$2O_3 \rightarrow 3O_2$$

qual é a relação entre $d[O_3]/dt$, $d[O_2]/dt$ e a velocidade da reação da maneira como foi escrita ?

9.2 Para a reação

$$2NOBr \rightarrow 2NO + Br_2$$

quais são as relações entre as velocidades de variação da concentração de cada espécie em função do tempo e a velocidade de reação, do modo como foi escrito ? Se a mesma reação fosse expressa como

$$NOBr \rightarrow NO + \tfrac{1}{2}Br_2,$$

mudaria alguma daquelas relações ?

9.3 Se as concentrações fossem medidas em mols por litro e o tempo em segundos, quais seriam as unidades das constantes de velocidade para os seguintes casos:
a) uma reação de primeira ordem ?
b) uma reação de segunda ordem ?
c) uma reação de terceira ordem ?

9.4 Para a reação entre óxido nítrico e cloro gasosos,

$$2NO + Cl_2 \rightarrow 2NOCl,$$

verificou-se que duplicando a concentração de ambos os reagentes, a velocidade aumenta por um fator de 8. Porém, se dobrarmos apenas a concentração de cloro, a velocidade aumenta por um fator de 2. Qual é a ordem de reação com relação ao óxido nítrico e ao cloro ?

9.5 Suponha que a reação de decomposição do ozone, dado no problema 9.1, seja de segunda ordem, de modo que

$$\text{velocidade da reação} = k[O_3]^2.$$

Se a reação fosse escrita como

$$2O_3 \rightarrow 3O_2,$$

qual seria a expressão da lei de velocidade ? E, se a reação fosse escrita como

$$O_3 \rightarrow \tfrac{3}{2}O_2,$$

qual seria a lei de velocidade. Represente a constante de velocidade por k'. Qual seria a relação entre as constantes k e k' ? Explique, com suas palavras os resultados obtidos.

9.6 A decomposição do N_2O_5 é, freqüentemente, escrita como

$$N_2O_5 \rightarrow 2NO_2 + \tfrac{1}{2}O_2.$$

Se esta reação fosse de primeira ordem e se o tempo de meia-vida, a 25 °C, fosse igual a 5,71 horas, qual seria o valor da constante de velocidade *k* desta reação, em unidades de s^{-1}? Se a reação fosse expressa por

$$2N_2O_5 \rightarrow 4NO_2 + O_2,$$

qual seria a constante de velocidade da reação, em unidades de s^{-1} ?

9.7 Determinou-se que a lenta oxidação do Fe^{2+} pelo O_2 dissolvido na solução, segue a lei de velocidade

$$-\frac{d[Fe^{2+}]}{dt} = k[Fe^{2+}]^2P(O_2).$$

A constante de velocidade *k* é igual a $3{,}7\times10^{-3}$ L mol^{-1} atm h^{-1}, quando a reação é efetuada em $HClO_4$ 0,5 *M* e à temperatura de 35° C. Considere que $P(O_2)$ é constante e igual a 0,2 atm e calcule o tempo de meia-vida (em dias) de uma solução 0,1 *M* de Fe^{2+}, em $HClO_4$ 0,5 *M*, exposto ao ar. Quantos dias seriam necessários para que a concentração de Fe^{2+} diminuísse para 0,01 *M*, à temperatura constante de 35 °C?

9.8 As soluções de sacarose são instáveis e podem se hidrolisar segundo a reação

$$\text{sacarose} + H_2O \rightarrow \text{glicose} + \text{frutose}.$$

Esta reação é conhecida como a *reação de inversão*, visto que durante a reação ocorre a mudança de sinal do ângulo de rotação da luz polarizada. O tempo de meia-vida da solução de sacarose é igual a $2{,}8\times10^5$, à 30 °C. Supondo-se que a reação seja de primeira ordem: a) Qual é sua constante de velocidade ? b) Quanto tempo seria necessário para que 90% do açúcar se transformasse em glicose e frutose ? c) Quanto tempo seria necessário para que 99% da reação ocorresse? d) Transforme estes tempos em dias (*Obs.*: O tempo de meia-vida foi medido para uma solução diluida de sacarose em HCl 0,010 M.)

Leis de Velocidade Experimentais

9.9 Os seguintes dados foram obtidos para a reação de decomposição de uma amostra de N_2O_5 em CCl_4, à 45 °C:

t (s)	$[N_2O_5]$ (mol L^{-1})	t (s)	$[N_2O_5]$ (mol L^{-1})
0	2,33	867	1,36
184	2,08	1198	1,11
319	1,91	1877	0,72
526	1,67	2315	0,55

Calcule a diferença entre os valores consecutivos e obtenha sete valores de $\delta[N_2O_5]/\delta t$. Utilize todos os valores calculados e calcule os valores de *k* por meio da equação

$$-\frac{\delta[N_2O_5]}{\delta t} = k[N_2O_5].$$

Você poderá obter valores mais precisos de *k*, se utilizar a média dos pares de valores sucessivos de concentração de N_2O_5.

9.10 Faça o gráfico de $\ln[N_2O_5]$ *versus t*, utilizando os dados do problema 9.9, e calcule o valor de *k* por meio do coeficiente angular da reta. Encontre o tempo de meia-vida no gráfico e use este dado para confirmar o valor de k calculado.

9.11 A reação

$$I^- + OCl^- \rightarrow Cl^- + OI^-$$

segue a lei de velocidade

$$\frac{d[OI^-]}{dt} = k'[I^-][OCl^-],$$

mas, foi provado que k' é uma função da concentração de íons hidroxila. Para concentrações de OH^- iguais a 1,00 *M*, 0,50 *M* e 0,25 *M*, as constantes de velocidade são iguais a 61, 120 e 230 M^{-1} s^{-1}, respectivamente, à 25 °C. Qual é a ordem de reação com relação ao íon hidroxila?

9.12 Os seguintes dados foram obtidos para as velocidades iniciais da reação $2NO + O_2 \rightarrow 2NO_2$, à 25 ºC:

$[O_2]$ (mmol L^{-1})	[NO]	$d[O_2]/dt$ (mol L^{-1} s^{-1})
1,44	0,28	$-6,9 \times 10^{-7}$
1,44	0,93	$-7,5 \times 10^{-6}$
1,44	2,69	$-6,0 \times 10^{-5}$
0,066	2,69	$-3,0 \times 10^{-6}$

Qual é a lei de velocidade da reação ? Estime um valor para a constante de velocidade da reação, à 25 ºC.

9.13 Sabe-se, desde há muitos anos, que a reação de decomposição do ozônio, em fase gasosa, segue uma lei de velocidade de segunda ordem com relação ao ozônio.

$$-\frac{d[O_3]}{dt} = k_s[O_3]^2,$$

Mas, a dependência de k_s com relação à pressão total do sistema reacional e com relação à concentração de O_2 foram determinados com dificuldade. A lei de velocidade tem a forma mais simples quando a percentagem de ozônio é baixa com relação ao de O_2. Utilize os dados abaixo para determinar a ordem de reação para o O_2, sob as condições acima citadas, à 100 ºC.

$P(O_3)$ (torr)	$P(O_2)$	k_s (mol L^{-1} s^{-1})
6,0	800	0,16
6,0	600	0,22
6,0	400	0,35

Que lei de velocidade você obteve ? Qual é o valor da constante de velocidade que considera a dependência com relação à concentração de O_2 ?

9.14 Suponha que os dados do problema 9.13 foram obtidos medindo-se a concentração de O_3 em função do tempo. Que gráficos foram utilizados para se obter os valores de k_s ? Visto que k_s depende da concentração de O_2, explique por que o O_2 produzido na reação de decomposição do O_3 não influencia, seriamente, a exatidão destes gráficos. Quais seriam os tempos de vida do ozone nos três experimentos, à 100 ºC? O ozônio é um gás a 25 ºC. Por que as medidas foram feitas a 100ºC e não à temperatura ambiente?

Mecanismos de Reação

9.15 Mostre que o mecanismo abaixo é consistente com a lei de velocidade proposta no problema 9.11.

$$OCl^- + H_2O \overset{K}{\rightleftharpoons} HOCl + OH^- \quad \text{(eq. rápido)},$$
$$HOCl + I^- \xrightarrow{k_2} HOI + Cl^- \quad \text{(lenta)},$$
$$HOI + OH^- \longrightarrow H_2O + Cl^- \quad \text{(rápida)}.$$

Que grandeza é igual ao produto Kk_2 ?

9.16 A reação entre monóxido de carbono e cloro para formar fosgênio, Cl_2CO,

$$Cl_2 + CO \rightarrow Cl_2CO,$$

tem a lei de velocidade:

$$\frac{d[Cl_2CO]}{dt} = k[Cl_2]^{3/2}[CO].$$

Mostre que o seguinte mecanismo é coerente com esta lei:

$$Cl_2 + M \overset{K_1}{\rightleftharpoons} 2Cl + M, \quad \text{(eq. rápido)},$$
$$Cl + CO + M \overset{K_2}{\rightleftharpoons} ClCO + M, \quad \text{(eq. rápido)},$$
$$ClCO + Cl_2 \xrightarrow{k_3} Cl_2CO + Cl, \quad \text{(lenta)},$$

9.17 Em meio ácido, a velocidade da reação

$$NH_4^+ + HNO_2 \rightarrow N_2 + 2H_2O + H^+$$

é consistente com o mecanismo

$$HNO_2 + H^+ \overset{K_1}{\rightleftharpoons} H_2O + NO^+ \quad \text{(eq. rápido)},$$
$$NH_4^+ \overset{K_2}{\rightleftharpoons} NH_3 + H^+ \quad \text{(eq. rápido)},$$
$$NO^+ + NH_3 \xrightarrow{k_3} NH_3NO^+ \quad \text{(lenta)},$$
$$NH_3NO^+ \longrightarrow H_2O + H^+ + N_2 \quad \text{(rápida)}.$$

Escreva uma lei de velocidade coerente com este mecanismo e expresse a velocidade $d[NH_4^+]/dt$ em função de $[NH_4^+]$, $[HNO_2]$ e $[H^+]$

9.18 Um átomo, eletronicamente excitado, pode decair para o estado fundamental por fluorescência ou pode transferir o excesso de energia para outra molécula, por colisão. Por exemplo, no caso de átomos de mercúrio excitados

$$Hg^* \xrightarrow{k_1} Hg + \text{luz}, \qquad Hg^* + Ar \xrightarrow{k_2} Hg + Ar.$$

Ambas as reações são processos elementares. Escreva suas leis de velocidade. Qual é a expressão que descreve a fração de átomos que decaem ao estado fundamental por fluorescência, a uma dada pressão de Ar, em função do tempo ?

9.19 Verificou-se que a decomposição do O_3, em fase gasosa, na presença de um excesso de O_2, segue o seguinte mecanismo:

$$O_3 + M \underset{k_2}{\overset{k_1}{\rightleftharpoons}} O_2 + O + M$$

$$O + O_3 \xrightarrow{k_3} 2O_2.$$

Utilize a aproximação do estado estacionário, para a concentração de átomos de O, e deduza uma expressão para k na lei de velocidade abaixo:

$$-\frac{d[O_3]}{dt} = k_s[O_3]^2.$$

Suponha que M seja principalmente, moléculas de O_2, na sua expressão final para k_s.

9.20 Mostre que o resultado do problema anterior pode ser modificado de modo a se obter a lei de velocidade deduzida no problema 9.13, para casos onde a fração de O_3 é muito menor que de O. Use os dados do problema 9.13 para obter o valor do produto $k_1k_3k_2^{-1}$, à 100 °C.

Energias de Ativação e Fatores Pré-Exponenciais

9.21 Use a energia de ativação E_a, dada na Tabela 9.1, para calcular o valor de k da reação abaixo, à temperatura de 100 °C, a partir do seu valor a 298 K.

$$O + O_3 \xrightarrow{k_3} 2O_2$$

9.22 Use os dados da Tabela 9.1 para calcular o fator pré-exponencial A para a reação do problema 9.21, à 298 K, considerando que $k = Ae^{-E_a/RT}$. Segundo a teoria colisional, o valor de A é aproximadamente igual a 10^{11} L mol $^{-1}$s^{-1}.

9.23 As constantes de velocidade da reação

$$N_2O_5 \rightarrow 2NO_2 + \tfrac{1}{2}O_2.$$

em função da temperatura, são dadas na Tabela abaixo.

T(K)	k(s^{-1})	T(K)	k(s^{-1})
338	4,87 x 10^{-3}	308	1,35 x 10^{-4}
328	1,50 x 10^{-3}	298	3,46 x 10^{-5}
318	4.98 x 10^{-4}	273	7,87 x 10^{-7}

Use os valores das constantes de velocidade, à 338 e 273 K, para calcular a $\tilde{E}_a$ da reação.

9.24 Faça um gráfico utilizando todos os dados do problema 9.23 e determine a $\tilde{E}_a$. Compare este resultado com aquele obtido no problema 9.23. Se não forem concordantes, explique por que.

9.25 Freqüentemente, diz-se que a velocidade de uma reação, efetuada à cerca de 25 °C, aumenta por um fator de 2 se houver um acréscimo de 10 °C na temperatura. Calcule a energia de ativação das reações que obedecem, exatamente, esta regra. Você espera que esta regra tenha muitas exceções ? Consulte a Tabela 9.1.

9.26 Use os valores tabelados de $\Delta\tilde{H}_f^\circ$, dados no Capítulo 8, para calcular o $\Delta\tilde{H}_{298}^\circ$ da reação

$$O + O_3 \rightarrow 2O_2.$$

em fase gasosa. Visto que $\Delta\tilde{E}_{298}^\circ = \Delta\tilde{H}_{298}^\circ$ para esta reação, use as correlações mostradas na Fig. 9.6 e as energias de ativação da Tabela 9.1 para calcular a $\tilde{E}_a$ da reação inversa.

Catálise

9.27 A reação de inversão da sacarose, discutida no problema 9.8, é catalisada por íons H^+. As seguintes constantes de velocidade de primeira ordem foram obtidas, à 25 °C, para aquela reação, em soluções de HCl à várias concentrações:

HCl(mol L^{-1})	*k*(min^{-1})
0,50	4,76 x 10^{-3}
1,00	12,0 x 10^{-3}
1,50	22,6 x 10^{-3}
2,00	37,9 x 10^{-3}

Calcule o tempo de meia-vida para a reação de inversão de sacarose em HCl 1,00 M. Compare o resultado com o tempo de meia-vida, à 30 °C, dado no problema 9.8. Divida as constantes de velocidade pela [H^+] e mostre que a velocidade da reação catalítica aumenta mais rapidamente do que a concentração de H^+, quando as concentrações do catalisador são elevadas.

9.28 A função H_0 estende a escala de pH de tal modo que a atividade do íon H^+ possa ser estimada por meio da equação $a_{H+} = 10^{-H_0}$, mesmo em soluções concentradas de ácido. Os valores de H_0 são determinados a partir do grau de dissociação de ácidos orgânicos fortes em ácidos minerais fortes. Os valores de a_{H+} podem ser usados para explicar o efeito catalítico do íon H^+ em soluções de ácidos concentrados. Os seguintes valores de H_0 foram encontrados para o HCl:*

HCl(mol L^{-1})	H_0
0,50	0,20
1,00	-0,20
1,50	-0,47
2,00	-0,69

(* M.A. Paul e F.A. Long, H_0 e indicadores correlatos da função acidez, Chemical Reviews, **57**, 1, 1957.)

Divida as 7 constantes de velocidade do problema anterior por a_{H+}, e verifique se k é proporcional à a_{H+}. Determine, também, a concentração de H^+ e estime a velocidade da reação em HCl 0,01 *M*. Abaixo de 0,1 M, H_0 = pH e $a_{H+} = [H^+]$.

9.29 O sangue humano contém uma enzima denominada anidrase carbônica que catalisa a reação de hidratação do CO_2 dissolvido a HCO_3^-. Utilizando-se o mecanismo de Michaelis-Menten obtém-se as seguintes constantes: $k_2 = 6x10^5\ s^{-1}$ e $K_m = 8x10^{-3}\ M$. Se a concentração de CO_2 fosse igual a 0,10 M, a reação de hidratação seria de primeira ordem ou de ordem zero com relação ao CO_2? Qual seria o tempo de meia-vida do CO_2 dissolvido se a concentração da enzima fosse igual a $1,0x10^{-6}\ M$? (*Obs.:* O tempo de meia-vida da reação de hidratação não catalisada do CO_2 dissolvido, em pH = 7, é de cerca de 10s. Esta reação é muito lenta para manter a respiração, logo, a enzima é necessária.)

9.30 Uma enzima denominada fumarase, obtida do músculo do coração de porco, catalisa a transformação do fumarato a l-malato:

$$\underset{\text{fumarato}}{(H)(^-OOC)C{=}C(H)(COO^-)} + H_2O \rightleftharpoons \underset{\text{L-malato}}{^-OOC{-}CH_2{-}CH(OH){-}COO^-}$$

Os seguintes dados foram obtidos, em tampão fosfato 0,005 *M* e pH=6,5, para a reação inversa:

velocidade inicial *v* (unidades relativas)	[L-malato] (mol L^{-1})
4,2	$0,333 \times 10^{-3}$
6,1	$1,00 \times 10^{-3}$
6,5	$3,33 \times 10^{-3}$
7,2	$10,0 \times 10^{-3}$

Todas as soluções tem a mesma concentração de enzima. Faça um gráfico de $1/v$ *versus* $1/[S]$ e determine o valor de K_m. O valor de V_{max} será obtido em unidades relativas, mas K_m estará em unidade de mols por litro.

***9.31** As concentrações de butadieno gasoso em função do tempo, à 500 K, são dadas na Tabela a seguir. Plote ln *C versus t* e $1/C$ *versus t*. Determine a ordem da reação e calcule a constante de velocidade.

t(s)	C(mol L^{-1})	t(s)	C(mol L^{-1})
195	$1,62 \times 10^{-2}$	4140	$0,89 \times 10^{-2}$
604	$1,47 \times 10^{-2}$	4655	$0,80 \times 10^{-2}$
1246	$1,29 \times 10^{-2}$	6210	$0,68 \times 10^{-2}$
2180	$1,10 \times 10^{-2}$	8135	$0,57 \times 10^{-2}$

***9.32** Mostre que o mecanismo abaixo é um mecanismo alternativo coerente com a lei de velocidade proposta no problema 9.15.

$$OCl^- + H_2O \overset{K}{\rightleftharpoons} HOCl + OH^- \quad \text{(eq. rápido)},$$
$$HOCl + I^- \xrightarrow{k'_2} ICl + OH^- \quad \text{(lenta)},$$
$$ICl + OH^- \longrightarrow IOH + Cl^- \quad \text{(rápida)}.$$
$$IOH + OH^- \longrightarrow IO^- + H_2O \quad \text{(rápida)}.$$

***9.33** Deduza a lei de velocidade utilizada para traçar a curva da Fig.9.1. Comece com

$$\frac{dX_t}{dt} = -k_1 X_t + k_2 X_c,$$

Considere $X_c = 1 - X_t$ e integre a equação diferencial. As seguintes constantes foram utilizadas: $k_2 = 2,8x10^{-4}\ s^{-1}$, $k = K k_1$ e $K = (X_t/X_c)_{eq} = 9$.

***9.34** A reação do Exemplo 9.3 requer uma lei de velocidade contendo dois termos, para explicar o seu comportamento cinético com relação à concentração de íons H^+.

$$\frac{d[H_2O_2]}{dt} = -(k_1 + k_2[H^+])[I^-][H_2O_2].$$

Combine os dados do Exemplo 9.3 com os dados a seguir, para calcular os valores de k_1 e k_2 da equação acima.

$[I^-]$ (M)	$[H^+]$ (M)	coef. angular (min^{-1})
0,0572	0,0203	-0,0511
0,0572	0,0834	-0,0919
0,0572	0,1676	-0,138

Qual é o motivo da existência de dois termos na lei de velocidade proposta acima ?

***9.35** A inversão da sacarose, também, é catalisada por uma enzima denominada invertase. Ela pode ser extraida da levedura e seu valor de $K_m = 26x10^{-3}\ M$. Suponha que exista enzima suficiente na mistura reacional para que $V_{max} = 4x10^{-4}\ mol\ L^{-1}\ s^{-1}$. Qual seria o tempo de meia-vida de uma solução de sacarose cuja concentração inicial fosse igual a 0,50 M ? Qual seria o tempo de meia-vida da reação de inversão se a concentração inicial de sacarose fosse igual a $1,0 \times 10^{-3}$ M ?

***9.36** Os experimentos do problema 9.30 foram repetidos, mantendo-se o mesmo pH e a mesma concentração de enzima, mas variando-se a concentração total de fosfato do tampão* [1]. Os resultados estão compilados na Tabela abaixo:

fosfato = 0,050 *M*	
velocidade inicial *v* (unidades relativas)	**[L-malato] (mol L^{-1})**
1,5	$0{,}333 \times 10^{-3}$
5,3	$3{,}33 \times 10^{-3}$
6,7	$10{,}0 \times 10^{-3}$

Comparando-se os dois casos, há alguma diferença entre os gráficos de Lineweaver-Burk ? Qual é o papel do fosfato na cinética da reação ?

***9.37** Use os dados termodinâmicos, contidos nas Tabelas do Capítulo 8, para calcular a constante de equilíbrio K, à 100 °C, da reação em fase gasosa

$$O_3 \rightleftharpoons O + O_2.$$

Sabendo-se que $K = k_1 k_2^{-1}$, use o valor encontrado para $k_1 k_3 k_2^{-1}$ no problema 9.20, para calcular a constante de velocidade bimolecular k_3, à 100 °C. Compare seu resultado com o valor encontrado no problema 9.21.

* R.A. Alberty et alli., Estudo da enzima fumarase III, Journal of the American Chemical Society, 76, 2485, 2954.

***9.38** Determine os fatores pré-exponenciais de todas as constantes de velocidade bimoleculares compiladas na Tabela 9.1. Use argumentos baseados nas entropias de ativação para explicar por que a última reação possui um fator pré-exponencial tão elevado.

9.39 A nitramida, O_2NNH_2, se decompõe lentamente em solução aquosa de acordo com a reação

$$O_2NNH_2 \rightarrow N_2O + H_2O.$$

A lei de velocidade experimental é

$$\frac{d[N_2O]}{dt} = k\frac{[O_2NNH_2]}{[H^+]}.$$

a) Qual dos seguintes mecanismos de reação lhe parece mais coerente com a lei de velocidade ?

1. $O_2NNH_2 \xrightarrow{k_1} N_2O + H_2O$ (lenta),

2. $O_2NNH_2 + H^+ \underset{k_{-2}}{\overset{k_2}{\rightleftharpoons}} O_2NNH_3^+$ (eq. rápido),
   $O_2NNH_3^+ \xrightarrow{k_3} N_2O + H_3O^+$ (lenta),

3. $O_2NNH_2 \underset{k_{-4}}{\overset{k_4}{\rightleftharpoons}} O_2NNH^- + H^+$ (eq. rápido),
   $O_2NNH^- \xrightarrow{k_5} N_2O + OH^-$ (lenta),
   $H^+ + OH^- \xrightarrow{k_6} H_2O$ (rápida).

b) Qual é a relação algébrica entre o k na lei de velocidade experimental e as constantes de velocidades no mecanismo que você selecionou ?

c) Qual é a relação algébrica entre a constante de equilíbrio da reação global e as constantes de velocidade do processo elementar, no sentido direto e inverso ?

10 A Estrutura Eletrônica dos Átomos

A força de uma ciência é proveniente das conclusões tiradas a partir da argumentação lógica dos fatos, obtidas a partir de experimentos bem elaborados. A ciência foi capaz de produzir uma descrição tão detalhada e refinada da estrutura microscópica dos átomos e tão distante de nossa experiência cotidiana, que se torna difícil imaginar quantos conceitos estão envolvidos e quantos conceitos novos tiveram de ser desenvolvidos. Isto ocorre porque muitos experimentos contribuiram para formar a idéia atual acerca do átomo: tal quadro está sendo refinado e revisado continuamente, a medida que mais experimentos são realizados. Dentre os experimentos utilizados para se elaborar a teoria da estrutura atômica, alguns poucos se destacam por terem contribuido de forma marcante na definição das principais características da mesma.

Neste capítulo vamos examinar tais experimentos e verificar como eles contribuiram para o desenvolvimento da teoria atômica. Em seguida, munidos destes fundamentos, discutiremos algumas características da teoria atômica. Vamos acompanhar o desenvolvimento da teoria da estrutura atômica no seu contexto histórico. É interessante compararmos a evolução da lógica sobre a teoria da estrutura atômica com a seqüência em que os experimentos mais significativos foram realizados. Esta evolução ocorreu essencialmente em três grandes etapas: a descoberta da natureza da matéria e da natureza do elétron (1900), a constatação de que o átomo consiste de um pequeno núcleo rodeado de elétrons e o desenvolvimento das equações mecânico-quânticas que explicam o comportamento dos elétrons nos átomos (1925).

10.1 A Natureza Elétrica da Matéria

Os primeiros indícios importantes relativos à natureza da eletricidade e à estrutura elétrica dos átomos foram obtidos em 1833, como resultado dos experimentos de Faraday sobre a eletrólise. Seus resultados podem ser resumidos por meio de duas leis:

1. Uma dada quantidade de eletricidade sempre depositará uma mesma massa de uma dada substância no eletrodo.
2. As massas das várias substâncias depositadas, dissolvidas ou formadas no eletrodo por uma quantidade definida de eletricidade são proporcionais aos pesos equivalentes das mesmas.

A segunda lei é particularmente esclarecedora se nos lembrarmos de que o peso equivalente de qualquer substância contém o mesmo número de moléculas, ou um múltiplo inteiro do mesmo. Assim, podemos perceber que as leis da eletrólise são análogas às leis que regem as reações químicas, que inicialmente sugeriram a existência dos átomos. Se um número definido de átomos se combina com uma quantidade definida de eletricidade, parece razoável supor que a própria eletricidade seja constituida por partículas.

Conseqüentemente, num processo de eletrodo uma molécula deve receber ou perder um número inteiro destas partículas. Embora Faraday não tenha percebido esta implicação do seu trabalho, ele percebeu a relação entre a eletricidade e a ligação química: "Eu tenho a convicção de que a força que controla a eletrodecomposição e a atração entre os átomos é a mesma."

As implicações dos resultados experimentais de Faraday foram reconhecidas por G.J. Stoney, em 1874, que sugeriu o nome *elétron* para a partícula elétrica fundamental. Entretanto, nenhuma evidência experimental clara da existência e das propriedades dos elétrons foi encontrada até 1897. A informação decisiva surgiu como resultado das investigações sobre a condutividade elétrica dos gases, à baixa pressão. Geralmente, os gases são isolantes elétricos, mas quando submetidos a uma diferença de potencial elevada suas moléculas se "quebram", provocando o aparecimento de uma corrente elétrica acompanhada de emissão de luz. Se a pressão do gás for abaixada para 10^{-4} atm, a condutividade elétrica persiste e a luminosidade do gás diminui. E, se a diferença de potencial for suficientemente elevada (5.000 a 10.000 V), o recipiente de vidro começa a brilhar ou fluorescer fracamente. Até 1890, vários pesquisadores haviam demonstrado que esta fluorescência aparecia devido ao bombardeamento do vidro por algum tipo de "raio". Tais raios se originam no catodo (eletrodo negativo) e caminham em linha reta até se chocarem com o eletrodo positivo ou as paredes do tubo. Em outros experimentos, constatou-se que estes "raios catódicos" podiam ser desviados por um campo magnético, exatamente do mesmo modo que um fio conduzindo uma corrente elétrica na presença de um campo magnético.

Os Experimentos de J.J. Thomson

Em 1897, J.J. Thomson demonstrou que quando os raios catódicos são desviados de modo a se chocarem com o eletrodo de um eletrômetro, o instrumento acusa uma carga negativa. Além disso, ele foi o primeiro a demonstrar que tais raios são desviados pela ação de um campo elétrico: constatou-se que são repelidos pelo eletrodo negativamente carregado. Verificou-se, também, que os mesmos resultados acima descritos são obtidos independentemente da natureza do gás ou do material utilizado na confecção do tubo de descarga. Thomson nos deu uma explicação sucinta e um comentário sobre a importância dos seus resultados:

> Visto que os raios catódicos transportam uma quantidade de eletricidade negativa, são desviados por uma forca eletrostática como se fossem negativamente carregados, e sofrem a ação de uma forca, exatamente, como se fosse um corpo carregado negativamente, movendo-se ao longo do caminho seguido pelos raios, não vejo como fugir a explicação de que eles são cargas de eletricidade negativa transportadas por partículas de matéria.

Qual é a natureza destas partículas ? O fato delas independerem da natureza do gás utilizado no tubo de descarga, sugere que elas não são um tipo particular de átomo carregado eletricamente, mas um fragmento encontrado em todos os átomos. As relações carga-massa de vários íons em solução tinham sido obtidas a partir de experimentos de eletrólise. E, Thomson percebeu que a determinação da relação **carga-massa** *(e/m)* das partículas que constituem os raios catódicos seria muito útil para identificá-las ou como um íon ou algum outro tipo de fragmento eletricamente carregado. Assim, ele determinou a relação *e/m* por dois métodos diferentes.

No primeiro, Thomson bombardeou um eletrodo com raios catódicos e mediu a corrente elétrica que passava pelo eletrodo e o aumento de temperatura provocado pelo bombardeamento. Valendo-se do aumento de temperatura e a capacidade calorífica do eletrodo ele calculou a energia W que as partículas dos raios catódicos transportavam. Esta energia foi considerada como sendo igual à energia cinética das partículas:

$$W = \frac{Nmv^2}{2}.$$

onde N é o número de partículas de massa m e velocidade v que chegaram ao eletrodo durante o experimento. Dado que $mv^2/2$ é a energia cinética de uma partícula, $Nmv^2/2$ é a somatória da energia cinética de todas as partículas que se chocaram com o eletrodo. A carga negativa total, Q, coletada no eletrodo durante o experimento, pode ser diretamente relacionada com N e e, a carga de cada partícula:

$$Q = Ne.$$

Combinando as duas equações acima, temos que

$$\frac{Q}{W} = \frac{2}{v^2}\left(\frac{e}{m}\right). \qquad (10.1)$$

Visto que Thomson já havia medido Q e W, bastava medir a velocidade das partículas para calcular a relação *e/m*. Isto foi conseguido medindo-se a deflexão provocada pela ação de um campo magnético de intensidade conhecida, B, sobre um feixe de raios catódicos. Partículas de carga e e massa m deslocando-se com uma velocidade v, descrevem um movimento circular de raio r quando se encontram sob a ação de um campo magnético. A equação que relaciona estas grandezas é

$$v = \frac{erB}{m}.$$

Substituindo esta relação na Eq.(10.1), temos que

$$\frac{e}{m} = \frac{2W}{r^2B^2Q}.$$

As quantidades experimentalmente determinadas estão do lado direito da equação e a razão carga-massa a ser calculada está do lado esquerdo. Todas as grandezas devem ser expressas em unidades consistentes. No sistema SI, W deve ser estar em joules (J), r em metros (m), Q em coulombs (C) e B em tesla (T). O valor resultante de *e/m* está em coulombs por kilograma (C kg^{-1}). O valor experimentalmente encontrado por Thomson a partir de suas medidas simples foi igual a cerca de $1{,}2 \times 10^{11}$ C kg^{-1}. Ele não utilizou estas unidades, pois naquela época somente as unidades cgs eram utilizadas. O elétron é negativamente carregado, mas os valores tabelados para a carga "e" do elétron eram sempre positivos.

Todas as vezes que uma grandeza tal como *e/m* é determinada pela primeira vez, é imperativo questionarmos se o resultado obtido é realmente a medida da grandeza desejada ou um artefato imprevisto. Uma maneira de verificarmos a validade do experimento é por meio da repetição da determinação por um segundo método experimental, que seja o mais diferente possível do primeiro utilizado. A concordância entre os resultados obtidos utilizando-se ambos os métodos sugere mas não prova a validade dos resultados. O esquema da aparelhagem, utilizado por Thomson na segunda determinação experimental da relação *e/m*, é mostrado na Fig.10.1. Um feixe de raios catódicos foi passado através de uma região na qual ele estava sujeito à ação de um campo elétrico e um campo magnético. Independentemente, cada um dos campos podiam desviar o feixe de sua trajetória original, mas os campos elétrico e magnético foram orientados de tal modo que o desvio provocado pelo campo magnético fosse exatamente o oposto ao daquele provocado pelo campo elétrico. Assim, se o campo elétrico aplicado fosse mantido constante, a magnitude do campo magnético poderia ser ajustada de tal modo que o feixe retornasse à sua trajetória original. Nesta condição, a força exercida pelo campo magnético, *Bev*, sobre as partículas era exatamente igual à força exercida pelo campo elétrico, *eE*. Logo,

$$Bev = eE$$

e

$$v = \frac{E}{B}.$$

Portanto, a velocidade das partículas pode ser calculada a partir da medida de *E* e de *B*.

Na segunda etapa do experimento o campo magnétido foi desligado e foi medido a deflexao do feixe sob a ação apenas do campo elétrico. O campo elétrico *eE* provocou um desvio δ na trajetória das partículas, o qual pode ser calculado pelo método da similaridade de triângulos, a partir da medida do deslocamento do ponto de choque das partículas na extremidade oposta do tubo.

A expressão final deduzida para o cálculo da relação *e/m* depende do desvio δ provocado pelo campo elétrico e o comprimento, *l*, das placas placas defletoras, como ilustrado na Fig.10.1. Esta equação foi deduzida por Thomson aplicando a segunda lei de Newton. A equação para o cálculo da relação *e/m* é

$$\frac{e}{m} = \frac{2\delta}{l^2}\frac{E}{B^2}.$$

Os valores de *e/m* obtidos por Thomson não eram muito precisos, e ele apenas pode concluir que tal relação é aproximadamente igual a 1×10^{11} C kg^{-1}. O valor atual, obtido utilizando-se aparelhos muito mais sofisticados, com cinco significativos é igual a $1{,}7588 \times 10^{11}$ C kg^{-1} ou $5{,}2728 \times 10^{17}$ unidades eletrostáticas por grama (u.e. g^{-1}).

O valor de *e/m* de vários íons foi determinado usando a lei de Faraday para a eletrólise, discutida no Cap.7. Por exemplo, para se neutralizar a carga de um mol de íons H^+ é necessário passar uma quantidade suficiente de corrente, por um certo período de tempo, até obtermos a carga equivalente a um **Faraday** ($\mathcal{F}$), ou seja, 96.485 C. Um mol de íons H^+ pesa aproximadamente 1×10^{-3} kg e o valor aproximado de sua relação *e/m* é 1×10^8 C kg^{-1}. Portanto, a relação carga-massa das partículas constituintes dos raios catódicos é mais de 1000 vezes a do íon H^+. Além disso, enquanto a relação *e/m* dos diversos íons eram diferentes, a relação carga-massa para os raios catódicos era sempre uma constante, independente da natureza do gás usado no tubo de descarga. Estes fatos levaram Thomson à conclusão de que os raios catódicos não eram formados por átomos eletricamente carregados, mas por fragmentos corpusculares de átomos, atualmente, denominados elétrons.

A Contribuição de Millikan

A demonstração incontestável de que a eletricidade é constituida por partículas foi proporcionada pelo famoso **experimento da gota de óleo** de R.A. Millikan. Usando a aparelhagem mostrada na Fig.10.2, Millikan foi capaz de provar que todas as cargas elétricas são múltiplos de uma unidade elementar definifida, cujo valor é igual a $1{,}60 \times 10^{-19}$ C ou $4{,}80 \times 10^{-10}$ u.e. Para realizar o experimento, Millikan espargiu pequenas gotas esféricas de óleo, provenientes de um atomizador, na câmara de observação. No interior da câmara, as gotas de óleos adquiriam carga elétrica pela colisão com íons gasosos produzidos pela interação da radiação de uma amostra de rádio ou de raios X com as moléculas dos gases presentes no ar. Uma gota elétricamente carregada pode ser facilmente reconhecida pela sua resposta a um campo elétrico, monitorando-se seu deslocamento através de um microscópio. Na ausência de campo elétrico aplicado, a gota está sujeita exclusivamente à ação da força gravitacional. Devido à resistência do ar, a gota não é continuamente

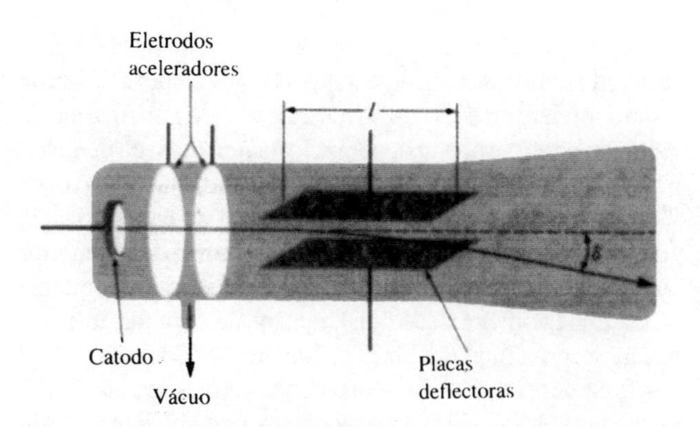

Fig. 10.1 Representação esquemática do aparato de Thomson para determinação de *e/m*. Não estão mostradas as bobinas para a produção de um campo magnético perpendicular à página.

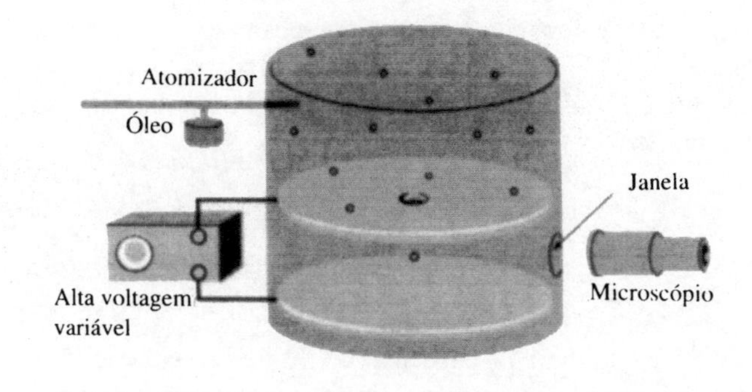

Fig. 10.2 Diagrama esquemático do aparato de Millikan para a determinação da unidade fundamental de carga.

acelerada, mas alcança uma velocidade limite constante dada por

$$v = \frac{mg}{6\pi\eta r} = \frac{\text{força gravitacional}}{\text{resistência do ar}}$$

onde g é a aceleração da gravidade, m e r são a massa e o raio da gota e η é a viscosidade do ar. Utilizando-se esta equação e a expressão

$$\text{densidade} = \frac{m}{\frac{4}{3}\pi r^3},$$

o qual relaciona a densidade do óleo com a massa e o raio da gota, podemos determinar m e r a partir da medida da velocidade da gota e da densidade do óleo.

Se a mesma gota contendo uma quantidade de carga q for submetida a um campo E, a força eletrostática responsável pelo movimento ascendente da gota será igual a qE. Devido a ação da gravidade, a força global sobre a gota será igual a $qE - mg$ Portanto, sua velocidade para cima é dada por

$$v' = \frac{qE - mg}{6\pi\eta r}.$$

Dado que v e E podem ser experimentalmente medidos e m g, η e r são conhecidos, q pode ser calculado. Millikan constatou que q é sempre um múltiplo inteiro de 1,60 x 10^{-19} C. Este resultado demonstra que a eletricidade é constituida por unidades discretas cuja carga fundamental e = 1,60 x 10^{-19} Supondo-se que esta unidade fundamental seja igual à carga do elétron e utilizando o valor de e/m determinado por Thomson, podemos calcular a massa do elétron: 9,1 x 10^{-31} kg.

Os experimentos de Millikan e Thomson foram discutidos em detalhes, pois estes mostram como podemos determinar constantes físicas fundamentais extremamente importantes utilizando aparelhos relativamente simples e as leis mais elementares da física. Sem dúvida, estes dois experimentos se destacam como sendo um dos mais importantes da Física.

10.2 A Estrutura do Átomo

Mais ou menos no mesmo período em que a natureza da eletricidade estava sendo esclarecida, os cientistas começaram a montar um quadro detalhado da estrutura do átomo. Não era difícil estimar o tamanho de um átomo: o volume de um átomo pode ser calculado dividindo-se o volume molar de um sólido, em centímetros cúbicos por mol, pelo número de Avogadro. O valor é de cerca de 10^{-24} cm^3. Tirando a raiz cúbica deste volume aproximado, podemos perceber que o tamanho característico de um átomo é igual à cerca de 10^{-8} cm. Mas os experimentos de Thomson haviam desmonstrado que por menor que fossem os átomos, estes devem conter partículas negativamente carregadas com dimensões ainda menores. Sabia-se que os átomos normalmente eram eletricamente neutros e, portanto, tornava-se óbvio que eles deveriam conter alguma forma de eletricidade positiva. Além disso, dado que a massa do elétron é muito pequena, parecia lógico associar a maior parte da massa do átomo com esta entidade positivamente carregada. Se a esta estivesse associada a maior parte da massa, tornava-se bastante razoável supor que ela ocupasse a maior parte do volume do átomo. Baseando-se neste tipo de raciocínio, Thomson propôs que um átomo era uma esfera uniforme, carregada positivamente, com um raio de cerca de 10^{-8} cm, na qual os elétrons estariam inseridos de modo a se obter o arranjo eletrostaticamente mais estável. Thomson tentou correlacionar as estabilidades relativas dos átomos contendo diferentes números de cargas com as propriedades químicas periódicas dos elementos. Ele chegou a desenvolver uma teoria para a ligação química. Apesar da simplicidade e dos sucessos ocasionais na explicação das propriedades dos elementos, ela teve de ser abandonada em 1911. Neste ano E.R. Rutherford mostrou que aquela teoria era completamente inconsistente com suas observações sobre o espalhamento de partículas α por finas folhas de metal.

O Experimento de Rutherford Sobre o Espalhamento de Partículas α

O espalhamento de partículas α por folhas de metal, talvez seja o experimento isolado que mais tenha influenciado o desenvolvimento da teoria da estrutura atômica. O esquema deste experimento é mostrado na Fig. 10.3. Um estreito feixe paralelo de partículas α foi orientado de forma a colidir com uma fina folha metálica (espessura igual a 10^4 átomos), e a distribuição angular das partículas espalhadas foi obtida contando-se as cintilações produzidas sobre um anteparo de sulfeto de zinco. Constatou-se que a maior parte das partículas α atravessava a folha sem sofrer nenhum desvio ou apenas uma pequena deflexão. Somente umas poucas partículas sofriam desvios com ângulos grandes, eventualmente de 180^0.

Na época em que o experimento foi realizado pela primeira vez, Rutherford sabia que as partículas α eram íons He^{2+} com uma massa atômica de 4. Além disso, a velocidade de tais partículas tinha sido medido por meio da determinação do ângulo de deflexão das mesmas por um campo magnético, discutido anteriormente. Portanto, Rutherford sabia que a energia cinética das partículas α é muito grande. Assim, ele inferiu que para produzir uma grande deflexão de partículas tão energéticas, o átomo deveria possuir uma força eletrostática descomunal. Também era claro que esta força teria

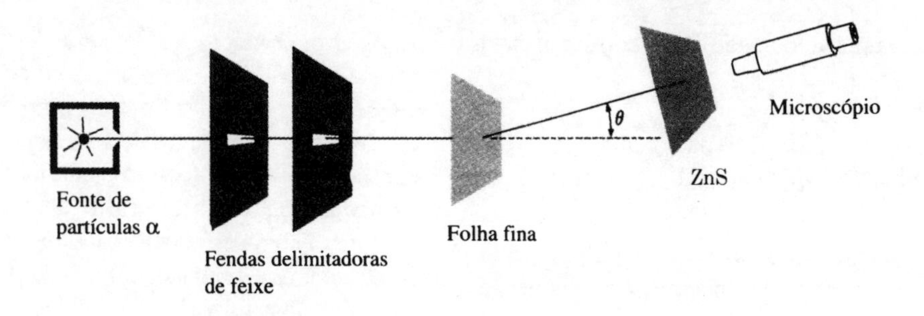

Fig. 10.3 Diagrama esquemático da experiência de espalhamento de partículas α de Rutherford. A região percorrida pelas partículas α está sob vácuo.

de ser exercida por um corpo de massa considerável, pois uma partícula leve tal como o elétron deveria ser facilmente deslocado pelas partículas α muito mais pesadas. Finalmente, o fato de apenas algumas partículas α serem bastante desviadas de sua trajetória sugeriu que a carga elétrica deveria estar confinada numa região muito pequena do espaço: a maioria das partículas α não sofriam desvio porque "não acertavam o alvo". Portanto, os átomos deveriam ser altamente desuniformes com relação à distribuição de massa e de densidade de carga, ao contrário do que tinha sido proposto por Thomson. Apesar dos elétrons ocuparem o volume de ~10^{-8} cm, correspondentes ao volume de um átomo, a carga positiva deveria estar concentrada num pequeno mas pesado "núcleo".

Rutherford deduziu que a trajetória de uma partícula α desviada por um átomo deveria ser uma hiperbolóide, supondo que a força de interação entre o núcleo e a partícula α seja regida pela lei de Coulomb. O ânglo de deflexão θ, o qual é o ângulo externo entre as assíntotas da hiperbolóide, depende do parâmetro de impacto *b*, como mostrado na Fig.10.4. Assim, temos que

$$\tan \tfrac{1}{2}\theta = \frac{zZe^2}{4\pi\varepsilon_0 mv^2 b}, \qquad (10.2)$$

onde *z, m* e *v* são, respectivamente, o número atômico*, a massa e a velocidade da partícula α, *e* é a magnitude da carga do elétron e Z é o número atômico do elemento metálico.

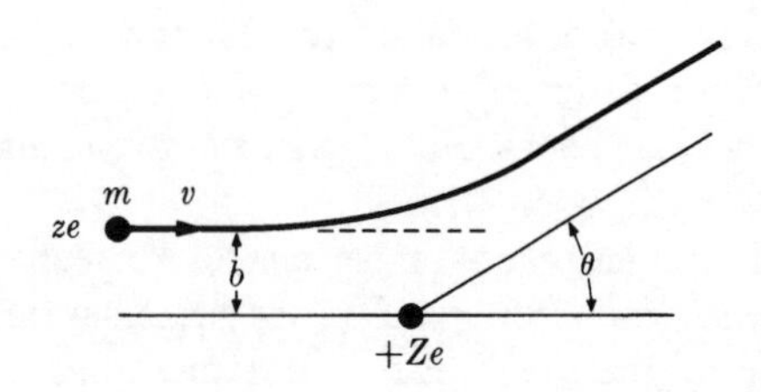

Fig. 10.4 Trajetória de uma partícula α que passa próximo a um núcleo de carga *Ze*. A partícula α possui velocidade *v*, massa *m*, carga *ze*, e parâmetro de impacto ou erro de alvejamento *b*.

* O número atômico é o número de unidades fundamentais de valor e de cargas positivas no núcleo. Logo, a carga nuclear é igual a Z_e e carga da partícula α é igual a z_e.

Podemos perceber que quando *b*= 0, θ = 180°, justamente o que se espera no caso de uma colisão frontal. Num mesmo experimento, *z, Z, m* e *v* são constantes. O feixe partículas α utilizado era relativamente largo e o parâmetro *b* poderia variar continuamente de zero até um valor muito grande. Isto fez com que o espalhamento ocorresse em todas as direções e ângulos.

As partículas α de uma fonte colidem com a folha contendo os núcleos do metal com qualquer valor de *b*. Antes que Rutherford pudesse interpretar seus dados de espalhamento, ele teve que fazer uma estimativa dos valores de θ, utilizando a Eq.(10.2), para todos os valores possíveis de *b* considerando a geometria da sua aparelhagem. Ele chegou à conclusão de que o espalhamento encontrado experimentalmente era coerente com a fórmula teórica. Na dedução daquela equação ele supôs que a partícula α e o núcleo, ambos positivos, se repelem de acordo com a lei de Coulomb para cargas puntuais. A concordância entre a teoria e o resultado experimental confirmou esta hipótese. Para confirmar a validade da lei de Coulomb, Rutherford fez medidas aproximadas dos valores de Z, o número atômico do núcleo metálico, responsável pelo espalhamento. Rutherford encontrou Z = 100 ± 20 para o núcleo de ouro. Este valor está razoavelmente de acordo com o número atômico conhecido de 79 para este elemento.

Além disso, é possível estimar o raio do núcleo utilizando os dados de espalhamento. Quando uma partícula α é desviada num ângulo de 180°, ela colidiu frontalmente com o núcleo. Neste caso, a partícula α se aproximou, por exemplo, do núcleo de um átomo de cobre, até que a força de repulsão coulômbica se tornasse igual à energia cinética da mesma. Estas são dadas pelas equações abaixo:

$$\text{energia cinética das partículas } \alpha = \tfrac{1}{2}m_\alpha v^2,$$

$$\text{repulsão coulômbica máxima} = \frac{zZe^2}{4\pi\varepsilon_0 r_{min}}.$$

Combinando estas duas equações e resolvendo para r_{min}, temos que

$$r_{min} = \frac{zZe^2}{2\pi\varepsilon_0 m_\alpha v^2}. \qquad (10.3)$$

Se as partículas α forem obtidas a partir da desintegração do ^{226}Ra, sabemos que

$$z = 2 \qquad v = 1,6 \times 10^{7}\ \mathrm{m\ s^{-1}}\ \text{(dados experimentais)}$$

$$m_\alpha = \frac{4,0 \times 10^{-3}\ \mathrm{kg\ mol^{-1}}}{N_A} = 6,6 \times 10^{-27}\ \mathrm{kg}.$$

No caso de núcleos de Cu, $Z = 29$ e no sistema de unidades SI $\varepsilon_0 = 8,854 \times 10^{-12}\ \mathrm{C^2\ J^{-1}\ m^{-1}}$. Substituindo estes valores na Eq.(10.3), temos que

$$r_{min} = \frac{(2)(29)(1,60 \times 10^{-19}\ \mathrm{C})^2}{(2\pi)(8,85 \times 10^{-12}\ \mathrm{C^2\ J^{-1}\ m^{-1}})(6,6 \times 10^{-27}\ \mathrm{kg})(1,6 \times 10^{7}\ \mathrm{m\ s^{-1}})^2}$$
$$= 1,6 \times 10^{-14}\ \mathrm{m} = 1,6 \times 10^{-12}\ \mathrm{cm}.$$

Visto que as partículas podem se aproximar até cerca de 10^{-12} cm do núcleo e ainda continuar sendo espalhado de acordo com a lei de Coulomb, o núcleo deve ser ainda menor. Foi demonstrado por meio de outros experimentos com partículas α mais rápidas e núcleos mais leves (Z menor implica num r_{min} menor) que a lei de Coulomb *não* mais se aplica ao espalhamento, quando as mesmas se aproximam até uma distância menor do que cerca de $0,8 \times 10^{-12}$ cm. Todavia, isto não implica que as cargas positivas estejam contidas num núcleo de raio aproximadamente igual a 10^{-12} cm. Portanto, o experimento de espalhamento das partículas α não apenas forneceu uma indicação qualitativa da existência do núcleo, mas também possibilitou a medida da carga e do tamanho do mesmo.

10.3 As Origens da Teoria Quântica

Havia um problema sério com o modelo atômico de Rutherford: de acordo com todos os princípios da física conhecidos em 1911, um átomo contendo um núcleo pequeno positivamente carregado deveria ser instável. Se os elétrons estivessem parados, nada os impediria de serem atraídos para o núcleo. Se eles tivessem um movimento translacional em volta do núcleo, segundo uma trajetória circular, as leis do eletromagnetismo, na época bem estabelecidos, prediziam que o átomo deveria emitir luz dissipando energia continuamente, até que todo o movimento dos elétrons cessasse. Dois anos depois de Rutherford ter lançado sua proposta, Niels Bohr tentou resolver o aparente paradoxo analisando a estrutura atômica utilizando a teoria quântica da energia, o qual havia sido desenvolvido por Max Planck, em 1900. Entretanto, antes de discutirmos as idéias de Bohr com relação ao comportamento dos elétrons no átomo, vamos examinar os experimentos que levaram ao desenvolvimento dos princípios utilizados por Bohr.

A Teoria Clássica da Radiação

A idéia de que a luz é constituida por ondas eletromagnéticas deslocando-se no espaço foi aceita sem contestação, até 1900. Ou seja, todos os experimentos que utilizassem a luz poderiam ser explicados, imaginando-a como uma combinação de campos elétricos e magnéticos oscilantes propagando-se pelo espaço. De acordo com a teoria eletromagética clássica, a energia contida ou transportada pela onda eletromagnética deveria ser proporcional ao quadrado das amplitudes máximas das ondas devido aos campos elétrico e magnético. Segundo esta teoria, a energia de uma onda depende *somente de sua amplitude,* e independe de sua freqüência ou comprimento de onda.

A teoria eletromagnética explicava com perfeição fenômenos ópticos tais como a difração e o espalhamento. Estes fenômenos ocorrem quando as ondas encontram partículas aproximadamente do mesmo tamanho que o comprimento de onda da luz. Entretanto, apesar dos sucessos em explicar certos fenômenos, os quais reforçavam a validade da teoria, esta não era adequada para explicar a natureza da radiação emitida por um corpo sólido aquecido. As diferentes freqüências das radiações, experimentalmente observadas, emanadas pelo sólido distribuiam-se de acordo com a curva mostrada na Fig.10.5. Observou-se que a medida que a temperatura do sólido aumentava, a freqüência média da luz emitida também aumentava. Isto corresponde ao corpo passar pelos estágios nos quais emite luz vermelha, amarela e branca, a medida que sua temperatura aumenta. A curva de distribuição das freqüências emitidas por um sólido determinada utilizando a teoria ondulatória, também, é mostrada na Fig.10.5

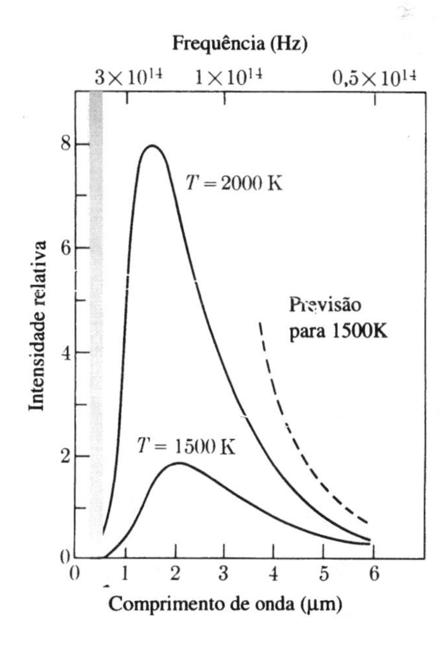

Fig. 10.5 Intensidade relativa da radiação de um sólido aquecido em função da frequência ou comprimento de onda. A linha tracejada representa a previsão da teoria clássica da matéria. A região sombreada assinala a faixa da luz visível.

(linha tracejada). Pode-se perceber claramente que tais resultados são inconsistentes com os resultados experimentais.

As duas escalas horizontais da Fig.10.5 especificam a **freqüência** ν e o **comprimento de onda** λ da luz. A unidade SI de freqüência é o Hertz (Hz), em unidades de s^{-1}. A relação entre ν e λ para a luz propagando-se no espaço é dada por

$$\nu\lambda = c = \text{velocidade da luz} \cong 3 \times 10^8 \text{ m } s_2^{\,1}. \quad (10.4)$$

A luz visível possui comprimentos de onda na faixa de 400 nm, ou 0,4 μm, (azul) a 700 nm (vermelha). Estes correspondem aos comprimentos de onda da parte inferior esquerda da Fig.10.5, e mesmo a 2000 K a maior parte da radiação proveniente de um sólido aquecido encontra-se na região do infravermelho, invisível ao olho humano. O filamento de uma lâmpada incandescente comum deve ser aquecida no mínimo a 3000 K.

Em 1900, Planck resolveu a discrepância mostrada na Fig.10.5, utilizando conceitos que contrariavam totalmente as leis clássicas da física. Planck teve de supor que um sistema mecânico *não poderia ter uma energia arbitrária*, e que somente certos valores definidos de energia seriam permitidos. Vamos examinar qual foi o raciocínio de Planck. Uma onda eletromagnética de freqüência n deve ser emitido por um grupo de átomos que se encontra na superfície do sólido, oscilando com a mesma freqüência. Planck sugeriu que este grupo de átomos, o oscilador, não poderia ter uma energia qualquer. Ela deveria possuir uma energia expressa pela relação

$$E = nh\nu,$$

onde n é um número inteiro positivo, ν é a freqüência do oscilador e h é a **constante de Planck**, a ser determinada*[1]. Esta expressão é conhecida como a **hipótese quântica de Planck**, pois propõe que um sistema possui quantidades discretas, ou **quanta**, de energia. Quando estes osciladores emitem radiação, estes devem perder energia. Portanto, para que um oscilador possa emitir, o número quântico, n, do oscilador deve ser maior do que zero. Como isto poderia explicar por que as radiações de alta freqüência são tão escassas ?

Planck supôs que os osciladores estão em equilíbrio entre si e, conseqüentemente, as suas energias devem estar distribuidas de acordo com a lei de Boltzmann, o qual foi rapidamente visto no Cap.2. Segundo esta lei a probabilidade de se encontrar um oscilador com energia $nh\nu$ é dado por $e^{-nh\nu/kT}$. Podemos perceber que a chance de encontrarmos um oscilador de alta freqüência com energia suficiente para emitir luz ($n > 0$) é muito pequena, pois $e^{-nh\nu/kT}$ diminui à medida que ν aumenta. Isto explica, também, porque o sólido emite tão pouca radiação de alta freqüência: no equilíbrio, os osciladores de alta freqüência raramente possuem a energia mínima, $h\nu$, necessária para irradiar. Assim, a suposição de que a energia de um oscilador não pode ter valores contínuos explica satisfatoriamente os dados experimentais. Também, devemos frisar que a hipótese quântica de Planck foi usada por Einstein para explicar a dependência da capacidade calorífica dos sólidos com relação à temperatura. Este assunto será abordado no Cap.20. O sucesso da teoria de Einstein reforça a hipótese da quantização dos níveis de energia dos osciladores.

A existência de níveis de energia não contínuos é um conceito difícil de aceitar, pois isto contradiz toda a nossa experiência com sistemas físicos macroscópicos. Portanto, não é surpreendente que os cientistas, inclusive Planck, inicialmente duvidassem da hipótese quântica. Esta havia sido desenvolvida para explicar a radiação emitida por um corpo aquecido e não poderia ser aceito como sendo um princípio geral antes de ser testada em outras situações. A hipótese quântica foi aplicada quase que de imediato, na tentativa de explicar a natureza da luz. Se um oscilador pudesse irradiar somente por meio de eventos discretos nos quais sua energia varia de $nh\nu$ para $(n-1)h\nu$, então não seria razoável supor que a própria luz fosse constituda por entidades discretas de energia iguais a $h\nu$? Mais tarde, esta idéia foi utilizada por Einstein para explicar o efeito fotoelétrico, reforçando ainda mais a hipótese da quantização.

* Posteriormente, foi demonstrado por meio de medidas espectroscópicas que, inequivocamente, a energia de um oscilador molecular é quantizado. Os níveis de energia permitidos são dados por $E = (n + ½)h\nu$. Esta equação é muito semelhante àquela proposta por Planck.

O Efeito Fotoelétrico

Desde 1902 sabia-se que a incidência de luz sobre uma superfície metálica limpa e no vácuo, provocava a emissão de elétrons da mesma. A existência deste **efeito fotoelétrico** não foi visto com surpresa, pois podia-se inferir, a partir da teoria eletromagnética clássica, que a energia transportada pela luz poderia ser utilizada para remover um elétron do metal. Entretanto, esta mesma teoria era completamente incapaz de explicar os detalhes experimentais. Em primeiro lugar, nenhum elétron era emitido a menos que a freqüência da luz fosse maior do que um determinado valor crítico ν_0, como mostrado na Fig.10.6(a). Em segundo lugar, a energia cinética dos elétrons emitidos aumentava concomitantemente com o aumento da freqüência da onda eletromagnética, como mostrado na Fig.10.6(b). E finalmente, o aumento da intensidade da luz incidente não alterava a energia dos elétrons ejetados, mas aumentava o número de elétrons emitidos por unidade de tempo. De acordo com a teoria ondulatória, a energia da luz deveria ser independente de sua freqüência. Assim, esta teoria era absolutamente incapaz de explicar o por que da dependência da energia cinética com a freqüência e a existência de uma freqüência limite, ν_0, para o efeito fotoelétrico. Além disso, a teoria clássica previa que a energia dos elétrons deveria aumentar com o aumento da intensidade da luz incidente. Esta previsão estava em completo desacordo com os resultados experimentais.

Em 1905, Einstein chegou à conclusão de que o efeito

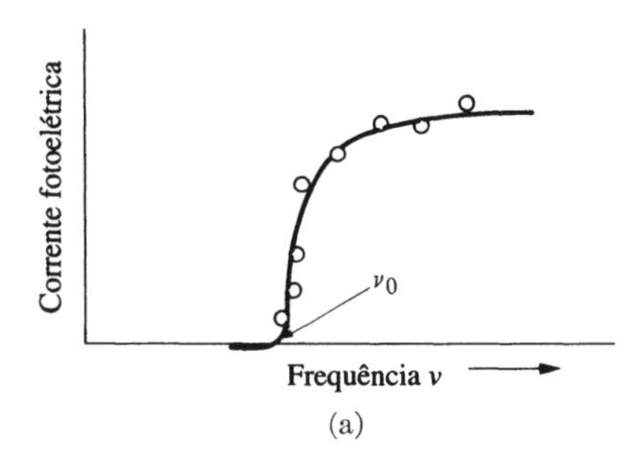

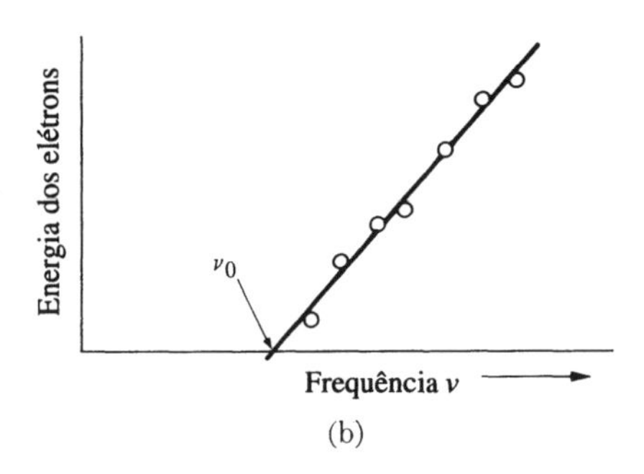

Fig. 10.6 O efeito fotoelétrico: (a) corrente emitida em função da frequência; (b) energia cinética máxima dos elétrons em função da frequência.

fotoelétrico poderia ser explicado se a luz fosse constituida por partículas discretas, ou **fótons**, de energia $h\nu$. Ele propôs que a energia de um fóton de freqüência ν e energia $h\nu$ seria transferida para um elétron quando ele colidisse com a superfície do metal. Uma certa quantidade desta energia, E_0, seria utilizada para superar as forças atrativas entre o elétron e o metal. E o restante daquela energia deveria aparecer na forma de energia cinética, $\frac{1}{2}mv^2$, do elétron ejetado. Aplicando a lei da conservação da energia, temos que

$$h\nu = E_0 + \tfrac{1}{2}mv^2.$$

Então, torna-se óbvio que E_0 é igual a energia mínima que o fóton deve transferir para o elétron de modo que este possa ser ejetado do metal. Se expressarmos E_0 em termos de freqüências, $E_0 = h\nu_0$, e a equação pode ser reescrita como

$$h\nu = h\nu_0 + \tfrac{1}{2}mv^2,$$
$$\tfrac{1}{2}mv^2 = h\nu - h\nu_0.$$

Logo, se plotarmos o gráfico da energia cinética do elétron ejetado em função da freqüência, deveríamos obter uma reta cujo coeficiente angular é igual à constante de Planck, $h = 6{,}626 \times 10^{-34}$ J *s*, e cujo coeficiente linear é igual a $h\nu_0$. Verificamos que isto é experimentalmente observado, na Fig.10.6(b). O fato adicional do número de elétrons ejetados aumentar com o aumento da intensidade da luz indica que a intensidade deve estar associada com o número de fótons, que colidem com a superfície metálica por unidade de tempo.

O sucesso da teoria corpuscular da luz foi impressionante, mas certamente não esclareceu a natureza da radiação. A luz é constituida por partículas ou por ondas ? Na realidade, os dois comportamentos são observados experimentalmente. Vamos reservar a discussão deste problema para uma seção posterior. No momento, apenas precisamos saber que em 1905 a relação entre a energia da radiação e a freqüência da mesma foi esclarecida. E, este conhecimento, juntamente com o modelo atômico de Rutherford, permitiu a Niels Bohr propor, em 1913, um modelo detalhado do comportamento dos elétrons nos átomos.

Espectrocopia e o Átomo de Bohr

No trabalho de Bohr, foi aplicada pela primeira vez a hipótese quântica para explicar a estrutura atômica com razoável sucesso. Entretanto, tenha em mente que a teoria de Bohr estava incorreta, sendo abandonada 12 anos depois para dar lugar à atual teoria quântica. Havia, contudo, fundamentos suficientes nas idéias de Bohr que lhe permitiram explicar por que os átomos no estado excitado emitiam luz somente com certas freqüências e, em alguns casos, prever exatamente a magnitude das mesmas. Além disso, as propostas de Bohr auxiliaram Moseley a interpretar os resultados de suas medidas sobre as freqüências dos raios-x emitidos pelos átomos e como estes dados poderiam ser utilizados para se determinar o número atômico dos mesmos. Assim, embora tenha sido abandonada, a teoria de Bohr trouxe uma contribuição importante para a compreensão da estrutura atômica.

O primeiro sucesso da teoria de Bohr foi na explicação dos **espectros** de emissão dos átomos. Na Fig.10.7 é mostrado um **espectrógrafo**, um aparelho utilizado para se obter espectros atômicos. A emissão de luz era provocada por uma descarga elétrica através do gás a ser investigado. Por exemplo, o bombardeamento de moléculas de hidrogênio com elétrons produz átomos de hidrogênio. Alguns destes átomos podem adquirir um excesso de energia interna e emitir luz na regiao do vísivel, ultravioleta ou infravermelho. A luz proveniente do tubo de descarga passa através de uma fenda e depois por um prisma, que dispersa a radiação nas suas várias freqüências. Estas aparecem na forma de linhas (imagens da fenda) na placa fotográfica, em diferentes posições. Os espectrógrafos são conhecidos desde 1859.

Por volta de 1885, Johann Balmer constatou que uma série de freqüências emitidas pelo átomo de hidrogênio poderia ser expressa pela equação

$$\nu = \left(\frac{1}{4} - \frac{1}{n^2}\right) \times 3{,}29 \times 10^{15}\ \text{Hz},$$

onde *n* é um número inteiro maior ou igual a 3. A simplicidade desta expressão era intrigante, e outras relações empíricas semelhantes, entre as freqüências emitidas por outros átomos, foram buscadas, mas nenhuma delas relacionava números inteiros de maneira tão simples. Na Fig.10.8 é mostrada a série de Balmer.

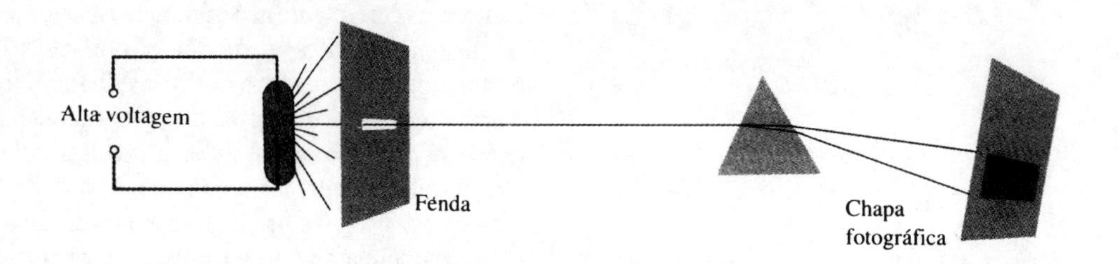

Fig. 10.7 Diagrama esquemático dos elementos essenciais de um espectrógrafo e fonte de luz.

Bohr havia desenvolvido um modelo do átomo de hidrogênio que lhe permitia explicar porque as freqüências emitidas obedeciam a uma lei tão simples. Seu pensamento estava baseado nos seguintes postulados:

1. No átomo, somente é permitido ao elétron estar em certos estados estacionários, sendo que cada um deles possui uma energia fixa e definida.
2. Quando um átomo estiver em um destes estados, ele não pode emitir luz. No entanto, quando o átomo passar de um estado de alta energia para um estado de menor energia há emissão de um quantum de radiação, cuja energia $h\nu$ é igual à diferença de energia entre os dois estados.
3. Se o átomo estiver em qualquer um dos estados estacionários, o elétron se movimenta descrevendo uma órbita circular em volta do núcleo.
4. Os estados eletrônicos permitidos são aqueles nos quais o **momento angular** do elétron é **quantizado** em múltiplos de $h/2\pi$.

Dentre os quatro postulados, as duas primeiras estão corretas e são mantidas pela teoria quântica atual. O quarto postulado está parcialmente correto: o momento angular de um elétron é definido, mas não da maneira proposta por Bohr. O terceiro postulado está completamente errado e não foi incorporado pela teoria quântica moderna.

A dedução da expressão que nos permite calcular as energias dos estados permitidos de um átomo é muito simples. Para que o elétron se mantenha estável em sua órbita é necessário que a força eletrostática (vide Apêndice C) entre o elétron e o núcleo seja exatamente equilibrada pela força centrífuga, devido ao movimento circular:

força coulômbica = força centrífuga

$$\frac{Ze^2}{4\pi\varepsilon_0 r^2} = \frac{mv^2}{r}. \qquad (10.5)$$

Nesta equação, m e v são a massa e a velocidade do elétron, Z é o número de unidades elementares de carga e do núcleo atômico e r é a distância entre o núcleo e o elétron. Rearranjando a expressão acima, temos que

$$\frac{Ze^2}{4\pi\varepsilon_0 r} = mv^2. \qquad (10.6)$$

Bohr postulou que o momento angular, mvr, é

$$mvr = n\frac{h}{2\pi} \qquad n = 1, 2, 3\ldots$$

onde h é a constante de Planck e n é denominado o número quântico de Bohr. Ou seja, o momento angular deve ser igual um múltiplo inteiro de $h/2\pi$. Combinando as Eqs.(10.5) e (10.6), e rearranjando de modo a eliminar v, temos que

$$r = \frac{n^2h^2\varepsilon_0}{\pi m Ze^2} \qquad n = 1, 2, 3\ldots \qquad (10.7)$$

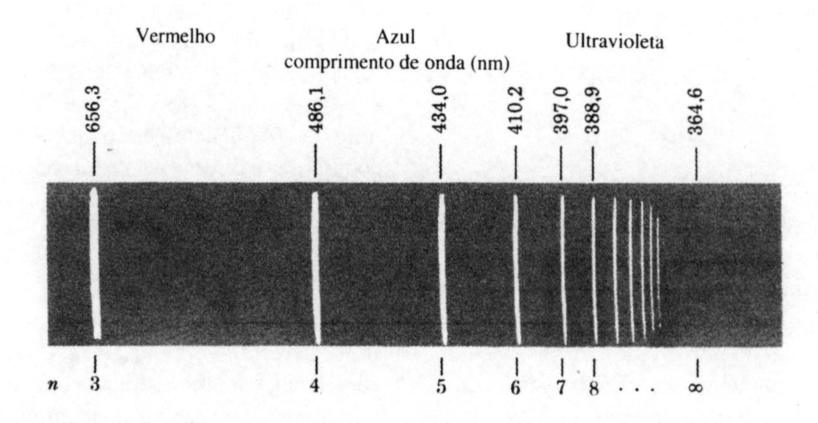

Fig. 10.8 Linhas de Balmer. Os valores de n e dos comprimentos de onda do visível ao ultravioleta medidos ao ar estão indicados nas partes inferior e superior, respectivamente. (Espectro de G. Herzberg, 1927)

Assim, somente certas órbitas, que satisfazem a Eq.(10.7), podem ser ocupadas pelo elétron.

Podemos simplificar bastante a Eq.(10.7) substituindo todas as constantes físicas conhecidas por uma única constante física denominada o raio de **Bohr**, a_0. Se definirmos a_0 como

$$a_0 = \frac{\varepsilon_0 h^2}{\pi m e^2},$$

então

$$r = \frac{n^2}{Z} a_0. \qquad (10.8)$$

a_0 foi determinado com cinco significativos, sendo igual a 52,918 pm ou 0,52918 Å. No Apêndice A é dado um valor ainda mais preciso de a_0.

A energia total do elétron é a soma de sua **energia cinetica T** e de sua **energia potencial V**. A energia potencial é um valor negativo, pois o elétron e o núcleo se atraem mutualmente mesmo a partir de distâncias; r, razoavelmente grandes, o $V = -Ze^2/4\pi\mathscr{E}_0 r$. Assim, a energia total pode ser expressa pela equação

$$E = T + V = \tfrac{1}{2}mv^2 - \frac{Ze^2}{4\pi\varepsilon_0 r}.$$

Se substituirmos a Eq.(10.5) na equação anterior, obtemos um resultado surpreendentemente simples:

$$E = \frac{1}{2}\frac{Ze^2}{4\pi\varepsilon_0 r} - \frac{Ze^2}{4\pi\varepsilon_0 r} = -\frac{1}{2}\frac{Ze^2}{4\pi\varepsilon_0 r}. \qquad (10.9)$$

Este é completamente consistente com o resultado obtido a partir da bem estabelecida mecânica dos planetas. Ou seja, a energia potencial numa órbita estável é negativa e seu módulo é duas vezes maior do que a energia cinética. Logo, a energia total do átomo de Bohr é negativa e igual à metade da energia potencial. Anteriormente, dissemos que as moléculas possuem energias negativas com relação aos átomos separados. Analogamente, os átomos possuem energias negativas com relação ao elétron e o núcleo separados. Se substituirmos a Eq.(10.8) na Eq.(10.9), temos que

$$E = -\frac{Z^2}{2n^2}\frac{e^2}{4\pi\varepsilon_0 a_0} \qquad n = 1, 2, 3 \ldots. \qquad (10.10a)$$

Agora, podemos perceber facilmente que somente certas energias são permitidas para o átomo. A combinação das constantes físicas do segundo termo da Eq.(10.10a) é denominada a **unidade atômica de energia** (abreviada u.a.). A Eq.(10.10a) adquire uma forma muito simples quando expressa em unidades atômica:

$$E\,(\text{a.u.}) = -\frac{Z^2}{2n^2} \qquad n = 1, 2, 3 \ldots. \qquad (10.10b)$$

Freqüentemente expressaremos a energia em unidades atômicas, mas para trabalharmos com esta unidade geral precisamos convertê-la para uma unidade SI ou uma outra unidade qualquer que seja conveniente. A unidade atômica expressa no sistema SI é igual a um **hartree.**

$$1 \text{ hartree} = 1 \text{ a.u.} = \frac{e^2}{4\pi\varepsilon_0 a_0} = 4.3598 \times 10^{-18}\ \text{J}.$$

Na Fig.10.9 é mostrada a distribuição dos níveis de energia prevista para o átomo de hidrogênio, obtida por meio da aplicação do modelo de Bohr para um átomo monoeletrônico. Esta é denominada um **diagrama de níveis de energia.** Bohr fez uma série de suposições para tornar seu modelo coerente com a distribuição de níveis de energia mostrada na Fig.10.9. Muitos anos antes do desenvolvimento do modelo quântico por Bohr, a provável existência de tais níveis de energia tinha sido proposta para explicar os resultados experimentais de certas medidas espectroscópicas.

A medida que o valor inteiro de n aumenta, a energia dos níveis tendem para zero, como pode ser observado na Fig.10.9. Isto implica na separação do elétron do núcleo gerando um próton isolado, como indicado pela equação química abaixo:

$$H(g) \rightarrow H^+(g) + e^-(g).$$

A energia necessária para esta reação, supondo-se que todos os átomos de H estejam inicialmente no estado de menor energia possível, é exatamente igual a 0,5 u.a. (Fig.10.9).

As setas desenhadas na Fig.10.9, de um nível para outro, estão indicando as transições espectroscópicas que acompanham a emissão ou a absorção de luz. As setas apontadas para baixo correspondem às transições com **emissão de luz,**

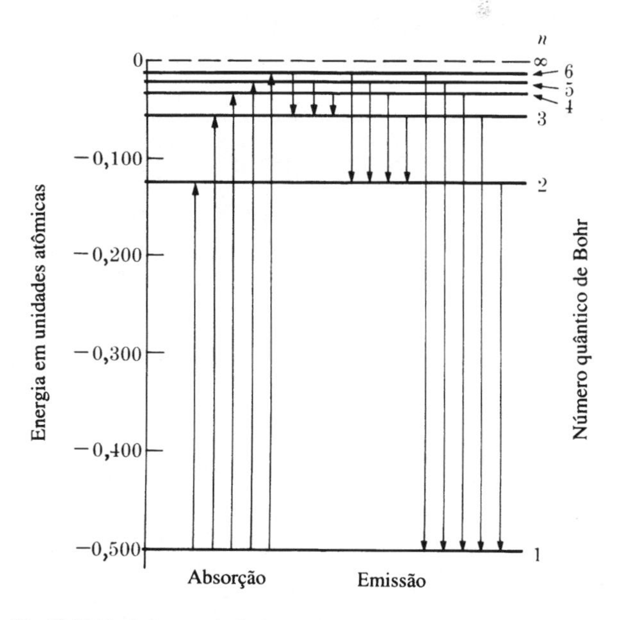

Fig. 10.9 Níveis de energia do átomo de hidrogênio de acordo com a fórmula de Bohr E(u.a.) = -(½)(1/n^2). As setas representam as possíveis transições de absorção e emissão entre estes níveis. As séries de emissão terminadas em n = 1, 2 e 3 são chamadas respectivamente de Séries de Lyman, Balmer e Ritz-Paschen.

enquanto que as setas para cima indicam as transições com **absorção de luz.** A Fig.10.8 mostrou o espectro de emissão obtido num aparelho semelhante ao esquematizado na Fig.10.7. Para se obter um espectro de absorção, devemos passar uma luz contendo todos os comprimentos de onda por uma amostra de átomos de H e determinar quais comprimentos de onda foram absorvidos durante as transições. Dado que a maioria dos átomos de H se encontram no nível n=1, à temperatura normal, as transições ocorrem preferencialmente a partir deste nível. Por outro lado, a emissão pode ser observada quando os átomos são muito excitados, por exemplo durante uma descarga elétrica ou quando estão num corpo muito quente tal como uma estrela. Se numa emissão o átomo decair para o estado n=1, esta é denominada uma **transição ressonante,** pois a luz emitida pode ser reabsorvida pelos átomos de H que se encontram na vizinhança.

Bohr supôs que

$$\text{variação de energia} = \Delta E = h\nu,$$

de modo a respeitar a lei da conservação de energia. A energia E_i é menos negativa que a energia final E_f, no caso de uma transição com emissão. E, substituindo a Eq.(10.10a), temos que

$$E_i - E_f = h\nu = \frac{Z^2}{2}\left(\frac{1}{n_f^2} - \frac{1}{n_i^2}\right)\frac{e^2}{4\pi\varepsilon_0 a_0}. \qquad (10.11)$$

Balmer explicou as emissões do átomo de hidrogênio utilizando uma equação mais simples, mas similar à Eq.(10.11), considerando que Z=1 e n_f= 2, para todas as transições. Para verificarmos a validade desta expressão vamos compará-la com os resultados obtidos por Balmer e outras medidas espectroscópicas muito precisas. Precisamos aprender a trabalhar com as energia em unidades atômicas.

Na Tabela 10.1 estão listados os valores atualmente aceitos para as várias combinações de constantes físicas, que são utilizadas para expressar a energia em átomos e moléculas. Se resolvermos a Eq.(10.11) para a freqüência ν das emissões do átomo de H para as transições observadas por Balmer, temos que

$$\nu = \frac{1}{2}\left(\frac{1}{4} - \frac{1}{n_i^2}\right)\frac{e^2}{h4\pi\varepsilon_0 a_0}.$$

Se expressarmos a energia em Hertz e substituirmos as constantes físicas pelo valor dado na Tabela 10.1, podemos reescrever a equação acima como

$$\nu = \frac{1}{2}\left(\frac{1}{4} - \frac{1}{n_i^2}\right)(6{,}579684 \times 10^{15}\ \text{Hz})$$

$$= \left(\frac{1}{4} - \frac{1}{n_i^2}\right)(3{,}289842 \times 10^{15}\ \text{Hz}).$$

Este está em excelente concordância com o resultado obtido por Balmer. Os exemplos seguintes ilustram como os valores da Tabela 10.1 e a equação de Bohr (Eq.10.10a,b) podem ser utilizados.

Exemplo 10.1. Calcule a energia, em joules, de um átomo de H no seu estado de menor energia.

Resposta. Para um átomo de H, a menor energia possível para o átomo de H pode ser calculada utilizando-se a Eq.(10.10b):

$$E = -\tfrac{1}{2}\ \text{a.u.}$$

TABELA 10.1 VALORES DE VÁRIAS UNIDADES ATÔMICAS PARA ENERGIA

Combinação de Constantes Físicas	Nome da Unidade	Valor Numérico*
$\frac{e^2}{4\pi\varepsilon_0 a_0}$	Unidade atômica em joules (hartree)	$4{,}35981 \times 10^{-18}$ J
$\frac{N_A e^2}{4\pi\varepsilon_0 a_0}$	Unidade atômica molar em quilojoules por mol	2.625,50 kJ mol^{-1}
$\frac{e^2}{h4\pi\varepsilon_0 a_0}$	Unidade atômica em hertz	$6{,}5796840 \times 10^{15}$ Hz
$\frac{e}{4\pi\varepsilon_0 a_0}$	Unidade atômica em elétron-volts	27,21161 eV
$\frac{e^2}{2hc4\pi\varepsilon_0 a_0}$	Constante de Rydberg, R_∞	$1{,}09737318 \times 10^7\ m^{-1}$

* Conforme recomendado por E. R. Cohen e B. N. Taylor, The 1973 least-squares adjustment of the fundamental constants, *Journal of Physical and Chemical Reference Data*, 2, 663-734, 1973. O último algarismo significativo possui uma incerteza entre ±1 e ±9.

considerando-se que Z=1 e n=1. Consultando a Tabela 10.1, temos que

$$E = -\tfrac{1}{2}(4{,}35980 \times 10^{-18}) = -2{,}17990 \times 10^{-18}\ \mathrm{J},$$

A energia de um mol de elétrons é igual a

$$\tilde{E} = -1.317{,}75\ \mathrm{kJ\ mol^{-1}}.$$

Os módulos dos valores obtidos acima correspondem às energias necessárias para ionizar, respectivamente, um átomo e um mol de átomos de H.

Exemplo 10.2. Calcule o comprimento de onda da linha de emissão para a transição de n=2 para n=1, no átomo de H. Esta transição é denominada linha α de Lyman. O sol emite intensamente esta radiação, mas ela é absorvida ao alcançar a atmosfera terrestre, raramente chegando até a superfície do planeta.

Resposta. Substituindo-se os dados para esta transição na Eq.(10.11), temos que

$$h\nu = \frac{1}{2}\left(\frac{1}{1} - \frac{1}{2^2}\right)\frac{e^2}{4\pi\varepsilon_0 a_0} = \frac{1}{2}\left(\frac{3}{4}\right)\frac{e^2}{4\pi\varepsilon_0 a_0}.$$

Se resolvermos a Eq.(10.4) para o inverso do comprimento de onda, temos que

$$\frac{1}{\lambda} = \frac{\nu}{c} = \frac{3}{4}\frac{e^2}{2hc4\pi\varepsilon_0 a_0} = \frac{3}{4}R_\infty,$$

onde a **constante de Rydberg** R_∞ é definido na Tabela 10.1. Substituindo seu valor na equação acima, podemos calcular o comprimento de onda:

$$\lambda = \frac{4}{3R_\infty} = 121{,}50227\ \mathrm{nm}.$$

Na realidade, duas linhas de emissão são observadas: uma a 121,5668 nm e outra a 121,5674 nm. O porque da existência de duas emissões com energias um pouco diferentes uma da outra pode ser explicada utilizando-se o conceito de spin eletrônico e a mecânica quântica. Uma simples correção derivada da mecânica clássica pode ser introduzida de modo a obtermos um valor em excelente concordância com os dados experimentais, como veremos a seguir.

O núcleo não é infinitamente pesado e o elétron, na realidade, gira em torno do centro de massa do núcleo e do elétron. Assim, devemos utilizar a massa reduzida ao invés da massa do elétron em nossos cálculos. Geralmente, aplicamos esta correção definindo uma nova constante:

$$R_M = \frac{M}{M + m}R_\infty,$$

onde M e m são, respectivamente, as massas do núcleo e do elétron. O núcleo do ^{1}H é um próton, de modo que

$$R_\mathrm{H} = \frac{m_\mathrm{p}}{m_\mathrm{p} + m_\mathrm{e}}R_\infty.$$

Substituindo as massas, temos que

$$R_\mathrm{H} = 1{,}0967759 \times 10^7\ \mathrm{m^{-1}}.$$

Recalculando-se o comprimento de onda da linha α de Lyman, obtemos o seguinte valor:

$$\lambda = 121{,}5684\ \mathrm{nm},$$

Este resultado concorda com o valor experimental até o quinto significativo. Para melhorarmos ainda mais este valor, precisaríamos fazer correções baseadas na teoria da relatividade e na mecânica quântica. Todavia, comparando os valores dos níveis de energia calculados com os valores experimentais obtidos para o átomo de hidrogênio, podemos perceber a precisão das equações de Bohr.

Números Atômicos e Átomos Multieletrônicos

As equações de Bohr podem ser aplicadas a outros átomos monoeletrônicos tais como He^+, Li^{2+}, Be^{3+}, etc, desde que os respectivos números atômicos (Z = 2, 3, 4, etc) sejam utilizados. As energias dos elétrons em átomos com mais de um elétron não podem ser calculadas por meio das equações de Bohr. Estas podem ser obtidas a partir de medidas espectroscópicas. Os elétrons de valência de muitos átomos podem ser promovidos quando excitados na faixa de comprimentos de onda entre 200 e 1.000 nm. Várias séries de linhas de emissão, mais ou menos similares àquelas observadas para o átomo de H, foram observadas para os átomos de Li, Na e K. Tais séries foram denominadas **sharp, principal, diffuse e fine**. Se calcularmos os valores recíprocos dos comprimentos de onda de modo a obtermos uma unidade de energia, então, podemos montar os diagramas de níveis de energia. Nestes diagramas os níveis foram classificados como S, P, D e F, para identificar as séries. Na Fig.10.10 é mostrado o diagrama de níveis de energia obtida para o átomo de lítio.

Os níveis de energia mostrados na Fig.10.10 podem ser atribuidos às transições do elétron de valência do átomo de Li, se supusermos que os dois elétrons internos não participam de tais processos. Este elétron de valência não sente a carga total do núcleo, Z=3, pois os elétrons internos **blindam** o núcleo. O efeito dos elétrons internos pode ser avaliada utilizando-se uma carga nuclear efetiva

$$Z_{ef} = Z - b,$$

na equação de Bohr, onde b é a constante de blindagem. O valor de b deve ser determinado experimentalmente, e pode ser aproximadamente igual ao número de elétrons na camada. O efeito de blindagem no átomo de Li é ilustrado no exemplo que se segue.

Exemplo 10.3. Calcule o Z_{ef} para os dois níveis de menor energia mostrados na Fig.10.10, onde E = -0,198 e -0,130 u.a.

Resposta. Podemos reescrever a Eq.(10.10b) como:

$$Z_{ef} = \sqrt{-2n^2 E(\text{a.u.})}.$$

Os dois níveis tem n = 2, e

$$Z_{ef}(S) = \sqrt{8 \times 0{,}198} = 1{,}26, \qquad b = 1{,}74,$$
$$Z_{ef}(P) = \sqrt{8 \times 0{,}130} = 1{,}02, \qquad b = 1{,}98.$$

Os níveis P estão quase que completamente blindados, enquanto que os níveis S são menos blindados. Os níveis P, D e F de maior energia mostrados na Fig.10.10 possuem Z_{ef} aproximadamente iguais a 1,00.

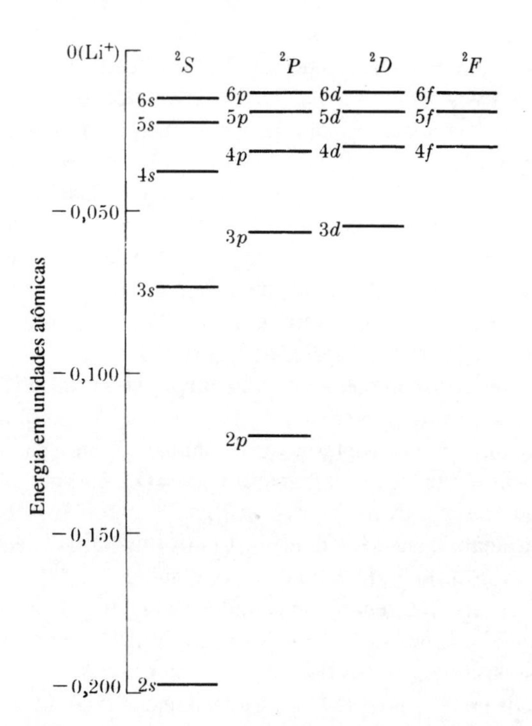

Fig. 10.10 Níveis de energias observados para o átomo de lítio. Para obter a energia total do átomo somar o valor -7,2798 u.a. de modo a considerar a energia do Li^+. Os dois primeiros elétrons não são mostrados neste diagrama.

Devido ao efeito de blindagem pelos elétrons internos, os elétrons de valência no lítio, sódio e potássio possuem níveis com energias similares. A transição do nível P para o nível S é responsável pelo aparecimento de uma emissão na região visível do espectro. Esta luz é utilizada para identificar estes átomos por meio dos tradicionais "testes de chama".

Uma grande quantidade de informações com relação aos níveis de energia nos átomos foi obtida analisando-se os espectros na presença de campos magnéticos. Constatou-se por meio deste tipo de experimento que é necessário outros números quânticos, além do número quântico n de Bohr, para descrever os átomos. O maior avanço foi conseguido por G. Goudsmit e S. Ulenbeck que, em 1925, propuseram que os elétrons devem ter um momento angular intrínseco denominado **momento angular de spin**, quantizado em unidades de $h/2\pi$. Este novo momento angular e o número quântico magnético a ele associado são muito importantes para a compreensão dos níveis de energia permitidos em átomos multieletrônicos.

Em 1912, foi desenvolvido uma técnica para determinar o número atômico de todos os elementos. H.G.J. Moseley bombardeou eletrodos metálicos com elétrons acelerados por uma grande diferença de potencial. Desta forma ele foi capaz de obter espectros de emissão na região do raio-x. Estas transições ocorrem devido à excitação de elétrons muito próximos ao núcleo dos elementos, na superfície do eletrodo. Estes elétrons formam as camadas K e L, sendo o efeito de blindagem muito pequenos nestes casos. Moseley percebeu que todas as freqüências observadas poderiam ser descritas pela fórmula empírica

$$\nu = c(Z - b)^2,$$

onde c e b eram constantes que dependem da camada eletrônica considerada. Z era um *inteiro* cujo valor aumentava regularmente de uma em uma unidade, quando os elementos eram tomados na ordem em que apareciam na tabela periódica. Então, Moseley concluiu corretamente que a magnitude de Z era o número atômico, ou seja, a carga do núcleo do elemento emissor do raio-x. De acordo com a teoria de Bohr, a freqüência da luz emitida por um átomo monoeletrônico deveria ser proporcional a Z^2, o quadrado da carga nuclear, como mostrado na Fig.10.11. Moseley propôs que a razão das freqüências dos raios-x serem proporcionais a $(Z-b)^2$ e não a Z^2 era devido ao fato dos elétrons terem a tendência de se blindar mutualmente. Portanto, sempre que for considerado mais do que um elétron, a carga nuclear efetiva será igual a $(Z-b)$ e não a Z, sendo b aproximadamente igual a 1,0 para os elétrons da camada K.

Se ordenarmos os elementos segundo as massas atômicas dos elementos, três pares de elementos (níquel e cobalto, argônio e Kriptônio e telúrio e iodo) aparecem em posições inconsistentes com suas propriedades químicas. Moseley percebeu que tais discrepâncias poderiam ser sanadas ordenando os elementos segundo seus *números atômicos*. Resumindo, ele mostrou que a carga nuclear e não a massa é mais fundamental na definição das propriedades químicas.

As Limitações do Modelo de Bohr

Os níveis de energia de Bohr são consistentes para átomos monoeletrônicos e podem ser corrigidos para ser utilizado em átomos multieletrônicos. Entretanto, aqueles níveis de energia em si não explicam a tabela periódica. No caso do átomo de Li, mostrado na Fig.10.10, o elétron de valência tem $n = 2$ no seu estado de menor energia. De acordo com as hipóteses de Bohr, este elétron deveria ter um momento angular orbital igual a $2h/2\pi$. Contudo, foram obtidos como resultado dos experimentos baseados em medidas magnéticas que os níveis S, mostrado na Fig.10.10, apresentam momento angular orbital igual a zero. Experimentos similares com o átomo de H indicaram que o momento angular dos níveis S (n=1) é igual a zero. A tabela periódica é coerente com a existência dos octetos eletrônicos, mas a teoria de Bohr não. Obviamente, o modelo de Bohr tinha de ser revisado.

As tentativas no sentido de corrigir o modelo de Bohr culminaram na introdução dos orbitais elípticos, os quais melhoram a concordância das energias calculadas com aquelas obtidas por meio dos espectros, mas a tabela periódica ainda não podia ser explicada. Enquanto estas modificações eram realizadas no modelo de Bohr, outras evidências iam aparendo e cada vez mais se tornava claro que a mecânica clássica, usada por Bohr, jamais poderia explicar as propriedades dos elétrons nos átomos.

10.4 Mecânica Quântica

Talvez possa parecer surpreendente o fato da teoria de Bohr, tão bem sucedida no início, ter sido abandonada depois de apenas 12 anos. A despeito dos sucessos de uma teoria, ela deve ser refinada ou rejeitada se ela não for capaz de explicar todos os fatos experimentais relevantes. Mesmo após todos as correções introduzidas a teoria de Bohr não era capaz de explicar os detalhes dos espectros de átomos multieletrônicos, e nem era capaz de proporcionar uma explicação satisfatória relativa às ligações químicas. Estas e outras falhas da teoria indicavam claramente que as idéias de Bohr consistiam apenas em mais uma etapa para o desenvolvimento de uma teoria atômica geral.

Havia dois fatos mal explicados pela física teórica, no início da década de 1920. Uma era o conflito entre o modelo ondulatório e corpuscular da luz. O outro era o fato do conceito de quantização de energia ter sido *introduzido* na mecânica Newtoniana de uma forma pouco aceitável, quase como um apêndice. O desenvolvimento de uma nova teoria mecânica parecia inevitável, para eliminar o conflito entre o modelo corpuscular e ondulatório da luz e para fazer com que o conceito de quantização surgisse como uma conseqüência de algum princípio mais fundamental.

Dualidade Onda-Partícula

Em 1924, L. de Broglie tomou algumas das equações utilizadas anteriormente por Einstein para descrever o fóton e rearranjou-os de modo a poder calcular o comprimento de onda de partículas em movimento. Seu resultado foi

$$\lambda = \frac{h}{mv} = \frac{h}{p}. \tag{10.12}$$

Esta equação fundamenta o conceito da **dualidade onda-partícula**. Ou seja, todas as partículas de matéria em movimento, também, deve apresentar propriedades ondulatórias. Na Tabela 10.2 são mostrados alguns comprimentos de onda que podem ser calculados aplicando-se a Eq.(10.12).

Podemos perceber observando a Tabela 10.2 que quanto maior a massa e a velocidade da partícula menor é o comprimento de onda. Assim, não podemos medi-lo diretamente porque o comprimento de onda associado às partículas macroscópicas é menor que as dimensões de qualquer sistema físico que venhamos a medir. Assim, nunca iremos observar a difração ou qualquer outro fenômeno ondulatório ocorrer com bolas de basebol ou mesmo com partículas de poeira. Por outro lado, o momento dos elétrons e mesmo dos átomo são tão pequenos que os comprimentos de onda associados ao seu movimento são aproxidamadamente da mesma dimensão dos espaçamentos interatômicos nos cristais. Portanto, quando um feixe de elétrons atinge a superfície de um cristal, ele deve ser difratado. Este fenômeno foi observado pela primei-

TABELA 10.2 COMPRIMENTOS DE ONDAS DE PARTÍCULAS

Partícula	Massa (kg)	Velocidade (m s^{-1})	Comprimento de onda (pm)
Elétron gasoso (300 K)	9×10^{-31}	1×10^{5}	7000
Elétron do átomo de H (n = 1)	9×10^{-31}	$2,2 \times 10^{6}$	33,0
Elétron do átomo de Xe (n = 1)	9×10^{-31}	1×10^{8}	7
Átomo de He gasoso (300 K)	7×10^{-25}	1000	90
Átomo de Xe gasoso (300 K)	2×10^{-25}	250	10
Bola de beisebol rápida	0,1	20	3×10^{-22}
Bola de beisebol lenta	0,1	0,1	7×10^{-20}

ra vez em 1927, três anos após de Broglie ter desenvolvido suas idéias.

A proposta de de Broglie parece ter piorado a situação, ao invés de resolver o conflito da dualidade onda-partícula. Contudo, a generalização das idéias de de Broglie geraram uma teoria mecânico-quântica totalmente consistente. Atualmente, a interpretação universalmente aceita com relação à dualidade onda-partícula é a de que não existe nenhuma inconsistência no comportamento observado. Estamos utilizando as palavras de uma linguagem criada para descrever o mundo macroscópico para tentarmos descrever o comportamento de sistemas atômicos. Portanto, não podemos supor que palavras tais como onda ou partícula sempre descrevam satisfatoriamente todas as propriedades de coisas que não fazem parte do nosso mundo macroscópico. Assim, o que quer que sejam fótons e elétrons, aceitamos o fato de que eles possuem uma natureza dual: em alguns experimentos eles se comportam mais como partículas e em outras mais como ondas.

O Princípio da Incerteza

Os termos *posição e velocidade* são utilizados para descrever o comportamento de partículas macroscópicas. Haverá alguma restrição em aplicá-los às partículas subatômicas, que apresentam propriedades de ondas ? Vamos considerar o problema de se determinar a posição de um elétron, para percebermos que existem restrições. Se tentarmos usar luz para localizar o elétron, segundo os princípios gerais da óptica não poderemos localizar o elétron com uma precisão maior do que $\pm\lambda$, o comprimento de onda da luz utilizada. Obviamente, poderemos tornar v suficientemente pequeno para que possamos localizar o elétron com bastante precisão. Entretanto, será que poderemos determinar o momento do elétron e sua posição *simultaneamente* ? A resposta é não, pois para determinarmos a posição do elétron, inevitavelmente, mudaremos seu momento por uma quantidade desconhecida. Para localizarmos um elétron com a ajuda de um fóton, deve haver uma colisão entre os dois. Um fóton de comprimento de onda λ possui um momento $p=h/\lambda$, sendo que uma fração qualquer do momento do fóton será transferida para o elétron no instante da colisão. Logo, ao determinarmos a posição do elétron com uma precisão $\Delta x \cong \pm\lambda$ produzimos uma incerteza no seu momento equivalente a $\Delta p \cong h/\lambda$. O produto destas incertezas é igual a

$$\Delta p\, \Delta x \cong \frac{h}{\lambda}\lambda = h.$$

Esta é uma dedução grosseira do **princípio da incerteza de Heisenberg,** o qual estabelece um limite na precisão com que a posição e o momento de uma partícula podem ser determinados *simultaneamente.* Utilizando argumentos mais elaborados podemos obter a equação precisa do princípio da incerteza:

$$\Delta p\, \Delta x \geqslant h/4\pi.$$

A determinação exata e simultânea da posição e do momento é o requisito necessário para descrevermos a trajetória de uma partícula. Logo, pode-se inferir que há um limite para a precisão com que podemos conhecer a trajetória da mesma. Agora, vamos discutir o efeito da aplicação do princípio da incerteza sobre a determinação da trajetória dos elétrons nos átomos. De modo a termos uma idéia sobre a localização exata de um elétron, vamos tentar determinar sua posição com uma precisão de 0,05 Å ou 5 pm. Sabemos que associada à medida da posição do elétron temos uma incerteza no momento dada por

$$\Delta p = \frac{h}{4\pi\, \Delta x} = \frac{6 \times 10^{-34}\,\mathrm{J\,s}}{60 \times 10^{-12}\,\mathrm{m}} = 1 \times 10^{-23}\,\mathrm{kg\,m\,s^{-1}}$$

Dado que a massa do elétron é igual a 9×10^{-31} kg, a incerteza na velocidade do elétron será igual a

$$\Delta v = \frac{\Delta p}{m} \cong \frac{1 \times 10^{-23}\,\mathrm{kg\,m\,s^{-1}}}{9 \times 10^{-31}\,\mathrm{kg}} \cong 10^{7}\,\mathrm{m\,s^{-1}}.$$

De acordo com este cálculo grosseiro, a incerteza na velocidade do elétron se aproxima da velocidade da luz, semelhante ou maior que a velocidade esperada para o elétron. Concluindo, podemos dizer que a velocidade do elétron é tão incerta que não há como determinar sua trajetória. Aqui podemos notar outra falha da teoria de Bohr. As trajetórias muito bem definidas por ele sugeridas podem não ter nenhum significado, pois segundo o princípio da incerteza jamais poderão ser demonstradas experimentalmente.

Estava claro para a maioria dos físicos teóricos, do início da década de 1920, que era necessário desenvolver uma nova mecânica, dado que a tentativa de impor as condições de quantização às equações de Newton não tinha sido bem sucedida. Esta iria ser denominada **mecânica quântica** ou **mecânica das ondas** e deveria explicar o comportamento ondulatório das partículas. Estas ondas preencheriam o espaço em torno das partículas e suas propriedades seriam descritas por uma função de onda. Estas funções devem surgir das novas equações que substituiriam as da mecânica clássica. Os criadores desta nova mecânica começaram com uma certa equação clássica muito bem conhecida e se valeram do raciocínio indutivo para obterem a mesma equação na sua forma mecânico quântica. Não vamos tentar explicar o raciocínio utilizado, mas gostaríamos de frisar que o desenvolvimento da mecânica quântica foi uma das grandes realizações do homem.

A Formulação da Mecânica Quântica

As equações fundamentais da mecânica quântica foram apresentadas pela primeira vez entre 1925 e 1926. No início haviam dois conjuntos de equações independentes. As equações desenvolvidas por W. Heisenberg, em 1925, eram baseadas na álgebra de matrizes, enquanto que as equações desenvolvidas por E. Schrödinger, em 1926, se valiam de equações diferenciais de segunda ordem. Cedo ficou claro que ambos os conjuntos de equações eram soluções matemáticas da mesma equação básica. A maior parte da mecânica quântica tem como objetivo encontrar meios de resolver esta equação de forma simples.

A equação fundamental da mecânica quântica é

$$\mathcal{H}\psi_i = E_i\psi_i. \qquad (10.13)$$

As energias permitidas E_1, E_2, E_3, etc. são obtidas quando o **operador Hamiltoniano** $\mathcal{H}$ é aplicado sobre as **funções de onda** ψ_1, ψ_2, ψ_3, etc.. O resultado numérico obtido é denominado um **auto-valor** ou **valor-próprio**: somente quando $\mathcal{H}$ operar sobre uma função de onda adequada ψ_1, a resultante será o produto da função inicial Ψ_1 com seu auto-valor E_1.

Em mecânica quântica, um problema a ser resolvido é definido pelo seu Hamiltoniano. Desde que ele seja definido, a resolução da Eq.(10.13) torna-se um problema exclusivamente matemático. No método desenvolvido por Heisenberg o Hamiltoniano é inteiramente simbólico; mas apresentam propriedades conhecidas. O Hamiltoniano do método de Schrödinger consiste de operações conhecidas como a multiplicação e a diferenciação, as quais são aplicadas sobre funções de onda que se constituem de funções matemáticas usuais. Em ambos os casos, o operador Hamiltoniano é obtido a partir das equações da mecânica clássica para a energia, expressas em função do momento e da posição.

Alguns problemas importantes da física podem ser resolvidos utilizando-se a solução exata da Eq.(10.13). No entanto, na maioria dos casos, tais como aqueles envolvendo átomos ou moléculas com mais de um elétron, os problemas devem ser resolvidos por meio de métodos numéricos e de forma aproximada. Tais resultados podem ser muito precisos mas requerem um número extremamente grande de operações aritméticas. Os modernos supercomputadores digitais realizam este tipo de cálculo quase que rotineiramente, porém o custo operacional é comparável àquele de uma medida experimental.

Algumas propriedades dos átomos podem ser calculadas mais precisamente do que poderiam ser medidas experimentalmente. Mas, a exatidão das medidas experimentais são muito melhores do que os resultados obtidos por meio de cálculos, no caso de algumas outras propriedades. Assim, no caso da determinação das propriedades físicas de átomos e moléculas, no estado gasoso, as duas técnicas se complementam mutuamente.

A equação desenvolvida por Schrödinger pode ser obtida a partir da Eq.(10.13). Na próxima seção, mostraremos como isto pode ser conseguido para o problema de uma partícula movendo-se numa única dimensão. Também, utilizaremos a mesma equação para determinar os níveis de energia da partícula quando seu movimento for limitado por duas barreiras de energia potencial.

A Equação de Schröndinger

O operador Hamiltoniano pode ser escrito como a soma da energia cinética T e da energia potencial V, ambos na forma de operadores. A energia cinética de uma partícula que se movimenta somente na direção do eixo x é dada por

$$T = \tfrac{1}{2}mv_x^2 = \frac{(mv_x)^2}{2m} = \frac{p_x^2}{2m},$$

onde $p_x = mv_x$, o momento na direção x. A mecânica quântica deve incluir a constante de Planck h na sua equação básica. Isto é efetuado neste operador utilizando a relação abaixo:

$$p_x = mv_x = -\frac{ih}{2\pi}\frac{d}{dx}.$$

Se este operador diferencial for elevado ao quadrado e for aplicado sobre ψ, temos que

$$T\psi = \frac{-h^2}{8\pi^2 m}\frac{d^2\psi}{dx^2}.$$

No caso de uma partícula livre, cuja energia potencial é igual a zero, $\mathcal{H} = T$. Substituindo na Eq.(10.13), obtemos a expressão

$$\mathcal{H}\psi = -\frac{h^2}{8\pi^2 m}\frac{d^2\psi}{dx^2} = E\psi,$$

onde ψ e E representam todos os ψ_1 e E_1.

A maioria das partículas possuem energia potencial, devido à atração eletrostática ou a uma força similar à produzida por uma mola. Na equação de Schrödinger, não precisamos especificar o tipo de energia potencial V ao qual o sistema está sujeito. Considerando-se uma partícula numa única dimensão x, $\mathcal{H} = T + V$, e a forma geral da equação pode ser expressa pela equação (10.14)

$$-\frac{h^2}{8\pi^2 m}\frac{d^2\psi}{dx^2} + V\psi = E\psi. \qquad (10.14)$$

Os termos conhecidos desta equação são a massa da partícula m e sua energia potencial expressa como uma função de x. Resolvendo-se a equação são determinados o valor de E, o auto-valor para a partícula, e a função de onda w. O termo $d^2\psi/dx$ representa a velocidade de variação de $d\psi/dx$, a velocidade de variação de ψ em função de x. Quando estas equações são aplicadas a sistemas reais tal como o átomo de hidrogênio, elas não podem ser resolvidas a não ser para certos valores de E, relacionados por meio de números inteiros. Assim, a quantização de energia e os números quânticos aparecem naturalmente da teoria de Schrödinger, não sendo necessário acrescentá-los de maneira forçada à mecânica Newtoniana, como no caso da teoria de Bohr.

O que é ψ? Isoladamente ele não tem nenhum significado físico. Entretanto, o quadrado do valor absoluto de ψ, $|\psi^2|$, possui um significado físico importante. Esta é a expressão matemática que nos possibilita calcular como a *probabilidade* de se encontrar uma partícula varia de lugar para lugar. Portanto, as trajetórias exatas dadas pela mecânica Newtoniana e pela teoria de Bohr não aparecem como um dos resultados da mecânica quântica.

Agora, vamos apresentar a equação de Schrödinger tridimensional. Ela é uma simples extensão da Eq.(10.14), na qual o termo que representa a energia cinética inclui os momentos da partícula nas direções y e z. Infelizmente, neste caso temos de utilizar derivadas parciais, como mostrado abaixo:

$$-\frac{h^2}{8\pi^2 m}\left(\frac{\partial^2\psi}{\partial x^2}+\frac{\partial^2\psi}{\partial y^2}+\frac{\partial^2\psi}{\partial z^2}\right)+V\psi=E\psi. \qquad (10.15)$$

A Partícula na Caixa

Vamos resolver o problema do deslocamento de uma partícula confinada por paredes impenetráveis, denominado partícula na caixa, para ilustrarmos como um sistema pode ser descrito utilizando-se a linguagem da mecânica quântica. Ele nos permitirá examinar as propriedades de algumas funções de onda muito simples para que possamos perceber como ocorre a quantização de energia. Além disso, seus resultados nos auxiliarão a ter uma compreensão qualitativa de outros tipos mais complicados de problemas mecânico-quânticos.

Uma partícula em qualquer caixa real pode-se movimentar em três dimensões. Entretanto, para estudarmos seu movimento, freqüentemente, é suficiente considerarmos uma única dimensão (por exemplo x), pois o movimento da partícula nas demais direções é, a princípio, idêntico. Vamos supor que uma partícula de massa m, possuindo uma energia total E positiva, esteja se movimentando ao longo do eixo x. Há uma parede impenetrável em $x = 0$ e uma outra em $x = L$, sendo que o potencial é igual a zero no intervalo $0 \le x \le L$. Fora destes limite ele deve ser considerado como sendo infinito devido a presença das paredes impenetráveis.

Tomando a equação de Schrödinger, unidimensional e definindo h como $h/2\pi$, temos que

$$-\frac{\hbar^2}{2m}\frac{d^2\psi}{dx^2}+V\psi=E\psi.$$

Dado que $V = 0$ para $0 \le x \le L$, temos que

$$\frac{d^2\psi}{dx^2}=-\frac{2mE}{\hbar^2}\psi. \qquad (10.16)$$

no intervalo considerado. Podemos ter uma idéia da forma de nossa função de onda analisando-se as características da Eq.(10.16) de forma qualitativa. A segunda derivada $d^2\psi/dx^2$ representa a curvatura da função de onda. Dado que m, E e $\hbar$ são todos valores positivos, podemos notar que sempre que ψ for negativo sua curvatura será positiva e vice-versa. Logo, ψ terá sua concavidade voltada para cima. Todavia, quando ψ for igual a zero sua curvatura também será igual a zero.

Se fizermos um esboço da função ψ considerando as características mencionadas acima, perceberemos que ela se assemelha a uma onda. Há muitas funções que possuem tal forma. A mais simples delas, a função seno, é de fato a solução da equação de Schrödinger para uma partícula na caixa. Vamos considerar $\psi = A$ sen(bx), onde A e b são constantes. Agora, vamos diferenciar duas vezes, de modo que

$$\psi = A \operatorname{sen} bx,$$

$$\frac{d\psi}{dx} = bA\cos bx,$$

$$\frac{d^2\psi}{dx^2} = -b^2 A \operatorname{sen} bx,$$

$$\frac{d^2\psi}{dx^2} = -b^2\psi.$$

A última equação tem exatamente a mesma forma da Eq.(10.16), e seria idêntica a ela se b^2 fosse igual a $2mE/\hbar^2$. Portanto, a função que satisfaz a Eq.(10.16) é

$$\psi = A \operatorname{sen}\left(\frac{2mE}{\hbar^2}\right)^{1/2} x. \qquad (10.17)$$

Até este momento não foi considerado o fato das paredes de potencial estarem localizados em $x = 0$ e $x = L$. Logo, a função de onda acima encontrada se aplica à partícula livre e não a uma partícula confinada numa caixa. Observe que a energia E desta partícula pode ter qualquer valor positivo. Ou seja, não existe nenhum indício de que possam existir energias ou níveis quantizados. Esta constatação é muito importante. Os níveis de energia quantizados aparecem somente quando restringimos o movimento da partícula utilizando barreiras de energia potencial ou quando, de alguma maneira, tornamos seu movimento *periódico*.

A partir deste momento, vamos analisar o efeito da presença das paredes da caixa. Se as paredes forem impenetráveis e se o quadrado da função de onda representar a probabilidade de se encontrar a partícula num dado ponto, então, é razoável supor que a função de onda se torne igual a zero nas paredes. Mais precisamente falando, a função de onda se anula dentro das paredes. Por outro lado, a função de onda ψ deve ser uma função contínua. Para satisfazermos esta propriedade, necessariamente, ψ deve ser igual a zero nas paredes da caixa. Assim, temos que impor as seguintes restrições à função de onda da partícula livre:

$$\psi(0) = 0 \quad \text{e} \quad \psi(L) = 0$$

Estas são as **condições de contorno** do problema.

A primeira condição, $\psi(o) = 0$, é satisfeita automaticamente, pois substituindo $x = 0$ na Eq.(10.17) temos que $\psi = 0 = \text{sen}(0)$. A segunda condição de contorno somente poderá ser satisfeita se E assumir certos valores. Podemos deduzir tais valores lembrando que $\text{sen}(n\pi) = 0$, onde n é um inteiro. Se E satisfizer a equação

$$\left(\frac{2mE}{\hbar^2}\right)^{1/2} L = n\pi \qquad n = 1, 2, 3\ldots,$$

então, a segunda condição de contorno será satisfeita. Se tomarmos os valores de E que satisfazem as condições com relação a E_n, elevarmos ao quadrado e rearranjando, teremos que

$$E_n = \frac{n^2h^2}{8mL^2} \qquad n = 1, 2, 3\ldots. \qquad (10.18)$$

Estes são os valores permitidos, ou **quantizados**, de energia. As funções de onda correspondente são

$$\psi_n = A\,\text{sen}\left(\frac{2mE_n}{\hbar^2}\right)^{1/2} x \qquad (10.19a)$$

ou

$$\psi_n = A\,\text{sen}\frac{n\pi x}{L}. \qquad (10.19b)$$

É interessante notar que os níveis de energia quantizados podem ser obtidos considerando-se que a função de onda deve ter a forma de uma onda estacionária entre $x = 0$ e $x = L$. Uma onda estacionária possui uma amplitude igual a zero nas paredes. Para que esta condição seja satisfeita, um múltiplo inteiro de meio comprimento de onda deve estar contido no intervalo L, ou seja,

$$L = \frac{n\lambda}{2} \qquad n = 1, 2, 3, \ldots.$$

Substituindo a relação de de Broglie, $\lambda = h/p$, onde p é igual ao momento mv, na expressão acima:

$$L = \frac{n}{2}\frac{h}{mv} \qquad mv = \frac{nh}{2L},$$

$$\frac{1}{2}mv^2 = \frac{(mv)^2}{2m} = \frac{1}{2m}\left(\frac{n^2h^2}{4L^2}\right) = \frac{n^2h^2}{8mL^2}.$$

Dado que toda a energia do sistema se encontra na forma de energia cinética, $E_n = \text{-}½mv^2$, e

$$E_n = \frac{n^2h^2}{8mL^2},$$

Esta é a expressão final para os níveis de energia permitidos, e a representação matemática de uma onda estacionária de amplitude A, entre $x = 0$ e $x = L$, é

$$\psi_n = A\,\text{sen}\frac{n\pi x}{L},$$

Esta é, também, a forma correta da função de onda. Somente nos casos mais simples, nos quais a energia potencial é constante, os níveis de energia permitidos e as funções de onda podem ser deduzidas diretamente da equação de de Broglie.

Nossa função de onda ainda contém um termo indeterminado: a constante A. Podemos calculá-la nos valendo do fato de que $\psi_n^2(x)dx$ é a probabilidade de se encontrar a partícula, no estado n, no intervalo $x \pm dx$. Logo, a somatória (integral) de todas as probabilidades na faixa de $x = 0$ e $x = L$ deve ser igual a 1, pois ela representa a probabilidade de encontrarmos a partícula em algum lugar entre 0 e L. Assim, temos que

$$\int_0^L \psi_n^2\,dx = 1 \qquad (10.20)$$

se ψ_n for uma função de onda adequada. Podemos fazer com que esta condição seja satisfeita ajustando o valor da constante A da função de onda. Ou seja, substituimos a Eq.(10.19b) na Eq.(10.20), de modo a obtermos a expressão abaixo:

$$A^2 \int_0^L \text{sen}^2\left(\frac{n\pi x}{L}\right) dx = 1.$$

O valor da integral é igual a $L/2$. Logo,

$$A^2\frac{L}{2} = 1 \qquad A = \left(\frac{2}{L}\right)^{1/2}$$

Portanto, este é o valor de A que deve ser utilizado na função de onda para calcularmos a probabilidade de encontrarmos a partícula. O procedimento utilizado é denominado **normalização,** e a função de onda que obedece a Eq.(10.20) é denominada função normalizada.

Os resultados finais para a partícula numa caixa unidimensional são:

$$E_n = \frac{n^2h^2}{8mL^2} \qquad \psi_n = \left(\frac{2}{L}\right)^{1/2} \text{sen}\left(\frac{n\pi x}{L}\right).$$

Na Fig.10.11 são mostrados os níveis de energias e os gráficos das funções de onda e dos quadrados destas funções. Há várias propriedades das funções de onda e dos níveis de energia da partícula na caixa que devem ser mencionadas, pois são os resultados qualitativos de problemas mais complicados.

1. Os níveis de energia quantizados aparecem somente quando o movimento da partícula é restringida, por exemplo, utilizando-se barreiras de potencial. Podemos esperar que o fenômeno da quantização apareça sempre que o movimento de uma partícula for confinada numa "caixa", como os elétrons num átomo ou molécula. Quando as moléculas de um gás se deslocam dentro de um recipiente ou quando tiverem um movimento de rotação nas três dimensões, elas também se encontram numa situação semelhante ao de uma partícula numa caixa.

2. Podemos perceber que o espaçamento entre os níveis de energia *aumenta* à medida que a massa da partícula e o espaço disponível para a partícula *diminuem*, analisando-se a Eq.(10.18). Assim, podemos esperar que, em geral, tal efeito seja mais proeminente em sistemas que apresentem uma pequena massa enclausurada numa pequena regiao do espaço. Este é o motivo pelo qual os elétrons num átomo apresentam níveis de energia muito mais espaçados que átomos movimentando-se numa caixa de dimensões muito maiores.
Esta também é a razão porque não se consegue observar efeitos quânticos em sistemas macroscópicos. Na Tabela 10.3 é mostrada a variação do espaçamento entre os níveis de energia de vários sistemas em função da massa e o grau de confinamento da partícula.

3. As funções de onda podem ter sinal positivo em certas regiões e sinal negativo em outras regiões. O sinal da função de onda em função da posição será importante no momento de discutirmos as ligações químicas. A função de onda passa pelo zero, ao passar de uma região positiva para uma negativa ou vice-versa. O ponto ou plano onde a função de onda tem amplitude igual a zero é denominado um **nó**. Em geral, se compararmos duas funções de onda de um mesmo tipo, aquele que possuir o maior número de nós terá a maior energia. A localização dos nós, nas funções de onda dos elétrons nas moléculas, é muito importante para a determinação das propriedades de ligação de tais elétrons.

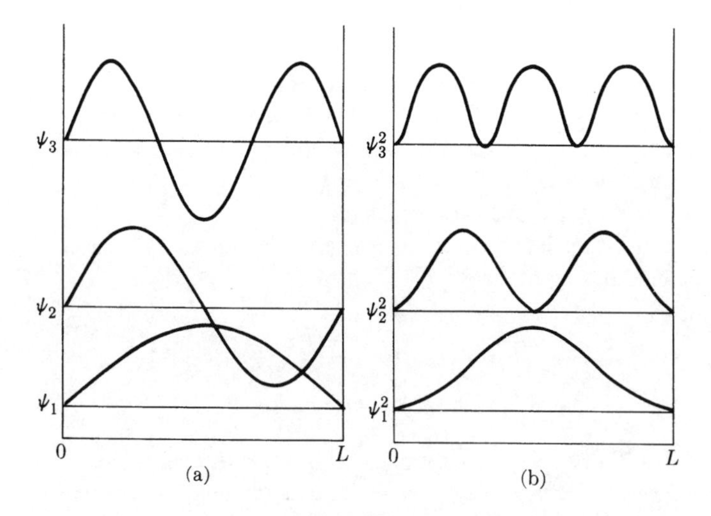

Fig. 10.11 (a) Funções de onda de uma partícula numa caixa; e (b) os seus quadrados, ou as densidades de probabilidades de uma partícula em função da posição. A altura da posição do eixo zero para cada estado é proporcional a E_n, a energia do estado.

10.5 O Átomo de Hidrogênio

Foi possível obter um tratamento teórico completo do átomo de hidrogênio por meio das equações de Schrödinger, e os resultados são coerentes com os dados experimentais nos mínimos detalhes. Além de ter sido um importante teste para a mecânica quântica, o tratamento teórico deste átomo foi importante em outro aspecto: as informações obtidas a partir do estudo do sistema atômico mais simples foi utilizado para discutir e prever o comportamento dos elétrons em sistemas mais complicados. Assim, para compreendermos a tabela periódica e a natureza da ligação química, precisamos conhecer profundamente o comportamento do elétron no átomo de hidrogênio.

Na teoria de Bohr, foi necessário postular a existência dos números quânticos. Isto não ocorre na mecânica quântica. Tudo que precisamos fazer é aceitar o princípio muito mais fundamental de que a equação de Schrödinger descreve corretamente o comportamento de qualquer sistema atômico. Quando a equação de Schrödinger é aplicada ao átomo de hidrogênio, os números quânticos aparecem, naturalmente, como os resultados das operações matemáticas, exatamente, como no caso da partícula na caixa. Três números quânticos orbitais e um número quântico relacionado com o spin do elétron, são necessários para descrever completamente o átomo de hidrogênio:

1. O Número Quântico Principal n. Este parâmetro pode ser qualquer valor inteiro positivo, exceto zero. Como o próprio nome sugere, ele é o número quântico mais importante pois seu valor define a energia do átomo de hidrogênio (ou de qualquer outro átomo monoeletrônico de carga nuclear igual a Z) por meio da equação:

$$E = -\frac{me^4Z^2}{8\varepsilon_0^2n^2h^2}, \tag{10.21}$$

TABELA 10.3 MASSAS, COMPRIMENTOS E ESPAÇAMENTOS DE NÍVEIS DE ENERGIAS CARACTERÍSTICOS

Sistema	Massa (kg)	Comprimento (m)	Espaçamento Aproximado de Níveis de Energia* (kJ mol^{-1})
Próton no núcleo	10^{-27}	10^{-14}	10^8
Elétron no átomo	10^{-30}	10^{-10}	10^3
Átomo no sólido	10^{-26}	10^{-11}	10
Átomo gasoso	10^{-26}	1	10^{-21}

*Espaçamento aproximado de níveis de energia = $N_A h^2/8mL^2$.

onde *m* e *e* são a massa e a carga do elétron. A Eq.(10.21), obtida como resultado da aplicação da equação de Schrödinger, é igual ao resultado obtido por Bohr utilizando seus postulados incorretos.

2. O Número Quântico Momento Angular Orbital l. Como o próprio nome sugere, o valor de *l* define o momento angular do elétron, sendo que o aumento do seu valor implica num aumento do correspondente momento angular. Se o elétron possui momento angular, ele também tem uma energia cinética associada ao movimento angular. E, a quantidade desta energia cinética do movimento angular é limitada pela energia total do elétron. Logo, é natural que os valores permitidos de *l* sejam limitados pelo valor de *n*. Há evidências teóricas e experimentais de que *l* pode ser qualquer valor inteiro na faixa de 0 a n-1, ou seja, 0, 1,...., *n*-2, *n*-1.

3. O Número Quântico Orbital Magnetico m_l. Um elétron com momento angular pode ser comparado a uma corrente elétrica circulando por uma espira feita com fio de cobre. O momento magnético é determinado pelo valor de m_l. Visto que ele aparece devido ao momento angular do elétron, é razoável que os valores permitidos de m_l dependam do valor de *l*, o número quântico momento angular. Há evidências teóricas e experimentais de que m_l pode assumir qualquer valor inteiro entre -*l* e +*l*, inclusive zero. Isto é, existem *2l+1* valores de m_l: *-l, -l+1,...., 0, 1,....., l-1, l.*

4. O Número Quântico Magnetico de Spin do Elétron m_s. Além do elétron gerar um momento magnético devido ao seu movimento angular, o elétron per si possui um momento angular intrínseco. Uma partícula carregada em rotação comporta-se como um pequeno ima. Por isso dizemos que o elétron tem um momento angular de "spin". O valor do número quântico associado com o spin é igual a *s* = ½, mas o número quântico magnético m_s pode ter dois valores: +½ ou ½. Abordaremos este assunto em detalhes em seções posteriores.

Visto que o valor de *n* restringe os possíveis valores de *l*, e, por sua vez, o valor de *l* restringe os valores permitidos de m_l, somente algumas combinações de números quânticos são possíveis. Por exemplo, vamos considerar o **estado de menor energia,** ou **estado fundamental,** do átomo de hidrogênio, para o qual *n*=1. Dado que *l* pode assumir valores de 0 a *n*-1, há apenas uma possibilidade: *l*=0 se *n*=1. O valor de *l* define os valores permitidos de m_l, e como somente os valores inteiros entre +*l* a -*l* são permitidos, m_l=0 se *l*=0. Finalmente, quaisquer que sejam os valores dos demais números quânticos m_s pode ser igual a +½ ou -½. Portanto, existem dois conjuntos de números quânticos permitidos para o átomo de hidrogênio no estado fundamental: *1*, 0, 0, +½ e 1, 0, 0, ½, respectivamente, para *n, l,* m_l e m_s. E, visto que estas duas combinações possuem exatamente a mesma energia, o estado fundamental do átomo de hidrogênio é *duplamente degenerado.*

As demais combinações possíveis de números quânticos correspondem aos **estados excitados** do átomo de hidrogênio. Se o elétron for excitado para o nível *n*=2, seu número quântico momento angular orbital pode ser *n*-1=1 ou *n*-2=0. Se *l*=0, o único valor possível de m_l=0 e,como discutido acima, m_s pode ser igual a +½ ou -½. Se *l*=1, m_l pode ser igual a -1, 0 ou 1, e m_s pode ser igual a +½ ou -½ para cada valor de m_l. Estas possibilidades são enumeradas na Tabela 10.4. Pode-se notar que existem oito combinações distintas de mesma energia, quando *n*=2. Assim, podemos dizer que este estado é *oito vezes degenerado.* Se o elétron for excitado para o estado *n*=3, *l* pode ser igual a 0, 1 ou 2. Conseqüentemente, existe um número maior de combinações possíveis: 18 no total. Em geral, o número de combinações possíveis de números quânticos com o mesmo valor de *n* é igual a $2n^2$.

Cada conjunto de números quânticos está associado com um tipo diferente de movimento do elétron. Agora, vamos estudar como o comportamento dos elétrons num átomo pode ser descrito. Na mecânica quântica $|\psi^2|$ é representação matemática da probabilidade de se encontrar um elétron em qualquer ponto do espaço. Esta função probabilidade é a

TABELA 10.4 NÚMEROS QUÂNTICOS E ORBITAIS

n	*l*	Orbital	m_l	m_s	Número de Combinações	
1	0	1*s*	0	$+\frac{1}{2}, -\frac{1}{2}$	2	
2	0	2*s*	0	$+\frac{1}{2}, -\frac{1}{2}$	2	8
2	1	2*p*	+1, 0, −1	$+\frac{1}{2}, -\frac{1}{2}$	6	
3	0	3*s*	0	$+\frac{1}{2}, -\frac{1}{2}$	2	18
3	1	3*p*	+1, 0, −1	$+\frac{1}{2}, -\frac{1}{2}$	6	
3	2	3*d*	+2, +1, 0, −1, −2	$+\frac{1}{2}, -\frac{1}{2}$	10	
4	0	4*s*	0	$+\frac{1}{2}, -\frac{1}{2}$	2	32
4	1	4*p*	+1, 0, −1	$+\frac{1}{2}, -\frac{1}{2}$	6	
4	2	4*d*	+2, +1, 0, −1, −2	$+\frac{1}{2}, -\frac{1}{2}$	10	
4	3	4*f*	+3, +2, +1, 0, −1, −2, −3	$+\frac{1}{2}, -\frac{1}{2}$	14	

melhor indicação de que dispomos de como os elétrons se comportam, pois como conseqüência do princípio da incerteza, a quantidade de informações que podemos obter acerca do elétron num átomo é limitada. Contudo, a mecânica quântica nos possibilita saber a probabilidade exata de se encontrar um elétron em dois pontos distintos, apesar de não sabermos como o elétron se desloca de um ponto para outro. Por conseguinte, o conceito de *órbita* é desprezado e substituido por uma descrição dos locais onde o elétron tem maior possibilidade de ser encontrado. A representação gráfica das probabilidades de se encontrar um elétron em função da posição num átomo é definido como um orbital.

Há diversos tipos de orbitais possíveis, cada um deles corresponde a uma combinação particular de números quânticos. Estes orbitais são classificados de acordo com os valores de n e de *l* a eles associados. Para evitar confusão, os valores numéricos de *l* serão subtituidos por letras. Os elétrons em orbitais com l=0 serão denominados elétrons *s*; aqueles que ocupam orbitais cujo l=1 serão denominados elétrons *p* e aqueles cujo l=2 serão os elétrons d (Tabela 10.4). Utilizando a notação alfabética para *l*, podemos dizer que no estado fundamental do átomo de hidrogênio (n=1, l=0) temos um elétron 1s, ou que o elétron está num orbital 1s.

Para tornar o conceito de orbital mais significativo, é útil examinarmos as funções de onda que são as soluções da equação de Schrödinger de um átomo monoeletrônico. Tais funções são obtidas por meio da Eq.(10.15), considerando que a energia potencial de atração entre o núcleo e o elétron obedece à lei de Coulomb:

$$V = -\frac{Ze^2}{4\pi\varepsilon_0 r},$$

onde *r* é a distância entre o núcleo e o elétron, indicada na Fig.10.12. As derivadas parciais da Eq.(10.15) devem ser convertidas do sistema de coordenadas cartesianas para o sistema de coordenadas esféricas polares, mostrada na Fig.10.12, pois um átomo possui uma simetria esférica. Porém, não demostraremos como esta mudança de coordenadas pode ser efetuada. As funções de onda podem ser expressas como o produto de duas funções, uma das quais depende somente dos ângulos o θ e ø ("parte angular"χ), enquanto a outra é uma função apenas da distância núcleo-elétron *r* ("parte radial" *R*). Então, temos que

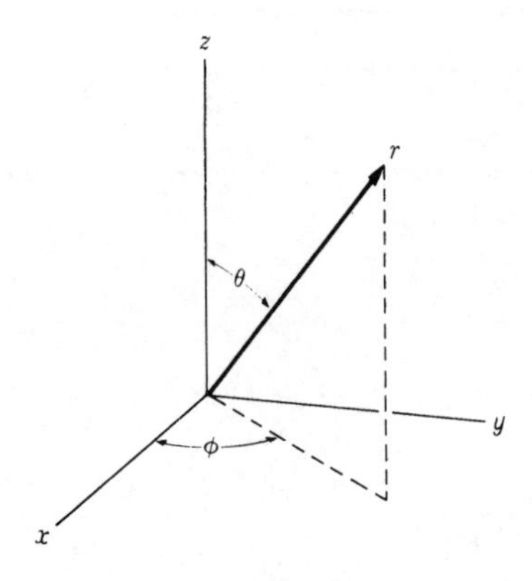

Fig. 10.12 Relação entre as coordenadas esféricas polares *r*, θ e ϕ e cartesianas *x*, *y* e *z*. O núcleo está na origem e o elétron está no fim do vetor posição.

$$\psi(r, \theta, \phi) = R(r)\chi(\theta, \phi).$$

Esta fatoração ajuda-nos a ter uma melhor compreensão da função de onda, pois ela nos permite considerar a parte angular e radial separadamente.

A Tabela 10.5 contém as expressões para as partes angular e radial das funções de onda monoeletrônicas de um átomo. Lembre-se de que a parte angular da função de onda de um orbital do tipo s é sempre a mesma, $(1/4\pi)^{1/2}$, qualquer que seja o número quântico principal. A mesma consideração acima é válida para a parte angular dos orbitais *p* e *d*: elas são independentes do número quântico principal. Portanto, todos os orbitais de um mesmo tipo (*s, p* ou *d*) tem o mesmo comportamento angular. No entanto, a parte radial das funções de onda depende do número quântico principal e do número quântico momento angular *l*, como pode-se observar na Tabela 10.5.

A energia do átomo de hidrogênio depende somente da parte radial da função de onda. Isto ocorre porque a energia potencial é uma função apenas de *r*, e o resultado clássico, Eq.(10.9), continua sendo válido. Para aplicarmos esta equação, deveremos tirar uma média de todas as energias em função do raio *r*, de modo que

$$E = \frac{1}{2}\bar{V} = \frac{-Ze^2}{8\pi\varepsilon_0}\overline{\frac{1}{r}} \tag{10.22}$$

Esta equação também pode ser deduzida a partir do teorema virial, o qual será utilizado na determinação da energia eletrônica das moléculas.

A simbologia utilizada na Tabela 10.5 para a parte radial dos orbitais não correspondem ao dos valores de m_l da Tabela 10.4. Entretanto, três orbitais *p* com $l=1$ e cinco orbitais *d* com l=2 são mostrados. Estes são coerentes com o número de orbitais degenerados, 2l+1, esperados para estas funções de onda. Sempre que duas ou mais funções de onda tiverem a mesma energia, a combinação linear destas funções também será uma solução da Eq.(10.13). Logo, existe mais de uma maneira de expressarmos um conjunto de funções de onda degeneradas. Os orbitais p_x, p_y e p_z são paralelos aos eixos cartesianos ortogonais *x, y* e *z*. Visto que vamos usar estes orbitais para formar as ligações químicas, é conveniente expressarmos as funções de onda degeneradas como uma combinação linear das mesmas. Estas devem apontar na direção dos núcleos localizados sobre tais eixos.

Para obtermos a função de onda de um estado particular, basta multiplicar as partes angular e radial apropriadas. Assim, a função de onda de um orbital 1*s* é

$$\psi(1s) = \frac{1}{\pi^{1/2}}\left(\frac{Z}{a_0}\right)^{3/2} e^{-Zr/a_0},$$

TABELA 10.5 PARTES ANGULAR E RADIAL DAS FUNÇÕES DE ONDA DO ÁTOMO DE HIDROGÊNIO

Parte Angular, $x(\theta, \phi)$	Parte Radial,* $R_{n,l}(r)$
$\chi(s) = \left(\frac{1}{4\pi}\right)^{1/2}$	$R(1s) = 2\left(\frac{Z}{a_0}\right)^{3/2} e^{-\sigma/2}$
$\chi(p_x) = \left(\frac{3}{4\pi}\right)^{1/2} \text{sen}\,\theta \cos\phi$	$R(2s) = \frac{1}{2\sqrt{2}}\left(\frac{Z}{a_0}\right)^{3/2} (2-\sigma)e^{-\sigma/2}$
$\chi(p_y) = \left(\frac{3}{4\pi}\right)^{1/2} \text{sen}\,\theta\ \text{sen}\,\phi$	$R(2p) = \frac{1}{2\sqrt{6}}\left(\frac{Z}{a_0}\right)^{3/2} \sigma e^{-\sigma/2}$
$\chi(p_z) = \left(\frac{3}{4\pi}\right)^{1/2} \cos\theta$	
$\chi(d_{z^2}) = \left(\frac{5}{16\pi}\right)^{1/2} (3\cos^2\theta - 1)$	
$\chi(d_{xz}) = \left(\frac{15}{4\pi}\right)^{1/2} \text{sen}\,\theta\cos\theta\cos\phi$	$R(3s) = \frac{1}{9\sqrt{3}}\left(\frac{Z}{a_0}\right)^{3/2} (6 - 6\sigma + \sigma^2)e^{-\sigma/2}$
$\chi(d_{yz}) = \left(\frac{15}{4\pi}\right)^{1/2} \text{sen}\,\theta\cos\theta\sin\phi$	$R(3p) = \frac{1}{9\sqrt{6}}\left(\frac{Z}{a_0}\right)^{3/2} (4-\sigma)\sigma e^{-\sigma/2}$
$\chi(d_{x^2-y^2}) = \left(\frac{15}{16\pi}\right)^{1/2} \text{sen}^2\,\theta\cos 2\phi$	$R(3d) = \frac{1}{9\sqrt{30}}\left(\frac{Z}{a_0}\right)^{3/2} \sigma^2 e^{-\sigma/2}$
$\chi(d_{xy}) = \left(\frac{15}{16\pi}\right)^{1/2} \text{sen}^2\,\theta\ \text{sen}\,2\phi$	

* $\sigma = \frac{2Zr}{na_0}$; $a_0 = \frac{\varepsilon_0 h^2}{\pi m e^2}$

onde a_0 é o raio de Bohr, 0,529 x 10^{-8} cm. Elevando esta função ao quadrado, obtemos a expressão que nos permite calcular a probabilidade de se encontrar o elétron por unidade de volume, em função de r, a distância elétron-núcleo:

$$\psi^2(1s) = \frac{1}{\pi}\left(\frac{Z}{a_0}\right)^3 e^{-2Zr/a_0}.$$

Podemos perceber a partir da equação acima que a probabilidade de se encontrar o elétron num orbital *1s* é independente das coordenadas angulares θ e ø, e decresce monotonicamente à medida que o raio r aumenta.

Uma representação gráfica de um orbital é freqüentemente útil numa discussão. Uma maneira de representarmos graficamente um orbital é por meio da apresentação da probabilidade de se encontrar o elétron em função da distância com relação ao núcleo. Este gráfico é mostrado na Fig.10.13(a) para o átomo de hidrogênio no estado descrito por n=1 e l=0. Podemos perceber que existe uma probabilidade finita de encontrarmos o elétron em qualquer ponto entre zero e infinito. Este resultado é totalmente incoerente com a teoria de Bohr, no qual foi definido um raio exato para o elétron.

Este tipo de representação não deixa claro a dependência da função probabilidade com relação às coordenadas angulares, o qual juntamente com r define a localização de um ponto no espaço. Uma forma de resolvermos tal problema é por meio do gráfico de mapas de contorno das probabilidades de se encontrar um elétron por unidade de volume, como mostrado na Fig.10.13(b). O fato dos contornos de probabilidade constante serem constituidos de camadas concêntricas distribuidas simetricamente em torno da origem, nos permite inferir que o orbital correspondente ao estado fundamental do átomo de hidrogênio tem forma esférica. Uma maneira mais simples de representar a forma dos orbitais é por meio de um gráfico no qual se representa uma única superfície de contorno onde a probabilidade de se encontrar o elétron seja constante. No caso do átomo de hidrogênio a superfície de $|\psi^2|$ constante é uma esfera.

Agora, vamos examinar as partes radiais dos orbitais $2s$ e $3s$. Desconsiderando-se as constantes, o orbital $2s$ pode ser expresso em função de r como

$$\psi(2s) \propto \left(2 - \frac{Zr}{a_0}\right) e^{-Zr/2a_0}.$$

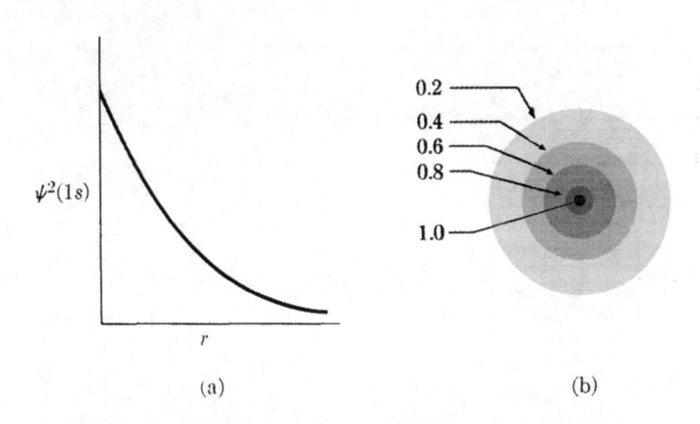

Fig. 10.13 Representação do orbital Zs do hidrogênio: (a) ψ^2 em função de r; e (b) contornos de valores constantes de ψ^2 medidos em relação ao ψ^2 na origem.

Pode-se notar que a amplitude da função $2s$ diminui mais lentamente que a do orbital $1s$, pois no primeiro o fator exponencial é igual a $-Zr/2a_0$, enquanto que no segundo é igual a $-Zr/a_0$. Esta é uma das razões porque os elétrons $2s$ tendem a ficar mais afastados do núcleo e possuem energias maiores do que dos elétrons 1s.

O fator $(2 - Zr/a_0)$ controla o sinal da função de onda $2s$. Quando os valores de r são pequenos, $Zr/a_0 < 2$, e a função é positiva. Se $r = 2a_0/Z$, a amplitude da função de onda é igual a zero, e este raio corresponde ao local onde deve aparecer um **nó radial.**

Uma análise similar pode ser aplicada à função $3s$. Neste caso o termo exponencial é igual a $-Zr/(3a_0)$, o qual faz com que a função de onda diminua ainda mais lentamente com o aumento de r que as funções $\psi(1s)$ e $\psi(2s)$. Logo, o elétron 3s está mais afastado do núcleo, em média, do que um elétron 1s ou 2s. Mais uma vez, os nós radiais da função $\psi(3s)$ são encontrados nas distâncias r em que a função se torna igual a zero. Assim, resolvendo a equação (vide $\psi(3s)$ na Tabela 10.5)

$$6 - \frac{4Zr}{a_0} + \frac{4}{9}\frac{Z^2r^2}{a_0^2} = 0$$

poderemos obter as posições dos nós radiais. Dado que esta é uma equação quadrática em função de r, deveremos encontrar duas soluções e, portanto, dois nós radiais. De modo geral, para um orbital ns existem n-1 nós radiais. Perceba que o número de nós aumenta à medida que aumenta a energia, exatamente como no caso das funções para a partícula na caixa.

Agora, vamos examinar a função de onda $2p$ em detalhes. A parte radial de $\psi(2p)$ (Tabela 10.5) é

$$R(2p) = \frac{1}{2\sqrt{6}}(Z/a_0)^{3/2}(Zr/a_0)e^{-Zr/(2a_0)}.$$

Logo, a função de onda $2p$ não possui nenhum nó para valores finitos de r. Em contraste com as funções do tipo s, os quais não se anulavam no ponto r=0, as funções do tipo p possuem amplitude igual a zero na origem. Esta importante diferença algumas vezes é descrita dizendo que o elétron s tem a habilidade de penetrar no núcleo, enquanto que o elétron p consegue chegar próximo mas nunca poderá se aproximar mais do que um certo limite. Posteriormente veremos que os elétrons d apresentam uma capacidade ainda menor de se aproximarem do núcleo. Esta diferença entre os elétrons s, p e d podem ser utilizados para explicar certas variações nos valores de Z_{ef}, encontradas nos átomos multieltrônicos.

Os orbitais p não são esfericamente simétricos, ao contrário dos orbitais s. Este fato pode ser mais facilmente visualizado examinado-se a parte angular das funções $2p$. (Os três orbitais p são idênticos, exceto pela direção do seu eixo de simetria. Estes são coincidentes com os eixos do sistema de coordenadas cartesianas ortogonais. Por isso, torna-se conveniente distinguí-los representando-os como p_x, p_y e p_z.) Podemos notar observando a Tabela 10.5 que $\psi(2p_z)$ é proporcional a cos x. Então, ele deve ter um valor máximo ao longo do eixo z, para o qual $\theta = 0$ e $\cos 0 = 1$, o valor máximo da função cosseno. Analogamente, ao longo do eixo z negativo a função $2p_z$ adquire seu valor mais negativo, pois $\theta = \pi$ e $\cos \pi = -1$, o valor mais negativo de uma função cosseno. O fato daparte angular atingir seu valor máximo ao longo do eixo z é responsável pela designação p_z para esta função. Em qualquer ponto sobre o plano xy $\theta = \pi/2$ e $\cos \theta = 0$. Portanto, o plano nodal da função $2p_z$ coincide com o plano xy.

Uma análise similar pode ser efetuada para as demais funções $2p$. A função p_x possui um plano nodal coincidente com o plano yz, pois esta função é proporcional a sen θ cos ø, e cos ø = 0 em qualquer parte daquele plano. O valor máximo de 1 para sen θ x e cos ø aparece ao longo do eixo x positivo. A função p_y, proporcional a sen θ sen ø, se anula sobre o plano xz, onde sen γ = 0. Seu máximo se encontra ao longo do eixo y positivo, onde tanto sen θ como sen ø são iguais à unidade.

São apresentadas na Fig.10.14 duas formas de representar a parte angular da função p_z. Na primeira, o cos θ foi

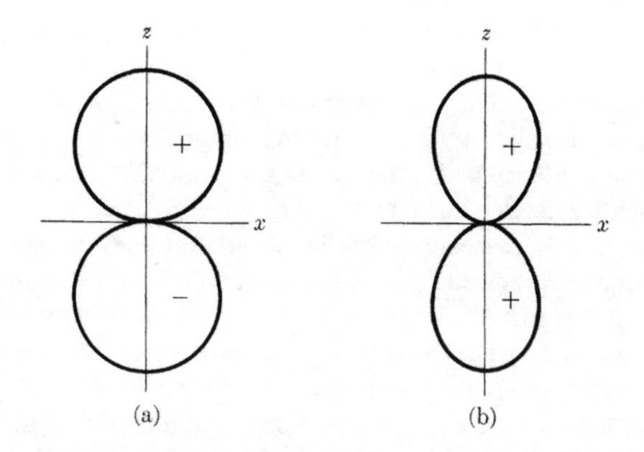

Fig. 10.14 Parte angular do orbital $2p_z$. (a) Gráfico de cos θ no plano xz, que representa a parte angular da função de onda $2p_z$. Observar a diferença no sinal da função entre os dois lobos. (b) Gráfico de $\cos^2\theta$ no plano xz, que representa o quadrado da função de onda e portanto a densidade de probabilidade de se encontrar um elétron.

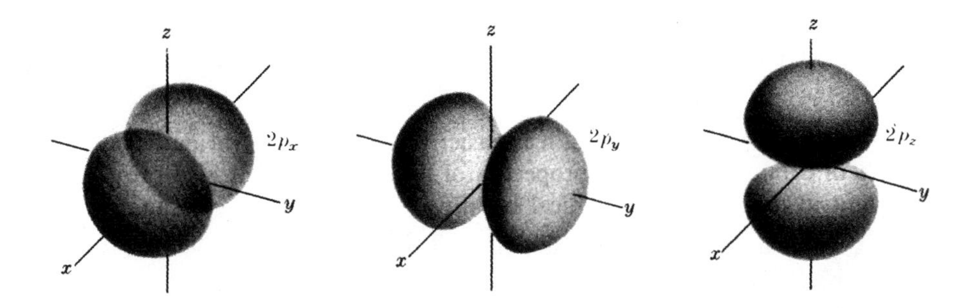

Fig. 10.15 Orbitais $2p$ do átomo de hidrogênio. (Adaptado de K. B. Harvey e G. B. Porter, *An Introduction to Physical Inorganic Chemistry*. Reading, Mass.: Addison-Wesley, 1963.)

plotado em função de θ, originando dois círculos se tangenciando na origem. O nó no plano xy (plano perpendicular à página) assim como o máximo da função ao longo do eixo z ficam claros. A função cosseno é positiva para z positivos e vice-versa. Se o quadrado da parte angular, $\cos^2\theta$, for plotado da maneira indicada na Fig. 10.14(b), é obtido uma curva que se assemelha à dois elipsóides tangenciando pela extremidade mais estreita. O nó e a localização dos pontos de máxima da função se tornam mais claros que no gráfico de cos θ. Ambas as representações são utilizadas de forma corrente.

A representação simultânea das partes radial e angular de $|\psi^2|$ dos orbitais p é mais difícil, e são mostradas na Fig. 10.15. As superfícies de $|\psi^2|$ constantes tem a forma de dois lóbulos esferoidais, estando o núcleo localizado entre eles, no plano nodal.

No caso de um elétron com n=3, l pode ser igual a 0, 1 e 2. Então, podemos ter um elétron $3s$, $3p$ ou $3d$. Se l for igual a 2, m_l pode assumir cinco valores diferentes, dando origem a cinco orbitais. As formas aproximadas dos orbitais d são mostradas na Fig. 10.16. Dois destes orbitais tem seus lóbulos apontados na direção dos eixos coordenados, enquanto que os eixos de simetria dos três restantes estão contidos nos planos, mas os lóbulos estão entre os eixos cartesianos. A denominação dos orbitais d são dadas na Fig. 10.16, e se originam das direções ou dos planos nos quais os orbitais apresentam sua máxima densidade de probabilidade.

Vimos até agora funções de onda que são função apenas da distância radial r (orbitais s) e funções que dependem tanto de r como de θ e ø (orbitais p e d). Podemos fixar melhor o comportamento geral das funções de onda por meio da sistematização de suas propriedades nodais. Considerando

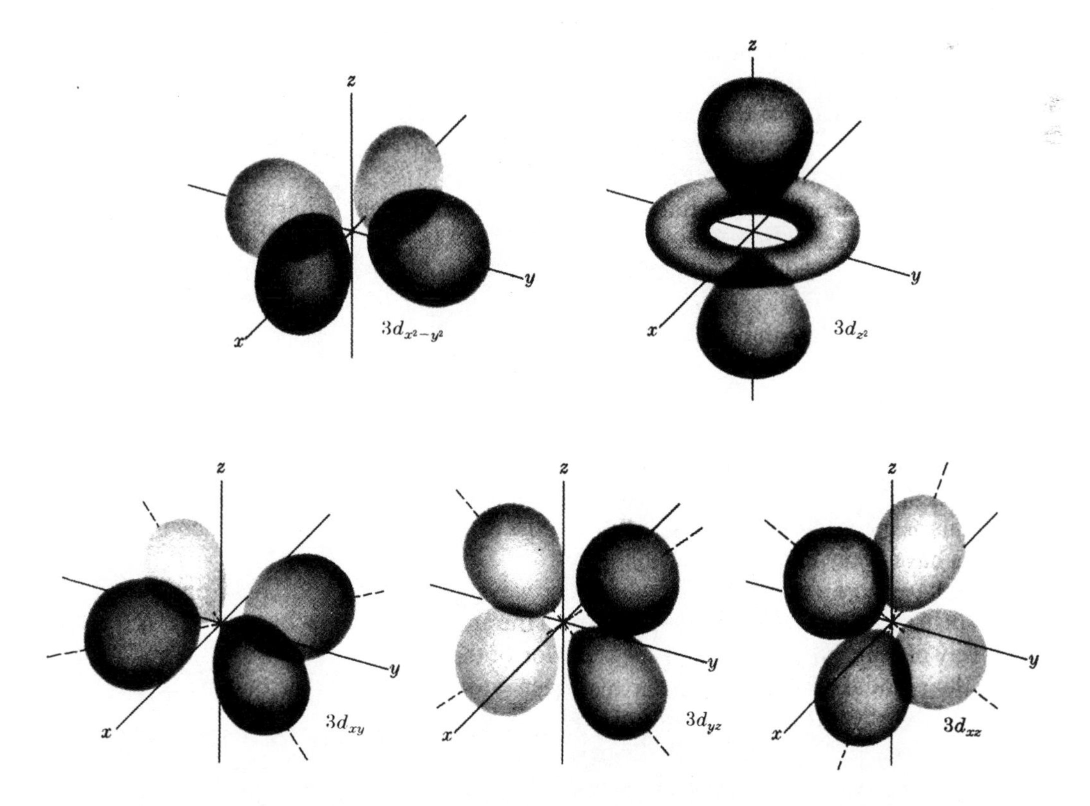

Fig. 10.16 Orbitais $3d$ do átomo de hidrogênio. Observar a relação entre as denominações dos orbitais d e as suas orientações no espaço. (Adaptado de K. B. Harvey e G. B. Porter, *An Introduction to Physical Inorganic Chemistry*. Reading, Mass.: Addison-Wesley, 1963.)

uma função de onda do átomo de hidrogênio cujo número quântico principal é igual a n, encontraremos um total de n-1 nós, localizados a uma distância radial r finita. Alguns destes n-1 nós poderão ser encontrados ao nos afastarmos do núcleo, qualquer que seja a direção tomada. Estes são denominados nós radiais. Outros poderão ser encontrados quando observamos em torno do átomo, a uma certa distância do núcleo. Estes são denominados **nós angulares**. Examinando melhor as funções de onda, podemos constatar que o número de nós angulares é igual a l, o número quântico momento angular. Assim, temos que

número total de nós $= n - 1$,
número de nós angulares $= l$,
número de nós radiais $= n - l - 1$.

Tendo estas relações em mente, torna-se mais fácil interpretar as várias representações qualitativas dos orbitais. As propriedades nodais das funções de onda são importantes para a compreensão da teoria da ligação química. Por isso, é aconselhável analisar e entender tais propriedades da maneira mais completa possível. Finalmente, devemos notar que o número total de nós numa função de onda, algumas vezes é definido como sendo igual a n ao invés de n - 1. Nestes casos, o nó que sempre existe em $r = \infty$ foi incluido nos cálculos.

Agora que temos a forma geral ou melhor, conhecemos as propriedades angulares dos orbitais, podemos examinar aquilo que é denominado a **distribuição de probabilidade radial** de um elétron. Esta é definida como a probabilidade de se encontrar o elétron em qualquer parte de uma casca esférica de raio r e espessura dr. Esta probabilidade radial difere da probabilidade que vimos anteriormente ao fazermos o gráfico de ψ^2 em função de r, para o átomo de hidrogênio (Fig.10.13(a)). Neste caso estávamos interessados simplesmente na probabilidade de encontrar o elétron *num dado ponto,* a uma distância r do núcleo. No presente caso queremos conhecer a probabilidade de encontrarmos o elétron em *qualquer ponto* que esteja localizado à uma distância entre r e $r + dr$ do núcleo. Portanto, a função da probabilidade radial é definido por $|R|$, a parte radial da função de onda elevada ao quadrado e multiplicado pelo volume da casca esférica: $4\pi r^2 dr$.

Na Fig.10.17 são mostradas como as probabilidades radiais de algumas funções de onda dependem da distância do núcleo. A probabilidade de se encontrar o elétron muito próximo do núcleo é pequena, pois o termo $4\pi r^2$ também é pequeno nesta regiao. A probabilidade radial máxima é atingida quando o valor de r é igual ao raio no qual existe a maior possibilidade de se encontrar o elétron. No caso do elétron 1s do átomo de hidrogênio, o raio de maior probabilidade é igual a a_0. Também, pode-se notar que, em média, o elétron 2s passa a maior parte do tempo a uma distância maior do núcleo do que um elétron 1s. Isto é qualitativamente consistente com as energias relativas dos estados 1s e 2s, pois o elétron que, em média, se encontra mais próximo do núcleo deve ter a menor energia. Comparando-se as curvas de distribuição radial de elétrons com o mesmo valor de n mas diferentes valores de l, nota-se que as distâncias entre estes elétrons e o núcleo são similares. Todavia, um elétron s possui uma maior chance de estar mais próximo do núcleo do que um elétron p. Este por sua vez tem uma maior probabilidade de ser encontrado mais próximo do núcleo do que um elétron d. As diferentes capacidades dos elétrons s, p e d de se aproximarem do núcleo deve ser analisado cuidadosamente, pois o mesmo comportamento pode ser observado em átomos com mais de um elétron, se do responsável por muitos dos detalhes estruturais encontrados na tabela periódica.

As funções de onda podem ser utilizadas para se fazer estimativas quantitativas acerca da posição média do elétron. Por exemplo, o valor médio de $1/r$ é dado por

$$\overline{\frac{1}{r}} = \frac{\pi m e^2 Z}{\varepsilon_0 n^2 h^2} = \frac{Z}{a_0 n^2}. \qquad (10.23)$$

Esta equação também pode ser obtida combinando-se as Eqs.(10.21) e (10.22). Obviamente, o raio médio, $\bar{r}$, não pode ser obtido calculando-se o recípro da média de $1/r$. Este pode ser deduzido utilizando as funções de onda, porém um resultado bastante complicado é obtido para um átomo monoeletrônico:

$$\bar{r} = \frac{a_0 n^2}{Z}\left\{1 + \frac{1}{2}\left[1 - \frac{l(l+1)}{n^2}\right]\right\}. \qquad (10.24)$$

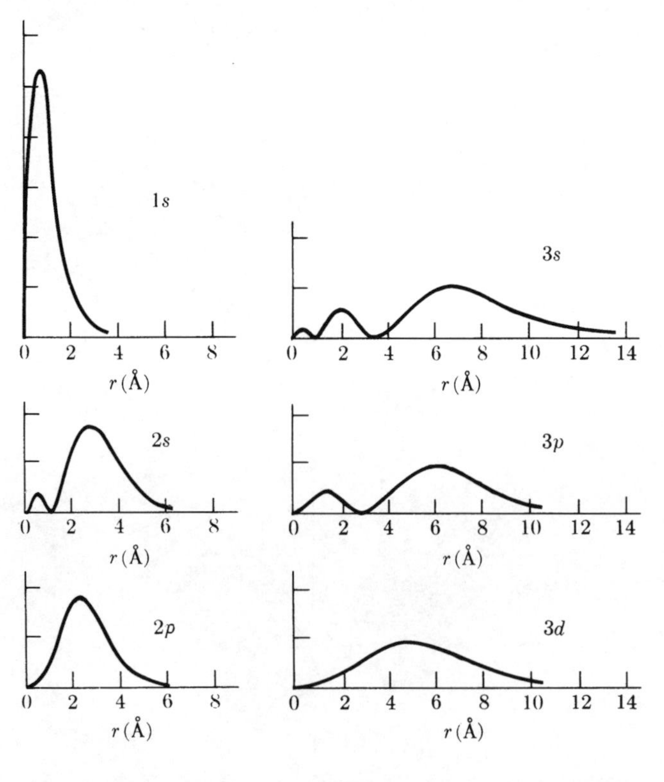

Fig. 10.17 Densidade de probabilidade radial para alguns orbitais do átomo de hidrogênio. A ordenada é proporcional a $4\pi r^2 R^2$, e todas as distribuições estão na mesma escala

A forma do orbital a grandes distâncias do núcleo é importante para a determinação do valor de $\bar{r}$. Visto que $\bar{r}$ é menor para um orbital $2p$ do que para um orbital $2s$, a densidade eletrônica de um orbital p deve diminuir mais rapidamente, a grandes distâncias, do que a densidade eletrônica do orbital s correspondente. Compare as duas curvas de distribuição de probabilidades radiais para perceber que isto realmente ocorre.

10.6 Átomos Multieletrônicos

Se tentarmos aplicar a mecânica quântica para o caso de átomos com muitos elétrons, perceberemos que se trata de um procedimento matemático bastante complicado. Contudo, resultados teóricos em excelente concordância com os dados experimentais tem sido obtidos. Nestes cálculos, geralmente, admite-se que os elétrons num átomo multieletrônico se comportam como se fossem **elétrons independentes**. Por exemplo, as energias cinética e potencial dos dois elétrons do átomo de hélio podem ser expressas por

$$\mathcal{H} = T + V = T_1 + T_2 + V_1 + V_2 + V_{12},$$

onde os subscritos se referem aos elétrons 1 e 2. Os dois elétrons possuem energias cinéticas independentes e a atração coulômbica com relação ao núcleo também são independentes. A única maneira do elétron sentir a presença do outro é por meio da repulsão eletrostática entre os mesmos. Esta interação pode ser expressa como:

$$V_{12} = \frac{e^2}{4\pi\varepsilon_0 r_{12}},$$

onde r_{12} é a distância entre os dois elétrons. Se pudéssemos desprezar V_{12}, podemos definir duas equações de Schrödinger independentes, um para cada elétron. Então, a energia do átomo de hélio E(He) e suas funções de onda devem ser

$$E(\text{He}) = E_1 + E_2 \qquad (10.25)$$

$$\psi(\text{He}) = \psi_1\psi_2. \qquad (10.26)$$

A segunda equação pode não ser óbvia, mas ela surge naturalmente da Eq.(10.13) se considerarmos que $\mathcal{H} = \mathcal{H}_1 + \mathcal{H}_2$.

Se quisermos o estado fundamental do hélio, E_1 e E_2 devem ter o menor valor possível. Portanto, os dois elétrons devem estar no orbital $1s$ e $Z=2$, o número atômico do hélio. Se estendermos o mesmo raciocínio para o átomo de Li, deveríamos colocar os três elétrons no orbital 1s. No entanto, vimos na Fig.10.10 que, de acordo com as observações experimentais, o terceiro elétron do lítio se encontra num orbital com $n=2$. Baseando-se em tais observações W. Pauli propôs, em 1925, aquilo que foi denominado **princípio de exclusão de Pauli.** Segundo este princípio nenhum elétron num átomo pode ter os mesmos valores de n, l, m e m . Em outras palavras, se dois elétrons estiverem ocupando o mesmo orbital, eles devem ter os mesmos valores de n, l e m_l, mas seus m_s deverão ser diferentes. Os dois elétron que ocupam o mesmo orbital, porém com valores de m_s de sinais contrários, são denominados **elétrons emparelhados**.

No caso do átomo de He tendo dois elétrons ocupando o orbital $1s$, $m_s = +\frac{1}{2}$ para um deles e $m_s = -\frac{1}{2}$ para o outro, ou seja, temos um par de elétrons emparelhados. Os dois primeiros elétrons estão emparelhados no orbital $1s$ do átomo de lítio. Para não infringirmos o princípio de exclusão de Pauli, o terceiro elétron deve ir para um dos orbitais com $n=2$, de maior energia. Podemos notar observando-se a Fig.10.10 que os orbitais $2s$ e $2p$ não possuem a mesma energia: a energia do orbital $2s$ é menor do que do orbital $2p$, no caso de átomos multieletrônicos. Este comportamento pode ser explicado considerando-se o efeito de blindagem da carga nuclear pelos demais elétrons. Esta blindagem é resultante do termo V_{12} ou **repulsão elétron-elétron**.

Blindagem da Carga Nuclear

Como foi dito anteriormente, há evidências experimentais de que o orbital $2s$ tem uma energia menor do que o orbital $2p$ no átomo de lítio. Esta diferença deve aparecer devido à presença dos dois elétrons internos 1s, pois todos os orbitais com $n=2$ possuem a mesma energia, no caso do átomo de hidrogênio. Observando a Fig.10.17 podemos notar que o elétron 1s passa a maior parte do tempo próximo ao núcleo, enquanto os elétrons $2s$ e $2p$ se encontram, na maior parte do tempo, em regiões mais afastadas do núcleo. No átomo de lítio, os elétrons $2s$ ou $2p$ sentem uma carga nuclear efetiva Z_{ef} menor do que a carga total $Z=3$ do núcleo. Na realidade, Z_{ef} pode ser tão pequeno quanto 1. Contudo, se o elétron com $n=2$ estiver dentro da nuvem formada pelos elétrons $1s$, ele deve sentir uma carga nuclear aproximadamente igual a 3. Há um pequeno aumento na probabilidade de se encontrar o elétron $2s$ próximo ao núcleo, como pode-se observar na Fig.10.17. Por causa desta pequena diferença os elétrons $2s$ tem uma capacidade maior de penetrar a camada formada pelos elétrons $1s$, são menos blindados e, portanto, possuem uma energia menor do que os elétrons $2p$.

Pode-se observar também (Fig.10.10) que os elétrons 3s são menos blindados que os $3p$, que por sua vez são menos blindados do que os $3d$. Muito cuidado deve ser tomado ao se considerar o efeito de blindagem para estimar a posição dos níveis de energia monoeletrônicos. A natureza da blindagem depende do número de elétrons no átomo. Ao utilizarmos funções de onda que consideram os elétrons como sendo independentes, teremos de prestar muita atenção nas variações de intensidade do efeito de blindagem à medida que o número de elétrons aumenta.

Configuração Eletrônica

A prática de se utilizar níveis de energia monoeletrônicos para descrever átomos multieletrônicos é denominado **princípio de aufbau** ou **da construção**, aplicado pela primeira vez por Bohr. Agora sabemos muito mais a respeito do efeito de blindagem e podemos explicar os níveis de energia de todos os átomos da tabela periódica. A distribuição dos elétrons nos orbitais monoeletrônicos é denominada **configuração**. A determinação da configuração eletrônica de um átomo ou de um íon se constitui na primeira etapa para a determinação de suas funções de onda. Para começarmos, precisamos estabelecer uma ordem aproximada para os orbitais monoeletrônicos. Neste processo devem ser levados em consideração os efeitos de blindagem. Logo, precisamos conhecer o número de elétrons que a espécie considerada possui. Um exemplo é dado na Fig.10.18.

A Fig.10.18(a) contém um número suficiente de orbitais ou níveis para acomodar 30 elétrons, de modo que podemos obter as configurações eletrônicas desde o átomo de hidrogênio até o átomo de zinco. Os três orbitais $2p$ e $3p$ podem ser discriminados utilizando-se os valores de m_l, -1, 0 e +1, ou usando a notação P_x, p_y e p_z. Note que os cinco orbitais $3d$ estão acima dos orbitais $4s$. Esta mudança é provocada pelo efeito de blindagem pelos elétrons $1s$, $2s$, $2p$, $3s$ e $3p$ internos. Todavia, quando 20 ou 30 elétrons estão presentes, os níveis $3d$ e $4s$ se aproximam e eventualmente o nível $3d$ pode estar abaixo do $4s$.

Onze elétrons foram colocados nos orbitais mostrados na Fig.10.18(a) de modo a obtermos a configuração eletrônica de menor energia do átomo de Na. Dado que o spin eletrônico representa um momento angular o qual é um vetor, é comum indicar os valores de m_s por meio de setas para cima ou para baixo. O número quântico magnético está relacionado com a direção do momento angular. A seta para baixo representa $m_s = -½$ e a seta para cima $m_s = +½$. Segundo o princípio de exclusão de Pauli, os dois elétrons que ocupam um orbital devem estar emparelhados, como mostrado na Fig.10.18(b). O último elétron do átomo de Na deve ser colocado no orbital $3s$, mas o spin pode ser positivo ou negativo, pois as energias de ambas as configurações são iguais. Uma situação semelhante a que acabamos de descrever, na qual um orbital pode ter qualquer um dos dois valores de m_s é denominado um **estado dublete**. Assim, podemos concluir que o estado fundamental do átomo de H é um estado dublete.

A configuração eletrônica mostrada na Fig.10.18(b) pode ser representada por um conjunto de funções de onda para elétrons independentes como:

$$\psi_0(\text{Na}) = 1s^2 2s^2 2p^6 3s.$$

Para obtermos o átomo de Na no seu primeiro estado excitado devemos promover o elétron de maior energia para um orbital $3p$. Neste caso, sua função de onda seria

$$\psi_1(\text{Na}) = 1s^2 2s^2 2p^6 3p.$$

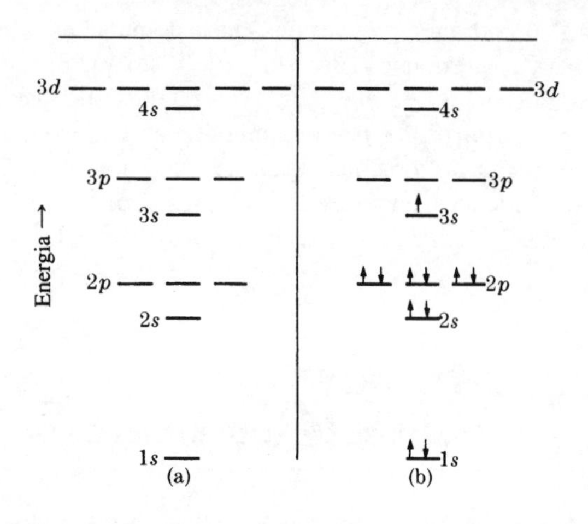

Fig. 10.18 Níveis de energias monoeletrônicos aproximados para átomos multieletrônicos: (a) os níveis até 3d; (b) configuração eletrônica para o estado de menor energia do sódio (o último elétron pode ter $m_s = ½$ ou ms = -½).

Existem seis "maneiras" diferentes de se acomodar este elétron nos três orbitais $3p$. Resolvendo um Hamiltoniano contendo vários termos bastante complicados, pode-se chegar à conclusão de que duas dessas configurações possuem uma mesma energia, e as outras quatro são isoenergéticas mas com uma energia diferente. Contudo, a separação entre eles é muito pequena. A luz amarela emitida pelo átomo de Na, num teste de chama ou por uma lâmpada de vapor de sódio, é resultante do decaimento de átomos no estado excitado ψ para o estado ψ_0.

Na Tabela 10.6 são mostradas as configurações eletrônicas observadas para o estado fundamental de todos os átomos, no estado gasoso. Devido à grande quantidade de informações contidas na Tabela 10.6, examinaremos alguns poucos elementos de cada vez. Se formos preenchendo os orbitais dados na Fig.10.18, podemos obter a configuração eletrônica correta até o átomo de crômio, cujo número atômico é igual a 24. Neste elemento, observa-se uma pequena mudança na ordem dos orbitais, provocada pela maior estabilidade dos orbitais semi-preenchidos. Por isso, a configuração eletrônica de menor energia do átomo de Cr é -$3d^5 4s$ ao invés de -$3d^4 4s^2$. Perceba que nesta configuração os orbitais $3d$ e $4s$ se encontram semi-preenchidos. Esta consideração pode ser estendida para o caso de orbitais p e d. É interessante notar que ocorre uma pequena diminuição na repulsão elétron-elétron quando cada orbital degenerado contém apenas um elétron. Estas diferenças de energia são insignificantes para a química do crômio, a qual se concentra basicamente na química dos íons Cr^{6+} e Cr^{3+}. Os orbitais $3d$ e $4s$ estão vazios no íon Cr^{6+}, enquanto que a configuração eletrônica de menor energia do íon Cr^{3+} é -$3d^3$. Posteriormente discutiremos os motivos da ausência de elétrons $4s$ no íon Cr^{3+}. No momento, basta saber que os orbitais $3d$ possuem uma energia menor do que os orbitais $4s$, nos **íons de metais de transição** tais como Ti^{3+}, Cr^{3+}, Mn^{2+} e Cu^{2+}

TABELA 10.6 CONFIGURAÇÃO ELETRÔNICA DE ÁTOMOS GASOSOS

Número Atômico	Configuração Elemento	Número Eletrônica*	Configuração Atômico	Elemento	Eletrônica
1	H	$1s$	53	I	—$4d^{10}5s^{2}5p^{5}$
2	He	$1s^{2}$	54	Xe	—$4d^{10}5s^{2}5p^{6}$
3	Li	[He] $2s$	55	Cs	[Xe] $6s$
4	Be	—$2s^{2}$	56	Ba	—$6s^{2}$
5	B	—$2s^{2}2p$	57	La	—$5d6s^{2}$
6	C	—$2s^{2}2p^{2}$	58	Ce	—$4f5d6s^{2}$
7	N	—$2s^{2}2p^{3}$	59	Pr	—$4f^{3}6s^{2}$
8	O	—$2s^{2}2p^{4}$	60	Nd	—$4f^{4}6s^{2}$
9	F	—$2s^{2}2p^{5}$	61	Pm	—$4f^{5}6s^{2}$
10	Ne	—$2s^{2}2p^{6}$	62	Sm	—$4f^{6}6s^{2}$
11	Na	[Ne] $3s$	63	Eu	—$4f^{7}6s^{2}$
12	Mg	—$3s^{2}$	64	Gd	—$4f^{7}5d6s^{2}$
13	Al	—$3s^{2}3p$	65	Tb	—$4f^{9}6s^{2}$
14	Si	—$3s^{2}3p^{2}$	66	Dy	—$4f^{10}6s^{2}$
15	P	—$3s^{2}3p^{3}$	67	Ho	—$4f^{11}6s^{2}$
16	S	—$3s^{2}3p^{4}$	68	Er	—$4f^{12}6s^{2}$
17	Cl	—$3s^{2}3p^{5}$	69	Tm	—$4f^{13}6s^{2}$
18	Ar	—$3s^{2}3p^{6}$	70	Yb	—$4f^{14}6s^{2}$
19	K	[Ar] $4s$	71	Lu	—$4f^{14}5d6s^{2}$
20	Ca	—$4s^{2}$	72	Hf	—$4f^{14}5d^{2}6s^{2}$
21	Sc	—$3d4s^{2}$	73	Ta	—$4f^{14}5d^{3}6s^{2}$
22	Ti	—$3d^{2}4s^{2}$	74	W	—$4f^{14}5d^{4}6s^{2}$
23	V	—$3d^{3}4s^{2}$	75	Re	—$4f^{14}5d^{5}6s^{2}$
24	Cr	—$3d^{5}4s$	76	Os	—$4f^{14}5d^{6}6s^{2}$
25	Mn	—$3d^{5}4s^{2}$	77	Ir	—$4f^{14}5d^{7}6s^{2}$
26	Fe	—$3d^{6}4s^{2}$	78	Pt	—$4f^{14}5d^{9}6s$
27	Co	—$3d^{7}4s^{2}$	79	Au	—$4f^{14}5d^{10}6s$
28	Ni	—$3d^{8}4s^{2}$	80	Hg	—$4f^{14}5d^{10}6s^{2}$
29	Cu	—$3d^{10}4s$	81	Tl	—$4f^{14}5d^{10}6s^{2}6p$
30	Zn	—$3d^{10}4s^{2}$	82	Pb	—$4f^{14}5d^{10}6s^{2}6p^{2}$
31	Ga	—$3d^{10}4s^{2}4p$	83	Bi	—$4f^{14}5d^{10}6s^{2}6p^{3}$
32	Ge	– $3d^{10}4s^{2}4p^{2}$	84	Po	—$4f^{14}5d^{10}6s^{2}6p^{4}$
33	As	—$3d^{10}4s^{2}4p^{3}$	85	At	—$4f^{14}5d^{10}6s^{2}6p^{5}$
34	Se	—$3d^{10}4s^{2}4p^{4}$	86	Rn	—$4f^{14}5d^{10}6s^{2}6p^{6}$
35	Br	—$3d^{10}4s^{2}4p^{5}$	87	Fr	[Rn] $7s$
36	Kr	—$3d^{10}4s^{2}4p^{6}$	88	Ra	—$7s^{2}$
37	Rb	[Kr] $5s$	89	Ac	—$6d7s^{2}$
38	Sr	—$5s^{2}$	90	Th	—$6d^{2}7s^{2}$
39	Y	—$4d5s^{2}$	91	Pa	—$5f^{2}6d7s^{2}$
40	Zr	—$4d^{2}5s^{2}$	92	U	—$5f^{3}6d7s^{2}$
41	Nb	—$4d^{4}5s$	93	Np	—$5f^{4}6d7s^{2}$
42	Mo	—$4d^{5}5s$	94	Pu	—$5f^{6}7s^{2}$
43	Tc	—$4d^{5}5s^{2}$	95	Am	—$5f^{7}7s^{2}$
44	Ru	—$4d^{7}5s$	96	Cm	—$5f^{7}6d7s^{2}$
45	Rh	—$4d^{8}5s$	97	Bk	—$5f^{9}7s^{2}$
46	Pd	—$4d^{10}$	98	Cf	—$5f^{10}7s^{2}$
47	Ag	—$4d^{10}5s$	99	Es	—$5f^{11}7s^{2}$
48	Cd	—$4d^{10}5s^{2}$	100	Fm	—$5f^{12}7s^{2}$
49	In	—$4d^{10}5s^{2}5p$	101	Md	—$5f^{13}7s^{2}$
50	Sn	—$4d^{10}5s^{2}5p^{2}$	102	No	—$5f^{14}7s^{2}$
51	Sb	—$4d^{10}5s^{2}5p^{3}$	103	Lr	—$5f^{14}6d7s^{2}$
52	Te	—$4d^{10}5s^{2}5p^{4}$			

* Somente elétrons da camada de valência são mostrados; a linha indica as camadas fechadas iguais ao do gás nobre precedente entre colchetes.

Na Fig.10.18 não foram dadas as ordens relativas dos orbitais 4*p*, 4*d*, 4*f* e 5*s*. Por isso iremos estudar os elementos mais pesados que o zinco após examinar a tabela periódica.

A forma desta tabela pode ser usada para explicar o preenchimento dos orbitais 3*d*, 4*d*, 5*d* e 4*f*, como veremos a seguir.

A Tabela Periódica

Um dos propósitos ao se apresentar a Tabela 10.7 é mostrar como a organização da tabela periódica está relacionada com a configuração eletrônica dos átomos. Cada **período** (ou linha) começa com um elemento que tem um elétron de valência do tipo *s*. No primeiro período existem apenas dois elementos, pois o orbital 1*s* pode acomodar apenas dois elétrons. O terceiro elétron do átomo de lítio deve ser colocado num orbital 2*s*, dando início ao segundo período. Dado que existe um orbital 2*s* e três orbitais 2*p*, cada um capaz de acomodar 2 elétrons, sabemos que 2 x (1 + 3), ou seja, oito elementos poderão ser colocados neste período antes dos orbitais 2*s* e 2*p* serem preenchidos no elemento neônio. O terceiro período também contém oito elementos e termina quando os orbitais 3*s* e 3*p* são preenchidos no argônio.

O orbital 4*s* tem uma energia menor do que os orbitais 3*d*, como vimos anteriormente e um novo período tem início com o potássio. Após o preenchimento do orbital 4*s* no cálcio, os próximos orbitais vazios de menor energia são os cinco orbitais 3*d*. Estes podem acomodar 10 elétrons e, logo, este período pode acomodar mais 10 elementos dos metais de transição. Em seguida, o quarto período pode ser completado com o preenchimentos dos 3 orbitais 4*p*. No quinto período, os orbitais 5*s*, 4*d* e 5*p* são preenchidos em seqüência . O sexto período é um pouco diferente. Após o preenchimento do orbital 6*s* e a entrada de um elétron nos orbitais 5*d*, os elétrons 4*f* são os próximos, em ordem de energia crescente. O momento angular dos orbitais do tipo *f* é $l = 3$ e m_l pode ser qualquer inteiro entre -3 a +3, dando origem a sete orbitais. Assim, esperamos 7 x 2, ou 14 elementos antes que outro orbital 5*d* seja preenchido.

Após as 14 terras-raras ou **lantanídios** terem sido introduzidos na tabela, os demais metais de transição aparecem a medida que os orbitais 5*d* são preenchidos. Estes, por sua vez, são sucedidos pelos seis elementos requeridos pelos 3 orbitais 6*p*, e o sexto período termina com o elemento radônio. O sétimo período começa com o preenchimento do orbital 7*s*. Em seguida, um elétron é adicionado a um dos orbitais 6*d*. Os próximos elétrons vão para os orbitais 5*f*. A tabela periódica termina com a **série dos actinídios**, um grupo de 14 elementos com propriedades e estruturas eletrônicas semelhantes aos dos lantanídios.

Os átomos dos elementos gasosos pertencentes a uma coluna da tabela periódica, em geral, apresentam elétrons de valência com a mesma configuração. Por isso, estes elementos são quimicamente semelhantes. Por outro lado, sempre que existir uma semelhança entre as propriedades químicas dos elementos de um mesmo período, tais como entre os lantanídeos ou entre os metais de transição, os elementos quimicamente semelhantes diferem somente no número de elétrons encontrados num tipo particular de orbital, por exemplo, 4*f* ou 3*d*. Além dessas relações gerais entre a configuração eletrônica e as propriedades químicas, outras correlações mais detalhadas serão examinadas na discussão sobre as propriedades químicas dos elementos.

A forma como está estruturada a tabela periódica nos permite levantar algumas questões interessantes acerca do comportamento do elétron. Por que o terceiro período termina com o argônio, cuja configuração de valência é $3s^2\ 3p^6$, e por que os elétrons 4*s* são adicionados antes dos orbitais 3*d* começarem a ser preenchidos ? As respostas se fundamentam no efeito de blindagem discutido anteriormente. O orbital 3*d* no átomo de *K* está concentrado numa região mais afastada com relação à camada interna constituida por 18 elétrons. Estes fazem com que a carga nuclear sentida pelos elétrons *d* seja muito menor do que a carga total do núcleo. Por outro lado, os orbitais 4s apresentam uma amplitude considerável nas proximidades do núcleo. Quando o elétron se encontra nestas regiões, pode sentir uma carga nuclear muito maior, apenas um pouco menor do que a carga total do núcleo, o que torna sua energia menor. Este efeito é tão pronunciado que, apesar do número quântico ser maior, a energia do orbital 4*s* é menor do que do orbital 3*d*. Portanto, o elemento 19, potássio, possui a configuração [Ar]4*s* e apresenta as propriedades químicas de um metal alcalino.

Por que os orbitais 3*d*, de repente, passam a ter energias menores e são preenchidos imediatamente após a camada 4*s* ser completada ? Embora os elétron 4*s* sejam mais penetrantes do que os elétrons 3*d*, na *maior* parte do tempo, eles ocupam aproximadamente a mesma regiao do espaço. Conseqüentemente, os elétrons 4*s* não conseguem blindar de forma eficaz os elétrons 3*d*. Como resultado, quando a carga nuclear aumenta a carga nuclear efetiva sentida pelos elétrons 3*d* aumenta consideravelmente. Resumindo, quando se caminha na seqüência Ar, K, Ca, ocorre um aumento considerável na carga nuclear sentida pelos elétrons 3*d*, pois os elétrons 4*s* adicionados não pertencem às camadas mais internas e não conseguem "enfraquecer de forma significativa a interação destes elétrons com o núcleo. Pela mesma razão, os elétrons 3*d* adicionados após o preenchimento do orbital 4*s* passam a sentir uma carga nuclear cada vez maior e suas energias se tornam cada vez menores, dando origem à primeira série de transição. Podemos utilizar argumentos similares para explicar a ocorrência da segunda e terceira séries de transição.

Devido ao fato dos orbitais 4*s* e 3*d* terem energias similares na primeira metade das séries de transição, geralmente, estes elementos apresentam vários estados de oxidação em seus compostos. Entretanto, a tendência de diminuição da energia dos elétrons 3*d* com relação ao dos elétrons 4*s* para cada elétron adicionado, continua sendo válida para todas as séries de transição. Ou seja, à medida que a carga nuclear aumenta, as energias dos elétrons 3*d* se tornam muito menores que dos elétrons 4*s*, fazendo com que os elementos da segunda metade das séries de transição tenham preferencialmente o estado de oxidação +2, o qual

TABELA 10.7 TABELA PERIÓDICA COM A SEPARAÇÃO EM BLOCOS *s, p, d, f.*

				Metais de Transição																
1*s*	1 H																			2 He
2*s*	3 Li	4 Be												2*p*	5 B	6 C	7 N	8 O	9 F	10 Ne
3*s*	11 Na	12 Mg												3*p*	13 Al	14 Si	15 P	16 S	17 Cl	18 Ar
4*s*	19 K	20 Ca	3*d*	21 Sc	22 Ti	23 V	24 Cr	25 Mn	26 Fe	27 Co	28 Ni	29 Cu	30 Zn	4*p*	31 Ga	32 Ge	33 As	34 Se	35 Br	36 Kr
5*s*	37 Rb	38 Sr	4*d*	39 Y	40 Zr	41 Nb	42 Mo	43 Tc	44 Ru	45 Rh	46 Pd	47 Ag	48 Cd	5*p*	49 In	50 Sn	51 Sb	52 Te	53 I	54 Xe
6*s*	55 Cs	56 Ba	5*d*	57- La	72 Hf	73 Ta	74 W	75 Re	76 Os	77 Ir	78 Pt	79 Au	80 Hg	6*p*	81 Tl	82 Pb	83 Bi	84 Po	85 At	86 Rn
7*s*	87 Fr	88 Ra	6*d*	89- Ac	104	105	(106)	(107)	(108)	(109)				7*p*						

Lantanídios e Actinídios

4*f*	58 Ce	59 Pr	60 Nd	61 Pm	62 Sm	63 Eu	64 Gd	65 Tb	66 Dy	67 Ho	68 Er	69 Tm	70 Yb	71 Lu
5*f*	90 Th	91 Pa	92 U	93 Np	94 Pu	95 Am	96 Cm	97 Bk	98 Cf	99 Es	100 Fm	101 Md	102 No	103 Lr

corresponde à remoção dos dois elétrons 4*s*. Por isso, torna-se cada vez mais difícil oxidar estes elementos (Fe até Cu) para um estado de oxidação superior a +2, à medida que se caminha para o final das séries. A energia do orbital 3*d* torna-se tão baixa no elemento zinco que ele deixa de contribuir para a química deste e dos elementos subseqüentes.

Acima, pudemos perceber que as energias relativas dos orbitais são responsáveis pelos detalhes que podem ser observados na tabela periódica. Na fig.10.19 é mostrado um diagrama que resume estas variações de energia. Podemos notar que a medida que o número atômico aumenta, a energia de todos os orbitais tendem a diminuir. As diferentes capacidades de penetração provocam um desdobramento das energias dos orbitais *s, p, d* e *f,* com um mesmo número quântico principal. Os orbitais d da camada de valência algumas vezes possuem uma energia maior do que dos orbitais *s* e *p* com número quântico uma unidade superior. Os orbitais 4*f* apresentam uma energia maior do que do orbital 6s, mas a partir de certo ponto começa a diminuir rapidamente para dar início à série das terras-raras. O desdobramento dos orbitais de um mesma camada, provocada pelas diferenças nas capacidades de penetração dos elétrons de acordo com o tipo de orbital a que pertencem, diminui quando eles passam a fazer parte de uma camada mais interna. Apesar disso, a ordem crescente de energia dos orbitais continua sendo $s > p > d > f$. Nestes casos, os orbitais com um dado valor de n tem energia menor do que qualquer outro orbital com número quântico principal igual a $n + 1$ ou mais.

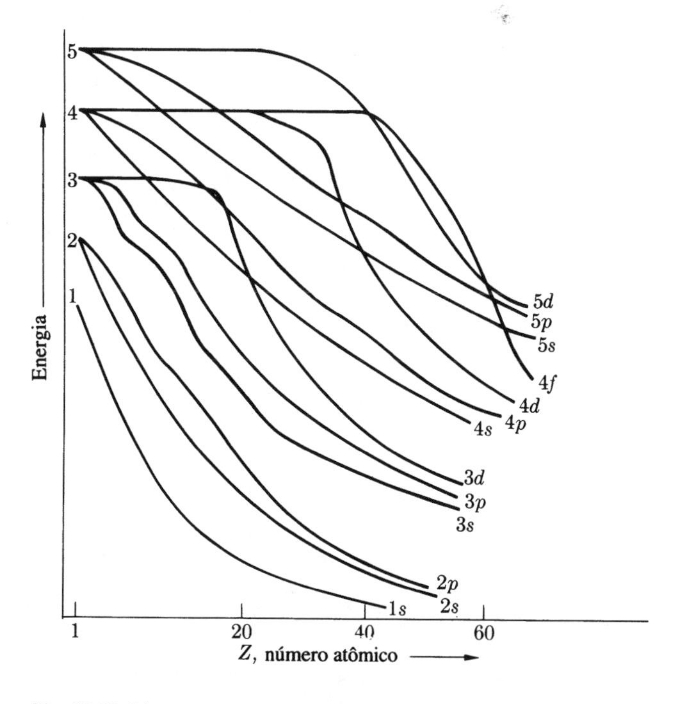

Fig. 10.19 Diagrama esquemático das variações de energias orbitais de átomos neutros em função do número atômico.

Níveis de Energia e Spin Eletrônico

Consideramos que as energias dos átomos pode ser completamente descrita pela configuração eletrônica, em nossas discussões anteriores. Isto é, uma vez que a configuração eletrônica seja estabelecida, a energia do átomo será definida. Infelizmente, esta asserção não é correta, pois mais do que um estado de energia é possível no caso das configurações envolvendo muitos elétrons.

As diferenças de energia entre os estados de um átomo com a mesma configuração eletrônica é de apenas algumas centenas de kilojoules por mol. Estas quantidades de energia são pequenas quando comparadas com a energia total da maioria dos átomos, mas são aproximadamente iguais à energia de uma ligação química. Como estamos interessados em conhecer todos os fatores que influenciam a ligação química, precisamos compreender alguns dos efeitos daquele desdobramento. Geralmente, a energia de um átomo é expressa em função do momento angular orbital total e do spin total de todos os elétrons. Ignoraremos a influência do momento angular orbital dos elétrons, pois este não é importante no caso de moléculas. Por outro lado, o spin eletrônico é importante tanto em átomos como em moléculas e, por isso, iremos discutí-lo nesta seção. Embora possa parecer muito difícil no começo, será uma ótima preparação para a discussão que faremos a seguir sobre o spin dos elétrons em moléculas.

Todos os elétrons em átomos ou moléculas possuem um momento angular intrínseco denominado spin. O número quântico para este momento angular é representado por s, sendo que ele possui um único valor: $s = ½$. Seu momento magnético é simbolizado por m_s, que pode assumir somente dois valores na série $-s, -s+1, ..., +s$. Portanto, os valores de m_s são $-½$ e $+½$. Se um átomo ou molécula possuir dois elétrons ou mais, seus momentos angulares de spin se somam se forem **spins desemparelhados**, ou se subtraem se os spins dos elétrons estiverem emparelhados. O número quântico para o **spin total** de todos os elétrons é representado por S. Devido às várias combinações possíveis admitidas por certas configurações, podemos ter vários valores de S. O valor de S é muito importante para a determinação da energia exata de qualquer átomo ou molécula.

Para calcularmos o valor do spin total dos elétrons num átomo, vamos verificar os valores permitidos de m_s de cada elétron, considerando-se o princípio de exclusão de Pauli. Vamos começar com o átomo de He, na sua configuração $1s^2$. Os dois elétrons pertencem a um mesmo átomo e para ambos $l = 0$. Portanto, estes elétrons devem estar emparelhados. O **número quântico magnético para o spin total** é representado por M_s, o qual pode ser calculado a partir dos valores de m_s dos dois elétrons. Assim,

$$M_S = m_s(1) + m_s(2) = -\tfrac{1}{2} + \tfrac{1}{2} = 0.$$

Analogamente ao m_s, o M_s pode assumir os valores da série $-S, -S + 1, ..., S$. Logo, se o valor de M_s for igual a zero, S também deve ser igual a zero. Podemos estender este raciocínio para o neônio, argônio, etc, e concluir *que em todos os átomos de camada fechada, todos os elétrons estarão emparelhados e o spin total será igual a zero ($S = 0$).*

Agora, vamos considerar um átomo de **camada incompleta** tal como o He no seu primeiro estado excitado, cuja configuração é $1s2s$. Dado que os dois elétrons se encontram em orbitais diferentes, todos os valores de m_s possíveis são permitidos, segundo o princípio de exclusão de Pauli:

m_s		
$1s$	$2s$	M_S
$+\frac{1}{2}$	$+\frac{1}{2}$	$= 1$
$+\frac{1}{2}$	$-\frac{1}{2}$	$= 0$
$-\frac{1}{2}$	$+\frac{1}{2}$	$= 0$
$-\frac{1}{2}$	$-\frac{1}{2}$	$= -1$

Podemos perceber que ao todo existem quatro funções de onda e quatro níveis energias possíveis, associados com a configuração $1s2s$.

Os valores de M_s possíveis para esta configuração também são dadas na tabela acima. É claro que os elétrons podem estar desemparelhados e S=1. Os valores de m_s associados com S=1 são -1, 0 e +1. Este estado é denominado um **estado triplete**, pois contém três níveis. No entanto, ao todo existem quatro níveis. O quarto nível deve ter M_s=0, logo S=0. O estado com S=0 é denominado um **estado singlete** e possui elétrons emparelhados.

Os estados singlete e triplete provenientes da configuração 1s2s terão a mesma energia ? Não, o estado triplete possui uma energia menor. Aplicando-se o princípio de Pauli na sua forma mais geral podemos obter funções de onda orbital distintas para os estados S=1 e S=0. Quando os elétrons 1 e 2 são permutados entre os orbitais $1s$ e $2s$:

$$\psi_{\text{singlete}} = \frac{1s(1)2s(2) + 1s(2)2s(1)}{\sqrt{2}}$$

$$\psi_{\text{triplete}} = \frac{1s(1)2s(2) - 1s(2)2s(1)}{\sqrt{2}}$$

A função de onda do estado triplete apresenta um nó, que torna a energia de repulsão intereletrônica menor. O espectroscopista F. Hund foi o primeiro a constatar que os elétrons desemparelhados, contidos numa uma camada incompleta, possuem uma energia menor do que aqueles com spins emparelhados. Esta regra é denominada **regra de Hund.** Quando as camadas estão totalmente preenchidas todos os elétrons devem estar com seus spins emparelhados e, portanto, podemos ter um único estado singlete.

A diferença de energia entre o estado triplete e o estado singlete da configuração $1s2s$ do átomo de hélio foi medida: o estado triplete se encontra a 1,912 kJ mol^{-1} e o estado singlete a 1,989 kJ mol^{-1} acima do estado fundamental $1s^2$. Neste caso, o desdobramento entre os estados triplete e singlete é igual a 77 kJ mol^{-1}. Esta diferença de energia é relativamente grande, principalmente se considerarmos que os dois elétrons estão em orbitais bem afastados um do outro.

Outro fato interessante acerca deste estado triplete é que ele é **metaestável**. As transições eletrônicas não podem emparelhar ou desemparelhar os spins eletrônicos. Dado que a configuração $1s^2$ apresenta um único estado singlete, é pouco provável que um átomo no estado triplete $1s2s$ emita luz e decaia para o estado $1s^2$. No caso de moléculas, pode-se observar uma lenta **fosforescência** durante tal transição. Porém, este fenômeno não ocorre em átomos pequenos como o hélio. O átomo de hélio no estado triplete $1s2s$ somente pode perder energia quando colide com outro átomo ou com as paredes do recipiente.

É fácil determinar o spin total máximo permitido para uma dada configuração eletrônica, aplicando o princípio de exclusão de Pauli. O exemplo que se segue para o átomo de nitrogênio é bastante ilustrativo.

Exemplo 10.4. Qual é o número quântico de spin S para o estado fundamental do átomo de nitrogênio ?

Resposta. A configuração eletrônica do estado de menor energia é $1s^2\,2s^2\,2p^3$. Os elétrons nos orbitais $1s^2$ e $2s^2$ devem ter spins emparelhados e não contribuem para o spin total. Agora, procuramos o arranjo com o número máximo de elétrons $2p$ desemparelhados. Se designarmos estes orbitais por $2p_x$, $2p_y$ e $2p_z$, então, a combinação dos m_s que produz o maior valor possível de M_s é

m_s			
$2p_x$	$2p_y$	$2p_z$	M_S
$+\frac{1}{2}$	$+\frac{1}{2}$	$+\frac{1}{2}$	$+\frac{3}{2}$

Este arranjo é consistente com um estado S=3/2. Visto que M pode assumir os valores $-S$, $-S+1$, ..., S, o momento magnético de spin total pode ser igual a $+\frac{1}{2}$, $-\frac{1}{2}$ e $-3/2$. O estado com S = 3/2, ou **estado quarteto** é o estado de menor energia dentre os estados possíveis para a configuração do estado fundamental, de acordo com a regra de Hund. Neste estado três elétrons estão desemparelhados. Observe que apenas precisamos encontrar o estado com o maior valor de M_s para sabermos qual é o maior valor possível do spin total. Há muitos outros estados possíveis para a configuração $1s^2\,2^2\,2p^3$, sendo que apenas determinamos o M_s do estado fundamental.

Energias de Ionização

Se uma quantidade crescente de energia for fornecida para um átomo, este será ionizado quando o elétron mais fracamente ligado for afastado a uma distância relativamente grande do núcleo. A parte superior da Fig.10.10 corresponde a um íon Li^+ e um elétron gasoso livre. São necessários 0,198 u.a. ou 520 kJ mol^{-1} para ionizar o átomo de lítio, partindo-se do seu estado fundamental.

A energia necessária para ionizar cada elemento da tabela periódica foi medida, e estes valores estão sendo mostrados em função do número atômico na Fig.10.20. O aumento e a diminuição das energias de ionização em função do número atômico, claramente acompanham a estrutura da tabela periódica. Por isso, a energia de ionização é, freqüentemente, considerada como sendo um dos fatores que determinam as propriedades químicas dos elementos. Nesta seção tentaremos explicar por que este tipo de comportamento é observado. Porém, deixaremos a discussão de como esta propriedade dos átomos influencia a formação da ligação química para os próximos capítulos.

Primeira Energia de Ionização. As energias plotadas na Fig.10.20 são denominadas as **primeiras energias de ioni-**

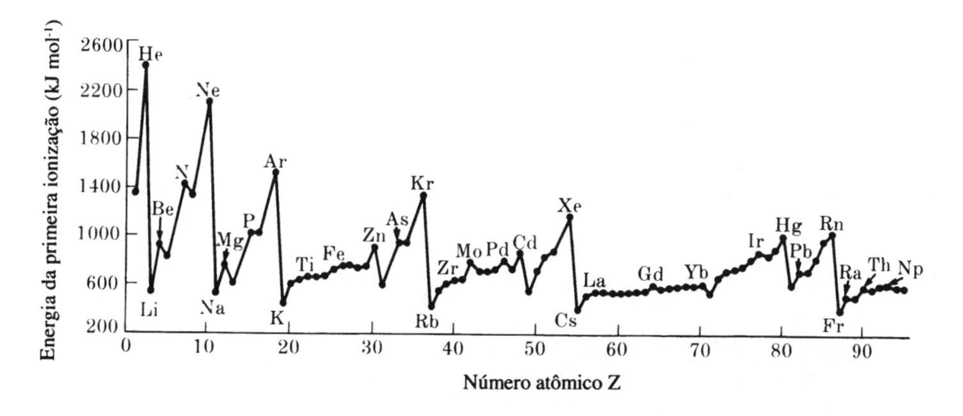

Fig. 10.20 Energia da primeira ionização dos elementos gasosos em função do número atômico. Os valores para At e Fr são calculados; todos os outros são obtidos por medidas espectroscópicas.

zação, I_1. Eles são iguais às energias mínimas necessárias para provocar a seguinte transformação:

$$M(g) \rightarrow M^+(g) + e^-(g).$$

Podemos supor que as energias potencial e cinética do elétron gasoso sejam iguais a zero, de modo que

$$I_1 = \Delta E_0(\text{ionização}) = E_0(M^+(g)) - E_0(M(g)). \quad (10.27)$$

Nesta equação E_0 representa a menor energia possível para os elétrons no íon e no átomo neutro. Estas energias são todas negativas: o átomo neutro possuindo um elétron a mais do que o íon, tem a energia eletrônica total mais negativa. Se pudéssemos considerar que todos os elétrons no íon apresentam energias equivalentes ao dos elétrons correspondentes no átomo, então

$$I_1 \cong -(\text{energia do último elétron}) = -E_n. \quad (10.28)$$

T. Koopmans foi o primeiro a dar uma justificativa teórica para esta aproximação, e por isso é denominado **teorema de Koopmans**. Ele mostrou que, apesar das energias dos elétrons não ionizados no íon e no átomo não serem idênticas, elas deveriam ser muito similares. Dado que o íon é positivamente carregado é lógico supor que os elétrons remanescentes no íon tenham energias um pouco menores do que os elétrons correspondentes no átomo. Considerando-se esta hipótese, I_l deve ser igual ou um pouco menor do que o valor calculado utilizando-se a Eq.(10.28).

A característica mais marcante mostrada na Fig.10.20 são os baixos valores de I_1 para os **metais alcalinos** Li, Na, K, Rb, Cs e Fr, seguidos de um aumento até atingirem os máximos nos gases nobres. Também, podemos observar uma pequena diminuição dos valores de I_1 dos metais alcalinos e dos gases nobres à medida que o número atômico aumenta. Todas estas características podem ser explicadas utilizando-se o conceito de blindagem e a Eq.(10.28).

O elétron removido dos metais alcalinos é um elétron *s* que se encontra fora das camadas completamente preenchidas, segundo as configurações mostradas na Tabela 10.6. Estes elétrons *s* são muito bem blindados pelos elétrons das camadas mais internas, com configuração de um gás nobre, e são atraídos pelo núcleo por uma força coulômbica correspondente a um valor de Z_{ef} aproximadamente igual a 1. Substituindo-se a equação de Bohr na Eq.(10.28), podemos estimar o valor de I_1:

$$I_1 \cong \frac{Z_{ef}^2}{2n^2} \times 2625 \text{ kJ mol}^{-1}.$$

Apesar do valor de I_1 obtido para o átomo de Li, com número quântico principal n=2, concordar satisfatoriamente com $Z_{ef} \cong 1$, mesmo os valores observados de I_1 para o sódio e o potássio (n=3 e n=4, respectivamente) levam a um valor de Z_{ef} não muito diferente de 1. Este valor é maior do que se poderia esperar. Para explicarmos esta lenta diminuição da carga nuclear efetiva em função de *n*, devemos supor que os elétrons *s* mais afastadas do núcleo são blindadas de forma menos eficiente pelos elétrons com maior número quântico principal, que ocupam as regiões mais afastadas do núcleo.

Se os átomos tiverem números atômicos uma unidade maior do que aqueles correspondentes aos metais alcalinos os valores de I_1 aumentariam. Este comportamento é previsível pois o efeito de blindagem é menos efetiva quando os elétrons possuem um mesmo número quântico principal. Portanto, a capacidade de blindagem deve ir diminuindo até que os orbitais *p* sejam totalmente preenchidos no gás nobre.

Portanto, os altos valores de I_1 para os gases nobres são decorrentes da ineficiência dos elétrons *p* em se auto-blindarem. Por esta razão não é prudente concluir que os altos valores de I_1 são resultantes da maior estabilidade da configuração de camada fechada ou completa. Poderia existir uma pequena contribuição devido a este fator, mas o principal fator é o aumento contínuo do Z_{ef} a medida que os orbitais *p* são preenchidos. A característica mais importante das configurações de camada fechada, ilustrada na Fig.10.20, é a incapacidade dos orbitais *p* de aceitarem mais elétrons. Como resultado, os elementos que os sucedem possuem valores de I_1 muito menores.

Todavia, existem vários pontos de máximo e de mínimo em cada período. Observa-se dois pequenos máximos no berílio e no nitrogênio e dois pequenos mínimos nos átomos de boro e oxigênio, entre o lítio e o neônio. O berílio tem uma configuração de camada fechada ($2s^2$) e o nitrogênio possui uma camada semi-preenchida ($2p^3$). Os íons B^+ e O^+ apresentam estas mesmas configurações. Podemos notar examinando a Eq.(10.27) que uma maior estabilização do íon provoca uma diminuição no valor de I_1. Provavelmente, este seja o motivo do aparecimento de pequenos mínimos e máximos nos valores de I num período.

Ionizações Subseqtentes. Os átomos podem ser ionizados mais vezes. As energias de ionização I_2 e I_3 correspondem às energias mínimas necessárias para provocar as seguintes transformações:

$$M^+(g) \rightarrow M^{2+}(g) + e^-(g).$$
$$M^{2+}(g) \rightarrow M^{3+}(g) + e^-(g).$$

São dados na Tabela 10.8 os valores de I_l, I_2, I_3 e I_4 de vários elementos. Se todas as energias de ionização dos átomos fossem conhecidas, poderíamos calcular as energias eletrônicas totais dos mesmos. Por exemplo, dado que $E_0(H^+) = E_0(He^{2+}) = 0$ e assim por diante, para os três primeiros elementos, temos que

$$E_0(\text{H}) = -I_1,$$
$$E_0(\text{He}) = -I_1 - I_2,$$
$$E_0(\text{Li}) = -I_1 - I_2 - I_3.$$

Se aplicarmos este método para o hélio, chegaremos à conclusão de que a energia de cada um de seus elétrons $1s$ é

$$E_0(\text{He}, 1s) = \frac{-I_1 - I_2}{2}.$$

Este resultado é muito diferente daquele que seria obtido se considerássemos apenas a primeira energia de ionização. Conhecendo-se este valor podemos substituí-la na equação de Bohr e determinar o valor de Z_{ef} para o elétron 1s do hélio.

Se compararmos os valores de I_1, I_2 e I_3 do magnésio e do cálcio poderemos compreender porque eles podem formar os íons bivalentes mas não os trivalentes. Entretanto, estes dados não explicam por que os íons Mg^+ e Ca^+ são tão instáveis. Estes íons podem existir na forma de íons gasosos isolados, mas em solução aquosa ou em sólidos, tais como $MgCl_2$ e $CaCl_2$, somente os íons +2 podem ser encontrados. Discutiremos este problema posteriormente.

Para prevermos a configuração eletrônica de um íon, deveremos saber a configuração eletrônica do átomo dado na Tabela 10.6 e retirar o número apropriado de elétrons começan-

TABELA 10.8 ENERGIAS DE IONIZAÇÃO DE ÁTOMOS GASOSOS (kJ mol^{-1})*

Número Atômico	Símbolo	I_1	I_2	I_3	I_4
1	H	1312,0			
2	He	2372,3	5250,3		
3	Li	520,2	7298,1	11815,0	
4	Be	899,5	1757,1	14848,6	21006,5
5	B	800,7	2427,0	3659,7	25025,8
6	C	1086,4	2352,6	4620,4	6222,7
7	N	1402,3	2856,1	4578,1	7475,0
8	O	1313,9	3388,3	5300,5	7469,2
9	F	1681,1	3374,1	6050,5	8407,7
10	Ne	2080,6	3952,3	6122,4	9372
11	Na	495,8	4561,5	6910,1	9543,7
12	Mg	737,7	1450,7	7732,6	10542,4
13	Al	577,5	1816,7	2744,8	11577,4
14	Si	786,5	1577,1	3231,6	4355,5
15	P	1011,7	1903,2	2911,6	4956,4
16	S	999,5	2251,4	3360,2	4564,3
17	Cl	1251,2	2297,7	3822,1	5158,5
18	Ar	1520,6	2665,8	3931,0	5770,6
19	K	418,8	3051,7	4419,5	5877,3
20	Ca	589,8	1145,5	4912,4	6491,0
21	Sc	633,1	1235,0	2388,7	7090,4
22	Ti	658,1	1309,9	2652,5	4174,5
23	V	650,3	1414,0	2828,1	4506,5
24	Cr	652,8	1591,8	2987,1	4738
25	Mn	717,5	1509,0	3248,4	4940
26	Fe	759,4	1561,9	2957,6	5290
27	Co	758,8	1648,4	3232,3	4950
28	Ni	736,9	1753,0	3408,2	5300
29	Cu	745,5	1957,9	3553,9	5330
30	Zn	906,4	1733,3	3832,6	5730
31	Ga	578,8	1979,2	2963,2	6200
32	Ge	762,2	1537,5	3302,1	4410,4
33	As	946,7	1797,9	2735,5	4838,0
34	Se	940,9	2044,3	2973,6	4143,4
35	Br	1139,9	2103,6	3463,0	4565,0
36	Kr	1350,7	2350,4	3565,3	5070
37	Rb	403,0	2632,6	3827	5080
38	Sr	549,5	1064,2	4200	5500
54	Xe	1170,3	2046,4	3099,5	
55	Cs	375,7	2233		
56	Ba	502,9	965,3	3453,6	

*Valores calculados principalmente por D. D. Wagman et alli, The NBS tables of chemical thermodynamic properties, *Journal of Physical and Chemical Reference Data*, 11, Supplement 2, 1982.

do pelo de maior energia. Assim, as configurações dos íons Na^+ e Ca^{2+} são:

$$Na^+ = 1s^2 2s^2 2p^6$$
$$Ca^{2+} = 1s^2 2s^2 2p^6 3s^2 3p^6.$$

Os primeiros elétrons a serem removidos dos metais da primeira série de transição são os elétrons 4*s*. Então, a configuração eletrônica do íons Ti^{2+} é

$$Ti^{2+} = 1s^2 2s^2 2p^6 3s^2 3p^6 3d^2.$$

Isto pode ser observado na Fig.10.19, no qual pode-se notar que com o aumento da carga nuclear, a energia do orbital 3*d* diminui rapidamente e se torna menor do que do orbital 4*s*. Os íons dos metais de transição tais como Cr^{3+}, Fe^{2+} e Cu^{2+} não possuem elétrons 4*s*. Os íons dos elementos da série dos lantanídeos tais como Ce^{3+}, Eu^{2+} e Gd^{3+} não possuem nem elétrons 6*s* nem elétrons 5d. O íon Eu^{2+} é estável em solução pois ele possui uma camada 4*f* semi-preenchida. Todos os demais lantanídeos formam íons +3, exceto o cério que forma o íon Ce^{4+}.

Exemplo 10.5. Use as informações contidas na Tabela 10.6 para explicar por que o rubídio (Rb) possui uma energia de ionização tão baixa. Também, use as informações dadas na Tabela 10.8 para determinar a configuração eletrônica do íon mais estável esperado para o rubídio. Seu resultado é coerente com a posição do Rb na tabela periódica ?

Resposta. A configuração eletrônica do rubídio dada na Tabela 10.6 é [Kr]5*s*. Devido ao fato do elétron 5*s* ser blindado eficientemente pelos elétrons internos que formam a camada fechada com a configuração do [Kr], ele deve ter uma baixa energia de ionização, como mostrado na Fig.10.20. A segunda energia de ionização do rubídio é muito elevada. Portanto, esperamos que o Rb^+ seja o único íon estável e deve ter a configuração eletrônica do kriptônio. O rubídio aparece na primeira coluna da tabela periódica. Logo, suas propriedades químicas devem ser similares àquelas do lítio e do sódio, os quais também só formam o íon +1.

Afinidade Eletrônica

A **afinidade eletrônica,** *A*, é a quantidade mínima de energia necessária para remover um elétron de um ânion, para gerar o átomo neutro:

$$M^-(g) \rightarrow M(g) + e^-(g) \qquad (10.28)$$
$$A = \Delta E_0(\text{desligamento}) = E_0(M(g)) - E_0(M^-(g)).$$

Todos os íons M^{2-} gasosos são instáveis, de modo que as designações A_1 e A_2 se tornam desnecessárias. Os elétrons remanescentes no produto M(g) estão mais firmemente ligados ao núcleo do que no reagente negativo $M^-(g)$. O valor de *A* representa a menor energia que o elétron extra que existe no ânion pode ter. Muitos átomos possuem afinidades eletrônicas menores do que zero e, conseqüentemente, estes não podem ligar um elétron adicional para formar um ânion estável. Na Tabela 10.9 são dadas algumas das estimativas mais recentes para as afinidades eletrônicas. De maneira geral, as afinidades eletrônicas são muito menores do que as energias de ionização e são conhecidos com um menor grau de precisão.

A afinidade eletrônica de um átomo é equivalente à energia de ionização de seu ânion, e cada valor de *A* pode ser comparado ao valor de I_1 de um átomo isoeletrônico. Por exemplo, os valores de *A* do hidrogênio e do flúor são grandes. Este comportamento é esperado pois os valores de I_1 dos átomos de hélio e do neônio, os quais são isoeletrônicos com os íons H^- e F^- também, são grandes (Fig.10.20). No entanto, os valores de *A* são mais fortemente influenciados pelo efeito de estabilização dos orbitais completamente preenchidos ou semi-preenchidos do que os valores de I_1, como pode ser observado na Fig.10.21.

A energia de estabilização dos orbitais preenchidos ou semi-preenchidos contribui significativamente para a afinidade eletrônica. Todos os máximos mostrados na Fig.10.21 correspondem à formação de ânions estáveis, cujas configurações eletrônicas estão indicadas na figura. Perceba que cada máximo corresponde a ânions com orbitais preenchidos ou semi-preenchidos. Os valores mostrados no gráfico como

TABELA 10.9 AFINIDADE ELETRÔNICA DE ALGUNS ÁTOMOS GASOSOS*

Número Atômico	Símbolo	Afinidade, *A* (kJ mol⁻¹)
1	H	72,770
2	He	< 0
3	Li	59,63
4	Be	< 0
5	B	26,7
6	C	121,85
7	N	< 0
8	O	140,976
9	F	328,0
10	Ne	< 0
11	Na	52,867
12	Mg	< 0
13	Al	42,5
14	Si	133,6
15	P	72,03
16	S	200,410
17	Cl	349,0
18	Ar	< 0
35	Br	324,7
53	I	295,16

* Valores de H. Hotop e W. C. Lineberger, Binding energies in atomic negative ions, II, *Journal of Physical and Chemical Reference Data*, **14**, 731-750, 1985

sendo iguais a zero, na realidade, são negativos e correspondem a átomos neutros com orbitais preenchidos ou semi-preenchidos. Uma baixa afinidade eletrônica é esperada quando o átomo é muito estável. Por conseguinte, cada máximo é imediatamente seguido por um valor negativo de A, a medida que a configuração eletrônica mais estável passa do ânion para o próximo átomo neutro e assim por diante.

Exemplo 10.6. Quais ânions são isoeletrônicos com o lítio e com o boro ? Que similaridades deveriam ser encontrados entre os valores de I_1 do berílio e do boro com as afinidades eletrônicas dos seus correspondentes ânions isoeletrônicos ?

Resposta. Os pares isoeletrônicos são Be/Li^- e B/Be^-. Na Fig.10.20, pode-se observar um rápido aumento de I_1 no berílio, com seu orbital 2*s* semi-preenchido, seguido de uma diminuição no boro. O átomo de Li possui um valor elevado de *A*, seguido por uma diminuição no átomo de Be, como pode ser observado na Fig.10.21.
Portanto, os gráficos mostrados nas Figs.(10.20) e (10.21) apresentam tendências similares quando consideramos o átomo ou o íon com o mesmo número de elétrons.

Podemos utilizar nossos conhecimentos sobre energias de ionização e afinidade eletrônica para decidir quais espécies devem Ser mais estáveis em fase gasosa, sejam átomos ou íons. Considere um processo em duas etapas para converter os íons Na^+ e Cl^- nos átomos de Na e Cl.

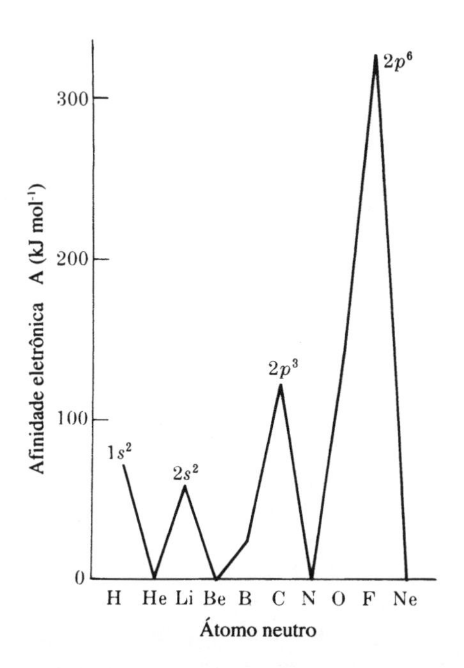

Fig. 10.21 Afinidades eletrônicas dos primeiros 10 elementos. As configurações indicadas são para os íons. Todas as afinidades mostradas como zero devem ser provavelmente negativas.

	ΔE_0
$Na^+(g) + e^-(g) \rightarrow Na(g)$	$-I_1(Na)$
$Cl^-(g) \rightarrow e^-(g) + Cl(g)$	$A(Cl)$
$Na^+(g) + Cl^-(g) \rightarrow Na(g) + Cl(g)$	$A(Cl) - I_1(Na)$

Esta reação é exotérmica pois A(Cl) « I_1 (Na), havendo liberação de energia no processo. Se vaporizarmos NaCl(*s*) obteremos Na, Cl e moléculas de NaCl gasosos, porém poucos ou nenhum íon Na^+ e Cl^-. Por outro lado, as espécies predominantes no NaCl sólido e nas soluções aquosas de NaCl são os íons Na^+ e Cl^-. Vamos discutir os motivos desta diferença entre as espécies presentes em fase gasosa e em fase condensada no próximo capítulo.

10.7 Determinação Mecânica Quântica das Propriedades Atômicas

Se os elétrons num átomo multieletrônico não sofressem nenhuma repulsão elétron-elétron, as funções de onda e as energias destes átomos poderiam ser exatamente determinados utilizando as funções de onda hidrogeniônicas para todos os elétrons. Contudo, dado que os elétrons se encontram tão próximos entre si quanto do núcleo, é impossível ignorá-las. O método sistemático para se considerar as interações elétron-elétron nos átomos foram desenvolvidos por D.R. Hartree, em 1928. Seu método leva em consideração o efeito médio de todos os elétrons sobre cada um deles, por meio da determinação de um **campo auto-consistente**. Pressupoe-se que a intensidade deste campo depende exclusivamente da distância de cada elétron do núcleo. Deste modo, o campo é equivalente a uma **função blindagem** que considera cada elétron, $b_i(r)$, a qual depende da função de onda de todos os outros elétrons. Esta função permite determinar a carga nuclear efetiva de cada elétron, que depende da distância do elétron considerado em relação ao núcleo:

$$Z^i_{ef} = Z - b_i(r). \tag{10.29}$$

Para se chegar num campo auto-consistente, as funções de onda de todos os elétrons tem de ser calculadas várias vezes, de modo análogo ao método das aproximações sucessivas, até que estas funções sejam coerentes com todas as funções blindagem usadas para calculá-las. Obviamente, estas funções não são funções hidrogeniônicas pois o potencial resultante da Eq.(10.29) não obedece a lei de Coulomb.

Hartree utilizou funções de ondas simples nos seus primeiros cálculos, sendo que cada uma delas deveria comportar apenas um elétron. Visto que todos os elétrons de um átomo devem ser equivalentes entre si, os primeiros cálculos feitos por Hartree continham um erro. Em 1930, V. Fock mostrou como o método do campo auto-consistente poderia ser modificado de modo que todos os elétron pudessem ser permutados entre todos os orbitais e, assim, satisfazer o princípio de exclusão de Pauli para os elétrons. Deste então, este passou a ser denominado o **método do campo auto-consistente de Hartree-Fock.** Não é preciso mencionar que a enorme quantidade de integrais requeridas para se determinar o campo auto-consistente aliada às permutações de cada elétron por todos os orbitais, resultam numa quantidade enorme de cálculos a se fazer. Os primeiros cálculos para um grande número de átomos, utilizando o método de Hartree-Fock, foram realizados na década de 60 por E. Clementi e seus colaboradores, nos laboratórios da IBM. Atualmente, os computadores digitais de alta velocidade de processamento tornaram-se comuns e seu custo tornou-se equivalente ao de muitos aparelho científico. Dessa forma, aqueles tipos de cálculos para átomos e moléculas podem ser realizados de forma rotineira na maioria dos laboratórios.

É interessante notar que as energias de cada elétron, E_i, calculadas pelo método de Hartree-Fock, levam em consideração as repulsões intereletrônicas de todos os outros elétrons. Isto explica porque a Eq.(10.28) funciona tão bem. Quando um elétron é removido do átomo, todas as interações deste elétron com os demais, também, desaparecem. Entretanto, para se calcular os E_0's da Eq.(10.27) não podemos simplesmente fazer a somatória das energias E_i, pois, neste caso, as repulsões elétron-elétrons seriam consideradas duas vezes.

Correlação Eletrônica

A energia total do átomo de hélio (em unidades atômicas), determinada por meio de dois métodos, é mostrada na Tabela 10.10. O valor experimental é igual a $(-I_1 - I_2)$, mas para efeito de comparação seria melhor corrigí-lo utilizando as massas reduzidas ao invés das massas dos elétrons, pois a maioria dos cálculos teóricos não leva em consideração o fato do núcleo ter uma massa finita. O valor calculado pelo método de Hartree-Fock tem um erro de cerca de 1 %. Isto ocorre porque nos cálculos pressupoe-se que todos os elétrons se movem independentemente dos demais de acordo com a sua função de onda. Contudo, os elétrons estão interagindo e se movimentam de tal modo a estarem o mais afastados possíveis uns dos outros. Este movimento sincronizado faz com que a repulsão intereletrônica seja menor e, portanto, a energia total diminua. O método de Pekeris utiliza funções de onda que contém a distância elétron-elétron r_{12}. Como resultado, os elétrons nestas funções de onda estão correlacionados. A pequena diferença entre o valor experimental e o calculado pelo método de Pekeris aparece, principalmente, devido aos efeitos relativísticos que existem nos átomos reais, que não são considerados no Hamiltoniano desenvolvido por Pekeris.

O método de Hartree-Fock para o cálculo da energia dos átomos é severamente limitada pois não leva em consideração o fenômeno da correlação eletrônica. Entretanto, o método de Hartree-Fock pode ser utilizado para se prever com grande exatidao o tamanho dos orbitais. Por isso, o método de Hartree-Fock é apropriado para a determinação de qualquer propriedade atômica que seja uma função, principalmente, do tamanho ou forma dos orbitais. Algumas destas propriedades atômicas podem ser calculadas com um maior grau de precisão do que poderia ser determinado experimentalmente.

No próximo capítulo, veremos como o método de Hartree-Fock foi estendido de modo a poder ser utilizado para o cálculo das propriedades moleculares. A mesma limitação encontrada para a aplicação deste método para átomos é encontrada no caso de moléculas, pois neste método a correlação entre os elétrons não é considerada. Posteriormente, este método foi parcialmente corrigido, por meio da inclusão de um termo que considera a energia de correlação, sendo denominada método de Hartree-Fock estendido. No entanto, nem todos os termos energéticos que constituem a energia total são dependentes da correlação entre todos os elétrons da molécula. De qualquer modo, alguns parâmetros muito interessantes relativos às energias de ligação e energias de interação de moléculas podem ser calculados, como veremos no próximo capítulo.

TABELA 10.10 ENERGIA DO ÁTOMO DE HÉLIO

Fonte	Energia (u.a.)
experimental	
$(-I_1 - I_2)\dfrac{M_{He} + m_e}{M_{He}}$	-2,903783
cálculo teórico	
Hartree-Fock (sem correlação)	-2,861680
Pekeris (com correlação)	-2,903724

RESUMO

Os experimentos realizados por Thomson, Millikan, Rutherford e Moseley, entre 1897 e 1912, formaram a base da teoria atômica. Eles mostraram que o átomo é formado por um núcleo denso carregado positivamente, cuja carga positiva total é igual ao número atômico, rodeado por uma nuvem de elétrons. Ao mesmo tempo houve o desenvolvimento em paralelo da **espectroscopia** atômica fundamentada na **hipótese quântica de Planck para a radiação** e na **teoria do efeito fotoelétrico de Einstein. Bohr** conciliou as idéias contidas nestes trabalhos na sua teoria para o átomo. Segundo este modelo o átomo deveria possuir **momentos angulares quantizados** proporcionais à **constante de Planck h.** Nos átomos podem ocorrer transições eletrônicas nas quais as variações de energia são iguais a $h\nu$, onde ν é a freqüência da luz.

O espectro calculado utilizando-se o modelo de Bohr para o átomo de hidrogênio é consistente com o espectro obtido experimentalmente obtido. No entanto, este modelo não foi capaz de explicar as propriedades dos **átomos multieletrônicos** sem a introdução de novos parâmetros. Tais parâmetros foram proporcionados pelo desenvolvimento da **mecânica quântica,** a qual necessita de **quatro números quânticos** para cada elétron no átomo, n, l, m_l e m_s, para descrevê-lo completamente. De acordo com o **Princípio de Exclusão de Pauli**, todos os elétrons de um átomo devem possuir uma combinação particular de números quânticos. Os três primeiros números quânticos podem ser especificados por meio de designações orbitais tais como $1s$, $2s$, $2p_x$, $2p_y$ e $2p_z$, sendo que cada orbital pode ser ocupado por dois elétrons, no máximo. A **configurações eletrônicas** dos átomos são especificadas pelo modo como estes orbitais são preenchidos. A posição de cada elemento na tabela periódica é definida por sua configuração eletrônica. Estas configurações podem ser relacionadas com as **energias de ionização** e as **afinidades eletrônicas** de cada átomo.

As energias dos orbitais podem ser aproximadamente calculadas utilizando a equação de Bohr, e corrigindo-se a carga nuclear com relação ao efeito de blindagem, no caso de átomos multieletrônicos. Este efeito de **blindagem** é uma medida da **repulsão elétron-elétron.** O **método do campo auto-consistente de Hartree-Fock** é o método mais sistemático para se calcular os efeitos da repulsão intereletrônica. Os métodos modernos de cálculo mecânico quântico das propriedades atômicas foram desenvolvidos tendo como base, justamente, o método do campo auto-consistente.

SUGESTÕES PARA LEITURA

Histórico

Anderson, D.L. *The discovery of the electron.* New York: Van Nostrand Reinhold, 1964.

Gamow, G. *Thirty Years that Shook Physics: The Story of Quantum Theory.* New York: Doubleday Anchor, 1966.

Slater, J.C. The Electronic Structure os Atoms - The Hartree-Fock Method and Correlation, *Review of Modern Physics,* **35,** 484-487 (1963).

Espectroscopia Atômica

Hansch, T.W., A.L. Schawlow e G.W. Series. The Spectrum of Atomic Hydrogen, *Scientific American,* **240,** 94-110, março de 1979.

Herzberg, G. *Atomic Spectra and Atomic* Structure. New York: Dover, 1944.

Hochstrasser, R.M. *Behavior of Electrons in Atoms.* Menlo Park, Calif.: Benjamin-Cummings, 1964.

Orbitais Atômicos e Mecânica Quântica

Berry, R.S. Atomic Orbitals, *Journal of Chemical Education,* **43,** 283-299, 1966.

Gerhold, G.A., L. McMurchie e T. Tye. Percentage Contour Maps of Electron Densities in Atoms, *American Journal of Physics,* **40,** 988-993, 1972.

Hanna, M.W., *Quantum Mechanics in Chemistry.* Menlo Park, Calif.: Benjamin-Cummings, 1981.

Pauling, L. e E.B. Wilson. *Introduction to Quantum Mechanics.* New York: McGraw-Hill, 1935.

Tabela Periódica

Sisler, H.H., *Electronic Structure, Properties, and the Periodic Law. New York:* Van Nostrand Reinhold, 1973.

Hartree-Fock

Cohen, I. e T. Bustand. Atomic Orbitals: Limitations and Variations, *Journal of Chemical Education,* 43, 187-193, 1966.

Fraga, S., K.M. Saxena e J. Karwowski, *Handbook of Atomic Data.* New York: Elsevier, 1976.

PROBLEMAS

Unidades SI e Constantes Físicas

10.1 Responda as seguintes questões usando as informações dadas nos Apêndices A e B.

a) Quais são as unidades corretas e as respectivas abreviaturas para o *comprimento, a massa, o tempo, a energia, a carga, a força e a pressão.*

b) Converta os seguintes valores para suas correspondentes unidades SI: 7,000 ft; 201.705 cal; $6{,}573 \times 10^{-10}$ u.e.; $1{,}6835 \times 10^{7}$ erg. Os resultados devem ser apresentados como número adequados de algarismos significativos.

10.2 A capacidade calorífica da água, próximo à temperatura ambiente, é aproximadamente igual a 1,00 cal $g^{-1}K^{-1}$. Se agitarmos a água, a energia cinética a ela fornecida deverá se transformar integralmente em calor e aumentar a temperatura da mesma. Supondo-se que 0,10 ψ de energia sejam produzidas quando 1,00 Kg de água é vigorosamente agitada, calcule o aumento de temperatura que deveria ser observado no sistema.

10.3 O elétron volt (ev) é uma unidade de energia comumente utilizada, o qual é igual à quantidade de energia fornecida a um elétron quando é acelerado por uma diferença de potencial de exatamente 1 V. Esta energia é igual ao produto da ddp e da carga. Sabendo-se que em unidades SI coulomb x volt = joules, 1 ev é numericamente igual à carga do elétron exceto pelo fato de que joules substitui coulombs. Calcule a energia, em kilojoules por mol, correspondente a um mol de cargas eletrônicas aceleradas por uma diferença de potencial de 1 V. Considere seis algarismos significativos. A partir de que outra constante física, dada no Apêndice A, este mesmo valor poderia ser obtido ?

10.4 $e^2/2\mathscr{E}_0 hc$ é uma importante combinação de constantes físicas denominada **constante de estrutura fina,** que aparece na equação de onda na sua forma relativística. Determine o valor desta constante e calcule o seu valor recíproco. Mostre que esta combinação de constantes é adimensional.

Cálculos Fundamentais Para Sistemas Atômicos

10.5 Calcule a relação carga massa do íon Ag^+. Compare com a relação *e/m* do elétron.

10.6 Explique como o valor da relação carga massa do íon Ag^+ poderia ser determinado por meio de um experimento de eletrólise.

10.7 Calcule a energia cinética de uma partícula $_2\alpha$, proveniente do decaimento radioativo do ^{226}Ra, utilizado no experimento de Rutherford, em unidades SI e em unidades de milhões de elétrons volts (Mev). Esta é a unidade de energia utilizada mais comumente para expressar as energias envolvidas nos decaimentos nucleares. (Vide Problema 10.3)

10.8 O volume de uma esfera é igual a $4/3\pi r^3$. Se o núcleo de cobre fosse uma esfera de raio igual a 10^{-12} cm, calcule a densidade deste núcleo em gramas por centímetros cúbicos. A densidade do cobre metálico, incluindo o volume ocupado pelos elétrons é igual a 8,9 g cm^{-3}.

10.9 O olho humano é mais sensível nos comprimentos de onda em torno de 500 nm. Qual é a freqüência correspondente a este comprimento de onda ?

10.10 Uma lâmpada fluorescente pode produzir 10 W de luz visível. Supondo que o comprimento de onda médio dos fótons seja igual a 500 nm e que cada um deles tenha energia igual a $h\nu$, quantos fótons são produzidos por segundo pela lâmpada ?

10.11 A energia mínima necessária para se remover um elétron da superfície do césio metálico é igual a 3,14 x 10^{-19} J. Determine o comprimento de onda máximo da luz capaz de produzir uma corrente de fotoelétrons do Cs metálico.

10.12 Supondo que a luz incidente sobre a superfície do césio metálico possua um comprimento de onda 50 nm menor do que aquele calculado no problema 10.11, determine a velocidade do elétron ejetado.

Espectroscopia e Níveis de Energia

10.13 Se um espectroscopista observasse uma linha de absorção em λ= 600 nm, qual seria a separação entre os níveis de energia correspondente a este comprimento de onda?

10.14 A energia necessária para a dissociação da molécula de O em átomos de oxigênio é igual a 493,6 kJ mol^{-1}. Qual seria o comprimento de onda, em nanometros, dos fótons que transportam uma quantidade de energia equivalente ? Compare com os comprimentos de onda da luz visível.

10.15 Podemos corrigir a equação que descreve a série de Balmer para o átomo de H considerando a massa reduzida do ^1H. Neste caso, temos que

$$\nu(\text{Hz}) = \left(\frac{1}{4} - \frac{1}{n_i^2}\right)(3{,}28805 \times 10^{15}).$$

Calcule o comprimento de onda no vácuo da luz emitida quando n_i = 3 e 4. (Os valores experimentais são 656,46 nm e 486,27 nm).

10.16 Mostre que a freqüência da luz emitida na transição de *n*=6 para *n*=4 no He^+ é igual a uma das linhas de Balmer para o átomo de H, exceto pelo erro devido à massa finita dos dois núcleos.

10.17 Os níveis 4*s*, 4*p*, 4*d* e 4*f*, mostrados na Fig.10.10, possuem energias iguais a -0,03862, -0,03197, -0,03128 e -0,03125 u.a., respectivamente. Calcule o valor de Z_{ef} utilizando orbitais monoeletrônicos e estime o efeito de blindagem dos dois elétrons 1*s* sobre um elétron da quarta camada, no átomo de lítio.

10.18 Uma radiação de 154 pm de comprimento de onda é observada no espectro de emissão de raio-x do cobre. Qual seria a energia do fóton emitido em unidades atômicas ? Supondo que esta transição ocorra de um orbital $2p$ para um orbital $1s$ vazio, calcule a variação de energia, em unidades atômicas, para um núcleo de cobre sem nenhum outro elétron, utilizando a Eq.(10.10b).

Funções de Onda e Números Quânticos

10.19 Mostre todas as possíveis combinações de números quânticos para um elétron em cada um dos seguintes orbitais: $1s$, $3p$, $4d$ e $5f$. Determine o número de cobinações com a mesma energia, ou a degenerescência, de cada orbital.

10.20 Mostre todas as combinações possíveis de números quânticos para um elétron num orbital $5g$, para o qual $l = 4$. Explique o por que da impossibilidade de se ter um orbital $3f$ ou $4g$. Foi previsto que os orbitais $5g$ começariam a ser preenchidos quando fosse sintetizado o elemento com número atômico 122.

10.21 Considere um orbital $2p_z$ e sua função de onda. Qual seria o valor de θ se r estivesse contido no plano xy ? Calcule o valor de $\psi(2p_x)$ quando r estiver nesta condição, utilizando a Tabela 10.5. Estenda este raciocínio para $\psi(2p_x)$ e para $\psi(2p_x)$ considerando que r esteja contido nos planos ***yz*** e ***xz***, respectivamente. Estes são denominados os **planos nodais** destes orbitais.

10.22 O orbital $2s$ também possui um nó, mas ele se constitui numa superfície esférica. Qual é a expressão que permite calcular o raio desta esfera ?

10.23 O raio de uma órbita de Bohr é descrita pela equação $r = (n^2/Z)a_0$. Calcule os raios das órbitas dos elétrons com n = 1, 2 e 3 no átomo de hidrogênio. Compare estes resultados com as distâncias de máxima probabilidade de densidade radial destes orbitais, mostrados na Fig.10.17. No caso do elétron $1s$, o máximo ocorre exatamente num raio equivalente ao raio de Bohr.

10.24 O momento angular orbital do elétron no átomo de H é igual a $\sqrt{l(l+1)}h/2\pi$, segundo a mecânica quântica. Qual seria a equação equivalente no modelo de bohr? Compare as duas equações considerando um elétron $1s$. Proponha um movimento clássico para um elétron $1s$ cujo valor do momento angular orbital seja igual aquele calculado baseado na mecânica quântica, levando em consideração o fato de que $\psi(1s)$ apresenta um valor diferente de zero no núcleo.

Configurações Eletrônicas

10.25 Quais são as configurações eletrônicas do estadofundamental das seguintes espécies: Li^+, B, O^{2-}, Mg, Se^2. Indique todos os elétrons.

10.26 Identifique e agrupe as espécies isoeletrônicas, e mostre a configuração eletrônica do estado fundamental, dos seguintes átomos e íons: Na^+, H, H^-, Ne, Be^{2+}, K^+, S^{2-}, F, He, N^{3-}, Ca^{2+} e He^+.

10.27 Os elétrons $4s$, $5s$ e $6s$ são removidos antes dos elétrons d, nos íons de metais de transição. Repita o Problema 10.25 para V^{2+}, Cr^{3+}, Fe^{3+}, Zn^{2+}, Ag^+ e Pt^{2+}.

10.28 Os íons Zn^{2+} e Ag^+ formam complexos com amônia, em solução aquosa, que apresentam estabilidades similares, apesar do zinco e a prata estarem em diferentes colunas da tabela periódica. Dê uma sugestão para explicar este comportamento.

10.29 Identifique quais dos seguintes átomos ou íons possuem orbitais s, p ou d semi-preenchidos, no estado fundamental: Cl^-, N, Be^+, C, Mg^{2+}, S^+, Mn^{2+}. Mostre a configuração eletrônica de cada um deles.

10.30 Vide a Fig.10.10 e escreva a configuração eletrônica dos três primeiros estados excitados do átomo de Li. Quais são as configurações do estado fundamental e do primeiro estado excitado do Li^+ ?

Energias de Ionização e Afinidades Eletrônicas

10.31 Utilize o conceito de blindagem para explicar por que o átomo de hélio tem uma energia de ionização maior do que do hidrogênio, enquanto que a energia de ionização do lítio é menor.

10.32 Os valores de I_1, mostrados na Fig.10.20, contêm duas irregularidades na faixa de Z=30. Encontre-as na Tabela 10.6 e mostre as razões do aparecimento das mesmas, baseando-se nas suas configurações eletrônicas.

10.33 As espécies He e H_2^- são isoeletrônicas, mas os elétrons em H^- devem estar menos firmemente ligados ao núcleo, por causa da carga negativa. Calcule os valores de E_0 (He) e E_0 (H^-), em quilojoules por mol, para confirmar este fato. Nestes cálculos use os valores dados nas Tabelas 10.8 e 10.9.

10.34 Calcule a variação de energia observada na reação em

$$Ca(g) + 2Cl(g) \rightarrow Ca^{2+}(g) + 2Cl^-(g).$$

Esta é uma reação endotérmica ou exotérmica ?

10.35 As energias calculadas pelo método de Hartree-Fock para B, B^+ e B^{2+} são, respectivamente, -24,52906, -24,23759 e -23,37599, em unidades atômicas. Use estes dados para calcular I_1 e I_2, em quilojoules por mol, e compare com os valores experimentais.

10.36 As energias dos orbitais de valência dos átomo de carbono e de sódio, calculadas pelo método de Hartree-Fock, são iguais a -0,43336 e -0,18210 u.a., respectivamente. Calcule, a partir destes dados , os valores de I_1 de ambos os átomos, em quilojoules por mol, e compare com o valor experimental.

***10.37** As transições espectroscópicas no átomoo de hidrogênio obedecem à regra de seleção $\Delta l = \pm 1$, ou seja, todas as absorções e emissões devem provocar uma variação de uma unidade, no número quântico *l*. Quais são os valores de *l* para os orbitais 1*s*, 2*s* e 2*p* ? Considerando esta regra de seleção, a transição de um estado n=2 para um estado n=1, com emissão de luz, seria permitida ? Um estado metaestável é um estado que não consegue emitir radiação e decair para o estado fundamental. Verifique se existe algum estado metaestável no átomo de hidrogênio.

***10.38** A cor observada no teste de chama para o lítio é atribuida ao decaimento de um elétron de um orbital 2*p* para um orbital 2*s*, num átomo de lítio excitado. Esta transição obedece à regra de seleção com relação a *l*, dado no problema anterior ? Considerando que as energias dos níveis 2*s* e 2*p*, mostrados na Fig.10.10, sejam iguais a -0,1302 e -0,1981 u.a., calcule o comprimento de onda da luz emitida no teste de chama do lítio. Qual é a cor correspondente a este comprimento de onda ?

***10.39** Mostre que a função de onda $\psi^2(2p_x) + \psi^2(2p_y)$ é cilindricamente simétrica com relação ao eixo *z*, utilizando as funções de onda para os orbitais 2*p*. Mostre que $\psi^2(2p_x) + \psi^2(2p_y) + \psi^2(2p_z)$, também, é esfericamente simétrica.

***10.40** Geralmente, os comprimentos de onda maiores do que 200 nm são medidos ao ar, a 15 °C (por exemplo, vide *Handbook of Chemistry and Physics*). Estes valores podem ser convertidos nos comprimentos de onda no vácuo por meio da relação $\lambda_{vac} = n\lambda_{ar}$, onde *n* é o índice de refração do ar, a 15 °C. O valor de *n* é aproximadamente igual a

$$n \cong 1{,}0002726 + 1{,}54/\lambda^2,$$

onde λ deve ser expresso em nanometros. Utilize esta equação para corrigir os comprimentos de onda de algumas das emissões correspondentes às linhas de Balmer, dados no *Handbook of Chemistry and Physics*, para o vácuo. Tais emissões ocorrem a 486,133, 434,047 e 410,174 nm, no ar a 15 °C. Compare estes resultados com aqueles obtidos no problema 10.15, por meio da equação de Balmer corrigida utilizando as massas reduzidas.

***10.41** Os comprimentos de onda observados no espectro devido ao decaimento de um elétron *p* para um orbital 1s vazio (linha Kα), na regiao dos raios-x, são:

Mg 987 pm	S 536 pm	Ca 335 pm
Cr 229 pm	Zn 143 pm	Rb 93 pm.

Calcule os valores de ν e interprete-as utilizando a equação de Moseley,

$$\nu = c(Z - b)^2,$$

onde *b* e *c* são constantes. Moseley fez um gráfico de $\nu^{1/2}$ *versus* *Z*, mas você pode se valer de métodos numéricos.

Mostre que a blindagem é menor para estes elétrons internos, e que *c* é aproximadamente igual à freqüência da luz emitida durante a transição de $n = 2$ para $n = 1$.

A Ligação Química

No Cap.6 mostramos como o conceito de ligação química se desenvolveu em função dos esforços no sentido de explicar as fórmulas químicas. No início, este conceito era puramente diagramático, ou seja, as ligações químicas eram mostradas, simplesmente, como sendo linhas traçadas entre os símbolos dos átomos, que por sua vez representavam a valência dos mesmos. A idéia de que tais linhas representam uma força específica, ou "ligação", entre os átomos, surgiu algum tempo depois. Um trecho de um livro texto para os ingressantes em química, muito difundido no início deste século, ilustra este fato:

> Os estudantes não podem ser incitados tão frequentemente a associarem qualquer significado materialístico a estas linhas. O uso desta convenção está sempre acompanhado do perigo dos iniciantes cometerem o erro de considerar estas linhas como sendo uma forma de representação dos pontos fixos de ligação, ou união, entre os átomos. Portanto, devemos lembrá-los sempre que estas linhas não possuem nenhum significado materialístico e nem contém qualquer significado definido.*

Entretanto, os diagramas de Lewis mostraram que estas linhas, inicialmente utilizadas para representar a valência, na realidade, representam uma ligação específica e o compartilhamento de elétrons entre dois átomos. Uma linha corresponde a um par de elétrons, sendo que linhas adicionais indicam a presença de outros pares de elétrons compartilhados. Com o sucesso dos diagramas de Lewis para explicar as fórmulas moleculares e o conceito de valência, ficou claro que o compartilhamento de um par de elétrons era a base de uma ligação química covalente. A maioria destes avanços ocorreram 10 anos antes do desenvolvimento da mecânica quântica.

O único modelo disponível para interpretar o comportamento dos elétrons nos átomo, antes do advento da mecânica quântica, era o modelo de Bohr. Este representava o movimento eletrônico de forma tão grosseira que não pode ser utilizado para explicar a formação das ligações covalentes. Somente a mecânica quântica foi capaz de explicar o comportamento dos elétrons nas moléculas. Não precisamos ser especialistas em mecânica quântica para compreender a ligação química, mas devemos conhecer alguns dos seus princípios fundamentais.

Um dos conceitos que devemos aplicar às moléculas é o da **atração coulômbica** entre os elétrons, negativamente carregados, e os núcleos, positivamente carregados. Os elétrons não estão parados no espaço, e possuem diferentes probabilidades de serem encontrados nas várias partes da molécula. Esta atração deverá ser compensada pela repulsão coulômbica entre os núcleos e entre os próprios elétrons. Nosso objetivo é compreender como todas estas interações coulômbicas provocam o aparecimento de uma força atrativa entre os núcleos, possibilitando a formação de uma ligação química. Os núcleos se repelem mutuamente devido a natureza de suas cargas. Portanto, o papel dos elétrons é proteger os núcleos dos átomos ligados de modo que estes não interajam repulsivamente e haja uma força resultante de atração entre eles. O efeito de "blindagem" eliminando a repulsão internuclear pode ser observada numa ligação iônica. Neste tipo de ligação um ou mais elétrons são transferidos de um átomo eletropositivo para um eletronegativo. No caso do NaCl, CsF e outros sais similares, os íons resultantes apresentam uma distribuição de cargas simetricamente esférica, correspondente a uma configuração eletrônica de camada fechada. Na Fig.11.1 é mostrada uma representação diagramática do NaCl.

Os íons, mostrados na Fig.11.1, estão suficientemente afastados para que as funções de onda dos elétrons de cada íon sejam completamente independentes. Então, cada íon pode ser representado por uma nuvem de elétrons esfericamente distribuida em torno de seus núcleos. No Apêndice C, mostraremos que a lei de Coulomb pode ser aplicada, numa forma simples, para se calcular a interação coulômbica entre todos os elétrons e núcleos de tais íons. A interação coulômbica total, de todos os elétrons e o núcleo do íon Na^+ com todos os elétrons e o núcleo do íon Cl^-, pode ser calculada por meio da lei de Coulomb considerando somente as **cargas totais** sobre os dois íons.

Dado que um íon é positivamente carregado e o outro é negativamente carregado, a interação resultante é de atração. Numa molécula iônica similar àquela mostrada na Fig.11.1, os elétron conseguem eliminar completamente a interação coulômbica entre os dois núcleos, fazendo com que as cargas

* G.S. Newth, *A text-Book of Inorganic Chemistry* (New York: Longmans Green, 1903.)

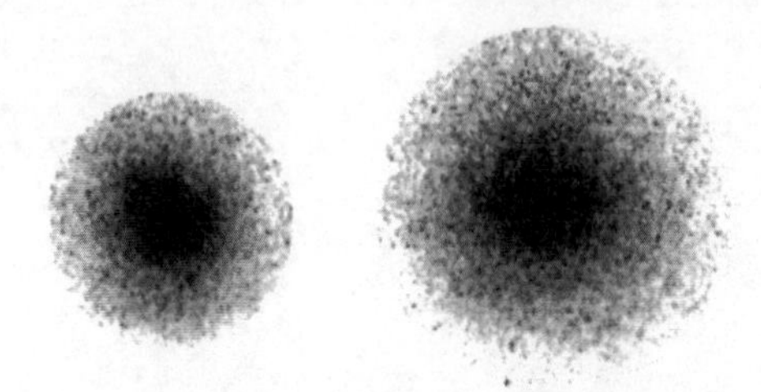

Fig. 11.1 Ions Na^+ e Cl^- que formam uma ligação iônica. Para atingir a menor energia possível, os íons aproximam-se um do outro. Quando eles tornam a se tocar as nuvens eletrônicas sofrem sobreposição, mas praticamente todas as nuvens eletrônicas podem ser determinadas como sendo parte de um íon Na^+ou Cl^-.

dos dois íons determinem a natureza da interação entre os mesmos, ou seja, de atração. Conseqüentemente, a energia total dos dois íons é menor quando estão juntos e forma-se uma ligação química. Este é um tipo de interação atrativa entre dois átomos que configura uma ligação química.

Se todas as ligações fossem iônicas, bastaria conhecermos as condições necessárias para que os elétrons pudessem ser transferidos de um átomo para outro para descrever uma ligação química. A formação da ligação iônica será discutida na próxima seção. No momento, gostaríamos de frisar que a maioria das ligações químicas são covalentes. Na Fig.11.2 é ilustrado a natureza das funções de onda eletrônicas numa molécula covalente tal como o H_2. As funções de onda dos dois átomos devem se sobrepor para formar uma ligação covalente. Neste caso, teremos alguns elétrons que poderiam ser descritos como se estivessem nos dois átomos ao mesmo tempo. Se uma ligação química for formada, estes elétrons compartilhados são denominados **elétrons ligantes** e devem eliminar a repulsão eletrostática entre os dois núcleos. Para descrevermos os elétrons ligantes numa molécula, teremos de aprender um pouco mais acerca das funções de onda eletrônicas possíveis e sobre o efeito do spin eletrônico sobre as funções de onda moleculares.

11.1 Ligações Iônicas

Há muitas evidências indicando que os compostos tradicionalmente conhecidos como sais contém ligações iônicas.

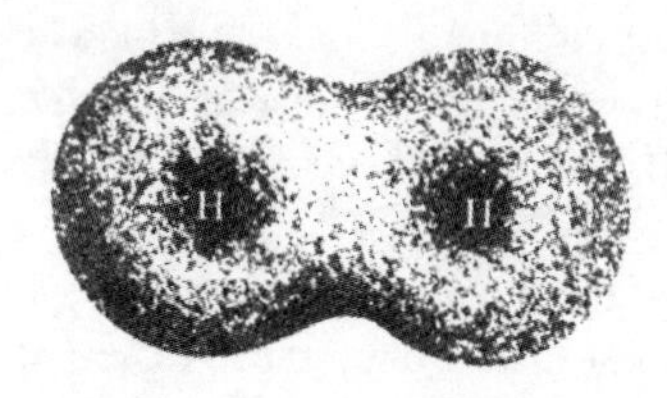

Fig. 11.2 Núvens eletrônicas de uma ligação covalente. Os dois elétrons nesta ligação dispendem muito mais tempo entre os núcleos do que se a ligação não tivesse sido formada.

Então, podemos considerar os compostos tais como NaCl, LiBr, K_2SO_4, $Ca(NO_3)_2$ e BaO como sendo constituídos por íons positivos e negativos nas formas sólida, líquida ou gasosa. Os elevados pontos de fusão de tais sólidos indicam a presença de uma força de interação que atua a longas distâncias. Este fato, juntamente com os dados estruturais consistentes com a presença de íons, indicam que o modelo iônico é adequado para explicar as propriedades destes compostos. No caso de líquidos, a evidência é a condutividade iônica dos mesmos. Por outro lado, pode-se notar que existe uma grande separação de cargas examinando os momentos de dipolo das espécies gasosas, dadas no Cap. 6, coerentes com a presença de uma ligação iônicas no NaCl, AgCl e algumas outras moléculas. Está muito bem estabelecido que os sais geram íons quando em solução aquosa. Contudo, outras moléculas que também formam íons quando em solução, tais como o HCl e o H_2SO_4, são consideradas como sendo moléculas com ligações covalentes.

No capítulo anterior, foi mostrado que a afinidade eletrônica dos halogênios são menores do que as energias de ionização dos metais alcalinos. Se utilizarmos sódio e cloro como nosso exemplo, perceberemos que a reação

$$\mathrm{Na(g)} + \mathrm{Cl(g)} \rightarrow \mathrm{Na^+(g)} + \mathrm{Cl^-(g)}$$

$$\Delta E_0 = I_1(\mathrm{Na}) - A(\mathrm{Cl}) = 146.8 \text{ kJ mol}^{-1}$$

é fortemente endotérmica. Conseqüentemente, os átomos gasosos de Na e Cl separados tem uma energia menor do que os íons gasosos separados. Entretanto, quando estes átomos ou íons se juntam, a estabilidade relativa dos dois sistemas se inverte, como podemos ver na Fig.11.3.

Na Fig.11.3 são mostradas as energias dos pares Na + Cl e $Na^+ + Cl^-$ à distâncias muito maiores do que a distância de ligação de qualquer molécula. A curva de energia para o sistema $Na^+ + Cl^-$ tende rapidamente para energias menores quando os íons se aproximam, devido à atração eletrostática entre os dois íons. Esta diminuição na energia do sistema obedece a lei de Coulomb, como é mostrado no Apêndice C. Por outro lado, a energia do sistema Na + Cl não apresenta nenhuma mudança significativa, na faixa mostrada na figura. A energia dos átomos será influenciada somente por algum tipo de interação à curtas distâncias, tais como o potencial de Lennard-Jones. Na Fig.11.3 iremos supor que a energia do par de átomos Na + Cl é constante para as distâncias consideradas.

Podemos usar a lei de Coulomb para calcular a distância na qual a energia potencial do sistema $Na^+ + Cl^-$ torna-se igual à diferença de energia inicial de 146,8 kJ mol^{-1}. Utilizaremos a versão simplicada da expressão para a energia potencial U, em kJ mol^{-1}:

$$U\ (\text{kJ mol}^{-1}) = \frac{1389{,}4 Z_1 Z_2}{R(\text{Å})}.$$

No caso do NaCl, $Z_1 = 1$ e $Z_2 = 1$. Substituindo $-U = 146{,}8$ kJ mol^{-1} na expressão acima e resolvendo para R, temos que

$$-U = 146{,}8 = \frac{1389{,}4}{R}, \quad R = \frac{1389{,}4}{146{,}8} = 9{,}46 \text{ Å}.$$

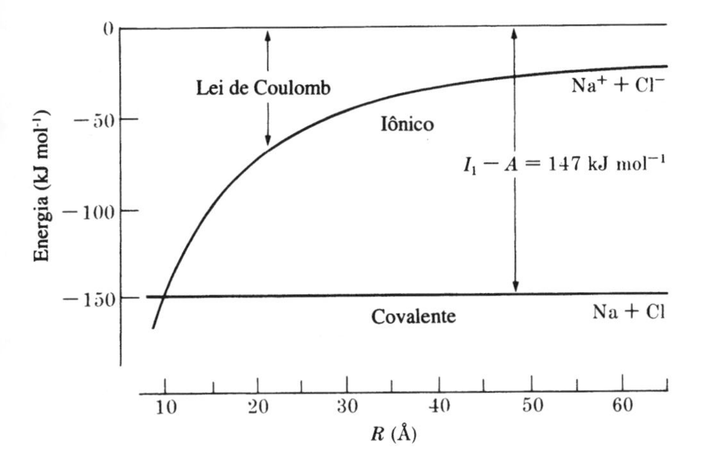

Fig. 11.3 Efeito da atração coulômbica em $Na^+ + Cl^-$. A interação entre os átomos Na + Cl foi considerada como de pouca importância nestas grandes distâncias.

Este valor é muito maior do que a distância de ligação na molécula de NaCl gasosa (2,36 Å).

O par de íons $Na^+ + Cl^-$ torna-se mais estável do que o par de átomos Na + Cl, para qualquer distância de separação menor do que 9,46Å. Se o par de átomos Na + Cl forem lentamente aproximados um do outro, o elétron $3s$ do átomo de sódio será transferido para o átomo de Cl preenchendo seu orbital $3p$, quando R = 9,46 Å. Após a formação dos íons, estes se aproximam e formam a molécula de NaCl.

A atração eletrostática entre os íons Na^+ e Cl^- continua sendo a interação dominante, à medida que R diminui até a formação do NaCl. Entretanto, a partir do momento que começa a haver um recobrimento apreciável entre as funções de onda eletrônicas do Na^+ e Cl^-, começa a aumentar a intensidade da interação de repulsão. Na Fig.11.4 é mostrado o gráfico da equação que combina um termo que mede a energia de repulsão com a energia de atração coulômbica U, na faixa de R próxima à distância interatômica de equilíbrio na molécula de NaCl. A forma da curva de repulsão utilizada na Fig.11.4, foi proposto por M. Born e J.E. Mayer como sendo a melhor representação da força de repulsão em sólidos iônicos. Aquela equação difere do potencial de Lennard-Jones que utilizamos anteriormente para descrever as interações de van der Walls. Contudo, as energias calculadas por meio de ambas as equações são similares.

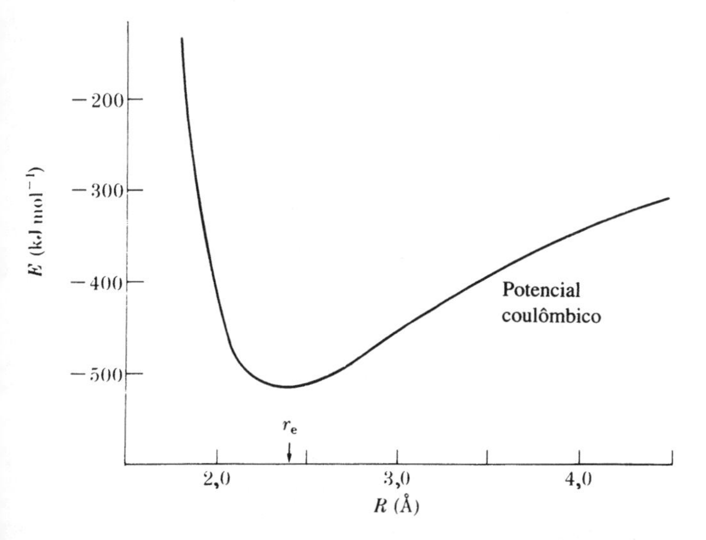

Fig. 11.4 Energia de $Na^+ + Cl^-$ na região da ligação. Esta curva segue a equação onde o segundo termo representa a repulsão dos íons devido à sobreposição eletrônica.

A energia de dissociação D_e do NaCl deve corresponder à diferença entre a energia *mínima* calculada e 146,8 kJ mol^{-1}. A energia dos íons isolados deve ser subtraida pois o produto mais estável são os *átomos* Na e Cl e o zero de energia na escala da Fig.11.4 (não é mostrado) corresponde aos íons. O valor de D_e e r_e do NaCl, mostrados na Fig.11.4, são coerentes com os valores experimentalmente obtidos.

Polarização

No Cap.6 mostramos que o momento de dipolo elétrico do NaCl é cerca de 25 % menor do que o calculado considerando que as ligações são iônicas. Existem duas explicações, essencialmente idênticas, para este fato. Como exemplificado no Apêndice C, o íon Na^+ produz um forte campo elétrico que polariza o íon Cl^-, provocando uma distorção do íon esfericamente simétrico: os elétrons do Cl^- são puxados em direção ao Na^+. O primeiro efeito observado é a diminuição do momento dipolar da molécula. Isto ocorre devido ao aparecimento de um momento dipolar induzido no íon Cl^- que se opõe ao momento dipolar da molécula, como pode ser observado na Fig.11.5.

Também, podemos perceber que a distorção da nuvem eletrônica provoca um aumento no número de elétrons que se encontram entre os dois núcleos. Este comportamento é característico das ligações covalentes, como veremos posteriormente. Conseqüentemente, a polarização dos íons que formam uma ligação iônica é equivalente ao início da formação de uma ligação covalente. Algumas pessoas preferem se referir às ligações em moléculas tais como o NaCl, como tendo menos do que 100 % de **caráter iônico** ou que possuem algum **caráter covalente.** Outras preferem considerá-las iônicas com algum efeito de polarização. O modelo iônico explica a maioria das características da ligação no NaCl, e o efeito da polarização precisa ser considerado, somente, quando se quer obter resultados totalmente consistentes com os dados experimentais.

Sólidos Iônicos

Os primeiros dados experimentais que levaram ao desenvolvimento do modelo das ligações iônicas foram provenientes dos estudos sobre a estrutura dos sólidos. Examinando as

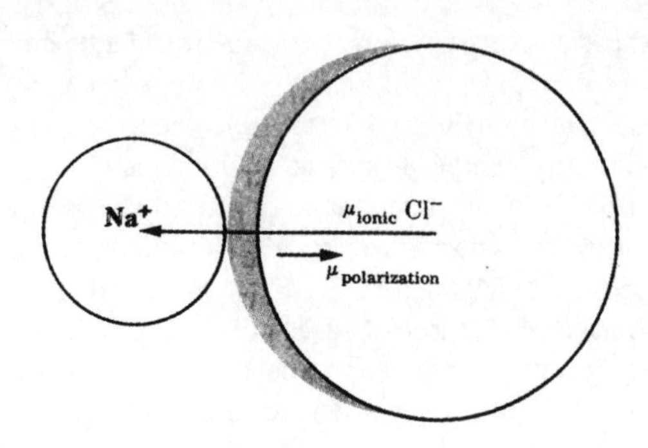

Fig. 11.5 Efeito da polarização do íon Cl^- maior pelo íon Na^+ menor. A região sombreada indica a carga negativa deslocada em direção ao íon Na^+. O momento de dipolo dimimui porque a metade da direita do íon Cl^- é mais positiva e a metade da esquerda é mais negativa do que seria se esta polarização não ocorresse.

estruturas obtidas por meio de estudos de espalhamento de raio-x, os químicos perceberam que as estruturas de sólidos iônicos tais como NaCl, CsCl e CaO poderiam ser explicadas considerando que os íons com um tipo de carga estavam dispostos ao redor dos íons com carga oposta. Neste modelo, os íons são considerados como sendo esferas carregadas com raios característicos. Supõe-se que as esferas estejam se tangenciando de modo a se obter o potencial eletrostático mínimo *U*, que inclui as interações entre todos os íons. Portanto, cada íon positivo deve estar rodeado por um número definido de íons negativos e vice-versa. No caso do NaCl e compostos com fórmulas mínimas similares, os íons positivos e negativos devem estar rodeados por um número equivalente de íons de sinal oposto.

As estruturas cristalinas do NaCl e do CsCl são dadas nas Figs. 11.6 e 11.7, respectivamente. Os íons não foram desenhados mantendo-se as proporção reais entre os tamanhos e as distâncias inter-iônicas.

Assim, podemos ver através das estruturas. Podemos notar que cada íon do NaCl está rodeado por seis íons de carga oposta, enquanto que no cristal de CsCl cada íon está rodeado por oito íons de carga oposta. A diferença entre as duas estruturas pode ser explicado em função da diferença de tamanho entre os íons Na^+ e Cs^+.

Medidas precisas das distâncias e ângulos interatômicos em cristais iônicos tem sido utilizadas para preparar tabelas de **raios iônicos.** A Tabela 11.1 contém uma listagem dos raios iônicos calculados por L. Pauling. Pode-se observar que os ânions são maiores do que os cátions. Quanto maior for a carga negativa maior será o íon e quanto maior for a carga positiva menor será o íon. Mantendo-se a carga dos íons constantes, podemos perceber que eles se tornam maiores a medida que nos movemos de cima para baixo na tabela periódica. Todos estes fatos podem ser inferidos a partir dos conceitos discutidos no Cap.10.

Visto que os ânions são maiores do que os cátions, eles devem ocupar um volume maior nos sólidos iônicos. Logo, a diferença entre as estruturas do NaCl e CsCl é provocado pela diferença no arranjo dos íons Cl em torno dos cátions. Representações bidimensionais do empacotamento dos íons Cl ao redor dos íons Na e dos íons Cl em torno dos íons Cs são mostradas nas Figs.11.8(a) e 11.8(b), respectivamente. Podemos notar que os quatro íons Cl quase se tocam, quando colocados nos vértices de um quadrado colocado ao redor do íon Na. No entanto, quando o cátion é o Cs os íons cloreto se encontram bastante afastados. Num sólido iônico, o menor potencial coulômbico *U* é obtido quando o maior número possível de ânions é colocado em volta do cátion. Neste arranjo, supõe-se que os ânions estejam tangenciando cada cátion. Assim, examinando a Fig.11.8(a), podemos perceber que os íons mostrados na representação tridimensional da Fig.11.6 estão muito próximos uns dos outros.

Observando a Fig.11.8(b), podemos notar que podemos adicionar mais do que seis íons Cl ao redor do íon Cs antes dos íons Cl começarem a se sobrepor. Isto pode ser constatado observando a Fig.11.7, na qual foram colocados oito íons Cl em torno de cada íon Cs. Geralmente, as estruturas cristalinas dos haletos de metais alcalinos são do tipo do NaCl ou do

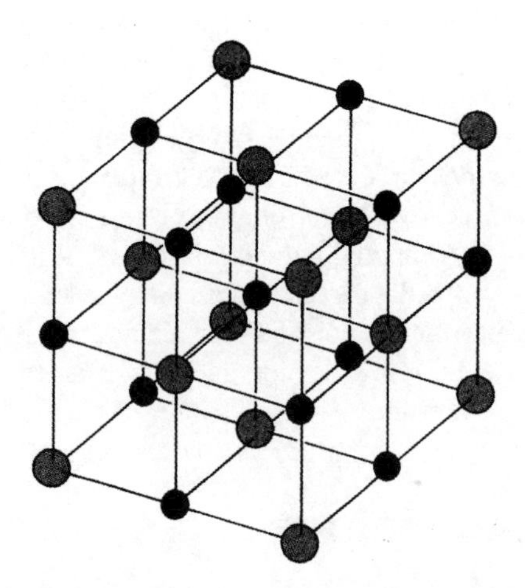

Fig. 11.6 Arranjo de íons no cristal de NaCl (de L. Pauling, *The Nature of the Chemical Bond*, 3a Ed. Ithaca, N.Y.: Cornell University Press, 1960).

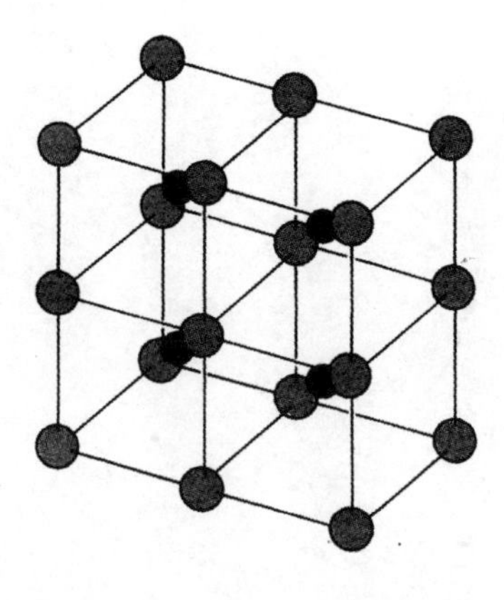

Fig. 11.7 Arranjo de íons no cristal de CsCl (de L. Pauling, *The Nature of the Chemical Bond*, 3a Ed. Ithaca, N.Y.: Cornell University Press, 1960).

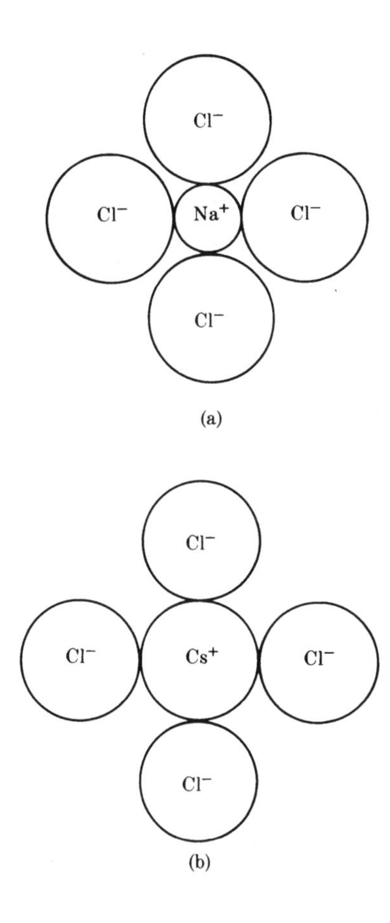

Fig. 11.8 Empilhamento bidimensional de íons Cl^- em torno de (a) um íon Na^+ e (b) um íon Cs^+. Os tamanhos relativos dos íons são baseados nos raios da Tabela 11.1. A estrutura do NaCl pode ser completado nas três dimensões colocando-se um Cl^- acima e um abaixo do íon Na^+. O íon Cs^+ maior gera espaço suficiente para quatro íons Cl^- acima e quatro abaixo do Cs^+.

CsCl. Os cátions menores formam haletos com a estrutura do NaCl e os maiores com a estrutura do CsCl.

Um simples cálculo geométrico será suficiente para que cheguemos à conclusão de que, na estrutura do NaCl, o cátion deverá estar rodeado por seis ânions, e que estes devem se

TABELA 11.1 RAIOS IÔNICOS (Å)*

Li^+	Be^{2+}				N^{3-}	O^{2-}	F^-
0,60	0,31				1,71	1,40	1,36
Na^+	Mg^{2+}			Al^{3+}	P^{3-}	S^{2-}	Cl^-
0,95	0,65			0,50	2,12	1,84	1,81
K^+	Ca^{2+}	Sc^{3+}	Zn^{2+}	Ga^{3+}	As^{3-}	Se^{2-}	Br^-
1,33	0,99	0,81	0,74	0,62	2,22	1,98	1,95
Rb^+	Sr^{2+}	Y^{3+}	Cd^{2+}	In^{3+}	Sb^{3-}	Te^{2-}	I^-
1,48	1,13	0,93	0,97	0,81	2,45	2,21	2,16
Cs^+	Ba^{2+}	La^{3+}	Hg^{2+}	Tl^{3+}			
1,69	1,35	1,15	1,10	0,95			

* Valores recomendados por L. Pauling, *The Nature of the Chemical Bond*, 3a Ed. Ithaca, N.Y.: Cornell University Press, 1960.

tocar quando a razão entre os raios do cátion e do ânion for igual a $r_+/r_- = 2^{1/2} - 1 = 0,414$. Os oito ânions formam uma estrutura cúbica no CsCl cristalino, na qual eles se tocam entre si e com o cátion central quando a razão for igual a $r_+/r_- = 3^{½} - 1 = 0,732$. Na maioria dos metais alcalinos a razão entre os raios se encontra entre 0,414 e 0,732. Por isso, a maioria dos haletos alcalinos apresentam a estrutura do NaCl, na qual os ânions não tem muitos problemas de ordem estérica para se arranjar em torno do cátion. Obviamente, o potencial coulômbico *U* é menor neste caso do que se o sólido tivesse a estrutura do CsCl. O modelo iônico de esferas rígidas prevê que qualquer haleto alcalino com $r_+/r_- \geq 0,732$ tende a ter a estrutura do CsCl, para que o potencial coulômbico seja o menor possível.

Os exemplos que se seguem ilustram em que tipo de situações podemos utilizar os raios iônicos, dados na Tabela 11.1.

Exemplo 11.1. Explique por que os íons isoeletrônicos F^- e Na^+ possuem raios iônicos tão diferentes.

Resposta. Em ambas as espécies os elétrons de valência pertencem a orbitais 2*p*, mas as intensidades do efeito de blindagem são muito diferentes num cátion e num ânion. A carga nuclear efetiva sentida pelos elétrons 2*p* no F^- é muito menor do que pelos elétrons 2*p* no Na^+. E, quanto menor a carga nuclear efetiva maior será a distância dos elétrons com relação ao núcleo.

Exemplo 11.2. Utilize os dados contidos na Tabela 11.1 para estimar o raio de van der Waals do argônio.

Resposta. Os íons isoeletrônicos com o átomo de argônio são o Cl^- e o K^+, sendo que a média de seus raios é igual a 1,57 Å. Este valor deve ser aproximadamente igual ao raio de van der Waals do argônio. Este fato pode ser confirmado na Fig.2.19, na qual pode se observar que a energia do sistema aumenta rapidamente quando dois átomos de Ar se encontram à distâncias inferiores a 3,0 A.

Exemplo 11.3. O KI sólido tem a estrutura do NaCl ou do CsCl ?

Resposta. A razão r_+/r_- para o KI é igual a 0,62. Este valor é menor do que 0,732 e maior do que 0,414. Logo, espera-se que ele tenha (realmente tem) uma análoga ao do NaCl.

O modelo fundamentado em raios iônicos fixos não é totalmente adequado para os haletos alcalinos. Por exemplo, a razão r_+/r_- é igual a 0,82 para o RbCl, mas apresenta a estrutura do NaCl e não do CsCl. A diferença de energia entre as várias estruturas cristalinas possíveis, freqüentemente, são muito pequenas. Um modelo iônico simples, que não considera os efeitos de polarização ou covalência, são inadequadas para prever pequenas diferenças de energia nos sólidos. No Cap.20 mostraremos os cálculos da energia reticular em detalhes, a qual se constitui num problema muito interessante pois considera os efeitos eletrostáticos à longas distâncias.

São comparadas na Tabela 11.2 a soma dos raios iônicos mostrados na Tabela 11.1 com o raio iônico do Cl^- e as distâncias observadas entre os centros dos íos em cloretos e iodetos alcalinos. As distâncias observadas nos sais de Li^+ e Na^+ são significativamente maiores do que a soma dos raios iônicos do cátion e do ânion correspondentes. No caso dos sais de Li^+, podemos atribuir este comportamento à sobreposição entre os ânions pois, neste caso, a razão $r_+/r_- < 0{,}414$ e a estrutura é análoga ao do NaCl. Entretanto, não podemos estender esta argumentação para o NaCl e o NaI pois $r_+/r_- >$ 0,414. Dado que as distâncias Cl^--Cl^- e I^--I^-, também, são maiores do que as distâncias previstas a partir dos seus raios iônicos, Pauling denominou este comportamento de efeito da **dupla repulsão**. Esta é mais uma falha do modelo iônico simples.

Íons em Sólidos e em Solução

Acabamos de mostrar que, em sais tais como o NaCl, a atração eletrostática entre os íons Na^+ e Cl^- estabiliza os mesmos. É exatamente este abaixamento da energia do sistema que permite que íons sejam encontrados em sólidos, mesmo quando forem muito instáveis na forma de íons gasosos livres. Ao mesmo tempo, podemos nos questionar por que o átomo de Na perde somente um elétron transformando-se no Na^+ e não perde dois ou mais elétrons ?

Para que o íon Na^{2+} se forme, as seguintes reações devem ser combinadas gerando uma reação global com ΔE negativo:

$$
\begin{array}{rll}
Na \rightarrow Na^+ + e^- & & I_1 \\
Na^+ \rightarrow Na^{2+} + e^- & & I_2 \\
2Cl + 2e^- \rightarrow 2Cl^- & & -2A \\
Na^{2+} + 2Cl^- \rightarrow Cl^-Na^{2+}Cl^- & & U \\
\hline
Na + 2Cl \rightarrow Cl^-Na^{2+}Cl^- & & \Delta E = I_1 + I_2 - 2A + U
\end{array}
$$

TABELA 11.2 RAIOS IÔNICOS E DISTÂNCIAS OBSERVADAS EM CRISTAIS (Å)*

	Li^+	Na^+	K^+	Rb^+	Cs^+
$r^+ + r^-$ para Cl^-	2,41	2,76	3,14	3,29	3,50
Distância observada	2,57	2,81	3,14	3,29	3,47
$r^+ + r^-$ para I^-	2,76	3,11	3,49	3,64	3,85
Distância observada	3,02	3,23	3,53	3,66	3,83

* De L. Pauling, *The Nature of the Chemical Bond*, 3a Ed. Ithaca, N. Y.: Cornell University Press, 1960.

Para satisfazermos a condição acima, $I_1 + I_2$ deve ser menor do que $-U$, se desprezarmos a afinidade eletrônica. Podemos verificar que $I_1 + I_2$ para o sódio é aproximadamente igual a 5.000 kJ mol^{-1}. Se calcularmos a energia eletrostática para o sistema $Na^{2+} + 2Cl^-$, verificaremos que seu potencial é de apenas -2.000 kJ $mol.^{-1}$ Logo, esta energia não é suficiente para estabilizar o sistema $Na^{2+} + 2Cl^-$.

Se fizermos o mesmo cálculo para o cálcio ao invés do sódio, perceberemos que $I_1 + I_2$ é de apenas 1.735 kJ mol^{-1}, e a interação eletrostática entre os íons é suficiente para estabilizar o íon Ca^{2+} na presença de dois íons Cl^-. No exemplo abaixo, calculamos o valor aproximado de U para o $CaCl_2$.

Exemplo 11.4. Supondo que o $CaCl_2$ tenha uma geometria linear, $Cl^-Ca^{2+}Cl^-$, calcule o potencial coulômbico aproximado deste sistema.

Resposta. Vamos supor que os íons sejam esferas rígidas que se tangenciam e vamos usar os raios iônicos dados na Tabela 11.1. No modelo simples aqui adotado, desprezaremos os termos de repulsão similares àqueles considerados nos cálculos envolvendo o NaCl.
Dado que $Z_1 = 2$, $Z_2 = 1$ e que

$$r(Ca^{2+}) = 0{,}99\ \text{Å}$$
$$r(Cl^-) = 1{,}81\ \text{Å}$$

← 5,60 Å →
Cl^- Ca^{2+} Cl^-

$$U = 1389{,}4\left[(2)\frac{(2)(-1)}{2{,}80} + \frac{(-1)^2}{5{,}60}\right]$$
$$= -1985 + 250 = -1735\ \text{kJ mol}^{-1}.$$

Embora o termo de repulsão entre os dois íons Cl^- seja muito menor do que a energia de atração entre o íon Ca^{2+} e os dois íons Cl^-, ele deve ser considerado nos cálculos.

Note que o potencial coulômbico $-U$ é exatamente igual a $I_1 + I_2$, no caso do Ca^{2+}. Combinando o valor acima com a afinidade eletrônica dos dois átomos de Cl, podemos concluir que íons podem estar presentes na molécula de $CaCl_2$. Ao compararmos a magnitude do termo $I_1 + I_2$ para o sódio e o cálcio podemos perceber por que os metais do Grupo I (por exemplo, o sódio) perdem um elétron enquanto que os metais do Grupo II (por exemplo cálcio) perdem dois elétrons, quando na presença de átomos eletronegativos como o cloro.

As interações coulômbicas também podem estabilizar íons, tais como o O^{2-} e S^{2-}, impossíveis de serem obtidas no estado gasoso. Apesar de não conhecermos a afinidade eletrônica do O^-, podemos supor que seja um pouco mais negativa do que a afinidade eletrônica do O^{2-}, pois este é um íon de camada fechada. Por outro lado, a afinidade eletrônica do Cl^- deve ser muito negativa, visto que, até agora, não pudemos detectar a presença de Cl^{-2} em sólidos.

Hidratação. Nossa discussão a respeito da química dos íons não estaria completa se não explicássemos por que obtemos íons Na^+ e Cl^-, completamente separados, em solução aquosa. Neste caso, não podemos alegar que os íons sejam estabilizados pelo potencial eletrostático *U*. Os íons se encontram muito longe uns dos outros, numa solução diluida. A explanação clássica para este fato é: o NaCl é um eletrólito forte.

Em solução aquosa, os eletrólitos fortes geram íons que são estabilizados devido à **hidratação,** isto é, existem algumas moléculas de água que interagem fortemente com os mesmos. A molécula de água contém pares de elétrons livres que podem interagir com os cátions, sendo que estes se comportam como se fossem ácidos de Lewis. Além disso, os átomos de hidrogênio da molécula de H_2O estão polarizados e apresentam uma carga parcial positiva, que pode interagir com os ânions. Pode-se fazer uma analogia com as pontes de hidrogênio ou outro tipo de interação do tipo ácido-base de Lewis. As interações entre os íons e as moléculas de água são bastante intensas e são suficientes para estabilizar os íons em solução.

A **entalpia de hidratação** padrão por mol, $\Delta\tilde{H}^\circ_{hid}$, de um par de íons, por exemplo Na^+ e Cl^-, é equivalente ao calor liberado por mol da seguinte reação:

$$Na^+(g) + Cl^-(g) \rightarrow Na^+(aq) + Cl^-(aq).$$

Visto que conhecemos o I_1 do Na(g) e o A do Cl(g), é possível utilizarmos os dados termoquímicos relativos à dissolução do NaCl(s) em água e à vaporização do mesmo gerando os íons gasosos, para calcular o calor liberado na reação de hidratação descrita acima. Na Tabela 11.3 são dados alguns valores de $\Delta\tilde{H}^\circ_{hid}$ para alguns pares de íons.

Comparando os valores das energias de ionização e afinidade eletrônica com o $\Delta\tilde{H}^\circ_{hid}$, facilmente, podemos perceber que os íons são bastante estabilizados em meio aquoso devido ao fenômeno da hidratação. Também, podemos notar que quanto menor for o íon ou maior for a carga do cátion, maior será a quantidade de calor liberado na reação de hidratação. Conseqüentemente, os cátions menores e mais carregados são mais estabilizados pela hidratação. O calor de hidratação é grande o suficiente para estabilizar os íons H^+ e Cl^-, embora o HCl gasoso seja uma molécula com elevado grau de caráter covalente. Esta constatação pode ser estendida para vários ácidos orgânicos e inorgânicos. A entropia de hidratação é tão importante quanto a entalpia de hidratação, para a definição da constante de dissociação de ácidos fracos. Por isso, os calores de hidratação não podem ser diretamente correlacionados com a força dos ácidos fracos em solução aquosa.

TABELA 11.3 $\Delta\tilde{H}^\circ$ DE HIDRATAÇÃO DE ÍONS EM SOLUÇÕES AQUOSAS A 25°C*

Pares Iônicos	ΔH°_{hid} (kJ mol^{-1})
$Na^+ + Cl^-$	−783,5
$Na^+ + Br^-$	−752,0
$Cs^+ + Cl^-$	−650,3
$Li^+ + Cl^-$	−898,3
$Ag^+ + Cl^-$	−850,2
$H^+ + Cl^-$	−1470,2
$Ca^{2+} + 2Cl^-$	−2336,8
$Al^{3+} + 3Cl^-$	−5816,0

* Dados de D. D. Wagman et alli, *The NBS Tables of Chemical Thermodynamic Properties, Journal of Physical and Chemical Reference Data,* 11, Supplement 2, 1982.

11.2 A Ligação Covalente Mais Simples

A característica principal das ligações iônicas é a grande diferença de energia entre os átomos. Um átomo deve ter uma baixa energia de ionização e o outro uma elevada afinidade eletrônica. A atração eletrostática entre os íons de cargas opostas estabiliza a ligação iônica. A baixa energia de ionização necessária somente é encontrada nos metais. A alta afinidade eletrônica é uma característica exclusiva dos não metais, que precisam de um ou dois elétrons para completar suas camadas de valência. As ligações covalentes serão formadas sempre que os átomos envolvidos na ligação não satisfaçam as duas condições acima. Podemos distinguir dois tipos de ligações covalentes. Numa **ligação covalente apolar** os elétrons ligantes são igualmente compartilhados pelos núcleos, enquanto que numa **ligação covalente polar** isto não ocorre. No caso das moleculas diatômicas homonucleares, tais como o H_2, o N_2 e o Cl_2, o compartilhamento equitativo ocorre simplesmente porque os dois átomos são idênticos. Contudo, numa ligação C-H, o compartilhamento dos elétrons ligantes é quase equitativo por causa da similaridade entre as propriedades eletrônicas de ambos os átomos.

No Cap.10, deduzimos as funções de onda eletrônicas usando o átomo de hidrogênio como exemplo, devido ao fato dele ser um sistema simples de se resolver utilizando a mecânica quântica. E, pudemos descrever os demais átomos multieletrônicos de forma satisfatória por meio destas funções monoeletrônicas. Agora, vamos começar nossa discussão sobre as ligações covalentes apolares estudando o íon molécula de hidrogênio, H_2^+. Nesta molécula, os dois núcleos estão ligados por um único elétron. Este é um exemplo de uma **ligação covalente monoeletrônica.**

Numa estrutura de Lewis de uma ligação covalente pode-se "visualizar" o compartilhamento de um par de elétrons. Esta é uma característica encontrada na maioria das moléculas estáveis. Porém, veremos que uma ligação covalente pode ser formada pelo compartilhamento de um único elétron. Podemos observar, na Tabela 6.6, que a energia de dissociação D_0 do H_2^+ é tão grande quanto a do Cl_2 e do Br_2, nos quais dois elétrons participam da ligação covalente. Quando um segundo elétron é adicionado ao H_2^+ formando o H_2, o D_0 aumenta mas não chega a ser o dobro do seu valor inicial. D_0 com deficiência de um elétron. Por causa destas características, podemos concluir que o H_2^+ é um protótipo satisfatório de uma molécula covalente.

O H_2^+ pode ser tratado de forma exata por meio da mecânica quântica, devido a sua simplicidade. Podemos calcular teoricamente a energia e o comprimento de ligação concordantes com os valores experimentais. Por causa do sucesso obtido no tratamento desta molécula simples, inferiu-se que a mecânica quântica nos daria o embasamento teórico adequado para a interpretação da ligação química covalente.

Vamos examinar a probabilidade de encontrar o elétron em todos os pontos da molécula de H_2^+, no sentido de tentarmos obter uma explicação para a formação da ligação covalente a partir dos cálculos mecânico quânticos. Na Fig.11.9, é mostrada a representação gráfica das curvas de distribuição obtidas à partir dos tratamentos mecânico quânticos. Na Fig.11.9(a) são mostradas os contornos de densidades eletrônicas constantes, localizadas no plano que contém os dois núcleos. O gráfico da Fig.11.9(b) mostra como a probabilidade de se encontrar o elétron varia ao longo da linha reta que passa pelos dois núcleos. Ambas as representações mostram que o elétron é compartilhado equitativamente pelos dois núcleos. Por isso, dizemos que o elétron está se movendo num **orbital molecular** e pertence à molécula como um todo e não a cada átomo.

A distribuição eletrônica exata deste sistema simples, é consistente com o conceito qualitativo de ligação covalente. Podemos comparar a distribuição eletrônica no H_2^+ com a distribuição de densidade eletrônica ao redor de um átomo de hidrogênio não ligado (Fig. 11.10), para termos uma idéia mais exata do significado da palavra *compartilhamento.* A densidade eletrônica ao redor de cada átomo não ligado foi dividida por dois para que, realmente, possamos comparar a distribuição eletrônica nos átomos com a da molécula. A

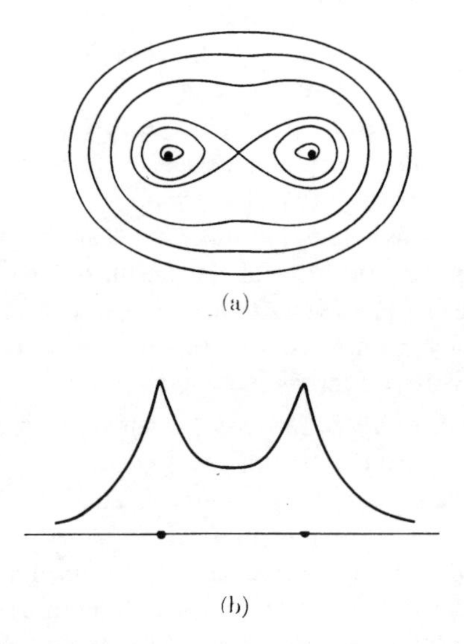

Fig. 11.9 Representação da densidade eletrônica no H_2^+: (a) contornos de densidade constante; e (b) variação da densidade ao longo do eixo internuclear.

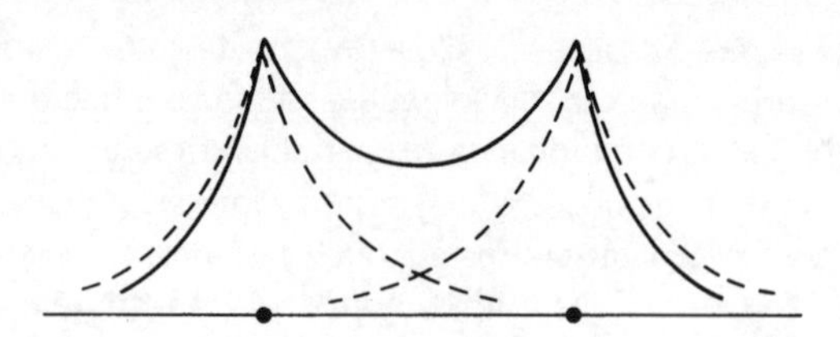

Fig. 11.10 Compartilhamento de elétrons na molécula de H_2^+. As linhas tracejadas representam um elétron distribuído entre dois átomos não ligados, enquanto a linha sólida representa a variação real da densidade eletrônica no H_2^+.

diferença nas curvas de distribuição de densidades eletrônicas mostra claramente a diferença entre o comportamento do elétron ligante e o elétron não-ligante, que fica metade do tempo na vizinhança de cada núcleo. Quando a ligação se forma, uma parte da densidade eletrônica, concentrada nas regiões mais à direita e à esquerda dos núcleos, respectivamente, se desloca para as regiões entre os dois núcleos.

A energia potencial U de um elétron localizado a uma distância r_a do núcleo A com carga $+e$ e r_b do núcleo B, também, com carga $+e$, é

$$U_{el} = \frac{-e^2}{4\pi\varepsilon_0}\left(\frac{1}{r_a} + \frac{1}{r_b}\right).$$

Conseqüentemente, a energia potencial do elétron é menor (mais negativa) quando o elétron está próximo a qualquer um dos núcleos ou quando ele se encontra próximo aos dois núcleos simultaneamente. Parece que com a formação da ligação, o elétron passa um tempo maior nas regiões do espaço onde sua energia potencial é menor, fazendo com que a energia total da molécula diminua. Cálculos mecânico quânticos detalhados corroboram esta hipótese da origem da energia de ligação.

Podemos examinar um pouco mais detalhadamente as variações de energia que acompanham a formação de uma ligação, se aplicarmos um princípio geral denominado **teorema do virial.** Este teorema pode ser utilizado para relacionar a energia cinética média total dos elétrons nas moléculas, $\overline{EC}$, com a energia potencial média total dos elétrons e núcleos, $\overline{EP}$. Se aplicarmos este princípio da física sobre um sistema que obedece à lei de Coulomb, considerando que os núcleos se encontram nas suas posições de equilíbrio e, portanto, que a força atuante sobre os núcleos é igual a zero, temos que

$$\overline{EC} = -\tfrac{1}{2}\sum \overline{q_1 q_2/4\pi\varepsilon_0 r_{12}}.$$

O termo $q_1q_2/(4\pi\varepsilon_0 r_{12})$ representa justamente a energia potencial de interação entre duas partículas eletricamente carregadas; e a energia potencial eletrostática total é calculado fazendo-se a somatória sobre todos os núcleos e elétrons da molécula. Portanto, para um sistema que obedece a lei de

Coulomb, a energia potencial média e a energia cinética média apresentam a seguinte relação:

$$\overline{EC} = -\tfrac{1}{2}\overline{EP}.$$

A energia total do sistema é igual a $E = \overline{EC} + \overline{EP}$. Logo, se aplicarmos o teorema do virial, temos que

$$E = \overline{EC} + \overline{EP} = -\overline{EC} = \tfrac{1}{2}\overline{EP}. \qquad (11.1)$$

O que acontece com a energia total quando juntamos dois átomos de modo a formar uma ligação ? Se a ligação for estável E deve diminuir e, logo, ΔE deve ser negativo. De acordo com a Eq.(11.1), ΔE está relacionado com a variação da energia potencial média por

$$\Delta E = \tfrac{1}{2}\,\overline{\Delta EP}.$$

Se ΔE for negativo, $\overline{\Delta EP}$ também deve ser negativo. Por conseguinte, a formação da ligação covalente é acompanhada por um decréscimo na energia potencial, resultante do fato do elétron compartilhado passar a maior parte do tempo nas proximidades e entre os núcleos.

Existe outra maneira de demonstrar por que o compartilhamento de um elétron tende a manter os átomos unidos. Ao invés de raciocinarmos em função da energia da molécula, podemos considerar as forças que os elétrons exerce sobre os núcleos. Considere a situação mostrada na Fig.11.11(a). Se um elétron estiver numa região que não seja entre os dois núcleos, a força

$$\frac{e^2}{4\pi\varepsilon_0 r_n^2}$$

que o elétron exerce sobre o núcleo mais próximo será maior do que a força

$$\frac{e^2}{4\pi\varepsilon_0 r_f^2}$$

que ele exerce sobre o núcleo mais afastado. Se examinarmos as componentes das forças nas direções perpendicular e paralela ao eixo internuclear (Fig.11.11(a)), verificaremos que o elétron tende a arrastar ambos os núcleos na direção do eixo internuclear, porém, com diferentes intensidades para cada núcleo. A diferença entre estas duas forças é a força resultante que tende a separar os núcleos. Portanto, sempre que o elétron estiver nas duas regiões à direita ou à esquerda dos respectivos núcleos, ele exerce uma força que se opõe à formação da ligação. Todavia, quando o elétron se encontra entre os núcleos, a força resultante tende a puxar os dois núcleos de modo que fiquem mais próximos um do outro, como mostrado na Fig.11.11(b). A superfície hiperbólica que separa as regiões nas quais o elétron tende a ligar os núcleos daquelas regiões que tendem a separá-los, é mostrada na

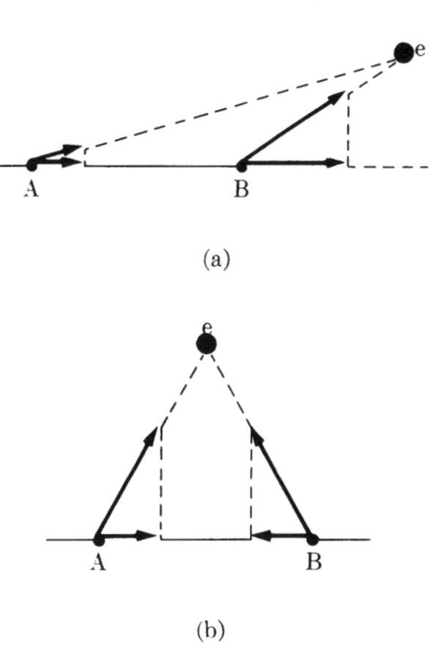

Fig. 11.11 Forças exercidas por um elétron sobre os núcleos A e B de uma molécula diatômica. Em (a) o elétron exerce uma força que separa os núcleos, enquanto em (b) o elétron tende a ligá-los.

Fig.11.12. Comparando o contorno desta superfície com a distribuição eletrônica no H_2^+, podemos observar uma estreita correlação entre o aumento da densidade eletrônica na região internuclear e a formação da ligação química.

Uma pequena reflexão é suficiente para percebermos que as ligações covalente e iônica são similares, pois ambos são resultantes da diminuição da energia total do sistema, provocado pela redistribuição da densidade eletrônica nos átomos. Contudo, existe uma diferença entre eles: a formação da ligação iônica é caracterizada pela transferência de um elétron de um átomo para outro, enquanto que a redistribuição eletrônica associada a uma ligação covalente é mais discreta e mais difícil de se descrever. Embora possamos classificar as ligações como sendo iônicas ou covalentes, devemos estar cientes de que estas não são as únicas situações possíveis, e não devemos tentar classificar todas as ligações nos dois tipos mencionados. Veremos que existe um compartilhamento desigual, ou transferência parcial, de elétrons nas ligações químicas polares. Logo, pode-se inferir que existem diferentes graus de compartilhamento, que se situam entre aqueles dois extremos. A existência de uma faixa contínua de

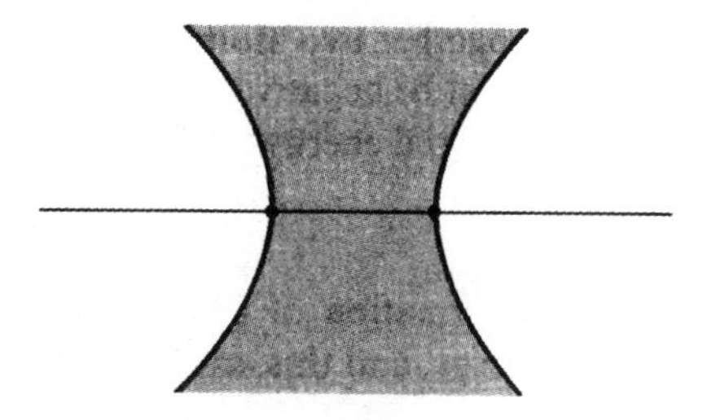

Fig. 11.12 Superfícies de contornos para uma ligação eletrônica numa molécula diatômica homonuclear AB. Quaisquer elétrons na região sombreada servem para ligar os núcleos juntos.

propriedades de ligação, da totalmente iônica à totalmente covalente, não é muito difícil de compreender se reconhecermos e lembrarmo-nos das similaridades e das diferenças entre as ligações covalente e iônica.

O orbital molecular que acabamos de examinar é apenas um dos vários orbitais possíveis do H_2^+ que o elétron pode ocupar. Porém, ele é o orbital de menor energia possível. Dado que seu preenchimento leva à formação de uma ligação estável, ele é denominado **orbital molecular ligante**. O estado excitado de menor energia do H_2^+ corresponde à ocupação do orbital molecular mostrado na Fig.11.13. Note que os elétrons se distribuem igualmente nos dois extremos da molécula, mas a região entre os dois núcleos é deficiente de elétrons. O elétron passa a maior parte do tempo nas regiões periféricas, relativamente longe de ambos os núcleos. Isto ocorre em parte devido a existência de um nó entre os mesmos. Todas estas características contrastam com aquelas do orbital ligante de baixa energia. Conseqüentemente, esperamos que o H_2^+ no seu primeiro estado excitado seja instável com respeito à dissociação, gerando um próton e um átomo de hidrogênio. Neste estado, existe uma intensa força de repulsão entre estes dois fragmentos, e por isso este é denominado um **orbital molecular antiligante.** Estas propriedades enfatizam o fato de que o mero *compartilhamento de elétrons por dois núcleos não leva à formação da ligação.* É necessário que os elétrons compartilhados provoquem uma diminuição na energia total do sistema. Isto ocorre quando o elétron ocupa um orbital molecular ligante, mas não quando ele preenche um orbital molecular antiligante.

Na Fig.11.14 podemos observar a conseqüência da presença do elétron num orbital molecular ligante ou antiligante do H_2^+. A energia total do sistema $H^+ + H$ é plotado em função da distância entre os dois núcleos. Quando as distâncias internucleares são grandes, a energia do sistema é pouco

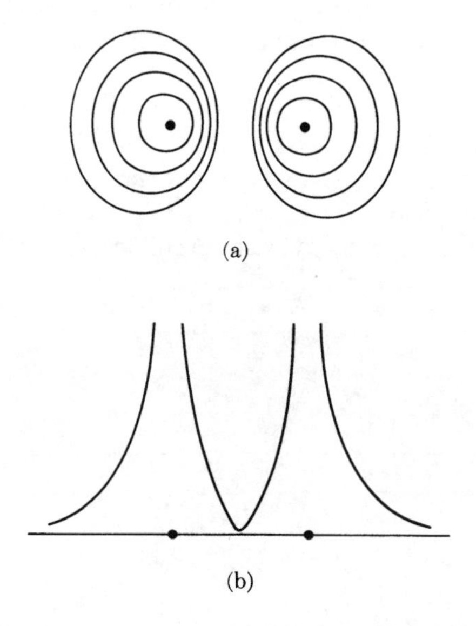

Fig. 11.13 Orbital antiligante do H_2^+: (a) contornos de densidades eletrônicas constantes; e (b) variação da densidade eletrônica ao longo do eixo internuclear.

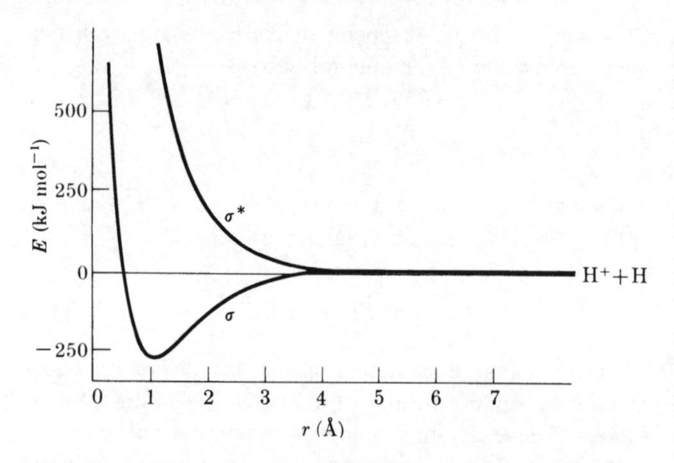

Fig. 11.14 Energia total E do sistema H_2^+ em função da distância internuclear *r*. A curva inferior representa a situação em que o elétron está no orbital ligante σ, enquanto a curva superior descreve o comportamento da energia quando o elétron está no orbital antiligante σ*.

influenciada pela variação na distância sendo as energias de ambos os orbitais exatamente iguais. No entanto, quanto os núcleos se aproximam existem duas possibilidades. Se o elétron estiver num orbital σ ligante, a energia total do sistema será menor que a do sistema $H^+ + H$. Por conseguinte, dizemos que uma ligação foi formada. O mínimo de energia corresponde à configuração mais estável e ocorre na distância de ligação de equilíbrio r_e. A profundidade deste poço de potencial é equivalente à energia de dissociação da ligação $D_e(H_2^+)$. Por outro lado, se o elétron ocupasse o orbital antiligante σ*, a energia total do sistema sempre seria maior do que a soma das energias das espécies H^+ e H separadas. Esta situação é representada na Fig. 11.14 pela curva de energia de repulsão, que se encontra na parte superior do gráfico. Os valores de r_e e D_e obtidos à partir da solução mecânico quântica exata do sistema H_2^+ são: $r_e = 2a_0 = 1{,}058$ Å e $D_e = 0{,}1026$ u.a. $= 269{,}4$ kJ mol^{-1}.

A Ligação no H_2, He_2^+ e He

As funções de onda do átomo de H foram utilizadas como funções aproximadas para o caso dos átomos multieletrônicos, no Cap.10. Nesta seção, mostraremos como podemos nos valer dos orbitais σ e σ* da molécula de H_2^+ para explicar a ligação no H_2, He_2^+ e He_2.

A molécula de H_2 possui dois elétrons. Estes dois elétrons são atraídos pelos dois núcleos pela mesma força coulômbica que atua na molécula de H_2^+. Entretanto, existem duas diferenças importantes. Apesar disso, poderemos usar os orbitais do H_2^+ para descrever o H_2. A primeira diferença surge da interação entre os dois elétrons: como sabemos cargas de mesmo sinal se repelem mutuamente. Dado que esta interação intereletrônica não é levada em consideração no H_2^+, podemos inferir que as energias da molécula de H_2 não podem ser determinadas exatamente utilizando-se aquelas funções de onda. Em segundo lugar, as energias em função de *r* para o H_2^+, mostradas na Fig.11.14, não podem ser diretamente relacionadas com as energias na molécula de H_2. O motivo não é simples de ser compreendido: a repulsão internuclear no H_2^+ e no H_2 são iguais, mas existe uma maior atração entre os elétrons e os núcleos no H_2 devido à presença dos dois elétrons.

Com estas limitações em mente, vamos expressar as funções de onda do H_2 utilizando aquelas do H_2^+. Ambos os elétrons devem estar em orbitais σ para que tenhamos o H_2 no seu estado de menor energia. Felizmente o princípio de exclusão de Pauli permite que ambos os elétrons sejam colocados no mesmo orbital desde que tenham diferentes valores para o número quântico de spin magnético m_s. A função de onda aproximada do H_2 para os dois elétrons é

$$\psi(H_2) = \sigma(1)\sigma(2),$$

onde os valores de m_s para os elétrons 1 e 2 devem ter sinais opostos: ½ e -½. Estes elétrons são emparelhados como mostrado no Cap.6. A molécula de H_2 é muito semelhante ao átomo de He, exceto pelo fato de que no H_2 os orbitais, por serem moleculares, englobam dois núcleos. Em ambos os casos, os dois elétrons devem ter spins emparelhados para obtermos a menor energia possível.

A molécula de H_2 possui dois elétrons que tendem a aproximar os dois núcleos. Como resultado, esperamos que o H_2 tenha uma distância internuclear, r_e, menor do que o H_2^+. Ao mesmo tempo, a energia de ligação deve ser cerca de duas vezes maior do que para o H_2^+. Pode-se verificar a veracidade destas previsões analisando-se a Tabela 11.4.

A molécula de He_2^+ possui um elétron a mais do que a molécula de H_2, e o Princípio de exclusão de Pauli não permite que três elétrons ocupem o orbital σ. O terceiro elétron, obrigatoriamente, deve ir para o orbital σ*. Observando a Fig.11.14 podemos perceber que para muitos valores de r, a curva para σ* tem uma energia de dissociação de módulo equivalente mas de sinal contrário ao da curva para σ. Esta é uma característica peculiar das energias dos orbitais ligantes e antiligantes. Fazendo-se estas considerações podemos concluir que o He_2^+ deve ter a mesma energia e distância de ligação do H_2^+. A configuração eletrônica de menor energia para o He_2^+ é $\sigma^2\sigma^*$, como mostrado na Tabela 11.4; e as medidas experimentais são coerentes com as nossas previsões.

A molécula He_2 não deve ser estável pois ele deve ter dois elétrons no orbital ligante e dois no orbital antiligante. O grande valor de r_e e os pequenos valores de D_e mostrados na Tabela 11.4 aparecem devido às interações de van der Walls e não por causa da formação de uma ligação química.

11.3 Orbitais Atômicos e Ligações Químicas

O tratamento mecânico quântico da molécula de H_2^+ origina expressões matemáticas muito complicadas para descrever seus orbitais moleculares. Eles são deduzidos usando um sistema de coordenadas elípticas centrado entre os dois núcleos. Embora estas funções de onda sejam exatas para o caso de uma molécula monoeletrônica, não são adequadas para moléculas multieletrônicas. As funções de onda mais convenientes para considerarmos a ligação em moléculas multieletrônicas são aquelas dos orbitais atômicos centradas em cada átomo. Estas funções são conceitualmente muito simples e podem ser utilizadas como um conjunto completo de funções matemáticas nos cálculos mecânico quânticos detalhados. Precisamos de um procedimento sistemático, consistente com os métodos da mecânica quântica, para usarmos os orbitais atômicos tais como 1*s*, 2*s*, 2*p*, etc.. O método mais comum é por meio da construção de **orbitais moleculares como uma combinação linear de orbitais atômicos (OM-CLOA).**

OM-CLOA

Esta seção será uma introdução do método citado acima. Uma descrição mais completa será dada no Cap.12. Primeiro considere dois átomos de hidrogênio A e B. O orbital atômico de menor energia de cada um deles é o orbital 1*s* que serão denominados $\psi_a(1s)$ e $\psi_b(1s)$. Se quisermos formar o orbital molecular de menor energia que englobe os dois átomos, devemos somar os dois orbitais atômicos da maneira que se segue:

$$\sigma 1s = \psi_a(1s) + \psi_b(1s) \tag{11.2}$$

O orbital $\psi_a(1s)$ pertence ao núcleo A e é expresso como uma função do raio r_a. O orbital $\psi_b(1s)$ pertence ao núcleo B sendo descrito em função do raio r_b. Podemos calcular os valores de

TABELA 11.4 LIGAÇÕES EM MOLÉCULAS SIMPLES

		Previsão		Experimental	
Molécula	**Configuração**	r_e (Å)	D_e (kJ mol^{-1})	r_e (Å)	D_e (kJ mol^{-1})
H2+	σ	1,06*	269*	1,06	269
H2	σ^2	< 1,06	~ 538	0,74	458
He2+	$\sigma^2\sigma^*$	~ 1,06	~ 269	1,08	238
He2	$\sigma^2\sigma^{*2}$	sem ligação	~ 0	3,0	0,09

* Foram utilizados os valores observados para o H_2^+ listados aqui como uma referência.

r_a e de r_b para quaisquer posições no espaço em volta dos dois núcleos, e utilizando a equação para a função 1*s* podemos calcular o valor da função de onda do orbital molecular $\sigma 1s$. No caso dos pontos próximos ao núcleo A, os cálculos levarão à funções de onda cujos resultados numéricos são muito semelhantes aos valores calculados para $\psi(1s)$, e vice-versa para os pontos próximos ao átomo B. É lógico pensar que nas vizinhanças de qualquer um dos dois núcleos um elétron se comportará como se ele estivesse num orbital atômico. Contudo, entre os dois núcleos o orbital $\sigma 1s$ contém as contribuições, aproximadamente equitativas, de ambas as funções de onda 1*s*. Na Fig.11.15 são mostradas as curvas de distribuição de densidade eletrônica do orbital molecular $\sigma 1s^2$. Perceba quão similar é este orbital com relação ao orbital σ da molécula de H_2^+, mostrado na Fig.11.9.

Visto que começamos com duas funções de ondas atômicas independentes, podemos obter dois orbitais moleculares independentes. O segundo orbital molecular é

$$\sigma^* 1s = \psi_a(1s) - \psi_b(1s). \qquad (11.3)$$

Este é um orbital molecular antilingante pois possui um nó e uma pequena densidade eletrônica entre os dois núcleos. O nó aparece devido ao fato do $\sigma^* 1s = 0$ sempre que $r_a = r_b$, pois nestes casos $\psi_b(1s) = \psi_b(1s)$. Na Fig.11.16 são mostradas as curvas de distribuição de densidades eletrônicas do $\sigma^* 1s^2$, as quais podem ser comparadas com as funções de onda σ^* do H_2^+, mostradas na Fig.11.13.

Os orbitais moleculares $\sigma 1s$ e $\sigma^* 1s$ não são funções de onda exatas do íon molécula H_2^+, mas são fáceis de se calcular e de se visualizar. Eles podem ser utilizados como as funções de onda de partida para se determinar as propriedades mecânico quânticas das moléculas multieletrônicas, tais como H_2 e He_2^+. Devido ao fato destas funções de onda serem apenas aproximadas, para se fazer cálculos precisos deveremos utilizar alguns orbitais adicionais ou ajustar o tamanho dos orbitais de modo a obtermos o melhor resultado possível.

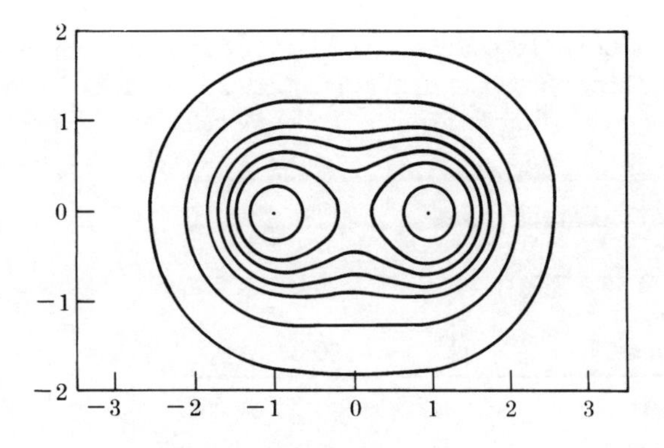

Fig. 11.15 Contornos de densidades eletrônicas para o orbital ligante $\sigma 1s$ do H_2^+. Os dois contornos internos encerram 5% da densidade eletrônica e o externo encerra 95%. As escalas de distâncias estão em unidades de raio de Bohr a0.

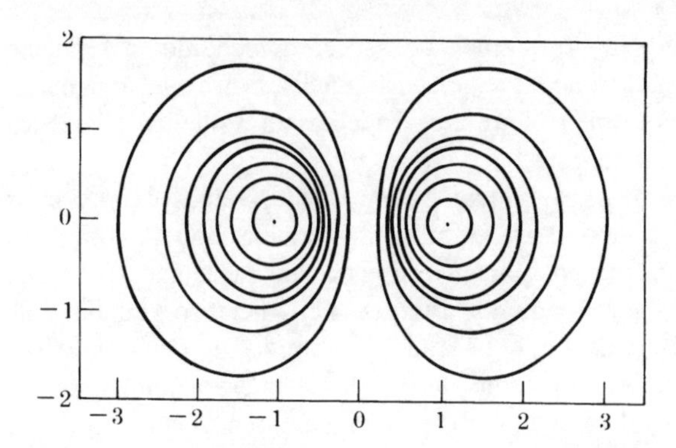

Fig. 11.16 Contornos de densidades eletrônicas para o orbital antiligante $\sigma^* 1s$ do H_2^+. Os intervalos entre os contornos e as unidades de distância são as mesmas da Fig. 11.15.

Estes orbitais CLOA também são muito úteis nas discussões sobre a ligação nas moléculas. Neste caso é importante desenhar os diagramas dos níveis de energia monoeletrônicos aproximados. Tais diagramas correlacionam os níveis de energia atômicos dos átomos livres com as energias dos orbitais moleculares. Na Fig.11.17, é mostrado um diagrama apropriado para H_2^+, H_2, He_2^+ e He_2. Nesta figura, os níveis de energia dos átomos A e B são mostrados nos lados esquerdo e direito, respectivamente, e os dois níveis de energia moleculares (OM-CLOA) são mostrados entre eles. Neste diagrama são dados apenas os orbitais provenientes da CLOA dos orbitais atômicos 1s. Por isso, são mostrados somente os orbitais $\sigma 1s$ e $\sigma^* 1s$.

Para prevermos as propriedades de ligação no H_2^+, H_2, He_2^+ e He_2 precisamos colocar um, dois, três e quatro elétrons, respectivamente, nos orbitais mostrados na Fig.11.17. Precisamos seguir as mesmas regras, baseadas no princípio de exclusão de Pauli que utilizamos no Cap.10 para os orbitais atômicos, para fazermos o preenchimento. Isto é ilustrado nos exemplos que se seguem.

Exemplo 11.5. Use a Fig.11.17 para prever a configuração eletrônica de menor energia do He_2^+. Qual é sua ordem de ligação?

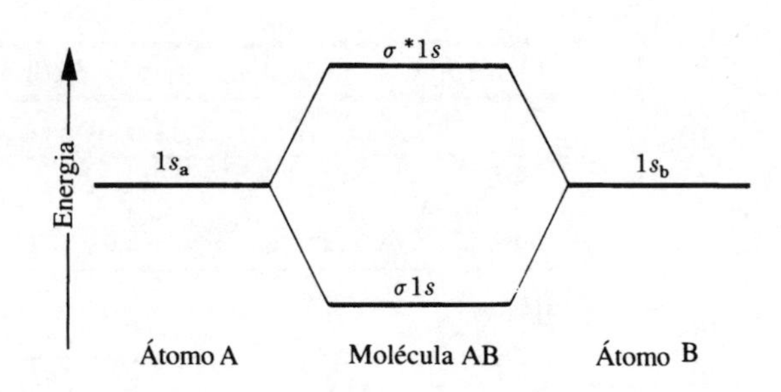

Fig. 11.17 Níveis dos orbitais moleculares CLOA formados pelos orbitais 1s em dois átomos ligados.

Resposta. A molécula He_2^+ possui três elétrons. Assim, os dois primeiros devem ocupar o orbital $\sigma 1s$ com os spins emparelhados. O terceiro elétron pode ter $m_s = ½$ e deve ir para o orbital $\sigma^* 1s$. Sua configuração eletrônica deve ser $(\sigma 1s^2)(\sigma^* 1s)$, a qual concorda com a configuração dada na Tabela 11.4. A energia de ligação deve ser equivalente à cerca da metade daquela correspondente a um par de elétrons.

Há várias limitações ao uso deste tratamento simples dos orbitais moleculares. O próximo exemplo ilustra uma destas limitações.

Exemplo 11.6. Use a Fig.11.17 para prever a configuração eletrônica e a ordem de ligação do estado triplete de menor energia do H_2, no qual seus dois elétrons se encontram desemparelhados.

Resposta. Devemos acomodar dois elétrons com o mesmo valor de m_s nos dois orbitais de menor energia para obtermos o estado triplete desejado e satisfazermos o princípio de exclusão de Pauli. Portanto, sua configuração eletrônica deve ser $(\sigma 1s)(\sigma^* 1s)$, a qual é a combinação de um orbital ligante e um antiligante. Logo, este orbital deve ser não ligante, da mesma maneira que a configuração eletrônica do estado fundamental do He_2.

A configuração eletrônica obtida acima é correta, mas a ordem de ligação está incorreta. Foi mostrado na Fig.6.7 que o estado triplete do H_2 é antiligante. Este erro ilustra algumas das falhas do nosso tratamento simples por meio dos orbitais moleculares.

Nos dois orbitais moleculares descritos pelas Eqs.(11.2) e (11.3), os elétrons são livres para irem de um átomo para outro. Se colocarmos dois elétrons nestes orbitais, ambos os elétrons podem se mover independentemente um do outro, ou seja, seus movimentos não estão correlacionados. Por exemplo, estes orbitais moleculares permitem que ambos os elétrons, com spins emparelhados, estejam num mesmo átomo na molécula de H_2.

Visto que os elétrons se repelem mutuamente, o fato de não considerarmos a correlação eletrônica em nosso modelo faz com que as energias calculadas sejam mais positivas do que o valor real. Conseqüentemente, a energia de ligação é muito menor do que o experimentalmente observado. Esta simplificação torna-se ainda mais séria no caso do estado triplete do H_2, pois dois elétrons com o mesmo valor de m_s não podem ocupar o mesmo orbital 1s, sem violar o princípio de exclusão de Pauli. A molécula com a configuração $(\sigma 1s)(\sigma^* 1s)$ deve ser tratada utilizando-se a forma geral do princípio de exclusão de Pauli. Se isto for feito, a correlação é automaticamente considerada. Um nó aparece nas duas funções de onda todas as vezes que ambos os elétrons se encontram no mesmo orbital $1s$. Este nó é muito similar ao nó encontrado na função de onda para o estado triplete $1s2s$, encontrado para o primeiro estado excitado do hélio e discutido no Cap.10. Devido à presença deste nó, os dois elétrons desemparelhados estão correlacionados num orbital molecular no estado triplete. Determinou-se que este orbital é antiligante. Assim, podemos concluir que os níveis de energia monoeletrônicos mostrados na Fig.11.17 nem sempre podem ser combinados. Esta situação se torna particularmente comum quando o estado considerado apresenta elétrons com spins desemparelhados.

A quase completa negligência da correlação eletrônica é uma das falhas do método dos orbitais moleculares. O método da **ligação de valência** consegue um maior grau de correlação, pois nunca permite a presença de dois elétrons ligantes num mesmo átomo. Neste método utiliza-se as funções de onda atômicas para gerar uma função de onda molecular geral, obtida fazendo-se uma produtória das funções atômica. Nesta equação cada ligação química é representada por um par de elétrons que são trocados entre os dois átomos. Apesar do método da ligação de valência considerar a ligação química de um modo semelhante às estruturas de Lewis, ele tem sido menos utilizado do que o método dos orbitais moleculares. Ambos os métodos tem sido utilizados nos cálculos mecânico quânticos de muitas moléculas e as energias de suas ligações. Nos últimos anos, foi desenvolvido um método sistemático denominado **ligações de valência generalizadas (LVG)** a partir do método da ligação de valência. As energias de ligação obtidas por meio deste método são particularmente precisas, e as funções de onda do método LVG descrevem muito bem o comportamento de todos os elétrons na molécula. As funções de onda finais obtidas por meio da OM-CLOA e por meio da LVG são similares, mas as energias de ligação obtidas pelo segundo método freqüentemente são mais precisas porque este consegue tratar mais adequadamente o problema da correlação eletrônica.

Orbitais σ e π. Os orbitais moleculares descritos pela Eqs.(11.2) e (11.3) são exemplos de **orbitais moleculares σ**. Esta designação é originário do fato de usarmos o s para descrever um orbital atômico com simetria esférica. Os orbitais que formam uma ligação química não podem ser esféricos, porém podem ser cilíndricos. Assim, σ é a denominação dada aos orbitais cilindricamente uniformes em torno do eixo de ligação. De acordo com o método CLOA, os átomos de hidrogênio estão ligados por meio de uma ligação σ pois os orbitais de partida são orbitais $1s$. No caso do carbono, os orbitais de valência são $2s$ e $2p$. Mostraremos como estes orbitais podem ser combinados para formar as quatro ligações no CH_4, e como estes mesmo orbitais podem ser usados para explicar as ligações no etano, CH_3CH_3. Há uma dupla ligação no etileno, formado por uma ligação σ e uma ligação π. Os orbitais π não são cilindricamente simétricos em torno do eixo de ligação, visto que eles são formados por dois orbitais $2p$ perpendiculares àquele eixo.

O eixo z é sempre considerado como sendo um eixo muito especial quando se trata de orbitais atômicos. No caso de um par de átomos formando uma ligação, o eixo z é coincidente com o eixo de ligação. Um orbital $2p_z$ é paralelo

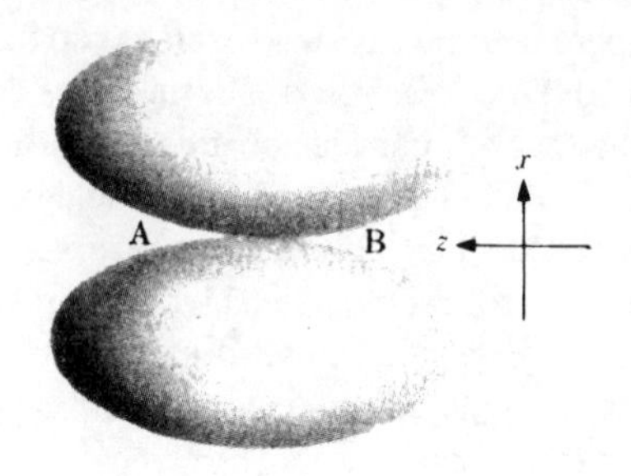

Fig. 11.18 Orbital ligante $\pi 2p_x$.

ao eixo z (vide Fig.10.14). Se combinarmos dois orbitais $2p_z$ para formar um orbital molecular, o orbital resultante será um orbital σ. A combinação de dois orbitais $2p_x$ ou $2p_y$ gera **orbitais moleculares** π, cujas funções de onda são expressas pelas seguintes equações:

$$\pi 2p_x = \psi_a(2p_x) + \psi_b(2p_x), \tag{11.4}$$

$$\pi 2p_y = \psi_a(2p_y) + \psi_b(2p_y). \tag{11.5}$$

Na Fig.11.18 é mostrada a representação do orbital $(\pi 2p_x)^2$.

O orbital molecular $\pi 2p_x$ tem um nó no plano yx, analogamente aos dois orbitais $2p_x$ que lhe deram origem. Por conseguinte, as regiões de maior densidade eletrônica se encontram acima e abaixo deste plano nodal. Esta densidade eletrônica é suficiente para formar uma ligação química, mas as ligações π, geralmente, são mais fracas do que as ligações σ. As ligações duplas e triplas podem ser representadas utilizando-se as estruturas de Lewis. Também, de acordo com a teoria dos orbitais moleculares, uma dupla ligação consiste de uma ligação σ mais uma ligação π, e uma ligação tripla consiste de uma ligação σ e duas π.

Os orbitais π antiligantes são:

$$\pi^* 2p_x = \psi_a(2p_x) - \psi_b(2p_x), \tag{11.6}$$

$$\pi^* 2p_y = \psi_a(2p_y) - \psi_b(2p_y). \tag{11.7}$$

Estes orbitais π* possuem um nó ao longo do eixo de ligação, o qual é característico de todos os orbitais π. Além disso, estes orbitais possuem um nó no plano que se situa entre os dois núcleos, o qual é característico de todos os orbitais antiligantes.

Orbitais do tipo H-X. A ligação entre um átomo de hidrogênio e outros átomos é um caso particular, pois o hidrogênio, o primeiro elemento da tabela periódica, possui propriedades singulares. Ele tem apenas um elétron de valência, e existe uma grande diferença de energia entre o orbital $1s$ e os orbitais $2s$ e $2p$. Conseqüentemente, o hidrogênio somente pode formar uma ligação σ. As ligações formadas com os elementos do primeiro período C, N, O e F podem ser bastante polares ou essencialmente apolares, respectivamente, no caso do flúor e do carbono. Quando a ligação σ se forma no HF os elétrons de ligação não são compartilhados igualmente pelos dois átomos e, portanto, esta é uma molécula bastante polar. Por outro lado, a densidade eletrônica é compartilhada de forma quase equitativa pelo carbono e o hidrogênio, nas ligações HC dos hidrocarbonetos. Logo, o momento dipolar destas ligações são muito pequenas.

Orbitais Não-Ligantes. Nas estruturas de Lewis pode-se notar que nem todos os pares de elétrons são compartilhados. Os pares de elétrons livres podem ser considerados como estando em **orbitais não-ligantes (n)**. Existe algum grau de compatilhamento destes elétrons não-ligantes, apesar de preferirmos pensar em tais orbitais, simplesmente, como sendo orbitais atômicos. Como veremos num exemplo posterior, os elétrons em dois orbitais ligantes interagem e não podem ser designados como sendo pertencentes a uma ou outra ligação química. Os elétrons *não-ligantes* também interagem com os elétrons ligantes do mesmo tipo. Pode-se determinar por meio de cálculos de orbitais moleculares mais refinados que nenhum elétron pertence inteiramente a um único átomo. Assim mesmo designamos tais elétrons como sendo elétrons não-ligantes.

Moléculas que Obedecem a Lei do Octeto

No restante deste capítulo voltaremos nossa atenção às ligações formadas pelos elementos do primeiro período da tabela periódica, incluindo ligações entre dois ou mais elementos do primeiro período ou as ligações destes elementos com o hidrogênio. Por exemplo, há um grande número de moléculas formadas pelo C, N, O, F e H que ainda não foram mencionadas. Além disso, nossa atenção estará voltada principalmente para aquelas moléculas que possuem octetos completos. No próximo capítulo preencheremos algumas das lacunas deixadas neste capítulo e consideraremos as ligações em moléculas que não seguem a teoria do octeto.

A primeira questão que deve ser respondida é por que os octetos são tão especiais e por que as moléculas são mais estáveis quando suas ligações formam os octetos. Considere um elemento do primeiro período cujos elétrons de valência se encontram nos orbitais atômicos $2s$ e $2p$. Quando eles formam ligações com o hidrogênio ou outro elemento do primeiro período, vimos que eles tendem a compartilhar elétrons até que haja um total de oito elétrons de valência na sua vizinhança. De acordo com a teoria OM-CLOA, estes elétrons devem ocupar os orbitais moleculares formados pelos orbitais $2s$ e $2p$ do átomo ao se combinarem com o orbital de valência apropriado do átomo ao qual ele está ligado. Sabemos que os orbitais $2s$, $2p_x$, $2p_y$ e $2p_z$ podem formar quatro orbitais ligantes e quatro antiligantes com os demais átomos. Quando o átomo possui um octeto completo na estrutura de Lewis, existem oito elétrons para preencher estes oito orbitais.

O emparelhamento dos elétrons é uma conseqüência da ocupação de cada orbital molecular por dois elétrons. Os quatro pares de elétrons devem ir para os quatro orbitais moleculares de menor energia, para que obtenhamos o estado fundamental da molécula. Para que a molécula tenha a maior ordem de ligação possível estes quatro orbitais devem ser ligantes ou não-ligantes. Mesmo os cálculos aproximados utilizando os orbitais moleculares formados pela combinação linear de orbitais atômicos indicam que qualquer orbital ligante tem uma energia menor do que os orbitais antiligantes, e que, freqüentemente, os orbitais não-ligantes possuem uma energia intermediária entre os orbitais ligantes e antiligantes. Assim, as moléculas que obedecem a regra do octeto são muito estáveis porque seus orbitais antiligantes estão vazios, enquanto que os orbitais ligantes estão preenchidos. As moléculas que obedecem à teoria do octeto são, em muitos aspectos, equivalentes aos átomos dos gases nobres: um átomo de gás nobre tem uma camada preenchida de orbitais atômicos; analogamente, uma molécula deve ter uma camada de orbitais moleculares ligantes preenchida.

Uma das moléculas mais simples na qual pode-se verificar a existência de orbitais σ e π ligantes, orbitais não-ligantes e orbitais σ e π antiligantes é a moléculas planar do formaldeído, $H_2C = O$:

```
H
C : : Ö
H
```

As duas ligações C - H são ligações σ, as quais usam dois dos quatro orbitais 2*s* e 2*p* do carbono. C = O é uma ligação dupla que utiliza os dois orbitais remanescentes do carbono e dois dos quatro orbitais do oxigênio. Os dois pares de elétrons não-ligantes do oxigênio ocupam os dois orbitais nele remanescentes. Podemos perceber que o octeto usa todos os orbitais moleculares ligantes e não-ligantes que podem ser formados pelos orbitais atômicos 2*s* e 2*p*.

Podemos considerar de modo simplificado que os quatro orbitais ligantes estão localizados entre os átomos que

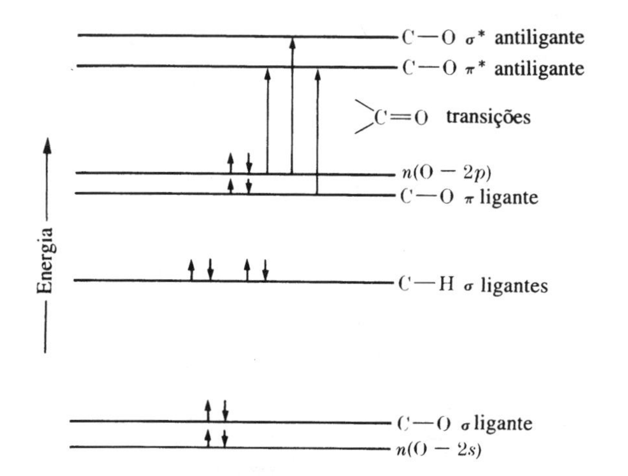

Fig. 11.19 Orbitais moleculares localizados para $H_2C=O$. Os seis pares de elétrons de valência preenchem os orbitais ligantes e não ligantes. As três absorções características da carbonila são transições $n \rightarrow \pi^*$, $n \rightarrow \sigma^*$, e $\pi \rightarrow \pi^*$.

compõem a molécula e que os dois orbitais não-ligantes estão localizados no oxigênio. Um diagrama de níveis de energia apropriado para este caso é mostrado na Fig.11.19. As energias foram calculadas baseando-se nos **orbitais moleculares localizados** que acabamos de citar. Podemos notar que os seis pares de elétrons mostrados na estrutura de Lewis são em número exato para preencher os orbitais ligantes e não-ligantes. Portanto, o octeto representa o número máximo de ligações possíveis para os seis pares de elétrons.

Um tratamento mais preciso dos orbitais moleculares considera que os **orbitais moleculares** são **deslocalizados**, englobando a molécula como um todo. O espaçamento entre os níveis são diferentes ao do caso anterior, e os orbitais não podem ser facilmente atribuídos a uma ligação ou outra. Todavia, o conceito de orbitais localizados é muito útil devido a sua simplicidade e pode ser utilizado como o ponto de partida para se efetuar cálculos mais detalhados.

Na Fig.11.19, os seis pares de elétrons preenchem os orbitais ligantes e não-ligantes sendo que os orbitais antiligantes estão vazios. No entanto, estes orbitais antiligantes podem ser utilizados para gerar os estados eletronicamente excitados por meio da absorção de luz. O grupo carbonila, C=O, é denominado um **cromóforo.** As três transições indicadas na figura são observadas em comprimentos de onda característicos de moléculas contendo o grupo carbonila. A transição $n \rightarrow \pi^*$ apresenta o maior comprimento de onda e, freqüentemente, é encontrado na região do ultravioleta (aproximadamente 280 nm). A transição $\pi \rightarrow \pi^*$ pode ser encontrado nas regiões do ultravioleta, próximo a 190 nm, e a transição $n \rightarrow \sigma^*$ na região do ultravioleta de vácuo (cerca de 150 nm). Existem mais dois orbitais antiligantes que poderiam ser denominados orbitais antiligantes do grupo C-H, mas não foram mostrados na Fig.11.19.

Em nossa discussão sobre os orbitais moleculares do formaldeído não especificamos quais orbitais 2*s* e 2*p* do carbono e do oxigênio devem ser utilizados para formar cada um dos orbitais localizados. Para isso precisamos utilizar a geometria conhecida da molécula. Por exemplo, devemos ser capazes de gerar orbitais moleculares que expliquem por que a molécula é planar e por que o ângulo H-C-H é aproximadamente igual a 120.^{0} Na próxima seção mostraremos uma forma muito simples de explicar as geometrias das moléculas, baseada no método CLOA.

11.4 Hibridização

Resolver as equações mecânico quânticas para as ligações no H_2 é relativamente simples. As diferenças de energia entre os orbitais 1*s* e 2*s* ou 2*p* do átomo de H são grandes e, apenas, precisamos considerar as funções de onda 1*s* para gerar os orbitais CLOA. Além disso, o hidrogênio é uma molécula diatômica e sua estrutura depende exclusivamente de uma única distância de ligação. No caso da molécula CH_4, novamente, precisamos supor que apenas os orbitais $1s$ do H estão envolvidos, mas o carbono usa seus orbitais 2s, $2p_x$, $2p_y$ e $2p_z$.

Sabemos que todas as quatro ligações C-H no CH_4 são equivalentes, gerando uma molécula tetraédrica, por meio da análise de uma série de evidências experimentais. A configuração eletrônica de menor energia do átomo de carbono livre é $1s^22s^22p^2$. O $1s^2$ é uma configuração de camada preenchida e pode ser desprezada na formação da ligação. O orbitai $2s$ tem elétrons emparelhados e possui uma energia menor do que a dos orbitais $2p$. O estado excitado energeticamente mais próximo do estado fundamental apresenta quatro elétrons desemparelhados e a configuração $1s^22s2p^3$. Note que mesmo neste estado o carbono não possui quatro orbitais atômicos equivalentes. Visto que estamos tentando encontrar orbitais que proporcionem quatro ligações equivalentes, qualquer simplificação conceitual deste problema seria bem vindo.

L. Pauling sugeriu um método denominado **hibridização**, em 1931. Este tem sido um objeto de controvérsia quando considerado como uma teoria de ligação, porém é um instrumento bastante eficiente para se obter o resultado desejado. Supõe-se neste método que os orbitais $2s$, $2p_x$, $2p_y$ e $2p_z$ possam ser combinados por meio da adição ou subtração de suas funções de onda. Assim, podemos obter quatro **funções híbridas sp³** cilindricamente simétricas e que apontam para os vértices de um tetraedro regular. As seguintes combinações lineares podem ser utilizadas para o átomo de carbono:

$$\psi_1 = \psi(2s) + \psi(2p_x) + \psi(2p_y) + \psi(2p_z)$$

$$\psi_2 = \psi(2s) + \psi(2p_x) - \psi(2p_y) - \psi(2p_z)$$

$$\psi_3 = \psi(2s) - \psi(2p_x) + \psi(2p_y) - \psi(2p_z)$$

$$\psi_4 = \psi(2s) - \psi(2p_x) - \psi(2p_y) + \psi(2p_z)$$

Se os orbitais $2s$ e $2p$ tivessem a mesma energia, os princípios da mecânica quântica, plenamente, justificariam tais combinações lineares. Nossa justificativa para a viabilidade daquelas combinações lineares vem de duas fontes. Primeiro, estamos interessados num átomo de carbono que irá compartilhar um octeto completo de elétrons. Isto implica num número de elétrons maior do que os quatro elétrons de valência do carbono. No octeto quatro elétrons tem $m_s = +½$ e quatro tem $m_s = -½$. Linnett mostrou que os elétrons, em grupo de quatro, tendem a estar o mais afastados possível um do outro da mesma espécie (Cap.6). Tais elétrons preenchem todo o espaço em torno do carbono, logo os pares de elétrons assumem uma geometria tetraédrica. Pauling justificou a hibridização argumentando que a energia das quatro ligações C-H seria maior do que a diferença de energia entre os orbitais $2s$ e $2p$ do carbono. Seu raciocínio foi o seguinte: sob estas circunstâncias deve haver um ganho de energia se os orbitais do carbono fossem hibridizados de modo que a molécula possa ser formada por quatro ligações C-H fortes.

Um diagrama dos orbitais híbridos sp^3 é mostrado na Fig.11.20. Visto que cada orbital aponta diretamente para um dos átomos de hidrogênio a ele ligado, podemos combinar cada orbital sp^3 com um orbital $1s$ de modo a se obter quatro orbitais moleculares σ ligantes. Os pares de elétrons ligantes do CH_4 podem ser representados utilizando-se a estrutura de Lewis:

```
   H
   ..
H : C : H
   ..
   H
```

Cada um dos orbitais sp^3 do carbono, ψ_1, ψ_2, ψ_3 e ψ_4, podem formar orbitais moleculares σ com um orbital 1s do hidrogênio, sendo que cada um deles pode acomodar no máximo dois elétrons com spins emparelhados. Agora, podemos perceber que a estrutura de Lewis do CH_4 é uma representação diagramática destes quatro orbitais moleculares ligantes e seus pares de elétrons. Os octetos representam quatro orbitais ligantes preenchidos. Tanto o H_2 como o CH_4 são moléculas estáveis porque eles possuem orbitais ligantes preenchidos. Se os pares de elétrons ligantes ficarem mais tempo nos orbitais sp^3 do carbono do que no orbital $1s$ do hidrogênio, teremos uma ligação polar. Sabemos, por meio de medidas experimentais, que isto não é verdade, pois estas ligações C-H não são muito polares.

Os orbitais CLOA que formamos a partir de ψ_1, ψ_2, ψ_3 e ψ_4 e os orbitais $1s$ de cada átomo de hidrogênio são orbitais moleculares localizados, nos quais cada par de elétrons ligantes se restringe a um único orbital sp^3 e a um único orbital $1s$. Na molécula real de CH_4 existe uma interação entre os quatro orbitais moleculares C-H, e cada par de elétrons está livre para vagar por todos eles. Cálculos detalhados dos orbitais moleculares do CH_4 tem sido realizados. Como resultado constatou-se que realmente o carbono usa orbitais que podemos descrever como sendo orbitais híbridos sp^3 e que oito elétrons estão envolvidos na ligação. Embora estes elétrons não estejam confinados a uma única ligação C-H, a descrição da molécula utilizando quatro pares de elétrons ligantes é uma boa aproximação da situação real.

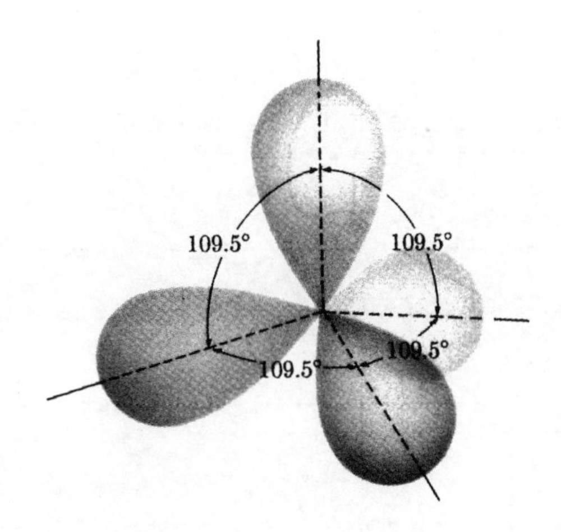

Fig. 11.20 Representação esquemática das superfícies de contornos dos quatro orbitais híbridos sp^3.

Hibridização sp^2 e sp

Os orbitais híbridos sp^3 proporcionam uma explicação para as ligações nas moléculas tetraédricas ou tetraédricas um pouco distorcidas. Porém, não é adequado para explicar ligações com ângulos próximos a 120° ou 180°. Se fizermos a combinação linear dos orbitais $2s$, $2p_x$ e $2p_y$ podemos obter três orbitais que formam ângulos de 120° entre si, como mostrado na Fig.11.21. Estes são denominados **orbitais híbridos sp^2.** Eles são apropriados para uma situação na qual o orbital $2p_z$ esteja vazio ou quando ele é utilizado numa ligação π. Os dois orbitais **híbridos sp** formam um ângulo de 180° entre si e pode ser utilizado para formar as ligações numa molécula linear, por exemplo no CO_2 onde o carbono forma duas ligações π e apenas um orbital $2p$ está disponível para formar a ligação σ. No caso de moléculas que possuem octetos incompletos tais como o BeH_2, existem elétrons de valência suficientes para ocuparem somente o orbital $2s$ e um dos orbitais $2p$ para formar as ligações. Neste caso, também, usamos orbitais híbridos *sp*.

O porquê da similaridade entre as geometrias preditas pelo RPEV (repulsão entre os pares de elétrons da camada de valência) e pelo método da hibridização dos orbitais *s* e *p* agora deve estar claro. Estes dois métodos são complementares: a hibridização nos fornece uma descrição detalhada dos orbitais que devem ser ocupados para que os ângulos de ligação sejam similares aos preditos pelo RPEV. Deste modo a hibridização é um instrumento que nos permite encontrar as funções de onda que sejam consistentes com as predições do método RPEV. Na Tabela 11.5 são dados os orbitais híbridos mais comuns obtidos a partir dos orbitais *s* e *p*.

Octetos Expandidos

As estruturas de Lewis para o PF_5 e SF_6 apresentam mais de quatro pares de elétrons ligantes. Isto ocorre porque as estruturas de Lewis necessitam de um par de elétrons para cada ligação, e o PF_5 e SF_6 possuem cinco e seis ligações, respectivamente. Dado que o fósforo e o enxofre se encontram no segundo período completo da tabela periódica, muitos químicos supõem que os octetos expandidos devem englobar os orbitais $3d$. Assim, a hibridização do átomo de fósforo no PF_5 é denominado $\boldsymbol{sp^3d}$, a qual possui três orbitais equatoriais sp^2, com ângulos de 120°, e dois orbitais axiais *pd*. Esta geometria é coerente com a geometria bipirâmide trigonal observada no PF_5 (vide Fig.6.6). Por outro lado, sabe-se

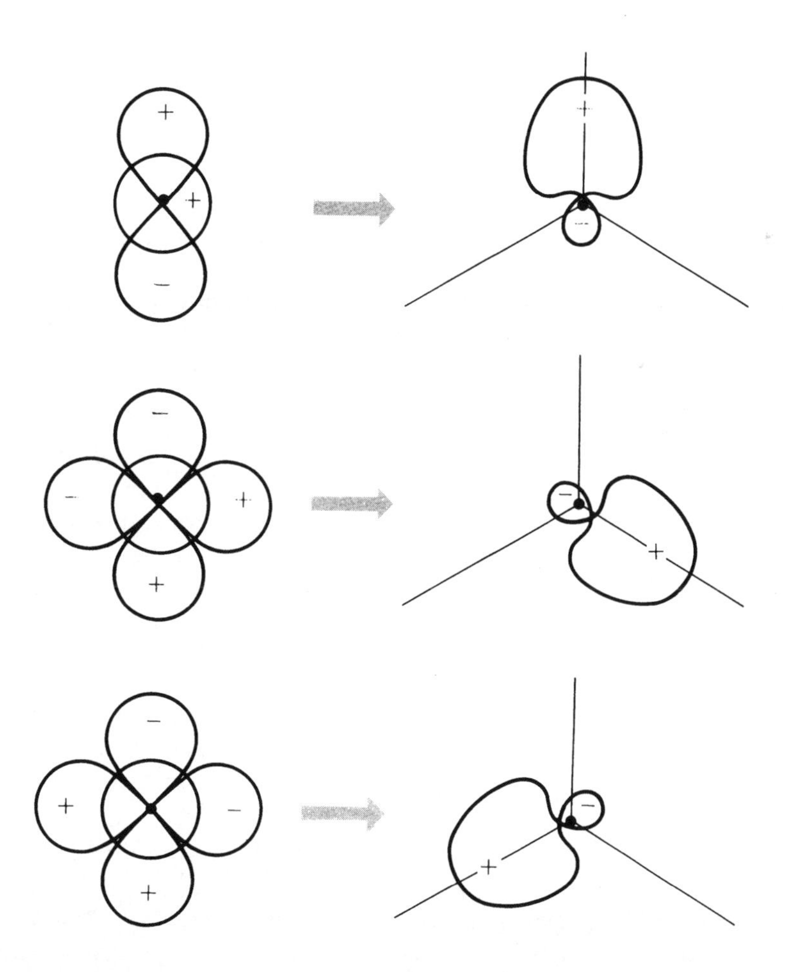

Fig. 11.21 Representação esquemática da formação de orbitais híbridos sp^2. Observar como a combinação da função de onda positiva *s* com o lobo positivo das funções de onda *p* produz um grande lobo positivo na função híbrida. Similarmente, o cancelamento da função positiva s por uma função negativa *p* produz um pequeno lobo negativo no híbrido.

TABELA 11.5 SUMÁRIO DOS ORBITAIS *s* E *p* HIBRIDIZADOS

Tipo de Hibridização	Geometria Orbital	Exemplo de Molécula*
sp	Dois a 180° linear	BeH^2
sp^2	Três a 120° trigonal plano	BF_3
sp^3	Quatro a 109,47° tetraédrico	CH_4

* As estruturas destas moléculas estão representadas na Fig. 6.6.

que todas as seis ligações no SF_6 são equivalentes, e por isso supõe-se que a hibridização do enxofre seja sp^3d^2. Somente os orbitais $3d_z{}^2$ e $3d_{x^2-y^2}$ podem ser utilizados para formar ligações σ, pois os demais orbitais 3*d* possuem simetria apropriada para formar ligações π e não σ.

A hibridização dos orbitais 3*s*, 3*p* e 3*d* para explicar as geometrias do PF_5 e SF_6 não são consistentes com os cálculos de orbitais moleculares. Entretanto, o modelo RPEV funciona muito bem para os casos de moléculas com octetos expandidos. É difícil perceber como os resultados da aplicação do método RPEV poderiam ser explicados sem usar os orbitais *d*. Por isso muitos químicos continuarão a usar as hibridizações sp^3d e sp^3d^2 até que um novo modelo, que tenha a capacidade de tratar tais situações de maneira mais apropriada, seja desenvolvido.

Existe outra classe de moléculas com octetos expandidos que ainda não discutimos. Estes são os complexos de metais de transição tais como $TiF_6{}^{3-}$, $Fe(CN)_6{}^{3-}$, $Cr(CO)_6$, etc.. Tais moléculas possuem elétrons 3*d*. Assim, podemos considerar a hibridização entre os orbitais atômicos 3*d*, 4*s* e 4*p* dos metais de transição. Um conjunto de ligações σ formando um octaedro poderia ser atribuido a uma hibridização d^2sp^3 do metal. A principal justificativa para esta hibridização é que as diferenças de energia entre os orbitais 3*d*, 4*s* e 4*p* são pequenas nesta série de metais de transição.

É interessantes comparar as estruturas de Lewis e a estrutura obtida pelo método RPEV com os conceitos de hibridização e orbitais moleculares localizados. Os seguintes exemplos serão utilizados com o propósito de promover uma discussão neste sentido.

Exemplo 11.7. Utilize o conceito de orbitais atômicos híbridos para explicar a ligação na H_2O.

Resposta. A estrutura de Lewis da água é H:Ö:H, e o ângulo H-O-H observado é igual a 104,5⁰ (Tabela 6.9). Dado que existe um octeto em torno do oxigênio, suporemos que a hibridização é sp^3 e usaremos dois destes orbitais para formar os dois orbitais moleculares localizados com os orbitais 1*s* dos átomos de hidrogênio. Os dois pares de elétrons compartilhados vão para estes orbitais σ ligantes. Os dois pares de elétrons livres preenchem os dois orbitais atômicos híbridos sp^3 remanescentes. Na teoria dos orbitais moleculares estes são denominados elétrons não ligantes. Um diagrama das ligações na H_2O é mostrado na Fig.11.22.

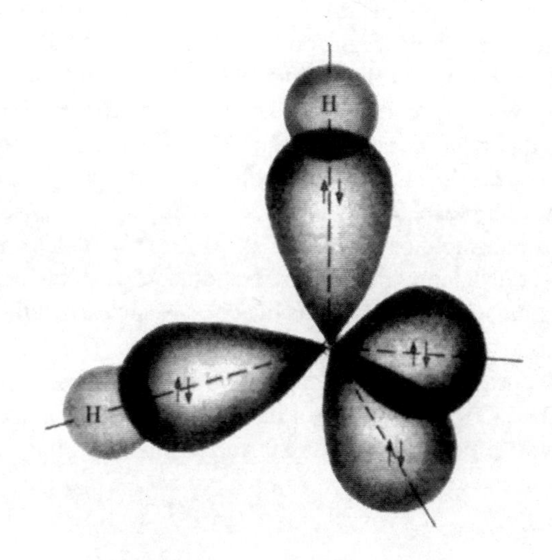

Fig. 11.22 Representação esquemática da ligação em H_2O.

Exemplo 11.8. Utilize o conceito de orbitais atômicos híbridos para explicar as ligações no etileno, C_2H_4.

Resposta. Sua estrutura de Lewis é

```
H    H
¨    ¨
C :: C
¨    ¨
H    H
```

a molécula é planar e seus ângulos de ligação são dados na Tabela 6.8. A dupla ligação corresponde à combinação de uma ligação σ e uma π. Se considerarmos somente os elétrons σ, cada carbono seria rodeado por três pares de elétrons. Esta descrição é consistente com a hibridização sp^2 e a formação de quatro orbitais moleculares com os átomos de hidrogênio, mais um orbital molecular ligando os dois carbonos. O segundo par de elétrons da dupla ligação deve se encontrar num orbital molecular π gerado pela combinação de dois orbitais atômicos $2p_z$ de cada átomo. Na Fig. 11.23 é mostrado um esquema dos orbitais do etileno.

Vamos tentar visualizar por que a molécula de etileno é planar e por que há uma barreira de energia que dificulta a rotação dos grupos CH_2 em torno da ligação C═C. Se um grupo CH_2 sofresse uma rotação de 90⁰ os dois orbitais $2p_z$

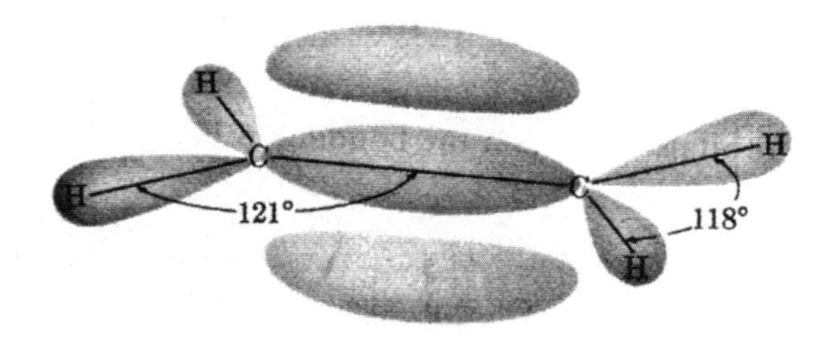

Fig. 11.23 Geometria e estrutura eletrônica esquemática do etileno. Os orbitais σ estão direcionados ao longo dos eixos das ligações e o orbital π tem densidade eletrônica acima e abaixo do plano que contém todos os átomos.

não poderiam formar o orbital molecular π e haveria apenas uma ligação simples unindo os dois átomos de carbono. A energia necessária para quebrar a ligação π entre os carbonos é de cerca de 300 kJ mol^{-1}. Esta elevada barreira de energia torna possível isolar e armazenar isômeros puros, tais como os ácidos maleico e fumárico (Cap.6). A teoria RPEV não é capaz de prever se o etileno deve ou não ser planar. A determinação da estrutura eletrônica do etileno foi um dos importantes resultados da teoria mecânico-quântica para o problema da ligação química.

Exemplo 11.9. Utilize o conceito de orbitais atômicos híbridos para explicar a ligação no N_2.

: N : : : N :

Resposta. A estrutura de Lewis para o N_2 é :N:::N:. Dado que a molécula de nitrogênio tem uma ligação tripla, podemos inferir que ele possui duas ligações π e uma σ. A ligação σ pode ser formada utilizando os orbitais híbridos *sp* de cada átomo de nitrogênio. Se utilizarmos o orbital atômico $2p_z$ para formar os orbitais híbridos, as duas ligações π devem ser formadas pela combinação dos orbitais $2p_x$ e $2p_y$ de cada átomo de N. Não existe uma direção definida para estes orbitais, de modo que as duas ligações π geram uma nuvem eletrônica com simetria cilíndrica, ilustrado na Fig.11.24.

Se utilizarmos os orbitais híbridos sp para formar as ligações σ, os dois pares de elétrons livres terão características não ligantes e apontarão no sentido oposto ao do outro átomo de nitrogênio. Algumas das propriedades químicas do N_2 indicam que seus pares de elétrons livres se comportam como bases de Lewis. Todavia, o CO, uma molécula isoeletrônica, possui elétrons livres localizados no carbono que são muito mais básicas do que os do N_2. Segundo a teoria dos orbitais moleculares, que será apresentado no próximo capítulo, os pares de elétrons livres pertencem à molécula e fazem parte do conjunto de quatro elétrons ligantes e antiligantes que estão localizados principalmente entre os dois núcleos.

11.5 Resultados de Cálculos Quantitativos Relativos à Ligação Química

Grandes avanços ocorreram na química nos últimos anos, principalmente no que concerne à nossa capacidade de efetuar cálculos quantitativos para se determinar a estrutura eletrônica e molecular dos compostos. Estes cálculos nos

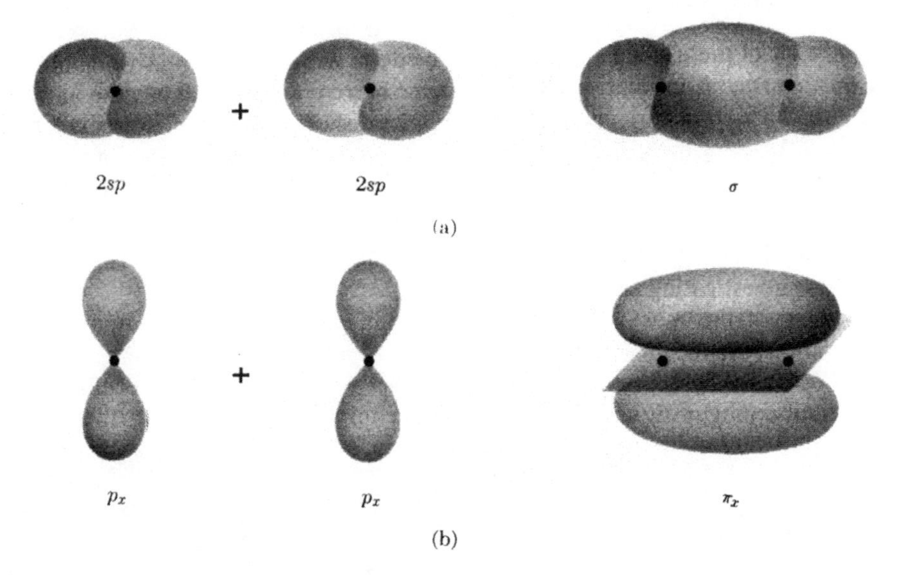

Fig. 11.24 Representação esquemática da formação de (a) orbital ligante σ e dois orbitais não ligantes, e (b) orbital ligante π_x do nitrogênio. O outro orbital π ligante é formado pelos orbitais atômicos p_y. Juntos, eles tornam cilíndrica a ligação.

permitem obter uma enorme quantidade de informações acerca das moléculas e as maneiras pelas quais elas podem reagir. Quase todos estes cálculos tem de ser realizados com a ajuda de computadores digitais de alta performance. A medida que as facilidades computacionais se tornam mais disponíveis, o número de trabalhos nesta área vem aumentando vertiginosamente. Em muito pouco tempo todos os químicos terão em seus laboratórios computadores digitais capazes de realizar tais cálculos. Embora os resultados calculados tenham seu lugar ao lado dos resultados experimentais, os dois tipos de informações são complementares. Ainda deve levar muito tempo para que os computadores consigam substituir os béqueres, balões e os instrumentos científicos em geral nas pesquisas em química.

Uma das informações mais interessantes obtidas por meio dos cálculos computacionais são os orbitais moleculares que aparecem como resultado da aplicação do método do campo auto-consistente de Hartree-Fock. Para cada molécula pode-se atribuir uma configuração eletrônica baseada em orbitais moleculares, sendo que o método CLOA pode ser utilizado para gerar os orbitais. Resolvendo-se a equação de Hartree-Fock resultante, duas condições devem ser satisfeitas. A primeira condição é satisfeita aplicando-se o método variacional da mecânica quântica, na qual as funções de onda são modificadas de modo a se obter a energia mínima do sistema. Para satisfazer a segunda condição, ou seja a condição de auto-consistência, as funções de onda devem produzir potenciais eletrônicos que sejam consistentes com om potenciais usados para gerá-las. A energia de cada orbital resultante destes cálculos leva três termos em consideração: a energia potencial de atração entre o elétron no orbital e todos os núcleos, a energia cinética do elétron e a energia resultante da interação deste elétron com os demais elétrons na molécula. O termo correspondente à esta energia de interação é maior do que o valor deste termo numa molécula real, pois o método de Hartree-Fock não considera adequadamente a correlação eletrônica.

O método acima descrito é denominado um método *ab initio*. Este termo em latim significa "do início", e indica que

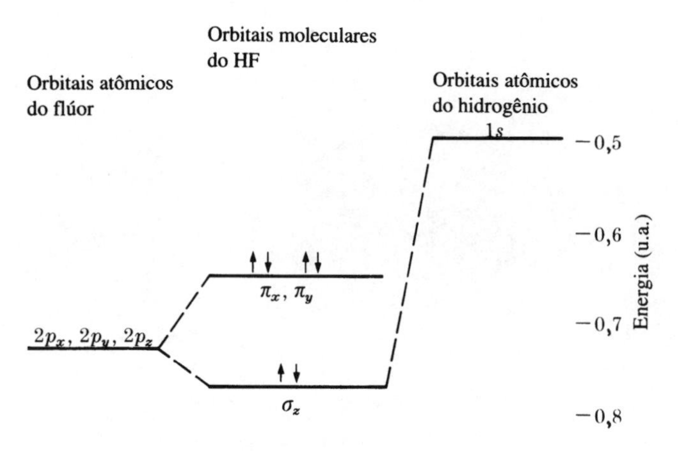

Fig. 11.25 Energias orbitais de Hartree-Fock para HF comparadas com a dos átomos de H e F. Os orbitais 2s e 1s do átomo de F possuem energias abaixo da escala desta figura.

somente as propriedades físicas fundamentais dos elétrons e dos núcleos tais como suas cargas e massas são utilizadas. As energias são obtidas em unidades atômicas de energia (também denominada hartree). As distâncias de ligação são expressas em unidades atômicas de distância, o raio de Bohr a_0. Outros métodos de modelagem baseadas em propriedades menos fundamentais que contenha parâmetros desconhecidos ou que despreze a presença de alguns elétrons na molécula, não podem ser denominada *ab initio*.

Nesta seção mostraremos as energias obtidas pelo método de Hartree-Fock para alguns orbitais. Também discutiremos outras propriedades da molécula que podem ser calculadas a partir das funções de onda de Hartree-Fock ou através de funções de onda mais exatas. Estas podem ser obtidas utilizando-se o método de Hartree-Fock estendido.

HF

Esta molécula possui dez elétrons, mas somente dois deles participam diretamente da sua ligação σ. HF é um exemplo de uma molécula com uma ligação covalente bastante polar. Para termos uma noção correta das energias dos orbitais moleculares, estas serão comparadas com as energias dos átomos de H e F isolados. A energia do orbital 1*s* do átomo de H é igual a -0,500 u.a., como previsto pelo modelo de Bohr. As energias dos orbitais do átomo de F devem ser determinadas utilizando-se o método de Hartree-Fock para átomos. No entanto, como os orbitais 1*s* e 2*s* do átomo de F não contribuem significativamente para a ligação, voltaremos nossa atenção para os elétrons 2*p* de valência.

Na Fig.11.25 são mostradas as energias dos orbitais do H, F e HF e o preenchimento dos orbitais moleculares formados. A energia eletrônica do átomo de H é igual a -0,500 u.a. e a energia dos orbitais 2*p* do F, calculado pelo método de Hartree-Fock, é igual a -0,730 u.a.. A energia dos orbitais 1*s* e 2*s* do átomo de F se encontra bem abaixo da escala da figura. A configuração eletrônica da molécula de HF é $1s^2 2s^2 \sigma_z^2 \pi_x^2 \pi_y^2$, onde os orbitais π são não ligantes. As energias dos orbitais 1*s* e 2*s* do átomo de F devem ser recalculados considerando-se que são orbitais moleculares, mas seus valores são similares aos dos orbitais atômicos iniciais. O orbital ligante σ_z é formado principalmente pelo orbital 2p do átomo de F e o orbital 1*s* do átomo de H.

Os orbitais não-ligantes π_x e π_y são provenientes dos orbitais atômicos $2p_x$ e $2p_y$ do flúor. Na estrutura eletrônica de Lewis do HF, o octeto do átomo de F é formado pelos elétrons que ocupam seu orbital atômico 2*s*, os orbitais moleculares π_x e π_y e o par de elétrons compartilhado na ligação σ.

Podemos notar na Fig.11.25 que a energia de ligação no HF provém principalmente da grande diminuição de energia do elétron do átomo de H quando este se liga ao átomo de F. Esta é a razão pela qual a ligação H-F é muito polar: os dois elétrons ligantes estão intimamente associados com o átomo de F. A energia de repulsão intereletrônica nos orbitais moleculares não-ligantes π_x e π_y são mais positivas do que dos elétrons nos orbitais atômicos $2p_x$ e $2p_y$. Isto pode ser atribuido ao octeto completo em torno do flúor no HF, devido à presença de um elétron adicional proveniente do átomo de H. É comum observarmos o aumento de energia dos orbitais π das moléculas devido à presença dos elétrons ligantes σ.

Depois de somarmos a energia de todos os orbitais e subtrair a contribuição da repulsão elétron-elétron considerada duas vezes nos cálculos, apenas precisamos somar a contribuição devido à repulsão internuclear para obter a energia eletrônica total da molécula. A energia de ligação no HF deve ser igual à diferença entre a energia eletrônica total do sistema H + F e a energia total do HF. A energia calculada para o HF é igual a -100,70 u..a. enquanto que a energia calculada do sistema H + F é igual a -99,909 u.a.. Portanto, a energia de ligação, D_e é igual a 0,161 u.a. ou 423 kJ mol^{-1}. Esta energia de ligação é menor do que o valor observada, D_0, de 566 kJ mol^{-1} (vide Tabela 6.6).

O valor experimental da energia de ligação não concorda muito bem com o valor estimado porque a energia de correlação do átomo de F difere daquela da molécula de HF. No método de Hartree-Fock estendida usa-se mais do que uma configuração eletrônica. Se isto for efetuado de maneira apropriada o valor da energia de correlação pode ser calculado com bastante exatidão. Utilizando este método de cálculo foi obtido para o HF um valor teórico de D_0 igual a 538 kJ mol^{-1}

O método de Hartree-Fock permite calcular com bastante precisão a distância de ligação de equilíbrio. No caso do HF, r_e=1,70 a_0=0,900 Å. O valor experimental é igual a r_e = 0,9168 Å (vide Tabela 6.6). Se o método estendido for utilizado, o valor de r_e = 0,917 Å pode ser obtido.

CH_4

Esta molécula possui quatro ligações C-H equivalentes. No tratamento completo pela teoria dos orbitais moleculares, a representação localizada dos orbitais desaparece porque os elétrons ligantes envolvem inteiramente a molécula. Além disso, a forma da molécula determina como os elétrons ligantes podem se mover de uma ligação localizada para outra. O orbital ligante de menor energia, da molécula tetraédrica do CH_4, é formada pelo orbital $2s$ do carbono e os quatro orbitais $1s$ dos átomos de hidrogênio. Os próximos três orbitais, denominados **orbitais t_2** devem ter a mesma energia. Eles são formados principalmente pelos orbitais atômicos $2p_x$, $2p_y$ e $2p_z$ do átomo de C e os quatro orbitais $1s$ dos átomos de H. Na Fig. 11.26 são comparadas as energias de tais orbitais moleculares em relação às energias nos átomos.

Se as densidades eletrônicas dos orbitais a_1 e t_2 forem somados eles se tornarão muito semelhantes aos quatro orbitais híbridos que formam as ligações com os quatro orbitais $1s$. Por conseguinte, é aproximadamente correto dizer que o carbono possui quatro orbitais híbridos sp^3. Contudo, os elétrons de ligação do CH_4 estão em quatro orbitais que não possuem a mesma energia.

Embora as energias de correlação nos átomos e moléculas sejam diferentes e dificultem a determinação das energias de

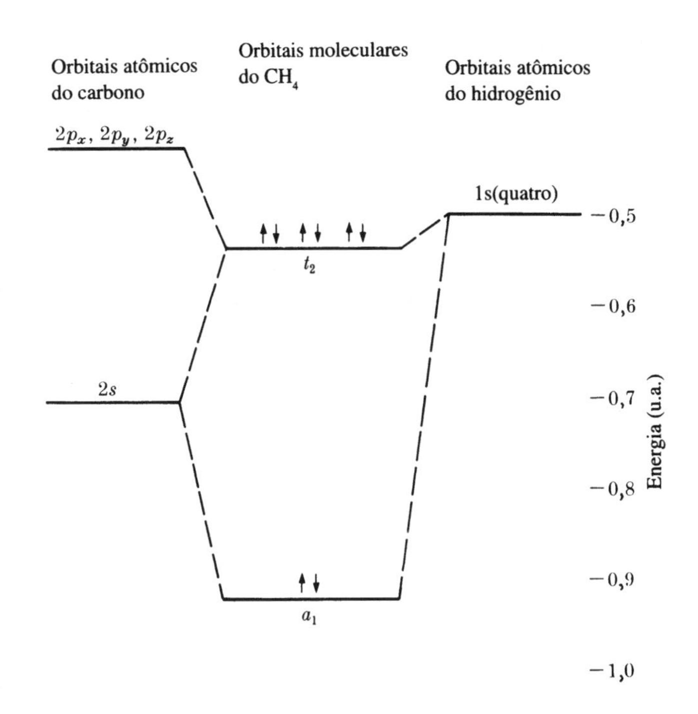

Fig. 11.26 Energias orbitais de Hartree-Fock para CH_4. Os orbitais C-H estão desdobrados por deslocalização, porém a simetria da molécula requer que três tenham a mesma energia.

ligação precisas, as energias envolvidas nas mudanças conformacionais não apresentam o mesmo problema. A energia total do etano, CH_3CH_3, nas conformações eclipsada e anti-eclipsada, pode ser calculada. Os primeiros cálculos forma realizados por R.M. Pitzer e W.N. Lipscomb*. Eles obtiveram os seguintes resultados: -78,98593 u.a. para a forma; eclipsada e -78,99115 u.a. para a forma anti-eclipsada. A diferença entre os dois valores é igual a 0,00522 u.a. ou 13,7 kJmol^{-1} para a barreira de energia rotacional dos grupos CH_3. O valor experimental é igual a 14,3 kJmol^{-1}.

NH_3

A molécula piramidal da amônia, com três ligações N-H equivalentes e um par de elétrons será nosso último exemplo do uso do método de Hartree-Fock. Na Fig. 11.27 é mostrado o diagrama de orbitais moleculares da NH_3. Os três orbitais que formam as ligações é o orbital a_1 e os dois orbitais e de menor energia. Os orbitais e são assim denominados porque existem dois orbitais com a mesma energia. O orbital a_1 de maior energia é o orbital não-ligante ocupado pelo par de elétrons livres. Assim, fica claro que o par de elétrons livres possui uma energia relativamente elevada.

* R.N. Pitzer e W.N. Lipscomb, Calculation of the barrier to internal rotation in ethane, *Journal of Chemical Physics*, 39, 1955, 1963.

O ângulo da ligação H-N-H e a distância de ligação, calculados pelo método de Hartree-Fock, são iguais a 107,2° e $r_e = 1{,}89\ a_0 = 1{,}00$ Å, respectivamente. Os valores experimentais são iguais a 106,7° e 1,012 Å. No próximo capítulo mostraremos como as energias de cada orbital molecular varia em função do ângulo de ligação na H_2O. Resultados análogos podem ser obtidos para a NH_3. Estes cálculos podem ser utilizados para mostrar que a energia dos orbitais *e* tem uma dependência angular inversa com relação às energias dos orbitais a_1. E, a energia total torna-se mínima quando o ângulo é igual a cerca de 107°.

Se a molécula de amônia for submetida à ação de uma força de modo que adquira uma estrutura planar com ângulos de 120° entre as ligações, a molécula pode voltar à forma piramidal de menor energia, porém com todas as ligações em posições correspondentes à imagem especular da molécula na sua forma inicial (O espelho está no plano que contém o átomo de nitrogênio, sendo que este é coplanar ao plano formado pelos três átomos de hidrogênio). A barreira de energia para a inversão da molécula foi obtida por meio de medidas espectroscópicas. Esta energia pode ser calculada com exatidão pelo método de Hartree-Fock pois durante tal processo não ocorre nenhuma alteração no estado de spin da molécula. A diferença de energia entre a forma piramidal e a planar foi calculada, sendo igual a 0,0081 u.a.. Logo a barreira de energia para a inversão da molécula de amônia é igual a 21 kJ mol^{-1}. O valor experimental é igual a 24 kJ mol^{-1}. Assim, o método de Hartree-Fock pode ser utilizado para se calcular as energias requeridas para que ocorra uma mudança estrutural, desde que neste processo não esteja envolvido nenhuma quebra ou formação de ligações que altere a energia de correlação eletrônica.

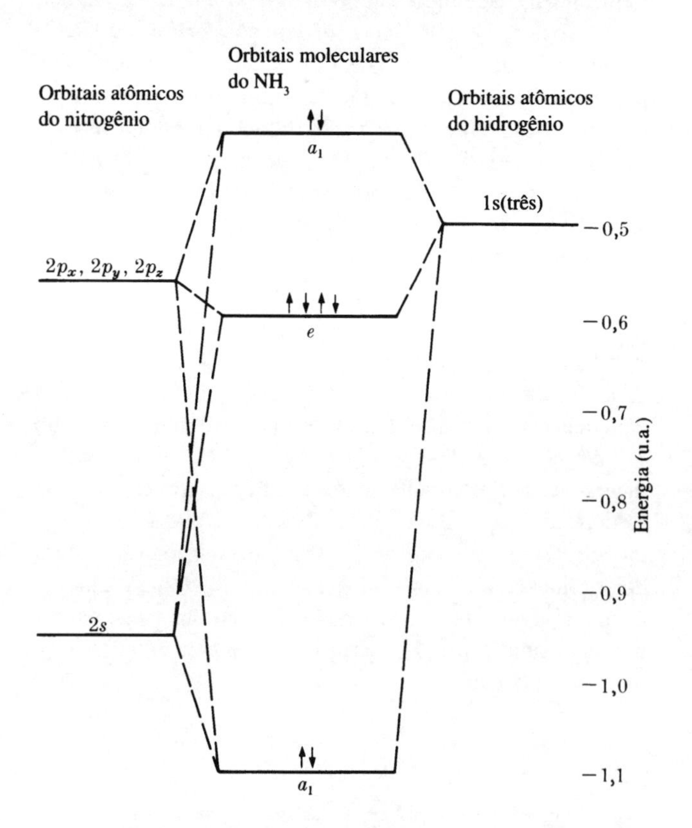

Fig. 11.27 Energias orbitais de Hartree-Fock para NH_3.

Exemplo 11.10. O que você acha que aconteceria com as energias dos orbitais da NH_3 se um íon H^+ fosse adicionado a esta molécula, de modo a obtermos o íon NH_4^+ de estrutura tetraédrica ?

Resposta. Se compararmos as Figs.11.26 e 11.27 podemos notar que a energia do orbital a_1 da NH_3, que contém o par de elétrons livre, deve se tornar igual à energia dos orbitais *e*, de modo a gerar um orbital t_2 triplamente degenerado semelhante ao obtido para o CH_4.
Visto que o NH_4^+ possui uma carga positiva, os orbitais desta molécula devem ter energias menores do que os orbitais correspondentes na molécula isoeletrônica do CH_4.

Orbitais de Hückel

Os exemplos anteriores ilustraram como os cálculos *ab initio* podem ser usados para se obter as energias dos orbitais. Sempre existe alguma utilidade para os métodos mais aproximados. Em 1921, E. Hückel sugeriu um método simples e eficaz para o cálculo aproximado das energias dos orbitais moleculares. O ***método de Hückel*** tem sido utilizado para muitos tipos de ligação, mas é mais comumente aplicado no caso de moléculas com orbitais π deslocalizados, ou seja, hidrocarbonetos com **ligações duplas conjugadas.**

Há muitas moléculas nas quais existem ligações simples e duplas alternadas que formam ligações duplas conjugadas. Dois exemplos são

```
    H  H                H  H  H  H
    |  |                |  |  |  |
H2C=C—C=CH2         H2C=C—C=C—C=CH2,
```

1,3-butadieno   1,3,5-hexatrieno

os quais são conjugados linearmente, e o benzeno e moléculas similares que apresentam anéis conjugados. Os orbitais *p* que formam as ligações duplas também podem interagir nas regiões do espaço ocupados pelas ligações σ. No caso do benzeno, todas as ligações C-C são idênticas porque seus orbitais π estão deslocalizados por toda a molécula. No caso do 1,3-butadieno a ligação C-C central é comumente mostrada como sendo uma ligação simples. Contudo, os orbitais *p* interagem tornando-a muito diferente de uma ligação simples, por exemplo, no etano.

Vamos usar o 1,3-butadieno para mostrar o método de Hückel para o cálculo de orbitais. Primeiro vamos representar a deslocalização dos orbitais π utilizando os orbitais π obtidos pelo método CLOA, para facilitar a comparação. A molécula é planar e consideraremos que o eixo *z* é perpendicular a este plano. Os orbitais π, ψ_k, serão formados pelos orbitais $2p_z$ de cada átomo de carbono, com coeficientes c_1, c_2, c_3 e c_4, de acordo com a relação

$$\psi_k = c_1^{(k)}\psi_1(2p_z) + c_2^{(k)}\psi_2(2p_z) + c_3^{(k)}\psi_3(2p_z) + c_4^{(k)}\psi_4(2p_z). \tag{11.8}$$

Visto que começamos com quatro orbitais 2p precisamos obter quatro orbitais moleculares com $k = 1, 2, 3$ ou 4. Os dois orbitais de menor energia devem ser orbitais ligantes e os dois de maior energia devem ser orbitais antiligantes.

Inicialmente vamos obter a forma aproximada destes orbitais usando a simetria da molécula em conjunto com as propriedades nodais das funções de onda. O orbital de menor energia não deve ter nenhum nó. O segundo orbital de menor energia deve ter um nó e assim por diante. Na Fig.11.28 são mostrados os orbitais π que podem ser formados a partir da combinação linear de quatro funções de onda $2p_z$ com 0, 1, 2 e 3 nós. Todos os coeficientes mostrados na figura são iguais a ± ½ pois desta forma os orbitais π são normalizados e a integral de ψ^2 para todos os átomos é igual a 1.

Os orbitais moleculares mostrados na figura são bastante aproximados pois suas energias não são os autovalores de qualquer operador Hamiltoniano. Na melhor das situações eles serão similares às funções de onda corretas de algum problema mecânico quântico simplificado. As funções de onda obtidas pela aplicação do modelo de Hückel são melhores do que aqueles dados na Fig.11.28. Eles são as soluções exatas do Hamiltoniano simplificado para as ligações, proposta por E. Hückel. Este Hamiltoniano estabelece que todos os elétrons possuem a mesma energia quando eles se encontram em qualquer um dos orbitais $2p_z$. Esta condição faz com que apareça um parâmetro ajustável denominado α ou **integral coulômbica**. A formação de uma ligação química irá abaixar a energia do elétron a partir deste valor. O parâmetro para a formação da ligação é ß, também denominado a **integral de ligação**, e seu valor é diferente de zero somente no caso de orbitais atômicos de átomos vizinhos. Logo, o carbono 1 no 1,3-butadieno pode ter uma integral de ligação somente com o carbono 2. Todavia, este pode ter uma integral de ligação diferente de zero com os carbonos 3 e 1.

Neste livro não iremos demonstrar como as condições estabelecidas acima são usadas para gerar um Hamiltoniano mecânico quântico. Este pode ser facilmente obtido usando a representação matricial das funções de onda. Se aplicarmos o método de Hückel para um hidrocarboneto conjugado linearmente com n carbonos, temos que as energias E_k são expressas por

$$E_k = \alpha - x_k\beta, \tag{11.9}$$

com níveis $k = 1, 2, 3,..., n$ e com

$$x_k = 2\cos\frac{k\pi}{n+1}. \tag{11.10}$$

Os coeficientes $c_r^{(k)}$ das funções de onda são expressas por

$$c_r^{(k)} = \left(\frac{2}{n+1}\right)^{1/2} \text{sen}\,\frac{kr\pi}{n+1}, \tag{11.11}$$

onde r representa a posição do átomo de carbono ($r = 1, 2, 3,..., n$). Na Tabela 11.6 são mostrados os resultados do método de Hückel para o 1,3-butadieno.

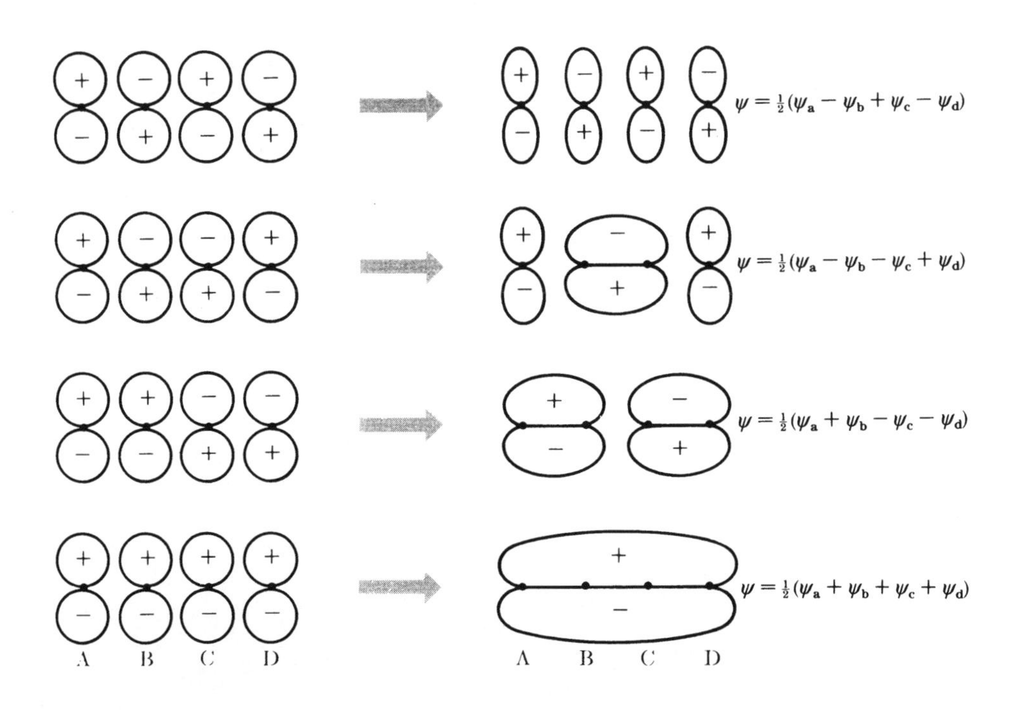

Fig. 11.28 Representação esquemática da formação dos orbitais moleculares π do 1,3-butadieno a partir de orbitais atômicos *p*.

TABELA 11.6 ENERGIAS E COEFICIENTES DE HÜCKEL PARA OS ORBITAIS p DO 1,3-BUTADIENO

Energia Orbital		**Coeficientes**			
k	**para $n = 4$**	c_1	c_2	c_3	c_4
1	$\alpha + 1{,}618\beta$	0,3718	0,6015	0,6015	0,3718
2	$\alpha + 0{,}618\beta$	0,6015	0,3718	-0,3718	-0,6015
3	$\alpha - 0{,}618\beta$	0,6015	-0,3718	-0,3718	0,6015
4	$\alpha - 1{,}618\beta$	0,3718	-0,6015	0,6015	-0,3718

De acordo com a Tabela 11.6, o orbital que não apresenta nenhum nó ($k = 1$) tem uma energia igual a $\sigma + 1{,}618\beta$. Esta deve ser a menor energia possível, pois ß é um número negativo. As grandezas σ e ß devem ser determinados experimentalmente. Por exemplo, o valor de ß pode ser determinado a partir das energias das transições $\pi \rightarrow \pi^*$. Entretanto, o Hamiltoniano de Hückel simples é apenas um Hamiltoniano tentativa. Ele não considera os efeitos das repulsões elétron-elétron. Conseqüentemente quando quatro elétrons π são colocados nos orbitais de Hückel, como mostrado na Fig. 11.29, a energia total é simplesmente a somatória da energia dos orbitais multiplicada pelo número de elétrons em cada orbital. A energia de todos os elétrons π no estado de menor energia do butadieno é

$$E_0(\text{deslocalizado}) = 4\alpha + 2(1{,}618 + 0{,}618)\beta = 4\alpha + 4{,}472\beta,$$

lembrando que ß é um número negativo.

Não podemos aplicar a Eq.(11.10) para o etileno, com uma única ligação dupla, visto que esta não é uma molécula com sistema π conjugado. As funções de onda dos elétrons π normalizados do etileno são

$$\psi_1 = \tfrac{1}{2}\psi_a(2p_z) + \tfrac{1}{2}\psi_b(2p_z),$$
$$\psi_2 = \tfrac{1}{2}\psi_a(2p_z) - \tfrac{1}{2}\psi_b(2p_z).$$

Pode ser demonstrado que

$$E_1 = \alpha + \beta \qquad E_2 = \alpha - \beta$$

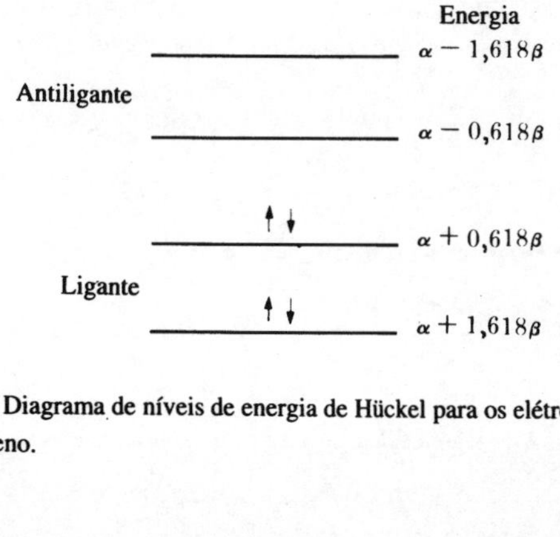

Energia
Antiligante: $\alpha - 1{,}618\beta$; $\alpha - 0{,}618\beta$
Ligante: $\alpha + 0{,}618\beta$ ↑↓; $\alpha + 1{,}618\beta$ ↑↓

Fig. 11.29 Diagrama de níveis de energia de Hückel para os elétrons π do 1,3-butadieno.

para a energia dos orbitais π ligante e antiligante do etileno. Se o 1,3-butadieno tivesse duas ligações duplas localizadas sua energia deveria ser igual a

$$E_0\ (\text{localizado}) = 4(\alpha + \beta) = 4\alpha + 4\beta.$$

A energia de estabilização devido à deslocalização no 1,3-butadieno, pode ser obtido utilizando o método de Hückel:

$$E_0\ (\text{estabilização}) = -0{,}472\beta,$$

onde ß é um número negativo.

Um valor aproximado de ß pode ser obtido usando a energia da transição $\pi \rightarrow \pi^*$ de menor energia, como ilustrado no exemplo que se segue.

Exemplo 11.11. O 1,3-butadieno tem uma banda de absorção de luz em 217 nm que pode ser atribuida à transição $\pi \rightarrow \pi^*$ dos elétrons de valência. Use este dado para calcular o valor da integral de ligação ß, em kJ mol^{-1}.

Resposta. Para promovermos um elétron do orbital com $k = 2$ para o orbital antiligante com $k = 3$ é necessário uma energia igual a

$$\Delta E(\pi \rightarrow \pi^*) = -1{,}236\beta = h\nu,$$

onde $\lambda = 217 \times 10^{-9}$ m. Portanto

$$\nu = \frac{c}{\lambda} = \frac{2{,}997 \times 10^8 \text{ m s}^{-1}}{2{,}17 \times 10^{-7} \text{ m}} = 1{,}38 \times 10^{15} \text{ Hz}.$$

A energia por mol de fótons é igual a

$$E = N_A h\nu = (6{,}022 \times 10^{23})(6{,}626 \times 10^{-34})(1{,}38 \times 10^{15})$$
$$= 5{,}51 \times 10^5 \text{ J mol}^{-1}.$$

Igualando este resultado com $-1{,}236\beta$, temos que a integral de ligação é

$$\beta = \frac{-5{,}51 \times 10^5}{1{,}236} = -4{,}46 \times 10^5 \text{ J mol}^{-1}$$
$$= -446 \text{ kJ mol}^{-1}.$$

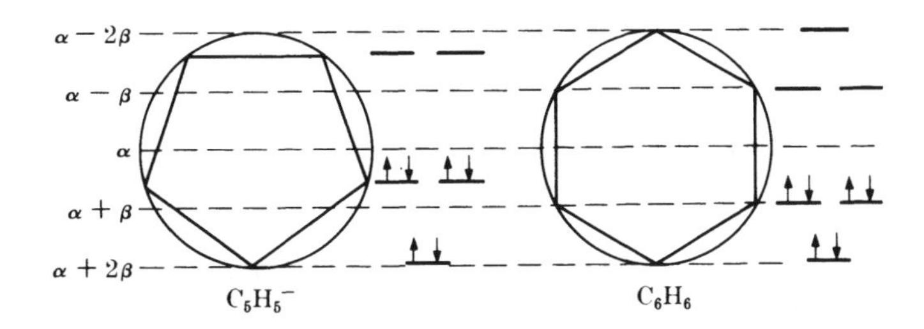

Fig. 11.30 Solução geométrica para níveis de energias de Hückel para sistemas π cíclicos. Estes diagramas dão as soluções corretas para os níveis de energias das Eqs. (11.9) e (11.12).

Embora os cálculos do Exemplo 11.11 estejam corretos, os valores tabelados de -ß variam de 250 a 300 kJ mol^{-1}. A repulsão intereletrônica contribui sistematicamente para a energia da transição $\pi \rightarrow \pi^*$, mas este poderia ser eliminado comparando-se as diferenças de energia daqueles orbitais em dois ou mais hidrocarbonetos conjugados. Se estes valores fossem utilizados os valores calculados de -ß seriam menores.

Os hidrocarbonetos monocíclicos que possuem a fórmula geral C_nH_n são muito interessantes. As Eqs.(11.10) e (11.11) não são aplicáveis a estas espécies. A forma correta da Eq.(11.10) para o caso dos anéis C_nH_n é

$$x_k = -2\cos\frac{2k\pi}{n}. \qquad (11.12)$$

Esta equação pode ser aplicada para o benzeno (C_6H_6), ciclobutadieno (C_4H_4), etc, desde que sejam moléculas planares. Estas energias (calculadas pelo método de Hückel) tem sido utilizadas para se determinar várias propriedades dos hidrocarbonetos conjugados monocíclicos, inclusive as energias de estabilização por ressonância. Não mostraremos a forma da Eq.(11.11) adequada para as moléculas conjugadas cíclicas, visto que nosso maior interesse está focalizado nas energias calculadas por meio da Eq.(11.9). Várias características interessantes destas moléculas podem ser explicadas utilizando as energias calculadas por meio das Eqs.(11.12) e (11.9).

Existe uma forma mnemônica para se montar o diagrama de níveis de energia dados pela Eq.(11.12). Isto é ilustrado na Fig.11.30, para o $C_5H_5^-$ e C_6H_6. O raio das circunferências é igual a -2ß; e a posição das linhas com relação ao eixo horizontal indicado por α representa exatamente as energias calculadas por meio das Eqs.(11.9) e (11.12).

RESUMO

As ligações químicas podem ser classificadas como sendo iônicas ou covalentes. Numa ligação iônica um ou mais elétrons são transferidos de um átomo eletropositivo para um mais eletronegativo, e a ligação pode ser considerada como sendo devido à **atração Coulômbica** entre os **íons positivo** e **negativo**. Numa ligação covalente um ou mais elétrons são compartilhados entre dois átomos, gerando uma força de atração entre os átomos que participam da ligação. Contudo, mesmo as ligações iônicas apresentam certo grau de **covalência**, e as ligações covalentes polares apresentam uma transferência parcial de elétrons.

Se a diferença entre a energia de ionização do átomo eletropositivo e a afinidade eletrônica do átomo eletronegativo não for muito grande, o **potencial coulômbico** entre os íons irá estabilizar as moléculas com ligações iônicas. Em sólidos tais forças eletrostáticas fazem com que os cátions sejam rodeados por ânions e vice-versa. Dado que os ânions possuem os maiores **raios iônicos,** a estrutura dos sólidos iônicos simples é determinada pelo número de ânions que pode ser arranjado em torno de cada cátion. O número de elétrons que são transferidos numa ligação iônica é determinado pelos valores relativos das energias de ionização, afinidade eletrônica e energia potencial coulômbica. Os íons são estabilizados em meio aquoso pelos elevados **calores de hidratação.**

A molécula íons de hidrogênio, H_2^+, é o exemplo mais simples de uma ligação covalente. Seu único elétron formará a ligação se estiver num **orbital molecular ligante,** o qual apresenta uma alta densidade eletrônica entre os núcleos. Se ele ocupar um orbital que possui uma baixa densidade eletrônica entre os núcleos ele estará num **orbital molecular antiligante.** A **energia eletrônica total** é a somatória da energia cinética dos elétrons e a energia potencial eletrostática entre os elétrons e os núcleos. Na energia potencial eletrostática estão incluidos as energias de atração elétron-núcleo, e de repulsão elétron-elétron e núcleo-núcleo. Quando os núcleos se encontram na distância de equilíbrio da ligação, as energias potencial e cinética não são independentes uma da outra. Podemos atribuir a formação da ligação à diminuição da energia potencial coulômbica, quando comparado com a energia dos átomos separados, decorrente da interação entre os mesmos. Os dois primeiros orbitais moleculares do H_2^+ podem ser utilizados para explicar a ligação no H_2, He_2^+ e He_2.

Os orbitais moleculares podem ser gerados por meio da **combinação linear de orbitais atômicos (CLOA)**. Estes orbitais podem ser classificados como sendo ligantes ou antiligantes e como sendo orbitais σ ou π. Podemos explicar a estrutura eletrônica de Lewis utilizando o conceito de **orbitais moleculares localizados,** sendo que as moléculas estáveis com octetos completos possuem orbitais ligantes preenchidos por pares de elétrons emparelhados. Podemos **hibridizar os orbitais *s* e *p*** para explicar as geometrias observadas de muitas moléculas. Os orbitais híbridos mais comuns são os orbitais ***sp***, sp^2 e sp^3.

O método do campo auto-consistente de Hartree-Fock, desenvolvido para os átomos, também pode ser usado para moléculas. Este método nos possibilita obter as energias dos orbitais moleculares com bastante exatidão e energias eletrônicas totais consistentes com a formação da ligação. Comparando-se os valores calculados e experimentais das energias de ligação, percebe-se que a concordância é apenas razoável pois o método não considera de forma adequada a correlação eletrônica. O método de Hartree-Fock estendido permite obter energias de ligação mais exatas.

Existem vários métodos aproximados para se calcular as energias dos orbitais moleculares. Dentre eles, o mais comum é denominado **método de Hückel**, o qual é usado principalmente no caso de **hidrocarbonetos altamente conjugados.** Embora seja um método aproximado, as energias obtidas podem ser utilizadas para explicar muitos das propriedades resultantes da deslocalização destes orbitais π.

SUGESTÕES PARA LEITURA

Histórico

Pauling, L. The Nature of the Chemical Bond, *Journal of the American Chemical Society*, **53**, 1367-1400, 1931. Vide também a primeira edição do seu livro com o mesmo título. Pauling, L. The Nature of the Chemical Bond, Ithaca, N.Y.: Cornell University Press, 1939.

Ligação

Coulson, C.A. *The Shape and Structure of Molecules*, 2- ed. rev., R. McWeeny, N.Y.: Oxford University Press, 1982.

Companion, A.L. *Chemical Bonding*, New York: McGraw-Hill, 1979.Gray, H.B. *Electrons and Chemical Bonding*, Menlo Park, Calif.: Benjamin, 1965.

Pauling, L. *The Nature of the Chemical Bond*, 3- ed., Ithaca, N.Y.: Cornell University Press, 1960.

Pauling, L. *The Chemical Bond*, Ithaca, N.Y.: Cornell University Press, 1967.

Pimentel, G.C. e R.D. Spratley. *Chemical Bonding Classified through Quantum Mechanics*, San Francisco: Holden-Day, 1969.

Cálculos de Orbitais Moleculares

Mulliken, R.S. e W.C. Ermler, *Diatomic Molecules: Results of Ab Initio Calculations*, New York: Academic Press, 1977.

Mulliken, R.S. e W.C. Ermler, *Polyatomic Molecules: Results of Ab Initio Calculations*, New York: Academic Press, 1981.

Streitwieser, A. Jr. *Molecular Orbital Theory for Organic Chemists*, New York: Wiley, 1961. (Teoria de Hückel)

PROBLEMAS

11.1 A quantidade de energia necessária para gerar $Na^+(g) + Cl^-(g)$ a partir do Na(g) + Cl(g) é igual a 146,8 kJ mol^{-1}.
Use os dados do Cap.10 para determinar o valor de ΔE_0 para cada um dos seguintes sistemas (suponha que A(O^-) = 0,0 kJ mol^{-1}):

a) $Li(g) + F(g) \rightarrow Li^+(g) + F^-(g)$

b) $Cs(g) + F(g) \rightarrow Cs^+(g) + F^-(g)$

c) $Ca(g) + 2Cl(g) \rightarrow Ca^{2+}(g) + 2Cl^-(g)$

d) $Ca(g) + O(g) \rightarrow Ca^{2+}(g) + O^{2-}(g)$

11.2 Quando o átomo de Na estiver a uma distância igual ou menor a 9,45 Å de um átomo de Cl, o átomo de Cl captura um elétron do Na e forma o par iônico $Na^+ + Cl^-$. Se o átomo de Cl for substituído por um átomo F a transferência eletrônica ocorrerá quando a distância for maior, menor ou igual a 9,45 Å ? Explique seu raciocínio.

11.3 Use os dados necessários no Cap.10 para calcular a distância limite entre um átomo de Cs e um de F antes que ocorra a transferência de elétron para formar um par iônico. Como podemos correlacionar esta distância com as distâncias normais de ligação ?

11.4 O vapor de $CaCl_2$ contém moléculas de $CaCl^+$ a altas temperaturas. O momento de dipolo elétrico do $CaCl^+$ é consistente com o par iônico $Ca^{2+}Cl^-$. Estime a distância limite na qual Ca + Cl gera $Ca^{2+} + Cl^-$. A distância de ligação de equilíbrio do $CaCl^+$ foi determinado como sendo igual a 2,44 Å.

11.5 Considere a formação da molécula iônica CaO. A partir de que distância entre os dois núcleos teríamos as espécies Ca^+O^- e $Ca^{2+}O^{2-}$? Suponha que os átomos neutros Ca e O não interajam e que a afinidade eletrônica do O^- seja exatamente igual a zero. O que você poderia concluir a partir destas duas distâncias ?

11.6 Existem várias razões para que não seja esperada a presença do íon H^+ numa ligação iônica. Um dos motivos é a elevada energia de ionização dos átomos de H. Suponha que os átomos de H^+ e Cl^- não interajam, e calcule a distância necessária para que o sistema $H^+ + Cl^-$ seja estabilizado. Compare este valor com o raio do íon Cl^-. O que você pode concluir a partir dessa comparação?

Sólidos e Raios Iônicos

11.7 Calcule a razão r_+/r_- para a série LiCl, NaCl, KCl e RbCl. Visto que todos apresentam a estrutura do NaCl, quais deles devem ter uma relação adequada para que o cátion e o ânion estejam em contato ? Dentre os compostos acima, em quais deles existe o contato ânion-ânion ? Em quais deles existe o contato cátion-ânion mesmo que o sólido tenha a estrutura do CsCl ?

11.8 Explique por que o LiF possui a ligação iônica mais forte dentre os haletos alcalinos. Considere fatores tais como os raios iônicos e a energia de dissociação do composto produzindo átomos e não íons.

11.9 Os vapores liberados, quando NaCl(s) é aquecido, contém moléculas gasosas de NaCl e do dímero Na_2Cl_2. Proponha uma estrutura para as moléculas de Na_2Cl_2 considerando apenas as interações eletrostáticas entre os átomos.

11.10 Alguns estudos recentes de raio-X relativo ao tamanho dos íons indicaram que os valores de r_- obtidos por Pauling deveriam ser corrigidos subtraindo-se 0,14 Å. Analogamente, os valores de r_+ deveriam ser corrigidos somando-se a mesma quantidade. Resolva novamente o problema 11.7 usando os raios iônicos corrigidos.

11.11 Use os raios iônicos de Pauling para estimar os raios de van der Walls do Ne, Kr e Xe. Se os raios iônicos fossem corrigidos como indicado no problema 11.10, os raios de van der Walls calculados seriam muito diferentes?

11.12 O raio do íons Zn^{2+} é menor que o do Ca^{2+}. Qual é a diferença entre suas configurações eletrônicas ? Como pode se explicar o fato de um íon com um maior número de elétrons ser menor ? Este mesmo comportamento poderia ser observado no caso do Ca^{2+} e Sr^{2+} ? Explique.

Interações Coulômbicas em Moléculas

11.13 A energia total do H_2^+ é a soma da energia cinética do seu elétron, a energia de atração entre os núcleos e o elétron e a energia de repulsão entre os dois núcleos. Que termo ou termos contribuem para a energia $\overline{EC}$ da Eq.(11.1). Quais termos contribuem para a $\overline{EP}$? Se a energia total do H_2^+ for igual a -269,4 kJ mol^{-1} no equilíbrio, quais deveriam ser os valores de $\overline{EC}$ e $\overline{EP}$?

11.14 Os dois núcleos estão a uma distância exatamente igual a $2a_0$, no estado de equilíbrio da molécula de H_2^+. Calcule sua energia de repulsão eletrostática. Combine este resultado com os resultados do problema 11.13 para determinar a energia de atração eletrostática média entre os dois núcleos e o elétron.

11.15 Cite todos os termos referentes à interação coulômbica e energia cinética na molécula de H_2. Quais são os termos que aparecem no caso da molécula de H_2 mas não aparecem no caso do H_2^+ ? Estes termos aumentam ou diminuem a energia do H_2 com relação à energia do H_2^+?

11.16 Use o diagrama mostrado na Fig.11.11 para explicar por que a distância de ligação no H_2 é menor do que no H_2^+.

11.17 Qual das seguintes características do compartilhamento de elétrons é responsável pela estabilização da molécula de H_2: é o emparelhamento de elétrons no mesmo orbital ou é a natureza do orbital ? Explique.

11.18 A molécula de LiH tem energia de ligação e momento de dipolo típicos de uma molécula covalente com ligação polar. Que molécula, dentre aquelas da Tabela 11.4, é isoeletrônica com o LiH ? A ligação entre os dois átomos é forte ou fraca ? Explique a diferença na ligação entre as espécies isoeletrônicas considerando o efeito da carga nuclear. Os dois primeiros elétrons do LiH estão em orbitais com caráter preponderantemente molecular ou atômico ? Neste caso, deveria ser usado o diagrama de orbitais moleculares do H_2^+ formado por $H^+ + H$, ou os orbitais do LiH^+ formado pelo $Li^+ + H$? Explique.

Orbitais Moleculares Obtidos Pelo Método CLOA

11.19 Trace uma linha horizontal e coloque dois pontos para indicar as posições dos núcleos A e B, respectivamente. Desenhe o esboço de duas funções de onda 1s centradas em A e B. Onde se localiza a região de maior sobreposição entre as duas funções de onda ? Esta região tem algum significado especial quando se considera a formação de uma ligação química?

11.20 No problema anterior foram consideradas somente as funções de onda per si. Para sermos mais exatos temos que analisar a densidade eletrônica nas várias regiões do espaço. Estes valores podem ser obtidos elevando-se a função de onda ao quadrado. Compare os valores de $(\sigma 1s)^2$ com $\psi_a^2(1s) + \psi_b^2(1s)$. Quais são os termos que diferenciam $(\sigma 1s)^2$ de $\psi_a^2(1s) + \psi_b^2(1s)$? Em que região do espaço estes termos contribuem de forma mais significativa para a densidade eletrônica (Vide

Fig.11.10)? Esta característica é consistente com a formação de uma ligação química?

11.21 Repita o problema 11.19 considerando dois orbitais 2*p*. Para formar uma ligação π eles devem apontar verticalmente e não paralelamente à reta. Se a linha reta representar o eixo *z* tais orbitais devem ser $2p_x$ ou $2p_y$. Em que região do espaço ocorre a sobreposição destes dois orbitais ? Esta característica é consistente com a formação de uma ligação química?

11.22 Uma função de onda com um maior número de nós geralmente possui uma maior energia que uma outra com um número menor de nós. Existe algum nó no orbital molecular σ* (1*s*)? Quantos nós existem nos orbitais $\pi(2p_x)$ e $\pi^*(2p_x)$? Quantos nós deveriam existir no $\sigma(2p_z)$ e $\sigma(2p_z)$? A localização de todos os nós é importante na determinação da energia do orbital.

Orbitais Híbridos

11.23 Descreva a ligação no NH_3 utilizando os orbitais moleculares localizados obtidos a partir dos orbitais atômicos híbridos. Compare com o resultado obtido através do RPE V.

11.24 Descreva a ligação no aleno, $H_2C{=}C{=}CH_2$, usando orbitais moleculares localizados baseados em orbitais híbridos. Sua descrição deve mostrar por que o grupo C=C=C é linear e por que os planos formadospelos dois grupos CH_2 são perpendiculares entre si.

11.25 Os átomos de carbono do benzeno, C_6H_6, forma um hexágono regular. Que tipo de hibridização é esperada para os carbonos nesta molécula ? Se formarmos as ligações π usando os orbitais $2p_z$, quais orbitais serão utilizados na hibridização. As ligações C - H são formadas por que tipo de orbital molecular localizado?

11.26 Construa a estrutura de Lewis do N_2F_2, que apresenta a seguinte estrutura: F - N = N - F. A molécula é planar mas não é linear, existindo na forma dos isômeros *cis* e *trans*. Que tipo de hibridização do átomo de nitrogênio é consistente com estas estruturas ? Explique por que os dois isômeros podem coexistir e por que eles não se interconvertem rapidamente.

11.27 Que hidrocarboneto de fórmula $(CH)_n$ é isoeletrônico com o N_2? Por que tal molécula é linear? Que ânion é isoeletrônico com o N_2? Se o ânion tiver exatamente as mesmas ligações do N_2 e este ânion for protonável, seria possível a formação de dois ácidos? O comportamento do único ácido observado sugere que o íon H^+ se liga à extremidade eletricamente carregada. Mostre a fórmula e a estrutura deste ácido.

11.28 Desenhe a estrutura de Lewis do íon azida, N_3^-, cuja estrutura é $N = N = N^-$. Esta molécula é linear? Sabendo que o ácido HN_3 não é uma molécula linear, mostre o tipo de hibridização e um diagrama de orbitais moleculares localizados que seja consistente com a molécula angular da HN_3.

Determinação das Energias de Ligação

11.29 No tratamento aproximado da molécula de $H_2C = O$, os dois orbitais moleculares C - H tem a mesma energia. Explique por que no tratamento mais rigoroso chega-se à conclusão de que os orbitais C - H possuem energias diferentes. Você pode usar o CH_4 ou o NH_3 como exemplos.

11.30 Os pares de elétrons livres nunca são completamente não-ligantes. As energias dos pares de elétrons livres do F deveriam aumentar, diminuir ou permanecer inalterados quando a ligação H — F se forma ? Analisando sua resposta você poderia dizer que os pares de elétrons livres são realmente não-ligantes; ou que eles são pouco ligantes ou antiligantes?

11.31 Se uma molécula de HF for ionizada gerando HF^+, que elétron dentre aqueles mostrados na Fig.11.25 necessitará da menor quantidade de energia para ser removido ? Estime a energia deste elétron usando o método de Hartree-Fock e transforme-a em kJ mol^{-1}. Em seguida, estime a energia de ionização do HF, sabendo que o valor experimental é igual a 1.522 kJ mol^{-1}.

11.32 Repita os cálculos do problema anterior para a molécula de NH_3. Supõe-se em todos estes cálculos que o elétron seja removido tão rapidamente que as moléculas não tem tempo de mudarem sua geometria durante a ionização. O valor obtido por meio deste tipo de processo é denominado **energia de ionização vertical.**

11.33 Os níveis de energia do benzeno, calculados pelo método de Hückel e mostrados na Fig.11.30, são $\alpha + 2\beta$, $\sigma + \beta$, $\alpha - \beta$ e $\alpha - 2\beta$. Preencha os orbitais com os seis elétrons do benzeno e calcule a energia de estabilização do benzeno devido à deslocalização de seus elétrons.

11.34 Estime o comprimento de onda da transi ção $\pi \rightarrow \pi^*$ de menor energia do benzeno, usando os níveis de energia mostrados na Fig.11.30 e dado no problema anterior. Use β = -250 kJ mol^{-1}. O comprimento de onda experimental é aproximadamente igual a 200 nm.

***11.35** O $\Delta\tilde{H}^\circ$ da reação de dissolução do HCl(g) em água é igual a -75 kJ mol^{-1}. Combine este valor com a energia de dissociação, D^0, do HCl dado no Cap.6, a energia de ionização e a afinidade eletrônica do H e Cl dados no Cap.10 para calcular o $\Delta\tilde{H}^\circ_{hid}$ dos íons $H^+ + Cl^-$. Sua resposta deverá ser aproximadamente igual ao valor dado na Tabela 11.3.

***11.36** As entalpias de hidratação de cátions tem sido determinados por meio da equação

$$\Delta\tilde{H}^{\circ}_{\text{hid}}(M^{Z+}) = \frac{-695Z^2}{r_{\text{ef}}} \text{ kJ mol}^{-1},$$

onde r_{ef} é expresso em angstrons e é 0,85 Å maior do que os raios iônicos de Pauling. Calcule o $\Delta\tilde{H}^{\circ}_{\text{hid}}$ dos íons Li^+ e Na^+ utilizando a equação acima e os dados contidos na Tabela 11.3 para calcular o $\Delta\tilde{H}^{\circ}_{\text{hid}}$ do íon Cl^-. Repita os cálculos acima para o íon Ca^{2+} e ajuste o valor de $\Delta\tilde{H}^{\circ}_{\text{hid}}$ (Ca^{2+}) variando o valor de Z na equação, de tal modo que o valor do $\Delta\tilde{H}^{\circ}_{\text{hid}}$ seja similar ao encontrado anteriormente. Compare o valor de Z obtido com a carga do cátion.

***11.37** Atualmente, existem boas evidências de que o metillítio, CH_3Li, é uma molécula iônica formada por um carbânion e Li^+. Qual é o tipo de hibridização do C e a estrutura do CH_3? Proponha uma estrutura para a molécula de CH_3Li.

***11.38** Quais são os dois tipos de hibridização possíveis para o radical metila? Sabe-se que a molécula é praticamente planar com ângulos de 120° entre as ligações C H. Este resultado experimental concorda com suas previsões?

***11.39** Utilize a energia potencial média do elétron, calculada no problema 11.14, para mostrar que a posição média dos elétrons no H_2^+ deve se encontrar nas proximidades de ambos os núcleos e não na distância média entre os mesmos.

***11.40** Desenhe um diagrama de orbitais moleculares para o LiH similar àquele mostrado na Fig.11.25. A energia calculada pelo método de Hartree-Fock para os elétrons 2*s* do Li é igual a -0,20 u.a. A energia calculada do orbital ligante do LiH é igual a -0,30 u.a. O que há de estranho em seu diagrama? Explique. Lembre-se de que as energias calculadas pelo método de Hartree-Fock consideram a repulsão intereletrônica entre todos os demais elétrons. Analisando este diagrama você acha que esta molécula é iônica (Li^+H^-)?

***11.41** Use o método de Hückel para determinar as energias dos orbitais π do 1,3,5-hexatrieno. Também, determine os coeficientes das funções de onda. Qual é a energia de estabilização da molécula devido à deslocalização dos elétrons pelo sistema conjugado π?

12 Teoria dos Orbitais Moleculares

No Capítulo 11 introduzimos os orbitais moleculares para explicar a ligação química. Quando um elétron está em um orbital molecular ligante, ele tem um potencial coulômbico que é menor do que quando os elétrons estão em um orbital atômico. Como resultado, existe uma atração entre os átomos, que leva à formação de uma ligação química. Orbitais moleculares antiligantes conduzem a um efeito oposto, e um elétron nesses orbitais contribui para a repulsão entre os átomos. Neste capítulo mostraremos como formar os orbitais moleculares a partir dos orbitais atômicos, e como estimar suas energias relativas. Dirigiremos nossa atenção para moléculas biatômicas e triatômicas, tanto linear como angular.

12.1 Orbitais para Moléculas Biatômicas Homonucleares

Na seção 11.2 discutimos as características dos dois orbitais moleculares de menor energia do H_2^+, $\sigma 1s$ e $\sigma^* 1s$. Para enfocar os sistemas mais complexos, precisamos revisar e resumir o que já foi dito sobre esses orbitais moleculares simples. Resolvendo-se a equação de Schrödinger para o movimento de um elétron no campo de dois prótons fixos, é possível chegar a uma descrição exata, embora bastante complicada, sobre os orbitais moleculares do H_2^+. Uma descrição que é matematicamente mais simples, embora aproximada, é conseguida considerando esses orbitais moleculares como combinações lineares de orbitais atômicos, ou CLOA. Isso significa que para encontrar as funções de onda dos orbitais moleculares, podemos combinar linearmente (por meio de soma ou subtração) as funções de onda dos orbitais envolvidos. Para dois prótons A e B, teremos:

$$\sigma 1s \cong \frac{1}{\sqrt{2(1+S)}}[\psi_a(1s) + \psi_b(1s)],$$

$$\sigma^* 1s \cong \frac{1}{\sqrt{2(1-S)}}[\psi_a(1s) - \psi_b(1s)].$$

Os fatores de $1/\sqrt{(1 \pm S)}$ normalizam a função de onda molecular de tal forma que a probabilidade de se encontrar um elétron no espaço definido pela função é 1. A quantidade S é chamada de **integral de recobrimento,** e é dada por

$$S = \int \psi_a \psi_b \, d\tau,$$

onde $d\tau$ é o elemento diferencial por volume. A integral de recobrimento S é uma medida do quanto duas funções de onda coincidem ou se superpoem. Gėralmente S tem valores típicos entre 0,2 e 0,3.

Uma representação pictórica do método CLOA aparece na Figura 12.1. Quando duas funções $1s$ se somam elas reforçam a densidade eletrônica entre os dois núcleos. Esse reforço contribui para a diminuição da energia potencial coulômbica entre os núcleos. Quando se faz a subtração de orbitais atômicos, ele se cancelam no espaço da região internuclear, produzindo um plano nodal. A função de onda tem sinais opostos de cada lado desse plano nodal. Quando a função de onda é elevada ao quadrado, a densidade de probabilidade resultante é, naturalmente, sempre positiva em qualquer lugar, menos no plano nodal, onde se anula. A deficiência de elétrons na região internuclear ajuda a aumentar a energia potencial coulômbica do sistema; em consequência não há ligação, e o orbital é descrito como antiligante.

O enfoque usado na formação e descrição desses dois orbitais moleculares deve ser observado com cuidado, pois irá ajudar a construir outros orbitais moleculares. A combinação de dois orbitais atômicos produzirá dois orbitais moleculares, um de energia mais alta e outro de energia mais baixa que os orbitais de partida. Se o orbital molecular tem um plano nodal entre os núcleos, ele tenderá a ser antiligante. Se há um reforço de densidade eletrônica entre os núcleos, o orbital molecular tenderá a ser ligante.

Podemos agora examinar os orbitais moleculares necessários para descrever as moléculas biatômicas homonucleares do segundo período da tabela periódica, Li_2, N_2, O_2 e assim por diante. Para começar, devemos notar que os orbitais $1s$ desses átomos encontram-se bastante atraídos pelos núcleos, e são pouco afetados pelo fato dos átomos estarem livres ou ligados quimicamente. Podemos, portanto, considerar esses elétrons de

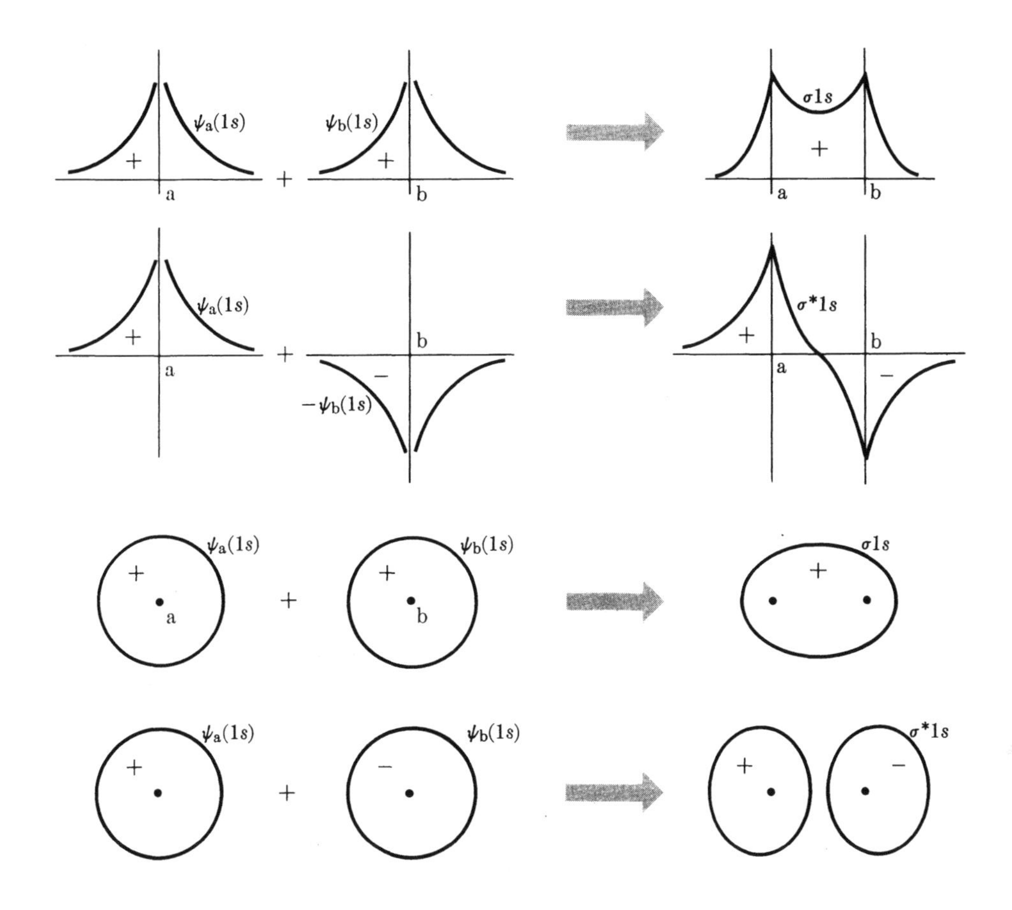

Fig. 12.1 Duas maneiras de representar esquematicamente a formação de orbitais moleculares ligante e antiligante através da adição e da subtração de orbitais atômicos.

camada interna como não-ligantes, e voltar nossa atenção apenas para os orbitais moleculares gerados a partir dos orbitais de valência.

Combinando linearmente um orbital 2*s* no átomo A com um orbital 2*s* do átomo B, obtemos com boa aproximação, os orbitais moleculares ligantes e antiligantes, $\sigma 2s$:

$$\sigma 2s \cong N[\psi_a(2s) + \psi_b(2s)],$$
$$\sigma^* 2s \cong N^*[\psi_a(2s) - \psi_b(2s)].$$

O procedimento é completamente análogo ao usado para os orbitais $\sigma 1s$ e $\sigma^* 1s$ do H_2^+. As quantidades N e N^* são os fatores de normalização. O orbital $\sigma^* 2s$ tem um plano nodal entre os núcleos. Consequentemente, é antiligante, e tem energia mais alta que o orbital ligante $\sigma 2s$. A formação desses dois orbitais encontra-se ilustrada na Figura 12.2. Note que há uma superfície nodal cercando os núcleos, tanto no orbital $\sigma 2s$ como no $\sigma^* 2s$, diferenciando-os dos orbitais correspondentes gerados a partir da combinação dos orbitais 1*s*.

A combinação apropriada dos orbitais 2*p* conduz a outro par de orbitais moleculares $\sigma 2p$ e $\sigma^* 2p$. Se considerarmos a linha internuclear como sendo o eixo *z*, veremos que os orbitais $2p_z$ de cada núcleo têm uma simetria cilíndrica com respeito a esse eixo, e portanto a combinação dos mesmos produzirá um orbital molecular σ, com essa simetria.

Nas combinações lineares dos orbitais $2p_z$, precisamos ter o cuidado de levar em conta os diferentes sinais dos dois lóbulos da função de onda. Para evitar confusão, primeiro colocamos os orbitais atômicos como mostrado na Figura 12.3, com o lóbulo positivo de cada função direcionada para a região internuclear. Assim, os lóbulos dos dois orbitais que se recobrem são ambos positivos, e a soma dos mesmos levará a um aumento na densidade eletrônica na região internuclear, produzindo um orbital ligante $\sigma 2p$. Quando subtraímos duas funções, forma-se uma região nodal entre os núcleos, resultando em um orbital molecular antiligante, $\sigma^* 2p$. Assim, teremos como funções CLOA para esses orbitais moleculares,

$$\sigma 2p \cong N[\psi_a(2p_z) + \psi_b(2p_z)],$$
$$\sigma^* 2p \cong N^*[\psi_a(2p_z) - \psi_b(2p_z)].$$

Uma representação esquemática desses dois orbitais moleculares pode ser vista na Figura 12.3.

A formação de orbitais moleculares π a partir de orbitais *p* atômicos foi discutida na Seção 11.4. Como já foi mostrado, a combinação de um orbital p_x sobre o núcleo A com um orbital

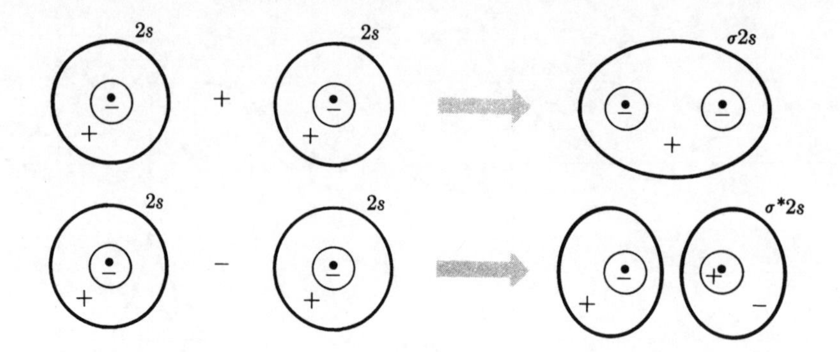

Fig. 12.2 Formação dos orbitais ligante σ2s e antiligante σ*2s através da adição e da subtração de orbitais atômicos 2s. Os sinais mais e menos referem-se ao sinal das funções de ondas e não às cargas nucleares ou eletrônicas.

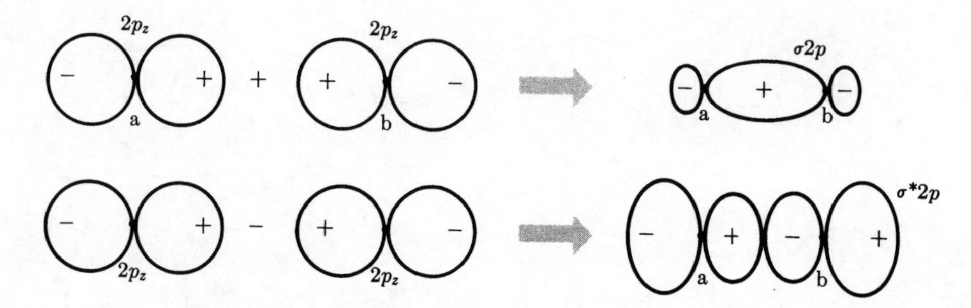

Fig. 12.3 Representação esquemática da formação dos orbitais ligante σ2*p* e antiligante σ*2*p* através da combinação.linear de orbitais atômicos $2p_z$.

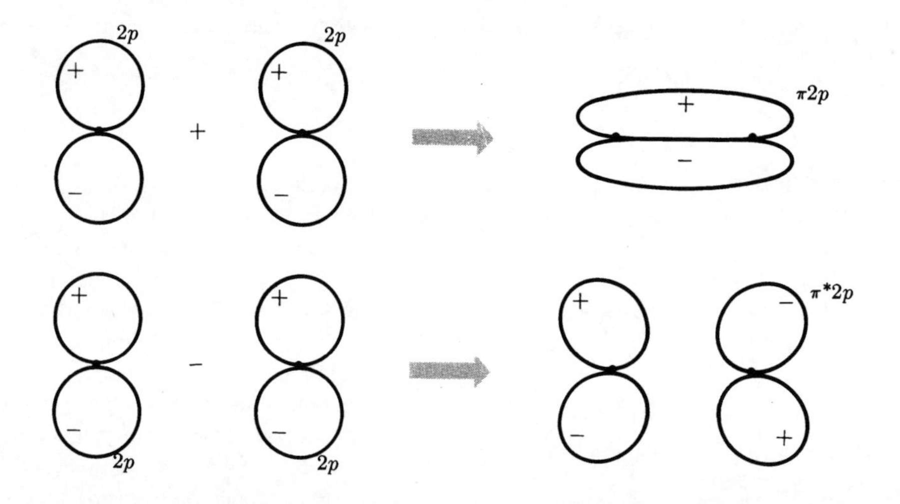

Fig. 12.4 Formação de orbitais moleculares ligante π e antiligante π* através da combinação linear de orbitais atômicos.

p_x sobre o núcleo B, de tal forma que os lóbulos positivos e negativos coincidam, produzirá um orbital ligante $\pi 2p_x$. A função CLOA desse orbital é

$$\pi 2p_x \cong N[\psi_a(2p_x) + \psi_b(2p_x)],$$

e sua representação encontra-se ilustrada na Figura 12.4. Enquanto o orbital *p*π tem um plano nodal *yz* que contém o núcleo, existe de fato um aumento na densidade eletrônica entre os núcleos, e esse orbital é ligante.

Subtraindo uma função $2p_x$ de outra, o resultado dessa combinação será um orbital molecular antiligante

$$\pi^* 2p_x \cong N^*[\psi_a(2p_x) - \psi_b(2p_x)],$$

cuja representação também está mostrada na Figura 12.4.

Agora, além do plano nodal que contém os núcleos, existe uma região nodal entre os núcleos, e por isso, o caráter é antiligante.

Argumentos análogos podem ser aplicados na combinação dos orbitais $2p_y$. Um orbital $\pi 2p_y$ ligante, e outro $\pi^* 2p_y$ antiligante podem ser gerados, com orientação perpendicular aos orbitais $\pi 2p_x$ e $\pi^* 2p_x$. Portanto, os quatro orbitais atômicos *p*, perpendiculares ao eixo internuclear, produzem quatro orbitais moleculares π, sendo dois ligantes e dois antiligantes. Para simplificar, designaremos esses orbitais como π_x, π_y, π_x^* e π_y^*.

Os oito orbitais moleculares que temos discutido são todos os que podem ser gerados para uma molécula biatômica a partir dos oito orbitais atômicos de número quântico principal $n = 2$. Orbitais moleculares de maior energia podem ser formados pela combinação de orbitais 3*s* e 3*p*, porém nenhuma idéia nova estará associada, e não é necessário entrar na discussão dos mesmos.

Podemos voltar agora para o problema de determinar a ordem crescente de energia dos orbitais moleculares que discutimos. Três regras gerais podem ser úteis:

1. A energia dos orbitais moleculares é fortemente influenciada pela energia dos orbitais atômicos envolvidos.
2. Se dois orbitais atômicos estiverem confinados em regiões próximas de seus respectivos núcleos, e portanto, sem se recobrirem extensivamente, a combinação dos mesmos não resultará em orbitais ligantes ou antiligantes.
3. Se os orbitais atômicos apresentarem recobrimento extensivo, o orbital ligante terá uma energia menor que os orbitais atômicos, e o orbital antiligante terá, de forma correspondente, uma energia maior.

A descrição quantitativa das energias dos orbitais moleculares pode vir apenas dos experimentos, ou em casos favoráveis, de cálculos extensivos de mecânica quântica; cada íon e molécula tem seu padrão próprio de níveis de energia.

Na Figura 12.5a encontra-se ilustrado o padrão de energia dos orbitais moleculares que se aplica às moléculas biatômicas homonucleares, O_2 e F_2, e seus íons positivos e negativos. Os orbitais de valência de menor energia são o par σ-σ^* ligante-antiligante, gerado a partir dos orbitais atômicos 2*s*. Estes apresentam menor energia, principalmente porque os orbitais atômicos 2*s* a partir dos quais são formados, ficam bem abaixo dos orbitais 2*p* nos átomos livres. Os orbitais 2*s*, particularmente no flúor, têm energias tão baixas, que não levam a um recobrimento ou interação extensiva. Como resultado, no O_2 e F_2, o orbital $\sigma 2s$ não é fortemente ligante, assim como o orbital $\sigma^* 2s$ não é fortemente antiligante.

Visto que os orbitais atômicos 2*p* têm mesma energia, isso também se reflete nos orbitais moleculares formados. O recobrimento dos orbitais $2p_z$ ao longo da linha internuclear é relativamente grande, e consequentemente o orbital ligante $\sigma 2p_z$ tem menor energia, e o $\sigma^* 2p_z$ maior energia que os outros orbitais moleculares formados com os orbitais 2*p*. Os orbitais π_x e π_y têm a mesma energia, visto que são equivalentes, exceto quanto à orientação espacial. Eles ficam um pouco abaixo, e os correspondentes antiligantes, um pouco acima das energias dos orbitais atômicos de partida.

Para as espécies biatômicas Li_2, Be_2, C_2 e N_2, os orbitais moleculares seguem um padrão ligeiramente diferente, mostrado na Figura 12.5(b). Nessas moléculas, o orbital $\sigma 2p$ fica um pouco acima, em energia, dos dois orbitais ligantes $\pi 2p$. Essa característica é uma consequência da repulsão entre os elétrons que ocupam os orbitais $\sigma 2s$ e $\sigma^* 2s$, e os elétrons do orbital $\sigma 2p$. Essas repulsões, e a elevação consequente na energia do orbital $\sigma 2p$ ocorrem porque tanto os elétrons $\sigma 2p$ como os elétrons $\sigma 2s$ tendem a ocupar a mesma região do espaço, nessas moléculas biatômicas mais leves. Esse efeito é diminuído no O_2 e F_2 porque em seus átomos os orbitais 2*s* tem energia bastante baixa e estão praticamente confinados em regiões próximas aos núcleos. Essa característica é mantida na ligação $\sigma 2s$ e nos orbitais antiligantes do O_2 e F_2. Consequentemente os elétrons $\sigma 2s$ não interferem

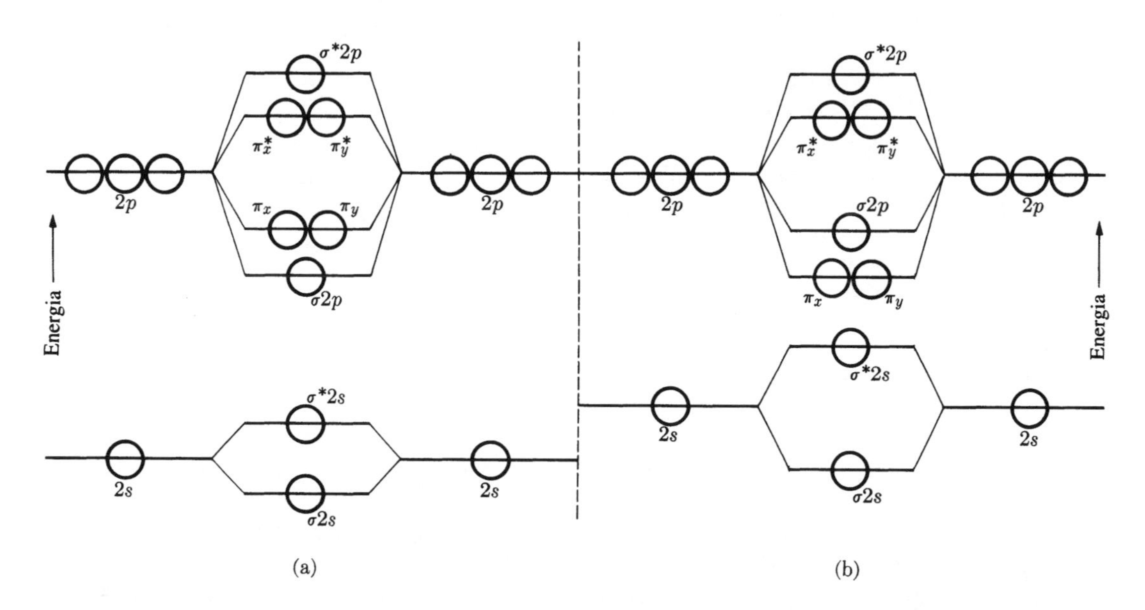

Fig. 12.5 Padrões de energias de orbitais moleculares de moléculas diatômicas homonucleares. (a) Diagrama para moléculas com orbitais 2s de baixa energia. (b) Diagrama para N_2 e moléculas diatômicas homonucleares mais leves.

seriamente com os elétrons $\sigma 2p$, e nos elementos pesados, a energia do $\sigma 2p$ está abaixo da dos orbitais $\pi 2p$.

Li_2. Podemos agora examinar a estrutura eletrônica e a ligação nas moléculas biatômicas homonucleares dos elementos da primeira série, colocando o número apropriado de elétrons no esquema de níveis de energia da Figura 12.5. Começaremos pelo Li_2, que tem um total de seis elétrons. Quatro desses são elétrons $1s$, dois em cada átomo. A energia desses elétrons internos é muito baixa, e visto que estão confinados próximos ao núcleo, não contribuem para a formação das ligações químicas. Esses orbitais serão portanto ignorados no Li_2 e em outras moléculas biatômicas de maior número atômico. Ficamos assim com dois elétrons que podem ser acomodados com spins emparelhados no orbital $\sigma 2s$. Visto que o Li_2 tem dois elétrons em um orbital ligante, dizemos que ele tem um único par eletrônico de ligação.

Be_2 Para o Be_2, temos quatro elétrons para acomodar, além do caroço de elétrons $1s$. Dois deles entram no orbital $\sigma 2s$. Os outros dois entram no próximo orbital disponível, de menor energia, que é $\sigma^* 2s$. Visto que o Be_2 tem dois elétrons ligantes e dois antiligantes, sua situação é semelhante à do He_2. Espera-se portanto que o Be_2 não seja estável, e de fato, essa molécula não é conhecida como tal.

B_2. A molécula B_2 existe na forma gasosa e tem dois elétrons desemparelhados. Vejamos se isso é consistente com o nosso diagrama de energia para os orbitais moleculares. Dos seis elétrons de valência, um total de quatro entram para os orbitais $\sigma 2s$ e $\sigma^* 2p$. Os demais elétrons entrariam emparelhados no orbital $\sigma 2p$, se sua energia fosse a menor possível. No B_2, contudo, os orbitais $\pi 2p_x$ e $\pi 2p_y$ ficam energeticamente abaixo do $\sigma 2p$, como já discutimos. Visto que os orbitais π tem a mesma energia, a situação mais favorável é aquela em que cada um fica com um elétron. Os spins desses dois elétrons são paralelos, assim como são os spins dos elétrons nos orbitais atômicos $2p$ semipreenchidos no C, N e O. No B_2, então, encontramos quatro elétrons ligantes e dois elétrons antiligantes, dando um total de 4 - 2 = 2 elétrons ligantes. Assim, podemos dizer que existe uma ligação simples no B_2. Contudo, uma descrição mais exata diria que existem duas semiligações, visto que os dois elétrons estão em orbitais diferentes.

C_2. A molécula de C_2 tem sido detectada na chama ou em descargas elétricas através de gases que contém carbono. Tem uma energia de ligação de 600 kJ mol^{-1} , que sugere a presença de uma dupla ligação. A molécula tem oito elétrons de valência, dois a mais que o B_2 . A configuração de valência mais estável para o C_2 é $(\sigma 2s)^2 (\sigma^* 2s)^2 (\pi 2p_x)^2 (\pi 2p_y)^2$. O número de elétrons ligantes é quatro e portanto, a molécula tem uma dupla ligação. O fato pouco comum é que a dupla ligação consiste de duas ligações π, em vez da combinação σ- π convencional. Outro aspecto pouco comum do C_2 é que a configuração eletrônica $(\sigma 2s)^2 (\sigma^* 2s)^2 (\pi 2p_x)^2 (\pi 2p_y)^1 (\sigma 2p)^1$ tem uma energia que é apenas 8,57 kJ mol^{-1} superior à do estado fundamental. Isso mostra que os orbitais $\pi 2p$ e $\sigma 2p$ estão bastante próximos em termos de energia.

N_2 . A próxima molécula na sequência é o N_2. A configuração eletrônica do N_2 é $(\sigma 2s)^2 (\sigma^* 2s)^2 (\pi 2p_x)^2 (\pi 2p_y)^2 (\sigma 2p)^2$, que corresponde a uma tripla ligação. O par $\sigma 2s$-$\sigma^* 2s$ ligante-antiligante pode ser considerado como dois orbitais $2s$ não ligantes, ligeiramente distorcidos pela interação recíproca entre eles. Portanto, a ligação tripla consiste de duas ligações π e uma ligação σ.

O_2. No N_2 todos os orbitais ligantes encontram-se completos e qualquer elétron adicional nas moléculas subsequentes deverá entrar em orbitais antiligantes. A molécula de O_2, por exemplo, tem 12 elétrons de valência, dois a mais que o N_2, porém os últimos dois devem entrar em orbitais π^* antiligantes. A configuração de menor energia tem um dos dois últimos elétrons no orbital π^*_x e outro no orbital π^*_y. A configuração do O_2 é portanto

$$(\sigma 2s)^2(\sigma^* 2s)^2(\sigma 2p)^2(\pi 2p_x)^2(\pi 2p_y)^2(\pi^* 2p_x)^1(\pi^* 2p_y)^1,$$

e existe um total de 8 - 4 = 4 elétrons de ligação. Observamos, de fato, uma dupla ligação no O_2, que é consistente com uma energia de ligação relativamente grande, de 494 kJ mol^{-1}. A dupla ligação é peculiar, no sentido de que é formada por uma tripla contrabalançada por duas semi-antiligações. A descrição dos orbitais moleculares para o O_2 proporciona uma explicação simples para as propriedades paramagnéticas da molécula, visto que os dois elétrons que ocupam, em separado, os dois orbitais antiligantes, têm spins paralelos.

F_2. A molécula de fluor, F_2 tem dois elétrons a mais que o O_2 e consequentemente tem a configuração

$$(\sigma 2s)^2(\sigma^* 2s)^2(\sigma 2p)^2(\pi 2p)^4(\pi^* 2p)^4.$$

O número de elétrons 8 - 6 = 2 corresponde a uma ligação simples. Essa ligação tem uma energia de dissociação de apenas 155 kJ mol^{-1}, que é comparativamente pequena. Uma possível explicação para essa pequena energia de ligação é que os quatro elétrons nos orbitais π^* antiligantes exercem um efeito antiligante maior que o efeito ligante dos quatro elétrons nos orbitais π.

Em contraste com a abordagem dos orbitais moleculares, a teoria de valência para o F_2 considera os orbitais $2s$ e dois dos orbitais $2p$ em cada átomo como não-ligante, ou com caráter atômico. Esses orbitais não-ligantes acomodam seis elétrons em cada átomo, e a ligação por meio de par eletrônico simples é formada pelo recobrimento dos dois orbitais p remanescen tes. Assim, enquanto ambos os dois métodos conduzem a resultados equivalentes, deve ser notado que os elétrons são considerados como pares ligantes e antiligantes, pela teoria dos orbitais moleculares, e simplesmente como não-ligantes, ou de caráter atômico, pela teoria de valência.

Questão. Em cada um dos seguintes pares, qual teria a maior energia de dissociação? O_2 e O_2^+; Be_2 e Be_2^+; B_2 e B_2^+.

Resposta. Para o O_2 e Be_2 os íons correspondentes apresentam maior energia de dissociação, porém para o B_2 será a molécula neutra.

12.2 Moléculas Biatômicas Heteronucleares

Na funções CLOA dos orbitais moleculares para moléculas biatômicas homonucleares, combinamos cada orbital atômico de mesmo tipo, de cada átomo. Fizemos isso, porque, pela simetria das moléculas homonucleares, podemos esperar que em um dado orbital molecular os elétrons estão igualmente compartilhados entre dois centros nucleares idênticos. Os orbitais moleculares de moléculas biatômicas heteronucleares não apresentam esse caráter de simetria. Contudo, se a molécula biatômica for composta de átomos de baixo número atômico, como no caso do CO, NO e CN, a assimetria não é tão pronunciada, e a estrutura eletrônica pode ser descrita, de forma satisfatória, em termos dos orbitais moleculares usados para as moléculas biatômicas homonucleares. Portanto a molécula de CO, que tem 10 elétrons de valência, apresenta a seguinte configuração eletrônica:

$$(\sigma 2s)^2(\sigma^* 2s)^2(\pi 2p)^4(\sigma 2p)^2,$$

como no caso do N_2. A diferença qualitativa é que, em virtude da maior carga sobre o átomo de oxigênio, os orbitais moleculares ligantes concentram maior densidade eletrônica nas proximidades do átomo de oxigênio. Para os orbitais antiligantes, vale o oposto, como iremos ver.

Vamos considerar a formação de um par de orbitais moleculares σ e σ* a partir de dois orbitais atômicos de diferentes energias, como o orbital 2*s* do boro e 2*s* do nitrogênio. Em virtude da maior carga nuclear no nitrogênio, o orbital atômico 2*s* correspondente tem menor energia que o orbital 2*s* no boro. Consequentemente, podemos esperar que o orbital σ de menor energia, ou ligante, formado por esta combinação, está concentrado principalmente sobre o átomo de nitrogênio, visto que constitui a região de menor energia potencial. Na descrição matemática desse orbital, a assimetria pode ser produzida pela combinação de dois orbitais atômicos com coeficientes escolhidos de tal forma que o orbital 2*s* do nitrogênio tenha maior participação que o do boro. A função CLOA mais simples seria

$$\sigma = C_B\psi_B(2s) + C_N\psi_N(2s),$$

onde $C_N > C_B > O$, e ψ_B e ψ_N são funções de onda atômicas centrados sobre o boro e o nitrogênio, respectivamente.

O orbital antiligante correspondente tem uma região nodal entre os núcleos, e terá maior energia. Por causa da menor carga nuclear sobre o boro, a região ao redor desse núcleo tem maior energia potencial que a região ao redor do nitrogênio. Consequentemente, podemos esperar que o orbital antiligante seja mais concentrado nas proximidades do núcleo do boro. A descrição matemática será

$$\sigma^* = C'_B\psi_B(2s) - C'_N\psi_N(2s),$$

onde $C'_B > C'_N$. A formação da ligação σ e σ* para o BN está inlustrada na Figura 12.6.

A formação de outros pares de orbitais moleculares ligantes e antiligantes para moléculas biatômicas cujos núcleos não tem números atômicos muito diferentes, segue o padrão que já discutimos. Os orbitais ligantes estão mais concentrados ao redor do núcleo de maior número atômico e os orbitais antiligantes tem maior densidade ao redor do núcleo de menor carga. Na figura 12.7 está ilustrado um diagrama de níveis de energia para esse caso. Dessa figura, podemos deduzir que a configuração de valência para o BO é

$$(\sigma 2s)^2(\sigma^* 2s)^2(\pi_x 2p)^2(\pi_y 2p)^2(\sigma 2p)^1$$

A configuração do BN, que não é óbvia nesse diagrama será

$$(\sigma 2s)^2(\sigma^* 2s)^2(\pi_x 2p)^2(\pi_y 2p)^1(\sigma 2p)^1.$$

Quando a diferença nos números atômicos dos átomos que se combinam é grande, torna-se necessário maior cuidado na descrição dos orbitais moleculares. Nesses casos, os orbitais moleculares não se formam pela combinação dos orbitais de mesma designação (p. ex. 2*s* com 2*s* e assim por diante), mas pela combinação de orbitais de energias semelhantes. A molécula de HF proporciona um bom exemplo. O orbital atômico 1*s* do hidrogênio não se combina com o orbital 1*s* do flúor para formar um orbital molecular, porque os elétrons 1*s* do flúor estão confinados nas regiões próximas do núcleo do fluor. O mesmo se aplica para os elétrons 2*s* do flúor. Visto que as energias associadas ao orbital 1*s* do hidrogênio e 2*p* do flúor são semelhantes, a interação entre eles é efetiva, conduzindo a um par de orbitais moleculares ligante-antiligante. Os orbitais $2p_x$ e $2p_y$ do flúor permanecem como atômicos, não ligantes, no HF, como foi ilustrado na Figura 11.25. Podemos ver que o par eletrônico no orbital ligante σ do HF está mais concentrado nas proximidades do núcleo de flúor. Consequentemente, o HF deve ser uma molécula polar, como de fato se observa.

A molécula de LiF gasoso proporciona um exemplo de compartilhamento extremamente desigual de elétrons em um orbital molecular. Um par σ–σ* é gerado pela interação entre o orbital 2*s* do lítio e o orbital 2*p* do fluor. Pelo fato da energia de ionização do lítio ser muito menor que a do fluor, o par eletrônico no orbital ligante passa a maior parte do tempo nas vizinhanças do átomo de fluor. Portanto, o LiF é uma molécula muito polar, tal que podemos dizer que a ligação é quase puramente iônica. Portanto, pela escolha correta dos coeficientes dos orbitais atômicos, o conceito de orbitais moleculares pode ser usado para

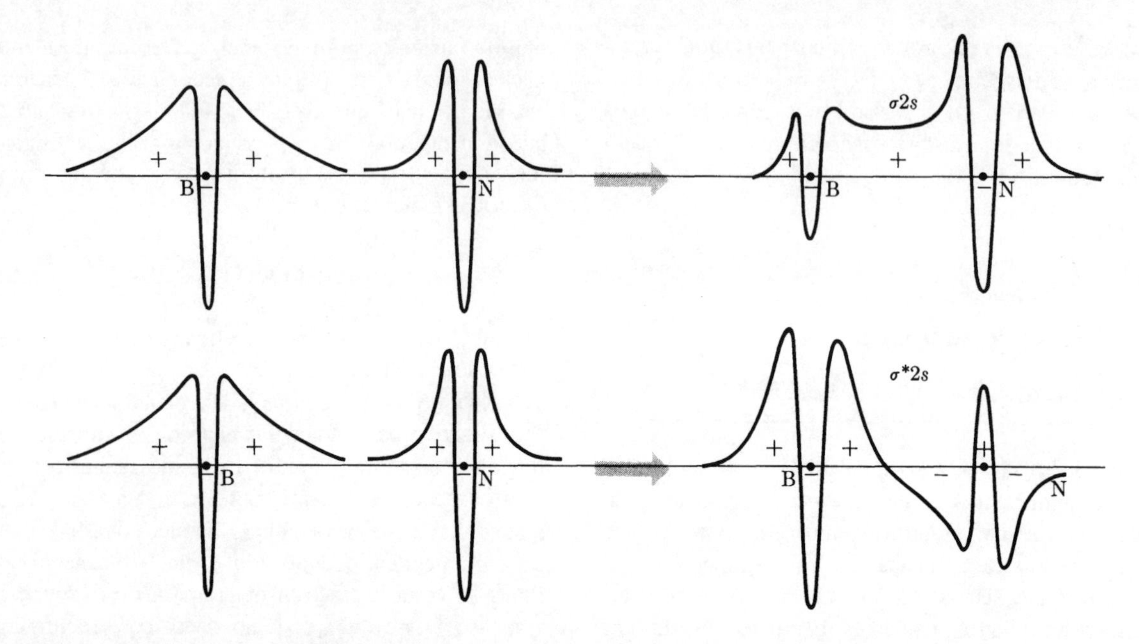

Fig 12.6 Representação esquemática da formação de σ2s e σ*2s no BN. O orbital σ ligante está concentrado próximo ao nitrogênio mais eletronegativo e o orbital antiligante possui amplitude maior próximo ao boro.

representar a ligação 100% covalente nas moléculas biatômicas homonucleares, assim como a ligação iônica nos haletos de metais alcalinos.

12.3. Moléculas Triatômicas

Iremos começar com a molécula triatômica H_3, que é mais simples que podemos imaginar. Vamos supor que essa molécula tenha uma geometria linear; mais tarde, questionaremos essa hipótese. Para simplificar, trataremos apenas de orbitais construídos a partir dos orbitais $1s$. A partir dos três orbitais atômicos, podemos gerar três orbitais moleculares. O de menor energia, mostrado na Fig. 12.8(a) consiste de uma combinação linear dos três orbitais atômicos, todos com o mesmo sinal. Esse orbital tem simetria cilíndrica sem regiões nodais entre os núcleos, sendo portanto do tipo σ, ligante. Embora promova a ligação entre os três núcleos, esse orbital aceita apenas dois elétrons com spins emparelhados.

O orbital seguinte, de energia mais alta na Fig. 12.8(a) tem uma região nodal no centro do átomo de hidrogênio. Como resultado, o orbital não promove a ligação entre os átomos central e periféricos; de fato, o orbital é fracamente antiligante entre os átomos da ponta. Assim, um elétron nesse orbital tende a forçar a dissociação da molécula.

O terceiro orbital, que tem a energia mais alta, no H_3, é obtido pela combinação dos orbitais $1s$ com sinais alternados:

$$\sigma^* \propto \psi_a(1s) - \psi_b(1s) + \psi_c(1s).$$

Isso produz um orbital com regiões nodais entre núcleos adjacentes, com na Fig. 12.8(a). Em consequência, esse orbital tem um caráter fortemente antiligante.

Na Figura 12.8 também podem ser comparados os orbitais moleculares para o H_3, e as funções de onda para uma partícula em uma caixa. A semelhança entre os dois conjuntos de funções não é acidental, visto que um conjunto de três prótons produz um potencial coulômbico que se assemelha ao de uma caixa para elétrons. A principal diferença é que o potencial eletrônico no H_3 não é constante ao longo do eixo internuclear, porém torna-se mais negativo nas proximidades de cada núcleo. Esse fato é responsável pelos picos agudos nas funções de onda do H_3 que não

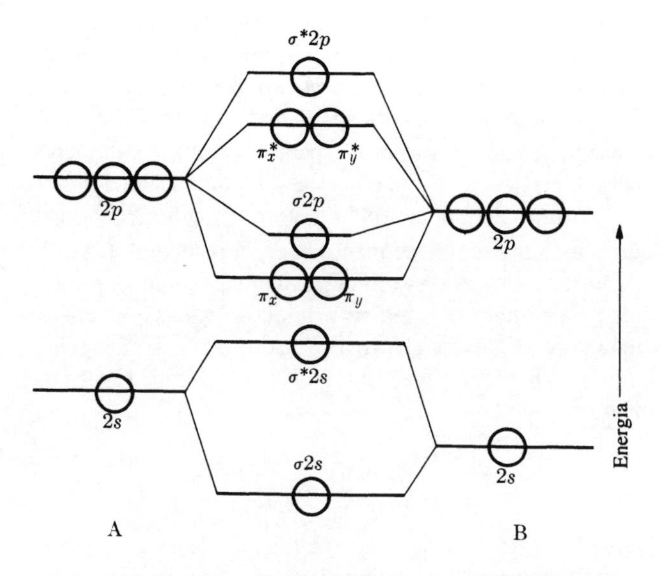

Fig. 12.7 Diagrama de níveis de energias de orbitais moleculares para uma molécula diatômica heteronuclear AB em que B é mais eletronegativo que A

aparecem na função da partícula na caixa. Podemos ver, por outro lado, que a energia dos orbitais σ do H_3, aumenta com o número de regiões nodais, exatamente como é encontrado para as funções de uma partícula na caixa.

No H_3, dois elétrons ocupam o orbital σ ligante, de energia mais baixa. O terceiro elétron vai para o próximo orbital σ, que é fracamente antiligante entre os átomos das pontas, e não-ligante entre o átomo central e os periféricos. O efeito resultante da ocupação desse orbital é que o H_3 é estável com respeito à dissociação nos três átomos, porém pouco estável com respeito à dissociação em H_2 + H. Os cálculos de orbitais moleculares *ab initio* mostram que a molécula de H é linear, porém tem uma ligação curta, uma ligação longa e uma baixa energia de dissociação

$$\underbrace{\text{H—H}}_{0,75\ \text{Å}}\underbrace{\text{————H}}_{2,29\ \text{Å}},$$

$$D_0(H_2\text{—}H) \cong 0{,}002 \text{ a.u.} = 5 \text{ kJ mol}^{-1}.$$

Podemos ver que a distância curta é muito próxima da distância de ligação no H_2, que é 0,74 Å e que a energia de dissociação da ligação é pequena demais para uma ligação química normal. Podemos concluir que o H_3 é uma molécula do tipo van der Waals, formada entre H_2 + H.

A energia e a estrutura do H_3 é importante porque o H_3 é um intermediário transiente na reação de troca isotópica entre átomos de hidrogênio ou deutério e moléculas de hidrogênio:

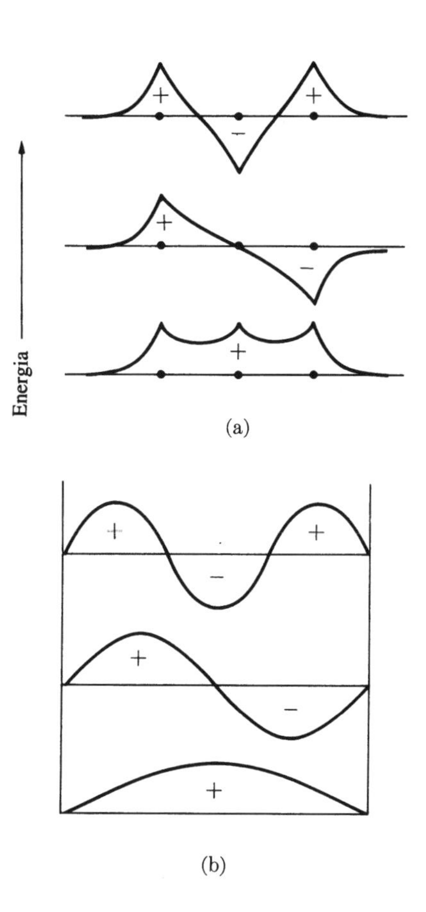

Fig. 12.8 (a) Orbitais moleculares de H_3 linear; e (b) funções de onda para uma partícula na caixa.

$$D + H_2 \rightarrow [DHH]^{\ddagger} \rightarrow DH + H.$$

O complexo ativado $[DHH]^{\neq}$ seria uma molécula com as ligações iguais, em vez de desiguais. Cálculos ab *initio* para o H_3 com ligações iguais dão um comprimento de ligação de 0,93Å e uma energia 40 kJ mol^{-1} acima do calculado para a molécula com ligações desiguais. Esse valor é muito próximo da energia de ativação medida para a troca isotópica mencionada. Também é consistente com a natureza fracamente antiligante do orbital com o terceiro elétron na molécula de H_3 com ligações iguais.

A geometria mais estável do H_3 é linear; em vez de angular, visto que o último elétron está em um orbital que é antiligante entre os dois átomos da extremidade. Qualquer dobra na molécula traria os dois átomos da ponta mais próximos, sofrendo oposição do elétron antiligante.

A situação no H_3^+ é diferente, pois nesse íon molecular, não há elétrons nos orbitais antiligantes. Existem duas consequências decorrentes disso. Primeiro, o H_3^+ é estável com respeito à dissociação:

$$H_3^+ \rightleftharpoons H^+ + H + H \quad \Delta E = 0{,}378 \text{ a.u.} = 993 \text{ kJ mol}^{-1},$$
$$H_3^+ \rightleftharpoons H^+ + H_2 \quad \Delta E = 0{,}206 \text{ a.u.} = 541 \text{ kJ mol}^{-1}.$$

Segundo, o H_3^+ não é linear, mas tem a geometria de um triângulo equilátero. O orbital molecular de menor energia, ocupado por dois elétrons é formado pelo recobrimento mútuo de três orbitais atômicos 1*s*.

Na descrição do H_3, usamos orbitais moleculares deslocalizados (que abrangem mais de dois átomos). O método dos orbitais moleculares deslocalizados é uma técnica mais útil e natural para descrever uma ligação multicêntrica; porém a idéia de par de elétrons localizados com estruturas de ressonância é geralmente mais conveniente para se ter uma visão qualitativa da ligação.

Hidretos Triatômicos

Na comparação do H_3 com o H_3^+, nos deparamos com um importante fenômeno geral. A geometria das moléculas pode ser profundamente influenciada por uma mudança relativamente pequena no número de elétrons, ou nos orbitais moleculares que são ocupados por um dado número de elétrons. Nosso próximo exemplo, ilustra novamente essa idéia.

Vamos examinar a estrutura eletrônica do metileno, CH_2. O metileno é estável, porém muito reativo e existe apenas como espécie transiente em certas reações químicas. Todavia, a espectroscopia molecular resolvida no tempo tem proporcionada uma visão esclarecedora de sua estrutura molecular.

Uma molécula triatômica como o CH_2 pode ter tanto uma estrutura linear com angular, e não é óbvio qual a mais estável.

Para começar, iremos supor uma geometria linear, construir os orbitais moleculares e então repetir o processo para a molécula de CH_2 angular. Depois compararemos as estruturas eletrônicas das duas formas e tiraremos conclusões.

Na molécula linear H-C-H, podemos construir um par de orbitais moleculares σ ligante-antiligante com base nos orbitais $2s$ do carbono e nos orbitais $1s$ do hidrogênio. As combinações desses orbitais ficariam

$$\sigma_s = C_1 1s_a + C_2 2s_c + C_1 1s_b,$$
$$\sigma_s^* = C_3 1s_a - C_4 2s_c + C_3 1s_b,$$

onde $2s_c$ se refere à função de onda $2s$ do carbono, e $1s_a$ e $1s_b$ se referem aos orbitais $1s$ dos átomos a e b de hidrogênio. Os coeficientes das duas funções dos átomos de hidrogênio em um dado orbital molecular são os mesmos, visto que a molécula de metileno é simétrica. Note que esses orbitais se assemelham aos orbitais de energia mais alta e mais baixa do H_3, exceto que o orbital do carbono $2s$ substitui o hidrogênio central.

Um segundo par σ ligante-antiligante pode ser construído para o CH_2, dessa vez usando o orbital $2p_z$ do carbono. As formas matemáticas desses orbitais são

$$\sigma_p = C_5 1s_a + C_6 2p_c - C_5 1s_b,$$
$$\sigma_p^* = C_7 1s_a - C_8 2p_c - C_7 1s_b.$$

Na Figura 12.9 encontra-se uma representação desses orbitais. Note que como o orbital $2p_z$ do carbono tem dois lóbulos com sinais distintos, os orbitais dos átomos de hidrogênio devem ser colocados com sinais opostos para formar um orbital ligante, sem regiões nodais. O orbital antiligante é obtido pelo uso da mesma combinação de orbitais dos hidrogênios, porém o sinal do orbital $2p_z$ do carbono deve ser invertido. Note também que em relação às propriedades nodais, o orbital σ_p é semelhante aos orbital σ de energia intermediária no H_3. O orbital do metileno é diferente, pelo fato de ser ligante entre os átomos central e das pontas, pois inclui a contribuição do orbital $2p_z$ do carbono. Como resultado é ligante entre os átomos central e periféricos, porém antiligante entre os átomos periféricos.

A partir dos orbitais atômicos - $2s$, $2p_z$ do carbono, e $1s$ dos dois átomos de hidrogênio - geramos quatro orbitais moleculares. O hidrogênio não tem orbitais p de baixa energia para interagir com os orbitais $2p_x$ e $2p_y$ do carbono, e assim, estes ficam como orbitais localizados, não ligantes, no metileno linear.

Na Figura 12.10 pode ser visto um diagrama de níveis de energia para o metileno linear. O total de seis elétrons de valência preenche os dois orbitais σ, e preenche parcialmente cada um dos dois orbitais não ligantes, $2p_x$ e $2p_y$ do carbono, com os últimos dois elétrons apresentando spins paralelos. Assim, podemos descrever o metileno como sendo unido por duas ligações σ tricêntricas. Também podemos concluir que o metileno linear deverá apresentar elétrons desemparelhados, e isso, de fato, tem sido verificado experimentalmente.

É interessante construir um modelo de orbitais moleculares localizados para o metileno, e depois compará-lo com o modelo deslocalizado. Começaremos com os orbitais híbridos sp do átomo de carbono. Depois faremos uma combinação de cada orbital híbrido sp com o orbital $1s$ de cada hidrogênio. Cada um desses orbitais pode acomodar dois elétrons com spins emparelhados, e os dois últimos elétrons de valência permanecem em orbitais $2p$ não-ligantes do carbono. Portanto, o modelo de orbital molecular deslocalizado e o modelo de orbitais híbridos sp, localizados, concordam com o fato de que os elétrons ligantes

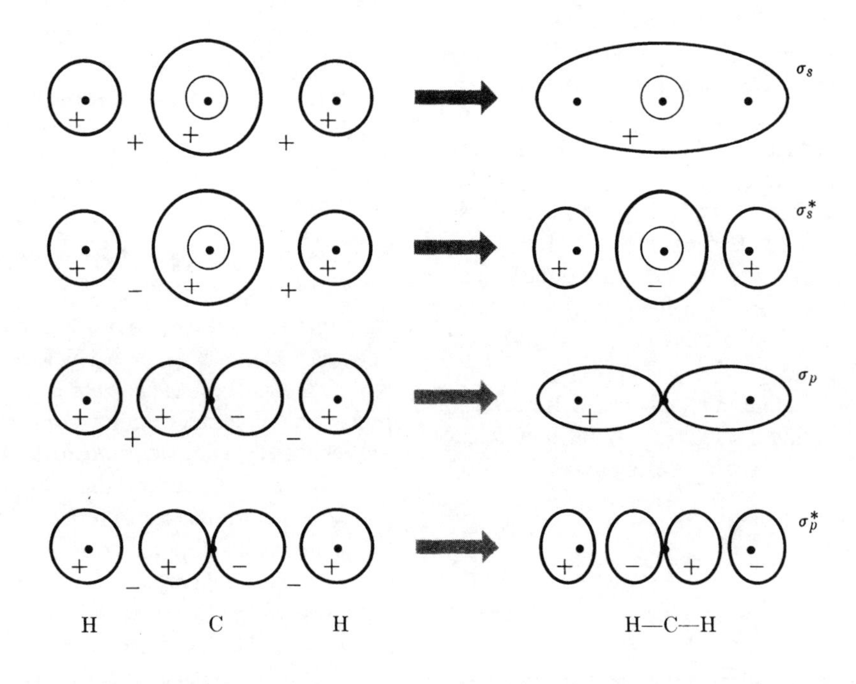

Fig. 12.9 Representação esquemática da formação dos orbitais moleculares σ e σ* do metileno linear.

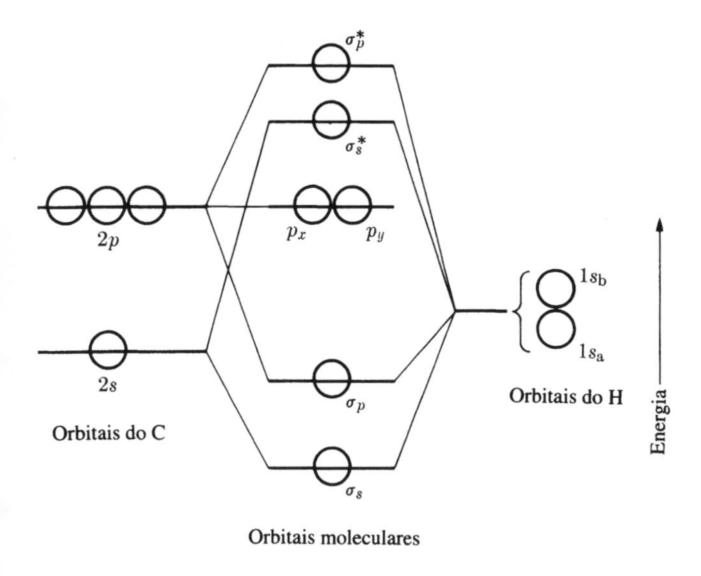

Fig. 12.10 Diagrama dos níveis de energias de orbitais moleculares para metileno linear.

ocupam orbitais σ gerados a partir dos orbitais $2s$ e $2p_z$ do carbono em combinação com os orbitais atômicos $1s$ do hidrogênio.

Podemos gerar o diagrama de orbitais moleculares para o CH_2 angular, examinando o que acontece com a energia dos orbitais moleculares individuais, à medida em que a molécula linear se dobra. O orbital σ de menor energia construído a partir dos orbitais não direcionais, $2s$ do carbono e $1s$ do hidrogênio, permanece com sua energia praticamente inalterada quando a molécula de dobra. Contudo, o orbital σ seguinte, torna-se fracamente ligante e tem sua energia aumentada com a dobra, pois o recobrimento entre os orbitais $2p_z$ do carbono e $1s$ do hidrogênio diminui à medida que os átomos de hidrogênio se afastam do eixo z. Esse orbital, que tem caráter antiligante entre os átomos das pontas, sofre um aumento de energia à medida que os átomos de hidrogênio se aproximam.

Se imaginarmos que a molécula se dobra no plano xz, podemos concluir que a energia do orbital $2p_y$ do carbono permanece inalterada. Esse orbital tem uma região nodal no plano xz, e por ser cilindricamente simétrico com respeito ao eixo y, é pouco sensível aos movimentos angulares dos átomos de hidrogênio. Contudo, a situação é bastante diferente para o orbital $2p_x$ do carbono. Na Figura 12.11 pode ser visto que à medida que a molécula se dobra, o orbital $2p_x$ do carbono começa a interagir

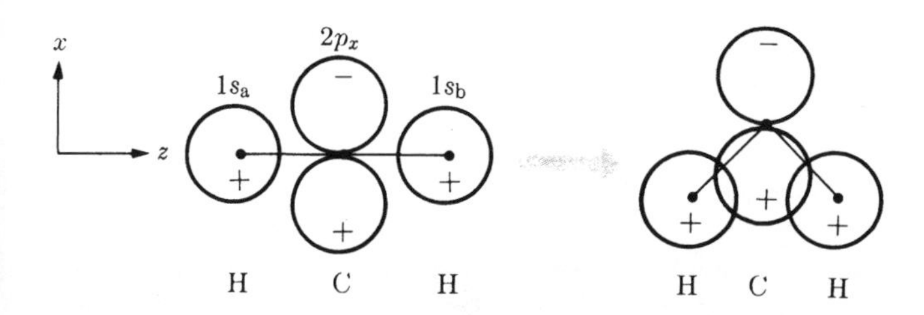

Fig. 12.11 Demonstração esquemática do aumento da sobreposição e do caráter ligante que ocorre entre orbitais 1s dos hidrogênios e $2p_x$ do carbono quando o metileno está inclinado no plano xy.

com os orbitais $1s$ do átomos de hidrogênio. Essa interação diminui a energia do orbital $2p_x$, pois, em vez de ser não-ligante, esse orbital adquire caráter ligante quando a geometria torna-se angular.

O diagrama de orbitais moleculares para a molécula de metileno, angular, está mostrado na Figura 12.12. e se aplica para outras moléculas angulares do tipo XH_2. Comparando esse diagrama com o da Figura 12.10, podemos ver que a energia do orbital σ_{pz} aumentou e a do orbital p_x diminuiu com respeito às energias correspondentes na molécula linear. Um detalhe importante é que na molécula angular, as ligações já não têm simetria cilíndrica, e assim a notação σ e σ* não mais se aplica. No momento, contudo, é melhor mantermos essa notação imprópria, para dar ênfase às correlações entre as moléculas lineares e angulares.

Os seis elétrons de valência no CH_2 angular podem ocupar os três orbitais de menor energia, com seus spins emparelhados, deixando o orbital não ligante, $2p_y$, vazio. Assim, em contraste com a molécula linear, o metileno angular não deve apresentar elétrons desemparelhados. Esse fato concorda com os resultados experimentais. A questão de se a molécula linear ou a angular é a mais estável não pode ser respondida pelo simples exame dos diagramas de orbitais moleculares. O CH_2 angular adquire alguma estabilidade por ter, além de seus dois pares de elétrons, um terceiro par de elétrons no orbital $\sigma(p_x)$, que tem algum caráter ligante. Por outro lado, enquanto o metileno linear tem apenas dois pares de elétrons ligantes, a repulsão intereletrônica diminui com a colocação de um elétron em cada orbital $2p_x$ e $2p_y$. Os resultados experimentais conhecidos para o CH_2 mostram um compromisso entre esses dois efeitos. Em seu estado eletrônico de menor energia, a molécula tem um elétron em cada orbital $2p_x$ e $2p_y$, e é ligeiramente angular, tal que a energia do orbital $2p_x$ é um pouco menor.

O modelo de orbitais moleculares localizados para o metileno angular envolve três híbridos sp^2 no átomo de carbono.

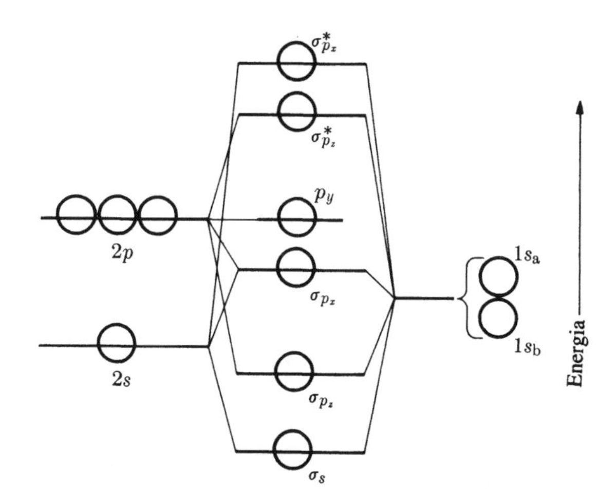

Fig. 12.12 Diagrama de níveis de energia de orbitais moleculares para metileno angular e outras moléculas XH_2 angulares. A designação σ para os orbitais não é totalmente acurada uma vez que a simetria cilíndrica é perdida numa molécula angular. Estes orbitais σ são melhores descritos pelo fato de dar o *principal* orbital atômico contribuinte no átomo central.

Dois desses orbitais seriam usados para formar ligações com cada átomo de hidrogênio. O terceiro híbrido sp^2 seria ocupado por um par de elétrons não-ligantes, porém teria uma energia relativamente baixa por causa de seu caráter parcial *s*. O orbital $2p$ do carbono perpendicular ao plano da molécula ficaria desocupado. Assim, novamente, o modelo de orbitais moleculares localizados correlaciona-se de perto com o modelo de orbitais moleculares deslocalizados.

Colocando em gráfico a dependência qualitativa da energia orbital em função do ângulo de ligação, podemos generalizar o diagrama mostrado na Fig. 12.13, que pode ser usado para predizer ou racionalizar as geometrias dos hidretos triatômicos. Por exemplo, a molécula transiente, BeH_2, tem quatro elétrons de valência, só o bastante para preencher os dois orbitais σ de menor energia. Como pode ser visto na Figura 12.13, esses orbitais tem menor energia na configuração linear, e como esperado, o BeH_2 constitui uma molécula linear.

Mudando para o BH_2, temos cinco elétrons de valência, quatro dos quais nos orbitais ligantes σ. O quinto elétron entra em um orbital $2p$ do boro, na configuração linear. Como está mostrado na Figura 12.13, a energia desse orbital será menor se a molécula for angular. No BH_2, esse abaixamento de energia quando a molécula se dobra é suficiente para suplantar o aumento de energia do orbital $\sigma(p_z)$, e o BH_2 resulta em uma estrutura angular. No caso do BH_2 excitado eletronicamente, contudo, o último elétron ocupa o orbital p_y, e com base na Figura 12.13, podemos esperar que essa espécie seja linear, como de fato tem sido constatado.

A próxima molécula na série é o CH_2, que já discutimos em detalhes. No NH_2, contudo, existe um elétron a mais, e a dupla ocupação dos orbitais não pode ser evitada. Assim, a geometria angular para o NH_2 é favorecida, visto que depois da colocação de quatro elétrons nos dois orbitais ligantes de menor energia,

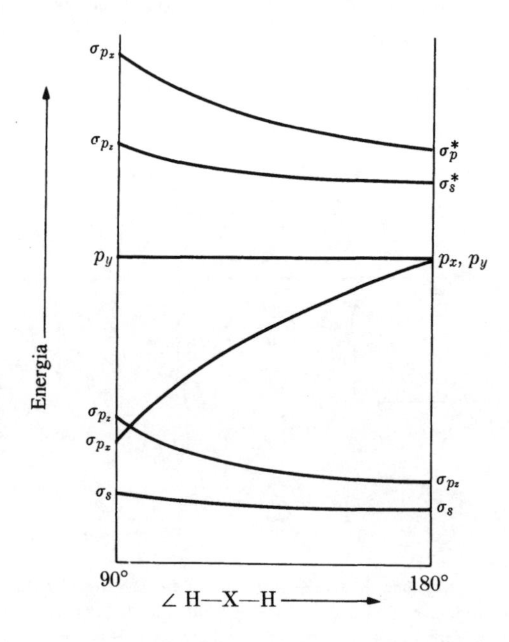

Fig. 12.13 Variação qualitativa nas energias orbitais de moléculas XH_2 em função dos ângulo de ligação.

dois elétrons devem ir para o orbital $\sigma(p_x)$ cuja energia diminui à medida que a molécula se dobra. O último elétron vai para o orbital p_y do nitrogênio. Na molécula da água, os oito elétrons de valência ocupam dois orbitais ligantes σ, o orbital σ não-ligante no plano, cuja energia é menor na forma angular, e finalmente o orbital p_y não ligante do átomo de oxigênio. Assim, a água deve ser angular, como de fato ocorre.

Questão. Qual a sua previsão para a estrutura linear ou angular dos seguintes hidretos triatômicos: CH_2^+, NH_2^-, BH_2^+ e BH_2^-.

Resposta. Apenas o BH_2^+ será linear; todos os demais serão angulares.

Outras Moléculas Triatômicas

Vamos considerar agora a descrição dos orbitais moleculares da molécula linear simétrica, de CO_2. Os orbitais que iremos gerar para esse caso podem ser generalizados e utilizados na discussão da estrutura de outras moléculas **triatômicas, diferentes dos hidretos.**

Como simplificação, vamos supor que os orbitais $2s$ dos dois átomos de oxigênio sejam orbitais atômicos não ligantes, mesmo na molécula. Dessa forma, um par de orbitais moleculares σ-σ^* podem ser gerados pelo recobrimento do orbital $2s$ do carbono com os orbitais $2p_z$ do oxigênio. Outro par σ-σ^* pode ser construído pela combinação do orbital $2p_z$ do carbono com os orbitais $2p_z$ do oxigênio. As funções CLOA para esses quatro orbitais moleculares são

$$\sigma_{2s} = C_1 2p_a(\text{O}) + C_2 2s(\text{C}) + C_1 2p_b(\text{O}),$$
$$\sigma^*_{2s} = C_3 2p_a(\text{O}) - C_4 2s(\text{C}) + C_3 2p_b(\text{O}),$$
$$\sigma_{2p} = C_5 2p_a(\text{O}) + C_6 2p(\text{C}) - C_5 2p_b(\text{O}),$$
$$\sigma^*_{2p} = C_7 2p_a(\text{O}) - C_8 2p(\text{C}) - C_7 2p_b(\text{O}).$$

Esses sinais foram escolhidos de forma que não ocorram regiões nodais para os orbitais ligantes, mas sim nos orbitais antiligantes. Esses orbitais tem menores energias quando a molécula é linear. A representação desses orbitais pode ser vista na Figura 12.14.

Os orbitais moleculares π são gerados pela combinação dos orbitais atômicos *p*, que são perpendiculares ao eixo internuclear da molécula. Existem seis desses orbitais atômicos, e assim, podemos esperar seis orbitais moleculares. Três desses orbitais serão π_x, e três serão orbitais equivalentes π_y. O orbital π de menor energia tem a forma

$$\pi_x = C_9 2p_a(\text{O}) + C_{10} 2p(\text{C}) + C_9 2p_b(\text{O}),$$

onde são usados orbitais atômicos p_x. Existe um orbital π_y com a mesma forma e energia, e ambos são fortemente ligantes.

O orbital π seguinte, na ordem crescente de energia, envolve apenas átomos de oxigênio. Constitui um orbital com características não ligantes em relação ao átomo de carbono, e fracamente antiligante, entre os átomos de oxigênio. Sua forma é

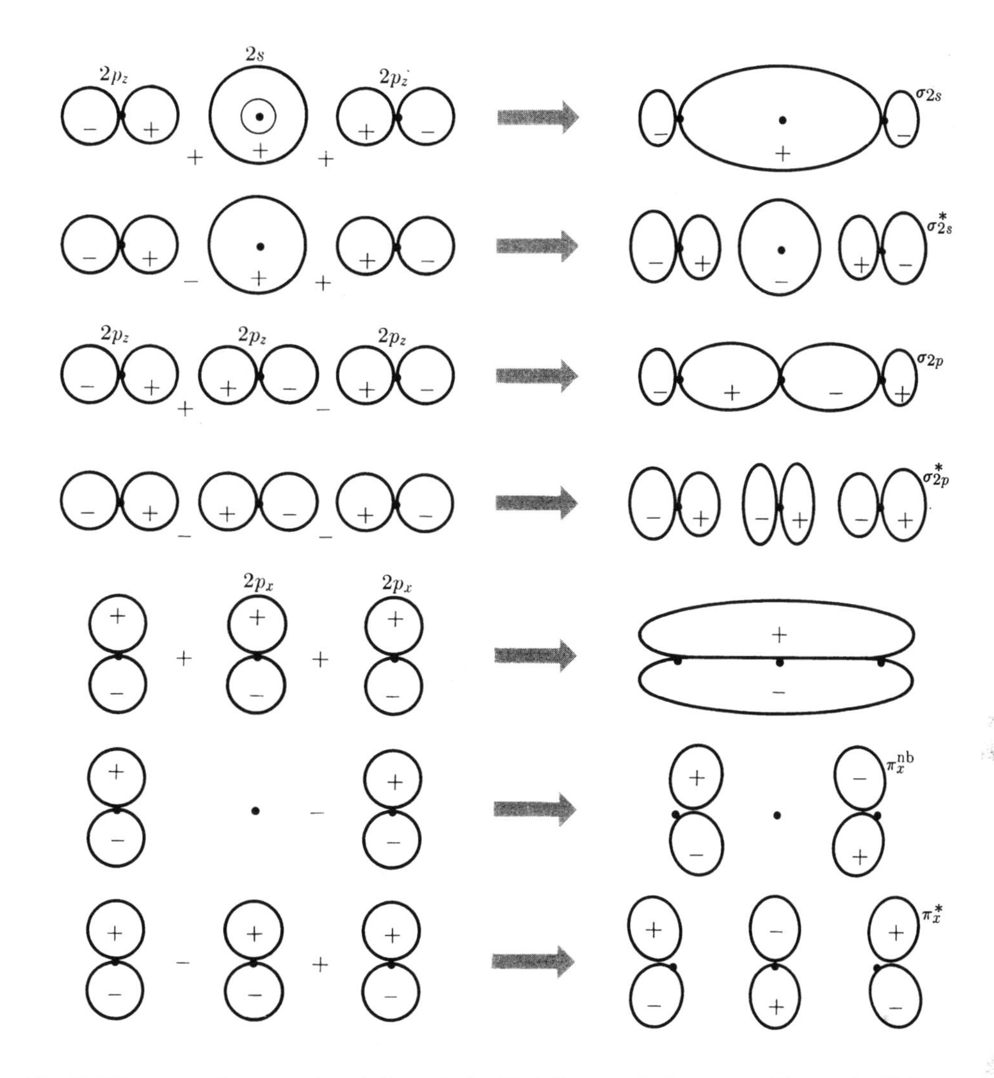

Fig. 12.14 Representação esquemática da formação de orbitais ligantes, não ligantes e antiligantes de CO_2 linear.

$$\pi_x^{nb} \propto 2p_a(O) - 2p_b(O),$$

e existe outro orbital π_y^{nl}com a mesma forma e energia. A notação π^{nl} procura chamar atenção para o caráter não-ligante do orbital, porém deve ser lembrado que também existe uma fraca interação antiligante entre os átomos de oxigênio. O terceiro orbital, que tem a maior energia, é representado por

$$\pi_x^* = C_{11}2p_a(O) - C_{12}2p(C) + C_{11}2p_b(O),$$

Esse orbital é antiligante entre o carbono e o oxigênio. O orbital π_y^* tem a mesma forma e energia que o π_x^*.

Vemos que as combinações dos orbitais p produzem um par de orbitais ligantes π, um par de orbitais essencialmente não ligantes π^{nl}, e um par de orbitais π^* antiligantes. As formas desses três orbitais estão representadas na Figura 12.14. A comparação desse conjunto de orbitais π com os orbitais σ do H_3 mostra que eles apresentam o mesmo padrão, ligante, não-ligante e antiligante, e as mesmas propriedades nodais internucleares.

Na Figura 12.15 está mostrado o diagrama de orbitais moleculares para a molécula linear, simétrica, de CO_2. Os 16 elétrons de valência preenchem os dois orbitais atômicos 2*s*, os dois orbitais ligantes σ, os dois orbitais ligantes π, e os dois orbitais π não-ligantes. Visto que há um total de oito elétrons ligantes, as duas ligações C—O podem ser consideradas como duplas, como na representação de Lewis. Também podemos notar que todos os orbitais ocupados são mais estáveis quando a molécula é linear, como de fato é observado no CO_2.

Os orbitais moleculares que acabamos de discutir podem ser usados para descrever outras moléculas triatômicas, que tem 16 ou menos elétrons de valência. Outras espécies com 16 elétrons que tem a geometria linear esperada, e que apresentam ligações fortes, são N_2O, N_3^-, CS_2, OCS, OCN^- e NO_2^+. Nas moléculas como o CS_2, onde os orbitais atômicos de valência do enxofre têm número quântico principal $n = 3$, a forma dos orbitais moleculares é bastante análoga à que ocorre no CO_2

As moléculas transientes, e reativas, NCO, NCN, CCN e C_3 têm, respectivamente, 15, 14, 13 e 12 elétrons de valência. Todos apresentam oito elétrons nos dois orbitais ligantes σ e π, e entre

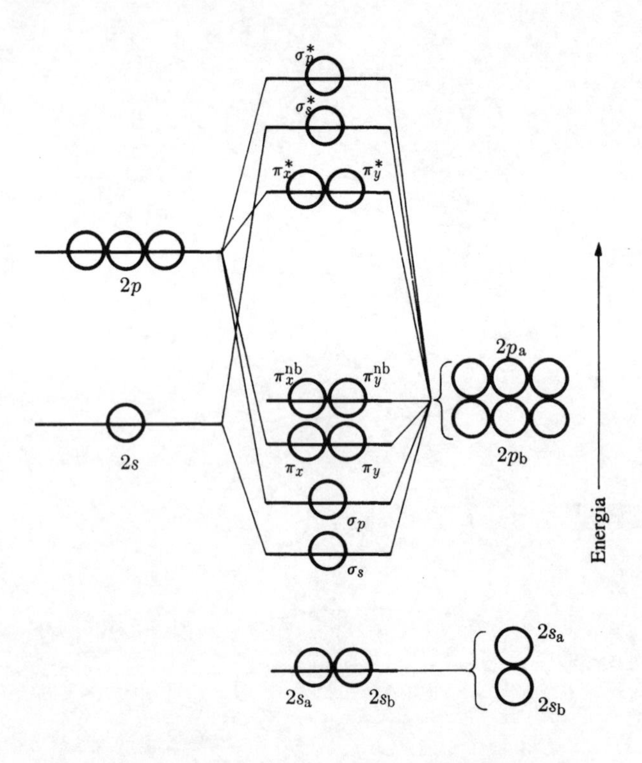

Fig. 12.15 Diagrama de níveis de energias de orbitais moleculares de CO_2 linear simétrico e de outras moléculas triatômicas lineares.

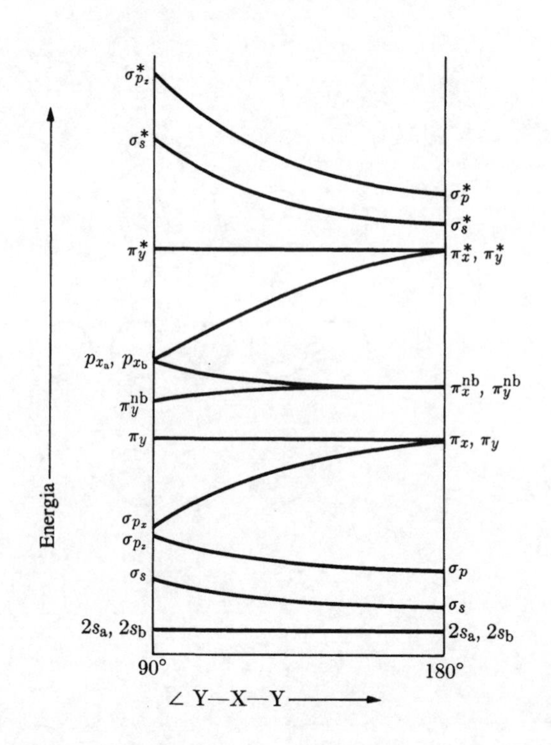

Fig. 12.16 Variação qualitativa de energias orbitais de moléculas XY_2 em função do ângulo de ligação.

três e zero elétrons não-ligantes. Da mesma forma que o CO, são todas lineares.

Se mais que 16 elétrons precisam ser acomodados em uma molécula linear, alguns acabam entrando nos orbitais π^*-antiligantes, como indicado na Figura 12.15. Essa situação pouco favorável pode ser um pouco aliviada se a molécula perder sua linearidade. Quando a molécula se dobra no plano *xz*, os orbitais π_y ligantes, não ligantes e antiligantes permanecem quase inalterados; contudo, os orbitais π_x, π_x^{nl} e π_x^* mudam consideravelmente. Eles revertem aos orbitais atômicos $2p_x$ não-ligantes, sobre os dois átomos das pontas, e ao orbital p_x sobre o átomo central. Esse orbital é em grande parte não-ligante, porém como vimos na discussão do CH_2, a energia do orbital diminui à medida que a molécula se curva, pelo recobrimento e combinação com os orbitais ligantes σ.

Na Figura 12.16 está resumido como variam os orbitais moleculares de uma molécula triatômica à medida que ela se dobra, e na Figura 12.17 está mostrado o diagrama de orbitais moleculares que se aplica à maioria das moléculas triatômicas angulares. Se colocarmos os 17 elétrons do NO_2 nesses orbitais, por exemplo, iremos encontrar seis elétrons ligantes, 11 elétrons não-ligantes e nenhum elétron antiligante. Dos três orbitais ligantes, dois são σ e um π, sendo que abrangem todos os núcleos. Portanto, há, em média, três elétrons por ligação química; o que corresponde a duas ligações de ordem 1½ no NO_2. Isso é consistente com a conclusão obtida pelo exame das estruturas de Lewis:

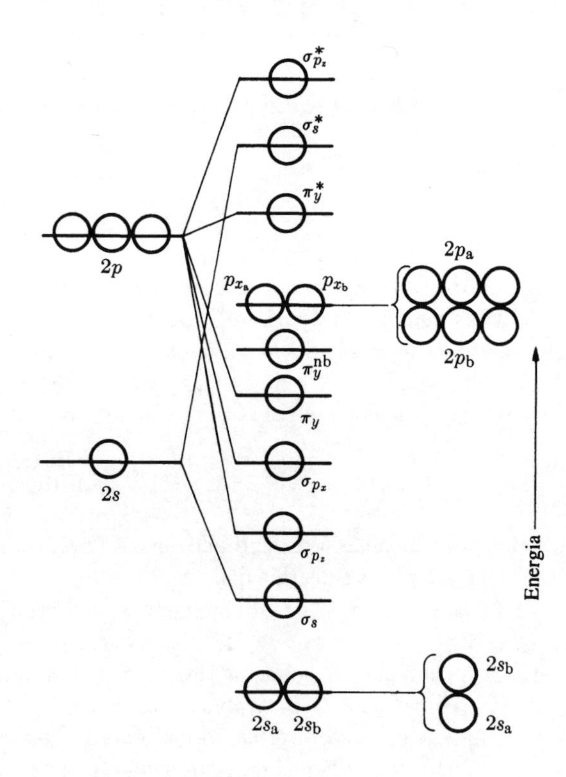

Fig. 12.17 Diagrama de níveis de energias de orbitais moleculares para moléculas triatômicas angulares.

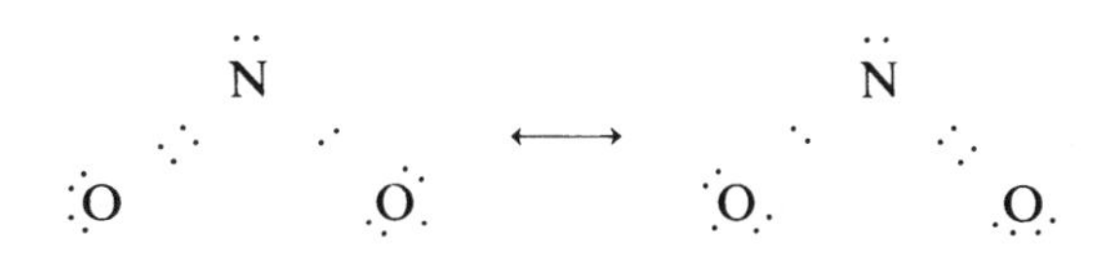

Podemos esperar que a energia de ligação no NO seja menor que no CO , que tem duas duplas ligações. Isso, de fato, tem sido observado:

$$NO_2 \rightleftharpoons NO + O \quad \Delta\tilde{H}^\circ = 306 \text{ kJ mol}^{-1},$$
$$CO_2 \rightleftharpoons CO + O \quad \Delta\tilde{H}^\circ = 532 \text{ kJ mol}^{-1}.$$

Apesar da dobra no NO_2 reduzir o número de ligações π, isso é mais favorável energeticamente, pois na situação linear, o último elétron vai para um orbital molecular π^*, que é bastante antiligante.

No íon nitrito e o no ozônio, existem 18 elétrons de valência. Com base nos argumentos fornecidos, podemos esperar que essas moléculas sejam angulares e tenham a configuração eletrônica da Figura 12.18. O ângulo de ligação no NO_2^- é 115°, menor que no NO_2 (135°), como esperado. O ângulo de ligação no O_3 é de 117°, o que é muito semelhante ao do NO_2^-.

Vamos agora discutir as moléculas como NF_2 e OF_2, com 19 e 20 elétrons de valência, respectivamente. Podemos ver nas Figs. 12.16 e 12.18 que os elétrons 19 e 20 vão para o orbital $_2\pi^*$-antiligante, cuja energia não é muito sensível ao ângulo da ligação. Consequentemente essas moléculas são angulares, da mesma forma que as moléculas com 17 e 18 elétrons. Para o OF_2,

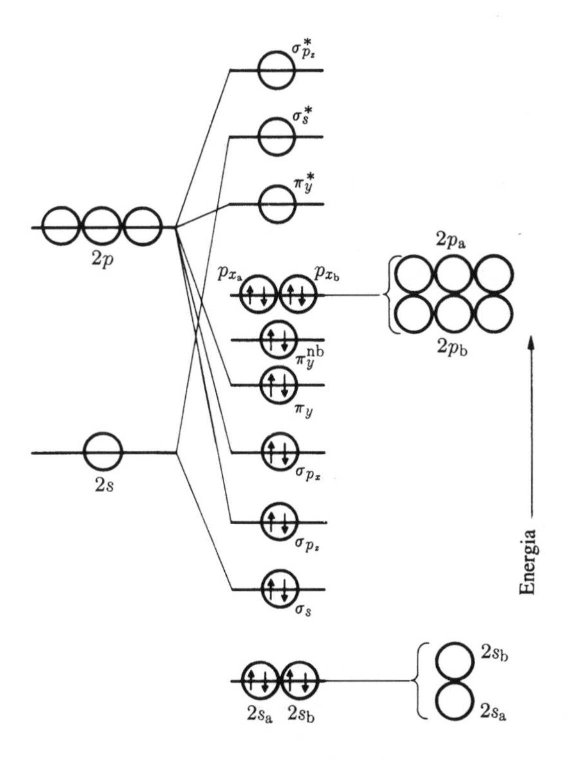

Fig. 12.18 Ocupação de orbitais moleculares para O_2, NO_2^- e outras moléculas triatômicas de 18 elétrons.

pode ser visto na Fig. 12.18, que existem três pares de elétrons ligantes, oito pares de elétrons não ligantes, e um par antiligante, para um total de quatro elétrons que ligam três núcleos. Poderíamos representar a ligação no OF_2 como sendo devida a um par de ligações simples. A pequena energia de ligação O-F, de 187 kJ mol^{-1} sugere que o efeito dos elétrons π^*-antiligantes é bastante pronunciado.

A molécula de OF_2 é um caso em que a abordagem de orbitais moleculares deslocalizados proporciona uma descrição qualitativa da molécula melhor que a abordagem localizada. Nesta última, existem três pares eletrônicos entre o oxigênio e dois átomos de flúor, e os elétrons restantes são considerados não-ligantes. Para explicar a baixa energia de ligação, deve ser levada em conta as repulsões entre os pares eletrônicos não-ligantes do oxigênio e do flúor. Na abordagem de orbitais moleculares deslocalizados, essas repulsões são descritas de forma natural, pelo efeito dos elétrons antiligantes.

Como exemplos de moléculas com 22 elétrons de valência, temos o I_3^- e outros íons trialetos, bem como o KrF_2 e XeF_2. Na Figura 12.16 podemos ver que os elétrons 21 e 22 nessas moléculas devem ocupar o orbital σ_z^* fortemente antiligante. A energia desse orbital é menor na configuração linear. Esse efeito é tão forte que a geometria mais estável das moléculas com 21 e 22 elétrons de valência é linear. Com base na Fig. 12.15, podemos deduzir que as moléculas como KrF_2, XeF_2 e I_3^- apresentam quatro pares de elétrons ligantes, quatro pares de elétrons não-ligantes e três pares de elétrons antiligantes. Isso deixa um total de dois elétrons ligantes para unir os três átomos, ou efetivamente, um elétron por ligação internuclear. Como resultado, as moléculas com 22 elétrons não são muito estáveis com respeito à dissociação.

Devemos notar que a abordagem de orbitais moleculares deslocalizados para o XeF_2 é diferente da abordagem localizada. Nesta última, dois orbitais 5*d* do xenônio se combinam com os orbitais 5*s* e 5*p* para dar um conjunto híbrido d^2sp^3. Dois desses híbridos formariam ligações com os dois átomos de flúor, enquanto os outros três híbridos seriam preenchidos com seis elétrons não-ligantes. Dessa maneira, os 10 elétrons de valência no XeF_2 podem ser acomodados ao redor do xenônio. Ainda não está claro se essa descrição ou se o modelo deslocalizado com orbitais *s* e *p*, resulta em melhor aproximação com respeito à estrutura eletrônica verdadeira.

RESUMO

Neste capítulo exploramos o uso sistemático dos orbitais moleculares formados pela combinação linear de orbitais atômicos (CLOA) para se chegar à estrutura eletrônica de moléculas biatômicas e triatômicas. No caso de moléculas biatômicas homonucleares, como o Li_2, Be_2, B_2, C_2, N_2, O_2 e F_2, os níveis de energia, monoeletrônicos, são muito simples, consistindo de orbitais ligantes e antiligantes, do tipo σ e π. As configurações eletrônicas que podem ser geradas usando esses orbitais predizem corretamente a ligação nessas moléculas. Também foi discutida a modificação desses orbitais para adaptá-los às moléculas biatômicas heteronucleares. Entre as moléculas triatômicas, exploramos primeiro o H_3 e depois os hidretos triatômicos, como o BeH_2, BH_2, CH_2, NH_2 e OH_2. Um problema especial das moléculas triatômicas é a questão da geometria linear ou angular, que pode ser prevista, pela variação qualitativa das energias de cada orbital molecular envolvido.

As outras moléculas triatômicas, como o CO_2, NO_2 e o O_2 não só apresentam orbitais σ e π, porém um conjunto mais complexo de orbitais moleculares, em relação aos hidretos.

Contudo, ainda podemos utilizar o raciocínio baseado em energias orbitais e ângulos, para predizer a natureza das ligações e a estabilidade relativa das moléculas, com geometria linear ou angular.

SUGESTÕES PARA LEITURA

Histórico

Lowdin, P.-O., e B. Pullman, eds, *Molecular Orbitals in Chemistry, Physics and Biology: A ribute to R. S. Mulliken.* New York: Academic Press, 1964. Veja os dois primeiros artigos sobre R. S. Mulliken.

Orbitais Moleculares

Gimarc, B. M., Molecular Structure and Bonding: The Qualitative Molecular Orbital Approach. New York: Academic Press, 1970.

Gray, H. B. Electrons and Chemical Bonding, Menlo Park, Calif.; Benjamin, 1965.

McWeeny, R. Coulson's Valence. New York: Oxford Univ. Press, 1979.

Pimentel, G. C., e R. D. Spratley. Understanding Chemistry. San Francisco: Holden-Day, 1971, Cap. 15.

PROBLEMAS

Moléculas Biatômicas

12.1 Que molécula, em cada um dos seguintes pares, teria maior energia de ligação?
a) F_2, F_2^+ b) NO, NO c) BN, BO
d) NF, NO e) Be_2,Be_2^+

12.2 No capítulo 6, foi mostrado que as energias de dissociação D_0 do O_2 e O_2^+ são 493,6 e 642,9 kJ mol^{-1}, respectivamente. Descreva a ligação esperada para cada um, e explique a diferença nos valores de D_0. O valor para o N_2^+ seria maior ou menor que o do N_2? Esses valores também foram fornecidos no Capítulo 6.

12.3 Escreva a configuração eletrônica de menor energia para cada uma das seguintes moléculas. Qual seria a natureza da ligação? Alguma dessas moléculas apresenta elétrons desemparelhados?
a) Li_2 b) B_2 c) N_2 d) Ne_2^+.

12.4 Considere as configurações de menor energia para as sete moléculas biatômicas homonucleares do Li até o F, e faça uma correlação com as seguintes características:
a) ligação tripla b) ligação dupla
c) ligação simples σ d) ligação π simples
e) sem ligação f) todos os elétrons emparelhados
g) dois elétrons desemparelhados.

12.5 Dê um exemplo de molécula neutra, estável, e de um íon estável, ambos isoeletrônicos ao N_2 Use os orbitais da Fig.12.7 para predizer suas ligações.

12.6 Use a Fig. 11.25 para predizer a configuração de menor energia para o radical OH. Que ligação ele teria? Que tipo de orbital contém o elétron desemparelhado?

12.7 Considere a reação química $N_2 + O_2 \rightarrow 2NO$. Com base no número de ligações em cada molécula, faça uma previsão se a reação seria exotérmica ou endotérmica.

12.8 Todas as seguintes formas de oxigênio podem ser facilmente preparadas: O_2, O_2^+, O_2^- e O_2^{2-}. Explique a ligação em cada espécie.

Moléculas Triatômicas

12.9 Compare as razões apresentadas pelas teorias RPEV e de orbitais moleculares para prever uma geometria angular para o H_2O.

12.10 Escreva as configurações eletrônicas de menor energia para as espécies isoeletrônicas: átomo de O e o CH_2. Compare os orbitais atômicos de valência do átomo de O com os orbitais moleculares do CH_2. (Essa comparação é bastante fácil, pois os elétrons no CH_2 estão todos compartilhados com o carbono).

12.11 Faça uma previsão das geometrias das seguintes moléculas triatômicas:
a) OBO b) CNC c) Li_3^+ d) CO_2^+
e) O_3^+ f) F_3^+ g) O_3

12.12 Descreva a ligação esperada para o C_3 e explique porque deve ser uma molécula linear.

12.13 O radical CO_2^- pode ser preparado pelo efeito da radiação em ácidos orgânicos sólidos. Você esperaria que o CO_2^- é linear ou angular? Explique.

12.14 Considerando que o N_3^- é um íon relativamente estável em solução, o N_3 seria uma molécula estável? Explique.

12.15 Faça uma previsão das geometrias das seguintes moléculas triatômicas:
a) CCN b) CCO c) FCO d) FOO
e) FNO f) FCN g) NCO

12.16 Considere o radical NO_2. Faça uma previsão, se será linear ou angular, com base na teoria dos orbitais moleculares. O elétron solitário ficaria sobre o nitrogênio ou sobre os oxigênios? Compare essa previsão com as estruturas de ressonância de Lewis.

12.17 A molécula de O_2 tem dois estados eletrônicos excitados com energias próximas, e não muito distantes do estado fundamental. Ambos os estados excitados são singletes, com elétrons emparelhados. Quais seriam as configurações eletrônicas desses estados? (*Nota*: Um desses estados tem duas configurações eletrônicas muito semelhantes, de mesma energia. Isso faz com que tenha degenerescência orbital).

12.18 O orbital ocupado, de maior energia, no NH_3, tem sua energia diminuída quando a molécula se converte de uma estrutura planar para piramidal, enquanto os dois orbitais de maior energia envolvidos na ligação N-H tem suas energias ligeiramente aumentadas. Com base nesses fatos, explique por que o NH_3 é piramidal e não planar. O CH_3 deve ser mais ou menos piramidal que o NH_3?

13 Propriedades Periódicas

Neste capítulo e nos subsequentes, iremos focalizar a química descritiva dos elementos. Esse assunto é muito vasto, pois a química descritiva no sentido mais amplo inclui tudo que conhecemos sobre um assunto. Uma primeira abordagem desse assunto seria bastante confusa, não fosse por uma generalização da maior utilidade: *As propriedades dos elementos são funções periódicas de seus números atômicos.* Com o auxílio dessa **lei periódica** é possível organizar e sistematizar a química dos elementos. A aprendizagem da química descritiva torna-se assim um processo de descobrir e chegar aos fatos, de prever e verificar o comportamento químico, e de avaliar correlações e explicações. Tudo isso leva à uma compreensão do por que os elementos têm as propriedades que apresentam. De forma alguma existem explicações satisfatórias para todo comportamento químico; são muitas as oportunidades de se gerar novas idéias sobre o assunto. Neste capítulo iremos discutir alguns dos enfoques sistemáticos na química descritiva. Com essa base, poderemos organizar as informações mais detalhadas dos capítulos seguintes, visando compor um quadro geral do comportamento químico.

13.1 A Tabela Periódica

Desde as primeiras publicações da lei periódica por Dimitri Mendeleev e Lothar Meyer por volta de 1870, surgiram muitas propostas de tabelas periódicas. A versão mais fácil de usar e que tem correlação com as estruturas eletrônicas dos átomos é a forma estendida, mostrada na Tabela 13.1. Os elementos se distribuem em 18 colunas verticais, que definem as famílias químicas, ou grupos. Os membros de cada grupo apresentam configurações eletrônicas de valências idênticas, exceto pelo número quântico principal. As únicas exceções dessa regra envolvem os elétrons *d* e *s*. Enquanto as semelhanças químicas são maiores entre os elementos da mesma coluna, existe alguma semelhança entre elementos de colunas diferentes, mas que apresentam o mesmo número de elétrons de valência. Por exemplo, os membros do grupo do escândio têm configuração $(n\text{-}1)d\ ns^2$ e em alguns aspectos, se assemelham aos elementos abaixo do boro, cuja configuração é ns^2np^1. Consequentemente, os elementos na coluna do escândio são considerados como do grupo III, subgrupo B, ou simplesmente IIIB, enquanto que a família do boro é denominada IIIA. Outros grupos na tabela periódica são interrelacionados e rotulados de maneira semelhante. Os elementos nas três colunas designadas por grupo VIII se assemelham em muitos aspectos, e fazem a separação entre os subgrupos A e B da tabela periódica.

Muito recentemente a American Chemical Society recomendou a substituição dos algarismos romanos por números de 1 a 18, para indicar as colunas da tabela peródica,como mostrado na Tabela 13.1. A principal razão disso é que os químicos, muitas vezes, usam os subgrupos A e B, de formas distintas. Alguns preferem a designação A do escândio até o manganês, e B, do boro até o flúor. Essa convenção foi usada, por exemplo, na primeira edição deste texto. Para evitar confusão, os novos números parecem lógicos e podem receber aprovação geral. Neste texto indicaremos os grupos por algarismos romanos, porém forneceremos os novos números, para ajudá-lo a entender as duas designações.

Os 14 elementos após o lantânio e após o actínio são colocados em separado na parte inferior da tabela, para evitar que a mesma tenha um tamanho excessivo. Esse procedimento também enfatiza a divisão em blocos de elementos, com base nas configurações eletrônicas dos átomos. Na Figura 13.1 podemos ver que os elementos cujos orbitais *s*, *p*, *d* e *f* vão sendo preenchidos, se agrupam naturalmente na tabela periódica. As oito famílias dos blocos *s* e *p*, são chamadas de **elementos representativos**, as do bloco *d*, **elementos de transição**, enquanto os membros do bloco *f*, são conhecidos como **elementos de transição interna.**

Enquanto a estrutura da tabela periódica enfatiza a existência de relações verticais entre os membros do mesmo grupo, muitas propriedades revelam tendências periódicas ao longo de cada linha da tabela. Uma dessas tendências já foi descrita no Capítulo 10; a do aumento na energia de ionização ao longo de cada linha da tabela periódica. Nossa discussão neste capítulo e subsequentes, irá revelar novas tendências ao longo da **horizontal** da tabela, tanto nas propriedades químicas como físicas. Além disso, existem tendências importantes ao longo da **diagonal;** os elementos se assemelham aos seus vizinhos na diagonal formada pelas linhas e colunas seguintes

ABELA 13.1 FORMA LONGA DA TABELA PERIÓDICA DE ELEMENTOS

A 1	IIA 2	IIIB 3	IVB 4	VB 5	VIB 6	VIIB 7	8	9	10	IB 11	IIB 12	IIIA 13	IVA 14	VA 15	VIA 16	VIIA 17	18
H 1																	He 2
Li 3	Be 4											B 5	C 6	N 7	O 8	F 9	Ne 10
Na 11	Mg 12											Al 13	Si 14	P 15	S 16	Cl 17	Ar 18
K 19	Ca 20	Sc 21	Ti 22	V 23	Cr 24	Mn 25	Fe 26	Co 27	Ni 28	Cu 29	Zn 30	Ga 31	Ge 32	As 33	Se 34	Br 35	Kr 36
Rb 37	Sr 38	Y 39	Zr 40	Nb 41	Mo 42	Tc 43	Ru 44	Rh 45	Pd 46	Ag 47	Cd 48	In 49	Sn 50	Sb 51	Te 52	I 53	Xe 54
Cs 55	Ba 56	La* 57	Hf 72	Ta 73	W 74	Re 75	Os 76	Ir 77	Pt 78	Au 79	Hg 80	Tl 81	Pb 82	Bi 83	Po 84	At 85	Rn 86
Fr 87	Ra 88	Ac** 89	104	105	(106)	(107)	(108)	(109)									

*	Ce 58	Pr 59	Nd 60	Pm 61	Sm 62	Eu 63	Gd 64	Tb 65	Dy 66	Ho 67	Er 68	Tm 69	Yb 70	Lu 71
**	Th 90	Pa 91	U 92	Np 93	Pu 94	Am 95	Cm 96	Bk 97	Cf 98	Es 99	Fm 100	Md 101	No 102	Lr 103

na tabela periódica. Para tornar clara a existência dessas relações, e enfatizar a utilidade da tabela periódica, no restante deste capítulo iremos discutir algumas das tendências mais importantes nas propriedades dos elementos e de alguns dos seus compostos.

13.2. Propriedades Periódicas

Um grande número de propriedades físicas e químicas varia periodicamente com o número atômico. Algumas dessas propriedades relacionam-se com as configurações dos átomos de forma bastante obscura e complicada, enquanto outras são mais susceptíveis à explicação. Essas últimas, como a condutividade elétrica, a estrutura cristalina, a energia de ionização, a afinidade eletrônica, os estados de oxidação possíveis e tamanho atômico, são relacionadas entre si e com o comportamento geral dos elementos. Assim, uma apreciação da importância dessas propriedades, e de como elas variam ao longo da tabela periódica, irá nos ajudar a correlacionar, lembrar e prever a química detalhada dos elementos.

Propriedades Elétricas e Estruturais

Os elementos químicos podem ser classificados em metais, não-metais e semimetais, com base em suas propriedades elétricas. Os **metais** são bons condutores de eletricidade, e sua condutividade elétrica *diminui* lentamente com o aumento da temperatura. Os não-metais são isolantes elétricos; sua habilidade de conduzir eletricidade é extremamente baixa, ou

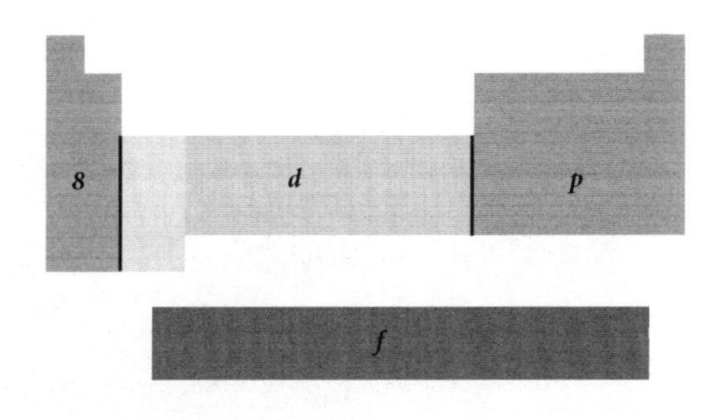

Fig. 13.1 Separação da tabela periódica em blocos de elementos de acordo com o preenchimento dos orbitais de valência.

não-detectável. As condutividades elétricas dos **semimetais** ou semicondutores são pequenas, porém mensuráveis, e tendem a *aumentar* à medida que a temperatura cresce. As condutividades elétricas são medidas geralmente em unidades de recíproco de ohms por centímetro; uma condutividade de 1 Ω^{-1} cm^{-1} significa que se uma diferença de potencial de 1 V for aplicada às faces opostas de um cubo de 1 cm do material, passará uma corrente de 1 A. As condutividades elétricas dos metais em geral são maiores que 1 x 10^4 Ω^{-1} cm^{-1}, como pode ser visto na Tabela 13.2. Os elementos do grupo de semimetais têm condutividades tão pequenas que (na faixa de 10 a 10^{-5} Ω^{-1} cm^{-1}) são sensíveis a impurezas, e os não-metais têm condutividades ainda menores (são isolantes).

Na Tabela 13.2. pode ser visto que os elementos metálicos aparecem no lado esquerdo da tabela periódica, e estão separados dos não-metais pela banda em diagonal dos semimetais, que vai do boro até o telúrio. A classificação dos elementos nas proximidades do grupo de semimetais não é óbvia, pois vários dos elementos dos grupos IVA, VA e VIA (grupos 14, 15 e 16) ocorrem em diferentes **formas alotrópicas,** cada qual com propriedades elétricas diferentes. Por exemplo, a fase σ do estanho, às vezes chamada de estanho cinza, tem um retículo cristalino do tipo encontrado no diamante, silício e germânio, e como esses elementos, o estanho cinza tem propriedades elétricas de um semimetal. Por outro lado, a fase ß, ou estanho branco, que é estável acima de 13 °C, é um condutor metálico. Como outro exemplo, o fósforo branco, que constitui um sólido molecular de unidades P_4, e o fósforo vermelho, que tem uma estrutura complexa em cadeia, são ambos isolantes elétricos, e portanto, com caráter não-metálico. Em contraste, a variedade alotrópica de fósforo negro tem uma estrutura cristalina constituída por camadas onduladas, como pode ser visto na Fig. 13.2., e nessa forma seu comportamento é de semimetal. Uma situação análoga é encontrada para o selênio, onde uma das formas alotrópicas constitui um sólido molecular com anéis Se_8, onde o selênio é um não-metal. Outra forma alotrópica é formada por uma cadeia de átomos de selênio, ligados covalentemente, e cujas propriedades elétricas são as

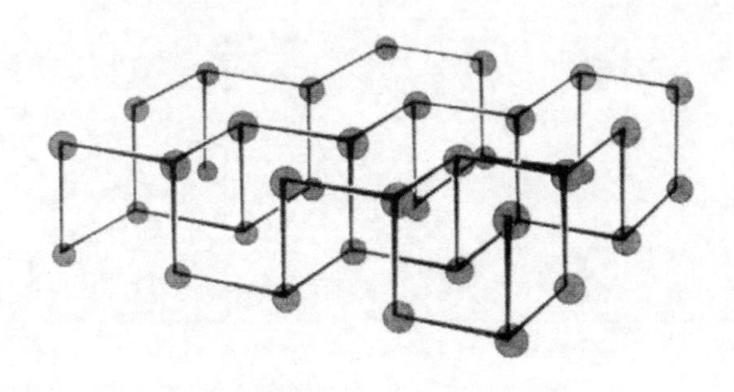

Fig. 13.2 Estrutura cristalina do alótropo negro de fósforo.

TABELA 13.2 CONDUTIVIDADES ELÉTRICAS DOS ELEMENTOS EM UNIDADES DE 10^4 Ω^{-1} cm^{-1}

Representativos	IA	IIA	IIIA	IVA	VA	VIA	VIIA
	Li 11,8	Be 18	B	C	N	O	F
	Na 23	Mg 25	Al 40	Si	P	S	Cl
	K 15,9	Ca 23	Ga 2,4	Ge	As	Se	Br
	Rb 8,6	Sr 3,3	In 12	Sn 10	Sb 2,8	Te	I
	Cs 5,6	Ba 1,7	Tl 7,1	Pb 5,2	Bi 1,0	Po	At

Metais de Transição									
	Ti 1,2	V 0,6	Cr 6,5	Mn 20	Fe 11,2	Co 16	Ni 16	Cu 65	Zn 18
	Zr 2,4	Nb —	Mo 23	Tc —	Ru 8,5	Rh 22	Pd 1	Ag 66	Cd 15
	Hf 3,4	Ta 7,2	W 20	Re —	Os 11	Ir 20	Pt 10	Au 49	Hg 4,4

de um semimetal. Portanto, nem todos os elementos podem ser classificados exclusivamente como metais, semimetais ou não-metais, sem se fazer referência à ocorrência de formas alotrópicas.

O comportamento metálico é encontrado em todos os elementos de transição e nos elementos representativos cujas condutividades elétricas estão mostradas na Tabela 13.2. Esses elementos incluem todos os membros dos grupos IA e IIA (grupos 1 e 2) e os elementos mais pesados dos grupos IIIA, IVA e VA (13, 14, 15). Nesses metais existe um excesso de orbitais de valência em relação ao número de elétrons disponíveis. Além disso, esses metais formam sólidos com estruturas bastante regulares nas quais cada átomo encontra -se envolvido por 8 a 12 vizinhos. Esses átomos também apresentam baixas energias de ionização. Nessas circunstâncias, os átomos em um metal estão ligados a um grande número de vizinhos, porém têm menos que dois elétrons por ligação. Esses elétrons estão bastante deslocalizados; sua habilidade de pular de ligação para ligação é o que lhes proporciona a condutividade metálica.

Em contraste, os elementos não-metálicos correspondem aos representantes mais leves dos grupos IVA, VA, VIA e VIIA (14, 15, 16, e 17). Seus sólidos são geralmente compostos por moléculas pequenas, covalentes, como o N_2, P_4, S_8 e Cl_2. Essas moléculas têm orbitais ligantes preenchidos e elétrons que estão localizados em cada molécula. Os semimetais apresentam estruturas complexas que podem envolver arranjos tridimensionais, camadas infinitas ou moléculas de cadeias longas. Suas condutividades elétricas dependem em grande parte das impurezas, que proporcionam elétrons ou vacâncias que podem se deslocar através da estrutura. A excitação térmica dos elétrons nos semimetais também contribui para a condutividade elétrica. As propriedades elétricas dos semimetais formam a base atual dos dispositivos da eletrônica moderna.

Energia de Ionização, Afinidade Eletrônica e Eletronegatividade

Na Seção 10.6 discutimos as variações periódicas das energias de ionização dos elementos, em relação às suas configurações eletrônicas. Iremos agora recordar apenas alguns aspectos dessa variação, dentro das propriedades gerais dos elementos. Como pode ser visto na Figura 10.22, entre os elementos de qualquer período da tabela periódica, a energia de ionização tende a aumentar com o crescimento do número atômico. O comportamento metálico está associado com os elementos de baixa energia de ionização, e portanto, o aumento da energia de ionização no sentido da esquerda para a direita ao longo de um período, está relacionado com a perda do caráter metálico em algum ponto desse período. Para uma dada família na tabela, a energia de ionização tende a diminuir com o aumento do número atômico. Esse comportamento é mais claro entre os elementos representativos, e está relacionado com o aparecimento de propriedades metálicas que ocorrem à medida que os números atômicos aumentam nos grupos IIIA, IVA, VA, VIA, e VIIA (13, 14, 15, 16, e 17). Por exemplo, o boro, que tem uma enrgia de ionização de 800 kJ mol^{-1}, é um semimetal, porém os outros membros do grupo IIIA (13) têm energias de ionização de 600 kJ mol^{-1} ou menos, e são metais. Tendências verticais semelhantes na energia de ionização e propriedades periódicas ocorrem nos grupos IVA, VA, VIA e VIIA (14, 15, 16, e 17).

É difícil fazer generalizações a respeito do comportamento periódico das afinidades eletrônicas. Todavia os dados da Tabela 13.3 mostram que as afinidades eletrônicas são geralmente maiores que as dos metais, e em particular, as afinidades eletrônicas dos átomos dos halogênios são bastante elevadas. A variação da afinidade eletrônica e energia de ionização com o número atômico deixa claro que os não-metais têm uma maior tendência de adquirir, e menor tendência de perder elétrons do que os semimetais e os metais.

A tendência de um átomo de ganhar, em vez de perder, elétrons numa ligação é chamada de eletronegatividade do átomo, um conceito que discutimos brevemente no Capítulo 6. A escala mais comum de eletronegatividade é a que foi proposta por L. Pauling, baseada em energias de ligação. No capítulo 6 mostramos que a energia de ligação no HCl é maior do que a média das energias de ligação do H_2 e Cl_2. Pauling imaginou que esse aumento na energia de ligação seria uma medida da diferença nas eletronegatividades do H e Cl, e poderia ser atribuída ao caráter iônico da ligação no HCl. Para isso, considerou que as contribuições iônicas seriam zero no H_2 e no Cl_2.

Pauling observou que o aumento na energia relativa da ligação era proporcional ao quadrado da diferença nas eletronegatividades. Ele também usou a média geométrica como valor de referência para os aumentos nas energias de ligação.

TABELA 13.3 AFINIDADES ELETRÔNICAS PARA ÁTOMOS GASOSOS DE ALGUNS ELEMENTOS REPRESENTATIVOS*

IA 1	IIA 2	IIIA 13	IVA 14	VA 15	VIA 16	VIIA 17
H 73						
Li 60	Be ~0	B 27	C 122	N ~0	O 141	F 328
Na 53	Mg ~0	Al 44	Si 134	P 72	S 200	Cl 349
K 48						Br 325
						I 295

* Valores em quilojoules por mol. Ver tabela 10.9 para valores mais precisos.

Sua fórmula original para as eletronegatividades χ_A e χ_B dos dois átomos A e B era

$$96(\chi_A - \chi_B)^2 = D(A{-}B) - [D(A{-}A)D(B{-}B)]^{1/2}, \quad (13.1)$$

onde as energias de dissociação estão em kJ mol^{-1}. O fator 96 faz a conversão das energias, de eletron volts para kJ mol^{-1}, tal que as dimensões das eletronegatividades são (eletron volt)$^{1/2}$. Pauling mudou, mais tarde, o fator para 125, e as eletronegatividades são normalmente consideradas como grandezas adimensionais.

Na Tabela 13.4 estão alguns dos valores das eletronegatividades de Pauling. Visto que a Eq. (13.1) fornece apenas diferenças, nós temos que supor um dado valor de eletronegatividade como referência. Pauling considerou $\chi_H = 2{,}05$ como uma referência, porém arredondou todos os valores em dois algarismos significativos. Visto que a eletronegatividade é uma característica bastante geral associada à formação das ligações, o uso de um ou dois algarismos significativos pode ser justificado. R. S. Mulliken propôs uma definição mais fundamental da eletronegatividade: a média da energia de ionização do átomo e de sua afinidade eletrônica. Os valores de Mulliken podem ser divididos por um fator de escala para fornecer números semelhantes aos valores de Pauling. Muitas outras definições de eletronegativdade têm sido propostas com base em diferentes parâmetros experimentais.

Existem várias características interessantes nos valores da Tabela 13.4. Os não-metais são mais eletronegativos que os metais. Dentro de uma família, os átomos menores são mais eletronegativos que os maiores. Dentro de um período, os átomos pequenos são mais eletronegativos que os átomos grandes. Essas tendência faz do flúor o elemento mais eletronegativo e do césio o elemento menos eletronegativo de todos. Também podemos ver que os elementos com eletronegatividades semelhantes estão dispostos ao longo da diagonal da tabela periódica, seguindo a mesma tendência que observamos anteriormente na diferenciação entre metais e semimetais. Pauling propôs originalmente que as eletronegatividades seriam uma maneira de prever o caráter iônico das ligações. Considerando o que já discutimos a respeito das ligações iônicas e covalentes, as diferenças nas eletronegatividades dos elementos, mostradas na Tabela 13.4, podem servir apenas como estimativa grosseira da separação de carga numa ligação. Esses valores permitem prever, contudo, que as ligações C-H não devem ser muito polares, que as ligações N-H e O-H devem ser bastante polares, e que o átomo de H no Li-H deve ser mais negativo que o átomo de Li. Por outro lado, as eletronegatividades do carbono e do oxigênio indicam que a ligação no CO deve ser relativamente polar. As medidas espectroscópicas no CO mostram que o oxigênio é ligeiramente mais positivo que o carbono, mesmo embora sua eletronegatividade seja bem maior. Nas moléculas que apresentam o grupo carbonila, CO, a ligação C=O é polar e o oxigênio é o átomo mais negativo. As eletronegatividades dos átomos em uma ligação não são a única fonte de polaridade de ligação, visto que a natureza dos orbitais envolvidos também deve ser levada em conta.

TABELA 13.4 VALORES DE ELETRONEGATIVIDADE DE PAULING PARA ELEMENTOS REPRESENTATIVOS*

IA 1	IIA 2	IIIA 13	IVA 14	VA 15	VIA 16	VIIA 17
H 2,2						
Li 1,0	Be 1,6	B 2,0	C 2,6	N 3,0	O 3,4	F 4,0
Na 0,9	Mg 1,3	Al 1,6	Si 1,9	P 2,2	S 2,6	Cl 3,2
K 0,8	Ca 1,0	Ga 1,8	Ge 2,0	As 2,2	Se 2,6	Br 3,0
Rb 0,8	Sr 1,0	In 1,8	Sn 1,9	Sb 2,1	Te 2,1	I 2,7
Cs 0,8	Ba 0,9	Tl 1,8	Pb 2,1	Bi 2,0	Po 2,0	At 2,2

* Estes valores são similares aos que foram dados por Pauling, mas são baseados em energias de ligação determinadas mais recentemente.

Estados de Oxidação

Os estados de oxidação mais importantes dos elementos estão representados graficamente na Figura 13.3. A apreciação de algumas regularidades pode simplificar o problema tão importante, da recordação da química dos elementos.

Os estados de oxidação dos elementos representativos correlacionam-se com as configurações eletrônicas dos átomos. Muitos dos estados de oxidação decorrem da tendência dos átomos de ganhar ou perder elétrons, para chegar, ao menos formalmente, **à configuração de camada fechada** do tipo $ns^2\,n^6$ ou nd^{10}. Essa tendência é particularmente nítida nos grupos IA e IIA (1 e 2), e entre os elementos mais leves do grupo IIIA (13). No grupo IIIA a configuração eletrônica de valência dos átomos é $ns^2\,np^2$ e a perda de três elétrons para formar o estado de oxidação +3 resulta em íons que apresentam configurações $(n\text{-}1)s^2(n\text{-}1)p^2$ ou $(n\text{-}1)d^{10}$. Para os elementos índio e tálio, contudo, o estado de oxidação +1 também ocorre; isso corresponde à perda de apenas o elétron p e resulta em uma configuração ns^2 para o In^+ e Tl^+. Os estados de oxidação que correspondem à perda de elétrons np e retenção de elétrons ns^2 também ocorrem entre os elementos mais pesados dos grupos IVA, VA, VIA e VIIA (14, 15, 16, e 17). Portanto, o estanho e o chumbo, que têm configurações $ns^2\,np^6$ apresentam estados de oxidação +2 e +4; o fósforo, arsênio, antimônio e o bismuto, que apresentam configuração $ns^2\,np^3$, têm estados de oxidação +3 e +5, e assim por diante, como pode ser visto na Figura 13.3.

Em qualquer dos grupos IIIA, IVA, VA, VIA e VIIA (13 a 17),

onde mais que dois estados de oxidação positivos são observados, os estados de oxidação inferiores tendem a ser cada vez mais importantes no sentido descendente da tabela periódica. Assim, enquanto a química do carbono, silício e germânio é centrada quase que exclusivamente no estado de oxidação +4, para o estanho, e em especial o chumbo, o estado de oxidação +2 tende a ser mais importante que o +4. Da mesma forma, o estado de oxidação +5 é muito importante na química do nitrogênio, fósforo e arsênio; porém bem menor para o antimônio, e no caso do bismuto, o estado de oxidação +3 é dominante e o estado +5 é bastante raro.

Enquanto apenas os estados de oxidação positivos são importantes para os metais, e quase tão importantes para os semimetais, os estados de oxidação negativos aparecem no grupo VA(15) e são muito comuns entre os não-metais. Portanto, o nitrogênio e o fósforo formam nitretos e fosfetos que contêm os íons N^{3-} e P^{3-}, respectivamente, porém o estado -3 é muito menos importante na química do arsênio e antimônio, e praticamente não existe na química do bismuto. No grupo VIA(16) o estado -2 é importante para todos os elementos, porém é relativamente mais importante para os elementos leves do que para os elementos mais pesados do grupo. O mesmo pode ser dito para o estado de oxidação -1 apresentado pelos elementos no grupo VIIA(17). A importância dos estados negativos de oxidação entre os não-metais leves é consistente com a eletronegatividade relativamente alta desses elementos.

Os elementos de transição apresentam um grande número de estados de oxidação, porém ainda existem algumas regularidades e tendências a se observar. Os estados de oxidação máximos encontrados para a família do escândio, titânio, crômio e manganês (grupos 3 a 7) correspondem à perda ou à participação na ligação de todos os elétrons que excedem a configuração de gás nobre. Em outras palavras, os membros da família do escândio apresentam a configuração [gás nobre]$(n\text{-}1)d^5\, ns^2$ e tem um estado de oxidação máximo de +7. Essas observações, junto com as informações da Fig. 13.3. mostram que para os elementos de transição com níveis d com menos que 5 elétrons, o estado de oxidação máximo é igual ao número do grupo. Para os elementos da primeira série que tem mais que 5 elétrons, contudo, são raros os estados de oxidação superiores a +2 e +3. Portanto, a química do ferro, que tem a configuração de valência $3d^6\, 4s^2$ é em grande parte restrita aos estados de oxidação +2 e +3, enquanto o estado +6 é raro e o +8 é desconhecido. O estado +8 é importante na química dos outros membros da família do ferro, rutênio e ósmio. Nas famílias do cobalto, níquel, cobre e zinco, os estados de oxidação importantes são todos menores do que corresponderiam à remoção de todos os elétrons *s* e *d*.

Outra generalização útil dos elementos de transição é que entre os membros de qualquer família, os estados de oxidação superiores tornam-se relativamente mais importantes à medida que o número atômico cresce. Por exemplo, a química do titânio abrange os estados de oxidação +2, +3, e +4, porém a química do zircônio e háfnio concentra-se no estado de oxidação +4. De forma análoga, os estados de oxidação +2, +3 e +6 do crômio são todos importantes, porém a química do molibidênio e tungstênio envolve principalmente o estado de oxidação +6. Em geral, os membros da série 3*d* apresentam como estados de oxidação mais importantes, +2 e +3. Para os elementos 4*d* e 5*d* esses estados são menos importantes. Observe com atenção que a importância crescente dos estados superiores de oxidação ao longo de uma família de metal de transição se opõe à tendência observada entre os elementos representativos.

Relações de Tamanho

A variação periódica no tamanho atômico foi notada primeiramente por Lothar Meyer em 1870. Meyer calculou o volume atômico de um elemento dividindo o peso atômico por sua

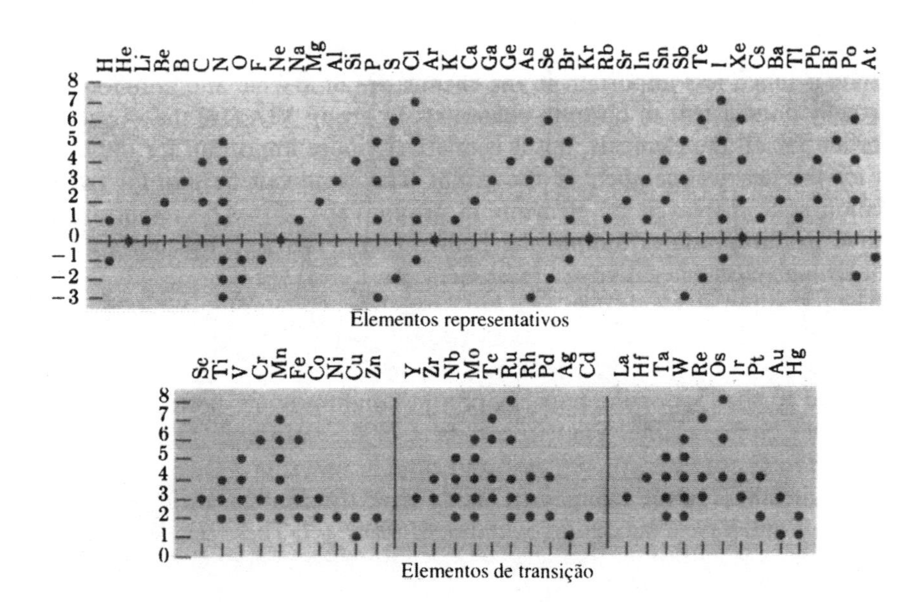

Fig. 13.3 Estados de oxidação comuns dos elementos representativos e dos metais de transição traçados em função do número atômico.

densidade. Colocando em gráfico esse volume atômico aparente em função do número atômico o resultado é uma curva com formato de serra, mostrada na Figura 13.4. O volume atômico calculado dessa maneira é, na melhor das hipóteses, uma indicação qualitativa do tamanho atômico, pois a densidade de um elemento depende de sua temperatura e da estrutura cristalina. Os elementos que existem em uma variedade de formas cristalinas alotrópicas podem ter mais que um volume atômico. Todavia, a variação periódica do volume atômico é notória, e o tamanho atômico tem sido um conceito útil de apoio à compreensão da química dos elementos.

Em virtude da nuvem eletrônica de um átomo não ter um limite definido, o tamanho de um átomo não pode ser definido de forma simples. Contudo, a única medida válida de tamanho atômico é o parâmetro **σ de Lennard-Jones,** que representa a distância de maior aproximação dos núcleos de dois átomos livres, gasosos, do mesmo elemento. Se os átomos são representados como esferas, σ é igual ao diâmetro das mesmas, e σ/2 representa o raio atômico. A tabela 13.5. fornece os valores de σ/2 para os gases nobres. Está claro, que nessa família, o raio atômico aumenta com o aumento no número atômico.

Para se chegar aos tamanhos dos átomos metálicos, a distância internuclear no cristal é determinada por difração de raios-X e dividida por dois, para dar um radio atômico.

TABELA 13.5 RAIOS DE LENNARD-JONES DOS ÁTOMOS DE GASES NOBRES, $\sigma/2$ (Å)

He	Ne	Ar	Kr	Xe
1,31	1,39	1,70	1,80	2,0

O raio aparente de um átomo, calculado dessa maneira, depende até uma certa extensão, da estrutura cristalina do metal. As diferenças geralmente não são grandes, e assim, um conjunto significativo de raios atômicos pode ser tabelado, conforme mostra a Tabela 13.6. Está claro que, em uma dada família, o tamanho aumenta com o aumento do número atômico. Entre os elementos em um dado período da tabela periódica, contudo, o tamanho diminui com o aumento do número atômico. Ambas as tendências são esperadas com base nas mudanças na estrutura eletrônica. A medida que o número atômico aumenta em uma dada família, o numero quântico principal dos elétrons de valência aumenta, e consequentemente esses elétrons ficam a distâncias crescentes do núcleo. Ao longo

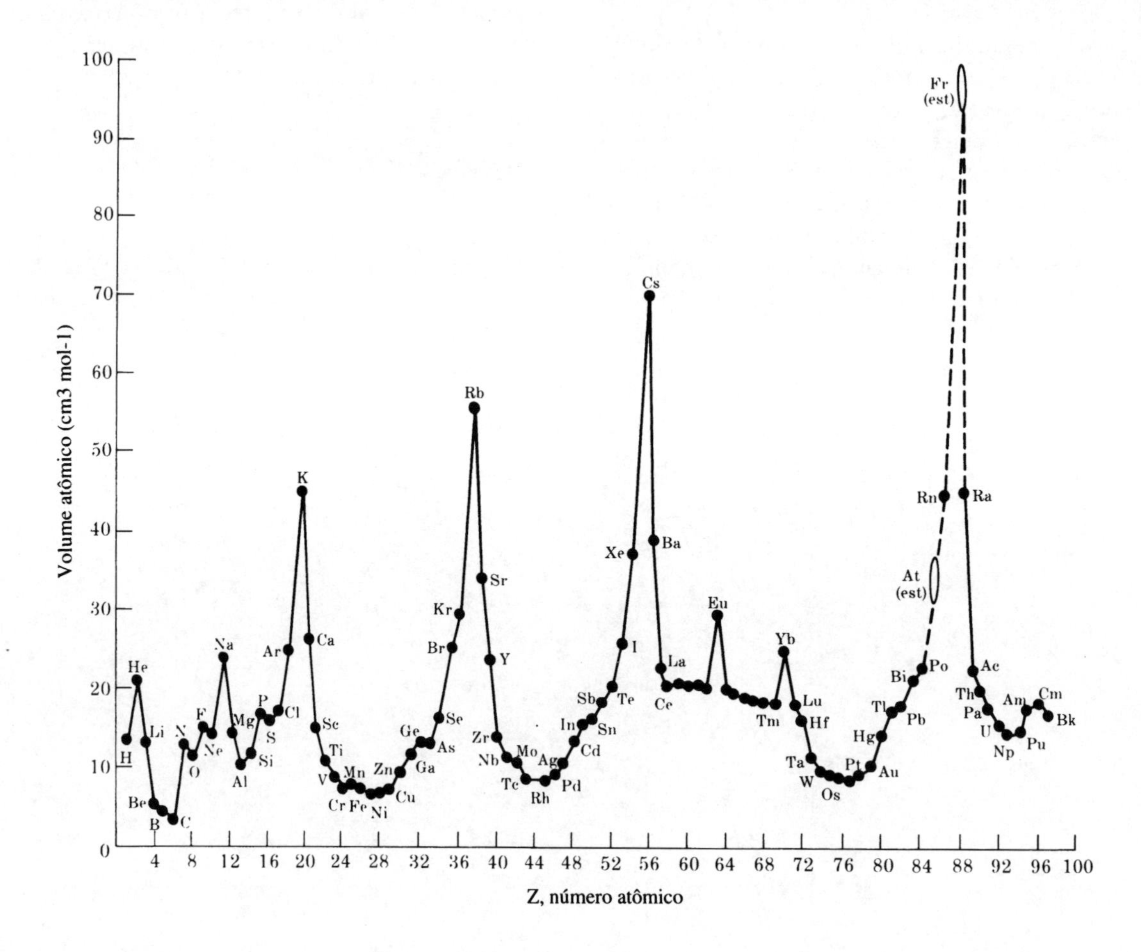

Fig. 13.4 Volume atômico aparente em cm³ mol⁻¹ traçado em função do número atômico. (De W. W. Porterfield, *Inorganic Chemistry: A Unified Approach*, Reading, Mass.: Addison-Wesley, 1984)

TABELA 13.6 RAIOS DE ELEMENTOS METÁLICOS (Å)*

IA	IIA	IIIB	IVB	VB	VIB	VIIB	VIII			IB	IIB	IIIA	IVA	VA
Li 1,57	Be 1,12													
Na 1,91	Mg 1,60											Al 1,43		
K 2,35	Ca 1,97	Sc 1,64	Ti 1,47	V 1,35	Cr 1,29	Mn 1,37	Fe 1,26	Co 1,25	Ni 1,25	Cu 1,28	Zn 1,37	Ga 1,53	Ge 1,39	
Rb 2,50	Sr 2,15	Y 1,82	Zr 1,60	Nb 1,47	Mo 1,40	Tc 1,35	Ru 1,34	Rh 1,34	Pd 1,37	Ag 1,44	Cd 1,52	In 1,67	Sn 1,58	Sb 1,61
Cs 2,72	Ba 2,24	La 1,88	Hf 1,59	Ta 1,47	W 1,41	Re 1,37	Os 1,35	Ir 1,36	Pt 1,39	Au 1,44	Hg 1,55	Tl 1,71	Pb 1,75	Bi 1,82

* Valores de A. F. Wells para número de coordenação 12, *Structural Inorganic Chemistry*, 5ª Ed. London: Oxford University Press, 1984.

de um dado período da tabela periódica, o número quântico principal dos elétrons de valência é constante, porém a carga nuclear aumenta, os elétrons de valência tendem a ficar mais próximos do núcleo, e os átomos tendem a ficar menores.

Outra expressão quantitativa de tamanho, que é mais útil na compreensão das propriedades químicas é o raio iônico. Na Seção 11.1 fornecemos os valores de vários raios iônicos e sugerimos como eles estão relacionados com a geometria do cristal. Aqui precisamos apenas enfatizar as tendências regulares no tamanho atômico que ocorrem na tabela periódica. Na Fig. 13.5, os raios iônicos estão plotados em função do número atômico. Pode ser visto que para qualquer sequência isoeletrônica, isto é, para qualquer série de íons que apresentam o mesmo número de elétrons, o raio iônico diminui à medida que o número atômico aumenta. Isso seria de se esperar, pois, com o aumento da carga nuclear, a nuvem eletrônica se contrai. Os dados também mostram que os raios iônicos aumentam com o aumento do número atômico dentro de uma dada família. Uma característica particularmente interessante dessa tendência é a descontinuidade na inclinação das linha pontilhada na Fig. 13.5, que ocorre para o elemento potássio. O raio iônico dos membros de uma família não aumenta tão rapidamente após o potássio. Uma explicação que tem sido sugerida é que no intervalo entre o potássio e o rubídio ocorre a primeira série de transição, e com isso o aumento da carga nuclear acaba provocando uma contração nos átomos e íons. Portanto, os íons que se seguem após uma série

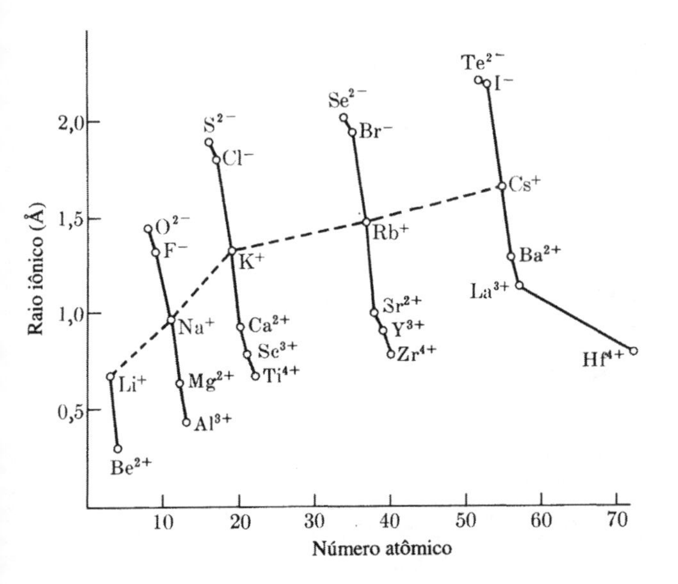

Fig. 13.5 Raios iônicos de vários íons traçados em função do número atômico. As linhas sólidas ligam íons que são isoeletrônicos.

TABELA 13.7 RAIOS IÔNICOS DOS ELEMENTOS LANTANIDEOS (Å)*

La^{3+}	1,061	Tb^{3+}	0,923
Ce^{3+}	1,034	Dy^{3+}	0,908
Pr^{3+}	1,013	Ho^{3+}	0,894
Nd^{3+}	0,995	Er^{3+}	0,881
Pm^{3+}	0,979	Tm^{3+}	0,869
Sm^{3+}	0,964	Yb^{3+}	0,858
Eu^{3+}	0,950	Lu^{3+}	0,848
Gd^{3+}	0,938		

* Baseados em óxidos com uma distância de referência de O^{2-} = 1,380 Å. De D.H. Templeton e C. H. Dauben, Lattice parameters of some rare earth compounds and a set of crystal radii, *Journal of the Americal Chemical Society*, 76, 5237, 1954.

de transição são menores do que se apenas oito elementos os tivessem separados dos elementos mais leves de suas famílias.

Uma demonstração clara de como o tamanho iônico diminui ao longo de uma série de transição é proporcionada pelos lantanídios. Nos 14 elementos que vêm depois do lantânio, os elétrons $4f$ são adicionados para dar configurações eletrônicas do tipo $5s^2 5p^6 4f^n 6s^2$. Todos os lantanídios formam íons +3, nos quais dois dos elétrons $6s$ e um dos elétrons $4f$ foram perdidos. O tamanho desses íons torna-se progressivamente menor à medida que o número atômico aumenta, como está mostrado na Tabela 13.7. Essa diminuição é conhecida como contração lantanídica, e é diretamente responsável por muitas das características dos elementos dessa série.

13.3 Propriedades Químicas dos Óxidos

O oxigênio forma compostos binários com todos os elementos, com exceção dos gases nobres mais leves. Uma comparação das propriedades dos óxidos revela algumas das características dos elementos e ajuda na sistematização da química dos compostos mais complexos. A seguir, nos deteremos exclusivamente nos óxidos normais, onde o oxigênio apresenta estado de oxidação -2. Os peróxidos e superóxidos, que contêm os íons O_2^{2-} e O_2^-, serão discutidos no Capítulo 15.

Na tabela 13.8 estão relacionadas as entalpias e energias livres, padrão, de formação de alguns dos óxidos. Um destaque nessa tabela é que a maioria dos elementos formam no mínimo um óxido que tem energia livre de formação negativa. As exceções incluem os halogênios, os gases nobres e o nitrogênio. Assim, os óxidos, como um grupo, são compostos bastante estáveis, somente superados, nesse sentido, pelos fluoretos.

Na tabela 13.8 ainda pode ser visto que os valores negativos de $\Delta\tilde{G}_f^\circ$ tem associados, valores quase igualmente negativos de $\Delta\tilde{H}_f^\circ$. Na equação

$$\Delta\tilde{G}_f^\circ = \Delta\tilde{H}_f^\circ - T\,\Delta\tilde{S}_f^\circ,$$

o termo $\Delta\tilde{S}_f^\circ$ é muito pequeno, ou contribui negativamente para a estabilidade do óxido. Visto que o O_2 é um gás em seu estado padrão, e a maioria dos óxidos são sólidos, os valores de DS para esses óxidos são negativos, por causa da perda de entropia translacional. A linha demarcada na Tabela 13.8 separa os óxidos termodinamicamente estáveis dos óxidos instáveis. A

TABELA 13.8 ENTALPIAS MOLARES PADRÕES E ENERGIAS LIVRES DE FORMAÇÃO DE ALGUNS ÓXIDOS*

IA 1	IIA 2	IIIA 13	IVA 14	VA 15	VIA 16	VIIA 17
$H_2O(\ell)$ −285 −237						
Li_2O −598 −561	BeO −610 −580	B_2O_3 −1273 −1194	$CO_2(g)$ −394 −394	$N_2O_5(g)$ 11 115	$O_2(g)$ 0 0	$F_2O(g)$ 25 42
Na_2O −414 −376	MgO −602 −569	Al_2O_3 −1676 −1582	SiO_2 −911 −857	P_4O_{10} −2984 −2698	$SO_2(g)$ −297 −300	$Cl_2O(g)$ 80 98
K_2O −362 (−300)	CaO −635 −604	Ga_2O_3 −1089 −998	GeO_2 −551 −497	As_4O_6 −1314 −1152	SeO_2 −225 (−175)	BrO_2 49 (100)
Rb_2O −339 (−290)	SrO −592 −562	In_2O_3 −926 −831	SnO_2 −581 −520	Sb_4O_6 −1441 −1268	TeO_2 −323 −270	I_2O_5 −158 (0)
Cs_2O −346 −308	BaO −554 −525	Tl_2O_3 (−400) −312	PbO_2 −277 −217	Bi_2O_3 −574 −494	PoO_2 (−253) (−195)	

* Os valores de cima são $\Delta\tilde{H}_f^\circ$, e os de baixo $\Delta\tilde{G}_f^\circ$, todos a 25°C em kJ mol^{-1}. Os valores entre parêntesis são estimados; os outros são valores NBS corrente.

estabilidade dos mesmos é devida às energias de ligação dos óxidos, responsáveis pelos $\Delta\tilde{S}_f^\circ$ negativos, e essas energias de ligação devem estar relacionadas com os valores de eletronegatividade mostrados na Tabela 13.4.

A eletronegativiade do oxigênio difere da dos outros elementos, por no mínimo 0,5 unidades. De acordo com a Eq. (13.1.), essa diferença deve corresponder, grosseiramente, à uma energia de estabilização de 50 kJ mol^{-1} por ligação com o óxido. Os valores de Pauling, contudo, consideram que apenas ligações simples são formadas tanto nos elementos, como nos compostos. No caso dos óxidos, a molécula de oxigênio apresenta uma dupla ligação.

Se tivéssemos que aplicar a equação (13.1.) à questão da estabilidade dos óxidos, ela explicaria apenas a diferença em relação a uma molécula hipotética de O_2. Pauling estimou que a molécula de O_2 com ligação dupla é cerca de 200 kJ mol^{-1} mais estável que com uma ligação simples. Se considerássemos que o elemento se combina com o oxigênio formando ligações simples, haveria uma estabilização de no mínimo 100 kJmol^{-1} por átomo de oxigênio para superar a estabilidade extra do O_2.

A estabilização de 100 kJ mol^{-1} a partir da equação (13.1) requer uma diferença de eletronegatividade de cerca de 1 unidade. Podemos ver, comparando os dados da Tabela 13.4 e a linha demarcatória na Tabela 13.8, que esta segue a "regra da unidade". A estabilidade extra do SO_2 e do CO_2 resulta do fato de que seus átomos de oxigênio estão envolvidos em ligações duplas. A baixa estabilidade termodinâmica dos óxidos de nitrogênio é devida à pequena diferença de eletronegatividade do oxigênio e do nitrogênio, e à estabilidade acentuada da ligação tripla no N_2. Visto que as eletronegatividades de Pauling são baseadas em energias de ligação, não chega a ser surpreendente o sucesso na previsão da estabilidade termodinâmica. Contudo, a natureza de todas as ligações também deve ser levada em conta para se explicar por que alguns valores de $\Delta\tilde{H}_f^\circ$ são positivos, em vez de negativos.

Uma maneira útil de se classificar os óxidos, baseia-se nas propriedades ácido-base. Em geral, qualquer composto que dissolve ou reage com água para produzir um excesso de íons H^+ pode ser chamado de ácido, e qualquer composto que produz uma falta de H^+ constitui uma base. Os óxidos como o Na_2O e o BaO são **básicos**, pois se dissolvem em água de acordo com as reações

$$Na_2O(s) + H_2O \rightleftharpoons 2Na^+(aq) + 2OH^-(aq),$$
$$BaO(s) + H_2O \rightleftharpoons Ba^{2+}(aq) + 2OH^-(aq).$$

Existem muitos óxidos que são insolúveis em água, porém se dissolvem em soluções de ácidos. Por exemplo,

$$MnO(s) + 2H^+(aq) \rightleftharpoons Mn^{2+}(aq) + H_2O,$$
$$NiO(s) + 2H^+(aq) \rightleftharpoons Ni^{2+}(aq) + H_2O.$$

Esses óxidos também são considerados básicos, pois reagem com os ácidos conhecidos.

Em contraste, existem óxidos que são ácidos. Por exemplo, tanto o SO_3 como o P_4O_{10} reagem com água e produzem íons H^+:

$$SO_3(s) + H_2O \rightleftharpoons H^+(aq) + HSO_4^-(aq),$$
$$P_4O_{10}(s) + 6H_2O \rightleftharpoons 4H^+(aq) + 4H_2PO_4^-(aq).$$

Certos óxidos, como o SiO_2 são insolúveis em água, mas reagem com bases fortes, formando sais solúveis:

$$SiO_2(s) + Na_2O(s) \rightleftharpoons Na_2SiO_3(s),$$
$$Na_2SiO_3(s) + H_2O \rightleftharpoons 2Na^+(aq) + SiO_3^{2-}(aq).$$

TABELA 13.9 PROPRIEDADES ÁCIDO-BASE DE ALGUNS ÓXIDOS DE ELEMENTOS REPRESENTATIVOS

Li_2O	BeO	B_2O_3	CO_2	N_2O_3 N_2O_5		F_2O
Na_2O	MgO	Al_2O_3	SiO_2	P_4O_6 P_4O_{10}	SO_2 SO_3	Cl_2O Cl_2O_7
K_2O	CaO	Ga_2O_3	GeO_2	As_4O_6 As_2O_5	SeO_2 SeO_3	Br_2O BrO_2
Rb_2O	SrO	In_2O_3	SnO SnO_2	Sb_4O_6 Sb_2O_5	TeO_2 TeO_3	I_2O_5
Cs_2O	BaO	Tl_2O_3	PbO	Bi_2O_3 Bi_2O_5	PoO_2	

Aumento do caráter básico ↓

Aumento do caráter ácido →

Tais óxidos também são ácidos, porém menos que o SO_3 e o P_4O_{10}.

Existem alguns óxidos que têm tanto propriedades ácidas como básicas. Por exemplo, o Al_2O_3 e o ZnO são bastante insolúveis em água, porém se dissolvem em ácidos ou bases fortes:

$$Al_2O_3(s) + 6H^+(aq) \rightleftharpoons 2Al^{3+}(aq) + 3H_2O,$$

$$Al_2O_3(s) + 2OH^-(aq) + 3H_2O \rightleftharpoons 2Al(OH)_4^-(aq),$$

$$ZnO(s) + 2H^+(aq) \rightleftharpoons Zn^{2+}(aq) + H_2O,$$

$$ZnO(s) + H_2O + 2OH^-(aq) \rightleftharpoons Zn(OH)_4^{2-}(aq).$$

Os óxidos que reagem com ácidos e bases são denominados **anfóteros.**

Na Tabela 13.9 podem ser comparadas as propriedades ácidas e básicas de alguns óxidos. Os elementos na região à esquerda inferior da tabela periódica formam óxidos básicos, enquanto os óxidos ácidos estão associados com os elementos não-metálicos localizados na região superior à direita. Separando êsses dois grupos estão os óxidos anfóteros de Be, Al, Ga, Sn e Pb; localizados na banda diagonal demarcada por linhas fortes, na Tabela 13.9. Ao longo de qualquer período da tabela, a acidez do óxido diminui à medida que o número atômico aumenta. Para os elementos que formam vários óxidos, nós apresentamos os exemplos extremos, cujas propriedades ácidas ou básicas são conhecidas. Em resumo, podemos dizer que entre os elementos representativos, os óxidos dos metais são geralmente básicos ou anfóteros, os dos não-metais são ácidos, e os dos semimetais são fracamente ácidos.

Muitos elementos, tanto da série de transição como do grupo dos representativos, formam vários óxidos. Nesses casos, a acidez dos óxidos geralmente aumenta com o número de oxidação. Como exemplo podemos citar os seguintes:

VO básico	CrO básico	As_4O_6 fracamente ácido
V_2O_3 básico	Cr_2O_3 anfótero	As_2O_5 ácido
VO_2 anfótero	CrO_3 ácido	
V_2O_5 ácido		

Encontraremos outras ilustrações dessa regra nos capítulos seguintes.

13.4 As Propriedades dos Hidretos

As fórmulas e entalpias padrão de formação de alguns hidretos dos elementos representativos estão mostradas na Tabela 13.10. A linha demarcatória separa, de maneira aproximada, os hidretos estáveis, dos hidretos instáveis termodinamicamente. Se olharmos novamente para as eletronegatividades de Pauling, na Tabela 13.4, poderemos ver que os hidretos instáveis são formados com os elementos cujas eletronegatividades são próximas das do hidrogênio. A molécula de hidrogênio apresenta ligação simples, tal que, ao contrário do O_2, nenhuma diferença extra de eletronegatividade é necessária para justificar sua energia de ligação. O fato de que alguns hidretos apresentam $\Delta\tilde{H}_f^\circ$ positivos se deve à estabilidade dos elementos no estado padrão.

TABELA 13.10 ENTALPIAS PADRÕES DE FORMAÇÃO $\Delta\tilde{H}_f^\circ$ DE ALGUNS HIDRETOS (25°C EM kJ mol⁻¹*)

IA 1	IIA 2	IIIA 13	IVA 14	VA 15	VIA 16	VIIA 17
LiH −90,5	BeH_2 −19,3	$B_2H_6(g)$ 35,6	$CH_4(g)$ −74,8	$NH_3(g)$ −46,1	$H_2O(\ell)$ −285,3	HF(g) −271,1
NaH −56,3	MgH_2 −75,3	AlH_3 −46	$SiH_4(g)$ 34,3	$PH_3(g)$ 5,4	$H_2S(g)$ −20,6	HCl(g) −92,3
KH −57,7	CaH_2 −186,2	(GaH) 220,5	$GeH_4(g)$ 90,8	$AsH_3(g)$ 66,4	$H_2Se(g)$ 29,7	HBr(g) −36,4
RbH −52,3	SrH_2 −180,3	(InH) 215,5	$SnH_4(g)$ 162,8	$SbH_3(g)$ 145,1	$H_2Te(g)$ 99,6	HI(g) 26,5
CsH −54,2	BaH_2 −178,7					

* Todos são valores NBS correntes. Os hidretos entre parêntesis são espécies instáveis observadas espectroscopicamente

Existe apenas uma pequena diferença de eletronegatividade entre hidrogênio e muitos elementos; porém todos formam ligações com o hidrogênio. O boro e o hidrogênio, formam uma ligação B-H com uma energia de ligação relativamente alta:

$$B{-}H(g) \rightarrow B(g) + H(g) \qquad D^\circ = 295{,}1\ \text{kJ mol}^{-1}.$$

Os hidretos instáveis mostrados na Tabela 13.10 não apresentam estabilidade extra em suas ligações para superar a estabilidade do elemento no estado padrão. Enquanto o N_2 tem uma ligação tripla com estabilidade extra, as três ligações N-H são suficientemente fortes para fazer do NH_3 uma molécula termodinamicamente estável. Na tabela de Pauling, o hidrogênio e o nitrogênio tem eletronegatividades suficientemente diferentes para justificar a estabilidade extra da ligação N-H. Para o PH_3, AsH_3 e SbH_3, a estabilidade das ligações com o hidrogênio não é suficiente para superar a estabilidade extra do fósforo, arsênio e antimônio no estado padrão. Uma diferença de eletronegatividade de 0,5 unidades é suficiente para estabilizar a maioria dos hidretos com relação aos elementos no estado padrão. Para o CH_4, mesmo uma diferença de 0,4 unidades já proporciona uma maior estabilidade em relação ao grafite e ao H_2(g).

Com base nas propriedades químicas e físicas, incluindo estrutura, é possível classificar todos os hidretos como sendo iônicos, covalentes e de metais de transição. Os compostos de hidrogênio com os metais alcalinos e alcalino-terrosos podem ser preparados pela combinação direta dos elementos em temperturas elevadas, e constituem sólidos brancos, cristalinos. Quando algum desses hidretos for dissolvido em sais fundidos, como LiCl e KCl, e depois eletrolisado, haverá desprendimento de hidrogênio no anodo. Isso indica que o íon H^- está presente na mistura. As medidas espectroscópicas têm mostrado que a molécula de hidreto de lítio *gasoso* é muito polar, onde o átomo de hidrogênio tem uma carga negativa. Os dados espectroscópicos disponíveis indicam que os hidretos dos grupos IA e IIA (1 e 2) contêm o íon hidreto, H . Por essa razão, esses compostos iônicos são denominados, com frequência, **hidretos salinos.**

É interessante comparar as energias de formação do íon hidreto com respeito aos valores correspondentes para o íon fluoreto:

$$\begin{array}{lll} \tfrac{1}{2}H_2(g) \rightarrow H(g) & \Delta\tilde{H}^\circ = & 218{,}0\ \text{kJ mol}^{-1} \\ H(g) + e^- \rightarrow H^-(g) & \Delta\tilde{H}^\circ = & -72{,}8\ \text{kJ mol}^{-1} \\ \hline \tfrac{1}{2}H_2(g) + e^- \rightarrow H^-(g) & \Delta\tilde{H}^\circ = & 145{,}2\ \text{kJ mol}^{-1} \end{array}$$

e

$$\begin{array}{lll} \tfrac{1}{2}F_2(g) \rightarrow F(g) & \Delta\tilde{H}^\circ = & 79{,}0\ \text{kJ mol}^{-1} \\ F(g) + e^- \rightarrow F^-(g) & \Delta\tilde{H}^\circ = & -328{,}0\ \text{kJ mol}^{-1} \\ \hline \tfrac{1}{2}F_2(g) + e^- \rightarrow F^-(g) & \Delta\tilde{H}^\circ = & -249{,}0\ \text{kJ mol}^{-1} \end{array}$$

Portanto, a formação do íon hidreto, gasoso, a partir do H é um processo endotérmico, enquanto a formação do íon fluoreto, ou qualquer dos outros íons haletos gasosos, constitui um processo exotérmico. Visto que a formação do íon hidreto é bastante desfavorável sob o ponto de vista termodinâmico, não causa surpresa os hidretos iônicos serem formados apenas com os elementos muito eletropositivos dos grupos IA e IIA (1 e 2). As energias de ionização dos outros elementos são bastante elevadas para evitar a transferência de seus elétrons para os átomos de hidrogênio.

A instabilidade relativa do íon hidreto sugere que os hidretos salinos sejam bons agentes redutores. De fato, reações do tipo

$$NaH + CO_2 \rightarrow HCOONa$$
$$4NaH + Na_2SO_4 \rightarrow Na_2S + 4NaOH$$

ocorrem, demonstrando o poder redutor do íon hidreto. Além disso, o íon hidreto reage de forma rápida e completa com a água, ou outro doador de próton, como em

$$CaH_2 + 2H_2O \rightarrow Ca(OH)_2 + 2H_2.$$

Portanto, podemos considerar o íon hidreto como um poderoso agente redutor e uma base muito forte.

Os elementos representativos dos grupos IVA, VA, VIA, VIIA (14 a 17), e o boro, do grupo IIIA (13), formam hidretos moleculares voláteis, nos quais as ligações com o hidrogênio têm um caráter bastante covalente. Várias tendências nas propriedades desses hidretos covalentes tem sido constatadas. Na Figura 13.6 pode ser visto que a energia da ligação H-X dos hidretos binários cresce ao longo de qualquer período da tabela periódica. Além disso, para uma dada família, a energia da ligação H-X diminui com o aumento do número atômico. Essas tendências nas energias de ligação ajudam explicar a instabilidade dos hidretos dos elementos mais pesados dos grupos IVA e VA(14 e 15). Os compostos PbH_4 e BiH_3 são tão instáveis que só tem sido detectados em nível de traços.

Os hidretos iônicos constituem bases fortes. Ao longo de um dado período da tabela periódica, os hidretos covalentes apresentam acidez crescente com o aumento no número atômico. Assim, o CH_4 quase não tem propriedades ácidas, porém o NH_3 é capaz de doar um próton para uma base forte, formando NH_2^-; o H_2O perde prótons com bastante facilidade, e o HF é um ácido moderadamente forte. Essa tendência na acidez aparece de novo nos períodos seguintes da tabela periódica. Além disso, a acidez dos hidretos dos grupos VIA e VIIA (16 e 17) aumenta à medida que descemos ao longo dessas famílias.

Enquanto os hidretos dos não-metais são compostos moleculares bem caracterizados, pouco se sabe sobre os hidretos de metais de transição. Muitos desses hidretos tem composição não-estequiométrica. O titânio e o vanádio metálico absorvem hidrogênio com liberação de calor, porém o arranjo dos átomos metálicos na estrutura permanece quase constante, com apenas um ligeiro aumento na distância entre os vizinhos mais próximos. Assim o hidrogênio parece ocupar posições intersticiais na rede cristalina, de forma que esses compostos são chamados algumas vezes de hidretos intersticiais. Não está claro em muitas substâncias se os hidretos intersticiais devem ser considerados

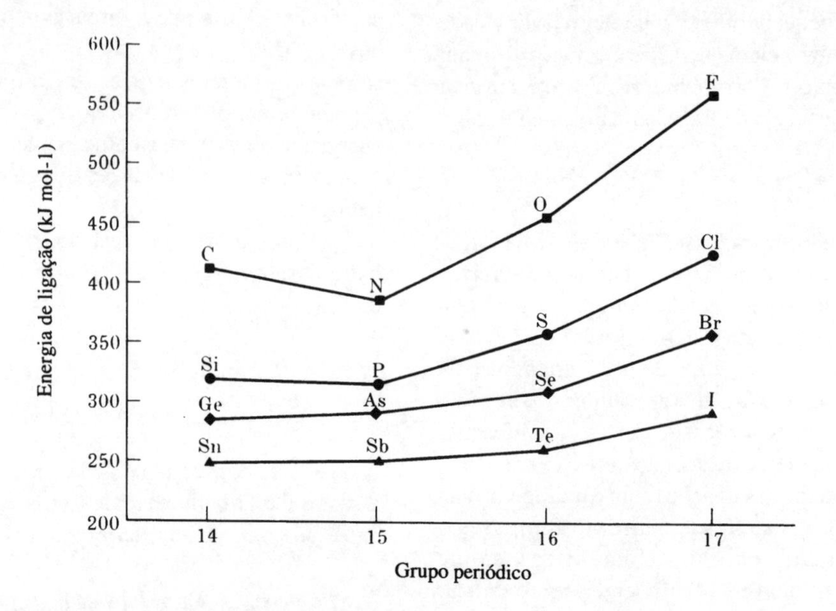

Fig. 13.6 Energias médias de ligação entre hidrogênio e átomos de elementos não metálicos.

como compostos verdadeiros ou então soluções de hidrogênio no metal. Apesar da falta geral de conhecimento sobre a natureza dos sistemas formados pelo hidrogênio e os metais de transição, muitos deles são importantes no laboratório. O níquel, platina e o paládio absorvem quantidades variáveis de hidrogênio e nessa condição atuam como catalisadores de reações como

$$H_2 + C_2H_4 \xrightarrow[\text{ou Ni}]{\text{Pt, Pd}} C_2H_6,$$

onde o hidrogênio se adiciona a outras moléculas.

Os hidretos de berílio, magnésio e alumínio, e dos elementos mais pesados do grupo IIIA (13) constituem sólidos não-voláteis, que parecem ter propriedades intermediárias entre as dos hidretos iônicos e as dos hidretos moleculares covalentes.

Existem também as tendências nos pontos de ebulição dos divervos haletos covalentes, conforme ilustrado na Figura 13.7. Note que as temperaturas de ebulição do hélio e neônio são muito menores que as do criptônio e xenônio. Esses gases nobres são mantidos no estado líquido por meio de forças de van der Waals, que ficam mais fracas quando o número de elétrons diminui. As temperaturas de ebulição do NH_3, HF e H_2O são maiores que a dos hidretos situados abaixo na tabela periódica. Esses hidretos no estado líquido apresentam pontes de hidrogênio intermolecular relativamente fortes e que são maiores para os elementos mais leves da série. O fato do H_2O apresentar a temperatura de ebulição mais elevada indica que a extensão das pontes de hidrogênio é máxima, dentro da série.

Água

As propriedades da água como solvente tem sido discutidas em vários dos capítulos anteriores. Visto que se trata do composto mais importante para a vida e mais abundante na superfície da terra, iremos discutir algumas das suas importantes propriedades físicas. Essas propriedades são dominadas pelas pontes de hidrogênio formadas entre as moléculas de água. A estrutura melhor conhecida para a água é a do gelo, mostrada na Figura 13.8. Nela estão representados apenas os átomos de oxigênio, por razões já discutidas. Cada oxigênio encontra-se cercado por outros quatro, em um arranjo tetraédrico. Esse arranjo de ligação pode ser explicado supondo que o oxigênio tem orbitais híbridos *sp* e que as ligaçõesde hidrogênio se formam com os pares isolados sobre os oxigênios adjacentes.

Se os hidrogênios em cada uma das quatro ligações ao redor do oxigênio estivessem equidistantes, haveria apenas um arranjo para todos os átomos no gelo. Isso não se verifica: Cada oxigênio encontra-se ligado a dois hidrogênios mais próximos e a dois mais

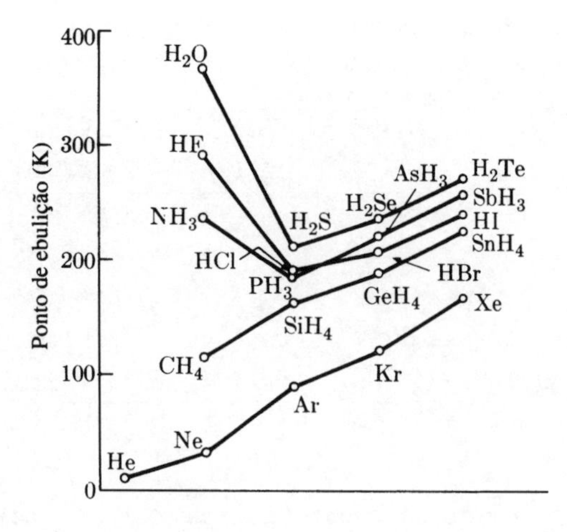

Fig. 13.7 Pontos de ebulição de alguns hidretos moleculares e dos gases nobres.

distantes. Como resultado existem vários arranjos possíveis para os hidrogênios na Fig. 13.8. Quando o gelo é esfriado a temperaturas muito baixas, o arranjo dos hidrogênios se torna não-uniforme. Assim, o gêlo tem um certo nível caótico, e portanto, uma entropia a O K, e não segue a terceira lei da termodinâmica. Com medidas termodinâmicas planejadas de forma adequada, é possível medir essa entropia. A teoria e os experimentos concordam muito bem; para o gêlo a O K, $\tilde{S}^{o} \cong R \ln {}^{3}/_{2} = 3{,}4\ mol^{-1} K^{-1}$.

A estrutura do gelo mostrada na Figura 13.8 está relacionada com a do diamante, que também é baseada em ligações tetraédricas. Em ambas as estruturas os átomos são parte de um sistema de **anéis de seis membros** interligados. Esses anéis, com ângulos tetraédricos semelhantes aos do gelo, não podem ser planares; as duas conformações mais comuns são denominadas de "cadeira" e "barco". Os anéis horizontais na Fig. 13.8 têm conformação de cadeira, enquanto os anéis verticais tem conformação de barco. No diamante, todos os anéis de seis membros se encontram em conformação de cadeira, o que torna sua estrutura mais simples.

A água líquida é mais densa que o gêlo, porém sua densidade varia com a temperatura de uma forma pouco comum, como mostrado na Figura 13.9. A densidade máxima da água líquida ocorre a 4 °C e não a O °C, como se esperaria. Esse comportamento pouco comum indica que a estrutura da água líquida sofre mudanças com a temperatura, fato que tem sido objeto de muita discussão. O ponto de máxima densidade tem um aspecto prático, relacionado com a definição do tamanho do litro que foi estabelecido tendo como referência 4 °C. Até há poucos anos atrás, a densidade da água a 4 °C era tomada como sendo exatamente 1 g mL^{-1}, e o centímetro cúbico e o mililitro não eram iguais. No sistema SI, foi adotada a definição: 1 L = 1 dm^3, e essa discordância deixou de existir. A escala de densidade na Figura 13.9 é idêntica, em unidades de gramas por centímetro cúbico ou gramas por mililitro.

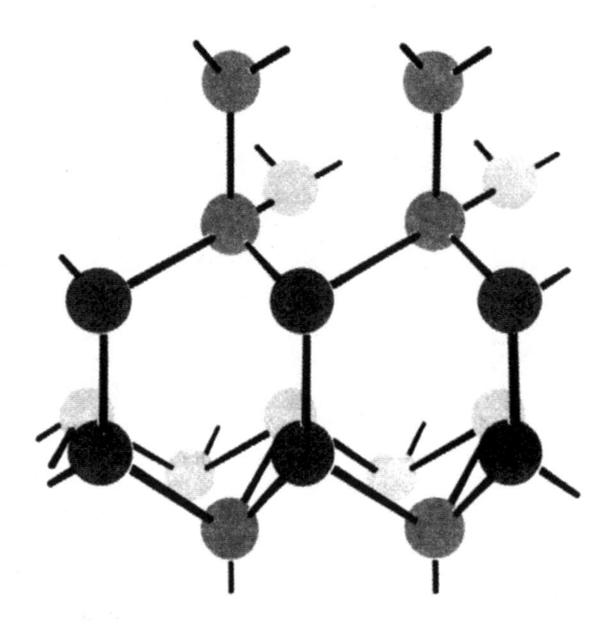

Fig. 13.8 Estrutura do gelo. As esferas representam átomos de oxigênio, e cada linha representa uma ligação de hidrogênio. O eixo vertical corresponde ao eixo *c* do cristal hexagonal. A distância vertical O-O é de 2,752 Å; todas as outras distâncias são de 2,765 Å.

Algumas informações sobre os modos possíveis de formação de pontes de hidrogênio na água líquida têm sido obtidas a partir da estrutura da água nos clatratos. Em um **clatrato**, uma substância hospedeira forma um conjunto de gaiolas capazes de alojar moléculas (hóspedes) em seu interior. Os clatratos de água são formados quando soluções de Cl_2, Br_2, Ar, N_2, CO_2, SF_6 e assim por diante, são congeladas. O clatrato de água com Cl_2 foi descrito pela primeira vez por Humphrey Davy em 1810 como se tratasse de cloro sólido. Visto que as moléculas hóspedes se alojam dentro das gaiolas, fica

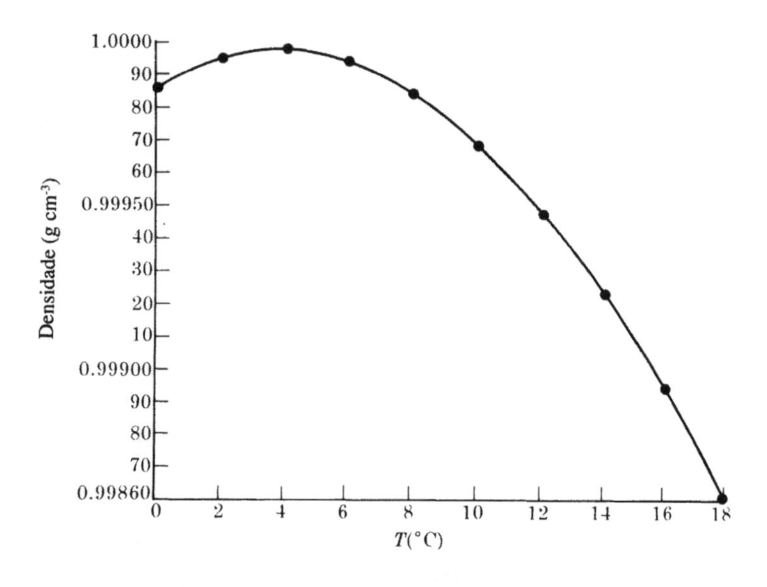

Fig. 13.9 Densidade da água líquida de 0 a 18 °C. A densidade máxima a 4°C já foi uma vez usada para definir o valor do litro, mas agora o litro é exatamente 1 dm^3.

difícil determinar a estequiometria do clatrato. No caso do clatrato de bromo, existem 172 moléculas de água que formam dez gaiolas com 12 arestas, dezesseis gaiolas com 14 arestas, e quatro gaiolas com 15 arestas. Na Figura 13.10 está mostrada a estrutura de uma gaiola com 15 arestas. Dentro de cada gaiola existem apenas três ligações de hidrogênio por oxigênio, porém nas interligações das gaiolas esse número é quatro. Se uma molécula de Br_2 estiver em cada uma das gaiolas maiores, a estequiometria resultante seria Br_2.8,6H_2 O. O clatrato de Cl_2 tem apenas gaiolas de 12 e 14 arestas, e uma estequiometria pouco definida. Os clatratos também são formados com outras moléculas hospedeiras que podem formar ligações de hidrogênio extensivas, como por exemplo, os silicatos.

As estruturas de gaiola nos clatratos de água são muito elaboradas: é pouco provável que tais estruturas existam na água líquida. Por outro lado, tentar explicar muitas das propriedades da água líquida, a partir da hipótese de pequenos polímeros como $(H_2O)_2$ e $(H_2O)_3$ também não funciona. Uma razão é que a estrutura da água liquida é muito complicada e deve envolver polímeros maiores, como observado na rede de pontes de hidrogênio dos clatratos.

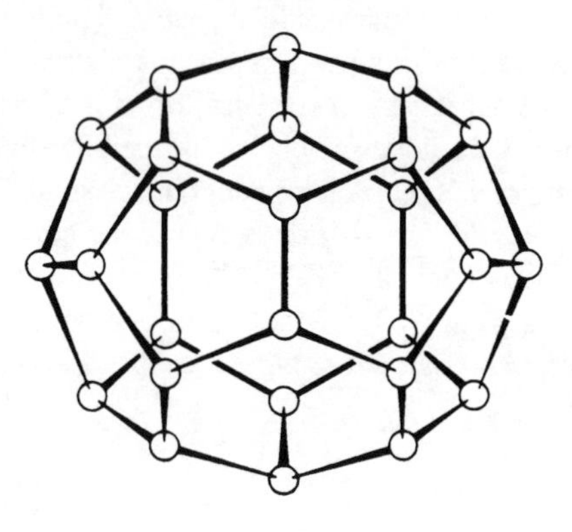

Fig. 13.10 Um dos três tipos de gaiolas de ligações de hidrogênio que formam o clatrato de água de Br_2. Esta é uma gaiola pentadecaédrica, que pode encerrar uma molécula de Br_2 Cada linha representa uma ligação de hidrogênio. (De F. Franks, Ed., Water: *A Comprehensive Treatise,* New York: Plenum Press, Vol. 2, 1973.)

RESUMO

O estudo da química torna-se muito mais sistemático por meio do arranjo dos elementos na tabela periódica. Os elementos nessa tabela são colocados em ordem de seus números atômicos, formando colunas sucessivas, ou famílias, baseadas em configurações eletrônicas com um caroço completo seguido de orbitais *s, p, d e f* com vários graus de ocupação. O preenchimento dos orbitais *s* e *p* leva aos **elementos representativos;** e de forma análoga, em se tratando de orbitais *d*, temos os **elementos de transição,** e dos orbitais *f*, temos os elementos **lantanídios e actinídios.** Além das correlações horizontais (períodos) e verticais (famílias), existem ainda tendências importantes na diagonal da tabela periódica.

Neste capítulo foi considerada a condutividade elétrica como base para a classificação dos elementos em **metais, não-metais e semimetais**. Já vimos anteriormente que a natureza das ligações químicas tem relação com a energia de ionização e a afinidade eletrônica do elemento, e as forças relativas dessas ligações podem ser usadas para caracterizar a propriedade conhecida como **eletronegatividade**. Os estados de oxidação dos elementos correlacionam-se com as propriedades das famílias na tabela periódica. Os **volumes atômicos aparentes** dos elementos no estado sólido mostram variações periódicas bem definidas; e proporcionaram uma base primordial para a formulação da tabela periódica. Parâmetros mais quantitativos para as dimensões atômicas são os raios dos átomos nos metais, e os raios dos íons nos sólidos.

Discutímos sobre a química dos óxidos e hidretos. A maioria dos elementos forma óxidos. São todos estáveis com respeito aos elementos, com exceção de óxidos de nitrogênio e dos halogênios. Os óxidos metálicos tais como os do grupo IA (1) e IIA (2) mais pesados são **básicos**; os formados pelos grupos VA, VIA e VIIA (15, 16, 17) são **ácidos,** e os formados pelo bloco diagonal que vai do berílio ao chumbo, são **anfóteros**. Os hidretos também podem ser classificados com iônicos, covalentes ou do tipo metal de transição. Os hidretos iônicos apresentam o íon H e constituem sólidos cristalinos bastante reativos. Muitos hidretos covalentes formam pontes de hidrogênio em fase condensada. A ligação de hidrogênio na água determina as propriedades do gêlo e da água líquida. As estabilidades dos óxidos e hidretos dos elementos representativos são consistentes com as eletronegatividades de Pauling.

SUGESTÕES PARA LEITURA

Histórico

Mazurs, E. G. *Graphical Representation of the Periodic System During one Hundred Years.* University Alabama Press, 1974.

Weeks, M. E. and H. M. Leiscester. *Discovery of the Elements,* 7th. ed. Easton, Pa; Chemical Education Publishing, 1968.

Propriedades Periódicas

Pode, J. S. F., *The Periodic Table.* New York: Wiley, 1971.Rich, R. L. *Periodic Correlations,* 2nd Ed. Reading, Mass.: Addison-Wesley, 1972.

Sanderson, R. T. *Chemical Periodicity,* New York: Van Nostrand Reinhold, 1960.

Sisler, H. H. *Electronic Structure, Properties and the Periodic Law,* New York, Van Nostrand, Reinhold, 1963.

Propriedades dos Oxidos e Hidretos

Cotton, F. A., e G. Wilkinson, *Advanced Inorganic Chemistry,* 4h Ed. New York: Wiley, 1980.
Johnson, R. C. *Introductory Descriptive Chemistry.* Menlo Park, Calif., W. A. Benjamin, 1966.
Libowitz, G. G. *The Solid Chemistry of Binary Metal Hydrides.* Menlo Park, Calif.: W. A. Benjamin, 1965.
Phillips, C. S. G., e R. J. P. Williams, *Inorganic Chemistry,* vol. 1. London: Oxford University Press, 1965.
Sanderson, R. T. *Inorganic Chemistry,* New York: Van Nostrand Reinhold, 1967.
Sienko, M. J., R. A. Plane e R. E. Hester, *Inorganic Chemistry: Principles and Elements.* Menlo Park, Calif.; W. A. Benjamin, 1965.

Propriedades da Água

Buswell, A. M. e W. H. Rodebusch, Water, *Scientific American,* **194**, 76-90, 1956.
Eisenberg, D., e W. Kauzmann. *The Structure and Properties of Water,* London: Oxford Univ. Press, 1969.

Estruturas Moleculares nos Sólidos

Wells, A. F., *Structural Inorganic Chemistry,* 5th. Ed., London: Oxford University Press, 1984.

PROBLEMAS

13.1 As primeiras tabelas periódicas eram baseadas em pesos atômicos e não em números atômicos. Em consequência, alguns elementos conhecidos atualmente poderiam ser colocados em lugares incorretos nessas tabelas. Use os pesos atômicos atuais para os primeiros 54 elementos e verique quais os pares de elementos que seriam colocados de forma imprópria na tabela periódica se fosse usada a ordem de pesos atômicos. Para cada par, verifique se existem propriedades físicas ou químicas que poderiam ser usadas para proporcionar a ordem correta. Deixe os elementos de transição para o Problema 13.4. Mendeleev resolveu esse problema selecionando ou adaptando os pesos atômicos segundo as propriedades químicas, para chegar à ordem correta. Os gases nobres não eram conhecidos nesse tempo.

13.2 Sem consultar a tabela periódica, deduza o número atômico e a estrutura eletrônica dos seguintes átomos:
a) o terceiro metal alcalino
b) o segundo metal de transição
c) o terceiro halogênio
d) o terceiro gás nobre.

13.3 A tabela periódica de Mendeleev de 1871 não listava diversos elementos porque não eram conhecidos nessa época. Mendeleev deixou espaços para esses elementos e estimou seus pesos atômicos. Os gases nobres estavam todos ausentes, porém ele deixou lugares para os elementos com pesos atômicos 44, 68, 72 e 100. Enquanto esses não concordam exatamente com os pesos atômicos modernos, que elementos você acha que correspondem a essas incogtas na tabela periódica? Faça uma previsão das propriedades físicas e químicas dos elementos com o peso atômico 72, que foi chamado de ekasilício.

13.4 Em uma tabela periódica publicada em 1912 por Wilhelm Ostwald, existem dois erros na colocação dos elementos. Primeiro, as posições do níquel e do cobalto foram trocadas. Por que isso foi feito? (veja o Problema 13.1)? Consulte as Tabelas 13.2. e 13.6 e as Figuras 13.3 e 13.4., e explique por que era tão difícil posicionar o níquel e o cobalto com base no comportamento químico. O segundo erro era que o tório e o urânio ficavam em posições atualmente reservadas para os elementos 104 e 106. O actínio e o protactínio estavam ausentes, porém os lugares correspondentes a 89 e 105 foram deixados para eles. Por que esses elementos não foram posicionados corretamente? Por que os químicos não sabiam suas configurações? A posição correta do urânio só foi estabelecida em 1944, quando o plutônio e o amerício foram descobertos.

Propriedades Periódicas - Tamanho

13.5 Os volumes atômicos mostrados na Fig. 13.4. foram calculados diretamente a partir da densidade dos elementos e de seus pesos atômicos. Use as seguintes densidades próximas da temperatura ambiente para calcular os volumes atômicos desses elementos à temperatura ambiente.

elemento	densidade (g cm^{-3})
Li(s)	0,534
B(s)	2,34
Na(s)	0,97
Al(s)	2,70
Co(s)	8,9

13.6 A determinação dos volumes atômicos dos elementos gasosos requer um conhecimento das densidades dos sólidos ou líquidos correspondentes, a baixas temperaturas. Veja como os dados seguintes concordam com os volumes atômicos na Figura 13.4.

elemento	temperatura (K)	densidade (g cm-3)
He(l)	4	0,125
He(s)	4 (P = 200 atm)	0,232
Ne(l)	27	1,25
Ne(s)	24	1,44

13.7 Em cada um dos seguintes pares, qual íon é o maior? O^{2-} e F ; S^{2-} e Se ; Tl^{+} e Tl^{3+}; Mn^{2+} e Fe^{3+}; Ti^{2+} e Fe^{2+}. Use os princípios discutidos neste capítulo para explicar as razões de cada escolha.

13.8 Que tendência poderia ser esperada para o tamanho atômico numa família como a dos metais alcalinos? Baseie sua resposta nos princípios relacionados com as estruturas eletrônicas dos átomos.

Propriedades Periódicas - Condutividade

13.9 A condutividade elétrica de um material de área A e de comprimento l é igual ao coeficiente dado na Tabela 13.2. multiplicado por $A.l^{-1}$. Se A = 1 cm^2 e l = 1 cm, a condutividade em Ω^{-1} é igual ao coeficiente na Tabela 13.2. Para tais exemplos, os elementos com as maiores condutividades são prata, cobre, ouro e alumínio, onde Ag > Cu > Au > Al. Considere as amostras desses quatro elementos, cada uma com 1 g, e l = 1 cm, e determine a ordem da condutividade para as mesmas. As densidades desses metais em gramas por cm^3 são as seguintes: Ag = 10.5, Cu = 8,9, Au = 19,3 e Al = 2,70.

13.10 Repita o problema 13.9 para amostras de um mol de cada metal com 1 cm de comprimento.

Propriedades Periódicas - Eletronegatividade

13.11 Use as energias de dissociação D_0 dados na Tabela 6.6 e Eq.13.1 para calcular os valores das diferenças entre as eletronegativdades do H e F, H e Cl, H e Br e H e I. Compare esses valores com os fornecidos na Tabela 13.4.

13.12 Verifique se as diferenças nas eletronegativdades encontradas no problema 13. concordam com cálculos em separado das diferenças de eletronegatividade entre I e Cl, e entre I e Br. Esses cálculos podem ser feitos com base nos valores de D_0 para o ICl e IBr fornecidos na Tabela 6.6. Para subtrair as diferenças de eletronegatividade, considere o Cl e o Br mais eletronegativos que o H.

13.13 Use os valores de eletronegatividade na Tabela 13.4. e os valores de D_0 para o F_2 e I_2 na Tabela 6.6 para prever o valor correspondente para o IF. O valor experimental é 278 k J mol^{-1}

13.14 As moléculas que são aproximadamente iônicas apresentem valores de D_0 que não se ajustam à formula de eletronegatividade de Pauling. Mostre esse fato para o NaH(g) calculando D_0 com base nas eletronegatividades da Tabela 13.4. e nos valores de D_0 para o Na_2 e H_2 na Tabela 6.6. O valor observado de D_0 para NaH(g) é 191 kJ mol^{-1}.

13.15 A eletronegatividade de Mulliken é igual à soma da energia da energia de ionização I e da afinidade eletrônica A. Use as tabelas do Capítulo 10 e determine essa soma para o fluor, bem como a constante que converte esse valor na escala de Pauling, dada na Tabela 13.4. Use esse valor que você calculou para o flúor para prever a eletronegatividade do cloro, com base na fórmula de Mulliken, porém usando a escala de Pauling. Como esse valor concorda com o da Tabela 13.4.?

13.16 As escalas de Mulliken e Pauling concordam apenas qualitativamente. Verifique isso, usando o fator calculado no problema 13.15 para determinar a eletronegatividade de Mulliken na escala de Pauling para o hidrogênio, carbono, oxigênio e sódio. Compare com os valores de Pauling.

Propriedades Periódicas - Estados de Oxidação

13.17 Nas famílias dos metais de transição e em muitos dos grupos de elementos representativos, existem dois ou mais estados de oxidação positivos. Como a estabilidade relativa dos estados de oxidação mais altos ou mais baixos variam com o número atômico crescente nas famílias dos a) metais de transição? b) dos elementos representativos?

13.18 Os elementos lantanídios sempre tem o estado de oxidação +3, porém o Ce^{4+} e o Gd^{2+} são relativamente estáveis. Relacione esses estados de oxidação pouco frequentes com suas configurações eletrônicas. Quais íons entre os metais de transição da primeira série apresentam os mesmos tipos especiais de configurações eletrônicas com orbitais 3d? Identifique-os a partir da Figura 13.3.

Química dos Hidretos e Oxidos

13.19 Em cada um dos seguintes pares de hidretos, verifique qual é o mais estável termodinamicamente com respeito aos seus elementos: HCl, HI; PH_3, SbH_3; NH_3, H_2O.

13.20 O que as tendências nos pontos de ebulição do PH_3 e HCl revelam a respeito da facilidade de formação de pontes de hidrogênio no estado líquido?. Essa tendência também se verifica para o NH_3 e o HF?

13.21 Use os dados na Tabela 13.8 para calcular os valores de $\Delta \tilde{S}_f^\circ$ do CO_2 (g) e N_2O_5(g). Dê um argumento simples que explique por que são tão diferentes.

13.22 Quais ácidos são produzidos pelas reações do N_2O_3 e N_2O_5 com água? Qual é o ácido mais forte? Que padrão isso estabelece a cerca dos estados de oxidação dos não metais e a força de seus oxiácidos? Isso também é verdadeiro para os ácidos formados pelo SO_2 e SO_3?

13.23 A formação de um óxido metálico típico a partir de seus elementos é exotérmica:

$$M(s) + \tfrac{1}{2}O_2(g) \rightleftharpoons MO(s) \qquad \Delta\tilde{H}_f^\circ < 0.$$

Mostre que essa reação pode ser analisada em termos de uma série de etapas em que o metal se vaporiza, o oxigênio se dissocia, os átomos gasosos se convertem em íons e os íons se convertem em sólidos. Discuta como o $\Delta\tilde{H}_f^\circ$ do óxido é afetado pelo seguinte:

a) força da ligação no cristal metálico
b) energia de ionização do átomo metálico
c) tamanho do íon metálico.

13.24* Considere a estabilidade dos fluoretos dos elementos representativos. Com base na eletronegatividade, qual fluoreto teria menor estabilidade termodinâmica? Você acha que ele tem um valor positivo ou negativo de $\Delta\tilde{G}_f^\circ$? Consulte a Tabela 13.8 antes de responder. Qual seria o fluoreto estável mais próximo? Existem duas possibilidades, porém ambas apresentam valores negativos de $\Delta\tilde{G}_f^\circ$. Quais são elas? O restante dos fluoretos é esperado ser estável?

13.25* O zircônio e o háfnio têm praticamente o mesmo raio atômico e iônico. Por que o háfnio não é maior que o zircônio?

13.26* Na Eq. (13.1) Pauling usou um valor de D para uma ligação simples O-O de 150 kJ mol^{-1}. O valor atualmente conhecido é apenas ligeiramente diferente. Use os valores de D_0 para o OH e o H_2 da Tabela 6.6 e as eletronegatividades da Tabela 13.4. para obter um valor de D_0 para a ligação simples O-O consistente com a equação (13.1). Você pode confirmar a exatidão desse cálculo, repetindo-o para o OF, cujo D_0 = 215 kJ mol^{-1}. Compare suas duas energias de dissociação com a do H_2O_2 na Tabela 6.7.

13.27* A estrutura do gelo é semelhante à do diamante, exceto que no diamante o cristal é perfeitamente cúbico regular baseada em ligações tetraédricas simples. A estrutura do gelo é mais irregular, porém também é baseada em pontes de hidrogênio. A densidade do gelo com sua estrutura cúbica de diamante pode ser calculada com base no seguinte. A densidade do diamante é 3,51 g.cm^{-3}, e sua distância C-C é 1,545 Å. A distância O-H-O no gelo é 2,76 Å. Considere uma molécula de água em cada posição do carbono, e calcule a densidade dessa forma de gelo. A densidade normal do gelo é 0,917 g cm^{-3}, porém é possível preparar gelo a temperaturas baixas tendo a estrutura do diamante e essa densidade calculada.

14 Os Elementos Representativos: Grupos I-IV

IA 1		IIIB 3	IVB 4	VB 5	VIB 6	VIIB 7	VIII 8	9	10	IB 11	IIB 12	IIIA 13	IVA 14	VA 15	VIA 16	VIIA 17	18
H 1																	He 2
Li 3	Be 4											B 5	C 6	N 7	O 8	F 9	Ne 10
Na 11	Mg 12											Al 13	Si 14	P 15	S 16	Cl 17	Ar 18
K 19	Ca 20	Sc 21	Ti 22	V 23	Cr 24	Mn 25	Fe 26	Co 27	Ni 28	Cu 29	Zn 30	Ga 31	Ge 32	As 33	Se 34	Br 35	Kr 36
Rb 37	Sr 38	Y 39	Zr 40	Nb 41	Mo 42	Tc 43	Ru 44	Rh 45	Pd 46	Ag 47	Cd 48	In 49	Sn 50	Sb 51	Te 52	I 53	Xe 54
Cs 55	Ba 56	La* 57	Hf 72	Ta 73	W 74	Re 75	Os 76	Ir 77	Pt 78	Au 79	Hg 80	Tl 81	Pb 82	Bi 83	Po 84	At 85	Rn 86
Fr 87	Ra 88	Ac** 89	104	105	(106)	(107)	(108)	(109)									

*	Ce 58	Pr 59	Nd 60	Pm 61	Sm 62	Eu 63	Gd 64	Tb 65	Dy 66	Ho 67	Er 68	Tm 69	Yb 70	Lu 71
**	Th 90	Pa 91	U 92	Np 93	Pu 94	Am 95	Cm 96	Bk 97	Cf 98	Es 99	Fm 100	Md 101	No 102	Lr 103

Após havermos discutido muitos dos princípios da química, estamos em posição de examinar a química dos elementos. Nosso tratamento não será completo, entretanto forneceremos informações suficientes para deixar claro a relação entre as propriedades dos elementos e suas posições na tabela periódica. Com esse fim, iremos enfatizar a presença ou ausência de semelhanças entre os membros de um dado grupo periódico e a existência de tendências nas propriedades de elementos de grupos vizinhos. Neste capítulo destacaremos as semelhanças entre os elementos dos grupo IA e IIA (1 e 2); porém veremos que , à medida que nos deslocamos da esquerda para a direta na tabela periódica, as propriedades metálicas se modificam e desaparecem, e as semelhanças entre os elementos do mesmo grupo tornam-se menos óbvias nos grupos IIIA e IVA (13 e 14).

14.1. Os Metais Alcalinos

Esses metais (lítio, sódio, potássio, rubídio, césio e frâncio) nunca são encontrados no estado elementar pois reagem rápido e completamente com praticamente todos os não-metais, incluindo o oxigênio. Enquanto o sódio e o potássio são bastante abundantes na natureza, os outros são bem menos comuns. O frâncio, em particular, ocorre apenas em quantidades de traços, e todos os seus isótopos são radioativos.

Em virtude do fato dos metais alcalinos serem fortes agentes redutores, a eletrólise é o único meio conveniente de obtê-los a partir de seus compostos. Em pequena escala, a preparação dos metais no laboratório pode ser feita por uma reação do tipo

$$Ca(s) + 2CsCl(s) \rightarrow CaCl_2(s) + 2Cs(g).$$

Os metais alcalinos são voláteis e podem ser isolados na forma pura, por destilação de misturas de reação.

As superfícies dos metais alcalinos recém-preparados apresentam um brilho prateado característico. Os metais alcalinos são bons condutores de eletricidade e calor, e formam o grupo mais mole e com os menores pontos de fusão. Na Tabela 14.1. podemos ver que os pontos de fusão e de ebulição diminuem regularmente com o aumento do número atômico. Essa tendência tem um paralelo com a diminuição da dureza em função do número atômico; o lítio pode ser cortado com dificuldade usando-se uma faca, porém os outros metais sucessivos podem ser cortados com facilidade crescente. Devido à sua baixa dureza e alta reatividade, os metais nunca são usados para fins estruturais. O sódio, por apresentar calor específico e condutividade térmica elevados, tem sido usado com trocador de calor em válvulas de motores de combustão interna e em reatores nucleares. Muitos dos metais encontram uso como redutores em laboratório e em processos industriais.

A comparação da primeira e segunda energias de ionização dos metais alcalinos mostra que a química desses elementos se restringe ao estado de oxidação +1. O elétron s mais externo pode ser removido com uma facilidade que cresce com o número atômico, porém a segunda energia de ionização é tão grande que o estado de oxidação +2 é instável e nunca foi observado.

A primeira energia de ionização dos metais alcalinos é pequena e se reflete na energia de dissociação da molécula biatômica, que varia de 103 kJ mol^{-1} para o Li_2 a 45 kJ mol^{-1} para o Cs_2, como pode ser visto na Tabela 14.1. O abaixamento de energia associado com a formação da ligação covalente vem da atração extra que atua sobre o elétron quando se move no campo elétrico de mais de um núcleo. A primeira energia de ionização mostra que os átomos dos metais alcalinos têm pouca atração sobre seus próprios elétrons de valência, e portanto, tem ainda menos atração por elétrons extra. Portanto, quando dois átoms de metais alcalinos formam uma ligação covalente, ocorre apenas um pequeno abaixamento de energia. Esse argumento também pode ser usado para racionalizar as pequenas energias de sublimação e a baixa dureza dos próprios metais. Mesmo quando os elétrons de valência se movem no campo de vários núcleos, como ocorre nos metais, o abaixamento de energia é relativamente pequeno e a ligação metálica vem a ser fraca.

Os **raios de Bragg-Slater** dados na Tabela 14.1. representam valores melhorados em relação aos determinados originalmente por W. L. Bragg. Mais de 1200 distâncias foram compiladas por J. C Slater, em sólidos e em moléculas, para estabelecer os raios de 86 elementos. Nessa racionalização, ele ignorou o tipo de ligação e usou os mesmos raios no caso de ligações iônicas ou covalentes. A consistência dos resultados era expressa por desvio médio de 0,12 Å. Os raios eram discriminados com um erro de apenas ± 0,05 Å. A concordância observada tanto para as ligações iônicas como covalentes pode ser explicada pelo fato de que os raios iônicos de Pauling para cátions eram cerca de 0,85 Å menores que os de Slater, enquanto os dos ânions eram cerca de 0,85 Å maiores. Isso fornece a mesma distância de ligação, independentemente do tipo da mesma.

Um detalhe interessante dos raios empíricos de Slater é a concordância dos mesmos com os cálculos de mecânica quântica. Logo após Slater haver estabelecido os raios, outros pesquisadores publicaram cálculos de campo auto-consistente para a maioria dos elementos da tabela periódica. Os valores de Slater concordam bem com os raios correspondentes aos máximos na distribuição radial. Por exemplo, os cálculos modernos mostram que o elétron 3*s* no sódio têm máxima probabilidade radial a 1,71 Å. O raio empírico de Slater é 1,80 Å. Exemplos da concordância entre os valores empíricos e os calculados podem ser vistos na Figura 14.1. Constituem exceção os elétrons *6p* no tálio, chumbo, bismuto e polônio. Para esses elementos, Slater considera que os raios empíricos são pouco consistentes.

Os raios de Bragg-Slater aumentam, como poderíamos esperar, do lítio para o césio. Os raios iônicos de Pauling, relacionados na Tabela 14.1, são 0,85 Å menores. Os raios metálicos dados nos capítulos anteriores são baseados inteiramente nas distâncias de ligação nos metais. Eles seguem um paralelo em relação aos raios de Bragg-Slater, porém são ligeiramente maiores em cerca de 0,1 Å. Visto que os raios de Bragg-Slater se correlacionam bem com a distribuição radial dos elétrons de valência nos átomos, eles proporcionam uma boa estimativa dos tamanhos dos átomos nas ligações.

Outra grandeza fornecida na Tabela 14.1. é a entalpia molar padrão de hidratação dos cátions do Grupo IA. No capítulo 11, ressaltamos que os valores de $\Delta\tilde{H}^\circ_{hid}$ para os pares de íons, como $Na^+ + Cl^-$ e $Cs^+ + Cl^+$ podem ser obtidos a partir das medidas termodinâmicas. Se subtrairmos os valores de $\Delta\tilde{H}^\circ_{hid}$ para esses pares, obteremos a diferença entre os valores de $\Delta\tilde{H}^\circ_{hid}$ do Na^+ e Cs^+. A maneira mais simples de pensar em $\Delta\tilde{H}^\circ_{hid}$ para um íon, é considerar que ele resulta da diminuição na energia do

TABELA 14.1 PROPRIEDADES DOS ELEMENTOS DO GRUPO IA

	Li	Na	K	Rb	Cs
Número atômico	3	11	19	37	55
Configuração Eletrônica	[He]1s^1	[Ne]3s^1	[Ar]4s^1	[Kr]5s^1	[Xe]6s^1
Energias de ionização (kJ mol^{-1})					
I_1	520	496	419	403	376
I_2	7298	4562	3052	2633	2233
Raio de Bragg-Slater (Å)	1,45	1,80	2,20	2,35	2,60
Ponto de fusão (°C)	180,5	97,8	63,2	39,5	28,4
Ponto de ebulição (°C)	1342	883	759	688	671
$\Delta\tilde{H}^\circ_f$ de M(g) (kJ mol^{-1})	159,4	107,3	89,2	80,9	76,1
Raio iônico de Pauling (Å)	0,60	0,95	1,33	1,48	1,69
$\Delta\tilde{H}^\circ_{hid}$ a 25°C (kJ mol^{-1})	−519	−404	−321	−296	−271
$\mathscr{E}^\circ(M^+ + e^- \rightarrow M(s))$ (V)	−3,04	−2,71	−2,94	−2,94	−3,03
$D^\circ(M_2(g))$ (kJ mol^{-1})	103	73	55	(50)	45

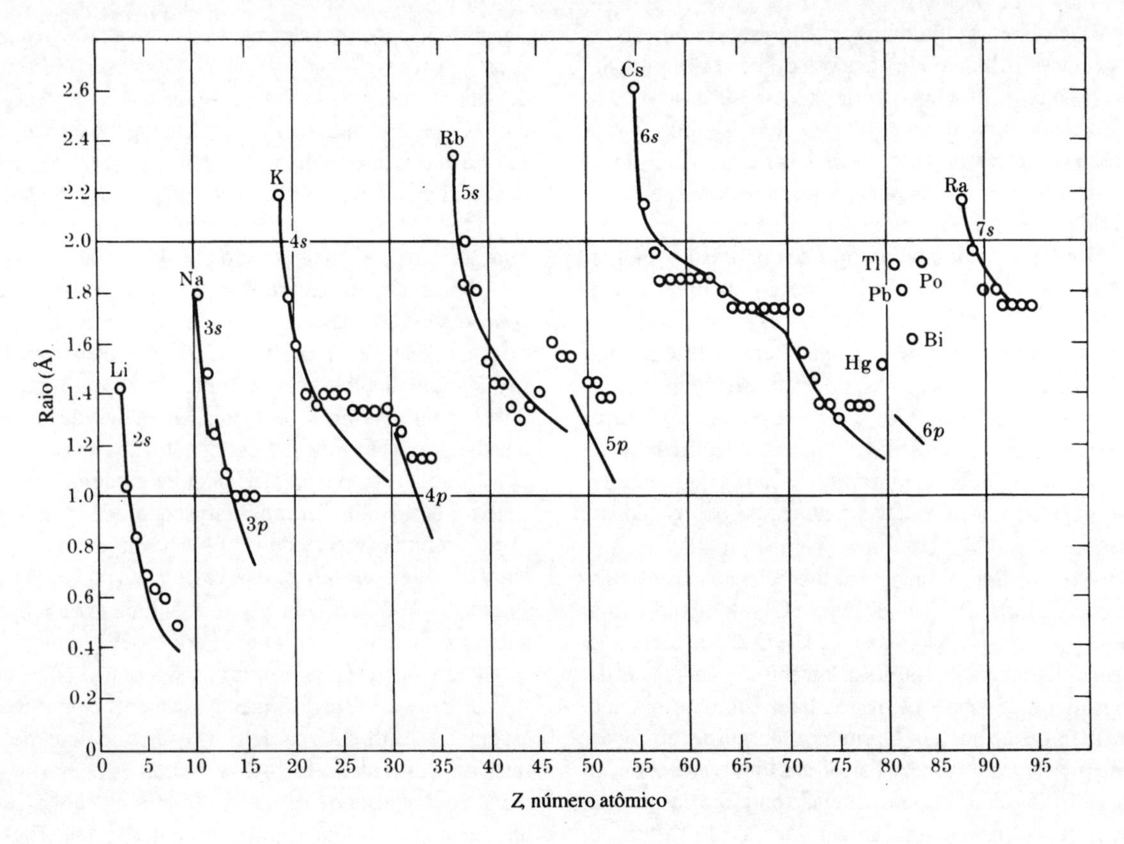

Fig. 14.1 As linhas seguem os valores calculados para o máximo de densidade eletrônica dos elétrons de valência. Os pontos são raios empiricamente selecionados de Slater. (De J. C. Slater, Atomic radii in crystals, *Journal of Chemical Physics*, **41**, 3199-3204, 1964.)

campo elétrico ao redor do íon devida à presença do solvente. Todos os solventes são dielétricos e devido à polarização das suas moléculas irão abaixar a energia de um íon. A equação da energia eletrostática para um íon de raio r e carga q é

$$\text{energia eletrostática} \propto \frac{q^2}{Dr}, \qquad (14.1)$$

onde D é a constante dielétrica do solvente. A água é facilmente polarizada e tem uma constante dielétrica particularmente grande.

Se a Eq. (14.1) for usada junto com as diferenças em $\Delta\tilde{H}^\circ_{\text{hid}}$ para os vários cátions, é possível obter valores consistentes para $\Delta\tilde{H}_{\text{hid}}$ dos cátions individuais. Uma equação bastante usada é

$$\Delta\tilde{H}_{\text{hid}}\ (\text{kJ mol}^{-1}) = \frac{-695Z^2}{r_{\text{ef}}}, \qquad (14.2)$$

onde Z é a carga do íon e r_{ef} é o raio efetivo do íon na água, em angstrons. Os raios efetivos dos íons são obtidos usando-se os valores de Pauling mais um termo de correção

$$r_{\text{ef}} = r_{\text{Pauling}} + 0{,}85\ \text{Å}. \qquad (14.3)$$

Esse termo igual a 0,85 Å foi obtido primeiramente por W. M. Latimer, K. S. Pitzer e C. M. Slansky, e não tem relação com o valor análogo fornecido anteriormente. Na realidade pode-se dizer que ele representa o tamanho da primeira esfera de hidratação ao redor do íon. Além disso, é uma constante empírica que permite a utilização dos raios de Pauling nas Eqs. (14.1) e (14.2).

Os valores de $\Delta\tilde{H}^\circ_{\text{hid}}$ para os íons na Tabela 14.1 não resultam do uso direto da Eq. (14.2) para cada íon. São resultado de um tratamento sistemático de muitos íons para obter o melhor valor de $\Delta\tilde{H}^\circ_{\text{hid}}$ de um íon de referência. O íon de referência escolhido é o H^+, e seu valor estimado de $\Delta\tilde{H}^\circ_{\text{hid}}$ é igual a -1091 ± 10 kJ mol^{-1}. Os valores relacionados na Tabela 14.1 têm base nesse valor e nas diferenças determinadas termodinamicamente entre o H^+ e os outros íons.

Os metais alcalinos são agentes redutores e uma medida de sua força redutora é dada pelos potenciais de redução, $\mathscr{E}$. A Tabela 14.1. mostra que esses potenciais são bastante negativos, o que concorda com a observação de que os metais alcalinos reduzem água, espontaneamente, até hidrogênio.

$$\text{M} + \text{H}_2\text{O} \rightarrow \text{M}^+(\text{aq}) + \text{OH}^-(\text{aq}) + \tfrac{1}{2}\text{H}_2.$$

Os Óxidos de Metais Alcalinos

Dentre os metais alcalinos, só o lítio reage com oxigênio para dar o monóxido simples, Li_2O. A reação direta entre sódio e oxigênio produz Na_2O_2, peróxido de sódio. Os outros metais alcalinos reagem com oxigênio para formar superóxidos de fórmula geral MO_2, que contém o íon O_2^-. Os monóxidos simples dos metais alcalinos podem ser preparados, contudo, pela redução de seus nitratos. Uma reação típica é a seguinte

$$KNO_3(s) + 5K(s) \rightarrow 3K_2O(s) + \tfrac{1}{2}N_2(g).$$

Os óxidos de metais alcalinos são compostos iônicos que têm o retículo cristalino do tipo antifluorita, discutido na Seção 20.5. Todos os óxidos são bases fortes e dissolvem-se facilmente em água segundo a reação

$$K_2O(s) + H_2O(\ell) \rightarrow 2K^+(aq) + 2OH^-(aq).$$

Os cristais de hidróxidos de metais alcalinos como o NaOH, apresentam a estrutura do cloreto de sódio. Da mesma forma que os óxidos dos metais alcalinos, eles são compostos iônicos, solúveis em água e com caráter fortemente básico.

Os Haletos Alcalinos

Esses compostos são substâncias cristalinas extremamente estáveis, com alto ponto de fusão e de ebulição. Como um indicativo da estabilidade dessas substâncias, podemos citar a energia livre de formação, $\Delta\tilde{G}_f^\circ$, do cloreto de sódio, igual a -348,15 kJ mol^{-1}. A constante de equilíbrio para a reação

$$Na(s) + \tfrac{1}{2}Cl_2(g) \rightleftharpoons NaCl(s)$$

a 25 °C é

$$K = \frac{1}{(P_{Cl_2})^{1/2}} = e^{-\Delta\tilde{G}/RT} = e^{348,15/2,4789}$$
$$= 9,9 \times 10^{60}.$$

Uma constante de equilíbrio dessa grandeza significa que a pressão do cloro em equilíbrio com o sódio e o cloreto de sódio é de aproximadamente 10^{-122} atm. Os outros haletos de metais alcalinos têm estabilidade comparável.

Uma das razões para a alta estabilidade dos haletos alcalinos está na elevada energia reticular. O valor de $\Delta\tilde{H}^\circ$ para a reação

$$Na^+(g) + Cl^-(g) \rightarrow NaCl(g) \qquad (14.4)$$

pode ser calculado a partir das propriedades termodinâmicas conhecidas. A relação termodinâmica entre a estabilidade da rede cristalina e outras propriedades foi demonstrada independentemente por M. Born e F. Haber. Essa relação, denominada **ciclo de Born-Haber**, está ilustrada na Fig. 14.2.

As várias etapas na Fig. 14.2. são apresentadas para a temperatura de O K, porém o ciclo termodinâmico também se aplica a temperaturas tais como 25 °C. Já houve tempo em que as afinidades eletrônicas dos halogênios não eram bem conhecidas, e as energias reticulares calculadas eram usadas no ciclo visando a determinação dessas afinidades. Atualmente o ciclo mostrado na Fig. 14.2. é um dos muitos que têm sido usados para otimizar os valores dados nas tabelas termoquímicas, como as da National Bureau of Standards, NBS.

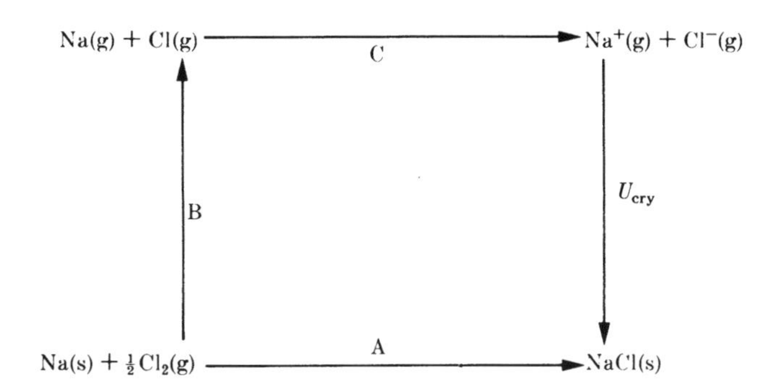

Fig. 14.2 Ciclo de Born-Haber. Este ciclo pode ser usado para relacionar $U_{cristal}$ com outras etapas do ciclo.

Os seguinte cálculo ilustra o uso do ciclo de Born-Haber:

ETAPA A. $Na(s) + \tfrac{1}{2}Cl_2(g) \rightarrow NaCl(s)$:

$$\Delta\tilde{E}_0^\circ = +\Delta\tilde{E}_f^\circ(NaCl(s)) = -410,7 \text{ kJ mol}^{-1}.$$

ETAPA B. $Na(s) + \tfrac{1}{2}Cl_2(g) \rightarrow Na(g) + Cl(g)$:

$$\Delta\tilde{E}_0^\circ = \Delta\tilde{E}_f^\circ(Na(g)) + \Delta\tilde{E}_f^\circ(Cl(g))$$
$$= 107,6 + 120,0 = 227,6 \text{ kJ mol}^{-1}.$$

ETAPA C $Na(g) + Cl(g) \rightarrow Na^+(g) + Cl^-(g)$:

$$\Delta\tilde{E}_0^\circ = I_1(Na(g)) - A(Cl(g)) = 495,8 - 348,8$$
$$= 147,0 \text{ kJ mol}^{-1}.$$

Fechando o ciclo, obtemos

$$U_{cristal} + B + C = A,$$
$$U_{cristal} = -410,7 - 227,6 - 147,0 = -785,3 \text{ kJ mol}^{-1}.$$

Os valores usados nas etapas A e B foram extraídos das tabelas termoquímicas da NBS, a O K. Como resultado, o valor calculado para $U_{cristal}$ é a energia potencial total de interação entre os íons no NaCl sólido, porém sem contribuições da energia térmica. Os cálculos mais comuns usam os valores termoquímicos a 25 °C, e determinam $\Delta\tilde{H}_{cristal}^\circ$ a 25 °C. Esse valor inclui a energia térmica, e uma contribuição de $\Delta PV = 2$ kJ mol^{-1}. Na Figura 14.3. estão os valores de $U_{cristal}$ para os haletos alcalinos. Os ânions e cátions pequenos apresentam os valores mais baixos de energia potencial pois apresentam maior interação coulômbica. No Capítulo 20 discutiremos a relação entre a interação coulômbica de um par cátion-ânion e o valor de $U_{cristal}$.

Existem outros ciclos termodinâmicos para os haletos alcalinos e suas soluções. Um deles envolve a hidratação dos íons gasosos e a formação de soluções a partir dos cristais, de acordo com as reações:

$$Na^+(g) + Cl^-(g) \rightarrow Na^+(aq) + Cl^-(aq) \quad \Delta\tilde{H}_{hidr}^\circ \qquad (14.5a)$$

$$Na^+(g) + Cl^-(g) \rightarrow NaCl(s) \quad \Delta\tilde{H}_{cristal}^\circ \qquad (14.5b)$$

$$NaCl(s) \rightarrow Na^+(aq) + Cl^-(aq) \quad \Delta\tilde{H}_{sol}^\circ \qquad (14.5c)$$

as quais levam à relação

$$\Delta\tilde{H}_{hidr}^\circ - \Delta\tilde{H}_{cristal}^\circ = \Delta\tilde{H}_{sol}^\circ. \qquad (14.6)$$

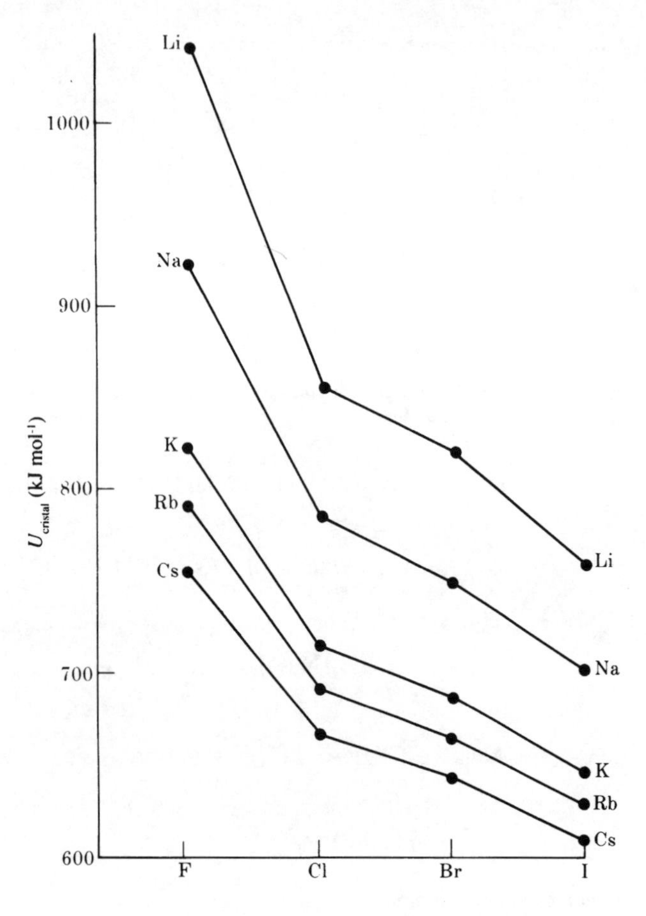

Fig. 14.3 Energias reticulares de haletos alcalinos.

Esses valores estão mostrados na Tabela 14.2., a 25°C, para alguns haletos alcalinos.

Como pode ser visto na Tabela 14.2., os valores de $\Delta\tilde{H}^\circ_{sol}$ representam pequenas diferenças entre $\Delta\tilde{H}^\circ_{hidr}$ e $\Delta\tilde{H}^\circ_{cristal}$. Por causa disso, é difícil predizer o valor de $\Delta\tilde{H}^\circ_{sol}$, porém verifica-se que no caso de compostos com ânions grandes e cátions pequenos, essa grandeza é quase sempre negativa. Na Tabela 14.2 também estão mostradas as solubilidades. Estas não podem ser relacionadas diretamente com $\Delta\tilde{H}^\circ_{sol}$, pois $-T\Delta\tilde{S}^\circ_{sol}$, é um termo igualmente importante na equação

$$\Delta\tilde{G}^\circ_{sol} = \Delta\tilde{H}^\circ_{sol} - T\,\Delta\tilde{S}^\circ_{sol}. \qquad (14.7)$$

Nesse sentido o LiF é o haleto alcalino menos solúvel, pois tem um valor negativo para $\Delta\tilde{S}^\circ_{sol}$. Os outros haletos alcalinos tem valores positivos para $\Delta\tilde{G}^\circ_{sol}$, resultando em valores negativos para $\Delta\tilde{S}^\circ_{sol}$ e solubilidades relativamente altas. As solubilidades, na realidade, também dependem de como as atividades dos íons variam com as concentrações dos mesmos.

A Ligação dos Ions de Metais Alcalinos

Uma das características dos sais dos metais alcalinos é que eles são todos solúveis. A maioria dos íons metálicos tem um comportamento característico com respeito à formação de precipitados, e por muito tempo os químicos consideraram os íons de metais alcalinos pouco interessantes. Ao mesmo tempo era conhecido que em sistemas biológicos o transporte de íons Na^+ e K^+ tinha um controle perfeito. As células biológicas típicas discriminam completamente os íons Na^+ e K^+, por meio de uma química bastante desenvolvida para tratar desses íons. A concentração do íon Na^+ fora da célula é geralmente 10 vezes maior que no interior, enquanto que a concentração do K^+ é 10 vezes maior no interior da célula.

A natureza dessa química foi revelada pela primeira vez quando os pesquisadores prepararam compostos orgânicos capazes de ligar íons de metais alcalinos. Embora essas moléculas sejam bastante incomuns, elas ilustram os métodos que a biologia utiliza para tratar dos íons Na^+ e K^+. Em soluções aquosas, esses íons podem ser descritos como $Na(H_2O)_6^+$ e $K(H_2O)_6^+$, e ambos apresentam valores igualmente elevados de $\Delta\tilde{H}^\circ_{hid}$. Se os oxigênios tivessem uma geometria fixa ou aproximadamente rígida, seria possível ligar os íons Na^+ de forma diferente que os íons K^+.

Uma grande variedade de **poliéteres cíclicos** tem sido preparada, nas quais os oxigênios estão mantidos a uma distância fixa, para interação. A estrutura de um desses poliéteres está mostrada na Figura 14.4(a). Essa molécula é chamada de 18-coroa-6, visto que consiste de um anel de 18 membros com seis átomos de oxigênio. Na Figura 14.4(b) estão mostrados dois poliéteres menores, 15-coroa-5 e 12-coroa-4. Para os anéis menores, estamos usando a simbologia padrão de compostos orgânicos, omitindo os átomos de H e indicando os átomos de carbono pelos vértices entre as ligações.

O íon metálico liga-se a esses poliéteres preenchendo a cavidade central do anel, e procurando interagir com o máximo de oxigênios possível. Os anéis não são planares, e o arranjo dos átomos de O ao redor do metal é bastante complicado. Na Tabela 14.3. estão mostrados de forma comparativa os tamanhos das cavidades centrais de três poliéteres, e os diâmetros dos íons metálicos do grupo IA. A ligação mais forte ocorre quando o íon metálico consegue melhor ajuste no interior da cavidade. As constantes de equilíbrio para a ligação do Na^+ e K^+ no 15-coroa-5 diferem por um fator de no mínimo 3, podendo chegar a 10. Esses poliéteres não são solúveis em água; sua maior

TABELA 14.2 ENTALPIAS DE HIDRATAÇÃO, DE CRISTALIZAÇÃO E DE DISSOLUÇÃO DE ALGUNS HALETOS ALCALINOS A 25°C

	$\Delta\tilde{H}^\circ_{hid}$	$\Delta H_{cristal}$ (kJ mol-1)	$\Delta\tilde{H}^\circ_{dissol}$	Solubilidade (mol L-1)*
LiF	-1041,5	-1046,4	4,9	0,06
LiCl	-898,3	-861,3	-37,0	14
LiBr	-866,8	-817,9	-48,9	10
NaCl	-783,5	-787,4	3,9	5,4
KCl	-700,7	-717,9	17,2	4,2
RbCl	-675,3	-692,3	17,0	6,0

* As fases sólidas a 25°C para LiCl e LiBr saturados são $LiCl \cdot H_2O$ e $LiBr.2H_2O$.

TABELA 14.3 COMPARAÇÕES DE TAMANHOS ENTRE OS ÍONS METÁLICOS E AS CAVIDADES NOS POLIÉTERES

Ion metálico	Diâmetro (Å)	Poliéter	Tamanho da Cavidade (Å)
Li^+	1,20	14-Coroa-4	1,0-1,3
Na^+	1,90	15-Coroa-5	1,7-2,2
K^+	2,66	18-Coroa-6	2,6-3,2
Rb^+	2,96	18-Coroa-6	2,6-3,2
Cs^+	3,38		

aplicação é justamente a de promover a dissolução de sais de sódio e potássio em solventes orgânicos. Uma solução denominada benzeno púrpura é formada pela dissolução de $KMnO_4$ em benzeno, na presença de 18-coroa-6. A cor púrpura dos íons MnO_4^- revela que o sal encontra-se solúvel em benzeno. Os íons K^+ e MnO_4^- formam um par em solução, e são mantidos separados pelo 18-coroa-6. Os segmentos de hidrocarbonetos apolares no 18-coroa-6 formam pontes entre os átomos de oxigênio, e auxiliam na interação favorável com o benzeno, apolar.

Entre os compostos mais úteis que ligam Na^+ e K^+ estão os antibióticos, com a valinomicina. Tais compostos destroem as bactérias alojando-se em suas paredes celulares. Muitos outros compostos conseguem se ligar às membranas das células. A valinomicina, entretanto, proporciona um canal que permite a passagem de íons K^+ para fora da célula. Isso força a célula a gastar energia para manter o balanço normal de íons. A estrutura da valinomicina é conhecida: trata-se de uma proteína cíclica, com formato de argola, com seis oxigênios carbonílicos capazes de coordenar um íon metálico. A ligação do íon K^+ à valinomicina é 1000 vezes mais forte que a do íon Na^+. Parte da seletividade é atribuída ao fato de que o H_2O se liga mais fortemente ao sódio, e a competição deste pelas moléculas de água torna a interação do potássio com a valinomicina mais favorável.

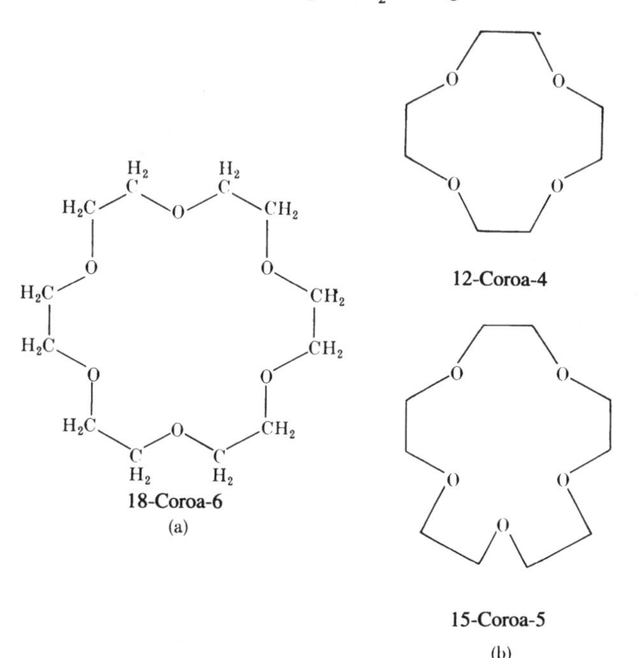

Fig. 14.4 Três poliéteres com diferentes tamanhos de cavidades para ligar íons de metais alcalinos (não desenhados em escala).

14.2 Os Metais Alcalino-Terrosos

Os elementos do grupo IIA (Be, Mg, Ca, Sr, Ba, Ra) nunca se encontram em estado metálico na natureza. Constituem redutores eficientes e reagem facilmente com uma variedade de não-metais. O magnésio é o segundo elemento metálico mais abundante na água do mar, e também ocorre em uma variedade de silicatos minerais. O cálcio é encontrado em abundância como $CaCO_3$ no mármore e calcáreo. A fonte mais comum de berílio é o mineral berilo, $Be_2Al_2(SiO_3)_6$, enquanto o bário e o estrôncio são encontrados mais frequentemente como sulfatos, $BaSO_4$ e $SrSO_4$. Todos os isótopos do rádio são radioativos; o próprio elemento é formado numa cadeia de decaimento radioativo que começa com o ^{238}U, e em consequência, todos os minerais de urânio contêm pequenas quantidades de rádio.

Todos os metais alcalino-terrosos podem ser preparados pela eletrólise de seus haletos no estado fundido. A maioria do magnésio é preparado comercialmente pela redução do óxido metálico com carvão:

$$MgO + C \rightarrow Mg + CO.$$

Em geral, a maneira mais conveniente de preparar pequenas quantidades de outros metais alcalino-terrosos é por meio da redução de seus óxidos por metais redutores disponíveis, como na reação

$$3BaO + 2Al \rightarrow 3Ba + Al_2O_3.$$

Os metais do grupo IIA são todos consideravelmente mais duros que os metais alcalinos, porém apresentam a mesma tendência de diminuição na dureza em função do aumento do número atômico. Apesar da tendência de serem quebradiços, os metais alcalino-terrosos podem ser laminados e enrolados sem fratura. Como material estrutural, contudo, apenas o magnésio tem aplicações importantes. Na forma de ligas com alumínio, zinco e manganês, dá origem a materiais resistentes que podem ser usados principalmente em construção de aeronaves. O cálcio e o bário reagem facilmente com oxigênio e nitrogênio em temperaturas elevadas, e consequentemente são usados como captadores na remoção dos últimos traços de ar nos tubos de raios catódicos.

A dureza comparativa dos metais alcalino-terrosos sugere que a ligação metálica no grupo IIA é mais forte que no grupo de elementos IA; isso é confirmado por alguns dos dados na Tabela 14.4. Os pontos de fusão e de ebulição e as entalpias de vaporização dos metais do grupo IIA são muito maiores que as dos metais alcalinos. Embora os valores das entalpias de formação dos átomos gasosos tenham alguma dispersão, as mesmas tendências são observadas nos grupos IIA e IA: O berílio, que é o membro mais leve da família dos metais alcalino-terrosos, tem a maior entalpia de vaporização ao contrário do bário.

Na Tabela 14.4. podemos ver que os raios atômicos e iônicos dos elementos do grupo IIA aumentam em função do número atômico. Os raios atômicos e iônicos são menores que os correspondentes aos vizinhos mais imediatos do grupo IA. A contração do raio iônico ao se passar do grupo IA para IIA tem uma explicação simples. Os pares de íons Li^+ e Be^{2+}; Na^+ e Mg^{2+}; K^+ e Ca^{2+}, e assim por diante, são isoeletrônicos; cada par tem a estrutura eletrônica do gás inerte que os precede. O íon alcalino-terroso, contudo, tem uma carga nuclear mais alta que o íon correspondente de metal alcalino, e esse fator provoca uma diminuição do seu raio.

As entalpias de hidratação do íons do grupo IIA apresentam duas características notáveis. Em primeiro lugar, a entalpia de hidratação torna-se menor com o aumento do raio iônico. Mais dramático, contudo, são as grandezas das entalpias de hidratação. O calor liberado na hidratação de íons do grupo IIA é muito maior que no caso dos metais alcalinos: Mesmo embora o Na^+ e o Ca^{2+} tenham aproximadamente os mesmos raios, a entalpia de hidratação do Ca^{2+} é quatro vezes maior que o do Na^+. Isso mostra que a entalpia de hidratação é proporcional ao quadrado da carga sobre o íon, como previsto pelas Eqs. (14.1) e (14.2).

A existência dos íons do grupo IIA exclusivamente no estado de oxidação +2 em solução aquosa se deve ao aumento da entalpia de hidratação com a carga iônica. A primeira energia de ionização desses elementos não é particularmente grande, porém a segunda energia é substancial. Essa observação, sozinha, poderia indicar que o estado de oxidação +1 é o mais importante na química do grupo IIA. As seguintes comparações mostram que o Ca^+ é estável com relação ao Ca e Ca^{2+}:

$$\begin{array}{rl}
Ca(g) \rightarrow Ca^+(g) + e^- & \Delta\tilde{E}_0 = 590 \text{ kJ mol}^{-1}, \\
e^- + Ca^{2+}(g) \rightarrow Ca^+(g) & \Delta\tilde{E}_0 = -1146 \text{ kJ mol}^{-1}, \\
\hline
Ca(g) + Ca^{2+}(g) \rightarrow 2Ca^+(g) & \Delta\tilde{E}_0 = -556 \text{ kJ mol}^{-1}.
\end{array}$$

A situação é bastante diferente, contudo, quanto consideramos as relações de energia entre os íons *aquosos* e o metal *sólido*. Se considerarmos a entalpia de hidratação do íon aquoso de Ca^+, hipotético, como sendo igual à do K^+, poderemos escrever

$$\begin{array}{rl}
2Ca^+(g) \rightarrow 2Ca^+(aq) & \Delta\tilde{H}^\circ \cong -642 \text{ kJ mol}^{-1}, \\
Ca(s) \rightarrow Ca(g) & \Delta\tilde{H}^\circ = 178 \text{ kJ mol}^{-1}, \\
Ca^{2+}(aq) \rightarrow Ca^{2+}(g) & \Delta\tilde{H}^\circ = 1578 \text{ kJ mol}^{-1}, \\
Ca(g) + Ca^{2+}(g) \rightarrow 2Ca^+(g) & \Delta\tilde{H}^\circ = -556 \text{ kJ mol}^{-1}, \\
\hline
Ca(s) + Ca^{2+}(aq) \rightarrow 2Ca^+(aq) & \Delta\tilde{H}^\circ = 558 \text{ kJ mol}^{-1}.
\end{array}$$

Agora, está claro que o Ca^+ (aq) é energeticamente instável com respeito ao Ca^{2+} (aq) e ao Ca(s), e a conclusão também pode ser estendida para outros metais alcalino-terrosos. O exame das variações de entalpia mostra que é a entalpia de hidratação do íon dipositivo a responsável por sua estabilidade em solução aquosa. O ganho energético associado à formação do íon bipositivo supera a energia necessária para remover o segundo elétron do elemento alcalino-terroso.

Os potenciais de redução dos elementos alcalino-terrosos dados na Tabela 14.4. mostram que o berílio e o magnésio são redutores mais pobres dò que os outros elementos mais pesados do grupo IIA. Os valores de $\mathscr{E}$ estão relacionados com o $\Delta\tilde{G}^\circ$ para a reação

$$H_2(g) + M^{2+}(aq) \rightleftharpoons 2H^+(aq) + M(s), \qquad (14.8)$$

por meio de

$$\Delta\tilde{G}^\circ = \Delta\tilde{H}^\circ - T\Delta\tilde{S}^\circ = -n\mathscr{F}\varepsilon^\circ. \qquad (14.9)$$

É possível construir um ciclo termoquímico semelhante ao de Born-Haber, para ir dos reagentes até os produtos na Eq.(14.8), passando pelos átomos e íons gasosos. Se considerarmos apenas a porção $\Delta\tilde{H}^\circ$ da Eq. (14.9), então o valor de $\mathscr{E}$ para o berílio difere daquelas dos outros grupos de metais IIA principalmente por causa de $\Delta\tilde{H}_f^\circ$ para seu átomo gasoso. Em outras palavras, é mais fácil reduzir Be^{2+} que outro íon metálico do grupo IIA porque o berílio metálico é o que apresenta ligações mais fortes.

TABELA 14.4 PROPRIEDADES DOS ELEMENTOS DO GRUPO IIA

	Be	Mg	Ca	Sr	Ba
Número atômico	4	12	20	38	56
Configuração Eletrônica	$[He]2s^2$	$[Ne]3s^2$	$[Ar]4s^2$	$[Kr]5s^2$	$[Xe]6s^2$
Energias de ionização (kJ mol^{-1})					
I_1	900	738	590	550	503
I_2	1759	1451	1146	1064	965
Raio de Bragg-Slater (Å)	1,05	1,50	1,80	2,00	2,15
Ponto de fusão (°C)	1287	649	839	768	729
Ponto de ebulição °C)	2472	1090	1484	1377	1898
$\Delta\tilde{H}_f$ de M(g) (kJ mol^{-1})	324,3	147,7	178,2	164,4	180
Raio iônico de Pauling (Å)	0,31	0,65	0,99	1,13	1,35
$\Delta\tilde{H}_{hid}$ a 25°C (kJ mol^{-1})	−2486	−1925	−1578	−1446	−1308
$\mathscr{E}^\circ(M^{2+} + 2e^- \rightarrow M(s))$ (V)	−1,97	−2,36	−2,87	−2,90	−2,91

Os Óxidos e Hidróxidos

Os óxidos de magnésio e dos elementos mais pesados do grupo IIA podem ser preparados pela combinação direta dos elementos ou pela decomposição térmica dos carbonatos:

$$M + \tfrac{1}{2}O_2 \rightarrow MO,$$
$$MCO_3 \rightarrow MO + CO_2,$$

onde M = Mg, Ca, Sr ou Ba. Como pode ser visto na Tabela 14.5, os óxidos são extremamente estáveis; suas entalpias e energias livres de formação negativas são consequência da alta energia reticular iônica devida à presença de íons bicarregados na estrutura do tipo NaCl.

Os óxidos mais pesados reagem com água para formar hidróxidos de fórmula geral $M(OH)_2$. Esses hidróxidos são bases fortes, pois reagem com ácidos e também dissolvem-se em água como íons M^{2+} e OH^-. A solubilidade em água é um tanto limitada, porém aumenta com o número atômico crescente, como mostram os produtos de solubilidade na Tabela 14.6.

As propriedades do óxido de berílio o distingue de outros óxidos de metais alcalino-terrosos. O óxido de berílio é mais duro e tem ponto de fusão mais alto que os óxidos de metais pesados. Sob o ponto de vista do comportamento ácido-base, o óxido de berílio é anfótero; reage lentamente apenas com ácidos fortes muito concentrados para formar soluções de íons hidratados, $Be(H_2O)_4^{2+}$, e também reage com bases fortes, existindo em solução, provavelmente como $Be(OH)_4^{2+}$.

O comportamento anfótero do óxido de berílio resulta do pequeno tamanho e da carga relativamente alta do íon berílio. O campo elétrico ao redor de um íon tão diminuto é particularmente intenso; consequentemente o íon berílio polariza as moléculas vizinhas atraindo seus elétrons. Portanto, a situação no $Be(H_2O)_4^{2+}$ pode ser representada como na Fig. 14.5. O efeito do íon berílio é de retirar a carga eletrônica das moléculas vizinhas da água, e assim, facilitar a remoção de seus prótons e a formação do $Be(OH)_2^{4-}$. Assim, o $Be(H_2O)_4^{2+}$ é um ácido enquanto o $Be(OH)_4^{2-}$ é uma base. Iremos encontrar outros casos onde um íon pequeno, de carga alta, existe como íon positivo hidratado em solução ácida, e como hidroxiânion em soluções básicas.

TABELA 14.5 PROPRIEDADES TERMODINÂMICAS DE ÓXIDOS ALCALINOS TERROSOS A 25°C (kJ mol⁻¹)

	BeO	MgO	CaO	SrO	BaO
$\Delta\tilde{H}_f^\circ$	-609,6	-601,7	-635,1	-592,0	-553,5
$\Delta\tilde{G}_f^\circ$	-580,3	-569,4	-604,0	-561,9	-525,1
Tipo de cristal	ZnS	NaCl	NaCl	NaCl	NaCl

Os Haletos

Todos os metais do grupo IIA combinam-se diretamente com os halogênios para formar haletos metálicos de fórmula geral MX_2. Os cloretos em particular, são interessantes, pois suas propriedades apresentam tendências indicativas de mudanças de covalente para iônica com o aumento do número atômico do metal. Na tabela 14.7 pode ser visto que o $BeCl_2$ tem um ponto mais baixo de fusão e de ebulição, e condutividade elétrica no estado de fusão bem menor do que os outros cloretos de metais alcalino-terrosos. Além disso, o $BeCl_2$ é solúvel em alguns solventes orgânicos, o que sugere que sua distribuição de carga é razoavelmente uniforme, como em compostos com ligações covalentes. O aparecimento de caráter covalente nos haletos de berílio não é surpreendente tendo em vista nossas observações anteriores de que um íon pequeno, altamente carregado, é capaz de polarizar os íons negativos vizinhos. As propriedades do $BeCl_2$ indicam qualitativamente que esse efeito de polarização é tão extremo que é mais correto pensar nos haletos de berílio como moléculas covalentes.

Na fase gasososa o $BeCl_2$ constitui uma molécula linear,

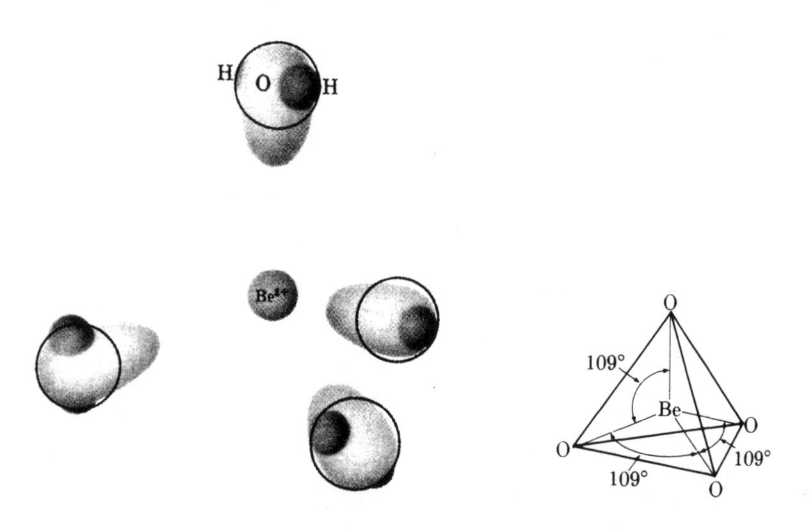

Fig. 14.5 Polarização de moléculas de água pelo íon berílio.

TABELA 14.6 PRODUTOS DE SOLUBILIDADE DE HIDRÓXIDOS DO GRUPO IIA

	K_{ps}
$Be(OH)_2$	2×10^{-22}
$Mg(OH)_2$	$7{,}1 \times 10^{-12}$
$Ca(OH)_2$	$6{,}4 \times 10^{-6}$
$Sr(OH)_2$	$3{,}2 \times 10^{-4}$
$Ba(OH)_2$	3×10^{-4}

simétrica, consistente com a presença de orbitais híbridos *sp* ao redor do átomo de berílio. Na fase sólida o $BeCl_2$ apresenta uma estrutura de ponte, como mostrado na Figura 14.6. Cada átomo de berílio encontra-se cercado por quatro átomos de cloro, com um ângulo Cl-Be-Cl de 90°. Esse tipo de **estrutura de ponte**, onde o halogênio está ligado a dois íons metálicos, também ocorre nos haletos de alumínio e gálio, e em outros sistemas, envolvendo cátions pequenos, altamente carregados e com baixo número de coordenação.

Os cloretos, brometos e iodetos dos metais alcalino-terrosos mais pesados são sólidos iônicos bastante solúveis em água. Os fluoretos, contudo, são menos solúveis por causa da elevada energia reticular dos compostos.

Outros Sais

Os sulfatos e cromatos dos metais alcalino-terrosos apresentam tendências semelhantes de solubilidade, como pode ser visto na Fig. 14.7. As solubilidades desses dois sais diminuem à medida que o número atômico do metal aumenta, e esse comportamento é oposto ao observado nos hidróxidos. À medida que avançamos na sequência do $BeSO_4$ até o $BaSO_4$, a entalpia de hidratação do íon positivo torna-se menor (menos negativa) por causa do aumento no tamanho iônico. Isso tende a tornar os sais dos íons metálicos pesados menos solúveis que os dos íons mais leves. As energias reticulares dos sulfatos, assim como dos cromatos, não variam tanto na sequência do berílio ao bário, pois as energias reticulares são determinadas principalmente pelo recíproco da soma dos raios iônicos, $1/(r_+ + r_-)$. Essa quantidade muda um tanto lentamente nessa sequência pois r_-, o raio do íon negativo, é muito maior que qualquer um dos raios dos íons positivos, e assim $(r_+ + r_-)$ é pouco sensível às variações em r_+. Portanto, a tendência nas solubilidades dos sais de metais do grupo II com ânions *grandes*, como SO_4^{2-} e CrO_4^{2-} é ditada predominantemente pelas variações nas entalpias de hidratação.

Na Figura 14.7 pode ser visto que a tendência na solubilidade do íon OH^- se opõe às do SO_4^{2-} e do CrO_4^{2-}. Visto que o OH^- é um íon pequeno, sua energia reticular deve mudar bastante em função do tamanho do cátion. A tendência na Figura 14.7 para um íon grande, como o CO_3^{2-} não acompanha a do SO_4^{2-}, e a tendência

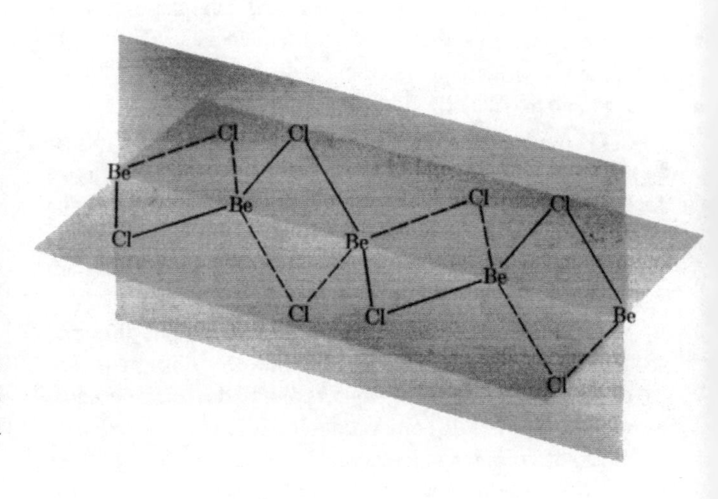

Fig. 14.6 Estrutura cristalina do $BeCl_2$.

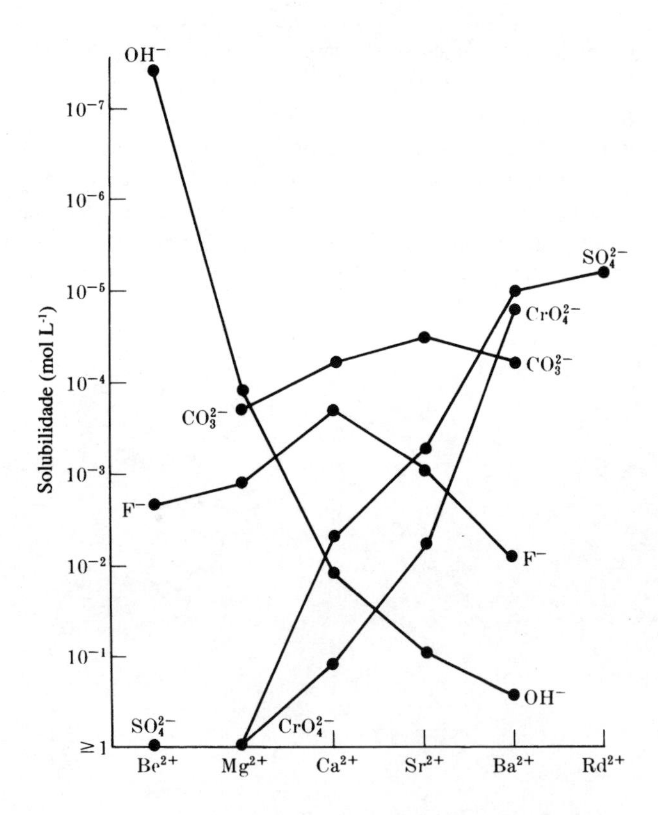

Fig. 14.7 Solubilidades de vários sais do grupo IIA. Os produtos de solubilidade foram utilizados para calcular todas as solubilidades menores que 0,1 *M*.

TABELA 14.7 PROPRIEDADES DE ALGUNS CLORETOS DO GRUPO IIA

	T_{pf}(°C)	T_{pe}(°C)	Condutividade Equivalente* (Ω-1)
BeCl2	405	490	0,086
MgCl2	715	1400	29
CaCl2	780	1600	52

* No ponto de ebulição.

observada para um íon pequeno como o F^- não acompanha a observada para o OH^-. Como já ressaltamos anteriormente, é difícil predizer o valor de $\Delta\tilde{H}^\circ_{sol}$ a partir de um valor aproximado de $\Delta\tilde{H}^\circ_{cristal}$ e as tendências erráticas encontradas para o F^- e CO_3^{2-} ilustram bem esse problema.

As estabilidades térmicas dos carbonatos dos metais do grupo IIA proporcionam outra demonstração de como o tamanho iônico e as energias reticulares influenciam o comportamento químico. A temperaturas elevadas, todos os carbonatos se decompõem nos respectivos óxidos segundo a reação:

$$MCO_3(s) \rightleftharpoons MO(s) + CO_2(g).$$

A temperatura na qual a pressão de equilíbrio do CO_2 é igual a 1 atm aumenta à medida que aumenta o número atômico do íon metálico, como está mostrado na Tabela 14.8. Assim, há um ligeiro aumento na estabilidade dos carbonatos à medida que o número atômico do metal cresce. Os valores de $\Delta\tilde{G}^\circ$ e $\Delta\tilde{H}^\circ$ para as reações de decomposição, também fornecidos na Tabela 14.8, são todos positivos; e crescem com o número atômico do metal. A tendência no $\Delta\tilde{G}^\circ$ é devida quase que inteiramente ao fato dos valores de $\Delta\tilde{H}^\circ$ aumentarem com o número atômico. Assim, na tentativa de explicar a tendência nas estabilidades dos carbonatos, podemos novamente ignorar os efeitos de entropia.

A tendência do aumento no $\Delta\tilde{H}^\circ$ com o número atômico crescente do cátion deve ser resultado da variação nas energias reticulares do MCO_3 e MO, com o aumento no tamanho do cátion. Como já ressaltamos anteriormente, a separação iônica $(r_+ + r_-)$ é determinada principalmente por r_-. Portanto, o retículo do carbonato torna-se apenas ligeiramente menor à medida que aumenta o número atômico e o tamanho do cátion. Por outro lado, a energia reticular de um óxido é sensível ao tamanho do cátion pois os raios do O^{2-} e dos cátions são comparáveis. Portanto, os óxidos dos cátions menores devem ser mais estáveis que os dos cátions maiores, e a decomposição dos carbonatos dos cátions menores deve ser menos endotérmica que a do cátion maior, como observado.

Existe um processo industrial importante que envolve a decomposição térmica do carbonato de cálcio. Os carbonatos e bicarbonatos dos metais alcalinos, especialmente Na_2CO_3 e $NaHCO_3$, são reagentes químicos industriais usados na manufatura do vidro, papel, tratamento de água, detergentes e sabão. Enquanto existe um suprimento abundante de NaCl nas minas de sal, o mesmo não acontece com o Na_2CO_3. A maioria do Na_2CO_3 e $NaHCO_3$ usado na indústria química é produzida a partir do NaCl e $CaCO_3$ pelo **processo Solvay**.

No processo Solvay, uma solução aquosa concentrada de NaCl é saturada com amônia, e depois o CO_2 é borbulhado nessa solução. As seguintes reações acontecem

$$NH_3(aq) + CO_2(aq) + H_2O \rightleftharpoons NH_4^+(aq) + HCO_3^-(aq),$$

$$NH_4^+(aq) + HCO_3^-(aq) + Na^+(aq) + Cl^-(aq)$$
$$\rightleftharpoons NaHCO_3(s) + NH_4^+(aq) + Cl^-(aq).$$

A solução é resfriada a 15°C de modo a diminuir a solubilidade do bicarbonato de sódio, que se separa como um sólido razoavelmente puro. Para se obter o carbonato de sódio, caso necessário, basta aquecer o bicarbonato correspondente.

Os materiais brutos usados na reação são o cloreto de sódio, a amônia, e o carbonato de sódio. Uma fonte conveniente de CO_2 é a pirólise do calcáreo, $CaCO_3$, bastante abundante:

$$CaCO_3(s) \rightarrow CaO(s) + CO_2(g).$$

A cal (CaO) obtida dessa reação pode ser convertida em hidróxido de cálcio:

$$CaO(s) + H_2O(l) \rightarrow Ca(OH)_2(s).$$

Por outro lado, o hidróxido de cálcio é usado para recuperar a amônia gasosa da solução de cloreto de amônio produzido na primeira etapa do processo:

$$2NH_4^+(aq) + 2Cl^-(aq) + Ca(OH)_2(s)$$
$$\rightleftharpoons 2NH_3(g) + Ca^{2+}(aq) + 2Cl^-(aq) + 2H_2O.$$

Assim, o resultado global do processo Solvay é a conversão do NaCl e do $CaCO_3$ em $NaHCO_3$ e $CaCl_2$. O cloreto de cálcio é usado como agente secante, e no tratamento do solo. O processo Solvay ilustra várias características desejáveis de um processo de conversão química: materiais abundantes (NaCl e $CaCO_3$), reações rápidas, reciclagem do intermediário mais caro (NH_3), e utilização do subproduto ($CaCl_2$).

TABELA 14.8 DADOS TERMODINÂMICOS PARA A DECOMPOSIÇÃO DE CARBONATOS DO GRUPO IIA

	$\Delta\tilde{H}^\circ$ kJ mol^{-1}	$\Delta\tilde{G}^\circ$ a 25°C	Td *(°C)
$MgCO_3(s) \rightleftharpoons MgO(s) + CO_2(g)$	100,6	48,3	407
$CaCO_3(s) \rightleftharpoons CaO(s) + CO_2(g)$	178,3	130,4	895
$SrCO_3(s) \rightleftharpoons SrO(s) + CO_2(g)$	237,4	183,8	1182
$BaCO_3(s) \rightleftharpoons BaO(s) + CO_2(g)$	269,3	218,1	1535

* Temperatura onde $P(CO_2)$ = 1 atm. De Y. A. Chang e N. Ahmad, *Thermodynamic Data on Metal Carbonates and Related Oxides* (Warrendale, Pa.: Metallurgical Society of AIME, 1982).

14.3 Os Elementos do Grupo IIIA

A característica mais notável na química dos metais alcalinos e alcalino-terrosos é a grande semelhança entre os membros da mesma família. Existem alguns pontos de semelhança entre os elementos do grupo IIIA (B, Al, Ga, In e Tl), porém em geral os elementos apresentam uma variedade de propriedades e alguns contrastes. Indo do boro para o tálio encontraremos uma mudança das propriedades semimetálicas para metálicas, de óxidos ácidos para anfóteros e básicos, de haletos onde a ligação é covalente para haletos com caráter iônico. Esses contrastes nas propriedades químicas dos elementos de uma mesma família também ocorrem nos grupos IV e V, e em alguma extensão no grupo VI, como iremos ver.

A fonte principal de boro na natureza é constituída pelos depósitos de borax, $Na_2B_4O_7.10H_2O$. A obtenção do elemento puro a partir desse composto é difícil. Um método usado é a conversão do bórax ao óxido B_2O_3, que é então reduzido com magnésio. Esse processo conduz ao elemento com baixa pureza, visto que a redução do óxido nunca é completa. A redução do tricloreto de boro com hidrogênio dá um produto de melhor qualidade, porém esse processo é pouco adequado para a produção do elemento em quantidade.

O alumínio é o metal mais abundante na crosta terrestre e é obtido em alta pureza e quantidade pela redução eletrolítica de seu óxido. Em contraste, o gálio, índio e tálio são bastante raros, e são obtidos apenas com subprodutos na produção de outros metais mais importantes, como o alumínio, zinco, cádmio e o chumbo.

Na Tabela 14.9 estão relacionadas algumas propriedades físicas dos elementos do grupo III. As tendências na dureza, temperatura de ebulição, e $\Delta\tilde{H}_f^\circ$ (M(g)) são paralelas às encontradas nos grupos I e II. É notório nos pontos de ebulição e nos valores de $\Delta\tilde{H}_f^\circ$(M(g)) da Tabela 14.9 que todos os elementos do grupo III são ligados mais fortemente no estado condensado que os elementos dos grupos I e II. Com a exceção do boro, os elementos do grpo III não apresentam pontos de fusão excepcionalmente altos; pelo contrário, o gálio se funde a 30°C. Em virtude do grande intervalo entre seus pontos de fusão e de ebulição, o gálio algumas vezes é usado como líquido termométrico.

Boro

O boro é o primeiro elemento que encontramos neste capítulo que não é um metal. Sua condutividade elétrica é pequena e aumenta com a temperatura, o que é oposto ao comportamento observado para os metais. Embora o boro se encontre formalmente no estado de oxidação +3 nos seus óxidos e nos haletos, não é conhecida a química do íon B^{3+} livre. Ao contrário, o boro se liga covalentemente a não metais e é um receptor de elétrons nos boretos como MgB_2 e AlB_2. A inspeção das energias de ionização na Tabela 14.9 mostra porque o íon B^{3+} livre não é importante quimicamente. A energia necessária para remover três elétrons do átomo de boro é muito grande; além disso, o íon, uma vez formado, seria extremamente pequeno e exerceria forças polarizantes sobre os átomos vizinhos. Isso resultaria na transferência de densidade eletrônica do boro para seus vizinhos, e a situação mais favorecida termodinamicamente seria o compartilhamento eletrônico, ou a ligação covalente com o boro.

Na Tabela 14.10 estão relacionadas algumas das propriedades dos haletos de boro. Como líquidos eles não conduzem eletricidade, e seus pontos de ebulição são todos baixos em comparação com os dos haletos dos elementos do grupo I e II. Nas fases gasosa, líquida e sólida, todos os haletos de boro existem como espécies moleculares discretas, do tipo BX_3. Todos esses fatos contrastam com o comportamento esperado para substâncias com ligações iônicas, e justificam o enquadramento da ligação boro-halogênio como sendo covalente. Outra confirmação desse ponto está na observação que os pontos de ebulição dos haletos de boro crescem com o número atômico. Esse é o comportamento esperado para uma série de compostos em que as forças de atração entre as moléculas são do tipo van der Waals, as quais aumentam com o número de elétrons na molécula. Em contraste, as atrações iônicas diminuem à medida que o íon se torna maior.

Todos os haletos de boro atuam como receptores de elétrons, como por exemplo, nas reações

$$BF_3 + NH_3 \rightleftharpoons F_3BNH_3,$$
$$BF_3 + F^- \rightleftharpoons BF_4^-.$$

Nessas reações o BF_3 atua como receptor de elétrons doados pelo NH_3 ou F^-. Assim, o BF_3 e outros haletos de boro são ácidos de

TABELA 14.9 PROPRIEDADES DOS ELEMENTOS DO GRUPO IIIA

	A	Al	Ga	In	Tl
Número atômico	5	13	31	49	81
Configuração Eletrônica	$[He]2s^22p^1$	$[Ne]3s^23p^1$	$[Cu^+]4s^24p^1$	$[Ag^+]5s^25p^1$	$[Au^+]6s^26p^1$
Energias de ionização (kJ mol^{-1})					
I_1	801	578	579	534	589
I_2	2427	1817	1979	1821	1971
I_3	3660	2745	2963	2706	2878
Raio de Bragg-Slater (Å)	0,85	1,25	1,30	1,55	1,90
Ponto de fusão (°C)	2027	660,1	29,8	156,6	304
Ponto de ebulição °C)	4002	2520	2205	2073	1473
$\Delta H^\circ f$ de M(g) (kJ mol^{-1})	562,7	326,4	277,0	243,3	182,2
Raio iônico de Pauling M^{3+} (Å)†	—	0,50	0,62	0,81	0,95
$\Delta\tilde{H}_{hid}$ (M^{3+}) a 25°C (kJ mol^{-1})	—	−4678	−4692	−4091	−4106
$\mathscr{E}^0$(M^{2+} + $3e^-$ → M(s)) (V)	—	−1,68	−0,55	−0,34	0,74
D^0(M_2(g))(kJ mol^{-1})	295	177	116	106	(100)

Lewis, e o BF_3 em particular, é geralmente usado como catalisador ácido nas reações orgânicas. As moléculas do tipo BF_3NH_3 são denominadas de **adutos.**

Os óxidos dos semimetais são geralmente ácidos e o óxido de boro não constitui exceção. O trióxido de boro, B_2O_3, quando hidratado, forma ácido bórico, $B(OH)_3$. Apesar da sua fórmula, o ácido bórico é um ácido monobásico fraco. O comportamento ácido do $B(OH)_3$ não é simplesmente uma perda de próton, porém

$$B(OH)_3 + H_2O \rightleftharpoons B(OH)_4^- + H^+.$$

Nesta reação o boro apresenta novamente sua tendência de aceitar elétrons, comportando-se como ácido de Lewis.

Quando as soluções de $B(OH)_3$ e $B(OH)_4^-$ são concentradas, ocorre uma polimerização reversa. Três dessas formas poliméricas estão ilustradas na Figura 14.8. O mais conhecido é o tetraborato, $B_4O_5(OH)_4^{2-}$. Seu sal de sódio, cristalino, mais comum é o bórax. A fórmula do bórax é geralmente escrita como $Na_2B_4O_7.10H_2O$, onde todas as 10 moléculas de água são representadas como sendo de hidratação. Na realidade, a fórmula correta do bórax é $Na_2[B_4O_5(OH)_4].8H_2O$, onde estão presentes o íon tetraborato e apenas oito águas de hidratação. Quando o bórax se dissolve em água, ao nível de 0,10 M, este se dissocia em $B(OH)_3$ e $B(OH)_4^-$. O ânion BO_3^{3-} nunca pode ser obtido em solução aquosa.

Quando o ácido bórico é aquecido, há perda de uma água, segundo a reação

$$B(OH)_3 \xrightarrow{\text{calor}} HBO_2 + H_2O(g),$$

e se forma o ácido metabórico, HBO_2. Prosseguindo-se o aquecimento se produz o trióxido de boro, B_2O_3. O sal CaB_2O_4 contém cadeias infinitas de BO_2^- como mostrado na Figura 14.9. A partir do ácido bórico e do H_2O_2 pode ser obtido o reagente peroxiborato, de grande utilidade química. A estrutura verdadeira do $NaBO_3.4H_2O$, também chamado de perborato de sódio, pode ser confundida com a do $NaBO_2.3H_2O$, porém é na realidade $Na_2[B_2(O_2)_2(OH)_4].6H_2O$. O íon peroxoborato forma um anel de seis membros, como ilustrado na Figura 14.10. É usado em soluções de limpeza e como agente branqueador. O óxido B_2O_3 é usado como fluído auxiliar em soldas, pois seus vários ânions promovem a remoção dos óxidos metálicos.

TABELA 14.10 PROPRIEDADES DOS TRIHALETOS DE BORO

	Ponto de Fusão (°C)	Ponto de Ebulição (°C)	$\Delta \tilde{H}^\circ_f$ do Gás (kJ mol⁻¹)
BF_3	−127	−101	−1120,3
BCl_3	−107	12	−388,7
BBr_3	−46	91	−232,5
BI_3	(43)	(210)	20,7

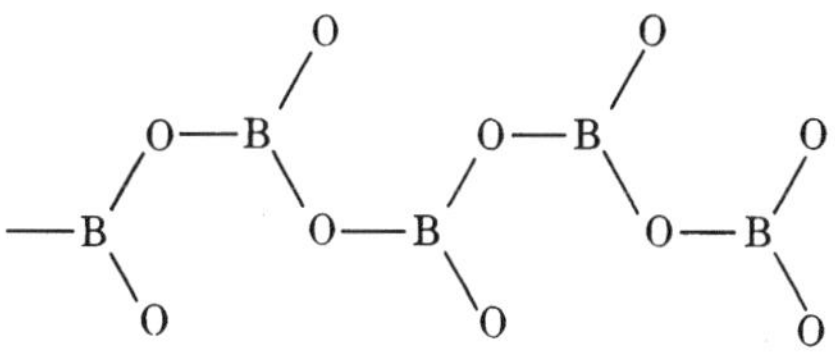

Fig. 14.9 Estrutura em cadeia do ânion BO_2^-.

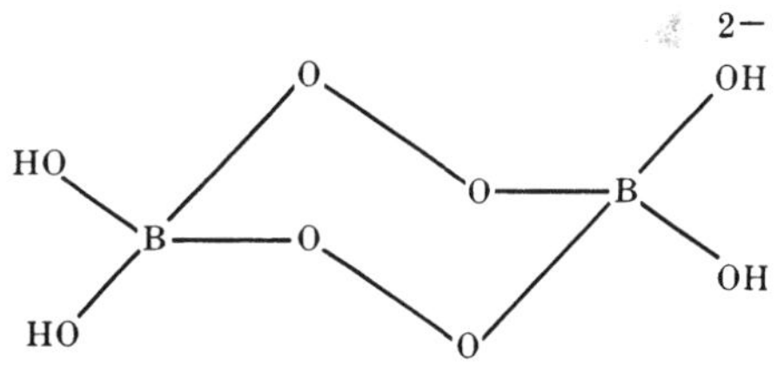

Fig. 14.10 Ânion peroxoborato.

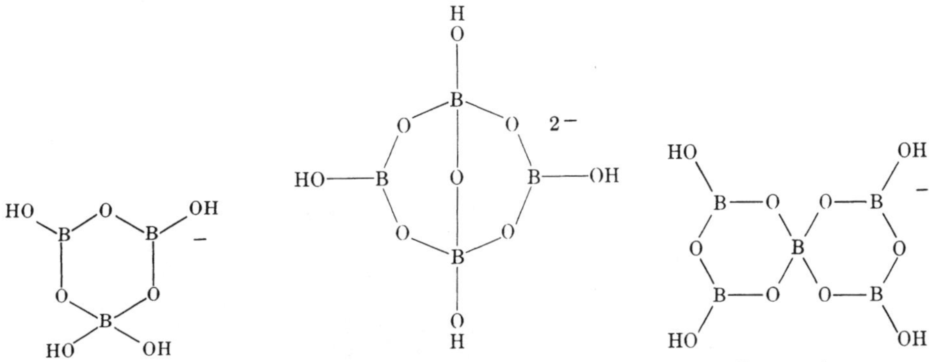

Estrutura do $B_3O_3(OH)_4^-$

Estrutura do $B_4O_5(OH)_4^{2-}$

Estrutura do $B_5O_6(OH)_4^-$

Fig. 14.8 Os três principais polímeros de boratos.

O boro forma uma série de compostos voláteis denominados **boranos**. O diborano, B_2H_6 é o hidreto mais simples da série, e pode ser preparado pela reação do hidreto de lítio com trifluoreto de boro:

$$6LiH + 8BF_3 \rightarrow 6LiBF_4 + B_2H_6.$$

Quando o diborano é aquecido a temperaturas entre 100 e 250°C, ele se converte em vários outros boranos:

$$B_2H_6 \xrightarrow{\text{calor}} B_4H_{10}, B_5H_9, B_5H_{11}, B_6H_{10}, B_9H_{15},$$

$$B_{10}H_{14}, B_{10}H_{16}, \text{etc.}$$

As fórmulas dos boranos são de dois tipos, B_nH_{2n+2} e B_nH_{2n+6}. Os compostos do primeiro tipo parecem ser mais estáveis.

A maioria dos boranos inflamam-se espontaneamente no ar, e são hidrolisados rapidamente até ácido bórico. As exceções dessa regra são o B_9H_{15} e o $B_{10}H_{14}$, que são estáveis ao ar e hidrolisam lentamente. Existe algum interesse nos boranos como combustíveis, pois a energia liberada em suas reações com o oxigênio é considerável:

$$B_2H_6 + 3O_2 \rightarrow B_2O_3 + 3H_2O$$

$$\Delta\tilde{H}^\circ = -2166 \text{ kJ mol}^{-1}.$$

A estrutura e a ligação na série dos boranos é especial. Na Figura 14.11 está ilustrada a estrutura do diborano. Os átomos de boro e quatro dos átomos de hidrogênio ficam no mesmo plano, com os quatro hidrogênio restantes ocupando posições de ponte entre os átomos de boro. O sistema B-H-B envolve uma **ligação de par eletrônico com três centros**. Os dois elétrons em cada ponte se deslocalizam sobre os átomos de boro e os núcleos de hidrogênio. Isso pode ser visto na Figura 14.12, onde está ilustrado um orbital molecular localizado representando a ponte, e sua construção a partir dos orbitais híbridos do boro e do orbital 1s do hidrogênio. As estruturas dos outros boranos também envolvem esse tipo de ligação. Além isso, existem outros compostos em que as ligações de ponte são formadas pelos átomos dos halogênios.

A estrutura do tetraborano, $B_{10}H_{14}$, pode ser entendida em termos das ligações convencionais de pares eletrônicos entre dois centros, e das ligações tricêntricas. Na Figura 14.13 está ilustrada a estrutura do $B_{10}H_{14}$ e uma fórmula representativa correspondente. Vemos que existem 6 ligações B-H convencionais, e uma ligação B-B. Além disso, existem quatro ligações B-H-B de ponte, e juntas, elas somam os vinte e dois elétrons de valência provenientes dos quatro boros e dos dez átomos de hidrogênio.

Para explicar a ligação no pentaborano-9, B_5H_9, e nos outros hidretos de boro, precisamos considerar outro tipo de ligação de três centros. Isso envolve dois elétrons que fazem a ligação de três átomos de boro, colocados em um triângulo equilátero. A Fig.

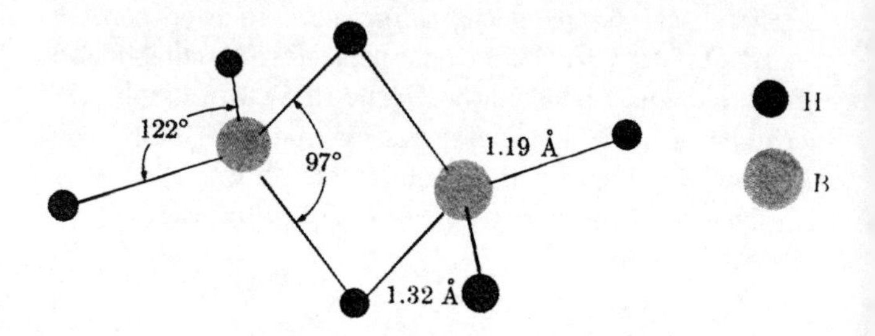

Fig. 14.11 Estrutura do diborano.

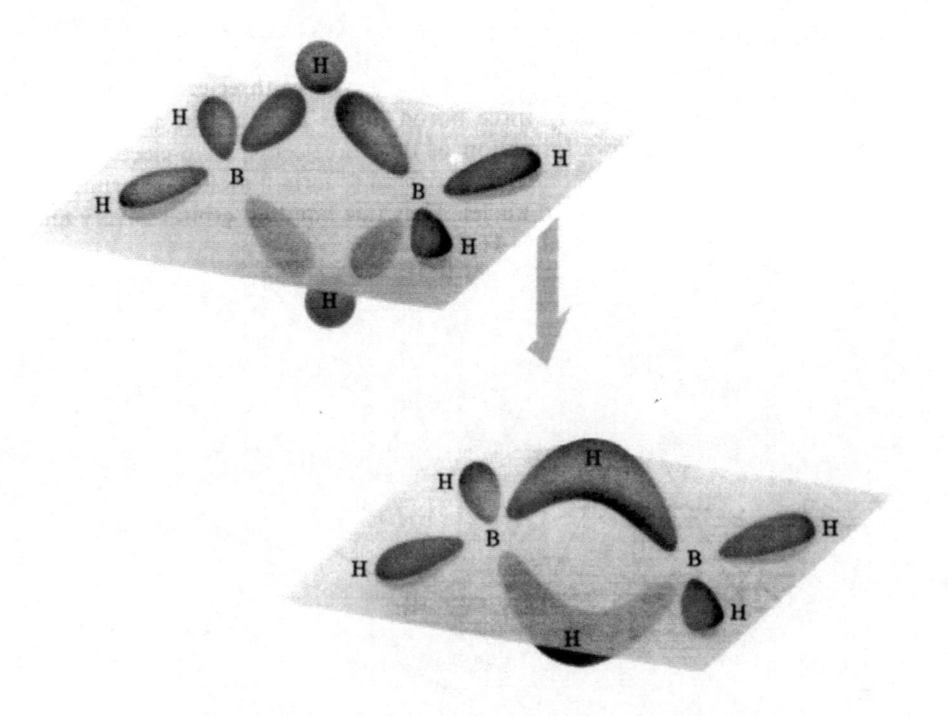

Fig. 14.12 Formação de ligações de três centros no diborano.

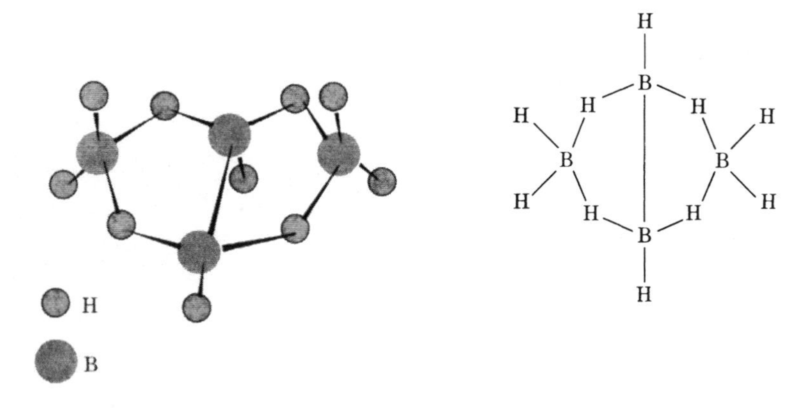

Fig. 14.13 Estrutura e representação com linhas da ligação no tetraborano, B_4H_{10}.

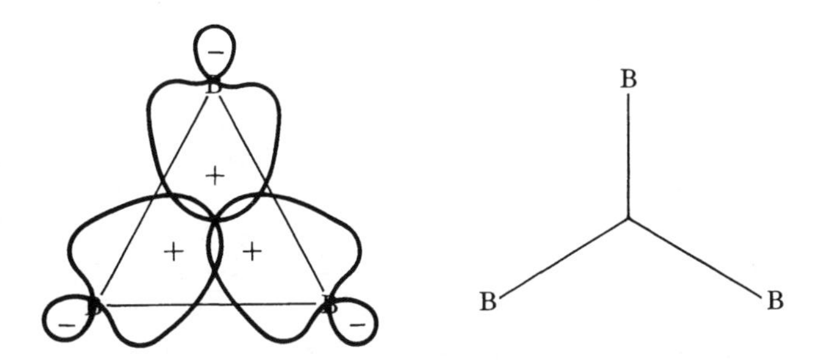

Fig. 14.14 Formação da ligação de três centros e dois elétrons encontrado no B_5H_9, e a sua representação com linhas.

14.14 mostra a formação dessa ligação de três centros, com dois elétrons. Cada átomo de boro contribui com um orbital híbrido para formar um orbital molecular que não apresenta regiões nodais entre os núcleos de boro. Assim, essa ligação é muito semelhante ao do orbital molecular de menor energia no H_3^+.

Na Figura 14.15 está mostrada a estrutura do B_5H_9. Os átomos de boro formam uma pirâmide de base quadrada. Existem cinco ligações convencionais B-H de dois elétrons, e quatro ligações B-H-B, que juntas, acomodam 18 dos 24 elétrons de valência na molécula. Os seis elétrons restantes ligam o átomo de boro do vértice aos quatro átomos da base da pirâmide. Visto que todos os quatro lados da pirâmide são equivalentes, a molécula deve ser representada como um híbrido de ressonância das estruturas mostradas na Figura 14.15. Em outras palavras, a distribuição eletrônica é uma superposição de quatro estruturas equivalentes, nas quais existem dois pares de ligação B-B convencionais e uma ligação tricêntrica entre os átomos de boro da base e do vértice.

Entre outras espécies nas quais o hidrogênio e o boro encontram-se ligados inclui-se o íon boroidreto, BH_4^-, e outros mais complicados, como o $B_3H_8^-$ e $B_{10}H_{13}$. O boroidreto de lítio pode ser obtido pela reação do hidreto de lítio com diborano:

$$2LiH + B_2H_6 \xrightarrow{\text{calor}} 2LiBH_4.$$

Em geral, os boroidretos de metais alcalinos são compostos iônicos constituídos por M^+ e BH_4^-. Por outro lado, o boroidreto de alumínio, $Al(BH_4)_3$, é um composto relativamente volátil, onde tem sido sugerido a existência de unidades BH_2 ligadas covalentemente ao alumínio por duas pontes Al-H-B. Alguns boroidretos metálicos também apresentam ligações do tipo M-H-B.

Alumínio

Em contraste com o boro, o alumínio elementar é tipicamente metálico. Todavia, em alguns de seus compostos, o alumínio

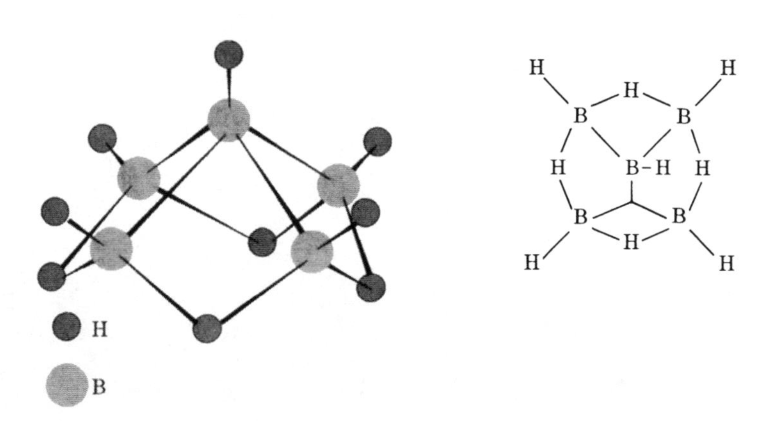

Fig. 14.15 Estrutura geométrica de B_5H_9 e de uma de suas quatro estruturas de ressonância de ligação.

apresenta propriedades que lembram semimetais, formando óxidos anfóteros e haletos relativamente voláteis.

O processo de obtenção do alumínio a partir do minério de bauxita, $Al_2O_3.nH_2O$, faz uso do caráter anfótero do óxido. Nesse processo, o Al_2O_3 é tratado com uma solução aquecida de NaOH, e o óxido de alumínio se dissolve formando $Al(OH)_4^-$. A impureza de Fe_2O_3, que não é anfótero, permanece dissolvida e pode ser removida por filtração. A solução aquecida de $Al(OH)_4^-$, quando resfriada, conduz à precipitação do $Al(OH)_3$. O $Al(OH)_3$ purificado é aquecido até formar Al_2O_3, que é então dissolvido em uma mistura, em fusão, de criolita, Na_3AlF_6, NaF e CaF_2, e então eletrolisado para produzir alumínio metálico no catodo.

O potencial de eletrodo para o alumínio

$$Al^{3+}(aq) + 3e^- \rightleftharpoons Al(s) \qquad \mathscr{E}^\circ = -1{,}68 \text{ V}$$

mostra que o metal é um forte agente redutor. Em circunstâncias ordinárias, contudo, a superfície do alumínio é recoberta por uma camada densa, transparente, de óxido que protege o metal contra o ataque químico. A cobertura de óxido pode ser destruída por almagamação (liga com mercúrio), e nesta condição, o alumínio apresenta suas verdadeiras propriedades redutoras, dissolvendo-se facilmente em água com evolução de hidrogênio.

A entalpia de formação do Al_2O_3 é negativa, e sua magnitude indica a maior estabilidade desse composto:

$$2Al + \tfrac{3}{2}O_2 \rightarrow Al_2O_3 \qquad \Delta\tilde{H}^\circ = -1676 \text{ kJ mol}^{-1}.$$

O óxido de alumínio é tão estável que o alumínio metálico irá reduzir quase qualquer óxido metálico ao estado elementar, através do processo denominado **aluminotermia.**

$$2Al + Cr_2O_3 \rightarrow Al_2O_3 + 2Cr \quad \Delta\tilde{H}^\circ = -536 \text{ kJ mol}^{-1},$$
$$2Al + Fe_2O_3 \rightarrow Al_2O_3 + 2Fe \quad \Delta\tilde{H}^\circ = -852 \text{ kJ mol}^{-1}.$$

A forma mais importante do óxido anidro de alumínio, Al_2O_3, é a α-alumina. Neste sólido, os íons óxidos formam um retículo hexagonal compacto, e os íons de alumínio ocupam dois terços dos sítios intersticiais octaédricos, de tal forma que cada íon de oxigênio encontra-se envolvido por quatro íons de alumínio. No seu estado cristalino, a α-alumina (corundum) é bastante transparente, resistente do ponto de vista mecânico, termicamente estável, excelente isolante elétrico, e muito resistente ao ataque de ácidos ou bases. Quando a alumina cristalina contém traços de certos íons de metais de transição, ela pode adquirir belas cores. O rubi é uma α-alumina que contém pequenas quantidades de Cr^{3+}, enquanto a safira azul é uma α-alumina contaminada por Fe^{2+}, Fe^{3+}, e Ti^{3+}.

As soluções aquosas dos sais de alumínio são ácidas por causa da facilidade de ionização de um próton no $Al(H_2O)_6^{3+}$. O campo elétrico intenso dos íons pequenos, de cargas altas, atrai os elétrons das moléculas de água, tornando-os doadores de prótons. A constante de ionização para a reação

$$[Al(H_2O)_6]^{3+} \rightleftharpoons [Al(H_2O)_5OH]^{2+} + H^+$$

$$K = 1{,}0 \times 10^{-5} \qquad (14.11)$$

TABELA 14.11 PROPRIEDADES DOS TRIHALETOS DE ALUMÍNIO

	Ponto de Fusão (°C)	Ponto de Ebulição (°C)	ΔH°_f (kJ mol⁻¹)
AlF_3	(sub)†	1291(sub)†	−1504
$AlCl_3$	192*	180(sub)†	−704
$AlBr_3$	97	255	−527
AlI_3	180	381	−314

* Sob pressão.
† Sublima.

mostra que o íon Al^{3+} é um ácido aproximadamente tão forte quanto o ácido acético. Essa acidez pronunciada é esperada de qualquer espécie que forma um óxido anfótero.

O fluoreto de alumínio é um composto pouco volátil, de alto ponto de fusão, porém os demais haletos de alumínio fundem-se a temperaturas relativamente baixas, como pode ser visto na Tabela 14.11. Na fase de vapor, o cloreto, brometo e iodeto de alumínio existe como moléculas Al_2X_6 que tem uma estrutura de ponte de haleto, como na Figura 14.16. A estrutura de ponte parece ser uma característica geral de sistemas deficientes de elétrons, onde a formação de ligações pelo processo normal de compartilhamento de elétrons leva a uma camada de valência aproximadamente completa.

Um composto importante é o hidreto de lítio e alumínio, $LiAlH_4$. Trata-se de um sólido cristalino não volátil que contém o íon AlH_4^-. Esse sal tem muitos usos na química orgânica e inorgânica, por causa de suas excelentes propriedades redutoras. As reações com $LiAlH_4$ podem ser realizadas usando-se éter como solvente, no qual o composto se dissolve, formando pares iônicos solvatados. O $NaAlH_4$ pode ser preparado diretamente a partir dos elementos, em éter, e o sódio pode ser deslocado pela adição de LiCl. Nas reações com $LiAlH_4$, a água deve ser rigorosamente excluída; caso contrário, ocorre a redução com formação de hidrogênio:

$$LiAlH_4 + 4H_2O \rightarrow LiOH + Al(OH)_3 + 4H_2.$$

O sal inflama-se quando triturado, e explode violentamente quanto aquecido acima de 100°C.

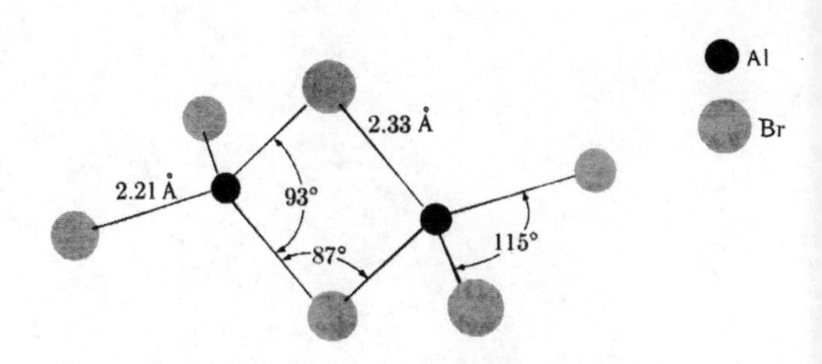

Fig. 14.16 Estrutura de pontes de haletos do Al_2Br_6.

Gálio, Indio e Tálio

A química do gálio é semelhante a do alumínio. O potencial de eletrodo

$$Ga^{3+}(aq) + 3e^- \rightleftharpoons Ga(s) \qquad \mathscr{E}^\circ = -0,55\ V,$$

indica que o gálio é um bom agente redutor, porém não tão poderoso como o alumínio. Da mesma forma que o alumínio, o gálio metálico é protegido por um recobrimento de óxido, porém que se dissolve lentamente com evolução de hidrogênio, tanto em ácidos como em bases, para formar Ga^{3+} e $Ga(OH)_4^-$, respectivamente. O íon de Ga^{3+} é extensivamente hidrolisado em solução aquosa, como mostrado pela constante de equilíbrio para a reação

$$[Ga(H_2O)_6]^{3+} = [Ga(H_2O)_5OH]^{2+} + H^+$$

$$K = 2,5 \times 10^{-3}. \qquad (14.12)$$

O índio é um metal raro; em virtude de sua baixa dureza e escassez, não apresenta aplicações estruturais. O metal aceita elevado nível de polimento e algumas vezes tem sido usado na construção de espelhos especiais. O potencial de eletrodo

$$In^{3+}(aq) + 3e^- \rightleftharpoons In(s) \qquad \mathscr{E}^\circ = -0,34\ V,$$

indica que o índio é um agente redutor mais fraco que o alumínio e o gálio. Embora as soluções de In^{3+} sejam hidrolisadas extensivamente, o óxido In_2O_3 é essencialmente básico e não anfótero, como o Al_2O_3 e o Ga_2O_3.

O índio também difere do alumínio e gálio por formar compostos no estado de oxidação +1. Os haletos InCl, InBr e InI são conhecidos, assim como o In_2O.

Da mesma forma que o índio, o tálio é um metal raro, bastante mole. Ao contrário dos outros metais do grupo III, o tálio não é protegido por uma película de óxido, e consequentemente, é facilmente oxidado pelo ar. Outro ponto de diferença é que o tálio +3 tem poder oxidante considerável, como indica o potencial de eletrodo

$$Tl^{3+}(aq) + 2e^- \rightleftharpoons Tl^+(aq) \qquad \mathscr{E}^\circ = 1,28\ V.$$

Enquanto os compostos de tálio no estado de oxidação +3, tais como o Tl_2O_3, os trialetos (exceto o iodeto) e o Tl_2SO_4, são bem conhecidos, muito da química do tálio se refere ao estado de oxidação +1. Exceto pelo fato do TlCl ser insolúvel em água, o comportamento dos sais de Tl^+ é em geral, semelhante ao dos sais dos metais alcalinos.

14.4 Os Elementos do Grupo IVA

A analogia entre os elementos da mesma família, tão óbvia nos grupos I e II, e um pouco menos, no grupo III, é ainda menos aparente no grupo IVA. O carbono é indiscutivelmente um não-metal. Enquanto a química do silício em alguns aspectos é característica de um não-metal, suas propriedades elétricas e outras propriedades físicas correspondem as de um semimetal. O germânio, sob todos os pontos de vista, é um semimetal. Embora uma forma alotrópica do estanho tenha propriedades elétricas de um semimetal, o estanho, e particularmente o chumbo, apresentam características físicas de metais. Os dados na Tabela 14.12 ilustram as diferenças consideráveis nas propriedades como o tamanho atômico e o ponto de fusão, no grupo IVA.

Os elementos do grupo IVA têm em comum os estados de oxidação +2 e +4, porém, enquanto o estado +4 é muito importante para o carbono e o silício, o estado +2 torna-se cada vez mais importante para o germânio e o estanho, e constitui o estado de oxidação mais importante do chumbo.

O carbono ocorre na natureza sob as formas alotrópicas de diamante e grafite, e em maior abundância, porém altamente contaminado, na forma de carvão. O silício é o segundo elemento mais abundante após o oxigênio, e é encontrado em uma grande variedade de silicatos minerais. Em contraste com o carbono e o silício, o germânio, estanho e chumbo são elementos relativamente raros. O estanho e o chumbo são semelhantes, contudo, pois são facilmente obtidos de seus minérios, e são importantes tecnologicamente como metais puros e em ligas.

O silício ultra-puro e o germânio formam a base da indústria eletrônica moderna, onde são usados na manufatura de transistores e circuitos integrados. Os métodos usados na obtenção desses elementos em alta pureza são essencialmente os mesmos. Por exemplo, o silício é obtido a partir do dióxido, que é reduzido com carvão:

$$SiO_2 + 2C \rightarrow Si + 2CO.$$

Essa forma impura de silício é convertida em tetracloreto pela reação direta com cloro:

$$Si + 2Cl_2 \rightarrow SiCl_4.$$

O tetracloreto de silício é volátil e pode ser facilmente purificado por destilação. O silício é obtido com maior pureza após a redução do tetracloreto com hidrogênio:

$$SiCl_4 + 2H_2 \rightarrow Si + 4HCl.$$

O silício é então submetido à nova purificação pelo processo de **fusão de zona**. Nesta operação um pequeno bastão de silício é submetido a fusão localizada, e essa região vai sendo deslocada lentamente para outra extremidade. As impurezas, que tendem a se concentrar na parte fundida à medida que o elemento cristaliza, são transportadas para a ponta do bastão com o deslocamento da fonte de calor. Depois da repetição do processo, a extremidade impura do bastão é cortada, e o silício resultante (ou germânio) pode ter um nível de impureza inferior a 10^{-11} em termos de fração molar. As lâminas usadas em circuitos integrados são cortadas dos monocristais, formados pelo crescimento

TABELA 14.12 PROPRIEDADES DOS ELEMENTOS DO GRUPO IVA

	C	Si	Ge	Sn	Pb
Número atômico	6	14	32	50	82
Configuração Eletrônica	$[He]2s^2 2p^2$	$[Ne]3s^2 3p^2$	$[Cu^+]4s^2 4p^2$	$[Ag^+]5s^2 5p^2$	$[Au^+]6s^2 6p^2$
Energias de ionização (kJ mol^{-1})					
I_1	1086	787	762	709	716
I_2	2353	1577	1538	1412	1450
I_3	4620	3232	3302	2943	3082
I_4	6223	4356	4410	3930	4083
Raio de Bragg-Slater (Å)	0,70	1,10	1,25	1,45	(1,80)
Ponto de fusão (ºC)	(sub)	1412	937,3	231,9	327,5
Ponto de ebulição ºC)	3830 (sub)	3267	2834	2603	1750
$\Delta \tilde{H}_f^{\circ}$ de M(g) (kJ mol^{-1})	717	456	377	302	195
Raio iônico de Pauling M^{3+} (Å)†	—	—	—	0,71	0,84
$\mathscr{E}^0(M^{2+} + 3e^- \rightarrow M(s))$ (V)	—	—	—	−0,14	−0,13
$D^0(M_2(g))$(kJ mol^{-1})	602	317	280	(190)	(80)

induzido por "sementes" em silício no estado de fusão. As lâminas apresentam 2 a 5 cm de diâmetro, e vários circuitos integrados em maior escala, são construídos sobre as mesmas.

O minério mais comum de chumbo é a galena, PbS. Para se obter o chumbo, o sulfeto é calcinado em ar e convertido ao PbO, que é então reduzido com carvão. O enxofre ocorre na forma do óxido SnO_2, que pode ser reduzido diretamente com carvão. Qualquer purificação posterior do chumbo ou estanho é geralmente efetuada fazendo a dissolução do metal e a sua deposição eletrolítica.

Carbono

A grafite, uma das formas alotrópicas do carbono, é a mais estável a 25 ˚C e 1 atm. O $\Delta\tilde{G}^{\circ}$ para a reação

$$C_{diamante} \rightleftharpoons C_{grafite}$$

é de apenas 2,9 kJ mol^{-1}.

Na Figura 14.17 estão mostradas as estruturas do diamante e da grafite. No diamante cada átomo de carbono está ligado

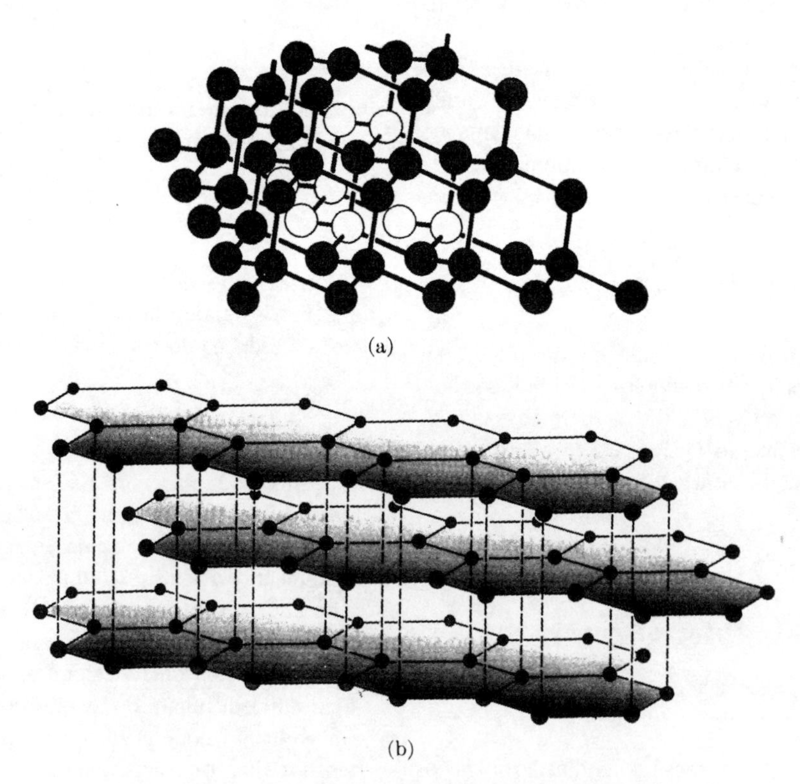

Fig. 14.17 Arranjo de átomos no (a) diamante e na (b) grafite.

covalentemente a quatro outros, localizados nos vértices de um tetraedro regular; assim, podemos atribuir a cada átomo de carbono uma hibridização sp^3. O comprimento da ligação C-C (1,54 Å) e a energia de ligação (355 kJ mol^{-1}) no diamante são praticamente os mesmos dos encontrados em compostos como o etano, CH_3-CH_3. Na grafite, os átomos formam camadas planares no interior dos quais adotam um arranjo hexagonal. A distância entre os planos é 3,40 Å, o que sugere que os planos não estão ligados por meio de ligações covalentes, mas sim por meio de forças de Van der Waals. A distância entre os átomos vizinhos nos planos é de apenas 1,415 Å, indicando a existência de ligações múltiplas. Não é possível se escrever uma estrutura que satisfaça a regra do octeto, com todas as ligações equivalentes. Na Figura 14.18, estão indicadas as três estruturas de ressonância que poderiam ser consideradas em conjunto, para representar a estrutura da grafite. Poderíamos dizer que na garafite não existem ligações simples nem duplas, mas apenas ligações $1^1/_3$.

Enquanto o diamante é um isolante opticamente transparente, a grafite é um sólido escuro, opaco, com um brilho levemente metálico, e uma condutividade elétrica bastante alta na direção paralela aos planos, e menor, na direção perpendicular. Aparentemente a ligação multicêntrica nos planos comporta-se como um "mar de elétrons livres" do tipo da ligação encontrada nos metais, o que justifica o brilho e a condutividade da grafite.

A química do carbono é a mais complexa de todos os elementos. Até há pouco tempo atrás os químicos haviam identificados cerca de 7 x 10^6 compostos com carbono, e muito mais tem sido preparados ou isolados da natureza, de forma contínua. Nos Capítulos 17 e 18 iremos discutir os compostos de carbono, porém muitos livros textos completos sobre a química orgânica tem sido escritos. Por isso, neste texto de química introdutória, limitaremos nosso espaço disponível para tratar desse assunto.

A característica mais notável do carbono é que a maioria de seus compostos contêm várias ligações carbono-carbono. Além da ligação simples C-C, ocorrem duplas C=C e triplas ligações, C ≡ C. As ligações formadas pelo carbono são tão semelhantes de um composto para o próximo, que o calor total de atomização dos compostos de carbono pode ser relacionado com as energias individuais de cada par de átomos ligados. Uma lista das energias típicas de ligação está mostrada na Tabela 14.13.

Podemos comparar os valores na Tabela 14.13 com os encontrados para as ligações do silício e do germânio (kJ mol^{-1}):

Si—Si	Si—H	Ge—Ge	Ge—H
177	295	157	289

Enquanto as ligações Si-H e Ge-H são apenas ligeiramente mais fracas que a ligação C-H, as ligações Si-Si e Ge-Ge tem a metade da força de uma ligação C-C simples. Só em tempos bem recentes foram preparados compostos com ligações Ge=Ge.

O estudo da química do carbono é dividida frequentemente entre a orgânica e a inorgânica. Nesta seção discutiremos a pequena classe de compostos de carbono, denominados inorgânicos, por conterem pouco ou nenhum hidrogênio.

O carbono forma três óxidos bem caracterizados: monóxido de carbono, dióxido de carbono e o subóxido de carbono, C_3O_2. monóxido de carbono tem a maior das energias de dissociação conhecidas para moléculas biatômicas, 1077 kJ mol^{-1}. A molécula é isoeletrônica com o nitrogênio; apresentando uma estrutura de Lewis com tripla ligação.

: C : : : O :

A tripla ligação pode ser visualizada como sendo constituída por duas ligações π formadas pelos orbitais atômicos p_x e p_y, e uma ligação σ formada pelos orbitais híbridos *sp*, como discutimos no Capítulo 11.

TABELA 14.13 ENERGIAS DE LIGAÇÕES INDIVIDUAIS POR ESTIMATIVA DOS CALORES DE ATOMIZAÇÃO DE COMPOSTOS GASOSOS DE CARBONO A 25ºC (kJ mol^{-1})*

C—C	C=C	C≡C
348	615	812
C—H	C—O	C=O
413	351	686–728
C—N	C=N	C≡N
292	615	866–891
O—H	N—H	O—O
463	391	139

* Valores recomendados por L. Pauling, *The Nature of the Chemical Bond*, 3a Ed., (Ithaca, N.Y.: Cornell University Press, 1960).

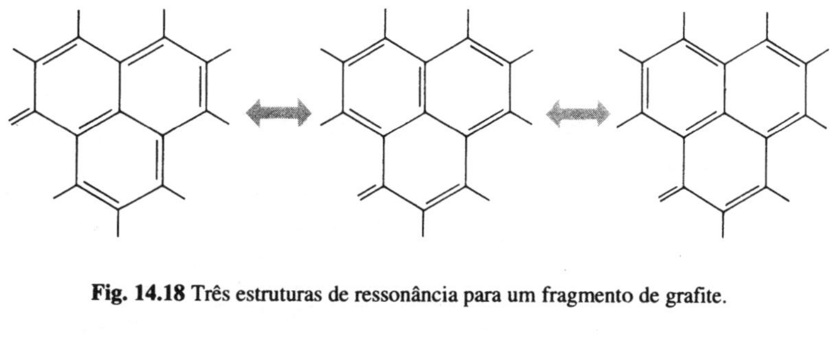

Fig. 14.18 Três estruturas de ressonância para um fragmento de grafite.

Os elétrons não ligados sobre o átomo de carbono no monóxido de carbono podem, em determinadas circunstâncias, serem doados para receptores de elétrons. Assim, o monóxido de carbono reage com a molécula de B_2H_6 para formar o carbonilborano, BH_3CO:

$$2CO + B_2H_6 \rightleftharpoons 2BH_3CO.$$

Podemos imaginar o carbonilborano como uma molécula em que a deficiência de elétrons no fragmento BH_3 tenha sido aliviada pelo par de elétrons doado pelo monóxido de carbono, como mostrado na seguinte estrutura:

```
        H
        ..
    H : B : C : : : O :
        ..
        H
```

O monóxido de carbono também forma uma série importante de compostos carbonílicos com os metais de transição. O exemplo mais comum é o niqueltetracarbonilo, $Ni(CO)_4$, que pode ser formado pela reação direta

$$Ni + 4CO \rightarrow Ni(CO)_4.$$

Outros compostos desse tipo serão discutidos no Capítulo 16.

Apesar da estabilidade do monóxido de carbono, ele reage exotérmicamente com oxigênio, produzindo dióxido de carbono:

$$CO + \tfrac{1}{2}O_2 \rightarrow CO_2 \qquad \Delta\tilde{H}^\circ = -283 \text{ kJ mol}^{-1}.$$

O dióxido de carbono é único, entre os dióxidos dos elementos do grupo IVA: Constitui um composto molecular volátil, enquanto o SiO_2, GeO_2, SnO_2 e PbO_2 são sólidos não voláteis, com estruturas cristalinas relativamente complicadas.

O dióxido de carbono é moderadamente solúvel em água, porém é o anidrido do ácido carbônico,

$$CO_2 + H_2O \rightleftharpoons H_2CO_3(aq).$$

A solubilidade total do CO_2 em água é aproximadamente 0,034 M, porém dessa quantidade, 99,63% está presente na forma de moléculas de CO_2 e apenas 0,37% sob a forma de H_2CO_3. A primeira constante de ionização do "ácido carbônico" é geralmente escrita da seguinte forma

$$\frac{[H^+][HCO_3^-]}{[H_2CO_3]} = 4{,}4 \times 10^{-7},$$

onde $[H_2CO_3]$ representa a concentração *total* das espécies neutras, H_2CO_3 e CO_2. Visto que a maioria é formada por CO_2, a constante de equilíbrio seria melhor escrita como

$$\frac{[H^+][HCO_3^-]}{[CO_2]} = 4{,}4 \times 10^{-7}.$$

O carbono se liga a um grande número de metais para formar carbetos, alguns dos quais de grande importância prática. Os carbetos podem ser classificados como salinos, intersticiais e covalentes. Dois exemplos de carbetos salinos são o Be_2C e o Al_4C_3. Ambos os compostos produzem metano quando hidrolisados. Por exemplo,

$$Al_4C_3 + 12H_2O \rightarrow 3CH_4 + 4Al(OH)_3.$$

O Be_2C tem o mesmo tipo de rede cristalina encontrado no Na_2O, com os átomos de berílio e de carbono substituindo os átomos de sódio e oxigênio, respectivamente.

Os acetiletos que contêm a unidade C_2^{2-}, constituem outra classe de carbetos salinos. O carbeto de cálcio, CaC_2, é desse tipo, e tem uma estrutura cristalina análoga ao do NaCl, na qual os íons Ca^{2+} e C_2^{2-} substituem os íons de Na^+ e Cl^-. Por meio da hidrólise se produz o acetileno, C_2H_2:

$$CaC_2 + 2H_2O \rightarrow Ca(OH)_2 + C_2H_2.$$

A combinação direta do carbono com alguns dos metais de transição como o titânio e o tungstênio produz carbetos intersticiais. Esses compostos são condutores elétricos com brilho metálico; por essa razão são considerados como estruturas metálicas que contêm átomos de carbono nos sítios intersticiais. Os carbetos intersticiais são, em geral, substâncias extremamente duras e de alto ponto de fusão. Por exemplo, o TiC e o W_2C são aproximadamente tão duros quanto o diamante, e fundem a temperaturas superiores a 3000 K.

Os compostos de carbono com elementos de eletronegatividades semelhantes são chamados de carbetos covalentes. O mais importante destes é o carbeto de silício, SiC, também chamado de carborundum. Essa substância é aproximadamente tão dura quanto o diamante e tem a mesma estrutura de rede tridimensional infinita.

Silício

O silício elementar tem um brilho prateado, porém sua condutividade elétrica é substancialmente menor que a dos metais. Sua rede cristalina é a mesma que a do diamante. O silício é inerte à temperatura ambiente, porém reage a altas temperaturas com todos os halogênios para formar tetraaletos, com oxigênio para formar SiO_2, e com nitrogênio, para formar Si_3N_4. Quando tratado com uma base forte, dissolve-se com evolução de hidrogênio:

$$Si(s) + 2OH^- + H_2O \rightarrow SiO_3^{2-} + 2H_2.$$

O dióxido de silício, ou sílica, forma uma estrutura sólida, tridimensional, com grande estabilidade. Em uma forma cristalina do SiO_2 os átomos de silício estão arranjados exatamente como os átomos de carbono no diamante, exceto que os átomos de oxigênio estão no meio, entre eles. A estrutura cristalina do quartzo, que é a forma mais familiar do SiO_2, é uma ligeira modificação desse arranjo.

A sílica funde-se a 1710 °C. Quando a sílica em fusão se esfria, ela se converte em um material vítreo, em vez de um sólido cristalino. Esse quartzo fundido tem muitas propriedades úteis. Em virtude da grande estabilidade da ligação Si-O (432 kJ mol^{-1}), o quartzo fundido é termoestável, e quimicamente inerte à todas as substâncias, com exceção do HF, F_2 e bases fortes, à quente. Além disso, é um excelente isolante elétrico, mesmo a altas temperaturas, tem um pequeno coeficiente de expansão térmica, é bastante transparente à luz ultravioleta, e quando estirada em fibras, tem excelente propriedades elásticas.

Diversos hidretos de silício, ou **silanos**, são conhecidos. Todos apresentam a fórmula geral Si_nH_{2n+2} e portanto, são análogos aos hidrocarbonetos saturados, C_nH_{2n+2}. Na Figura 14.19 pode ser observada a analogia entre os silanos mais simples e os hidrocarbonetos.

Na série dos hidrocarbonetos, o número de átomos de carbono em uma cadeia pode ter qualquer valor, porém entre os silanos, o composto mais complicado que se conhece é o Si_6H_{14}. Aparentemente a ligação Si-Si, por ser relativamente fraca, torna as moléculas com muitos átomos de silício ligados entre si bastante instáveis. Os hidretos de silício diferem dos hidrocarbonetos em outro aspecto importante. Dois átomos de carbono podem ser ligados por uma dupla ligação, como no etileno, $H_2C{=}CH_2$. Assim, existe uma série de compostos com fórmula geral C_nH_{2n}. Não existem hidretos análogos com o silício.

Os silanos são incolores, relativamente voláteis. Todos são muito reativos, e inflamam-se espontaneamente ao ar:

$$Si_3H_8 + 5O_2 \rightarrow 3SiO_2 + 4H_2O.$$

Os silanos reagem explosivamente com os halogênios. Na presença de Al_2Cl_6, reagem com HCl e formam clorosilanos:

$$HCl(g) + SiH_4(g) \xrightarrow{Al_2Cl_6} SiH_3Cl(g) + H_2(g).$$

É possível sintetizar moléculas como $(CH_3)_3SiCl$, $(CH_3)_2SiCl_2$ e CH_3SiCl_3. Esses clorosilanos e outros correlatos apresentam importância tecnológica, pois por hidrólise formam moléculas de alto peso molecular, denominadas de **siliconas.** A hidrólise do $(CH_3)_2SiCl_2$ produz uma cadeia de átomos de silício e de oxigênio.

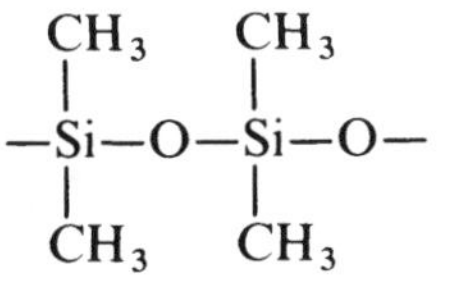

$$\begin{array}{c} CH_3 \quad\; CH_3 \\ | \qquad\quad | \\ -Si-O-Si-O- \\ | \qquad\quad | \\ CH_3 \quad\; CH_3 \end{array}$$

A hidrólise do CH_3SiCl_3 produz uma cadeia bidimensional com ligações cruzadas:

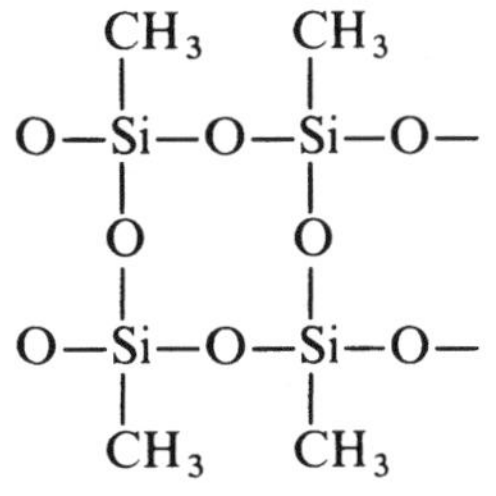

$$\begin{array}{c} CH_3 \quad\; CH_3 \\ | \qquad\quad | \\ O-Si-O-Si-O- \\ | \qquad\quad | \\ O \qquad\;\; O \\ | \qquad\quad | \\ O-Si-O-Si-O- \\ | \qquad\quad | \\ CH_3 \quad\; CH_3 \end{array}$$

A extensão das ligações cruzadas e o tipo de substituinte no hidrocarboneto controlam as propriedades do polímero. Todas as siliconas tendem a ser repelentes de água, resistentes ao calor, isolantes elétricos, e inertes quimicamente; essas propriedades os tornam úteis como lubrificantes, isolantes e em recobrimento de proteção.

Quando os óxidos ou carbonatos de metais alcalinos são fundidos com sílica, SiO_2, formam-se vários silicatos alcalinos. O silicato mais simples é o Na_2SiO_4, no qual o ânion silicato consiste de um átomo de Si cercado por quatro átomos de O localizados nos vértices de um tetraedro regular. Contudo, existem muitos outros silicatos alcalinos, tais como o $Na_2Si_2O_5$, $Na_6Si_2O_7$ e o Na_2SiO_3. Apesar das várias fórmulas empíricas desses compostos, suas estruturas são formadas por unidades tetraédricas SiO_4^{4-} repetitivas.

Os silicatos ocorrem em abundância na natureza. Juntos, o silício e o oxigênio constituem 74% da massa da crosta terrestre, principalmente na forma de silicatos de metais como Al, Fe, Ca, Mg, Na e K. A grande variedade de estruturas moleculares dos ânions silicatos produzem uma ampla faixa de propriedades apresentadas por minerais tais como asbestos, micas, talco, caolim, feldspato, serpentina, e as olivinas. Em consequência, as estruturas dos silicatos são de interesse, não apenas como exemplos de ânions poliméricos, mas como meio de se entender as propriedades macroscópicas dos materiais fantásticos do reino mineral.

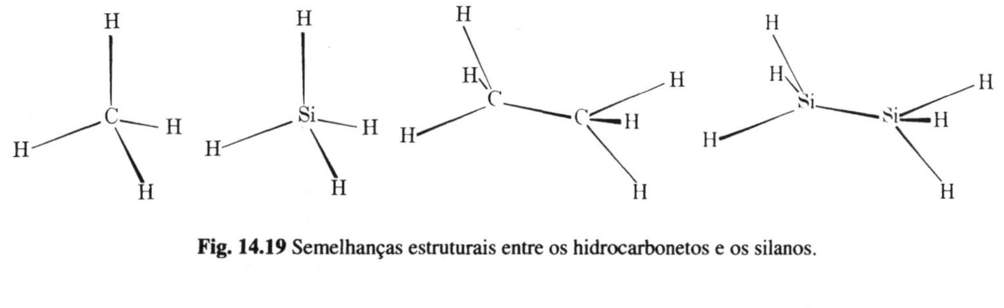

CH_4 SiH_4 C_2H_6 Si_2H_6

Fig. 14.19 Semelhanças estruturais entre os hidrocarbonetos e os silanos.

Na Figura 14.20 está mostrado como as estruturas dos vários ânions silicatos são construídas a partir da unidade tetraédrica SiO_4. Quando dois tetraedros compartilham um átomo, resulta o íon $Si_2O_7^{6-}$. Quando dois átomos de O de cada tetraedro são compartilhados com vizinhos, estruturas em anéis, como $Si_3O_9^{6-}$ ou cadeias infinitas de tetraedros com fórmula empírica SiO_3^{2-} podem ser geradas. Uma estrutura de dupla cadeia pode ser formada quando os tetraedros alternados de duas cadeias simples compartilham átomos de oxigênio, resultando em um ânion de fórmula empírica $Si_4O_{11}^{6-}$. Essa cadeia dupla pode ser estendida de maneira semelhante para gerar camadas infinitas de tetraedros, cada qual compartilhando três átomos de oxigênio com sua vizinhança. A fórmula empírica desse ânion é $Si_2O_5^{2-}$. Como iremos ver, ânions com arranjo tridimensional são possíveis se alguns dos átomos de Si forem substituídos por Al. Nos silicatos minerais, os íons positivos ocupam posições na estrutura do ânion de tal maneira a se obter o balanço de carga, e os ânions são mantidos juntos pelas atrações coulômbicas dos cátions.

Um grande número e variedade de minerais ocorrem na natureza, com os vários ânions ilustrados na Fig. 14.20. Citaremos alguns exemplos importantes de cada tipo.

SiO_4^{4-}. Os minerais que contêm grupos simples SiO_4^{4-} são geralmente chamados de ortosilicatos. Alguns exemplos são a willemita, Zn_2SiO_4, e o zircão, $ZrSiO_4$. As granadas apresentam a fórmula geral $M_3^{2+}M_2^{3+}(SiO_4^{4-})_3$, onde $M^{2+} = Ca^{2+}$, Mg^{2+} ou Fe^{2+}, e $M^{3+} = Al^{3+}$, Cr^{3+} ou Fe^{3+}. As olivinas tem a fórmula geral $(Mg,Fe)_2SiO_4$. Os raios do Mg^{2+} e Fe^{2+} são semelhantes de forma que as propriedades e estruturas não se alteram muito em função das quantidades variáveis de cada íon. As olivinas e garnets são minerais muito duros, densos e de grande estabilidade térmica.

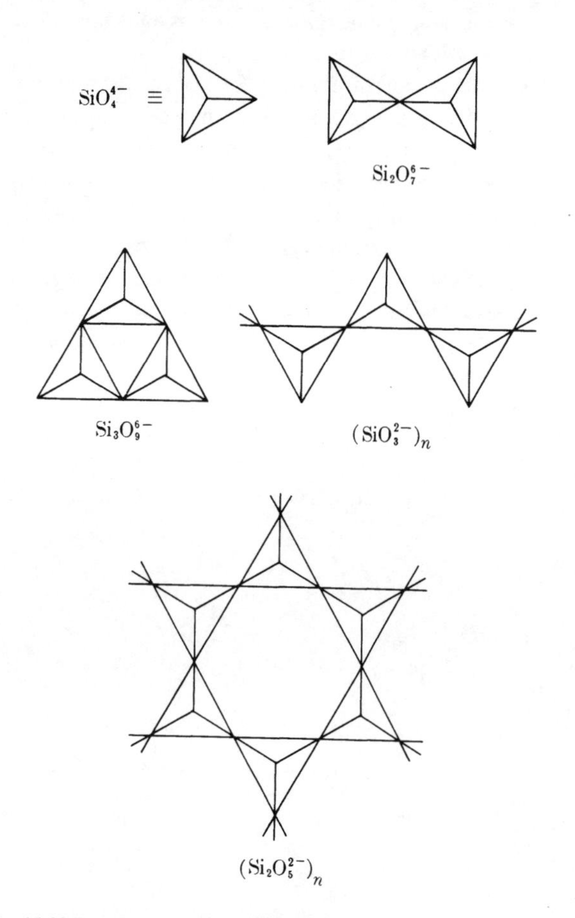

Fig. 14.20 Estruturas de ânions silicatos.

$Si_2O_7^{6-}$. Essas espécies, também chamadas de pirosilicatos, constituem minerais raros como a thortveitita, $Sc_2Si_2O_7$, e o barysilicato, $MnPb_8(Si_2O_7)_3$.

$Si_3O_9^{6-}$. Esses ânions são cíclicos, encontrados na wollastonita, $Ca_3Si_3O_9$, e na benitoita, $BaTiSi_3O_9$. Um ânion cíclico ainda maior, $Si_6O_{18}^{12-}$, é encontrado no berilo, $Al_2Be_3Si_6O_{18}$. Quando o berilo também contém algumas quantidades de Cr^{3+} ou V^{3+}, ele torna-se a gema esmeralda.

SiO_3^{2-}. Esse grupo aniônico é parte de uma cadeia infinita e está presente em minerais chamados piroxenos. Os exemplos mais conhecidos são o diopsido, $CaMg(SiO_3)_2$ e o espodumeno, $LiAl(SiO_3)_2$, que é uma das principais fontes de lítio. Os ânions silicatos de cadeias duplas ocorrem em uma classe de minerais denominados anfibólios. As estruturas completas desses minerais podem ser bastante complicadas, visto que além do ânion de cadeia dupla, tanto o mineral como os íons hidróxidos estão presentes, como na termolita, $Ca_2Mg_5(OH)_2(Si_4O_{11})_2$. Alguns anfibólios se apresentam como fibras, que proporcionam maior resistência mecânica às cadeias duplas. Alguns minerais, como os asbestos, são anfibólios.

$Si_2O_5^{2-}$. Esses grupos aniônicos incluem frequentemente íons hidróxido em suas estruturas para formar muitos minerais importantes. Alguns exemplos são o talco, $Mg_3(OH)_2(Si_2O_5)_2$, e as micas, como a biotita, $K(Mg,Fe)_3(OH)_2AlSi_3O_{10}$. A correlação entre a estrutura do ânion e as propriedades mecânicas macroscópicas é particularmente evidente nas micas, que clivam com muita facilidade nas direções paralelas às camadas de ânions. Outros silicatos em camada são a bentonita e a vermiculita. São materiais macios, facilmente hidratados, e podem trocar ou incorporar tanto ânions orgânicos como inorgânicos.

Estruturas de SiO_2. Se cada tetraedro de SiO_4 compartilhasse todos os quatro átomos de O com sua vizinhança, resultaria uma substância de fórmula empírica SiO_2 com a estrutura tridimensional do quartzo. Para se chegar a um ânion de estrutura tridimensional, alguns íons de Si^{4+} devem ser trocados por Al^{3+}, e para manter o balanço global de carga no cristal, outros cátions devem entrar nos interstícios da rede de óxido. Assim, existem minerais com a fórmula geral $M(Al,Si)_4O_8$ em que uma certa fração de átomos de silício foi trocada por alumínio. Quando a razão entre os átomos de Si e Al é de 3:1, *M* é um metal alcalino; quando a razão é 2:2, *M* é um íon de carga dupla como o Ca^{2+} ou Ba^{2+}. Essas estruturas tridimensionais de aluminosilicato ocorrem nos feldspatos, que é o mineral mais comum na crosta terrestre. Como poderia se esperar, os feldspatos são minerais bastante duros e estáveis termicamente. Outra estrutura importante é a dos zeólitos, $(Al,Si)_nO_{2n}$, onde a substituição do Al^{3+} por Si^{4+} dá origem a uma carga negativa, que pode atrair íons como Na^+ e Ca^{2+}. Os zeólitos têm túneis ou cavidades interconectadas através dos quais os íons ligados podem se deslocar ou sofrer trocas. Os zeólitos são usados como trocadores de íons e suportes para catalisadores. O tamanho da cavidade é uma variável importante que é controlada durante sua fabricação.

Em conclusão, podemos ver que a química dos silicatos, que são os ingredientes principais da superfície terrestre, é muito variada. Alguns minerais são materiais duros, resistentes a altas temperaturas, enquanto outros são macios, facilmente hidratados e adequados para sustentar a vida das plantas. Como elementos do grupo IVA, o carbono e o silício apresentam uma química bastante diferente, porém altamente complexa.

Germânio

Esse elemento tem propriedades químicas semelhantes às do silício. O germânio sólido tem uma estrutura do tipo diamante e apresenta a condutividade elétrica de um semimetal. Assim como o silício, o germânio reage diretamente com os halogênios dando origem a tetraaletos voláteis, com oxigênio para formar GeO_2 e com álcalis para formar germanatos,

$$Ge + 2OH^- + H_2O \rightarrow GeO_3^{2-} + 2H_2.$$

Assim como o Si_2, o GeO_2 constitui um óxido fracamente ácido.

O germânio, da mesma forma que o silício, forma uma série de hidretos voláteis, com fórmula geral Ge_nH_{2n+2}. Compostos em que $n = 6$, 7 e 8 têm sido identificados, porém não caracterizados completamente. Os hidretos de germânio, ou germanos, são oxidados a GeO_2 e H_2O pelo oxigênio, porém não são inflamáveis como os silanos.

Uma diferença entre a química do germânio e do silício é que o germânio existe no estado de oxidação +2 em muitos de seus compostos. Os haletos GeF_2, $GeCl_2$, $GeBr_2$ e GeI_2, e o sulfeto GeS são conhecidos, porém são bastante instáveis e são agentes fortemente redutores. A síntese desses compostos ilustra um método geral usado com frequência para obter estados de oxidação intermediários, instáveis. Os tetraaletos e o GeS_2 são primeiramente preparados pela reação direta dos elementos e depois tratados com germânio:

$$Ge + GeCl_4 \rightarrow 2GeCl_2, \qquad Ge + GeS_2 \rightarrow 2GeS.$$

Estanho e Chumbo

Esses elementos diferem dos demais no grupo IV em vários aspectos. Em primeiro lugar o estanho e o chumbo são metais, e seu estado de oxidação mais importante é +2. Enquanto os outros óxidos do grupo IV são ácidos, os monóxidos SnO e PbO são anfóteros, como o SnO_2. O dióxido de chumbo, PbO_2, é um oxidante poderoso, e suas propriedades ácido-base não são bem conhecidas. Em contraste com a extensa série de hidretos formados pelo carbono, silício e germânio, no caso do estanho e do chumbo, só se conhece o SnH_4 e o PbH_4. Enquanto os tetraaletos de carbono, silício e germânio são estáveis, os de estanho são menos estáveis; o PbF_4 e o $PbCl_4$ são bastante instáveis e disssociam-se por aquecimento,

$$PbX_4 \rightarrow PbX_2 + X_2.$$

As soluções aquosas de estanho no estado de oxidação +2 são obtidas pela dissolução do metal em ácido. Em conformidade com suas propriedades anfóteras, as soluções de Sn^{2+} são facilmente hidrolisadas:

$$Sn^{2+} + H_2O \rightleftharpoons SnOH^+ + H^+ \quad K = 3 \times 10^{-4}. \quad (14.13)$$

O íon estanoso é um ácido moderadamente forte, e também apresenta tendência de formar complexos com ânions. Por exemplo, na presença de íons cloreto, se formam os complexos $SnCl^+$, $SnCl_2$, $SnCl_3^-$ e $SnCl_4^-$.

O dióxido de estanho, SnO_2 dissolve-se em base para formar íons titanatos, $Sn(OH)_6^{2-}$, e em ácidos halogenídricos formando complexos do tipo $SnCl_6^{2-}$. Não há qualquer evidência que o Sn^{4+} ou outro íon monoatômico de carga +4 possa existir sem estar complexado, em solução aquosa.

O estado de oxidação mais comum do chumbo é o +2. Em solução aquosa, o íon plumboso, Pb^{2+}, sofre hidrólise, porém não tão extensamente quando o íon estanoso, como pode ser visto pela seguinte constante de equilíbrio:

$$Pb^{2+} + H_2O \rightleftharpoons PbOH^+ + H^+ \quad K = 2 \times 10^{-8}. \quad (14.14)$$

Quando o Pb^{2+} é tratado com álcalis, precipita primeiro o $Pb(OH)_2$, que depois se dissolve no excesso da base, formando $Pb(OH)_3^{3-}$.

Da mesma forma que o íon estanoso, o Pb^{2+} forma complexos com íons haletos. As constantes de equilíbrio para as reações

$$PbCl^+ \rightleftharpoons Pb^{2+} + Cl^- \quad K = 2{,}6 \times 10^{-2},$$
$$PbBr^+ \rightleftharpoons Pb^{2+} + Br^- \quad K = 1{,}7 \times 10^{-2},$$
$$PbI^+ \rightleftharpoons Pb^{2+} + I^- \quad K = 1{,}2 \times 10^{-2},$$

mostram que esses complexos apresentam apenas uma estabilidade moderada. Os haletos de chumbo, PbX_2, também são moderadamente insolúveis, porém dissolvem-se na presença de excesso de íons haleto para formar complexos como $PbCl_3^-$ e PbI_3^-

Os sulfatos, carbonatos, cromatos e sulfetos de chumbo são todos bastante insolúveis em água, como mostram as seguintes constantes de equilíbrio:

$$PbSO_4 \rightleftharpoons Pb^{2+} + SO_4^{2-} \quad K = 1{,}6 \times 10^{-8},$$
$$PbCO_3 \rightleftharpoons Pb^{2+} + CO_3^{2-} \quad K = 7{,}4 \times 10^{-14},$$
$$PbCrO_4 \rightleftharpoons Pb^{2+} + CrO_3^{2-} \quad K = 2 \times 10^{-16},$$
$$H_2O + PbS \rightleftharpoons Pb^{2+} + HS^- + OH^- \quad K = 3 \times 10^{-28}.$$

A química associada ao estado de oxidação +4 é bastante limitada. O potencial para a reação

$$PbO_2 + 4H^+ + 2e^- \rightleftharpoons Pb^{2+} + 2H_2O \qquad \mathscr{E}^\circ = 1{,}46\ V,$$

mostra que o dióxido de chumbo é um poderoso agente oxidante. Sua produção pode ser feita eletroliticamente, como numa bateria de recarga de chumbo, ou pela reação do chumbo +2 com hipoclorito em solução básica:

$$Pb(OH)_3^- + ClO^- \rightarrow Cl^- + PbO_2 + OH^- + H_2O.$$

RESUMO

Neste capítulo discutimos a química dos **elementos representativos,** constituídos pelos grupos IA, IIA, IIIA e IVA da tabela periódica. Os elementos do grupo IA, também chamados **metais alcalinos**, incluem o lítio, sódio, potássio, rubídio, césio e frâncio. Todos são metais, com apenas o estado de oxidação +1 nos compostos. Com os halogênios e o oxigênio eles formam retículos iônicos que apresentam considerável energia reticular. Os metais apresentam uma química semelhante, porém as diferenças nos tamanhos dos íons leva a diferentes calores de hidratação e diferentes interações com os oxigênios nos poliéteres cíclicos, e em moléculas biológicas.

O grupo de elementos IIA, também chamados metais **alcalino-terrosos,** incluem o berílio, magnésio, cálcio, estrôncio, bário e rádio. São todos metais que apresentam estados de oxidação +2 nos compostos. Em virtude de sua carga mais alta, apresentam energias reticulares e calores de hidratação mais elevados do que os metais alcalinos. Também formam sais moderadamente solúveis em água. Os ânions grandes tendem a apresentar maior solubilidade com os cátions menores do grupo IIA, e os ânions pequenos, muitas vezes, formam compostos mais solúveis com os cátions maiores. A química do berílio é especial, em virtude do pequeno tamanho do cátion +2.

Os elementos do grupo IIIA não são todos metais, visto que o boro, B é um semimetal, porém o alumínio, gálio, índio e tálio são todos metais. Os metais apresentam um estado de oxidação +3 nos compostos; contudo, o índio e o tálio também apresentam um estado de oxidação +1. O boro forma uma variedade de moléculas com ligações covalentes, muitas das quais apresentam octetos incompletos. Esses compostos também são ácidos de Lewis. Tanto o boro como o alumínio formam compostos com **ligações de ponte,** e juntamente com as ligações B-B, conferem aos hidretos de boro geometrias bastante interessantes. Os íons de Al^{3+} e Ga^{3+} hidratados são ácidos, e os óxidos dos mesmos são anfóteros. O íon de Tl^{3+} (aq) é um bom agente oxidante em virtude da alta estabilidade do íon de Tl^{+} (aq).

Os elementos do grupo IVA consistem do carbono e silício, que são não-metais em suas ligações, germânio, que é um semimetal; e do estanho e chumbo, que são metais. Tanto o estanho como o chumbo apresentam estados de oxidação +2 e +4. O carbono e o silício são elementos muito importantes, visto que o carbono é o principal elemento nas **moléculas orgânicas** e **biológicas,** e o silício, quando combinado com oxigênio, é o principal elemento nas rochas e minerais que formam a superfície da terra. Nesse capítulo discutimos apenas os **compostos inorgânicos** tradicionais, formados pelo carbono, que são os óxidos e os **carbetos.** Tanto o silício como o germdnio formam compostos com hidrogênio de composição semelhante aos hidrocarbonetos. Os minerais apresentam uma variedade complexa de ânions silicatos, e isso possibilita a existência tanto de minerais duros, resistentes a altas temperaturas, como de minerais macios, facilmente hidratados. O íon Sn^{2+} hidratado é um ácido moderadamente forte, o Sn^{4+} existe apenas em solução, sob a forma de complexos do tipo $SnCl_6^{2-}$ ou $Sn(OH)_6^{2-}$. O íon de Pb^{2+} (aq) não é tão ácido quanto o Sn^{2+}(aq), porém o Pb^{4+} é um oxidante forte demais para ser encontrado em solução.

SUGESTÕES PARA LEITURA

Histórico

Taylor, F. S., *A History of Industrial Chemistry*, New York: Abeland-Schuman, 1957:

Para trabalhos mais recentes, veja

R. P. Multhauf, *The History of Chemical Technology; An Annotated Bibliography.* New York: Garland Publishers, 1984.

Weeks, M. E., and H. M. Leicester, *Discovery of the Elements,* 7th. ed., Easton, Pa.: Chemical Education Publishing, 1968.

Química dos Grupos IA-IVA

Cotton, F. A., e G. Wilkinson, *Advanced Inorganic Chemistry.* 4th. ed., New York: Wiley, 1980.

Greenwood, N. H., e A. Earnshaw. *Chemistry of the Elements.* Oxford, England: Pergamon Press, 1984.

Heslop, R. B. e P. L. Robinson, *Inorganic Chemistry*, 2d. Ed., New York: Elsevier, 9163.

Kleinberg, J., W. J. Argersinger, Jr., e E. Griswold, *Inorganic Chemistry.* Boston: Heath, 1960.

Rochow, E. G. *The Metalloids.* New York: Heat, 1966.

Raios Atômicos

Slater, J. C. Atomic radii in crystals, *Journal of Chemical Physics*, 41, 3199-3204, 1964.

Slater, J. C. *Quantum Theory of Molecules and Solids.* vol 2. New York: McGraw-Hill, 1965, chap. 4.

Propriedades Estruturais

Chang, Y. A., e N. Ahmad. *Thermodynamic Data on Metal Carbonates and Related Oxides.* Warrendale, Pa,: Metallurgical Society of AIME, 1982.

Hultgren, R., et al. *Selected Values of the Thermodynamic Properties of the Elements.* Metals Park, Ohio: American Society for Metals, 1973.

Wagman, D. D., et al., The NBS tables of chemical thermodynamic properties. *Journal of Physical and Chemical Reference Data,* 11, supl. 2, 1982.

PROBLEMAS

Grupos de Elementos IA

14.1 Classifique cada elemento IA de acordo com as seguintes características:

a) Metal, semimetal ou não-metal
b) Estados de oxidação
c) Duro ou mole
d) Ligações iônicas ou covalentes com o cloro
e) Hidretos voláteis ou não voláteis
f) Diferenças entre os raios iônicos e de Bragg-Slater.

14.2 Amplie a Tabela 14.1. de modo a incluir o frâncio. Visto que o frâncio apresenta apenas isótopos de vida curta, você terá que adaptar as variações nas propriedades periódicas para os outros elementos do grupo IA. Note as variações menores dos raios do potássio e do rubídio. Você esperaria alguma mudança semelhante entre o césio e o frâncio? Caso afirmativo, por que?

14.3 As distâncias de ligação observadas para o Li_2 e Na_2 gasosos, são 2,67 e 3,08 Å. Use esses valores para computar os raios para o lítio e o sódio nessas moléculas. Esses raios são próximos dos valores de Bragg-Slater, ou dos raios metálicos para um número de coordenação 12 dados no capítulo anterior?

14.4 A que temperaturas o RT se iguala ao D° para o Na_2 gasoso? Com base nesse valor, você espera que o Na seja uma espécie importante no vapor de sódio, em sua temperatura de ebulição?

14.5 Use as equações (14.2) e (14.3) para calcular os valores de $\Delta\tilde{H}^\circ_{hid}$ para cada um dos íons do grupo IA. A constante de -695 na Eq. (14.2) poderia ser ajustada para se obter maior concordância com os valores de $\Delta\tilde{H}^\circ_{hid}$ dados na Tabela 14.1?

14.6 Seria razoável ajustar o valor de 0,85 Å na Eq. (14.3) para obter maior concordância entre os valores calculados de $\Delta\tilde{H}^\circ_{hid}$ no problema anterior, e os da Tabela 14.1.? Explique seu raciocício, e considere que o valor -695 se mantém constante.

14.7 Elabore um ciclo semelhante ao de Born-Haber para calcular o $\Delta\tilde{H}^\circ$ para a reação

$$\tfrac{1}{2}H_2(g) + M^+(aq) \rightleftharpoons M(s) + H^+(aq).$$

14.8 Use o ciclo elaborado no problema anterior para mostrar que os valores de $\Delta\tilde{H}^\circ$ dos íons do grupo IA na reação

$$\tfrac{1}{2}H_2(g) + M^+(aq) \rightleftharpoons M(s) + H^+(aq)$$

variam pouco, entre si. Todos os dados necessários estão na Tabela 14.1. Esse fato explicaria por que os valores de $\mathscr{E}^\circ$ para os íons do grupo IA são todos semelhantes?

14.9 Vamos comparar o valor de $U_{cristal}$ do NaCl com a interação coulômbica entre um par de íons Na^+ e Cl^-, a uma distância correspondente à do NaCl(s), de 2,81 Å. Faça esse cálculo usando potencial coulômbico dado no Apêndice C. Explique por que $-U_{cristal}$ é maior que o valor de $-U$ para um par simples de íons, Na^+ e Cl^-. Lembre-se da coordenação dos íons no NaCl sólido.

14.10 Um valor de $\Delta\tilde{G}^\circ_{sol}$ para um sólido pode sempre ser usado para calcular o K_{ps} por meio da equação:

$$-\Delta\tilde{G}^\circ_{sol} = RT \ln K_{ps}.$$

Se $\Delta\tilde{S}^\circ_{sol}$ para o NaCl é 43,4 J mol^{-1} K^{-1}, combine esse valor com o $\Delta\tilde{H}^\circ_{sol}$ para o NaCl, dado na Tabela 14.2., para determinar $\Delta\tilde{G}^\circ_{sol}$ e K_{ps} para o NaCl. Agora use o valor da solubilidade dada na Tabela 14.2. para calcular um segundo valor experimental de K_{ps} para o NaCl. A diferença entre esses valores é devida aos desvios da teoria ideal de soluções, e não é muito grande para essa solução concentrada de NaCl.

Elementos do Grupo IIA

14.11 Classifique cada elemento IIA de acordo com as seguintes características:

a) Metal, semimetal ou não-metal.
b) Estados de oxidação
c) Duro ou mole
d) Ligações iônicas ou covalentes com o cloro
e) Hidretos voláteis ou não-voláteis
f) Diferenças entre os raios iônicos e de Bragg-Slater.

14.12 Que comparação geral pode ser feita entre os pontos de fusão dos metais correspondentes aos grupos IA e IIA? Apesar das diferenças no valor, os grupos seguem a mesma tendência em função do número atômico crescente? Repita as mesmas comparações para os pontos de ebulição desses elementos.

14.13 Em uma solução ácida, qual agente é mais fortemente redutor, magnésio ou bário? Em uma solução básica, a diferença no poder de redução aumentaria ou diminuiria? Para determinar isso, você deve considerar o efeito do OH^- sobre os íons Mg^{2+} e Ba^{2+} em solução.

14.14 Use a Eq. (14.2) para os íons IIA, duplamente carregados, calculando os valores de $\Delta\tilde{H}^\circ_{hid}$. Como esses valores concordam com os dados na Tabela 14.4.?

14.15 Use os tamanhos relativos dos íons do grupo IIA e o modelo de cristal iônico para determinal qual sulfato IIA seria menos estável e qual seria mais estável na reação de decomposição

$$MSO_4(s) \rightleftharpoons MO(s) + SO_3(g).$$

14.16 Use o ciclo elaborado no problema 14.7, e os métodos do problema 14.8 para mostrar que o valor elevado de $\Delta\tilde{H}^\circ_f$ do Be(g) pode ser uma explicação do por que o potencial de redução do berílio difere dos potenciais calculados para o cálcio e o estrôncio.

14.17 Calcule o $\Delta\tilde{H}^\circ$ para a reação

$$Ba(g) + Ba^{2+}(g) \rightleftharpoons 2Ba^+(g).$$

O $Ba^+(g)$ é estável com respeito à essa reação? Converta esse valor ao correspondente da seguinte reação:

$$Ba(s) + Ba^{2+}(aq) \rightleftharpoons 2Ba^+(aq).$$

Use os valores dados na Tabela 14.4 mais o valor estimado de $\Delta\tilde{H}^\circ_{hid}$ para o íon de Ba^+, supondo o mesmo fornecido na Tabela 14.1 para o Cs^+. Há alguma possibilidade de que algum Ba^+ (aq) possa ser produzido pela redução do Ba^{2+}(aq) por Ba(s)?

14.18 Os isótopos de rádio apresentam vidas suficientemente longas para que suas propriedades químicas possam ser determinadas. Um livro de referência fornece seu ponto de fusão como 960 °C e seu ponto de ebulição como 1140 °C. Esses valores seriam consistentes com as tendências periódicas dadas na Tabela 14.4? As tabelas NBS fornecem o $\Delta\tilde{H}^\circ_f$ do RdO(s) como -523 kJ mol^{1-}. Esse valor é consistente com as tendências mostradas na Tabela 14.5? Faça uma previsão do valor de $\Delta\tilde{G}^\circ_f$ para o RdO(s).

14.19 A Tabela 14.4 não relaciona os valores de D^0 para as moléculas biatômicas gasosas dos elementos do grupo IIA. Existe um bom argumento para explicar por que eles não se encontram relacionados?

14.20 Você pode explicar por que o tipo do cristal para o BeO é diferente dos outros óxidos do grupo IIA? No ZnS, cuja estrutura é o da wurtzita, o cátion encontra-se cercado por quatro ânions.

Elementos do Grupo IIIA

14.21 Classifique cada um dos elementos IIIA de acordo com as seguintes características:

a) Metal, semimetal ou não-metal
b) Estados de oxidação
c) Duros ou moles
d) Ligações iônicas ou covalentes com o cloro
e) Hidretos voláteis ou não-voláteis
f) Força relativa na ligação no estado sólido
g) Oxidos ácidos, básicos ou anfóteros.

14.22 Os valores de $\Delta\tilde{H}^\circ_{hid}$. relacionados na Tabela 14.9 foram calculados diretamente a partir das tabelas termoquímicas, porém não seguem uma ordem periódica uniforme. Esses valores podem estar errados devido aos efeitos térmicos da formação de complexos ou hidrólise das soluções dos íons +3. Use as Eqs. 14.2 e 14.3 para calcular os valores teóricos de $\Delta\tilde{H}^\circ_{hid}$ para esses íons. Com o auxílio desses novos valores, verifique quais dos $\Delta\tilde{H}^\circ_{hid}$ relacionados na Tabela 14.9 teriam erros na faixa de 5-10% e quais teriam erros a 10%.

14.23 A forma ácida do ácido bórico é $B(OH)_3$, e sua forma básica, $B(OH)_4^-$. Escreva as reações balanceadas entre essas duas formas, tal que resulte em H_2O e
a) $B_3O_3(OH)_4^-$ b) $B_4O_5(OH)_4^{2-}$ c) $B_5O_6(OH)_4^-$

A partir dessas reações verifique quais espécies poliméricas seriam favorecidas em soluções mais básicas e em menos básicas. Se todo o ácido bórico fosse convertido em $B(OH)_4^-$ isso favoreceria a produção ou a destruição desses polímeros?.

14.24 O tetraborato de sódio dissolvido em água, a 0,1 M, constitui um tampao de pH 9,2. Considere as reações do problema anterior, e discuta a relação desse valor de pH com o K_a do ácido bórico na Eq. 14.10. Se 1,00 mol de tetraborato de sódio for titulado com HCl, até a formação completa do $B(OH)_3$, quantos moles de HCl serão gastos? Mostre seu raciocínio, escrevendo uma equação balanceada para essa titulação.

14.25 Escreva as estruturas de Lewis para cada um dos seguintes compostos:

a) $B(OH)_4^-$, b) $B(OH)_3$, c) $B_3O_3(OH)_4^-$,
d) BH_3, e) B_2H_6

Nota: Alguns podem ter octetos incompletos, e um apresenta ligações de ponte.

14.26 Quando o OH^- é adicionado a uma solução de Al^{3+}, forma-se um precipitado de $Al(OH)_3$, que dissolve-se rapidamente pela adição de excesso de OH^-. Explique porque.

14.27 Use os dois potenciais

$$Tl^+(aq) + e^- \rightleftharpoons Tl(s) \qquad \mathscr{E}^\circ = -0{,}34\ V,$$
$$Tl^{3+}(aq) + 2e^- \rightleftharpoons Tl^+(aq) \qquad \mathscr{E}^\circ = 1{,}28\ V,$$

para calcular a constante de equilíbrio pra a reação de desproporcionamento

$$3Tl^+(aq) \rightleftharpoons Tl^{3+}(aq) + 2Tl(s).$$

O Tl^+ é um íon estável em solução de acordo com essa constante de equilíbrio?

14.28 Com base no problema anterior, é evidente que o $Tl^+(aq)$ é estável com respeito ao desproporcionamento, porém a experiência nos diz que o $Al^+(aq)$ não é estável. Use o efeito do raio iônico e da carga no $\Delta\tilde{H}^\circ_{hid}$, para explicar porque isso é possivel. Comece com a observação que $Al^+(g)$ e $Tl^+(g)$ são igualmente estáveis, como mostrado na Tabela 14.9.

Elementos do Grupo IVA

14.29 Classifique cada elemento do grupo IVA de acordo com as seguintes características:

a) Metal, semimetal ou não-metal
b) Estados de oxidação
c) Duro ou mole (considere as formas alotrópicas)
d) Ligações covalentes ou iônicas com o cloro
e) Hidretos voláteis ou não-voláteis
f) Força relativa de ligação no estado sólido
g) Oxidos ácidos, básicos ou anfóteros.

14.30 O raios de Bragg-Slater para o cloro é 1,00 Å. Use esse raio, e o fornecido na Tabela 14.12, para predizer as distâncias de ligação no C-Cl, Si-Cl, Ge-Cl, Sn-Cl e no Pb-Cl. Compare esses valores com os observados, iguais a 1,77; 2,00; 2,09; 2,32; e 2,43 Å. Esses valores são principalmente distâncias médias, que variam de no mínimo ± 0,02 Å. Desprezando-se a distância mais discrepante, qual é o desvio médio entre os valores observados e previstos?

14.31 Use as energias de ligação aproximadas na Tabela 14.13, para estimar os valores de $\Delta\tilde{H}^\circ$ para cada uma das seguintes reações:

a) $CH_4(g) \rightarrow C(g) + 4H(g)$
b) $H_3C{-}CH_3(g) \rightarrow 2C(g) + 6H(g)$
c) $2H(g) + H_2C{=}CH_2(g) \rightarrow H_3C{-}CH_3(g)$
d) $2H(g) + HC{\equiv}CH(g) \rightarrow H_2C{=}CH_2(g)$
e) $2H(g) + H_2C{=}CH{-}CH_3(g) \rightarrow H_3C{-}CH_2{-}CH_3(g)$.

Compare esses valores com os valores termodinâmicos que podem ser calculados a partir da Tabela 8.1.

14.32 Você poderia pensar que a energia de ressonância para o 1,3-butadieno, $H_2C{=}CH{-}CH{=}CH_2$ pode ser calculada determinando-se a diferença entre o valor real do $\Delta\tilde{H}^\circ$ de atomização e o $\Delta\tilde{H}^\circ$ calculado a partir das energias de ligação. Faça esse cálculo usando os dados das Tabelas 14.13 e 8.1. Para o 1,3-butadieno gasoso, $\Delta\tilde{H}^\circ_f = 109{,}24$ kJ mol^{-1}. A diferença entre esses dois valores é grande o bastante para ser atribuída à ressonância?

14.33 Use os dados fornecidos no texto para calcular a constante microscópica de dissociação ácida para a reação onde a

$$H_2CO_3 \rightleftharpoons H^+ + HCO_3^-,$$

fórmula H_2CO_3 correspondente à concentração real do ácido carbônico. A constante de equilíbrio convencional é a termodinâmica, ou macroscópica, que emprega a concentração total de CO_2 dissolvido.

14.34 Que molécula é isoeletrônica com o ânion C_2^{2-}? Qual é seu diagrama de Lewis? Você poderia explicar por meio dessa estrutura, por que o C_2^{2-} não é estável.

14.35 A forma alotrópica do estanho cinza é estável abaixo de 15 °C. Apesar desse fato, a 25 °C a reação

$$Sn_{branco}(s) \rightarrow Sn_{cinza}(s),$$

apresenta $\Delta\tilde{H}^\circ = -2{,}09$ kJ mol^{-1}. Como isso pode ser possível, se o $Sn_{branco}(s)$ é a forma mais estável a 25 °C?

14.36 Faça uma estimativa das curvas de pressão de vapor do estanho branco e cinza, de 15 a 25 °C. Como os coeficientes angulares das curvas de pressão de vapor se relacionam com $\Delta\tilde{H}^\circ_{vap}$?. E com os valores de $\Delta\tilde{H}^\circ$ do problema anterior?. É razoável que esse valor seja negativo.? A transição da água líquida para o gêlo tem um valor de $\Delta\tilde{H}^\circ$ igualmente negativo?

14.37 Explique por que o íon Sn^{2+} hidratado é um ácido mais forte que o íon de Pb^{2+} hidratado. Considere um modelo iônico simples, mas esteja prevenido que a polarizabilidade dos íons pode ser igualmente importante nesse caso.

14.38 Explique por que é possível que os valores de $\mathscr{E}^\circ$ do Sn^{2+} e do Pb^{2+} sejam semelhantes, enquanto os do Sn^{4+} e do Pb^{4+} são tão diferentes.

15 Os Elementos Não-Metálicos

IA 1	IIA 2	IIIB 3	IVB 4	VB 5	VIB 6	VIIB 7	VIII 8	9	10	IB 11	IIB 12	IIIA 13	IVA 14	VA 15	VIA 16	VIIA 17	18
H 1																	He 2
Li 3	Be 4											B 5	C 6	N 7	O 8	F 9	Ne 10
Na 11	Mg 12											Al 13	Si 14	P 15	S 16	Cl 17	Ar 18
K 19	Ca 20	Sc 21	Ti 22	V 23	Cr 24	Mn 25	Fe 26	Co 27	Ni 28	Cu 29	Zn 30	Ga 31	Ge 32	As 33	Se 34	Br 35	Kr 36
Rb 37	Sr 38	Y 39	Zr 40	Nb 41	Mo 42	Tc 43	Ru 44	Rh 45	Pd 46	Ag 47	Cd 48	In 49	Sn 50	Sb 51	Te 52	I 53	Xe 54
Cs 55	Ba 56	La* 57	Hf 72	Ta 73	W 74	Re 75	Os 76	Ir 77	Pt 78	Au 79	Hg 80	Tl 81	Pb 82	Bi 83	Po 84	At 85	Rn 86
Fr 87	Ra 88	Ac** 89	104	105	(106)	(107)	(108)	(109)									

*	Ce 58	Pr 59	Nd 60	Pm 61	Sm 62	Eu 63	Gd 64	Tb 65	Dy 66	Ho 67	Er 68	Tm 69	Yb 70	Lu 71
**	Th 90	Pa 91	U 92	Np 93	Pu 94	Am 95	Cm 96	Bk 97	Cf 98	Es 99	Fm 100	Md 101	No 102	Lr 103

Os Grupos VA, VIA, VIIA e os gases nobres (grupos 15, 16, 17 e18) abrangem quase todos os elementos não-metálicos. O comportamento químico desses elementos é em geral mais complicado do que o dos metais representativos, e em alguns casos, um elemento não-metálico pode apresentar apenas leve semelhança com outros membros de sua família. Todavia, é possível detectar regularidades, particularmente entre as características estruturais dos compostos dos não-metais, que nos auxiliam a compreender a química desses elementos.

15.1 Elementos do Grupo VA

No exame do grupo de elementos VA encontraremos além de muita variedade, uma ampla faixa de variação das propriedades físicas e químicas. Algumas dessas propriedades estão listadas na Tabela 15.1. O nitrogênio e o fósforo são não-metais, o arsênio e o antimônio são semi-metais, e o bismuto é um metal, apesar de apresentar modesta condutividade elétrica. Enquanto os estados de oxidação característicos desses elementos são -3, +3, e +5, existem peculiaridades a serem consideradas. O nitrogênio admite estados de oxidação de -3 a +5; porém descendo ao longo da família dos elementos, verificamos que o estados +5 e -3, tornam-se cada vez mais instáveis e raros. Já tivemos a oportunidade de constatar essa mesma tendência quando discutimos os grupos III e IV.

Compostos correlatos pertencentes ao grupo V de elementos apresentam ampla faixa de propriedades. Por exemplo, a amônia, NH_3, é básica e estável do ponto de vista termodinâmico; enquanto o PH_3 é muito menos básico e termodinamicamente instável com respeito à decomposição em seus elementos. Nos compostos AsH_3, SbH_3 e BiH_3, as propriedades básicas desaparecem completamente; o BiH_3 em particular, é tão instável que só tem sido identificado em quantidades diminutas. Um segundo exemplo: os óxidos de nitrogênio e fósforo com estado de oxidação +3 são ácidos, os de arsênio e antimônio apresentam propriedades ácidas menos pronunciadas e o óxido de bismuto, Bi_2O_3, é básico.

TABELA 15.1 PROPRIEDADES DOS ELEMENTOS DO GRUPO VA

	N	P	As	Sb	Bi
Número atômico	7	15	33	51	83
Configuração eletrônica	$[He]2s^22p^3$	$[Ne]3s^2sp^3$	$[Cu^+]4s^24p^3$	$[Ag^+]5s^25p^3$	$[Au^+]\ 6s^26p^3$
Energia de ionização,	1402	1012	947	834	704
I_1 (kJ mol^{-1})	0,65	1,00	1,15	1,45	1,60
Raio de Bragg-Slater (Å)	– 210,0	44,2 (b)	(sub)	631	271,4
Ponto de fusão (°C)*	– 195,8	431 (v)	603 (sub)	1587	1564
Ponto de ebulição (°C)*	472,7	314,6	302,5	262,3	207,1
$\Delta\tilde{H}^\circ_f$ de M(g) (kJ mol^{-1})	1,71 (N^{3-})	2,12 (P^{3-})	2,22 (As^{3-})	(0,80)(Sb^{3+})	(1,02)(Bi^{3+})
Raio iônico de Pauling (Å)†	945	485	383	289	195
D° (M_2(g)) (kJ mol^{-1})	Gás incolor	Sólido branco,	Sólido cinza	Sólido	Sólido
Cor e estado do elemento		vermelho ou preto		prateado	prateado

* (B) = alótropo branco; (v) = alótropo vermelho; (sub) = sublima.

† Valores entre parêntesis são estimativas não fornecidas por Pauling.

Outras tendências de variação no grupo **V** serão detalhadas durante a discussão das propriedades dos elementos.

Nitrogênio

O nitrogênio elementar existe na forma de molécula diatômica, ou dinitrogênio, cuja ligação tem uma energia de dissociação de 945 kJ mol^{-1}, a mais alta conhecida após a do monóxido de carbono. Como já discutimos no Capítulo 6, o dinitrogênio e o monóxido de carbono são isoeletrônicos e ambos possuem uma ligação tripla. Embora o monóxido de carbono seja uma molécula moderadamente reativa, o N_2 é bastante inerte. Em alguns casos, a inércia é devida a aspectos termodinâmicos. Por exemplo, todos os óxidos de nitrogênio possuem energias livres de formação positivos e portanto são instáveis, com respeito ao N_2 e O_2. Em outras instâncias, contudo, o caráter inerte do N_2 é resultado de fatores cinéticos, visto que este reage bastante lentamente com muitos reagentes. A formação da amônia a partir do H_2 e N_2 é um exemplo, e vale a pena acrescentar maiores detalhes.

NH_3. A energia livre de formação da amônia é -16,48kJ mol^{-1} a 25 °C, e portanto a constante de equilíbrio para a reação

$$\tfrac{1}{2}N_2(g) + \tfrac{3}{2}H_2(g) \rightleftharpoons NH_3(g)$$

é dada por

$$K = e^{-\Delta\tilde{G}^\circ/RT} = 7{,}7 \times 10^2,$$

onde a unidade é expressa em atmosferas. Esse valor da constante é favorável para síntese, e o NH_3 deveria se formar com bom rendimento na temperatura ambiente se o equilíbrio fosse atingido. Entretanto, a reação é extremamente lenta, e não se observa formação de amônia quando o N_2 e o H_2 são misturados a 25 °C.

A temperaturas elevadas e na presença de catalisadores que contém ferro, a velocidade de reação entre N_2 e H_2 é suficientemente alta para viabilizar a síntese da amônia. Persiste ainda uma dificuldade; a variação de entalpia que para a reação a 25 °C é -46,1 kJ mol^{-1}, muda para - 55,6 kJ mol^{-1} na temperatura de 450 °C em que a velocidade é suficientemente alta. Como a reação é exotérmica, a constante de equilíbrio diminui com o aumento da temperatura, e é importante saber como o rendimento será afetado. O valor da constante de equilíbrio a 723 K (450° C) pode ser calculado com base na expressão

$$\ln\frac{K_2}{K_1} = -\frac{\Delta\tilde{H}^\circ}{R}\left(\frac{1}{T_2} - \frac{1}{T_1}\right), \qquad (15.1)$$

porém com alguma cautela. A equação (15.1) é baseada na hipótese de que $\Delta\tilde{H}^\circ$ é independente da temperatura, o que não é verdade no caso da síntese da amônia. Podemos calcular com razoável aproximação a constante de equilíbrio a 723 K, se usarmos o $\Delta\tilde{H}^\circ$ médio entre as duas temperaturas, isto é, -50,9 kJ mol^{-1}. Dessa forma,

$$\ln\frac{K_{723}}{7{,}7 \times 10^2} = \frac{50{,}9 \times 10^3}{8{,}314}\left(\frac{1}{723} - \frac{1}{298}\right)$$
$$= -1{,}279,$$
$$K_{723} = 2{,}2 \times 10^{-3}.$$

Esse valor não é particularmente exato, considerado o caráter aproximado do tratamento empregado. O valor medido para K_{723} é $6{,}5 \times 10^{-3}$. Contudo, embora aproximado, o valor calculado é suficiente para inferir que o rendimento da amônia é muito menor a 723 K. O efeito da constante de equilíbrio pouco favorável pode ser amenizado aumentando-se a pressão no sistema. Isso resulta em maior porcentagem de conversão de N_2 e H_2 em NH_3 e faz da síntese direta da amônia um importante processo industrial.

A amônia é um gás incolor com odor pungente. Sua condensação resulta em um líquido com temperatura de ebulição de -33°C. Conforme já foi discutido na Seção 13.4, o ponto de ebulição e a entalpia de vaporização são demasiadamente altos para uma substância nessa faixa de peso molecular, em consequência da formação de pontes de hidrogênio.

A amônia líquida é, de certa forma, semelhante à água líquida. Os sais se dissolvem em amônia para formar soluções condutoras, porém sua solubilidade é menor em amônia líquida. Algumas exceções são os sais cujos cátions formam complexos estáveis com amônia. Assim, os haletos de prata que são muito pouco solúveis em água, dissolvem-se bastante em amônia em virtude da formação do complexo $[Ag(NH_3)_2]^+$. A amônia líquida sofre auto-ionização da mesma forma que a água, porém em muito menor extensão:

$$2NH_3(\ell) \rightleftharpoons NH_4^+ + NH_2^- \qquad K \cong 10^{-30} \text{ (at } -33°\text{C)},$$
$$2H_2O(\ell) \rightleftharpoons H_3O^+ + OH^- \qquad K = 10^{-14} \text{ (at 25°C)}.$$

Podemos ver que no solvente amônia líquida, o cátion amônio, NH_4^+, é o ácido análogo ao H_3O^+, e o ânion amideto, NH_2^-, é a base análoga ao OH^-. A analogia se estende também para o comportamento anfótero. Por exemplo, o hidróxido de zinco é solúvel tanto em ácido como em bases fortes:

$$Zn(OH)_2(s) + 2H^+(aq) \rightleftharpoons Zn^{2+}(aq) + 2H_2O,$$
$$Zn(OH)_2(s) + 2OH^-(aq) \rightleftharpoons Zn(OH)_4^{2-}(aq).$$

Da mesma maneira, o amideto de zinco, $Zn(NH_2)_2$, reage com excesso de NH_4^+ ou NH_2^- em amônia líquida, dissolvendo-se com a formação de íons solvatados por NH_3 (representado por am).

$$Zn(NH_2)_2(s) + 2NH_4^+(am) \rightleftharpoons Zn^{2+}(am) + 4NH_3,$$
$$Zn(NH_2)_2(s) + 2NH_2^-(am) \rightleftharpoons Zn(NH_2)_4^{2-}(am).$$

Talvez a característica mais marcante da amônia líquida seja sua habilidade de dissolver metais alcalinos, formando soluções azuladas com alta condutividade elétrica. A solubilidade dos metais alcalinos varia de 10 a 20 *M*, dependendo da temperatura e do metal. Em soluções diluídas (≈ 0,01 *M*) as principais espécies dissolvidas podem ser consideradas íons de metais alcalinos e elétrons confinados, por meio de forças eletrostáticas, no espaço formado pelos aglomerados de moléculas de solvente. A cor azul dessas soluções é atribuída à transições eletrônicas entre os níveis de energia decorrentes da associação dos elétrons com os aglomerados moleculares de solvente. Como seria esperado, as soluções de metais alcalinos em amônia líquida são excelentes agentes redutores e tem sido usado com essa finalidade em preparações de compostos orgânicos e inorgânicos.

Fixação do Dinitrogênio. A síntese da amônia é a primeira etapa da fixação do dinitrogênio, em escala comercial. A combustão da amônia sob condições catalíticas produz óxido nítrico, que pode ser convertido eventualmente em ácido nítrico, HNO_3. A combustão da amônia pode seguir dois caminhos:

$$4NH_3(g) + 3O_2(g) \rightleftharpoons 2N_2(g) + 6H_2O(g) \quad K_{298} = 10^{228},$$
$$4NH_3(g) + 5O_2(g) \rightleftharpoons 4NO(g) + 6H_2O(g) \quad K_{298} = 10^{168}.$$

Embora a constante de equilíbrio para a primeira reação seja maior que a da segunda, esta última é catalisada seletivamente por platina metálica, produzindo NO em grande quantidade na superfície do metal a uma temperatura de cerca de 1000 K. Para completar a síntese do ácido nítrico e a fixação do dinitrogênio, o óxido nítrico é tratado com oxigênio e água:

$$2NO + O_2 \rightleftharpoons 2NO_2,$$
$$3NO_2 + H_2O \rightleftharpoons 2HNO_3 + NO.$$

Uma outra reação que permite a combinação do dinitrogênio, é a síntese direta do óxido nítrico:

$$\tfrac{1}{2}N_2 + \tfrac{1}{2}O_2 \rightleftharpoons NO \qquad \Delta\tilde{H}° = 90{,}25 \text{ kJ mol}^{-1}.$$

Embora o $\Delta\tilde{G}^\circ_{298}$ para essa reação seja 86,55 kJ mol^{-1} e a constante de equilíbrio a 25 °C seja apenas 6,8 x 10^{-16}, o fato de que $\Delta\tilde{H}°$ é positivo significa que em temperaturas elevadas a constante de equilíbrio será mais favorável para a síntese. Os valores experimentais para a constante de equilíbrio são, de fato, 2 x 10^{-2} a 2000 K, e 6 x 10^{-2} a 2500 K. Um método de obter óxido nítrico consiste em passar N_2 e O_2 através de um arco voltáico, que produz uma temperatura bastante elevada.

Em motores de combustão interna que usam misturas de combustível e ar, a temperatura de combustão é alta o bastante para formar quantidades pequenas, porém, significativas de óxido nítrico. Ao entrar para a atmosfera como produto de exaustão, o NO é convertido a NO_2 por meio da reação com O_2. A **fotodissociação** do NO_2 produzindo NO e O, dá início a reações de formação de névoa (smog) com hidrocarbonetos presentes na atmosfera. O desempenho dos motores pode ser alterado, aumentando a razão de compressão e a temperatura, para diminuir a emissão de hidrocarbonetos que não sofrem combustão; contudo, isso leva a um aumento na formação de NO. Assim, o método mais usado para diminuir a emissão de hidrocarbonetos e óxido nítrico pelos motores, consiste em abaixar a temperatura de combustão nos cilindros para reduzir a formação de NO e empregar catalisadores para efetuar a queima dos hidrocarbonetos nos gases de exaustão.

As reações que já discutimos para a fixação do dinitrogênio são responsáveis por 25% do nitrogênio removido da atmosfera, dentro do ciclo do elemento, ilustrado na Figura 15.1. Alguma contribuição também vem da ação dos relâmpagos e incêndios. Contudo, a maior parte de toda a fixação do dinitrogênio (cerca de 60%) é realizada por bactérias, que com frequência associamos, apenas com os nódulos de leguminosas, porém, na realidade são ampla-

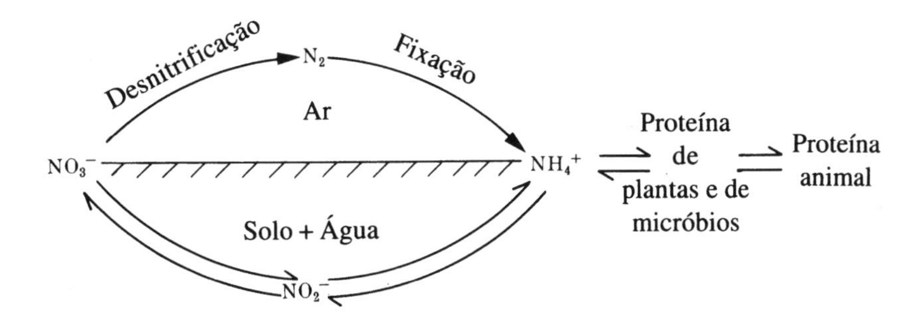

Fig. 15.1 O ciclo do nitrogênio. Cerca de 2×10^{14} g ano^{-1} de dinitrogênio são fixados por uma combinação de reações naturais (75%) e sintéticas (25%). A utilização anual de nitrogênio por plantas e animais é cerca de dez vezes a taxa anual de fixação, mas o ecossistema está aproximadamente em estado estacionário (J.R. Postgate, *The Fundamentals of Nitrogen Fixation.* Cambridge, Inglaterra; Cambridge University Press, 1982, Fig. 1.).

mente encontrados na natureza. Um esforço considerável tem sido feito para aprender como essas bactérias conseguem quebrar a ligação tripla no N_2, reduzindo-o a NH_4^+. A fixação é realizada nessas bactérias por meio de uma enxima denominada nitrogenase.

A nitrogenase é composta de duas proteínas, uma que contém ferro e outra que contém molibdênio e ferro. A proteína que contém Fe atua de forma a suprir os 6 elétrons necessários para a reação,

$$N_2 + 8H^+ + 6e^- \rightarrow 2NH_4^+,$$

e a proteína com Mo e Fe proporciona o sítio de ligação para o N_2, que muito provavelmente, é um **ponto de coordenação** no átomo de molibdênio. Recentemente muitos complexos de metais de transição que conseguem coordenar N_2 vêm sendo descritos na literatura. Enquanto o CO e o N_2 são isoeletrônicos, a ligação entre N_2 e um metal é sempre muito mais fraca do que no caso do CO. Alguns dos complexos sintetizados conseguem facilitar a redução do dinitrogênio, contudo, nenhum ainda é capaz de imitar a proteína que contém Fe e Mo.

Nitretos

O dinitrogênio pode reagir diretamente com alguns elementos metálicos. A reação com lítio produz Li_3N (nitreto de lítio) e se processa lentamente à temperatura ambiente, porém rapidamente a 250 °C. A reação do dinitrogênio com metais alcalino terrosos produz nitretos do tipo Mg_3N_2 e é rápida acima de 500 °C. Em temperaturas mais elevadas o dinitrogênio reage com boro, alumínio, silício e muitos metais de transição. O nitrogênio forma uma extensa série de nitretos, geralmente classificados como iônicos, covalentes, ou intersticiais. O lítio, os elementos alcalino-terrosos, o zinco e o cádmio formam nitretos que contém, aparentemente, o íon N^{3-}, pois produzem amônia por meio da hidrólise:

$$Li_3N + 3H_2O \rightarrow 3Li^+ + 3OH^- + NH_3,$$
$$Ca_3N_2 + 6H_2O \rightarrow 3Ca^{2+} + 6OH^- + 2NH_3.$$

Os compostos de nitrogênio com elementos dos grupos III, IV e V são considerados nitretos covalentes, e incluem o BN, Si_3N_4, P_3N_5 e outros. O composto BN é isoeletrônico com o carbono e existe em duas formas, com estruturas análogas às do grafite e do diamente. No BN tipo grafite existem planos formados por arranjos hexagonais de atomos de boro e nitrogênio alternados, distanciados por 1,45 Å. A distância entre dois planos vizinhos de átomos é 3,34 Å, valor considerado bastante grande, como se só existisse interação do tipo van der Waals entre as camadas de átomos. A outra forma de BN tem estrutura tipo diamante, com atomos de boro e nitrogênio alternados, no lugar de átomos de carbono. Essa forma de BN é extremamente dura, aparentemente mais dura que o próprio diamante.

A reação entre nitrogênio e metais de transição finamente divididos conduz a nitretos intersticiais como W_2N, TiN e Mo_2N. Esses compostos contém átomos de nitrogênio nos interstícios da rede metálica. Da mesma forma que os carbetos intersticiais, os nitretos intersticiais são muito duros, apresentam elevados pontos de fusão, são condutores elétricos, geralmente apresentam desvios em relação à estequiometria ideal, e são inertes quimicamente.

Óxidos de Nitrogênio

Na tabela 15.2 estão relacionados os óxidos de nitrogênio conhecidos e suas propriedades. Cada estado de oxidação do nitrogênio de +1 a +5 encontra-se bem exemplificado nesses óxidos. Além disso, existem dois óxidos diferentes que apresentam a fórmula empírica NO_3. Ambos são muito reativos e sua identificação só tem sido possível por via espectroscópica, como espécies transientes.

N_2O. O óxido nitroso, N_2O, pode ser preparado pela decomposição térmica do nitrato de amônio:

$$NH_4NO_3 \rightarrow N_2O + 2H_2O.$$

Esse óxido é um gás incolor. Dentre os óxidos de nitrogênio é o menos reativo e nocivo, sendo relativamente inerte à temperatura ambiente e usado como anestésico. A 500 °C decompõe-se em O_2, N_2 e NO, e alimenta a combustão do hidrogênio e hidrocarbonetos. O óxido nitroso é isoeletrônico com o CO_2 e tem estrutura linear:

$$N \underset{1{,}12A}{—} N \underset{1{,}19A}{—} O.$$

TABELA 15.2 PROPRIEDADES DOS ÓXIDOS DE NITROGÊNIO

	N_2O	NO	N_2O_3	NO_2	N_2O_4	N_2O_5
Estado de oxidação do nitrogênio	+1	+2	+3	+4	+4	+5
Ponto de fusão (°C)	-90,8	-163,6	-100,6	-11,2	30	
Ponto de ebulição (°C)*	-88,5	-151,8	3,5 (dec)	-	21,2	47 (dec)
$\Delta \tilde{H}_f^\circ$ do gás (kJ mol^{-1})	82,05	90,25	83,72	33,18	9,16	11,3
$\Delta \tilde{G}_f^\circ$ do gás (kJ mol^{-1})	104,18	86,55	139,41	51,29	97,82	115,0

* (dec) = decompõe.

Embora o óxido nitroso tenha um pequeno momento dipolar, igual a 0,17 D, suas propriedades físicas são semelhantes às do dióxido de carbono, apolar. O óxido nitroso entra em ebulição a -88 °C, ao passo que o dióxido de carbono sublima a -78 °C.

NO. O óxido nítrico, NO, é um gás incolor que apresenta uma temperatura de condensação de -152 °C. A estrutura eletrônica do NO é interessante pois a molécula tem um número ímpar de elétrons. Além dos quatro elétrons 1s do nitrogênio e do oxigênio, existem 11 elétrons de valência, portanto, um a mais que no N_2 e CO. Os orbitais moleculares para essas moléculas foram discutidos no Capítulo 12. Foi mostrado que o NO tem três pares de elétrons ligantes e um elétron antiligante. A situação é por vezes descrita como ligação 2 ½, o que parece apropriado se compararmos os comprimentos e as energias de ligação do NO e NO^+:

$:N:\dot{:}:O:$	$[:N:::O:]^+$
1,15 Å	1,06 Å
628 kJ mol^{-1}	1.048 kJ mol^{-1}

Portanto o NO^+, por não apresentar elétron no orbital antiligante, possui uma ligação mais curta e forte do que o NO.

O NO pode perder um elétron com relativa facilidade para formar NO^+. Por exemplo, quando uma mistura de NO e NO_2 é dissolvida em ácido sulfúrico concentrado, ocorre a seguinte reação:

$$NO + NO_2 + 3H_2SO_4 \rightleftharpoons 2NO^+ + 3HSO_4^- + H_3O^+$$

Compostos de NO^+ tem sido isolados, fazendo parte de retículos iônicos com espécies tais com HSO_4^-, ClO_4^- e BF_4^-

O óxido nítrico gasoso reage diretamente com O_2 formando NO_2, um gás vermelho-marrom:

$$2NO + O_2 \rightleftharpoons 2NO_2.$$

A velocidade dessa reação é proporcional a $[NO]^2$ e a $[O_2]$. Muitas leis de velocidade envolvendo NO são de segunda ordem em NO, porém isso não prova que a espécie reativa seja o $(NO)_2$ visto que outros mecanismos podem apresentar dependência de segunda ordem em NO.

N_2O_3. O trióxido de dinitrogênio, N_2O_3, existe como um sólido azul em baixas temperaturas, porém no estado líquido e de vapor sofre dissociação formando NO e NO_2:

$$N_2O_3(g) \rightleftharpoons NO(g) + NO_2(g).$$

Na realidade, a química do N_2O_3 em condições normais corresponde à química de uma mistura equimolar de NO e NO_2. O tratamento dessa mistura com solução alcalina produz íons nitrito, NO_2^-,

$$NO(g) + NO_2(g) + 2OH^-(aq) \rightarrow 2NO_2^-(aq) + H_2O.$$

As outras propriedades do N_2O_3 podem ser previstas a partir do conhecimento da química do NO e do NO_2.

NO_2 e N_2O_4. O dióxido de nitrogênio e o tetróxido de dinitrogênio, NO_2 e N_2O_4, são gasosos e coexistem em equilíbrio.

$$\underset{\text{incolor}}{N_2O_4} \rightleftharpoons \underset{\text{marrom}}{2NO_2} \qquad \Delta\tilde{H}^\circ = 57{,}2 \text{ kJ mol}^{-1}$$

A reação é endotérmica e consequentemente a dissociação em NO_2 cresce com o aumento da temperatura. Quando a mistura se condensa formando um sólido, a rede cristalina é composta inteiramente de unidades N_2O_4.

Na Figura 15.2 estão representadas as estruturas do NO_2 e do N_2O_4. O dímero N_2O_4 tem uma estrutura planar, e a ligação nitrogênio-nitrogênio é bastante longa e fraca (D°_{N-N} = 57,2 kJ mol^{-1}) comparada com ligações simples entre átomos de nitrogênio em outras moléculas. O ângulo de ligação de 134° no NO_2 é intermediário entre os encontrados nos íons NO (180°) e NO_2^- (116°). Esse é um exemplo específico da não linearidade observada entre moléculas e íons triatômicos com 17 a 20 elétrons de valência (NO_2, NO_2^-, O_3 e SO_2).

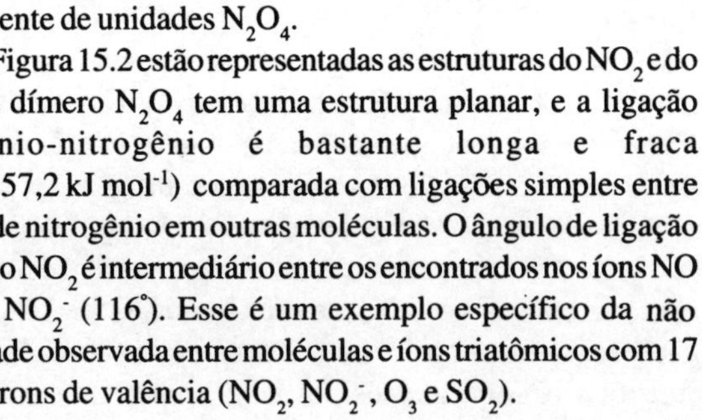

Fig 15.2 Estruturas do dióxido de nitrogênio e do tetróxido de dinitrogênio.

Quando o NO_2 é dissolvido em água fria, forma-se uma mistura dos ácido nitroso e nítrico:

$$2NO_2 + H_2O \rightleftharpoons HNO_2 + H^+ + NO_3^-.$$

Portanto, nesta reação o nitrogênio no estado de oxidação +4 se desproporciona nos estados +5 e +3. O ácido nitroso é instável com relação ao desproporcionamento quando aquecido; assim em água quente, a reação global será:

$$3NO_2 + H_2O \rightleftharpoons 2H^+ + 2NO_3^- + NO.$$

Essa reação é usada na síntese do ácido nítrico. O NO_2 tem um alto poder corrosivo pois forma ácido nítrico em contato com água e reage diretamente com muitos metais.

N_2O_5. O pentóxido de dinitrogênio é feito pela ação do P_4O_{10} sobre ácido nítrico no estado de vapor:

$$4HNO_3(g) + P_4O_{10}(s) \rightarrow 4HPO_3(s) + 2N_2O_5(g).$$

Portanto o N_2O_5 é o anidrido do ácido nítrico. Embora a estrutura do N_2O_5 não seja conhecida em detalhes, sabe-se que os átomos estão dispostos da seguinte maneira:

```
O           O
 \         /
  N — O — N
 /         \
O           O
```

A temperatura ambiente o N_2O_5 decompõe-se com uma velocidade moderada:

$$N_2O_5(g) \rightarrow 2NO_2(g) + \tfrac{1}{2}O_2(g) \quad \Delta\tilde{G}^\circ = -12{,}4 \text{ kJ mol}^{-1}.$$

O mecanismo dessa reação envolve a formação do NO_3 como transiente, conforme já discutimos no Capítulo 9.

Embora na forma gasosa o pentóxido de dinitrogênio exista na forma de N_2O_5, os estudos de raios-X mostram que a forma sólida consiste de NO_2^+ e NO_3^-, constituindo o nitrato de nitrônio. Como já foi mencionado, o íon nitrônio, NO_2^+ é isoeletrônico com respeito ao CO_2 e N_2O, e apresenta estrutura linear, [O-N-O]$^+$, com uma distância de ligação de 1,15 Å. O íon nitrato é isoeletrônico com CO_3^- e BF_3, e apresenta estrutura planar, (Fig. 15.3a). Como já observado no Capítulo 6, não é possível representar uma estrutura segundo a regra do octeto de modo que as três ligações N-O fiquem equivalentes. Consequentemente, o íon nitrato tem sido representado por um híbrido de três estruturas de octeto, em ressonância.

Oxiácidos de nitrogênio

HNO_3. O oxiácido mais importante do nitrogênio é o ácido nítrico, HNO_3. A molécula gasosa apresenta a estrutura mostrada na Fig. 15.3b, mostra que a simetria do íon nitrato é parcialmente destruída quando o próton se liga ao mesmo. Em soluções

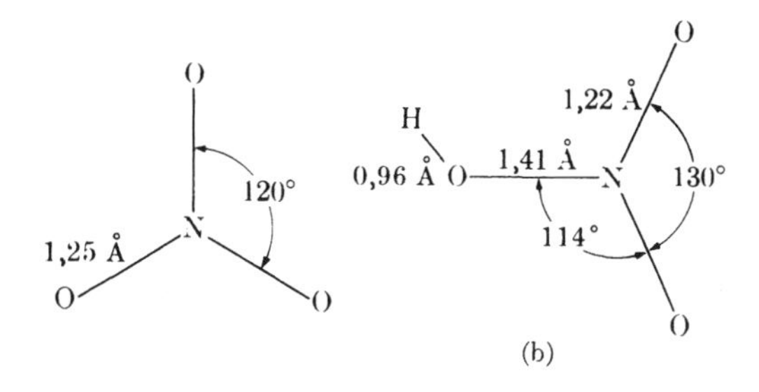

Fig. 15.3 (a) Estrutura do íon nitrato; (b) Estrutura da molécula de ácido nítrico.

concentradas, o ácido nítrico é um poderoso agente oxidante e reage com metais como a prata e o cobre, produzindo NO:

$$8H^+ + 2NO_3^- + 3Cu \rightarrow 3Cu^{2+} + 2NO + 4H_2O.$$

A reação de metais menos nobres com ácido nítrico concentrado produz o íon amônio:

$$10H^+ + NO_3^- + 4Zn \rightarrow 4Zn^{2+} + NH_4^+ + 3H_2O.$$

Em soluções mais diluídas que 2 M, o poder oxidante do grupo nitrato cai bastante, e apenas os prótons do ácido que se dissocia acabam reagindo com os metais, gerando hidrogênio.

HNO_2. Conforme já mencionamos, misturas equimolares de NO e NO_2 em meio alcalino reagem formando nitritos. As soluções do ácido nitroso podem ser preparadas por acidificação das soluções de nitrito. O ácido nitroso é um ácido fraco:

$$HNO_2(aq) \rightleftharpoons H^+(aq) + NO_2^-(aq) \qquad K = 7{,}1 \times 10^{-4}.$$

O ácido puro, na forma líquida, é desconhecido; na fase gasosa sofre dissociação em grande extensão:

$$2HNO_2(g) \rightleftharpoons NO(g) + NO_2(g) + H_2O(g) \qquad K = 0{,}59.$$

Como já foi mencionado, mesmo em soluções aquosas, o ácido nitroso é instável, decompondo-se quando aquecido, segundo a reação:

$$3HNO_2(aq) \rightarrow H^+(aq) + NO_3^-(aq) + H_2O(\ell) + 2NO(g)$$

Potenciais de Redução. O nitrogênio apresenta pelo menos oito estados de oxidação em suas espécies solúveis em água, envolvendo um grande número de semi-reações:

$$\begin{aligned}
NO_3^- + 3H^+ + 2e^- &\rightleftharpoons HNO_2 + H_2O & \varepsilon^\circ &= 0{,}93 \text{ V},\\
HNO_2 + H^+ + e^- &\rightleftharpoons NO + H_2O & \varepsilon^\circ &= 1{,}04 \text{ V},\\
2NO_3^- + 10H^+ + 8e^- &\rightleftharpoons N_2O + 5H_2O & \varepsilon^\circ &= 1{,}12 \text{ V},\\
N_2O + 2H^+ + 2e^- &\rightleftharpoons N_2 + H_2O & \varepsilon^\circ &= 1{,}77 \text{ V},\\
\tfrac{1}{2}N_2 + 4H^+ + 3e^- &\rightleftharpoons NH_4^+ & \varepsilon^\circ &= 0{,}27 \text{ V}.
\end{aligned}$$

O diagrama seguinte de **potenciais de redução** fornece um resumo conveniente dessa série de semi-reações:

$$NO_3^- \xrightarrow{0,93} HNO_2 \xrightarrow{1,04} NO \xrightarrow{1,59} N_2O \xrightarrow{1,77} N_2 \xrightarrow{0,27} NH_4^+$$

($NO_3^- \rightarrow NO$: 0,97; $HNO_2 \rightarrow N_2O$: 1,12)

Apenas as espécies com nitrogênio estão indicadas no diagrama. A linha representa a semi-reação já balanceada para a interconversão de duas espécies e o número sobre cada linha fornece o potencial em Volts. Portanto, é possível saber, de imediato, que o íon nitrato se reduz ao óxido nítrico com um potencial padrão de 0,97 V, e que a conversão do nitrogênio gasoso ao íon amônio é um processo espontâneo com um potencial padrão de 0,27 V.

Os diagramas de potencial de redução tornam fácil identificar as espécies que são termodinamicamente instáveis com respeito ao desproporcionamento. Por exemplo, observe o seguinte diagrama parcial:

$$NO_3^- \xrightarrow{0,93} HNO_2 \xrightarrow{1,04} NO.$$

Podemos ver que o HNO_2 é reduzido a NO com um potencial de 1,04 V; porém se oxida a NO_3^- em -0,93 V. Portanto o HNO_2 pode ser convertido a NO_3^- e NO com uma diferença de potencial de 1,04 - 0,93 = 0,11 V. Essa conclusão fica mais clara quando representamos as semi-reações envolvidas de forma mais detalhada:

$$2 \times (HNO_2 + H^+ + e^- \rightleftharpoons NO + H_2O)$$

$$-1 \times (NO_3^- + 3H^+ + 2e^- \rightleftharpoons HNO_2 + H_2O)$$

$$3HNO_2 \rightleftharpoons NO_3^- + H^+ + 2NO + H_2O$$

$$\mathscr{E}^\circ = 1,04$$

$$-(\mathscr{E}^\circ = 0,93)$$

$$\Delta\mathscr{E}^\circ = 0,11$$

Em geral, uma espécie que apresenta um número de oxidação intermediário será instável com respeito ao desproporcionamento se o potencial à direita do diagrama for mais positivo que o de sua esquerda.

Os diagramas de potenciais de redução que acabamos de mostrar se aplicam a reações que ocorrem em soluções ácidas. Examinemos agora os diagramas correspondentes para soluções alcalinas:

A comparação entre os diagramas de potencial de soluções ácidas e básicas mostra que os íons nitrato e nitrito são oxidantes muito mais fracos em soluções básicas do que em soluções ácidas. Isso não é tão surpreendente, pois as semi-reações de redução para o nitrato envolvem muitos íons H^+, como no exemplo:

$$NO_3^- + 4H^+ + 3e^- \rightleftharpoons NO + 2H_2O.$$

Passando de uma concentração 1 *M* de H^+ para 1 *M* de OH^- a concentração hidrogenoiônica diminui bastante, e da mesma forma o poder oxidante do íon nitrato decresce. Essa generalização aplica-se a outros oxiânions: em solução ácida o MnO_4^- e o $Cr_2O_7^{2-}$ são agentes oxidantes mais fortes que em meio básico. Outro modo de expressar essa generalização é que é mais fácil oxidar um elemento a um oxiânion com alto número de oxidação em solução básica do que em solução ácida.

Com base no diagrama de potenciais de redução pode ser constatado que o íon nitrito é estável nessas condições:

$$NO_3^- \xrightarrow{0,00} NO_2^- \xrightarrow{-0,43} NO.$$

Escrevendo a reação de desproporcionamento de forma detalhada, encontramos

$$3NO_2^- + H_2O \rightleftharpoons NO_3^- + 2OH^- + 2NO$$

$$\Delta\mathscr{E}^\circ = -0,43 \text{ V},$$

de onde se conclui que o nitrito Não sofre decomposição espontânea em soluções básicas.

Haletos de Hidrogênio e Oxihaletos.

Haletos de nitrogênio. O nitrogênio forma apenas quatro haletos binários que tem sido isolados na forma pura: NF_3, N_2F_2, N_2F_4 e NCl_3. O NF_3 e o N_2F_2 são obtidos por eletrólise de NH_4F dissolvido em HF puro. O tetrafluoreto de dinitrogênio é um dos produtos isolados no tratamento de NF_3 e vapor de mercúrio com descargas elétricas; também pode ser obtido pela reação de NF_3 com cobre, formando CuF_2.

$$NO_3^- \xrightarrow{0,00} NO_2^- \xrightarrow{-0,43} NO \xrightarrow{0,76} N_2O \xrightarrow{0,94} N_2 \xrightarrow{-0,74} NH_3(aq)$$

($NO_3^- \rightarrow NO$: 0,14; $NO_2^- \rightarrow N_2O$: 0,08)

Os fluoretos de nitrogênio apresentam propriedades estruturais e químicas bastante interessantes. O NF_3 constitui um gás inerte e estável. Sua estrutura é muito semelhante à da amônia, como mostrado na Fig. 15.4. Embora o NF_3 tenha um par de elétrons isolado, ele não é considerado uma base de Lewis por não se conhecer nenhuma espécie capaz de receber seus elétrons. Aparentemente, essa falta de propriedades básicas provém da alta eletronegatividade dos átomos de flúor, que promovem a retirada de densidade eletrônica do átomo de nitrogênio e reduzem sua capacidade doadora de elétrons.

Dois isômeros do N_2F_2 são conhecidos. Um deles apresenta estrutura trans-planar; o outro tem configuração cis:

F\N=N\F (*trans*) F\N=N/F (*cis*)

A geometria dessa molécula sugere que os átomos de nitrogênio apresentam hibridização sp^2, e estão ligados por ligação dupla σ-π.

O tetrafluoreto de dinitrogênio é um gás e se apresenta parcialmente dissociado em fragmentos NF_2:

$$F_2NNF_2 \rightleftharpoons 2NF_2 \qquad \Delta\tilde{H}^\circ \cong 93{,}3\ \text{kJ mol}^{-1}.$$

Essa situação é semelhante à encontrada no sistema N_2O_4/NO_2; e de fato, a ligação N-N no N_2F_4 é aproximadamente tão fraca como no N_2O_4.

Oxihaletos de Nitrogênio. Existem duas séries de oxihaletos de nitrogênio. Os haletos de nitrosilo apresentam fórmula geral **XNO** sendo mais conhecidos os fluoretos, cloretos e brometos; o iodeto tem sido detectado como transiente em reações químicas. A fórmula geral dos haletos de nitrilo é XNO_2, e apenas o fluoreto e o cloreto são conhecidos.

Nenhum dos oxihaletos de nitrogênio é estável, e seu interesse advém principalmente de suas propriedades estruturais. Os haletos de nitrilo são isoeletrônicos com o íon nitrato, formando moléculas triangulares. De acordo o nosso conhecimento sobre moléculas triatômicas com mais de 16 elétrons de valência, os haletos de nitrosilo são não-lineares e tem estruturas com ângulo interno próximo de 115°. Em cada uma dessas moléculas, o

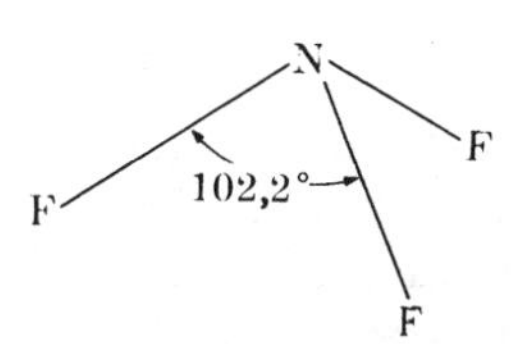

Fig. 15.4 A estrutura piramidal do trifluoreto de nitrogênio.

halogêneo está ligado ao átomo de nitrogênio. Considerando esse fato, é surpreendente que no composto correlato NSF, o átomo de flúor se liga ao átomo de enxofre.

Fósforo

O fósforo é o décimo segundo elemento mais abundante na natureza, encontrando-se mais frequentemente na forma de fosfatos como $Ca_3(PO_4)_2.H_2O$. O tratamento desse fosfato com sílica e carvão em temperaturas elevadas produz fósforo elementar.

$$2Ca_3(PO_4)_2 + 6SiO_2 \rightarrow 6CaSiO_3 + P_4O_{10}(g),$$
$$P_4O_{10}(g) + 10C \rightarrow P_4(g) + 10CO.$$

O sólido obtido pela condensação do vapor é chamado de fósforo branco. Essa forma alotrópica contém moléculas P_4 discretas, cuja estrutura está ilustrada na Figura 15.5.

Embora o fósforo branco constitua a forma alotrópica do fósforo mais fácil de se preparar, e represente o estado termodinâmico padrão do elemento, não é o alótropo mais estável. Por aquecimento ou sob ação de radiação, o fósforo branco é convertido em fósforo vermelho, polimérico, cuja estrutura ainda não é conhecida em detalhes.

Um terceiro alótropo, o fósforo negro, é produzido submetendo-se o elemento a altas pressões ou por recristalização cuidadosa do fósforo branco. O fósforo negro é a forma mais

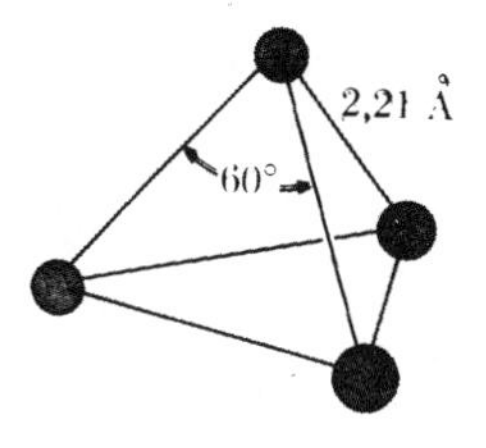

Fig. 15.5 Estrutura da molécula de P_4.

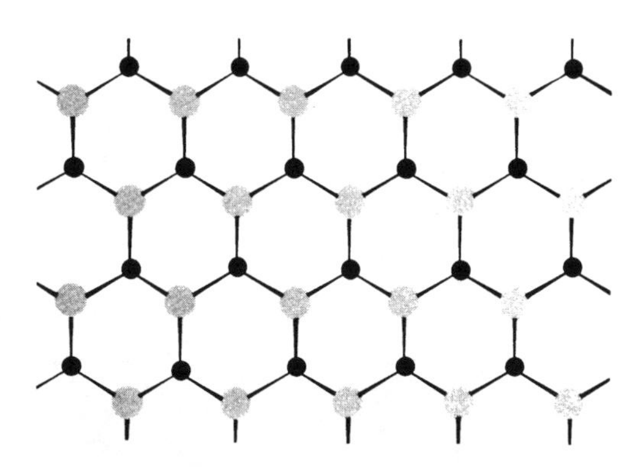

Fig. 15.6 Estrutura em camadas do fósforo negro. Para uma visão alternativa veja Fig. 13.2.

estável do elemento e tem sua estrutura mostrada na Fig. 15.6. Os três alótropos do fósforo diferem na reatividade química, sendo o fósforo branco o mais reativo e o negro, o mais inerte.

Fosfetos. O fósforo forma fosfetos por combinação direta com alguns dos metais do grupo I e II. O fosfeto de cálcio também pode ser preparado pelo aquecimento de fósforo com CaO:

$$6CaO + 2P_4 \rightarrow 2Ca_3P_2 + P_4O_6.$$

Quanto tratado com água ou ácidos diluidos, o Ca_3P_2 produz fosfina, PH_3.

$$Ca_3P_2 + 6H_2O \rightarrow 2PH_3 + 3Ca(OH)_2.$$

Essa reação é análoga à hidrólise dos nitretos salinos, onde se forma amônia. Os compostos de fósforo com os metais de transição são sólidos acinzentados com alguma condutividade e brilho metálico, e nesse sentido lembram os nitretos de metais de transição.

Os compostos de fósforo com os metais do grupo III da tabela periódica (BP, AlP, GaP e InP) são interessantes por serem isoeletrônicos com o silício e o germânio, apresentando mesmo tipo de estrutura cristalina. Cada átomo é cercado por outros quatro localizados nos vértices de um tetraédro regular. Todos esses compostos fundem-se acima de 1000 °C, e como o silício e o germânio, são semicondutores. Da mesma forma que os compostos do grupo III-V, são utilizados em muitos dispositivos de estado sólido.

O fósforo combina-se com uma variedade de elementos não metálicos para formar compostos covalentes com propriedades e estruturas diversas. Dentre estes compostos , os óxidos e os haletos são os mais importantes.

Óxidos. O fósforo branco reage espontaneamente com o oxigênio atmosférico. Se a quantidade de oxigênio é limitada, o principal produto é o óxido fosforoso, P_4O_6. Na presença de excesso de oxigênio, forma-se o P_4O_{10}. Na Fig. 15.7 pode ser visto que ambas as estruturas se correlacionam com a do P_4. Por motivos históricos, o P_4O_{10} também eé representado por P_2O_5, e chamado de pentóxido de fósforo. Esse óxido tem alta afinidade por água e é utilizado como secante ou agente desidratante.

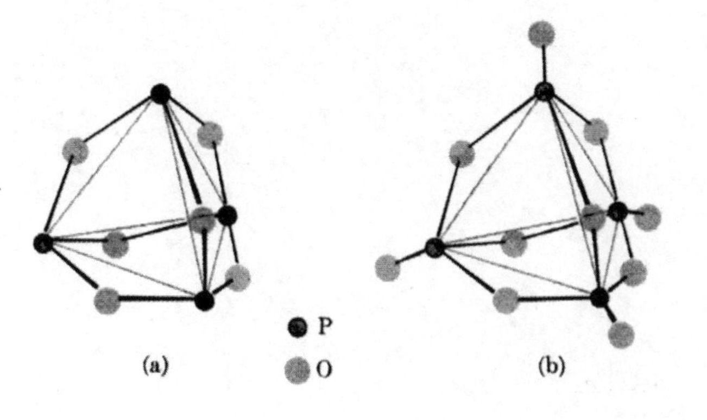

Fig. 15.7 A estrutura do (a) P_4O_6 e do (b) P_4O_{10}.

Oxiácidos. Existem vários oxiácidos e oxiânions de fósforo. Quando uma pequena quantidade de água é adicionada ao P_4O_{10} forma-se o ácido metafosfórico $(HPO_3)_n$. Esse material é polimérico; nele estão presentes cadeias e estruturas cíclicas aniônicas. No íon trimetafosfato, $(PO_3)_3^{3-}$, três tetraedros de PO_4 estão unidos de forma cíclica, onde cada grupo compartilha um átomo de oxigênio com o vizinho. No tetrametafosfato, $(PO_3)_4^{4-}$ quatro unidades tetraédricas PO_4 também formam um anel. Por adição gradual de água, resulta o ácido pirofosfórico, $H_4P_2O_7$ e a seguir, o ortofosfórico, H_3PO_4. As estruturas dessas espécies estão mostradas na Figura 15.8.

O ácido ortofosfórico, ou simplesmente fosfórico, é moderadamente forte. A análise do ponto de vista termodinâmico das etapas sucessivas de ionização é bastante instrutiva, auxiliando na compreensão dos fatores que determinam a força dos ácidos em geral. Para a primeira reação de ionização,

$$H_3PO_4 \rightleftharpoons H^+ + H_2PO_4^-,$$

encontramos que

$$K = 7 \times 10^{-3},$$
$$\Delta\tilde{H}^\circ = -8{,}0 \text{ kJ mol}^{-1},$$
$$\Delta\tilde{S}^\circ = -68 \text{ J mol}^{-1} \text{ K}^{-1}.$$

As mudanças de entalpia e entropia na dissociação podem parecer surpreendentes, visto que se a dissociação se constitui um processo simples de quebra da ligação O-H, valores positivos de $\Delta\tilde{H}^\circ$ e $\Delta\tilde{S}^\circ$ seriam esperados. Em solução aquosa, contudo, a ionização do H_3PO_4 é um processo de transferência de próton que seria melhor representada por

$$H_3PO_4(aq) + H_2O \rightleftharpoons H_2PO_4^-(aq) + H_3O^+.$$

Assim, o valor de -8,0 kJmol^{-1} para $\Delta\tilde{H}^\circ$ indica que o sistema está num estado com energia mais baixa quando o próton se associa com uma molécula de água e ao mesmo tempo são formados dois íons hidratados.

Podemos também explicar porque a variação de entropia para a reação de ionização é negativa. O processo de ionização conduz à formação de espécies eletricamente carregadas, que tendem a atrair moléculas de água. Essa atração resulta na estruturação de moléculas de água ao redor dos íons, aumentando o grau de ordem no meio e portanto, abaixando a entropia do sistema.

A segunda etapa de ionização do ácido fosfórico

$$H_2PO_4^- \rightleftharpoons HPO_4^{2-} + H^+ \qquad K = 6 \times 10^{-8},$$

é fracamente endotérmica, pois $\Delta\tilde{H}^\circ = 4.2$ kJ mol^{-1}, porém $\Delta\tilde{S}^\circ$ é novamente negativo, ou seja -124 J mo^{l} K^{-1}. Da mesma forma, para a terceira etapa de ionização $\Delta\tilde{H}^\circ$ é ainda mais positivo e $\Delta\tilde{S}^\circ$ negativo. A tendência nos valores de $\Delta\tilde{H}^\circ$ para as etapas de ionização não causa surpresa, visto que é previsível que a energia necessária para remover um próton aumente a medida que a carga negativa do ácido aumenta. O

TABELA 15.3 PROPRIEDADES TERMODINÂMICAS DO ÁCIDO FOSFÓRICO EM SOLUÇÃO

Espécies	$\Delta\tilde{H}_f^\circ$ (kJ mol^{-1})	$\tilde{S}^\circ$ (J mol^{-1} K^{-1})
H_3PO_4(aq)	−1288,3	158
$H_2PO_4^-$(aq)	−1296,3	90
HPO_4^{2-}(aq)	−1292,1	−34
PO_4^{3-}(aq)	−1277,4	−222
H^+(aq)	0	0

valor de $\Delta\tilde{H}^\circ$ para a primeira ionização mostra, contudo, que não se deve pensar que a dissociação de um ácido seja necessariamente endotérmica. Além disso, os valores de $\Delta\tilde{S}^\circ$ para todas as etapas de ionização mostram que as mudanças de entropia podem exercer profundas influências sobre a força dos ácidos.

O oxiácido mais simples do fosforo(+3) é o ácido ortofosforoso, H_3PO_3, que pode ser preparado pela hidrólise do PCl_3:

$$PCl_3 + 3H_2O \rightarrow H_3PO_3 + 3H^+ + 3Cl^-.$$

Apesar de sua fórmula empírica, o ácido fosforoso é dibásico, visto que o terceiro hidrogênio Não reage com bases. As reações de ionização são:

$$H_3PO_3 \rightleftharpoons H^+ + H_2PO_3^- \qquad K_1 = 3 \times 10^{-2},$$
$$H_2PO_3^- \rightleftharpoons H^+ + HPO_3^{2-} \qquad K_2 = 2 \times 10^{-7}$$

Um comportamento semelhante é encontrado para o ácido hipofosforoso, H_3PO_2, que é apenas monobásico:

$$H_3PO_2 \rightleftharpoons H^+ + H_2PO_2^-, \qquad K = 6 \times 10^{-2}.$$

A explicação para esse comportamento está nas estruturas do HPO_3^{2-} e $H_2PO_2^-$:

$$\left[\begin{array}{c} H \\ | \\ P \\ / \,|\, \backslash \\ H \;\; O \;\; O \end{array}\right]^- \qquad \left[\begin{array}{c} H \\ | \\ P \\ / \,|\, \backslash \\ O \;\; O \;\; O \end{array}\right]^{2-} \qquad \left[\begin{array}{c} O \\ | \\ P \\ / \,|\, \backslash \\ O \;\; O \;\; O \end{array}\right]^{3-}$$

hipofosfato fosfato fosfato

Os átomos de hidrogênio ligados diretamente ao fósforo Não tem natureza ácida, ao contrário daqueles ligados ao oxigênio. Conforme enfatizamos no Capítulo 13, os oxiácidos tendem a tornar-se mais fortes com o aumento do número de oxidação do elemento. Essa tendência não se aplica na série H_3PO_2, H_3PO_3 e H_3PO_4, em virtude da estrutura peculiar dos ânions hipofosfito e fosfito.

Tendo em vista que o fósforo apresenta vários estados de oxidação, e que os oxiânions tem tendência de polimerizar-se, a química do elemento em solução fica relativamente complexa. Podemos ter uma idéia geral das propriedades dos vários estados de oxidação do fósforo, consultando os seguintes diagramas de potenciais de redução:

$$H_3PO_4 \xrightarrow{-0,28} H_3PO_3 \xrightarrow{-0,50} H_3PO_2 \xrightarrow{-0,51} P_4 \xrightarrow{-0,06} PH_3 \quad (H_3PO_3 \xrightarrow{-0,50} P_4)$$

$$PO_4^{3-} \xrightarrow{-1,12} HPO_3^{2-} \xrightarrow{-1,57} H_2PO_2^- \xrightarrow{-2,05} P_4 \xrightarrow{-0,89} PH_3$$

Podemos ver que os oxiânions do fósforo são agentes oxidantes muito fracos, particularmente em solução básica. Ao contrário, com exceção do estado de oxidação mais alto, todos os demais estados de oxidação do fósforo conduzem a um comportamento bastante redutor. Além disso, o fósforo elementar é instável com respeito ao desproporcionamento. Utilizando o diagrama de potenciais para soluções básica, podemos deduzir o seguinte:

$$P_4 + 12H_2O + 12e^- \rightleftharpoons 4PH_3 + 12OH^- \quad \mathscr{E}^\circ = -0,89,$$
$$4H_2PO_2^- + 4e^- \rightleftharpoons P_4 + 8OH^- \quad \mathscr{E}^\circ = -2,05.$$

A combinação dessas semireações resulta em

$$P_4 + 3OH^- + 3H_2O \rightleftharpoons PH_3 + 3H_2PO_2^- \; \Delta\mathscr{E}^\circ = 1,16.$$

Haletos de Fósforo e Oxihaletos

Haletos. Os halogêneos reagem com fósforo branco para formar dois tipos de haletos, PX_3 e PX_5. O iodo é uma exceção, visto que seus compostos com fósforo apresentam as fórmulas PI_3 e P_2I_4, cuja estrutura é $I_2P\text{-}PI_2$. Na tabela 15.4 estão relacionados os haletos binários de fósforo e algumas de suas propriedades.

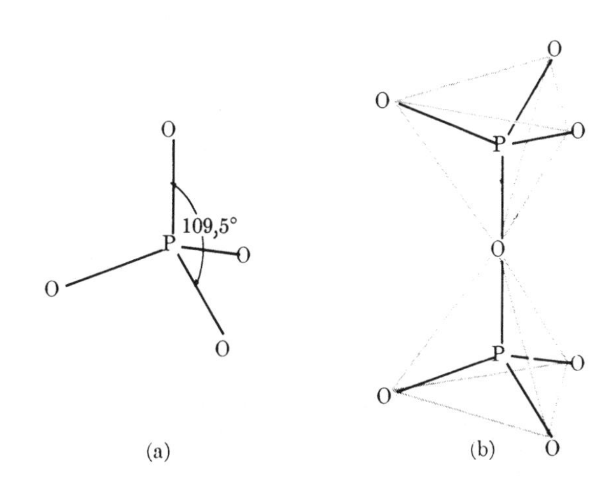

Fig. 15.8 Estruturas do (a) PO_4^{3-} e do (b) $P_2O_7^{4-}$.

TABELA 15.4 PROPRIEDADES DOS HALETOS BINÁRIOS DE FÓSFORO

	PF_3	PCl_3	PBr_3	PI_3	PF_5	PCl_5	PBr_5
Ponto de fusão (°C)*	−152	−112	−40	61,2	−93,7	167 (P)	< 100
Ponto de ebulição (°C)*	−101,8	76,1	173,2	316	−84,5	160 (sub)	106 (dec)
$\Delta \tilde{H}_f^\circ$ do gás (kJ mol⁻¹)	−919	−287	−139		−1596	−375	−253
$\Delta \tilde{G}_f^\circ$ do gás (kJ mol⁻¹)	−898	−268	−163			−305	
Distância P-X (Å)†	1,57	2,04	2,20	2.43	1,58 (ax) 1,53 (eq)	2,12 (ax) 2,02 (eq)	
Ângulo X-P-X	98°	100°	101°	102°	Bipirâmide trigonal em gás, mas PCl_5 e PBr_5 são sólidos iônicos.		

* (sub) = sublima; 8dec) = decompõe; (P) = sob pressão

† (ax) = axial; (eq) = equatorial.

Todos os trihaletos tem geometria piramidal semelhante ao NH_3 e PH_3 e apesar das diferenças em tamanho dos átomos de halogênio, o ângulo na ligação X-P-X em todos os trihaletos é próximo de 100°, como pode ser constatado na Tabela 15.4.

Dentre os trihaletos, o PF_3 é o mais estável e inerte quimicamente. Enquanto o PF_3 reage com água muito lentamente, o PCl_3 sofre hidrólise rapidamente formando H_3PO_3:

$$PCl_3 + 3H_2O \rightleftharpoons H_3PO_3 + 3H^+ + 3Cl^-.$$

Outras reações importantes do PCl_3 são:

$$PCl_3 + Cl_2 \rightarrow PCl_5,$$
$$PCl_3 + \tfrac{1}{2}O_2 \rightarrow POCl_3,$$
$$PCl_3 + 3NH_3 \rightarrow P(NH_2)_3 + 3HCl.$$

Reações análogas podem ser escritas para outros compostos do tipo PX_3.

No estado de vapor, os pentahaletos PF_5, PCl_5 e PBr_5 constituem moléculas discretas que apresentam estrutura bipirâmide trigonal, conforme foi visto no Capítulo 6. No estado sólido, porém, PCl_5 é um sólido iônico constituído por íons PCl_4^+ e PCl_6^-, cujas estruturas estão ilustradas na Fig. 15.9. O PBr_5 sólido é formado por íons PBr_4^+ e Br^-. O PBr_6^- aparentemente não é formado por causa da dificuldade de se acomodar 6 átomos de bromo, que são grandes, ao redor do átomo de fósforo.

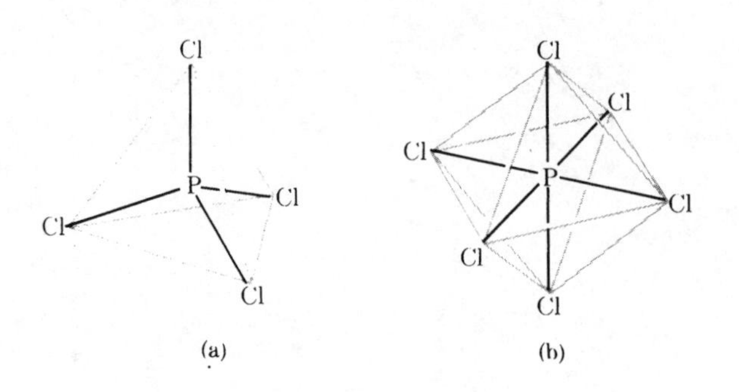

Fig. 15.9 Estruturas do (a) PCl_4^+ e do (b) PCl_6^-.

Oxihaletos. Os oxihaletos mais importantes do fósforo são do tipo POX_3, onde X pode ser F, Cl ou Br. Como já foi visto, o cloreto de fosforila, $POCl_3$, pode ser obtido reagindo O_2 e PCl_3. O fluoreto de fosforila, POF_3, é obtido pela reação:

$$POCl_3 + AsF_3 \rightarrow AsCl_3 + POF_3.$$

Os haletos de fosforila são bases de Lewis que formam compostos de adição com haletos metálicos como Al_2Cl_6, $ZrCl_4$, $HfCl_4$ e $TiCl_4$. A geometria dos haletos de fosforila é interessante, visto que são isoeletrônicos com o íon PO_4^{3-}, e formam tetraedros distorcidos, com ângulos internos X-P-X de aproximadamente 103°.

Arsênio, Antimônio e Bismuto

Esses elementos são relativamente pouco abundantes, e ocorrem na natureza sob a forma de óxidos e sulfetos. Podem ser obtidos pela redução de seus óxidos com carvão. Quando se faz uma condensação rápida dos vapores de arsênio e antimônio, formam-se alótropos não-metálicos, amarelados, constituídos por moléculas tetraétricas de As_4 e Sb_4, semelhantes ao P_4 Os alótropos do arsênio e antimônio mais estáveis apresentam brilho metálico e são condutores moderados, de calor e eletricidade. Suas estruturas cristalinas são semelhantes ao do fósforo negro.

Os elementos combinam-se diretamente com o oxigênio e os halogênios:

$$4As + 3O_2 \rightarrow As_4O_6, \qquad 2Bi + \tfrac{3}{2}O_2 \rightarrow Bi_2O_3,$$
$$4Sb + 3O_2 \rightarrow Sb_4O_6, \qquad M + 3X_2 \rightarrow 2MX_3.$$

Os óxidos de arsênio e antimônio(+3) constituem moléculas discretas com estruturas derivadas do As_4 e Sb_4, tetraédricos. No Bi_2O_3 já não existem moléculas discretas. Os óxidos As_4O_6 e Sb_4O_6 são anfóteros; o Bi_2O_3 é básico e pouco solúvel em água.

Alguns aspectos da química do arsênio estão representados nos seguintes diagramas de potenciais de redução:

$$H_3AsO_4 \xrightarrow{0,57} HAsO_2 \xrightarrow{0,25} As \xrightarrow{-0,24} AsH_3$$

$$AsO_4^{3-} \xrightarrow{-0,74} AsO_2^- \xrightarrow{-0,67} As \xrightarrow{-0,59} AsH_3$$

Novamente, podemos ver que é mais fácil oxidar o elemento a estados de oxidação mais altos, em solução básica do que em meio ácido. Ao contrário do ácido fosfórico, o ácido arsênico é um agente oxidante moderadamente forte em solução ácida. Em meio básico, contudo, o arsênio(+5) perde seu poder de oxidação, e o arsênio(+3) torna-se um bom agente redutor.

O diagrama de potencial de redução para o antimônio em solução ácida está representado a seguir:

$$Sb_2O_5 \xrightarrow{0,61} SbO^+ \xrightarrow{0,21} Sb \xrightarrow{-0,51} SbH_3.$$

O óxido de antimônio(+5) é pouco solúvel em meio ácido, apesar de ser um agente oxidante moderadamente forte. Em soluções ácidas, o antimônio(+3) existe como SbO^+ ou $Sb(OH)_2^+$, que são formas hidrolisadas de Sb^{3+}.

O bismuto aparece em solução aquosa apenas no estado de oxidação +3. O óxido Bi_2O_3 dissolve-se em ácidos formando soluções de BiO^+ ou $Bi(OH)_2^+$, que são espécies hidrolisadas de Bi^{3+}. O estado de oxidação +5 do bismuto é obtido somente pelo tratamento do Bi_2O_3 com agentes oxidantes poderosos, como Cl_2 e Na_2O_2 na presença de NaOH. O sólido marrom resultante é insolúvel em água e tem alto poder oxidante. Ainda não está esclarecido se o produto é realmente bismutato de sódio, $NaBiO_3$, ou uma mistura de Na_2O e Bi_2O_5.

15.2 Elementos do Grupo Via

Entre os elementos representativos, é notório que os mais leves apresentam diferenças acentuadas de propriedades químicas em relação aos elementos mais pesados do mesmo grupo. Esse comportamento é particularmente evidente no grupo VIA. O oxigênio, que é o mais abundante e importante de seu grupo, existe sob a forma de gás biatômico e sua química apresenta quase que exclusivamente, só estados de oxidação negativos. O enxofre, selênio, telúrio e o polônio constituem sólidos com estruturas mais complexas; e seus compostos podem apresentar ampla faixa de estados de oxidação, tanto negativos como positivos. As propriedades contrastantes do oxigênio em relação aos outros membros de sua família podem ser vistas na Tab. 15.5.

Mesmo entre os demais elementos do grupo VI, existe uma variação acentuada de propriedades. O enxofre é um não metal; tanto em termos de suas propriedades elétricas e da natureza de seus compostos. O selênio e o telúrio constituem sólidos acinzentados com algum brilho metálico; e são classificados como semi-metais pois apresentam pequena condutividade elétrica crescente com a temperatura. O polônio é um elemento radioativo raro, cuja condutividade elétrica é típica de um metal. Portanto, no grupo VIA, a mudança vertical do comportamento não metálico para metálico ocorre da mesma forma que nos grupos IV e V.

Oxigênio

Esse elemento, que é o mais abundante na natureza, forma compostos com todos os elementos, com exceção de alguns gases nobres. A natureza dos óxidos no qual o oxigênio tem um estado de oxidação -2 já foi discutida na Seção 13.3 e ao longo de toda nossa abordagem descritiva da química. Aqui precisamos apenas examinar as propriedades do elemento em si, e dos compostos em que o oxigênio é encontrado nos estados de oxidação -1 e -1/2, menos frequentes.

O alótropo estável do oxigênio é o O_2, uma molécula biatômica com elevada energia de dissociação. De acordo com medidas magnéticas, cada molécula de O_2 tem dois elétrons com spins desemparelhados. Não é possível formular uma estrutura de Lewis consistente com a regra do octeto, capaz de explicar a alta energia de dissociação e a presença de elétrons desemparelhados. A utilização de orbitais moleculares, cf.

TABELA 15.5 PROPRIEDADES DOS ELEMENTOS DO GRUPO VIA

	O	S	Se	Te
Número atômico	8	16	34	52
Configuração eletrônica	$[He]2s^22p^4$	$[Ne]3s^23p^4$	$[Cu^+]4s^24p^4$	$[Ag^+]5s^25p^4$
Energia de ionização, I_1 (kJ mol^{-1})	1314	1000	941	869
Raio de Bragg-Slater (Å)	0,60	1,00	1,15	1,40
Ponto de fusão (°C)	-218,8	115,2	221	449,5
Ponto de ebulição (°C)	-183,0	444,6	685	988
$\Delta \tilde{H}_f^\circ$ de X(g) (kJ mol^{-1})	249,2	278,8	227,1	196,7
Raio iônico de Pauling, X^{-2} (Å)	1,40	1,84	1,98	2,21
$D^\circ(X_2(g))$ (kJ mol^{-1})	498	429	308	285
Cor e estado do elemento	Gás incolor	Sólido amarelo	Sólido cinza	Sólido prateado ou cinza

Seção 12.1, permite racionalizar as propriedades do oxigênio e dos íons O_2^- e O_2^{2-}. A molécula de O_2 tem, além dos quatro elétrons 1s, um total de 12 elétrons de valência. Dez desses elétrons podem ser acomodados em orbitais moleculares semelhantes aos usados na molécula de nitrogênio: um par de orbitais Não-ligantes, um em cada átomo, uma orbital σ ligante e dois orbitais π ligantes. Os dois elétrons restantes devem entrar nos orbitais π_x^* e π_y^* antiligantes em ordem crescente de energia. A energia da molécula de oxigênio é menor se os dois elétrons entram em orbitais separados e com spins desemparelhados; essa configuração mantém os elétrons o mais afastados possível e minimiza a repulsão entre eles. Visto que existem três pares de elétrons ligantes e dois elétrons antiligantes, o número efetivo de elétrons que promovem a ligação é quatro e a molécula pode ser descrita em termos de uma dupla ligação. Portanto a descrição em termos dos orbitais moleculares é consistente com a alta energia de dissociação e com a presença de elétrons desemparelhados na molécula de O_2.

A combinação direta dos metais alcalinos mais pesados com o oxigênio leva à formação de superóxidos MO_2. Esses compostos contém o íon superóxido, O_2^-, que tem um elétron a mais que o O_2. Esse elétron extra pode ser acomodado em um dos orbitais π^* antiligantes, e portanto a ligação no O_2^- deve ser mais fraca que no O_2. Uma ligação ainda mais fraca é esperada no íon peróxido, O_2^{2-} que tem um total de quatro elétrons antiligantes, dois em cada orbital π_x^* e π_y^*. As energias de ligação desses íons não são conhecidas, porém suas distâncias de ligação já foram determinadas (Tabela 15.6). O fato de que as ligações mais curtas são mais fortes tem sido um argumento bastante confiável, e no caso das espécies diatômicas do oxigênio, à medida em que o comprimento de ligação aumenta, a energia de ligação diminui e o número de elétrons antiligantes cresce. Novamente, isso está de acordo com a descrição feita por meio dos orbitais moleculares.

Ozônio. O segundo alótropo do oxigênio é o ozônio. Essa espécie pode ser preparada fazendo passar o oxigênio molecular através de descargas elétricas, seguido pela condensação do O_3 a 77 K, e depois purificando por destilação fracionada. O ozônio na forma líquida oferece muito risco; em certos intervalos de concentração torna-se violentamente explosivo.

Na Figura 15.10 pode ser vista a estrutura da molécula de ozônio. A distância de ligação é quase idêntica à do íon superóxido, O_2^-, o que sugere uma ligação intermediária entre simples e dupla, isto é 1½. As estruturas de ressonância do ozônio são consistentes com esse ponto de vista:

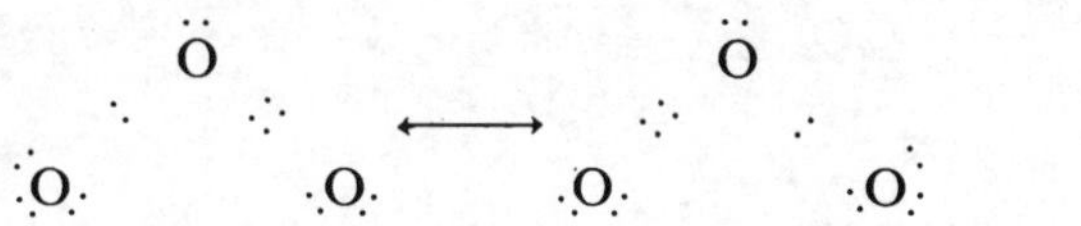

TABELA 15.6 COMPRIMENTOS E ENERGIAS DE LIGAÇÃO

	Comprimento (Å)	Energia de ligação (kJ mol⁻¹)
O_2^{2-} em BaO_2	1,49	-
O_2^- em KO_2	1,28	-
O_2	1,21	494
O_2^+	1,12	643

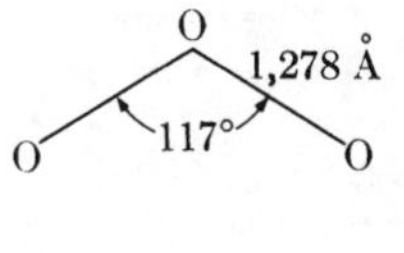

$$\ddot{O}_3 \longleftrightarrow \ddot{O}_3$$

O ozônio é um agente oxidante extremamente poderoso em solução aquosa:

$$O_3 + 2H^+ + 2e^- \rightleftharpoons O_2 + H_2O \qquad \mathcal{E}^\circ = 2{,}07\ V.$$

Na fase gasosa reage rapidamente com uma variedade de reagentes:

$$NO + O_3 \rightarrow NO_2 + O_2,$$
$$2ClO_2 + 2O_3 \rightarrow Cl_2O_6 + 2O_2.$$

Peróxido de Hidrogênio. O tratamento de um peróxido como o BaO_2 com ácidos diluídos produz soluções de peróxido de hidrogênio, H_2O_2. Soluções de concentração até 30% podem ser preparadas por meio de sucessivas destilações fracionadas com bastante cuidado. O processo pode levar a concentrações ainda maiores, contudo, o líquido se torna extremamente susceptível à decomposição e deve ser armazenado e utilizado com o maior cuidado possível.

O peróxido de hidrogênio puro é um líquido viscoso que entra em ebulição a 150°C e pode ser congelado a -0,89°C. Assemelha-se à água em suas propriedades físicas, apresentando também ligações de hidrogênio. Entretanto, não serve como solvente, por ser um agente oxidante muito poderoso e ser muito instável com respeito à decomposição:

$$2H_2O_2 \rightarrow 2H_2O + O_2.$$

Em virtude do estado de oxidação -1 para o oxigênio, o H_2O_2 pode atuar como oxidante, ou como redutor. Contudo, por meio do diagrama de potencial de redução

$$O_2 \xrightarrow{0,69} H_2O_2 \xrightarrow{1,76} H_2O$$

podemos ver que o H_2O_2 atua bem melhor como oxidante do que como redutor.

Ozônio Atmosférico. O dioxigênio em nossa atmosfera é consumido pelos animais e plantas durante a respiração e reposta

O 1,278 Å 117° O O

Fig. 15.10 Estrutura do ozônio, O_3.

pelas plantas durante a fotossíntese. Na alta atmosfera, contudo, o O_2 toma parte de reações fotoquímicas muito importantes. Em altitudes de 20 a 150 km, o O_2 está sujeito à fotodissociação pelas radiações solares de pequenos comprimentos de onda (l<242 nm):

$$O_2 + h\nu \rightarrow 2O.$$

Embora a pressão parcial do oxigênio seja baixa nessas altitudes, o O_2 tem um poder de absorção tão alto que muito pouco dessa radiação consegue atravessar abaixo da altitude de 20 km. Portanto, o oxigênio atmosférico protege a superfície da terra das radiações mais perigosas do sol.

Existem duas principais rotas na química dos átomos de oxigênio. Numa delas, os átomos conseguem se recombinar mediante a participação de uma terceira espécie, M, cuja função é remover o excesso de energia,

$$O + O + M \rightarrow O_2 + M^*,$$

onde M = N_2 ou O_2, e o asterístico indica uma molécula excitada. Os átomos de oxigênio também podem reagir com uma molécula de O_2 para formar ozônio:

$$O + O_2 + M \rightarrow O_3 + M^*.$$

Novamente, uma terceira espécie se torna necessária para remover a energia liberada na formação da ligação. A concentração máxima de O é encontrada acima do equador, a uma altitude de 30 km, porém por difusão chega até o pólo norte, em quantidades apreciáveis, mesmo no meio do inverno, quando a incidência de luz nessa região se torna diminuta.

O ozônio formado entre 20 e 60 km desempenha uma importante função. O dioxigênio não absorve luz na faixa de comprimentos de onda de 250 a 350 nm. Nessa faixa, os fótons ultravioleta provocam danos às plantas e aos tecidos animais. Felizmente, porém, essa radiação é absorvida pelo ozônio da alta atmosfera, protegendo a vida no planeta.

A camada de ozônio pode ser parcialmente destruída por reações como:

$$O_3 + h\nu \rightarrow O + O_2$$
$$O_3 + O \rightarrow 2O_2$$
$$O_3 + NO \rightarrow NO_2 + O_2$$
$$O + NO_2 \rightarrow NO + O_2.$$

As últimas duas formam um ciclo catalítico eficiente na destruição do O_3. Embora um pouco de NO e NO_2, oriundos de fontes naturais, estejam presentes na alta atmosfera, o transporte supersônico vem contribuindo para um aumento nesses teores, e portanto, para a destruição da camada de O_3.

Outra fonte que contribui para a destruição do O_3 são os compostos de clorofluorocarbono ou CFC, como o CF_2Cl_2, usados como propelentes em dispositivos de aerossol. Embora esses compostos sejam liberados na atmosfera urbana, por serem inertes quimicamente acabam se difundindo até a alta atmosfera ao longo dos anos, onde formam átomos de Cl por meio de decomposição fotoquímica. Ocorre então uma segunda cadeia de reação catalítica que destrói o ozônio:

$$Cl + O_3 \rightarrow ClO + O_2$$
$$ClO + O \rightarrow Cl + O_2$$

Muito esforço teórico e experimental tem sido dedicado ao estudo da destruição do ozônio pelas fontes não-naturais de NO, NO_2 e compostos de clorofluorocarbono (CFC). Alguns países tem procurado evitar a liberação desnecessária de CFCs na atmosfera, bem como limitar o uso de transporte supersônico.

O ozônio, em pequena escala, também é encontrada na atmosfera urbana, e resulta de fotorreações com luz visível entre hidrocarbonetos e NO_2 oriundos de processos de combustão realizados pelo homem em suas atividades. É notório o efeito dessas baixas concentrações de O_3, principalmente pelos danos provocados na vegetação e florestas próximas de áreas urbanas.

Oxigênio Singleto. O estado eletrônico de menor energia do O_2 tem dois elétrons desemparelhados, e é conhecido como tripleto. Existem, entretanto, dois estados eletrônicos excitados, cerca de 100 kJ mol^{-1} mais energéticos, onde os elétrons estão emparelhados. Ambos os estados são caracterizados como oxigênio singleto. Muitas reações químicas que produzem O_2 acabam gerando o estado singleto, em vez do tripleto, de menor energia. Uma delas é a seguinte:

$$OCl^- + H_2O_2 \rightarrow Cl^- + H_2O + O_2(\text{singleto})$$

Nesse caso, o O_2 singleto produzido pode ser detectado pela emissão de luz vermelha, segundo a reação:

$$2O_2\ (\text{singleto}) \rightarrow 2O_2\ (\text{tripleto}) + \text{luz vermelha}$$

O oxigênio singleto é metaestável, isto é, tem um tempo de vida relativamente grande, pois a conversão espontânea para o estado fundamental (tripleto) é um processo com baixa probabilidade do ponto de vista da mecânica quântica. Por ser mais reativo que o oxigênio tripleto, encontra uso em algumas reações orgânicas, como na oxigenação de compostos policíclicos aromáticos. Na preparação desses compostos, se faz primeiro a excitação fotoquímica de corantes orgânicos ao estado tripleto. Estes, posteriormente, transferem sua energia para o oxigênio tripleto, formando O_2 singleto.

Enxofre

O enxofre ocorre na natureza no estado elementar bem como formando uma variedade de sulfetos metálicos. O elemento apresenta várias formas alotrópicas; algumas das quais são bastante complexas e pouco conhecidas. Em suas formas mais comuns, que são a rômbica e a monoclínica, o enxofre se apresenta como moléculas S_8, com formato de anel com dobras assemelhando-se a uma coroa (Figura 15.11). Se o enxofre for dissolvido em CS_2 ou outros solventes orgânicos, as medidas de abaixamento do ponto de congelamento indicarão um peso molecular correspondente ao S_8. Em outra modificação cristalina, o enxofre é encontrado na forma de anéis S_6. Na forma líquida, em temperaturas ao redor de 200°C, os anéis se rompem, formando moléculas de cadeias longas. Despejando-se o enxofre líquido nessa temperatura em água, resulta um sólido com aparência plástica, que contém cadeias helicoidais de átomos. O enxofre plástico é metaestável e reverte lentamente para a forma rômbica, No estado de vapor o enxofre consiste de moléculas S_8, S_4 e S_2, em quantidades relativas que dependem da temperatura.

O enxofre rômbico é a forma termodinamicamente estável a 25°C, porém a 95,2°C converte-se na forma monoclínica:

$$S_{\text{rômbico}} \xrightleftharpoons{95,2°C} S_{\text{monoclínico}} \qquad \Delta\tilde{H}° = 0{,}400 \text{ kJ mol}^{-1}.$$

Esse equilíbrio é suficientemente lento para se obter os pontos de fusão, em separado, das duas formas. A forma monoclínica, resfriada à baixas temperaturas, já foi investigada com vista à determinação da entropia segundo a terceira lei da termodinâmica. Observou-se uma concordância, dentro do erro experimental, com o $\Delta S°$ de transição medido a 95,2°C.

Íons Sulfeto e Polissulfetos. O enxofre pode ser combinado diretamente com elementos metálicos para formar sulfetos. No caso dos metais alcalinos, os sulfetos são classificados como compostos iônicos que contém M^+ e S^{2-} no retículo cristalino, que é do tipo antifluorita. Os sulfetos de metais alcalino-terrosos também são melhor enquadrados como compostos iônicos e apresentam, da mesma forma que os óxidos correspondentes, um retículo do tipo NaCl. Esses sulfetos do grupo IA e IIA são solúveis em água, observando-se uma reação de hidrólise:

$$S^{2-}(aq) + H_2O \rightleftharpoons SH^-(aq) + OH^-(aq) \qquad K \gg 1$$

A acidificação de soluções dos sulfetos solúveis provoca a evolução de sulfeto de hidrogênio, ou H_2S. Esse gás é mau cheiroso e venenoso. A 25°C, uma solução saturada de sulfeto de hidrogênio tem uma concentração aproximadamente 0,1 M; existindo ainda pequenas concentrações de HS^- e S^{2-} devidas à dissociação do H_2S:

$$H_2S(aq) \rightleftharpoons H^+ + HS^- \qquad K = 1{,}0 \times 10^{-7},$$
$$HS^- \rightleftharpoons H^+ + S^{2-} \qquad K \cong 10^{-19}.$$

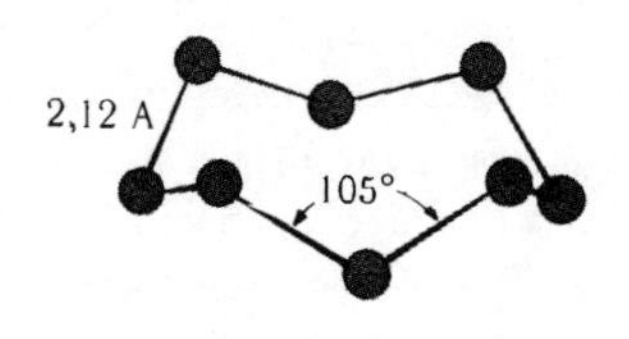

Fig. 15.11 Estrutura em anel do S_8.

Uma solução saturada de H_2S proporciona uma maneira eficaz de precipitar muitos metais de transição que formam sulfetos bem pouco solúveis.

Os sulfetos dos metais de transição não se comportam como compostos iônicos. Os metais com carga 2+ e 3+ são relativamente pequenos e induzem forças de polarização que distorcem a esfericidade dos íons sulfetos, bem maiores. As energias reticulares dos sulfetos de metais de transição são geralmente maiores do que seriam previstas pelo modelo iônico. Consequentemente, nesses sulfetos existe uma contribuição significativa da ligação covalente entre o enxofre e os átomos metálicos. A baixa solubilidade dos sulfetos de metais de transição tem relação com a energia reticular ou estabilidade cristalina desses compostos.

Além dos sulfetos simples, do tipo S^{2-}, existem produtos de oxidação denominados polissulfetos que contém íons S_n^{2-}, onde n varia de 2 a 6. A existência desses ânions tem relação com uma característica na química do enxofre, que é a formação de cadeias atômicas. A tendência de **catenação** é marcante na química do enxofre. As soluções de polissulfetos, quando acidificadas, dão origem a sulfanas de fórmula geral H_2S_n, onde n varia de 2 a 6.

Óxidos. Os dois óxidos mais importantes do enxofre são o SO_2 e o SO_3. O dióxido de enxofre é um gás (p.e. = - 10 C) que se forma na queima do enxofre:

$$S(s) + O_2(g) \rightarrow SO_2(g),$$
$$\Delta\tilde{H}° = -296{,}8 \text{ kJ mol}^{-1},$$
$$\Delta\tilde{G}° = -300{,}2 \text{ kJ mol}^{-1}.$$

É notório, de acordo com os dados termodinâmicos, a grande estabilidade da molécula de SO_2. Todavia, a conversão do SO_2 ao SO_3 é favorável, termodinamicamente:

$$SO_2(g) + \tfrac{1}{2}O_2(g) \rightarrow SO_3(g),$$
$$\Delta\tilde{H}° = -98{,}9 \text{ kJ mol}^{-1},$$
$$\Delta\tilde{G}° = -70{,}9 \text{ kJ mol}^{-1}.$$

A oxidação do dióxido de enxofre é uma reação lenta, porém, pode ser catalisada por pentóxido de vanádio ou superfícies de platina. Quase toda a produção do ácido sulfúrico é feita pela oxidação do SO_2 pelo ar, na presença desses catalisadores por contato.

O dióxido de enxofre é uma molécula triatômica com mais de 16 elétrons de valência; consequentemente é não linear, como mostrado na Figura 15.12.

As duas ligações enxofre-oxigênio são equivalentes e podem ser representadas pelas estruturas de ressonância:

$$\ddot{S}(:\ddot{O})(\ddot{O}:) \longleftrightarrow \ddot{S}(:\ddot{O})(\ddot{O})$$

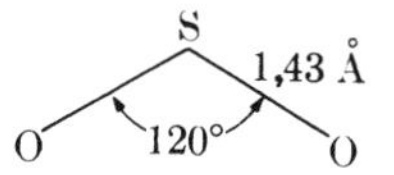

Fig. 15.12 Estrutura da molécula de SO_2.

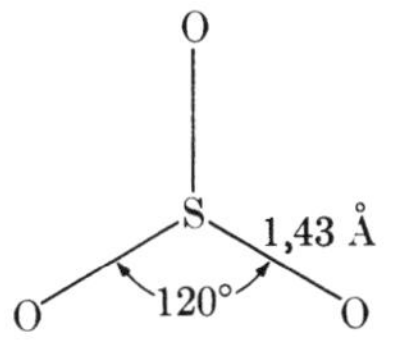

Fig. 15.13 Estrutura da molécula de SO_3 gasoso.

Na fase gasosa, o trióxido de enxofre é uma molécula triangular planar com três ligações equivalentes enxofre-oxigênio (Figura 15.13). Essa geometria é previsível, pois o SO_3 é isoeletrônico em relação ao BF_3, NO_3^-, e CO_3^{2-}, que são espécies simétricas, planares. A ligação no SO_3^{2-} pode ser representada pelas estruturas abaixo:

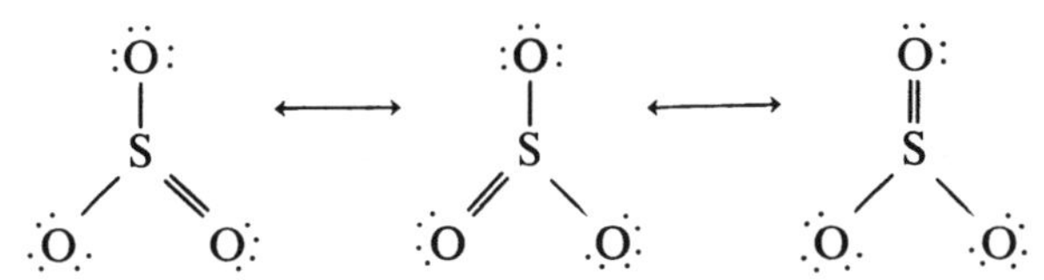

Oxiácidos. O enxofre forma um grande número de oxiácidos, dos quais o mais importante é o ácido sulfúrico. Sua produção é feita pela hidratação do SO_3:

$$SO_3(g) + H_2SO_4(\ell) \rightarrow H_2S_2O_7(\ell),$$
$$H_2S_2O_7(\ell) + H_2O \rightarrow 2H_2SO_4(\ell).$$

A reação direta do SO_3 com água produz uma névoa de difícil condensação; por isso, no processo comercial é feita a dissolução do gás em ácido sulfúrico, formando $H_2S_2O_7$ (ácido pirossulfúrico), e depois uma diluição com água, para formar o ácido sulfúrico.

Na forma pura, o ácido sulfúrico constitui um líquido viscoso, que congela a 10 °C. É condutor de eletricidade, em virtude do equilíbrio de dissociação:

$$2H_2SO_4 \rightleftharpoons H_3SO_4^+ + HSO_4^-.$$

O ácido tem grande afinidade por água, e em muitas reações químicas tem sido usado com essa função:

$$HCOOH + H_2SO_4 \rightarrow CO(g) + H_3O^+ + HSO_4^-,$$
$$HNO_3 + 2H_2SO_4 \rightarrow H_3O^+ + 2HSO_4^- + NO_2^+.$$

Quando aquecido, o H_2SO_4 é oxidante, dissolvendo dessa forma metais como o cobre:

$$Cu + 5H_2SO_4 \rightarrow Cu^{2+} + SO_2 + 4HSO_4^- + 2H_3O^+$$

Em soluções diluídas, contudo, as propriedades oxidantes do grupo sulfato tornam-se desprezíveis.

A eletrólise de soluções resfriadas de ácido sulfúrico concentrado permite obter o ácido peroxidissulfúrico, $H_2S_2O_8$. Conforme o nome sugere, esse ácido apresenta uma ligação oxigênio-oxigênio:

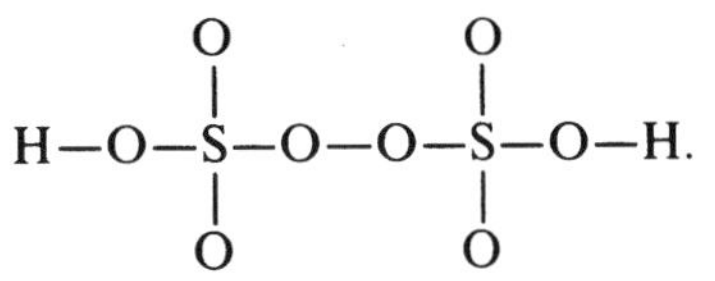

H—O—S(O)(O)—O—O—S(O)(O)—O—H.

O peroxidissulfato é um poderoso agente oxidante:

$$S_2O_8^{2-} + 2e^- \rightleftharpoons 2SO_4^{2-}, \qquad \mathscr{E}^\circ = 1{,}92\ V.$$

Normalmente, as oxidações diretas por peroxidissulfato são lentas, contudo, elas podem ser catalisadas por íons de prata. Essa é uma das formas mais eficientes de levar muitas espécies solúveis aos seus estados de oxidação máximos.

A dissolução de SO_2 em água resulta numa solução fracamente ácida, fato que tem sido atribuído à ionização do ácido sulfuroso, H_2SO_3. Contudo, esse ácido nunca foi isolado como um composto puro, e não há qualquer evidência de que o H_2SO_2 existe como tal. A ionização do "ácido sulfuroso" seria melhor descrita por:

$$SO_2(aq) + H_2O \rightleftharpoons HSO_3^- + H^+ \qquad K = 1{,}2 \times 10^{-2},$$
$$HSO_3^- \rightleftharpoons H^+ + SO_3^{2-} \qquad K = 6{,}6 \times 10^{-8}.$$

Recentemente, tem sido demonstrado que o íon bissulfito, HSO_3^- existe em duas formas. Uma forma tem o próton ligado a um oxigênio e outro tem o próton ligado ao enxofre. Ao contrário do próton no íon fosfito, no caso do HSO_3^- o próton é muito lábil e de fácil remoção. Soluções ácidas de SO_2 são agentes redutores moderados, ao passo que as soluções básicas são redutores mais fortes:

$$SO_4^{2-} + 4H^+ + 2e^- \rightleftharpoons SO_2(aq) + 2H_2O,$$
$$\mathscr{E}^\circ = 0{,}16\ V,$$

$$SO_4^{2-} + H_2O + 2e^- \rightleftharpoons SO_3^{2-} + 2OH^-,$$
$$\mathscr{E}^\circ = -0{,}94\ V.$$

As soluções do íon sulfito reagem com enxofre elementar para formar o íon tiossulfato, $S_2O_3^{2-}$, segundo a reação:

$$S(s) + SO_3^{2-} \rightleftharpoons S_2O_3^{2-}$$

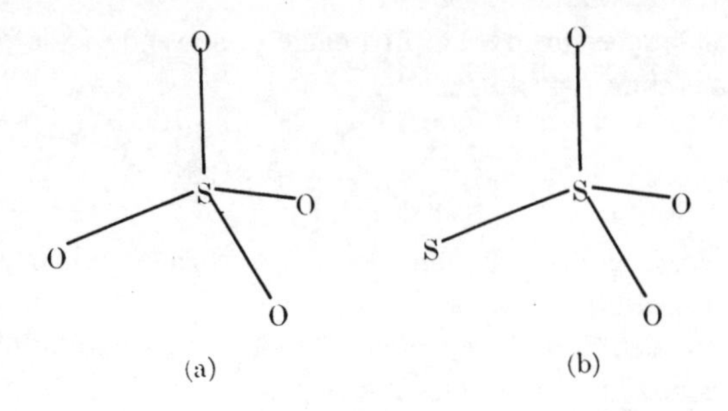

Fig. 15.14 Relação entre as estruturas do (a) SO_4^{2-} e do (b) $S_2O_3^{2-}$.

O prefixo *tio* indica que o átomo de enxofre substitui um átomo de oxigênio na espécie correlata, como pode ser visto na Figura 15.14.

Em soluções ácidas o íon tiossulfato decompõe-se em enxofre e no íon sulfito. Dessa forma Não se pode isolar o ácido tiossulfúrico. Em soluções fracamente ácidas, neutras ou básicas, contudo, o íon tiossulfato é bastante estável. Atuando como agente redutor moderado, converte-se no íon tetrationato, $S_4O_6^{2-}$:

$$S_4O_6^{2-} + 2e^- \rightleftharpoons 2S_2O_3^{2-} \qquad \mathscr{E}^\circ = 0{,}02\ V.$$

O íon tiossulfato reduz o iodo elementar ao íon iodeto, e tem sido bastante usado em análise quantitativa. O procedimento geral adotado consiste em reagir um agente oxidante cuja concentração se quer determinar, com excesso de iodeto, formando a espécie I_3^-. Essa espécie reage com $S_2O_3^{2-}$, cuja concentração é previamente conhecida, e dessa forma a quantidade do agente oxidante pode ser calculada.

O íon tiossulfato também forma complexos estáveis com alguns íons metálicos, como é o caso da prata:

$$Ag^+ + 2S_2O_3^{2-} \rightleftharpoons [Ag(S_2O_3)_2]^{3-} \qquad K = 6 \times 10^{13}.$$

Dessa forma consegue dissolver haletos de prata, os quais são pouco solúveis, e pode ser usado como fixador fotográfico.

Potenciais de Redução. As propriedades de algumas das espécies com enxofre em meio aquoso encontram-se resumidas nos diagramas de potenciais de redução; por exemplo, em meio ácido:

$$SO_4^{2-} \xrightarrow{0,16} SO_2(g) \xrightarrow{0,41} S_2O_3^{2-} \xrightarrow{0,49} S \xrightarrow{0,17} H_2S(g).$$

$$SO_2(g) \xrightarrow{0,54} S_4O_6^{2-} \xrightarrow{0,02} S_2O_3^{2-}$$

O íon sulfato, como agente oxidante, é bastante fraco em soluções 1 *M* de ácido. O dióxido de enxofre tem um poder oxidante moderado, porém é mais facilmente oxidado ao íon sulfato. O íon tiossulfato pode ser oxidado com facilidade ao tetrationato, $S_4O_6^{2-}$, porém sua conversão ao SO_2 só é possível com agentes oxidantes fortes. O tiossulfato é instável com respeito ao desproporcionamento em enxofre e SO_2. O H_2S, por sua vez, é fracamente redutor em meio ácido.

Considerando o diagrama de potenciais de redução em meio básico,

$$SO_4^{2-} \xrightarrow{-0,94} SO_3^{2-} \xrightarrow{-0,57} S_2O_3^{2-} \xrightarrow{-0,75} S \xrightarrow{0,00} S_4^{2-} \xrightarrow{-0,09} HS^-$$

$$SO_3^{2-} \xrightarrow{-0,66} S \qquad S \xrightarrow{-0,06} HS^-$$

podemos ver que os íons SO_4^{2-}, SO_3^{2-}, e $S_2O_3^{2-}$ são fracos agentes oxidantes. Ao contrário, SO_3^{2-} e $S_2O_3^{2-}$ podem ser oxidados com facilidade em meio básico. O $S_2O_3^{2-}$ já não é mais instável ao desproporcionamento, como ocorre em meio ácido. A forma reduzida do enxofre é representada por HS^-, visto que o S^{2-} sofre hidrólise, mesmo na presença de $[OH^-]$ igual a 1 *M*. A espécie S_4^{2-} é um dos muitos polissulfetos que podem existir como espécies estáveis em meio fortemente básico. Durante muito tempo o íon S^{2-} foi tido como a espécie mais importante em soluções de alcalinidade ao redor de 1 *M*. Na realidade, na presença de OH^- ocorre o seguinte equilíbrio,

$$HS^- + 3S_4^{2-} + OH^- \rightleftharpoons 4S_3^{2-} + H_2O$$

que tende a ser confundido com a reação,

$$HS^- + OH^- \rightleftharpoons H_2O + S^{2-}.$$

Para se converter o íon HS^- ao S^{2-} é necessário usar 15 *M* de NaOH.

Haletos. O enxofre forma vários compostos binários com flúor, cloro e bromo, como pode ser visto na Tabela 15.7. O haleto de maior importância prática é o hexafluoreto de enxofre, SF_6, obtido pela reação direta entre enxofre e flúor. O SF_6 é um gás extremamente inerte, termo-estável e com grande capacidade de resistir à decomposição por ação da eletricidade. Por isso, é usado como isolante gasoso em geradores elétricos de alta-voltagem e outros equipamentos. Conforme já discutimos no Capítulo 6, os seis átomos de flúor no SF_6 situam-se nos vértices de um octaedro regular, tendo no centro, o átomo de enxofre. Em virtude da existência de seis pares eletrônicos ao redor do enxofre, a descrição da ligação no SF_6 é feita incluindo os orbitais 3*d*, além dos orbitais 3*s* e 3*p* do enxofre. A geometria octaédrica, que conduz a seis ligações enxofre-flúor equivalentes, é consistente com uma hibridização do tipo sp^3d^2 para o enxofre. A ligação enxofre-flúor não é das mais estáveis; $D(SF_5\text{-}F) = 381 \pm 13\ kJ\ mol^{-1}$. Em consequência, a inércia química do SF_6 não pode ser atribuída exclusivamente à sua estabilidade termodinâmica, mas também ao fato de só reagir muito lentamente com outras espécies (fator cinético).

Outros fluoretos do enxofre bem caracterizados são o SF_4 e o S_2F_{10}, mostrados na Figura 15.15. O S_2F_{10} é muito pouco reativo, em analogia com o SF_6. Em contraste, o SF_4 é extremamente reativo e sofre hidrólise muito rapidamente na presença de água, formando SO_2 e HF. Constitui um agente de fluoração de compostos orgânicos. Conforme já discutimos no Capítulo 6, o SF_4 assemelha-se, do ponto de vista estrutural, ao PF_5, pois ambos possuem cinco pares eletrônicos ao redor do átomo central. A molécula de PF_5 apresenta uma estrutura bipirâmide trigonal, enquanto que no SF_4 essa geometria é ligeiramente distorcida tendo um par de elétrons ocupando uma das posições equatoriais.

TABELA 15.7 HALETOS DE ENXOFRE

Fluoretos			Cloretos			Brometos		
	p.f. (°C)	p.e		p.f. (°C)	p.e		p.f. (°C)	p.e
S_2F_2 *	-165	-10.6	S_2Cl_2	-80	138	S_2Br_2	-46	90(dec)
SF_2	Instável		SCl_2	-78	59		-	
SF_4 †	-121	-40	SCl_4	-31(dec)			-	
SF_6 †	-51(P)	-65(sub)		-			-	
S_2F_{10}	-53	-35		-			-	

* Mistura isomérica de FSSF e F_2SS.
† (dec) = decompõe; (sub) = sublima.

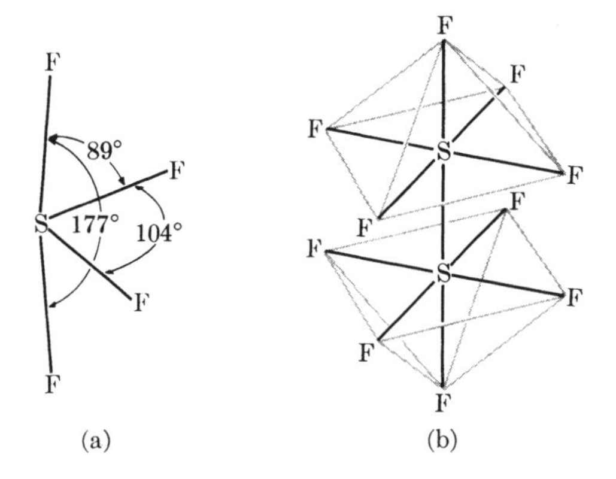

Fig. 15.15 Estruturas do (a) SF_4 e do (b) S_2F_{10}.

Selênio e Telúrio

Esses elementos são bastante raros e são obtidos como subprodutos no processamento de minérios de enxofre. O selênio é um mau condutor de eletricidade no escuro, porém sua condutividade aumenta quando iluminado. Por isso tem sido usado em dispositivos fotocondutores como no cilindro de impressão de máquinas fotocopiadoras. Em quantidades diminutas, o selênio é um elemento necessário para os organismos vivos; contudo, em quantidades maiores é tóxico. O envenenamento de ovelhas e gado em pastagens, por selênio, é um problema persistente no leste americano onde algumas plantas concentram o elemento extraído do solo. Preparados à base de sulfeto de selênio, S_nSe_{8-n}, são muito usados como anticaspa. O telúrio também é usado em dispositivos eletrônicos e fotosensitivos.

A química do selênio e telúrio assemelha-se à do enxofre. As diferenças existentes estão relacionadas com o caráter metálico que aumenta com o número atômico. Os compostos de selênio e telúrio com elementos metálicos são parecidos com os sulfetos metálicos correspondentes, porém são algo mais covalente, visto que os íons Se^{2-} e Te^{2-} são maiores e mais polarizáveis que o S^{2-}. Os hidretos H_2S, H_2Se, e H_2Te são gases fétidos e venenosos, moderadamente solúveis em água. Como já foi discutido na Seção 13.4, o H_2Se e o H_2Te são instáveis termodinamicamente com respeito aos seus elementos, o que é uma característica dos hidretos de elementos pesados do grupo IV, V e VI. A força dos hidretos como ácidos aumenta na sequência do H_2S para o H_2Te:

$$H_2S \rightleftharpoons H^+ + HS^- \qquad K = 1{,}0 \times 10^{-7},$$
$$H_2Se \rightleftharpoons H^+ + HSe^- \qquad K = 1{,}3 \times 10^{-4},$$
$$H_2Te \rightleftharpoons H^+ + HTe^- \qquad K = 2{,}3 \times 10^{-3}.$$

Os óxidos SeO_2 e TeO_2 contrastam com o SO_2, pois são sólidos na temperatura ambiente. A estrutura do TeO_2 é consistente com um retículo iônico. O SeO_2 tem uma estrutura de cadeia infinita, como mostrado na Fig. 15.16. Dissolve-se em água para formar soluções ácidas. O H_2SeO_3 já foi isolado na forma pura e caracterizado do ponto de vista estrutural. Em contraste, o TeO_2 é insolúvel em água e ainda não se conhece a espécie H_2TeO_3. O tratamento do TeO_2 com bases fortes, contudo, produz soluções que contém o íon telurito, TeO_3^{2-}.

A oxidação dos selenitos produz selenatos, que são os sais do ácido selênico, H_2SeO_4. O ácido selênico é bastante semelhante na força de acidez, ao ácido sulfúrico, porém é um agente oxidante muito mais forte, como indica o potencial para a semi-reação:

$$SeO_4^{2-} + 4H^+ + 2e^- \rightleftharpoons H_2SeO_3 + H_2O$$

$$\mathscr{E}^\circ = 1{,}15\ V.$$

O oxiácido correspondente para o telúrio(+6) difere bastante dos do enxofre e do selênio. A fórmula do ácido telúrico é $Te(OH)_6$, e sua estrutura determinada por raios-X mostra grupos OH situados nos vértices de um octaedro regular com o átomo de telúrio no centro. Além de contrastar com o H_2SO_4 e H_2SeO_4, o $Te(OH)_6$ é um ácido fraco, cuja primeira constante de ionização é de apenas 2×10^{-8}.

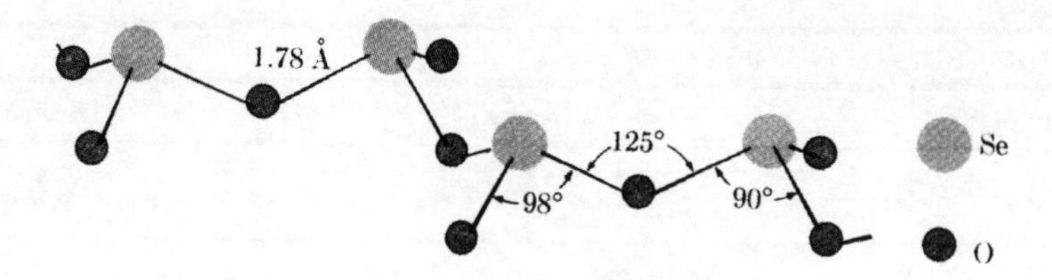

Fig. 15.16 Segmento da cadeia infinita de SeO_2.

15.3 Os Elementos do Grupo VIIA

Os elementos flúor, cloro, bromo e iodo são sempre encontrados na natureza na forma combinada em virtude de sua alta reatividade química. Embora esses halogêneos tenham alguma semelhança do ponto de vista químico, suas propriedades variam de forma gradual ao longo da família. O flúor é o mais eletronegativo dos elementos e apresenta apenas o estado de oxidação -1. O cloro, bromo e iodo também são eletronegativos, porém podem formar compostos com estados de oxidação positivos ou negativos. Todos os halogênios são agentes oxidantes, cujas forças diminuem com o aumento do número atômico. Os halogênios existem como moléculas biatômicas discretas nas fases sólida, líquida e gasosa; porém a volatilidade do elemento decresce acentuadamente à medida que o número atômico aumenta. As variações em outras propriedades, como energia de ionização, afinidade eletrônica e raio iônico são evidentes na Tabela 15.8.

O flúor e o cloro são os dois halogênios mais abundantes. O flúor ocorre principalmente como fluorita, CaF_2, e criolita, Na_3AlF_6. Em virtude de ser um agente oxidante extremamente forte, o flúor tem sido preparado comercialmente por método eletrolítico, utilizando tanto uma solução de KHF_2 em HF, como o KHF_2 em estado de fusão. O F_2 é liberado no anodo, e o H_2 no catodo.

O cloro também é preparado por eletrólise, utilizando soluções de NaCl:

$$Cl^-(aq) + H_2O \rightarrow \tfrac{1}{2}Cl_2(g) + \tfrac{1}{2}H_2(g) + OH^-(aq).$$

Como subprodutos da reação se obtém hidrogênio gasoso e solução de hidróxido de sódio. O cloro é um agente oxidante forte e de baixo custo, apresentando por isso muita utilidade na indústria. Um exemplo disso é a oxidação do íon brometo na água do mar, até bromo:

$$Cl_2 + 2Br^- \rightarrow Br_2 + 2Cl^-.$$

Enquanto o flúor, cloro e o bromo são encontrados na natureza no estado de oxidação -1, e portanto, devem ser oxidados para se obter a forma elementar, o iodo é obtido pela redução de iodatos de fontes naturais. O íon bissulfito é um redutor conveniente para isso:

$$2IO_3^-(aq) + 5HSO_3^-(aq) \rightarrow$$

$$3HSO_4^-(aq) + 2SO_4^{2-}(aq) + H_2O + I_2(s).$$

TABELA 15.8 PROPRIEDADES DOS ELEMENTOS DO GRUPO VIIA

	F	**Cl**	**Br**	**I**
Número atômico	9	17	35	53
Configuração eletrônica	$[He]2s^22p^5$	$[Ne]3s^23p^5$	$[Cu^+]4s^24p^5$	$[Ag^+]5s^25p^5$
Energia de ionização, $I1$ (kJ mol^{-1})	1681	1251	1140	1008
Afinidade eletrônica, A (kJ mol^{-1})	328	349	325	295
Raio de Bragg-Slater (Å)	0,50	1,00	1,15	1,40
Ponto de fusão (°C)	-219,7	-101,0	-7,3	113,6
Ponto de ebulição (°C)	-188,2	-34,1	59,1	185,3
$\Delta\tilde{H}_f$ de X(g) (kJ mol^{-1})	79,0	121,7	111,9	106,8
Raio iônico de Pauling,	X^- (Å)	1,36	1,81	1,95 2,16
$\Delta\tilde{H}_{hyd}$ a 25°C (kJ mol^{-1})	-523	-379	-348	-304
$E°$ (½ X2 + e^- ↔ X^-)(V)	2,89	1,36	1,08	0,54
D° (X2(g)) (kJ mol^{-1})	158	243	173	151
Cor e estado do elemento	Gás verde	Gás amarelado	Líquido vermelho	Sólido escuro, Vapor violeta

O quinto membro da família dos halogênios, o astato, Não é encontrado na natureza. Todos os seus isótopos são radioativos e o mais estável, ^{210}At, tem uma meia-vida de apenas 8,3 h. Como resultado, a química do astato só tem sido estudada em níveis qualitativos, existindo poucos dados quantitativos disponíveis.

Haletos

A maioria dos elementos metálicos reage diretamente com os halogênios e formam compostos muito estáveis termodinamicamente. Se o átomo metálico é relativamente grande e tem um estado de oxidação +1 ou +2, a ligação no haleto é iônica, enquanto para os átomos metálicos e semi-metálicos menores com estados de oxidação mais altos, a ligação nos haletos tem caráter mais covalente.

Haletos iônicos. No capítulo 13 discutimos a estabilidade dos haletos tomando como base suas eletronegatividades. No caso dos haletos iônicos uma análise mais quantitativa pode ser feita utilizando o ciclo de Born-Haber (apresentado no Capítulo 14) para determinar as energias da rede cristalina dos haletos alcalinos. Esse ciclo explica as ligações iônicas em termos do $\Delta\tilde{H}^\circ_f$ dos átomos gasosos, das energias de ionização do metal ou da afinidade eletrônica dos haletos, e da energia reticular. A energia da rede cristalina depende em primeiro lugar, do tamanho dos átomos; quanto menor o íon mais negativa será a energia reticular. Os haletos iônicos constituem uma classe muito estável de compostos, pois as moléculas dos halogêneos têm, relativamente, pequenas energias de ligação e altas afinidades eletrônicas. O flúor tem a menor energia de dissociação dentre todos os halogêneos, e sendo o F^- o menor dos haletos, os flúoretos iônicos apresentam as redes cristalinas mais estáveis. A menor estabilidade relativa dos iodetos iônicos é consequência do maior tamanho do ânion e da menor energia reticular.

Além dos íons haletos simples, monoatômicos, também são conhecidos íons polialetos. O íon triiodeto, por exemplo, é formado quando se adiciona o iodo à uma solução de iodeto. Esse íon é moderadamente estável em solução aquosa:

$$I_3^-(aq) \rightleftharpoons I^-(aq) + I_2(aq) \qquad K = 1.3 \times 10^{-3},$$

As constantes de dissociação correspondentes para Br_3^- e Cl_3^- são 6×10^{-2} e 5,5. Portanto, esses íons são menos estáveis que o I_3^-. A ação direta dos halogênios sobre os haletos dos metais alcalinos maiores pode produzir polialetos mais complexos, tais com KI_5, $CsICl_4$ e $KBrF_4$.

Haletos Covalentes. Os elementos como o fósforo formam haletos covalentes por meio de ligações simples com cada halogênio. Normalmente as ligações simples entre elementos diferentes são mais fortes que as entre elementos iguais, e para explicar esse fato, Pauling desenvolveu o conceito de eletronegatividade. Podemos usar as ligações P-F, P-Cl, P-Br e P-I como exemplos. Examinando as eletronegatividades dadas na Tabela 13.4, podemos notar uma grande diferença de eletronegatividade entre fósforo e flúor e uma pequena diferença entre fósforo e iodo. Como resultado, a ligação P-F é relativamente forte e a ligação P-I é fraca. Mesmo estando baseadas em energias de ligação como as exemplificadas, a eletronegatividade é uma característica do elemento e pode ser utilizada para se prever as forças relativas de ligações simples entre os átomos. O flúor, que apresenta o valor máximo de eletronegatividade, forma compostos com quase todos os elementos, porém, o mesmo não é válido para o iodo, que tem uma eletronegatividade bem menor.

Haletos de Hidrogênio

Os haletos de hidrogênio podem ser preparados pela ação de ácidos não-oxidantes pouco voláteis sobre haletos solúveis, como no exemplo:

$$NaBr + H_3PO_4 \rightarrow HBr(g) + NaH_2PO_4.$$

Os haletos de hidrogênio, em condições normais, constituem moléculas biatômicas, e da mesma forma que outros haletos de não-metais, sua estabilidade termodinâmica diminui com o aumento do número atômico. Algumas das propriedades desses compostos estão relacionadas na Tabela 15.9.

A condutividade elétrica do líquido HF puro é um tanto baixa, porém é suficiente para indicar que ocorre auto-ionização em pequena extensão:

$$2HF \rightleftharpoons H_2F^+ + F^-, \qquad F^- + HF \rightleftharpoons HF_2^-.$$

Os outros haletos de hidrogênio, na forma líquida, apresentam muito pouca auto-ionização. Em soluções aquosas, entretanto, os haletos de hidrogênio são bons condutores elétricos. O fluoreto de hidrogênio é um ácido relativamente fraco, como mostram as constantes de equilíbrio:

$$HF + H_2O \rightleftharpoons H_3O^+ + F^- \qquad K_a = 6{,}8 \times 10^{-4},$$
$$F^- + HF \rightleftharpoons HF_2^- \qquad K = 3.$$

Ao contrário do HF, os demais haletos de hidrogênio são ácidos fortes em água. É interessante verificar quais os fatores responsáveis por isso. Na Figura 15.17 aparece o ciclo termodinâmico que pode ser usado para relacionar $\Delta\tilde{H}^\circ_{diss}$ do HF em água com suas propriedades em fase gasosa. Podemos encontrar os valores para cada $\Delta\tilde{H}^\circ_i$ na Fig. 15.17 e determinar o $\Delta\tilde{H}^\circ_{diss}$ por meio da soma:

$$\Delta\tilde{H}^\circ_{diss} = \Delta\tilde{H}^\circ_1 + \Delta\tilde{H}^\circ_2 + \Delta\tilde{H}^\circ_3 + \Delta\tilde{H}^\circ_4 + \Delta\tilde{H}^\circ_5 + \Delta\tilde{H}^\circ_6.$$

Se examinarmos cada um dos seis termos, podemos ver que $\Delta\tilde{H}^\circ_1$, $\Delta\tilde{H}^\circ_2$, e $\Delta\tilde{H}^\circ_3$ são positivos porque correspondem a mudanças endotérmicas e que ΔH°_4, ΔH°_5 e ΔH°_6 são negativos ou exotérmicos. Se substituirmos os valores de ΔH° na Fig. 15.17, teremos:

$$\Delta\tilde{H}^\circ_{diss}(HF) = -12{,}5 \text{ kJ mol}^{-1}.$$

TABELA 15.9 PROPRIEDADES DOS HALETOS DE HIDROGÊNIO

	HF	HCl	HBr	HI
Ponto de fusão (°C)	-183,4	-114,3	-86,9	-50,9
Ponto de ebulição (°C)	19,5	-85,1	-66,8	-35,4
$\Delta\tilde{H}_f$ (kJ mol^{-1})				
Gás	-271,1	-92,3	-36,4	26,5
HX(aq)	-320,1	-	-	-
$D°$ (gás) (kJ mol^{-1})	568,1	432,0	366,2	298,3

Os valores bastante negativos de $\Delta\tilde{H}^{\circ}_{hidr}$ para H^+ e F^- nas etapas 5 e 6 determinam o sinal de $\Delta\tilde{H}^{\circ}_{diss}$.

Visto que $\Delta\tilde{H}^{\circ}_{diss}$ é negativo, poderíamos concluir que o HF é um ácido forte. Contudo, a partir da constante de dissociação ácida ($K_a = 6{,}8 \times 10^{-4}$), chegamos a uma energia livre de ativação positiva:

$$\Delta\tilde{G}^{\circ}_{diss}(HF) = -RT \ln K_a = 18{,}1 \text{ kJ mol}^{-1}.$$

Isso significa que na equação

$$\Delta\tilde{G}^{\circ}_{diss} = \Delta\tilde{H}^{\circ}_{diss} - T\Delta\tilde{S}^{\circ}_{diss},$$

o valor de $\Delta\tilde{S}^{\circ}_{diss}$ *é negativo*, e por isso o HF é um ácido fraco.

A dissociação do HF em água resulta na formação de íons em um solvente polar. Visto que os íons polarizam as moléculas de solvente ao seu redor, eles introduzem mais ordem na distribuição das mesmas, resultando em um valor negativo de $\Delta\tilde{S}^{\circ}_{diss}$. Tem sido observado para vários ácidos fracos que o $\Delta\tilde{S}^{\circ}_{diss}$ é aproximadamente constante em torno de -100 J mol^{-1} K^{-1}. Dessa forma, o termo $-T\Delta\tilde{S}^{\circ}_{diss}$ é suficientemente grande para ser o determinante do $\Delta\tilde{G}^{\circ}_{diss}$, já que $\Delta\tilde{H}^{\circ}_{diss}$ é apenas -10 kJ mol^{-1}.

No caso do HCl, HBr, e HI, os valores de $\Delta\tilde{H}^{\circ}$ são conhecidos para todas as etapas, menos a primeira. Isso, porque ao contrário do HF, Não se conhecem espécies HX(aq). Contudo, podemos comparar o HF com o HCl em outras etapas, usando os valores relacionados nas Tabelas 15.8 e 15.9. Na etapa 2, temos $\Delta\tilde{H}^{\circ}_2 = D°$, e $D°$(HF) é muito maior que $D°$(HCl). Na etapa 6 temos $\Delta\tilde{H}^{\circ}_6 = \Delta\tilde{H}^{\circ}_{hid}$, e $\Delta\tilde{H}^{\circ}_{hid}(F^-)$ é muito mais negativo que $\Delta H^{\circ}_{diss}(Cl^-)$. No global, mesmo se desprezarmos a etapa 1, o $\Delta\tilde{H}^{\circ}_{diss}$(HCl) deve

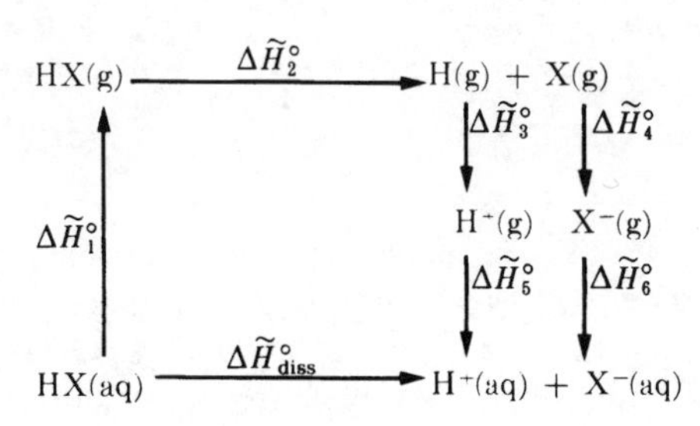

Fig. 15.17 Ciclo termodinâmico para a dissociação do ácido de halogênio HX.

ser mais negativo que o $\Delta\tilde{H}^{\circ}_{diss}$ (HF). Enquanto parece provável que as diferenças em $\Delta\tilde{S}^{\circ}_{diss}$ favoreçam a dissociação do HCl, a razão mais simples para o HF ser um ácido fraco é o maior valor de $D°$ para o HF gasoso.

Óxidos de Halogênios

Os óxidos de halogênios conhecidos estão relacionados na Tabela 15.10. Esses compostos constituem moléculas discretas em todos os estados físicos, e são normalmente instáveis e muito reativos. A temperatura ambiente são gases ou líquidos voláteis, com exceção do I_2O_5 que é um sólido branco.

O composto F_2O é um gás incolor, e o único óxido de halogênio que é próximo, termodinamicamente, de ser estável com respeito aos elementos. Contudo, reage rapidamente com muitos agentes redutores. Por exemplo, quando dissolvido em água, produz oxigênio, lentamente, segundo a reação:

$$F_2O + H_2O \rightarrow O_2 + 2HF.$$

Os óxidos de cloro são moléculas pequenas, e agentes oxidantes bastante reativos. O monóxido de cloro, Cl_2O, é preparado pela reação:

$$2Cl_2 + 2HgO \rightarrow HgCl_2 \cdot HgO + Cl_2O.$$

Por aquecimento decompõe-se de forma explosiva formando Cl_2 e O_2. O dióxido de cloro, ClO_2, pode ser preparado pela reação:

$$2ClO_3^- + SO_2 \rightarrow 2ClO_2 + SO_4^{2-}.$$

O dióxido de cloro também está sujeito à explosão, porém é seguro se for tratado com o devido cuidado e tem sido usado em escala comercial como agente oxidante.

O tetróxido de dicloro não é um dímero do dióxido de cloro, e sim algo parecido com perclorato de cloro, $ClOClO_3$. É estável apenas por pouco tempo na temperatura ambiente.
O Cl_2O_6 é formado quando o ozônio reage com ClO_2:

$$2ClO_2 + 2O_3 \rightarrow Cl_2O_6 + 2O_2.$$

Esse hexaóxido é instável e reage explosivamente com compostos orgânicos. O óxido de cloro +7, Cl_2O_7, é um líquido volátil obtido pela desidratação do ácido perclórico:

TABELA 15.10 ÓXIDOS DE HALOGÊNIOS

Flúor	Cloro	Bromo	Iodo
F_2O	Cl_2O	Br_2O	I_2O_4
F_2O_2	ClO_2	BrO_2	I_4O_9
-	Cl_2O_4	BrO_3	I_2O_5
-	Cl_2O_6	Br_2O_7 (?)	I_2O_7
-	Cl_2O_7	-	-

$$2HClO_4 \xrightarrow{P_4O_{10}} Cl_2O_7.$$

Mesmo sendo o óxido de cloro mais estável, o Cl_2O_7 explode quando aquecido ou sob impacto mecânico.

Os óxidos de bromo não são todos bem caracterizados quimicamente ou fisicamente. Dos óxidos de iodo, apenas o I_2O_5 tem sido investigado extensivamente. Trata-se do produto de desidratação do ácido iódico, HIO_3:

$$2HIO_3 \rightarrow I_2O_5 + H_2O$$

O pentóxido de iodo é um composto relativamente estável que reage, de forma controlada, com muitos agentes redutores. A reação mais importante é a oxidação do monóxido de carbono:

$$I_2O_5 + 5CO \rightarrow I_2 + 5CO_2.$$

Essa reação é quantitativa, e a determinação de iodo formado permite efetuar a análise de CO.

Oxiácidos de Halogênios

Os oxiácidos conhecidos dos halogênios estão relacionados na Tabela 15.11. Com exceção do HOF, os ácidos hipoalogenosos de fórmula HOX, formam-se pelo disproporcionamento dos halogênios em solução aquosa:

$$X_2(aq) + H_2O \rightleftharpoons H^+ + X^- + HOX.$$

As constantes de equilíbrio desse tipo de reação para os vários halogênios são: Cl_2, 4,2 x 10^{-4}; Br_2, 7,2 x 10^{-9}; e I_2, 2,0 x 10^{-13}. Por essas constantes, podemos deduzir que em uma solução saturada de cloro, a concentração de HOCl é aproximadamente a metade da concentração de cloro, enquanto apenas 0,5% do I_2 de uma solução saturada é convertido em HOI. Um método de produzir os ácidos hipoalogenosos com alto rendimento consiste em passar o halogênio através de uma suspensão aquosa de óxido mercúrico:

$$2X_2 + 2HgO + H_2O \rightarrow HgO \cdot HgX_2 + 2HOX.$$

Os ácidos hipoalogenosos são todos muito fracos, com as seguintes constantes de dissociação: HOCl, 3 x 10^{-8}, HOBr, 2x10^{-9}, e HOI, 1 x 10^{-11}. Eles são também bastante instáveis e nunca foram isolados como compostos puros. O composto HOF é produzido fazendo-se passar F_2 sobre gelo, seguido de condensação em um coletor resfriado. Reage rapidamente com água formando oxigênio e é instável termicamente, tendo um tempo de meia-vida inferior a uma hora, a 25 °C.

As soluções de OCl^- são usados extensivamente como branqueadores, algicidas e desinfetantes. Enquanto todas as soluções de OX^- são instáveis termodinamicamente com respeito à reação:

$$3OX^- \rightleftharpoons 2X^- + XO_3^-,$$

as de OCl^- comportam-se como se fossem estáveis, por razões cinéticas, e podem ser armazenadas e comercializadas como produto de uso doméstico.

O ácido cloroso, $HClO_2$, é o único oxiácido de halogênio(+3) conhecido. Os sais do ácido cloroso podem ser feitos pela reação

$$2ClO_2 + Na_2O_2 \rightarrow NaClO_2 + O_2.$$

A acidificação desses cloritos produz $HClO_2$, que é um ácido moderadamente forte:

$$HClO_2 \rightleftharpoons H^+ + ClO_2^- \qquad K_a = 1 \times 10^{-2}.$$

Acidos HXO_3 e seus sais são conhecidos para todos os halogênios, exceto fluor. Soluções de cloratos, bromatos e iodatos podem ser obtidos pelo desproporcionamento dos hipohalogenetos correspondentes, XO^-, porém BrO^- e ClO^- requerem temperaturas em torno de 75 °C. Os sais KIO_3 e $KClO_3$ são reagentes químicos convencionais nos laboratórios. O $KClO_3$ é frequentemente usado em cursos introdutórios de química para ilustrar a reação calor

$$KClO_3 \xrightarrow{\text{calor}} KCl + \tfrac{3}{2}O_2,$$

onde o MnO_2 pode ser usado como catalisador. Os cloratos são usados também em fogos de artifício, junto com carvão ou enxofre com agentes redutores; porém, se o $KClO_3$ for triturado junto com enxofre no processo de mistura ocorrerá explosão.

Os oxiácidos de halogênio(+7) são chamados de perclórico, perbrômico e periódico. Percloratos são preparados pela oxidação eletrolítica de cloratos:

$$ClO_3^- + H_2O \rightarrow 2e^- + 2H^+ + ClO_4^-.$$

Os perbromatos são mais difíceis de se preparar; o melhor método consiste em adicionar F_2 a uma solução de BrO_3^- fortemente básica:

$$BrO_3^- + F_2 + 2OH^- \rightarrow BrO_4^- + 2F^- + H_2O.$$

O ácido perclórico é um reagente muito importante no laboratório e encontra-se no comércio na forma de solução com 70% de $HClO_4$. É um ácido mais forte, que o H_2SO_4.O

TABELA 15.11 OXIÁCIDOS DE HALOGÊNIOS

Flúor	Cloro	Bromo	Iodo
HOF	HOCl	HOBr	HOI
-	$HClO_2$	$HBrO_2$(?)	-
-	$HClO_3$	$HBrO_3$	HIO_3
-	$HClO_4$	$HBrO_4$	HIO_4
			H_5IO_6

perclorato constitui um ânion conveniente para muitos trabalhos de síntese em solução ou no estado sólido, por ser um íon grande com apenas uma carga negativa. Contudo, muitos químicos têm sofrido acidentes com explosão de percloratos. Pensava-se que apenas as misturas de $HClO_4$ com compostos orgânicos fossem sujeitas a explosão; porém já é bem estabelecido que percloratos de íons metálicos, sólidos, também podem explodir se tiverem compostos orgânicos incluídos em suas estruturas. Como resultado, a maioria dos químicos tem evitado o uso de percloratos na presença de compostos orgânicos, substituindo-o pelo ânion trifluometanosulfonato, $CF_3SO_3^-$, que é seguro.

O ácido periódico existe em diversas formas. Em soluções fortemente ácidas, a espécie mais importante é o ácido paraperiódico, H_5IO_6. Esse ácido é fraco, e em sua estrutura o átomo de iodo encontra-se no centro de um octaedro, tendo nos vértices cinco grupos OH e um átomo de oxigênio. O ácido paraperiódico está em equilíbrio em solução aquosa com o ânion $H_3IO_6^{2-}$ e o íon metaperiodato, IO_4^-. As soluções de ácido periódico são fortes agentes oxidantes que reagem de forma branda e rápida com muitas espécies químicas. Um procedimento padrão para a análise de manganês utiliza o ácido periódico para oxidar o íon manganoso a permanganato.

Potenciais de Redução. O cloro, o bromo e o iodo apresentam uma química bastante ampla em solução; por isso é útil fazer um resumo de suas propriedades por meio dos diagramas de potenciais de redução. Para as espécies que contém cloro, os diagramas em meio ácido e básico, são, respectivamente:

$$ClO_4^- \xrightarrow{1,23} ClO_3^- \xrightarrow{1,16} HClO_2 \xrightarrow{1,67} HOCl \xrightarrow{1,63} Cl_2 \xrightarrow{1,36} Cl^-$$

$$ClO_3^- \xrightarrow{1,46} Cl_2$$

$$ClO_4^- \xrightarrow{0,40} ClO_3^- \xrightarrow{0,27} ClO_2^- \xrightarrow{0,68} ClO^- \xrightarrow{0,42} Cl_2 \xrightarrow{1,36} Cl^-$$

$$ClO_3^- \xrightarrow{0,48} ClO^- \qquad ClO^- \xrightarrow{0,89} Cl^-$$

Em soluções ácidas ou básicas, todas as espécies com cloro, exceto Cl^-, são fortes agentes oxidantes. Os ácidos hipocloroso e cloroso reagem de forma rápida com muitos reagentes, porém as reações dos íons clorato e perclorato com espécies inorgânicas são geralmente muito lentas. Duas reações de desproporcionamento são importantes em meio alcalino:

$$Cl_2 + 2OH^- \rightleftharpoons Cl^- + ClO^- + H_2O \qquad \Delta\mathscr{E}^\circ = 0,94 \text{ V},$$

$$3ClO^- \rightleftharpoons ClO_3^- + 2Cl^- \qquad \Delta\mathscr{E}^\circ = 0,41 \text{ V}.$$

A primeira dessas reações é usada para preparar hipocloritos; enquanto a segunda é usada para se obter cloratos.

Os diagramas de potenciais de redução para bromo em meio ácido ou básico são:

$$BrO_4^- \xrightarrow{1,74} BrO_3^- \xrightarrow{1,49} HOBr \xrightarrow{1,60} Br_2 \xrightarrow{1,08} Br^-$$

$$BrO_3^- \xrightarrow{1,51} Br_2$$

$$BrO_4^- \xrightarrow{0,92} BrO_3^- \xrightarrow{0,54} BrO^- \xrightarrow{0,46} Br_2 \xrightarrow{1,08} Br^-$$

$$BrO_3^- \xrightarrow{0,61} Br^- \qquad BrO^- \xrightarrow{0,77} Br^-$$

Todas as espécies, com exceção do Br^- são fortes ágentes oxidantes. Os potenciais mostram que em soluções básicas, o bromo pode desproporcionar-se espontaneamente em BrO^- e Br^- Visto que o BrO^- pode sofrer desproporcionamento em Br^- e BrO_3^- esses íons são produtos eventuais em soluções alcalinas de brom. Em soluções ácidas, contudo, o bromo não se desproporciona, e na realidade, a reação

$$BrO_3^- + 5Br^- + 6H^+ \rightleftharpoons 3Br_2 + 3H_2O$$

$$\Delta\mathscr{E}^\circ = 0,43 \text{ V},$$

se processa de forma espontânea da esquerda para a direita.

Todos os estados de oxidação do iodo, com exceção do estado -1 apresentam propriedades oxidantes fortes ou moderadamente fortes, como está mostrado nos seguintes diagramas de potenciais de redução:

$$IO_4^- \xrightarrow{1,59} IO_3^- \xrightarrow{1,15} HOI \xrightarrow{1,43} I_2 \xrightarrow{0,53} I^-$$

$$IO_3^- \xrightarrow{1.21} I_2$$

$$IO_4^- \xrightarrow{0,76} IO_3^- \xrightarrow{0,17} IO^- \xrightarrow{0,40} I_2 \xrightarrow{0,53} I^-$$

$$IO_3^- \xrightarrow{0,27} I^-$$

Assim como o cloro e o bromo, o iodo é estável com respeito ao desproporcionamento nos estados +1 e -1 em solução ácida, porém desproporciona-se em soluções alcalinas. O ácido hipoiodoso e o ânion hipoiodito são ambos instáveis:

$$5HOI \rightleftharpoons 2I_2 + IO_3^- + H^+ + 2H_2O \qquad \Delta\mathscr{E}^\circ = 0,28 \text{ V},$$

$$3IO^- \rightleftharpoons 2I^- + IO_3^- \qquad \Delta\mathscr{E}^\circ = 0,23 \text{ V}.$$

Isoladamente, o íon iodato é estável em meio ácido ou básico; porém na presença de iodeto, em meio ácido, reage quantitativamente para formar iodo

$$IO_3^- + 5I^- + 6H^+ \rightleftharpoons 3I_2 + 3H_2O \qquad \Delta\mathscr{E}^\circ = 0,68 \text{ V}.$$

Compostos Interalogênios

Na Tabela 15.12 estão relacionados os interalogênios binários conhecidos. O principal interesse nesses compostos está nas suas estruturas moleculares, embora existam alguns usos práticos como é o caso do BrF_3, que constitui um agente de fluoração.

Na Figura 15.18 está ilustrada a geometria do ClF_3. Como já mostramos no Capítulo 6, a estrutura do ClF_3 pode ser relacionada com as do PCl_5 e SF_4, pois cada uma dessas moléculas tem um átomo central cercado por cinco pares de elétrons de valência. A repulsão intereletrônica é minimizada se cada par eletrônico estiver direcionada para um dos vértices da pirâmide trigonal. No ClF_3, apenas as posições axiais e uma equatorial são ocupadas pelos átomos de fluor. Assim, podemos considerar o formato em T para o ClF_3 como um fragmento de uma bipirâmide trigonal regular, ligeiramente distorcida. Por analogia com ClF_3, estruturas

TABELA 15.12 COMPOSTOS INTERALOGÊNIOS

	Cl	Br	I
F	ClF	BrF	—
	ClF_3	BrF_3	—
	ClF_5	BrF_5	IF_5
	—	—	IF_7
Cl	—	BrCl	ICl
Br	—	—	IBr

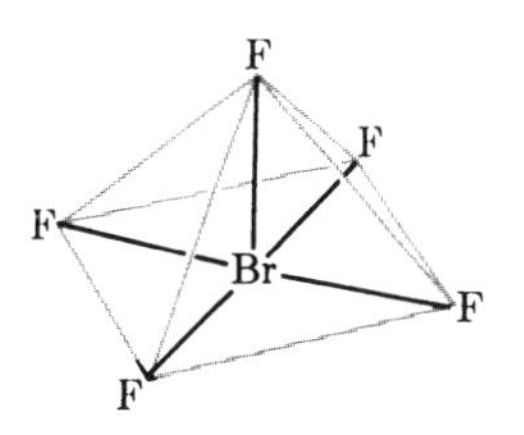

Fig. 15.19 Estrutura do BrF_5. O átomo de bromo situa-se ligeiramente abaixo do plano formado por quatro dos átomos de flúor.

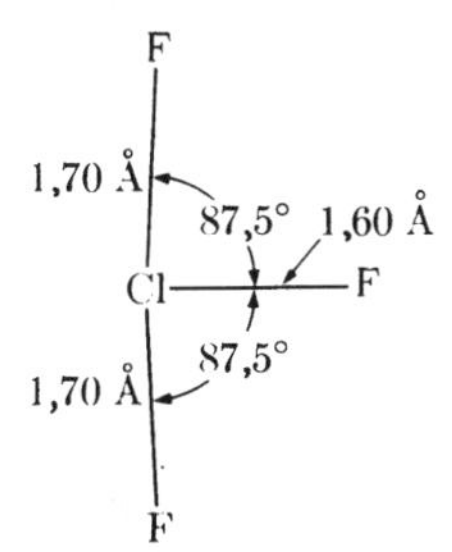

Fig. 15.18 Estrutura do ClF_3.

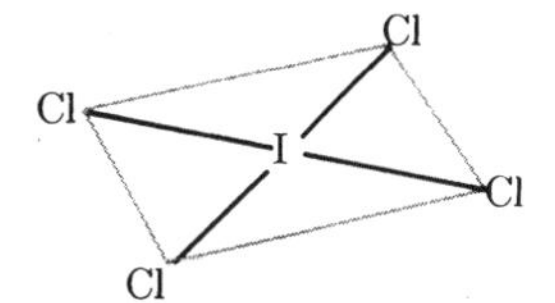

Fig. 15.20 Estrutura do ICl_4^-.

com formato de T são esperadas para o BrF_3 e o ICl_3; o que tem sido verificado experimental.

As moléculas ClF_5, BrF_5 e IF_5 têm cloro, bromo e iodo, respectivamente como átomo central, cercado por seis pares de elétrons, dos quais cinco são utilizados para formar ligações com o fluor. A geometria dessas moléculas deve ser semelhante à do SF_6, que também tem seis pares eletrônicos ao redor do átomo central. A estrutura do BrF_5 está mostrada na Figura 15.19. Ela pode ser racionalizada imaginando-se os seis pares de elétrons ao redor do átomo de bromo direcionados para os vértices do octaedro, dos quais cinco são ocupados por átomos de fluor. Se considerarmos que o par de elétrons não-ligante ocupa mais espaço que os pares eletrônicos de ligação, a distorção geométrica em relação ao octaedro regular não constituiria surpresa. A geometria do IF_5 é semelhante à do BrF_5.

Existem vários íons interalogenetos cujas estruturas se ajustam ao padrão estabelecido pelos interaletos e outros haletos de não-metais. Os íons I_3^-, ICl_3^-, IBr_2^- e $BrICl^-$ são todos lineares, com o átomo de iodo central cercado por cinco pares de elétrons. Podemos imaginar suas estruturas como sendo semelhantes à do PCl_5, com apenas dois dos cinco pares de elétrons no átomo central sendo usado para formar ligações. Esses dois pares de ligação estão direcionados para os eixos de uma bipirâmide trigonal, e os três pares não-ligantes estão no plano equatorial da bipirâmide.

O íon ICl_4^- apresenta a estrutura mostrada na Figura 15.20. O átomo de iodo está no centro do quadrado formado por quatro átomos de cloro, e aparentemente os dois pares de elétrons não ligantes ao redor do iodo estão direcionados perpendicularmente ao plano do íon. Portanto, a estrutura é semelhante a do SF_6. O íon BrF_4^- tem estrutura planar, semelhante à do ICl_4^-.

15.4 Compostos de Gases Nobres

Já se sabe que os gases nobres podem formar ligações fortes com certos átomos. Por exemplo, espécies como He_2^+, Ar_2^+, ArH^+ e CH_3Xe^+ tem sido detectadas como íons transientes em fase gasosa. A força da ligação nesses íons moleculares é considerável. A dissociação do He_2^+ em He e He^+ necessita de 228 kJ mol^{-1}, e a dissociação do ArH^+ em Ar e H^+ requer 256 kJ mol^{-1}. Apesar dessas altas energias de ligação esses íons gasosos constituem espécies transientes, pois podem captar elétrons e dissociam-se imediatamente nos seus átomos. A existência desses transientes é importante por mostrar que não há qualquer mistério envolvendo os átomos de gases nobres que os impeça de formar ligações com outros átomos. Aparentemente, fortes receptores eletrônicos, como os íons positivos, podem formar ligações fortes com os átomos dos gases nobres. Os químicos ignoraram esse fato até o início da década de 60.

Em 1962 Neil Bartlett descobriu que o oxigênio molecular forma um composto que pode ser representado com $[O_2^+][PtF_6^-]$. Considerando que o xenônio tem aproximadamente a mesma energia de ionização que o oxigênio, Bartlett decidiu investigar a possibilidade da reação entre xenônio e PtF_6. Essa reação foi constatada na prática, demonstrando que o xenônio não é um gás totalmente inerte. A descoberta estimulou as investigações sobre a química do xenônio e dos outros gases nobres. Vários compostos de xenônio e kriptônio com flúor e oxigênio são atualmente conhecidos.

Os compostos dos gases nobres mais estáveis e melhor caracterizados são os fluoretos, oxifluoretos e óxidos de xenônio relacionados na Tabela 15.13. Os fluoretos de xenônio podem ser obtidos de diversos modos; aparentemente o único requisito é que o xenônio seja exposto aos átomos de flúor. O difluoreto de xenônio é geralmente formado primeiro; e depois o tetrafluoreto de xenônio. O hexafluoreto de xenônio só se forma pela reação

TABELA 15.13 PROPRIEDADES DE ALGUNS COMPOSTOS DE XENÔNIO

Composto	p.f. (°C)	p.e. (°C)	ΔH°_f (kJ mol-1)
XeF_2*	129,0 (p.t.)	114 (sub)	−164
XeF_4*	117,1 (p.t.)	116 (sub)	−280
XeF_6	49,6	75,5	−400
$XeOF_4$	−46	>25	Estável
XeO_2F_2	31		Metaestável
XeO_3	Sólido explosivo		400
XeO_4	Gás instável		

* (p.t.) = ponto triplo; (sub) = sublima.

do XeF_4 com um excesso considerável de F_2. Esses três fluoretos binários de xenônio têm entalpias negativas de formação, e a combinação desses valores de ΔH°_f com a energia de dissociação do flúor mostra que a energia média de ligação nesses compostos é de 125 kJ mol^{-1}.

Os compostos de xenônio são obtidos pela hidrólise dos fluoretos. Por exemplo:

$$XeF_6 + H_2O \rightarrow XeOF_4 + 2HF,$$
$$XeF_6 + 2H_2O \rightarrow XeO_2F_2 + 4HF,$$
$$XeF_6 + 3H_2O \rightarrow XeO_3 + 6HF.$$

Desses compostos, o XeO_3 tem sido preparado em quantidades maiores e está relativamente bem caracterizado. Embora seja facilmente obtido, explode com violência quando seco. Em soluções aquosas, contudo, é bem comportado; sua entalpia de formação é bastante positiva, o que é compatível com seu caráter fortemente oxidante. O único subproduto de sua redução é o gás xenônio, por isso o XeO_3 Não introduz complicações com espécies químicas extras quando utilizado como agente oxidante em solução. Assim, poderá ter um uso considerável no futuro como agente oxidante de uso geral.

Quando as soluções que contém XeO_3 são alcalinizadas com hidróxido de sódio, ocorre desproporcionamento, evoluindo xenônio gasoso e deixando dissolvido o sal perxenato de sódio que pode ser isolado como $Na_4XeO_6.8H_2O$. Em soluções ácidas, o íon perxenato é forte oxidante, capaz de converter o íon de manganês(+2) a permanganato. Embora sejam de difícil determinação, os seguintes potenciais de redução obtidos para esses sistemas ressaltam as propriedades oxidantes dos compostos de xenônio:

$$H_4XeO_6 + 2H^+ + 2e^- \rightleftharpoons XeO_3 + 3H_2O \quad \mathscr{E}^{\circ} = 2{,}36\ V,$$
$$XeO_3 + 6H^+ + 6e^- \rightleftharpoons Xe + 3H_2O \quad \mathscr{E}^{\circ} = 2{,}12\ V,$$
$$XeF_2 + 2H^+ + 2e^- \rightleftharpoons Xe + 2HF(aq) \quad \mathscr{E}^{\circ} = 2{,}6\ V.$$

As estruturas dos compostos de xenônio seguem os padrões estabelecidos por outras espécies isoeletrônicas conhecidas. Por exemplo, o XeF_2 é isoeletrônico, em sua camada de valência, com I_3^-, ICl_2^- e $BrICl^-$, e da mesma forma que esses íons, é linear e simétrico. O XeF_4, da mesma forma que o ICl_4^- e o BrF_4^- constitui uma molécula planar, quadrada. O trióxido de xenônio, XeO_3, é isoeletrônico em relação ao iodato, IO_3^-, e tem estrutura de pirâmide trigonal. O íon XeO_6^{4-} tem seis átomos de oxigênio nos vértices de um octaédro regular, em analogia com o SF_6, SeF_6 e TeF_6. O tetróxido de xenônio, XeO_4, é uma molécula tetraédrica, como o iodato, IO_4^-. A estrutura do $XeOF_4$ é semelhante à do BrF_5, com quatro átomos de flúor na base, e um átomo de oxigênio no vértice de uma pirâmide de base quadrada.

A estrutura do XeF_6 ainda não é conhecida. Essa molécula tem sete pares eletrônicos ao redor do átomo de Xe. Existem argumentos teóricos a favor de uma estrutura octaédrica regular, bem como a favor de uma estrutura menos simétrica. Os dados experimentais disponíveis tendem para uma estrutura menos simétrica, emboram ainda não se possa afirmar de forma conclusiva.

O difluoreto de xenônio, XeF_2, pode atuar como doador de íon fluoreto e formar compostos de adição com receptores de fluoreto, como AsF_5 e SbF_5. Por exemplo,

$$2XeF_2 + AsF_5 \rightarrow (Xe_2F_3^+)(AsF_6^-).$$

O cátion $Xe_2F_3^+$ tem estrutura planar, como mostrado na Figura 15.21.

O hexafluoreto de xenônio pode atuar como doador de fluoreto e formar compostos como $[XeF_5^+][PtF_6^-]$. O XeF_6 pode também atuar com receptor de fluoreto, reagindo com fluoretos de metais alcalinos para formar heptafluoro- ou octafluoroxenatos:

$$CsF + XeF_6 \rightarrow CsXeF_7,$$
$$2CsXeF_7 \rightarrow XeF_6 + Cs_2XeF_8.$$

Assim, a química de um elemento aparentemente inerte como o xenônio, é na realidade bastante rica.

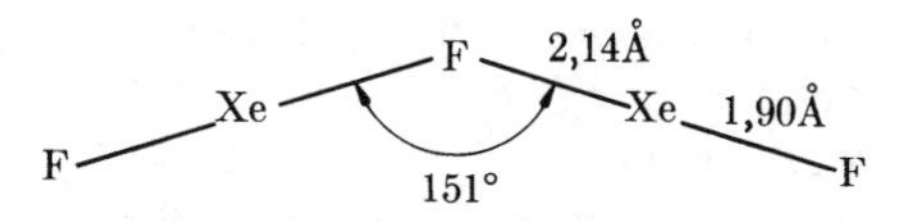

Fig. 15.21 Estrutura do $Xe_2F_3^+$.

RESUMO

Os **elementos Não metálicos** têm uma química ampla e bastante variada, e apenas os compostos mais importantes poderiam ser citados neste breve sumário. O grupo de elementos VA começa com o nitrogênio, um não-metal típico, e termina com bismuto, que é um metal um tanto obscuro. Exemplos dos compostos mais importantes com nitrogênio são N_2, NH_3, N_2O, NO, NO_2, HNO_2, HNO_3 e os íons NH_4^+, NO_2^- e NO_3^-. Visto que a atmosfera é formada por 80% de N_2, o desafio dos químicos em todas as épocas tem sido a **fixação** dessa molécula, que pode ser considerada inerte, convertendo-a em NH_3 ou NO, cujo aproveitamento químico é mais fácil. O fósforo também forma muitos compostos. Os mais importantes são os ácidos, como o hipofosforos o H_3PO_2, fosforoso, H_3PO_3, e o fosfórico, H_3PO_4. Apenas o H_3PO_4 é um oxiácido típico; o H_3PO_2 e o H_3PO_3 têm dois prótons, e um próton, respectivamente, liga átomo de fósforo. Esse elemento também forma uma variedade de haletos e oxialetos. Seu hidreto típico é o PH_3. O arsênio e o antimônio são semi-metais cujos óxidos são anfóteros, enquanto o bismuto, que é metal, forma um óxido básico.

O grupo de elementos VIA são todos não metálicos ou semi-metálicos, com possível exceção do polônio. Os compostos com oxigênio, discutidos nesta seção, incluem O_2 e O_3 os íons O_2^{2-}, O_2 e O_2^+, e em especial, o H_2O_2. A química dos outros óxidos é discutida, em separado, para cada elemento. Embora nossa atmosfera tenha 20% de O_2, quantidades significativas de O se formam por meio de **reações fotoquímicas.** Em altas altitudes o ozônio absorve luz ultravioleta e protege os organismos vivos sobre a superfície da Terra dos efeitos nocivos dessa radiação. O enxofre também é um não-metal bastante comum, cujos compostos mais importantes são H_2S, SO_2, SO_3, H_2SO_4 e os íons HS^-, S^{2-}, SO_3^{2-}, SO_4^{2-}, $S_2O_3^{2-}$ e $S_4O_6^{2-}$. O selênio e o telúrio comportam-se principalmente como semi-metais, porém seus compostos são bastante semelhantes aos do enxofre.

O grupo de elementos VIIA, ou halogênios, são todos não-metais. Enquanto o flúor se destaca por sua elevada eletronegatividade, existem muitas semelhanças entre todos os halogênios. Eles formam compostos iônicos com metais, e covalentes com semi-metais e não-metais. Os haletos de hidrogênio são gasosos; e com exceção do HF, são ácidos fortes em água. Formam uma variedade de óxidos, oxiácidos e oxiânions que são bons agentes oxidantes. Existe um grande número de compostos interalogênios; sendo que a maior variedade é obtida com fluor.

Os compostos de gases nobres formados pelo xenônio em combinação com flúor e oxigênio ilustram a recente conclusão de que os gases nobres, anteriormente considerados inertes, podem formar ligações químicas razoavelmente fortes. Em virtude da ligação no F_2 ser fraca, os fluoretos de xenônio são termodinamicamente estáveis; o que já não ocorre com os óxidos de xenônio, pois a ligação no O_2 é forte. Os compostos formados pelo xenônio são bons exemplos que ilustram o uso da teoria de repulsão entre os pares eletrônicos de valência na previsão de estruturas.

SUGESTÕES PARA LEITURA

Aspectos Históricos

Guerlac, H. *Antoine-Laurent Lavoisier, Chemist and Revolutionary,* New York: Scribner Ed., 1975.

Lavoisier, A.-L. *Elements of Chemistry.* New York: Dover, 1965. Tradução do "Traite élémentaire de Chemie", 1789, por R. Kerr.

Química dos Grupos VA, VIA, VIIA e dos Gases Nobres

Cotton, F. A., e G. Wilkinson. *Advanced Inorganic Chemistry,* 4a. Ed., New York: Wiley, 1984.

Emeleus, H. J. *The Chemistry of Fluorine and Its Compounds.* New York: Academic Press, 1969.

Johnson, R. C., *Introductory Inorganic Chemistry.* New York: Benjamin, 1966.

Jolly, W. L. *The Chemistry of the Non-Metals.* Englewood Cliffs, N.J.; Prentice-Hall, 1966.

Yost, D. M., and H. Russell, Jr. *Systematic Inorganic Chemistry of the Fifth and Sixth-Group Nonmetallic Elements.* Englewood Cliffs, N. J.; Prentice-Hall, 1944.

Fixação Biológica do Nitrogênio

Brill, W. J. Fixação biológica do nitrogênio. *Scientific American,* 236, 68-81, 1977.

Postgate, J. R., *The elements of nitrogen fixation.* Cambridge, England: Cambridge University Press, 1982.

PROBLEMAS

Elementos do Grupo VA

15.1 Classifique cada elemento do grupo VA de acordo com as seguintes características:

a) Metal, semimetal ou não-metal
b) Estados de oxidação
c) Estado sólido, líquido ou gasoso a 25 °C
d) Formação de ligações iônicas ou covalentes com cloro
e) Formação de hidretos voláteis ou não-voláteis
f) Formação de óxidos ácidos, básicos ou anfóteros

15.2 Faça uma previsão das geometrias dos seguintes compostos com base na teoria de repulsão dos pares eletrônicos de valência (TRPEV) e compare com os resultados apresentados neste capítulo:

a) N_2O b) NO_3^- c) NF_3 d) N_2F_2 e) P_4 f) PCl_6^-

15.3 Um dos compostos mais importantes do nitrogênio, não abordado neste capítulo é a hidrazina, NH_2-NH_2. Represente a estrutura de Lewis da molécula. Faça uma previsão estrutural com base na teoria de repulsão dos pares eletrônicos. O composto é um ácido ou uma base? Será solúvel em água? Apresenta pontes de hidrogênio na forma líquida? Qual seria seu ponto de ebulição aproximado? A hidrazina poderia ser preparada por meio da oxidação ou da redução da amônia?

15.4 Aplique as mesmas questões do problema anterior para a hidroxilamina, NH_2OH, porém, antes, observe que o composto não é suficientemente estável para ter um ponto de ebulição. A hidroxilamina também pode ser preparada partindo-se do NO ou do HNO_2.

15.5 Na Tabela 15.1 a energia de dissociação D° do $N_2(g)$ é exatamente o dobro do $\Delta \tilde{H}_f^\circ$ do N(g), porém para os outros elementos D° é menor que o dobro do ΔH° dos átomos gasosos correspondentes. Qual é a causa dessa diferença de entalpia para os outros elementos? Calcule o valor de $\Delta \tilde{H}^\circ$ em kJ mol^{-1}.

15.6 Complete e faça um balanço das seguintes reações:

a) Cu + HNO_3 (concentrado e a quente) →
b) Zn + HNO_3 (diluído) →
c) Zn + HNO_3 (concentrado) →
d) NO_2 + H_2O (frio) →
e) NO_2 + H_2O (a quente) →
f) Mg + P_4 →
g) P_4 + O_2 (excesso) →

15.7 O óxido nitroso reage com amideto de sódio formando água:

$$N_2O + NaNH_2 \rightarrow NaN_3 + H_2O.$$

Por analogia com outras moléculas e íons triatômicos, faça uma previsão da estrutura do azoteto, N_3^-. Qual seria a estrutura do íon cianato, OCN^-, formado pela reação

$$(CN)_2 + 2OH^- \rightarrow CN^- + OCN^- + H_2O.$$

15.8 O NF_3 não apresenta caráter básico, ao contrário do NH_3. Levando em conta esse fato, tente prever se a hidroxilamina, H_2NOH, é mais ou menos básica que a amônia.

15.9 De acordo com as tabelas termoquímicas da NBS (National Bureau of Standards), o $\Delta \tilde{H}_f^\circ$ para o *cis* N_2F_2 é 69,5 kJmol^{-1} e para o *trans* N_2F_2 é 82,0 kJmol^{-1}. Qual forma seria mais estável, desprezando-se as diferenças de entropia? Faça uma estimativa da constante K para o equilíbrio entre as formas *cis* e *trans* a 25 °C.

15.10 Que sequência de reações poderia ser usada para produzir N_2O ? Considere o N_2 com a única fonte disponível de nitrogênio.

15.11 Utilize os dados da Tabela 15.3 para calcular os valores das três constantes de dissociação ácida do H_3PO_4. Compare os valores calculados com aqueles mostrados na Tabela 5.2. É possível que ocorra alguma diferença visto que não estamos usando a mesma fonte para os dados termodinâmicos e para as constantes de equilíbrio. Cada uma dessas constantes de dissociação deveria aumentar ou diminuir em função da temperatura?

15.12 Com respeito ao equilíbrio

$$\tfrac{1}{2}N_2(g) + \tfrac{3}{2}H_2(g) \rightleftharpoons NH_3(g),$$

Aplique o princípio de Le Châtelier e discuta: se a pressão for aumentada por meio da redução do tamanho do recipiente, isso deverá favorecer a formação dos reagentes ou dos produtos?

15.13 A maneira exata de resolver o problema anterior consiste em calcular a constante de equilíbrio K_x baseada em unidades de fração molar. Se K_p para o equilíbrio de formação do NH_3 for 6,5 x 10^{-3} a 723 K, em unidades de atmosferas, qual será o valor de K_x nessa temperatura, quando a pressão total for igual a *P*? Considere a hipótese de gás ideal. Em que pressão o valor de K_x será 1? Em que pressão a conversão será praticamente completa, por exemplo com K_x = 10,?

15.14 Borbulhando-se H_2S através de solução de HNO_3, formam-se enxofre, N_2, NO, N_2 e NH_4^+. Equacione quatro reações distintas para descrever a formação de cada um desses produtos.

Elementos do Grupo VIA

15.15 Classifique cada elemento do grupo VIA de acordo com as seguintes características:

a) Metal, semimetal ou não metal
b) Estados de oxidação
c) Estado sólido, líquido ou gasoso a 25 °C
d) Formação de ligações iônicas ou covalentes com cloro
e) Formação de hidretos voláteis ou não-voláteis
f) Força relativa da ligação na molécula biatômica
g) Formação de óxidos ácidos, básicos ou anfóteros

15.16 Inclua o elemento radioativo polônio na Tabela 15.5. Utilize as tendências na periodicidade, da melhor forma que puder, para prever as propriedades desse elemento, visto que os dados reais são difíceis de serem obtidos. Alguns valores descritos na literatura são I_1 = 813kJ mol^{-1}; p.e. = 962 °C; p.f. = 255 °C; distância Po-Po = 3,36 Å; e estados de oxidação = Po^{2+}, Po^{4+} e talvez Po^{6+}. Esses dados são consistentes com as tendências esperadas, ou indicam uma mudança de comportamento para o polônio?

15.17 O íon SO_3^{2-} tem uma estrutura piramidal, e o SO_4^{2-} é tetraédrico. Com base na RPEV faça uma previsão das estruturas do $SOCl_2$ e do SO_2Cl_2. O oxigênio e o cloro estão todos ligados ao enxofre como átomo central.

15.18 No íon complexo $Nb(O_2)_4^{3-}$, a distância O-O é igual a 1,50 Å. Que tipo de grupo O_2 está presente e qual o estado de oxidação do nióbio nesse complexo?

15.19 Faça o balanceamento da seguinte reação de desproporcionamento do $S_2O_3^{2-}$ em meio ácido:

$$S_2O_3^{2-} \rightleftharpoons S(s) + SO_2(g).$$

Calcule a constante de equilíbrio K a partir dos valores de $\mathscr{E}°$ fornecidos. Mostre que o desproporcionamento é favorecido em concentrações elevadas de H^+ e calcule o valor de $[H^+]$ quando a pressão de $SO_2(g)$ em atm é igual à concentração de $S_2O_3^{2-}$ em moles/litro.

15.20 Os potenciais indicam que o $S_4O_6^{2-}$ também sofrerá desproporcionamento em solução ácida?. Mostre seu raciocício.

15.21 De acordo com os valores de $\mathscr{E}°$ fornecidos para o enxofre em solução ácida, quais seriam os produtos esperados do ponto de vista termodinâmico se o enxofre elementar fosse colocado em contato com uma solução 1 M de H^+?

15.22 Repita o problema 15.21 para o enxofre em solução 1 M de OH^-. Nota: Algumas medidas tem sido feitas em sistemas semelhantes a esse, e as reações levam muitos anos a 25°C.

15.23 Soluções de $Na_2S_2O_3$ são usadas para dissolver haletos de prata não expostos à luz, em filmes e papéis fotográficos. Calcule o valor da constante de equilíbrio K para a reação

$$AgBr(s) + 2S_2O_3^{2-} \rightleftharpoons Ag(S_2O_3)_2^{3-} + Br^-,$$

e verifique se é possível justificar a dissolução dos haletos de prata.

15.24 Com base na constante de dissociação da Tabela 5.2 para o H_2O_2, deduza qual é o ácido mais forte, o H_2O ou o H_2O_2 Observe que a constante convencional de dissociação para o H_2O em água refere-se a uma solução 55,5 M, e não 1 M, como no caso das outras constantes de dissociação.

15.25 Use os dados fornecidos para reação $S_{ortorrômbico} \rightleftharpoons S_{monoclínico}$ a 95,2°C para calcular $\Delta\tilde{S}°$ nessa temperatura. Compare esse valor com o $\Delta\tilde{S}°$ calculado a 25 °C a partir dos dados da Tabela 8.3. A diferença entre esses dois valores de $\Delta\tilde{S}°$ são consistentes com o sinal esperado para $\Delta\tilde{C}_P^°$?

15.26 Calcule o valor do pH de uma solução 0,10 M de Na_2SO_3. Calcule também para uma solução 0,10 M de NaSH e 0,10 M de Na_2S.

Elementos do Grupo VIIA

15.27 Classifique cada um dos elementos do grupo VIIA de acordo com as seguintes características:

a) Metal, semimetal ou Não metal
b) Estados de oxidação
c) Estado sólido, líquido ou gasoso a 25°C
d) Formação de ligações iônicas ou covalentes com oxigênio
e) Formação de hidretos voláteis ou não-voláteis
f) Força relativa da ligação na molécula biatômica
g) Formação de óxidos ácidos, básicos ou anfóteros.

15.28 As distâncias de ligação no FCl, FBr, ClBr e ClI são 1,63; 1,76; 2,14; e 2,30 Å. Faça uma previsão dessas distâncias com base nos raios de Bragg-Slater, e calcule o desvio médio (ou desvio padrão) entre os valores observados e calculados.

15.29 Com base nas forças de van der Waals e nas propriedades eletrônicas que as determinam, explique a tendência na volatilidade dos halogênios.

15.30 O calor de vaporização do HF líquido no seu ponto de ebulição é 97,5 cal g^{-1}. Esse valor está de acordo com a regra de Trouton? Os desvios são consistentes com pontes de hidrogênio apenas no líquido, ou isso também deve ocorrer na fase de vapor? (Veja o problema 8.25 a respeito da regra de Trouton).

15.31 A energia liberada na hidratação dos ions haletos aumenta ou diminui com o aumento do raio iônico? Equacione os valores de $\Delta\tilde{H}^°_{hidr}$ segundo a expressão

$$\Delta\tilde{H}^°_{hid} = \frac{A}{r_- + B},$$

onde r_- é o raio iônico de Pauling. Como os valores de A e B se comparam com os observados para cátions?

15.32 A solubilidade do $I_2(s)$ em água é 0,338 g L^{-1}. Calcule K para o equilíbrio

$$I_2(s) + I^-(aq) \rightleftharpoons I_3^-(aq).$$

com base na solubilidade do iodo e na constante fornecida neste capítulo. Esse resultado é bastante interessante!

15.33 O iodo sólido tem uma coloração púrpura escura e os cristais tem uma aparência brilhante. Além disso, o iodo sólido apresenta uma pequena condutividade elétrica que aumenta com a temperatura. Essas observações são consistentes com a posição do iodo na tabela periódica? Explique.

15.34 Como você faria a seguinte conversão:

a) Cl_2 em $KClO_3$
b) Cl_2 em $KClO_4$
c) Cl_2 em ClO_2
d) I_2 em I_2O_5

15.35 Considere o ciclo na Fig. 15.17. O valor de $\Delta\tilde{H}_1^\circ$ estimado para o HCl é 18 kJ mol^{-1}. Compare com o valor experimental para o HF. Use as outras propriedades comparativas para o HCl e o HF dados nas Tabelas 15.8 e 15.9 para cada etapa na Fig. 15.17. Use esses valores comparativos para determinar a relação qualitativa entre os valores de $\Delta\tilde{H}_{diss}^\circ$ para o HCl e HF. Essa diferença é consistente com o fato do HCl ser um ácido mais forte?

15.36 Repita o método esquematizado no problema anterior para comparar os valores de $\Delta\tilde{H}_{diss}^\circ$ para o HBr e o HCl. Considere $\Delta\tilde{H}_1^\circ$ (HBr) = 21 kJ mol^{-1}.

15.37 Que valor de $\Delta\tilde{S}_{diss}^\circ$ (HF) é consistente com o fato de que a 25 °C, $\Delta\tilde{H}_{diss}^\circ$ (HF) = -12,5 kJ mol^{-1} e $\Delta\tilde{G}_{diss}^\circ$ (HF) = 18,1 kJ mol^{-1}. Se o valor de $\tilde{S}^\circ$ medido para o F^- (aq) é -14 J mol^{-1} K^{-1}, qual seria o valor de $\tilde{S}^\circ$ para o HF(aq)?

15.38 O valor de $\tilde{S}^\circ$ para o Cl^- (aq) é 57 J mol^{-1} K^{-1}, e os cálculos indicam que os valores de $\tilde{S}^\circ$ para o HF(aq) e HCl(aq) são aproximadamente semelhantes. Esses fatos são consistentes com o fato do HCl ser um ácido mais forte que o HF?

15.39 Calcule as constantes de equilíbrio para as seguintes reações de desproporcionamento em soluções básicas. Escreva também as expressões de equilíbrio correspondentes.

a) ClO^- formando ClO_3^- e Cl^-
b) $Br_2(\ell)$ formando BrO_3^- e Br^-
c) I_2 (s) formando IO_3^- e I^-

15.40 Elabore um ciclo semelhante ao usado no problema 14.7 para calcular o $\Delta\tilde{H}^\circ$ para a reação

$$\tfrac{1}{2}H_2(g) + \tfrac{1}{2}X_2(g) \rightleftharpoons H^+(aq) + X^-(aq).$$

Quais das etapas nesse ciclo são responsáveis pelo potencial de redução do F_2 (g) ser muito maior que o do Cl_2 (g) ?. Use os dados da Tabela 15.8.

Compostos dos Gases Nobres

15.41 Para cada um dos compostos abaixos com xenônio, dê um exemplo de composto de halogênio que possua mesmo número de elétrons de valêcia.

a) XeF_2 b) XeF_4 c) XeO_3 d) XeO_4

15.42 Aplique a TRPEV para cada composto de xenônio do problema anterior e faça uma previsão das estruturas moleculares. Compare a resposta com as estruturas observadas.

15.43 Considere os seguintes oxifluoretos de gases nobres: $XeOF_4$ e XeO_2F_2. Para explicar suas estruturas com base na TRPEV é necessário conhecer a colocação dos átomos de oxigênio em relação aos de fluor, ao redor do átomo de xenônio. Que estruturas podem ser previstas para esses compostos?

15.44 O xenônio também forma íons, como o XeO_6^{4-}. Aplique a TRPEV para essa espécie e faça uma previsão de sua estrutura. Discuta, por meio da TRPEV, as estruturas do XeF_6 e XeF_7^-.

15.45 As energias da ligação Xe-F podem ser obtidas a partir dos valores de $\Delta\tilde{H}_f^\circ$ relacionados na Tabela 15.13, porém torna-se necessário desconsiderar $\Delta\tilde{H}_{vap}^\circ$ para cada fluoreto de xenônio sólido. Sabendo que D^0 (F_2(g)) = 158 kJ mol^{-1}, determine os valores das energias de ligação Xe-F no XeF_2, XeF_4 e XeF_6.

15.46 Use o método delineado no problema 15.45 para estimar a a energia da ligação Xe-O no XeO_3 A ligação Xe-O é mais fraca ou forte em relação à ligaçãof Xe-F?

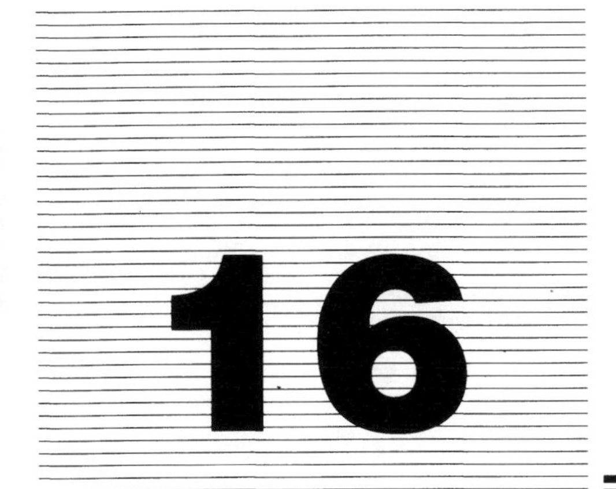

Metais de Transição

Conforme foi visto na Seção 13.1, os elementos de transição situam-se entre os grupos IIA e IIIA na tabela periódica. Os elétrons 3*d*, 4*d* e 5*d* aparecem, com destaque, na primeira, segunda e terceira séries de transição, respectivamente. A terceira e a quarta série também incluem os elementos de transição interna, representados pelos lantanídios e actinídios. Este capítulo é direcionado principalmente para a química dos elementos da primeira série de transição, porém também serão comentados, de forma breve, as propriedades dos outros elementos de transição.

16.1 Propriedades Gerais dos Elementos

Antes de investigarmos de forma detalhada a química de cada elemento, vamos focalizar a natureza dos elementos de transição. Todos os elementos de transição são metais, e a maioria tem altos pontos de fusão e de ebulição, com entalpias de vaporização relativamente elevadas. Os elementos, considerados exceção, são os do grupo IIB: zinco, cádmio e mercúrio. Esses metais tem pontos de fusão relativamente baixos e são moderadamente voláteis. Os átomos desses elementos tem o conjunto de orbitais de valência *d* completamente cheios, e nesse sentido diferenciam-se dos demais elementos de transição. Essa observação sugere que entre os elementos que apresentam orbitais de valência *d* Não preenchidos completamente, os elétrons *d* participam da ligação metálica e contribuem para a coesão interna no cristal metálico.

Todos os metais de transição são bons condutores de calor e de eletricidade, e como já mencionados na Seção 13.2, os elementos cobre, prata e ouro do grupo IB são particularmente notáveis nesse sentido. Sob o ponto de vista termodinâmico, muitos dos metais de transição, particularmente os da primeira série, são metais ativos, isto é, seus potenciais de redução indicam que podem reagir espontaneamente com 1 *M* H^+ dando origem a seus íons em solução aquosa. Por outro lado, as velocidades com que muitos desses metais são atacados por agentes oxidantes fracos são muito lentas, e apesar da termodinâmica favorecer a reação, de fato parecem ser inertes. Além do mais, alguns dos metais de transição mais pesados, particularmente paládio, platina e seus vizinhos mais próximos, reagem apenas

IA 1	IIA 2	IIIB 3	IVB 4	VB 5	VIB 6	VIIB 7	VIII 8	9	10	IB 11	IIB 12	IIIA 13	IVA 14	VA 15	VIA 16	VIIA 17	18
H 1																	He 2
Li 3	Be 4											B 5	C 6	N 7	O 8	F 9	Ne 10
Na 11	Mg 12											Al 13	Si 14	P 15	S 16	Cl 17	Ar 18
K 19	Ca 20	Sc 21	Ti 22	V 23	Cr 24	Mn 25	Fe 26	Co 27	Ni 28	Cu 29	Zn 30	Ga 31	Ge 32	As 33	Se 34	Br 35	Kr 36
Rb 37	Sr 38	Y 39	Zr 40	Nb 41	Mo 42	Tc 43	Ru 44	Rh 45	Pd 46	Ag 47	Cd 48	In 49	Sn 50	Sb 51	Te 52	I 53	Xe 54
Cs 55	Ba 56	La* 57	Hf 72	Ta 73	W 74	Re 75	Os 76	Ir 77	Pt 78	Au 79	Hg 80	Tl 81	Pb 82	Bi 83	Po 84	At 85	Rn 86
Fr 87	Ra 88	Ac** 89	104	105	(106)	(107)	(108)	(109)									

*	Ce 58	Pr 59	Nd 60	Pm 61	Sm 62	Eu 63	Gd 64	Tb 65	Dy 66	Ho 67	Er 68	Tm 69	Yb 70	Lu 71
**	Th 90	Pa 91	U 92	Np 93	Pu 94	Am 95	Cm 96	Bk 97	Cf 98	Es 99	Fm 100	Md 101	No 102	Lr 103

com os agentes oxidantes mais fortes. Assim, enquanto podemos encontrar semelhanças entre muitos dos metais de transição, existe ao mesmo tempo, uma ampla variação nas propriedades apresentadas por esses elementos.

Os elementos da primeira série de transição assemelham-se uns com os outros de muitas formas. Algumas das propriedades desses elementos estão resumidas na Tabela 16.1. Podemos ver que embora ocorra uma pequena diminuição nos raios atômicos dos elementos com o aumento do número atômico, os raios dos elementos podem ser considerados semelhantes. O aumento na carga nuclear ao longo da série tende a provocar uma contração na nuvem eletrônica, porém os elétrons $3d$ acrescentados tendem a se opor a esse efeito. Consequentemente, o tamanho dos átomos permanece quase constante, decrescendo levemente dentro da série.

Outra indicação de que os efeitos do aumento da carga nuclear e do acréscimo de elétrons $3d$ são opostos pode ser vista na variação da primeira energia de ionização dos átomos. Na Tabela 16.1. está mostrada que embora a primeira energia de ionização geralmente aumente com o número atômico, as energias de ionização dos elementos vizinhos permanecem bastante próximas. Um comportamento semelhante é encontrado para a segunda energia de ionização, que na maior parte aumenta apenas suavemente com o número atômico. As exceções são o crômio e o cobre; cujas energias são significativamente maiores que as dos seus vizinhos. A racionalização dessa observação está na comparação das configurações eletrônicas entre os íos mono e duplamente positivos. A segunda ionização do crômio remove um elétron de um conjunto de orbitais 3d semipreenchidos, e no caso do cobre, esse conjunto está completo. A estabilidade extra proporcionada pela configuração semipreenchida ou completa já foi observada anteriormente, principalmente no caso dos átomos de nitrogênio e de gases nobres, cujas energias de ionização são superiores em relação aos elementos vizinhos. Essa estabilidade extra também será constatada na química dos compostos de crômio e de cobre.

Íons

As configurações eletrônicas dos átomos e íons e metais de transição ilustram um ponto importante relativo ao esquema de energia dos orbitais. Como os orbitais $3d$ dos átomos de metais de transição são preenchidos apenas após a ocupação dos orbitais $4s$, podemos concluir que os orbitais $4s$ estão energeticamente abaixo dos orbitais $3d$. As configurações eletrônicas dos íons mostram, contudo, que esse nem sempre é o caso. As configurações fornecidas na Tabela 16.1 indicam que os orbitais 4s estão vazios nos íons de metais de transição em fase gasosa, e que portanto os orbitais $3d$ tem menor energia. Esse fenômeno, que foi discutido em detalhes no Capítulo 10, mostra que não existe um esquema *rígido* de energias orbitais que se aplique a todos os átomos e íons.

Os raios iônicos mostrados na Tabela 16.1 foram determinados por R. D. Shannon. Os raios iônicos foram estabelecidos por Pauling para íons de camada completa, como Sc^{3+} e Zn^{2+}, mas não para os outros íons de metais de transição. Os valores dos raios de Pauling para Sc^{3+} e Zn^{2+} são 0,81 e 0,74 Å. Podemos ver que os valores de Shannon são maiores que os de Pauling em cerca de 0,1 Å. Shannon também encontrou valores ligeiramente diferentes para raios iônicos em diversos números de coordenação e de elétrons desemparelhados. Os valores listados na Tabela 16.1 são para cátions envolvidos por seis grupos coordenantes, e para cátions com número máximo de elétrons desemparelhados. Como veremos adiante, o número de elétrons desemparelhados em um íon de metal de transição é um parâmetro importante.

TABELA 16.1 PROPRIEDADES DOS ELEMENTOS DA PRIMEIRA SÉRIE DE TRANSIÇÃO

	Sc	Ti	V	Cr	Mn	Fe	Co	Ni	Cu	Zn
Número atômico	21	22	23	24	25	26	27	28	29	30
Configuração eletrônica	$3d^14s^2$	$3d^24s^2$	$3d^34s^2$	$3d^54s^1$	$3d^54s^2$	$3d^64s^2$	$3d^74s^2$	$3d^84s^2$	$3d^{10}4s^1$	$3d^{10}4s^2$
Energia de ionização, (kJ mol^{-1})										
I_1	633	658	650	653	718	759	759	737	745	906
I_2	1235	1310	1414	1592	1509	1562	1648	1753	1958	1733
I_3	2389	2653	2828	2987	3248	2958	3232	3408	3554	3833
Raio de Bragg-Slater (Å)	1,60	1,40	1,35	1,40	1.40	1,40	1,35	1,35	1,35	1,35
Ponto de fusão (ºC)	1539	1670	1902	1857	1244	1536	1495	1453	1083,4	419,5
Ponto de ebulição (ºC)	2831	3289	3409	2672	2062	2862	2928	2914	2563	907
$\Delta\tilde{H}^\circ_f$ de X(g) (kJ mol^{-1})	377,8	469,9	514,2	396,6	280,7	416,3	424,7	429,7	338,3	130,7
Raio iônico de Shannon,										
M^{2+}	—	1,00	0,93	0,94	0,97	0,92	0,89	0,83	0,87	0,88
M^{3+}	0,89	0,81	0,78	0,76	0,79	0,79	0,75	0,74	—	—
Configuração eletrônica [Ar]										
M^{2+} (g)	$3d^1$	$3d^2$	$3d^3$	$3d^4$	$3d^5$	$3d^6$	$3d^7$	$3d^8$	$3d^9$	$3d^{10}$
M^{3+} (g)	—	$3d^1$	$3d^2$	$3d^3$	$3d^4$	$3d^5$	$3d^6$	$3d^7$	$3d^8$	$3d^9$
$\mathscr{E}^\circ$ (V)										
$M^{2+}(aq) + 2e^- \rightarrow M(s)$	—	−1,63	−1,18	−0,91	−1,18	−0,44	−0,28	−0,25	0,34	−0,76
$M^{2+}(aq) + 3e^- \rightarrow M(s)$	−2,03	−1,21	−0,87	−0,74	−0,28	−0,04	0.46	—	—	—
$\Delta\tilde{H}^\circ_{hyd}$ de M^{2+} (kJ mol^{-1})	—	—	—	−1909	−1850	−1949	−2012	−2095	−2099	−2046
Cor de M^{2+} (aq)	—	—	Violeta	Azul	Rosa	Verde	Rosa	Verde	Azul	Incolor

Como referência, os raios de Shannon para Mg^{2+} e Ca^{2+} são 0,86 Å e 1,14 Å. Para os íons de metais de transição 2+ os raios caem entre esses dois valores. O raio de Shannon para Ga^{3+} é 0,76 Å, bastante próximo dos encontrados para os íons de metais de transição 3+. Os valores de $\Delta \tilde{H}^{\circ}_{hid}$ dados na Tabela 16.1 são bastante semelhantes aos da entalpia de hidratação do Mg^{2+} dados na Tabela 14.4, e é o que se esperaria com base nos raios. Enquanto os raios do Mg^{2+} e do Ca^{2+} são semelhantes aos dos metais de transição, esses íons do Grupo IIA Não formam complexos com ligantes tais como NH_3, CN^- e CO, ao contrário do que acontece com os de transição. Os elétrons $3d$ proporcionam uma interação maior com os vários tipos de ligantes, do que os elétrons *s* e *p* presentes nos íons do Grupo IIA. A natureza dessa interação é um dos aspectos mais interessantes da química dos metais de transição.

O exame dos potenciais padrão de eletrodo dados na Tabela 16.1 mostra que todos os metais da primeira série de transição, com exceção do cobre, podem ser oxidados por 1*M*H$^+$. Embora esses metais de transição sejam bons agentes redutores, eles não são tão fortes quanto os metais dos grupos IIA e IIIA. Se usarmos um ciclo termodinâmico para mostrar como as entalpias de vaporização, ionização e de hidratação influenciam a atuação dos metais como agentes redutores, podemos entender por que os metais de transição não são redutores tão bons como os metais alcalino-terrosos. As entalpias de vaporização de todos os metais de transição são bastante grandes, e é essa estabilidade relativamente grande dos retículos metálicos que torna os elementos de transição redutores mais fracos que o magnésio ou o alumínio. A razão do cobre ser um redutor particularmente fraco pode ser encontrada no exame dos dados da Tabela 16.1. A segunda energia de ionização do cobre é bastante maior em relação aos outros elementos de transição, e esse fator torna os íons de Cu^{2+} menos estáveis, e o cobre metálico um redutor mais fraco que os outros metais da série.

Embora os potenciais de eletrodo indiquem que os metais da primeira série de transição são redutores relativamente bons nas condições de equilíbrio, na prática, a velocidade com que os metais reagem com agentes oxidantes, assim como o H^+, é muitas vezes extremamente pequena. Muitos dos metais são protegidos por uma fina camada, impermeável, de óxidos inertes. O crômio proporciona o melhor exemplo disso, pois apesar do seu potencial de eletrodo, é possível utilizá-lo como metal protetor Não-oxidável, pois fica recoberto por um óxido pouco reativo, Cr_2O_3. Portanto, enquanto os metais de transição podem comportar-se como redutores efetivos em algumas circunstâncias, em outras situações também podem parecer inertes por causa das baixas velocidades de reação.

No fim da Tabela 16.1 relacionamos as várias cores observadas para soluções aquosas dos íons 2$^+$. Em meio aquoso esses íons são envolvidos por seis moléculas de água, e assim as cores são devidas à absorção de luz pelos íons complexos de fórmula geral $M(H_2O)_6^{2+}$. A Figura 16.1. mostra o espectro de absorção do complexo $Cu(H_2O)_6^{2+}$. Essa espécie é a que confere a cor azul às soluções de Cu^{2+}. Na Figura 16.1. podemos ver que o complexo $Cu(H_2O)_6^{2+}$ absorve luz, mais intensamente, na região do infravermelho próximo ($\lambda > 700$ nm), porém a banda de absorção, que é larga, também se estende para a região do visível, em torno de 650 nm. A nossa visão capta essa absorção de luz vermelha sob a forma de cor azul.

A absorção de luz pode ser tratada de forma mais quantitativa por meio das equações de energia de fóton, apresentadas no Capítulo 10. Se ν é a frequência da luz, a energia de cada fóton, ΔE, é dada por

$$\Delta E = h\nu = \frac{hc}{\lambda}.$$

Os valores de ΔE em unidades kJ/mol também estão mostradas na Figura 16.1. A molécula irá absorver luz se tiver um estado excitado com energia adequada, de acordo com a expressão

$$\Delta E = h\nu = E_{\text{excitado}} - E_0,$$

onde E_o refere-se ao estado de menor energia da molécula. Com base na localização do máximo de absorção na Figura 16.1, podemos ver que os íons $Cu(H_2O)_6^{2+}$ apresentam estados excitados cerca de 150 kJ mol^{-1} mais energéticos que o estado fundamental. Como veremos mais tarde, essa diferença de energia resulta da interação de determinados elétrons $3d$ no íon de Cu^{2+} e as seis moléculas de água. Visto que as ligações químicas normais tem energias da ordem de 300 kJ mol^{-1}, as interações entre a água e os elétrons $3d$ dos íons de metais de transição são, comparativamente, um pouco mais fracas.

Na próxima seção discutiremos os tipos de complexos de metais de transição que podem ser formados. Apresentaremos também algumas das teorias, que podem causar surpresa pela simplicidade, e que tem sido desenvolvidos para explicar como

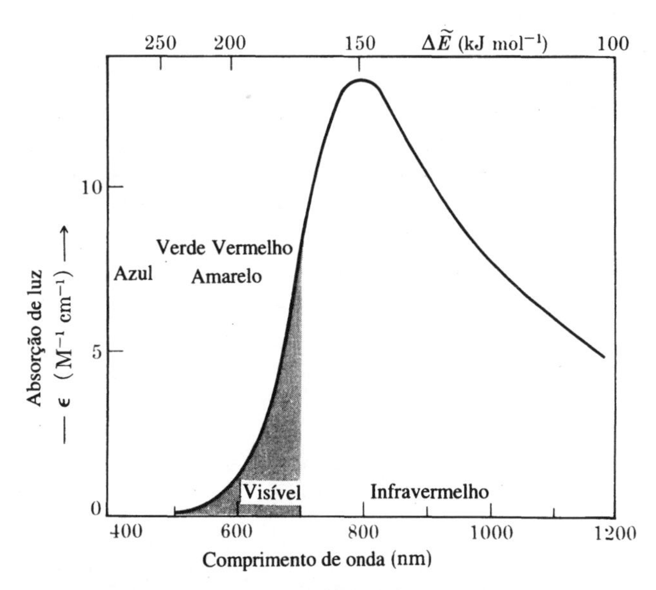

Fig. 16.1 Absorção de luz por $Cu(H_2O)_6^{2+}$. Soluções de sais como $Cu(NO_3)_2$ são azuis porque o complexo $Cu(H_2O)_6^{2+}$ absorve a luz vermelha. A escala superior representa as energias dos fótons. O coeficiente de absorção molar e é determinado pelo ajuste de fração da luz transmitida a cada comprimento de onda na equação $10^{-\epsilon cd}$, onde *c* é a molaridade e *d* é o caminho óptico em cm.

os elétrons $3d$ dos íons de metais de transição são afetados pela presença de moléculas em sua vizinhança.

16.2 Complexos de Metais de Transição

Durante nossa abordagem da química fizemos referência a íons complexos como BF_4^-, $Ag(NH_3)_2^+$, $Fe(CN)_6^{3-}$ e outros. Esses íons, assim como outros complexos neutros, apresentam propriedades distintas das encontradas em seus constituintes, isoladamente. Em decorrência de suas estruturas eletrônicas, os metais de transição formam um grande número de complexos, e a maior parte da pesquisa atual na química vem sendo dedicada ao estudo dos complexos de metais de transição.

Em geral, **um íon ou composto complexo** consiste de um átomo central envolvido por um conjunto de outros átomos ou moléculas que tem capacidade de doar elétrons para o mesmo. Essas espécies ao redor do átomo central são denominadas ligantes. O estado de oxidação do átomo central é indicado com frequência com algarismos romanos, entre parênteses. As espécies que circundam com maior proximidade, o átomo central constituem a **primeira esfera de coordenação**, ou esfera interna. O número de espécies na primeira esfera de coordenação constitui o **número de coordenação.** Um composto complexo, ou composto de coordenação, distingue-se de qualquer outro tipo de composto químico, pelo fato de que tanto o átomo central como os ligantes existem, independentemente, como espécies químicas bem definidas.

Como foi sugerido, os ligantes em um complexo atuam geralmente como espécies doadoras de elétrons para o átomo central, que na maioria das vezes, apresenta deficiência de elétrons. A palavra *doadora* não deve ser interpretada literalmente, pois a interação entre o átomo central e o ligante pode tanto provir do compartilhamento de elétrons como da atração coulômbica entre íons de cargas opostas. Em geral, podemos esperar que os complexos mais estáveis sejam formados por íons pequenos, de carga alta, interagindo com átomos doadores de elétrons. Essa análise rudimentar explica de certa forma a frequência com que os íons de metais de transição formam complexos com espécies como NH_3, H_2O, Cl^- e CN^-. Existem muitas peculiaridades associadas à estabilidade dos complexos, contudo, que dependem de uma discussão prévia da estereoquímica e suas propriedades.

Estereoquímica

Os complexos geralmente apresentam números de coordenação de 2 a 9, contudo as geometrias com dois, quatro ou seis ligantes, ilustradas na Figura 16.2, são as mais frequentes. **O número de coordenação 2 ocorre** em complexos de Cu(I), Ag(I), Au(I) e alguns complexos de Hg(II); p. ex., $[Cu(CN)_2^-]$, $[Ag(NH_3)_2^+]$, $[Au(CN)_2^-]$ e $[Hg(NH_3)_2^{2+}]$. **O número de coordenação 4** pode apresentar uma geometria tetraédrica, que embora ocorra em complexos de metais de transição, é mais frequente em complexos de elementos representativos. Os íons $[ZnCl_4^{2-}]$, $[Zn(CN)_4^{2-}]$, $[Cd(CN)_4^{2-}]$ e $[Hg(CN)_4^{2-}]$ são todos tetraédricos. Outra geometria possível, é a planar, quadrada, que ocorre principalmente em complexos de Pd(II), Pt(II), Au(III), e algumas vezes Ni(II) e Cu(II). **O número de coordenação 6** é o mais comum, e apresenta a geometria octaédrica como forma dominante.

Um ligante capaz de ocupar apenas uma posição na esfera interna de coordenação e formar uma ligação com o átomo central denomina-se ligante **monodentado**. Alguns exemplos são F^-, Cl^-, OH^-, H_2O, NH_3 e CN^-. Quando um ligante é capaz de se ligar ao átomo central em duas posições, é denominado bidentado. Entre os exemplos mais comuns de ligantes **bidentados** estão a etilenodiamina, $NH_2CH_2CH_2NH_2$, onde os dois átomos de nitrogênio podem atuar como grupos coordenantes, e o íon oxalato, que tem a estrutura

```
 ┌                ┐
   O          O
    \\       //
      C — C
     /       \
  ⁻O          O⁻
 └                ┘
```

Considerando que as duas ligações do ligante bidentado parecem abraçar o metal, o cmposto resultante é conhecido como **quelato** (do grego, chele = garra). Outros ligantes, com até seis grupos coordenantes são conhecidos, e o exemplo mais comum é o ácido etilenodiaminotetraacético (EDTA). A Figura 16.3 ilustra como o EDTA preenche as seis posições de coordenação na esfera interna de coordenação.

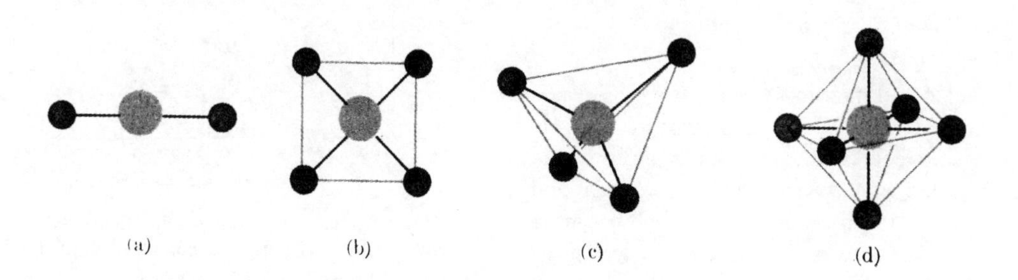

Fig. 16.2 Formas comuns de íons complexos: (a) linear, (b) quadrado planar, (c) tetraédrico, e (d) octaédrico. (De K. B. Harvey e G. B. Porter, *Physical Inorganic Chemistry*. Reading, Mass.: Addison-Wesley, 1963)

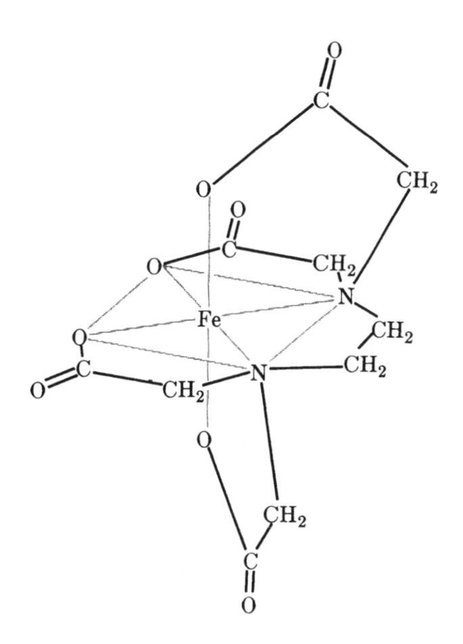

Fig. 16.3 Complexo de EDTA de ferro. Os átomos de oxigênio e nitrogênio ocupam as vértices de um octaedro com átomo de ferro no centro.

Vários tipos de isomeria ocorrem entre os íons complexos. A isomeria de constituição é ilustrada no seguinte exemplo. Existem três tipos distintos de compostos com a mesma fórmula $Cr(H_2O)_6Cl_3$. Um deles, de cor violeta, reage imediatamente com $AgNO_3$ e todos os cloretos presentes precipitam na forma de AgCl. Um segundo tipo, de cor verde clara, também reage com $AgNO_3$, porém apenas 2/3 do cloro precipita como AgCl. O terceiro composto, verde escuro, tem apenas um cloreto que pode ser liberado para formar AgCl. Dessa forma, as seguintes fórmulas podem ser propostas

$[Cr(H_2O)_6]Cl_3$ (violeta),
$[CrCl(H_2O)_5]Cl_2 \cdot H_2O$ (verde claro),
$[CrCl_2(H_2O)_4]Cl \cdot 2H_2O$ (verde escuro),

onde nas espécies entre colchetes os ligantes estão ligados de fato ao átomo de crômio central. Essa formulação é reforçada pelo fato de que a exposição desses compostos a agentes secantes leva à perda de 0, 1 e 2 mol de água, respectivamente. Portanto, esses isômeros de constituição diferem na composição da primeira esfera de coordenação, e tem propriedades químicas nitidamente distintas. Outros exemplos semelhantes são conhecidos, por exemplo

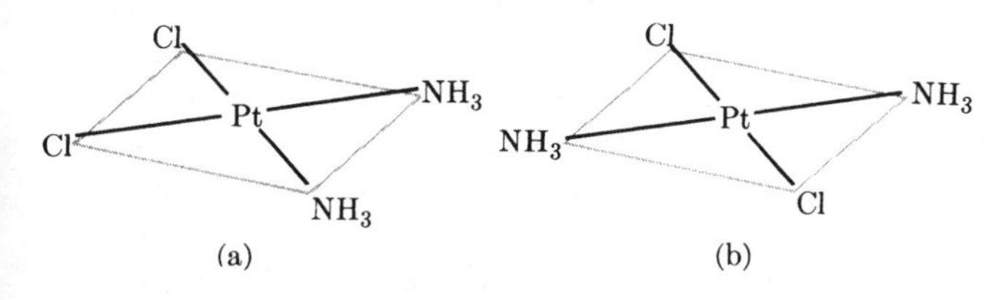

Fig. 16.4 Estereoisômeros do diclorodiaminplatina(II): (a) isômero cis; (b) isômero *trans.*

$[Co(NH_3)_4Cl_2]NO_2$ e $[Co(NH_3)_4(Cl)(NO_2)]Cl$.

Ao lado dos isômeros de constituição, existem isômeros em que as esferas de coordenação têm a mesma composição, porém diferem no arranjo espacial. Na literatura inorgânica ainda são conhecidos como isômeros geométricos, porém de uma forma mais abrangente, se emprega a denominação de **estereoisômeros.** Considere os isômeros *cis* e *trans* do diclorodiaminplatina(II), mostrado na Fig. 16.4. Os isômeros *cis* e *trans* de complexos planares, quadrado, do tipo Ma_2b_2 (onde *M* é o metal central e *a* e *b* são os ligantes) podem ocorrer pois, embora os ligantes iguais estejam equidistantes do centro, eles não são equidistantes entre sí, nas duas formas. Em consequência, é possível distinguir os ligantes que ficam próximos, nos cantos do quadrado, dos ligantes que ficam em posições opostas na diagonal. Nos complexos tetraédricos todos os quatro ligantes são equidistantes entre sí, e a isomeria cis-trans Não é possível.

A estereoisomeria é possível para complexos octaédricos do tipo Ma_4B_2, como está mostrado na Figura 16.5. Dois vértices do octaedro, ligados por uma aresta, estão em posição *cis*; ao passo que os vértices opostos estão em posição *trans.* Por exemplo, existem dois estereoisômeros do complexo $[Co(NH_3)_4Cl_2]^+$: um isômero *cis* (violeta) e um isômero *trans* (verde). As estruturas respectivas estão ilustradas na Figura 16.6.

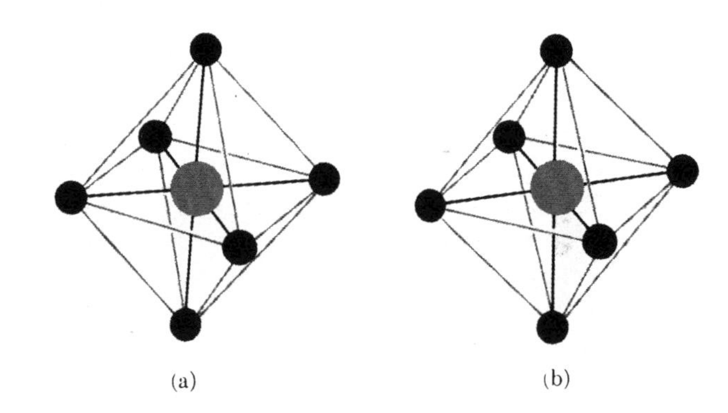

Fig. 16.5 Desenho esquemático da geometria dos estereoisômeros de um complexo octaédrico do tipo Ma_4b_2.

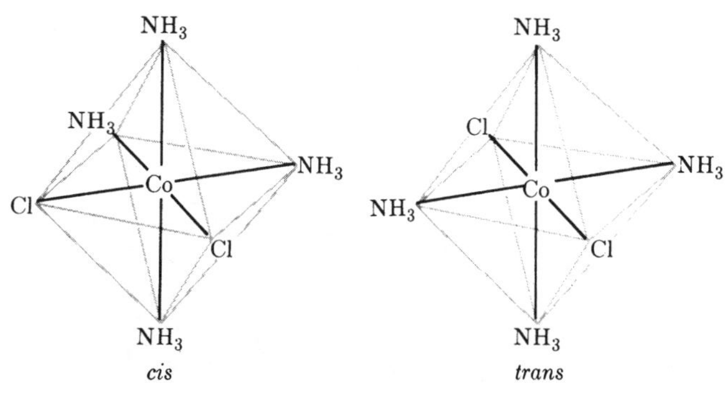

Fig. 16.6 Estereoisômeros do íon diclorotetraamincobalto (III).

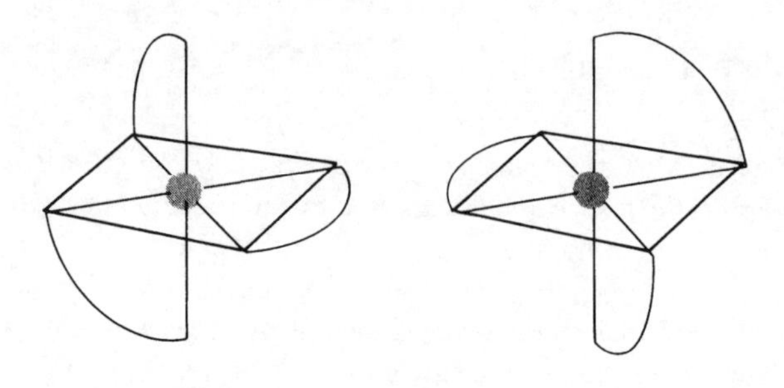

Fig. 16.7 Desenho esquemático da geometria dos estereoisômeros de um complexo octaédrico com ligantes bidentados.

Outro aspecto importante da estereoquímica de complexos de metais de transição é a **isomeria óptica.** Uma molécula que não apresenta plano ou centro de simetria pode existir em duas formas não equivalentes, que constituem imagens especulares. Essas duas formas estão dispostas da mesma forma que a mão direita está para a mão esquerda, e não podem ser sobrepostas. Na Figura 16.7 está ilustrada a geometria dos estereoisômeros de um íon complexo no qual os ligantes são bidentados. Esses estereoisômeros são idênticos em todos os aspectos, exceto pelo fato de que um dos isômeros provoca a rotação do plano da luz polarizada para a esquerda, e outro gira o plano para a direita. A estereoisomeria também ocorre em moléculas orgânicas e sua discussão irá prosseguir no Capítulo 17.

Nomenclatura

Muitos íons complexos, por exemplo, o ferrocianeto, $[Fe(CN)_6]_4^-$, receberam nomes práticos que refletem relativamente bem suas composições. A medida em que complexos cada vez mais complicados foram sendo sintetizados, tornou se necessário introduzir critérios sistemáticos de nomenclatura. As seguintes regras são suficientes para dar nomes à maioria dos complexos.

1. Os nomes dos principais ligantes estão listados na Tabela 16.2. Os nomes dos ligantes aniônicos terminam em *o*, ao passo que para os ligantes neutros se usa o nome da molécula. Algumas exceções são a água, amônia, monóxido de carbono e óxido nítrico, cujos nomes constam na Tabela 16.2.

2. Na designação de um complexo, os ligantes são considerados em primeiro lugar. O número de ligantes iguais é expresso pelos prefixos gregos *di*, *tri*, *tetra* e assim por diante.

3. O nome do átomo central vem a seguir, acompanhado do estado de oxidação em algarismo romano entre parênteses.

TABELA 16.2 NOMES DE GRUPOS COORDENANTES

Ligante	Nome	Ligante	Nome
H_2O	Aqua	OH^-	Hidroxo
NH_3	Amin	$C_2O_4^{2-}$	Oxalato
O^{2-}	Oxo	SO_4^{2-}	Sulfato
Cl^-	Cloro	CO	Carbonil
CN^-	Ciano	NO	Nitrosil

4. Se o complexo for um cátion ou uma molécula neutra, o nome do átomo central permanecerá inalterado. Se o composto for um ânion, o nome do átomo central terminará em *ato*. Por exemplo,

$Ag(NH_3)_2^+$	íon diaminprata(I)
$Zn(NH_3)_4^{2+}$	íon tetraaminzinco(II)
$[Co(NH_3)_3(NO_2)_3]$	íon triamintrinitrocobalto(III)
$PtCl_6^{2-}$	íon hexacloroplatinato(IV)
$Fe(CN)_6^{4-}$	íon hexacianoferrato(II)
$Fe(CN)_6^{3-}$	ion hexacianoferrato(III)

5. Para muitos ligantes os prefixos *di* e *tri* podem causar confusão. Nesses casos, são usados os prefixos bis() e tris(); por exemplo:
$[Ag(S_2O_3)_2]^{3-}$ íon bis(tiossulfato)argentato(I)

6. Os algarismos romanos usados tradicionalmente para indicar o estado de oxidação, também são conhecidos como números de **STOCK**. Nos últimos anos tem crescido o uso dos algarismos arábicos, designativos de carga, no lugar dos algarismos romanos. Os algarismos arábicos constituem os números de **EWENS-BASSETT.** Como resultado temos mais de uma maneira de dar nome a um composto:

$Fe(CN)_6^{3-}$	íon hexacianoferrato(III), íon hexacianoferrato(3-),
$KAu(OH)_4$	tetraidroxoaurato (III) de potássio, (III), tetraidroxoaurato(1-) de potássio.

Os compostos de metais de transição podem ser identificados tanto pelos números de Stock como por meio dos números de Ewens-Bassett. Neste livro continuaremos a usar a notação de Stock.

16.3 Teorias de Ligação para Complexos de Metais de Transição

Os complexos de metais de transição, como todos os compostos, tem sua estabilidade associada ao abaixamento de energia que ocorre quando os elétrons se movem no campo internuclear. Assim, as teorias de ligação em complexos de metais de transição não diferem fundamentalmente das teorias usadas para descrever outras ligações químicas. Contudo, a ligação nos complexos de metais de transição apresenta algumas características que não foram enfatizadas em nossas discussões sobre outros sistemas. Em primeiro lugar, os orbitais *d* do átomo de metal de transição participam da ligação com os ligantes. Em segundo, é importante levar em consideração o comportamento dos outros elétrons não-ligantes. Em terceiro, é interessante examinar não somente os estados eletrônicos de energia mais baixa, mas também os estados eletrônicos excitados, pois são responsáveis pela absorção de luz e pelas cores dos íons. Finalmente, as propriedades magnéticas dos complexos de metais de transição são muito importantes e devem ser explicadas, de forma satisfatória, pelas teorias de ligação.

Existem dois tipos importantes de abordagem para a ligação nos complexos de metais de transição, a teoria do campo cristalino e a teoria do campo ligante. A última resulta da extensão da teoria dos orbitais moleculares para os complexos de metais de transição, e a primeira é uma teoria simplificada que considera os ligantes de forma simplificada, reduzindo-os a cargas pontuais. A seguir, discutiremos, com brevidade, cada teoria.

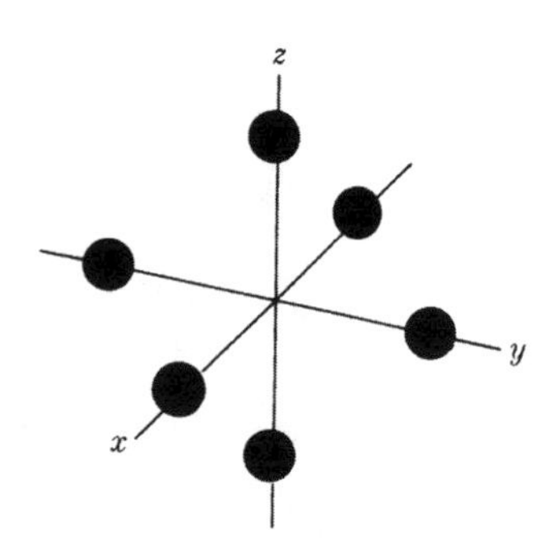

Fig. 16.8 Seis ligantes de um complexo octaédrico que definem um sistema de coordenadas cartesianas.

Teoria do Campo Cristalino

Na **teoria do campo cristalino**, a ligação entre o íon metálico central e os ligantes é considerada puramente eletrostática, devido tanto à atração entre íons de cargas opostas, como entre o íon positivo central e os polos negativos dos dipolos das moléculas. Essa situação um tanto extrema provavelmente nunca será rigorosamente válida, porém traz consigo uma virtude: a simplicidade. Visto que a teoria do campo cristalino pressupõe a existência de ligações eletrostáticas nos complexos, ela não tem a pretensão de explicar a natureza da ligação metal-ligante. A teoria, contudo, tenta explicar os efeitos dos ligantes sobre as energias dos elétrons *d* do íon metálico e dessa maneira nos ajuda a entender as propriedades magnéticas dos complexos e os espectros de absorção.

As conclusões dos argumentos do campo cristalino dependem do arranjo espacial dos ligantes ao redor do íon de metal de transição central. Em virtude da hexacoordenação com geometria octaédrica ser bastante frequente nos íons complexos, essa situação será considerada em primeiro plano. Vamos imaginar um íon de metal de transição livre no espaço. Nessa condição as energias dos cinco orbitais *d* de valência são iguais, ou como geralmente se diz, os orbitais são **degenerados**. Vamos colocar agora, seis ligantes de forma simétrica ao redor do íon central, ao longo de um sistema de coordenadas cartesiana, como na Figura 16.8. A medida que os ligantes se aproximam do íon central, a energia do sistema, como um todo, diminui devido à atração eletrostática entre o íon metálico e os ligantes. Os cinco orbitais *d* do íon metálico já não são mais equivalentes, como representado na Figura 16.9. Os orbitais $d_{x^2-y^2}$ e d_{z^2} tem maior densidade eletrônica nas direções coincidentes com os eixos de coordenadas Cartesianas. Os outros três orbitais *d*, isto é, d_{xy}, d_{yz}, d_{xz}, têm maior densidade em regiões situadas entre os eixos de coordenadas. O primeiro par de orbitais é geralmente designado

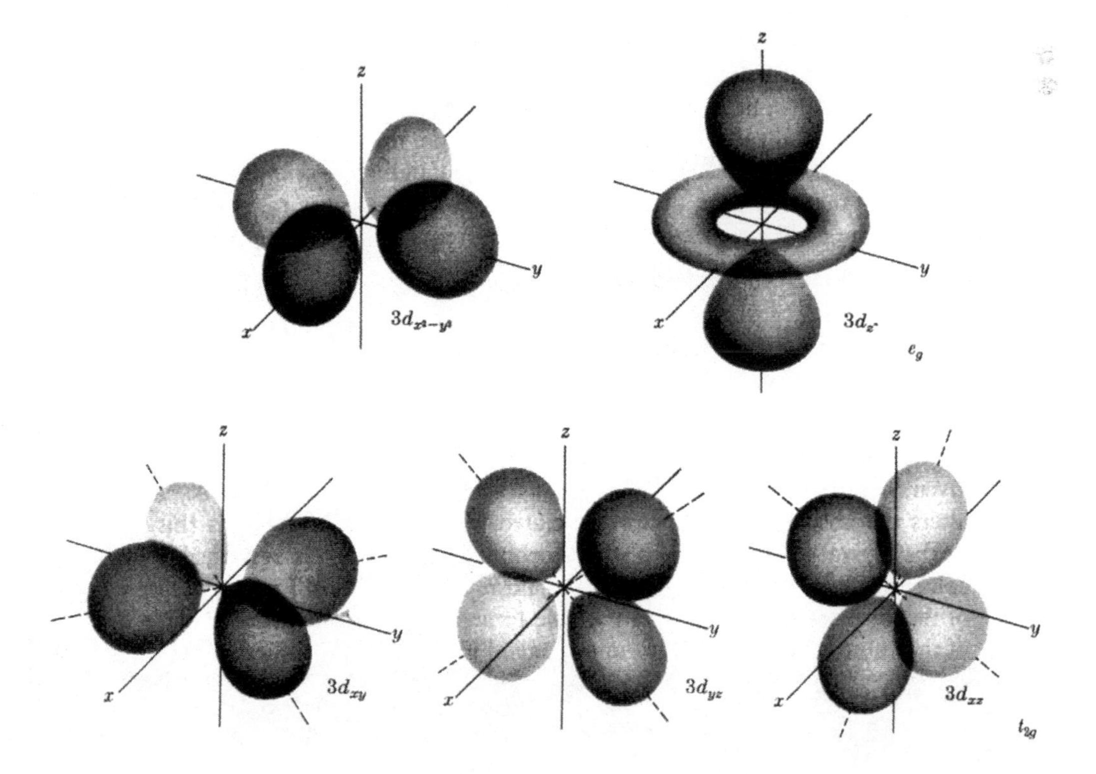

Fig. 16.9 Orbitais 3d. (Adaptado de K. B. Harvey e G. B. Poter, *Physical Inorganic Chemistry*. Reading, Mass.: Addison-Wesley, 1963.)

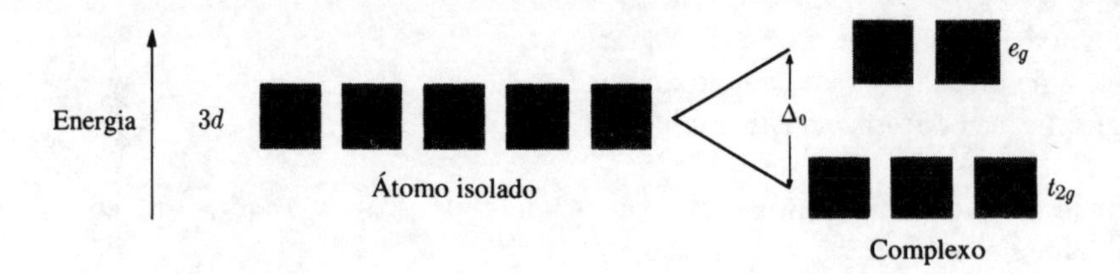

Fig. 16.10 Desdobramento de energias dos orbitais *d* pelo campo ligante octaédrico.

e_g e os outros três, t_{2g}. Como os ligantes negativos situam-se ao redor do íon central, os elétrons nos orbitais e_g ficam sujeitos a uma repulsão eletrostática dos ligantes mais forte do que no caso dos elétrons em orbitais t_{2g}, pois os orbitais e_g estão localizados sobre os eixos de coordenadas onde se situam os ligantes. Assim, a presença dos ligantes "desdobra" os orbitais *d* em um par de orbitais e_g mais energéticos, e três orbitais t_{2g} de menor energia, como está mostrado na Figura 16.10.

O desdobramento dos orbitais *d* provocado pelo campo cristalino é expresso pelo parâmetro Δ_o. De acordo com a teoria do campo cristalino, a grandeza desse parâmetro depende da distância metal-ligante, da distância média do elétron *d* com respeito ao núcleo, e da carga ou momento dipolar do ligante. Quanto menor for a distância metal-ligante, maior for a distância média do elétron *d*, e ainda, maior for a carga ou o momento dipolar do ligante, então maior será o valor de Δ_o. Em geral, os valores previstos para Δ_o com base nos cálculos do campo cristalino não são exatos e fornecem apenas uma estimativa grosseira das energias de desdobramento dos orbitais *d*.

Os valores experimentais de Δ_o podem ser obtidos a partir dos espectros de absorção dos íons complexos. Nos casos mais simples, a absorção da luz por um complexo é acompanhada pela excitação de um elétron de um dos orbitais t_{2g} para um orbital e_g. A energia que corresponde à frequência da luz absorvida é igual a Δ_o. Por exemplo, o íon hexaaquatitânio(III), $Ti(H_2O)_6^{3+}$, tem uma banda de absorção na região do visível, e a absorção é máxima em comprimentos de onda de aproximadamente 500 nm. Essa absorção confere ao íon uma coloração púrpura e corresponde à excitação do único elétron d *no* Ti^{3+} de um orbital t_{2g} para um orbital e_g, como mostrado na Fig. 16.11.

Na tabela 16.3 são fornecidos os valores de Δ_o para os vários íons de metais de transição e ligantes. Enquanto o valor de Δ_o é aproximadamente constante para íons de uma dada carga com o mesmo ligante, a troca de ligante afeta Δ_o e portanto altera o

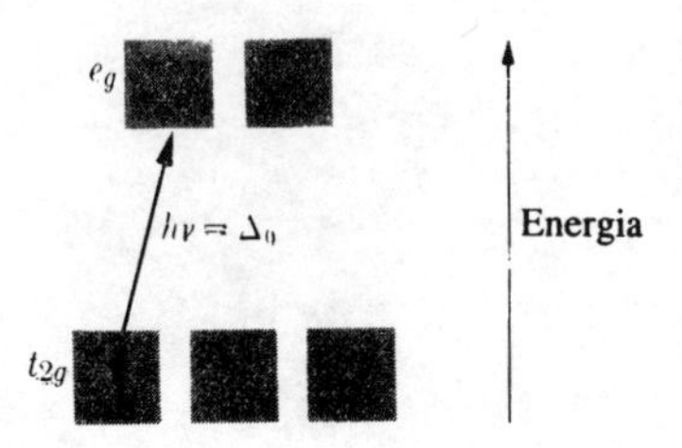

Fig. 16.11 Representação esquemática da absorção de luz por $Ti(H_2O)_6^{3+}$, que mostra a excitação de um elétron de um orbital t_{2g} a um e_g.

TABELA 16.3 PARÂMETROS APROXIMADOS DE DESDOBRAMENTO DO CAMPO CRISTALINO, Δ^0 (kJ mol^{-1})*

Ion metálico	e Configuração	Ligante H_2O	NH_3	CN^-
Ti^{3+}	$3d^1$	227		
V^{3+}	$3d^2$	222		
Cr^{3+}	$3d^3$	208	258	319
Fe^{3+}	$3d^5$	170		
Co^{3+}	$3d^6$	217	274	401
Mn^{2+}	$3d^5$	100		
Fe^{2+}	$3d^6$	112		376
Co^{2+}	$3d^7$	98	121	
Ni^{2+}	$3d^8$	102	129	
Cu^{2+}	$3d^9$	137	180	

* Valores devidos a D. Sutton, *Electronic Spectra of Transition Metal Complexes* (New York: McGraw-Hill, 1968).

espectro de absorção associado com o íon metálico. É essa mudança no desdobramento dos orbitais *d* pelo campo cristalino que responde pela mudança de cor que ocorre quando um ligante substitui outro. A partir de medidas do espectro de absorção, é possível ordenar os ligantes segundo os valores de Δ_o para qualquer íon metálico. Essa série **espectroquímica** tem a seguinte sequência:

$$Br^- < Cl^- < F^- < OH^- < C_2O_4^{2-} < H_2O$$

$$< NH_3 < NO_2^- < CN^-,$$

onde Δ_o cresce da esquerda para a direita. Podemos entender a ordem relativa, para um grupo de íons como os haletos, considerando que quanto menor o íon, mais próximo estará do ligante e maior será o desdobramento provocado pelo campo cristalino. É importante notar, contudo, que a teoria do campo cristalino não consegue explicar toda a série espectroquímica, e consequentemente o enfoque da ligação nos complexos em termos puramente eletrostáticos não passa de um tratamento simplificado.

Propriedades Magnéticas. As propriedades magnéticas dos íons de metais de transição tem tido um papel importante no desenvolvimento da teoria do *campo cristalino*. Realmente, o termo campo cristalino decorre do seu emprego na explicação das propriedades magnéticas dos cátions quando cercados pelos ânions nos sólidos. Apesar da complexidade, alguns dos princípios básicos do magnetismo em complexos são fáceis de ser entendidos.

Todo elétron possui um momento de dipolo magnético, e como tal, comporta-se como uma pequena barra magnética. Sua energia é menor quando o dipolo magnético aponta na direção de um campo magnético aplicado. O número quântico que determina a direção apontada pelo dipolo magnético eletrônico é m_s. Se $m_s = -½$ o momento aponta no sentido paralelo ao campo magnético no eixo z; se $m_s = ½$, o momento aponta no sentido contrário ao campo magnético. Isso está ilustrado na Figura 16.12.

Entre as duas orientações possíveis dos momentos magnéticos dos elétrons, na presença de um campo, existe uma pequena diferença de energia, como mostrado na Figura 16.13. A equação correspondente é dada por

$$E_{\text{magnético}} = g_e \mu_B B m_S, \qquad (16.1)$$

onde B é o **campo magnético**, em tesla (T), e μ_B é a constante física denominada magneton de Bohr, ou imã de Bohr, e g_e é uma constante próxima de 2,00. O gráfico da eq. (16.1) pode ser visto na Figura 16.13.

Podemos ver que as energias associadas ao magnetismo eletrônico são muito menores que os desdobramentos do campo cristalino. Em um campo magnético, o elétron procura uma situação de menor energia, dada por $m_s = -½$. Contudo, de acordo com o princípio de exclusão de Pauli, os elétrons, na maioria das moléculas, encontram-se emparelhados, tal que para uma metade, $m_s = -½$ e para outra metade $m_s = ½$. A partir da Eq. (16.1) e da Fig. 16.13, podemos ver que a energia magnética total de elétrons emparelhados é nula. Os complexos de metais de transição podem ter elétrons desemparelhados, com valores de $m_s = -½$ ou $½$. Visto que a energia térmica RT é muito maior que a diferença de energia mostrada na Figura 16.13, a população térmica desses dois estados resultará em um número de elétrons apenas ligeiramente maior, no estado de menor energia com $m_s = -½$, em relação ao estado de maior energia, com $m_s = ½$.

Se uma amostra de moléculas com spins desemparelhados for colocada em um campo magnético, um número maior terá $m_s = -½$ do que $½$. Como *resultado, a energia da amostra irá diminuir.* Uma amostra é dita **paramagnética** se sua energia diminuir quando colocada no interior de um campo magnético. Se a amostra apresentar apenas elétrons com spins emparelhados, sua energia sofrerá apenas um ligeiro aumento, e a mesma é dita **diamagnética**. A medida da extensão do paramagnetismo pode ser usada para determinar o número de elétrons desemparelhados. Na tabela 16.4 estão relacionados os números de elétrons desemparelhados determinados para vários complexos de metais de transição.

Configuração Eletrônica. A configuração eletrônica para um íon de metal de transição apresenta a distribuição dos elétrons entre os orbitais t_{2g} e e_g. Quando existe apenas um elétron, como no Ti^{3+}, este terá a menor energia quando estiver em um dos três

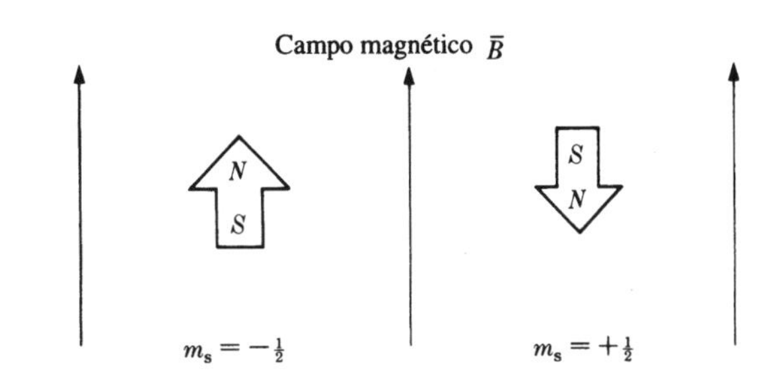

Fig. 16.12 Orientações de baixa e alta energia de momentos magnéticos num campo magnético. Os momentos de dipolos magnéticos de elétrons, cujas direções mudam conforme o sinal de m_s, comporta-se como momentos de dipolos de pequenas barras de ímãs.

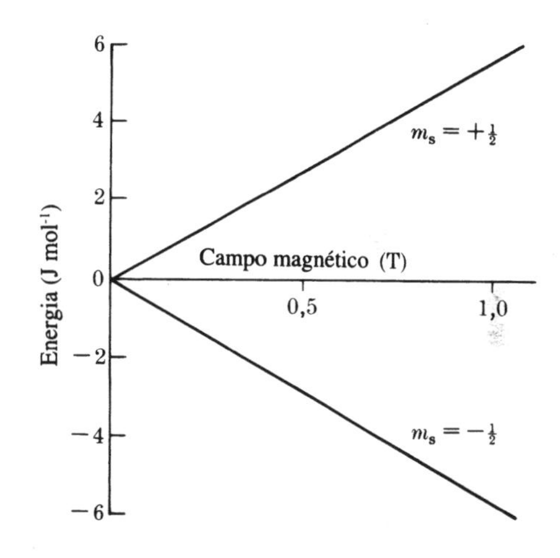

Fig. 16.13 Energia magnética dos elétrons calculada da Eq. (16.1) em joules por mol. Um campo magnético de 1 T corresponde a 10^4 gauss. O magneton de Bohr tem um valor de $9{,}274 \times 10^{-24}$ J T^{-1}.

TABELA 16.4 NUMERO DE ELÉTRONS DESEMPARELHADOS DETERMINADOS POR MEDIDAS MAGNÉTICAS

Complexo e Orbitais de Valência do Átomo Nuclear		Número de Elétrons Desemparelhados	Configuração Eletrônica do Complexo
$Ti(H_2O)_6^{3+}$	$3d^1$	1	$(t_2g)^1$
$Cr(H_2O)_6^{3+}$	$3d^3$	3	$(t_2g)^3$
$Fe(H_2O)_6^{3+}$	$3d^5$	5	$(t_2g)^3(eg)^2$
$Fe(CN)_6^{3-}$	$3d^5$	1	$(t_2g)^5$
$Fe(H_2O)_6^{2+}$	$3d^6$	4	$(t_2g)^4(eg)^2$
$Fe(CN)_6^{4-}$	$3d^6$	0	$(t_2g)^6$
$Ni(H_2O)^{2+}$	$3d^8$	2	$(t_2g)^6(eg)^2$

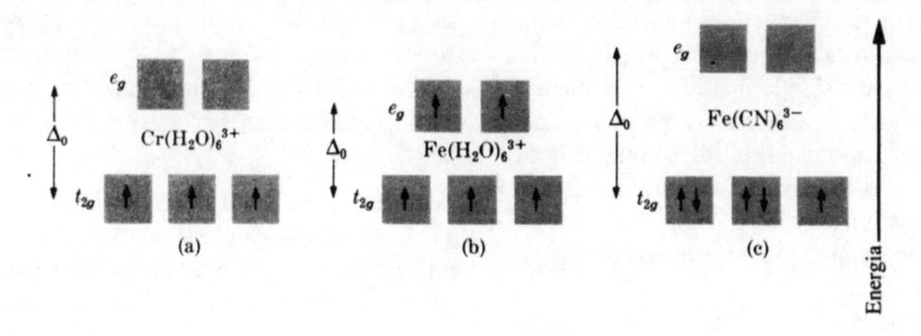

Fig. 16.14 Configurações eletrônicas de menor energia em campo cristalino octaédrico para (a) Cr^{3+} ($3d^3$); (b) Fe^{3+} ($3d^5$) em campo cristalino fraco; e (c) Fe^{3+} ($3d^5$) em campo cristalino forte.

orbitais t_{2g}, como está ilustrado na Fig. 16.11. Quando existem dois ou três elétrons, como em $3d^2$ ou $3d^3$, a ocupação dos orbitais t_{2g} conduzirá a uma situação de menor energia. A decisão a respeito do emparelhamento ou não dos elétrons pode ser feita com o auxílio da regra de Hund, que assegura uma situação de menor energia quando os spins estão desemparelhados. Isso está ilustrado na Figura 16.14(a), e é consistente com os três elétrons desemparelhados encontrados para o $[Cr(H_2O)_6{}^{3+}]$ na Tabela 16.4.

Se a configuração do íon central for $3d^4$, $3d^5$, $3d^6$ ou $3d^7$, são possíveis várias distribuições entre os orbitais t_{2g} e e_g. No caso do íon $[Fe(H_2O)_6]^{3+}$, cuja configuração é $3d^5$, todos os cinco elétrons encontram-se desemparelhados nos orbitais t_{2g} e e_g, como está mostrado na Fig. 16.14(b). O íon $[Fe(H_2O)_6]^{3+}$ recebe a denominação de **complexo spin-alto.** Sua energia é menor quando os elétrons estão desemparelhados, mesmo que dois elétrons estejam ocupando orbitais e_g. Isso se deve ao fato de que a repulsão elétron-elétron é menor quando os elétrons estão desemparelhados.

Na Tabela 16.4 podemos ver que o $[Fe(CN)_6]^{3-}$ é um **complexo do tipo spin-baixo.** Sua configuração eletrônica de menor energia está mostrada na Figura 16.14(c). Os valores de Δ_o para os complexos de CN^- são muito maiores que os dos complexos com H_2O. Como resultado, a menor energia ocorrerá se todos os elétrons estiverem emparelhados nos orbitais t_{2g}, do que se estiverem desemparelhados nos orbitais t_{2g} e e_g. No caso do $[Fe(CN)_6]^{4-}$ o complexo também é spin-baixo, com todos os orbitais t_{2g} preenchidos, como pode ser visto na Tabela 16.4. O $K_4[Fe(CN)_6]$ é um sólido diamagnético, ao passo que o $[Fe(H_2O)_6](NO_3)$ é paramagnético, com quatro elétrons desemparelhados.

A mudança de spin-alto para spin-baixo depende da natureza de cada complexo; o valor de Δ_o para que isso ocorra não é bem definido. Na série espectroquímica fornecida anteriormente, o CN^- sempre formará complexos spin-baixo para íons $3d^4$, $3d^5$, $3d^6$ e $3d^7$. Os dados magnéticos para os complexos $3d^6$ mostram que os complexos $[Co(H_2O)_6]^{3+}$ e $[Co(NH_3)_6]^{3+}$ são do tipo spin-baixo, enquanto o $[CoF_6]^{3-}$ é do tipo spin-alto. Os complexos de Co^{3+} spin-baixo são influenciados pela estabilidade extra da configuração $(t_{2g})^6$. O fato de que os hexa-aqua complexos de Mn^{2+} e Fe^{3+} apresentam configuração spin-alto, $(t_{2g})^3(e_g)^2$ conduz a uma explicação da fraca coloração desses íons. O íon manganoso é rosa pálido, e o íon férrico é violeta pálido quando em soluções ácidas, na ausência de hidrólise. Nesses íons, a excitação de um elétron t_{2g} para um orbital e_g leva a uma mudança de spin eletrônico (veja a Fig. 16.14b), e isso constitui um evento altamente improvável. Assim esses íons absorvem apenas uma fração muito pequena da luz incidente e parecem ser virtualmente incolores.

A geometria tetraédrica ocorre em alguns complexos de metais de transição como $[CoCl_4]^{2-}$, $[MnBr_4]^{2-}$ e $[FeCl_4]^-$; assim é interessante examinarmos como ficam os diagramas de energia dos orbitais d para essa estrutura. Na Fig. 16.15, pode ser visto que a colocação dos ligantes em vértices alternados de um cubo, tendo o íon metálico no centro, produz um complexo com geometria tetraédrica. Se os eixos de coordenadas forem colocados perpendiculares às faces do cubo, fica fácil ver que os orbitais d dividem-se em dois grupos. Os orbitais d_{z^2} e $d_{x^2-y^2}$ apontam diretamente para as faces do cubo, bem no meio do ângulo tetraédrico entre os ligantes. Os orbitais d_{xy}, d_{xz}, d_{yz} apresentam lóbulos que apontam diretamente para os vértices do cubo e estão mais próximos dos ligantes. Consequentemente um elétron em um desses três orbitais acaba sendo repelido com maior intensidade pelos elétrons dos ligantes, em relação ao que acontece com um elétron nos orbitais d_{z^2} e $d_{x^2-y^2}$. Como resultado, os orbitais d em um complexo tetraédrico são

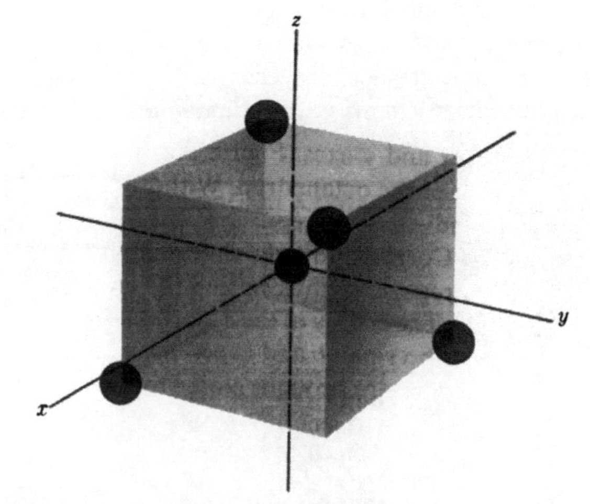

Fig. 16.15 Estrutura de um complexo tetraédrico e a sua relação com um cubo centrado no átomo nuclear.

desdobrados conforme a ilustração na Fig. 16.16, e a grandeza desse desdobramento, Δ_t, é geralmente menor do que o desdobramento que ocorre nos complexos octaédricos com os mesmos ligantes. Em virtude do parâmetro de desdobramento Δ_t ser pequeno, não tem sido constatado a existência de complexos tetraédricos do tipo spin-baixo. O ganho de energia obtido pela mudança de elétrons em orbitais d_{xy}, d_{xz}, d_{yz} para orbitais d_{z^2} e $d_{x^2-y^2}$ é sempre menor, em relação à energia associada à repulsão elétron-elétron.

O padrão característico de desdobramento energético dos orbitais de complexos planares quadrados pode ser inferido partindo-se de um complexo octaédrico com os dois orbitais e_g colocados acima dos três orbitais t_{2g}. Para isso, considere o efeito do afastamento gradual de dois ligantes localizados ao longo do eixo *z*, conjuntamente com a diminuição da distância metal-ligante nos eixos *x* e *y*. O resultado desse tipo de distorção tetragonal do octaédro está ilustrado na Figura 16.17. A retirada dos dois ligantes ao longo do eixo *z* diminui a repulsão elétron-ligante e abaixa a energia de um elétron no orbital d_{z^2}. Da mesma forma, o encurtamento da distância metal-ligante aumenta a repulsão elétron-ligante, causando um aumento na energia do orbital $d_{x^2-y^2}$, como está indicado na Figura 16.17. A energia do orbital d_{xy} também aumenta, visto que esse orbital tem maior densidade no plano *xy* e sofre maior repulsão dos ligantes no plano *xy*, à medida em que estes se aproximam do átomo metálico. Em contraste, os orbitais d_{xz} e d_{yz} tem suas energias diminuidas, visto que apontam para fora do plano *xy*. O complexo planar quadrado corresponde a uma situação limite de um complexo octaédrico distorcido tetragonalmente, onde os dois ligantes situados no eixo *z* foram removidos.

Um complexo planar quadrado, como está mostrado na Fig. 16.17, tem dois orbitais *d* de baixa energia, dois intermediários, e um ($d_{x^2-y^2}$) de alta energia. Em consequência, os complexos planares quadrados são formados preferencialmente com íons d^8 e d^9, visto que nestes, o orbital $d_{x^2-y^2}$ está vazio ou semi-ocupado, e os outros quatro orbitais *d* tem suas energias relativamente baixas. Os complexos de íons d^8, Pt(II), Pd(II), Au(III), Rh(I) e Ir(I) são geralmente quadrado planar, da mesma forma que a maioria dos complexos de Ni(II). Os complexos do íon Cu^{2+}, d^9, sempre apresentam distorção tetragonal. No caso do $[Cu(H_2O)_6]^{2+}$, o espectro eletrônico (Fig. 16.1) pode ser resolvido em duas transições, com energias de 150 e 110 kJ mol^{-1}. Um complexo octaédrico apresentaria apenas uma transição eletrônica com energia igual a Δ_o.

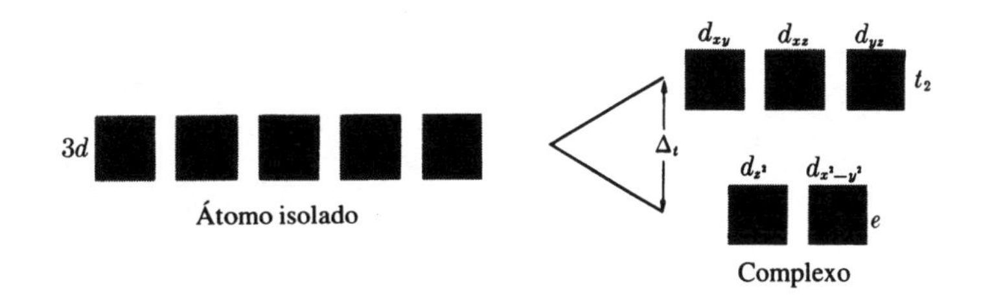

Fig. 16.16 Desdobramento das energias dos orbitais *d* por um campo ligante tetraédrico.

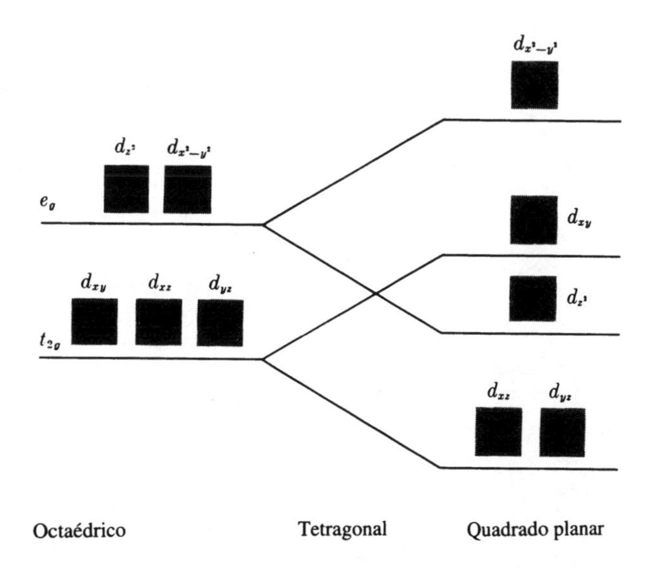

Fig. 16.17 Correlação entre as energias de orbitais *d* em complexos octaédrico, tetragonal e quadrado planar.

Teoria do Campo Ligante

Na teoria do campo cristalino os elétrons ficavam restritos ao íon central de metal de transição. Na teoria de campo ligante, o modelo do campo cristalino sofre um avanço com a construção de orbitais moleculares a partir da combinação dos orbitais do metal e do ligante. A metodologia é a mesma descrita nos Capítulos 11 e 12. Cada orbital molecular resulta de uma combinação linear entre os orbitais $3d$, $4s$ e $4p$ do íon de metal de transição com um orbital centrado em cada ligante.

A teoria do campo ligante considera em primeira aproximação que as ligações dos seis ligantes com o íon central são do tipo σ. Essa aproximação é razoável para Cl^-, H_2O e NH_3, mas não é satisfatória para CN^- e CO. Como simplificação, adotaremos um diagrama de orbitais moleculares σ, onde cada ligante contribui com um par de elétrons, em um orbital direcionado para o íon central. Um exemplo é o par de elétrons isolado do NH_3, ocupando um orbital híbrido sp^3 no nitrogênio. Outro exemplo é o par de elétrons do Cl^- localizado em um orbital 3p dirigido para o íon de metal de transição. Os seis orbitais moleculares que ligam os ligantes ao íon central são ocupados por seis pares de elétrons que estavam anteriormente nos ligantes.

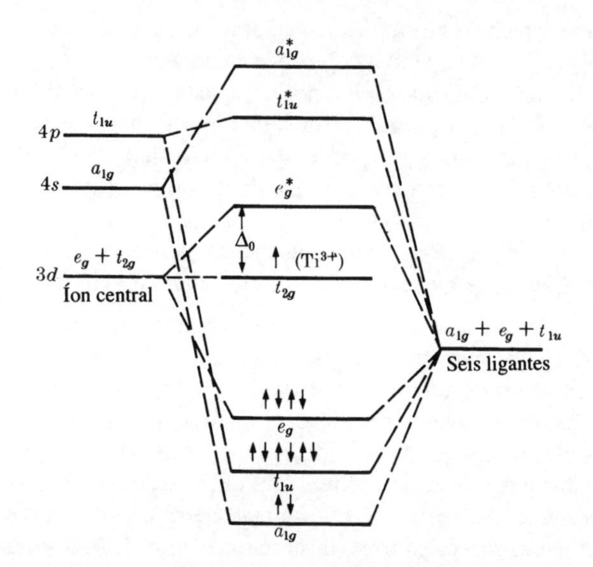

Fig. 16.18 Níveis de energia de campo ligante para coordenação octaédrica e ligações σ do íon $3d^1$ Ti^{3+}. Os elétrons fornecidos pelos ligantes preenchem os orbitais ligantes, enquanto os elétrons fornecidos pelo íon do metal de transição ficam nos orbitais $t2_{2g}$ e e_g*.

Na Figura 16.18 está mostrado um diagrama aproximado de orbitais moleculares para este caso. Os orbitais comportam apenas um par de elétrons, os orbitais e podem conter dois pares, e os orbitais t comportam três pares de elétrons. Os níveis marcados com um asterístico são anti-ligantes, e a escala vertical proporciona apenas uma medida qualitativa das diferenças de energia.

O orbital t_{2g}, como podemos ver na Fig. 16.18, é um orbital não-ligante localizado inteiramente no íon central. Se considerarmos apenas as ligações σ, o elétron do Ti^{3+} ($3d^1$) ficará neste orbital. O resultado é idêntico ao produzido pela teoria do campo cristalino. Contudo, o orbital e_g difere em ambos as teorias. Na teoria do campo cristalino, o orbital e_g, assim como o t_{2g}, é de natureza atômica, localizado no íon metálico. Na teoria do campo ligante, o orbital correspondente, e_g^* constitui uma combinação linear de seis orbitais dos ligantes com o orbital e_g do íon central. O valor de Δ_o mostrado na Fig. 16.18 representa o grau de caráter anti-ligante no orbital e_g^* que resulta da interação com os ligantes. Ligantes que interagem fortemente com o metal tem níveis ligantes mais estabilizados e ao mesmo tempo produzem maior valor de Δ_o. Apesar de ser um parâmetro fundamental em ambas as teorias, o valor de Δ_o para qualquer complexo não é tão simples de ser calculado, e normalmente é tratado como um parâmetro empírico.

Espectros de Transferência de Carga. A intensidade do espectro do $[Cu(H_2O)_6]^{2+}$ mostrado na Figura 16.1 não é muito grande. O valor da absortividade molar ε no ponto de máximo é cerca de 13 $M^{-1} cm^{-1}$. Muitos espectros nas regiões do visível e do ultravioleta apresentam absortividades molares de 10^4 $M^{-1} cm^{-1}$. A explicação do fato da absortividade do $[Cu(H_2O)_6]^{2+}$ ser tão baixa é que ela provém de uma transição eletrônica de um orbital $3d$ para outro orbital $3d$. A intensidade do espectro é maior quando a transição se passa entre orbitais s e p, ou entre orbitais p e d. Transições eletrônicas entre orbitais de mesmo número quântico l no mesmo átomo apresentam baixa intensidade, de acordo com a mecânica quântica.

Muitos ligantes, especialmente quelantes, apresentam orbitais π deslocalizados. Existem também ligantes simples com alta densidade eletrônica, como o I^- e o SCN^-. Ambos os tipos de ligantes formam complexos bastante coloridos. Nesses complexos existem níveis de energia que podem absorver luz e deslocar um elétron do ligante para um orbital vazio t_{2g} ou e_g do metal. Esse evento que dá origem ao espectro de transferência de carga L→M representa um deslocamento de carga de um sítio para outro e pode resultar num valor mais alto de ε. O íon MnO_4^- praticamente não apresenta elétrons $3d$, visto que o íon metálico é Mn^{7+}, porém é fortemente colorido. Esse fato resulta de uma transferência de um elétron do O^{2-} para um orbital $3d$ no íon de Mn. Existem também complexos em que o espectro representa uma transferência de um elétron t_{2g} ou e_g para um orbital vazio no ligante (M → L). Esses espectros são típicos de íons metálicos no estado reduzido, M^{2+}, que podem ser oxidados a M^{3+} por meio da transferência de carga.

Na Figura 16.19 está ilustrado um espectro de transferência de carga para um complexo octaédrico em que o Fe^{2+} encontra-se ligado a seis átomos de nitrogênio. Esses átomos formam pares que integram um sistema de orbitais moleculares com ligações deslocalizadas. O espectro intenso (ε = 13.000 $M^{-1} cm^{-1}$) resulta da transferência de um elétron do íon de Fe^{2+} spin-baixo, t_{2g}^6, para um orbital π^* vazio localizado no ligante fenantrolina. Quando o Fe^{2+} é oxidado a Fe^{3+} o espectro na região do visível apresenta uma absorção muito menos intensa. Em virtude da grande variação espectral provocada pela oxidação, as soluções do complexo tris(1,10-fenantrolina)ferro(II) têm sido usadas como indicadores de titulações de oxi-redução.

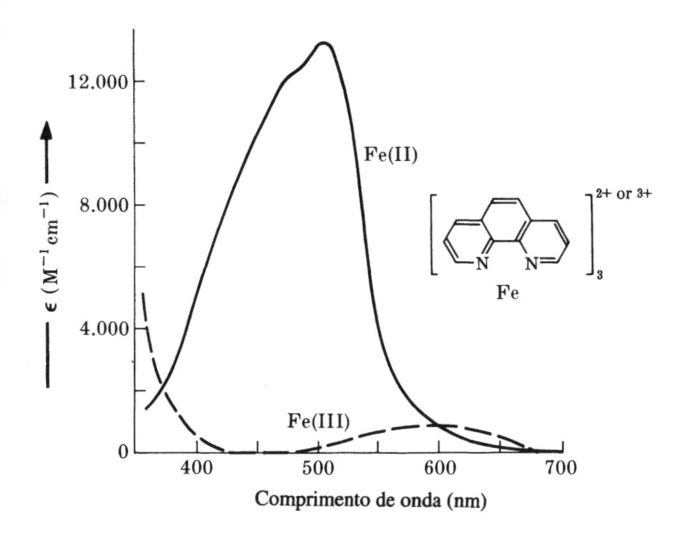

Fig. 16.19 Espectro de absorção na faixa do visível de íons complexos *tris*(1,10-fenantrolina)ferro. O complexo de Fe(II) apresenta uma cor vermelha intensa que resulta das transições de transferência de carga M → L. O complexo de Fe(III), preparado por oxidação com Ce^{4+}, é azul claro.

Complexos Carbonílicos de Metais de Transição

Os metalocarbonilos são compostos de elementos metálicos com monóxido de carbono. Constituem substâncias interessantes, em que o átomo metálico pode apresentar um número de oxidação formal igual a zero. O complexo tetracarbonilníquel(O) forma-se com facilidade por meio da reação de níquel metálico com monóxido de carbono, na temperatura ambiente:

$$Ni(s) + 4CO(g) \rightarrow Ni(CO)_4(g).$$

O complexo pentacarbonilferro(0) também pode ser obtido dessa maneira, porém a 200 °C e pressão de 100 atm de CO:

$$Fe(s) + 5CO(g) \rightarrow Fe(CO)_5(g).$$

Em alguns casos, um composto carbonílico pode ser utilizado para se obter outro:

$$WCl_6 + 3Fe(CO)_5 \rightarrow W(CO)_6 + 3FeCl_2 + 9CO.$$

O método usado com maior frequência parte de um haleto metálico, CO e um agente redutor:

$$VCl_3 + 6CO + Na_{(excesso)} \longrightarrow$$

$$Na[V(CO)_6]^- \xrightarrow{H_3PO_4} V(CO)_6$$

Os metalocarbonilos que contém um átomo metálico ligado a várias moléculas de CO são geralmente líquidos bastante voláteis à temperatura ambiente.

Na Figura 16.20 estão apresentadas as estruturas de alguns metalocarbonilos. A descrição mais simples da ligação e estrutura dos carbonilos de metais da primeira série de transição é que o átomo metálico recebe um par de elétrons de cada molécula de CO até preencher completamente os orbitais 3*d*, 4*s* e 4*p*. Assim, no $Ni(CO)_4$ existem 10 elétrons provenientes do Ni e 8 do CO, somando 18 elétrons de valência, isto é, completando a camada de valência como no Kr. Da mesma forma, $[Fe(CO)_5]$ e $[Cr(CO)_6]$ também apresentam 18 elétrons na camada de valência. No $[Mn_2(CO)_{10}]$ cada átomo de Mn está ligado a cinco moléculas de CO localizados nos vértices do octaedro, e duas unidades $Mn(CO)_5$ estão unidas por meio de um par de elétrons entre os átomos de manganês. Assim, ao redor de cada átomo de Mn existem 10 elétrons das moléculas de CO, mais sete do átomo metálico e mais um que vem do outro átomo de Mn, dando um total de 18 elétrons. No $[Co_2(CO)_8]$ existe uma ligação Co-Co, além de duas ligações tricêntricas com CO, em que cada molécula se liga a dois átomos de cobalto por meio de um par eletrônico. Assim, ao redor de cada átomo de Co existem 6 elétrons provenientes das moléculas de CO com as quais está ligada diretamente, 9 do próprio elemento, 1 do átomo vizinho, mais um de cada molécula de CO em ligação de ponte, dando um total de 18 elétrons.

Nos metalocarbonilos, as moléculas de monóxido de carbono que estão ligadas apenas a um metal estão orientadas tal que a estrutura M-Co seja linear ou quase. Isso é consistente com o

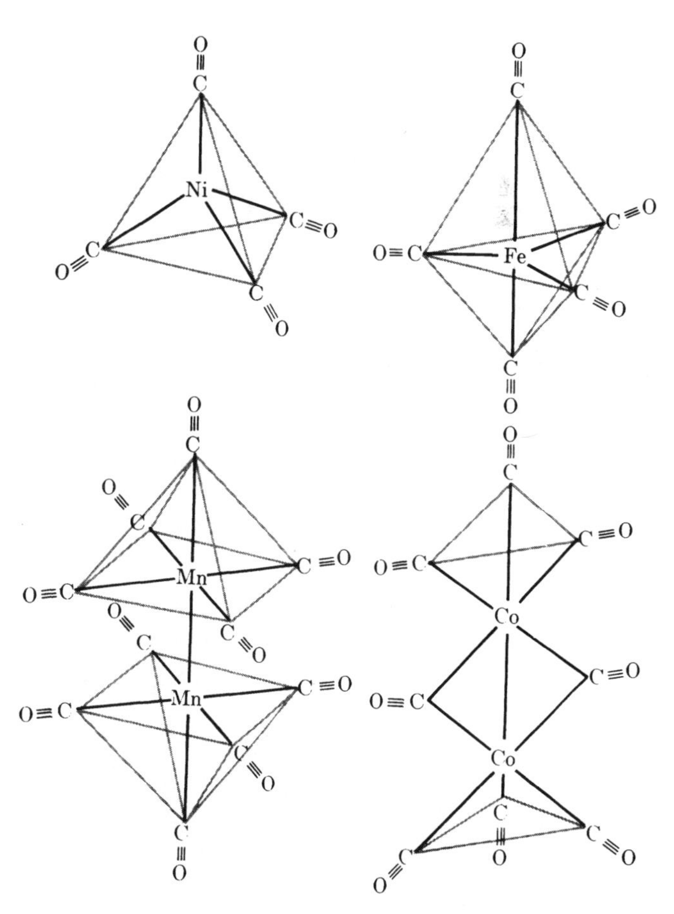

Fig. 16.20 Estruturas de alguns carbonilos de metais de transição.

modelo de uma ligação σ metal-carbono formado pela doação de um par de elétrons (inicialmente não-ligante) do CO para o átomo metálico. Contudo, a estabilidade dos carbonilometálicos e suas propriedades espectrais sugerem que existem algo mais além da ligação σ M-C. Na realidade, ligações adicionais podem ocorrer, como indicado na Figura 16.21. Um dos orbitais t_{2g} do átomo metálico, geralmente não ligante, interage com os orbitais π^* anti-ligantes do CO de tal maneira que se forma uma ligação π entre o carbono e o átomo metálico. Se os orbitais t_{2g} do metal estão ocupados, ocorre um fortalecimento da interação metal-ligante por meio do que se convencionou chamar de retro-doação. A presença de elétrons no orbital anti-ligante do CO acaba enfraquecendo a ligação interna da molécula, como mostram as evidências espectroscópicas. Outros ligantes além do CO podem estar envolvidos em ligações π com os orbitais do metal. É o caso do CN^-, que forma complexos bastante estáveis com metais de transição.

Compostos Organometálicos

Compostos que combinam metais de transição com moléculas orgânicas são conhecidos desde 1830. Apenas a partir das últimas décadas, contudo, tem sido possível compreender a natureza dessas substâncias. O interesse nos compostos organometálicos tem crescido bastante, pelo fato de constituirem catalisadores de grande valor, ou intermediários importantes em sínteses.

Uma das primeiras substâncias organometálicas sintetizadas foi o $[PtCl_3C_2H_4]^-$. Sua formação ocorre pela troca de um dos cloretos do complexo tetracloroplatinato(II) com o etileno, C_2H_4:

$$PtCl_4^{2-} + C_2H_4 \rightarrow [PtCl_3C_2H_4]^- + Cl^-.$$

A estrutura desse ânion está mostrada na Figura 16.22. A molécula do etileno tem seu eixo perpendicular ao plano do grupo $PtCl_3$, e ocupa uma das posições de coordenação planar quadrada na platina.

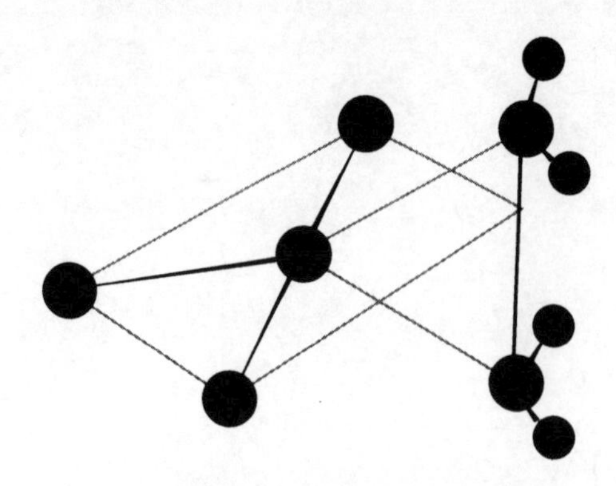

Fig. 16.22 Estrutura do ânion $[PtCl_3C_2H_4]^-$.

A ligação neste e outros complexos de metais de transição com olefinas tem semelhanças com as ligações nos metalocarbonilos. O esquema básico da formação dessa ligação está ilustrado na Figura 16.23. A molécula de etileno tem dois elétrons em um orbital π que podem ser doados para o átomo metálico. O recobrimento favorável do lóbulo com sinal positivo do orbital π do etileno com o lóbulo positivo do orbital metálico híbrido dsp^2 dá origem a um orbital molecular metal-ligante. Além disso, pode haver uma interação construtiva entre o orbital π^* anti-ligante do etileno e um dos orbitais d, como o d_{xz}, que aponta para fora do plano de cordenação. Qualquer elétron nesse orbital pode contribuir para a ligação metal-ligante e estabilizar o complexo.

Entre os compostos organometálicos mais estáveis estão os que apresentam o ânion ciclopentadieno, $C_5H_5^-$, cuja estrutura é constituída por um pentágono regular com grupos CH em cada vértice. O ânion ciclopentadieno apresenta seis elétrons em um sistema de orbitais π deslocalizados, análogo ao do benzeno. Esses seis elétrons podem ser compartilhados com um íon de metal de transição, para formar ligações metal-ligante estáveis.

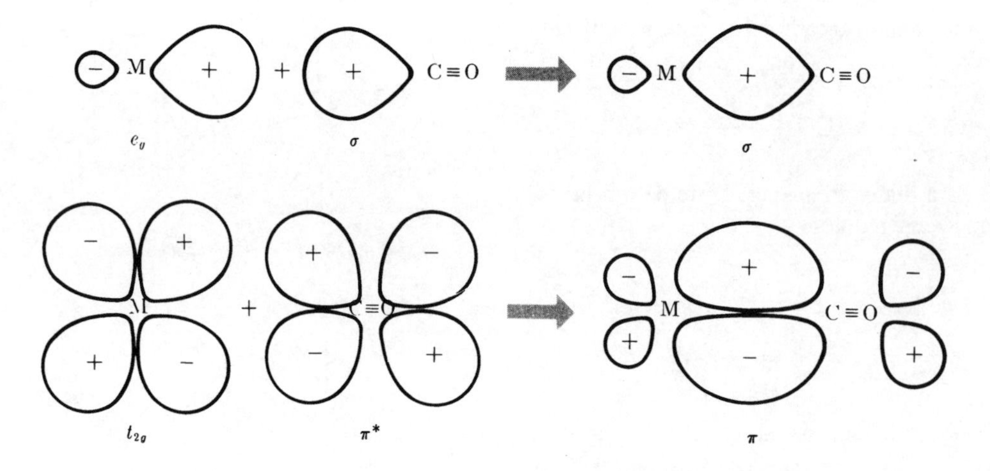

Fig. 16.21 Formação de ligações σ e π entre um átomo de metal de transição e monóxido de carbono.

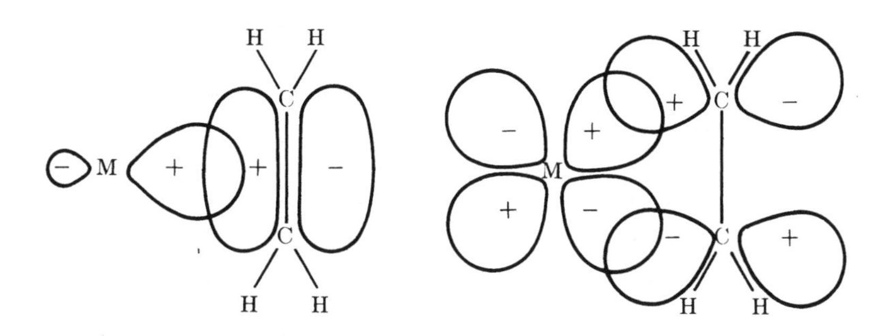

Fig. 16.23 Formação de ligações σ e π entre um átomo de metal e etileno.

O primeiro composto desse tipo a ser desvendado foi o ferroceno, bis(π-ciclopentadienilo)ferro(II). Essa molécula, como está mostrado na Figura 16.24, lembra um sanduíche, com o íon metálico entre dois anéis ciclopentadienos. Os anéis estão paralelos, porém defasados, de tal forma que as pontas dos pentágonos não se superpõem. Entretanto, é preciso pouca energia para levá-los para uma configuração de eclipse, e em muitos compostos esse arranjo pode ser o mais estável.

É interessante notar que no ferroceno o átomo metálico está envolvido por 18 elétrons de valência, sendo 6 do Fe^{2+} e 12 doados pelos dois ânions ciclopentadienos. O íon $[(C_5H_5)_2Co^+]$ é isoeletrônico com ferroceno e tem uma estrutura do tipo sanduíche bastante estável, com o Co^{3+} entre dois ânions ciclopentadienos. O bis(benzeno)crômio, $[(C_6H_6)_2Cr]$ tem um átomo de crômio entre dois anéis benzênicos e também possui 18 elétrons no átomo central, sendo menos estável que o ferroceno.

Uma das razões do grande interesse dos químicos pelos compostos organometálicos é a importância desses compostos como catalisadores. Por exemplo, um complexo de ródio(I) pode levar à adição de hidrogênio à moléculas orgânicas insaturadas por meio de um mecanismo em que se forma uma ligação organometálica. Esse catalisador é o $[RhCl(PPh_3)_3]$, onde PPh_3 refere-se ao ligante trifenilfosfina (Ph = phenyl, em inglês) com um átomo de fósforo ligado a três grupos fenilas, C_6H_5. O mecanismo de catálise é o seguinte. O hidrogênio molecular se adiciona ao complexo, e os átomos separados ocupam dois pontos de coordenação no Rh:

$$RhCl(PPh)_3 + H_2 \rightarrow RhCl(PPh)_2(H)(H) + PPh_3.$$

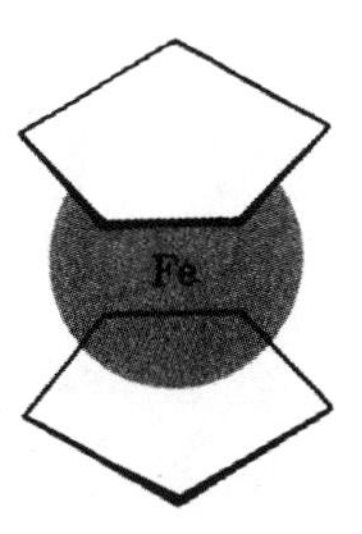

Fig. 16.24 Estrutura em saduíche do ferroceno, $(C_5H_5)_2Fe$.

Uma molécula da olefina a ser hidrogenada (por exemplo, etileno) se liga à sexta posição de coordenação:

$$RhCl(PPh)_2(H)(H) + C_2H_4 \rightarrow RhCl(PPh)_2(H)(H)(C_2H_4).$$

Os átomos de hidrogênio migram para a molécula de etileno, que se liberta sob a forma de etano, C_2H_6:

$$RhCl(PPh)_2(H)(H)(C_2H_4) \rightarrow RhCl(PPh)_2 + C_2H_6.$$

O complexo de ródio pode então assimilar outra molécula de hidrogênio e reiniciar novo ciclo catalítico.

Os compostos de metais de transição são catalisadores importantes de reações de polimerização. O tricloreto de titânio sólido é utilizado na produção de polietileno e polipropileno de alta qualidade. O processo é iniciado por uma reação que produz um grupo etila (C_2H_5) ligado a um átomo de titânio na superfície do catalisador. Podemos representar essa espécie como $Ti(C_2H_5)L_4$, onde L representa os ligantes presentes. Um dos sítios de coordenação encontra-se vago, possibilitando a coordenação de uma molécula de etileno:

$$Ti(C_2H_5)L_4 + C_2H_4 \rightarrow Ti(C_2H_5)L_4(C_2H_4).$$

Isso facilita a adição do grupo C_2H_5 ao C_2H_4, e o resultado é um sítio de coordenação vago e a formação de uma cadeia carbônica longa ligada ao titânio:

$$Ti(C_2H_5)L_4(C_2H_4) \rightarrow Ti(C_4H_9)L_4.$$

O átomo metálico fica assim apto a receber outra molécula de etileno e continuar o processo de construção da cadeia carbônica.

16.4 Os Lantanídios

O lantânio apresenta apenas o estado de oxidação 3+ e forma um óxido básico, pouco solúvel. O potencial de redução é bastante negativo:

$$La^{3+} + 3e^- \rightleftharpoons La \qquad \mathscr{E}^\circ = -2{,}36\ V.$$

Os 14 elementos que se seguem ao lantânio na tabela periódica também apresentam estado de oxidação 3+, e nesse sentido, são parecidos com os membros do grupo IIIB. Os elementos lantanídios estão relacionados na Tabela 16.5, junto com seus estados de oxidação e configurações eletrônicas. As configurações e a ocorrência de outros estados de oxidação além do 3+ para alguns dos elementos sugerem que existe alguma estabilidade extra quando o conjunto de orbitais 4*f* encontra-se semi-completo ou totalmente completo.

Os valores dos potenciais padrão de redução para os íons de lantanídios 3+, relacionados na Tabela 16.5, demonstram a grande semelhança química desses elementos. Devido à essa semelhança, é difícil efetuar a separação dos elementos, e muitos dos trabalhos primordiais na química dos lantanídios foram feitos usando-se misturas. Elementos lantanídios com alta pureza só foram isolados a partir de 1940, com o auxílio de técnicas de troca-iônica. Atualmente, as propriedades dos elementos, puros, e seus compostos são bem conhecidas.

As medidas magnéticas para os íons lantanídios, na forma de hidratos e outros complexos, revelam a ocorrência de desdobramentos de campo cristalino bem menores que os dos íons de metais de transição. Isso se deve ao fato dos orbitais 4*f* serem internos, estando protegidos das interações fortes com os ligantes pelos elétrons dos níveis 5*s* e 5*p* totalmente preenchidos, e que se encontram mais afastados do núcleo que os elétrons 4*f*. Em virtude dessa pequena interação com os ligantes, os elétrons 4*f* nos complexos de íons lantanídios tem muitas das características apresentadas quando pelos íons livres, na forma gasosa. Nas Figuras 16.1 e 16.19, a absorção de luz por complexos de metais de transição dá origem a bandas de absorção bastante largas. As larguras das bandas espectrais são determinadas, em grande parte, pelas interações fortes provocadas pelas vibrações dos ligantes. Nos complexos de lantanídios as bandas de absorção podem ser bastante finas, inferior a 1 nm, devido à fraca interação dos elétrons 4*f* com os ligantes.

Os íons lantanídios tem capacidade de formar complexos estáveis, de natureza intermediária entre os íons de camada fechada, como o Ca^{2+} e os íons da primeira série de transição. Assim como o Ca^{2+}, os íons lantanídios podem sofrer complexação com quelantes do tipo EDTA, e recentemente, compostos do tipo sanduíche tem sido preparados. A visão antiga de que os lantanídios são pouco interessantes do ponto de vista químico já não pode ser aceita.

16.5 Química dos Metais de Transição

Nesta seção daremos destaque à química de alguns metais de transição selecionados. Em geral, discutiremos apenas os metais da primeira série de transição, apesar da quantidade crescente de informações existente sobre os elementos da segunda e terceiras séries, e da importância dos mesmos em catálise.

Titânio

A obtenção de titânio puro é difícil, pois o elemento reage facilmente com oxigênio, nitrogênio e carbono em temperaturas elevadas. A preparação comercial de titânio começa pela conversão do dióxido de titânio, TiO_2, a tetracloreto de titânio, $TiCl_4$. Este último é um composto volátil que pode ser purificado por destilação e então reduzido com magnésio metálico. O processo pode ser representado por

$$TiO_2 \xrightarrow{Cl_2,\ C} TiCl_4 \xrightarrow{Mg} Ti.$$

TABELA 16.5 ALGUMAS PROPRIEDADES DOS LANTANÍDIOS

		Configuração Eletrônica de Valência				$\mathscr{E}^0$ (V),
Nome	**Símbolo**	**M**	**M^{2+}**	**M^{3+}**	**M^{4+}**	**(M^{3+} + 3e⁻ ⇔ M)**
Lantânio	La	$5d6s^2$	-	[Xe]	-	-2,36
Cério	Ce	$4f5d6s^2$	-	$4f$	[Xe]	-2,32
Praseodímio	Pr	$4f^36s^2$	-	$4f^2$	$4f$	-2,35
Neodímio	Nd	$4f^46s^2$	$4f^4$	$4f^3$	$4f^2$	-2,32
Promécio	Pm	$4f^56s^2$	-	$4f^4$	-	(-2,29)
Samário	Sm	$4f^66s^2$	$4f^6$	$4f^5$	-	-2,30
Európio	Eu	$4f^76s^2$	$4f^7$	$4f^6$	-	-1,99
Gadolínio	Gd	$4f^75d6s^2$	-	$4f^7$	-	-2,28
Térbio	Tb	$4f^96s^2$	-	$4f^8$	$4f^7$	-2,25
Disprósio	Dy	$4f^{10}6s^2$	-	$4f^9$	$4f^8$	-2,30
Hólmio	Ho	$4f^{11}6s^2$	-	$4f^{10}$	-	-2,33
Érbio	Er	$4f^{12}6s^2$	-	$4f^{11}$	-	-2,31
Túlio	Tm	$4f^{13}6s^2$	$4f^{13}$	$4f^{12}$	-	-2,29
Itérbio	Yb	$4f^{14}6s^2$	$4f^{14}$	$4f^{13}$	-	-2,22
Lutécio	Lu	$4f^{14}5d6s^2$	-	$4f^{14}$	-	-2,17

Dos três estados de oxidação conhecidos para o titânio, +2, +3 e +4, o último é o mais comum e estável sob muitas condições. Compostos de titânio no estado de oxidação +2 podem ser preparados pela redução do estado +4:

$$TiO_2 + Ti \rightarrow 2TiO,$$
$$TiCl_4 + Ti \rightarrow 2TiCl_2.$$

O óxido TiO assemelha-se aos óxidos dos metais do grupo IIA, sendo básico, iônico, e apresentando uma estrutura cristalina do tipo NaCl. Contudo, da mesma forma que outros metais de transição, constitui um composto não estequiométrico, cuja composição é aproximadamente $TiO_{0,75}$. O titânio no estado de oxidação 2+ é um agente redutor bastante forte. Tanto o TiO como o $TiCl_2$ reduzem a água até hidrogênio. Visto que o Ti^{2+} decompõe a água, sua química em solução aquosa permanece desconhecida.

O íon titanoso, Ti^{3+} constitui uma espécie violeta. Embora seja estável em solução aquosa, é um agente redutor forte e reage rápido e quantitativamente com agentes oxidantes como o Fe^{3+} e MnO_4^-, e com o O_2 do ar. O óxido Ti_2O_3 pode ser preparado pela redução do TiO_2 com hidrogênio em temperaturas elevadas.

$$2TiO_2 + H_2 \xrightarrow{\text{calor}} Ti_2O_3 + H_2O.$$

O Ti_2O_3 é básico, estável com respeito à decomposição nos elementos e bastante insolúvel em água.

Dentre os compostos de Ti^{4+} o melhor conhecido é o TiO_2. Esse óxido forma um pó branco, insolúvel, usado como pigmento em tintas. Por apresentar um alto índice de refração, os cristais de TiO_2 são mais brilhantes que o diamante, porém são de baixa dureza e não se prestam para fabricação de jóias. Na Figura 16.25 está mostrada a estrutura do **rutilo**, que é a forma mais comum do TiO_2. Embora o TiO_2 seja insolúvel em água pura, é levemente solúvel em bases fortes para formar o íon titanato, cuja fórmula provável é $[TiO_2(OH)_2]^{2-}$.

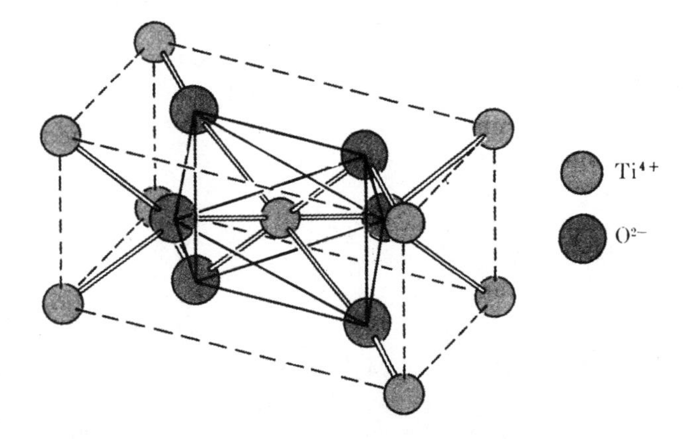

Fig. 16.25 Retículo cristalino do rutilo (TiO_2). Observar que cada Ti^{4+} está rodeado por um octaedro de O^{2-}. (De W. W. Porterfield, *Inorganic Chemistry*. Reading, Mass.: Addison-Wesley, 1984.)

Quando tratado com ácidos fortes, o TiO_2 dissolve-se com formação de espécies do tipo TiO^{2+} e $Ti(OH)_2^{2+}$. As estruturas desses íons não são conhecidas. Em qualquer caso, está claro que o TiO_2 tem tanto propriedades ácidas como básicas, e que o íon simples de Ti^{4+} não existe em solução aquosa.

Todos os tetraaletos de titânio tem sido preparados. Uma comparação entre $TiCl_4$, $TiCl_3$ e $TiCl_2$ é interessante pois ilustra uma correlação útil entre os estados de oxidação e as propriedades físicas. O $TiCl_2$ e o $TiCl_3$ formam cristais iônicos cuja pressão de vapor chega a 1 atm somente quanto a temperatura se aproxima de 1000 °C. Por outro lado, o $TiCl_4$ é um líquido à temperatura ambiente e ferve a 137 °C. Para explicar o grande aumento na volatilidade dos haletos à medida que o número de oxidação do titânio aumenta de 3 para 4, tem sido sugerido que as ligações no $TiCl_4$ são covalentes. Quando os quatro íons cloretos se ligam ao Ti^{4+} deve ocorrer forte polarização dos mesmos, levando-os a compartilhar seus elétrons com o átomo central.

Quanto o Ti, TiF_4 ou TiO_2 são tratados com HF aquoso, forma-se o ânion TiF_6^{2-}, bastante estável. Entretanto, o $TiCl_6^{2-}$ é pouco estável; embora possa se formar na reação do $TiCl_4$ com KCl, é facilmente hidrolisado em solução aquosa gerando óxi-compostos.

Vanádio

O vanádio é usado principalmente como agente formador de ligas, como o aço, contribuindo para aumentar a ductibilidade e a resistência à tensão. Felizmente essa aplicação não requer que o vanádio esteja muito puro, o que seria muito difícil, em virtude de sua alta reatividade em temperaturas elevadas, com carbono, nitrogênio e oxigênio. Em pequenas quantidades, o vanádio de alta pureza pode ser preparado fazendo a decomposição do VI_4 sobre um filamento aquecido.

O composto mais importante do vanádio é o pentóxido, V_2O_5. Esse sólido vermelho pode ser preparado pela combinação direta dos elementos em temperaturas elevadas, e é usado comercialmente como catalisador no processo de contato para fabricação do ácido sulfúrico. O pentóxido de vanádio é anfótero. Dissolve-se em ácidos para formar o íon dioxovanádio(V), VO_2^+:

$$V_2O_5 + 2H^+(aq) \rightleftharpoons 2VO_2^+(aq) + H_2O.$$

Existe a tendência das espécies com vanádio de polimerizar em solução moderadamente ácida, de acordo com a reação

$$10VO_2^+ + 8H_2O \rightleftharpoons [H_2V_{10}O_{28}]^{4-} + 14H^+.$$

Quando tratado com base forte, V_2O_5 dissolve-se formando vanadato, VO_4^{3-}, que também tem tendência a polimerizar:

$$2VO_4^{3-} + 3H^+ \rightleftharpoons HV_2O_7^{3-} + H_2O,$$
$$HV_2O_7^{3-} + VO_4^{3-} + 3H^+ \rightleftharpoons V_3O_9^{3-} + 2H_2O,$$

e assim por diante. Assim, a química em solução aquosa do vanádio(V) envolve algumas espécies bastante complexas. A estrutura do $V_{10}O_{28}^{6-}$ está mostrada na Figura 16.26.

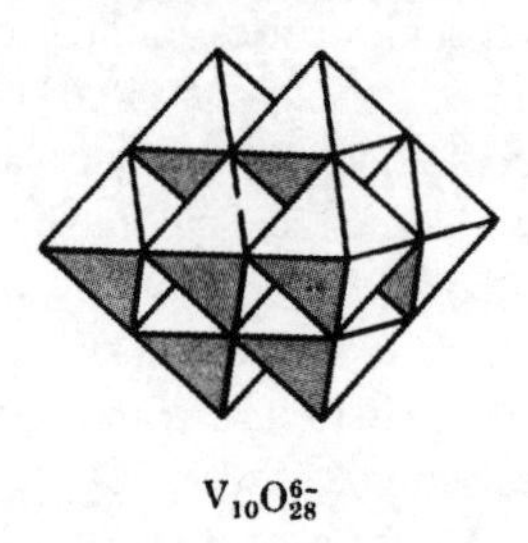

Fig. 16.26 Estrutura do $V_{10}O_{28}^{6-}$. (De W. W. Porterfield, *Inorganic Chemistry*. Reading, Mass.: Addison-Wesley, 1984.)

Se uma solução ácida de vanádio(V) for tratada com um agente redutor como o zinco metálico ou íons ferrosos, resulta uma solução azulada de oxovanádio(IV) ou VO^{2+}. O íon vanadilo ocorre como uma unidade discreta em sais como $VOSO_4$ e $VOCl_2$. Da mesma forma que o titânio(IV), o vanádio(IV) é anfótero. Se uma solução de VO^{2+} for tratada com bases fortes, precipita o VO_2, porém prosseguindo o tratamento, ocorre dissolução, com formação de VO_4^{4-}, e espécies poliméricas. Outro ponto de semelhança entre titânio(IV) e vanádio(IV) é que o VCl_4 como o $TiCl_4$, é um líquido de baixo ponto de ebulição (154°C). Isso ilustra novamente a tendência dos haletos de existirem como moléculas pequenas, discretas, quando o número de oxidação do metal for alto e o tamanho do átomo metálico for pequeno.

Uma solução aquosa de vanádio(III), V^{3+}, pode ser preparada pela redução do VO^{2+} com zinco. A medida em que a redução prossegue, a cor da solução muda de azul, do íon vanadilo, para a coloração verde do V^{3+}. No estado +3 o vanádio apresenta natureza básica, e o tratamento de V^{3+} com bases leva à precipitação do V_2O_3. Os sais de V^{3+} são todos compostos iônicos.

A redução exaustiva de soluções aquosas de vanádio em qualquer estado de oxidação conduz a uma solução violeta de V^{2+}. Esse íon é um agente redutor moderadamente forte e eficiente. O óxido VO é básico e insolúvel, apresentando composição não-estequiométrica. Nesse sentido, o vanádio(II) assemelha-se ao titânio(II).

O diagrama seguinte de potenciais de redução proporciona um resumo da química do vanádio em soluções aquosas ácidas:

$$VO_2^{+} \xrightarrow{1{,}46} VO^{2+} \xrightarrow{0{,}36} V^{3+} \xrightarrow{-0{,}25} V^{2+} \xrightarrow{-1{,}2} V.$$

Podemos ver pelos potenciais de redução que o vanádio(V) e o vanádio(IV) são facilmente reduzidos, que o V^{2+} é um redutor moderadamente forte e que o vanádio metálico é um agente redutor forte.

O único haleto conhecido de vanádio(V) é o VF_5, que constitui um líquido viscoso de ponto de ebulição igual a 48°C. Tanto o VF_4 como o VCl_4 são substâncias voláteis que podem ser reduzidos facilmente aos haletos de menor número de oxidação. O VCl_4 assemelha-se ao $TiCl_4$ em suas propriedades físicas, e em sua reação rápida com água para formar o óxido e o óxicloreto de vanádio, $VOCl_2$. Todos os trialetos de vanádio formam sólidos intensamente coloridos que podem ser decompostos em temperaturas moderadas (300-500°C) até os dialetos. Os últimos constituem sólidos iônicos relativamente estáveis.

Crômio

O estado de oxidação mais estável do crômio na maioria das circunstâncias é o +3. Os compostos de crômio(II) são agentes redutores, e os de crômio(VI) são fortes agentes oxidantes. As propriedades ácido-base associadas com esses estados de oxidação variam da forma esperada; com a acidez crescendo com o aumento do número de oxidação do crômio. O CrO e o $Cr(OH)_2$ são básicos, o Cr_2O_3 é anfótero, e o CrO_3 é ácido.

A preparação do crômio a partir do minério permite ilustrar alguns aspectos importantes de sua química. O principal minério de crômio é o óxido misto, $FeO.Cr_2O_3$, denominado cromita. A redução direta da cromita com carvão produz uma mistura de ferro e crômio usada na fabricação do aço:

$$FeO \cdot Cr_2O_3 + 4C \rightarrow 2Cr + Fe + 4CO.$$

Na obtenção do crômio puro, a cromita é primeiramente oxidada pelo ar, em condições alcalinas, a altas temperaturas:

$$FeO \cdot Cr_2O_3 \xrightarrow[\text{ar}]{K_2CO_3} K_2CrO_4 + Fe_2O_3.$$

O cromato de potássio, K_2CrO_4, é bastante solúvel em água, ao contrário do Fe_2O_3, e dessa forma a separação pode ser efetuada pela adição de água. O cromato é reduzido a Cr_2O_3 com carvão:

$$2K_2CrO_4 + 2C \rightarrow K_2CO_3 + K_2O + CO + Cr_2O_3.$$

Finalmente, o Cr_2O_3 é reduzido com alumínio, no processo de aluminotermia, já discutido no Capítulo 14.

$$Cr_2O_3 + 2Al \rightarrow Al_2O_3 + 2Cr.$$

Sob o ponto de vista termodinâmico o crômio metálico é um bom agente redutor; quando finamente dividido, reage rapidamente e completamente com oxigênio. No estado maciço, contudo, o crômio fica protegido por uma camada fina, transparente, de Cr_2O_3, e é extremamente resistente à corrosão. Consequentemente, o crômio é usado em revestimento decorativo e protetor sobre outros metais, e quando incorporados em ligas, como os aços inoxidáveis, proporcionam maior resistência à corrosão.

As soluções aquosas de crômio(III) podem ser obtidas pela dissolução do Cr_2O_3 em ácidos ou bases:

$$Cr_2O_3 + 6H^+ \rightarrow 2Cr^{3+}(aq) + 3H_2O,$$
$$Cr_2O_3 + 2OH^- + 3H_2O \rightarrow 2Cr(OH)_4^-.$$

O íon de Cr^{3+} em solução aquosa consiste de um íon central cercado por seis moléculas de água, localizados nos vértices de um octaédro regular (Fig. 16.27). Esse íon é hidrolisável, isto é, comporta-se como um ácido fraco:

$$Cr(H_2O)_6^{3+} \rightleftharpoons [Cr(H_2O)_5(OH)]^{2+} + H^+$$

$$K = 1{,}2 \times 10^{-4}.$$

É interessante comparar o Cr^{3+} com outros íons M^{3+} de transição, Ti^{3+}, V^{3+}, Mn^{3+}, Fe^{3+} e Co^{3+}. Os dois primeiros são agentes redutores enquanto os três últimos são agentes oxidantes. O crômio(III) tem comportamento intermediário, visto que não é redutor ou oxidante forte.

A característica, talvez a mais notável, do crômio(III) é sua tendência de formar complexos estáveis com um número enorme de espécies doadoras de elétrons. Os outros íons bi ou tripositivos de metais de transição também apresentam essa propriedade, porém os complexos de crômio(III) são particularmente estáveis, uma vez formados, e dessa forma tem sido extensamente estudados. Alguns exemplos são o hexaaquacomplexo, $[Cr(H_2O)_6]^{3+}$, o hexaamincomplexo, $[Cr(NH_3)_6]^{3+}$ e o complexo aniônico, $[CrF_6]^{3-}$ Figura 16.27

O crômio(III) em soluções alcalinas é facilmente oxidado, em conformidade com seu potencial padrão:

$$CrO_4^{2-} + 4H_2O + 3e^- \rightleftharpoons Cr(OH)_3 + 5OH^-$$

$$\mathscr{E}^\circ = -0{,}13\ V.$$

As soluções de cromato, CrO_4^{2-}, são amarelo brilhantes, e quando acidificados convertem-se em soluções alaranjadas, de dicromato, $Cr_2O_7^{2-}$. Essa mudança ocorre em duas etapas. A primeira é:

$$H^+ + CrO_4^{2-} \rightleftharpoons HCrO_4^- \qquad K = 3{,}2 \times 10^6.$$

Em virtude dessa constante ser da ordem de 10^7, a mudança de CrO_4^{2-} a $HCrO_4^-$ ocorre próximo da neutralidade (pH = 7). O íon cromato protonado polimeriza quando sua concentração for próxima de 0,1 *M*:

$$2HCrO_4^- \rightleftharpoons Cr_2O_7^{2-} + H_2O \qquad K = 34.$$

Essas duas etapas são normalmente escritas como um único equilíbrio,

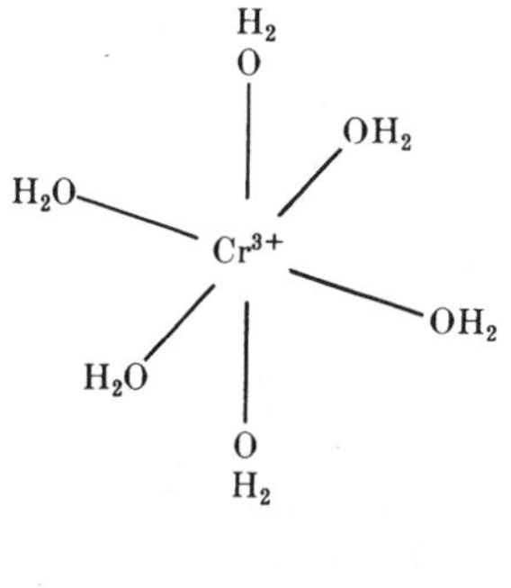

Fig. 16.27 Complexo $Cr(H_2O)_6^{3+}$.

$$2CrO_4^{2-} + 2H^+ \rightleftharpoons Cr_2O_7^{2-} + H_2O,$$

porém a espécie $HCrO_4^-$ não pode ser desprezada na maioria dos casos. O íon dicromato é um agente oxidante bastante forte:

$$Cr_2O_7^{2-} + 14H^+ + 6e^- \rightleftharpoons 2Cr^{3+} + 7H_2O$$

$$\mathscr{E}^\circ = 1{,}33\ V.$$

Comparando-se com o potencial da semi-reação:

$$O_2 + 4H^+ + 4e^- \rightleftharpoons 2H_2O \qquad \mathscr{E}^\circ = 1{,}23\ V,$$

podemos ver que as soluções ácidas de dicromato são termodinamicamente instáveis com respeito à decomposição em oxigênio e Cr^{3+}. Essa reação, contudo, é lenta e as soluções de dicromato podem ser mantidas por longos períodos sem decomposição em nível significativo.

A adição de sais de cromato ao ácido sulfúrico concentrado leva à formação do óxido de crômio vermelho, CrO_3. A reação pode ser escrita:

$$Na_2Cr_2O_7 + 3H_2SO_4 \rightarrow$$

$$2Na^+ + H_3O^+ + 3HSO_4^- + 2CrO_3.$$

Essas soluções tem propriedades oxidantes bastante fortes, e tem sido usadas para limpeza de graxas em vidrarias de laboratório.

O íon de crômio(II) aquoso pode ser obtido pela redução de soluções de Cr^{3+} com zinco. O potencial para a reação

$$Cr^{3+} + e^- \rightleftharpoons Cr^{2+} \qquad \mathscr{E}^\circ = -0{,}41\ V,$$

indica que o íon cromoso é um dos agentes redutores mais fortes, existentes em solução aquosa. As soluções de crômio(II) reagem rápida e quantitativamente com oxigênio, e são usados com frequência para remover o oxigênio contaminante em uma mistura de gases.

Manganês

O elemento constitui um metal de alto ponto de fusão e de ebulição, com considerável reatividade química. O potencial para a reação

$$Mn^{2+} + 2e^- \rightleftharpoons Mn \qquad \mathscr{E}^\circ = -1{,}18\ V,$$

revela que o manganês deve dissolver-se com facilidade em ácidos diluídos, como de fato ocorre. Em contraste com os outros elementos da primeira série de transição, o metal não é protegido por uma camada de óxido. O manganês ocorre na natureza como óxido, MnO_2. Pequenas quantidades de manganês puro podem ser obtidas pela decomposição termica de MnO_2 formando uma mistura de óxidos MnO e Mn_2O_3, seguido pela redução com alumínio:

$$3MnO_2 \rightarrow MnO \cdot Mn_2O_3 + 2O_2,$$

$$3MnO \cdot Mn_2O_3 + 8Al \rightarrow 4Al_2O_3 + 9Mn.$$

O manganês é usado principalmente como aditivo em aços. Para essa finalidade, o manganês impuro que resulta quanto o minério é reduzido diretamente com carbono é satisfatório. Pequenas quantidades de manganês no aço reagem com oxigênio e enxofre, removendo-os da escória sob a forma de MnO_2 e MnS. A adição de quantidades maiores de manganês torna o aço mais duro.

Conhecem-se compostos de manganês com estados de oxidação +2, +3, +4, +5, +6, e +7. A dissolução do metal em ácido diluído produz o íon Mn^{2+}, de coloração rosa. O Mn^{2+}, em contraste com os íons aquosos bipositivos de titânio, vanádio e crômio, não tem propriedades redutoras. O potencial da reação

$$Mn^{3+} + e^- \rightleftharpoons Mn^{2+} \qquad \mathscr{E}^\circ = 1{,}5\ V,$$

mostra que é muito difícil oxidar Mn^{2+} a Mn^{3+} em solução aquosa. Quando soluções de Mn^{2+} são tratadas com bases resulta um precipitado gelatinoso de $Mn(OH)_2$. Esse hidróxido e o óxido MnO são básicos.

Não é possível obter quantidades significativas de Mn^{3+} em solução aquosa, pois em conformidade com seu potencial de redução de 1,5 V, é um agente oxidante suficientemente forte para deslocar o oxigênio da água. Além disso, a combinação das semi-reações

$$Mn^{3+} + e^- \rightleftharpoons Mn^{2+} \qquad \mathscr{E}^\circ = 1{,}5\ V,$$
$$MnO_2 + 4H^+ + e^- \rightleftharpoons Mn^{3+} + H_2O \qquad \mathscr{E}^\circ = 1{,}0\ V,$$

para dar

$$2Mn^{3+} + 2H_2O \rightleftharpoons Mn^{2+} + MnO_2 + 4H^+$$
$$\Delta\mathscr{E}^\circ = 0.5\ V,$$

indica que o Mn^{3+} é instável com respeito ao desproporcionamento em Mn^{2+} e MnO_2. Em consequência, não é possível tratar da química do Mn(III) em solução aquosa. O íon Mn^{3+} é estável no estado sólido, contudo, pode ser obtido pela oxidação do $Mn(OH)_2$ em condições básicas:

$$2Mn(OH)_2 + \tfrac{1}{2}O_2 \rightarrow Mn_2O_3 + 2H_2O.$$

O sólido Mn_2O_3 tem características básicas.

A química do manganês(IV) é pouco extensa. O composto mais estável, e praticamente o único conhecido de Mn(IV), constitui um pó marrom escuro, de fórmula MnO_2. Esse composto é não-estequiométrico, apresenta deficiência de oxigênio. Em meio ácido, o MnO_2 é um agente oxidante muito poderoso:

$$MnO_2 + 4H^+ + 2e^- \rightleftharpoons Mn^{2+} + 2H_2O \qquad \mathscr{E}^\circ = 1{,}23\ V.$$

Em meio básico, a situação é bastante diferente:

$$MnO_2 + 2H_2O + 2e^- \rightleftharpoons Mn(OH)_2 + 2OH^-$$
$$\mathscr{E}^\circ = -0{,}05\ V.$$

Esses potenciais ilustram uma generalização importante do fato de que os oxiânions e óxidos são agentes oxidantes mais poderosos quando em solução ácida, e da mesma forma, é mais fácil *produzir* essas espécies oxigenadas com estado de oxidação elevado, quando em meio básico.

Quando o MnO_2 é aquecido com KNO_3 e KOH, forma-se o manganato de potássio sólido, K_2MnO_4. Esse sal, no qual o manganês encontra-se no estado de oxidação +6, é verde brilhante, solúvel em água, e estável apenas em soluções básicas. As semi-reações

$$MnO_4^{2-} + 4H^+ + 2e^- \rightleftharpoons MnO_2 + 2H_2O$$
$$\mathscr{E}^\circ = 2{,}27\ V,$$
$$MnO_4^{2-} \rightleftharpoons MnO_4^- + e^-$$
$$\mathscr{E}^\circ = 0{,}55\ V,$$

mostram que o íon manganato é instável com respeito ao desproporcionamento, em solução ácida:

$$3MnO_4^{2-} + 4H^+ \rightleftharpoons 2MnO_4^- + MnO_2 + 2H_2O$$
$$\Delta\mathscr{E}^\circ = 1{,}72\ V.$$

O composto, provavelmente, melhor conhecido de manganês é o $KMnO_4$. Esse sal tem uma cor púrpura muito intensa e é um agente oxidante muito poderoso:

$$MnO_4^- + 8H^+ + 5e^- \rightleftharpoons Mn^{2+} + 4H_2O$$
$$\mathscr{E}^\circ = 1{,}47\ V.$$

Embora o permanganato seja capaz de oxidar a água produzindo oxigênio, a reação é bastante lenta, e as soluções aquosas de permanganato constituem reagentes importantes em química analítica. Adicionando permaganato de potássio ao ácido sulfúrico concentrado, é possível produzir um líquido extremamente instável, o Mn_2O_7. De acordo com a tendência observada entre os elementos de transição, os compostos de Mn(VII) tem caráter ácido.

Ferro

O elemento constitui 4,7% da crosta terrestre e entre os metais é o segundo em abundância após o alumínio. Essa abundância e suas propriedades mecânicas excepcionais, principalmente na forma de aço, tornam o elemento essencial do ponto de vista tecnológico. O ferro metálico, como já foi mencionado, é produzido pela redução do óxido em alto-fornos. Algumas das reações que ocorrem no forno demonstram aspectos notáveis da química do ferro. As primeiras transformações do óxido, Fe_2O_3, ocorrem em regiões de temperatura mais baixa no forno, por volta de 200 °C:

$$3Fe_2O_3 + CO \rightarrow 2Fe_3O_4 + CO_2.$$

O óxido resultante, Fe_3O_4 ocorre na natureza, sob a forma de magnetita, cujo nome está associado às suas propriedades magnéticas. Esse óxido pode ser considerado como misto, de Fe(II) e Fe(III): $FeO.Fe_2O_3$. Em temperaturas mais altas (350 °C), o óxido sofre nova redução:

$$Fe_3O_4 + CO \rightarrow 3FeO + CO_2.$$

A medida que o óxido desce para o interior do forno, a temperatura aumenta e é finalmente reduzido ao estado metálico

$$FeO + CO \rightarrow Fe + CO_2.$$

O ferro que é retirado do alto-forno contém impurezas de enxofre, fósforo e silício, assim como 4% de carbono, que está presente na forma de Fe_3C. Na produção de aços de alta qualidade, onde o teor de carbono é inferior a 1,5%, o ferro em fusão é tratado com ar ou oxigênio para que a maior parte do carbono seja queimada e as outras impurezas sejam separadas, na forma de óxidos dissolvidos na escória. Os metais de liga, conforme desejado, são adicionados, para depois o aço ser despejado em moldes e resfriado.

Como já foi destacado nesse resumo sobre a fabricação do aço, existem três óxidos importantes do ferro: FeO, Fe_2O_3 e Fe_3O_4. Cada composto tem uma tendência clara de apresentar composição não-estequiométrica, e são interconversíveis por meio de reações de oxidação e redução. Podemos racionalizar essas características em termos das estruturas cristalinas dos sólidos (Seção 20.5). Considere uma estrutura cúbica de face centrada, formado de íons óxido. Se todos os buracos octaédricos forem preenchidos com íons de Fe^{2+}, teremos um retículo perfeito do tipo NaCl, que é a estrutura do FeO. Se um pequeno número de íons de Fe^{2+} for substituído por dois terços correspondentes de Fe^{3+}, teremos um cristal eletricamente neutro, porém com deficiência de ferro. A composição normal do óxido de ferro(II) é na realidade $Fe_{0,95}O$. Convertendo-se dois terços de íons de Fe^{2+} em Fe^{3+}, o resultado é $FeO.Fe_2O_3$ ou Fe_3O_4. Neste óxido misto, todos os íons de Fe^{2+} estão em sítios octaédricos, porém metade dos íons de Fe^{3+} estão em sítios octaédricos e outra metade em sítios tetraédricos. Finalmente, a substituição de todos os íons de Fe^{2+} por dois terços de íons de Fe^{3+} resulta em $Fe_{0,67}O$ ou Fe_2O_3. Os óxidos se interconvertem, por mudanças de composição, sem que ocorram grandes alterações estruturais na rede cristalina.

O ferro, como pode ser inferido pelo seu potencial de redução, é um agente redutor moderado, e por isso dissolve lentamente em ácidos diluídos.

$$Fe^{2+} + 2e^- \rightleftharpoons Fe \qquad \mathscr{E}^\circ = -0,44 \text{ V},$$

Quando tratado com ácido nítrico concentrado, forma-se, contudo, um filme de óxido protetor; o metal torna-se "passivo" e não se dissolve. Embora os sais anidros de ferro(II), como o $FeCl_2$ sejam incolores, os sais hidratados e as soluções aquosas de Fe^{2+} são verde-pálido. Em solução aquosa, o Fe^{2+} pode ser oxidado pelo ar a Fe^{3+}, conforme esperado com base nos potenciais:

$$Fe^{3+} + e^- \rightleftharpoons Fe^{2+} \qquad \mathscr{E}^\circ = 0,77 \text{ V},$$
$$2Fe^{2+} + \tfrac{1}{2}O_2 + 2H^+ \rightleftharpoons 2Fe^{3+} + H_2O \qquad \Delta\mathscr{E}^\circ = 0,46 \text{ V}.$$

Essa oxidação do Fe^{2+} é moderadamente rápida em solução neutra, porém mais lenta em solução ácida. Em virtude da oxidação pelo ar, as soluções de Fe^{2+} sempre contém algum Fe^{3+} a menos que tenham sido recém preparadas e acidificadas.

Quando as soluções de Fe^{2+} são tratadas com base, forma-se um precipitado de $Fe(OH)_2$. Embora esse composto seja branco, ocorre rápido escurecimento por oxidação ao ar. O $Fe(OH)_2$ dissolve-se facilmente em ácidos, aparentando ter um comportamento tipicamente básico; contudo, também tem sido constatado uma tendência de comportamento anfótero. Por meio de tratamento prolongado com NaOH concentrado, a quente, o $Fe(OH)_2$ se dissolve, e quando resfriado, precipita na forma de $Na_4[Fe(OH)_6]$. Na maioria das circunstâncias, contudo, o $Fe(OH)_2$ se comporta como um hidróxido básico.

O ferro(III) existe em solução aquosa na forma hidratada. Em virtude de sua alta carga e tamanho pequeno, o Fe^{3+} hidrolisa e tem comportamento ácido, como mostram as constantes de equilíbrio:

$$[Fe(H_2O)_6]^{3+} = [Fe(H_2O)_5(OH)]^{2+} + H^+$$
$$K = 6 \times 10^{-3}$$
$$[Fe(H_2O)_5(OH)]^{2+} = [Fe(H_2O)_4(OH)_2]^+ + H^+$$
$$K = 3 \times 10^{-4}$$

A coloração vermelho-marrom das soluções de Fe é atribuída aos complexos de hidróxido, e desaparece quase por completo pela adição de ácido nítrico. Por outro lado, à medida que o pH da solução de Fe^{3+} aumenta, a cor se aprofunda até que o óxido hidratado Fe_2O_3 acaba precipitando. Como seria esperado com base na acidez dos íons de Fe^{3+} em solução aquosa, o Fe_2O_3 se dissolve, embora em pequena extensão, tanto em meio básico como em meio ácido, sendo portanto levemente anfótero.

Tanto o Fe^{2+} como o Fe^{3+} formam complexos com grande número de doadores de elétrons. Uma comparação entre os potenciais de redução

$$Fe^{3+} + e^- \rightleftharpoons Fe^{2+} \qquad \mathscr{E}^\circ = 0,77 \text{ V},$$
$$Fe(CN)_6^{3-} + e^- \rightleftharpoons Fe(CN)_6^{4-} \qquad \mathscr{E}^\circ = 0,36 \text{ V},$$

proporciona um bom exemplo de como as estabilidades relativas dos estados de oxidação são afetadas pela formação de complexos. O íon férrico aquoso é um bom agente oxidante, porém o íon ferricianeto $[Fe(CN)_6]^{3-}$ é bem mais fraco. A formação do complexo com cianeto provoca maior estabilização do Fe(III) do que do Fe(II).

Enquanto praticamente toda a química do ferro em solução se refere aos estados de oxidação +2 e +3, também tem sido possível preparar compostos de Fe(IV). O tratamento de Fe_2O_3 com base forte e cloro produz uma solução de íon ferrato, FeO_4^{2-}. Embora seja estável em solução básica, esse íon decompõe-se em meio neutro ou ácido segundo a reação

$$2FeO_4^{2-} + 10H^+ \rightleftharpoons 2Fe^{3+} + \tfrac{3}{2}O_2 + 5H_2O.$$

O ion ferrato é um poderoso agente oxidante, ainda mais forte que o MnO_4^-.

Cobalto

O elemento ocorre na natureza sob a forma de sulfeto, Co_3S_4, ou de arseneto, $CoAs_2$. Os minérios geralmente também contém níquel, e as vezes ferro e cobre. A obtenção do cobalto é feita pela calcinação dos minérios, convertendo-os em CoO, que então pode ser reduzido com carvão, alumínio ou hidrogênio. O metal é duro, tem brilho branco-azulado e é moderadamente reativo. O potencial para a reação

$$Co^{2+} + 2e^- \rightleftharpoons Co \qquad \mathscr{E}^\circ = -0{,}28 \text{ V},$$

mostra que o cobalto é um agente redutor mais fraco que o ferro, porém ainda assim deverá se dissolver em ácidos diluídos. Da mesma forma que o ferro, o cobalto apresenta dois estados de oxidação importantes: +2 e +3. Contudo, o cobalto(III) é um oxidante muito mais forte que o ferro(III). De acordo com o potencial da semi-reação

$$Co^{3+} + e^- \rightleftharpoons Co^{2+} \qquad \mathscr{E}^\circ = 1{,}9 \text{ V},$$

o Co^{3+} é capaz de oxidar a água até o oxigênio, e de fato isso acontece muito rapidamente. Em consequência, a química do ion de Co^{3+} é incompatível com o meio aquoso. Os complexos de cobalto(III) são, contudo, oxidantes bem mais fracos que o Co^{3+}, como por exemplo:

$$Co(NH_3)_6{}^{3+} + e^- \rightleftharpoons Co(NH_3)_6{}^{2+} \qquad \mathscr{E}^\circ = 0{,}1 \text{ V}.$$

O hidróxido de cobalto(II), $Co(OH)_2$ é pouco solúvel e levemente anfótero. Dissolve-se facilmente em ácidos diluídos, porém requer bases concentradas para sua dissolução em meio alcalino, formando $[Co(OH)_4]^{2-}$. Assim, ele comporta-se de forma muito semelhante ao $[Fe(OH)_2]$. O óxido CoO, como o FeO, tem uma estrutura do tipo NaCl, com os íons de Co^{2+} ocupando os sítios tetraédricos de um retículo cúbico de face centrada. Mediante tratamento com oxigênio em altas temperaturas, o CoO é convertido ao Co_3O_4, apresentando retículo cúbico de face centrada com íons Co^{2+} em sítios tetraédricos e Co^{3+} em sítios octaédricos. O óxido simples, Co_2O_3 que seria análogo ao Fe_2O_3, não é conhecido, mas apenas o seu hidrato, $Co_2O_3.H_2O$. Assim, apesar de existirem algumas semelhanças entre os oxi-compostos de Co e Fe, a analogia não chega a ser total.

Níquel

O níquel apresenta a mesma tendência de diminuição da estabilidade de estados de oxidação altos, observada entre os outros elementos. O único estado de oxidação importante em solução aquosa é o +2;, os estados +3 e +4 só aparecem em alguns compostos. O potencial de eletrodo

$$Ni^{2+} + 2e^- \rightleftharpoons Ni \qquad \mathscr{E}^\circ = -0{,}24 \text{ V},$$

mostra que do ponto de vista termodinâmico, o níquel é um redutor apenas levemente mais fraco que o cobalto. De fato, o níquel é resistente à corrosão, por ser protegido por uma camada de óxido, e reage apenas muito lentamente com agentes oxidantes. É químicamente resistente sob condições alcalinas, e usado com frequência na fabricação de recipientes ou eletrodos para uso em meio básico. Quando finamente dividido, o níquel pode absorver grandes quantidades de hidrogênio, que penetra na rede metálica na forma atômica. Como resultado, a esponja de níquel poroso é um excelente catalisador de hidrogenação de compostos orgânicos:

$$H_2 + C_2H_4 \xrightarrow{Ni} C_2H_6.$$

O monel, que é uma liga de níquel e cobre, resiste ao ataque do fluor, e é usado na estocagem e manipulação desse gás.

O níquel é encontrado com frequência na natureza sob a forma de sulfeto, NiS. A calcinação desse composto em ar produz o óxido NiO, que pode ser reduzido com carvão para produzir níquel metálico. Níquel muito puro pode ser feito pelo processo carbonílico, onde o metal bruto reage com CO a 50 °C para formar o composto volátil de tetracarbonilníquel, $Ni(CO)_4$. O metal puro pode ser obtido pela **pirólise** (decomposição térmica) do composto carbonílico a aproximadamente 200 °C.

Em solução aquosa, o Ni^{2+} hidratado é verde, e os sais são verdes ou azulados. Da mesma forma que o Fe(II) e o Co(III), o níquel(II) forma muitos íons complexos. Assim como o $Fe(OH)_2$ e o $Co(OH)_2$, o $Ni(OH)_2$ é pouco solúvel, porém em contraste com os primeiros, o $Ni(OH)_2$ não apresenta propriedades anfóteras. O óxido NiO, como o FeO e o CoO, tem estrutura do tipo NaCl.

Quando o $Ni(OH)_2$ é tratado com bases e agentes oxidantes moderadamente fortes, como o bromo, forma-se um sólido preto cuja composição é próxima de $Ni_2O_3.H_2O$. Agentes oxidantes fortes, como o Cl_2, agindo sobre o $Ni(OH)_2$ produz um sólido cuja composição se aproxima de NiO_2. Assim, é possível preparar tanto os óxidos de Ni(III) como de Ni(IV), embora nenhum seja puro. Ambos são fortes agentes oxidantes. De fato, o Ni_2O_3 é usado na **pilha de Edison,** que emprega a reação

$$Fe + Ni_2O_3 \cdot H_2O + 2H_2O \underset{\text{descarga}}{\overset{\text{carga}}{\rightleftharpoons}} Fe(OH)_2 + 2Ni(OH)_2$$

e proporciona cerca de 1,3 V em meio de KOH 4,5 M.

16.6 Cobre, Prata e Ouro

Esses três elementos formam a última coluna na série dos metais de transição. Seus comportamentos químicos não são tão correlacionados, embora todos apresentam um estado de oxidação +1, que corresponde a uma camada *d* completa. Como metais são todos excelentes condutores de eletricidade. Visto que a prata é um elemento bastante comum, iremos apresentar um pouco da sua química. O ouro ocupa um lugar especial na química e também será discutido.

Cobre

A extração e o refino do cobre constituem processos relativamente simples e permitem demonstrar algumas de suas propriedades mais importantes. Os minérios de carbonatos de cobre podem ser reduzidos com carvão:

$$CuCO_3 \cdot Cu(OH)_2 + C \rightarrow 2Cu + 2CO_2 + H_2O.$$

Os minérios de sulfeto são parcialmente oxidados e então fundidos para dar um produto bastante impuro:

$$Cu_2S \xrightarrow{O_2} Cu_2O + Cu_2S \xrightarrow{\text{calor}} Cu + SO_2.$$

O cobre obtido dessas reduções contém impurezas de ferro e prata que podem ser removidos por eletrólise. O cobre impuro é oxidado no anodo, e o produto puro recuperado no catodo. Os potenciais das semi-reações

$$Ag^+ + e^- \rightleftharpoons Ag \qquad \mathscr{E}^\circ = 0{,}80\ V,$$
$$Cu^{2+} + 2e^- \rightleftharpoons Cu \qquad \mathscr{E}^\circ = 0{,}34\ V,$$
$$Fe^{2+} + 2e^- \rightleftharpoons Fe \qquad \mathscr{E}^\circ = -0{,}44\ V,$$

mostram que a prata metálica é mais difícil de ser oxidada do que o cobre, e o íon ferroso é mais difícil de ser reduzido que o íon cúprico. Portanto, aplicando-se um potencial apropriado na cela eletrolítica, é possível oxidar o cobre e o ferro, mas não a prata; bem como reduzir o íon cúprico mas não o íon ferroso. O cobre metálico é obtido puro no catodo, enquanto a prata metálica permanece no compartimento do anodo.

Em seus compostos mais comuns, o cobre é encontrado nos estados de oxidação +1 e +2. Os potenciais das semi-reações

$$Cu^+ + e^- \rightleftharpoons Cu \qquad \mathscr{E}^\circ = 0{,}52\ V,$$
$$Cu^{2+} + 2e^- \rightleftharpoons Cu \qquad \mathscr{E}^\circ = 0{,}34\ V,$$

mostram que o íon cuproso, Cu é instável em solução aquosa:

$$2Cu^+ \rightleftharpoons Cu + Cu^{2+} \qquad \Delta\mathscr{E}^\circ = 0{,}18\ V,$$

e portanto, para n = 2,

$$\frac{[Cu^{2+}]}{[Cu^+]^2} = K = 1{,}2 \times 10^6.$$

Em consequência, não se conhece a química em solução aquosa para íons de cobre(I) não complexados. Por outro lado, os complexos de cobre(I) podem ser preparados sem dificuldade, e muitos são estáveis em solução aquosa. Por exemplo, se uma solução de Cu^{2+} for fervida com excesso de íon cloreto e cobre metálico, ocorre a seguinte reação:

$$Cu^{2+} + Cu + 4Cl^- \rightleftharpoons 2CuCl_2^-.$$

Se a solução resultante for diluída, a concentração de íon cloreto diminui, e o CuCl insolúvel acaba precipitando:

$$CuCl_2^-(aq) \rightleftharpoons CuCl(s) + Cl^-(aq) \qquad K = 17.$$

Os haletos cuprosos, CuCl, CuBr e CuI são bastante diferentes dos haletos dos metais alcalinos. Em primeiro lugar, os haletos cuprosos são apenas ligeiramente solúveis em água, como mostrado pelos equilíbrios:

$$CuCl \rightleftharpoons Cu^+ + Cl^- \qquad K = 1{,}9 \times 10^{-7},$$
$$CuBr \rightleftharpoons Cu^+ + Br^- \qquad K = 5 \times 10^{-9},$$
$$CuI \rightleftharpoons Cu^+ + I^- \qquad K = 1 \times 10^{-12}.$$

Em segundo lugar, os haletos cuprosos apresentam a estrutura cristalina da blenda, ZnS, na qual o número de coordenação é apenas 4, enquanto os haletos alcalinos apresentam tanto estrutura de NaCl ou de CsCl. Em terceiro lugar, embora as energias reticulares dos haletos alcalinos possam ser calculados com bastante exatidão, considerando que são cristais iônicos, as energias reticulares dos haletos cuprosos são ligeiramente maiores do que seriam esperadas a partir do modelo iônico. Isso sugere que, em contraste com os haletos alcalinos, os haletos cuprosos apresentam um certo grau de ligação covalente.

Outros compostos bem conhecidos de cobre(I) são o Cu_2O e o Cu_2S. Ambos os compostos podem ser feitos pela combinação direta dos elementos em temperaturas elevadas, tendem a ser não-estequiométricos e são extremamente insolúveis em água. Nesses últimos aspectos, eles diferem apreciavelmente dos compostos correspondentes dos metais alcalinos.

A química do cobre no estado de oxidação +2 é semelhante à química dos outros íons +2 de metais de transição. O íon cúprico hidratado é colorido e reage com um número de doadores de elétrons para formar complexos. A adição de base a uma solução de Cu^{2+} leva a um precipitado de $Cu(OH)_2$. Esse hidróxido dissolve-se facilmente em ácidos, e em pequena extensão em excesso de base para formar o ânion $[Cu(OH)_4^{2-}]$. Como os outros sulfetos de metais de transição, o CuS é bastante insolúvel em água.

O fluoreto cúprico é um composto iônico que tem estrutura cristalina semelhante ao do rutilo (Fig. 16.25), TiO_2, e MgF_2, exceto que a coordenação octaédrica ao redor do íon de Cu^{2+} tem quatro ligações mais curtas e duas mais longas. Essa distorção é encontrada mais comumente para íons de Cu^{2+} com coordenação octaédrica, e está presente no complexo $[Cu(H_2O)_6^{2+}]$. Em contraste, o cloreto e o brometo cúprico anidros, $CuCl_2$ e $CuBr_2$, consistem de cadeias infinitas de átomos com arranjos como os mostrados na Fig. 16.28. Esse tipo de estrutura é um desvio em relação às encontradas nos dialetos de metais alcalino terrosos e metais da primeira série de transição; o baixo número de coordenação do cobre no $CuCl_2$ e $CuBr_2$ é interpretado por alguns químicos como uma indicação de algum grau de covalência nesses compostos. O iodeto cúprico não é conhecido, visto que a adição de I a soluções de Cu^{2+} resulta na produção rápida, e quantitativa de CuI e I_2.

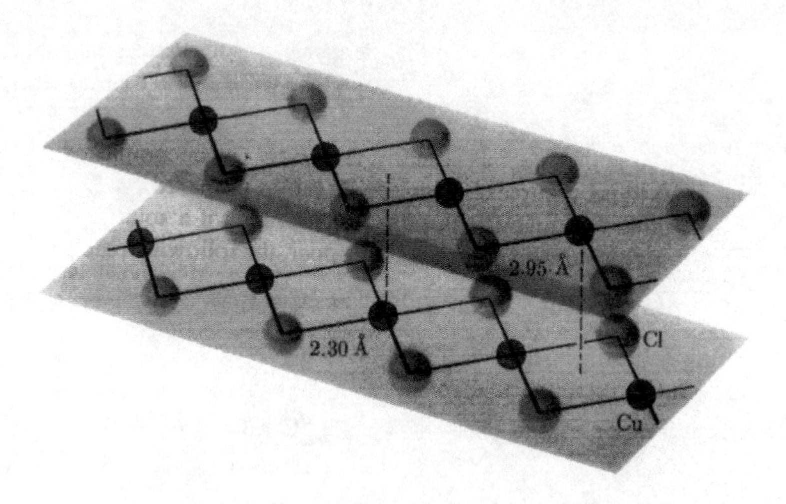

Fig. 16.28 Estrutura em cadeia infinita do cloreto cúprico, $CuCl_2$.

Prata

Tanto em compostos sólidos como em solução aquosa, o estado normal de oxidação da prata é +1. Os sais incolores de $AgNO_3$ e $AgClO_4$ dissolvem-se facilmente em água, porém a maior parte dos compostos binários da prata são menos solúveis. A adição de base a uma solução de Ag^+ precipita o óxido marrom, Ag_2O. Esse composto é predominantemente básico, porém dissolve-se ligeiramente em bases concentradas para formar $Ag(OH)_2^-$. Analogamente, os sulfetos e outros haletos de prata, com exceção do AgF, são bastante insolúveis:

$$Ag_2S + H_2O \rightleftharpoons HS^- + 2Ag^+ + 2OH^- \quad K = 6 \times 10^{-51},$$
$$AgCl \rightleftharpoons Ag^+ + Cl^- \quad K = 1{,}8 \times 10^{-10},$$
$$AgBr \rightleftharpoons Ag^+ + Br^- \quad K = 5{,}0 \times 10^{-13},$$
$$AgI \rightleftharpoons Ag^+ + I^- \quad K = 8{,}3 \times 10^{-17}.$$

A prata forma um número de complexos em solução aquosa. As seguintes constantes de equilíbrios indicam uma ampla faixa de estabilidades:

$$AgCl_2^- \rightleftharpoons Ag^+ + 2Cl^- \quad K = 5{,}6 \times 10^{-6},$$
$$Ag(NH_3)_2^+ \rightleftharpoons Ag^+ + 2NH_3 \quad K = 6{,}0 \times 10^{-8},$$
$$Ag(S_2O_3)_2^{3-} \rightleftharpoons Ag^+ + 2S_2O_3^{2-} \quad K = 2 \times 10^{-14},$$
$$Ag(CN)_2^- \rightleftharpoons Ag^+ + 2CN^- \quad K = 3{,}3 \times 10^{-21}.$$

Combinando as reações,

$$AgCl(s) \rightleftharpoons Ag^+ + Cl^- \quad K = 1{,}8 \times 10^{-10},$$
$$AgCl_2^- \rightleftharpoons Ag^+ + 2Cl^- \quad K = 5{,}6 \times 10^{-6},$$

temos

$$AgCl(s) + Cl^- \rightleftharpoons AgCl_2^- \quad K = 3{,}2 \times 10^{-5}.$$

Essa reação e sua constante de equilíbrio mostram que o AgCl insolúvel pode ser parcialmente dissolvido em excesso de íon cloreto.

A combinação da constante de dissociação do complexo de prata com amônia e o produto de solubilidade dos haletos de prata leva às constantes de equilíbrio para as seguintes reações:

$$AgCl + 2NH_3 \rightleftharpoons Ag(NH_3)_2^+ + Cl^- \quad K = 3{,}0 \times 10^{-3},$$
$$AgBr + 2NH_3 \rightleftharpoons Ag(NH_3)_2^+ + Br^- \quad K = 8{,}3 \times 10^{-6},$$
$$AgI + 2NH_3 \rightleftharpoons Ag(NH_3)_2^+ + I^- \quad K = 1{,}4 \times 10^{-9}.$$

Assim, o AgCl é moderadamente solúvel em amônia concentrada, porém AgBr e AgI não se dissolve em extensão apreciável. O brometo de prata e o iodeto de prata são solúveis em soluções de tiossulfato, $S_2O_3^{2-}$, pois o complexo de tiossulfato de prata tem uma pequena constante de dissociação. No processo fotográfico a imagem desenvolvida é fixada removendo-se os grãos de AgBr não expostos com uma solução de tiossulfato de sódio.

O potencial de eletrodo

$$Ag^+ + e^- \rightleftharpoons Ag \quad \mathscr{E}^\circ = 0{,}80 \text{ V},$$

mostra que a prata metálica é bastante difícil de oxidar em solução aquosa. É ainda mais difícil obter estados de oxidação mais elevados para prata. O tratamento de nitrato de prata com ozônio produz uma solução em que o Ag^{2+} existe como espécies de vida curta, parcialmente estabilizados por meio da formação de complexos com o íon nitrato. O potencial para a reação

$$Ag^{2+} + e^- \rightleftharpoons Ag^+ \quad \mathscr{E}^\circ = 2{,}0 \text{ V},$$

é apenas aproximado, porém mostra o quanto o Ag^{2+} é oxidante. Um dos poucos compostos binários de prata(II) é o AgF_2^-, que também é um poderos agente oxidante. Assim, o estado de oxidação +2, tão importante na química do cobre, é pouco comum para a prata.

Ouro

O elemento é o mais dúctil e maleável dos metais, além de excelente condutor de calor e eletricidade. Também é bastante inerte ao ataque químico, como mostram os potenciais:

$$Au^+ + e^- \rightleftharpoons Au \qquad \mathscr{E}^\circ \cong 1{,}7 \text{ V},$$
$$Au^{3+} + 3e^- \rightleftharpoons Au \qquad \mathscr{E}^\circ \cong 1{,}5 \text{ V},$$

Esses potenciais de eletrodo não podem ser medidos diretamente, visto que tanto o íon auroso, Au^+, como o áurico, Au^{3+}, são agentes oxidantes capazes de oxidar a água.

O íon auroso também é instável com respeito ao desproporcionamento. O uso dos potenciais estimados leva a

$$3Au^+ \rightleftharpoons Au^{3+} + 2Au \qquad \Delta\mathscr{E}^\circ \cong 0.2 \text{ V},$$

$$\frac{[Au^{3+}]}{[Au^+]^3} = K \cong 10^{10}.$$

Portanto, por essas razões o íon Au^+ não existe como cátion simples em solução aquosa.

Em ambos os estados de oxidação, o ouro forma compostos e íons complexos estáveis. Por exemplo, o ouro pode ser oxidado facilmente na presença de cianeto:

$$Au + 2CN^- \rightleftharpoons Au(CN)_2^- + e^- \qquad \mathscr{E}^\circ = 0{,}60 \text{ V}.$$

A combinação do potencial dessa semi-reação com o da redução do Au^+ ao metal, permite obter o potencial padrão e a constante de equilíbrio para

$$Au(CN)_2^- \rightleftharpoons Au^+ + 2CN^- \qquad K \cong 5 \times 10^{-39}.$$

O ouro também pode ser dissolvido por ácido nítrico na presença de cloreto, de acordo com a reação

$$Au + 3NO_3^- + 4Cl^- + 6H^+ \rightarrow$$
$$AuCl_4^- + 3NO_2 + 3H_2O.$$

É a formação do íon complexo estável, $AuCl_4^-$, que faz essa reação ocorrer espontaneamente.

16.7 Zinco, Cádmio e Mercúrio

Esses três elementos não são metais de transição. Em todos os estados de oxidação eles tem camadas *d* preenchidas. Contudo, seus elétrons *d* tem influência na química, e formam complexos com facilidade. Enquanto o zinco e o cádmio são bastante semelhantes, o mercúrio é bastante diferente. As diferenças incluem o fato do mercúrio ser um líquido à temperatura ambiente, enquanto o zinco e o cádmio, como outros metais típicos, fundem-se a várias centenas de graus acima da temperatura ambiente. Tanto o cádmio como o zinco dissolvem-se em ácido pois são metais eletropositivos. O mercúrio não se dissolve em H^+; seus potenciais de oxidação são semelhantes aos do cobre e prata.

Zinco

Um dos principais usos do zinco metálico é a proteção do ferro contra corrosão. O ferro é mergulhado em zinco fundido, ou recoberto eletroquimicamente. Embora o zinco reaja com a água de acordo com a reação

$$Zn + H_2O \rightleftharpoons ZnO + H_2 \qquad \Delta\mathscr{E}^\circ = 0{,}23 \text{ V},$$

isso acaba sendo dificultado pela formação de um filme protetor de carbonato e óxido. A proteção do ferro também é devida a um efeito de anodo, em que o zinco se dissolve no lugar do ferro. Os materiais de ferro recobertos com zinco são ditos **galvanizados.** Outros usos do zinco incluem as ligas de latão e como anodos em pilhas secas, ácidas ou alcalinas.

Seu único estado de oxidação é +2, com as camadas 3*d* completas. O íon Zn^{2+} forma complexos com NH_3, Cl^-, Br^-, I^-, CN^- e outros agentes complexantes convencionais. Os complexos de Zn^{2+} podem apresentar geometrias tanto octaédricas com tetraédricas. Quando o OH^- é adicionado a uma solução ligeiramente ácida de Zn^{2+}, as seguintes reações ocorrem:

$$Zn^{2+} + 2OH^- \rightleftharpoons Zn(OH)_2(s)$$
$$Zn(OH)_2(s) + 2OH^- \rightleftharpoons Zn(OH)_4^{2-}$$

O OH^- deve ser adicionado muito lentamente para se poder observar o precipitado de $Zn(OH)_2$. Quando o $NH_3(aq)$ é usado como uma fonte de base, o complexo $[Zn(NH_3)_4]^{2+}$ se forma e o $Zn(OH)_2$ não é observado. As constantes de formação para os complexos de NH_3 são

$$Zn^{2+} + NH_3 \rightleftharpoons ZnNH_3^{2+} \qquad K = 2 \times 10^2,$$
$$Zn^{2+} + 2NH_3 \rightleftharpoons Zn(NH_3)_2^{2+} \qquad K = 3 \times 10^4,$$
$$Zn^{2+} + 3NH_3 \rightleftharpoons Zn(NH_3)_3^{2+} \qquad K = 7 \times 10^6,$$
$$Zn^{2+} + 4NH_3 \rightleftharpoons Zn(NH_3)_4^{2+} \qquad K = 8 \times 10^8.$$

Quando $[NH_3] > 10^{-2}$, a principal espécie é o íon $[Zn(NH_3)_4]^{2+}$.

Vários íons de metais de metais de transição fazem parte da biologia; sem as pequenas quantidades deles, seria impossível a existência da vida, como a conhecemos. No caso do Cu^{2+} e Co^{2+}, os íons de metais de transição estão ligados a proteínas, onde atuam no controle de reações de oxi-redução. Durante muito tempo não se sabia que o Zn^{2+} é igualmente importante, apesar de ter um papel diferente nas enzimas. Visto que o zinco não forma complexos fortemente coloridos, bons testes analíticos para pequenas quantidades de Zn^{2+} não eram conhecidos. Quando a instrumentação tornou-se mais desenvolvida a partir dos anos 60, os bioquímicos descobriram que o Zn^{2+} era um dos metais mais participantes nas enzimas. Seu papel é duplo. Em primeiro lugar, atua com um metal coordenante que regula as dobras nas cadeias proteicas em seu estado nativo. Em segundo lugar, o Zn^{2+} aparece frequentemente nos sítios ativos de enzimas, participando de suas funções catalíticas. O metal atua por coordenação, e também como ácido de Lewis, auxiliando nos deslocamentos de elétrons das ligações. A anidrase carbônica é uma enzima que contém zinco, e atua na aceleração da reação

$$HCO_3^- \rightleftharpoons CO_2(aq) + OH^-$$

para a liberação e remoção do CO_2 do sangue. Um dos oxigênios no HCO_3^- parece se coordenar no sítio de Zn^{2+} na enzima.

Cádmio

Esse metal é um subproduto do processo de obtenção do zinco. Por ser mais volátil que o zinco, o cádmio se desprende como vapor. É muito mais fácil fazer a eletrodeposição do cádmio, do que do zinco, visto que o potencial

$$Cd^{2+} + 2e^- \rightleftharpoons Cd \qquad \mathscr{E}^\circ = -0{,}402 \text{ V}$$

não é muito negativo. Essa reação, que é muito mais reversível que a semi-reação do zinco, é bastante usada pelos eletroquímicos. O cádmio metálico também é usado em baterias recarregáveis.

Embora o cádmio tenha sido sempre muito caro para substituir o zinco no processo de galvanização de grandes objetos, pequenas peças de aço já foram eletrogalvanizados com cádmio, de forma rotineira, para proteção contra a ferrugem. Em anos recentes, se descobriu que o Cd^{2+} é uma ameaça para a saúde e atualmente é classificado como carcinogênico. Por essa razão, a eletrogalvanização com cádmio já não é mais praticada.

O íon de Cd^{2+} forma os mesmos tipos de complexos que o Zn^{2+}. Esses complexos como ligantes oxigenados ou nitrogenados apresentam constantes de equilíbrio semelhantes, embora os complexos de Cd^{2+} com OH^- sejam mais difíceis de se formar. Como resultado, o $Cd(OH)_2$ não se dissolve em excesso de OH^- como acontece com o $Zn(OH)_2$. Os complexos que utilizam enxofre como ligante são muito mais fortemente ligados no caso do Cd^{2+} do que no Zn^{2+}. Um dos papéis de certas proteínas ricas em enxofre é justamente o de remover Cd^{2+} e outros metais pesados, de modo que estes não possam deslocar o Zn^{2+} nas enzimas.

Estudos cuidadosos de complexos de Cd^{2+} mostram que a polimerização dos íons Cd^{2+} pode ocorrer quando se utiliza ligantes aniônicos de ponte. No sistema OH^-, a espécie $[Cd_4(OH)_4]^{4+}$ pode ser importante. O zinco não forma complexos poliméricos com tanta facilidade, além do dímero Zn_2OH^{3+}.

Mercúrio

Enquanto o zinco e o cádmio são muito semelhantes, o mercúrio tem muitas propriedades peculiares. Apresenta estados de oxidação +1 e +2, e no estado +1 existe sob a forma do dímero, Hg_2^{2+}.

A principal fonte de mercúrio elementar é o mineral cinábrio, HgS. Quando aquecido ao ar, ele se converte em HgO, e quando este é aquecido a 500 °C, se obtém mercúrio elementar. O mercúrio tem sido comercializado deste a antiguidade. Algum dia, o metal poderá tornar-se escasso, porém o uso industrial do mercúrio tem diminuído bastante e no presente não existe problemas de oferta

Um dos usos industriais, em maior escala, do mercúrio elementar durante os anos 60 foi nas celas eletrolíticas para obtenção de cloro/soda. Nessas celas, a salmoura saturada era oxidada a cloro em um eletrodo inerte, e nos catodos de mercúrio, o sódio metálico formado como produto de redução, era dissolvido. O mercúrio escoava da cela, transportando o sódio, que em contato com água, se convertia em hidróxido de sódio. A reação global é

$$2Na^+ + 2Cl^- + 2H_2O \rightarrow 2Na^+ + 2OH^- + Cl_2 + H_2.$$

Apesar de teoricamente, essa reação não consumir mercúrio, pequenas porções de mercúrio acabam se perdendo, somando-se vários quilos por dia em cada instalação, que de diversos modos chegam aos rios e lagos. O mercúrio entra dessa forma para a cadeia alimentar, principalmente através dos peixes. Um elo dessa cadeia envolve a reação do mercúrio com material orgânico, e a formação do metil-mercúrio, CH_3Hg^+. Os compostos organomercúrio são muito venenosos; por isso, o uso do mercúrio em celas eletrolíticas e em outras aplicações industriais, como fábricas de papel e de fungicidas, está sendo reduzido.

O vapor de mercúrio também é nocivo à saúde; a concentração máxima aceitável é cerca de 0,1 mg m^{-3} no ar. Visto que a pressão de vapor de equilíbrio do mercúrio é maior que esse limite, os químicos tem diminuído a quantidade de mercúrio líquido usada nos laboratórios. Felizmente, o mercúrio evapora lentamente, e a superfície torna-se rapidamente coberta por um filme de sujeira. As quantidades pequenas de mercúrio derramado podem não parecer um perigo imediato, mas devem ser removidos sem demora.

As ligas de mercúrio com outros metais são chamados de **amálgamas**, e esses metais são ditos amalgamados. Os amálgamas têm muito usos técnicos, como nas celas do processo cloro/soda. Alguns metais, como o sódio e o potássio, formam amálgamas com forte liberação de calor, enquanto outros simplesmente se dissolvem. O mercúrio é embarcado em recipientes de ferro e muitos químicos acreditam que o ferro não é amalgamado; contudo, sob condições apropriadas isso acontece. A formação de amálgamas tem sido usada na remoção de ouro de minérios, porém o uso de complexos com cianeto vem substituindo esse método antigo.

Hg^{2+}. O íon mercúrico, Hg^{2+}, forma complexos fortes com a maioria dos ânions. Suas constantes de equilíbrio com Cl^- são

$$Hg^{2+} + Cl^- \rightleftharpoons HgCl^- \qquad K = 5 \times 10^6,$$
$$Hg^{2+} + 2Cl^- \rightleftharpoons HgCl_2(aq) \qquad K = 2 \times 10^{13},$$
$$Hg^{2+} + 3Cl^- \rightleftharpoons HgCl_3^- \qquad K = 1 \times 10^{14},$$
$$Hg^{2+} + 4Cl^- \rightleftharpoons HgCl_4^{2-} \qquad K = 1 \times 10^{15}.$$

Para manter os íons mercúricos em solução a concentração de H^+ deve ser relativamente alto. O íon mercúrio se hidrolisa facilmente, conforme mostra a seguinte constante de equilíbrio:

$$Hg(H_2O)_6{}^{2+} \rightleftharpoons [Hg(H_2O)_5OH]^+ + H^+ K = 4 \times 10^{-4}.$$

O íon óxido também é bastante insolúvel:

$$HgO(red) + H_2O \rightleftharpoons Hg^{2+} + 2OH^- \quad K = 3{,}6 \times 10^{-26}$$

Além disso, os sais básicos geralmente precipitam se a acidez Não for próxima de O,1 M, ou se o íon mercúrico não estiver complexado.

Hg_2^{2+}. O íon mercuroso, Hg_2^{2+}, é um dímero, e não há qualquer evidência de que o monômero exista em solução. O cloreto mercuroso é insolúvel:

$$Hg_2Cl_2(s) \rightleftharpoons Hg_2{}^{2+} + 2Cl^- \qquad K = 1{,}2 \times 10^{-18}.$$

Ao contrário do íon mercúrico, não tem tendência de formar cloro-complexos.

O íon mercuroso pode ser instável com respeito à reação de desproporcionamento:

$$Hg_2{}^{2+} \rightleftharpoons Hg(\ell) + Hg^{2+},$$

Os complexos dos íons mercúricos são mais estáveis do que os dos íons mercurosos, e a adição de NH_3, OH^-, CN^-, H_2S, e espécies correlatas a uma solução de Hg_2^{2+} resulta em seu desproporcionamento. Por exemplo, com OH^-, temos

$$2OH^- + Hg_2{}^{2+} \rightleftharpoons Hg + HgO + H_2O.$$

O sólido (HgO + Hg) adquire uma coloração cinza por causa do mercúrio finamente dividido.
Existem duas semi-reações importantes para o mercúrio:

$$Hg_2{}^{2+} + 2e^- \rightleftharpoons 2Hg(\ell) \qquad \mathscr{E}^\circ = 0{,}7960 \text{ V},$$
$$2Hg^{2+} + 2e^- \rightleftharpoons Hg_2{}^{2+} \qquad \mathscr{E}^\circ = 0{,}9110 \text{ V}.$$

Combinadas, elas resultam na reação:

$$Hg_2{}^{2+} \rightleftharpoons Hg(\ell) + Hg^{2+} \qquad \Delta\mathscr{E}^\circ = -0{,}1150 \text{ V},$$
$$K = \frac{[Hg^{2+}]}{[Hg_2{}^{2+}]} = 1{,}14 \times 10^{-2}$$

Podemos ver que o íon mercuroso é pouco estável em solução, e qualquer estabilização extra do mercúrio(II) resultará em desproporcionamento. Visto que o monômero Hg^+ não é estável, a existência desse estado de oxidação se deve inteiramente à estabilidade do dímero. A causa dessa estabilidade tem sido bastante discutida, com a inclusão de vários fatores, até relativísticos.

RESUMO

Nesse capítulo focalizamos os 10 elementos da primeira série de transição (Sc, Ti, V, Cr, Mn, Fe, Co, Ni, Cu e Zn). Esses elementos, em seus estados de oxidação normais, apresentam orbitais $3d$ incompletos que tem papel dominante em sua química. Esses metais de transição e seus íons formam uma variedade de complexos. Ligantes como o H_2O, NH_3, Cl^-, CN^- e CO são monodentados, ocupando apenas um sítio de coordenação ao redor do metal. Ligantes multidentados abraçam o metal, formando quelatos. Ligantes como a etilenodiamina e o íon oxalato são bidentados; o EDTA é hexadentado. Os nomes dos complexos são atribuídos a partir do número e tipo de ligante; o estado de oxidação ou a carga é dado em algarismos romanos ou arábicos. Existem dois tipos de isômeros: **estruturais,** que tem ligações diferentes, e **estereoisômeros,** que diferem no arranjo espacial. Os isômeros ópticos constituem uma classe especial de estereoisômeros.

Duas teorias foram apresentadas para explicar as propriedades dos complexos de metais de transição. A teoria de **campo cristalino** supõe que os elétrons $3d$ sofrem interação coulômbica apenas com as cargas dos ligantes. Considerando como referência o octaedro, os orbitais $3d$ se desdobram em t_{2g}, representando um conjunto de menor energia capaz de acomodar 6 elétrons, e e_g, que forma um outro conjunto mais energético, capaz de acomodar 4 elétrons. O parâmetro Δ_o de campo cristalino representa a separação energética entre t_{2g} e e_g. O comprimento de onda das transições *d-d* de um complexo pode ser usado para determinar Δ_o. Medidas magnéticas também podem ser usadas para determinar o número de elétrons desemparelhados, e a configuração eletrônica para um íon de metal de transição.

A **teoria do campo ligante** utiliza os orbitais moleculares formados entre os orbitais $3d$, $4s$ e $4p$ do metal de transição com um ou mais orbitais de cada ligante. Se apenas as ligações σ forem consideradas, cada ligante tem um orbital apontando diretamente para o metal de transição. Os elétrons que ocupam esses orbitais são fornecidos pelos ligantes, além dos que existem no íon metálico. Nessa teoria, o parâmetro Δ_o é o resultado do caráter anti-ligante dos orbitais e_g. Espectros de transferência de carga, com bandas intensas,ocorrem quando a luz consegue promover elétrons do metal para o ligante (M $\rightarrow$ L) ou do ligante para o metal (L $\rightarrow$ M).

Um grande número de complexos com ligações fortes apresentam 18 elétrons de valência ao redor do metal. Isso é verdade para os complexos de CO e muitos organometálicos, como o ferroceno e o dibenzenocrômio. Este capítulo também proporcionou uma breve introdução sobre as propriedades dos íons lantanídios, que apresentam orbitais $4f$ parcialmente preenchidos. Esses orbitais interagem muito fracamente com os ligantes.

O capítulo se encerra com discussões sobre a química da maioria dos elementos da primeira série de transição, além da prata e do ouro. Também discutimos a química do zinco, cádmio e mercúrio.

SUGESTÕES PARA LEITURA

Histórico

Kauffman, G. B. *Werner Centennial.* Advances in Chemistry Series, 62, Washington D.C.: Americam Chemical Society, 1967.

Kauffman, G. B. *Inorganic Coordination Compounds,* Philadelphia: Heyden, 1981.

Química dos Metais de Transição

Cotton, F. A., e G. Wilkinson, *Advanced Inorganic Chemistry,* 4th. ed. New York: Wiley, 1980.

Larsen, E. M., *Transitional Elements,* New York: Benjamin, 1965.

Nichols, D. *Complexes and First-Row Transition Elements,* New York: Elsevier, 1975.

Orgel, L. E. *An Introduction to Transition-Metal Chemistry: Ligand Field Theory,* New York: Wiley, 1960.

Química dos Lantanídios

Cotton, F. A., and G. Wilkinson, *Advanced Inorganic Chemistry,* 4th. ed., New York: Wiley, 1980.

Larsen, E. M. *Transition Elements,* New York: Benjamin, 1965.

Moeller, T. The Chemistry of the Lanthanides. New York: Van Nostrand Reinhold, 1963.

Química Organometálica

King, B. R. *Transition-Metal Organometallic Chemistry: An Introduction.* New York: Academic Press, 1969.

Nomenclatura Inorgânica

International Union of Pure and Applied Chemistry. *Nomenclature of Inorganic Chemistry,* 1970. London: Butterworth, 1971.

PROBLEMAS

Propriedades Gerais

16.1 Os potenciais de redução fornecidos para os íons +2 na Tabela 16.1. mostram que $Cu^{2+}(aq)$ é um pouco mais fácil de ser reduzido do que o $Ni^{2+}(aq)$ e muito mais fácil do que o $Zn^{2+}(aq)$. Como esses dois fatos podem ser explicados usando-se os outros dados da Tabela 16.1. para o níquel, cobre e o zinco?

16.2 A maioria dos metais de transição tem um estado de oxidação +2 e muitos podem ter +3, porém outros estados de oxidação também ocorrem. Quais são as configurações eletrônicas de cada um dos seguintes íons? Que há de especial em cada configuração?

a) Ti^{4+} b) Cr^+ c) Cu^+ d) Mn^{7+}

16.3 Qual elemento na Tabela 16.1. tem baixos pontos de fusão e de ebulição, em comparação com outros metais da primeira série de transição? Isso também é verdade para ΔH°_f de seus átomos gasosos? Que se pode concluir a respeito de sua ligação metal-metal? Explique essas propriedades usando a configuração eletrônica do metal.

16.4 O íon de $Co^{3+}(aq)$ é um oxidante suficientemente forte para oxidar água em uma solução, a menos que seja estabilizado pela formação de complexo. As energias de ionização dadas na Tabela 16.1. são consistentes com o fato de que o $Ni^{3+}(aq)$ e $Cu^{3+}(aq)$ nunca tenham sido reportados? Isso também é verdadeiro para o $Fe^{3+}(aq)$?

Nomenclatura e Isômeros

16.5 Use a nomenclatura sistemática para o nome dos seguintes compostos:

a) $Zn(NH_3)_4{}^{2+}$ b) $Co(NH_3)_3Ci_3$ c) $FeF_6{}^{3-}$
d) VO^{2+} e) $Ag(CN)_2{}^-$ f) $Fe(CN)_5NO^{2-}$

16.6 Quais os nomes dos seguintes complexos:

a) $Cr(H_2O)_6{}^{3+}$ b) $CrCl(H_2O)_5{}^{2+}$ c) $CrCl_2(H_2O)_4{}^+$

Quais podem ter estereoisômeros *cis* e *trans*?

16.7 Dado o íon complexo tris (etilenodiamina) cobalto (III), desenhe as fórmulas estruturais que mostram a natureza e o tipo de isomeria? (*Nota*: A fórmula da etilenodiamina é $H_2NCH_2CH_2NH_2$, mas você pode usar uma linha para representar cada ligante)

16.8 Repita o método do problema anterior para o complexo diclorobis(etilenodiamina)cobalto(III).

Teoria do Campo Cristalino

16.9 Que configuração eletrônica você esperaria para um complexo octaédrico de V^{2+}? Quantos elétrons desemparelhados existiriam? O número de elétrons desemparelhados muda com a força do campo cristalino?

16.10 Repita a questão anterior para o Ni^{2+} octaédrico.

16.11 A maioria dos complexos de Mn^{2+} apresentam cinco elétrons desemparelhados, porém $Mn(CN)_6^{4-}$ tem apenas um elétron desemparelhado. Explique esses fatos usando a teoria de campo cristalino.

16.12 Faça uma previsão do número de elétrons desemparelhados para cada um dos complexos:

a) $Cr(NH_3)_6^{3+}$ b) FeF_6^{3-} c) $Zn(CN)_6^{4-}$ d) $Co(NH_3)_6^{3+}$

16.13 O íon MnO_4^{2-} é tetraédrico. Faça uma previsão de sua configuração eletrônica com base na teoria de campo cristalino. Que transição seria responsável por sua coloração verde?.

16.14 Quando as soluções aquosas de $CoCl_2$ são aquecidas, elas mudam de rosa, do $Co(H_2O)_6^{2+}$ para azul, atribuída ao $CoCl_4^{2-}$. Se esse complexo é tetraédrico, como fica sua configuração eletrônica e qual o número de elétrons desemparelhados?

16.15 Use o parâmetro de campo cristalino Δ_o dado para o $Cu(H_2O)_6^{2+}$ para calcular o comprimento de onda, em nanometros, de sua banda de absorção?

16.16 Repita o cálculo anterior para o $Cu(NH_3)_6^{2+}$. Podemos esperar mais ou menos absorção de luz visível quando o NH_3 for adicionado a uma solução de Cu^{2+}? A cor desse complexo é azul escuro.

Teoria do Campo Ligante

16.17 Na Figura 16.18 estão mostrados os orbitais e os elétrons para um complexo octaédrico de Ti^{3+}. Quantos pares eletrônicos de ligação estão envolvidos na coordenção com o Ti^{3+}? Como isso ficaria para o $Cr(H_2O)_6^{3+}$? E para o $Mn(H_2O)_6^{2+}$? Qual desses três exemplos apresentam apenas elétrons desemparelhados no íon central, e teriam alguns elétrons desemparelhados em orbitais moleculares envolvendo o metal e os ligantes?

16.18 Utilize a Figura 16.18 para o complexo $[Fe(CN)_6^{3-}]$. Como essa figura deveria ser alterada para se poder explicar o número de elétrons desemparelhados presentes no $[Fe(CN)_6^{3-}]$?

16.19 O íon cromato CrO_4^{2-} é amarelo, em virtude da forte absorção de luz na região do azul-violeta. Essa banda pode ser *d-d*, ou é devida a outro tipo de transição?

16.20 Quando uma solução que contém $Fe^{3+}(aq)$ é tratada com tiocianato, SCN^-, aparece uma cor vermelha intensa. Como você explicaria essa forte absorção de luz?

16.21 O bis(benzeno)crômio tem 18 elétrons de valência ao redor do metal. Quanto elétrons de valência existem no átomo metálico isolado? Quantos elétrons cada benzeno deve suprir para completar 18 elétrons ao redor do crômio? Quantos elétrons π existem no benzeno?

16.22 Use a Figura 16.18 para o $[Cr(CO)_6]$ considerando que a ligação provavelmente não muda a ordem dos níveis. Que representa a presença de 18 elétrons de valência ao redor do crômio, em termos do preenchimento de orbitais antiligantes no $Cr(CO)_6$?

Química dos Metais de Transição

16.23 Qual é o estado de oxidação mais importante para o titânio, e qual é o composto mais importante nesse estado de oxidação? Que íon é chamado de titanoso, e quantos elétrons desemparelhados apresenta em um campo cristalino octaédrico? Qual transição espectroscópica é responsável pela cor do íon titanoso em solução aquosa?

16.24 Quais são os estados de oxidação observados para o vanádio? Quais são as fórmulas dos íons oxovanádio mais comuns? Qual seria a configuração do vanádio no VCl_4? Considere um campo cristalino tetraédrico.

16.25 O Cr(III) é um bom oxidante, um bom redutor ou tem um comportamento intermediário? E no caso do Cr(II), e do Cr(VI)? Qual é a característica mais notável do Cr(III)?

16.26 Use as constantes de equilíbrio fornecidas para o crômio para determinar as concentrações do $HCrO_4^-$ e $Cr_2O_7^{2-}$ em uma solução obtida pela acidificação, sem diluição, de uma solução 0,10 M em CrO_4^{2-}.

16.27 Explique por que a dissolução do Mn(s) em ácido diluído produz Mn^{2+} e não Mn^{3+}. Que sequência de etapas podem ser usadas para se preparar manganato de potássio e permanganato de potássio a partir do MnO_2?

16.28 Quais são os estados de oxidação observados para o ferro? Quais são as fórmulas de seus óxidos mais comuns? Que estado de oxidação do ferro será obtido se o Fe(s) for dissolvido em HCl diluído na ausência de ar? O ferro irá se dissolver em HNO_3 tão bem quanto em HCl?

16.29 Considere uma solução preparada pela dissolução de 0,10 mol de $Fe(NO_3)_3$ para formar 1 L de solução. Calcule a concentração de H^+, Fe^{3+} e das duas espécies hidrolisadas de ferro em solução.

16.30 Quais são os estados de oxidação observados para o cobalto e para o níquel? Quais conduzem a íons estáveis em solução aquosa? Quais podem ser encontrados em complexos? Quais são encontrados apenas em óxidos?

16.31 Compare os estados de oxidação +1 para o cobre e a prata. Os íons no estado de oxidação +1 são estáveis em solução ou precisam ser estabilizados mediante complexação? Repita esta questão para o estado de oxidação +2. Que reação ocorre quando I^- é adicionado ao Cu^{2+}? Que reação ocorre quando um excesso de Cl^- é adicionado a uma solução saturada de AgCl(s)?

16.32 Escreva as equações balanceadas abaixo:

a) $VO_2^+ + Zn \xrightarrow{H^+}$

b) $MnO_4^{2-} \xrightarrow{H^+}$

c) $Fe^{2+} + O_2 \xrightarrow{H^+}$

d) $Co^{2+} + NH_3(aq) + O_2 \xrightarrow{NH_4^+}$

e) $Cu^{2+} + Cu + Cl^- \longrightarrow$

f) $Au + CN^- + O_2 \xrightarrow{OH^-}$

Zinco, Cádmio e Mercúrio

16.33 Quais estados de oxidação, em caso afirmativo, seriam produzidos se os metais zinco, cádmio ou mercúrio fossem tratados com HCl diluído? Qual seria o produto formado se algumas gotas de mercúrio fossem adicionadas a soluções de Zn^{2+}, Cd^{2+} e Hg^{2+}? Como essas respostas se alterariam se o Zn(s) fosse adicionado no lugar do Hg?

16.34 Quando o NH_3(aq) é adicionado a uma solução de $HgCl_2$, forma-se um precipitado de $HgNH_2Cl$. Faça o balanceamento dessa reação, e da que ocorre quando NH_3(aq) é adicionado ao Hg_2Cl_2(s)

16.35 Considere uma solução na qual $[Hg^{2+}] = 0,1\ M$. Use a constante de equilíbrio fornecida para a solubilidade do HgO e determine a concentração de H^+ no ponto exato em que o HgO(vermelho) começa a precipitar.

17 Química Orgânica

O nome *química orgânica* tem origem na crença de que os processos vitais e os compostos por eles formados são singulares. Por volta de 1850, os químicos tornaram-se capazes de preparar compostos orgânicos a partir de componentes puramente inorgânicos. Apesar deste fato, nós ainda utilizamos o termo *orgânico* para a maioria dos compostos formados de carbono em combinação com muitos outros elementos. Recentemente, foram preparados vários compostos de carbono e hidrogênio contendo também metais de transição. Os químicos têm estado confusos quanto à denominação a ser dada a esses compostos. Seriam orgânicos ou inorgânicos? Mas não vamos nos preocupar com tais sutilezas. A química dos processos vitais é denominada bioquímica, e os compostos orgânicos específicos desses processos serão analisados no Capítulo 18. Neste Capítulo será dada uma breve introdução aos milhões de compostos químicos geralmente designados como orgânicos.

Nossa preocupação será, principalmente, com as classes de compostos orgânicos e com algumas das propriedades e reações características dos compostos de cada uma destas classes. Queremos demonstrar a base para uma sistematização dos compostos orgânicos e transmitir algo da natureza dos problemas que os químicos orgânicos tentam resolver. Como acontece com muitos aspectos da ciência, os instrumentos disponíveis nos últimos anos revolucionaram a capacidade do químico de caracterizar compostos orgânicos. Antigamente, estes eram quase que inteiramente identificados por suas reações. Agora, os compostos são identificados em grande parte por suas propriedades físicas e espectroscópicas; porém, as reações químicas ainda constituem o meio para transformar velhos compostos, sintetizar novos e confirmar os resultados obtidos com o auxílio de instrumentos.

Para verificar como um grande número de compostos distintos podem surgir da combinação de alguns poucos elementos, examinaremos primeiro as estruturas moleculares dos compostos orgânicos mais simples, os alcanos ou hidrocarbonetos parafínicos. Conforme poderemos observar, a complexidade desta classe simples de compostos surge tão somente da capacidade do carbono formar quatro ligações fortes com quatro outros carbonos.

17.1 Os alcanos ou hidrocarbonetos parafínicos (C_nH_{2N+2})

Como o próprio nome hidrocarboneto sugere, os **alcanos** são compostos relativamente inertes que contêm apenas carbono e hidrogênio (*parafina* vem do latim e significa "pequena afinidade"). O alcano de estrutura mais simples é o metano, CH_4. Como já vimos no Capítulo 6, nesta molécula há quatro ligações carbono-hidrogênio equivalentes com ângulos HCH iguais a 109,47°. Os quatro átomos de H situam-se nos vértices de um tetraedro regular com o átomo de C no centro. O fato de todos os átomos de H serem equivalentes constitui um importante aspecto estrutural do metano que deve ser notado com atenção, pois é comum representá-lo, bem como outras moléculas orgânicas, por fórmulas que mascaram esta propriedade. Na Fig. 17.1 são mostradas três representações do metano. A representação convencional é tipograficamente conveniente, mas pode ser enganosa. Os modelos compacto e bola-e-eixo mostram como os átomos realmente se relacionam uns com os outros espacialmente e demonstra a equivalência dos quatro átomos de H.

A próxima molécula, em ordem de complexidade, é o etano, C_2H_6. Na Fig. 17.2 estão três representações de sua estrutura. Mais uma vez, os modelos compacto e bola-e-eixo mostram as propriedades geométricas da molécula, ao passo que a figura tradicional deve ser interpretada com cuidado. No etano há seis átomos de H geometricamente equivalentes, três ligados a cada um dos dois átomos de C, os quais estão unidos entre si por uma ligação de par eletrônico. Os ângulos de ligação no etano estão todos muito próximos de 109°. Conseqüentemente, a descrição mais simples da ligação, tanto no metano quanto no etano, é de que cada átomo de C forma quatro ligações híbridas sp^3. No etano, três ligações são com os átomos de H e uma com o outro átomo de C.

As vezes é útil considerar o etano como um *derivado* do metano, formado conceitualmente pela substituição de um dos quatro hidrogênios do metano por um fragmento CH_3.

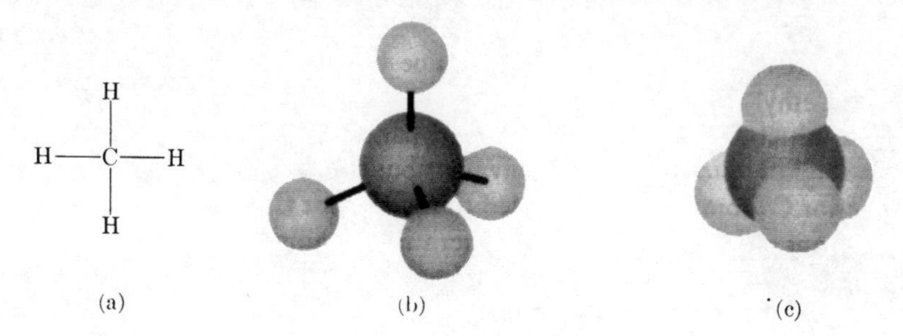

Fig. 17.1 Três representações da molécula de metano: (a) convencional; (b) modelo de bolas e varetas; e (c) modelo compacto.

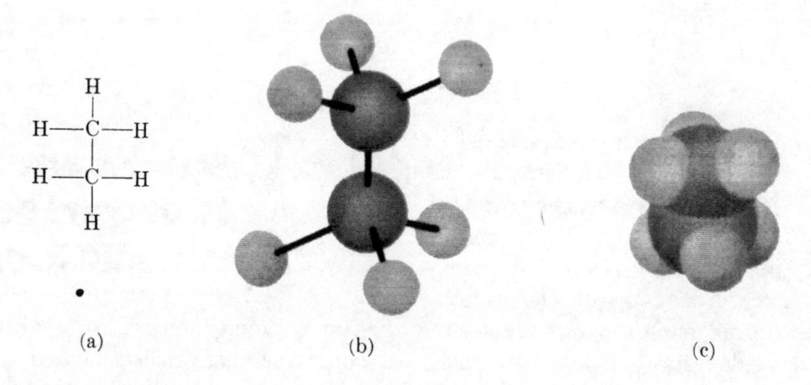

Fig. 17.2 Três representações da molécula de etano: (a) convencional; (b) modelo de bolas e varetas; e (c) modelo compacto.

representar esse conceito do seguinte modo:

$$\begin{array}{ccccccccc}
 & H & & H & & H & & H & \\
 & | & & | & & | & & | & \\
H- & C & -H + \cdot & C & -H \rightarrow H- & C & - & C & -H + H\cdot \\
 & | & & | & & | & & | & \\
 & \cdot H & & H & & H & & H &
\end{array}$$

Um fragmento de uma molécula, tal como CH_3, recebe o nome de radical; e uma vez que o CH_3 é um fragmento do metano, é conhecido como radical metila. Ele poderia ser um radical livre, mas aqui o estamos considerando apenas para fins conceituais. Veremos que outros radicais podem ser formados a partir de outros hidrocarbonetos; o termo geral atribuído a qualquer fragmento de alcano é **radical alquila.**

O propano, C_3H_6 pode ser derivado conceitualmente pela substituição de um dos seis átomos equivalentes de H do etano por um radical metila:

$$\begin{array}{ccccccccccccc}
 & H & & H & & H & & H & & H & & H & \\
 & | & & | & & | & & | & & | & & | & \\
H- & C & - & C & \cdot + \cdot & C & -H \rightarrow H- & C & - & C & - & C & -H \\
 & | & & | & & | & & | & & | & & | & \\
 & H & & H & & H & & H & & H & & H &
\end{array}$$

O grupo CH_3CH_2, derivado do etano pela remoção de um átomo de hidrogênio, denomina-se radical etila.

As representações estruturais do propano, mostradas na Fig. 17.3, demonstram que os oito átomos de H não são equivalentes, mas dividem-se em dois grupos: seis ligados aos átomos de C externos e dois, ao átomo de C interno. Conseqüentemente, à medida que continuamos o nosso processo conceitual de gerar hidrocarbonetos parafínicos com a substituição de um átomo de hidrogênio por um grupo CH_3, verificamos que há dois modos de fazer essa substituição. Se qualquer um dos seis átomos equivalentes de H nos átomos de C externos for substituído por um CH_3, o resultado é a molécula chamada normal butano, ou *n*-butano.

$$\begin{array}{ccccccccccc}
 & H & & H & & H & & H & & & \\
 & | & & | & & | & & | & & & \\
H- & C & - & C & - & C & - & C & -H & \quad \text{or} \quad & CH_3CH_2CH_2CH_3 \\
 & | & & | & & | & & | & & & \\
 & H & & H & & H & & H & & &
\end{array}$$

n-butano

Por outro lado, a substituição de um dos dois átomos de H ligados ao C interno no propano resulta na molécula conhecida como isobutano.

$$\begin{array}{ccccc}
 & H & & & \\
 & | & & & \\
CH_3- & C & -CH_3 & \quad \text{ou} \quad & (CH_3)_3CH \\
 & | & & & \\
 & CH_3 & & &
\end{array}$$

isobutano

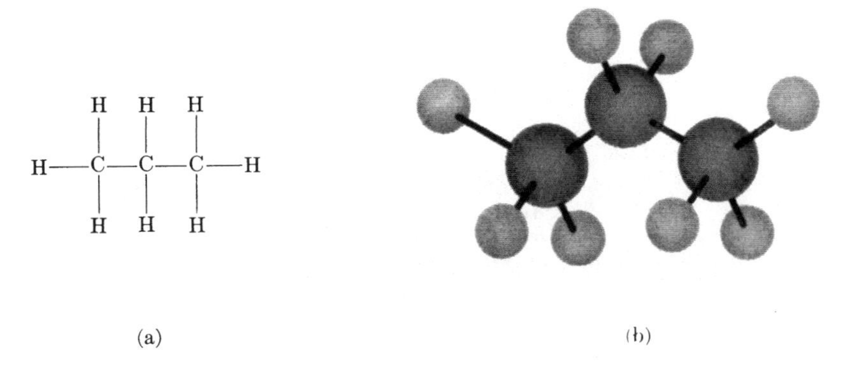

Fig. 17.3 Duas representações da molécula de propano: (a) convencional; e (b) modelo de bolas e varetas.

Isômeros Estruturais

As moléculas *n*-butano e isobutano têm a mesma fórmula molecular, C_4H_{10}, mas são compostos distintos, com diferentes propriedades físicas, e propriedades químicas também ligeiramente diferentes. Constituem exemplos de **isômeros estruturais**, moléculas que diferem na seqüência em que seus átomos estão ligados uns com os outros. Hidrocarbonetos como o *n*-butano, em que nenhum átomo de C está ligado a mais de dois outros átomos de C, são denominados hidrocarbonetos de **cadeia reta**. O isobutano, por outro lado, é um exemplo de hidrocarboneto de **cadeia ramificada**, pois um de seus átomos de C está ligado a *três* outros átomos de C.

A Tabela 17.1 traz os nomes usuais, as fórmulas e as constantes físicas de todos os hidrocarbonetos parafínicos que contêm até cinco átomos de C e dos hidrocarbonetos normais, formados por até oito átomos de C. O número de isômeros estruturais aumenta rapidamente com o número de átomos de carbono. Há cinco isômeros de C_6H_{14}, nove de C_7H_{16}, dezoito de C_8H_{18} e 1858 de $C_{14}H_{30}$. Apesar do grande número de compostos, todos os alcanos apresentam dois aspectos estruturais em comum: cada átomo de C está ligado a quatro outros átomos por quatro ligações de pares eletrônicos, e o ângulo entre duas ligações quaisquer tem sempre um valor próximo ao do ângulo de um tetraedro.

TABELA 17.1 ALGUNS ALCANOS

Nome Comum*	Fórmula	p.f. (°C)†	p.e. (°C)
Metano	CH_4	-182,5 (p.t.)	-161,5
Etano	CH_3CH_3	-182,8 (p.t.)	-88,6
Propano	$CH_3CH_2CH_3$	-187,7 (p.t.)	-42,1
n-Butano	$CH_3(CH_2)_2CH_3$	-138,4	-0,5
Isobutano	$(CH_3)_3CH$	-159,6	-11,7
n-Pentano	$CH_3(CH_2)_3CH_3$	-129,7	36,1
Isopentano	$CH_3CH_2CH(CH_3)_2$	-159,9	27,9
Neopentano	$(CH_3)_4C$	-16,6	9,5
n-Hexano	$CH_3(CH_2)_4CH_3$	-95,3	68,7
n-Heptano	$CH_3(CH_2)_5CH_3$	-90,6	98,4
n-Octano	$CH_3(CH_2)_6CH_3$	-56,8	125,7
n-Nonano	$CH_3(CH_2)_7CH_3$	-53,5	150,8
n-Decano	$CH_3(CH_2)_8CH_3$	-29,7	174,0

* Quando não há substituintes, estes nomes comuns são aceitos pela IUPAC.

† p.t. = ponto triplo, onde sólido, líquido e gás estão em equilíbrio.

Nomenclatura IUPAC

Em 1892, um grupo de químicos de várias nações reuniu-se em Genebra, Suiça, em meio ao primeiro encontro da *International Union of Pure and Applied Chemistry* [União Internacional de Química Pura e Aplicada]; nessa ocasião foram formuladas as normas de Genebra para a denominação dos compostos orgânicos. Essas regras, que são continuamente revisadas, formam agora o **sistema de nomenclatura IUPAC.** Os nomes derivados desse sistema substituíram, em grande parte, as várias denominações utilizadas para as substâncias químicas. Muitos desses nomes usuais, entretanto, ainda são empregados no comércio, e alguns deles, como aqueles que aparecem na Tabela 17.1, foram incorporados ao sistema IUPAC.

No método usado para dar nome aos alcanos fica bem clara a base do sistema IUPAC. Cada hidrocarboneto recebe um nome como se fosse o **hidrocarboneto original** substituído. Os nomes dos **grupos substituintes** (aqueles que ocupam o lugar dos átomos de hidrogênio no hidrocarboneto principal) estão relacionados aos seus radicais orgânicos derivados historicamente, alguns dos quais encontram-se na Tabela 17.2. O nome de cada grupo substituinte é derivado do nome do hidrocarboneto isolado, trocando-se o sufixo *-ano* por *-ila*. O sistema IUPAC admite as designações *iso* (que significa "igual" em grego), *sec* (de secundário) e *terc* (de terciário) para grupos substituintes os quais, por sua vez, não permitem substituição. Como prefixos, somente isopentila, *terc*-pentila e isoexila são utilizados além daqueles que parecem na Tabela 17.2.

O hidrocarboneto principal é a cadeia reta de carbono mais longa da molécula. O nome do composto é finalizado com o nome desse hidrocarboneto e iniciado com o dos grupos

TABELA 17.2 RADICAIS ALQUILAS SIMPLES

$-CH_3$ metil	CH_3CH_2- etil	$CH_3CH_2CH_2-$ *n*-propil	CH_3CHCH_3 isopropil
$CH_3CH_2CH_2CH_2-$ butil	$CH_3CCH_2CH_3$ *sec*-butil	$(CH_3)_2CHCH_2-$ isobutil	$(CH_3)_3CH_2-$ *tert*-butil

substituintes. Cada composto deve ter apenas um único nome IUPAC, que se inicia com letra maiúscula. A maioria dos químicos e dos livros-textos, porém, usa letras minúsculas, e é o que faremos neste livro. Aqui, veremos apenas algumas das regras do sistema IUPAC.

Consideremos um hidrocarboneto de seis carbonos, cuja fórmula é

```
        CH3
        |
CH3CH2CHCH2CH3
```

Seu nome IUPAC é 3-metilpentano. A porção *pentano* representa a cadeia carbônica simples e contínua mais longa da fórmula; e *pentano* é o nome IUPAC para uma cadeia de cinco carbonos. A designação 3- corresponde ao fato de a metila ser o grupo substituinte no terceiro carbono da cadeia. Se deslocássemos o grupo metila um carbono para a direita, o composto passaria a ser o 2-metilpentano e não o 4-metilpentano, pois a contagem é feita a partir da extremidade que resulta no menor número. Se o grupo metila for deslocado para uma das extremidades da cadeia, o nome do composto será hexano, ou para ser mais exato, *n*-hexano.

Se substituirmos o grupo metila por um grupo etila, teremos o 3-etilpentano. Por outro lado, se substituirmos o grupo metila por um grupo *n*-propila, o hidrocarboneto principal torna-se um hexano, pois agora são seis átomos de carbono na cadeia mais longa:

```
          6
          CH3
          |
          5
          CH2
          |
          4
          CH2
          |
1   2     3
CH3CH2CHCH2CH3
```

3-etilhexano

Quando um ou mais grupos encontram-se ligados à cadeia carbônica contínua mais longa, esses serão arrolados em ordem alfabética, juntamente com os prefixos *di, tri, tetra,* e assim por diante, para indicar quanto de cada grupo está presente:

```
        CH3
        |
CH3CH2CCH2CH3
        |
        CH3
```

3,3-dimetilpentano

```
        CH3
        |
CH3CH2CCH2CH3
        |
        CH2CH3
```

3-etil-3-metilpentano

```
      CH3        CH3
      |          |
CH3—C—CH2—C—CH3
      |          |
      CH3        CH3
```

2,2,4,4-tetrametilpentano

Se houver vários grupos substituintes, identificamos a cadeia carbônica mais longa a partir da extremidade que produzirá uma seqüência numérica em que os primeiros dois números combinados sejam os menores possíveis. Por exemplo:

```
   CH3        CH3
   |          |
CH3CHCH2CHCHCH3
           |
           CH3
```

2,3,5-trimetilhexano, não 2,4,5-trimetilhexano

A substituição mais simples nos hidrocarbonetos é a de um ou mais hidrogênios por um ou mais halogênios. Neste caso, utilizam-se as denominações *fluoro, cloro, bromo e iodo,* mantendo-se a ordem alfabética. Vejamos dois dois exemplos:

```
       Br
       |
CH3—C—CH3
       |
       CH3
```

2-bromo-2-metilpropano

H_2BrCCF_3

2,-bromo-1,1,1-trifluoroetano

Estereoisômeros

Vimos que os isômeros estruturais podem ser representados por simples fórmulas de ligação. Não é preciso, nestes casos, fazermos uma representação espacial das moléculas reais para ilustrar as diferenças entre isômeros. Os estereoisômeros, no entanto, têm de ser diferenciados por um diagrama que mostre o arranjo dos átomos que estão ligados, no espaço.

O caso mais simples de estereoisômeros são as substituições *cis* e *trans* do etileno, que serão mostradas com mais detalhes na próxima seção. Mas lembremos agora que, na Seção 6.5, desenhamos fórmulas para os ácidos maleico e fumárico. Estes dois ácidos apresentam diferentes pontos de fusão e diferentes propriedades químicas. Eles são estereoisômeros porque diferem somente quanto às posições espaciais dos dois grupos COOH. Esta estereoisomeria é fácil de visualizar no papel, pois as moléculas são planares:

```
H         H           HOOC        H
 \       /                \      /
  C == C                   C == C
 /       \                /      \
HOOC      COOH           H        COOH
```

ácido maleico — ácido fumárico

A estereoisomeria mais complexa é das **moléculas quirais**, que requer uma representação totalmente tridimensional. A quiralidade foi originariamente descoberta quando se observou que certas moléculas faziam girar o plano da luz polarizada que incidia sobre elas. Estas moléculas geralmente eram produtos naturais, tais como açúcares e aminoácidos. Na química complicada que dava origem a esses produtos, a quiralidade dos compostos era importante, pois formava-se um isômero específico conhecido como **enantiômero**. Dois enantiômeros diferem não apenas quanto aos arranjos tridimensionais de seus átomos; eles são também imagens especulares um do outro, assim como acontece com a mão direita e a mão esquerda. Podemos ver o enantiômero oposto olhando para uma reflexão de um deles no espelho. Outra maneira de demonstrar a quiralidade é desenhar um plano imaginário atravessando a molécula; por inversão de um dos enantiômeros através desse plano, obtemos o outro.

Para dar um exemplo de quiralidade e de enantiômeros, consideraremos uma molécula muito rara, o bromoclorofluorometano. Sua fórmula bidimensional é

```
    Br
    |
F — C — Cl,
    |
    H
```

mas é claro que esta não representa a localização espacial dos átomos ou de suas ligações relativas. Para fazê-lo, devemos desenhar ligações tetraédricas em volta do carbono. Se desenharmos arbitrariamente a ligação C - H na posição vertical, a ligação C - Br à esquerda e considerarmos que a ligação à direita é transversal à página, veremos que há duas moléculas possíveis, com distribuições espaciais distintas:

```
    H              H
    |              |
    C ── F         C ── Cl
   / \            / \
 Br   Cl        Br   F
```

Esses são os dois enantiômeros da molécula quiral CHBrClF. Ambos têm o mesmo ponto de congelação e o mesmo ponto de ebulição. Se fizermos uma inversão de um dos enantiômeros através do plano definido pelo ângulo BrCH, obteremos o outro enantiômero. Também veremos o enantiômero oposto se olharmos para o reflexo de um deles no espelho.

Mas se observarmos os diagramas dos ácidos maleico e fumárico, veremos que não é possível passar de um isômero para o outro mediante inversões ou reflexões. Os ácidos maleico e fumárico pertencem a uma espécie diferente de estereoisômeros chamada **diastereoisômeros.**

Podemos falar não só de moléculas quirais, mas também de **centros quirais,** ou carbonos quirais. Para ser um centro quiral, o carbono deve estar ligado a quatro grupos diferentes entre si; se houver dois grupos iguais, o carbono não poderá ser quiral. Moléculas que não apresentam centros quirais não podem ter enantiômeros. Os exemplos que se seguem são de hidrocarbonetos com quiralidade em apenas um dos carbonos:

```
     CH2CH3              CH3CHCH3
     |                      |
H — C — CH3            H — C — CH3
     |                      |
     CH2CH2CH3              CH2CH2CH3
```

3-metilhexano — 2,3-dimetilhexano

Um dos enantiômeros é identificado como *R* e o outro, *S*. Não tentaremos explicar como essas denominações, *R* e *S* são atribuídas, apenas afirmaremos que há um procedimento sistemático para tanto. Se esses hidrocarbonetos fossem sintetizados sem a utilização de uma química estereoespecífica, quantidades iguais de *R* e *S* seriam obtidas. As enzimas que controlam a maior parte da química biológica são estereoespecíficas, e conseqüentemente os produtos naturais geralmente contêm somente um enantiômero.

Isômeros Conformacionais

Ao contrário de outros tipos de isomeria, os **isômeros conformacionais** são arranjos espaciais ligeiramente distintos de grupos em que a transformação de um isômero no outro se faz sem quebra de ligações. As representações tridimensionais do etano, CH_3CH_3, na Fig. 17.2(a) e (b), e do propano, $CH_3CH_2CH_3$, na Fig. 17.3(b) mostram suas **conformações** de energia mais baixa ou **confôrmeros**. Se fizermos girar um dos grupos CH_3 de qualquer uma das moléculas em torno da ligação C - C, a energia da molécula irá se alterar devido a interações, independentes de ligação, entre hidrogênios ou grupos substituintes ligados aos átomos de C. Essas interações podem ser maiores do que as energias térmicas representadas por *RT*. Conseqüentemente, a população térmica das moléculas favorece acentuadamente as conformações de mais baixa energia, em relação às conformações de alta energia. Para o CH_3CH_3, essas conformações podem ser ilustradas com a **projeção de Newman**, semelhante àquela utilizada no Capítulo 6:

estrela

eclipsado

A conformação **estrela** tem uma energia maior do que a conformação **eclipsado**. A diferença é de 12 kJ mol^{-1}, ou cerca de 5*RT* à temperatura ambiente. No entanto, a excitação térmica pode fazer com que as moléculas passem de uma conformação estrela para outra, superando assim a barreira energética da conformação eclipsada.

Na conformação de energia mais baixa do $CH_3CH_2CH_3$ (Fig. 17.3b), ambos os grupos CH_3 estão em oposição com respeito ao grupo central CH_2. Também podemos ver que a oposição dos dois grupos CH_3 em relação às ligações do CH_2 central coloca dois pares de hidrogênios dos grupos CH_3 razoavelmente próximos um do outro. Entretanto, porque a interação *dominante* se dá entre átomos de carbonos adjacentes, a conformação de energia mais baixa do propano é aquela que aparece na Fig. 17.3(b).

Na série de números crescentes de átomos de carbono, o próximo hidrocarboneto de cadeia reta é o butano, $CH_3(CH_2)_2\,CH_3$. Podemos deixar os grupos CH_3 das extremidades em oposição em relação a cada um dos grupos CH_2 aos quais estão ligados; mas para essa molécula há duas conformações não em eclipse em torno da ligação C - C:

anti

gauche

Observemos que todas as outras representações de conformações estrela são, na verdade, apenas variações dessas duas projeções. A **conformação gauche** tem energia apenas ligeiramente mais alta, devido à maior repulsão entre os dois grupos CH_3 do que entre um grupo CH_3 e os átomos de H. Seu valor corresponde a aproximadamente 1,5*RT* na temperatura ambiente. Enquanto o **confôrmero anti** tem a energia mais baixa e a população mais alta de todas as conformações, o confôrmero gauche apresenta uma população apreciável em butano gasoso ou líquido. Os pontos de fusão dos vários isômeros que aparecem na Tabela 17.1 refletem parcialmente o formato das moléculas resultante da conformação de energia mais baixa presente em seus sólidos.

Pergunta. Por que podemos considerar que esses confôrmeros estão em equilíbrio entre si, e o mesmo não podemos fazer para os isômeros estruturais?

Resposta. As energias de ativação necessárias para a alteração desses confôrmeros são suficientemente baixas para permitir altas velocidades de conversão. As energias de ativação para os isômeros estruturais envolvem a quebra de ligações, o que pode tornar as velocidades de conversão extremamente baixas.

17.2 Os Cicloalcanos (C_nH_{2n})

Há uma outra classe de alcanos em que a cadeia carbônica da molécula forma um anel. Trata-se dos **cicloalcanos**, cujo primeiro membro da série, o ciclopropano, encontra-se na Fig. 17.4. No ciclopropano, os átomos de C ocupam os vértices de um triângulo equilátero, enquanto que os átomos de H situam-se acima e abaixo do plano que contém os três átomos de C. Na Tabela 17.3 podemos observar algumas das propriedades dos cicloalcanos mais simples.

Em todos os demais cicloalcanos, os átomos de C não se situam num só plano. A energia excedente, que os cicloalcanos possuem devido às restrições impostas pelo anel, é conhecida como tensão do anel. Os desvios da planaridade ocorrem à medida que a molécula tenta reduzir a **tensão do anel**. O ciclobutano é quase planar, com pequenos desvios com relação à planaridade para os carbonos. Esses pequenos desvios parecem ocorrer para reduzir a energia associada aos grupos CH_2 eclipsados. Porém, tanto o C_3H_6 quanto o C_4H_8 apresentam tensões de anel superiores a 100 kJ mol^{-1}, devidas aos pequenos ângulos de ligação e aos grupos CH_2 eclipsados.

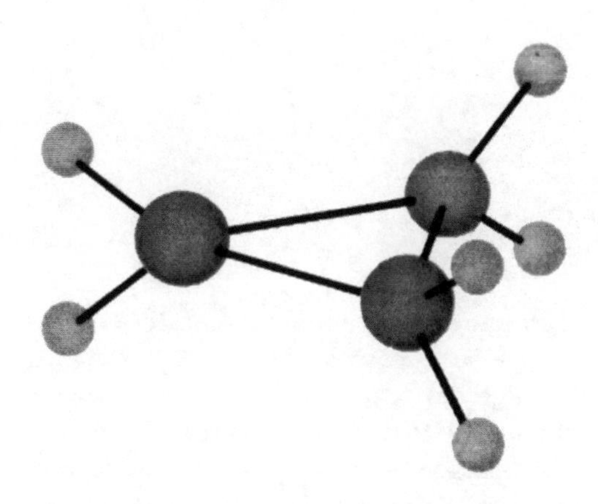

Fig. 17.4 Estrutura do ciclopropano

TABELA 17.3 ALGUNS CICLOALCANOS

Nome IUPAC	Fórmula	Angulo CCC Se planar	Angulo CCC Real	p.f. (°C)	p.e. (°C)
Ciclopropano	C_3H_6	60°	60°	-127,4	-32,8
Ciclobutano	C_4H_8	90°	~90°	-90,7 (p.t.)*	12,5
Ciclopentano	C_5H_{10}	108°	~108°	-93,9	49,3
Ciclohexano	C_6H_{12}	120°	~109,5°	6,6	80,7
Cicloheptano	C_7H_{14}	128,6°	~109,5°	-12,0	118,5
Ciclooctano	C_8H_{16}	135°	~109,5°	14,3	150,0

* p.t. = ponto triplo

A tensão de anel no ciclopentano ocorre principamente por causa da energia conformacional dos grupos CH_2 uma vez que o ângulo CCC é quase tetraédrico. Embora o C_5H_{10} seja menos planar que o C_4H_8, seus desvios com relação à planaridade são muito dinâmicos; o ciclopentano está longe de encerrar-se numa forma não planar. Por outro lado, no cicloexano, o anel assume uma conformação não planar bem definida, em que os ângulos CCC são mantidos quase regulares; esta é conhecida como **conformação cadeira** (ver Fig. 17.5). A energia de ativação necessária para que uma conformação cadeia do cicloexano sofra uma inversão originando a conformação cadeira oposta é de 45 kJ mol^{-1}. Embora esta energia seja maior do que aquela observada nas mudanças conformacionais dos alcanos, ainda é suficientemente baixa para permitir velocidades de conversão de uma forma cadeira em outra razoavelmente altas. Observemos que todas as ligações C - H na conformação cadeira são **axiais** ou **equatoriais**. Atentemos também para o fato de que elas sofrem intercâmbio quando passam de uma conformação cadeira para a outra. Cicloexanos substituídos apresentam confôrmeros axiais e equatoriais, mas a inversão excitada termicamente leva a um equilíbrio entre as populações de ambos os confôrmeros. São possíveis também outras conformações de cicloexano, tais como os **confôrmeros barco** e **torcido**, mas as repulsões entre CH_2 proporcionam uma energia mais baixa ao confôrmero cadeira.

17.3 Hidrocarbonetos Insaturados

Os alcanos e os cicloalcanos contêm tantos hidrogênios em suas fórmulas quanto o permitirem os carbonos; eles são hidrocarbonetos **saturados**. Compostos com ligações duplas C=C ou ligações triplas C≡C são chamados de **insaturados**. Já estudamos, no Capítulo 6, as restrições geométricas das ligações dupla e tripla e, no Capítulo 11, a hibridização dos orbitais do carbono coerente com essa geometria. Os elétrons π presentes nesses hidrocarbonetos insaturados dão uma importante contribuição à química desses compostos, bem como à sua geometria.

Alcenos

Os **alcenos** (também conhecidos como **olefinas**) possuem uma dupla ligação C = C. O nome usual do alceno mais simples é etileno, $CH_2 = CH_2$, mas seu nome sistemático é eteno. O eteno bissubstituído apresenta os estereoisômeros *cis* e *trans*, mencionados

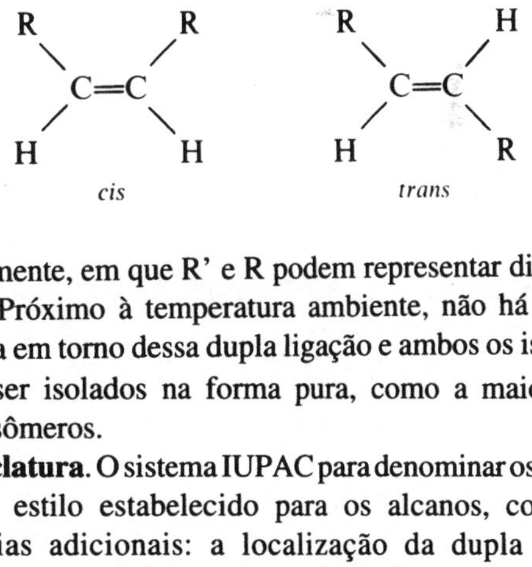

R R / C=C / H H — *cis*

R H / C=C / H R — *trans*

anteriormente, em que R' e R podem representar diferentes grupos. Próximo à temperatura ambiente, não há rotação nenhuma em torno dessa dupla ligação e ambos os isômeros podem ser isolados na forma pura, como a maioria dos estereoisômeros.

Nomenclatura. O sistema IUPAC para denominar os alcenos segue o estilo estabelecido para os alcanos, com duas exigências adicionais: a localização da dupla ligação geralmente tem de ser especificada, e o nome do hidrocarboneto principal termina em eno:

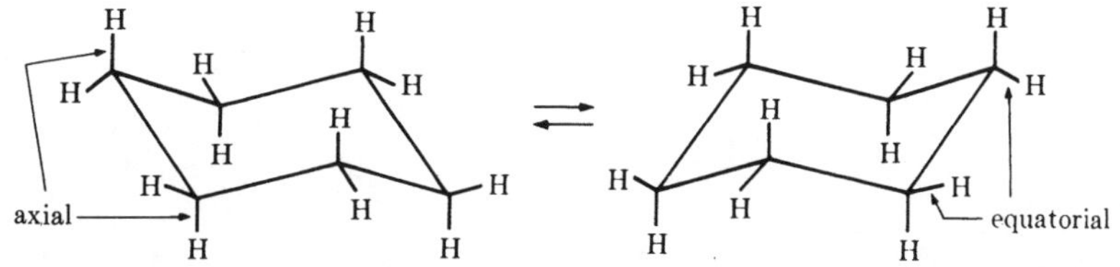

axial — equatorial

Fig. 17.5 Equilíbrio entre as duas conformações cadeira do cicloexano.

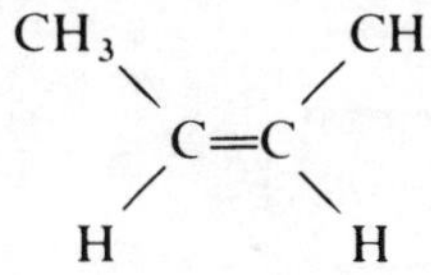

$$\begin{matrix} CH_3 & & CH_3 \\ & C=C & \\ H & & H \end{matrix}$$

cis-2-buteno

$$H_2C=CHCH_2CH_3$$

1-buteno

Determinar a numeração em volta dos anéis é uma arte especial, da qual damos estes dois exemplos:

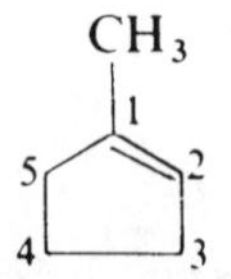

1-metilciclopenteno

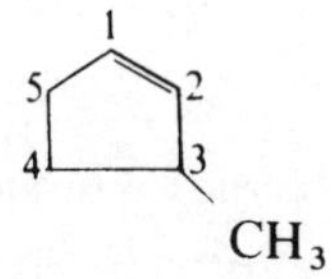

3-metilciclopenteno

Para esses exemplos, utilizamos a notação de linhas retas para representar os carbonos e os hidrogênios a eles associados.

Alcinos

Hidrocarbonetos com ligações triplas são muito menos estáveis do que aqueles que apresentam ligações duplas. Nos cilindros que contêm o alcino denominado acetileno, $CH \equiv CH$, sob pressão é preciso colocar um inibidor para impedir a polimerização. O nome sistemático deste alcino é etino, mas a IUPAC permite a utilização do termo mais antigo, acetileno. Além disso, nomes usuais como metilacetileno e dimetilacetileno costumam ser usados, respectivamente, para os hidrocarbonetos denominados propino e 2-butino segundo a IUPAC:

$$CH_3C\equiv CH$$

propino

$$CH_3C\equiv CCH_3$$

2-butino

Ligações π Deslocalizadas

Moléculas com mais de uma ligação π, como os alcenos e alcinos, apresentam importantes propriedades devido à deslocalização. As combinações adequadas de orbitais *p* para formar ligações π deslocalizadas recebem o nome de **conjugação.** No Capítulo 11 mostramos que duas ligações duplas separadas por uma ligação simples constituem um exemplo de conjugação, e que o 1,3-butadieno apresenta ligações π deslocalizadas:

$$CH_2=CH-CH=CH_2$$

1,3-butadieno

Outro exemplo de molécula simples com ligações deslocalizadas é o radical alila:

$$CH_2=CH-\dot{C}H_2$$

radical alila

Nesse radical o elétron não emparelhado é compartilhado pelos três carbonos; a probabilidade maior é de que ele esteja nos dois átomos de C das extremidades, conforme representado pelas seguintes estruturas ressonantes:

$$CH_2=CH-\dot{C}H_2 \qquad \dot{C}H_2-CH=CH_2$$

Como quase todos os radicais, o radical alila é altamente reativo, ocorrendo apenas como um intermediário em certas reações orgânicas. Outro intermediário semelhante é o cátion alila:

$$CH_2=CH-\overset{+}{C}H_2$$

cátion alila

Nessa espécie reativa, a carga positiva é compartilhada pelos três carbonos, com maior probabilidade de ser encontrada num carbono terminal. O cátion alila é um exemplo de **carbocátion.**

O hidrocarboneto principal do radical alila e do carbocátion é o aleno:

$$CH_2 = C = CH_2$$

1,2 propadieno (aleno)

Se em uma de suas duplas ligações forem utilizados os orbitais p_z do átomo de C central, na outra deverá ser usado um orbital p_x ou p_y. Essas duas duplas ligações não são conjugadas, e portanto denominam-se **cumuladas.** Não há nenhum efeito direto de deslocalização nessas duplas ligações cumuladas, uma vez que os orbitais p_z e p_x ou p_y formam ângulos retos entre si. Quando pares de duplas ligações não interagem como ligações conjugadas, nem compartilham um carbono como ligações cumuladas, dizemos que são **isolados.**

Os dienos podem ter conformações *cis* e *trans*. O 2,4-hexadieno apresenta três diastereoisômeros:

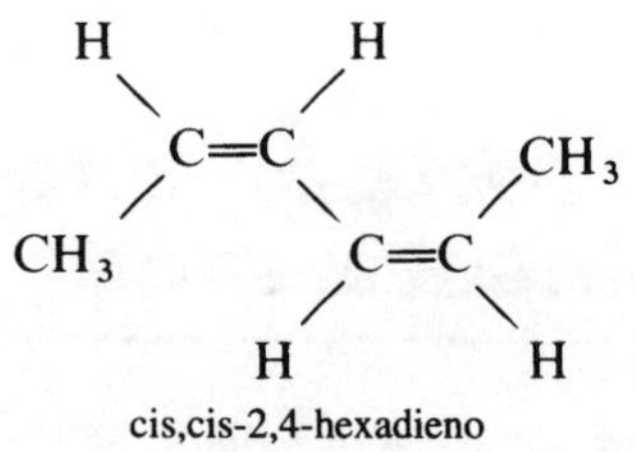

cis,cis-2,4-hexadieno

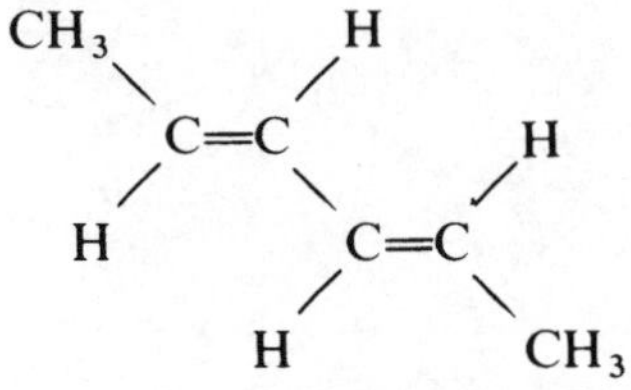

trans,trans-2,4-hexadieno

cis,trans-2,4-hexadieno

Os hidrocarbonetos mais importantes que contêm ligações deslocalizadas são as moléculas cíclicas benzeno, naftaleno e muitos outros sistemas semelhantes de anéis conjugados:

benzeno naftaleno

No benzeno, a deslocalização dos elétrons π torna todas as ligações C - C equivalentes. No naftaleno, os átomos de C dividem-se em três tipos: 4a e 8a; 1, 4, 5 e 8; e 2, 3, 6 e 7. Um halogênio pode substituir um hidrogênio nas posições 1 ou 2 e formar dois isômeros. Para indicar a deslocalização dos elétrons nesses anéis, utilizam-se diagramas com linhas simbólicas:

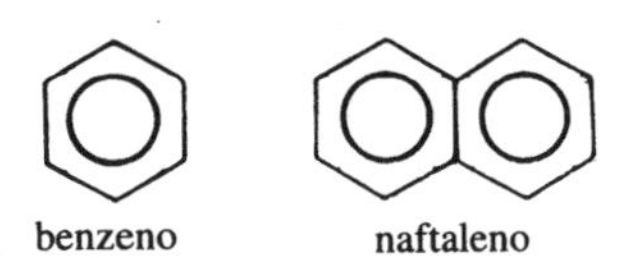

benzeno naftaleno

Os vértices representam carbonos, enquanto que os hidrogênios não são mostrados.

A deslocalização dos elétrons é tão importante para as propriedades dos hidrocarbonetos cíclicos insaturados como o benzeno e o naftaleno, que eles recebem o nome de **hidrocarbonetos aromáticos.** Nem todos os anéis em que se alternam ligações duplas e simples podem ser chamados de aromáticos. Por exemplo, o ciclooctatetraeno

não é aromático. Essa molécula não é planar e suas duplas ligações apresentam muitas das propriedades das duplas ligações isoladas. A definição moderna de molécula aromática é que seus elétrons p preenchem exatamente cada nível sucessivo dos orbitais p formados por um anel de orbitais *p*.

O número de elétrons p que satisfaz essa exigência é dado pela **regra 4n + 2**, segundo a qual níveis sucessivos de orbitais p num anel são preenchidos por 6, 10, 14,..., $4n + 2$ elétrons. Sabendo-se que o ciclooctatetraeno tem oito elétrons p, um de seus níveis não está preenchido, portanto ele não pode ser aromático.

17.4 Grupos Funcionais

As propriedades físicas e químicas dos hidrocarbonetos são todas mais ou menos semelhantes. Eles são apolares, bastante insolúveis em água e não muito reativos à temperatura ambiente. Hidrocarbonetos insaturados apresentam maior reatividade do que os hidrocarbonetos saturados, mas sob muitos aspectos todos os hidrocarbonetos são um tanto inertes. A substituição por outros elementos, tais como o oxigênio e o nitrogênio**(heteroátomos)**, nas ligações químicas dos hidrocarbonetos ocasiona alterações importantes na reatividade química e nas propriedades físicas desses compostos. Essas alterações são causadas pela presença de pares isolados e pela polaridade das ligações que o oxigênio, o nitrogênio e os não metais formam com o carbono e com o hidrogênio. Tais alterações, bastante pronunciadas, podem ser explicadas quando consideramos os não metais como sendo parte de um **grupo funcional**. Nesta seção trataremos da nomenclatura desses grupos funcionais comuns e comentaremos algumas das propriedades que eles conferem às moléculas orgânicas.

Álcoois (R-OH)

Na química orgânica, o grupo -OH é conhecido como **grupo hidroxila**, e quando ligado a um átomo de C forma um álcool. Os nomes IUPAC para os álcoois são semelhantes àqueles dos hidrocarbonetos principais, com designação *ol* no final para indicar que é um álcool:

CH_3OH — metanol (álcool metílico)

CH_3CH_2OH — etanol (álcool etílico)

$CH_3CH_2CH_2OH$ — 1-propanol (álcool n-propílico)

$CH_3CHOHCH_3$ — 2-propanol (álcool isopropílico)

Os nomes usuais, dados entre parênteses, baseiam-se nos radicais que aparecem na Tabela 17.2.

Álcoois contendo de um a três átomos de carbono são totalmente miscíveis com água, sendo que todos os álcoois são mais solúveis em água do que seus hidrocarbonetos correspondentes. Os álcoois podem ser oxidados produzindo outros grupos funcionais, pois o grupo -OH é um importante sítio de reatividade química.

Éteres (R-O-R')

A ligação característica de um **éter** é um grupo -O- que conecta dois radicais de hidrocarboneto na fórmula geral R-O-R'. A forma antiga de dar nome aos éteres inclui os radicais; e, portanto, nomes como éter dimetílico ou metil etil éter ainda costumam ser utilizados. Os nomes IUPAC derivam de um hidrocarboneto principal e de um **grupo alcóxi** (RO) substituído. Assim, temos

$CH_3OCH_2CH_3$ (metoxietano) $\qquad CH_3CH_2OCH(CH_3)_2$. (2-etoxipropano)

Uma vez que nos éteres falta o hidrogênio dos álcoois, eles são muito menos reativos. Porém, apresentam pares isolados do mesmo modo que os álcoois; sendo portanto, bases de Lewis e podem aceitar prótons de ácidos fortes. Os éteres não podem ser facilmente oxidados, e são menos solúveis em água do que os álcoois.

Aldeídos (R-C(=O)-H)

O grupo carbonila, C = O, é muito importante para a química orgânica. O carbono é um híbrido sp^2 com uma ligação , e a ligação C = O é bastante polar. Isto provoca um forte efeito sobre a reatividade dos átomos ligados a esse grupo. Como os álcoois, os **aldeídos** correspondentes são solúveis em água. Os aldeídos podem ser tão facilmente oxidados a ponto de atuarem como agentes redutores. Na verdade, eles são os produtos de oxidação dos álcoois que contêm um grupo $-CH_2OH$. Estes álcoois são chamados de **álcoois primários.** Os aldeídos encontram-se em equilíbrio com seus isômeros **enólicos:**

$$\underset{\text{aldeído}}{RCH_2-\overset{\overset{O}{\|}}{C}-H} \rightleftharpoons \underset{\text{enolato}}{R-CH=\overset{\overset{OH}{|}}{C}-H}$$

A nomenclatura IUPAC considera o carbono do grupo C = O como parte do hidrocarboneto principal e recomenda a adição do sufixo **al** para indicar que se trata de um aldeído:

$$\underset{\text{etanal}}{CH_3\overset{\overset{O}{\|}}{C}-H} \qquad \underset{\text{butanal}}{CH_3CH_2CH_2\overset{\overset{O}{\|}}{C}-H}$$

A nomenclatura antiga baseia-se no nome *aldeído* acrescido de uma designação especial para o grupo R na fórmula, conforme ela é escrita, R-CHO. Em seguida, damos alguns exemplos das designações para grupos R nos aldeídos:

H (form-) $\qquad CH_3CH_2$ (propion-)

H_3C (acet-) $\qquad CH_3CH_2CH_2$ (butir-)

Os nomes usuais para o metanal ($H_2C = O$) e o etanal são formaldeído e acetaldeído, respectivamente.

Cetonas (R-C(=O)-R')

A ausência do hidrogênio ligado ao grupo carbonila reduz a reatividade das **cetonas**, quando comparada à dos aldeídos. Os isômeros enólicos ainda existem, mas as cetonas são suficientemente inertes para serem freqüentemente utilizadas como solventes. No sistema IUPAC o sufixo *ona* é adicionado ao nome do hidrocarboneto principal para designar uma cetona:

$$\underset{\text{2-pentanona}}{CH_3\overset{\overset{O}{\|}}{C}(CH_2)_2CH_3} \qquad \underset{\text{3-pentanona}}{CH_3CH_2\overset{\overset{O}{\|}}{C}CH_2CH_3}$$

A antiga nomenclatura das cetonas é semelhante àquela utilizada para os éteres e baseia-se nos radicais. Uma cetona muito importante, cujo nome IUPAC é propanona, é mais conhecida como acetona:

$$\underset{\text{propanona (acetona)}}{CH_3\overset{\overset{O}{\|}}{C}CH_3}$$

Ácidos Carboxílicos (R-C(=O)-OH)

O grupo funcional é conhecido como **grupo carboxila** e geralmente é representado por -COOH. Este grupo forma a base dos ácidos orgânicos, ativando o grupo -OH de modo que ele apresente propriedades ácidas. Os álcoois são ácidos muito fracos, mas no grupo -COOH o O-H tem uma constante de dissociação ácida que pode ser facilmente determinada. Parte de seu caráter ácido deve-se à estabilização da base conjugada, por causa da equivalência dos oxigênios:

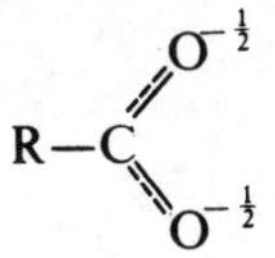

$$R-C\begin{matrix}\nearrow O^{-\frac{1}{2}} \\ \searrow O^{-\frac{1}{2}}\end{matrix}$$

De acordo com o sistema IUPAC, o nome do ácido carbônílico é gerado escrevendo-se ácido e o nome do hidrocarboneto principal com terminação óico. Estes ácidos têm também muitos nomes especiais de uso comum, alguns dos quais seguem a designação R utilizada para os aldeídos:

$HCOOH$
ácido metanóico
(ácido fórmico)

H_3CCOOH
ácido etanóico
(ácido acético)

Os ácidos carboxílicos, formados por oxidação dos aldeídos, são muito estáveis com relação a uma nova oxidação. Ácidos carboxílicos que contêm até quatro átomos de C são totalmente miscíveis com água.

Ésteres (R-C(=O)-O-R')

Os **ésteres** costumam apresentar um odor agradável de fruta. Podem ser formados a partir de reações de ácidos (R-COOH) com álcoois (R'-OH), e seus nomes indicam essa origem simples. Nos nomes IUPAC acrescenta-se *il* ao nome básico do álcool, combinando-o com o sufixo *ato* ou *oato*, adicionado à parte ácida:

$$CH_3C(=O)—OCH_2CH_2CH_3$$
etanoato de 1-propila
(acetato de n-propila)

Ésteres formados a partir dos ácidos fórmico e acético geralmente são denominados formiatos e acetatos. Em vez das designações IUPAC mais formais, costuma-se usar os nomes dos radicais das porções alcoólicas:

$$CH_3CH_2C(=O)—OC(CH_3)_3$$
propanoato de tert-butila

Aminas

Se considerarmos os álcoois e os éteres como resultado da substituição dos átomos de H da H_2O por radicais orgânicos, então as **aminas** resultam de substituições semelhantes na amônia. Se um hidrogênio for substituído por um radical, teremos uma **amina primária** (RNH_2). Se forem substituídos dois hidrogênios, teremos uma **amina secundária** (RR'NH), enquanto que uma **amina terciária** (RR'R''N) apresenta todos os hidrogênios substituídos. Nomes usuais para as aminas baseiam-se nos nomes dos radicais seguidos pela designação *amina*, tudo escrito como uma só palavra:

CH_3NH_2
(metilamina)

$(CH_3)_2NH$
(dietilamina)

Não apresentaremos a nomenclatura IUPAC, que é mais complicada.

Se todos os quatro átomos de hidrogênio no amônio forem substituídos por grupos alquilas, o resultado é um íon **amônio quaternário**. Em seguida damos o nome usual de um sal do íon amônio quaternário:

$$(CH_3)_4N^+Br^-$$
(brometo de tetrametilamônio)

Se um grupo $-NH_2$ for substituinte num álcool ou num ácido carboxílico, acrescenta-se a designação IUPAC amino:

$$H_2NCH_2CH_2CH_2OH$$
3-aminopropanol

De especial interesse são os **α-aminoácidos,** nos quais o $-NH_2$ é substituinte no carbono adjacente ao grupo -COOH. Um desses importantes aminoácidos é o

$$H_2N—C(H)(CH_3)—COOH$$
ácido 2-aminopropanóico
(alanina)

Esse é um aminoácido de ocorrência natural e, portanto, apenas um enantiômero, a forma L, é encontrada. A determinação da conformação absoluta da forma L dos aminoácidos foi uma importante conquista. No Capítulo 18 estudaremos a formação das proteínas a partir dos L aminoácidos.

17.5 Reatividade dos Grupos Funcionais

O grande aspecto que simplifica a química orgânica é que a maioria das reações envolvem apenas mudanças de grupos funcionais, sem nenhuma alteração na estrutura carbônica da molécula. Este fato às vezes é denominado **princípio da integridade do esqueleto carbônico**, uma vez que, na molécula, essa estrutura permanece inalterada, enquanto os grupos funcionais sofrem transformações.

Há um grande número de substâncias orgânicas e inorgânicas que reagem com os grupos funcionais. Um outro esquema de classificação simplifica consideravelmente essa química. A maior parte das reações dos grupos funcionais pertence a uma das seguintes categorias:

1. **Reações de substituição.** São processos em que um grupo funcional é deslocado (ou substituído) por outro.

2. **Reações de adição-eliminação.** Geralmente um grupo funcional é modificado pela *adição* direta de novos átomos. O processo inverso também é possível: um grupo funcional às vezes é alterado por perda ou *eliminação* de átomos.
3. **Reações de óxido-redução.** O nome já diz tudo. Alguns grupos funcionais podem ser oxidados, outros, reduzidos, e outros ainda podem sofrer ambos os tipos de reação.

Há outras reações menos importantes entre os grupos funcionais; cada uma das três que apresentamos poderia ser subdividida em outras mais sutis. Entretanto, agora temos um esquema que nos ajudará consideravelmente a organizar a química das moléculas orgânicas. Examinemos, então, as reações dos grupos funcionais para identificar exemplos específicos.

Reações dos Álcoois

A Tabela 17.4 nos dá as propriedades de alguns álcoois que ainda são líquidos bem abaixo da temperatura ambiente, com a exceção do álcool terc-butílico. Os álcoois que aparecem na Tabela 17.4 são de três tipos diferentes: **primário, secundário** e **terciário.** Estas designações são feitas de acordo com o número de carbonos associados ao carbono ao qual está ligado o grupo -OH:

$$RCH_2OH \qquad R-\underset{\displaystyle R'}{\underset{|}{CH}}OH \qquad R-\overset{\displaystyle R''}{\overset{|}{\underset{\displaystyle R'}{\underset{|}{C}}}}-OH$$

um álcool primário — um álcool secundário — um álcool terciário

Os pontos de ebulição dos álcoois são mais altos do que os dos alcanos que têm aproximadamente o mesmo peso molecular e o mesmo número de elétrons. Esta é uma conseqüência das pontes de hidrogênio: a associação entre um átomo de hidrogênio de um grupo hidroxila com um par de elétrons do grupo hidroxila de outra molécula. Estas pontes de hidrogênio sugerem que os álcoois podem atuar como ácidos e bases muito fracas. De fato, os álcoois recebem elétrons dos ácidos mais forte, de acordo com a reação

$$ROH + H^+ \rightleftharpoons ROH_2{}^+,$$

mas as constantes de equilíbrio para essas reações são muito pequenas. O grupo hidroxila também apresenta uma natureza ácida muito fraca, conforme é evidenciado pela reação

$$ROH + Na \rightarrow RO^-Na^+ + \tfrac{1}{2}H_2,$$

em que nenhuma água pode estar presente. O NH_2^- da amônia líquida é uma base mais forte do que o OH :

$$NH_2{}^-(am) + ROH \rightarrow RO^-(am) + NH_3.$$

Compostos do tipo RO^-Na^+ são conhecidos como alcóxidos. O grupo hidroxila ligado a um radical alquila apresenta propriedades ácido-base muito limitadas: ele adquire prótons apenas dos ácidos mais fortes, e só os libera para as bases mais fortes.

Reações de substituição. O grupo hidroxila pode ser substituído por várias substâncias. Exemplos típicos dessas reações são:

$$HBr + CH_3CH_2OH \rightarrow \underset{\text{brometo de etila}}{CH_3CH_2Br} + H_2O,$$

$$HI + CH_3OH \rightarrow \underset{\text{iodeto de metila}}{CH_3I} + H_2O.$$

As reações de substituição têm sido minuciosamente estudadas, sendo conhecidos os seus mecanismos. Por exemplo, verificou-se que a velocidade da reação do HBr com um álcool primário, como o etanol, é proporcional às concentrações de H^+, Br^- e do álcool. Isto é,

$$\frac{d[CH_3CH_2Br]}{dt} = k_{exp}[H^+][Br^-][CH_3CH_2OH].$$

TABELA 17.4 ALGUNS ÁLCOOIS SIMPLES

Nome Comum	Fórmula	p.f. (°C)	p.e. (°C)	Solubilidade em Água (g(100 g $H_2O)^{-1}$)
Álcool metílico	CH_3OH	-97,7	64,7	∞
Álcool etílico	CH_3CH_2OH	-114,1	78,3	∞
Álcool *n*-propílico	$CH_3CH_2CH_2OH$	-126,2	97,2	∞
Álcool Isopropílico	$(CH_3)_2CHOH$	-88,5	82,3	∞
Álcool *n*-butílico	$CH_3(CH_2)_3OH$	-89,3	117,7	8
Álcool isobutílico	$(CH_3)_2CHCH_2OH$	-108	107,7	9
Álcool *sec*-butílico	$CH_3CHOHCH_2CH_3$	-114,7	99,6	25
Álcool *tert*-butílico	$(CH_3)_3COH$	25,7	82,4	∞

Um mecanismo coerente com essa lei de velocidade é

$$CH_3CH_2OH + H^+ \overset{K}{\rightleftharpoons} CH_3CH_2OH_2{}^+$$
$$CH_3CH_2OH_2{}^+ + Br^- \overset{k_2}{\rightarrow} CH_3CH_2Br + H_2O$$

A segunda etapa é lenta e, portanto, determina a velocidade da reação. E, uma vez que se trata de um processo elementar, sua lei de velocidade é

$$\frac{d[CH_3CH_2Br]}{dt} = k_2[Br^-][CH_3CH_2OH_2{}^+].$$

Já que a primeira etapa do mecanismo é rápida e os reagentes e produtos estão em equilíbrio, $[CH_3CH_2OH^+{}_2]$ = $[CH_3CH_2OH]$, e a substituição dessa expressão na Eq. (17.1) nos dá a lei de velocidade experimentalmente observada, com $k_{exp} = k_2K$.

Outra confirmação desse mecanismo vem da observação de que a velocidade de substituição de um grupo hidroxila pelos vários íons haletos depende da identidade do íon. Ou seja, para:

$$ROH + H^+ + \begin{cases} F^- \\ Cl^- \\ Br^- \\ I^- \end{cases} \rightarrow RX + H_2O,$$

as constantes da velocidade de reação aumentam na ordem $F^- < Cl^- < Br^- < I^-$. A sensibilidade da velocidade da reação, com relação à natureza do halogênio, mostra que, nesse mecanismo, o íon haleto está envolvido na etapa determinante da velocidade.

Outras formas de investigação dessas reações de substituição têm fornecido um quadro convincente do modo como o íon haleto desloca o grupo hidroxila protonado:

$$Br^- + H(CH_3)(H)C{-}\overset{+}{O}H_2 \rightarrow [Br\cdots C(H)(CH_3)(H)\cdots OH_2] \rightarrow Br{-}C(CH_3)(H)(H) + H_2O.$$

estado de transição ou complexo ativado

Isto é, o haleto ataca o "lado posterior" da ligação C-O, fazendo com que a molécula inverta o seu arranjo geométrico. Enquanto isso, o grupo H_2O sai e o haleto se liga ao átomo de carbono.

O mecanismo que analisamos atua nas reações de substituição de álcoois primários e secundários. Os álcoois terciários comportam-se de modo um pouco diferente. A velocidade da reação

$$(CH_3)_3C{-}OH + H^+ + Br^- \rightarrow (CH_3)_3C{-}Br + H_2O$$

álcool tert-butílico — brometo de tert-butila

é proporcional à concentração de H^+ e do álcool, mas não depende da concentração do íon haleto. Ou seja,

$$\frac{d[(CH_3)_3CBr]}{dt} = k_{exp}[H^+][(CH_3)_3COH].$$

Além do mais, a velocidade da reação não depende da natureza do íon haleto: F^-, Cl^-, Br^- e I^-, todos reagem com o álcool *terc*-butílico com a mesma velocidade. Conseqüentemente, o mecanismo da reação de substituição de um álcool terciário deve ter uma etapa determinante da velocidade, que *não* envolve o íon haleto. Um mecanismo coerente com esses e outros dados é

$$(CH_3)_3C{-}OH + H^+ \overset{K}{\rightleftharpoons} (CH_3)_3C{-}\overset{+}{O}H_2 \quad \text{(equilíbrio rápido)},$$

$$(CH_3)_3C{-}\overset{+}{O}H_2 \xrightarrow{k_1} (CH_3)_3C^+ + H_2O \quad \text{(lento)},$$

$$(CH_3)_3C^+ + Br^- \rightarrow (CH_3)_3C{-}Br \quad \text{(rápido)}.$$

A espécie $(CH_3)_3C^+$ é conhecida como carbocátion. Trata-se de um fragmento estável, mas muito reativo, que se combina rapidamente com o íon haleto para dar o produto final. A velocidade da reação é igual à velocidade da etapa lenta:

$$\frac{d[(CH_3)_3CBr]}{dt} = \frac{d[(CH_3)_3C^+]}{dt} = k_1[(CH_3)_3COH_2{}^+].$$

A relação

$$[(CH_3)_3COH_2{}^+] = K[(CH_3)_3COH][H^+]$$

também é válida; portanto, em termos globais, a lei da velocidade é

$$\frac{d[(CH_3)_3CBr]}{dt} = k_1 K[H^+][(CH_3)_3COH].$$

Essa lei é confirmada experimentalmente, sendo

$$k_{exp} = k_1 K.$$

As reações de substituição dos álcoois são um bom exemplo de como as reações de um grupo funcional podem ser influenciadas pela natureza do esqueleto carbônico ao qual está ligado. Álcoois primários, secundários e terciários, todos sofrem reações de substituição com os haletos, mas o mecanismo de reação dos álcoois terciários é diferente daquele seguido pelos álcoois primários e secundários. Assim, o esqueleto carbônico pode influenciar a velocidade e o mecanismo de reação de um grupo funcional, mas não costuma alterar sua natureza.

Antes de concluirmos o estudo das reações de substituição dos álcoois, poderíamos observar que estes podem ser *formados* a partir dos haletos de alquila, também por uma reação de substituição. Assim, o processo

$$CH_3CH_2Br + OH^- \rightarrow CH_3CH_2OH + Br^-$$

ilustra um modo conveniente de converter um haleto de alquila num álcool.

Reações de Eliminação. O segundo tipo de reação mais importante entre os álcoois é a reação de eliminação. Abaixo são dados dois exemplo:

$$CH_3CH_2OH \xrightarrow{H_2SO_4} CH_2{=}CH_2 + H_2O,$$

$$(CH_3)_3COH \xrightarrow{H_2SO_4} (H)_2C{=}C(CH_3)_2 + H_2O.$$

Vemos que a reação de eliminação dos álcoois é uma reação de **desidratação**; isto é, a formação dos alcenos se dá com a remoção de água. A desidratação dos álcoois é um método conveniente para a síntese dos alcenos, sendo uma reação importante tanto no laboratório quanto no processo industrial. De um modo geral, os álcoois terciários são mais fáceis de desidratar do que os álcoois secundários, que por sua vez desidratam mais rapidamente do que os álcoois primários. A facilidade com que os álcoois terciários desidratam resulta da desenvoltura com que essas moléculas formam carbocátions. Assim, o mecanismo de desidratação de um álcool terciário é

$$CH_3{-}C(CH_3)_2{-}OH + H_2SO_4 \rightleftharpoons CH_3{-}C(CH_3)_2{-}\overset{+}{O}H_2 + HSO_4^-,$$

$$CH_3{-}C(CH_3)_2{-}\overset{+}{O}H_2 \rightarrow CH_3{-}\overset{+}{C}(CH_3)_2 + H_2O,$$

$$CH_3{-}\overset{+}{C}(CH_3)_2 \rightarrow (H)_2C{=}C(CH_3)_2 + H^+.$$

Ou seja, se o carbono não se combinar com um íon negativo, poderá perder um próton, convertendo-se num alceno. Álcoois secundários e primários não formam carbocátions rapidamente; suas desidratações seguem um curso de reação mais lento e mais complicado.

Reações de Oxidação. Sendo uma importante reação industrial e de laboratório, a oxidação dos álcoois pode ser efetuada com a utilização de vários oxidantes. A oxidação de um álcool secundário por íons dicromato em solução aquosa ácida é uma reação moderadamente rápida, que tem como produto final uma cetona. Por exemplo,

$$CH_3{-}CH(CH_3){-}OH \xrightarrow{Cr_2O_7^{2-}} (CH_3)_2C{=}O$$

2-propanol → acetona

$$CH_3CH_2{-}CH(CH_3){-}OH \xrightarrow{Cr_2O_7^{2-}} (CH_3)(CH_3CH_2)C{=}O$$

2-butanol → 2-butanona

Quando um álcool primário é oxidado sob as mesmas condições, o produto imediato da reação é um aldeído:

$$CH_3OH \xrightarrow{Cr_2O_7^{2-}} H_2C{=}O$$

formaldeído

$$CH_3CH_2OH \xrightarrow{Cr_2O_7^{2-}} (H)(CH_3)C{=}O$$

acetaldeído

Os próprios aldeídos são suscetíveis a uma nova oxidação e portanto devem ser destilados da mistura em reação à medida em que são formados, o que impedirá sua destruição.

Vemos a partir desses exemplos que a oxidação de um álcool produz um composto carbonílico: álcoois primários geram aldeídos e álcoois secundários, cetonas. Os álcoois terciários não podem ser oxidados sem que se destrua o esqueleto carbônico; portanto, não estudaremos essas reações.

Reações dos Alcenos

Na Tabela 17.5 são apresentados alguns alcenos e suas propriedades físicas, as quais se assemelham às dos correspondentes hidrocarbonetos saturados. Alcenos e alcanos com o mesmo número de átomos de carbono apresentam pontos de ebulição e de fusão semelhantes, sendo ambos os tipos de hidrocarbonetos insolúveis em água. Por terem duplas ligações, os alcenos sofrem reações de adição.

Reações de Adição nos Alcenos. As reações mais importantes dos alcenos envolvem adição de reagentes à dupla ligação. Um alceno consumirá bromo rapidamente, como acontece nas seguintes reações:

$$CH_2{=}CH_2 + Br_2 \rightarrow CH_2Br{-}CH_2Br$$

1,2-dibromoetano

$$(CH_3)_2C{=}CH_2 + Br_2 \rightarrow CH_3C(CH_3)Br{-}CH_2Br$$

2-metilpropano 1,2-dibromo-2-metilpropano

Essas reações podem ser efetivadas simplesmente fazendo-se passar o hidrocarboneto numa solução de bromo em água, à temperatura ambiente. A adição de bromo à dupla ligação é a base de um simples teste que permite diferenciar um alceno de um alcano. Estes últimos, que são hidrocarbonetos saturados, não reagem com bromo, a não ser em temperaturas elevadas ou sob a influência de intensa irradiação com luz visível. Conseqüentemente, se um hidrocarboneto desconhecido for tratado com água de bromo e a cor vermelha deste desaparecer, isso indica a presença de uma dupla ligação.

Um alceno pode ser convertido num alcano por adição de hidrogênio à dupla ligação. Essas reações costumam ser realizadas com gás hidrogênio sob alta pressão, na presença de um catalisador como, por exemplo, platina finamente dividida, paládio ou níquel:

$$CH_3CH{=}CH_2 + H_2 \xrightarrow{Pd} CH_3CH_2CH_3$$

$$C_6H_{10} \xrightarrow[H_2]{Pt} C_6H_{12}$$

cicloexeno cicloexano

Ácidos halogenídricos também se adicionam à dupla ligação. Eis aqui dois exemplos:

$$CH_3CH{=}CH_2 + HBr \rightarrow CH_3CHBrCH_3$$

brometo de isopropila

$$(CH_3)_2C{=}CH_2 + HCl \rightarrow CH_3C(Cl)(CH_3){-}CH_3$$

cloreto de tert-butila

Essas reações mostram a adição de um ácido a moléculas assimétricas nas quais os dois átomos de C da ligação dupla possuem diferentes números de átomos de H ligados a eles. Tais reações seguem um curso previsível: o átomo de H do ácido adiciona-se ao átomo de C que apresentar o maior número de átomos de H. O ânion do ácido adiciona-se àquele átomo de C que contém menos hidrogênios. Este fenômeno é conhecido como **regra de Markovnikov** e podemos ilustrá-la com a seguinte reação de hidratação:

TABELA 17.5 PROPRIEDADE FÍSICAS DE ALGUNS ALCENOS

Nome Comum	Nome IUPAC	Fórmula	p.f. (°C)*	p.e. (°C)
Etileno	Eteno	$CH_2=CH_2$	-169,2 (p.t.)	-103,7
Propileno	Propeno	$CH_3CH=CH_2$	-185,2 (p.t.)	-47,7
α -Butileno	1-Buteno	$CH_2=CHCH_2CH_3$	-185,4 (p.t.)	-6,3
Isobutileno	2-Metilpropeno	$(CH_3)_2C=CH_2$	-140,4	-6,9
cis-β -Butileno	cis-2-Buteno	$CH_3CH=CHCH_3$	-138,9	3,7
trans-b -Butileno	trans-2-Buteno	$CH_3CH=CHCH_3$	-105,6	0,9

* p.t. = ponto triplo

$$CH_3CH{=}CH_2 + H_2O \xrightarrow{H_2SO_4} CH_3CH(OH)CH_3$$

Há várias evidências de que a adição de ácidos às duplas ligações ocorre segundo um mecanismo cuja primeira etapa envolve a ligação de um próton ao alceno formando um carbocátion:

$$(CH_3)_2C{=}CH_2 + H^+ \rightarrow CH_3{-}\overset{+}{C}(CH_3)_2$$

A segunda etapa do mecanismo é a seguinte:

$$CH_3{-}\overset{+}{C}(CH_3)_2 + Br^- \rightarrow CH_3{-}C(CH_3)_2{-}Br$$

Nestas reações fica claro que o átomo de C ao qual se associa o *ânion* é aquele que apresenta a carga positiva no carbocátion. A posição da carga positiva é determinada pela posição da ligação do próton. Para o 2-metilpropeno, temos as seguintes alternativas:

$$H_2C{=}C(CH_3)_2 \rightarrow CH_3{-}\underset{+}{C}(CH_3){-}CH_3, \quad (CH_3)_2CHCH_2^+,$$

Agora há uma considerável evidência de que a ordem de estabilidade dos carbocátions é

$$\underset{\text{terciário}}{R{-}\overset{R}{\underset{+}{C}}{-}R} > \underset{\text{secundário}}{R{-}\overset{R}{\underset{+}{C}}{-}H} > \underset{\text{primário}}{R{-}\overset{H}{\underset{+}{C}}{-}H}$$

Recordemos, por exemplo, que o carbocátion desempenha um papel importante na substituição e desidratação de álcoois *terciários*, o que evidencia a relativa estabilidade dos íons carbônio terciários. Tendo em vista a ordem de estabilidade dos íons carbônio, se refletirmos um pouco, concluiremos que o íon carbônio mais estável é formado se o próton que ataca uma dupla ligação se adicionar ao átomo de C que contém o maior número de átomos de hidrogênio a ele ligados. Em poucas palavras, este é o raciocínio para a regra de Markovnikov nas reações de adição.

Reações de Oxidação. Os alcenos reagem prontamente com muitos agentes oxidantes. Um simples teste que acusa a presença do grupo olefina é a reação com uma solução aquosa do íon permanganato. A cor púrpura do permanganato desaparece à medida que a olefina é oxidada, formando-se $MnO_2(s)$, marrom. O curso dessa reação é ilustrado pelos seguintes exemplos:

$$(CH_3)_2C{=}C(CH_3)_2 \xrightarrow[\text{gelado}]{MnO_4^-} CH_3{-}C(CH_3)(OH){-}C(CH_3)(OH){-}CH_3$$

$$CH_3CH{=}CHCH_3 \xrightarrow{MnO_4^-} 2CH_3C(=O)OH$$

Um átomo de carbono contendo *dois* grupos alquila ligados é convertido no grupo carbonila de uma cetona, enquanto que um átomo de carbono contendo um hidrogênio transforma-se no grupo carboxila de um ácido. Podemos resumir os aspectos gerais da reação, escrevendo

$$RHC{=}CR'R'' \xrightarrow{MnO_4^-} R{-}C(=O)OH + O{=}CR'R''$$

Compostos Carbonílicos

O grupo carbonila aparece nos aldeídos e nas cetonas. Muitos destes compostos têm uma importância considerável na química industrial; toneladas de formaldeído são utilizados a cada ano como adesivo para madeira compensada, e grandes quantidades de acetona e outros tipos de cetonas são consumidas em tintas e solventes para laca. O grande número de reações a que o grupo carbonila pode ser submetido faz dos aldeídos e das cetonas valiosos materiais de partida para sínteses em laboratório.

A dupla ligação carbono-oxigênio que ocorre nos compostos carbonílicos tem características intermediárias, com relação ao comprimento e à força, quando comparada à ligação simples dos álcoois e à ligação tripla do monóxido de carbono:

$$\underset{350\ \text{kJ mol}^{-1}}{{-}C\overset{1,42\text{Å}}{—}OH} \qquad \underset{725\ \text{kJ mol}^{-1}}{{>}C\overset{1,22\text{Å}}{=}O} \qquad \underset{1077\ \text{kJ mol}^{-1}}{C\overset{1,13\text{Å}}{\equiv}O}$$

A descrição detalhada da dupla ligação carbono-oxigênio, em muitos aspectos é semelhante à da ligação olefínica. Convencionalmente, considera-se que a dupla ligação consiste em um componente π, e um componente , unindo os átomos de C e O, que são considerados como híbridos sp^2. Assim, temos a situação representada na Fig. 17.6. Essa descrição, embora grosseira, é coerente com a geometria de aldeídos e cetonas; o grupo carbonila e os dois átomos a ele ligados estão localizados num único plano, e os ângulos de ligação em torno do átomo da carbonila são próximos de 120°.

Por ser o oxigênio mais eletronegativo do que o carbono, o grupo carbonila é polar. A dimensão dessa polaridade pode ser verificada pela comparação entre os momentos de dipolo do propileno e do acetaldeído:

$$CH_3CH{=}CH_2 \qquad CH_3CH{=}O$$
$$\mu = 0.35\ D \qquad \mu = 2.65\ D.$$

Essas moléculas são isoeletrônicas, mas o aldeído é consideravelmente mais polar do que o alceno. A distribuição de carga no grupo carbonila pode ser representada por

$$>\overset{\delta^+}{C}{=}\overset{\delta^-}{\ddot{O}}:$$

A existência dessa polaridade e a presença dos pares de elétrons não emparelhados no átomo de oxigênio dão indícios de que os aldeídos e cetonas devem ser bases fracas de Lewis. É de se esperar que esses compostos possam ser protonados por ácidos fortes, como na reação

$$(CH_3)_2C{=}O + H_2SO_4 \rightarrow (CH_3)_2C{=}\overset{+}{O}H + HSO_4^-.$$

O nome *aldeído* origina-se da observação de que essas moléculas podem ser preparadas por desidrogenação de *álcool* em temperaturas elevadas :

$$CH_3CH_2OH \xrightarrow[250°C]{Cu} CH_3CHO + H_2.$$

Reações de Adição. As adições formam a classe mais importante de reações da dupla ligação olefínica, sendo igualmente relevantes para a dupla ligação carbonílica. Uma dessas reações, característica apenas do grupo carbonílico, é a reação de adição de bissulfito:

$$(H)(R)C{=}O + HSO_3^- \rightarrow R{-}C(H)(SO_3^-){-}OH$$

O produto da adição de bissulfito é um íon que pode ser precipitado na forma de um sal de sódio; esta reação é utilizada como método para separar aldeídos e metil-cetonas de outras substâncias orgânicas em misturas. Depois que os adutos de bissulfito são separados e cristalizados, os aldeídos e cetonas podem ser regenerados, tratando-se estes adutos com ácido forte.

Duas outras reações de adição, úteis para demonstrar a presença de grupos carbonila, são a da hidroxilamina, NH_2OH, e a da hidrazina, NH_2NH_2. Ambas adicionam-se à ligação carbonílica, mas os produtos de adição inicialmente formados perdem água, dando origem aos compostos finais:

$$R_2C{=}O + NH_2OH \rightarrow R{-}C(R)(NHOH){-}OH \xrightarrow{-H_2O} R_2C{=}NOH$$

uma oxima

$$R_2C{=}O + NH_2NH_2 \rightarrow R{-}C(R)(NHNH_2){-}OH \xrightarrow{-H_2O} R_2C{=}NNH_2$$

uma hidrazona

Essas reações são úteis na identificação de moléculas, pois as oximas e as hidrazinas geralmente são compostos cristalinos com pontos de fusão característicos.

Também muito útil é a reação de adição que envolve um **reagente de Grignard,** uma substância cuja representação convencional é RMgX, em que R é um grupo alquila e X, um átomo de halogênio. Os reagentes de Grignard são preparados pela reação de um haleto de alquila com magnésio metálico em éter:

$$CH_3CH_2Br + Mg \xrightarrow{\text{éter}} CH_3CH_2MgBr,$$
$$RX + Mg \xrightarrow{\text{éter}} RMgX.$$

Essa reação deve ser executada em ausência de água; uma das razões é porque os reagentes de Grignard reagem com água produzindo hidrocarboneto:

$$RMgX + H_2O \rightarrow RH + \tfrac{1}{2}Mg(OH)_2 + \tfrac{1}{2}MgX_2.$$

De fato, essa reação pode ser usada para preparar um hidrocarboneto a partir de um haleto de alquila.

Fig. 17.6 Representação esquemática dos orbitais de valência ligantes e não ligantes do grupo carbonila.

Os reagentes de Grignard pertencem à classe dos organometálicos, substâncias que contêm metal ligado a carbono. No Capítulo 16 tratamos de alguns organometálicos formados a partir de metais de transição; outros exemplos são CH_3Li, CH_3HgCl, $(CH_3)_2Hg$ e $(CH_3CH_2)_4Pb$. A ligação entre esses metais e o carbono é bem diferente da que ocorre em outros compostos orgânicos. Já foi demonstrado que o CH_3Li apresenta uma ligação iônica entre CH_3^- e Li^+. Nos reagentes de Grignard, o éter desempenha um papel importante na estabilização da ligação, ao preencher os sítios de coordenação vazios do metal. O magnésio funciona como um ácido de Lewis, aceitando pares de elétros isolados do éter. Nem todos os organometálicos requerem o uso de um solvente como o éter mas, sem tal solvente, eles poderão apresentar complicadas estruturas poliméricas.

Os reagentes de Grignard são perfeitamente adequados para muitas reações de síntese: reagem com os compostos carbonílicos da seguinte forma:

$$R'MgX + R_2C{=}O \rightarrow R{-}C(R)(OMgX){-}R'$$

A água é então adicionada para hidrolisar o produto da adição, produzindo um álcool:

$$R{-}C(R)(OMgX){-}R' + H_2O \rightarrow R{-}C(R)(OH){-}R' + \tfrac{1}{2}Mg(OH)_2 + \tfrac{1}{2}MgX_2.$$

Portanto, a reação de um reagente de Grignard com uma cetona produz um álcool terciário.

A reação entre reagentes de Grignard e aldeídos produz, por sua vez, álcoois secundários:

$$RHC{=}O + R'MgX \rightarrow H{-}C(R)(OMgX){-}R' \xrightarrow{H_2O} H{-}C(R)(OH){-}R'$$

Fica evidente, pois, que a reação de Grignard proporciona um meio de introduzir um grupo alquila qualquer numa molécula. Portanto, essa reação é útil na síntese de novas moléculas.

Reações de Oxido-Redução. As cetonas são altamente resistentes à oxidação; elas só reagem com os agentes oxidantes mais fortes, e o resultado é a destruição do esqueleto carbônico. Tais reações raramente apresentam alguma importância, e por isso não serão consideradas. Ao contrário, os aldeídos são muito facilmente oxidados a ácidos carboxílicos:

$$RHC{=}O \xrightarrow{Cr_2O_7^{2-}} R{-}C({=}O)OH$$

Essa diferença quanto ao comportamento frente aos agentes oxidantes constitui a base para os testes qualitativos que permitem distinguir os aldeídos das cetonas. Os aldeídos, mas não as cetonas, reagem com o íon complexo $[Ag(NH_3)_2]^+$, formando um "espelho" reluzente de prata metálica que reveste as paredes do recipiente onde se deu a reação:

$$RCHO + 2Ag(NH_3)_2{}^+ + H_2O \rightarrow$$
$$RCOO^- + 2Ag + 3NH_4{}^+ + NH_3.$$

Outros grupos funcionais como os álcoois e alcenos não são oxidados dessa maneira, portanto o teste é bem específico para os aldeídos e aldeídos em potencial como a glicose (ver Capítulo 18).

Tanto os aldeídos quanto as cetonas podem ser reduzidos a álcoois de várias maneiras. Por exemplo,

$$RR'C{=}O + H_2 \xrightarrow{Pt} H{-}C(R)(R'){-}OH$$

$$RR'C{=}O \xrightarrow[C_2H_5OH]{Na} R'{-}C(R)(H){-}OH,$$

$$RR'C{=}O \xrightarrow[\text{or } NaBH_4]{LiAlH_4} H{-}C(R)(R'){-}OH$$

Esses exemplos mostram que a redução de um aldeído gera um álcool primário, enquanto que a de uma cetona produz um álcool secundário. São essas as mesmas inter-relações que encontramos ao oxidar álcoois para formar aldeídos e cetonas. O $NaBH_4$ é um agente redutor mais seletivo do que o $LiAlH_4$, pois não consegue reduzir ácidos ou ésteres a seus álcoois correspondentes, como faz o $LiAlH_4$.

RESUMO

Neste Capítulo introduzimos alguns termos e conceitos que são importantes na química orgânica. Os **alcanos** são hidrocarbonetos que contêm **ligações simples C-C.** Eles apresentam a fórmula geral $\mathbf{C_nH_{2n+2}}$. Na **nomenclatura**

sistemática da IUPAC, os hidrocarbonetos recebem nomes de acordo com a cadeia de carbonos mais longa. Qualquer ramificação ou **substituição** é indicada por números atribuídos aos carbonos da cadeia. Os nomes das dez primeiras cadeias carbônicas são: metano, etano, propano, butano, pentano, hexano, heptano, octano, nonano e decano. Os alcanos são **saturados**, ao passo que os **alcenos** e **alcinos** são **insaturados**. Os alcenos contêm **duplas ligações C=C** e os alcinos, **triplas ligações C≡C**. Os **cicloalcanos** já apresentam seus carbonos na forma de um **anel.**

Estudamos três tipos de isomeria. Os **isômeros estruturais** são compostos que têm a mesma fórmula molecular, mas diferentes seqüências de ligações. Os **estereoisômeros** apresentam as mesmas ligações e, na mesma seqüência, mas diferem quanto ao arranjo espacial. **Isômeros conformacionais** também apresentam arranjos espaciais diferentes, mas a conversão de uma **conformação** em outra não envolve a quebra de ligações químicas. Conseqüentemente, os isômeros conformacionais usualmente não podem ser isolados no laboratório.

Há dois tipos de estereoisômeros: enantiômeros e diastereoisômeros. Os **enantiômeros** são imagens especulares um do outro, relacionadas por inversões ou reflexões; eles apresentam **quiralidade** e costumam ser chamados de isômeros ópticos. Os **diastereoisômeros** não podem ser relacionados por inversões ou reflexões. Os isômeros *cis* e *trans* do etileno substituído são diastereoisômeros.

O aspecto químico mais importante dos compostos orgânicos diz respeito à existência de um **heteroátomo**, tais como o oxigênio ou o nitrogênio, nessas moléculas. Estes átomos formam a base de importantes grupos funcionais. Alguns desses **grupos funcionais** são:

—OH em álcoois —O— em éteres

$-\overset{\overset{\displaystyle O}{\|}}{C}-H$ em aldeídos $-\overset{\overset{\displaystyle O}{\|}}{C}-$ em cetonas

$-\overset{\overset{\displaystyle O}{\|}}{C}-OH$ em ácidos $-\overset{\overset{\displaystyle O}{\|}}{C}-O-$ em ésteres

$-\overset{|}{N}-$ em aminas

Cada grupo funcional atua como um centro de reatividade para a molécula.

Na nomenclatura sistemática utiliza-se o sufixo *-ol* para os álcoois, *-al* para os aldeídos, *-ona* para as cetonas e ácido *-óico* para os ácidos. Para os éteres, o menor grupo hidrocarboneto forma um **grupo alcóxi** (RO-) substituinte da cadeia maior. Para as aminas, utilizamos apenas nomes usuais baseados nos nomes dos radicais seguidos, pela denominação *amina.*

Alguns tipos de reatividade química estudados neste Capítulo incluem as **reações de substituição**, tal como a substituição de um grupo OH por um halogênio nos álcoois. Também analisamos as **reações de adição-eliminação**, como por exemplo a adição de dihalogênios ou H_2 às ligações C=C e a eliminação de água dos álcoois. As **reações de óxido-redução** ocorrem quando os álcoois são oxidados a aldeídos, ácidos ou cetonas, ou quando estas últimas são reduzidas a álcoois. Um importante reagente para sínteses é uma substância organometálica, contendo magnésio e conhecida como **reagente de Grignard**. Com este reagente podemos gerar o hidrocarboneto a partir do haleto de alquila e converter cetonas e aldeídos em álcoois contendo um grupo alquila adicional.

Na química orgânica, o entendimento da reatividade é fundamental e neste Capítulo tratamos apenas superficialmente da grande variedade de reações e compostos utilizados nessa área.

SUGESTÕES PARA LEITURA

Histórico

Benfrey, O.T. Kekulé-Couper centennial, *Journal of Chemical Education*, 36, 319-339, 1959.

Willstatter, R. *From My Life: The Memoirs of Richard* Willstatter. Nova York: Benjamin, 1965. 65.

Textos de Química Orgânica

Loudon, G.M. *Organic Chemistry*. Reading, Mass.: Addison-Wesley, 1984.

Morison, R.T. e R.N. Boyd. *Organic chemistry*, 4ª ed. Boston: Allyn and Bacon, 1983

Solomons, T.W.G. *Fundamentals of Organic Chemistry*. Nova York: Wiley, 1982.

Streitwieser, A. e C.H. Heathcock. *Introduction to Organic Chemistry*, 3 ed. Nova York: Macmillan, 1985.

Nomenclatura

Banks, J.E. *Naming Organic Compounds: A Programmed Introduction to Organic Chemistry*, 2 ed. Philadelphia: Saunders, 1976.

International Union of Pure and Applied Chemistry. *Nomenclature of Organic Chemistry Sections A, B, C, D, E, F, and H, 1977* edition. Oxford, England: Pergamon Press, 1979.

PROBLEMAS

Hidrocarbonetos e Isômeros

17.1 Escreva as fórmulas estruturais para cada um dos seguintes compostos:
a) 2,2-dimetilpentano
b) 2,3,4-trimetilpentano
c) 3-etil-2-metileptano
d) 3-isopropil-3-metileptano

17.2 Escrevas as fórmulas estruturais para cada um dos seguintes compostos:
a) 2-bromo-3-metilpentano
b) 1-cloro-4-flúor-3-iodo-3-metilbutano
c) 2,2,4,6,6-pentametileptano
d) 1,1-dimetilciclopropano

17.3 Escreva as fórmulas estruturais e dê os nomes IUPAC para cada isômero estrutural de fórmula C_5H_{12}. Algum deles pode ter estereoisômeros? Explique.

17.4 Repita o problema anterior para C_6H_{14}. Há cinco isômeros estruturais possíveis.

17.5 Considere a molécula 2,3-dimetilpentano. Esta apresenta estereoisômeros e quiralidade? Indique com um asterisco na fórmula estrutural, aqueles carbonos que tiverem centros quirálicos.

17.6 Considere o 1,2-dicloroetano. Desenhe projeções de Newman que mostrem as conformações esperadas para essa molécula. A medida de seu momento de dipolo elétrico depende das populações das várias conformações? Explique.

17.7 Escreva as fórmulas estruturais para cada um dos seguintes compostos:
a) 2-metil-1-buteno
b) 3-metil-1-buteno
c) *cis*-2-penteno
d) *trans*-4-metil-2-penteno

17.8 Escreva as fórmulas estruturais para cada um dos seguintes compostos:
a) *cis*-1-bromo-1-propeno
b) *cis*-1,2-dietilciclopropano
c) 3,3-dimetil-1-butino
d) *trans*-1,3-pentadieno

Grupos Funcionais

17.9 Escreva as fórmulas estruturais para cada um dos seguintes compostos:
a) 4 metil-3-hexanol
b) 4,4-dimetil-2-pentanol
c) 2,3-dimetilbutanal
d) 3-heptanona
e) 1,2-dimetoxietano
f) ácido pentanóico

17.10 Considere todos os isômeros estruturais possíveis de fórmula C_3H_8O e dê o nome apropriado a cada um deles.

17.11 Considere todos os isômeros estruturais possíveis de fórmula C_3H_8O e dê o nome apropriado a cada um deles. (Obs.: não considere os enóis como isômeros separados.)

17.12 Escreva as fórmulas estruturais para cada um dos seguintes compostos:
a) acetato de etila
b) propionato de butila
c) iodeto de tetraetilamônio
d) dietilamina
e) *terc*-butilamina
f) 2-metil-4-nonanona

17.13 Considere todos os isômeros estruturais possíveis de fórmula $C_3H_6O_2$. Inclua somente aqueles com grupo carbonila, e dê a cada um o nome apropriado.

17.14 Desenhe figuras tridimensionais que ilustrem os dois enantiômeros do ácido 2-aminopropanóico (alanina). O ácido aminoetanóico (glicina) pode ter enantiômeros? Explique.

Reatividade

17.15 Dê as fórmulas estruturais e os nomes apropriados dos compostos formados pelas seguintes reações:
a) desidratação do 2-propanol
b) oxidação do 2-propanol
c) desidratação do 2-metil-2-propanol
d) oxidação do 1-butanol (os dois produtos possíveis)

17.16 Explique como você realizaria as seguintes conversões:
a) 2-metil-2-propanol a 2-bromo-2-metilpropano
b) propeno a 2-cloropropano
c) 2,4-dimetil-3-pentanona a 2,3,4-trimetil-3-pentanol
d) 2-bromo-2-metilpropano a 2,2-dimetilpropanol

17.17 Dê a estrutura e o nome apropriado do composto formado pela adição de HCl a:
a) 2-metilpropeno
b) 3-metil-2-penteno

17.18 Mostre como preparar 1,2-dibromo-2-metilpropano a partir de 2-propanol e bromometano.

18 Bioquímica

Este tema inclui todos os fenômenos moleculares associados ao processo vital, sendo portanto uma matéria de enorme amplitude e complexidade, e também de grandes desafios. Conseqüentemente, a bioquímica é hoje uma das áreas mais interessantes e ativas da pesquisa em química. Neste Capítulo, veremos que os princípios de estequiometria, equilíbrio, óxido-redução, cinética química e estrutura molecular estudados nos Capítulos anteriores são importantes para os problemas bioquímicos. Nas duas últimas décadas, a aplicação dos princípios e técnicas químicas e físicas aos problemas biológicos vem propiciando um inestimável aumento de nossos conhecimentos sobre o processo vital.

18.1 A Célula

Embora nosso principal interesse seja com relação aos fenômenos moleculares associados ao processo vital, uma análise superficial da estrutura da célula biológica ajudará a evidenciar o nosso contexto. A **célula** é a menor unidade capaz de efetuar e regular o metabolismo, a conversão o armazenamento de energia e a síntese molecular. Para entender como esses processos químicos se inter-relacionam, devemos ter alguma familiaridade com a estrutura e a composição da célula. Alguns dos termos químicos que usaremos para descrever a constituição da célula talvez não sejam familiares, mas todos serão analisados com mais detalhes posteriormente neste Capítulo. As células apresentam uma grande variedade de tamanhos e formas, mas a que aparece na Fig. 18.1 mostra os aspectos gerais que interessam ao nosso estudo. Essa célula é quase esférica, com um raio de cerca de 2×10^{-3} cm. Seu volume bruto é, portanto, aproximadamente igual a 3×10^{-8} cm^3. A área real da superfície celular é maior do que a de uma esfera com o mesmo raio, pois a membrana celular contém muitas dobras e irregularidades. Uma vez que o transporte de nutrientes e a remoção de resíduos ocorre, em sua maior parte, por difusão através da membrana celular, a razão superfície-volume na célula é de grande importância. Se o raio da célula se tornasse muito extenso, a razão superfície-volume se tornaria muito pequena, e o transporte de material que entra e sai da célula talvez não acompanhasse adequadamente a velocidade dos processos químicos em seu interior.

Aproximadamente 80% do peso da célula é água. As substâncias não aquosas apresentam a seguinte média: proteína, 14%; lipídios ou gorduras, 2%; materiais relacionados ao amido, 1%; ácido ribonucléico, 2%; e ácido desoxiribonucléico, 1%. Estas percentagens variam de acordo com a função da célula. Além das substâncias mencionadas, há quantidades menores de constituintes fisiologicamente importantes, tais como os íons sódio (~ 0,02 *M*) e potássio (~ 0,1*M*).

Uma **membrana** de aproximadamente 100 Å de espessura envolve a célula. Nas células animais, essa membrana apresenta uma estrutura do tipo "sanduíche", que consiste em uma dupla camada de lipídios, com proteínas encravadas. A membrana é flexível e facilmente permeável às pequenas moléculas.

Há muitas sub-estruturas no interior da célula. O **núcleo** está separado do corpo aquoso principal, ou **citoplasma**, por uma membrana protéica de camada dupla,

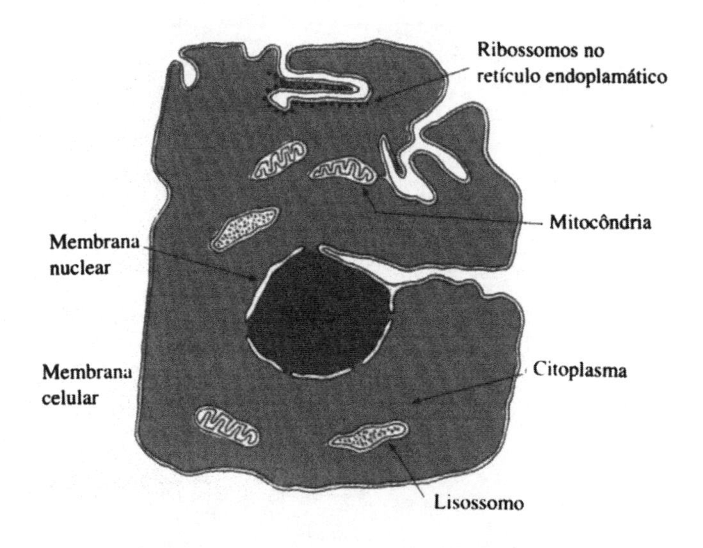

Fig. 18.1 Representação esquemática de uma célula animal generalizada.

ligeiramente porosa. O núcleo serve como sítio de armazenamento transmissão dos caracteres hereditários. Este controle genético é realizado pelas moléculas de **ácido desoxiribonucléico (DNA ou ADN)**, cuja estrutura geral estudaremos na Seção 18.6.

As células animais contêm **mitocôndrias**, pequenas partículas em forma de bastão relacionadas com a degradação química das gorduras, parte do metabolismo dos carboidratos, e com a produção de trifosfato de adenosina (ATP), um composto rico em energia.

Os **lisossomos** são partículas intracelulares um pouco menores do que as mitocôndrias. Eles contêm enzimas que catalisam a degradação de várias moléculas complexas. O uso controlado dessas enzimas permite à célula digerir grandes moléculas e material da membrana.

A célula contém uma membrana semelhante a um labirinto, com inúmeras dobras, conhecida como **retículo endoplasmático**. Em certas áreas dessa membrana, encontramos partículas granulares de cerca de 300 Å de diâmetro, denominadas ribossomos. Esta sub-estrutura celular é composta de proteína e ácido ribonucléico **(RNA ou ARN)**, sendo extremamente importante, pois é ali que ocorre a síntese das proteínas.

Vemos que no interior da célula há regiões associadas com os mais diferentes tipos de processos: metabólicos, de síntese e de transporte. A operação da célula envolve uma ação combinada, acoplada, desses componentes, cada um dos quais constitui um sistema químico altamente complexo. O objetivo da bioquímica é compreender como esses sistemas operam, estudando a estrutura e a química dos lipídios, polissacarídios, proteínas, ácidos nucléicos e outros constituintes celulares.

18.2 A Energética Bioquímica e o ATP

Em nosso esquema da estrutura e função da célula, podemos ver que os processos catabólicos (decomposição) liberadores de energia têm lugar em sítios afastados das regiões onde ocorrem as reações de síntese, geralmente consumidoras de energia (anabólicas). Além do mais, boa parte do metabolismo alimentar ocorre com uma velocidade mais lenta e num tempo diferente da ação muscular consumidora de energia. Se a energia liberada pelo metabolismo não for perdida na forma de calor, deve ser armazenada como energia interna de moléculas que possam ser facilmente transportadas para os lugares apropriados e utilizadas no momento e com velocidade adequados. A molécula mais importante nesse processo de armazenamento e transporte de energia é o **trifosfato de adenosina**, ou **ATP**. Sua estrutura, que aparece na Fig. 18.2, deve ser cuidadosamente examinada. Ela consiste em uma cadeia de polifosfato unida por uma ligação de éster ao açúcar ribose. A base nitrogenada adenina está ligada ao fragmento ribose numa outra posição. Esta estrutura base-açúcar-fosfato é importante, não apenas porque ocorre no ATP, mas também por ser a unidade fundamental dos ácidos nucléicos e de inúmeras outras moléculas envolvidas em metabolismo e em síntese.

Durante o metabolismo oxidativo, o ATP é formado a partir do **difosfato de adenosina (ADP)** e de **íons fosfato inorgânicos** (P_i):

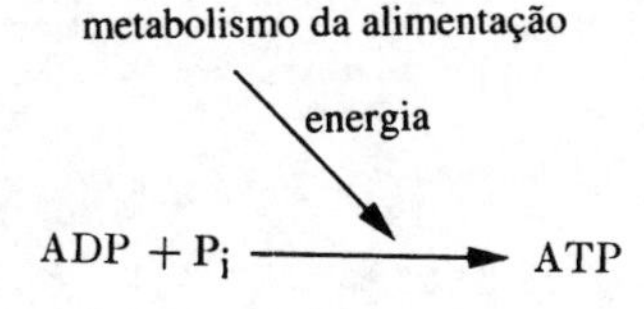

Assim, a energia necessária para a conversão ADP-ATP vem do metabolismo oxidativo dos alimentos. Essa energia "armazenada" pode ser recuperada, quando necessário, pela hidrólise do ATP:

$$ATP + H_2O \rightarrow ADP + P_i,$$

$$\Delta\tilde{G}°(pH = 7) \cong -31 \text{ kJ mol}^{-1},$$

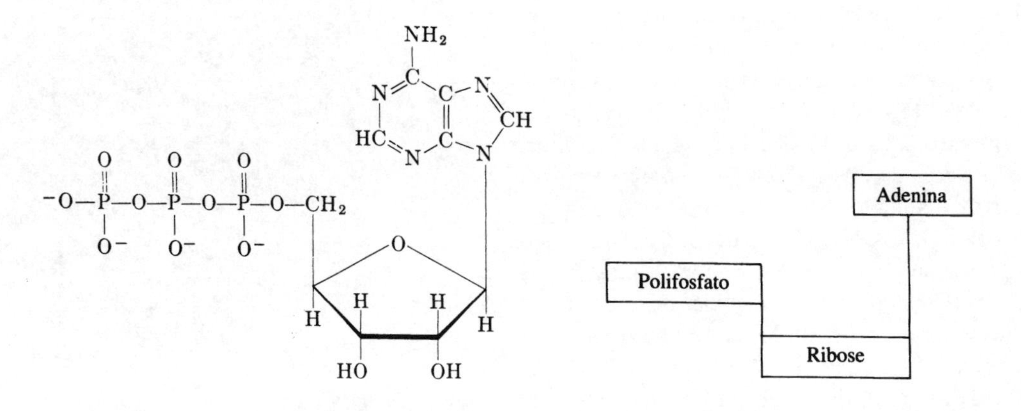

Fig. 18.2 Estrutura do trifosfato de adenosina (ATP).

ou por outras reações em que um grupo fosfato é transferido do ATP para outra molécula. Por haver uma diminuição da energia livre na conversão do ATP em ADP ou em **monofosfato de adenosina (AMP)**, as ligações fósforo-oxigênio nessas moléculas geralmente são chamadas de ligações "ricas em energia" ou "de alta energia." Esta terminologia, comum na literatura bioquímica, às vezes pode trazer confusão, pois, para o bioquímico, uma "ligação de alta energia" é, de fato, uma ligação fraca, e não uma ligação com uma energia de dissociação alta.

Há uma outra propriedade do ATP que é importante para a sua função bioquímica. Embora o ATP seja termodinamicamente instável com relação à hidrólise, esta reação é muito lenta. Conseqüentemente, o ATP é estável do ponto de vista cinético, e as suas reações liberadoras de energia ocorrem somente quando estiver disponível a enzima catalisadora apropriada. É assim que os processos liberadores de energia são controlados.

Como um simples exemplo do modo como a energia armazenada no ATP pode ser utilizada, consideremos o seguinte: a variação da energia livre molar padrão da reação de esterificação

$$H^+ + RCOO^- + R'OH \rightarrow RC(=O){-}OR' + H_2O,$$

$$\Delta\tilde{G}°(pH=7) \cong 20 \text{ kJ mol}^{-1},$$

é positiva, portanto a síntese do éster não vai até o fim. Uma conversão mais completa pode ser obtida acoplando-se a esterificação à hidrólise do ATP. O acoplamento pode ocorrer pelo seguinte processo de duas etapas:

$$RCOO^- + ATP \rightarrow RC(=O){-}O{-}P(=O)(O^-){-}O^- + ADP,$$

$$\Delta\tilde{G}°(pH=7) \cong 12 \text{ kJ mol}^{-1},$$

$$RC(=O){-}O{-}P(=O)(O^-){-}O^- + R'OH \rightarrow RC(=O){-}OR' + P_i,$$

$$\Delta\tilde{G}°(pH=7) \cong -23 \text{ kJ mol}^{-1}.$$

A reação global

$$RCOO^- + R'OH + ATP \rightarrow RCOOR' + P_i + ADP,$$

$$\Delta\tilde{G}°(pH=7) \cong -11 \text{ kJ mol}^{-1},$$

tem uma variação de energia livre negativa e portanto prossegue até o fim. Assim, o ATP formado por uma reação metabólica exotérmica pode ser utilizado subseqüentemente para efetuar uma reação degradativa ou de síntese essencial, cuja energética talvez seja bem desfavorável. O fenômeno geral do acoplamento de reações endo e exoenergéticas é extremamente importante nos sistemas bioquímicos, como ficará demonstrado nos estudos seguintes.

Reações de Óxido-Redução

Na célula, a oxidação dos alimentos libera energia que é utilizada subseqüentemente para a síntese macromolecular, transporte de matéria e ação muscular. A oxidação completa de um carboidrato como a glicose libera uma quantidade enorme de energia:

$$C_6H_{12}O_6 + 6O_2 \rightarrow 6H_2O + 6CO_2$$

$$\Delta\tilde{H}° = -2800 \text{ kJ mol}^{-1}.$$

Nos sistemas bioquímicos, as oxidações de moléculas complexas não ocorrem numa única etapa, e sim numa série de uma dezena ou mais de reações que sucessivamente decompõem a molécula original em espécies menores mais facilmente oxidáveis, produzindo, finalmente, dióxido de carbono e água. A energia liberada em pelo menos algumas dessas etapas metabólicas individuais deve ser utilizada direta ou indiretamente para converter ADP em ATP.

Mesmo as etapas individuais na seqüência metabólica não envolvem diretamente o oxigênio molecular. O oxigênio é uma gente oxidante tão poderoso que a energia liberada, mesmo na oxidação parcial de uma molécula de substrato orgânico, é tão grande que não pode ser utilizada ou armazenada com eficiência. Por exemplo, a oxidação direta do íon malato a oxaloacetato liberaria 190 kJ mol^{-1} de energia livre:

$$\underset{\text{íon malato}}{^-OOC{-}CH_2{-}HCOH{-}COO^-} + \tfrac{1}{2}O_2 \rightarrow \underset{\text{íon oxaloacetato}}{^-OOC{-}CH_2{-}C{=}O{-}COO^-} + H_2O \qquad \Delta\tilde{G}° = -190 \text{ kJ mol}^{-1}.$$

A grande força propulsora dessa reação seria, em grande parte, desperdiçada se ela ocorresse diretamente. Em vez disso, um oxidante bem mais fraco, a nicotinamida adenina dinucleótido, NAD$^+$, executa, na mitocôndria, a oxidação do substrato:

$$^-OOC{-}CH_2{-}HCOH{-}COO^- + NAD^+ \rightarrow {^-OOC{-}CH_2{-}C{=}O{-}COO^-} + NADH + H^+.$$

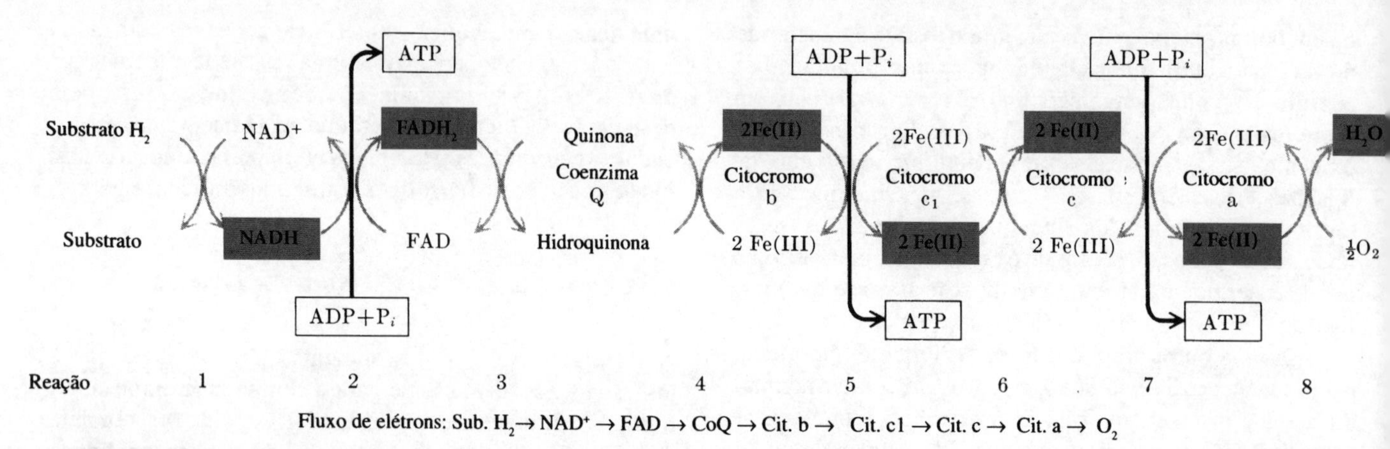

Fluxo de elétrons: Sub. $H_2 \rightarrow NAD^+ \rightarrow FAD \rightarrow CoQ \rightarrow$ Cit. b $\rightarrow$ Cit. c1 $\rightarrow$ Cit. c $\rightarrow$ Cit. a $\rightarrow O_2$

Fig. 18.3 Fosforilação oxidativa, o processo pelo qual os substratos derivados dos alimentos são oxidados e seus elétrons transferidos ao oxigênio com a produção de ATP. As substâncias reduzidas são indicadas pela cor.

Visto que o NAD^+ não é um oxidante particularmente poderoso, sua forma reduzida NADH pode ser oxidada por um oxidante ligeiramente mais forte encontrado na célula, a **flavina adenina dinucleótido, FAD**. Ao mesmo tempo, o ADP e o fosfato inorgânico são convertidos em ATP:

$$\text{NADH} + \text{ADP} + \text{P}_i + \text{H}^+ + \text{FAD} \rightarrow$$
$$\text{NAD}^+ + \text{ATP} + \text{FADH}_2.$$

Com efeito, a força propulsora derivada da oxidação da NADH e da redução da FAD é utilizada para formar o ATP, rico em energia, por **fosforilação oxidativa.**

A forma reduzida $FADH_2$ é, ela mesma, oxidada por um oxidante mais forte do que a FAD. A seqüência de reações de óxido-redução continua por mais cinco etapas, e a cada etapa sucessiva, um oxidante mais forte é utilizado. O oxigênio molecular atua como oxidante apenas na última etapa.

A Fig. 18.3 mostra a seqüência total de reações de óxido-redução que *acoplam* a oxidação de um substrato alimentar à redução do oxigênio molecular. Quatro dos pares oxidante-redutor são **citocromos,** substâncias em que o íon férrico ou o íon ferroso está complexado num anel porfirínico e ligado a uma proteína, como podemos ver na Fig. 18.4. Diferenças na estrutura do anel porfirínico e da proteína explicam as diferentes forças oxidativas dos citocromos.

A Fig. 18.3 mostra que três das reações seqüenciais de óxido-redução envolvem a conversão de ADP e P_i em ATP. Assim, por essa seqüência de reações acopladas de óxido redução, a energia liberada pela oxidação do substrato carboidrato pode ser armazenada numa forma utilizável como ATP. Os intermediários NAD^+, FAD, etc., não se

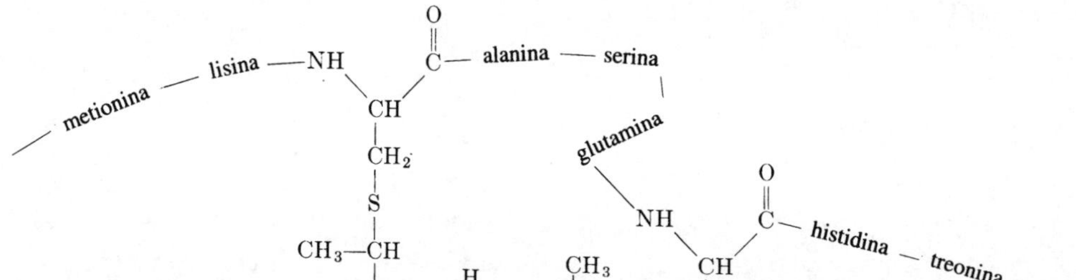

metionina — lisina — NH — CH — C(=O) — alanina — serina — glutamina — NH — CH — C(=O) — histidina — treonina

Fig. 18.4 Parte da estrutura do citocromo c, com destaque do complexo ferro(III) no sistema de anel porfirínico, o qual por sua vez está ligado à cadeia polipeptídica.

alteram, e a reação efetiva é dada esquematicamente por
$$\text{Substrato } H_2 + 3ADP + 3P_i + \tfrac{1}{2}O_2 \rightarrow \text{Substrato} + 3ATP + H_2O$$
Em estudos subseqüentes sobre o processo metabólico, encontraremos com freqüência oxidações por NAD^+. É importante perceber que estas podem levar, pelas etapas da Fig. 18.3, à redução do oxigênio e à produção de ATP.

18.3 Lipídios

Os **lipídios** são componentes celulares insolúveis em água, mas que podem ser extraídos da célula por meio de solventes orgânicos como éter, benzeno e clorofórmio. Conseqüentemente, esta classificação inclui um grande número de moléculas cujas estruturas e funções, na melhor das hipóteses, apresentam uma relação remota. Uma boa parte de um extrato lipídico, porém, consiste em substâncias que, quando submetidas à hidrólise, produzem ácidos alifáticos de cadeia longa, sem anéis aromáticos, denominados **ácidos graxos,** que logo descreveremos com mais detalhes. Limitaremos nosso estudo sobre os lipídios a essas substâncias. Este grupo é ainda classificado do seguinte modo:

1. **Lipídios simples**. Este grupo inclui as **gorduras**, que são ésteres de ácidos graxos e glicerol, $CH_2OHCHOHCH_2OH$, e as ceras, ácidos graxos esterificados com álcoois de elevado peso molecular.
2. **Lipídios compostos.** Incluem os ésteres de ácidos graxos de moléculas de açúcar e moléculas em que o glicerol é esterificado com ácidos graxos e ácido fosfórico.

Os ácidos graxos são ácidos carboxílicos, RCOOH, de peso molecular elevado, em que o grupo alquila R pode ser saturado, insaturado, cíclico ou de cadeia ramificada. Ácidos em que R é uma cadeia não ramificada aberta são incomparavelmente os mais comuns. Praticamente, em quase todos os ácidos de ocorrência natural, há um número par de átomos de carbono. A Tabela 18.1 fornece as fórmulas, os nomes usuais e as fontes de alguns ácidos graxos. O ácido saturado mais abundante em gorduras animais é o palmítico (C_{16}); em seguida vem o ácido esteárico (C_{18}). O ácido oleico (C_{18}) é um ácido insaturado de ocorrência freqüente.

Os ácidos graxos insaturados mais abundantes têm a fórmula

$$RCH{=}CH(CH_2)_7COOH,$$

sendo que sete átomos de C separam o ácido carboxílico dos grupos funcionais etilênicos. O grupo R pode ser insaturado. A presença de duplas ligações traz a possibilidade de isomeria *cis-trans*. A configuração *cis* é aquela encontrada em praticamente todos os ácidos de ocorrência natural.

Lipídios Simples

Quase 10% do peso de um mamífero pode estar na forma de gorduras,ou trigliceril-ésteres dos ácidos graxos. A fórmula geral para esses compostos é

```
CH2——CH——CH2
|     |     |
O     O     O
|     |     |
C=O   C=O   C=O
|     |     |
R     R'    R"
```

Os três grupos R - C -, que representam os **resíduos de ácidos graxos**, podem ser iguais ou diferentes. Os triglicerídeos de ácidos saturados apresentam temperaturas de fusão maiores do que os dos ácidos insaturados. As gorduras animais são relativamente ricas em triglicerídeos saturados, e esta é a razão de serem sólidas na temperatura ambiente. Os óleos vegetais, como o óleo de milho e o de açafroa, têm uma grande percentagem de triglicerídeos insaturados, e portanto são líquidos na temperatura ambiente. Esses óleos vegetais líquidos costumam ser hidrogenados para produzir uma gordura sólida mais saturada de uso doméstico.

As ceras são também ésteres de ácidos graxos com um álcool alifático primário ou secundário de cadeia longa ($_{-}C_{30}$).Como exemplo, temos a cera de abelha, que em grande parte, é um éster de ácido palmítico com álcool miricílico, $CH_3(CH_2)_{29}OH$:

$$CH_3(CH_2)_{14}\underset{\underset{O}{\|}}{C}{-}OH(CH_2)_{29}CH_3.$$

TABELA 18.1 ALGUNS ÁCIDOS GRAXOS COMUNS

Nome Comum	Nome Sistemático	Fórmula	Fonte
Butírico	Butanóico	C_3H_7COOH	Manteiga
Caprílico	Octanóico	$C_7H_{15}COOH$	Óleo de coco
Palmítico	Hexadecanóico	$C_{15}H_{31}COOH$	Óleo de palma
Esteárico	Octadecanóico	$C_{17}H_{35}COOH$	Banha de carneiro
Palmitoléico	9-Hexadecenóico	$C_{15}H_{29}COOH$	Manteiga
Oléico	9-Octadecenóico	$C_{17}H_{33}COOH$	Óleo de oliva
Linoléico	9,12-Octadecadienóico	$C_{17}H_{31}COOH$	Óleo de soja
Linolênico	9,12,15-Octadecatrienóico	$C_{17}H_{29}COOH$	Óleo de linhaça

A Função dos Lipídios

Conforme mencionamos na Seção 18.1, os lipídios ocorrem na membrana celular. A camada lipídica exerce uma certa seletividade e controle sobre o transporte de substâncias para dentro da célula e vice-versa. Moléculas facilmente solúveis em solventes orgânicos atravessam sem dificuldade a camada lipídica da membrana. Moléculas solúveis apenas em água não conseguem difundir-se com facilidade por essa camada de lipídios; devem,portanto, entrar e sair da célula, seja associadas a substâncias solúveis em lipídios, seja através dos poros da membrana, os quais exercem uma certa seletividade quanto ao tamanho e carga das moléculas que podem passar.

Os lipídios são os principais constituintes do tecido adiposo, que isola os animais de sangue quente de um ambiente muito frio. Nas plantas, as ceras servem para proteger as superfícies das folhas e caules contra a água e os ataques de insetos e bactérias.

A principal função das gorduras é servir como o maior e mais eficiente repositório de energia. A combustão completa de 1 g de gordura produz aproximadamente 38 kJ, que é bem mais do que os 17 kJ g^{-1} obtidos da proteína ou os 18 kJ g^{-1} produzidos pelos carboidratos. As gorduras apresentam um elevado calor de combustão porque são quase que inteiramente hidrocarbonetos, ao passo que nas proteínas e, particularmente, nos carboidratos, o esqueleto de hidrocarboneto já está parcialmente oxidado.

A primeira etapa no metabolismo das gorduras é a hidrólise dos triglicerídeos gerando glicerol e ácidos graxos. A reação é

$$\begin{array}{l} CH_2-O-\overset{O}{\overset{\|}{C}}-R \\ | \\ CH-O-\overset{O}{\overset{\|}{C}}-R' \\ | \\ CH_2-O-\overset{O}{\overset{\|}{C}}-R'' \end{array} + 3H_2O \rightarrow \underset{\text{Glicerol}}{\begin{array}{l} CH_2-OH \\ | \\ CH-OH \\ | \\ CH_2-OH \end{array}} + \text{Acidos graxos}$$

catalisada por enzimas solúveis em água denominadas lipases ou esterases. Os lipídios insolúveis em água são emulsificados por ácidos biliares, e a hidrólise catalisada pela enzima solúvel em água ocorre na superfície de contato entre a gota de lipídio e o fluido digestivo aquoso. Os produtos da hidrólise são então levados para as células, onde sofrem metabolismo oxidativo. O glicerol é introduzido no esquema do metabolismo do carboidrato, o que estudaremos na Seção 18.4. Os ácidos, que são a principal fonte de energia, são oxidados por um processo de várias etapas, cujos detalhes veremos a seguir.

Oxidação dos Ácidos Graxos

No estágio de utilização dos ácidos graxos, estas moléculas são sistemática e repetidamente *diminuídas em dois carbonos de cada vez* na série de reações indicadas no esquema da Fig. 18.5. Uma substância fundamental nessa degradação cíclica é a chamada **coenzima A** (abreviada como **CoA** ou **SCoA**), uma molécula cuja estrutura é dada na Fig. 18.6. Observemos que parte dessa molécula é composta por adenina, ribose e grupos polifosfato que aparecem no ADP, NAD e FAD. No entanto, para os nossos objetivos, o grupo funcional importante na CoA é a sulfidrila, ou grupo tioálcool, SH. Na primeira etapa da degradação do ácido graxo, forma-se um tioéster, que é análogo a um éster comum, mas contém enxofre, entre a CoA e o ácido graxo. Esta reação é acoplada a, e ativada por, uma conversão ATP-AMP.

Na segunda etapa da degradação, o resíduo ácido do tioéster é oxidado ou desidrogenado pela FAD nas posições imediatamente adjacentes ao grupo carbonila. A $FADH_2$ produzida por essa desidrogenação pode ser oxidada pelo oxigênio na série do citocromo, com produção,concomitante de ATP. Na etapa 3, a ligação etilênica é hidratada cataliticamente gerando um álcool, que é então oxidado, na quarta etapa, a uma cetona pela NAD^+. Na quinta etapa, essa cetona é enzimaticamente quebrada na ligação indicada, com

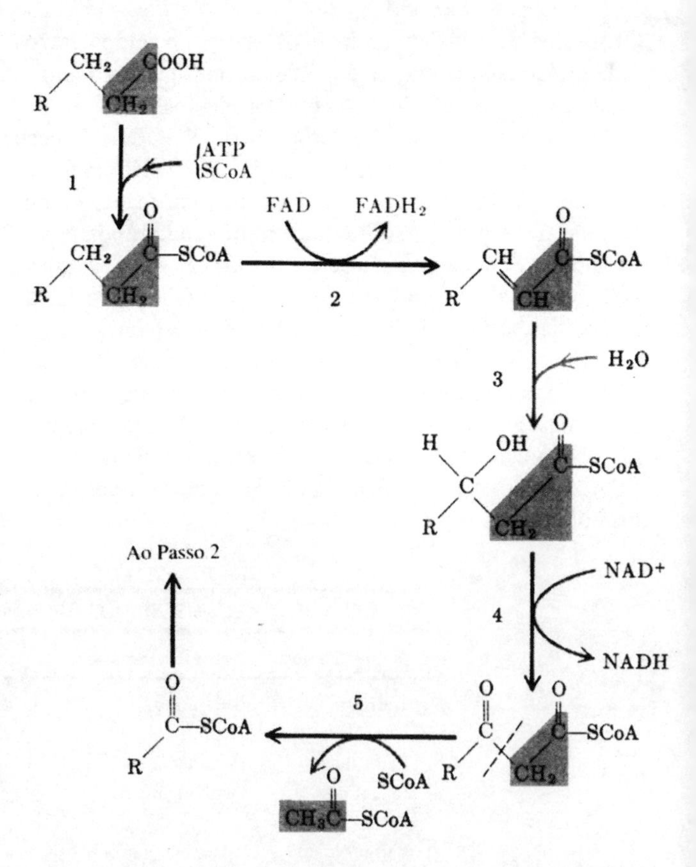

Fig. 18.5 Sequência de passos em que os ácidos graxos são encurtados em duas unidades de carbonos. A carboxila e o átomo de carbono são removidos como uma molécula de acetil-SCoA, que sofre subsequente oxidação. O resíduo de ácido graxo reentra então o ciclo degradativo.

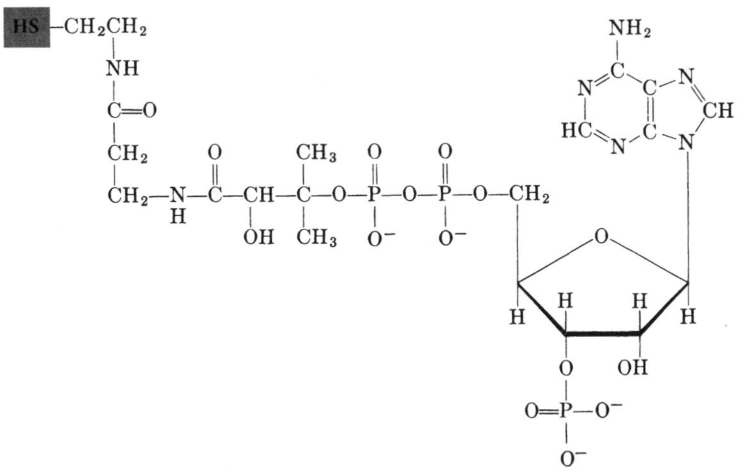

Fig. 18.6 Estrutura da coenzima A. Observar o grupo SH, que é o ponto de ligação ao grupo funcional R-CO dos ácidos.

a introdução de uma outra molécula de SCoA. Nesta altura, temos dois tioésteres. Um deles, a **acetil CoA**, ou

$$CH_3\overset{\overset{\displaystyle O}{\|}}{C}{-}SCoA,$$

contém o grupo acetila,

$$CH_3\overset{\overset{\displaystyle O}{\|}}{C}{-},$$

que provém dos dois primeiros átomos de C do ácido graxo original. O outro tioéster, chamado **acila CoA,**

$$R'\overset{\overset{\displaystyle O}{\|}}{C}{-}SCoA,$$

contém a cadeia original de ácido graxo diminuída em dois átomos de C. Este tioéster, pronto para começar novamente o ciclo de degradação, assim o faz repetidas vezes. A cada passagem através desse ciclo, a cadeia ácida é diminuída, na sua extensão, em dois átomos de C, e a cada vez forma-se uma molécula de acetil CoA. As unidades de acetil CoA, formadas a partir da degradação,são subseqüentemente oxidadas a CO_2 no **ciclo de Krebs do ácido cítrico,** e é nestas últimas etapas que a maior parte da energia associada ao metabolismo das gorduras é liberada ou armazenada como ATP. O ciclo de Krebs também é responsável pela oxidação da acetil CoA produzida a partir da degradação dos carboidratos, e será estudado detalhadamente na Seção 18.4. Calculou-se que pela degradação e oxidação de Krebs, 1 mol de um ácido graxo C_{16} produz 130 mol de ATP. Esta energia armazenada corresponde a cerca de 45% da energia total de combustão de um ácido C_{16}; o resto é dissipado na forma de calor.

18.4 Carboidratos

Os carboidratos ocupam uma posição importante na química do processo vital. Estes compostos são formados nas plantas, a partir da fotossíntese, e constituem o principal produto do processo pelo qual as moléculas inorgânicas e a energia solar são incorporadas aos seres vivos. O carboidrato celulose, um polímero de peso molecular muito elevado constituído de unidades de glicose, é um importante componente estrutural das plantas. Nos animais, o metabolismo do carboidrato é uma fonte de energia das mais relevantes. Os ácidos nucléicos, que controlam o processo de replicação no interior das células, são polímeros em que cada unidade que se repete contém uma molécula de açúcar; conseqüentemente, estão intimamente relacionados com os carboidratos.

Carboidratos são polihidroxialdeídos ou cetonas de fórmulas empíricas $C_nH_{2n}O_n$. Suas moléculas mais simples são conhecidas como **monossacarídeos**, e se n estiver entre 5 e 8, essas substâncias terão um sabor adocicado. Chamamos de **oligossacarídeos** (do grego oligas, poucos) aquelas moléculas que apresentam de duas a dez unidades de monossacarídeos ligadas entre si. E o termo **polissacarídeo** é aplicado às moléculas poliméricas que contêm até alguns milhares de unidades de monossacarídeos.

Monossacarídeos

Os monossacarídeos mais importantes são as moléculas de açúcar de cinco e seis carbonos conhecidas como pentoses e hexoses,respectivamente. Há várias maneiras de mostrar as estruturas desses compostos. Os açúcares de cinco carbonos, D-ribose e D-2-desoxirribose, encontrados nos ácidos nucléicos, aparecem logo abaixo na forma de anéis de cinco membros.

D-ribose D-2-deoxirribose

Nesta fórmula, subentende-se a existência de um átomo de C em cada vértice do anel, exceto onde está indicado um oxigênio. É importante observar as relações espaciais dos grupos OH reveladas por essas fórmulas. O anel de cinco membros é planar, e em ambas as moléculas, todos os grupos OH ligados aos átomos de carbono do anel situam-se abaixo do plano do anel, enquanto que o grupo CH_2OH encontra-se acima desse plano.

Um açúcar livre existe como uma mistura das formas de anel e de cadeia aberta em equilíbrio. Assim, a **D-glicose**, a unidade constituinte do **amido,** pode existir nas duas formas seguintes:

D-glicose

Na forma de cadeia aberta, o grupo funcional do primeiro carbono é um aldeído. Ao assumir a forma de anel, a hidroxila do carbono 5 liga-se ao carbono aldeídico, fecha o anel e converte o oxigênio do aldeído num grupo OH. A orientação do grupo OH no carbono 1 do anel é muito importante. A configuração mostrada acima, em que o OH do carbono 1 e do carbono 4 encontram-se do mesmo lado do anel, chama-se **α-glicose.** A molécula que tem esses dois grupos OH em lados opostos do anel é denominada **ß-glicose**. As duas formas podem converter-se uma na outra por meio da abertura do anel, formando a estrutura do aldeído, seguida pelo seu fechamento:

α-glicose β-glicose

O amido é um polímero de **α-glicose**, ao passo que a **celulose** é um polímero de **ß-glicose**. Mais adiante, veremos por que os seres humanos conseguem digerir um deles e não o outro.

Polissacarídeos

Os três polissacarídeos mais importantes são o amido, a celulose e o glicogênio. O amido é um alimento produzido nas plantas, a celulose é a matéria estrutural das plantas e o glicogênio é a forma em que a glicose é armazenada nas células animais. Todas estas substâncias são polímeros da glicose; elas diferem quanto ao peso molecular, à natureza da ligação entre as moléculas de glicose, e quanto ao grau de ramificação do polímero.

A celulose é um polímero de cadeia longa contendo cerca de 3000 a 4000 unidades de glicose. O algodão é aproximadamente 90%celulose. A forte natureza fibrosa deste e de outros materiais vegetais é uma conseqüência da estrutura de cadeia longa da molécula de celulose.

A Fig. 18.7 mostra parte da estrutura da celulose. Vemos que unidades de glicose adjacentes estão ligadas por uma ponte de oxigênio entre os carbonos 1 e 4. Esta ponte chama-se **ligação glicosídica**. Notamos também que, em cada caso, o carbono 1 tem a configuração ß, e conseqüentemente se diz que a celulose tem uma ligação ß-glicosídica. As enzimas do corpo humano, mesmo podendo quebrar uma ligação α-glicosídica, não conseguem quebrar as ligações ß-glicosídicas da celulose; por isso os seres humanos não são capazes de digerir a celulose. Alguns microorganismos encontrados no sistema digestivo de animais herbívoros possuem as enzimas necessárias para decompor a celulose em glicose; sendo assim, esses animais podem utilizar a celulose como alimento.

De acordo com a Fig. 18.8, na molécula de amido as unidades de glicose estão unidas por uma ligação α-glicosídica entre os carbonos 1 e 4 de anéis sucessivos. A hidrólise da ligação α-glicosídica é catalisada por enzimas secretadas pelas glândulas salivares e pancreáticas humanas, e conseqüentemente o amido pode ser utilizado como alimento.

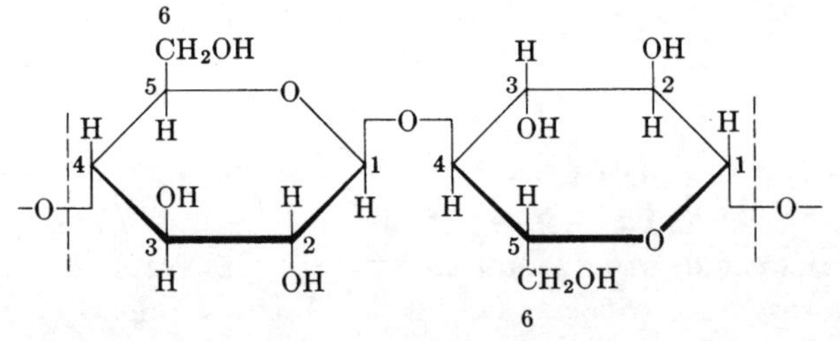

Fig. 18.7 Parte da cadeia de celulose. Observar a ligação β-glicosídica entre os carbonos 1 e 4 dos anéis adjacentes.

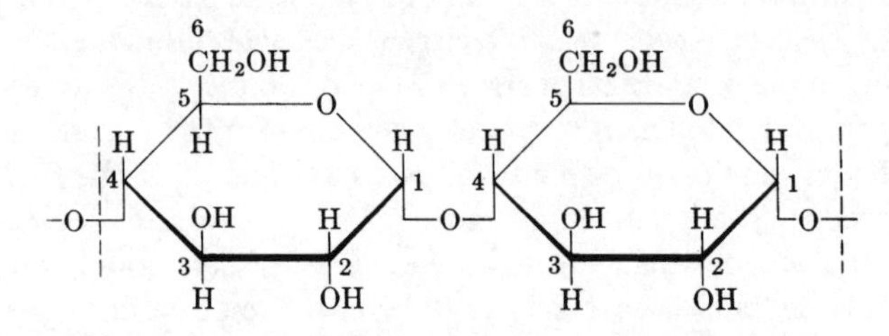

Fig. 18.8 Parte da estrutura em cadeia do amido. Observar a ligação α-glicosídicas entre os carbonos 1 e 4. Em outros lugares da cadeias estas ligações são 1,6 glicosídicas.

Dois tipos de amido ocorrem na natureza. Cerca de 10 a 20% consistem em moléculas de cadeia longa não ramificadas denominadas **amilose**. O outro componente, de nome amilopectina, é um polímero altamente ramificado em que a maior parte dos monômeros está unida por ligações 1 - 4, com ramificações ocorrendo nas ligações 1 - 6, como podemos ver na Fig. 18.9. O polímero linear amilose é solúvel em água quente, o que não acontece com a amilopectina. Ambas as formas representam o armazenamento de energia na planta, a qual pode ser utilizada diretamente pelos seres humanos.

O **glicogênio** é o equivalente, no tecido animal, da amilopectina das plantas. Como esta, o glicogênio é um polímero de glicose com ligações 1-4 -α-glicosídicas e com considerável ramificação da cadeia nas ligações 1-6. O peso molecular do glicogênio varia de 2 x 10^5 a 10^8. Embora todo tecido animal contenha glicogênio, o fígado é seu principal sítio de armazenamento.

Metabolismo do Carboidrato

Nos animais, a primeira etapa necessária na utilização dos polissacarídeos é a hidrólise enzimática do amido ou glicogênio, produzindo moléculas livres de glicose. Estas moléculas são, então, decompostas e oxidadas em duas etapas principais. **Na via glicolítica de Embden-Meyerhof,** a glicose é convertida, por uma série de etapas, em duas moléculas de **íon piruvato,** CH_3COCOO. Esta decomposição é realizada anaerobicamente, isto é, sem oxigênio. Em seguida, o piruvato entra no ciclo de Krebs do ácido cítrico, que tem como produtos finais CO_2, H_2O e ATP. Os oxidantes que participam diretamente do ciclo de Krebs são, por sua vez, oxidados por uma cadeia de pares de óxido-redução que têm o oxigênio molecular como oxidante final.

A Fig. 18.10 mostra os principais aspectos da via glicolítica de Embden-Meyerhof. A glicose é convertida em um éster de fosfato pelo ATP e isomerizada enzimaticamente

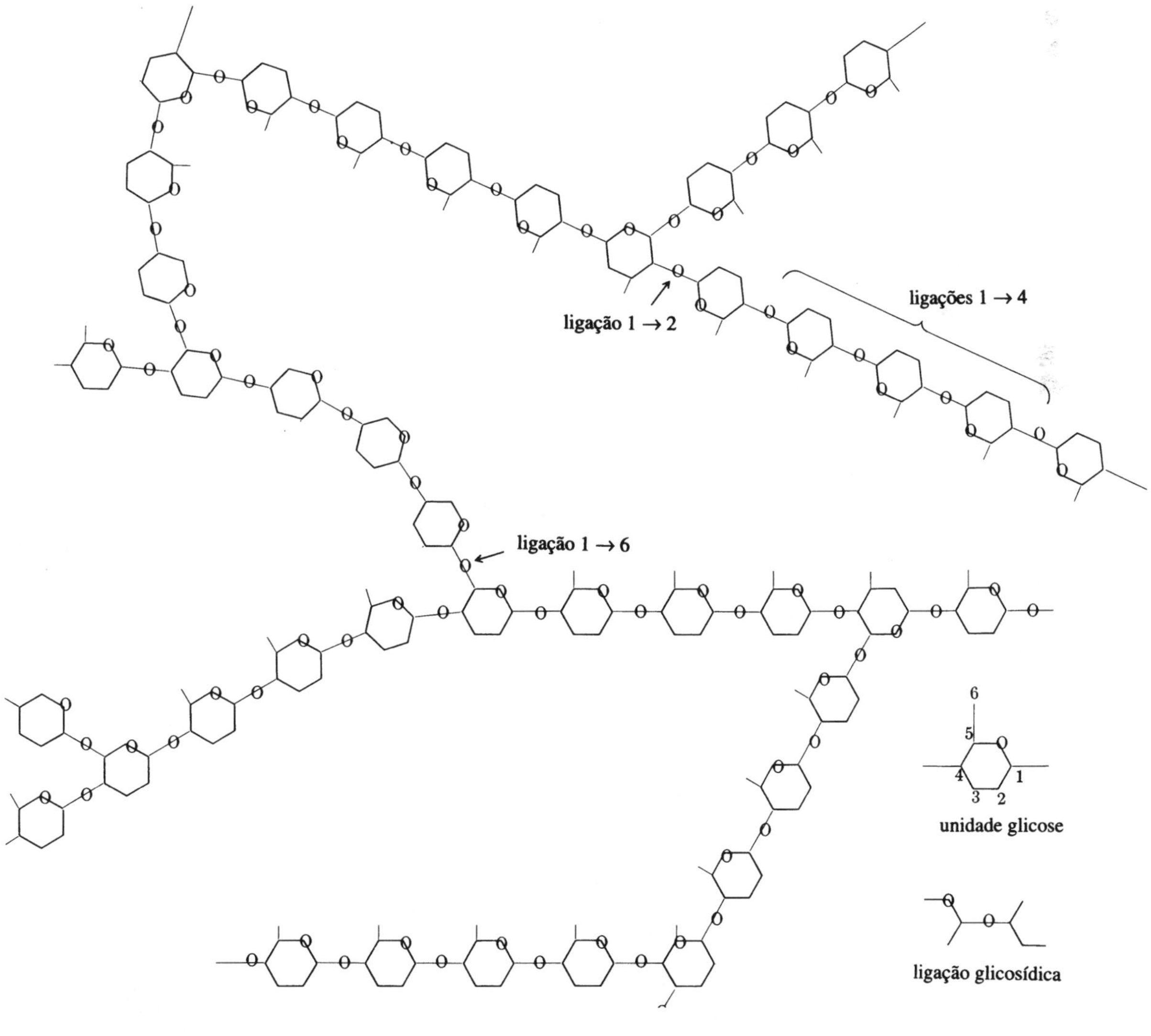

ligação 1 → 2

ligações 1 → 4

ligação 1 → 6

unidade glicose

ligação glicosídica

Fig. 18.9 Representação de um segmento da estrutura do amilose.

em um anel de cinco membros. O ATP, então, anexa mais um grupo fosfato.O difosfato resultante é dividido em dois fragmentos de três carbonos, ambos convertidos em 1,3-difosforoglicerato. Esta molécula perde um grupo fosfato e reconstitui uma molécula de ATP a partir do ADP. Após uma isomerização e desidratação, o último grupo fosfato é eliminado, formando-se outra molécula de ATP; o produto piruvato então está pronto para prosseguir no ciclo oxidativo de Krebs. Se não houver nenhum oxigênio disponível, como pode ser o caso, depois de uma breve mas violenta ação muscular, o ácido pirúvico é reduzido a ácido lático pela NADH. Quando o oxigênio torna-se disponível, este lactato é reoxidado a piruvato, entrando em seguida no ciclo oxidativo de Krebs.

Na via de Embden-Meyerhof, há duas reações de óxido-redução. Na etapa 5, NAD^+ é o oxidante, sendo reduzido a NADH. No entanto, se for formado lactato a partir de piruvato na última etapa, uma quantidade equivalente de NADH será consumida. Sendo assim, se for formado o lactato, não haverá oxidação ou redução efetivas associadas à glicólise. No entanto, há uma produção efetiva de ATP. Um total de 2 mol de ATP por mol de glicose são consumidos nas etapas 1 e 3, mas nas etapas 6 e 9, 2 mol de ATP por mol de fragmento de três carbonos, ou 4 mol de ATP por mol de glicose, são produzidos. Assim, a decomposição da glicose em piruvato é acompanhada pela formação de ATP, molécula rica em energia.

A Fig. 18.11 é um esquema do ciclo de Krebs do ácido cítrico. Este ciclo converte os produtos da glicólise em dióxido de carbono e água, sendo também a via pela qual os fragmentos de ácidos graxos são oxidados. Trata-se, pois, de um ciclo de importância fundamental no esquema metabólico.

O ácido pirúvico entra no ciclo de Krebs perdendo CO_2 e sendo convertido num grupo acetila CH_3CO, ligado ao enxofre da coenzima A. A oxidação exigida nesta etapa é efetuada pela NAD^+, que, como já vimos, é reoxidada, resultando na produção de três moléculas de ATP. A acetil CoA, que também é o produto da decomposição do ácido graxo, transfere então seu grupo acetil para o oxaloacetato, formando citrato. Em seguida, ocorrem reações de desidratação e hidratação que convertem citrato em isocitrato. Uma oxidação por $NADP^+$, um éster de fosfato da NAD^+, libera CO_2, e leva finalmente à produção de três moléculas de ATP, formando α-cetoglutarato. Um outra oxidação, desta vez por NAD^+, auxiliada pela CoA e por outros agentes, libera mais uma molécula de CO_2, produzindo succinato. Nesta altura, o fragmento com dois carbonos que entrou no ciclo na forma de um grupo acetila foi oxidado a CO_2, e as demais etapas do ciclo servem para recuperar o oxaloacetato, com o qual o ciclo teve início. O succinato é desidrogenado

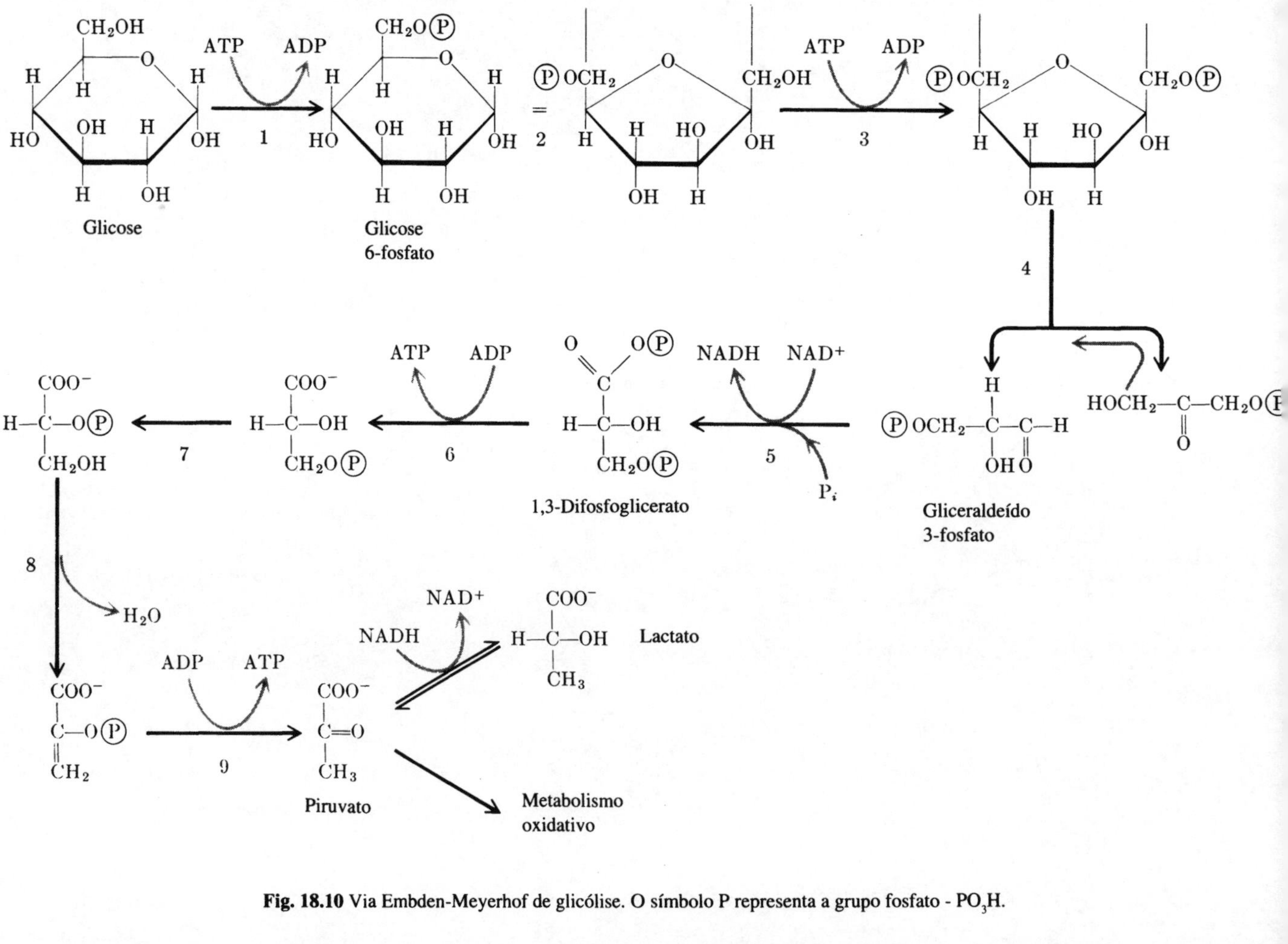

Fig. 18.10 Via Embden-Meyerhof de glicólise. O símbolo P representa a grupo fosfato - PO_3H.

a fumarato. A adição de água forma malato, e a oxidação desta molécula pela NAD^+ produz finalmente o ácido oxaloacético, que então torna-se disponível para começar o ciclo novamente.

Para cada grupo acetila que entra no ciclo de Krebs, são produzidas 12 moléculas de ATP. Além disso, três moléculas de ATP e uma molécula de CO_2 são formadas quando, por glicólise, o ácido é convertido na acetil CoA que entra no ciclo. Portanto, podemos escrever a reação global de oxidação do carboidrato como $C_3H_4O_3 + 5/2O_2 + 15ADP + 15H_3PO_4 \rightarrow 3CO_2 + 2H_2O + 15ATP.H_2O$

O oxigênio só entra na reação por via indireta, por meio dos oxidantes NAD^+, $NADP^+$ e FAD.

18.5 Proteínas

Já dissemos que a proteína constitui a maior parte dos componentes não aquosos da célula. Mesmo considerando esta abundância, a variedade de funções executadas pelas proteínas é impressionante. As enzimas, catalisadores específicos para tantas reações vitais de síntese e de degradação, são proteínas, assim como muitos dos hormônios reguladores. As proteínas são componentes das membranas peri e intracelular, funcionam como anticorpos contra os antígenos externos, transportam oxigênio no sangue e fazem parte do material cromossômico. Portanto, a forma, a regulação e a reprodução dos seres vivos são controladas pelas proteínas.

Aminoácidos

As proteínas são polímeros dos α-aminoácidos, que apresentam a estrutura geral

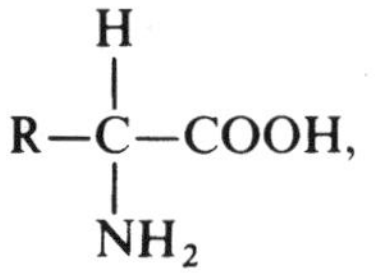

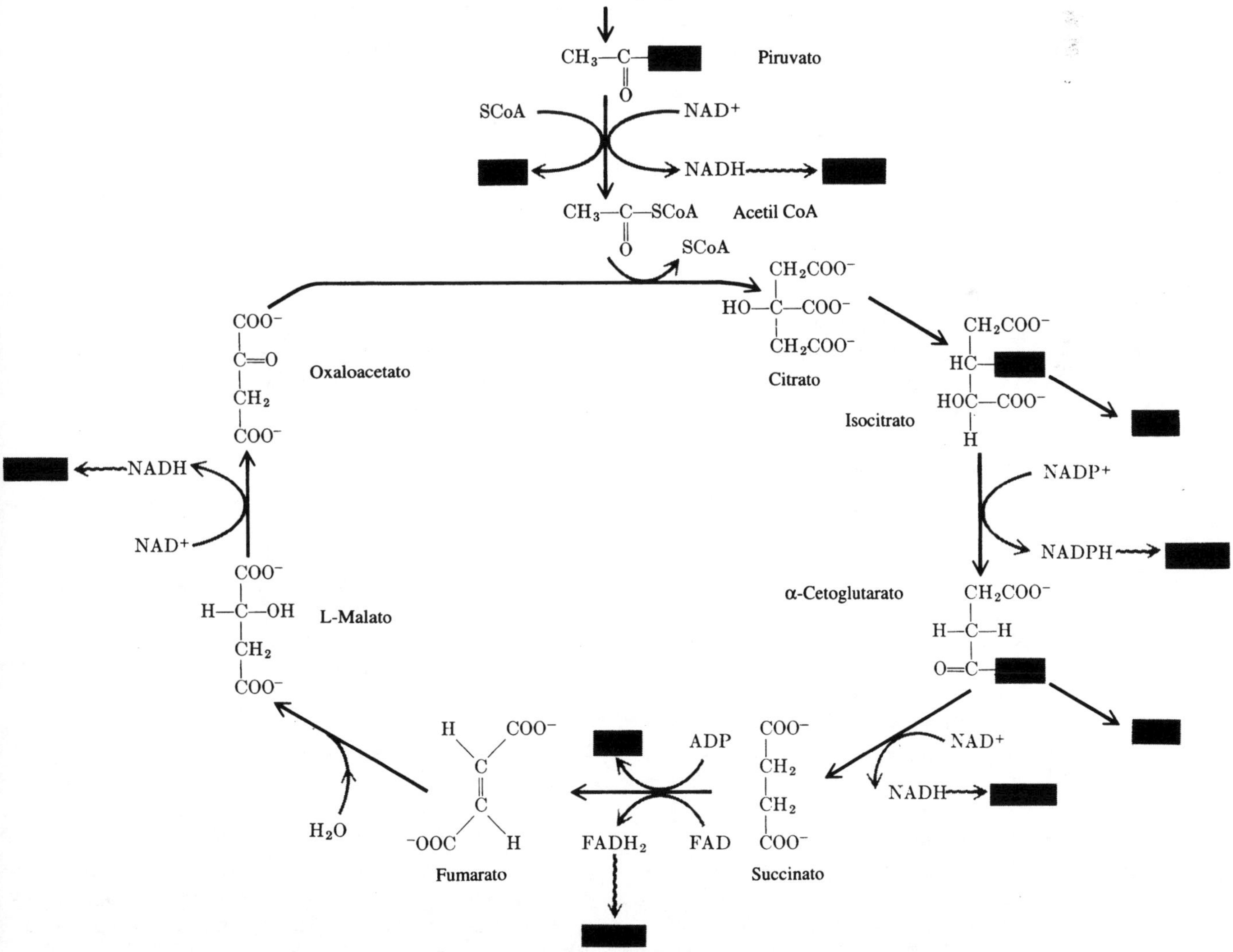

$$R-\underset{NH_2}{\overset{H}{\underset{|}{\overset{|}{C}}}}-COOH,$$

Via Embden-Meyerhof

CH_3-CO- ▬ Piruvato

SCoA, NAD^+, $NADH$

$CH_3-CO-SCoA$ Acetil CoA

SCoA

CH_2COO^- / $HO-C-COO^-$ / CH_2COO^- Citrato

CH_2COO^- / $HC-$ ▬ / $HOC-COO^-$ / H Isocitrato

$NADP^+$, $NADPH$

α-Cetoglutarato CH_2COO^- / $H-C-H$ / $O{=}C-$ ▬

NAD^+, $NADH$

COO^- / CH_2 / CH_2 / COO^- Succinato

ADP, FAD, $FADH_2$

H, COO^-, C=C, ^-OOC, H Fumarato

H_2O

COO^- / $H-C-OH$ / CH_2 / COO^- L-Malato

NAD^+, $NADH$

COO^- / $C{=}O$ / CH_2 / COO^- Oxaloacetato

Fig. 18.11 Ciclo de Krebs do ácido cítrico. As enzimas que catalisam estas reações estão na mitocôndria celular.

em que o grupo amina e o radical R estão ligados ao primeiro átomo de carbono (α) em relação ao grupo ácido carboxílico. Existem 20 aminoácidos que formam as moléculas de proteínas, sendo que as propriedades individuais desses ácidos são determinadas pela natureza do grupo R. Os aspectos singulares das diferentes proteínas são uma conseqüência do número total, variedade e seqüência dos aminoácidos que compõem a cadeia do polímero, e da configuração espacial da própria cadeia.

A Fig. 18.12 dá as fórmulas estruturais, nomes usuais e abreviações de três letras para os 20 aminoácidos. Todos esses ácidos podem ser considerados derivados da glicina com um grupo R, ou cadeia lateral, substituinte de um hidrogênio α:

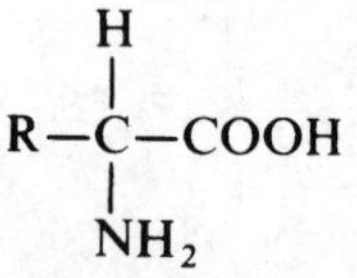

$$R-\underset{NH_2}{\overset{H}{C}}-COOH$$

Por ser o grupo -COOH ácido, e o grupo $-NH_2$, básico, a forma não ionizada dos aminoácidos não é relevante. A forma neutra mais importante dos aminoácidos é dipolar e chama-se zwitterion:

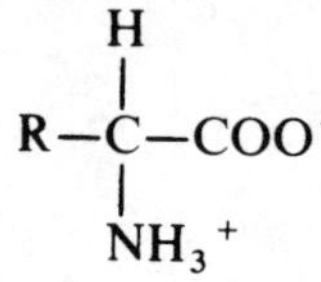

$$R-\underset{NH_3^+}{\overset{H}{C}}-COO^-$$

Aqui, o próton é transferido do -COOH para o $-NH_2$. Se desprezarmos qualquer acidez associada ao grupo R, são três as formas usuais dos aminoácidos em solução:

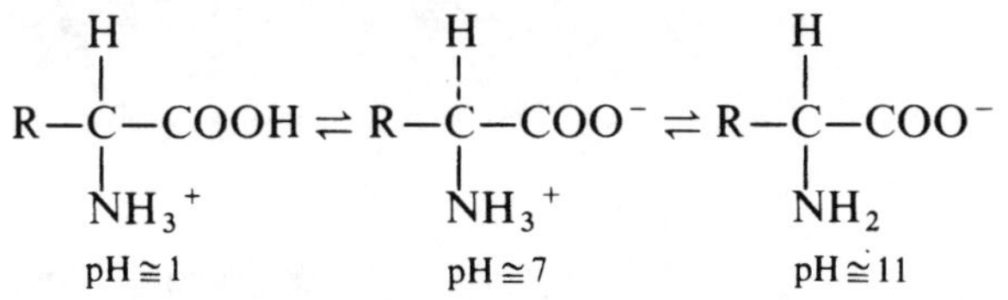

$$\underset{pH\cong 1}{R-\underset{NH_3^+}{\overset{H}{C}}-COOH} \rightleftharpoons \underset{pH\cong 7}{R-\underset{NH_3^+}{\overset{H}{C}}-COO^-} \rightleftharpoons \underset{pH\cong 11}{R-\underset{NH_2}{\overset{H}{C}}-COO^-}$$

Os aminoácidos da Fig. 18.2 são as formas que estão presentes em pH = 7. Neste pH, os três aminoácidos contendo cadeias laterais básicas apresentam as mesmas protonadas e as cadeias laterais ácidas, ionizadas, conforme mostra a Fig. 18.12.

Em muitos dos ácidos, o grupo R é inteiramente alifático, ou, num dos casos, um hidrocarboneto aromático. Nos outros ácidos, o radical R contém um grupo funcional potencialmente reativo. A serina, a treonina e a tirosina contêm um grupo -OH que pode esterificar-se com ácidos orgânicos ou ácidos fosfóricos. Os ácidos glutâmico e aspártico contêm um segundo grupo funcional ácido, enquanto que a lisina e a arginina apresentam um segundo grupo amina. Na cisteína, o SH, ou sulfidrila, é um grupo altamente reativo, e importante, já que dois deles ligados entre si formam uma ponte de dissulfeto, -S-S-, unindo assim duas cadeias de proteínas.

Como foi dito no Capítulo 17, todos os aminoácidos, com exceção da glicina, têm quatro substituintes diferentes no carbono α, e portanto são quirálicos e opticamente ativos. Dos dois arranjos possíveis de átomos no centro quirálico, somente a estrutura L tem sido encontrada em proteínas naturais.

É pela **ligação peptídica** que os aminoácidos se unem para formar proteínas. Esta ligação pode ser descrita como o resultado da condensação do grupo carboxila de um ácido com o grupo amina de outro, e concomitante eliminação de água:

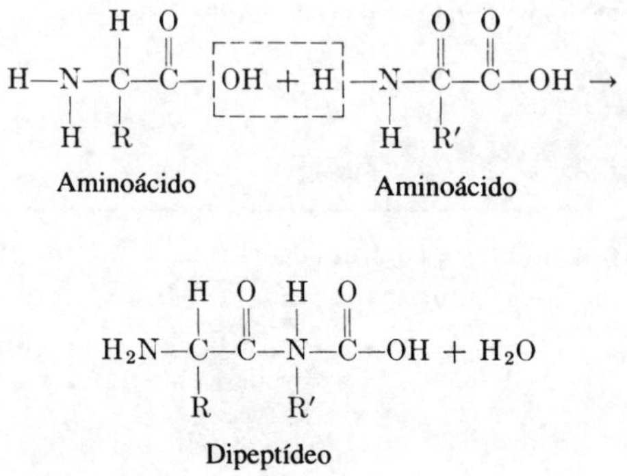

$$\underset{\text{Aminoácido}}{H-\underset{H}{N}-\underset{R}{\overset{H}{C}}-\overset{O}{\overset{\|}{C}}-\boxed{OH + H}}-\underset{\text{Aminoácido}}{\underset{H}{N}-\underset{R'}{\overset{O}{\overset{\|}{C}}}-\overset{O}{\overset{\|}{C}}-OH} \rightarrow$$

$$\underset{\text{Dipeptídeo}}{H_2N-\underset{R}{\overset{H}{C}}-\overset{O}{\overset{\|}{C}}-\overset{H}{N}-\underset{R'}{\overset{O}{\overset{\|}{C}}}-OH} + H_2O$$

A associação entre o carbono da carbonila e o nitrogênio da amina é denominada ligação peptídica.

A continuidade do processo de condensação ligando vários aminoácidos produz um **polipeptídio**. A extremidade da cadeia polipeptídica que contém a amina é chamada de **ácido N-terminal**, e a extremidade que contém o ácido carboxílico, **ácido C-terminal**. A unidade que se repete na cadeia polipeptídica,

$$-\underset{H}{N}-\underset{R}{\overset{H}{C}}-\overset{O}{\overset{\|}{C}}-$$

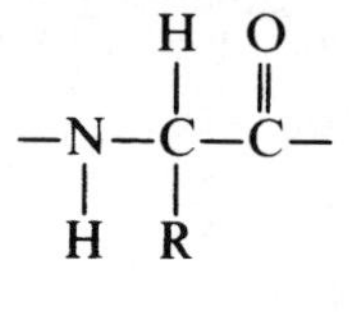

recebe o nome de **resíduo de aminoácido**, pois contém o que falta do aminoácido após a eliminação da água. Cadeias moleculares de 70 ou menos aminoácidos costumam ser chamadas de polipeptídios, ao passo que as moléculas maiores de ocorrência natural denominam-se proteínas.

Estrutura Primária da Proteína

A estrutura da proteína pode ser descrita em quatro níveis. O **aspecto estrutural primário** é a seqüência de aminoácidos. A **estrutura secundária** refere-se à configuração espacial da cadeia de aminoácidos, geralmente uma estrutura helicoidal. **A estrutura terciária** é a descrição de como a hélice está dobrada e curvada. Finalmente, a **estrutura quaternária** surge da associação entre proteínas individuais para formar complexos **macromoleculares** distintos. Cada um destes

Cadeia Lateral (Grupo-R) Característica	Estrutura química	Aminoácido	Símbolo
Alifático, não polar	$H-CH(NH_3^+)-COO^-$	Glicina	Gly
	$CH_3-CH(NH_3^+)-COO^-$	Alanina	Ala
	$(CH_3)_2CH-CH(NH_3^+)-COO^-$	Valina	Val
	$(CH_3)_2CH-CH_2-CH(NH_3^+)-COO^-$	Leucina	Leu
	$CH_3-CH_2-CH(CH_3)-CH(NH_3^+)-COO^-$	Isoleucina	Ileu
Alcoólico, alifático e aromático	$HO-CH_2-CH(NH_3^+)-COO^-$	Serina	Ser
	$CH_3-CH(OH)-CH(NH_3^+)-COO^-$	Treonina	Thr
Aromático	$HO-C_6H_4-CH_2-CH(NH_3^+)-COO^-$	Tirosina	Tyr
	$C_6H_5-CH_2-CH(NH_3^+)-COO^-$	Fenilalanina	Phe
	$C_8H_6N-CH_2-CH(NH_3^+)-COO^-$ (indol)	Triptofano	Try
Carboxílico (ácido)	$^-OOC-CH_2-CH(NH_3^+)-COO^-$	Aspártico	Asp
	$^-OOC-CH_2-CH_2-CH(NH_3^+)-COO^-$	Glutâmico	Glu
Aminas (básico)	$NH_2-CH_2-CH_2-CH_2-CH_2-CH(NH_3^+)-COO^-$	Lisina	Lys

Cadeia Lateral (Grupo-R) Característica	Estrutura química	Aminoácido	Símbolo
	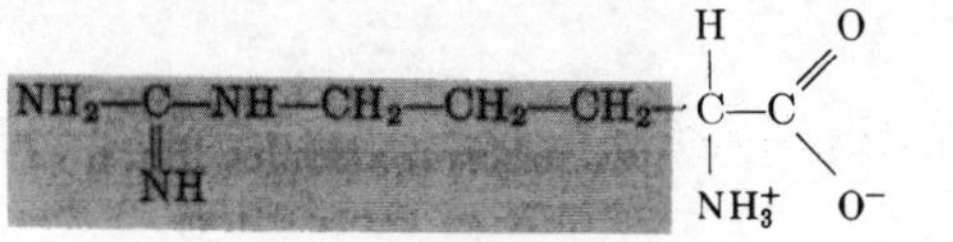 $NH_2-C(=NH)-NH-CH_2-CH_2-CH_2-CH(NH_3^+)-COO^-$	Arginina	Arg
	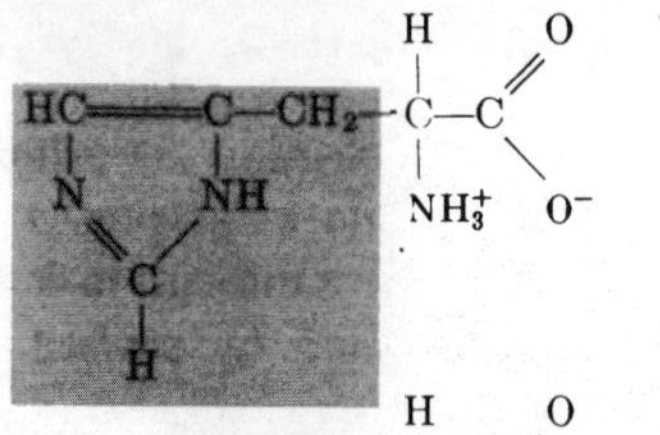 $HC=C(-CH_2-CH(NH_3^+)-COO^-)$; anel: $HC=C-NH-C(H)=N-$	Histidina	His
Enxofre	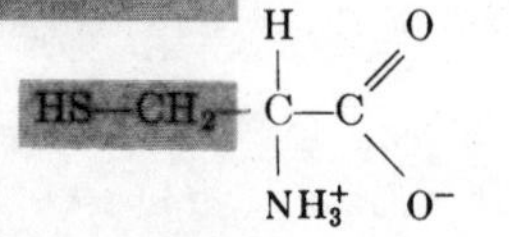 $HS-CH_2-CH(NH_3^+)-COO^-$	Cisteína	Cys
	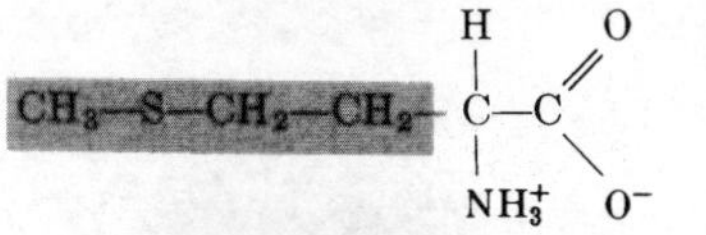 $CH_3-S-CH_2-CH_2-CH(NH_3^+)-COO^-$	Metionina	Met
Amidas	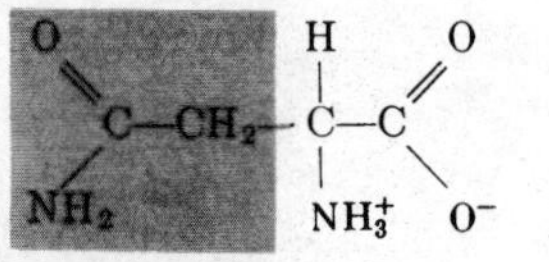 $O=C(NH_2)-CH_2-CH(NH_3^+)-COO^-$	Asparagina	Asn
	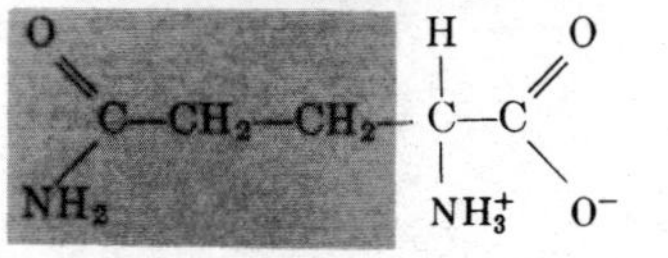 $O=C(NH_2)-CH_2-CH_2-CH(NH_3^+)-COO^-$	Glutamina	Gln
Imino	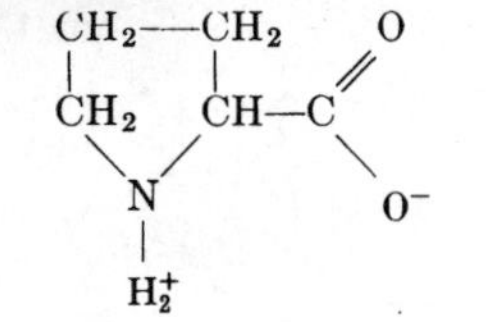 anel $CH_2-CH_2-CH_2-N(H_2^+)-CH$; $CH-COO^-$	Prolina	Pro

Fig. 18.12 Aminoácidos comuns, suas estruturas e seus símbolos.

aspectos é importante para a função biológica da proteína. Estabelecer a estrutura completa de uma proteína nos quatro níveis é uma tarefa extremamente difícil, e as técnicas utilizadas para descrever cada nível estrutural diferem muito entre si.

O primeiro passo para estabelecer a estrutura primária de uma proteína ou polipeptídio é analisar os aminoácidos presentes numa amostra pura. Purificar a proteína pode ser uma tarefa difícil. Obtém-se o peso molecular aproximado de uma proteína a partir de vários métodos fisico-químicos, que incluem a medida da velocidade de sedimentação numa centrífuga, determinações de pressão osmótica e estudos de espalhamento de luz. Em seguida, utiliza-se a hidrólise ácida para quebrar as ligações peptídicas e produzir aminoácidos livres, que poderão então ser identificados e analisados quantitativamente. Conhecendo-se a composição quantitativa dos aminoácidos, tem-se agora uma fórmula empírica para a proteína.

Várias técnicas convencionais têm sido usadas para determinar a seqüência de aminoácidos em muitos polipeptídios e proteínas. Uma das substâncias utilizadas para esse fim é o dinitrofluorobenzeno. Esta molécula liga-se ao grupo amina livre na extremidade de um polipeptídio:

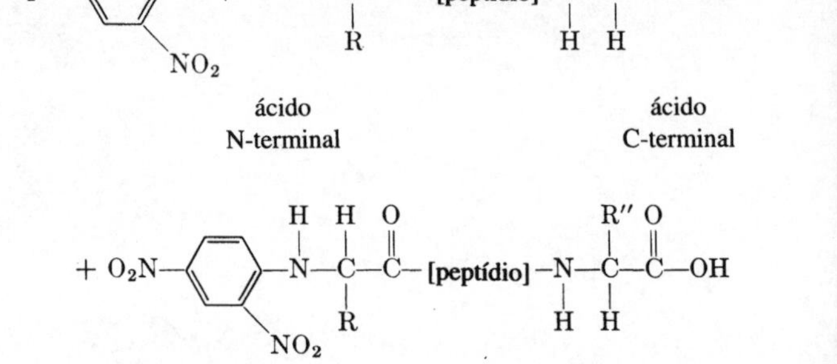

$$O_2N-C_6H_3(NO_2)-F + H-N(H)-CH(R)-C(=O)-[\text{peptídio}]-N(H)-CH(R'')-C(=O)-OH \rightarrow HF$$

ácido N-terminal; ácido C-terminal

$$+\ O_2N-C_6H_3(NO_2)-N(H)-CH(R)-C(=O)-[\text{peptídio}]-N(H)-CH(R'')-C(=O)-OH$$

Se o aduto resultante for hidrolisado, a ligação peptídica irá se quebrar, mas o dinitrofluorobenzeno continua ligado ao grupo amina do ácido N-terminal. Este ácido pode ser separado e identificado por análise química.

Também é muito simples estabelecer a identidade do ácido do C-terminal. A enzima carboxipeptidase remove o aminoácido C-terminal de uma proteína, e também apenas quantidades bem menores dos outros ácidos. Este ácido que foi separado é, então, facilmente identificado. Se a enzima for deixada em contato com o peptídio e as identidades dos aminoácidos liberados forem estudadas como uma função do tempo, é possível determinar a sequência de vários resíduos próximos à extremidade da cadeia.

A determinação da seqüência dos ácidos no hormônio insulina exemplifica alguns outros aspectos desse problema geral. O tratamento da insulina com dinitrofluorbenzeno, seguido de hidrólise, mostra que havia *dois* derivados *diferentes* do dinitrobenzeno. Isto indica que há dois ácidos N-terminais e portanto duas cadeias polipeptídicas paralelas na molécula. As assim chamadas cadeias polipeptídicas A e B são separadas pela oxidação das **ligações dissulfeto** (-S-S-), existentes entre elas, a grupos $-SO_3H$. As duas cadeias são isoladas e depois parcialmente hidrolisadas a peptídios de tamanho intermediário contendo de dois a cinco resíduos de aminoácidos. Estes peptídios são então separados, o que permite determinar as seqüências de seus aminoácidos.

A determinação da seqüência é concluída da seguinte maneira. A hidrólise catalisada por enzimas quebra a cadeia de proteína em pequenos grupos de resíduos de ácido. Porém, se as seguintes seqüências de três ácidos

Gly-Ser-His, Ser-His-Leu e His-Leu-Val

estiverem presentes, sua sobreposição nos leva à esta seqüência de cinco ácidos:

Gly-Ser-His-Leu-Val.

Evidências corroborando e estendendo essa ordem são encontradas nas seqüências dos fragmentos de quatro e cinco ácidos. Utilizando-se essas curtas seqüências sobrepostas, é possível deduzir a seqüência da cadeia inteira.

A estrutura primária completa da insulina do boi,determinada dessa maneira por F. Sanger em 1953, é dada na Fig.18.13. Vemos que as cadeias A e B estão unidas em dois pontos por ligações de dissulfeto entre resíduos de cisteína das cadeias separadas. Além do mais, há uma ligação de dissulfeto entre dois ácidos na cadeia A. Embora possa parecer que esses ácidos estejam separados, o enrolamento da cadeia peptídica de fato permite que fiquem suficientemente próximos para formar a ligação de dissulfeto.

Determinou-se também a seqüência dos ácidos nas insulinas de porco, carneiro e baleia. As moléculas dos quatro animais são idênticas, exceto para os três aminoácidos nas posições 8, 9 e 10 da cadeia A. Evidentemente, esta variação é a base química de algumas das diferenças antigênicas entre as insulinas de diferentes fontes animais, o que já havia sido observado antes da determinação das estruturas moleculares.

São conhecidas as seqüências completas de aminoácidos de várias proteínas, como por exemplo a ribonuclease, a mioglobina e a hemoglobina. A ribonuclease é uma enzima formada por uma cadeia de 124 resíduos de ácidos. A mioglobina é uma proteína encontrada no tecido muscular e tem 153 resíduos de ácidos. A hemoglobina humana contém duas cadeias α (141 resíduos) e duas cadeias ß (146 resíduos) idênticas. A determinação de cada uma dessas estruturas

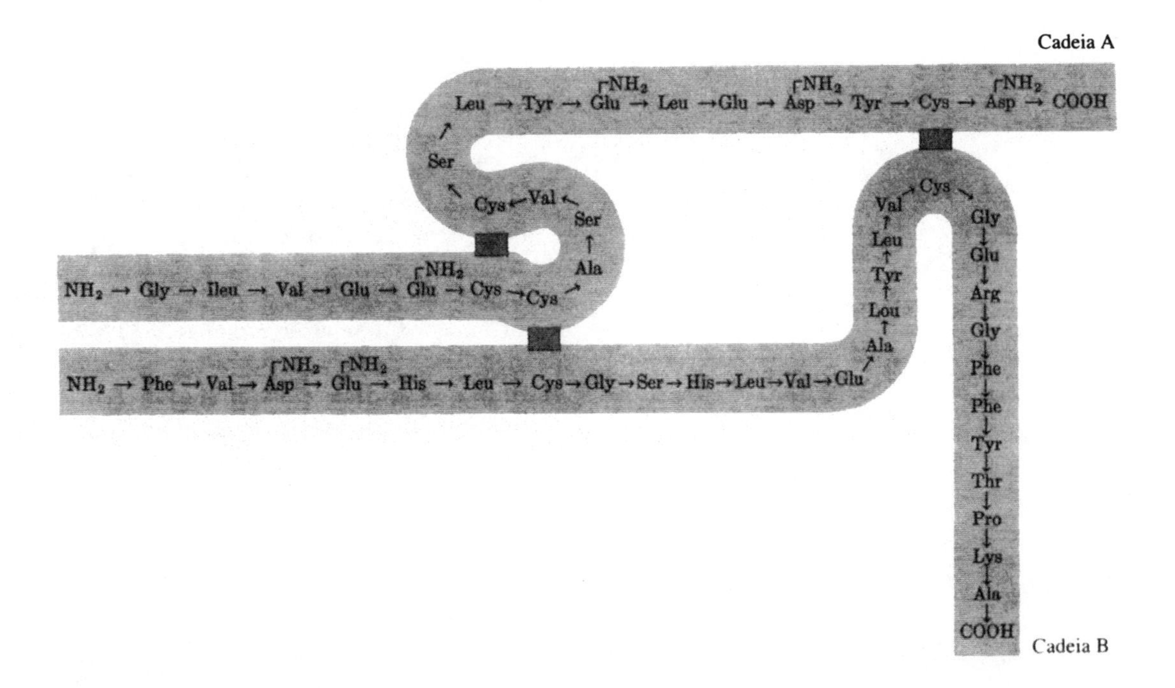

Fig. 18.13 Estrutura primária da insulina de boi. Os ácidos são identificados com números que se iniciam com o ácido N-terminal de cada cadeia.

primárias foi um trabalho longo e difícil, constituindo apenas a primeira etapa para encontrar a explicação da função biológica da hemoglobina em termos de estrutura molecular.

Nos últimos anos, o seqüenciamento de proteínas tornou-se quase uma rotina. Aparelhos automatizados, denominados seqüenciadores, servem para efetuar repetidas manipulações químicas várias vezes, e os aminoácidos liberados são identificados por instrumentação. Um dos métodos mais eficientes para seqüenciar uma proteína é o seqüenciamento do DNA codificado para produzí-la. Veremos a relação entre a estrutura do DNA e a estrutura da proteína na parte quase final deste Capítulo.

A Estrutura Secundária da Proteína

As Figs. 18.14 e 18.15 mostram as duas estruturas protéicas propostas por Pauling e Corey em 1951. A forma α tem sido encontrada na maior parte das proteínas. É a forma da proteína de fibras como o cabelo, a lã, e também em chifres, unhas e pele.

Na estrutura global desses materiais, cadeias paralelas de α-**hélices orientadas para a direita** apresentam-se espiraladas, ou enroladas, uma em torno da outra.

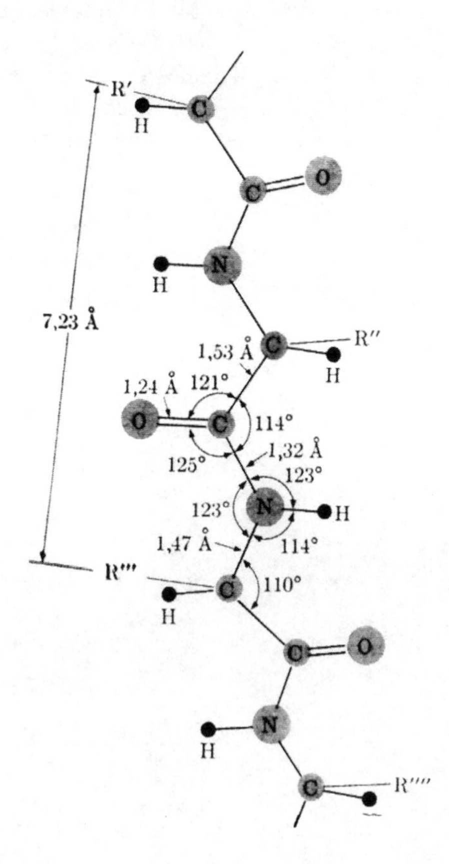

Fig. 18.14 Parte de uma cadeia polipeptídica na conformação β ou estendida. (Reimpresso com a permissão da Royal Society e do Dr. Linus Pauling, *Proc. Roy. Soc.* B141, 10, 1953.)

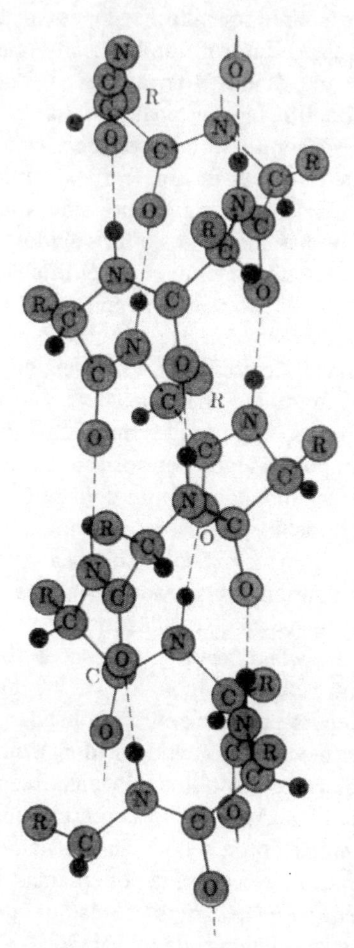

Fig. 18.15 Estrutura de uma cadeia polipeptídica em α-hélice orientada à direita. As linhas tracejadas representam ligações de hidrogênio. (Reimpresso com a permissão da Royal Society e do Dr. Linus Pauling, *Proc. Roy. Soc.* B141, 10, 1953.)

A forma ß é uma proteína alongada que, diferentemente da α-hélice, não tem pontes de hidrogênio entre os membros da mesma cadeia. A fibra da seda tem a forma ß. A estrutura global tem cadeias paralelas em direções alternadas, com pontes de hidrogênio entre elas. Esta estrutura é chamada de conformação ß **de folhas pregueadas**; pequenos segmentos de algumas proteínas funcionais parecem apresentar tais estruturas, além da α-hélice.

Pauling e Corey presumiram os ângulos e as distâncias das ligações C-C e C-N que poderiam ser esperados para uma estrutura peptídica e examinaram teoricamente as propriedades de várias conformações da cadeia de proteína. Eles selecionaram a α-hélice como sendo a conformação de menor energia e coerente com os ângulos e comprimentos de ligação nos resíduos de aminoácidos.Essa estrutura é estável porque permite a formação do máximo número possível de pontes de hidrogênio entre o hidrogênio amínico de um ácido e o oxigênio carbonílico de um resíduo na volta subseqüente da hélice.

O modo como a estrutura da α-hélice foi deduzida é um bom exemplo de que o conhecimento detalhado da estrutura de pequenas moléculas pode facilitar a previsão das estruturas de moléculas mais complicadas. A Fig. 18.16 mostra as dimensões fundamentais do grupo peptídico, obtidas por medidas de raios-X de pequenos peptídios. As ligações C-C e C-N que envolvem o carbono α têm comprimentos de 1,53 Å e 1,47 Å,respectivamente; distâncias normais para ligações simples entre esses átomos. No entanto, a distância entre o átomo de nitrogênio e o átomo de carbono do grupo carbonila é de 1,32 Å, um pouco menor do que o valor 1,47 Å esperado para a ligação simples C-N. Esta diminuição sugere que a ligação peptídica tem um caráter parcial de dupla ligação, o que corresponde à seguinte descrição de ressonância:

$$\begin{array}{c} O \\ \| \\ C \\ / \quad \backslash \\ \quad N- \\ \quad | \end{array} \longleftrightarrow \begin{array}{c} O^- \\ | \\ C \\ / \quad \backslash\backslash \\ \quad \overset{+}{N}- \\ \quad | \end{array}$$

Conseqüentemente, o grupo peptídico tem uma conformação planar.Isto é, todas as ligações envolvendo o nitrogênio amínico e o carbono carbonílico situam-se no mesmo plano. Ao postularem possíveis estruturas para as proteínas, Pauling e Corey descartaram qualquer conformação que violasse seriamente essa limitação.

Um exame mais detalhado da α-hélice mostra que cada grupo peptídico encontra-se num plano essencialmente tangencial a um cilindro que é coaxial à hélice. Cada grupamento peptídico está ligado, por uma ponte de hidrogênio, ao terceiro grupo peptídico ao longo da cadeia, em ambas as direções. Exceto próximo às extremidades da hélice, todos os oxigênios carbonílicos e todos os nitrogênios amínicos estão envolvidos em pontes de hidrogênio.A própria hélice apresenta-se estreitamente enrolada, sem qualquer espaço, em seu, centro para a oclusão de moléculas. Até agora, a informação que temos nos mostra que as hélices das proteínas assumem a forma de um parafuso orientado para a direita.

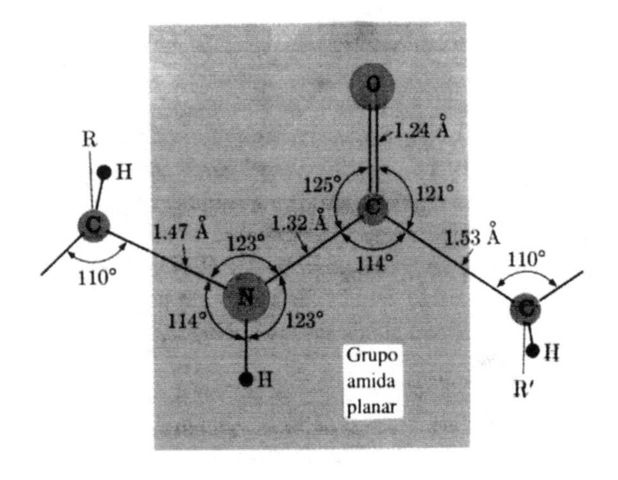

Fig. 18.16 Dimensões fundamentais do grupo peptídico.

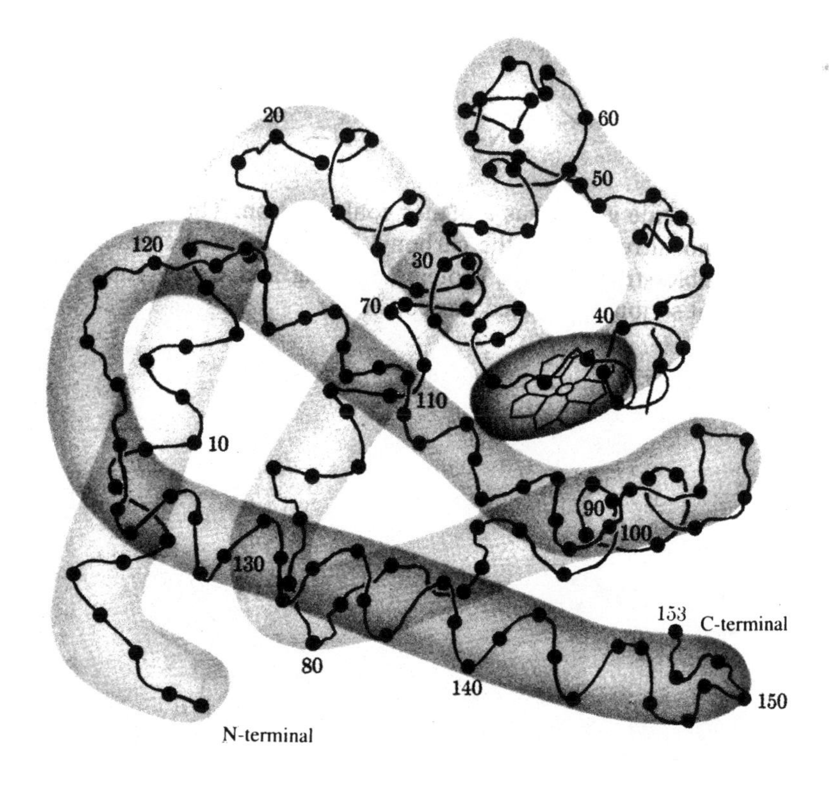

Fig. 18.17 Estruturas secundária e terciária da molécula de mioglobina. Observar a perda da conformação helicoidal nas partes curvas da molécula. Observar também a estrutura do anel porfirínico ligada à cadeia perto do resíduo 40.

A Estrutura Terciária da Proteína

Se toda a cadeia polipeptídica assumisse a forma da α-hélice, as moléculas de proteína teriam o formato de longas hastes rígidas e relativamente estreitas. Várias técnicas fisico-químicas revelam, porém, que muitas proteínas são globulares e quase redondas, e que outras mostram-se menores e menos espessas do que sua longa cadeia e a estrutura puramente helicoidal poderiam sugerir. Portanto, deve haver dobramento da α-hélice na maior parte das proteínas, com pouca ou talvez nenhuma α-hélice em outras.

Estudos de raios-X de cristais de um grande número de proteínas estão começando a revelar esses aspectos estruturais terciários. A Fig. 18.17 mostra uma representação esquemática da mioglobina do cachalote, obtida por estudos de raios-X. O tubo representando o espaço ocupado pela cadeia que podemos ver, dobra-se de uma forma complicada. Há regiões em que o tubo é relativamente reto, de 30 a 40 Å, e nessas áreas a cadeia tem a conformação da α-hélice. Nas regiões situadas em torno do tubo e em seu interior, que constituem 30% do peptídio, a cadeia encontra-se em alguma forma não helicoidal. A hemoglobina também tem cadeias dobradas cujo formato é igualmente complicado. A relação entre os aspectos estruturais terciários e as funções biológicas é um problema ainda atual na pesquisa.

A Estrutura Quaternária da Proteína

A mioglobina do cachalote não tem estrutura quaternária, uma vez que consiste em uma única cadeia polipeptídica. A hemoglobina dos seres humanos adultos é formada por duas cadeias do tipo α e duas do tipo ß. Na estrutura quaternária, isso compõe um tetrâmero com a fórmula $\alpha_2\beta_2$, e as ligações fracas que unem as cadeias ocorrem principalmente entre as cadeias de tipos opostos. Interessante é que tanto a cadeia α quanto a cadeia ß da hemoglobina apresentam estruturas tridimensionais semelhantes à da mioglobina do cachalote, apesar das grandes diferenças nas estruturas primárias de suas proteínas. No entanto, a estrutura quaternária da hemoglobina contribui consideravelmente para a ligação do oxigênio ao ferro do anel porfirínico.

18.6 Ácidos Nucléicos

Os biólogos sabem já há muito tempo que a informação genética é transmitida por estruturas denominadas **cromossomos**, localizadas no núcleo da célula e cujas subunidades são os **genes.** No entanto, só mais recentemente é que o bioquímicos conseguiram um progresso substancial ao elucidarem a estrutura molecular do material cromossômico. Sabemos que os genes são constituídos de **ácido desoxirribonucléico (DNA)**, uma macromolécula que carrega a informação necessária para a orientação da síntese de proteínas,e que preserva e transmite essa informação durante a divisão celular. Um outro tipo de molécula, relacionada ao DNA, é o ácido **ribonucléico (RNA),** presente em toda a célula e que está envolvido ainda mais diretamente com a síntese de proteínas. Antes de considerarmos essas moléculas com mais detalhes, examinemos alguns aspectos gerais de sua estrutura.

Acidos Nucléicos são polímeros em que se repetem unidades constituídas de moléculas de açúcar, ligadas por pontes de fosfato. Esta estrutura geral é indicada na Fig. 18.18.

No ácido ribonucléico, o açúcar é a ribose, e no ácido desoxirribonucléico, o açúcar é a desoxirribose:

Ribose (5′ $HOCH_2$; 4′ H; 3′ OH; 2′ OH; 1′ OH, H)

Desoxirribose (5′ $HOCH_2$; 4′ H; 3′ OH; 2′ H; 1′ OH, H)

Vemos que essas estruturas diferem apenas no fato de que a desoxirribose tem dois hidrogênios ligados ao carbono 2', ao passo que a ribose possui tanto H quanto O nessa posição. Os

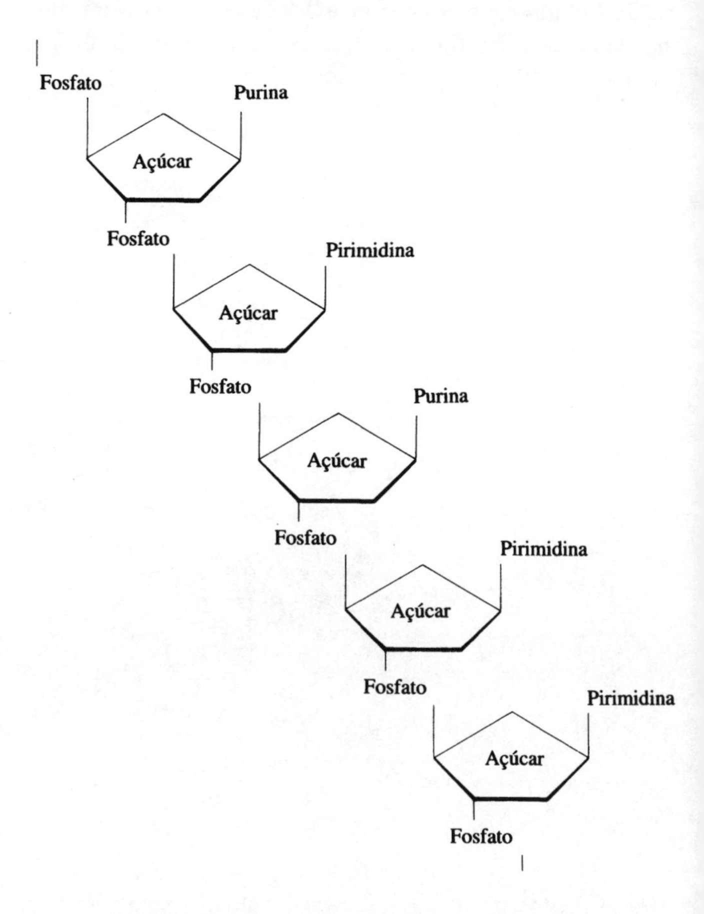

Fig. 18.18 Estrutura geral das moléculas de ADN e ARN.

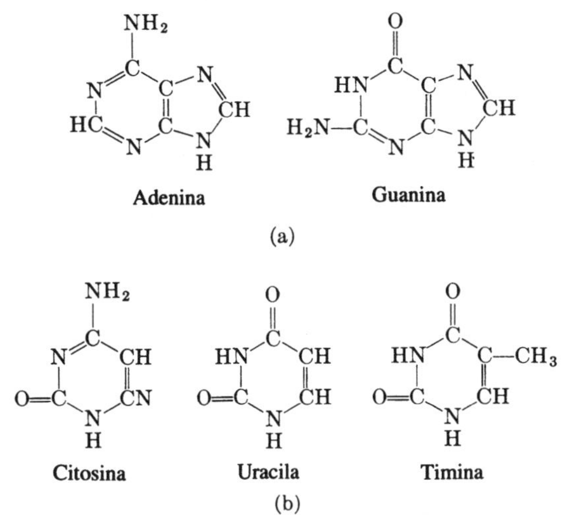

Adenina Guanina

(a)

Citosina Uracila Timina

(b)

Fig. 18.19 Estruturas das bases (a) purina e (b) pirimidina encontradas no ADN e no ARN.

números indicativos dos átomos de C nessas moléculas de açúcar geralmente são marcados com plica, para que se possa distinguí-los dos números sem plica, utilizados para identificar os átomos das bases orgânicas, que aparecem tanto no DNA quanto no RNA.

O DNA e o RNA apresentam uma **base orgânica** do tipo **purina** ou **pirimidina** ligada a cada unidade de açúcar. A Fig. 18.19 mostra as estruturas dessas bases. A base uracila aparece somente no RNA, enquanto que a timina, que está intimamente relacionada à última, é encontrada no DNA. A citosina está presente em ambos os ácidos nucléicos. As duas bases purínicas, adenina e guanina, também podem ser encontradas tanto no DNA como no RNA.

Uma molécula de açúcar combinada com uma purina ou com uma pirimidina forma a unidade conhecida como **nucleosídio**. A Fig.18.20 mostra um nucleosídio no RNA (adenosina) e outro no DNA (desoxitimidina). Nos nucleosídios de pirimidina, açúcar e base unem-se por uma ligação ß-glicosídica entre o carbono 1' da pentose e o nitrogênio 1 da base pirimidínica, como podemos ver para a desoxitimidina, na Fig. 18.20. Nos nucleosídios de purina, o carbono 1' do açúcar une-se ao nitrogênio 9 da base purínica por intermédio da ligação ß-glicosídica, como por exemplo, na molécula de adenosina.

A combinação

base-açúcar-fosfato

chama-se **nucleotídio**, e é simplesmente um éster de fosfato de um nucleosídio. Na Fig. 18.21 temos as fórmulas estruturais de dois nucleotídios. Os grupos fosfatos dessas moléculas estão ligados ao carbono 5' do anel do açúcar, mas o carbono 3' de ambos os açúcares, ou o carbono 2' da ribose, também são pontos possíveis de ligação. Acidos nucléicos são polinucleotídios em que os grupos fosfatos permitem a ligação do carbono 5' de um açúcar ao carbono 3 do próximo. A Fig. 18.22 mostra a estrutura parcial da cadeia polinucleotídica do DNA.

A Estrutura do DNA

Em 1953, J.D. Watson e F.H.C. Crick propuseram uma estrutura para o DNA. Segundo eles, no DNA, dois filamentos paralelos de nucleotídios se enrolavam um em torno do outro, formando uma dupla hélice, conformação que seria estabilizada por numerosas pontes de hidrogênio presentes entre as bases que se ligavam aos dois filamentos. Em parte, essa proposta baseava-se em estudos de raios-X efetuados por M.H.F. Wilkins e R. Franklin, que eram coerentes com a conformação helicoidal, mas, em grande medida, foi sugerida com base em observações da freqüência de ocorrência das bases purínicas e pirimidínicas.

Antes de 1953, estudos sobre a composição do DNA mostravam que, qualquer que fosse a freqüência das bases individuais, as razões molares entre adenina e timina e entre guanina e citosina eram iguais a 1. Esta observação parecia indicar que a adenina estava especificamente *pareada* com a

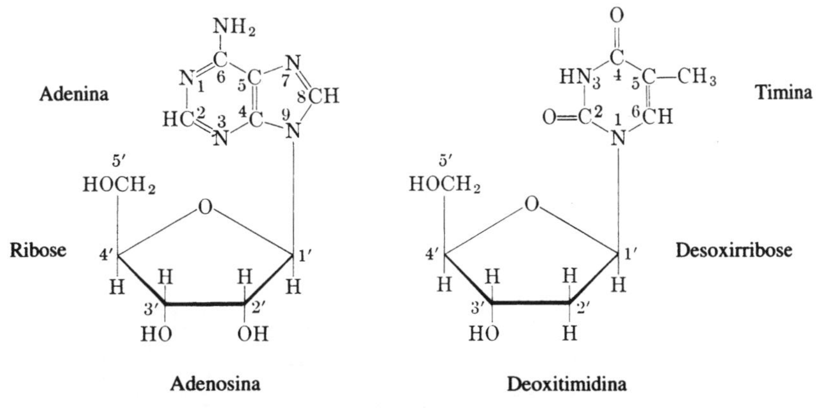

Adenina Timina

Ribose Desoxirribose

Adenosina Deoxitimidina

Fig. 18.20 Estruturas dos nucleosídeos adenosina e deoxitimidina.

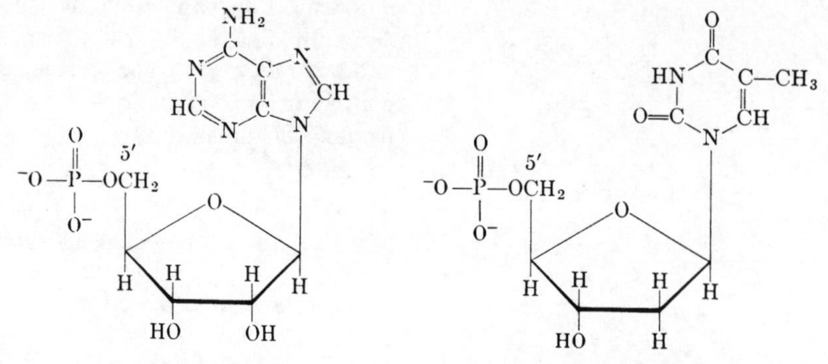

Adenosina-5'-Fosfato

Deoxitimidina-5'-Fosfato

Fig. 18.21 Dois nucleotídeos: ésteres fosfatos de adenosina e deoxitimidina.

timina e a guanina estava especificamente pareada com a citosina.

A razão do pareamento e quais seriam suas conseqüências foram finalmente esclarecidos num estudo dos modelos moleculares desses pares de bases. A Fig. 18.23 mostra o fundamento dessa explicação. Timina e adenina têm estruturas complementares: podem ser ajustadas no mesmo plano, de modo que duas pontes de hidrogênio podem ser formadas entre elas. Ao mesmo tempo, os átomos pelos quais as bases se ligam às moléculas de açúcar, o nitrogênio 1 da timina e o nitrogênio 9 da adenina, encontram-se em extremidades opostas do

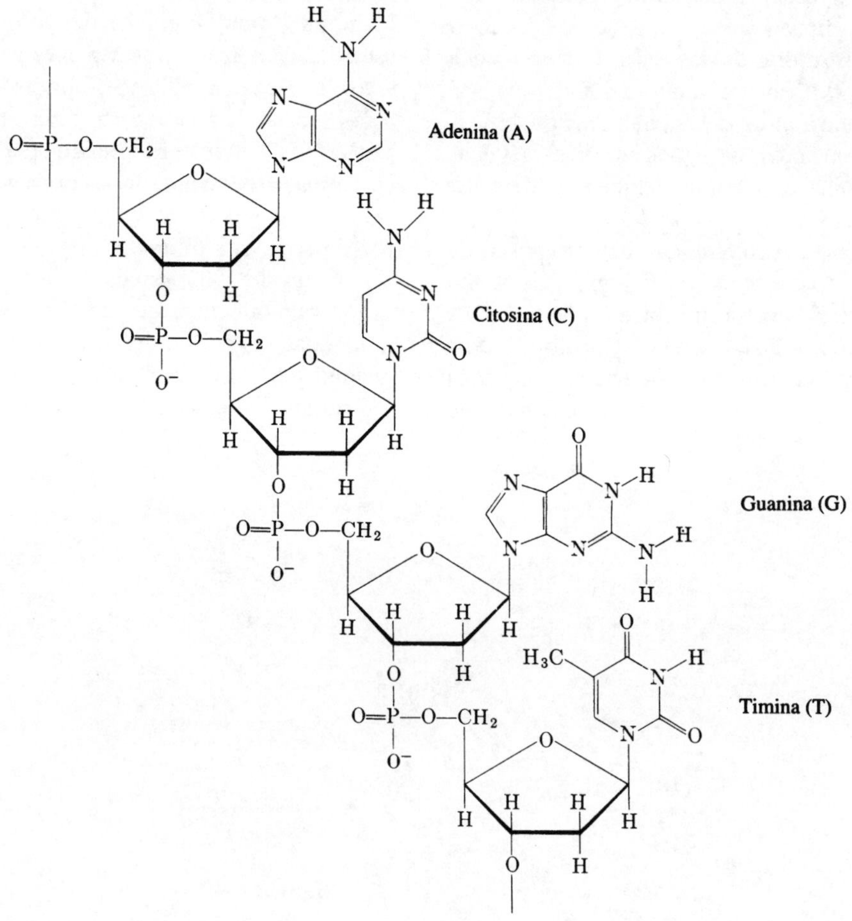

Adenina (A)

Citosina (C)

Guanina (G)

Timina (T)

Fig. 18.22 Parte da cadeia polinucleotídica de uma molécula de DNA.

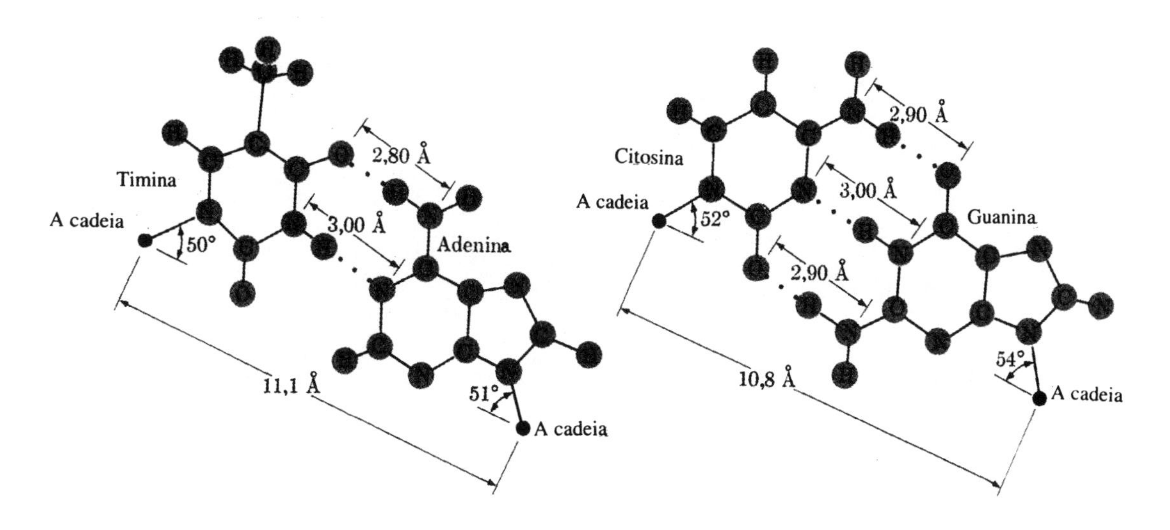

Fig. 18.23 Estruturas e dimensões críticas dos pares de bases timina-adenina e citosina-guanina.

complexo molecular. A mesma situação vale para a citosina e a guanina, exceto que a associação das bases, neste caso, é acompanhada pela formação de três pontes de hidrogênio. Significativamente, as distâncias externas que aparecem na Fig. 18.23 são quase as mesmas para os pares A-T e G-C.

Essas considerações levaram à suposição de que o DNA consiste em duas cadeias paralelas e helicoidais de polinucleotídios, unidas por pontes de hidrogênio entre as bases purínicas de uma cadeia e as pirimidínicas da outra, e vice-versa.

A Fig. 18.24 mostra a estrutura esquemática da **dupla hélice** do DNA. Cada filamento da dupla hélice consiste numa "espinha dorsal" de açúcar-fosfato, com as bases estendendo-se interiormente em direção ao eixo da hélice. As bases situam-se em planos aproximadamente perpendiculares ao eixo da hélice, e planos de sucessivos pares de bases estão separados por uma distância de 3,4 Å. Uma volta completa da hélice ocorre a cada 34 Å.

As moléculas de DNA são de tamanho variado, dependendo do tipo de célula a que pertencem. Uma amostra, razoavelmente caracterizada, apresentou um peso molecular de cerca de $1{,}4 \times 10^8$, envolvendo portanto aproximadamente 400000 nucleotídios. Auto-radiografias de DNA da bactéria *Escherichia coli* revelam a existência de moléculas de cerca de 0,4 mm de comprimento, o que daria um peso molecular de aproximadamente 10^9.

A Estrutura do RNA

Embora o ácido ribonucléico seja um polinucleotídio como o DNA, o tamanho e a estrutura do RNA de ocorrência natural apresentam uma variação muito maior. O RNA ocorre freqüentemente na forma de um filamento único, por vezes espiralado, mas não de um modo simples e facilmente caracterizável. As razões molares dos pares de bases não têm a regularidade encontrada no DNA.

Existem pelo menos três formas distintas de RNA com diferentes funções na síntese de proteínas. Essas três espécies moleculares são conhecidas como **RNA de transferência (tRNA), RNA mensageiro (mRNA) e RNA ribossômico (rRNA),** e diferem consideravelmente quanto ao peso molecular e à composição básica. O RNA de transferência é o menor dos ácidos ribonucléicos conhecidos. Geralmente, consiste de 73 a 93 nucleotídios, com um peso molecular de aproximadamente 25000. A função biológica do tRNA é selecionar aminoácidos individuais e transportá-los para os sítios de síntese protéica. Uma vez que cada aminoácido é reconhecido e transportado somente por um tipo específico de tRNA, há pelo menos 20 moléculas distintas de tRNA. A seqüência dos 77 nucleotídios da molécula de RNA responsável pela transferência da alanina foi determinada pela primeira vez em 1965 por R.W. Holley.

Todas as moléculas de tRNA contêm como segmentos terminais três nucleotídios formados pelas bases citosina, citosina e adenina, nesta ordem. Na ribose terminal, os grupos hidroxila 2' e 3' estão livres. O aminoácido a ser transferido pelo RNA forma uma ligação éster com um desses dois grupos hidroxila, numa reação dirigida pelo ATP e catalisada por uma enzima. É a especificidade da enzima que garante a ligação do aminoácido certo à molécula apropriada de tRNA. Nas etapas subseqüentes da síntese de proteínas, o aminoácido é reconhecido pela molécula de tRNA à qual está ligado.

O RNA mensageiro, ou matriz, é a forma de ácido ribonucléico descoberta mais recentemente. Sua função biológica é transportar a informação genética contida numa porção do filamento de DNA do núcleo para os sítios de síntese protéica no citoplasma. A transcrição da informação contida na molécula de DNA para o mRNA envolve, evidentemente, um desenrolamento parcial da hélice de DNA, e em seguida um pareamento específico de bases entre o DNA e os nucleotídios do mRNA, à medida que o RNA é sintetizado.

O RNA ribossômico constitui 50% do peso dos

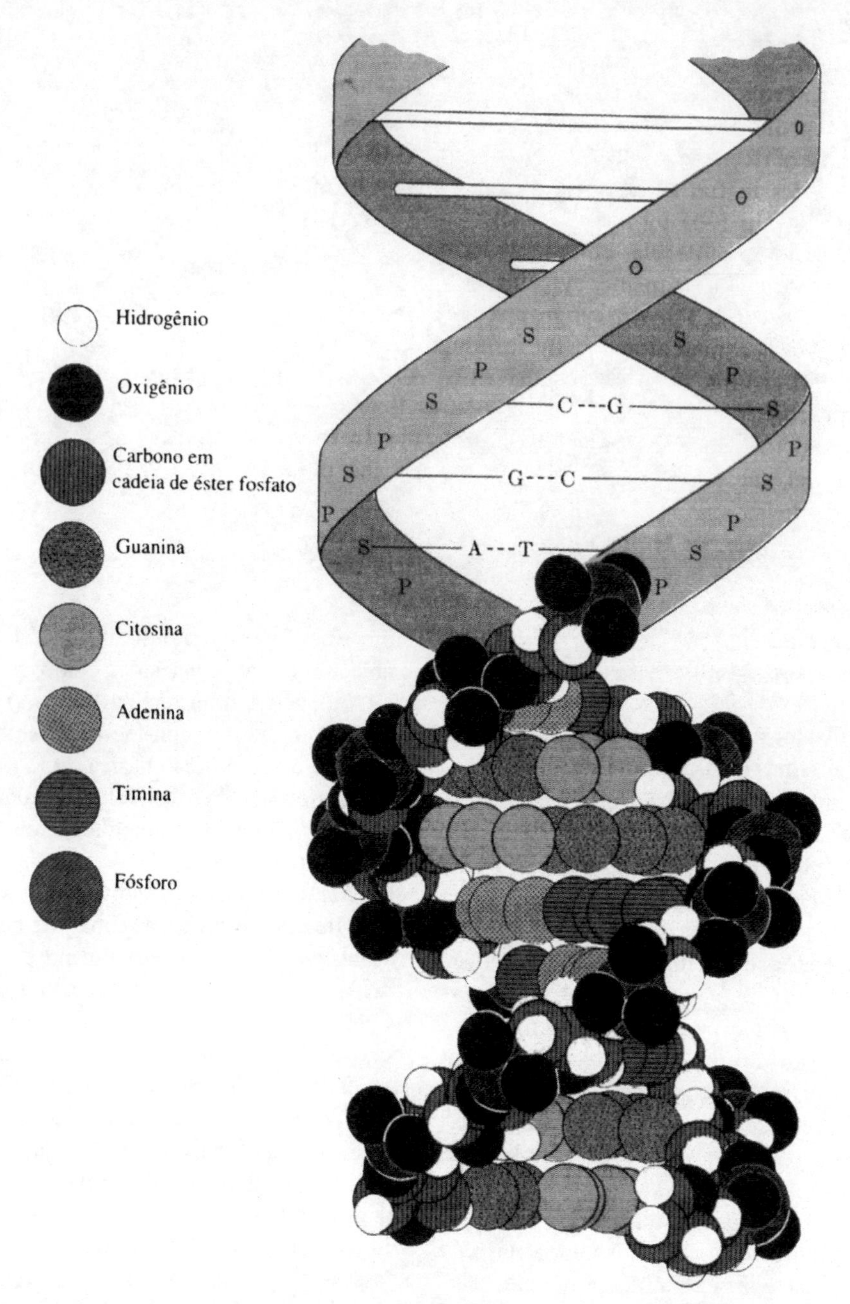

Fig 18.24 Estrutura do DNA em dupla hélice. Ligações de hidrogênio entre pares de bases adenina-timina e guanina-citosina prendem os filamentos de fosfatos de açúcares entre si. (Reimpresso com a permissão de American Cancer Society e Dr. L. D. Hamilton, Brookhaven National Laboratory; Ca, *A Bulletim of Cancer Progress,* 5, 163, 1955. A parte superior da desenho foi simplificada para maior clareza.)

ribossomos, que são as partículas onde ocorre a síntese das proteínas. O rRNA proporciona um sítio de ligação para o mRNA, e também é ativo no mecanismo de síntese protéica.

18.7 Funções Biológicas dos Ácidos Nucléicos

A molécula de DNA tem duas funções principais: ela contém a informação necessária para replicar e sintetizar mais DNA para os cromossomos das células filhas, além de armazenar e suprir informação necessária à síntese das proteínas. Esta informação está contida no DNA na forma de um código genético expresso pela *seqüência* das bases adenina, guanina, citosina e timina. Uma vez que o DNA dirige a síntese das enzimas que, por sua vez, catalisam as reações da célula, sua importância é fundamental na química fisiológica.

A Replicação do DNA

A estrutura de dupla hélice do DNA fornece sugestões sobre o modo como essa molécula pode replicar-se. Devido ao pareamento específico da timina com a adenina e da guanina com a citosina, os dois filamentos da hélice são complementares. Uma determinada seqüência de bases num dos filamentos implica uma seqüência específica no outro. Na replicação, as duas cadeias de polinucleotídios se desenrolam, parcial ou totalmente, e agem como matrizes em que desoxirribonucleotídios livres podem ser depositados e ligados num padrão complementar. O resultado são duas moléculas de DNA idênticas à primeira. Este processo é indicado esquematicamente na Fig. 18.25.

Experimentos em que bactérias se replicaram num meio contendo compostos nitrogenados totalmente marcados com o isótopo ^{15}N demonstraram que o DNA da primeira geração de células filhas está 50% marcado com o ^{15}N. Isto dá indícios de que, nas células filhas, o DNA tinha um filamento helicoidal da célula mae contendo somente ^{14}N, e um filamento recém-sintetizado contendo somente bases marcadas com ^{15}N. Quando essas células filhas foram transferidas para um meio contendo apenas ^{14}N e se replicaram, a primeira geração tinha alguns DNAs em que só havia ^{14}N, e outros que apresentavam quantidades iguais de ^{14}N e ^{15}N. O DNA puramente formado com ^{14}N evidentemente originou-se do filamento de ^{14}N da célula mae que serviu como matriz para a síntese de um novo filamento contendo somente bases marcadas com ^{14}N, enquanto que o DNA com ^{14}N e ^{15}N veio de uma combinação do filamento de ^{15}N com novos nucleotídios contendo ^{14}N. Estes resultados são coerentes com o mecanismo de replicação do DNA anteriormente delineado.

Os Ácidos Nucléicos e a Síntese de Proteínas

Como já observamos, o DNA do núcleo da célula contém em sua seqüência de bases a informação necessária para dirigir a síntese de proteínas. Os sítios de síntese protéica são os ribossomos,localizados no retículo endoplasmático. A informação genética é transportada do DNA nuclear para os ribossomos pelo RNA mensageiro. Além disso, o RNA de transferência traz os aminoácidos para a síntese protéica nos ribossomos, servindo como um rótulo pelo qual cada ácido é reconhecido.

A Fig. 18.26 dá uma indicação esquemática da relação entre as moléculas e os processos envolvidos na síntese de proteínas.No núcleo da célula, o DNA serve como uma matriz onde os ribonucleotídios são colocados e o mRNA sintetizado. A seqüência de bases no mRNA é complementar à seqüência da parte da matriz de DNA que é utilizada.

Enquanto continua no núcleo a transcrição do código do DNA para o mRNA, enzimas específicas no corpo da célula ligam aminoácidos ao tRNA. O mRNA e o tRNA dirigem-se para os ribossomos, onde vão interagir. O mRNA seleciona o tRNA certo e o seu aminoácido por um mecanismo de pareamento de bases entre as duas moléculas. Um outro complexo tRNA-aminoácido junta-se ao mRNA adjacente ao primeiro ácido, e uma ligação peptídica se forma entre os ácidos adjacentes. O primeiro tRNA então vai embora, livre do seu ácido. O processo continua à medida que o complexo

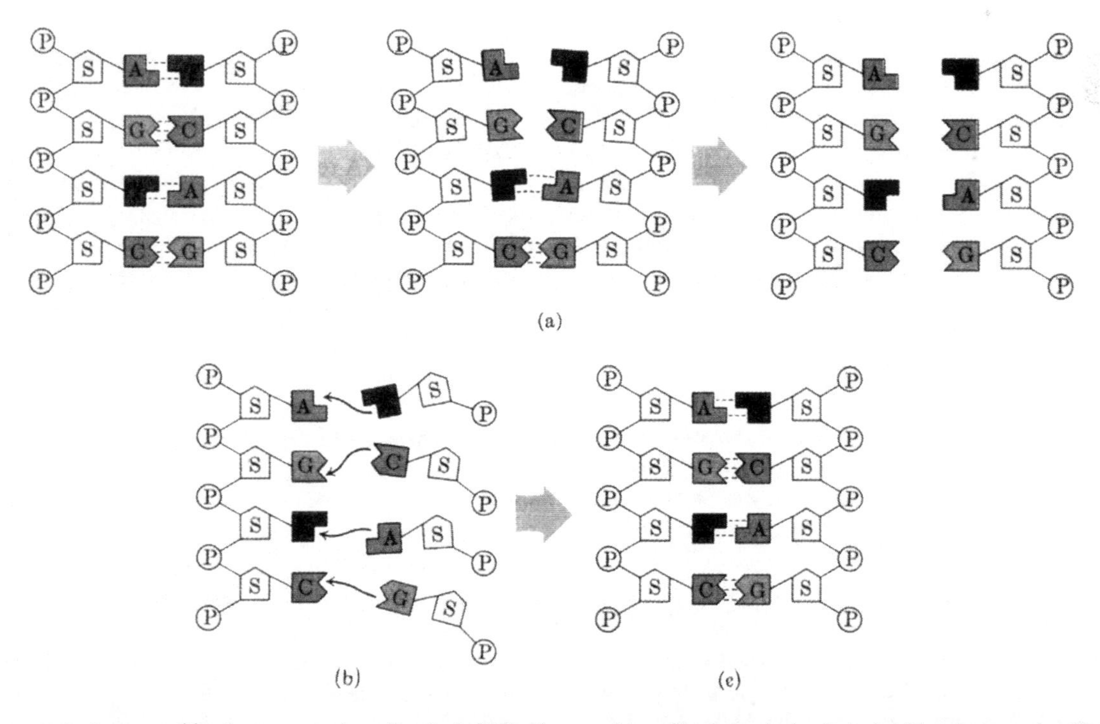

Fig. 18.25 Representação esquemática do preocesso de replicação do DNA. No passo (a), os filamentos duplos da dupla hélice são separadas. No passo (b), nucleotídeos livres complementares aos do filamento de DNA são liberados e selecionados por pareamento de bases, e então ligados ao outro em (c) para obter a molécula de DNA completa. A, T, G e C representam adenina, timina, guanina e citosina, e a cadeia de açúcar e fosfato está representada por S - P - S

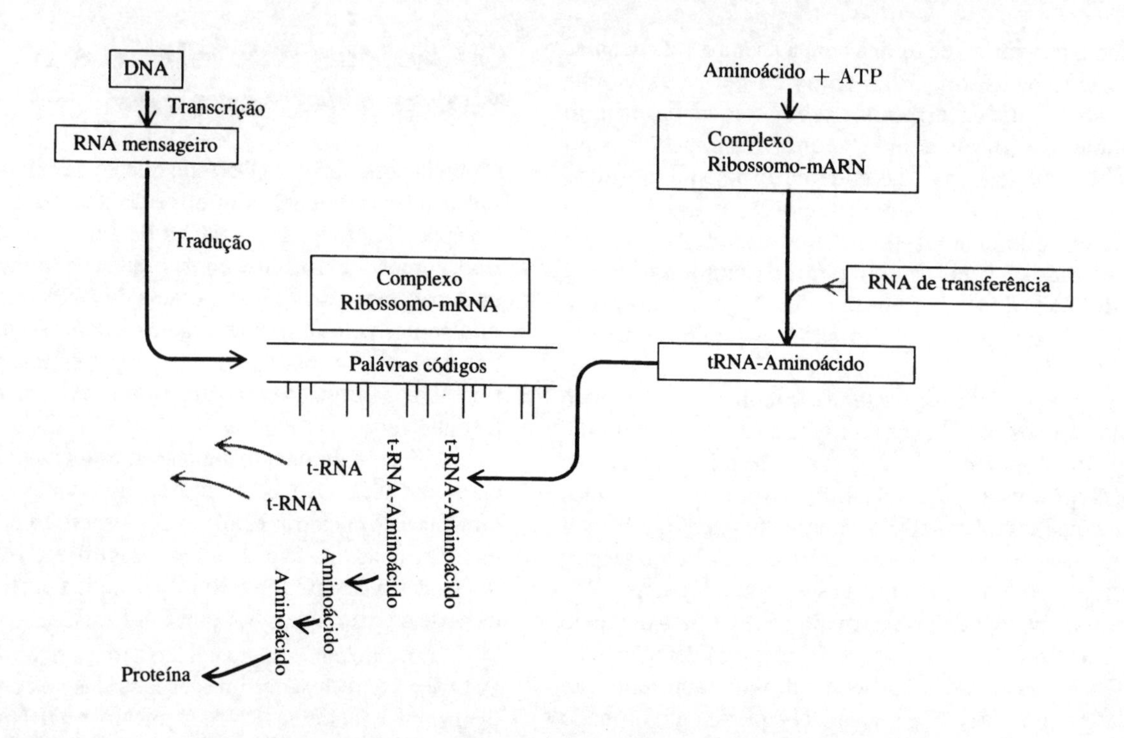

Fig. 18.26 Esquema geral para transferência de informação para a síntese de proteínas.

tRNA-aminoácido apropriado para a terceira posição na cadeia peptídica chega, é reconhecido por pareamento de bases e liga-se temporariamente ao mRNA. Os ácidos continuam a ser adicionados até completarem a seqüência de bases do mRNA, o que faz a síntese parar. Sabe-se que o polipeptídio começa a crescer a partir da extremidade amina da cadeia peptídica, com os ácidos sendo sucessivamente adicionados à extremidade carboxílica. Ao menos em algumas células, o crescimento de uma cadeia sempre é ativada por uma molécula do aminoácido metionina com um grupo formila, HCO-, ligado ao nitrogênio amínico. Este grupo formila bloqueia o crescimento da cadeia peptídica na extremidade do nitrogênio, mas permite a adição subseqüente de ácidos à extremidade carboxílica da molécula.

O Código Genético

Vimos que existem apenas quatro tipos diferentes de bases nas moléculas de DNA, e que as seqüências dessas bases são capazes de determinar singularmente a seqüência de 20 aminoácidos numa cadeia de proteína. Uma vez que há menos bases que aminoácidos, vários *grupamentos* de bases devem constituir as "palavras" do código genético para os diferentes ácidos. Quantas bases são necessárias para montar uma palavra-código no DNA que corresponda a um ácido específico? Devem ser mais do que duas, pois quatro bases podem produzir somente 4^2, ou 16, tipos distintos de pares. Isto não é o suficiente para especificar os 20 aminoácidos separadamente. As palavras do código poderiam consistir em trincas ou tripletos de bases, já que são 4^3, ou 64, combinações distintas possíveis, mais do que o bastante para especificar 20 aminoácidos.

A combinação de três bases para especificar um determinado aminoácido chama-se **códon.** Trata-se de um código sem sobreposições, com códons sucessivos de três bases para especificar sucessões de aminoácidos numa proteína. Por exemplo, o códon formado por três uracilas, UUU, especifica a fenilalanina, enquanto que a UCU especifica a serina. É evidente,porém, que há 64 códons e apenas 20 aminoácidos para codificar.Mesmo se subtrairmos UAA, UGA e UAG, os três códons "terminais"que finalizam uma proteína, haverá ainda muito mais códons possíveis do que aminoácidos individuais. Conseqüentemente, dizemos que o código é degenerado, com mais de um códon correspondendo ao mesmo aminoácido. Cada códon possível corresponde a um código terminal ou a um aminoácido específico. A Tabela 18.2 nos dá uma classificação do código genético.

A razão para a degenerescência do código para a maior parte dos aminoácidos pode ser sustentada por vários argumentos. Sem a degenerescência, poderia haver 64 - 20, ou seja 44, códigos terminais. Conseqüentemente, mutações ou erros de transcrição resultariam em proteínas curtas e ineficientes. Em segundo lugar, pelo fato da degenerescência ocorrer entre códons muito semelhantes, os erros muito provavelmente resultarão numa proteína que pode cumprir, de algum modo, a função a que foi destinada. Uma terceira vantagem da degenerescência é que ela permite maior variação das bases do DNA sem restringir sua capacidade de especificar uma faixa de aminoácidos. Se os sistemas biológicos evoluem para tornar os organismos mais eficientes, é claro que o

TABELA 18.2 CÓDIGO GENÉTICO PARA AS BASES NO mRNA PARA SÍNTESES PROTÉICAS

5' OH	Base Intermediária				3' OH
Base Terminal	U	C	A	G	Base Terminal
U	Phe	Ser	Tyr	Cys	U
	Phe	Ser	Tyr	Cys	C
	Leu	Ser	Fim	Fim	A
	Leu	Ser	Fim	Try	G
C	Leu	Pro	His	Arg	U
	Leu	Pro	His	Arg	C
	Leu	Pro	Gln	Arg	A
	Leu	Pro	Gln	Arg	G
A	Ile	Thr	Asn	Ser	U
	Ile	Thr	Asn	Ser	C
	Ile	Thr	Lys	Arg	A
	Met*	Thr	Lys	Arg	G
G	Val	Ala	Asp	Gly	U
	Val	Ala	Asp	Gly	C
	Val	Ala	Glu	Gly	A
	Val*	Ala	Glu	Gly	G

*Utilizados algumas vezes como códons iniciais.

melhor foi providenciar para que quase todos os códons correspondessem a um dos 20 aminoácidos.

Nos últimos anos nosso conhecimento da base molecular da genética tem progredido a passos largos. As técnicas mais recentes dessa biologia molecular estão fora do âmbito deste texto, mas têm provocado debates públicos e científicos sobre quais os limites a serem impostos às experiências capazes de produzir novas formas de vida.

RESUMO

Metabolismo é a soma total dos processos que tornam a energia disponível para as células. Esta energia é armazenada nas ligações de fosfato do **trifosfato de adenosina (ATP).** Quando necessário, energia é liberada, transferindo-se um fosfato do ATP para a água na forma de **fosfato inorgânico,** P_i, enquanto se forma o **difosfato de adenosina (ADP).** O ATP é produto da energia liberada no metabolismo, principalmente por **fosforilação oxidativa.** Primeiramente, a **nicotinamida adenina dinucleótido** (NAD^+) é reduzida a **NADH**. Em seguida, os elétrons do NADH são transportados por uma série de transportadores de elétrons , tais como as **flavinas** e os **citocromos**, até que finalmente o O_2 é reduzido a H_2. Durante esse processo, o ADP é convertido em ATP. Os ácidos graxos das gorduras são diminuídos em duas unidades de carbono por vez, formando a **acetil coenzima A (acetil CoA). Carboidratos** como os açúcares e o amido são hidrolisados a glicose. Esta **glicose** segue a via anaeróbica de **Embden-Meyerhof** para formar o **ácido pirúvico**, que pode ser oxidado a CO_2 e acetil CoA. Os dois carbonos da acetil CoA, tanto do metabolismo do ácido graxo como do carboidrato, são finalmente oxidados no **ciclo de Krebs do ácido cítrico** a CO_2, e a energia liberada é armazenada no ATP.

As **proteínas** formam-se a partir de combinações de **aminoácidos**, que são acoplados por **ligações amídicas**. Existem 20 tipos diferentes de aminoácidos. A **estrutura primária** das proteínas é determinada pela seqüência linear desses ácidos ao formarem as ligações amídicas. A **estrutura secundária** das proteínas pode ser descrita como uma **α-hélice orientada para a direita** ou uma **forma alongada ß.** A forma α é estabilizada por pontes de hidrogênio entre os aminoácidos ao longo da cadeia, e a forma ß é estabilizada por pontes de hidrogênio entre cadeias alongadas alternadas, formando a conformação **ß de folha pregueada**. A maior parte das proteínas contém principalmente a forma α. A **estrutura terciária** de uma proteína é o modo como as cadeias se dobram para dar sua conformação final. Tanto as pontes de hidrogênio quanto as **ligações de dissulfeto** são importantes nessas conformações. Finalmente, a **estrutura quaternária** é o grupamento específico das estruturas terciárias responsável pela formação de **macromoléculas** complexas.

A informação genética está armazenada em **genes**, que são compostos de **ácido desoxirribonucléico (DNA)**. A informação está contida na ordem das **bases purínicas e pirimidínicas** nesses ácidos nucléicos. Um **ácido nucléico** completo é um polímero formado por ésteres de fosfato chamados **nucleotídios**. O DNA é uma **dupla hélice** em que os nucleotídios purínicos estão pareados com um nucleotídio pirimidínico específico. Quando o DNA é replicado,as cadeias polinucleotídicas se desenrolam; nucleotídios livres se emparelham com as bases nas cadeias e depois polimerizam formando duas moléculas idênticas de DNA.

A informação genética contida no DNA é utilizada na formação das proteínas. Os agentes desse processo são os três ácidos ribonucléicos: **rRNA, mRNA** e **tRNA**. O tRNA permanece nos **ribossomos** como o centro da síntese protéica. O mRNA copia o código genético e se emparelha com o tRNA, transportando o aminoácido desejado para formar a proteína. O código genético é formado por conjuntos de três bases denominados **códons**.Todos os 64 códons constituídos das quatro bases possíveis em cada uma das três posições correspondem a um dos 20 aminoácidos ou a um código relativo ao término da proteína. Este código agora já é totalmente conhecido,e moléculas sintéticas de mRNA têm sido utilizadas para formar as proteínas desejadas.

SUGESTÕES PARA LEITURA

História

Fruton, J.S. *Molecules and Life: Historical Essays on the Interplay of Chemistry and Biology*. New York: Wiley Interscience, 1972.

Judson, H.F. The Eighth Day of Creation: Makers of the Revolution in Biology. New York: Simon & Schuster, 1979.

Watson, J.D. The Double Helix. New York: Athenium, 1969.

Watson, J.D. The Double Helix, ed. G.S. Stent. New York: Norton, 1980.

Bioquímica e Biologia Molecular

Dickerson, R.E. e I. Geis. The *Structure and Action of Proteins*. Menlo Park, Calif.: Benjamin-Cummings, 1969.

Fox, C.F. The Structure of cell membranes, *Scientific American*, 226, 30-38, fev. 1972.

Hearst, J.E. e J.B. Ifft. *Contemporary Chemistry*. San Francisco: Freeman, 1976, cap. 11.

Lehninger, A.L. *Principles of Biochemistry*. New York: Worth, 1982.

Light, R.J. *A Brief Introduction to Biochemistry*. Menlo Park, Calif.: Benjamin-Cummings, 1968.

Stryer, L. *Biochemistry*. 2 ed., San Francisco: Freeman, 1981.

Watson, J.d. *Molecular Biology of the Gene*. 3 ed., Menlo Park, Calif.: Benjamin-Cummings, 1976.

Zubay, G. *Biochemistry*. Reading, Mass.: Addison-Wesley, 1983.

PROBLEMAS

Energética e Metabolismo

18.1 A primeira etapa no metabolismo da glicose é a reação glicose + ATP $\rightarrow$ glicose 6-fosfato + ADP.
Calcule o $\Delta\tilde{G}^\circ$ (pH = 7) dessa reação, sabendo-se que glicose + P_i $\rightarrow$ glicose 6-fosfato + H_2O $\Delta\tilde{G}^\circ$ (pH = 7) = 17 kJ mol^{-1}

18.2 Uma maneira de classificar a capacidade dos compostos de transferir um grupo fosfato é classificá-los de acordo com sua capacidade de transferir fosfato para a água: X - fosfato + $H_2O \rightarrow X + P_i$.
Utilize os valores de $\Delta\tilde{G}^\circ$ dados no problema anterior e no texto para classificar o seguinte composto com relação à sua capacidade de transferir um fosfato:

ATP   glicose-6 fosfato $R-\overset{\overset{\displaystyle O}{\|}}{C}-O-\underset{\underset{\displaystyle O^-}{\|}}{\overset{\overset{\displaystyle O}{\|}}{P}}-O^-$

18.3 O símbolo P_i representa todas as formas de fosfato em água,em pH = 7. Use as constantes de dissociação ácida para o H_3PO_4 dadas na Tabela 5.2 para decidir se o P_i é principalmente H_3PO_4, $H_2PO^-_4$, HPO^-_4 ou uma mistura de duas dessas espécies.

18.4 O metabolismo das gorduras é o metabolismo da glicerina e dos ácidos glaxos liberados pela hidrólise. Calcule o ΔH° por grama para a oxidação do ácido esteárico que produz CO_2(g) e H_2O(l). Para o ácido esteárico, $\Delta\tilde{H}^\circ_f$ =-950 kJ mol^{-1}, e os valores de CO_2(g) e H_2O(l) são dados pela Tabela 8.1.

18.5 Escreva as fórmulas estruturais de cada um dos seguintes compostos com base na informação dada neste capítulo.
a) glicerol   b) D-glicose
c) ácido pirúvico   d) ácido lático

18.6 Repita o problema anterior para os seguintes compostos:
a) ATP   b) ADP
c) óleo de oliva   d) acetil CoA

18.7 A via de Embden-Meyerhof leva à formação de lactato, em condições totalmente anaeróbicas, ou ao piruvato, pelo metabolismo aeróbico no ciclo de Krebs.
a) Considere cada etapa para as condições anaeróbicas e determine a produção líquida de ATP por mol de glicose.Isto é, faça o balanceamento da reação efetiva glicose + xADP + xP $\rightarrow$ 2 lactato + xATP e determine x somando cada etapa da Fig. 18.10.
b) Para as condições aeróbicas, há também uma produção líquida de NADH, e cada NADH pode resultar em 3 ATP através da cadeia da Fig. 18.3. Faça o balanceamento da seguinte reação nas condições aeróbicas:
glicose + yADP + yP $\rightarrow$ 2 piruvato + yATP.

18.8 Depois que o piruvato é produzido pelas reações de Embden-Meyerhof, ele entra no ciclo de Krebs, onde é convertido a CO_2 juntamente com várias moléculas de ATP.

a) Verifique a estequiometria dada no texto para a conversão de ácido pirúvico a CO_2, examinando cada etapa e fazendo o balanceamento da reação 2 piruvato + y'ADP + y'P → 6Co + y'ATP.

b) Adicione os valores de *y* no problema 18.7b ao de *y*' na parte a para obter o número total de mols do ATP produzido por mol de glicose no metabolismo aeróbico.Compare-o ao *x* do problema 18.7a para o metabolismo anaeróbico.

18.9 Classifique cada alteração na via de Embden-Meyerhof como reações de substituição, eliminação, rearranjo, desproporcionamento ou óxido-redução.

18.10 Classifique as reações do ciclo de Krebs, começando com o piruvato, de acordo com o esquema do problema anterior.

Aminoácidos e Proteínas

18.11 As constantes de dissociação ácida dos ácidos biológicos são sempre dadas como valores de pK_a. Os dois valores de pK_a da alanina são 2,35 e 9,83.

a) Converta-os em constantes de dissociação ácida K_1 e K_2, e compare-as às do ácido acético e à do íon amônio.

b) Utilize as cargas que existem na forma zwitteriônica dos aminoácidos para explicar por que o K_1 é maior do que aquele do ácido acético e o K_2 é menor do que o do íon amônio.

18.12 O valor de pK_a para a cadeia lateral do ácido aspártico é 3,87. Compare-o ao pK_a do ácido acético e decida qual a carga no zwitterion que mais afeta a cadeia lateral. Qual é a forma molecular mais importante do ácido aspártico em pH = 1, 7 e 11? E em pH = 3?

18.13 A cadeia lateral com valor de pK_a mais próximo de 7 é a da histidina (pK_a = 6,00). Compare-o com o valor de pK_a dado na Tabela 5.2 para o íon imidazólico. A cadeia lateral da histidina tem a mesma estrutura de anel que o imidazol. Explique por que o valor de pK_a da cadeia lateral da histidina aproxima-se de 7,0 quando ela faz parte de uma proteína e não de um aminoácido livre.

18.14 Faça estimativas dos valores de pK_a para as cadeias laterais do ácido glutâmico e da lisina. Explique as razões de sua escolha. Os valores observados são 4,3 e 10,8,respectivamente.

18.15 Utilize orbitais atômicos híbridos para o carbono e o nitrogênio, a fim de explicar a planaridade do grupo amida mostrado na Fig. 18.16.

18.16 O caráter parcial de ligação dupla na ligação C-N do grupo amida pode ser explicado pelos orbitais π deslocalizados formados a partir dos orbitais π_z do oxigênio, carbono e nitrogênio do grupo amida. Quais os elétrons que estariam nesses orbitais π? Lembre-se do par isolado no nitrogênio.

18.17 Na · α-hélice mostrada na Fig. 18.15, há pontes de hidrogênio entre o N-H de um aminoácido e o C=O de outro. Quantos aminoácidos existem entre essas pontes de hidrogênio? Faça o cálculo contando o número de ligações C=O entre um nitrogênio e sua ligação C=O em que ocorre ponte de hidrogênio.

18.18 Na estrutura da mioglobina que aparece na Fig. 18.17,cerca de 70% da proteína encontra-se numa α-hélice orientada para a direita e dividida em oito grandes segmentos helicoidais.Algumas divisões apresentam longas regiões não helicoidais, enquanto que outras são pequenos divisores. Olhe para a figura e decida se os aminoácidos das seguintes posições encontram-se em regiões helicoidais ou não helicoidais: 30, 45,82 e 140.(*Nota*: algumas regiões helicoidais, tais como de 3 a 16 e de 50 a 60, não aparecem bem definidas na figura.)

Acidos Nucléicos e Biologia Molecular

18.19 Considere as três bases purínicas e as três bases pirimidínicas mostradas na Fig. 18.19. Quais são encontradas no DNA e quais aparecem no RNA?

18.20 Defina cada um dos seguintes termos: nucleosídio,nucleotídio e ácido nucléico.

18.21 O código genético está registrado em códons de três bases,começando da extremidade 5' do mRNA. Se a Fig. 18.18 representasse um segmento de mRNA e se fosse mostrado o começo de um códon, este se iniciaria com uma purina ou com uma pirimidina?

18.22 Os planos de sucessivos pares de bases no DNA estão separados por 3,4 Å. Se o DNA da *E.* coli tivesse 3,4 x 10^6 pares de bases, qual seria o seu comprimento se ele fosse totalmente estendido? E seu peso molecular aproximado? Geralmente, considera-se que um par de base tem um peso-fórmula igual a 660.

18.23 Considere um pequeno segmento de mRNA com os pares de bases do códon dados por

5'|UAU|CUA|AAA|3'.

Quais seriam os aminoácidos da proteína correspondente?

18.24 Repita o problema anterior para os códons 5'|AUU|GCC|UAG|3'.

18.25 Um dos métodos usados para determinar o código genético era preparar mRNA sintético e observar qual a proteína produzida.Uma das primeiras experiências dessa natureza foi com um mRNa poli U, isto é, todos os códons eram UUU. Que proteína foi produzida?

18.26 Se for produzido um mRNA sintético com 80% de adenina e 20% de citosina, quais serão as distribuições estatísticas dos códons AAA, AAC, ACA, CAA, CCA, CAC, ACC e CCC? Qual seria a distribuição do aminoácido resultante na proteína? O conteúdo experimentalmente observado foi Lys 53%, Thr 14%, Asn 13%, Gln 13&, Pro 4% e His 3%.

18.27 A molécula de tRNA tem um **anticódon** que irá emparelhar-se com o códon do mRNA. Qual é o anticódon para o CCC? Qual o aminoácido que o tRNA com esse anticódon irá transportar? Repita esta questão para o mRNA com o códon ACG.

18.28 A degenerescência do código genético tem um padrão bem conhecido. Descreva esse padrão da melhor maneira que puder.

19 O Núcleo

Embora os núcleos mantenham suas identidades em processos químicos, e as propriedades nucleares além das suas carga, tenham apenas influência indireta no comportamento químico, a natureza do núcleo constitui um assunto importante para os químicos. A abundância e a origem dos elementos é um problema relacionado com a estrutura nuclear e sua reatividade. A síntese de novos elementos não encontrados na natureza tem sido conduzida essencialmente por químicos. O uso, tanto dos isótopos radioativos como dos isótopos estáveis, tem auxiliado na determinação dos mecanismos das reações químicas e de processos biológicos complexos. Muitos dos problemas associados com o uso das reações nucleares como fontes de energia são de natureza química. Assim, existem muitas razões para que os químicos tenham familiaridade com as propriedades e fenômenos nucleares. Neste capítulo examinaremos os aspectos do núcleo que são mais importantes na química.

19.1 A Natureza do Núcleo

Para começar, vamos recordar algumas definições e notações. Os núcleos são compostos de prótons e neutrons, e normalmente essas partículas são denominadas de **núcleons**. A descrição de um núcleo em particular é feita em termos de seu número de carga, Z, e seu número de massa, A, que é igual à soma dos prótons e neutrons. Para representar um núcleo, o símbolo químico é escrito com um subscrito igual a **Z** e com um superscrito igual a **A**. Assim,

$$^{16}_{8}O \quad ^{17}_{8}O \quad ^{18}_{8}O,$$

representam três **isótopos** de oxigênio. Os núcleos têm a mesma carga, porém diferentes números de massa.

Podemos agora discutir as propriedades gerais do núcleo -tamanho, massa, forma, e tipos de forças que o mantêm coeso.

Dimensões Nucleares

A primeira indicação do tamanho do núcleo foi obtida pelo experimento de espalhamento de partículas α por Rutherford. O resultado qualitativo do experimento de Rutherford foi que as partículas α podem se aproximar a 10^{-12} cm do centro de um átomo e ainda assim sofrer espalhamento por uma força expressa pela lei de Coulomb. Se, entretanto, a energia das partículas α for aumentada o bastante, o padrão de distribuição das partículas espalhadas muda de tal forma a indicar que a lei de Coulomb falha quando estas se aproximam do centro do átomo. O padrão de espalhamento e outros dados indicam que a energia potencial de uma partícula α em função da distância varia como representado na Fig. 19.1. A medida que a partícula α se aproxima do núcleo, uma força coulômbica provoca uma elevação da energia potencial até que esta se aproxime o bastante para sentir as fortes forças nucleares, de atração. Nessa distância, que poderíamos associar aos limites do núcleo, a energia potencial cai de fôrma abrupta. O aumento na energia potencial que uma partícula α sente ao entrar e sair da região nuclear, é normalmente conhecido como **barreira coulômbica.**

Visto que neutron não tem carga, não fica sujeito à repulsão coulômbica quando se aproxima do núcleo. Ao contrário, a energia potencial de um neutron permanece essencialmente constante até cair, abruptamente, a uma distância menor que 10^{-12} cm do centro do núcleo. Esse compor-

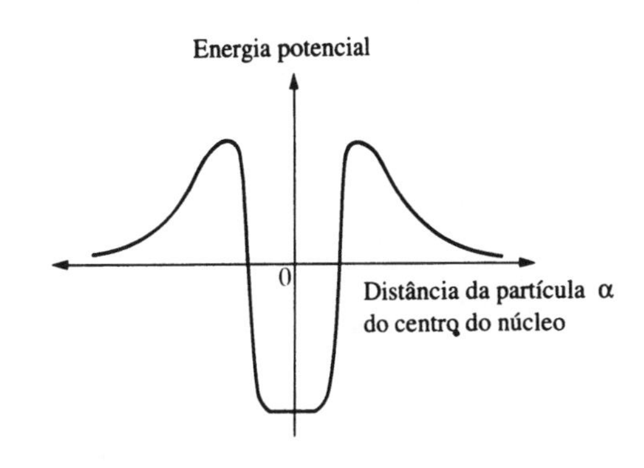

Fig. 19.1 Energia potencial de uma partícula α em função de sua distância do centro do núcleo.

tamento está representado na Fig. 19.2. Em relação ao neutron, o núcleo constitui um poço de potencial, com paredes bastante íngrimes. Visto que o neutron sofre uma rápida alteração de energia potencial na superfície do núcleo, o padrão de espalhamento dos neutrons pode ser usado para determinar o tamanho do núcleo. Um grande número de raios nucleares tem sido determinado por espalhamento de neutrons, e os resultados podem ser resumidos por meio da seguinte equação

$$R = R_0 A^{1/3}, \qquad (19.1)$$

onde $R_0 = 1{,}33 \times 10^{-13}$ cm, é uma constante comum a todos os núcleos; R é o raio nuclear, e A é a massa atômica. O volume nuclear V deve ser proporcional a R^3, ou segundo a Eq. (19.1), proporcional a A:

$$V \propto R^3 \propto A.$$

Portanto, o volume nuclear é diretamente proporcional ao número total de prótons e neutrons no núcleo. Esse fato sugere que os prótons e neutrons se empacotam como esferas rígidas, fazendo do volume nuclear total o equivalente à soma dos volumes individuais dos prótons e neutrons. Encontraremos outra evidência consistente com esse fato, porém recomendamos que se evite uma interpretação exagerada, ao pé da letra. Os núcleons, na realidade não estão estacionários, nem estão empilhados como se fossem laranjas, apesar de contribuirem para o volume nuclear como se assim estivessem.

A Forma do Núcleo

Um núcleo perfeitamente esférico exerce uma força elétrica sobre os elétrons que é dada exatamente pela lei de Coulomb. Contudo, se os prótons nos núcleos não estiverem agrupados segundo uma distribuição esférica, o núcleo acaba apresentando um **momento quadrupolar elétrico**, e os elétrons circundantes acabam sentindo, além da atração coulômbica, uma pequena força de quadrupolo elétrico. Um quadrupolo elétrico ocorre sempre que o núcleo não é esférico, e sim

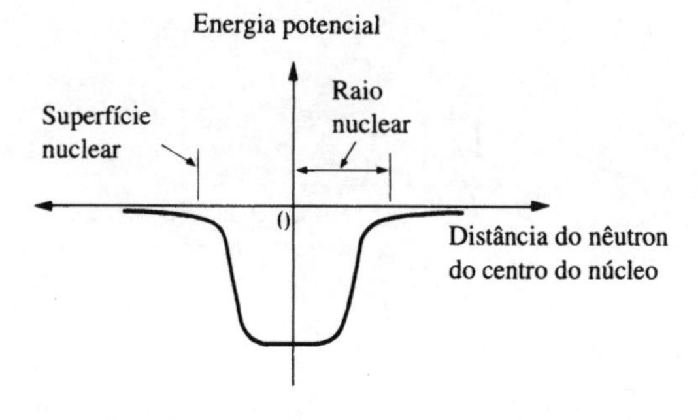

Fig. 19.2 Energia potencial de um nêutron em função de sua distância do centro do núcleo.

distorcido. Essas distorções podem tomar a forma de um alongamento da esfera, no sentido prolato (alongado nos polos, como uma bola de futebol americano) ou oblato (achatado nos polos, como uma maçaneta de porta).

A forma de um núcleo é está associada à sua função de onda, da mesma forma que o formato atômico se relaciona com as funções de onda eletrônicas, exceto, porém, que o núcleo tem uma função de onda muito mais complicada. Um número quântico importante que nos mostra algumas das características do núcleo é chamado de **spin nuclear, I**. Possui valores inteiros ou fracionários, sempre positivos: O, 1/2, 1, 3/2, 2, etc. Esses valores são determinados pelas formas com que os núcleons se combinam. Quando I = 0 ou 1/2, o núcleo é esférico e não tem momento quadrupolar. Quando I ~≥ 1, o núcleo pode ser tanto prolato como oblato, e apresenta um momento quadrupolar. Os núcleos com I ≥ 1/2 também apresentam um momento dipolar magnético. O elétron tem um número quântico de spin s = 1/2, e também tem um momento dipolar magnético, porém de intensidade 1000 vezes superior à do núcleo. Apesar da sua pequena intensidade, o momento dipolar magnético do núcleo conduz a energias facilmente detectáveis na presença de campos magnéticos externos. Essas energias formam a base da **espectroscopia de ressonância nuclear magnética (rnm)**, que é um método analítico importante para a análise da estrutura molecular.

Na Tabela 19.1 estão algumas das características importantes do neutron, próton e dos diversos núcleos estáveis. Para efeitos de comparação, foram incluídas informações sobre os elétrons e pósitrons. Uma Tabela que será fornecida posteriormente, relacionará informações semelhantes a respeito de núcleos instáveis, que perdem energia por meio das várias formas de decaimento radioativo.

Massa do Núcleo

A unidade de massa atômica, **u.m.a.**, é definida como sendo exatamente 1/12 da massa do átomo de $_6^{12}C$. Nessa escala, um neutron tem uma massa de 1,0086650, enquanto a massa de um átomo de hidrogênio (próton mais elétron) é 1,0078250 u.m.a. Na discussão a respeito dos núcleos deveríamos tratar das massas nucleares, porém o que tem sido determinado experimentalmente são as massas dos *átomos* (núcleos mais elétrons). Essa diferença não introduz qualquer complicação mais séria, como veremos adiante.

Visto que o neutron e o átomo de hidrogênio têm uma massa de aproximadamente 1 u.m.a., as massas dos vários isótopos dos átomos apresentam valores próximos de inteiros. De fato, foram observações desse tipo que levaram à sugestão original de que os núcleos são formados por prótons e elétrons. Contudo, uma comparação cuidadosa da massa de qualquer átomo com a soma das massas equivalentes em átomos de hidrogênio e neutrons, revela um fato interessante: falta massa. Considere por exemplo, o átomo $_8^{16}O$, que tem uma massa de 15,9949146 u.m.a. Em contraste, a massa de

TABELA 19.1 PROPRIEDADES DOS NUCLEONS, DE ALGUNS NÚCLEOS ESTÁVEIS, DO ELÉTRON E DO POSITRON

Símbolo	Z	A	Massa em u.m.a.	I	Abundância Isotópica (%)
${}^{1}_{0}n$ (nêutron)	0	1	1,0086650	1/2	-
${}^{1}_{1}p$ (próton)	1	1	1,0072765	1/2	-
${}^{1}_{1}H$	1	1	1,0078250*	1/2	99,985
${}^{2}_{1}H$ (deutério)	1	2	2,0141018*	1	0,015
${}^{4}_{2}He$ (partícula a)	2	4	4,0026033*	0	100,000
${}^{6}_{3}Li$	3	6	6,0151232*	1	7,5
${}^{7}_{3}Li$	3	7	7,0160045*	3/2	92,5
${}^{12}_{6}C$	6	12	12 (exato)*	0	98,90
${}^{13}_{6}C$	6	13	13,0033548*	1/2	1,10
${}^{16}_{8}O$	8	16	15,9949146*	0	99,762
${}^{17}_{8}O$	8	17	16,9991360*	5/2	0,038
${}^{18}_{8}O$	8	18	17,9991594*	0	0,20
${}^{19}_{9}F$	9	19	18,9984033*	1/2	100
${}^{35}_{17}Cl$	17	35	34,9688528*	3/2	75,77
${}^{37}_{17}Cl$	17	37	36,9659026*	3/2	24,23
${}^{54}_{26}Fe$	26	54	53,9396121*	0	5,8
${}^{56}_{26}Fe$	26	56	55,9349393*	0	91,72
${}^{57}_{26}Fe$	26	57	56,9353957*	1/2	2,2
${}^{58}_{26}Fe$	26	58	57,9332778*	0	0,28
${}^{0}_{-1}\beta$ (elétron)	-1	0	5,4858 x 10^{-4}	s = 1/2	_
${}^{0}_{+1}\beta$ (pósitron)	+1	0	5,4858 x 10^{-4}	s = 1/2	_

* Estes valores incluem a massa dos elétrons de um átomo neutro.

oito neutrons e oito átomos de hidrogênio juntos perfazem 19,1319200 u.m.a. Portanto o ${}_{8}^{16}O$ é mais leve do que o esperado, em cerca de 0,1370054 u.m.a.

A relação entre massa e energia é dada por

$$E = mc^2, \qquad (19.2)$$

onde c é a velocidade da luz. Quando o ${}_{8}^{16}O$ se forma a partir de oito prótons e oito neutrons, sua massa diminui. Essa diminuição é devida ao fato que uma quantidade muito grande de energia, chamada**energia de ligação**, é liberada na reação

$$8{}^{1}_{0}n + 8{}^{1}_{1}p \rightarrow {}^{16}_{8}O + \text{energia de ligação liberada.}$$

Essa energia já não contribui para a massa do núcleo ${}_{8}^{16}O$. A Equação (19.2) fornece a relação entre a energia liberada e a perda de massa. As reações químicas também liberam energia, porém em escala insignificante em termos de variação de massa, dada pela Eq. (19.2). Os exemplos seguintes ilustram o uso da Eq. (19.2) e das unidades de energia.

Exemplo 19.1. Quantos joules de energia correspondem à variação de massa associada à formação do ${}_{8}^{16}O$ a partir de prótons e neutrons?

Solução: A mudança de massa foi calculada em unidades de massa atômica (u.m.a.), e para usar a Eq. (19.2) temos que convertê-la em gramas. Esses valores de massa em u.m.a., como no caso de qualquer valor de peso molecular, são iguais às massas em gramas por mol. Para converter a perda de massa em gramas por átomo, fazemos a divisão pelo número de Avogadro:

$$\frac{0{,}137005 \text{ g mol}^{-1}}{6{,}0220 \times 10^{23} \text{ mol}^{-1}} = 2{,}2751 \times 10^{-25} \text{ g.}$$

Se usarmos c em unidades de metros por segundo, temos que empregar as massas em kilogramas na Eq. (19.2) para obter a energia em unidades SI, ou joule. Tendo isso em conta, obtemos

$$E = (2{,}2751 \times 10^{-28} \text{ kg})(2{,}9979 \times 10^{8} \text{ m s}^{-1})^2$$
$$= 2{,}0447 \times 10^{-11} \text{ J.}$$

Exemplo 19.2. Converta a energia do exemplo anterior em unidades eletron volts (eV).

Solução. A unidade de enrgia mais comum para trabalho nuclear é o **eletron volt** (eV). Essa energia corresponde à de um elétron passando através de uma diferença de potencial de 1 V, e é igual à carga eletrônica e em coulombs, multiplicada por 1 V. Em virtude da simplicidade das unidades SI, o produto coulombs x volts = joules, e assim

$$1 \text{ eV} = (1,6022 \times 10^{-19} \text{ C})(1 \text{ V}) = 1,6022 \times 10^{-19} \text{ J}.$$

Duas unidades relativas são o **megaeletron volt** (MeV) e o **gigaeletron** volt (GeV). Um MeV = 10^6 eV, e 1 GeV = 10^9 eV. Podemos agora converter a energia calculada no exemplo 19.1 em eletron volts:

$$E = \frac{2,0447 \times 10^{-11} \text{ J}}{1,6022 \times 10^{-19} \text{ J eV}^{-1}},$$

$$= 1,2762 \times 10^8 \text{ eV} \qquad 127,62 \text{ MeV} \qquad 0,12762 \text{ GeV}.$$

Para uso futuro, vamos calcular 1 u.m.a. em unidades de gramas e megaeletron volts:

$$\frac{1 \text{ g mol}^{-1}}{N_A(\text{atoms mol}^{-1})} = 1,6606 \times 10^{-24} \text{ g atom}^{-1}$$

$$= 1,6606 \times 10^{-27} \text{ kg atom}^{-1},$$

$$(1,6606 \times 10^{-27} \text{ kg atom}^{-1})(2,9979 \times 10^8 \text{ m s}^{-1})^2$$

$$= 1,4924 \times 10^{-10} \text{ J atom}^{-1}$$

$$\frac{1,4924 \times 10^{-10} \text{ J atom}^{-1}}{1,6022 \times 10^{-19} \text{ J eV}^{-1}} = 9,315 \times 10^8 \text{ eV atom}^{-1}.$$

Por meio da relação de massa-energia, podemos ver que

$$1 \text{ amu} = 1,6606 \times 10^{-24}\text{g} = 931,5 \text{ MeV}.$$

Forças Nucleares

Subtraindo a massa de um átomo da soma das massas dos prótons, neutrons e elétrons que estão presentes, podemos calcular a energia total de ligação, E_b, que mantém o núcleo coeso. Mais instrutivo que a energia total de ligação, contudo, é a **energia de ligação por núcleon**, E_b/A, que é mostrada em gráfico na Fig. 19.3 em função do número de massa. Depois de um aumento brusco entre os núcleos mais leves, a energia de ligação por partícula nuclear muda apenas ligeiramente e tem um valor de aproximadamente 8 MeV por núcleon. Os núcleos de máxima estabilidade têm números de massa em torno de 60 ou 25 unidades de carga. Visto que o máximo na energia de ligação por partícula ocorre com o número de massa ao redor de 60, a **fissão** (quebra) de um núcleo muito pesado em um par de núcleos de massas em torno de 60 constitui um processo que libera energia. De maneira análoga, a **fusão** de dois núcleos leves também é acompanhada por uma liberação de energia.

Em virtude das variações nas energias de ligação por núcleon para elementos de número de massa acima de 20 serem pequenas, em primeira aproximação podemos dizer que

$$\frac{E_b}{A} \cong \text{constante} \qquad E_b \cong \text{constante x A}.$$

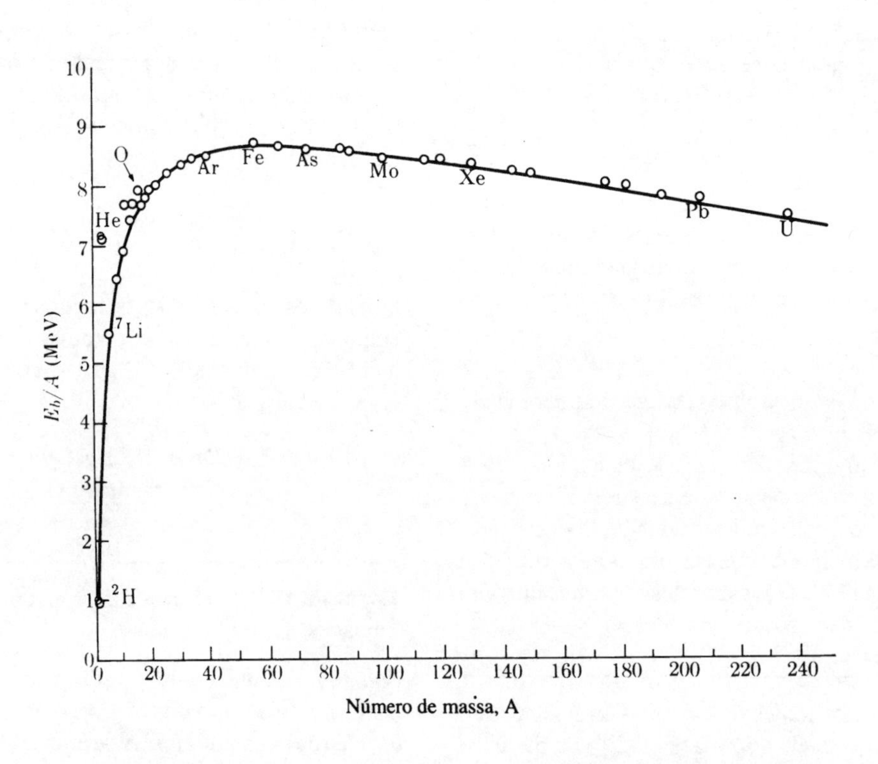

Fig. 19.3 Energia de ligação por núcleon em função do número de massa para alguns núcleos estáveis.

Em outras palavras, a energia total de ligação de um núcleo é aproximadamente proporcional ao número de núcleons. Essa observação sugere que as forças que ligam os núcleos são de curto alcance; isto é, um núcleon exerce forças atrativas apenas sobre seus vizinhos mais próximos. Se as forças nucleares fossem de longo alcance, cada um dos A núcleons seria atraído pelos outros A-1 núcleons, e o número total de energia de ligação nuclear seria proporcional a A(A-1) em vez de A.

Além de ser de curto alcance, as forças *atrativas* entre os núcleons independem das cargas. Existe, contudo, uma repulsão coulômbica entre os prótons, tal que a energia de ligação entre dois prótons é menor que a que envolve dois neutrons. Quando se faz uma correção para a repulsão coulômbica entre prótons, a energia de ligação resulta ser da ordem de 14,1 MeV por partícula; é a repulsão coulômbica entre os prótons que diminui este valor para 8 MeV por partícula, como já discutimos.

Suponhamos agora que no núcleo, os nêutrons e prótons interajam como se fossem esferas empacotadas, cada qual com 12 vizinhos próximos. Isso significaria que existem 12/2, ou 6 ligações nucleares ou atrações por partícula, já que são necessárias duas partículas para se formar uma ligação. Assim, poderíamos interpretar a energia de ligação de 14,1 MeV por partícula de forma que a energia de atração entre um par simples de núcleos seria 14,1/6, ou 2,3 MeV. Existe um núcleo, o $^{2}_{1}H$, onde ocorre apenas uma atração núcleon-núcleon, e a energia de ligação é de fato, 2,2 MeV. Portanto, a idéia de que os núcleons interagem apenas com seus 12 vizinhos mais próximos parece ser válida, ao menos aproximadamente.

Em 1935, C. F. von Weizsacker desenvolveu uma expressão um tanto empírica para a energia de ligação nuclear que é baseada, em grande parte, no modelo qualitativo que delineamos. A energia total de ligação nuclear em mega-eletron volts é dada, com boa aproximação, por

$$E_b = 14.1A - 13A^{2/3} - \frac{0.6Z^2}{A^{1/3}}. \qquad (19.3)$$

O primeiro termo, à direita, expressa o fato de que a energia de ligação, considerando a parte atrativa, é 14,1 MeV por partícula. Contudo, os núcleons na superfície do núcleo não estão interagindo com 12 vizinhos, como no interior do mesmo, e assim não contribuem integralmente com 14.1 MeV para a energia de ligação. O número de núcleons superficiais é proporcional à área da superfície, que por sua vez, varia com o quadrado do raio nuclear, ou com $A^{2/3}$. Em consequência, o termo $-13A^{2/3}$ aparece na equação da energia de ligação; e seu sinal negativo representa a perda de energia de ligação devida à questão do número de vizinhos na superfície. Finalmente, existe a repulsão coulômbica entre os prótons, que também constitui uma perda de energia, e seu efeito é expresso pelo terceiro termo da equação. A repulsão coulômbica aumenta com o quadrado do número de prótons, e a perda de energia é inversamente proporcional ao raio nuclear, ou a $A^{1/3}$.

TABELA 19.2 FREQÜÊNCIA DE OCORRÊNCIA DE TIPOS ESTÁVEIS DE NÚCLEOS

A	N	Z	Número do Núcleo
Par	Par	Par	166
	Ímpar	Ímpar	8
Ímpar	Par	Ímpar	57
	Ímpar	Par	53

Enquanto a Eq. (19.3) mostra como algumas das propriedades nucleares afetam a energia de ligação, ela não proporciona uma visão completa da ligação nuclear. Outros efeitos, mais sutis são importantes. Por exemplo, os núcleos com número par de nêutrons e número par de prótons parecem ser particularmente estáveis. Na Tabela 19.2 estão mostrados os núcleos mais estáveis, onde N é o número de nêutrons.

Existem apenas oito núcleos estáveis que tem um número impar, tanto de nêutrons, como de prótons. Os núcleos mais estáveis são os que apresentam dupla paridade de prótons e neutrons. Essas observações sugerem que existe um emparelhamento em separado de nêutrons e prótons que afetam a estabilidade nuclear. Existe ainda um efeito mais específico que tem a ver com número de prótons e nêutrons. Os núcleos que apresentam os números "mágicos" de 2, 8, 20, 28, 50, 82 e 126 prótons ou nêutrons são especialmente estáveis e abundantes na natureza. A existência desses números mágicos sugerem um **modelo de camada** para o núcleo, com um esquema de níveis de energia semelhante ao de energias orbitais usado para os elétrons, e essa idéia tem levado a previsões com bastante êxito, sobre várias das propriedades nucleares, como o spin nuclear e os momentos quadrupolares.

19.2 Radioatividade

Já mencionamos uma forma natural de **decaimento radioativo,** a fissão espontânea de um núcleo muito pesado em dois fragmentos mais estáveis com números de massa próximos de 60. A fissão espontânea é pouco comum, e os núcleos radioativos geralmente decaem pela emissão de partículas α, partículas ß positivas ou negativas, raios-γ, ou por meio da captura de um elétron orbital. Algumas regras simples para predizer a ocorrência e a natureza da radioatividade podem ser formuladas com base na Figura 19.4. Colocando em gráfico a carga Z em função do número de nêutrons (N = A - Z) para todos os núcleos não-radioativos, encontramos que os núcleos mais estáveis situam-se dentro de uma faixa ou cinturão bem definido. Para os núcleos mais leves que $^{40}_{20}Ca$, os mais estáveis tem mesmo número de prótons e nêutrons. Entre os elementos mais pesados, o mais estável contêm mais nêutrons que prótons. Possivelmente, a causa dessa tendência é a repulsão coulômbica excessiva que ocorre em núcleos de carga elevada, que pode ser diminuída pelo aumento do número de nêutrons e pelo aumento do tamanho do núcleo.

Decaimento Beta

Os núcleos que ficam fora da faixa de estabilidade são radioativos e decaem de maneira a formar núcleos situados dentro dessa faixa. Os núcleos que ficam à diretia da faixa de estabilidade na Fig. 19.4 são ricos em neutrons; eles adquirem estabilidade emitindo **partículas ß negativas,** ou elétrons. Esse processo de **decaimento ß** pode ser imaginado como uma transformação de um nêutron em um próton que permanece no núcleo e um elétron, que é emitido. O *núcleo resultante* tem um próton a mais, e um nêutron a menos que o original, e se aproxima mais da faixa de estabilidade. Em contraste, os núcleos que ficam à esquerda da faixa de estabilidade na Fig. 19.4 devem diminuir sua carga positiva para adquirir estabilidade. Dois processos são possíveis: o primeiro é a captura de um elétron 1*s* interno seguido da conversão de um próton em um nêutron; a segunda possibilidade é a emissão de um *pósitron*, ${}_{+1}^{0}\beta$, que pode ser pensado como sendo um elétron positivo. Isso resulta na conversão de um próton nuclear em um nêutron. Como exemplos desses processos, temos

${}_{6}^{10}C$ ${}_{6}^{11}C$	${}_{6}^{12}C$ ${}_{6}^{13}C$	${}_{6}^{14}C$ ${}_{6}^{15}C$
emissão de pósitron	estável	emissão β
${}_{8}^{14}O$ ${}_{8}^{15}O$	${}_{8}^{16}O$ ${}_{8}^{17}O$ ${}_{8}^{18}O$	${}_{8}^{19}O$
captura de elétron	estável	emissão β

Um processo de decaimento ß espontâneo libera energia, e embora o núcleo não sofra variação no número de massa, há uma diminuição em sua massa. Como ilustração, considere-se a reação

$${}_{6}^{14}C \rightarrow {}_{7}^{14}N + {}_{-1}^{0}\beta.$$

Para calcular a energia liberada nesse processo, temos apenas que comparar a massa do *átomo* de ${}_{6}^{14}C$ com a massa do ${}_{8}^{14}N$, pois no decaimento, um átomo de carbono com seis elétrons orbitais é convertido em um *íon* de nitrogênio com seis elétrons e uma partícula ß. A massa total desses produtos é portanto igual à massa do ${}_{7}^{14}N$. Considerando que a massa do ${}_{7}^{14}N$ é 14,003074 u.m.a., e do ${}_{6}^{14}C$ é 14,003242 u.m.a., a diferença de $1{,}68 \times 10^{-4}$ u.m.a. corresponde a 0,156 MeV, que é a energia total liberada no processo de decaimento ß.

O cálculo da energia de um decaimento de pósitron exige algum cuidado. Podemos escrever o decaimento do ${}_{6}^{11}C$

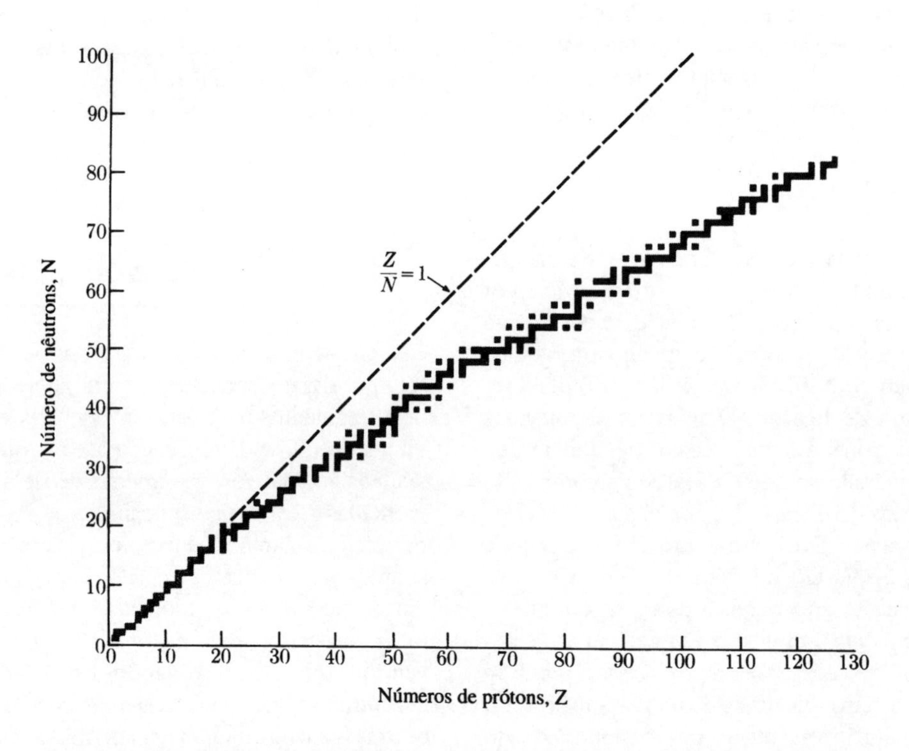

Fig. 19.4 Número de prótons em função da número de nêutrons para núcleos estáveis. A banda escura representa os valores de Z e N para núcleos estáveis.

como

$$\underset{\text{núcleo + 6 elétrons}}{{}^{11}_{6}C} \rightarrow \underset{\text{núcleo + 6 elétrons + positron}}{{}^{11}_{5}B + {}^{0}_{+1}\beta}.$$

Portanto, a massa total dos produtos é igual à massa do *átomo* de ${}^{11}_{5}B$, mais a massa do elétron extra-orbital, não usado pelo boro, mais a massa do pósitron. A energia equivalente à massa do elétron ou pósitron é 0,5110 MeV, tal que a energia do processo de emissão de pósitron é

$$(\text{massa do } {}^{11}_{6}C - \text{massa do } {}^{11}_{5}B)(931{,}5) - (2 \times 0{,}511)\ \text{MeV},$$

ou

$$(11{,}011433 - 11{,}009305)(931{,}5) - 1{,}022 = 0{,}960\ \text{MeV}.$$

Visto que o decaimento com emissão de pósitron produz duas partículas extras, equivalentes a 1,022 MeV, a energia liberada é menor que a diferença entre as massa atômicas. A menos que a diferença de massa exceda 1,022/931,5 ou 1,097 x 10^{-3} u.m.a., a emissão espontânea de pósitron não é possível.

O outro caminho para o decaimento do ${}^{11}_{6}C$ a ${}^{11}_{6}B$ é a *captura de elétron (CE)*, que diminui **Z** de uma unidade:

$${}^{11}_{6}C \xrightarrow{EC} {}^{11}_{5}B + \text{energia}.$$

A energia liberada aparece principalmente sob a forma de um **neutrino** não detectável, mas para alguns núcleos a captura de elétron resulta na emissão de raios-γ a partir dos núcleos formados no estado excitado. Para o ${}^{11}_{6}C$, 99,76% do decaimento ocorre provavelmente por emissão de pósitron e 0,24 % por captura de elétron. Visto que não há uma radiação característica, detectável para o processo CE, sua existência permaneceu desconhecida até 1938.

A energia liberada na CE pode ser diretamente calculada pela diferença de massa entre dois átomos, visto que os elétrons estão sendo levados em conta. Para o decaimento CE do ${}^{11}_{6}C$ a ${}^{11}_{5}B$, a diferença é (11,011433 - 11,009305) u.m.a., ou 1,982 MeV.

Processos de Decaimento Alfa

Com poucas exceções, o decaimento por emissão de uma partícula α ocorre apenas entre elementos com números de massa maiores que 200. Um exemplo típico de **decaimento α** é

$${}^{238}_{92}U \rightarrow {}^{234}_{90}Th + {}^{4}_{2}He.$$

Podemos ver que o número de massa nuclear diminui de 4 e o da carga nuclear de duas unidades nesse processo. Um detalhe intrigante do decaimento α é a observação que as energias das partículas emitidas ficam entre 3 e 9 MeV. A razão disso é interessante, e pode ser compreendida com o auxílio da Fig. 19.5, que mostra a energia potencial de interação entre uma partícula α e um núcleo.

Aparentemente, para poder ser emitida do núcleo, uma partícula α deve ter energia suficiente para suplantar a barreira de energia coulômbica e depois da partícula α ter deixado o núcleo, a repulsão coulômbica deve provocar uma aceleração tal que a energia cinética se iguale ou ultrapasse a barreira de 20 MeV. A maior a quantidade de energia observada experimentalmente para uma partícula α é menor que essa energia necessária. Podemos remover essa discrepância por meio da descrição do comportamento da partícula α em termos da mecânica quântica. Desse ponto de vista, há uma probabilidade finita de que a partícula α escape do núcleo, mesmo embora tenha energia insuficiente para ultrapassar a barreira de energia potencial. Com efeito, a partícula α comporta-se como se pudesse "tunelar" através da barreira, a um nível de energia abaixo de seu máximo, apresentando uma energia menor que 20 MeV. A análise matemática desse fenômeno de tunelamento leva à previsão de que quanto mais estreita for a barreira de energia potencial, mais provável e frequente será a emissão de partícula α. Por causa da largura da barreira nuclear diminuir com o aumento de energia, podemos esperar que os núcleos que sofrem decaimento α também emitem essas partículas dotadas de maior energia. Essa correlação entre frequência e energia de emissão tem sido observada experimentalmente.

Processos de Decaimento Gama

Frequentemente, os núcleos formados pelo decaimento α ou ß são produzidos em **estados excitados.** Os núcleos recém formados liberam essa energia de excitação por meio de emissão de **raios** γ, que são radiações eletromagnéticas de comprimentos de onda extremamente curtos. Um núcleo pode ter apenas energias determinadas, ou discretas, em função de sua estrutura. Portanto, pode emitir apenas raios γ cuja energia corresponda à diferença entre as de dois níveis

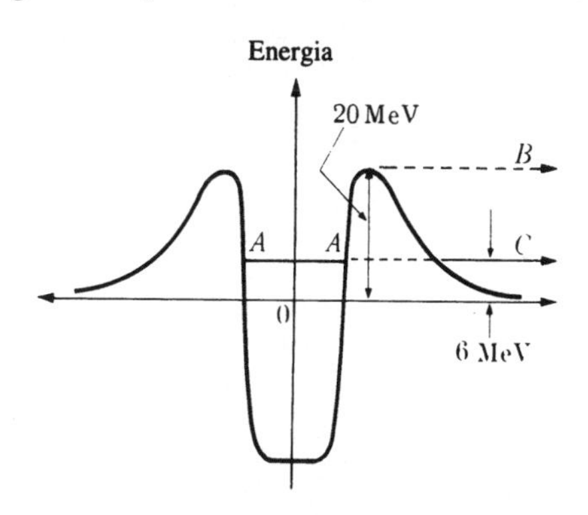

Fig. 19.5 Diagrama de energia para emissão de partícula α. O nível A-A reapresenta a energia da partícula α no núcleo. O nível B representa a energia cinética que a partícula α teria teria se tivesse superado a barreira coulômbica. O nível C representa a energia cinética de uma partícula α que tivesse tunelado através da barreira coulômbica.

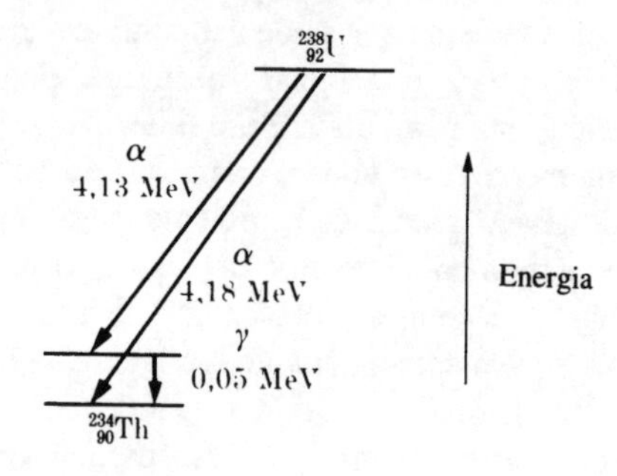

Fig. 19.6 Esquema de decaimento de $^{238}_{92}U$ a $^{234}_{90}Th$; são observadas partículas α de 4,18 e 4,13 MeV e raio γ de 0,05 MeV.

nucleares. Consequentemente, um núcleo excitado apresenta um espectro de emissão discreto de raios γ, como um átomo apresenta espectros característicos de emissão na região do visível e ultravioleta. Determinando-se as energias dos raios γ emitidos, é possível deduzir o padrão de níveis energéticos de um núcleo, ao menos em parte. Por exemplo, considere os dados mostrados na Fig. 19.6. O núcleo $^{238}_{92}U$ emite partículas α que têm energias de 4,18 MeV ou 4,13 MeV. Quando uma partícula α de 4,18 MeV é emitida, o núcleo resultante de $^{234}_{90}Th$ apresenta uma energia de 4,18 - 4,13, ou 0,05 MeV maior que o estado produzido quando se emite uma partícula α de 4,18 MeV. Em consequência, o núcleo excitado deveria emitir raios γ de 0,05 MeV, como de fato se observa. Em outros processos de decaimento, são formados núcleos em diversos estados excitados e raios γ de diferentes energias são emitidos. Em tais casos, uma análise completa das energias das partículas emitidas e dos raios γ permitem construir um esquema detalhado de níveis de energia para os núcleos resultantes. Na Tabela 19.3 estão mostrados os modos de decaimento encontrados para alguns **radioisótopos** mais importantes.

Interação de Radiação com Matéria

As partículas α, ß e γ emitidas em processos de decaimento nuclear são altamente energéticas e provocam alterações químicas substanciais, à medida que interagem com a matéria. Todos os três tipos de radiação causam excitação eletrônica e ionização de átomos e moléculas. Os elétrons produzidos por esses processos primários apresentam alta energia cinética e podem também provocar mais ionização e excitação.

A excitação eletrônica de uma molécula pode levar à sua dissociação em átomos ou radicais livres, ou pode provocar reação com outras moléculas. Os íons atômicos e moleculares produzidos pela radiação são também muito reativos, e isso pode ter importantes consequências químicas. Por exemplo, a irradiação de uma mistura de H_2 e D_2, que é um sistema químico bastante simples, induz várias reações que levam à formação de HD. Algumas das reações mais importantes são

$$H_2 + \alpha \rightarrow H_2^+ + \alpha + e^-_{\text{rápido}},$$
$$e^- + H_2 \rightarrow H_2^+ + 2e^-,$$
$$H_2^+ + D_2 \rightarrow H_2D^+ + D,$$
$$H_2D^+ + H_2 \rightarrow H_3^+ + HD,$$
$$H_2D^+ + e^-_{\text{lento}} \rightarrow HD + H.$$

Em sistemas químicos mais complicados, a variedade de íons, moléculas excitadas, átomos e radicais livres produzidos pelas radiações nucleares primárias, e pelos elétrons secundários podem ser bem maior e mais complicada. Os sistemas bioquímicos, com suas moléculas complexas e frequentemente delicadas, são particularmente susceptíveis aos efeitos deletérios das radiações.

O corpo humano é relativamente bem protegido dos efeitos de certos tipos de radiação, desde que as fontes radioativas não tenham sido ingeridas ou incorporadas em

TABELA 19.3 ALGUNS NÚCLEOS RADIOATIVOS IMPORTANTES E SEUS MODOS DE DECAIMENTO

Núcleo	Meia-Vida	Modo de decaimento	Variação de Energia (MeV)
$^{3}_{1}H$	12,3 anos	β^- a $^{3}_{2}H$	0,0186
$^{7}_{4}Be$	53,3 dias	CE a $^{7}_{3}Li$ (com 10,4%	
		de raios γ de 0,478-MeV)	0,862
$^{14}_{6}C$	5730 anos	β^- a $^{14}_{7}N$	0,156
$^{32}_{15}P$	14,3 dias	β^- a $^{32}_{16}S$	1,71
$^{40}_{19}K$	1,3 x 10^9 anos	89,3% β^- a $^{40}_{20}Ca$;	1,31
		10,7% CE a $^{40}_{18}Ar$ (com	
		raios γ de 1,46-MeV)	1,51
$^{60}_{27}Co$	5,27 anos	β^- a $^{60}_{28}Ni$ excitado	
		(raios γ de 1,17- e 1,33-MeV)	2,82
$^{90}_{38}Sr$	28,8 anos	β^- a $^{90}_{39}Y$; então β^- a $^{90}_{40}Zr$	2,83
$^{226}_{88}Ra$	1600 anos	α a $^{222}_{86}Rn$ instável	4,87

órgãos vitais. Até as partículas α mais energéticas podem percorrer apenas uma curta distância na materia condensada, antes de perderem sua energia cinética inicial e converterem-se em átomos de hélio. Assim, as partículas α são interrompidas pela camada mais externa da pele. Contudo, se um emissor de partícula α como o ^{239}Pu for ingerido, ele tenderá a se concentrar nos ossos, onde sua emissão α pode interferir na produção das células vermelhas do sangue. Em consequência, o plutônio é um dos venenos mais mortais que se conhece.

Da mesma maneira, a pele pode proteger o corpo humano dos efeitos mais sérios das partículas ß de energia moderada. Contudo, queimaduras severas podem resultar da exposição à uma radiação ß externa, e a ingestão de emissores ß como o ^{96}Sr e o ^{3}H pode ser bastante séria. A pele não oferece proteção contra os raios-X, raios-γ ou nêutrons, que penetram no corpo e podem provocar lesões nos órgãos internos.

Unidades de Radiação. A unidade padrão mais antiga para radioatividade é denominada **curie (Ci)**, e corresponde a 3,700 x 10^{10} desintegrações nucleares por segundo. A unidade SI é conhecida como **becquerel (Bq)**, e corresponde a uma desintegração por segundo. O corpo humano tem ^{40}K e ^{14}C suficiente para uma atividade total de 10^{-7} Ci, ou 3,7 x 10^3 Bq.

Outras unidades devem ser usadas para indicar a quantidade de radiação necessária para produzir um dado efeito na matéria. A primeira destas é o *roentgen (R)* que é definida como a quantidade de raios-X ou raios-γ capaz de produzir 1 ues de carga iônica em uma amostra de ar equivalente a 1 cm^3 a O° C e 1 atm. Visto que a carga eletrônica é 4,8 x 10^{-10} ues, 1 R corresponde a 2,1 x 10^9 íons de carga unitária. Um mostrador de relógio de pulso produz aproximadamente 5 milliroentgen (mR) por ano, enquanto um equipamento médico de raios-X pode produzir 500 mR ou mais.

O roentgen é aplicado principalmente à exposição aos raios-X e raios-γ. As outras unidades de radiação medem a absorção ou dose de radiação recebida pela matéria. Um **rad** corresponde à dose de radiação equivalente a 100 ergs de energia absorvida por grama de material. A unidade SI é o **gray** (Gy), que corresponde a uma dose de 1 J kg^{-1}. Visto que 1 J = 10^7 erg e 1 kg = 10^3 g, então 1 Gy = 100 rad. A energia que 1 R de raios-X ou raios-γ acima de 50 keV transmitem para a água ou pele é de 0,9 rad ou 9 mGy.

Nem toda radiação nuclear produz o mesmo dano biológico. Para explicar essas diferenças, a unidade usada para a proteção radiológica é o roentgen equivalente por pessoa, ou **rem** (roentgen equivalent man). A dose em rems é igual à em rads multiplicada por um fator de qualidade (FQ) que para raios-X e raios-γ varia de 1 a 20 para íons pesados. No sistema SI, a unidade de dose de radiação é o **sievert**, que é a dose em gray multiplicada pelo fator de qualidade. O fator de qualidade para cada tipo de radiação é julgado pela quantidade de ionização que ela produz em sistemas biológicos.

A **dose letal de 50%, LD_{50}**, é uma medida da dose necessária para matar 50% de uma dada população. Considerando a exposição total do corpo humano, LD_{50} tem sido estimada entre 250 a 450 rem. Quando as doses situam-se em torno de 50 rem, a taxa inicial de mortalidade é baixa, porém podem ter consequências a longo prazo, até 20 anos, como o surgimento de leucemia, câncer e aceleração geral do processo de envelhecimento. Alguns especialistas em segurança de radiação acham que deve haver um limite para a exposição à radiação, abaixo do qual não ocorrem danos, porém muitos outros acham que a exposição à qualquer nível de radiação tem o seu risco. O nível básico de radiação ao nível do mar é de cerca de 0,1 rem por ano.

19.3 Velocidades de Decaimento Radioativo

O decaimento espontâneo dos núcleos radioativos constitui um processo de primeira ordem: o número de desintegrações por segundo é proporcional ao número de núcleos presentes. Assim, podemos escrever para o decaimento radioativo, *-dN/dt,*

$$-\frac{dN}{dt} = \lambda N, \tag{19.4}$$

onde λ é a **constante de decaimento** do núcleo, e N é o número de núcleos na amostra. Podemos escrever essa expressão sob a forma

$$-\frac{dN}{N} = \lambda\, dt,$$

A integração dessa expressão resulta em

$$\ln \frac{N}{N_0} = -\lambda t, \tag{19.5}$$

onde N é o número de núcleos remanescentes no termo t, e N_0 é o número de núcleos presentes no tempo zero. Em vez de expressar a velocidade de desintegração em termos de sua constante de decaimento, é mais conveniente fornecer o tempo de meia-vida, $\tau_{1/2}$ do processo; isto é, o tempo necessário para metade da amostra presente em determinado tempo sofrer decaimento. Para entender a relação entre o tempo de meia-vida e a constante de decaimento, substitua $N = ½ N_0$ e $t = t_{1/2}$ na Eq. (19.5) para dar

$$\ln \tfrac{1}{2} = -\lambda \tau_{1/2},$$
$$\tau_{1/2} = 0.693/\lambda.$$

Portanto, se o tempo de meia-vida for conhecido, sua constante de decaimento poderá ser calculada e vice-versa.

Exemplo 19.3. Dada uma amostra inicial de 1,0 x 10^{-6}g de $^{32}_{15}P$, qual é a velocidade de decaimento em becquerels após 10 dias?

Solução. A velocidade de decaimento em qualquer tempo é dada pela Eq. (19.4):

$$\text{velocidade} = \lambda N = \frac{0{,}693N}{\tau_{1/2}}.$$

Para 1,0 x 10^{-6} g de ^{32}P,

$$N = N_A\,(\text{átomos mol}^{-1})\,\frac{1{,}0 \times 10^{-6}\text{ g}}{32\text{ g mol}^{-1}} = 1{,}9 \times 10^{16}\text{ átomos.}$$

Visto que $\tau_{1/2}$ = 14,3 dias, a velocidade inicial de decaimento para nossa amostra é

$$\text{velocidade} = \frac{0{,}693 \times 1{,}9 \times 10^{16}}{14{,}3\text{ dia}}$$

$$= 9{,}2 \times 10^{14}\text{ desint./dia}$$

Podemos converter essa velocidade para becquerels (desintegrações por segundo) usando as seguintes conversões:

$$\text{velocidade} = (9{,}2 \times 10^{14}\text{ dia}^{-1})$$

$$\left(\frac{1\text{ dia}}{24\text{ h}}\right)\left(\frac{1\text{ h}}{60\text{ m}}\right)\left(\frac{1\text{ m}}{60\text{ s}}\right) = 1{,}06 \times 10^{10}\text{ Bq.}$$

Podemos aplicar a Eq. (19.5) para as velocidades de decaimento visto que são proporcionais a N e

$$\text{velocidade} = (\text{velocidade})_0 e^{-\lambda t} = 1{,}06 \times 10^{10} e^{-\frac{(0{,}693)(10{,}0\text{ dia})}{14{,}3\text{ dia}}}$$

$$= 6{,}5 \times 10^{9}\text{ Bq,}$$

para o decaimento após 10 dias.

Datação Radiométrica

As velocidades de decaimento de certos núcleos que ocorrem na natureza podem ser usadas para a datação de minerais, isto é, para determinar a época em que a amostra do mineral se solidificou. Para ilustrar as idéias relacionadas com a datação radiométrica, vamos discutir o método do rubídio-estrôncio para determinação da idade da mica e dos feldspatos.

O rubídio que ocorre na natureza contém 28% de ^{87}Rb, que decai a ^{87}Sr por emissão de partícula ß:

$$^{87}_{37}\text{Rb} \rightarrow {}^{87}_{38}\text{Sr} + {}^{\ 0}_{-1}\beta$$

A meia-vida do ^{87}Rb é 4,7 x 10^9 anos, comparável à idade estimada para o universo. Vamos supor que na época em que a amostra de mica se solidificou o teor de ^{87}Sr era nulo, e que desde então todo ^{87}Sr formado pelo decaimento de ^{87}Rb tenha permanecido na rede cristalina da mica. Se ainda considerarmos que nenhuma outra fonte de ^{87}Sr tenha se incorporado à mica, então medindo a relação entre ^{87}Sr e ^{87}Rb e conhecendo a constante de decaimento ou tempo de meia vida do ^{87}Rb, podemos calcular o tempo decorrido desde que mica se solificou.

Os detalhes matemáticos são bastante simples. Seja P, o número de núcleos de ^{87}Rb na amostra e D o número de núcleos ^{87}Sr formados. Em qualquer instante,

$$D + P = P_0$$

onde P_0 é o número de núcleos de ^{87}Rb no momento da solificacão do mineral.
Segundo a Eq. (19.5), temos

$$\ln\frac{P}{P_0} = -\lambda t.$$

Substituindo P_0 e rearranjando, resulta

$$t = \frac{1}{\lambda}\ln\left(1 + \frac{D}{P}\right). \qquad (19.6)$$

A constante de decaimento λ para o ^{87}Rb é dada por

$$\lambda = 0{,}693/\tau_{1/2} = 1{,}47 \times 10^{-11}\text{ ano}^{-1}.$$

Assim, medindo-se D/P é possível calcular a idade da amostra.

Existem outros pares de núcleos cujas abundâncias relativas podem ser usadas na datação de materiais que não contêm rubídio. Os mais importantes estão relacionados na Tabela 19.4. O método de potássio-argônio é importante pois o potássio é abundante e ocorre em toda a crosta terrestre. O isótopo de ^{40}K decai de duas maneiras diferentes, como mostrado na Tabela 19.3. A formação de ^{40}Ca não pode ser usado na datação de materiais pois esse isótopo é muito abundante, e as fontes de contaminação acabariam mascarando o ^{40}Ca formado a partir do ^{40}K. Contudo, certos minerais apresentam capacidade de reter o ^{40}Ar formado e evitar a entrada do argônio da atmosfera. Assim, estimativas confiáveis de idade podem ser feitas a partir da relação $^{40}K/^{40}Ar$. Os métodos baseados em urânio-chumbo proporcionam testes consistentes e valiosos para datação. A série radioativa que parte do ^{238}U envolve oito etapas de decaimento α, e seis etapas de decaimento ß, e termina no núcleo estável de ^{206}Pb. Se as idades calculadas a partir dos pares $^{238}U/^{206}Pb$ e $^{235}U/^{207}Pb$ forem concordantes, é altamente provável que nenhuma contaminação ou perda de isótopos tenha ocorrido e que a idade radiométrica corresponda à idade verdadeira do mineral.

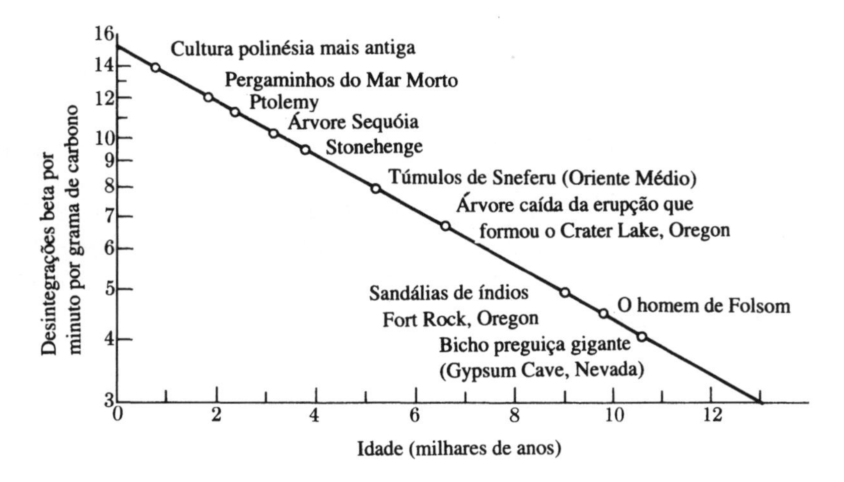

Fig. 19.7 Velocidade de desintegração beta em função da idade para alguns objetos datados por atividede de ^{14}C.

Como exemplo de datação de objetos formados mais recentemente, vamos considerar a técnica baseada em ^{14}C **usada** para materiais arqueológicos. Na atmosfera, o nitrogênio é bombardeado constantemente pelos nêutrons cósmicos e convertido ao $_6^{14}C$:

$$^{14}_{7}N + ^{1}_{0}n \rightarrow ^{14}_{6}C + ^{1}_{1}H.$$

Esse carbono é oxidado ao dióxido de carbono e assimilado eventualmente pelas plantas, que por sua vez são consumidas pelos animais. O núcleo $^{14}_{6}C$ é radioativo, emitindo uma partícula ß de baixa energia em um processo que tem meia-vida de 5730 anos. Por meio do balanço natural entre a assimilação de $^{14}_{6}C$ e o decaimento radioativo, os organismos vivos atingem um estado estacionário de radioatividade $^{14}_{6}C$ igual a 15,3 ± 0,1 desintegrações por minuto por grama de carbono. Quando a vida cessa, a assimilação de $^{14}_{6}C$ pára, e a radioatividade decai com uma meia vida de 5730 anos. Medindo cuidadosamente a velocidade de decaimento de uma amostra de madeira, por exemplo, é possível estabelecer quando a árvore deixou de viver. Dessa maneira, uma escala absoluta de tempo de datação para materiais arqueológicos de 1000 a 10.000 anos tem sido desenvolvida, como mostrada na Fig. 19.7.

19.4 Reações Nucleares

Em 1919, Ernest Rutherford conseguiu realizar a primeira transmutação artificial de um elemento pelo bombardeamento de uma amostra de nitrogênio com partículas α de uma fonte radioativa. A reação era

$$^{14}_{7}N + ^{4}_{2}He \rightarrow ^{17}_{8}O + ^{1}_{1}H,$$

e Rutherford foi capaz de detectar os prótons emitidos. Em virtude das partículas α provenientes de fontes radioativas naturais apresentarem faixas limitadas de energia, elas podem induzir, relativamente, poucas reações nucleares. O desenvolvimento dos aceleradores de partícula, como o cíclotron e suas várias modificações tornou possível produzir feixes intensos de partículas energéticas, e um grande número de reações nucleares tem sido estudado. Uma das realizações mais importantes nessa área tem sido a síntese dos **elementos transurânicos.** As reações nucleares que se seguem ilustram o uso do bombardeamento por quatro partículas diferentes:

$$^{238}_{92}U + ^{2}_{1}H \rightarrow ^{238}_{93}Np + 2^{1}_{0}n,$$
$$^{238}_{92}U + ^{4}_{2}He \rightarrow ^{239}_{94}Pu + 3^{1}_{0}n,$$
$$^{238}_{92}U + ^{12}_{6}C \rightarrow ^{246}_{98}Cf + 4^{1}_{0}n,$$
$$^{238}_{92}U + ^{14}_{7}N \rightarrow ^{247}_{99}Es + 5^{1}_{0}n.$$

O núcleo composto formado pela combinação dos núcleos de bombardeamento e alvo tem alta energia, e isso resulta na eliminação de um ou mais nêutrons. Núcleos pesados formados pelo bombardeamento com $_2^4He$, $^{12}_{6}C$, ou $^{14}_{7}N$, seguido pela emissão de nêutron, apresentam deficiências de nêutrons e sofrem captura de elétrons ou processos de emissão de pósitrons.

A quantidade de material que pode ser transmutada pelo bombardeamento de partículas carregadas é sempre limitada pela intensidade do feixe de partícula e algumas vezes, pela quantidade de material alvo. A primeira síntese do $^{256}_{101}Md$ foi conseguida pelo bombardeamento de 10^9 átomos de $^{235}_{101}Md$ com partículas α; apenas 13 átomos de $^{256}_{101}Md$ foram detectados nos produtos. Para sintetizar isótopos radioativos em quantidade, as reações de captura de nêutrons são úteis, pois nos reatores nucleares existem fluxos intensos de nêutrons. Por exemplo, o trítio, $_1^3H$, pode ser produzido por duas reações com nêutrons:

$$^{10}_{5}B + ^{1}_{0}n \rightarrow ^{3}_{1}H + 2^{4}_{2}He,$$
$$^{6}_{3}Li + ^{1}_{0}n \rightarrow ^{3}_{1}H + ^{4}_{2}He.$$

TABELA 19.4 MÉTODOS RADIOMÉTRICOS DE DETERMINAÇÃO DE IDADES

Núcleo mãe	Meia-vida (10^9 anos)	Núcleo filho
^{238}U	4,51	^{206}Pb
^{235}U	0,713	^{207}Pb
^{40}K	1,30	^{40}Ar
^{87}Rb	47,0	^{87}Sr

O núcleo $_{27}^{60}Co$, cujo produto de decaimento emite raios γ úteis na terapia de câncer, também é um produto de reação de captura de nêutron:

$$^{59}_{27}Co + ^{1}_{0}n \rightarrow ^{60}_{27}Co.$$

A reação nuclear mais famosa é a da fissão do $^{235}_{92}U$, induzida por captura de nêutrons. A fissão produz fragmentos cujos números de massa se situam entre 70 a 160. Um processo de fissão para o $^{235}_{92}U$ é

$$^{235}_{92}U + ^{1}_{0}n \rightarrow ^{90}_{38}Sr + ^{143}_{54}Xe + 3^{1}_{0}n.$$

Cerca de 50 modos distintos de fissão podem ocorrer, com quantidades variáveis de energia e diferentes números de nêutros emitidos, relacionados com cada processo. Contudo, na média, aproximadamente 200 MeV de energia e 2,5 nêutrons são liberados na fissão do $^{235}_{92}U$. A radioatividade intensa dos produtos de fissão torna sua identificação difícil. Todavia, esses dados tem sido obtidos, e estão mostrados na Fig. 19.8, através do gráfico do logarítmo da porcentagem de rendimento em função do número de massa. Os dois máximos na curva mostram que a maioria das fissões ocorrem de forma assimétrica, produzindo dois fragmentos com números de massa bastante distintos.

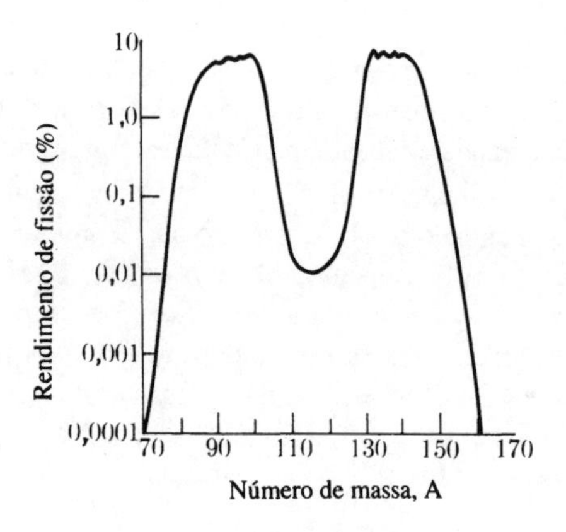

Fig. 19.8 Curva de rendimento para a fissão de $^{235}_{92}U$ induzida por nêutrons lentos.

Energia Nuclear

Em virtude do processo de fissão emitir mais que um nêutron, é possível realizar uma fissão auto-sustentada do ^{235}U. Se os nêutrons não são perdidos de outras maneiras, a fissão de um núcleo pode induzir a fissão de dois ou três outros, e assim por diante. Quando conduzida de forma controlada em um reator nuclear, esse processo de fissão em cadeia proporciona uma valiosa fonte de energia, pois os 200 MeV liberados na fissão equivalem a 2 x 10^{10} kJ por mol de ^{235}U.

No gerador de vapor, o calor é transferido da água pressurizada para um sistema de água secundário que opera a 50 atm. Nesse sistema secundário, onde a pressão é menor, a água é convertida em vapor a aproximadamente 260 °C, e esse sistema é usado para movimentar uma turbina geradora de eletricidade. O efluente da turbina é condensado e bombeado novamente para o gerador de vapor.

A aplicação da segunda lei da termodinâmica mostra que a eficiência máxima η com que o calor liberado pelo gerador de vapor pode ser convertida em trabalho útil é dada por

$$\eta = \frac{T_h - T_c}{T_h},$$

onde T_h é a temperatura absoluta do gerador de vapor, e T_c é a tempertura do condensador. Tomando T_h e T_c como 530 K e 330 K, encontramos η = 0,38. Considerando as perdas inevitáveis por fricção e dissipação térmica, a eficiência real de operação é de 32%. As estações geradoras que utilizam a queima do petróleo ou carvão produzem vapor a aproximadamente 800 K e portanto, tem eficiências consideravelmente maiores que as instalações nucleares convencionais. Aumentos significativos na eficiência térmica dos sistemas de água pressurizada não parecem possíveis, visto que o aumento desejado de temperatura exigiria um pressurização a níveis impraticáveis no sistema primário, para evitar a ebulição da água.

Considerando o problema do descarte de produtos radioativos gerados pelos reatores de fissão nuclear, existe interesse considerável na utilização da *fusão* nuclear como fonte de energia. Como foi mostrado na Figura 19.3, a energia de ligação por núcleon em núcleos leves, tais como $^{2}_{1}H$, $^{3}_{1}H$, $^{6}_{3}Li$, e $^{7}_{3}Li$, é bastante pequena. Contudo, existe um aumento geral na energia de ligação por núcleon à medida que o número de massa aumenta. Assim, podemos esperar que a fusão de dois desses núcleos leves para formar núcleos mais pesados seja acompanhada de liberação de energia. Como exemplos importantes, temos as reações de fusão dos isótopos pesados de hidrogênio, $_{1}^{2}H$ (deutério) e $_{1}^{3}H$ (trítio):

$$^{2}_{1}H + ^{2}_{1}H \rightarrow ^{3}_{2}He + ^{1}_{0}n + 3{,}27 \text{ MeV},$$
$$^{2}_{1}H + ^{2}_{1}H \rightarrow ^{3}_{1}H + ^{1}_{1}H + 4{,}03 \text{ MeV},$$
$$^{2}_{1}H + ^{3}_{1}H \rightarrow ^{4}_{2}He + ^{1}_{0}n + 17{,}6 \text{ MeV}.$$

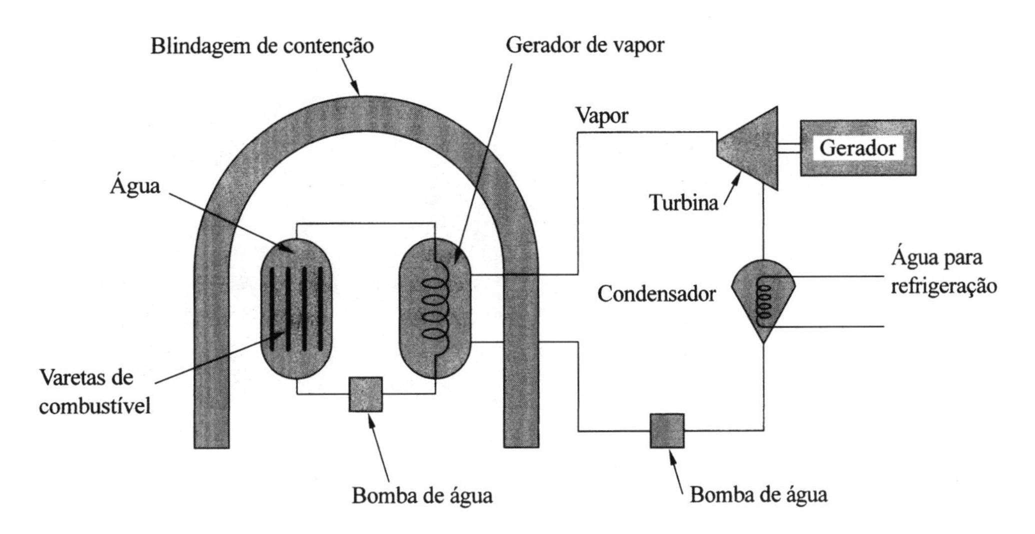

Fig. 19.9 Diagrama esquemático de um realor nuclear de água pressurizada.

Apesar da energia liberada nessas reações de fusão ser muito menor que a média de 200 MeV liberada na fissão do ^{235}U e ^{239}Pu, a abundância do deutério é tão grande que a fusão controlada poderia suprir a necessidade energética do homem por milhões de anos.

Para que dois núcleos de deutério possam se fundir em núcleos pesados, eles devem colidir com energia cinética suficiente para ultrapassar ou tunelar a barreira coulômbica. A consequência prática dessa necessidade é que se a fusão deve ocorrer em um gás homogêneo, quente, de **dêuterons** (núcleos de átomos de deutério) a temperatura efetiva do gás deve ser de aproximadamente 10^8 K. Isso corresponde a uma energia média de 10^{-2} MeV para cada núcleo de deutério. Temperaturas dessa ordem de grandeza são encontradas em estrelas, onde as reações de fusão nuclear constituem as fontes de energia radiante, e em explosões de fissão nuclear, que podem ser usadas como estopim de bombas de fusão nuclear. Contudo, tentar atingir essas temperaturas de maneira controlada, a ponto de permitir a conversão da energia de reações de fusão em trabalho útil, tem mostrado ser um problema excessivamente difícil.

Um gás a 10^8 K encontra-se totalmente ionizado em termos de elétrons e núcleos, e pode ser confinado por campos magnéticos intensos que impedem as partículas carregadas de se mover perpendicularmente à direção do campo magnético. Além disso, esses campos magnéticos também podem ser usados para aquecer um gás parcialmente ionizado até a temperatura de fusão. Dessa maneira, a reação

$$^{2}_{1}H + ^{3}_{1}H \rightarrow ^{4}_{2}He + ^{1}_{0}n + 17{,}6 \text{ MeV}$$

tem sido conseguida em muitos laboratórios desde 1963. Contudo, as interações entre o gás ionizado (**plasma**) e os campos magnéticos em que estão confinados, têm limitado o intervalo de tempo e a densidade do gás ionizado que pode ser contido. Acredita-se que, para se poder extrair energia útil de um plasma termonuclear, o produto da densidade iônica (em íons por centímetro cúbico) e o tempo de confinamento (em segundos) deve exceder 6×10^{13} íons cm^{-3}. Valores de 8×10^{13} íons cm^{-3} foram atingidos em 1984, e talvez em 10 anos, a alta temperatura e a densidade de íons confinados sejam alcançadas para se ter fusão de forma eficiente.

Mesmo quando temperaturas, densidades iônicas e tempos de confinamento adequadas forem atingidas, ainda restará o problema da conversão da energia de fusão em trabalho útil. Visto que a energia, na reação de fusão anterior, aparece principalmente sob a forma de energia cinética do nêutron, uma proposta de aproveitamento é envolver o reator com lítio fundido. Nesse envoltório de lítio, ocorreriam as reações

$$^{7}_{3}Li + ^{1}_{0}n_{rápido} \rightarrow ^{6}_{3}Li + 2^{1}_{0}n,$$

$$^{6}_{3}Li + ^{1}_{0}n \rightarrow ^{4}_{2}He + ^{3}_{1}H + 4{,}8 \text{ MeV}$$

onde a energia liberada provocaria um aumento na temperatura do lítio fundido. O lítio aquecido seria usado para gerar vapor, e o trítio seria extraído e usado como combustível nuclear. Esse modo de operação consumiria lítio, porém o suprimento desse elemento é suficiente para atender às necessidades por milhões de anos. Também tem sido proposta a conversão da energia cinética do próton liberado na reação

$$^{2}_{1}H + ^{2}_{1}H \rightarrow ^{3}_{1}H + ^{1}_{1}H + 4{,}03 \text{ MeV}$$

em energia elétrica, diretamente. Se isso for conseguido, haveria uma maior eficiência na conversão de energia. Além disso, não seria necessário gerar o trítio combustível a partir do lítio, e assim, o suprimento de energia seria determinado pela quantidade, praticamente infinita, de deutério na água do mar.

Além das fontes imensas de energia que poderiam ser disponíveis pela fusão nuclear controlada, existem outros aspectos atraentes no processo. Materiais radioativos de vida longa não são formados em quantidade, diminuindo o problema do descarte de resíduos. O trítio produzido a partirdo lítio, seria consumido, e a quantidade presente no reator em qualquer tempo, seria muito menor que a quantidade de materiais radioativos em um reator nuclear. Um reator a fusão seria mais seguro que o de fissão, visto que não haveria perigo de explosões nucleares, e na eventualidade de falha de qualquer componente, a reação de fusão poderia ser interrompida instantaneamente.

Reações Nucleares nas Estrelas

O próton é o núcleo mais abundante no universo e o principal constituinte das estrelas. As estrelas são formadas pelo colapso gravitacional de enormes núvens de átomos de hidrogênio gasoso e outras matérias. Se a quantidade de massa envolvida for suficiente, a energia liberada no colapso pode dar início às reações nucleares. Uma vez iniciadas, as reações produzem energia suficiente para aumentar a temperatura e pressão interna para contrabalançar as forças gravitacionais e interromper a contração das estrelas. Segue-se então um longo período em que as reações nucleares convertem o hidrogênio nas estrelas em elementos mais pesados. A análise desse processo de produção de elementos nas estrelas é de considerável interesse, visto que pode revelar evidências importantes sobre a origem e a evolução do universo.

A primeira etapa na conversão do hidrogênio em elementos pesados, nas estrelas, é

$$^{1}_{1}H + ^{1}_{1}H \rightarrow ^{2}_{1}H + _{+1}^{0}\beta.$$

Embora essa reação jamais tenha sido detectada no laboratório, existem evidências experimentais indiretas de que ela ocorre.A segunda etapa é a reação de um deuteron com um próton para formar $_{2}^{3}He$:

$$^{2}_{1}H + ^{1}_{1}H \rightarrow ^{3}_{2}He + \gamma.$$

Os dois núcleos $_{2}^{3}He$ podem produzir $_{2}^{4}He$ por meio do processo

$$^{3}_{2}He + ^{3}_{2}He \rightarrow ^{4}_{2}He + 2^{1}_{1}H.$$

Se combinarmos essas três reações de maneira a eliminar os núcleos intermediários (multiplique o primeiro e o segundo por dois, e some), obteremos

$$4^{1}_{1}H \rightarrow ^{4}_{2}He + 2_{+1}^{0}\beta + 26.7\ MeV.$$

Portanto, o resultado final é a conversão de quatro prótons em uma partícula α, dois pósitrons e uma considerável quantidade de energia, parcialmente na forma de dois raios γ. Esse conjunto de reações é a principal fonte de energia em estrelas de massa aproximadamente igual à do sol.

Em estrelas mais velhas e maiores, quantidades consideráveis de núcleos de hélio se acumulam, e nas regiões densas e quentes do interior, a reação

$$3^{4}_{2}He \rightarrow ^{12}_{6}C + \gamma$$

constitui a rota mais provável de formação de núcleos de carbono. Uma vez presente, os núcleos de carbono podem servir catalisadores para conversão de prótons em partículas α, por meio da sequência de reações:

$$\begin{aligned}
^{12}_{6}C + ^{1}_{1}H &\rightarrow ^{13}_{7}N + \gamma \\
^{13}_{7}N &\rightarrow ^{13}_{6}C + _{+1}^{0}\beta \\
^{13}_{6}C + ^{1}_{1}H &\rightarrow ^{14}_{7}N + \gamma \\
^{14}_{7}N + ^{1}_{1}H &\rightarrow ^{15}_{8}O + \gamma \\
^{15}_{8}O &\rightarrow ^{15}_{7}N + _{+1}^{0}\beta \\
^{15}_{7}N + ^{1}_{1}H &\rightarrow ^{12}_{6}C + ^{4}_{2}He \\
\hline
4^{1}_{1}H &\rightarrow ^{4}_{2}He + 2_{+1}^{0}\beta.
\end{aligned}$$

O resultado final é a mesma que a conversão de prótons em partículas α, discutida anteriormente. Contudo, as etapas individuais do processo catalisado por carbono apresentam altas velocidades de reação e a sequência global é responsável pela maioria das transformações do hidrogênio nas estrelas de maior massa que o sol.

As abundâncias relativas da maioria dos elementos no sistema solar podem ser determinadas a partir das observações da luz emitida pelo sol e do exame dos meteoritos. Esses dados de abundância elementar proporcional uma evidência importante das reações que ocorrem nas estrelas e que podem ter ocorrido quando o universo se originou. Na Fig. 19.10 estão representados o número relativo dos átomos dos elementos no sistema solar em função do número atômico. Esse gráfico revela vários fatos importantes. O hidrogênio é mais abundante que todos os outros elementos juntos, sendo que o hélio vem em segundo. Os três elementos seguintes, lítio, berílio e boro apresentam abundâncias muito baixas, enquanto outros elementos leves, como o carbono, nitrogênio, oxigênio e neônio são bastante abundantes. Existe uma diminuição geral na abundância à medida que o número atômico cresce, porém o elemento ferro foge à essa tendência, apresentando uma abundância particularmente alta. Finalmente, os elementos de número atômico par estão presentes em quantidades maiores que os elementos de número atômico impar.

Algumas dessas observações podem ser explicadas por meio do uso de conceitos simples de estabilidade nuclear e reações. Como já discutimos, os prótons são convertidos em núcleos de hélio nas regiões mais quentes e densas das estrelas. Visto que o $_{2}^{4}He$ é um núcleo muito estável, com os nêutrons e prótons apresentando o número mágico 2, ele não reage com prótons ou nêutrons para formar núcleos mais pesados, estáveis. A reação

$$^{3}_{2}He + ^{4}_{2}He \rightarrow ^{7}_{4}Be + \gamma$$

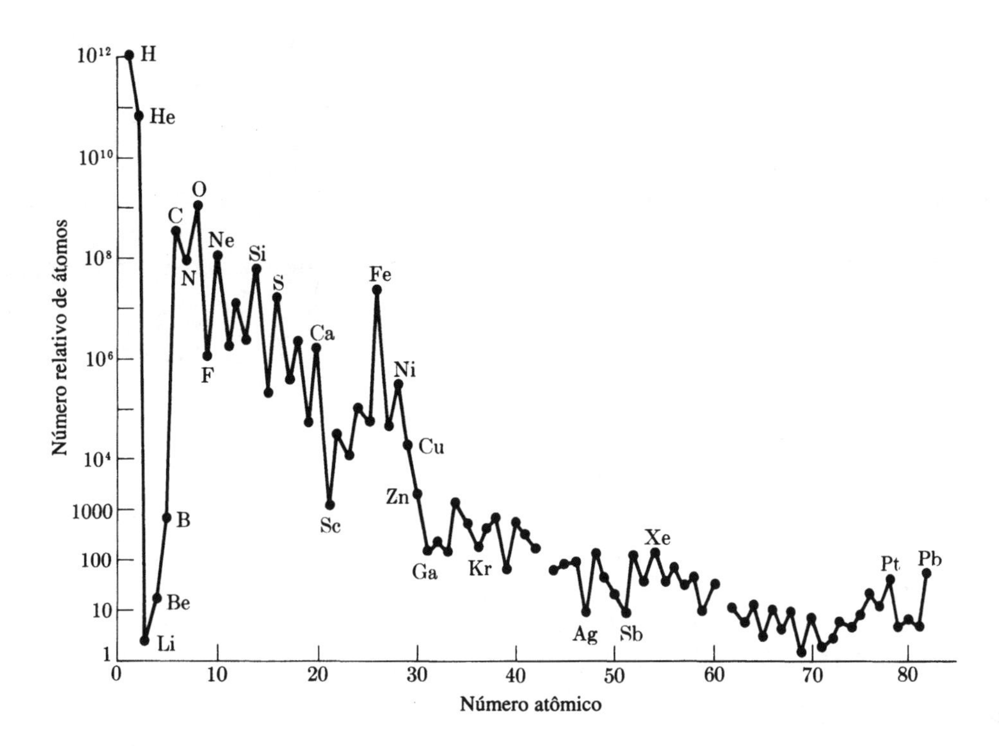

Fig. 19.10 Número relativo de átomos no sistema solar em função do número atômico. Observar as quebras que ocorrem no ${}_{43}$Tc e ${}_{61}$Pm, que não são encontrados na natureza.

ocorre de fato, porém em uma estrela, o ^{7}Be pode ser destruido rapidamente por

$$
\begin{aligned}
{}^{7}_{4}\mathrm{Be} + {}^{1}_{1}\mathrm{H} &\rightarrow {}^{8}_{5}\mathrm{B} + \gamma, \\
{}^{8}_{5}\mathrm{B} &\rightarrow 2{}^{4}_{2}\mathrm{He} + {}_{+1}^{\;\;0}\beta,
\end{aligned}
$$

visto que o ^{8}B é instável. A única maneira de sintetizar elementos mais pesados que o ${}^{4}_{2}$He parece ser pela reação já mencionada

$$3{}^{4}_{2}\mathrm{He} \rightarrow {}^{12}_{6}\mathrm{C} + \gamma,$$

seguida por

$${}^{12}_{6}\mathrm{C} + {}^{4}_{2}\mathrm{He} \rightarrow {}^{16}_{8}\mathrm{O}.$$

Assim, a causa das grandes quantidades de ^{12}C e ^{18}O no sol fica bastante aparente: Esses elementos se formam diretamente a partir do ${}^{4}_{2}$He que é abundante. Os elementos lítio, berílio e boro são menos abundantes pois não podem se formar por meio de reações diretas entre os núcleos leves. A origem desses elementos é evidentemente, a fragmentação dos núcleos mais pesados, como resultado de colisões violentas com partículas de raios cósmicos.

A temperatura e a densidade do sol não são grandes o bastante para promover a produção de elementos mais pesados que o carbono. O fato de que esses elementos estão presentes sugere que eles podem ter sido produzidos por processos nucleares violentos que ocorreram durante a origem do universo, or que são resultantes de transformações do hidrogênio em estrelas de muito maior massa, já desaparecidas. Nessas estrelas as temperaturas seriam altas o bastante para ocorrer a conversão do carbono em elementos de maior número atômico. Os processos mais importantes são:

$$
\begin{aligned}
{}^{12}_{6}\mathrm{C} + {}^{12}_{6}\mathrm{C} &\rightarrow {}^{20}_{10}\mathrm{Ne} + {}^{4}_{2}\mathrm{He} + 4{,}6\ \mathrm{MeV}, \\
{}^{12}_{6}\mathrm{C} + {}^{12}_{6}\mathrm{O} &\rightarrow {}^{23}_{11}\mathrm{Na} + {}^{1}_{1}\mathrm{H} + 2{,}24\ \mathrm{MeV}.
\end{aligned}
$$

A medida que as estrelas de maior massa envelhecem, suas temperaturas crescem tanto que o oxigênio começa a ser consumido, e uma variedade de núcleos aparece:

$$
\begin{aligned}
{}^{16}_{8}\mathrm{O} + {}^{16}_{8}\mathrm{O} &\rightarrow {}^{28}_{14}\mathrm{Si} + {}^{4}_{2}\mathrm{He} + 9{,}6\ \mathrm{MeV}, \\
{}^{16}_{8}\mathrm{O} + {}^{16}_{8}\mathrm{O} &\rightarrow {}^{31}_{15}\mathrm{P} + {}^{1}_{1}\mathrm{H} + 7{,}7\ \mathrm{MeV}, \\
{}^{16}_{8}\mathrm{O} + {}^{16}_{8}\mathrm{O} &\rightarrow {}^{31}_{16}\mathrm{S} + {}^{1}_{0}\mathrm{n} + 1{,}5\ \mathrm{MeV}.
\end{aligned}
$$

Núcleos ainda mais pesados se formam pela fusão do ${}^{4}_{2}$He com espécies mais abundantes como o ^{28}Si.

Por meio dessas reações de fusão, elementos até o ^{56}Fe podem ser formados a partir de núcleos mais leves. A energia de ligação por núcleon atinge o máximo no ^{56}Fe, a as reações de fusão com esse núcleo absorverão energia, em vez de liberá-la. Além disso, a repulsão coulômbica que inibe a fusão nuclear aumenta com o número atômico, e a síntese de elementos de maior número de massa por esse processo iria requer temperaturas acima das alcançadas pelas estrelas. Algum outro mecanismo deve ser responsável pela formação de elementos mais pesados que o ^{56}Fe.

O processo primário que leva à síntese de elementos pesados é a absorção de um ou mais nêutrons, seguidos pela emissão de partícula ß. Para um núcleo de massa *A* e carga *Z*, ou seja *(A,Z)*, o processo pode ser escrito da seguinte forma:

$$(A, Z) + 3\,{}^{1}_{0}n \rightarrow (A + 3, Z) \rightarrow (A + 3, Z + 1) + {}^{0}_{-1}\beta.$$

No meio estelar, denso e rico em nêutrons, os elementos são formados por meio de uma série dessas etapas. Os núcleos com número de neutrons próximos dos "números mágicos" 50, 82 e 126 são particularmente abundantes pois sua maior estabilidade tende a diminuir a velocidade com que são destruídos. De maneira análoga, os núcleos com números pares de prótons são mais estáveis, considerando os processos de emissão ß, do que os que apresentam números atômicos ímpares e são encontrados em maior abundância.

O estágio final na vida de muitas estrelas é uma violenta explosão em que alguns dos núcleos menos estáveis podem ser produzidos. Essas explosões também dispersam a matéria estelar, que eventualmente podem se condensar com grandes quantidades de hidrogênio para formar uma nova estrela. Assim, os elementos mais pesados formados em estrelas de massa elevada, podem aparecer em estrelas pequenas, onde as temperaturas e densidades são insuficientes para a sua síntese a partir do hidrogênio.

19.5 Aplicação dos Isótopos

Embora o decaimento de um único núcleo radioativo possa parecer um evento insignificante, a quantidade de energia liberada é grande o bastante para ser facilmente detectada. Em consequência, a medida da radioatividade nuclear é a técnica mais sensível que se dispõe para a detecção de átomos. Essa sensitividade pode ser usada com vantagens de várias formas. Por exemplo, considere o método de análise por ativação com nêutrons. A absorção de um neutron por qualquer núcleo produz uma espécie atividada ou rica em energia, que decai por um processo que é característico do núcleo em questão. Os vários isótopos dos elementos diferem consideravelmente em suas habilidades de absorver nêutrons. Consequentemente, irradiando-se uma mistura de núcleos com nêutrons, é possível ativar, de forma seletiva, certos elementos, detectar sua presença e medir sua concentração através da intensidade da radioatividade induzida. A sensitividade da análise por ativação com nêutrons depende do fluxo de nêutrons disponível para irradiação, da habilidade de um núcleo de absorver um nêutron, e da energia do processo de decaimento. É possível detectar quantidades tão diminutas como 10^{-10} g de cobre, sódio ou tungstênio por análise por ativação, e o método pode ser aplicado para muitos outros elementos, com sensitividade um pouco menor.

Outra aplicação de isótopos radioativos que enfatiza mais a especificidade que a sensitividade, ocorre no estudo das velocidades e mecanimos de reação. Com o uso de isótopos radioativos, é possível determinar a velocidade com que os íons de ferro trocam seus estados de oxidação, em uma solução aquosa de perclorato ferroso e férrico. Em uma mistura de íons ferrosos e férricos, a reação de troca

$$Fe^{2+} + Fe^{3+} \rightarrow Fe^{3+} + Fe^{2+}$$

ocorre nos dois sentidos, de forma dinâmica e constante, porém é difícil de ser observada, pois os produtos são iguais aos reagentes. É possível observar a reação por meio do uso de ${}^{55}_{26}Fe$, que é um emissor de pósitron com tempo de meia-vida de quatro anos. Na mistura, o isótopo radioativo estava presente inicialmente sob a forma de íon ferroso, e com o passar do tempo, a extração das amostras da solução, seguida da separação do Fe^{2+} e Fe^{3+} e da determinação de suas radioatividades mostrou que o Fe^{3+} tinha radioatividade crescente. Fazendo-se o estudo da velocidade de troca de radioatividade em função da concentração, um termo da lei de velocidade da reação era igual a

$$\text{velocidade de troca} = k[Fe^{2+}][Fe^{3+}].$$

Então, usando-se átomos marcados radioativamente, é possível observar e medir as velocidades de reação de troca.

O uso de isótopos radioativos em experimentos com marcação, tal como o já descrito, é vantajoso, pois detectar a natureza e a intensidade da radioatividade é um método simples de análise qualitativa e quantitativa. Alguns elementos não apresentam isótopos radioativos com tempos de vida convenientes, e nessas instâncias, isótopos estáveis devem ser usados em experimentos com marcação. Como exemplo, vamos considerar o problema de determinar o mecanismo de uma reação de esterificação como

$$C_6H_5C(=O)OH + CH_3OH \rightarrow C_6H_5C(=O)O^*CH_3 + H_2O.$$

O oxigênio marcado com asterístico seria proveniente do álcool ou do ácido? O problema pode ser resolvido por meio da síntese do álcool metílico onde o oxigênio foi enriquecido com o isótopo ^{18}O. Esse álcool metílico marcado é então usado na reação de esterificação, depois da qual a composição isotópica do ester é submetida ao espectrômetro de massa. O espectro de massa mostra que o éster é enriquecido com o isótopo de ^{18}O, e consequentemente o átomo de oxigênio na ligação do éster provém do álcool e não do ácido.

Esses exemplos simples indicam os tipos de aplicação de

isótopos estáveis e radioativos na pesquisa química. Existem incontáveis maneiras de se trabalhar com sistemas químicos mais complicados. Em particular, muito do que sabemos a respeito da química dos sistemas biológicos tem sido deduzida de experimentos com isótopos radioativos e estáveis.

RESUMO

Os núcleos são compostos de **núcleons;** os prótons e nêutrons. O número de carga, *Z*, é igual ao número de prótons, e o número de **massa** ***A*,** é igual a soma do número de prótons e nêutrons. Para indicar os **isótopos,** associamos ao símbolo de cada elemento o superscrito *A* e o subscrito Z, por exemplo, ${}_{8}^{16}O$. Os núcleos são muito pequenos, e seus raios proporcionais a $A^{1/3}$. A forma do núcleo é determinada pela maneira com que os núcleons interagem; alguns núcleos são esféricos, enquanto outros são distorcidos, tal que apresentam **momentos nucleares quadrupolares.** O **número quântico de spin nuclear I** é O ou 1/2, para um núcleo esférico, e 1, 3/2, 2,... para núcleos distorcidos. O **modelo de camadas** para o núcleo explica a estabilidade de certas combinações de nêutrons e prótons; também pode explicar os momentos de spin nuclear e quadrupolares.

As massas nucleares tabeladas incorporam a massa dos elétrons para o átomo neutro. Da **relação** entre **massa e energia,** $E = mc^2$, podemos calcular a energia liberada quanto os núcleos são formados a partir dos núcleons. Essas energias são dadas, com maior frequência, em unidades de megaeletron volts (MeV), onde 1 unidade de massa atômica (u.m.a.) = 931,5 MeV.

O **decaimento radioativo** de núcleos pode ser classificado de acordo com que espécie é emitida. **O decaimento ß** produz elétrons ou pósitrons, e **o decaimento** α produz núcleos de ${}_{2}^{4}He$. A **captura de elétrons (CE)** produz os mesmos núcleos que a emissão de pósitron, porém nenhuma emissão característica. Em alguns casos, todos esses decaimentos também levam a **raios** γ que provém da formação de núcleos em estados excitados. A estabilidade dos núcleos é determinada pela relação entre o número de prótons e nêutrons. Quando os núcleos apresentam menos neutrons que o número capaz de lhes proporcionar estabilidade, eles acabam perdendo pósitrons ou capturando elétrons. Quando os núcleos têm excesso de nêutrons, eles perdem elétrons. Os núcleos com números de massa muito elevados podem emitir ^4He. Alguns núcleos muito pesados também sofrem **fissão** espontânea para formar dois núcleos de tamanhos intermediários, mais estáveis.

O decaimento de núcleos segue uma lei de velocidade de primeira ordem: essas velocidades, exceto para CE em elementos leves, são completamente independentes do envoltório químico. Um **becquerel** (Bq) é o número de desintegrações por segundo, e um **curie** é 3,700 x 10^{10} Bq. As meia-vidas dos núcleos variam de fração de segundos para milhares de anos. As velocidades de decaimento mais lentas podem ser usadas para a datação de minerais e materiais orgânicos. Esses métodos determinam o tempo decorrido desde a solificação de um mineral, ou desde que o material orgânico se formou na biosfera.

As **reações nucleares** são usadas para produzir uma variedade de núcleos radioativos, tais como o ^3H, ^7Be, ^{60}Co e ^{239}Pu. Os **geradores nucleares** utilizam a fissão do ^{235}U induzida por nêutrons como fonte de energia, porém o sol usa a **fusão** do ^1H para formar ^4He. Em virtude da fissão produzir rejeitos radioativos, um objetivo de longo prazo é a produção de um gerador de energia à fusão. Os elementos no planeta foram produzidos por reações nucleares como as que ocorrem no sol e em estrelas semelhantes. Reações nucleares simples podem produzir elementos leves, porém reações mais complexas são necessárias para formar elementos pesados. O capítulo forneceu alguns exemplos do uso de isótopos na pesquisa química.

SUGESTÕES PARA LEITURA

Histórico

Birks, J. B., ed. *Rutherford at Manchester.* New York: Benjamin, 1963.

Curie, E. *Madame Curie.* Garden City, N. Y.: Doubleday Doran, 1937.

Seaborg, G. T. *The Transuranium Elements.* New York, Conn.: Yale University Press, 1958.

Química Nuclear

Choppin, G. R., e J. Rydberg. *Nuclear Chemistry: Theory and Applications.* Oxford, England: Pergamon Press, 1980.

Fridlander, G., J. W. Kennedy, E. S. Macias, e J. M. Miller. *Nuclear and Radiochemistry,* 3d. ed., New York: Wiley, 1981.

Harvey, B. G. *Nuclear Chemistry.* Englewood Cliffs, N. J.: Prentice Hall, 1965.

Harvey, B. G., *Introduction fo Nuclear Physics and Chemistry,* 2nd. Ed., Englewood Cliffs, N. J.: Prentice-Hall, 1969.

Haissinsky, H. A. C. *Nuclear Chemistry and Its Applications.* Reading, Mass.: Addison-Wesley, 1964.

Dados sobre Núcleos

DeBievre, P., M. Gallett, N. E. Holden, e I. L. Barnes. Isotopic abundances and atomic weights of the elements, *Journal of Physical and Chemical Reference Data,* **13,** 809-891, 1984.

Lederer, C. M., e V. S. Shirley, eds., *Table of Isotopes,* 7th ed. New York: Wiley, 1978.

PROBLEMAS

Relação de Massa e Energia

19.1 Calcule a energia liberada, em megaeletron volts para a formação do $^{4}_{2}He$ a partir de prótons e nêutrons. Qual seria sua energia de ligação por núcleon? Compare esse resultado com o previsto pela Eq. (19.3).

19.2 Repita os calculos descritos no problema 19.1, para o ^{35}Cl e ^{37}Cl.

19.3 A reação química

$$2H(g) \rightarrow H_2(g)$$

libera 432 kJ por mol de H_2 formado. Qual a diferença de massa existente entre 1 mol de H_2 e dois mols de átomos de H?

19.4 Por meio das balanças normalmente disponíveis nos laboratórios químicos, é possível determinar mudanças de massa de até 0,1 mg. A quanto joules isso corresponderia em termos de energia?

Forma e Tamanho do Núcleo

19.5 Use a Eq. (19.1) para determinar o raio de uma partícula α. Considere que ela é esférica, e determine seu volume por partícula e por mol de partículas.

19.6 A matéria nuclear é muito densa. Use os volumes do problema 19.5 para determinar a densidade média das partículas α em gramas por centímetro cúbico.

19.7 Quais dos seguintes núcleos são esféricos e quais são distorcidos, de modo a apresentar momentos quadrupolares? $^{1}_{1}H$, $^{2}_{1}H$, $^{7}_{6}Li$, $^{12}_{6}C$, $^{19}_{9}F$ e $^{35}_{17}Cl$.

19.8 Considere que um núcleo seja distorcido como uma pequena bola de futebol americano, e tenha um momento quadrupolar. Envolva esse núcleo por um elétron 1*s*. A energia de interação entre o núcleo e o elétron depende de como esse núcleo se encontra orientado no sistema de coordenadas *x, y, z*? A seguir envolva essa núcleo por um elétron $2p_z$ e mostre que a orientação é importante. Que orientação teria menor energia?

Energética e Decaimento Radioativo

19.9 Escreva as equações que representam os seguintes processos:

a) emissão β^- pelo $^{120}_{51}Sb$
b) emissão β^- pelo $^{35}_{16}S$
c) emissão α pelo $^{230}_{90}Th$
d) captura de elétron pelo $^{18}_{9}F$

19.10 Escreva as equações que representam os seguintes processos:

a) emissão β^- pelo $^{3}_{2}He$
b) emissão β^+ pelo $^{11}_{6}C$
c) captura de elétron pelo $^{11}_{6}C$
d) emissão α pelo $^{251}_{98}Cf$.

19.11 O tempo de meia vida para um nêutron livre é de apenas 10,6 min. Que decaimento radioativo é possível para o mesmo? Qual é a variação de energia em megaeletron volts?

19.12 O único isótopo estável do fluor é ^{19}F. Que tipo de radioatividade se esperaria para os isótopos ^{17}F, ^{18}F, ^{20}F e ^{21}F?

19.13 As massas dos átomos de $^{22}_{11}Na$ e $^{22}_{11}Ne$ são 21,994435 e 21,991385 u.m.a. Seria possível, do ponto de vista energético, que o ^{22}Na decaia para ^{22}Ne por captura de elétron ou por emissão de pósitron?

19.14 Mostre que é completamente impossível ao $_{8}{}^{16}O$ sofrer decaimento α.

19.15 Quando um elétron e um pósitron se encontram, eles se aniquilam e dois fótons de mesma energia se formam. Calcule a energia desses fótons em megaeletron volts e seus comprimentos de onda em nanometros.

19.16 Quando o ^{238}U se decompõe de acordo com a Figura 19.6, ele libera raios γ "moles" de 0,05 MeV. Compare esse comprimento de onda com o de um fóton ultravioleta cujo λ = 200 nm.

19.17 A energia necessária para ionizar moléculas de H_2 é de cerca de 1500 kJ mol^{-1}. Converta isso em megaeletron volts por molécula, e verifique se as partículas α do ^{226}Ra conseguem ionizar o H com facilidade. Isso também seria verdade para as partículas β^- do $_{1}{}^{3}H$?

19.18 A massa do isótopo estável de ^{32}S é 31,97207 u.m.a. Com base na informação dada na Tabela 19.3, calcule a massa do ^{32}P.

Velocidades de Desintegração Radioativa

19.19 Qual é a atividade α em desintegrações por segundo para 1,0 mg de amostra de ^{226}Ra?

19.20 Quantos gramas de ^{226}Ra correspondem a um curie de desintegração?

19.21 Um radioisótopo decai com uma tal velocidade que

após 68 min, apenas 1/4 de sua quantidade original permanece. Calcule a constante de decaimento e o tempo de meia-vida para o radioisótopo.

19.22 Quanto tempo é necessário esperar para a radiação γ de uma amostra de ^{7}Be decair a 0,10 de sua taxa inicial? E para 0,010?

19.23 Os objetos encontrados nas cavernas de Lascaux na França apresentam velocidades de desintegração de ^{14}C de 2,25 desintegrações por minuto, por grama de carbono. Qual a idade desses objetos?

19.24 Os detectores modernos de incêndio usam uma pequena quantidade de ^{241}Am para ionizar o ar e detectam a presença de CO e outros produtos de combustão. Se 0,9 μCi de radiação estiver presente em cada detector, calcule o peso de ^{241}Am presente. O tempo de meia vida do ^{241}Am é de 433 anos.

Reações Nucleares

19.25 O isótopo estável de ^{3}He tem algumas propriedades interessantes, particularmente a baixas temperaturas. Que núcleo radioativo produz ^{3}He? Utilizando nêutrons, escreva duas reações nucleares que mostrem como ^{3}He pode ser produzido lentamente partindo de outro isótopo estável.

19.26 Formule o nome e o balanceamento das reações nucleares com nêutrons que podem ser usados para produzir isótopos radioativos, partindo de um isótopo estável
a) ^{14}C b) ^{32}P c) ^{60}Co.

19.27 Calcule a energia liberada, em megaeletron volts para as duas reações nucleares

19.28 Explique por que o carbono e o oxigênio são elementos abundantes, enquanto os elementos leves, como o lítio, berílio, e o boro são bastante raros.

19.29* Embora os instrumentos nucleares modernos consigam discriminar radiações com diferentes energias, suponha, neste problema, que se tenha apenas um detector de eventos. Voce recebeu uma amostra com dois isótopos não interrelacionados, cujos tempos de meia-vida são 10,0 min e 1,00 h. Quando $t = 0$, a amostra produziu 0,50 μCi, e quando $t = 30$ min, 0,10 μCi. Qual era a atividade de cada isótopo quando $t = 0$? Qual era a abundância relativa de ambos os isótopos quando $t = O$?

19.30* Um homem de 90 kg recebeu uma injeção de 0,50 cm^3 de água com ^{3}H responsável por 1,0 x10^8 Bq de radiação. Quatro horas após uma amostra de sangue ter sido colhida, constatou-se que 5,0 cm^3 de plasma tinha uma atividade de 8,0 x 10^3 Bq. Faça uma estimativa da percentagem de água no corpo humano.

19.31* Com muita frequência, o produto B originário de um núcleo radioativo A também é radioativo, com um tempo de meia-vida menor ou maior do que o de A. O núcleo B por sua vez decai para formar C. Escreva as três leis de velocidade para essas duas reações consecutivas de primeira ordem. Como o núcleo A varia com o tempo? Resolva a equação diferencial para B. Substitua a expressão de B na equação para C, e resolva-a em função do tempo. Se não conseguir resolver a equação para B, considere que as duas meia-vidas são muito diferentes, e resolva esse caso especial.

19.32* Explique por que a captura de elétron ocorre apenas para elétrons s e não para elétrons *p*. Explique também por que a velocidade de CE pode depender, em pequena extensão, da ligação química de um elemento.

20 As Propriedades dos Sólidos

Neste Capítulo exploraremos as propriedades especiais que átomos, moléculas e íons apresentam quando estão unidos para formar um sólido. Os aspectos mais importantes dos **sólidos** são: rigidez, incompressibilidade e, para sólidos cristalinos, a geometria característica. Há também outras peculiaridades associadas aos sólidos, tais como, as propriedades elétricas e magnéticas, que são utilizadas em dispositivos eletrônicos modernos. Além disso, as superfícies dos sólidos apresentam grande importância prática em catálise, pois atuam como centros de reatividade química. Antes de entendermos qualquer um destes aspectos, devemos procurar compreender por completo a natureza dos sólidos e a importância de suas estruturas na determinação de suas propriedades.

20.1 Propriedades Macroscópias dos Sólidos

Uma das principais maneiras de distinguir os sólidos é considerá-los como sendo cristalinos ou amorfos. Como exemplos de sólidos **cristalinos**, temos as formas comuns de açúcar, sais como o cloreto de sódio, e elementos tais como o iodo e o enxofre. Estes sólidos são compostos de moléculas ou íons que apresentam uma **ordem de longa extensão**, formando um retículo (na Seção 20.4 estudaremos os retículos com maiores detalhes). A **anisotropia** é uma propriedade física destes sólidos, ou seja, eles não apresentam as mesmas propriedades ao longo de todos os eixos possíveis. Ao contrário, os materiais **amorfos** são isotrópicos porque não possuem estruturas reticulares regulares, logo, suas propriedades são as mesmas em todas as direções.

Talvez, mais do que qualquer outra propriedade macroscópica, a anisotropia dos cristais forneça uma forte indicação da existência de retículos atômicos ordenados. Na Figura 20.1 vemos um retículo bidimensional simples constituído de apenas dois tipos de átomos. Propriedades mecânicas tais como cisalhamento podem ser diferentes nas duas direções indicadas. A deformação do retículo ao longo de uma das direções envolve o deslocamento de fileiras compostas de tipos alternados de átomos, enquanto que, na outra direção, cada uma das fileiras deslocadas consiste em apenas um tipo de átomo. Deste modo, mesmo que todos os constituintes do retículo sejam átomos esféricos, o cristal pode ser anisotrópico. Uma situação diferente é encontrada para líquidos e gases, onde as partículas são arranjadas de modo randômico. Nesta desordem molecular, todas as direções são equivalentes porque as propriedades são as mesmas em todas as direções. Conseqüentemente, líquidos e gases são isotrópicos.

As propriedades de alguns cristais refletem a assimetria das moléculas que os constituem. A Figura 20.2 representa uma situação em que moléculas longas e finas encontram-se empacotadas paralelamente no retículo cristalino. Tal arranjo cristalino permite a ampliação da anisotropia molecular, tornando-a uma propriedade macroscopicamente observável.

Os sólidos amorfos não têm uma ordem de longa extensão e podem ser considerados como os líquidos em todas as temperaturas. Exemplos de sólidos amorfos comuns são o vidro, a borracha e muitos plásticos tal como o polietileno. O enxofre também apresenta uma forma amorfa, produzida quando o enxofre líquido é resfriado rapidamente. Este enxofre "plástico" é constituído de longas cadeias de moléculas, enquanto que o enxofre cristalino possui as moléculas na forma de anéis S_8.

O limite entre as formas cristalina e amorfa nem sempre é bem definido. Plásticos exibem certo grau de cristalinidade

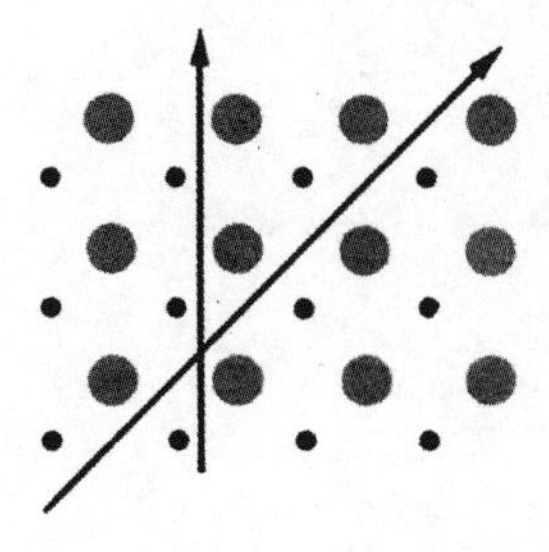

Fig. 20.1 Um retículo bidimensional de átomos esféricos. A resistência ao cisalhamento diferem nas direções indicadas.

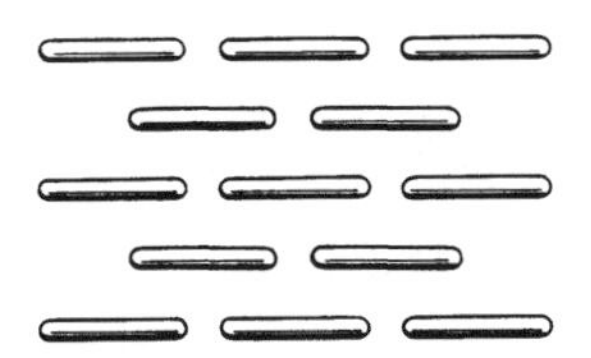

Fig. 20.2 Um esquema possível de empacotamento para moléculas longas.

e, mesmo alguns líquidos, denominados **cristais líquidos**, nem sempre são isotrópicos. Estas complicações geralmente aparecem para moléculas longas e pouco espessas, como aquelas da Fig.20.2. Nos cristais líquidos, há regiões no líquido em que a maior parte das moléculas são paralelas, como podemos ver na Fig.20.2; mas uma amostra típica de líquido conterá muitas regiões como esta, todas alinhadas em direções diferentes. Embora campos elétricos ou magnéticos possam alinhar estas regiões, resultando num alinhamento global das moléculas, estas nunca formarão um retículo e podem transladar livremente. Os **polímeros** apresentam regiões de cristalinidade do mesmo modo que os cristais líquidos, porém podem ter amplas regiões amorfas entre as regiões de cristalinidade. A cristalinidade dos polímeros exerce uma grande influência sobre suas propriedades físicas.

A temperatura de fusão de um sólido cristalino é bem definida. Um material amorfo amolece apenas lentamente com a elevação da temperatura, uma vez que suas moléculas encontram-se randomicamente orientadas em todas as temperaturas. Nos plásticos que possuem alguma cristalinidade, verifica-se uma combinação de ambos os efeitos, embora a "fusão" da parte cristalina ocorra num determinado intervalo de temperatura.

Tamanho e Formato dos Cristais

O estado cristalino, muitas vezes, é facilmente identificável, em particular nos minerais de ocorrência natural. Analisando a Figura 20.3, deduzimos que os ângulos característicos bem definidos e as faces do cristal de quartzo natural são conseqüência da existência de um retículo interno ordenado. Algumas vezes, materiais sólidos podem apresentar-se na forma de pó, fragmentos ou aglomerados, parecendo substâncias amorfas, mas quando uma partícula individual é examinada num microscópio, os ângulos característicos do cristal tornam-se evidentes. Portanto, devemos tomar cuidado ao tentarmos distinguir sólidos amorfos de sólidos **policristalinos.** Nestes, existem cristais individuais contendo retículos atômicos ordenados, mas são muito pequenos para serem reconhecidos, exceto com o auxílio de um microscópio. Os metais freqüentemente ocorrem na condição de policristalinos. A Figura 20.4 mostra a superfície não polida de uma amostra de cobre. Os contornos dos grãos de cristais individuais são evidentes, ainda que um tanto irre-

Fig. 20.3 Cristal de quartzo natural.

Fig. 20.4 Superfície de cobre corroída em que se pode observar estrutura microcristalina.

gulares. Uma vez que os cristais individuais são orientados randomicamente, uma amostra metálica pode aparentar ser isotrópica, mesmo que um monocristal seja anisotrópico. Denomina-se esta amostra de microcristalina.

O tamanho dos cristais de uma determinada substância pode variar enormemente, sendo que isto ocorre muito por influência das condições sob as quais o cristal se formou. Em geral, o crescimento lento numa solução apenas ligeiramente supersaturada favorece a formação de grandes cristais. Por esta razão, os cristais naturais de minerais formados por processos geológicos geralmente são muito grandes. Por outro lado, cristais produzidos por reações de precipitação realizadas em laboratórios são muito pequenos porque, em geral, se formam muito rapidamente em soluções supersaturadas. Por exemplo, quando o sal de sulfato de bário, ligeiramente solúvel, precipita numa mistura de soluções aquosas de cloreto de bário e ácido sulfúrico, as partículas sólidas do sulfato de bário são tão pequenas e mal formadas, que tornam-se virtualmente irreconhecíveis como cristais, mesmo sob exame microscópico. Contudo, a qualidade destes cristais pode ser melhorada deixando-os "envelhecer" em solução saturada. Durante o processo de envelhecimento, cristais mais estáveis tendem a crescer. Assim, como resultado de uma contínua redissolução e reprecipitação, um precipitado de um material virtualmente amorfo pode ser convertido numa substância policristalina. Parece-nos, então, que o tamanho dos cristais reflete as condições de crescimento, e não a constituição interna do cristal. O formato de um cristal é mais característico do próprio material mas, também, está sujeito a alguma influência das condições de crescimento. Por exemplo, cristais de cloreto de sódio, que são deixados crescer cuidadosamente, suspendendo-se um **gérmen do cristal** numa solução ligeiramente supersaturada, invariavelmente apresentam formato cúbico, conforme mostra a Fig.20.5(a). Por outro lado, cristais de cloreto de sódio que crescem no fundo de um béquer são placas quadradas cuja espessura nunca é maior do que metade de sua largura, como podemos ver na Fig.20.5(b). Os cristais situados na superfície têm quatro lados por onde podem crescer em direções horizontais, mas só podem usar o topo para crescer verticalmente. Assim, a velocidade de crescimento em ambas as direções horizontais é duas vezes maior do que na direção vertical.

A influência do meio pode ser ainda mais acentuada quando se deixa crescer cristais de cloreto de sódio suspensos numa solução contendo uréia, eles tomam a forma de um octaedro regular, como o da Fig. 20.5(c). O aparecimento de cristais de cloreto de sódio ora como cubos, ora como octaedros, pode sugerir que o formato do cristal não está relacionado com o arranjo interno dos átomos, o que não é verdade. Em primeiro lugar, o cubo e o octaedro estão relacionados geometricamente, uma vez que um octaedro pode ser formado a partir de um cubo, desprezando-se seus vértices, como podemos ver na Fig.20.6. Segundo, o ângulo entre as faces do octaedro de cristais de cloreto de sódio são sempre os mesmos, não sofrendo alterações por mudança nas condições externas. A invariabilidade dos ângulos entre um dado conjunto de faces cristalinas é uma propriedade universal dos sólidos. Parece então que, dependendo das condições externas, os cristais podem assumir diversos formatos, mas os ângulos existentes entre duas faces são sempre os mesmos, podendo assim ser determinados pela geometria fixa do próprio retículo.

20.2. Tipos de Sólidos

Enfatizamos que a existência de um retículo ordenado é responsável por duas propriedades macroscópicas características dos sólidos cristalinos: a anisotropia e a geometria característica. Parece inevitável que os aspectos mais detalhados dos sólidos devam relacionar-se com a natureza das forças que mantêm unido o retículo cristalino. Assim, torna-se útil distinguir entre sólidos iônicos, metálicos, moleculares e redes covalentes, e associá-los a uma série de propriedades características de cada tipo de ligação. O objetivo deste esquema de classificação é fornecer uma estrutura para reconhecer e sistematizar semelhanças e diferenças nas propriedades dos vários sólidos. Se propriedades macroscópicas definidas podem ser associadas com cada tipo de ligação, devemos finalmente ser capazes de usar o comportamento macroscópico como uma ferramenta de diagnóstico para determinar o tipo de ligação existente em novas substâncias. Contudo, devemos lembrar que este esquema de classificação é de certa forma arbitrário, sendo que pode haver muitas substâncias que não se enquadram claramente em uma das quatro classes.

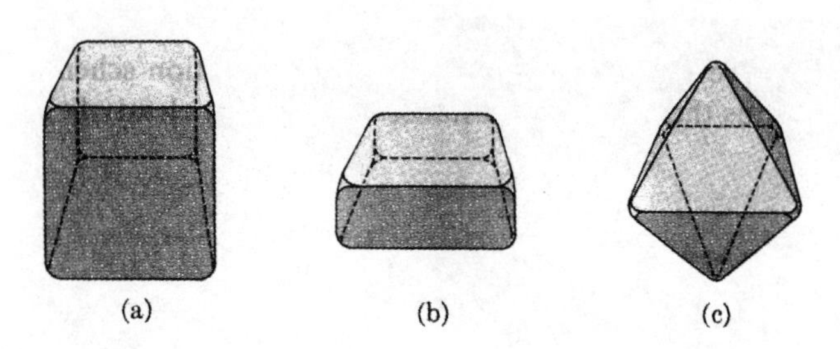

Fig. 20.5 Formas de cristais de cloreto de sódio crescidos sob diferentes condições.

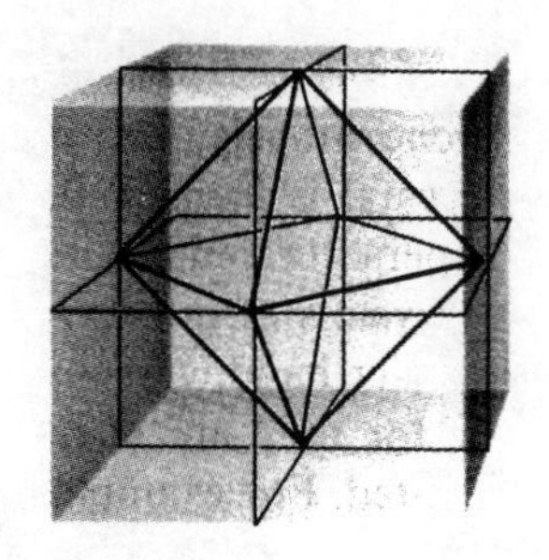

Fig. 20.6 Relação entre as faces cúbicas e octaédricas de um cristal. O octaedro pode ser obtido ao se cortar as vértices do cubo.

Cristais Iônicos

Nos **cristais iônicos,** as unidades do retículo que se repetem são fragmentos carregados positiva e negativamente, arranjados de tal modo que a energia potencial dos íons nas posições reticulares é mais baixa do que quando os íons estão infinitamente separados. Há muitos tipos de arranjos reticulares iônicos estáveis. A Figura 20.7 mostra um dos mais comuns, que ocorre no cloreto de sódio e em muitos outros haletos alcalinos. É importante notar que cada íon de um dado sinal ocupa uma posição equivalente no retículo, e que não existem grupos discretos de átomos ou moléculas no cristal. Com efeito, cada íon de um dado sinal é ligado por força coulômbica a *todos* os íons de sinal oposto no cristal. A **energia de coesão,** ou quantidade de energia necessária para evaporar alguns cristais iônicos típicos com a separação de seus íons, mostrada na Tabela 20.1, é da ordem de 1000 kJ mol^{-1}.

Esta é uma energia de ligação relativamente grande; ela é responsável pelo fato de os cristais iônicos terem uma pressão de vapor pequena, tendendo a zero, à temperatura ambiente, e fundirem e entrarem em ebulição somente a temperaturas relativamente altas.

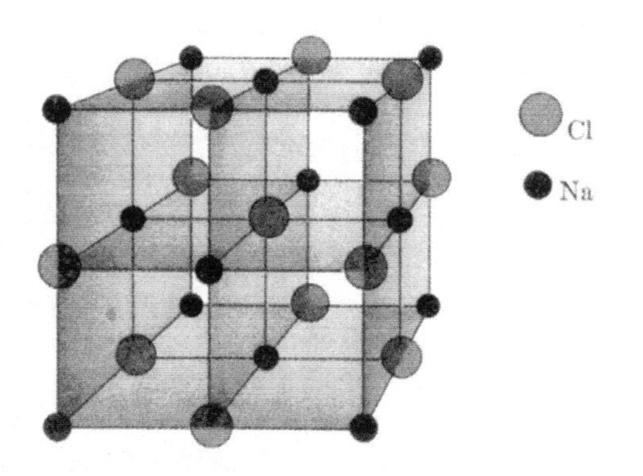

Fig. 20.7 Estrutura do cloreto de sódio.

Cristais iônicos, em geral, tendem a ser duros e quebradiços, o que pode ser explicado pela natureza das forças coulômbicas existentes entre os íons. Para distorcer um cristal iônico perfeito, dois planos de íons têm de ser deslocados um em relação ao outro. Dependendo da natureza dos planos em movimento e da sua direção, o deslocamento pode aproximar os íons de mesma carga. Quando isto acontece, as forças de coesão entre os dois planos são substituídas por uma forte repulsão coulômbica e, como resultado, o cristal **se quebra.**

Entretanto, há planos que podem se movimentar, um em relação ao outro, sem que os íons de mesmo sinal fiquem em oposição. Um exame da Fig.20.8 mostra que em certas orientações no cloreto de sódio, camadas (ou planos) de íons sódio se alternam com camadas de íons cloreto. O movimento destes planos numa direção paralela àquelas fileiras de íons não coloca íons de mesma carga em posições diretamente opostas entre si. Conseqüentemente, o deslizamento destes planos, um em relação ao outro, é o modo mais fácil de deformar o cristal. Contudo, mesmo ao longo desta direção mais favorecida, é necessária uma grande força para deformar o cristal, pois qualquer movimento de íons, uns em relação aos outros, deve sofrer resistência das grandes forças coulômbicas que tendem a mantê-los em seus sítios no retículo.

Outra característica que permite identificar cristais iônicos é que eles são **isolantes** elétricos a baixas temperaturas, mas bom **condutores** se fundem. Mais uma vez, o modelo de ligação iônica fornece uma explicação simples. No estado sólido, parece não haver um mecanismo óbvio para que um íon possa se mover sob influência de um campo elétrico, sem um considerável gasto de energia. No cristal perfeito, todos

TABELA 20.1 ENERGIA COESIVA PARA VÁRIOS TIPOS DE CRISTAIS

Tipo	Exemplo	Energia Requerida (kJ mol^{-1})
Iônico	$LiF(s) \rightarrow Li^+(g) + F^-(g)$	1030
	$NaCl(s) \rightarrow Na^+(g) + Cl^-(g)$	780
	$ZnO(s) \rightarrow Zn^{2+}(g) + O^{2-}(g)$	4030
Molecular	$Ar(s) \rightarrow Ar(g)$	7
	$CO_2(s) \rightarrow CO_2(g)$	24
	$I_2(s) \rightarrow I_2(g)$	65
Rede covalente	$C_{diamante} \rightarrow C(g)$	715
	$Si(s) \rightarrow Si(g)$	455
	$SiO_2(s) \rightarrow Si(g) + 2O(g)$	1860
Metálico	$Li(s) \rightarrow Li(g)$	160
	$Fe(s) \rightarrow Fe(g)$	415
	$W(s) \rightarrow W(g)$	850

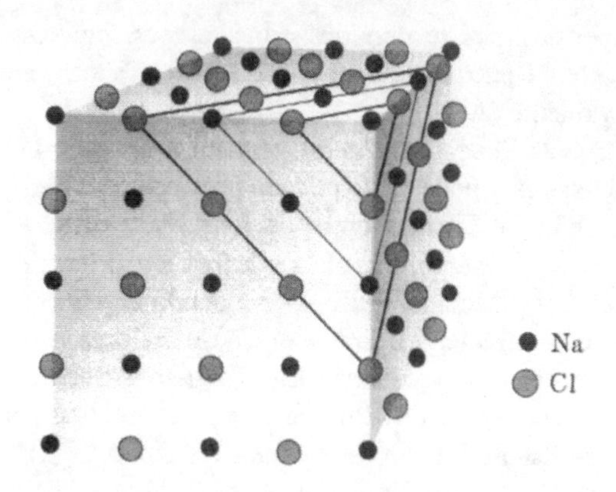

Fig. 20.8 Estrutura do cloreto de sódio. Os planos marcados consistem em camadas alternadas de íons sódio e íons cloreto.

os íons ocupam posições bem definidas e, ao se mover de seu sítio no retículo, um íon pode seguir um caminho tortuoso que o aproxima de íons de mesma carga. No estado líquido, contudo, o arranjo de íons é mais desordenado e menos denso, o que facilita bastante sua movimentação sob a influência de um campo elétrico.

Cristais Moleculares

Nos **cristais moleculares**, a unidade que se repete é um átomo ou molécula quimicamente identificável, que não possui carga efetiva. A coesão destes cristais é uma conseqüência das forças de van der Waals. Estas são consideravelmente mais fracas do que as forças coulômbicas de atração existentes entre dois íons, e conseqüentemente a energia de ligação de cristais moleculares é relativamente pequena, como mostram os exemplos da Tabela 20.1. Uma vez que é necessário tão pouca energia para separar as moléculas, estes cristais tendem a ser mais voláteis e ter pontos de fusão e de ebulição mais baixos. A magnitude das forças de van der Waals pode variar consideravelmente, dependendo do número de elétrons e da polaridade das moléculas. Como conseqüência, mesmo que um sólido volátil possa ser um cristal molecular, nem todos os cristais moleculares são voláteis.

Cristais moleculares geralmente tendem a ser moles, compressíveis e facilmente distorcíveis. Estas propriedades também são uma conseqüência das forças intermoleculares relativamente fracas e de sua natureza não direcional. Isto é, todas as moléculas apolares se atraem umas às outras com uma magnitude que não é muito sensível à orientação molecular. Assim, dois planos de um cristal molecular podem passar um pelo outro, sem que ocorra significativa diminuição das forças de atração entre eles. Uma vez que a energia das posições intermediárias não é muito maior do que aquela das posições estáveis, a deformação requer pouco gasto de energia.

Cristais moleculares geralmente são bons isolantes elétricos. As próprias moléculas não possuem carga efetiva e, portanto, não podem conduzir eletricidade. Além disso, a própria existência de moléculas discretas implica que os elétrons tendem a estar localizados em torno de um conjunto específico de núcleos. Conseqüentemente, não há partículas carregadas, nem íons ou elétrons, que estejam livres para se movimentar num campo elétrico e conduzir eletricidade.

Sólidos de Rede Covalente

Cristais nos quais todos os átomos estão ligados por um sistema contínuo de ligações de pares eletrônicos bem definidas são denominados **sólidos de rede covalente**. O exemplo mais familiar é o cristal de diamante, em que cada átomo de carbono é covalentemente ligado a quatro outros átomos, conforme monstra a Fig.20.9. O resultado disso é uma rede tridimensional rígida que permite a ligação de cada átomo a todos os outros. Com efeito, o cristal inteiro é uma única molécula.
Em alguns cristais há redes covalentes bidimensionais infinitas. O exemplo mais conhecido é a estrutura do grafite, apresentada na Fig.20.10. Cada átomo de carbono é covalentemente ligado a três outros, de tal modo que todos os átomos num único plano estão ligados numa estrutura em camada. No cristal de grafite, estas camadas infinitas de átomos são empacotadas numa estrutura lamelar em que as forças de atração entre diferentes camadas são do tipo van der Waals.

A Tabela 20.1 mostra que a energia necessária para separar os átomos constituintes de típicos sólidos de rede pode chegar até 2000 $kJmol^{-1}$. Conseqüentemente, estes materiais, como as substâncias iônicas, são extremamente não voláteis e apresentam pontos de fusão muito altos. Além disso, ligações covalentes têm propriedades direcionais bem notáveis. Isto é, um átomo central forma ligações covalentes fortes com seus vizinhos somente se estes ocuparem lugares bem específicos. Por este motivo, qualquer deformação significativa de uma rede covalente envolve a quebra de ligações covalentes, o que requer consideráveis quantidades de energia. Como resultado, sólidos de rede são os mais duros e os mais incompressíveis de todos os materiais.

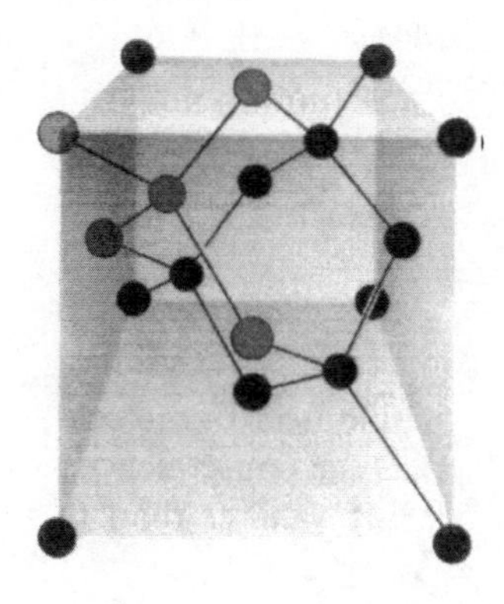

Fig. 20.9 Estrutura de diamante. Cada átomo está ligado diretamente a quatro outros.

Com respeito à volatilidade e às propriedades mecânicas, os cristais de rede covalente infinita são muito semelhantes aos sólidos iônicos. Logo, o fato da substância ser muito dura e apresentar altos pontos de fusão e ebulição, não serve para identificarmos que tipo de ligação existe no cristal. No entanto, podemos utilizar propriedades elétricas para distinguir entre sólidos iônicos e sólidos de rede covalente. Ambos são isolantes elétricos a baixas temperaturas. Substâncias iônicas tornam-se bons condutores elétricos somente em temperaturas acima de seus pontos de fusão. A condutividade de um sólido de rede covalente, se perceptível como um todo, é, em geral, muito pequena e, embora possa aumentar com a elevação da temperatura, não aumenta abruptamente quando a substância é fundida.

As propriedades elétricas de um sólido de rede covalente podem ser consideravelmente afetadas devido à presença de impurezas. Quando uma pequena quantidade de um elemento do grupo VA tal como o fósforo, é substituinte num retículo de silício ou germânio, tem-se um elétron a mais do que o necessário para formar as quatro ligações características da estrutura do tipo diamante. A substituição por um elemento do grupo IIIA, como o boro, por outro lado, faz diminuir um elétron; assim, aparece um **buraco positivo** nestas ligações. Ambos, elétrons e buracos, podem contribuir para a condutividade elétrica e estas substituições constituem a base dos **semicondutores tipo-*n*** e **tipo-*p*** utilizados na eletrônica moderna do estado sólido.

Cristais Metálicos

Os **cristais metálicos** são caracterizados pelo brilho prateado e refletividade, alta condutividade elétrica e térmica, e por sua **maleabilidade,** ou facilidade com a qual eles podem ser esticados, martelados e curvados, sem se quebrar. Prata, ouro e platina são substâncias em que todas estas propriedades aparecem com maior nitidez. Por outro lado, para a maioria dos metais falta uma ou mais destas características. Tungstênio, por exemplo, tem brilho prateado mas é quebradiço e não facilmente manipulável, enquanto que o chumbo, que é macio e manipulável, não é bom condutor de eletricidade.

A estrutura eletrônica dos metais difere daquelas das outras substâncias; neles, os elétrons de valência dos átomos metálicos não estão localizados em cada átomo, mas "pertencem" ao cristal como um todo. Num quadro simplificado, podemos pensar no cristal como um conjunto de íons positivos imersos num mar de elétrons em movimento. Os aspectos qualitativos deste **modelo de elétrons livres** são coerentes com as propriedades gerais dos metais. A alta condutividade elétrica destes é prontamente entendida se os elétrons estão livres para se movimentar sob a ação de um campo elétrico aplicado. A alta condutividade térmica dos metais também é conseqüência da liberdade dos elétrons, os quais podem adquirir grande energia cinética térmica, mover-se rapidamente através do cristal e, deste modo, transportar calor.

A descrição de elétrons livres também é coerente com as propriedades mecânicas dos metais. Uma vez que não há ligações localizadas altamente direcionais, um plano de átomos pode se movimentar sobre outro com relativamente pouco gasto de energia. Em virtude dos elétrons de valência não estarem localizados e da ligação metálica não ser fortemente direcional, não é preciso quebrar completamente as forças de ligação para deformar o cristal.

Apesar da descrição de elétrons livres ser coerente com as propriedades gerais da maioria dos metais, não restam dúvidas de que ela é uma grande simplificação. Dentro do grupo de elementos metálicos há uma considerável variação de propriedades: mercúrio funde a -39 °C e tungstênio a 3300 °C, os metais alcalinos podem ser cortados com uma faca de cozinha, mas o ósmio é duro o bastante para riscar o vidro; como condutor elétrico, o cobre é 65 vezes melhor do que o bismuto. Para entender estas variações nas propriedades metálicas, é preciso conhecer teorias de ligação mais elaboradas; certos aspectos serão discutidos mais adiante neste Capítulo.

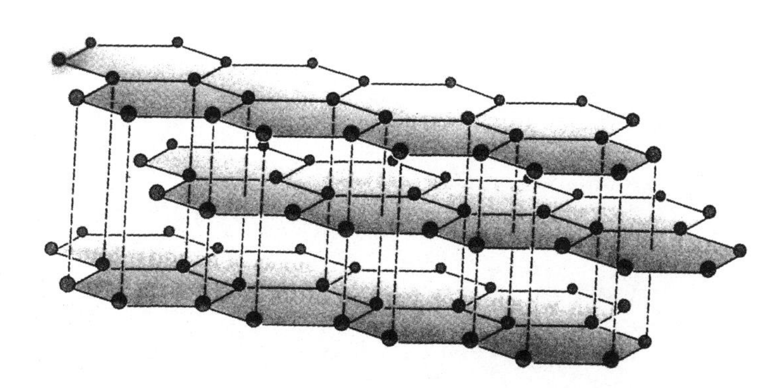

Fig. 20.10 Estrutura do grafite. Atomos de planos alternados estão diretamente acima e abaixo um do outro.

20.3 Raios X e Estrutura Cristalina

A difração de raios X por cristais é um fenômeno importante porque pode ser usada para descobrir quais são as posições relativas dos átomos num sólido. Assim, os resultados dos estudos de **difração de raios-X** contribuem para o nosso entendimento geral da estrutura molecular e de como esta se relaciona com as propriedades químicas e físicas. Antes de tratarmos dos detalhes de um experimento de difração de raios-X, analisaremos e recapitularemos os aspectos fundamentais das ondas eletromagnéticas, alguns dos quais já vimos em Capítulos anteriores.

Ondas Eletromagnéticas

No final do século dezenove, os físicos reconheceram que muitos experimentos ópticos poderiam ser compreeendidos se a luz fosse descrita como um movimento de onda eletromagnética. De acordo com esta descrição, a luz é produzida pelo movimento oscilante de uma carga elétrica. Esta oscilação faz com que o campo elétrico ao redor da carga mude periodicamente, e também gera um campo magnético oscilante. Este campo elétrico oscilante e as perturbações magnéticas se irradiam, ou se **propagam**, através do espaço - daí o nome **radiação eletromagnética**. Uma carga teste colocada no caminho da radiação eletromagnética experimenta uma força oscilante primeiramente em uma direção e, depois, na direção oposta; em seguida, novamente na primeira direção, e assim por diante. Isto dá indícios de que o campo elétrico da luz se propaga como uma onda, e por meio de outros experimentos verificou-se que este fato também é verdadeiro para o campo magnético. Assim, em qualquer instante, a onda eletromagnética pode apresentar-se como mostra a Fig.20.11.

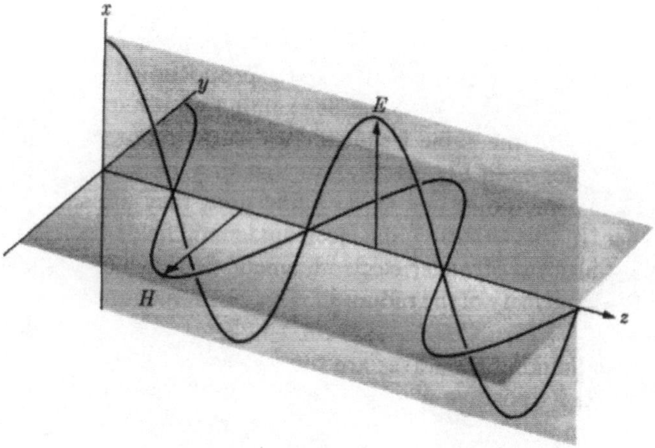

Fig. 20.11 Representação de uma onda eletromagnética. O campo elétrico E e o campo magnético H oscilam em planos perpendiculares.

Consideremos a Fig.20.11, na qual é representado somente o componente de uma onda eletromagnética. A magnitude máxima da perturbação é chamada de **amplitude de onda**, e a distância entre dois máximos sucessivos é conhecida como comprimento de onda, simbolizado por λ. Uma carga teste colocada no máximo da onda experimentaria uma força elétrica máxima em uma direção, enquanto que uma carga teste colocada no mínimo da onda também sentiria a força máxima, porém em direção oposta. A Fig.20.12 mostra apenas uma descrição instântanea de uma onda; um momento após a posição de todos os máximos de onda terem mudado uniformemente. Em outras palavras, o máximo de onda se propaga com uma **velocidade** que chamaremos de *c*. Logo, o número de máximos que atingem o ponto estacionário em um segundo é:

$$\frac{c\,(\text{m s}^{-1})}{\lambda\,(\text{m})} = \nu\,(\text{s}^{-1}\text{ ou Hz}),$$

sendo que ν é a freqüência da onda. A radiação eletromagnética engloba luz visível, infravermelho, e ultravioleta, bem como ondas de rádio e raios X. Estes vários tipos de radiação eletromagnética, que produzem diferentes efeitos sobre a matéria, propagam-se todos no vácuo com a velocidade *c* igual a $2{,}998 \times 10^8$ m s^{-1}. Eles diferem somente quanto ao comprimento de onda, ou seja, quanto à freqüência.

Interferência de Ondas

A intensidade da radiação eletromagnética é proporcional ao quadrado de sua amplitude de onda. Tendo isto em mente, examinemos o que acontece quando duas ondas eletromagnéticas de mesma freqüência são superpostas. Se duas ondas são trazidas uma para perto da outra, como na Fig. 20.13(a), de modo que ambas possam atingir sua amplitude máxima no

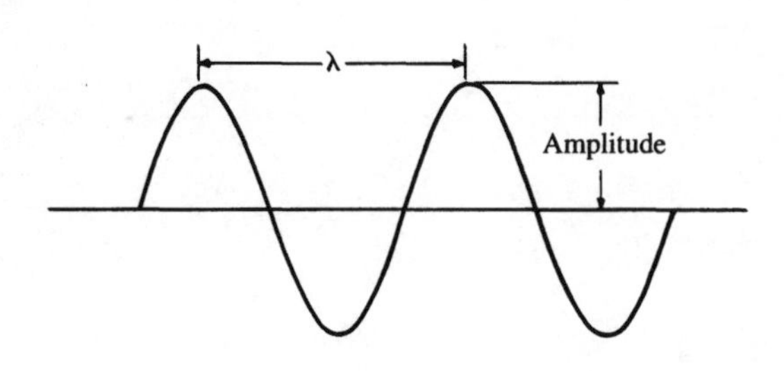

Fig. 20.12 Perfil instantâneo de uma onda que demonstra as definições da amplitude e do comprimento de onda.

mesmo ponto e ao mesmo tempo, dizemos que elas estão *em fase*. Nesta situação, os campos eletromagnéticos criados pelas ondas se somam produzindo um campo eletromagnético uniforme mais forte, o que podemos entender como um aumento na intensidade da radiação. Este fenômeno denomina-se **interferência construtiva.**

Por outro lado, se as ondas se superpoem como na Fig.20.13(b), de modo que uma atinge sua amplitude máxima positiva no momento em que a outra atinge sua amplitude máxima negativa, elas estão *fora de fase*. Neste caso, os campos elétrico e magnético das duas ondas se anulam e a intensidade da radiação desaparece. Este é o fenômeno de **interferência destrutiva.** Quando duas ondas não estão exatamente fora de fase como na Fig.20.13(c), ainda ocorre alguma interferência destrutiva. Há um cancelamento parcial dos campos elétrico e magnético, e a intensidade da radiação diminui.

Podemos observar as interferências construtiva e destrutiva num experimento de difração de fenda dupla, conforme mostra a fig.20.14. As duas fendas atuam separadamente como fontes de radiação, cada uma delas emitindo um padrão de onda circular, e a posição instantânea dos máximos de onda sucessivos é indicada por dois conjuntos de círculos concêntricos.
Os dois padrões se superpoem, e o desenho mostra que eles são "raios" ao longo dos quais os máximos de onda provenientes das duas fontes estão sempre em fase. Quando a radiação atinge uma tela, a intensidade máxima é observada nos pontos onde os raios interceptaram a tela. Nas outras regiões, a intensidade da radiação é pequena ou zero, uma vez que estas regiões se situam ao longo dos caminhos onde as duas ondas estão fora de fase, havendo, assim interferência destrutiva.

Tomando um ponto de vista um pouco diferente, é possível mostrar mais claramente por que ocorre o fenômeno da interferência de fenda dupla. Na Fig. 20.15 podemos ver que as ondas que saem das duas fendas percorrem distâncias diferentes para alcançar o ponto *P*. As duas ondas estão exatamente em fase quando deixam as fendas, e para estarem exatamente em fase quando atingem

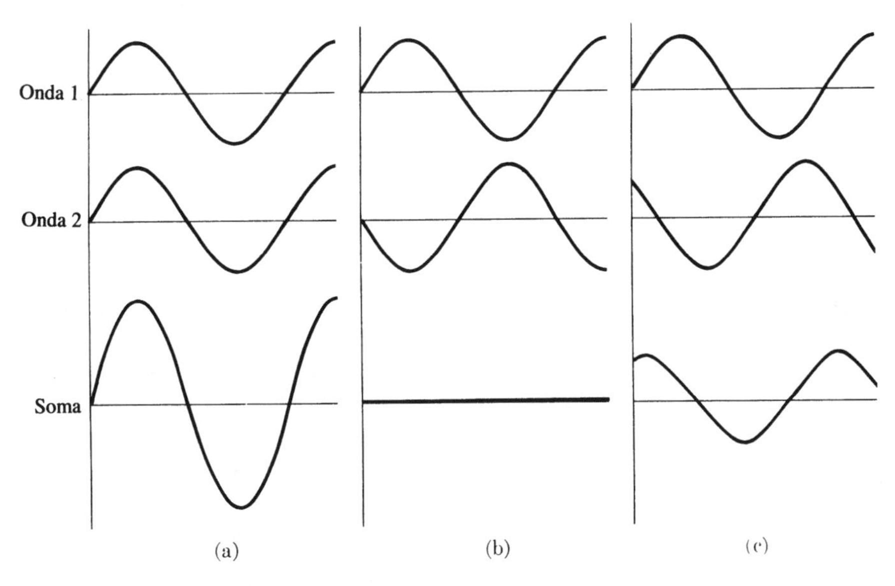

Fig. 20.13 Superposição de ondas: (a) em fase; (b) fora de fase; (c) pequena diferença de fase.

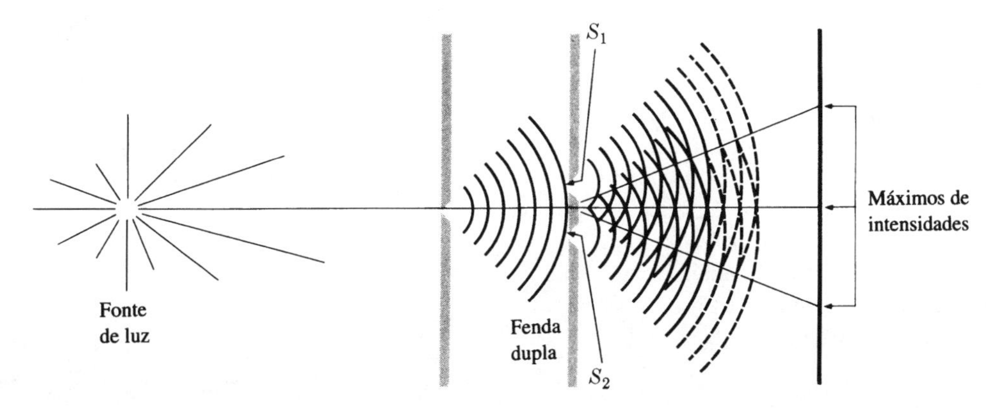

Fig. 20.14 Experimento de difração de fenda dupla. As interferências construtivas ocorrem ao longo dos raios indicados e produzem máximos de intensidades.

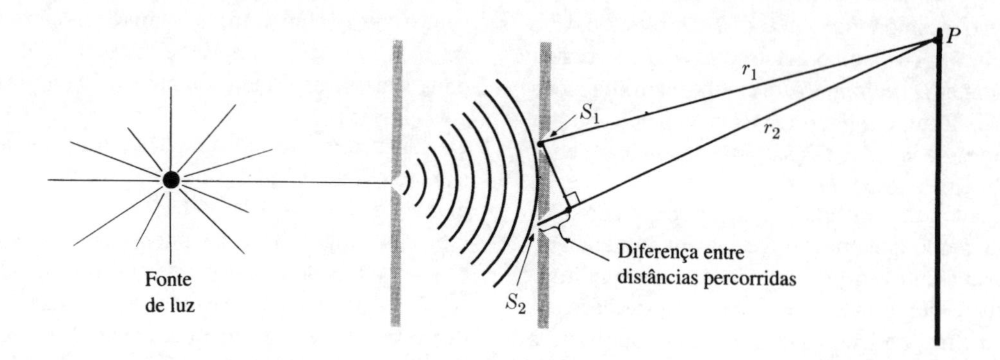

Fig. 20.15 Experimento de difração de fenda dupla. Se as diferenças entre as distâncias percorridas r_1 e r_2 são números inteiros de comprimentos de onda, ocorre uma interferência construtiva e a intensidade é máxima no P.

o ponto P, a diferença na distância percorrida deve ser exatamente igual a um número inteiro de comprimentos de onda. Examinando a Fig.20.15, deduzimos que esta condição só pode ser atingida em certos pontos da tela, e estes são os pontos nos quais observamos intensidade máxima no padrão de difração.

Difração de Raios-X

Os padrões de difração são produzidos sempre quando a luz atravessa, ou é refletida por uma **estrutura periódica** que apresenta uma padrão que se repete regularmente. O sistema de fenda dupla da Fig.20.14 é o mais simples com estruturas periódicas. Para que o padrão de difração seja bem evidente, a distância que se repete na estrutura periódica deve ser aproximadamente igual ao comprimento de onda da luz utilizada. Isto significa que no caso do experimento de fenda dupla, a distância entre S_1 e S_2 deveria se aproximar da distância entre as cristas de onda (Fig.20.14 e 20.15). Num retículo cristalino, que é uma estrutura periódica tridimensional, a distância que se repete é aproximadamente igual a 100pm, a distância entre átomos. Assim, encontramos, como seria de se esperar, a produção de padrões de difração quando raios X de aproximadamente 100pm de comprimento de onda passam através de cristais.

Analisemos o que acontece quando raios X de comprimento de onda igual a λ colidem com um único plano de átomos, como na Fig.20.16, e são difratados segundo um ângulo ß. Exatamente como no experimento de fenda dupla, as ondas difratadas produzirão uma intensidade máxima no detector se a diferença na trajetória total, de incidência e reflexão de raios adjacentes, for um número inteiro de comprimentos de onda. Se esta condição for satisfeita, as ondas atingirão o detector em fase. Examinando a Fig.20.16, podemos ver que a diferença nos caminhos percorridos por raios adjacentes é ad - bc, que deve ser igual a $m\lambda$, onde m é um número inteiro. Assim, temos:

$$ad - bc = m\lambda, \qquad m = 0, 1, 2, \ldots,$$
$$h(\cos\theta - \cos\beta) = m\lambda.$$

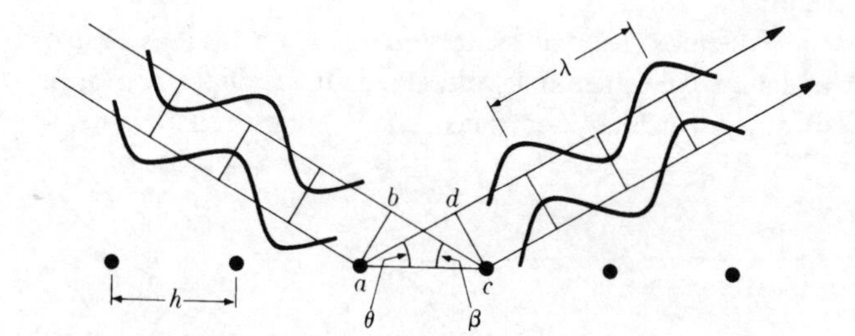

Fig. 20.16 Difração por uma fileira igualmente espaçada de átomos.

Para $m = 0$, ß = θ. Portanto, quando o ângulo do feixe incidente for igual ao ângulo do feixe difratado, há um máximo de intensidade no detector. Com base nisto temos que, devido a repetição periódica regular dos pontos do retículo, um plano de átomos irá "refletir", pelo menos parcialmente, um feixe de raios-X, da mesma maneira que um espelho reflete a luz comum.

Contudo, em virtude de um único plano de átomos refletir somente uma fração da intensidade do raio-X incidente, há ainda outra condição a ser estabelecida para observarmos um padrão de difração de intensidade apreciável. As ondas refletidas de planos de átomos paralelos sucessivos devem atingir o detector em fase para produzir intensidade máxima. A Figura 20.17 ilustra como a condição para intensidade máxima pode ser atingida. Para as ondas atingirem o detector em fase, a diferença na distância que elas pecorrem deve ser igual a um número inteiro de comprimentos de onda, $n\lambda$, sendo n um número inteiro. Examinando a Fig.20.17, verificamos que a diferença na trajetória das duas ondas é igual a $2d$ senθ, em que d é o espaçamento entre os planos. Portanto,

$$n\lambda = 2d \operatorname{sen}\theta, \qquad n = 1, 2, 3, \ldots,$$

para um máximo na intensidade difratada.
A equação (20.1) é chamada **equação da difração de Bragg,** tendo sido deduzida pela primeira vez por Bragg, que a utilizou para analisar a estrutura de cristais. A equação de

Bragg apresenta duas importantes aplicações. Se conhecermos o espaçamento d dos planos do retículo cristalino, podemos calcular o comprimento de onda dos raios X, medindo o ângulo de difração θ. Este foi o procedimento empregado por Moseley para determinar os comprimentos de onda dos raios X emitidos por cada um dos elementos em sua investigação que o levou à determinação dos números atômicos. Uma outra alternativa é conhecermos o comprimento de onda dos raios-X; assim podemos calcular os espaçamentos interplanares característicos de um cristal medindo os ângulos de difração θ. Deste modo podemos obter uma descrição completa da estrutura reticular de um cristal.

Observemos com atenção que o fator mais importante que entra na dedução da equação de Bragg é o espaçamento *regular* dos planos reticulares. Tínhamos visto anteriormente que a razão pela qual um único plano de átomos reflete raios X de modo mais eficiente quando o ângulo de incidência é igual ao ângulo de reflexão, é uma conseqüência do espaçamento regular dos átomos no plano. Nossa dedução da equação de Bragg mostra que o fato das reflexões vindas de planos paralelos do retículo reforçarem-se entre si resulta do espaçamento interplanar uniforme. Se o arranjo dos átomos nos planos ou o espaçamento entre planos paralelos torna-se irregular, como ocorre no caso dos líquidos e sólidos amorfos, não observaremos padrões de difração de raios-X bem definidos.

Na Fig.20.18 temos o tipo mais simples de sistema para observar difração de raios-X. Raios-X de um único comprimento de onda colidem com um cristal que está colocado numa plataforma uniforme. A radiação difratada é detectada pela ionização que produz no compartimento D. Quando se coloca o cristal de modo que forme um ângulo arbitrário com relação ao feixe de raios-X incidente, muita pouca radiação difratada alcança o detector, pois é mais provável que neste ângulo não haja nenhum plano no retículo cristalino que satisfaça a equação de Bragg para intensidade máxima difratada. Porém, à medida que o cristal gira, um conjunto de planos finalmente se alinha, formando um ângulo θ que satisfaz a Eq. (20.1), e um forte sinal é observado no detector. Enquanto o cristal continua girando, este sinal desaparece, mas com algum outro ângulo θ', um outro sinal difratado pode aparecer quando um novo conjunto de planos satisfizer a equação de Bragg. Como podemos ver no retículo bidimensional mostrado na Fig.20.17, há muitos conjuntos de planos paralelos num retículo e, portanto, é possível observar a

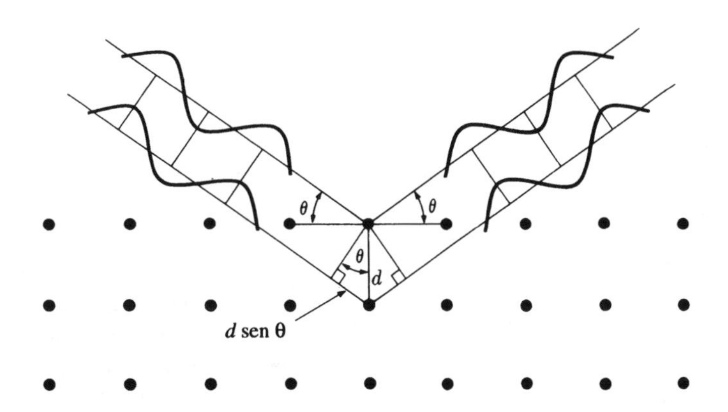

Fig. 20.17 Difração por planos sucessivos de átomos. As ondas difratadas estão em fase se $n\lambda = 2d \operatorname{sen} \theta$.

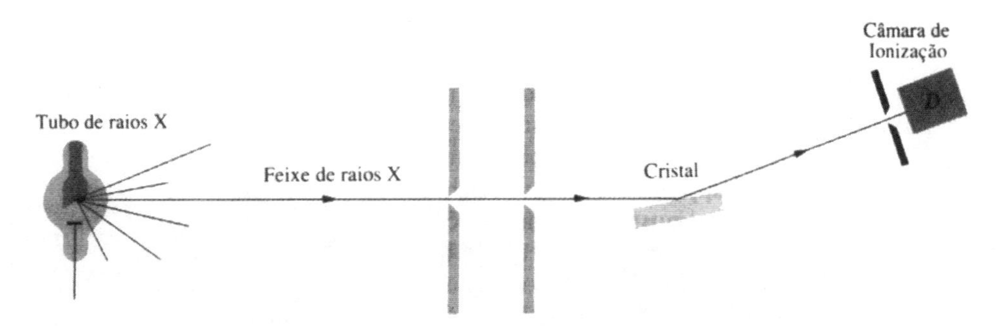

Fig. 20.18 Representação esquemática do aparato de difração de raios X de Bragg.

radiação difratada em vários ângulos. No entanto, somente os planos reticulares que contêm grande número de átomos refletirão apreciavelmente os raios X de modo que, na prática, observamos a difração resultante apenas dos planos reticulares mais importantes.

Raios X e Densidade Eletrônica

Medidas dos ângulos de difração e a equação de Bragg podem ser usadas para determinar o espaçamento dos planos num retículo cristalino. Até o momento, consideramos que os planos reticulares são constituídos de pontos idênticos sem estrutura, cuja única característica é a capacidade de espalhar raios X. Na realidade, os ocupantes dos sítios reticulares podem ser átomos individuais ou, o que é mais provável, moléculas ou grupos de moléculas de estrutura um tanto mais complexa. São os elétrons destas moléculas os responsáveis pelo espalhamento de raios X; a eficiência do espalhamento e, portanto, a intensidade do padrão de difração, depende do número e da distribuição dos elétrons nos sítios reticulares. A distribuição eletrônica evidentemente é determinada pela estrutura das moléculas que ocupam os sítios reticulares. Assim, estudando não apenas os ângulos em que os raios X são difratados, mas também as intensidades da radiação difratada, podemos determinar a estrutura das moléculas nos sítios reticulares.

Nas aplicações mais elegantes desta técnica, é possível obter mapas de contorno das densidades eletrônicas para moléculas mais complicadas. A Figura 20.19 mostra a estrutura da molécula de naftaleno, $C_{10}H_8$, determinada por estudos de intensidade de difração de raios-X. Os mapas de contorno representam linhas de densidade eletrônica média constante, mostrando de modo conclusivo que a estrutura do naftaleno é a seguinte:

```
          H     H
          |     |
    H     C     C     H
     \   / \   / \   /
      C     C     C
      |     |     |
      C     C     C
     /   \ /   \ /   \
    H     C     C     H
          |     |
          H     H
```

sendo que todos os átomos estão localizados no mesmo plano. Os mapas de contorno fornecem valores muito precisos para as distâncias entre núcleos e os ângulos entre ligações. Conseqüentemente, os estudos de raios-X têm sido muito valiosos para o entedimento da estrutura molecular.

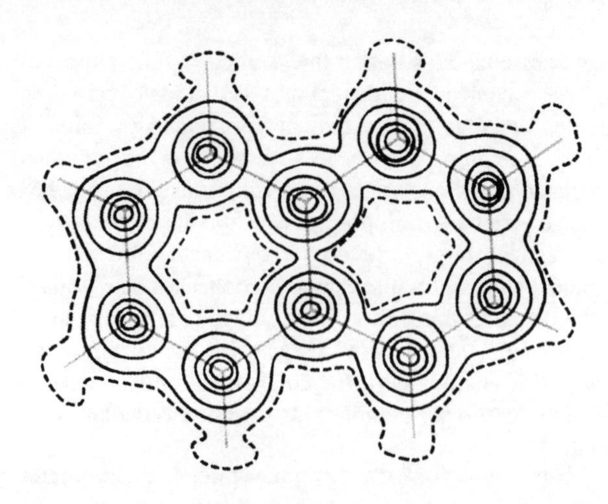

Fig. 20.19 Mapa de densidades eletrônicas do naftaleno. As linhas tracejadas correspondem a 0,5 carga eletrônica por Ângstron cúbico.

Análise Química por Raios X

Vimos que o espaçamento interplanar de um retículo cristalino determina os ângulos em que ocorre a difração de raios-X mais forte. Estes espaçamentos interplanares são uma característica inerente do cristal, pois são determinados pelo tamanho e arranjo de seus átomos. Cada composto cristalino tem seu conjunto de espaçamentos interplanares e, assim, apresenta um conjunto de ângulos de difração de raios-X característico, que, como uma impressão digital, pode ser usado para identificar uma substância.

Uma das aplicações mais simples de identificação por raios-X é aprovar ou não a existência de novos compostos. Por exemplo, é bem conhecido que o cádmio forma um óxido cuja fórmula é CdO. Neste composto, o cádmio encontra-se no estado de oxidação +2, o que é coerente com a química do elemento. É possível, entretanto, preparar uma substância aparentemente homogênea que, de acordo com a análise química, apresenta a fórmula empírica Cd_2O. Será que esta substância é um composto real em que o cádmio está no estado de oxidação +1? Um exame de raios-X fornece a resposta. As reflexões de raios-X do Cd_2O ocorrem somente nos ângulos que são característicos ou do cádmio metálico ou de CdO. Certamente esperaríamos que se o Cd_2O fosse um composto verdadeiro, ele tivesse espaçamentos reticulares diferentes e portanto apresentasse ângulos de reflexão de raios-X diferentes para o cádmio metálico ou CdO. Portanto, concluímos que o Cd O não é um composto verdadeiro, mas sim uma mistura física de minúsculos cristais de cádmio metálico e CdO.

Determinação do Número de Avogadro

Um dos resultados mais importantes dos estudos de difração de raios-X é a determinação precisa do número de Avogadro.

O princípio da medida é muito simples. Raios X de comprimento de onda conhecido são utilizados para a determinação dos espaçamentos interplanares de um cristal. Tendo-se estas distâncias, pode-se calcular o volume ocupado por uma molécula (ou átomo). Então, o volume medido de um mol do cristal é dividido pelo volume de uma molécula, dando como resultado o número de Avogadro.

Uma das chaves para empregar este procedimento é conhecer o comprimento de onda dos raios X. Como se pode determiná-lo, em primeiro lugar? A resposta é surpreendentemente simples. Cria-se um "retículo" artificial, desenhando-se cuidadosamente linhas pouco espaçadas numa superfície. Mesmo que estas linhas sejam separadas de 5×10^{-6} m, valor este muito maior do que o comprimento de onda de raios X, 10^{-10} m, elas ainda podem produzir um padrão de difração de raios-X se estes forem direcionados quase que paralelamente à superfície traçada. Um efeito de difração semelhante pode ser visualizado quando luz visível atinge uma chapa fotográfica. Mesmo que o comprimento da luz seja muito menor do que o espaçamento entre os sulcos na chapa, observa-se difração se o ângulo tangencial for suficientemente pequeno. No experimento de raios-X, o comprimento de onda pode ser calculado medindo-se os ângulos de difração e conhecendo-se o espaçamento do retículo traçado.

20.4 Retículos Cristalinos

Em nossa discussão sobre difração de raios-X, enfatizamos que a caraterística microscópica que produz padrões de difração bem definidos é uma *estrutura ordenada que se repete regularmente*. Sólidos cristalinos que apresentam este fenômeno de difração bem definido podem, portanto, ser descritos em termos de **retículos,** ou arranjos tridimensionais de pontos que exibem um padrão de repetição regular. Na Figura 20.20 temos um exemplo. O retículo é caracterizado pela distância entre pontos sucessivos ao longo de cada um dos três eixos axiais indicados, e pelos ângulos entre estes eixos.

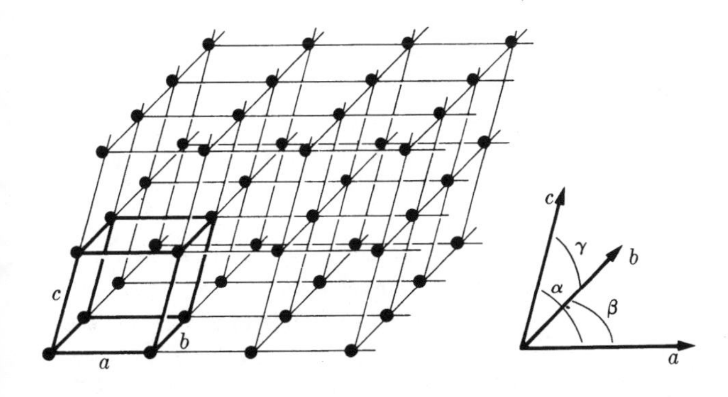

Fig. 20.20 Um retículo de pontos com a célula unitária destacada em negrito, e os três vetores translacionais fundamentais *a, b* e *c*.

A Célula Unitária

O retículo de pontos mostrado na Fig.20.20 também pode ser discutido em termos de um arranjo de pontos simples, fundamental, denominado célula unitária. Uma **célula unitária** é a menor unidade que, quando repetida em três dimensões, gera o cristal inteiro. Assim, podemos pensar num cristal como sendo composto de uma combinação de células unitárias, onde as células vizinhas compartilham faces, arestas ou vértices. Na célula unitária do retículo descrito na Fig.20.20, as linhas de contorno estão enfatizadas.

Retículos de Bravais

Considerando-se as combinações possíveis de espaçamentos entre os pontos do retículo *(a, b, c)* ao longo de cada um dos eixos, e os ângulos (α, ß,γ) entre os eixos, é possível gerar sete **sistemas cristalinos.** As características geométricas destes sistemas cristalinos aparecem na Tabela 20.2. Em 1848, A. Bravais mostrou que há somente quatorze retículos cristalinos associados com estes sete sistemas cristalinos. As células unitárias para estes 14 **retículos de Bravais** são mostradas na Fig.20.21. Todo cristal de ocorrência natural apresenta uma destas estruturas reticulares. Entretanto, num cristal natural, os sítios reticulares podem ser ocupados por átomos, ou mais freqüentemente, por grupos complexos de átomos e, portanto, a célula unitária pode ter uma complicada estrutura molecular interna. Mesmo que na maioria das estruturas moleculares complexas a célula unitária seja a unidade básica do cristal que se repete, as dimensões da célula unitária podem ser obtidas por padrões de difração de raios-X, usando-se a relação de Bragg, Eq.(20.1). Entretanto, a estrutura real do interior da célula unitária é um problema mais difícil,

TABELA 20.2 OS SETE SISTEMAS CRISTALINOS E OS 14 RETÍCULOS DE BRAVAIS

Sistema Critalino	Dimensões e Ângulos da Célula Unitária	Rede de Bravais
Cúbico	$a = b = c$; $\alpha = \beta = \gamma = 90°$	Simples
		Corpo centrado
		Face centrada
Ortorrômbico	$a \neq b \neq c$; $\alpha = \beta = \gamma = 90°$	Simples
		Corpo centrado
		Lateral centrada
		Face centrada
Tetragonal	$a = b \neq c$; $\alpha = \beta = \gamma = 90°$	Simples
		Corpo centrado
Monoclínico	$a \neq b \neq c$; $\alpha = \gamma = 90° \neq \beta$	Simples
		Lateral centrada
Romboédrico	$a = b = c$; $\alpha = \beta = \gamma \neq 90°$	Simples
Triclínico	$a \neq b \neq c$; $\alpha \neq \beta \neq \gamma \neq 90°$	Simples
Hexagonal	$a = b \neq c$; a = b = g = 90°	Simples

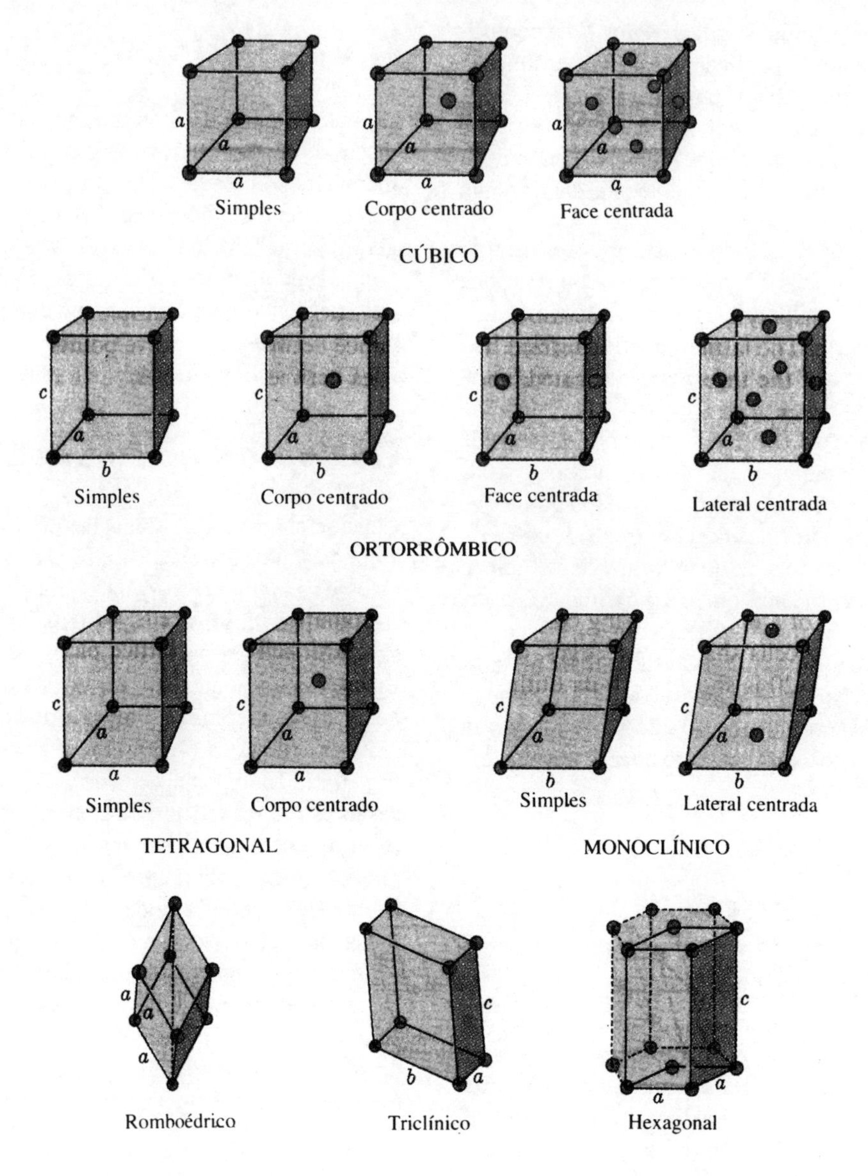

Fig. 20.21 Células unitárias dos 14 retículos de Bravais agrupados em sete sistemas cristalinos.

sendo determinada por medidas das *intensidades* de manchas no padrão de difração.

20.5 Estruturas de Empacotamento Denso

Estruturas cristalinas muito mais complexas resultam quando os sítios de vários retículos de Bravais são ocupados ou rodeados por moléculas poliatômicas. Contudo, há cinco tipos de estruturas que não apenas têm características geométricas simples, mas também ocorrem freqüentemente em cristais naturais. Nesta Seção estudaremos algumas destas estruturas cristalinas comuns.

Estruturas de Empacotamento Denso

O arranjo atômico de muitas substâncias pode ser descrito como um comjunto de esferas idênticas empacotadas de modo a atingir a máxima densidade. Quase todos os elementos metálicos e muitos cristais moleculares, em particular, exibem estruturas de **empacotamento denso**. Vejamos como isso acontece.

A Figura 20.22 mostra o empacotamento denso de esferas cujos centros localizam-se num único plano. Cada esfera é rodeada por seis outras, denominadas suas vizinhas mais próximas. Como referência, simbolizaremos cada sítio ocupado por uma esfera pela letra *a*. Considerando a Fig. 20.22, vemos que é possível acrescentar uma segunda camada de empacotamento denso, colocando esferas nas depressões, ou "buracos", da primeira camada. Embora todas estas depressões sejam idênticas com relação ao tamanho, podem ser divididas em dois grupos de acordo com as possibilidades de empacotamento. Se colocarmos uma esfera num sítio *b*, não poderemos colocar outra nos sítios*c* adjacentes, e vice-versa. Assim, todas as esferas que formam a segunda camada devem ser colocadas ou nos sítios *b* ou nos sítios *c*. A Figura 20.23 mostra o arranjo produzido pela escolha dos sítios *b*.

Quando partimos para a terceira camada, temos duas possibilidades. Novamente existem dois tipos de depressões, porém não equivalentes. Um deles, simbolizado por a na Fig.20.23, situa-se exatamente acima do centro de uma esfera da primeira camada. O outro, simbolizado por *c*, localiza-se sobre um buraco da primeira camada - de fato, diretamente sobre um buraco tipo-c. Ambos os tipos de sítios podem ser usados para acomodar átomos da terceira camada, e ambas as escolhas levam a um retículo cristalino de empacotamento denso.

Quando colocamos as esferas da terceira camada nos sítios a e continuamos a seqüência de camadas indefinidamente como *abababab*...., obtemos uma estrutura **de empacotamento hexagonal** denso. Esta denominação deve-se ao fato dos átomos nas duas camadas *a* ocuparem sítios da célula unitária do retículo hexagonal de Bravais. Os três átomos dentro da célula (a camada *b*) não ocupam sítios reticulares. Como nos mostra a Fig.20.24, se girarmos a estrutura em torno de um eixo que é perpendicular às camadas e passa através de uma esfera, encontraremos três vezes a mesma estrutura durante um revolução completa.

A segunda possibilidade é colocar as esferas da terceira camada nos sítios *c*. Quando a seqüência *abcabcabc*... é continuada indefinidamente, o arranjo resultante é um**empacotamento cúbico denso.** Para visualizar por que este retículo é descrito como cúbico, devemos girar a estrutura como na

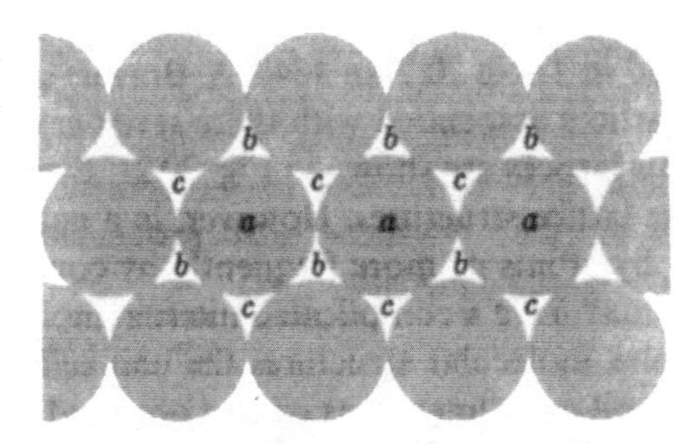

Fig 20.22 Uma camada simples de esferas em empacotamento denso.

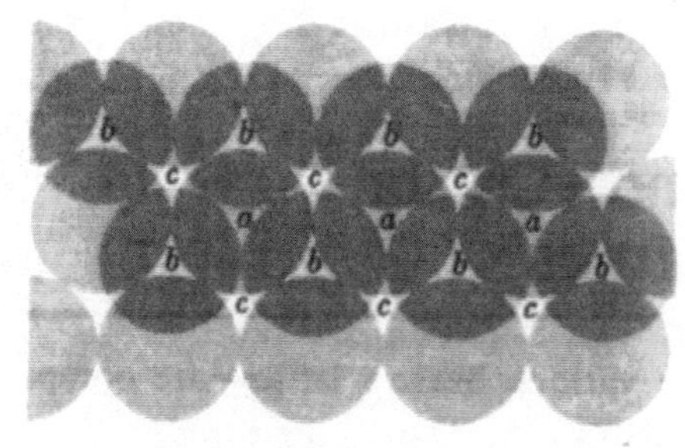

Fig. 20.23 Duas camadas de esferas em empacotamento denso.

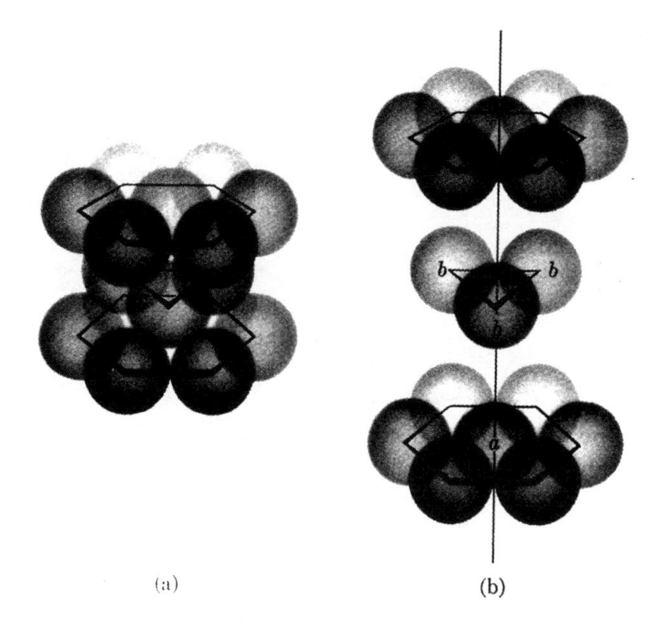

Fig. 20.24 Empacotamento hexagonal denso de esferas: (a) normal e (b) visão expandida.

Fig.20.25. Então, torna-se claro que a unidade básica da estrutura de empacotamento cúbico denso é um cubo contendo 14 esferas. As camadas que utilizamos para construir a estrutura atravessam o cubo paralelamente às diagonais que ligam vértices opostos. Um estudo mais detalhado do retículo de empacotamento denso mostra que há uma esfera no centro de cada face do cubo, e conseqüentemente esta estrutura também é conhecida como **retículo cúbico de face centrada**. Geralmente, é difícil visualizar numa descrição pictórica as camadas de empacotamento denso e também as superfícies do cubo de face centrada, mas num modelo tridimensional ambas ficam evidentes.

Poucas propriedades são comuns a ambas as estruturas de empacotamento denso. Nos dois casos ilustrados, 74,0% do espaço disponível é ocupado por esferas. Em cada um dos retículos de empacotamento denso, cada esfera está em contato direto com 12 vizinhas mais próximas - seis que se situam numa das camadas, e três que estão nas camadas acima e abaixo. O número de vizinhas mais próximas é chamado de **número de coordenação** da esfera, e de acordo com nossos argumentos, 12 é o número de coordenação máximo possível, uma vez que ocorre quando as esferas são empacotadas de modo a terem a máxima densidade.

Sólidos cujas moléculas gasosas ou átomos têm formato essencialmente esférico e encontram-se unidos por ligações não direcionais, geralmente apresentam uma destas estruturas de empacotamento denso. Em particular, todos os gases nobres cristalizam numa estrutura de empacotamento cúbico ou hexagonal denso. A nuvem eletrônica na molécula de hidrogênio, H_2, apresenta formato aproximadamente esférico, e a estrutura de cristais de hidrogênio sólido é de empacotamento cúbico denso. Os haletos de hidrogênio, HCl, HBr e HI, também são moléculas aproximadamente esféricas,

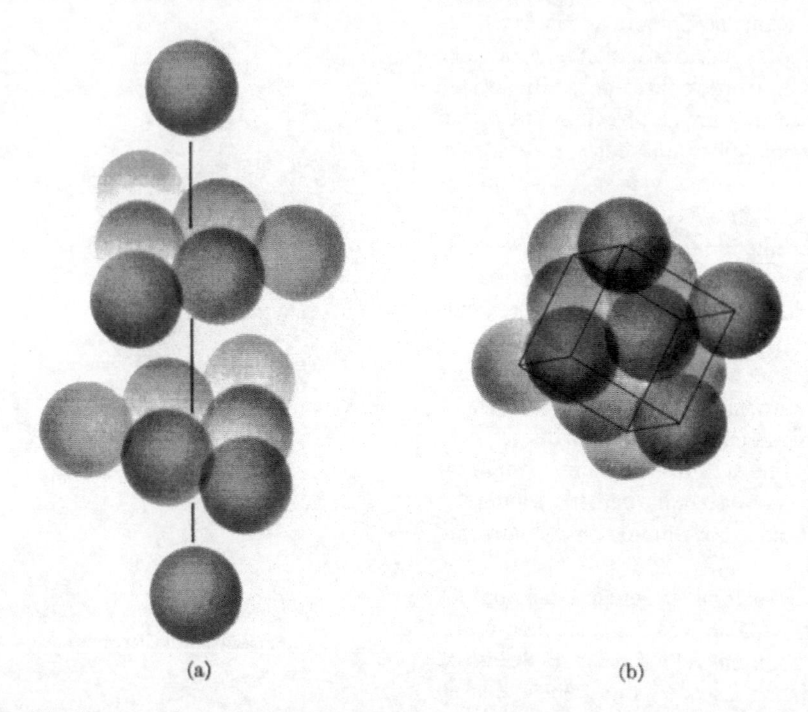

Fig. 20.25 Empacotamento cúbico denso de esferas: (a) geração da unidade a partir de camadas em empacotamento denso, e (b) rotação para mostrar a simetria cúbica.

uma vez que consistem em um átomo de halogênio esférico grande deformado apenas ligeiramente pelo átomo de hidrogênio que é muito pequeno. Portanto, os três compostos cristalizam numa estrutura de empacotamento hexagonal denso. A razão pela qual moléculas esféricas tendem a cristalizar numa destas estruturas de empacotamento denso é porque, aparentemente, atingindo o número de coordenação máximo, 12, elas podem minimizar as forças intermoleculares de van der Waals.

Na Tabela 20.3 temos as estruturas cristalinas de alguns elementos metálicos. Muitos destes elementos são polimórficos: cristalizam em mais do que uma estrutura. A maior parte dos metais apresenta estrutura de empacotamento hexagonal ou cúbico denso, em que o número de coordenação dos átomos é o máximo possível, 12. Para vários metais, a estrutura é **cúbica de corpo centrado**, como mostra a Fig.20.26. Neste retículo, a unidade que se repete é constituída por uma esfera em cada vértice e uma no centro de um cubo. A estrutura do retículo cúbico de corpo centrado não é de empacotamento denso, pois cada esfera tem apenas oito vizinhas mais próximas. Contudo, neste tipo de retículo, as esferas ocupam 68% do espaço disponível, o que é apenas ligeiramente menor do que os 74% característico das estruturas de empacotamento denso. Veremos posteriormente neste Capítulo que os altos números de coordenação encontrados em retículos metálicos estão relacionados com a natureza da ligação metálica.

TABELA 20.3 ESTRUTURAS CRISTALINAS DOS ELEMENTOS METÁLICOS

Li	Be	B			I Cúbico de corpo centrado						
I	II	_			II Empacotamento hexagonal denso						
Na	Mg	Al			III Empacotamento cúbico denso						
I	II	III									
K	Ca	Sc	Ti	V	Cr	Mn	Fe	Co	Ni	Cu	Zn
I	II	II	II	I	I	I	I	II	III	III	II
Rb	Sr	Y	Zr	Nb	Mo	Tc	Ru	Rh	Pd	Ag	Cd
I	II	II	II	I	I	II	II	III	III	III	II
Cs	Ba	La	Hf	Ta	W	Re	Os	Ir	Pt	Au	Hg
I	I	II	II	I	I	II	II	III	III	III	_

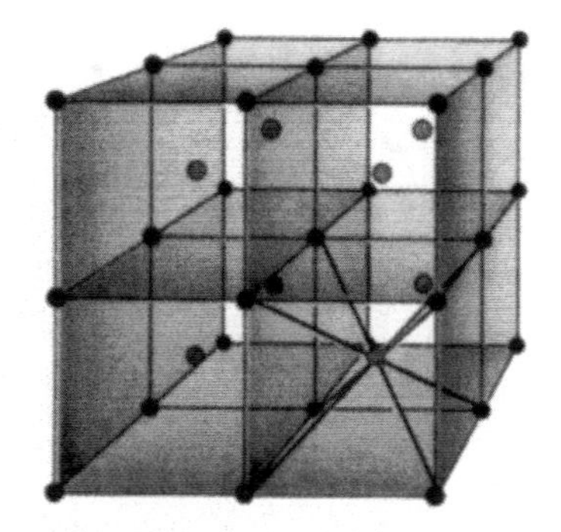

Fig. 20.26 Retículo cúbico de corpo centrado. As esferas nos centros dos cubos estão sombreadas para enfatizar as suas posições.

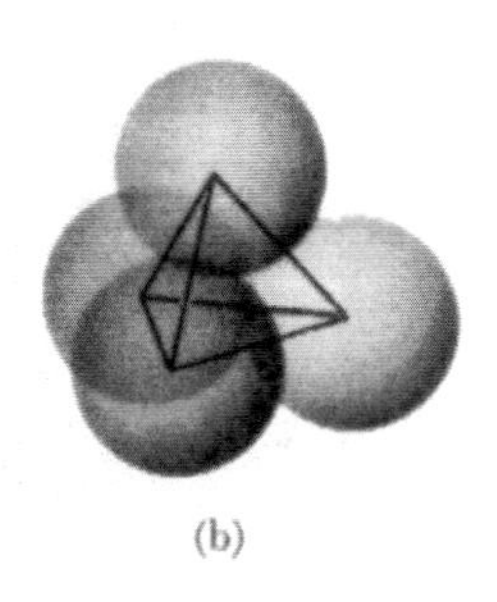

Fig. 20.27 Construção de um sítio intersticial tetraédrico num retículo em empacotamento denso.

Estruturas Relacionadas a Retículos de Empacotamento Denso

As estruturas cristalinas de muitos compostos binários do tipo AB_2, A_2B e A B estão relacionadas de uma maneira simples aos arranjos de empacotamento denso. Freqüentemente, átomos de um tipo, digamos B, podem ser descritos como esferas que formam uma estrutura de empacotamento denso, enquanto os átomos A ocupam os **interstícios,** ou buracos entre as esferas empacotadas. Para reforçar esta idéia, examinemos a geometria dos buracos nas estruturas de empacotamento denso.

Uma das unidades básicas em ambos os empacotamentos densos consiste em uma esfera apoiada em três outras, como ilustra a Fig.20.27. O centro das quatro esferas neste arranjo coincidem com os vértices de um tetraedro regular. Conseqüentemente, o *espaço* no centro deste tetraedro é chamado de **sítio tetraédrico**. Em qualquer estrutura de empacotamento denso, cada esfera de uma das camadas está em contato com três outras da camada situada acima e com mais outras três da camada abaixo. Como resultado disso, existem dois sítios tetraédricos associados a cada esfera. A partir destas observações, podemos visualizar como a estrutura cristalina de um composto binário AB pode ser relacionada a um arranjo de empacotamento denso. Primeiramente imaginemos que os átomos B formam um retículo de empacotamento denso. Então, um composto AB_2 pode ter uma estrutura na qual metade dos sítios tetraédricos são ocupados por átomos A. Se a fórmula do composto é A_2B, todos os sítios tetrédricos podem estar ocupados por átomos A. Como veremos adiante, ambos os arranjos são encontrados na natureza.

Há um segundo tipo de sítio intersticial nas estruturas de empacotamento denso. Este sítio é rodeado por seis esferas cujos centros situam-se nos vértices de um octaedro regular, como podemos ver na Fig.20.28. É fácil verificar a existência destes **sítios octaédricos** nas estruturas de empacotamento denso, se lembrarmos que cada face de um octaedro regular é um triângulo equilátero. A Fig.20.28 mostra que um sítio octaédrico pode ser gerado por dois conjuntos de três esferas, sendo que cada conjunto forma, em planos paralelos, triângulos equiláteros cujos vértices situam-se em direções opostas. Estes conjuntos de triângulos equiláteros aparecem naturalmente nos planos paralelos das estruturas de empacotamento denso.

Para ver a relação entre sítios octaédricos e tetraédricos, lembremos que, ao construir a segunda camada da estrutura de empacotamento denso, colocamos esferas em apenas metade das depressões no topo da primeira camada. As depressões em que as esferas da segunda camada se apoiam são sítios tetraédricos, enquanto que as depressões em que nenhuma esfera se apoia formam sítios octraédricos.

Há uma outra maneira de localizar sítios octaédricos. A Fig.20.29 mostra a face de um retículo cúbico de face centrada. O centro de qualquer octaedro regular cai num plano equatorial formado pelos centros de quatro esferas; estas localizações estão marcadas na figura. Analisando-a, é fácil ver que há um sítio octaédrico para cada esfera na estrutura, porque, se seguirmos uma coluna de esferas verticalmente, veremos que sítios octaédricos e esferas se alternam. Esta conclusão também é válida para a estrutura de empacotamento hexagonal denso. Assim, há uma relação de metade de sítios octaédricos para quantos sítios tetraédricos existirem numa estrutura de empacotamento denso.

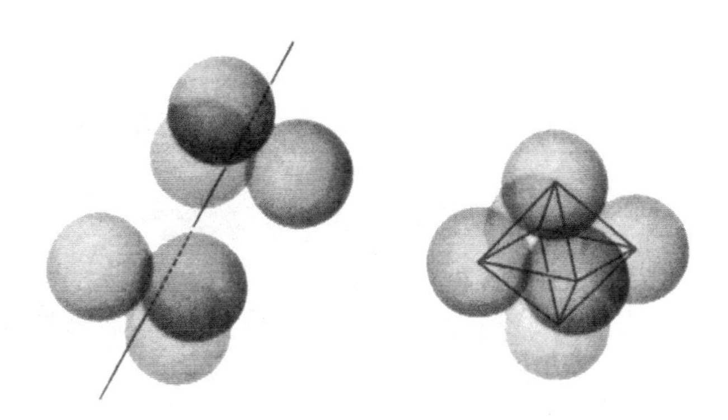

Fig. 20.28 Construção de sítio intersticial octaédrico num retículo em empacotamento denso.

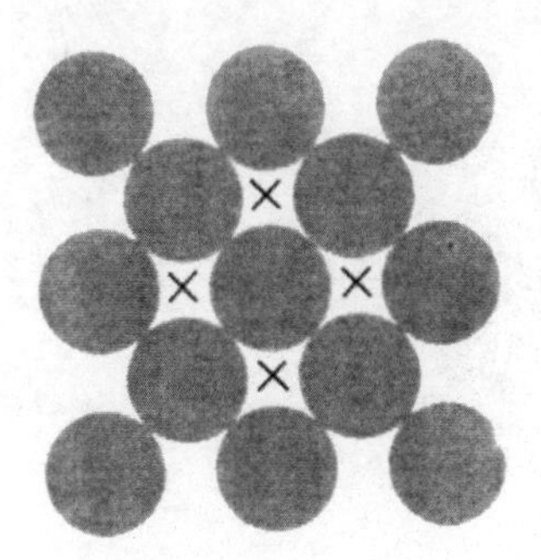

Fig. 20.29 Localização de sítios octaédricos num retículo cúbico de face centrada.

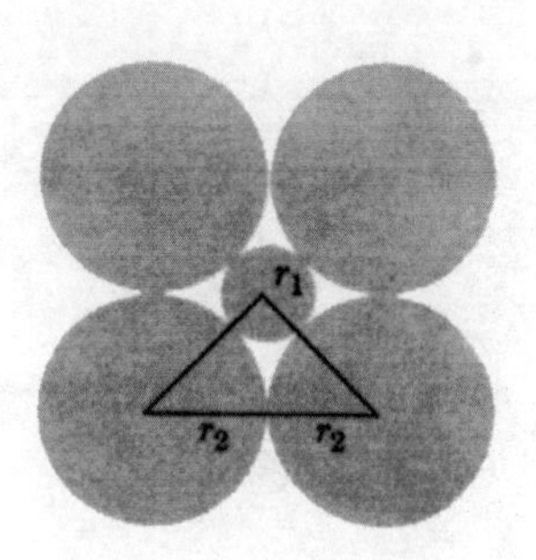

Fig. 20.30 Geometria de um sítio octaédrico num retículo de empacotamento denso.

Conseqüentemente, num composto AB, os átomos B podem estar arranjados numa estrutura de empacotamento denso, e os átomos A, estão todos colocados nos sítios octaédricos.

As dimensões dos sítios intersticiais nos retículos de empacotamento denso estão relacionadas ao tamanho das esferas usadas para formar a estrutura. A Fig.20.30 mostra uma seção transversal através de um sítio octaédrico. O raio da pequena esfera que ocupa o sítio pode ser obtido por uma simples relação geométrica. Consideremos r_1 e r_2 como sendo, respectivamente, os raios das esferas pequena e grande; de acordo com o teorema de Pitágoras, temos que: = 0,414.

$$2(r_1 + r_2)^2 = (2r_2)^2,$$
$$r_1 + r_2 = \sqrt{2}\, r_2,$$
$$\frac{r_1}{r_2} = 0{,}414.$$

Portanto, para ocupar o sítio octaédrico sem causar perturbação no retículo de empacotamento denso, o raio da pequena esfera não pode ser maior do que 0,414 vezes o raio da esfera grande. Efetuando um cálculo semelhante para sítios tetraédricos, encontraremos para a relação de máximo raio, $r_1/r_2 = 0{,}225$; logo, um sítio tetraédrico é notavelmente menor do que um sítio octaédrico.

Tendo em mente as propriedades geométricas das estruturas de empacotamento denso, podemos analisar as relações entre as estruturas de muitos compostos simples. Nossa aproximação se aplica com maior clareza a compostos constituídos de átomos monoatômicos, cujos íons podem ser considerados como esferas de raios característicos. Na realidade, um íon não é uma esfera com raio bem definido, mas sim uma "nuvem" de carga esférica com densidade rapidamente decrescente que, a princípio, estende-se ao infinito. Nosso procedimento consiste em descrever íons que têm muitos elétrons como grandes esferas e aqueles de poucos elétrons como pequenas esferas; mas, embora este modelo seja útil, devemos nos lembrar de suas limitações.

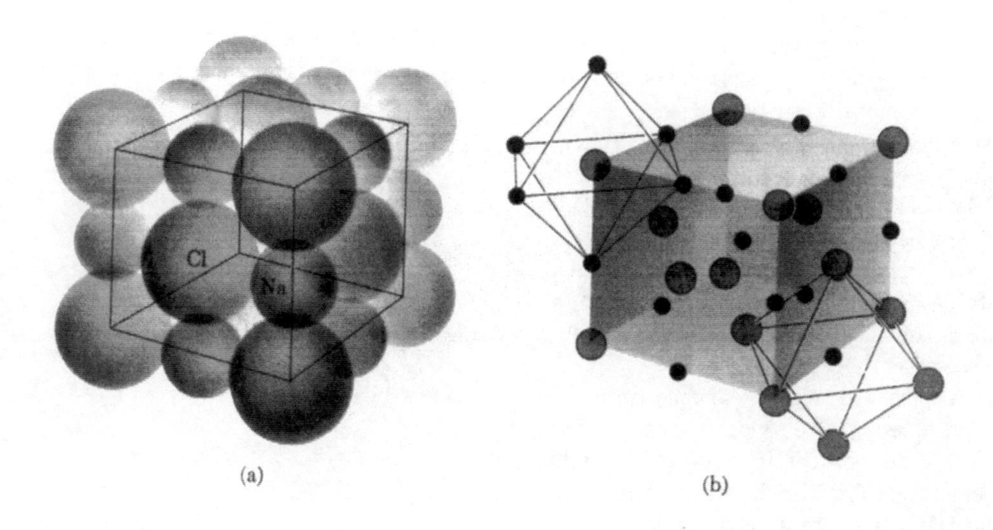

Fig. 20.31 A estrutura do cloreto de sódio: (a) modelo compacto que representa os tamanhos relativos de íons; (b) modelo reticular que representa a coordenação octaédrica em torno de cada íon.

TABELA 20.4 ESTRUTURAS DERIVADAS DO EMPACOTAMENTO CÚBICO DENSO

Vacâncias Usadas	Fração Preenchida	Nome	Exemplos
Octaédrico	1	Cloreto de sódio	Haletos de Li, Na, K, Rb; NH_4Cl, NH_4Br, NH_4I, AgF, AgCl, AgBr; óxidos e sulfetos de Mg, Ca, Sr, Ba.
Tetraédrico	½	Blenda de zinco	ZnS, CuCl, CuBr, CuI, AgI, BeS
Tetraédrico	1	Fluorita	CaF_2, SrF_2, BaF_2, PbF_2, HfO_2, UO_2
	1	Antifluorita	Oxidos e sulfetos de Li, Na, K e Rb.

Consideremos primeiramente a Fig.20.31, o **cloreto de sódio**, ou estrutura do sal-gema. Os íons cloreto considerados à parte formam um retículo cúbico de face-centrada, e os íons Na^+, por sua vez, também encontram-se num arranjo cúbico de face-centrada. No modelo, nenhum destes retículos que se interpenetram é realmente de empacotamento denso, uma vez que os íons ao longo da diagonal uma face cúbica não se tocam. Contudo, devido ao fato dos íons Cl^- serem representados pelas esferas maiores, é conveniente pensar que eles formam um retículo de empacotamento cúbico denso, que é ligeiramente expandido devido à preseça dos íons Na^+. Estudos da estrutura do NaCl mostram que os íons Na^+ocupam os sítios octaédricos no retículo de empacotamento denso do cloreto. Portanto, cada íon Na^+ é rodeado por seis íons cloreto, e a Fig. 20.31 mostra que o contrário também é verdadeiro. Como salientamos anteriormente, na estrutura de empacotamento denso, há um sítio octaédrico para cada esfera e, uma vez que há números iguais de íons Na^+ e Cl^- no cloreto de sódio, todos os sítios octaédricos no retículo do cloreto devem ser ocupados por íons Na^+. Muitos outros compostos do tipo AB apresentam estrutura cristalina semelhante à do NaCl; isto é verdadeiro mesmo para aqueles compostos que possuem íons poliatômicos. Na Tabela 20.4 temos uma listagem parcial destes compostos.

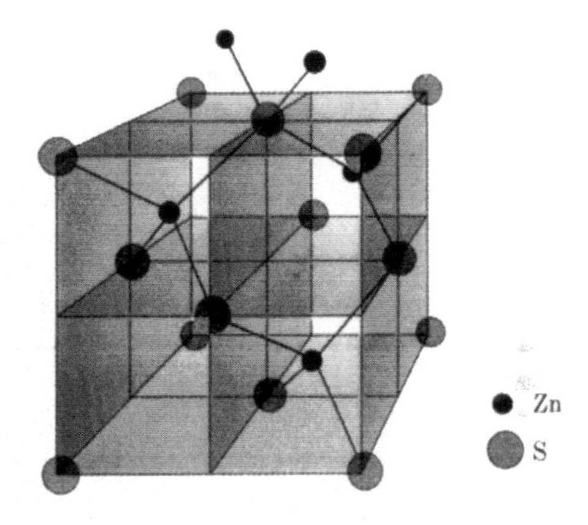

Fig. 20.32 Estrutura cristalina de blenda de zinco. Tanto os átomos de zinco como os de enxofre têm número de coordenação 4.

Outra estrutura comum para vários compostos binários 1:1 é a da **blenda de zinco** (ZnS), ilustrada na Fig.20.32. Do ponto de vista mais simples, podemos pensar num retículo cúbico de face-centrada, que é quase de empacotamento denso, formado pelos íons sulfetos grandes, com os íons zinco ocupando sítios tetraédricos *alternados*. Apenas metade dos sítios tetraédricos são ocupados porque o composto tem estequiometria 1:1 e há dois sítios tetraédricos associados a cada íon sulfeto. O fato dos íons zinco ocuparem sítios tetraédricos deixa claro que eles apresentam número de coordenação 4, e um exame da Fig.20.32 mostra que o número de coordenação dos íons sulfeto também é 4. Devido ao fato dos sítios tetraédricos serem relativamente pequenos, a estrutura da blenda de zinco é encontrada em compostos 1:1 em que o cátion é bem menor do que o ânion. Na Tabela 20.4 temos uma listagem de vários compostos que apresentam esta estrutura.

Alguns compostos de estequiometria do tipo 1:2 cristalizam na **estrutura da fluorita (CaF_2)**, descrita na Fig.20.33. de visualizar este arranjo é considerar que os íons Ca^+ formam um retículo cúbico de face centrada e os íons F^- ocupam *todos* os sítios tetraédricos. Um retículo intimamente relacionado a este é a estrutura **antifluorita**, característica de compostos como o Na_2O. Nesta estrutura, são os *ânions* que formam um retículo cúbico de face centrada e os cátions ocupam todos os sítios tetraédricos. Ambas as estruturas, da fluorita e da antifluorita, estão relacionadas com a estrutura da blenda de zinco, na qual somente metade dos sítios tetraédricos do retículo cúbico de face centrada são ocupados.

Nosso estudo mostrou que quatro estruturas derivadas do empacotamento cúbico denso são encontradas para um grande número de compostos inorgânicos binários comuns. É fácil ver que um grupo semelhante de retículos pode ser gerado a partir da estrutura hexagonal densa, e exemplos destes são comuns entre os compostos conhecidos. Mesmo as estruturas de alguns compostos com estequiometria mais complexa podem ser relacionadas com retículos de empacotamento denso. Portanto, o empacotamento de esferas fornece uma descrição simples que parece unificar muitos aspectos da química estrutural.

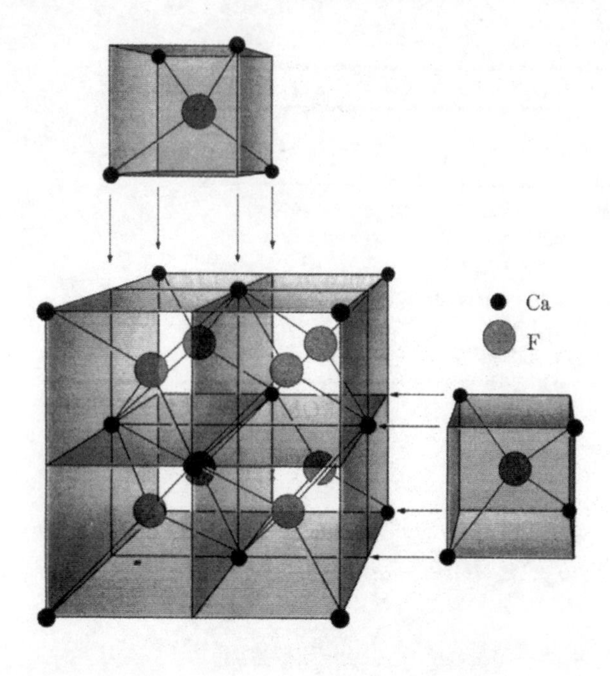

Fig. 20.33 Retículo cristalino da fluorita. Os cátions formam um retículo cúbico de face centrada, com os ânions em todos os sítios tetraédricos intersticiais.

Arranjos de Empacotamento Local

Ao analisar as estruturas derivadas de retículos de empacotamento denso, notamos que os tamanhos dos sítios octaédricos e tetraédricos são diferentes. Num cristal como o ZnS, os pequenos íons Zn^{2+} ocupam os pequenos sítios tetraédricos no retículo aproximado de empacotamento denso de sulfeto. No NaCl, entretanto, os tamanhos dos íons são mais comparáveis, logo, os íons positivos ocupam os sítios intersticiais octaédricos maiores, no retículo do ânion. Estas bem como outras observações similares sugerem que em outras situações, não necessariamente derivadas de estruturas de empacotamento denso, o número de coordenação de um átomo ou íon pode ser infuenciado ou mesmo determinado pela razão entre o seu raio e os raios dos átomos que o rodeiam.

Para explorar esta idéia posteriormente, consideremos a coordenação de um cátion por ânions, e os seguintes postulados:

1. Cátions e ânions tendem a estar tão próximos quanto o permitirem seus raios, a fim de maximizar a atração coulômbica.
2. Ânions nunca se aproximam uns dos outros mais do que permitem seus raios iônicos.
3. Cada cátion tende a ser rodeado pelo maior número possível de ânions, o que é coerente com os dois primeiros postulados.

De acordo com estes postulados, um certo número de coordenação ocorrerá entre os valores da razões entre os raios cátion/ânion em que os ânions tocam o cátion e simultaneamente uns aos outros e o valor da razão entre raios em que esta condição se torna possível para o número de coordenação mais alto que vem em seguida. Portanto, a coordenação tetraédrica é estável para razões de raios cátion/ânion de 0,225 até 0,414, ponto em que se torna possível considerar o aumento do número de coordenação para 6. Um simples cálculo geométrico mostra que é possível colocar em contato três ânions e um cátion quando $r+/r-$ = 0,115. O número de coordenação 3 é estável entre esta razão de raios e 0,225, ponto em que a coordenação tetraédrica se torna possível. A Tabela 20.5 resume os intervalos de razões de raios onde se espera que os números de coordenação 2, 3, 4, 6 e 8 sejam estáveis.

Utilizando os valores de raios iônicos atribuídos a vários cátions e ânions (veja Capítulo 11), é possível prever o número de coordenação do cátion em vários compostos. Na maior parte dos casos, observa-se o número de coordenação previsto. Portanto, a consideração das razões entre os raios é uma técnica valiosa que pode ser usada para verificar as estruturas de espécies em que não se sabe se a ligação é eletrostática ou não-direcional.

20.6 Defeitos nas Estruturas dos Sólidos

Até aqui temos pressuposto estruturas reticulares perfeitas para os solidos cristalinos. Na verdade, os cristais de ocorrência natural apresentam um grande número de defeitos ou imperfeições. Esses defeitos exercem uma importante e, por vezes, definitiva influência sobre as propriedades mecânicas, elétricas e ópticas dos sólidos. O estudo das ramificações dos defeitos constitui em si mesmo uma área de pesquisa que inclui a química, a engenharia e a física dos estados sólidos. Nesta seção daremos a classificação, a descrição e as principais conseqüências das imperfeições mais comuns nos cristais. As imperfeições do retículo são classificadas de acordo com suas características geométricas. Os **defeitos de ponto** envolvem diretamente apenas um ou dois sítios reticulares. Os **defeitos de linha** estão relacionados a alterações ou deslocamentos de uma fileira de sítios reticulares. Os **defeitos de plano** surgem quando todo um plano de sítios reticulares é imperfeito.

Defeitos de Ponto

Os quatro principais tipos de defeitos de ponto que ocorrem num cristal contendo apenas uma espécie de átomo ou molécula estão indicados na Fig. 20.34. Se falta um átomo num sítio reticular, dizemos que há uma **vacância**. Um átomo fora do

TABELA 20.5 ARRANJOS DE EMPACOTAMENTO LOCAL

Número de Coordenação do Cátion Apêndice C	Razão Raios entre $r+/r-$ Ânion	Geometria	Exemplos
2	0–0,155	Linear	F^-—H^+—F^-
3	0,155–0,225	Triangular	B^{3+}, O^{2-}
4	0,225–0,414	Tetraédico	Si^{4+}, O^{2-}
6	0,414–0,732	Octaédrico	Mg^{2+}, O^{2-}
8	0,732–1,0	Cúbico	Cl_5^-, Cl^-

seu lugar é chamado de **auto-intersticial**. Um átomo estranho ocupando um determinado sítio reticular é denominado **impureza de substituição**, e quando se encontra fora de um sítio, trata-se de uma **impureza intersticial**.

Nos sólidos iônicos ocorrem certos casos especiais desses defeitos de ponto (ver Fig. 20.35). Uma vacância num sítio catiônico geralmente é acompanhada por uma vacância num sítio aniônico próximo. Essas vacâncias emparelhadas catiônicas-aniônicas, chamadas **defeitos de Schottky**, preservam a neutralidade elétrica do cristal, e sua formação não requer muita energia. Num **defeito de Frenkel**, um íon deixa seu sítio reticular e passa para uma posição intersticial. Este processo também preserva a neutralidade elétrica global. A formação dos defeitos de Frenkel requer praticamente pouca energia se os ânios forem grandes e o cátion, pequeno, como nos haletos de prata, ou se a estrutura cristalina for do tipo aberto com grandes interstícios, como a estrutura da fluorita (CaF_2).

Uma simples vacância aniônica num cristal iônico cria um excesso local de carga positiva. Um elétron pode migrar para esse sítio e ser capturado, tomando, de fato, o lugar do íon negativo ausente. A presença de muitos defeitos dessa natureza confere cor a um cristal que, do contrário, seria incolor; este tipo de imperfeição é conhecido como **centro-F**, de *Farbe*, que em alemão significa cor.

Nos compostos iônicos, as impurezas de substituição ocorrem com certa facilidade. Por exemplo, os íons Ba^{2+} e Sr^{2+} têm a mesma carga e são razoavelmente semelhantes no tamanho. Sendo assim, se o $BaSO_4$ precipitar em uma solução contendo íons estrôncio, alguns destes íons serão inevitavelmente incorporados aos cristais de sulfado de bário recém-formados. Essas impurezas de substituição são muito comuns em compostos iônicos dos metais de transição, uma vez que muitos destes elementos formam íons de mesma carga e com quase o mesmo tamanho.

Como já vimos no Capítulo 1, as vacâncias e os átomos intersticiais são os responsáveis pela ocorrência de compostos não estequiométricos. O óxido de níquel é um bom exemplo de composto com estequiometria um tanto variável. Quando o óxido de níquel é preparado a uma temperatura relativamente baixa (110 K) por oxidação parcial de níquel em excesso, sua composição é $Ni_{1,0}O_{1,0}$, a cor é verde-claro e

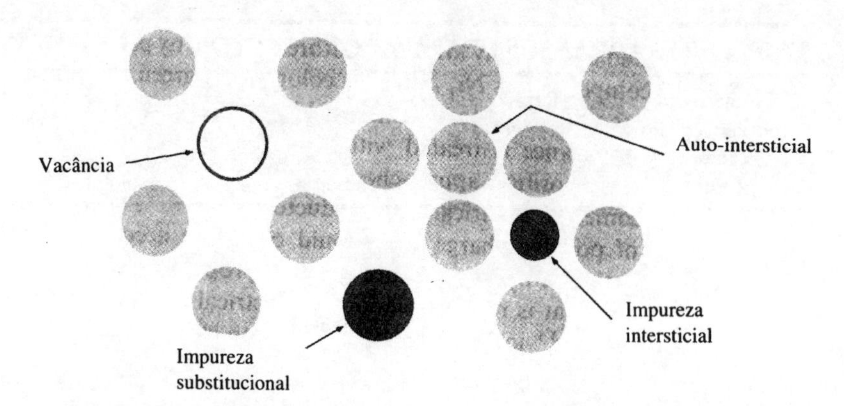

Fig. 20.34 Tipos de defeitos puntuais numa estrutura cristalina simples.

as propriedades elétricas são as de um isolante, como seria de se esperar para um simples composto iônico. Se a mesma substância for tratada com oxigênio em excesso a 1500 K, ocorrerão vacâncias catiônicas, a composição estará próxima de $Ni_{0,97}O_{1,0}$, a cor será o negro e o óxido de níquel tornar-se-á um semicondutor elétrico.

A deficiência de carga positiva que de outro modo acompanharia as vacâncias catiônicas é compensada pela presença da quantidade apropriada de Ni^{3+}, e é somente este fato o responsável pela condutividade elétrica da NiO não-estequiométrico. Se em algum ponto existir um íon Ni^{3+}, um elétron de outra parte do retículo poderá saltar em sua direção, convertendo-o em Ni^{2+} e criando simultaneamente um íon Ni^{3+} em um novo ponto reticular. Devido a uma série desses saltos eletrônicos, a carga pode migrar através do cristal e, assim, o NiO, não-estequiométrico, é um semicondutor e não um isolante.

Verificou-se que quantidades consideráveis de Li_2O são dissolvidas em NiO. O íon Li^+ entra no retículo do NiO como uma impureza de substituição ocupando alguns sítios catiônicos. Uma vez que o Li^+ tem apenas uma única carga positiva, um número igual de íons Ni^{3+} deve estar presente no retículo a fim de preservar a neutralidade elétrica. Conseqüentemente, o NiO que foi "dopado" com Li_2O é um condutor elétrico ainda melhor do que o NiO não-estequiométrico, já que a dopagem permite que existam quantidades ainda maiores de íons Ni^{3+}.

Defeitos de Linha

A Fig. 20.36 mostra os dois tipos de defeitos de linha. Quando ocorre uma **deslocação de borda**, surge um plano parcial extra de átomos. O resto do retículo ao longo da borda desse plano é alternadamente comprimido ou expandido a fim de acomodá-lo. Quando ocorre uma deslocação por contorção, parte de um conjunto de planos reticulares é deslocado uma ou mais unidades reticulares em relação aos planos vizinhos. Com efeito, a deslocação por contorção representa uma tentativa parcialmente bem-sucedida de cortar o retículo cristalino; na região em torno da deslocação, o retículo apresenta uma deformação de cisalhamento.

A freqüência das deslocações de borda é expressa como um número de deslocações por unidade de área. Num metal normalmente temperado, pode haver até 10^6 deslocações por cm^2. Este algarismo deve ser comparado ao número de átomos por centímetro cúbico, que é aproximadamente 10^{15}. Num metal trabalhado a frio, porém, a densidade de deslocação pode chegar de 10^{11} a 10^{12} cm^2.

As deslocações de borda influenciam muito as propriedades mecânicas da matéria. Se dois planos de átomos com empacotamento denso forem deslocados um relação ao outro, o cisalhamento aplicado deve superar a atração de cada átomo num plano por seus vizinhos mais próximos o outro plano. A tensão necessária para isso pode ser calculada a partir das forças interatômicas conhecidas, que estão na

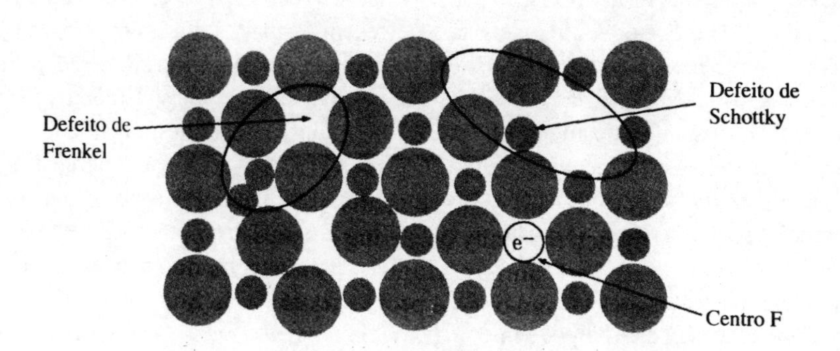

Fig. 20.35 Tipos de defeitos puntuais num sólido iônico.

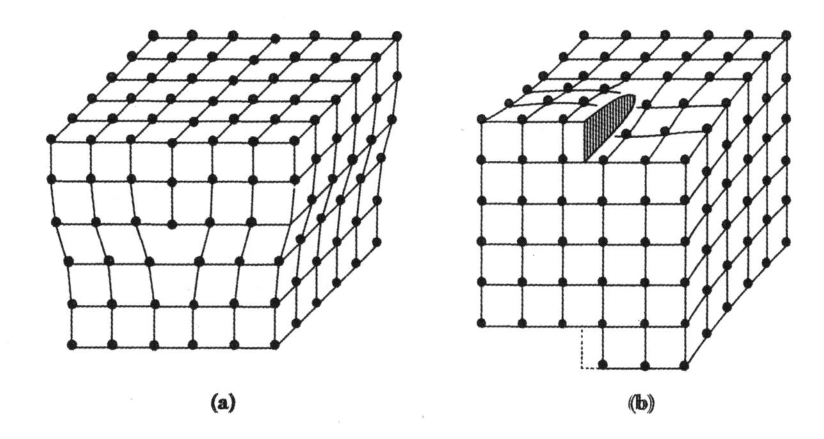

Fig. 20.36 Dois tipos de defeitos lineares numa rede cristalina: (a) deslocamento de plano; (b) deslocamento helicoidal.

ordem de 10^6 libras por polegadas quadrada, ou psi. A força real requerida, de acordo com medidas experimentais, é de apenas 10^3 psi ou menos. A discrepância de borda e deslocação por contorção em amostras normais de metais. A Fig, 20.37 mostra como uma deslocação de borda facilita o movimento de um plano de átomo sobre outro. Porque apenas uma fileira de átomos deve movimentar-se de cada vez, e porque a fileira em movimento já se encontra numa posição deformada e energeticamente instável, será necessário menos força para realizar o cisalhamento.

Os metais podem ser endurecidos e fortalecidos por inclusão de átomos estranhos. Estes, quando seu tamanho é diferente daquele do hospedeiro, tendem a ocupar posições reticulares nas, ou próximas, às deslocações, onde podem ser mais facilmente acomodados no retóculo deformado. Assim, fica mais difícil mover a deslocação sob uma tensão externamente aplicada, pois agora, do ponto de vista energético, é mais favorável para o defeito permanecer onde o retículo é deformado por átomos de impureza. A eficiência das diferentes impurezas no fortalecimento de um metal está diretamente relacionada ao tamanho delas. Portanto, enquanto a adição de 10% de zinco aumenta a resistência do cobre em 30%, a mesma quantidade de berílio, um átomo muito menor, quase que triplica a sua resistência.

Defeitos do Plano

Conforme já mostramos na Seção 20.1, os sólidos geralmente têm uma estrutura microcristalina, e a superfície de contato entre dois microcristais diferentemente orientados é um exemplo de defeito de plano ou de superfície. Uma vez que os planos reticulares em dois microcristais vizinhos tendem a se orientar aleatoriamente, os átomos superficiais desses microcristais não terão nenhuma ordem. Conseqüentemente, haverá uma região de transição entre microcristiais onde os espaçamentos atômicos serão irregulares. Nessas assim chamadas regiões de fronteira granular, os átomos são menos estáveis e portanto tendem a ser mais reativos. É por isso que a corrosão pode revelar a estrutura microcristalina de um metal: ela remove preferencialmente os átomos das fronteiras granulares, deixando os microcristais com estruturas parcialmente expostas.

20.7 Propriedades Térmicas dos Sólidos

De acordo com a lei de Dulong e Petit, a capacidade calorífica de um mol de um elemento sólido é aproximadamente 6,3 cal K^{-1} ou 26 J K^{-1}. Vimos que a aplicação desta regra não é limitada a elementos; experimentos demonstraram que as capacidades caloríficas de muitos sólidos, elementos ou compostos, é cerca de 25 J K^{-1} *por mol de átomos*. Evidentemente há exceções a esta lei. Existem muitas substâncias cujas capacidades caloríficas, medidas à temperatura ambiente, são muito menores que o previsto. Um exemplo desta exceções são cristais duros, de alto ponto de fusão, constituí-

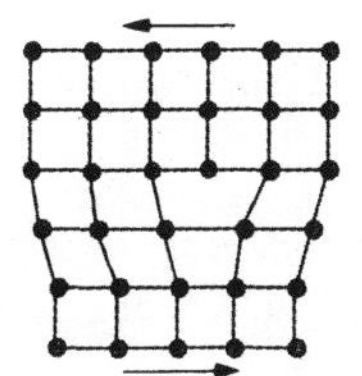
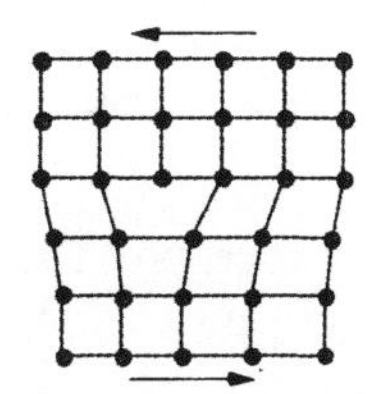
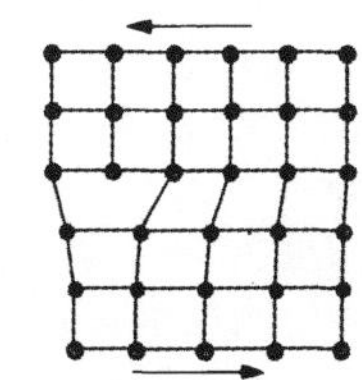
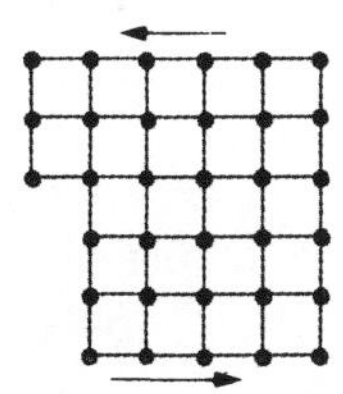

Fig. 20.37 Movimento de delocamento de um plano sob tensão de cisalhamento.

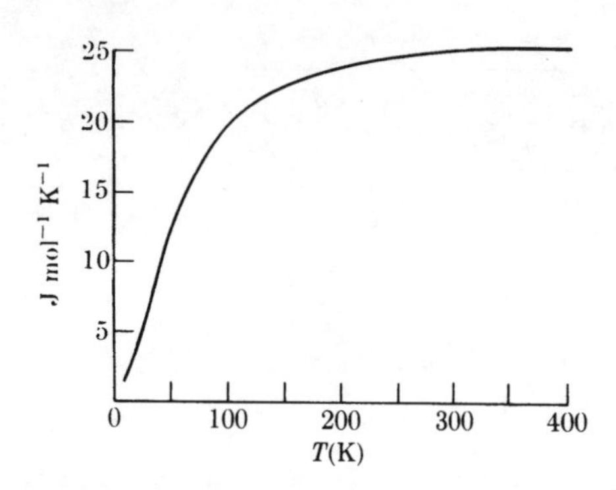

Fig. 20.38 Capacidade calorífica da prata a volume constante, C_V.

dos de átomos leves tais como boro, carbono e berílio. Entretanto, a lei de Dulong e Petit não é válida para nenhuma substância se a capacidade calorífica for medida à baixas temperaturas. Isto é, a capacidade calorífica de um sólido não é constante, mas depende da temperatura, conforme podemos ver na Fig. 20.38. No zero absoluto, a capacidade calorífica de todas as substâncias é zero. com a elevação da temperatura, ela aumenta, as velocidades são diferentes para cada substância. Finalmente, no limite de altas temperaturas, a capacidade caloríficas de todos os sólidos *por mol de átomos* é igual a *3R*.

A chave para entendimento da dependência das capacidades caloríficas dos sólidos em relação à temperatura fornecida por Einstein em 1905. Trata-se de um importante argumento, pois foi uma das primeiras demonstrações da validade da hipótese de Planck, segundo a qual os sistemas atômicos podem existir somente com determinadas energias discretas. Antes de reconstruir os detalhes do tratamento de Einstein, vamos examinar os aspectos gerais do cálculo. A capacidade calorífica molar medida a volume constante é expressa por

$$\tilde{C}_V = \frac{\Delta\tilde{E}}{\Delta T},$$

em que ΔE é a variação da energia total por um mol de substância devido à variação de temperatura ΔT. Podemos calcular ΔE com a seguinte expressão

$$\Delta\tilde{E} = N_A \Delta\bar{E},$$

em que ΔE é a variação na energia média de um átomo no cristal, produzida pelo aumento da temperatura ΔT. Nosso primeiro objetivo é encontrar uma expressão que nos revele como a energia média E depende da temperatura.

Imaginemos, como fez Einstein, que um mol de um sólido monoatômico consiste em pontos de massa N_l que podem oscilar em três direções mutuamente perpendiculares com uma freqüencia vibracional ν. De acordo com a proposta de energia quantizada de Planck, um átomo oscilando em uma direção poderia ter somente uma das energias dadas por *1:

$$E_n = nh\nu, \qquad n = 0, 1, 2, 3, \ldots$$

em que h é o fator de proporcionalidade entre freqüência e energia, conhecido como constante de Planck, e n é um núnero inteiro. A freqüência ν é igual a 10^{12} Hz para muitos sólidos. Um átomo real num sólido é um oscilador tridimensional, mas por simplificação, continuaremos a tratar somente do oscilador unidimensional, e corrigiremos esta discrepância posteriormente.

Os osciladores num cristal, em equilíbrio térmico, estarão distribuídos entre as várias energia spermitidas, de acordo com a **lei da distribuição da Boltzmann**. É uma situação análoga à dos gases, no qual as moléculas se distribuem segundo as energias translacionais, de acordo com a lei de Maxwell-Boltzmann. A lei de distribuição de Boltzmann diz que o número N_n de átomos com energia E_n está relacionado com o número N_0 de átomos com energia $E_0 = 0$, pela expressão

$$N_n = N_0 e^{-E_n/kT} = N_0 e^{-nh\nu/kT}.$$

O numero total de partículas, N, é igual à soma dos números em cada estado de energia:

$$N = N_0 + N_1 + N_2 + N_3 + \cdots.$$

A substituição do fator de Boltzmann na Eq. (20.2) nos dá

$$N = N_0 + N_0 e^{-h\nu/kT} + N_0 e^{-2h\nu/kT} + \cdots$$
$$= N_0 \sum_{n=0}^{\infty} e^{-nh\nu/kT}$$

Agora calculemos a energia total devida à oscilação dos átomos nessa única direção. Fazemos isso multiplicando cada energia E_n pelo número de partículas com essa energia e depois somamos estas quantidades:

$$E = E_0 N_0 + E_1 N_1 + E_2 N_2 + \cdots$$
$$= 0N_0 + h\nu N_1 + 2h\nu N_2 + \cdots$$
$$= 0 + h\nu N_0 e^{-h\nu/kT} + 2h\nu N_0 e^{-2h\nu/kT} + \cdots$$
$$= N_0 \sum_{1}^{\infty} nh\nu e^{-nh\nu/kT}.$$

Agora estamos em condição de calcular E, a energia média de um oscilador unidimensional.

1* A proposta de Planck tinha um erro. As energia spermitidas para um oscilador são dadas por $E_n = (n + ½)h\nu$, em que n é um número inteiro. A omissão do ½ não afeta o problema que estamos resolvendo.

$$\bar{E} = \frac{E}{N}$$

ou

$$\bar{E} = \frac{h\nu \sum ne^{-nh\nu/kT}}{\sum e^{-nh\nu/kT}}.$$

Para podermos fazer algum progresso, devemos avaliar as somas dessas séries infinitas. O procedimento é facilitado consideravelmente, se fizermos a substituição

$$y = e^{-h\nu/kT} \quad \text{or} \quad e^{-nh\nu/kT} = y^n.$$

Assim, para a série do denominador da Eq. (20.3), teremos

$$\sum_{n=0}^{\infty} e^{-nh\nu/kT} = \sum_{n=0}^{\infty} y^n = 1 + y + y^2 + y^3 + \cdots$$
$$= \frac{1}{1-y}.$$

Esta última etapa pode ser verificada pela longa divisão algébrica de 1 por 1 - y.

Tratamos a série do numerador da Eq. (20.2) da mesma maneira:

$$\sum_{1}^{\infty} ne^{-nh\nu/kT} = \sum_{1}^{\infty} ny^n = y(1 + 2y + 3y^2 + \cdots)$$
$$= \frac{y}{(1-y)^2}.$$

Mais uma vez, esta última etapa pode ser conferida por divisão algébrica.

A Eq. 20.3 agora torna-se

$$\bar{E} = \frac{h\nu y}{1-y} = \frac{h\nu e^{-h\nu/kT}}{1 - e^{-h\nu/kT}}.$$

Multiplicando o numerador e o denominador por $e^{h\nu/ht}$, obteremos

$$\bar{E} = \frac{h\nu}{e^{h\nu/kT} - 1}.$$

Essa é a energia média de um oscilador unidimensional. A energia média de um átomo num cristal é três vezes esse valor, pois o átomo vibra em três direções. Assim,

$$\bar{E}_{\text{atom}} = \frac{3h\nu}{e^{h\nu/kT} - 1}$$

é a energia média do oscilador atômico tridimensional.

Calculemos agora a capacidade calorífica do sólido em altas temperaturas - suficientemente altas para que $h\nu/kT < 1$. Sob estas condições, o denominador da Eq. (20.4) é consideravelmente simplificado. Pelas propriedades fundamentais da função exponencial.

$$e^{h\nu/kT} = 1 + \frac{h\nu}{kT} + \frac{1}{2}\left(\frac{h\nu}{kT}\right)^2 + \frac{1}{6}\left(\frac{h\nu}{kT}\right)^3 + \cdots.$$

Mas se $h\nu/kT < 1$, todos os termos após o segundo são muito pequenos e podem ser desprezados em comparação com $1 + h\nu/kT$. Teremos então

$$e^{h\nu/kT} \cong 1 + \frac{h\nu}{kT},$$

que ao ser substitúído na Eq. (20.4) nos dá

$$\bar{E} = \frac{3h\nu}{e^{h\nu/kT} - 1} = \frac{3h\nu}{h\nu/kT}$$
$$= 3kT.$$

Portanto, a energia total de 1 mol de átomos é

$$\tilde{E} = N_A \bar{E} = 3N_A kT = 3RT,$$

e a capacidade calorífica é

$$\tilde{C}_V = \frac{\Delta\tilde{E}}{\Delta T} = 3R = 25\,\text{J mol}^{-1}\,\text{K}^{-1}.$$

Esse resultado está próximo do valor utilizado na lei de Dulong e Petit. Geralmente, considera-se a constante de Dulong e Petit como sendo de aproximadamente 26 J mol^{-1}k^{-1}, uma vez que se refere a C_p, a capacidade calorífica à pressão constante, que é ligeiramente maior que C_v, a capacidade calorífica a volume constante.

É mais difícil analisar o comportamento da capacidade calorífica a baixas temperaturas, já que não é possível simplificar muito a Eq. (20.4) quando o valor de T é muito grande. Além do mais, uma simplificação da Eq. (20.4) para situações a baixas temperaturas não é particularmente útil, pois a teoria de Einstein é apenas uma aproximação, e suas limitações tornam-se mais sérias a baixas temperaturas. No entanto, a teoria é *qualitativamente* correta, e podemos descobrir muita coisa representando graficamente a expressão pressão

$$\tilde{E} = \frac{3N_A h\nu}{e^{h\nu/kT} - 1}$$

como uma função da temperatura, conforme podemos ver na Fig. 20.39. A inclinação da curva é $\Delta E/\Delta T$, ou exatamente igual à capacidade calorífica. Em altas temperaturas, a curva é uma reta de inclinação $3N_A k = 3R$, que corresponde à lei de Dulong e Petit. A baixas temperaturas, a curva torna-se cada vez mais plana, $\Delta E/\Delta T$ diminui e a capacidade calorífica finalmente desaparece na temperatura de zero absoluto.

O aspecto importante desta análise é a demonstração de que quando a condição $h\nu/kT < 1$ não é satisfeita, a capacidade calorífica fica abaixo do valor limitante de 25 J mol^{-1} K^{-1}. A quantidade $h\nu$ é a diferença entre as várias energias permiti-

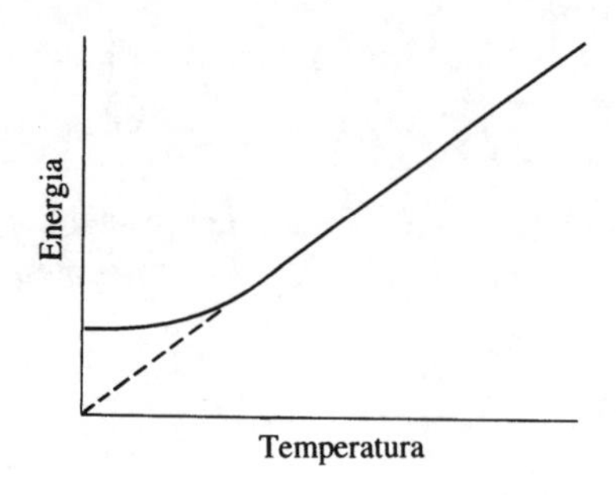

Fig. 20.39 Dependência da energia vibracional de um cristal com a temperatura. O coeficiente angular desta reta é a capacidade calorífica, C_v.

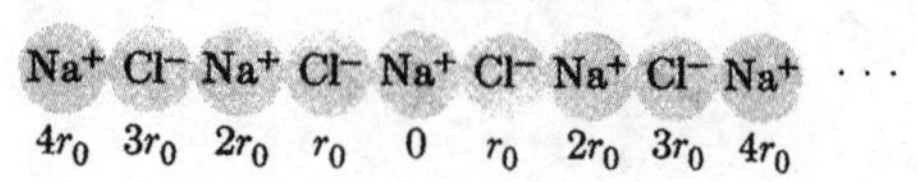

... Na^+ Cl^- Na^+ Cl^- Na^+ Cl^- Na^+ Cl^- Na^+ ...
$4r_0$ $3r_0$ $2r_0$ r_0 0 r_0 $2r_0$ $3r_0$ $4r_0$

Fig. 20.40 Parte de um "cristal" unidimensional de cloreto de sódio.

das de um oscilador, e se esta diferença fosse tão pequena a ponto de quase desaparecer, sempre teríamos $h\nu/kT < 1$ para todas as temperaturas finitas, e a capacidade calorífica dos sólidos seria sempre exatamente igual a $3R$. A falha da lei de Dulong e Petit é portanto um ademonstração da existência e da importância das energias discretas permitidas dos sistemas atômicos.

20.8 Energia Reticular dos Cristais Iônicos

No Capítulo 14 estudamos o ciclo de Born-Haber e a energia reticular dos cristais iônicos. Um dos cálculos mais fundamentais realizados com relação aos sólidos iônicos é a determinação da energia reticular de cristais iônicos, utilizando-se a lei de Coulumb para expressar a interação entre os íons. Este cálculo demonstra a extensão da amplitude de um potencial $1/r$, mas também mostra como as pequenas diferenças no empacotamento de íons em sólidos pode afetar a energia reticular dos cristais.

Para que se possa avaliar a natureza desse cálculo, desenhamos um retículo unidimensional de Na^+ e Cl^- na Fig.20.40. Esse cristal unidimensional hipotético teria uma energia reticular bem mais simples que a do cristal real de NaCl. A energia potencial coulômbica de um íon de Na^+ pode ser calculada somando-se suas interações coulômbicas com as de todos os outros íons.

Inicialmente, notamos que os dois íons vizinhos de Cl^- localizados a uma distância r_0, juntos contribuem com $-2e^2/4\pi\varepsilon_0 r_0$ para a energia potencial, enquanto que os dois íons Na^+ mais próximos dão $2e^2/4\pi\varepsilon_0 2r_0$. O valor positivo surge devido à repulsão entre cargas iguais. Continuando com este procedimento para todos os íons, teremos a energia potencial com uma soma de um número infinito de termos, que expressamos como

$$U = \frac{-2e^2}{4\pi\varepsilon_0 r_0} + \frac{2e^2}{4\pi\varepsilon_0 2r_0} - \frac{2e^2}{4\pi\varepsilon_0 3r_0} + \cdots$$
$$= -\frac{2e^2}{4\pi\varepsilon_0 r_0}\left[(1 - \tfrac{1}{2}) + (\tfrac{1}{3} - \tfrac{1}{4}) + (\tfrac{1}{5} - \tfrac{1}{6}) + \cdots\right].$$

Uma vez que cada termo entre parênteses é um número positivo, o valor da expressão entre chaves deve ser maior do que o termo dominante que é ½. Portanto, a energia potencial U deve ser mais negativa do que $-e^2/4\pi\varepsilon_0 r_0$. Consequentemente, a energia potencial de um íon de Na^+ nesse cristal unidimensional é menor do que na molécula diatômica de Na^+Cl^-.

Quando estendemos esse método de cálculo para incluir um cristal tridimensional, obtemos uma série bem mais complicada. Cálculos detalhados têm sido feitos para vários retículos cristalinos. Para cada retículo o potencial coulômbico de atração pode ser expresso como

$$U = \frac{-e^2}{4\pi\varepsilon_0 r_0} M.$$

A constante M, conhecida como *constante de Madelung* , é igual a 1,747558 para o retículo de NaCl. Como podemos ver, o potencial devido à interação coulômbica num cristal de NaCl é cerca de 75% menor (mais negativo) do que numa única molécula de Na^+Cl^-. Este abaixamento extra de energia ocorre porque um íon Na^+ no sólido está ligado por meio de forças coulômbicas a *todos os íons Cl^- do cristal.*

O íon Cs^+ do CsCl(s) é suficientemente grande para estar rodeado por oito íons Cl^-, como já vimos no Capítulo 11. Isto resulta no retículo de CsCl que, como previmos no Capítulo 11, deveria ter uma energia menor do que a do retículo de NaCl que possui apenas seis íons Cl^- em torno de cada cátion. A constante de Madelung para o retículo de CsCl é igual; a 1,762670. A diferença é extraordinariamente pequena, mas favorece o retículo de coordenação mais alta. Devido à pequena diferença ma energia reticular desses dosi retículos, é possível obter CsCl(s) com retículo de NaCl. Os efeitos da temperatura a das vibrações no cristal, por exemplo, são suficiente para alterar as estabilidades desses dois retículos.

Até agora temos considerado ops íons como esferas duras que se tocam entre si, mas sempre interagindo com um potencial coulômbico. Na Fig. 11.4 mostramos que isso não é verdade para a molécula diatômica Na^+Cl^-: também não o será para os íons no NaCl(s). O potêncial U também deve incluir um termo para o **potencial de repulsão**, que contribuirá para a energia total do retículo, $U_{cristal}$. O potencial de repulsão é uma força de pequeno alcance; além do mais, só a repulsão entre cátions é, pois, o resultado de íons que se tocam. Embora essas contribuições sejam apenas 10% da magnitude da interação coulômbica de atração, devem ser incluídas em qualquer cálculo preciso de $U_{cristal}$.

20.9 Ligações Metálicas

Uma vez que três quartos dos elementos da tabela periódica são metais, é importante analisar a natureza da ligação metálica. Mais uma vez gostaríamos de poder relacionar a natureza e a força da ligação às propriedades dos átomos individuais. Particulamente, existem duas características significativas que são comuns a quase todos os átomos de elementos metálicos. Primeiro, as energias de ionização dos átomos livres de elementos metálicos e semimetálicos geralmente são pequenas, quase sempre menores que 900 kJ mol^{-1}. (À exceção do mercúrio, cuja energia de ionização é igual a 1000 kJ mol^{-1}.) Ao contrário, os átomos dos não metais, em geral, têm energias de ionização maiores que 900 kJ mol^{-1}. A segunda características de um átomo metálico é que o número de seus elétrons de valência é menor que o número de seus orbitais de valência. Esta observação é coerente com o fato de que os elementos metálicos aparecem no lado esquerdo da tabela periódica e estão separados dos não metais pelos elementos boro, solício, germânio e antimônio. Investiguemos as conseguências destas características e vejamos como elas estão relacionadas com a ligação metálica. Uma baixa energia de ionização significa que um átomo tem uma tração relativamente fraca por seus elétrons de valência, o que indica pequena afinidade por elétrons adicionais. Já enfatizamos que a estabilidade de um ligação covalente resulta do abaixamento da energias potencial que os elétrons de valência experimentam quando se deslocam sob a influência de mais de um núcleo. Se cada um dos dois átomos ligados tiver apenas uma ligeira atração por elétrons, não podemos esperar que a redução de energia de seus elétrons de valência na molécula seja algo substancial. Consequentemente, não devemos nos surpreender ao verificarmos que os átomos dos elementos matálicos formam ligações de pares eletrônicos relativamente fracas. A tabela 20.6 nos mostra que isto é verdade. As energias de ligação das moléculas diatômicas conhecidas de elementos metálicos são muito baixas: além do mais, há muitas moléculas diatômicas possíveis de elementos metálicos que são desconhecidas, provavelmente por não serem energeticamente estáveis.

Embora a interação de um átomo metálico com apenas *um* outro átomo geralmente não resulte numa diminuição significativa de energia, é possível que uma maior estabilidade possa ser atingida se os elétrons de valência de um átomo se deslocarem sob a influência de *vários* outros núcleos. É a segunda característica dos átomos metálicos - ter menos elétrons de valência do que orbitais de valência - que torna possível esse tipo de interação. A limitação fundamental no número de elétrons que pode estar próximo de um dado núcleo é exposta pelo princípio da exclusão de Pauli. Aplicar o princípio de Pauli a agregados de átomo é mais difícil, mas observações gerais e argumentos teóricos levam a concluir que o maior número de elétrons de valência de *baixa energia*, compartilhados ou não compartilhados, que pode circundar um determinado átomo em qualquer agregado á igual a duas vezes o número de seus orbitais atômicos de valência. Esta é a razão fundamental para a saturação da valência - a razão por que existe o NF_3, mas não o NF_5, ou PCL_3 e o PCL_5, mas não o PCL_7. O fato de os átomos dos elementos metálicos terem poucos elétrons de valência significa que, numa fase condesada cada átomo pode compartilhar os elétrons de muitos vizinhos mais próximos, de maneira que seja energicamente favorável, sem violar o princípio da exclusão de Pauli. Com efeito, o aspecto característico dos crístais metálicos é que o número de coordenação dos átomos é alto: 8 no retículo cúbico de corpo centrado e 12 nas estruturas hexagonais e cúbicas de empacotamento denso.

Como um exemplo de que o alto número de coordenação dos metais não viola o princípio da exclusão, consideremos e elemento aluminío, que tem um retículo cúbico de empacotamento denso. Podemos supor que cada átomo compartilha seus três elétrons de valência com cada um de seus 12 vizinhos mais próximos. Portanto, em média, um determinado átomo recebe 3/12 de um elétron der cada um de seus vizinhos, ou seja, três no total. Sendo assim, o número médio total de elétrons compartilhados por qualquer átomo é seis, três de si mesmo e três de seus vizinhos. Vemos que apesar do alto número de coordenação, o número médio de elétrons próximo a um único átomo não excede em duas vezes o número de orbitais de valência.

Até agora, com base em nosso argumento, podemos sugerir que os cristais metálicos são mais estáveis do que os átomos separados porque, no cristal, elétrons atômicos de valência podem deslocar-se no campo elétrico de vários núcleos. Esta idéia pode ser ampliada para mostrar que os metais são exemplos extremos da ligação deslocalizada ou de centros múltiplos. Para vermos como isso ocorre, imaginemos a formação de um cristal unidimensional de lítio juntando dois, três e depois muitos átomos de lítio.

A fig. 20.41 mostra a formação do Li_2 a partir de dois átomos de lítio. A figura nos dá tanto a energia potencial de um elétron quanto a sua energia total em átomos separados e na molécula diatômica. Quando os átomos se unem, os níveis de energia dos elétrons atômico 2s se dividem em dois novos níveis, indicados por $\sigma\ 2s$ e $\sigma^*\ 2s$, que correspondem aos orbitais moleculares ligante a antiligante, respectivamente. No Li_2, ambos es elétrons ocupam o orbital o 2*s*, mas quaisquer elétrons nos orbitais $\sigma\ 2s$ ou $\sigma^*\ 2s$ pertencem à molécula como um todo. Por outro lado, os elétrons 1*s* estão na maior parte do tempo próximos dos átomos individuais.

TABELA 20.6 ENERGIAS DE DISSOCIAÇÃO DE MOLÉCULAS DE ELEMENTOS METÁLICOS (kJ mol^{-1})

Li_2	103	Zn_2	24
Na_2	73	Cd_2	8
K_2	55	Hg_2	14
Rb_2	50	Pb_2	69
Cs_2	45	Bi_2	190
NaK	59	NaRb	54

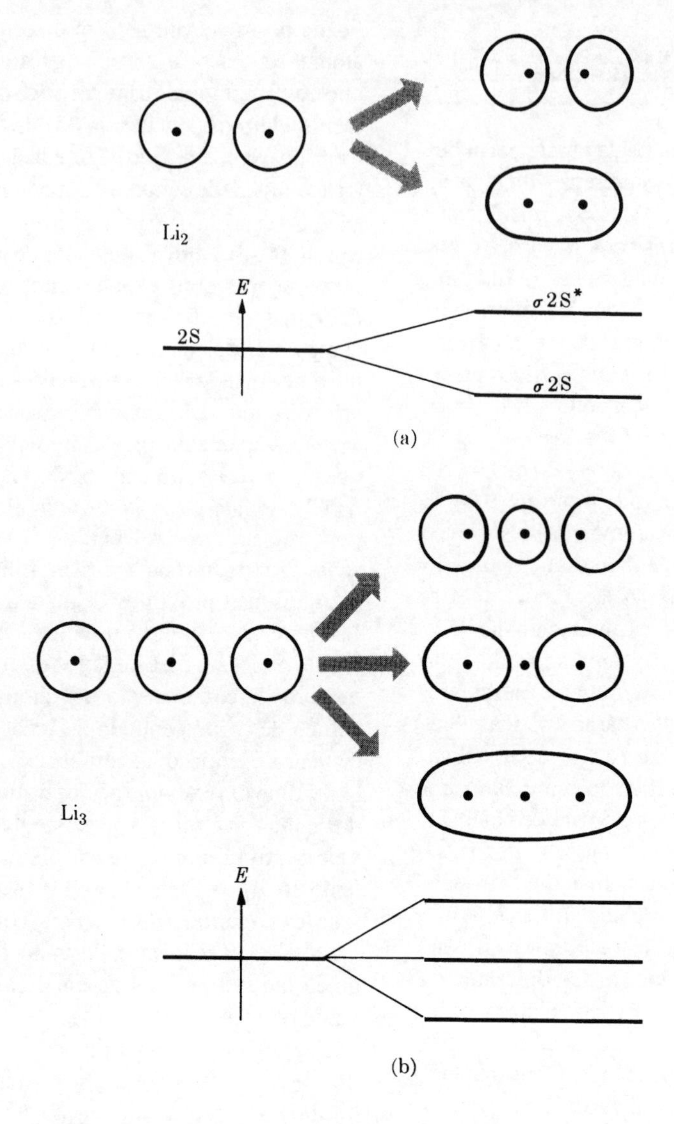

Fig. 20.41 Formação de orbitais moleculares e a mudança de energia para (a) Li_2 e (b) Li_3.

uma vez que sua energia total é menor do que a necessária para atravessar a barreira de energia potencial entre os dois átomos.

Quando três átomos se juntam, temos a situação retratada na Fig. 20.41(b). São três orbitais moleculares, e mais uma vez os elétrons em quaisquer desses orbitais pertencem à molécula como um todo, e não a um átomo em particular. A situação obtida quando se juntam muitos átomos de lítio é mostrada na Fig. 20.42. Para N átomos existem N orbitais moleculares que surgem de sobreposição dos orbitais $2s$, e as energias destes orbitais agora formam uma **estrutura de bandas de níveis**. Mais orbitais são formados pela sobreposição dos orbitais atômicos $2p$, e suas energias também situam-se numa banda densa que se junta continuamente à banda formada pelos orbitais 2s. Qualquer elétron em um desses orbitais pertence ao cristal como um todo e serve para unir muitos núcleos. É neste sentido que os metais representam um caso extremo de ligação de centro múltiplo.

As conclusões qualitativas a que chegamos são válidas

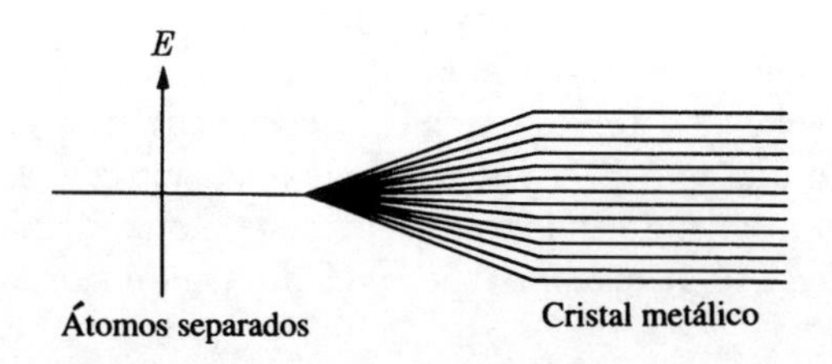

Fig. 20.42 Comportamento das energias dos orbitais de valência do lítio, quando o cristal metálico é formado a partir de muitos átomos separados.

para cristais tridimensionais. De um modo geral, todos os orbitais de valência dos átomos livres são convertidos num grupo de orbitais não localizados ou de centro múltiplo no cristal metálico, e as energias desses cristais formam um grupo compacto denominado **banda de valência**. Assim, uma maneira de descrever a situação eletrônica dos metais é representar o cristal como um conjunto de íons como o Li^+

imersos num mar de elétrons de valência móveis. Este mar de elétrons é o responsável pela coesão dos metais e pela singularidade de suas propriedades mecânicas, elétricas e térmicas.

RESUMO

Os **sólidos** podem ser **amorfos** ou **cristalinos**. Os sólidos amorfos são **isotrópicos** e têm, as características dos líquidos congelados. Os sólidos cristalinos apresentam uma estrutura ordenada, ou **retículo**, que torna as suas propriedades físicas **anisotrópicas**. Os sólidos **policristalinos** parecem ser isotrópicos, mas um exame mais atento pode revelar a sua estrutura **microsristalina.** De acordo com a natureza de sua ligação, os sólidos podem ser classificados **em cristais iônicos, cristais moleculares, sólidos de rede covalente** ou **cristais metálicos**. Os cristais moleculares têm a mais baixa **energia de coesão**, enquanto que os cristais iônicos ou sólidos covalentes têm a mais alta.

A técnica fundamental para determinar os retículos cristalinos e as estruturtas dos sólidos é a **difração de raios-x**. A estrutura regular e periódica dos sólidos cristalinos defrata os raios X, cujos comprimentos de onda apresentam um valor próximo ao dos espaçamentos no cristal, de acordo com a **equação de difração de Bragg.** Sabendo-se que os raios X interagem com os elétrons dos sólidos, mas não com os núcleos, a difração de raios-X pode ser utilizada para obter detalhes importantes sobre a densidade eletrônica em torno dos núcleos.

A unidade que se repete num cristal é a **célula unitária.** Considerações matemáticas mostram que as células unitárias podem ser representadas por 14 **retículos de Bravais,** que formam a base de 7 **sistemas de cristais**. Um número surpreendente de estruturas cristalinas pode ser formado pelo empacotamento de esferas. Dois arranjos usuais são o **empacotamento hexagonal denso** e o **empacotamento cúbico denso,** mas outras estruturas apresentam elementos desses arranjos.

Os efeitos dos cristais podem ser classificados em **defeitos de ponto, defeitos de linha e defeitos de linha e defeitos de plano.** Estes defeitos são responsáveis por várias características interessantes dos sólidos, tais como estequiometria, cor e resistência. A capacidade calorífica de um sólido pode ser calculada utilizando-se o modelo de Einstein, em que o sólido apresenta uma **frequência vibracional** contínua. O limite para altas temperaturas neste modelo confirma a lei de Dulong e Petit.

A energia reticular para os sólidos iônicos mostra os efeitos de longa extensão da interação coulômbica. Porém, estes efeitos podem ser levados em conta com a utilização da **constante de Madelung**. O capítulo também tratou da ligação nos metais. A interação dos muitos átomos do metal e seus elétrons facilmente ionizados criam uma **estrutura de banda,** com um número de níveis de banda maior do que o possível de ser preenchido pelos elétrons de valência. Essa banda é responsável pela singularidade das propriedades mecânicas, elétricas e térmicas dos metais.

SUGESTÕES PARA LEITURA

História

Bragg, W. L. *The Develoment of X-ray Analysis*. Nova York: Hafner Press, 1975.

Sólidos

Azaroff, L.V. *Introduction to Solids.* Nova York: McGraw-Hill, 1960.

Bernal, I., W.C. Hamilton e J.S. Ricci. *Symmetry: A Stereoscopic Guide for Chemists.* São Francisaco: Freeman, 1972.

Hannay, N.B. *Solid State Chemistry.* Englewood Cliffs, N.J.: Prentice-Hall, 1967.

Kittel, C. *Introduction to Solid State Physics,* 5ª ed. Nova York: Wiley, 1976.

Moore, W.J. *Seven Solid States.* Nova York: Benjamin, 1967.

Pauling, L. *The Nature of the Chemical Bond,* 3ª ed. Ithaca, N.Y.: Cornell University Press, 1960.

Sands, D.E. *Introduction to Crystalography.* Nova York: Benjamin, 1969.

Samorjai, G.A. *Chemistry in Two Dimensions:* Surfaces. Ithaca, N.Y. Cornell University Press.

Wells, A.F. *Structural Inorganic Chemistry,* 5ª ed. Oxford, Inglaterra: Clareden Press, 1984.

PROBLEMAS

Tipos de Cristais

20.1 Neste Capítulo dividimos os sólidos em quatros tipos. Com os seus conhecimentos de química, classifique cada um destes sólidos.

a) $CH_4(s)$ b) Cu(s) c) Na(s)
d) Ge(s) e) HCl(s) f) $Fe_3O_4(s)$

20.2 Com as informações fornecidas neste texto, ou em outros, classifique cada um destes sólidos em um dos quatro tipos.

a) fósforo branco b) enxofre ortorrômbico
c) estanho cinza d) $PCl_5(s)$

Estequiometria dos Sólidos

20.3 Verificou-se que uma certa amostra de sulfeto cuproso tem a composição $Cu_{1,92}$ devido à incorporação de íons Cu^{2+} ao retículo. Quais são as frações molares de cobre presentes como íons Cu^+ e Cu^{2+} nesse sólido ?

20.4A densidade no NaCl sólido é de 2,165 g cm^{-3}, sendo que 1 mol contém 58,443 g. Quais são as dimensões de um cubo com 1 mol de NaCl Sólido ? Se a distância entre os centros de íons adjacentes de Na^+ e Cl^- for 281,9 pm, quantos íons de cada carga existem ao longo de cada aresta do cubo? Calcule o número de Avogadro a partir desses dados.

Empacotamento nos Sólidos

20.5 Considere um retículo cúbico de face centrada formado por esferas duras idênticas de raio *R*. Quais são as dimensões de uma caixa cúbica que irá conter os centros das 14 esferas que aparecem na Fig. 20.25? Qual o volume dessa caixa? Calcule a fração do volume efetivamente ocupado pelas esferas.

20.6O retículo cúbico simples consiste em oito esferas idênticas de raio *R*, em contato entre si, colocadas nos vértices de um cubo. Qual é o volume da caixa cúbica que conterá os centros dessas oito esferas, e qual a fração desse volume efetivamente ocupado pelas esferas ?

20.7 Pode-se gerar um sírio tetraédrico num retículo de empacotamento denso, colocando-se quatro esferas de raio *R* em vértices alternados de um cubo. Desde que as esferas estejam em contato, o comprimento de uma diagonal de face desse cubo é igual a 2*R*. Qual é o comprimento da diagonal de corpo desse cubo? O raio do buraco tetraédrico é igual à diferença entre metade da diagonal do corpo e *R*. Qual é o raio do buraco tetraédrico?

20.8 Quando o cristal de NaCl é examinado com raios X de 58,6 pm de comprimento de onda, a primeira difração de Bragg ocorre em $\theta = 5^0 58'$ e vem de planos iônicos paralelos à face do retículo cúbico de face centrada. Calcule a distância que separa esses planos. Qual é a menor distância entre os núcleos de sódio e cloro no cristal? Qual a menor distância entre os núcleos de cloro? Consulte a Fig. 207.

20.9O cobre tem uma estrutura cúbica de face centrada com uma célula unitária cujo comprimento da aresta é de 361 ppm. Qual o tamanho do maior átomo que poderia encaizar-se nos interstícios do retículo de cobre sem deformá-lo?

20.10 Utilize os dados fornecidos pelo problema anterior para calcular a densidade do cobre em gramas por centímetro cúbico.

Energia Reticular

20.11 Modifique a fórmula dada para o potencial coulômbico no Apêndice C e determine as contribuições coulômbicas à energia reticular do KCl. Para r_0 utilize os raios iônicos de Pauling da Tabela 11.1.

20.12 O valor medido de $U_{cristal}$ para o KCl é -716,8 mol^{-1} Compare-o com a contribuição coulômbica do problema 20.11 ara obter a contribuição de repulsão ppara $U_{cristal.}$

20.13A capacidade calorífica C_v é definida como a derivada da energia em relação à temperatura, ou $C_v = dE/dT$. Utilizando a expressão $E= EN_a$ e a Eq. (20.4), avalie C_v por diferenciação. Verifique o fato de que C_v tende a zero à medida quer *T* tende a zero.

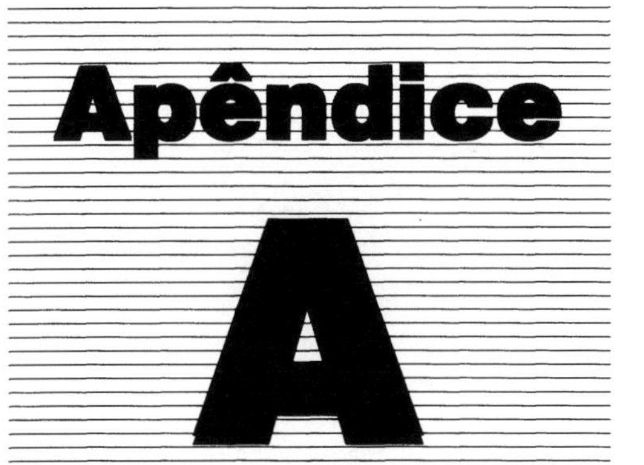

Constantes Físicas e Fatores de Conversão

Desde 1929, quando R.T. Birge forneceu a primeira avaliação sistemática de constantes físicas, várias destas avaliações têm sido feitas. A seguinte tabela foi construída sob o patrocínio do *Committee on Data for Science and Technology* [Comitê de Dados para Ciência e Tecnologia] (CODATA), que está sob a jurisdição do *International Council of Scientific Unions* [Conselho Internacional de Sindicatos Científicos] (ICSU). Os valores são dados de acordo com o sistema de unidades SI (veja Apêndice B), mas podem ser convertidos em outras unidades com o emprego correto dos fatores de conversão, conforme discutiremos a seguir.

Algumas vezes é desejável utilizar outras unidades, em vez daquelas do sistema SI. Para efetuar a conversão de uma unidade em outra, é preciso ter um fator de conversão e estes fatores de conversão podem ser gerados a partir da **expressão de equivalência** entre as unidades. A seguir, encontram-se algumas equivalências que são úteis:

TABELA A.1 CONSTANTES FÍSICAS*† (vide p.569)

Número de Avogadro	N_A	$6{,}022045(3) \times 10^{23}$ mol^{-1}
Raio de Bohr	a_0	$5{,}2917706(44) \times 10^{-11}$ m
Constante de Boltzmann	k	$1{,}380662(44) \times 10^{-23}$ J K^{-1}
Carga do elétron	e	$1{,}6021892(46) \times 10^{-19}$ C
Massa do elétron	m	$9{,}109534(47) \times 10^{-31}$ kg
Constante de Faraday	F	$9{,}648456(27) \times 10^{4}$ C mol^{-1}
Constante dos gases	R	$8{,}31441(26)$ J mol^{-1}l K^{-1}
		$8{,}31441(26)$ m^3 Pa mol^{-1} K^{-1}
Volume molar (CNTP)	V_m	$22{,}41383(70) \times 10^{-3}$ m^3 mol^{-1}
Constante de Planck	h	$6{,}626176(36) \times 10^{-34}$ Js
Constante de Rydberg	R_∞	$1{,}097373177(83) \times 10^{7}$ m^{-1}
Velocidade da luz	c	$2{,}99792458(1) \times 10^{8}$ m s^{-1}

* A incerteza nos últimos algarismos significativos para cada valor é indicada pelos números entre parêntesis.

† Valores recomendados por E. R. Cohen e B. N. Taylor, The 1973 least-squares adjustment of the fundamental constants, *Journal of Physical and Chemical Reference Data*, **2**, 663-734, 1973.

	Unidade	**Equivalente SI**
volume	litro (L)	1000 cm^3 = 10^{-3} m^3 (exato)
pressão	atmosfera (atm)	$1{,}01325 \times 10^5$ Pa (exato)
	milímetros de Hg (torr)	($1{,}01325 \times 10^5$ Pa)/760 (exato)
energia	caloria (cal)	4,184 J (exato)
	erg (erg)	10^{-7} (exato)
	elétron-volt (eV)	$1{,}602189 \times 10^{-19}$ J
	unidade atômica (u.a.)	$4{,}35981 \times 10^{-18}$ J
comprimento	ângstron (Å)	10 m^{-10} = 100 pm (exato)
massa	unidade de massa atômica (uma)	(1g)/$6{,}02205 \times 10^{23}$
carga	unidade eletrostática (ues)	(1 C)/$2{,}9979246 \times 10^9$

Qualquer equivalência pode ser escrita como uma igualdade. Considerando o litro como um exemplo, podemos escrever a seguinte equação:

$$1\ \text{L} = 10^{-3}\ \text{m}^3.$$

Para gerar os fatores de conversão, dividimos cada lado desta equação pelo outro, obtendo duas formas para nossa igualdade original:

$$\frac{1\ \text{L}}{10^{-3}\ \text{m}^3} = 1 \quad \text{e} \quad \frac{10^{-3}\ \text{m}^3}{1\ \text{L}} = 1.$$

Estas duas expressões são **fatores de conversão**. Desde que são iguais a 1, eles podem ser usados para transformar unidades sem alterar o *valor* de qualquer expressão. Entretanto, como os fatores de conversão transformam as unidades, isso leva a uma mudança no *resultado numérico*. Ilustraremos uma destas conversões, respondendo a seguinte pergunta: Quantos litros estão contidos em 10 m^3?

$$V = 10\ \text{m}^3 \times 1 = 10\ \text{m}^3 \times \frac{1\ \text{L}}{10^{-3}\ \text{m}^3}$$
$$= 10^4\ \text{L}.$$

Observe que quando mudamos as unidades, mudamos também o resultado numérico. O *volume* real não muda com a conversão; um volume de 10 m^3 é igual a um volume de 10^4 L. Para converter metros cúbicos em litros, utilizamos o primeiro de nossos fatores de conversão; se quiséssemos converter litros em metros cúbicos, deveríamos ter usado o segundo.

Uma vez que fazemos considerável uso da constante dos gases R em unidades de L atm mol^{-1} K^{-1}, ilustraremos aqui, novos fatores de conversão, transformando as unidades de R do sistema SI em unidades que envolvem litros e atmosferas.

$$R = 8{,}31441\ \text{m}^3\ \text{Pa mol}^{-1}\ \text{K}^{-1} \times \frac{1\ \text{L}}{10^{-3}\ \text{m}^3} \times \frac{1\ \text{atm}}{1{,}01325 \times 10^5\ \text{Pa}}$$
$$= 0{,}082057\ \text{L atm mol}^{-1}\ \text{K}^{-1}.$$

Fatores de conversão também podem ser usados em cálculos estequiométricos. Podemos pensar nas equações balanceadas como sendo expressões de equivalência. Consideremos a reação utilizada na Seção 1.6:

$$2\text{CO} + \text{O}_2 \rightarrow 2\text{CO}_2.$$

Uma expressão de equivalência para esta reação é a seguinte:

$$1\ \text{mol O}_2 = 2\ \text{mol CO}.$$

Nesta equação, *mol* O_2 é a unidade do número 1 e *mol CO* é a unidade do número 2. É absolutamente necessário que os símbolos mol sejam tratados como unidades e não como algo desconhecido. Os fatores de conversão resultantes desta equivalência são os seguintes:

$$\frac{1\ \text{mol O}_2}{2\ \text{mol CO}} = 1 \quad \text{e} \quad \frac{2\ \text{mol CO}}{1\ \text{mol O}_2} = 1.$$

Na Seção 1.6 nós partimos de 0,429 mol CO. Podemos converter isto em mols de O_2, utilizando nosso primeiro fator de conversão:

$$0{,}429\ \text{mol CO} \times \frac{1\ \text{mol O}_2}{2\ \text{mol CO}} = \frac{0.429}{2}\ \text{mol O}_2.$$

Este resultado é o mesmo que obtivemos na Seção 1.6 para o número de mols de O_2 produzido na reação. Neste Apêndice, obtivemos nosso resultado por meio do emprego do fator de conversão que transforma o número de mols de CO no correspondente número de mols de O_2, enquanto que na Seção 1.6 nós usamos uma relação algébrica entre *mols de CO* e *mols de* O_2, que eram desconhecidos.

Coeficientes estequiométricos também podem ser fatores de conversão. Se analisarmos a Eq. 1.4, veremos que os coeficientes estequiométricos são os fatores que convertem o número de mols de uma reação no número de mols de cada reagente ou produto. No Capítulo 1, tratamos os coeficientes estequiométricos como números adimensionais porque utilizamos o símbolo *mol* para expressar as dimensões de todos os tipos de mols. Se quizermos usar fatores de conversão em cálculos estequiométricos, teremos de lembrar que cada tipo de mol tem sua própria dimensão.

Apêndice B

Unidades SI

O sistema internacional de unidades SI (Système International d'Unités) foi estabelecido na *General Conference on Weights and Measures* [Conferência Geral sobre Pesos e Medidas], em 1960. Este sistema, que têm sido continuamente formalizado e refinado, é largamente empregado na Europa e também tem sido adotado pelo *U. S. National Bureau of Standards* [Secretaria Nacional de Padrões dos EUA], que recomendou sua utilização nos Estados Unidos. Como sistema de unidades científicas, o SI é uma extensão do sistema metro-kilograma-segundo (mks), o qual tem sido usado pelos físicos durante muitos anos. Ele substituiu o tradicional sistema centímetro-grama-segundo (cgs), o qual também misturava unidades eletrostáticas e eletromagnéticas. Quase todas a equações deste texto são escritas na forma adequada, de acordo com o sistema SI, mas usamos também algumas poucas constantes ou unidades bem-estabelecidas, que podem facilmente ser convertidas para o sistema SI.

O sistema SI é construído a partir de sete unidades básicas, dadas na Tabela B.1.

Metro O metro equivale a 1.650.763,73 comprimentos de onda no vácuo, que correspondem a uma transição de $2p$ a $5d$ num átomo de ^{86}Kr.

Quilograma O quilograma é a massa de um cilindro constituído de uma liga de platina-irídio, que fica guardado em Paris.

Segundo O segundo é a duração de 9.192.631.700 períodos de uma radiação proveniente de uma transição num átomo de ^{133}Cs.

Ampere O ampere é aquela corrente que, quando presente em dois condutores paralelos distanciados de 1 metro, produz uma força igual a 2×10^{-7} Nm^{-1} de comprimento (veja a definição de newton na Tabela B.2).

Kelvin O Kelvin é 1/273,16 da temperatura termodinâmica do ponto triplo da água.

Candela A candela é a intensidade luminosa emitida por 1/600.000 m^2 de um corpo negro no ponto de congelação da platina.

Mol O mol é a quantidade de substância que contém tantas entidades elementares ou partículas quanto os átomos contidos em 0,012 kg de ^{12}C. Geralmente, o mol se refere a átomos ou moléculas, mas uma vez que é uma unidade que pode ser contada, é possível ter um mol de qualquer material ou substância, sejam elétrons ou bolas de futebol.

Na Tabela B.2 temos os nomes especiais e símbolos de algumas unidades comuns derivadas do sistema SI. A unidade de energia é o joule. Suas dimensões podem ser escritas como kg m^2 s^{-2}. Muitas energias termodinâmicas mais antigas são tabeladas em calorias; no Apêndice A temos a conversão de caloria em joule. A unidade de pressão é o pascal. Esta corresponde a um newton de força por metro quadrado e tem as unidades $kgm^{-1}s^{-2}$. A relação entre a atmosfera e o pascal foi discutida no Capítulo 2 e no Apêndice A.

TABELA B.1 UNIDADES BÁSICAS SI

Quantidade Física	Nome da Unidade	Símbolo
Comprimento	metro	m
Massa	quilograma	kg
Tempo	segundo	s
Corrente elétrica	ampere	A
Temperatura termodinâmica	kelvin	K
Intensidade luminosa	candela	cd
Quantidade de substância	mol	mol

TABELA B.2 ALGUMAS UNIDADES SI DERIVADAS

Quantidade Física	Nome	Símbolo	Definição
Força	newton	N	kg m s^{-2}
Pressão	pascal	Pa	kg m^{-1} s^{-2} (= N m^{-2})
Energia	joule	J	kg m^2 s^{-2}
Potência	watt	W	kg m^2 s^{-3} (= J s-1)
Carga elétrica	coulomb	C	A s
Diferença de potencial	volt	V	kg m^2 s^{-3} A^{-1} (=J C-1)
Resistência elétrica	ohm	Ω	kg m^2 s^{-3} A^{-2} (=V A^{-1})
Frequência	hertz	Hz	s^{-1}

O sistema SI também fornece vários prefixos que podem ser usados em lugar das potências de 10 e que simplificam a nomenclatura quando unidades são especificadas (Tabela B.3). Neste texto, utilizamos o picômetro (pm) para distâncias atômicas, mas também usamos o angstrom (1Å = 10^{-10}m), que ainda é bastante empregado; para comprimentos de onda usamos o nanometro (nm). O kilojoule (kJ) é nossa unidade de energia mais comum. As energias nucleares geralmente são tabeladas como múltiplos de 10^6 elétrons volts (MeV); a conversão entre elétrons volts e joules pode ser facilmente efetuada uma vez que a carga eletrônica é o fator de conversão (Apêndice A).

O manual oficial para o sistema SI é: D. H. Whiffen, *Manual of Symbols and Terminology for Physicochemical Quantities and Units* (New York: Pergamon Press, 1979).

TABELA B.3 PREFIXOS PARA FRAÇÕES E MÚLTIPLOS

Fração	Prefixo	Símbolo	Múltiplo	Prefixo	Símbolo
10^{-1}	deci	d	10	deca	da
10^{-2}	centi	c	10^2	hecto	h
10^{-3}	mili	m	10^3	quilo	k
10^{-6}	micro	μ	10^6	mega	M
10^{-9}	nano	n	10^9	giga	G
10^{-12}	pico	p	10^{12}	tera	T
10^{-15}	femto	f			
10^{-18}	atto	a			

Apêndice C

Lei de Coulomb

Átomos e moléculas são constituídos de elétrons negativamente carregados e núcleos positivamente carregados. É importante conhecer as quantidades de energia resultantes das interações eletrostáticas entre estas cargas. Esta energia é a principal fonte de energia potencial que mantém unidos os átomos e moléculas.

A força sobre a carga q_2, localizada a uma distância r da carga q_1 é dada pela **Lei de Coulomb:**

$$\dot{q}_1 \xrightarrow{r} \dot{q}_2$$

$$\text{força de alongamento } r = \frac{q_1 q_2}{r^2} \times \frac{1}{4\pi\varepsilon_0}.$$

Se as duas cargas têm o mesmo sinal (ambas positivas ou ambas negativas), elas se repelem, a força irá atuar para aumentar a distância r e terá um valor positivo nesta equação. Se as cargas têm sinais opostos (tal como núcleo positivo e elétrons negativos), a força será atrativa e terá um valor negativo na equação.

A constante ε_0 é denominada **permissividade do vácuo** e a quantidade $4\pi\varepsilon_0$ é coerente com o sistema SI. Se as cargas são dadas em coulombs (C) e a distância em metros (m), a força resultante será expressa em newtons (N). O valor apropriado para ε_0 é

$$\varepsilon_0 = 8{,}85419 \times 10^{-12}\ \mathrm{C^2\ N^{-1}\ m^{-2}}.$$

A partir das unidades de ε_0, podemos confirmar que a força resultante será dada em newtons (N), como esperado.

A força atrativa *gravitacional* entre núcleo e elétrons segue uma lei de força $1/r^2$ semelhante, mas é tão pequena, comparada às interações de carga, que pode ser completamente desprezada.

Podemos obter facilmente a energia potencial que resulta da lei de Coulomb, integrando a força sobre a distância. Como referência, consideraremos a energia potencial zero quando as duas cargas estiverem infinitamente separadas ($r = \infty$) e, então, a força entre elas será igual a zero. A energia potencial coulombica é a energia necessária para trazer a carga q_2 da distância $r = \infty$ para $r = r$:

$$\text{energia potencial coulombica} = U = -\int_{\infty}^{r} \text{força} \cdot dr$$

$$= \frac{q_1 q_2}{r} \times \frac{1}{4\pi\varepsilon_0}.$$

Como poderíamos esperar, a energia potencial entre dois elétrons é positiva, uma vez que eles se repelem, mas a energia entre um elétron e um núcleo é negativa. A unidade SI para energia é o joule (J). Desde que 1J = 1Nm, as dimensões de ε_0 também podem ser $\mathrm{C^2\ J^{-1} m^{-1}}$, conforme mostram os exemplos a seguir:

Exemplo C.1. Qual é a energia coulômbica quando dois elétrons estão distanciados exatamente de 1Å? Determine esta energia também para um mol deste par de elétrons.

Soluções. Para este problema, temos,

$$q_1 = q_2 = -e = -1{,}6022 \times 10^{-19}\ \mathrm{C},$$
$$r = 1\ \text{Å} = 10^{-8}\ \mathrm{cm} = 10^{-10}\ \mathrm{m},$$
$$\varepsilon_0 = 8{,}85419 \times 10^{-12}\ \mathrm{C^2\ J^{-1}\ m^{-1}}.$$

Substituindo estes dados na equação de energia potencial coulômbica, obtemos

$$U = \frac{(-1{,}6022 \times 10^{-19}\ \mathrm{C})^2}{(10^{-10}\ \mathrm{m})(4\pi \times 8{,}8542 \times 10^{-12})\ \mathrm{C^2\ J^{-1}\ m^{-1}}}$$
$$= 2{,}3071 \times 10^{-18}\ \mathrm{J}.$$

Para um mol deste par de elétrons. a energia é a seguinte:

$$U = (6{,}0220 \times 10^{23})(2{,}3071 \times 10^{-18})$$
$$= 1{,}3894 \times 10^{6} \text{ J mol}^{-1}$$
$$= 1389{,}4 \text{ kJ mol}^{-1}.$$

Esta energia é apenas ligeiramente maior do que a energia de uma ligação química. Contudo, a energia de uma ligação química é negativa, o que deve ser resultante da atração entre núcleo e elétrons.

A fórmula para a energia coulômbica de duas cargas por mol pode ser dada por uma simples equação, usando nosso resultado numérico. Ou seja,

$$U\,(\text{kJ mol}^{-1}) = \frac{1389{,}4 Z_1 Z_2}{R},$$

em que Z_1 e Z_2 são números de carga (incluindo sinal) para as duas cargas, e r é a distância em angstroms. O número de carga de um elétron é $Z = -1$, e o de um núcleo é o seu número atômico.

Esferas carregadas

A lei de Coulomb é deduzida para cargas puntuais; os elétrons ou núcleo podem ser considerados como cargas puntuais e, deste modo, têm tamanho não finito. Um íon apresenta tamanho finito, mas se suas cargas estão uniformemente distribuídas, de maneira que ele seja esférico, a lei de Coulomb pode ser aplicada. Nós utilizamos o centro da esfera para medir a distância *R*. Para as duas cargas esféricas abaixo,

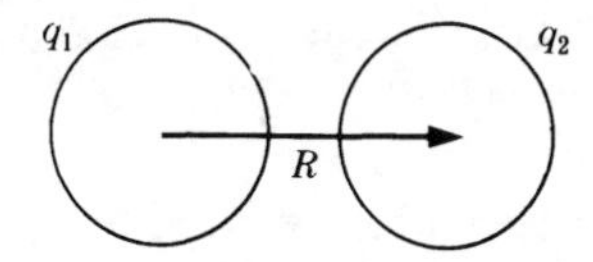

podemos calcular a energia potencial coulombica de interação entre as cargas totais em cada esfera, usando a Eq. (C.1).

Um íon de camada fechada apresenta uma distribuição de cargas esférica e, assim, podemos aplicar a lei de Coulomb para a energia potencial entre, por exemplo, Na^+ e Cl^- ou Ca^{2+} e O^{2-}. O requisito para a uniformidade de carga é que as camadas de carga sejam uniformes, mas a carga pode estar distribuída de qualquer maneira entre as camadas. Para aplicar a lei de Coulomb a um íon, poderíamos trabalhar apenas com os elétrons que se encontram do lado de fora da última camada. Para íons reais, é preciso que o valor de *R* seja maior do que a soma dos dois raios iônicos. Se as duas esferas carregadas se interpenetram, a lei de Coulomb ainda pode ser aplicada usando-se apenas as cargas daqueles íons que não se interpenetram. Entretanto, desde que a distribuição de cargas em cada íon é determinada por suas funções de onda, e desde que os íons que se interpenetram têm suas funções de onda alteradas, a lei de Coulomb não é uma boa aproximação para íons sujeitos à *forte* interpenetração.

Polarização

Outra fonte de erro ao se aplicar a lei de Coulomb a íons resulta da polarização. Quando dois íons estão sujeitos à interação coulômbica, seus elétrons não permanecem uniformemente distribuídos ao redor dos núcleos:

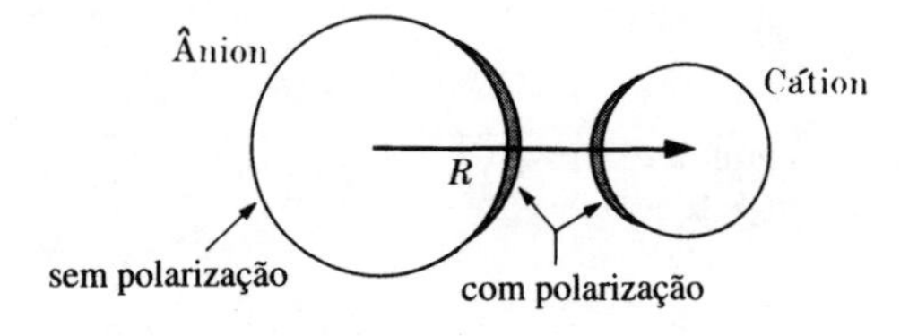

os elétrons no ânion são atraídos pela carga positiva no cátion e os elétrons no cátion são atraídos pela carga negativa no ânion. O efeito da polarização é a redução do momento dipolar a um valor abaixo daquele da molécula puramente iônica e, também, o abaixamento da energia.

Os ânions geralmente são maiores do que os cátions; eles também possuem os elétrons menos firmemente seguros. Como resultado, eles são mais polarizados do que os cátions. Numa primeira aproximação, podemos desprezar a polarização para os cátions e considerá-la somente para os ânions. Anions maiores como o Se^{2-} e o I^- geralmente são mais polarizados do que ânions menores, tais como O^{2-} e F^-.

Respostas aos Problemas de Numeração Ímpar

Muitos dos problemas de numeração ímpar estão relacionados com problemas de numeração par. Por essa razão trabalhe primeiro com os problemas ímpares de cada seção, e depois verifique as respostas aqui fornecidas. Quando estiver seguro a respeito da compreensão dos princípios ilustrados, resolva os problemas pares. As respostas aos problemas com asterístico não serão fornecidas.

Capítulo 1

1.1 381,37 **1.3** $5{,}58 \times 10^{17}$ moléculas, $1{,}39 \times 10^{18}$ moléculas, sim **1.5** 6,5 g

1.7 $SbO_{2,501}$ **1.9** $FeO_{1,49}$ **1.11** $SnF_{3,96}$ **1.13** C_3O_2 **1.15** $CH_{2.0}$, C_3H_6

1.17 27,6 g mol^{-1}, $BH_{3,02}$, B_2H_6, 27,66 g mol^{-1}, 1,50 g

1.19 $H_2S(g) + Pb(NO_3)_2 \rightarrow PbS(s)\downarrow + 2HNO_3$
$H_2S(g) + Pb^{2+} \rightarrow PbS(s) + 2H^+$

1.21 95,1% **1.23** 0,0197 mol, 3,71 g **1.25** BF_3, 0,250 mol

Capítulo 2

2.1 644 torr, 0,847 atm **2.3** 274 g mol^{-1}, $HgCl_2$(271,5 g mol^{-1}) **2.5** 23,1

2.7 $X_{He} = 0{,}333$, $X_{H_2} = 0{,}667$, $P_{He} = 0{,}83$ atm, $P_{H_2} = 1{,}66$ atm, $P_t = 2{,}49$ atm

2.9 0,35 **2.11** 0,48 **2.13** 431,5 m s^{-1}

2.15 Monoatômica: $C_p/C_V = 1{,}67$, biatômica: $C_p/C_V \cong 1{,}40$

2.17 1,013 bar, 406,6 polegadas de água

2.19 a) atm L = mol(atm L mol^{-1} K^{-1})K; b) J mol^{-1} = (J mol^{-1} K^{-1})K;
c) m s^{-1} = $[(kg\ m^2\ s^{-2}\ K^{-1})K/kg]^{1/2}$

2.21 8,51 cm^3, $2{,}9 \times 10^3$ atm

2.23 Sim, dP/dV = 0 para uma isoterma, no ponto crítico.

2.25 0,018 L mol^{-1}, não, com três moléculas próximas o volume excluído é menor do que com pares de moléculas, apenas.

2.27 $8{,}3 \times 10^9$, $8{,}3 \times 10^6$ e 83 colisões por segundo para o N_2, $9{,}7 \times 10^9$ colisões por segundo para o He

2.29 O caminho médio livre é maior do que a distância entre as paredes,, $\lambda = 10$ cm para $P = 10^{-6}$ atm.

2.31 $\eta \propto \sqrt{m}/\rho^2$, a relação de viscosidade deve ser 2,27, a colisão integral é importante.

2.33 $\kappa = \frac{25}{32}\left(\sqrt{\frac{k}{\Pi}}\ \sqrt{\frac{T}{m}}\right)\left(\frac{c_v}{\rho^2}\right)$, não depende de P, 0,369 cal K^{-1} g^{-1}.

Capítulo 3

3.1 O enxofre monoclínico irá sublimar e formar enxofre rômbico, indicando que esta última é mais estável.

3.3 0,80 torr **3.5** 23,7 kJ mol^{-1}, 23,9°C

3.7 23,8 torr, nada **3.9** 2,92 *m*, 2,57 *M* **3.11** 100 mL

3.13 0,1466 *M* **3.15** 40,0 mL **3.17** 0,10 *M*

3.19 a) $X_m = 0{,}49$, $X_e = 0.51$; b) $P_m = 43{,}5$ torr, $P_e = 22{,}7$ torr, $P_t = 66{,}2$ torr

3.21 3,86 K m^{-1} **3.23** 334 g

3.25 470 g mol^{-1}, Hg_2Cl_2 **3.27** Absorve, ΔH é positivo

Capítulo 4

4.1 a) $Q = P_{N_2O}(P_{H_2O})^2$ b) $Q = \dfrac{(P_{NH_3})^2}{(P_{H_2})^3 P_{N_2}}$ c) $Q = \dfrac{[Cu^+]^2}{[Cu^{2+}]}$

d) $Q = \dfrac{[I_3^-][Fe^{2+}]^2}{[I^-]^3[Fe^{3+}]^2}$ e) $Q = \dfrac{P_{CO_2}[Ca^{2+}]}{[H^+]^2}$

4.3 a) Não depende de unidades; b) Depende; c) Não depende

4.5 a) $1{,}1 \times 10^2$; b) $6{,}1 \times 10^{-3}$ **4.7** 0,137

4.9 a) $[Cu^{2+}] = 0$, $[Zn^{2+}] = 0{,}2$ *M*; b) o mesmo que na parte a);
c) Nenhuma mudança em qualquer concentração.

4.11 A pressão parcial do NO_2 marrom-vermelho irá se aproximar de 1 atm. O equilíbrio ocorre na boca do tubo de ensaio.

4.13 a) Mais formado b) Menos formado c) Mais formado

4.15 a) Menos sólido; b) Mais sólido c) Inalterado, d) Menos sólido.

4.17 a) Diminui; b) Maior fração dissociada

4.19 0,31 **4.21** $f = 0{,}25$, $P_0 = 0{,}43$ atm

4.23 $CO = H_2O = 0{,}12$ mol, $H_2 = CO_2 = 0{,}38$ mol

Capítulo 5

5.1 $K_{sp} = 1{,}1 \times 10^{-10}$ **5.3** Solubilidade = $1{,}2 \times 10^{-4}$ *M*

5.5 a) $1{,}3 \times 10^{-4}$ *M*; b) $1{,}6 \times 10^{-7}$ *M*; c) $8{,}6 \times 10^{-5}$ *M*

5.7 $[Na^+] = 4{,}0 \times 10^{-3}$ *M*, $[CrO_4^{2-}] = 2{,}0 \times 10^{-3}$ *M*, $[Ag^+] = 2{,}4 \times 10^{-5}$ *M*

5.9 $[Na^+] = 0{,}025$ *M*, $[NO_3^-] = 0{,}050$ *M*, $[Ag^+] = 0{,}025$ *M*, $[Cl^-] = 7{,}2 \times 10^{-9}$ *M*

5.11 $[SO_4^{2-}] = 1{,}1 \times 10^{-9}$ *M* quando $BaSO_4$ precipita

5.13 $[Cl^-] = [Ag^+] = 1{,}3 \times 10^{-5}$ *M*, $[Br^-] = 3{,}7 \times 10^{-8}$*M*

5.15 $HSO_4^- > HNO_2 > HSO_3^- > HCO_3^- > HPO_4^{2-} > OH^-$

5.17 $5{,}6 \times 10^{-10}$, $4{,}3 \times 10^{-4}$, $2{,}2 \times 10^{-12}$, $\sim 10^5$

5.19 a) VA; b) A; c) VB; d) A; e) B; f) NN; g) A

5.21 a) $[H_3O^+] = [OH^-] = 1{,}00 \times 10^{-7}$ *M*, pH = pOH = 7,00
b) $[H_3O^+] = 1{,}9 \times 10^{-3}$ *M*, pH = 2,72
$[OH^-] = 5{,}3 \times 10^{-12}$ *M*, pOH = 11,28
c) $[OH^-] = 1{,}9 \times 10^{-3}$ *M*, pOH = 2,72
$[H_3O^+] = 5{,}3 \times 10^{-12}$ *M*, pH = 11,28
d) $[OH^-] = 1{,}1 \times 10^{-5}$ *M*, pOH = 4,98
$[H_3O^+] = 9{,}5 \times 10^{-10}$ *M*, pH = 9,02

5.23 4.2×10^{-13} *M*, $8{,}4 \times 10^{-12}$ *M* **5.25** $3{,}6 \times 10^{-5}$ *M*

5.27 6.7×10^{-3} *M* **5.29** $4{,}5 \times 10^{-5}$ *M*

5.31 a) $5{,}9 \times 10^{-3}\,M$; b) $5{,}7 \times 10^{-3}\,M$; c) $1{,}8 \times 10^{-3}\,M$;
d) $1{,}8 \times 10^{-4}\,M$; e) $4{,}2 \times 10^{-9}\,M$; f) $5{,}5 \times 10^{-13}\,M$

5.33 36 mL

5.35 $[H_3PO_4] = 0{,}166\,M$, $[H_3O^+] = [H_2PO_4^-] = 3{,}4 \times 10^{-2}\,M$,
$[H_2PO_4^-] = 6{,}3 \times 10^{-8}\,M$, $[PO_4^{3-}] = 8{,}3 \times 10^{-19}\,M$; satisfazem ambas

5.37 $[OH^-] = 3{,}4 \times 10^{-10}\,M$

5.39 $[H_3O^+] = 1{,}7 \times 10^{-3}\,M$

5.41 $[AgNH_3^+] = 0{,}020\,M$, $[Ag^+] = [Ag(NH_3)_2^+] = 0{,}040\,M$

5.43 $[NH_3] = 0{,}33\,M$, $\dfrac{[Cu(NH_3)_4^{2+}]}{[Cu(NH_3)_2^{2+}]} = 2{,}1 \times 10^3$

■ Capítulo 6

6.1

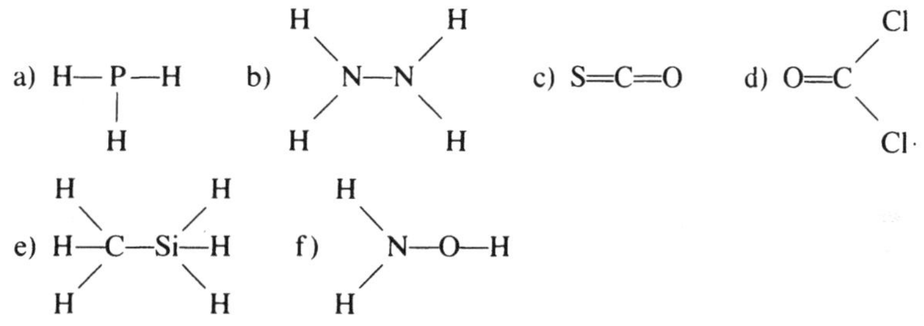

```
a) H—P—H        b)  H       H      c) S=C=O     d)      Cl
      |              \     /                            /
      H               N—N                          O=C
                     /     \                            \
                    H       H                            Cl

e)  H       H          f)  H
     \     /                \
   H—C—Si—H                  N—O—H
     /     \                /
    H       H              H
```

6.3

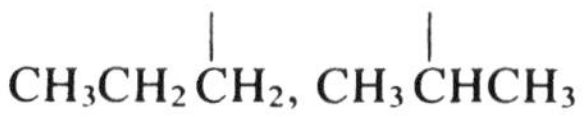

```
          |          |
CH3CH2CH2,  CH3CHCH3
```

6.5

```
 ..      ..     ..     .      .      .     ..       .
:N:     :F:    ·O:    ·N·    ·C·    ·B·   :Na:+    ·P·
 ..      ..     ..     ..     .             ..      ..
```

6.7

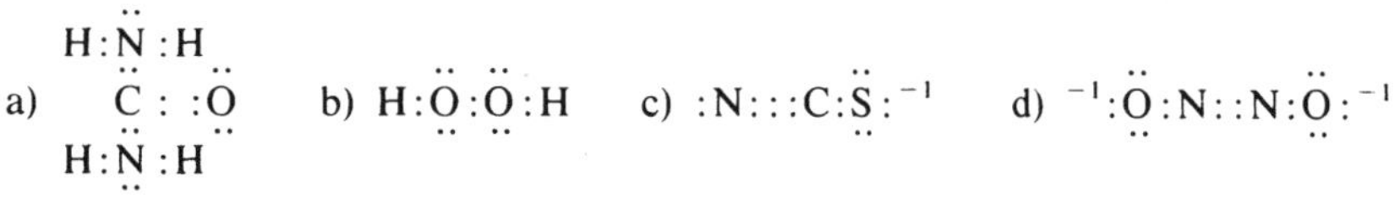

```
     ..
   H:N:H
      ..             .. ..                 ..              ..     ..
a)   C : :O     b) H:O:O:H     c) :N:::C:S:-1     d) -1:O:N::N:O:-1
      ..  ..         .. ..                 ..              ..     ..
   H:N:H
     ..
```

6.9

```
      H
      ..          ..  ..  ..            ..  ..
a) H:Si:H     b) :Cl:O:Cl:     c) -1:O:Cl:     d) :N:::O:+1
      ..          ..  ..  ..            ..  ..
      H

                       -1 +1          -1                   ..
                                                       +3 :O:-1
   ..     ..         ..    ..       ..   ..  ..            ..  ..  ..
e) S::C::O       f) :O:S::O      g) :O:N::O      h) -1:O:Cl:O:-1
   ..     ..         ..    ..       ..       ..            ..  ..  ..
                                                          :O:-1
                                                           ..
```

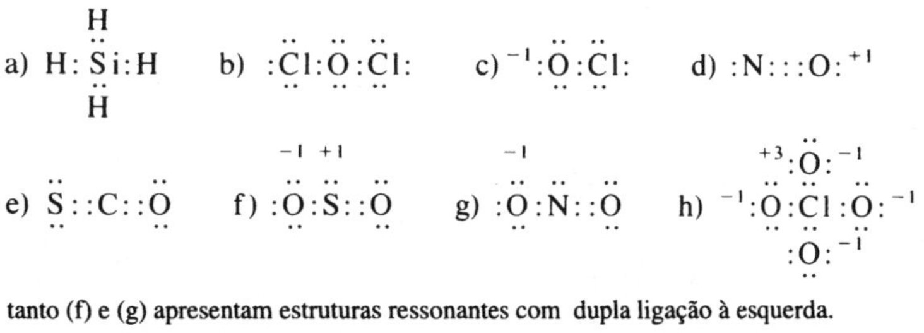

tanto (f) e (g) apresentam estruturas ressonantes com dupla ligação à esquerda.

6.11 Momentos dipolares não-nulos: H_2O, NH_3, PF_3, BrF_3, SF_4, BrF_5
Momentos dipolares nulos: BeH_2, CO_2, I_3^-, BF_3, NO_3^-, CH_4, SO_4^{2-}, XeF_4, IF_4^-, PF_5, SF_6

6.13 2.9×10^{-20} C, 0.18

6.15 CH_4: PL = 4, PI = 0, PV = 4, exatamente tetraédrico (109.5°)
NH_3: PL = 3, PI = 1, PV = 4, menor que 109.5° (108°)
H_2O: PL = 2, PI = 2, PV = 4, menor que 109.5° (105°)

6.17 a) OF_2: PL = 2, PI = 2, PV = 4, angular, menor que 109,5°
b) PF_3: PL = 3, PI = 1, PV = 4, piramidal, < 109,5°
c) BF_4^-: PL = PV = 4, PI = 0, tetraédrico
d) ICl_4^-: PL = 4, PI = 2, PV = 6, planar quadrado, 90°
e) IF_2^-: PL = 2, PI = 3, PV = 5, linear
f) ClO_3^-: BP = 3, LP = 1, VP = 4, piramidal, < 109,5°

6.19 a) BH_3, 120°; NH_3, 105°, visto que o CH_3 tem um ângulo de 117 quase não necessita de espaço para acomodar o elétron isolado.

b) OH_2 tem dois pares isolados, 105°; BeH_2 não tem pares isolados, 180°. Visto que o CH_2 (não emparelhado) tem dois pares de elétrons desemparelhados, necessitam pouco espaço, e o ângulo é 134°

6.21 A mudança de energia é $-1{,}047$ kJ mol^{-1}. Uma grande quantidade de energia é liberada pois a ligação: C—O é forte, em comparação com as ligações C—C e O—O

6.23 Caminho 1. $H_2O_2 \rightarrow 2\ OH$, $2\ OH \rightarrow 2\ H$, $\Delta\tilde{H}° = 1{,}070$ kJ mol^{-1}
Caminho 2. $H_2O_2 \rightarrow H + HO_2$, $HO_2 \rightarrow O + OH$, $OH \rightarrow O + H$, $\Delta\tilde{H}° = 1{,}071$ kJ mol^{-1}
Caminho 3. $H_2O_2 \rightarrow H + HO_2$, $HO_2 \rightarrow H + O_2$, $O_2 \rightarrow 2\ O$, $\Delta\tilde{H}° = 1{,}069$ kJ mol^{-1}

6.25 $\Delta\tilde{H}° = +58$ kJ mol^{-1}, endotérmico.

6.27 C—H = 410,5 kJ mol^{-1}, C—C = 325 kJ mol^{-1}, C═C = 584 kJ mol^{-1}, C≡C = 806 kJ mol^{-1}

6.29 120°; visto que o observado é 2,4° menor, a dupla ligação diminui o ângulo, como se fosse um par isolado.

6.31 O valor do C_2 é próximo da energia da ligação C=C, :C::C:. Não é possível uma estrutura de octeto completo.

■ Capítulo 7

7.1 a) $I_2(s) + H_2S(g) \rightarrow 2I^- + 2H^+ + s(s)$
b) $2I^- + H_2SO_4 + 2H^+ \rightarrow I_2(s) + SO_2(g) + 2H_2O$
c) $3Ag + 4H^+ + NO_3^- \rightarrow 3Ag^+ + NO(g) + 2H_2O$
d) $3CuS + 8H^+ + 8NO_3^- \rightarrow 3Cu^{2+} + 3SO_4^{2-} + 8NO(g) + 4H_2O$
e) $2S_2O_3^{2-} + I_3^- \rightarrow S_4O_6^{2-} + 3I^-$
f) $4Zn + 10H^+ + NO_3^- \rightarrow 4Zn^{2+} + NH_4^+ + 3H_2O$
g) $3HS_2O_3^- + H^+ \rightarrow 4S(s) + 2HSO_4^- + H_2O$
h) $Cr_2O_7^{2-} + 3C_2H_4O + 8H^+ \rightarrow 2Cr^{3+} + 3C_2H_4O_2 + 4H_2O$
i) $3MnO_4^- + 4H^+ \rightarrow MnO_2(s) + 2MnO_4^- + 2H_2O$

7.3 a) $8Al + 3NO_3^- + 5OH^- + 18H_2O \rightarrow 8Al(OH)_4^- + 3NH_3$
b) $PbO_2(s) + Cl^- + OH^- + H_2O \rightarrow Pb(OH)_3^- + ClO^-$
c) $N_2H_4 + 2Cu(OH)_2(s) \rightarrow 2Cu + N_2(g) + 4H_2O$
d) $2Ag_2S(s) + 8CN^- + O_2(g) + 2H_2O \rightarrow 4Ag(CN)_2^- + 2S(s) + 4OH^-$
e) $3ClO^- + 2Fe(OH)_3(s) + 4OH^- \rightarrow 3Cl^- + 2FeO_4^{2-} + 5H_2O$

7.5 a) Inalterado; b) Mais forte; c) Mais forte; d) Inalterado.

7.7 Fe^{3-} **7.9** 78,2

7.11 Cela 1: $n = 2$, $\Delta\mathscr{E}° = 0{,}179$ V
Cela 2: $n = 1$, $\Delta\mathscr{E}° = 0{,}358$ V; $K = 1{,}1 \times 10^6$

7.13 $-0{,}037$ V

7.15 a) Ambos negativos; b) Cd^{2+} oxidante; Zn redutor.
c) Zn em Cd^{2+} apenas; d) Mais negativo, e) $\Delta\mathscr{E}° = 0{,}36$ V, Zn

7.17 0,398 V, Ag **7.19** $[H^+] < 0{,}10\ M$, $[H^+] = 1{,}9 \times 10^{-4}\ M$

7.21 0,6498 M

7.23 a) 0,73 V; b) 0,77 V; c) 0,81 V; d) 1,26 V; e) 1,70 V;
f) $[Fe^{3+}]$ é pequeno, porém desconhecido.

7.25 865 s, Zn peso = 0,439 g, Cu peso = 0,427 g

■ Capítulo 8

8.1 a) 100 J; b) $1{,}01 \times 10^4$ J; c) 418 J; d) 100 J

8.3 ΔT, ΔP, ΔV, e ΔE são todos nulos.

8.5 $q = 2{,}08$ kJ, $w = -0{,}831$ kJ, $\Delta E = 1{,}25$ kJ, $\Delta H = 2{,}08$ kJ

8.7 $-RT \ln V_1/V_2$ **8.9** Todos nulos.

8.11 $-24{,}8$ kJ mol^{-1}, $-211{,}02$ kJ mol^{-1}, $-313{,}78$ kJ mol^{-1}

8.13 $\Delta\tilde{E} = -5151$ kJ mol^{-1}, $\Delta\tilde{H} = -5156$ kJ mol^{-1}, $\Delta\tilde{H}_f^\circ = 78$ kJ mol^{-1}

8.15 8,43 J K^{-1} **8.17** 5,76 J mol^{-1} K^{-1} **8.19** 5,76 J K^{-1}

8.21 15,36, 117,3, −11,40, em J mol^{-1}K^{-1}

8.23 12,39, −60,83, −57,83, −242.6 em J mol^{-1} K^{-1}

8.25 Cl_2, 85,7; C_6H_6, 87,0; $CHCl_3$, 88,0; $PbCl_2$, 90,8; H_2O, 109; C_2H_5OH, 110; J mol^{-1} K^{-1}. Os líquidos com pontes de hidrogênio tem maior ordem devido às pontes, e o grau de ordem diminui após a evaporação.

8.27 86,56 (86,55), 51,32 (51,29), −109,83 (−109,805), −166,3 (−166,35), kJ mol^{-1}

8.29 Zero, 14,2 kJ mol^{-1}

8.31 $\Delta\tilde{G}^\circ = -70{,}882$ kJ mol^{-1}, $\Delta\tilde{H}^\circ = -98{,}89$ kJ mol^{-1}; $K_{298} = 2{,}6 \times 10^{12}$
$K_{600} = 4{,}9 \times 10^3$

8.33 $5{,}6 \times 10^{-10}$ **8.35** −369,48 kJ mol^{-1}

8.37 $\Delta\tilde{G}^\circ = -154{,}246$ kJ mol^{-1}, $\Delta\mathscr{E}^\circ = 0{,}79933$ V $= \mathscr{E}^\circ(Ag^+)$

8.39 $\mathscr{E} = 0{,}22238$ V

8.41 $K_f = 1{,}86$ K m^{-1}, $K_b = 0{,}512$ K m^{-1}

Capítulo 9

9.1 Velocidade $= -(1/2)d[O_3]/dt = (1/3)d[O_2]/dt$

9.3 a) s^{-1}; b) L mol^{-1} s^{-1}; c) L^2 mol^{-2} s^{-1}

9.5 Velocidade da primeira reação $= (1/2)d[O_3]/dt = k[O_2]^2$;
Velocidade da segunda reação $= d[O_3]/dt = k'[O_2]^2$; $2k = k'$.
A primeira reação consome duas vezes mais O_3 por mol de reação e assim é apenas metade mais rápida.

9.7 $5{,}6 \times 10^2$ dias, $5{,}1 \times 10^3$ dias.

9.9 k = 6,2, 6,3, 6,5, 6,0, 6,1, 6,3, 6,1, all $\times 10^{-4}$ s^{-1}

9.11 −1 ordem **9.13** $-d[O_3]/dt = k[O_3]^2/[O_2]$, $k = 5{,}7 \times 10^{-3}$ s^{-1}

9.15 $Kk_2 = 60$ s^{-1}

9.17 $-d[NH_4^+]/dt = K_1K_2k_3[NH_4^+][HNO_2]$

9.19 $k_s = \dfrac{2k_1k_3[O_2]}{k_2[O_2]^2 + k_3[O_3]}$

9.21 $k_3 = 2.4 \times 10^7$ L mol^{-1} s^{-1}

9.23 104 kJ mol^{-1}

9.25 50 kJ mol^{-1}

9.27 $3{,}47 \times 10^3$ s; $k/[H^+]$ = 9,52, 12,0, 15,1, 19,0, all $\times 10^{-3}$ M^{-1} min^{-1}

9.29 Zero-ordem, 0.083 s

Capítulo 10

10.1 a) Metro (m), kilograma (kg), segundo (s), joule (J), coulomb (C), newton (N), pascal (Pa); N), pascal (Pa); b) 2,134 m, 844,143 kJ, $2{,}193 \times 10^{-19}$ C ou 0,2193 aC, 1,6835 J

10.3 96,485 kJ mol^{-1}, a constante de Faraday

10.5 $8{,}945 \times 10^5$ C kg^{-1}, o valor para o elétron é 10^5 vezes maior

10.7 $8{,}45 \times 10^{-13}$ J, 5,27 MeV **10.9** $6{,}00 \times 10^{14}$ Hz

10.11 633 nm **10.13** 199 kJ mol^{-1}, 0,0759 a.u.

10.15 656,470 nm, 486,274 nm

10.17 1,112, 1,009, 1,0005, 1,0000

10.19 $n = 1$; $l = 0$; $m_l = 0$; $m_s = \pm 1/2$; 2 combinações
$n = 3$; $l = 1$; $m_l = -1,0,1$; $m_s = \pm 1/2$; 6 combinações
$n = 4$; $l = 2$; $m_l = -2,-1,0,1,2$; $m_s = \pm 1/2$; 10 combinações
$n = 5$; $l = 3$; $m_l = -3,-2,-1,1,2,3$; $m_s = \pm 1/2$; 14 combinações.

10.21 $\theta = 90$, são todos nulos em seus planos nodais.

10.23 0,529 Å, 2,12 Å, 4,76 Å, As probabilidades para orbitais sem nós radiais ($1s, 2p, 3d$) são máximas nesses raios de Bohr.

10.25 $1s^2$, $1s^22s^22p$, $1s^22s^22p^6$, $1s^22s^22p^63s^2$, $1s^22s^22p^63s^23p^63d^{10}4s^24p^6$

10.27 $1s^22s^22p^63s^23p^63d^3$ ([Ar]$3d^3$), [Ar]$3d^3$, [Ar]$3d^5$, [Ar]$3d^{10}$, $1s^22s^22p^63s^23p^63d^{10}4s^24p^64d^{10}$, $1s^22s^22p^63s^23p^63d^{10}4s^24p^64d^{10}5s^25p^64f^{14}5d^8$

10.29 N, Be^+, S^+, Mn^{2+}

10.31 H tem apenas Z = 1, e o elétron 1s no He (Z = 2) blinda o outro muito pouco enquanto que no Li (Z = 3) a blindagem do 2s é eficiente. O 2s também tem n = 2, o que leva a uma menor energia de ionização.

10.33 $E_0(He) = 7.622{,}6$ kJ mol^{-1}, $E_0(H^-) = 1.384{,}8$ kJ mol^{-1}

10.35 765,25 (8700,7) kJ mol^{-1}, 2.262,1 (2.427.0) kJ mol^{-1}

■ Capítulo 11

11.1 a) 192,3 kJ mol^{-1}; b) 47,7 kJ mol^{-1}; c) 1.037,3 kJ mol^{-1}; d) 1.594,4 kJ mol

11.3 29.1 Å, muito maior que uma distância de ligação.

11.5 3.1 Å (Ca^+O^-), 3,49 Å ($Ca^{2+}O^{2-}$), Só o $Ca^{2+}O^{2-}$ é estável.

11.7 0,33̇, 0,52, 0,73, 0,82, os últimos três cátion-ânion (NaCl), primeiro ânion-ânion (NaCl), últimos dois cátion-ânion (CsCl).

11.9 Na^-—Cl^-
Cl^-—Na^+

11.11 1,16 Å, 1,72 Å, 1,93 Å, não afetado.

11.13 $\overline{EC}$ = energia cinética média do elétron; $\overline{EP}$ = atração coulômbica média do elétron pelos núcleos mais a repulsão internuclear; $\overline{EP}$ = -538,8 kJ mol^{-1}, $\overline{EC}$ = 269,4 kJ mol^{-1}.

11.15 EC = energia cinética de ambos os elétrons, EP = atração elétron-núcleo + repulsão internuclear. O último termo é novo e acrescenta energia com sinal positivo para o H_2.

11.17 Natureza do orbital

11.19 , entre núcleos, baixa energia potencial.

11.21 , entre os núcleos acima e eixos de ligação, sim.

11.23 sp^3 do N, mais 1s do 3H formam três ligações sigma e um par não ligante sobre o N; PV = 4, PL = 3, PI = 1.

11.25 sp^2; $2s$, $2p_x$, $2p_y$; $1s$ no H + sp^2 no C

11.27 HCCH, ligação tripla com híbridos sp, CN^-, sim, H—C—N

11.29 Orbitais localizados interagem para dar dois deslocalizados.

11.31 −0,65 a.u.; 1, 700 kJ mol^{-1}

11.33 -2β

■ Capítulo 12

12.1 a) F_2^-, b) NO, c) BO, d) NO, e) Be_2^+

12.3 a) $(\sigma 2s)^2$, b) $(\sigma 2s)^2(\sigma^* 2s)^2(\pi 2p_x)^1(\pi 2p_y)^1$,
c) $(\sigma 2s)^2(\sigma^* 2s)^2(\pi 2p_x)^2(\pi 2p_y)^2(\sigma 2p)^2$,
d) $[N_2](\pi^* 2p_x)^2(\pi^* 2p_y)^2(\sigma^* 2p)^1$, B_2 tem dois, e o Ne_2^+ tem um.

12.5 CO e CN^- (ou NO^+) têm triplas ligações

12.7 Cinco de cada lado, porém endotérmico devido à estabilidade do N_2.

12.9 RPEV: PV = 4, PL = 2, PI = 2, ângulo menor que o tetraédrico. tetrahedral
OM: orbital qp_y favorece a molécula angular, porém qp_z se opõe a 90º. 90°

12.11 Linear: (a), (b) e (d).

12.13 Angular, devido ao elétron π_x^*.

12.15 Linear: (a), (b), (f) e (g)

Capítulo 13

13.1 Ar, K: K é um metal, Ar é um gás inerte; Te, I: as fórmulas dos hidretos são HI e H_2Te H_2Te

13.3 44:Sc, 68:Ga, 100:Tc; Ge é semimetal, GeO_2 é óxido ácido, GeH_4 é um hidreto volátil, termodinamicamente instável.

13.5 Li:13,0, B:4,62, Na:23,7, Al:10,0, Co:6,6, $cm^3\ mol^{-1}$

13.7 O^{2-}: isoeletrônico porém com maior carga negativa
Se^{2-}: mesmo grupo, porém maior número atômico
Tl^+: mesmo elemento, porém menor carga positiva
Mn^{2+}: isoeletrônico, porém menor carga positiva
Ti^{2+}: entre os primeiros da série de transição.

13.9 Al > Cu > Ag > Au

13.11 $X_H—X_F = 1,79(1,8)$, $X_H—X_{Cl} = 1,05(1,0)$, $X_H—X_{Br} = 0,89(0,8)$,
$X_H—X_I = 0,65(0,5)$

13.13 276 kJ mol^{-1}

13.15 3,18(3,2)

13.17 Estado de oxidação mais alto para (a) aumenta a estabilidade, para (b) dimininui.

13.19 HCl, PH_3, H_2O

13.21 CO_2(g) quase zero, N_2O_5 (g) -349 J $mol^{-1}K^{-1}$, nenhuma mudança em mols para o CO_2 gasoso, porém diminui para o N_2O_5.

13.23 $M(s) + \frac{1}{2}O_2(g) \rightarrow M(g) + O(g) \rightarrow M^{2+}(g) + O^{2-}(g) \rightarrow MO(s)$. Isso torna $\Delta \tilde{H}_f^\circ$ menos negativo: (a) fortes ligações metálicas, (b) alto $I_1 + I_2$, (c) íons grandes.

Capítulo 14

14.1 a) Todos metais; b) Todos +1; c) Todos moles; d) Todos iônicos;
e) Todos não-voláteis;; f) 0,85, 0,85, 0,87, 0,87, 0,91 Å

14.3 Li:1.34 Å, Na:1.54 Å, mais próximo de Bragg-Slater

14.5 −479, −386, −319, −298, −274, all kJ mol^{-1}; pouca melhoria.

14.7 $\frac{1}{2}H_2(g) + M^+(aq) \rightarrow H(g) + M^0(g) \rightarrow H^+(g) + M(g) \rightarrow H^+(aq) + M(s)$

14.9 $-U = 494$ kJ mol^{-1}, no sólido cada íon é envolvido por vários íons de sinais opostos.

14.11 a) Todos metais; b) Todos +2; c) Be, Mg duros, os outros moles;
d) Be covalente, os outros iônicos; e) todos não voláteis; f) 0,74, 0,85, 0,81, 0,87, 0.83 Å

14.13 Ba, menor

14.15 $BeSO_4$ menos estável, $BaSO_4$ mais estável.

14.17 −462 kJ mol^{-1}, $Ba^+(g)$ estável, 482 kJ mol^{-1}, apenas em pequenas quantidades.

14.19 Provavelmente instável, com orbitais ligantes e antiligantes completos.

14.21 a) B é semimetal, os outros são metais. b) +3 porém +1 e In,Tl;
c) B e Al são duros, os outros são moles. d) B é covalente, os demais iônicos
e) B é volátil, Al não-volátil, os outros são desconhecidos
f) B é acido, Al e Ga anfóteros, In e Tl são básicos.

14.23 a) $2B(OH)_3 + B(OH)_4^- \rightarrow B_3O_3(OH)_4^- + 3H_2O$
b) $2B(OH)_3 + 2B(OH)_4^- \rightarrow B_4O_5(OH)_4^{2-} + 5H_2O$
c) $4B(OH)_3 + B(OH)_4^- \rightarrow B_5O_6(OH)_4^- + 6H_2O$

14.25

```
            H
            |
           :O:
       ..   |  ..               ..      ..
a) H—O— B—O—H        b) H—O—B— O—H
       ..   |  ..               ..   |   ..
           :O:                      :O:
            |                        |
            H                        H

      ..          ..  ..         ..       2−
   H—O          O—O          O—H                 H    H·   H
      .. \      / ..  .. \      / ..               \  . .  /
c)        B                B          d) H—B—H   e)   B    B
      .. /      \ ..  .. /      \ ..        |          /  . .  \
   H—O          O—O          O—H          H        H    H    H
      ..          ..  ..         ..
```

14.27 $K = 1{,}7 \times 10^{-55}$, sim

14.29 a) C é não metal, Si e Ge são semi-metais, Sn e Pb metais;
b) todos +4 com +2 para o Ge, Sn e Pb;
c) C pode ser duro ou mole, Si e Ge são duros, Sn e Pb moles;
d) C, Si e Ge são covalentes, Sn e Pb iônicos;
e) todos voláteis; f) em ordem, com o C apresentando ligações mais fortes;
g) C, Si e Ge são ácidos, Sn e Pb são anfóteros.

14.31 a) 1,652 (1,663) kJ mol^{-1};
b) 2,826 (2,825) kJ mol^{-1};
c) −559 (−572) kJ mol^{-1};
d) −629 (−611) kJ mol^{-1};
e) −559 (−560) kJ mol^{-1}

14.33 $1{,}2 \times 10^{-4}$

14.35 Para as transições de fase, a espécie em temperatura mais baixa tem menor entropia, e $\Delta H \cong T\,\Delta\,S$ próxima da temperatura de transição.

14.37 Sn^{2+} é o menor íon, e sua interação coulômbica com o próton da água é maior.

■ Capítulo 15

15.1 a) O N e o P são não metais, As e Sb são semimetais, e Bi é metal;
b) N -3 a 5, inclusive; P -3, 1, 3, 5; As e Sb -3, 3, 5; Bi 3, 5;
c) N é gás, os demais sólidos
d) N, P, As, e Sb são covalentes, Bi é iônico;
e) Todos voláteis, sendo o BiH_3 raro;
f) Em ordem, sendo N o maior. **15.3** H-N-N-N,

15.3

```
H—N—N—H,
  |   |
  H   H
```

não planar, com ângulos próximos do H H tetraédrico,
básico, solúvel, sim, abaixo de 150 °C, oxidação.

15.5 Sublimação e dissociação, 144, 222, 236 e 219 kJ mol^{-1} para a molécula X_2 (g), valores menores esperados para o X_4 (g)

15.7 N_3^-, OCN^- são isoeletrônicos com respeito ao CO e são lineares

15.9 *cis*, 10^{-2}

15.11 $7{,}1 \times 10^{-3}$ ($7{,}1 \times 10^{-3}$), $6{,}1 \times 10^{-8}$ ($6{,}6 \times 10^{-8}$), $4{,}0 \times 10^{-13}$ ($4{,}5 \times 10^{-13}$); o primeiro diminui, os demais aumentam.

15.13 $K_x = 6{,}5 \times 10^{-3}\, P_t$, 159 atm, 1,590 atm

15.15 a) O, S, Se são não metais, Te é semimetal; b) O −2, −1; S, Se, e Te −2, 4, 6;
c) O é gás, os outros são sólidos; d) Todos covalentes; e) Todos voláteis;
f) Em ordem, sendo O o maior; g) Todos ácidos.

15.17 Piramidal, quase tetraédrico

15.19 $2H^+ + S_2O_3^{2-} \rightarrow S(s) + SO_2(g) + H_2O$, $K = 500$, $[H^+] = 0{,}04\ M$

15.21 Sem reação n **15.23** 30, sim, visto que K é bastante grande

15.25 1.09 (0.97) J mol^{-1} K^{-1}; sim, a forma alotrópica de alta temperatura sempre tem maior capacidade calorífica.

15.27 a) Todos considerados como não-metais; b) F −1; Cl −1, 1, 3, 5, 7; Br −1, 1, 3, 5; I −1, 1, 5, 7; c) F e Cl gases, Br líquido, I sólido; d) Todos covalentes. e) Todos voláteis; f) Cl_2, Br_2, F_2, I_2; g) Todos ácidos.

15.29 As forças de Van der Waals aumentam com o número de elétrons.

15.31 $B = -0.4$ Å, $A = -550$; B é negativo; A é mais próximo em valor.

15.33 Os semimetais são encontrados para o grupo VI no sentido inferior da coluna.

15.35 HCl é mais negativo por 11 kJ mol^{-1}, sim

15.37 −103 J mol^{-1} K^{-1}, 89 J mol K^{-1}

15.39 a) $\frac{[Cl^-]^2[ClO_3^-]}{[ClO_3^-]^3} = 6 \times 10^{27}$ b) $\frac{[Br^-]^5[BrO_3^-]}{[OH^-]^6} = 1 \times 10^{47}$

c) $\frac{[I^-]^5[IO_3^-]}{[OH^-]^6} = 4 \times 10^{26}$

15.41 a) I_3^-, b) ICl_4^-, c) ClO_3^-, d) ClO_4^-

15.43 Pirâmide quadrada, tetraédro distorcido; sim, ambos são menos eletronegativos que o F than F.

15.45 161, 149, 146 kJ mol^{-1}

■ Capítulo 16

16.1 Usando o ciclo de Born-Haber as maiores diferenças são os valores altos de I_2 para o Cu, e os valores baixos de $\Delta\tilde{H}_f^\circ$ para o Zn(g). Isso faz do Cu^{2+} o mais fácil de ser reduzido, e do Zn^{2+}, o mais difícil.

16.3 Zn, sim, fraco. O Zn não é um metal de transição típico pois seus orbitais d estão preenchidos e não estão disponíveis para ligação.

16.5 a) íon tetraaaminzinco(II) b) íon triclorotriamincobalto(III) c) íon hexafluoroferrato(III) d) íon oxovanádio(IV) e) íon dicianoargentato(I) f) íon pentacianonitrosilferrato(III)

16.7 A Fig. 16.7 mostra apenas dois isômeros

16.9 $(t_{2g})^3$, três, não.

16.11 Complexo de spin baixo, como alto Δ_0

16.13 $(e_g)^1$, $e_g \rightarrow t_{2g}$

16.15 873 nm, ligeiramente maior que o máximo de absorção.

16.17 Seis, existem três elétrons desemparelhados no t_{2g}, três desemparelhados no t_{2g} e mais dois no e_q*; Ti^{3+} e Cr^{3+} apenas em orbitais atômicos, Mn^{2+} nos dois tipos.

16.19 L → M

16.21 Seis, seis, seis

16.23 +4, TiO_2, Ti^{3+}, um,, $t_{2g} \rightarrow e_g$

16.25 Intermediário, Cr(II) é um agente redutor, Cr(IV) é um agente oxidante, complexos octaédricos estáveis.

16.27 O potencial de redução para o Mn^{3+} é muito positivo, O MnO_2 é oxidado em KOH pelo KNO_3 a MnO_4^{2-}, e desproporciona em ácido em MnO_4^- e MnO_2.

16.29 $[Fe^{3+}] = 0{,}08\ M$, $[H^+] = [FeOH^{2+}] = 0{,}02\ M$, $[Fe(OH)_2^+] = 3 \times 10^{-4}\ M$

16.31 O Ag^+ é estável, o Cu^+ precisa ser estabilizdo, o Cu^{2+} é estável, o Ag^{2+} não é estável em água, forma CuI(s) e I_2, forma $AgCl_2^-$

16.33 Zn^{2+}, Cd^{2+}; Hg_2^{2+} pelo Hg^{2+}; Cd e Hg pelo Zn **16.35** 0,017 M

Capítulo 17

17.1 a)

$$\begin{array}{c}CH_3\\ |\\ CH_3\,C\,CH_2CH_2CH_3\\ |\\ CH_3\end{array}$$

b)

$$\begin{array}{l}\qquad\;\; CH_3\;\; CH_3\\ \qquad\quad |\qquad |\\ CH_3\,CH\,CH\,CHCH_3\\ \qquad\qquad |\\ \qquad\quad\; CH_3\end{array}$$

c)

$$\begin{array}{l}\quad\;\; CH_3\\ \qquad |\\ CH_3\,CH\,CHCH_2CH_2CH_2CH_3\\ \qquad\quad |\\ \qquad\; CH_2CH_3\end{array}$$

d)

$$\begin{array}{l}\qquad\; CH_3CHCH_3\\ \qquad\qquad |\\ CH_3CH_2\,C\,CH_2CH_2CH_2CH_3\\ \qquad\qquad |\\ \qquad\quad\;\; CH_3\end{array}$$

17.3 $CH_3CH_2CH_2CH_2CH_3$ pentano

$$\begin{array}{l}\quad\;\; CH_3\\ \qquad |\\ CH_3\,CHCH_2CH_3\end{array}$$

isopentano

$$\begin{array}{c}CH_3\\ |\\ CH_3\,C\,CH_3\\ |\\ CH_3\end{array}$$

neopentano

Não existem centros quirais nem estereoisômeros

17.5

$$\begin{array}{l}\quad\;\; CH_3\\ \qquad |\\ CH_3\,CH\,C^*HCH_2CH_3\\ \qquad\quad |\\ \qquad\;\; CH_3\end{array}$$

O carbono 3 é um centro quiral

17.7 a)

$$\begin{array}{l}\qquad\quad CH_3\\ \qquad\qquad |\\ CH_2{=}\,C\,CH_2CH_3\end{array}$$

b)

$$\begin{array}{l}CH_2{=}CH\,CHCH_3\\ \qquad\qquad |\\ \qquad\quad\;\; CH_3\end{array}$$

c)

$$\begin{array}{ccc}H & & H\\ & \diagdown\;\;\diagup & \\ & C{=}C & \\ & \diagup\;\;\diagdown & \\ CH_3 & & CH_2CH_3\end{array}$$

d)

$$\begin{array}{ccc}CH_3 & & H\\ & \diagdown\;\;\diagup & \\ & C{=}C & \\ & \diagup\;\;\diagdown & \\ H & & CHCH_3\\ & & |\\ & & CH_3\end{array}$$

17.9 a)

$$\begin{array}{l}\qquad\qquad OH\\ \qquad\qquad\; |\\ CH_3CH_2\,CH\,CHCH_2CH_3\\ \qquad\qquad\qquad |\\ \qquad\qquad\;\; CH_3\end{array}$$

b)

$$\begin{array}{l}\qquad OH\quad\; CH_3\\ \qquad\; |\qquad\quad |\\ CH_3\,CHCH_2\,C\,CH_3\\ \qquad\qquad\quad\; |\\ \qquad\qquad\;\; CH_3\end{array}$$

c)

$$\begin{array}{l}\;\; O\quad\;\; CH_3\\ \;\; \|\qquad\; |\\ HC\,CH\,CHCH_3\\ \qquad |\\ \quad\; CH_3\end{array}$$

d)

$$\begin{array}{l}\qquad\qquad\; O\\ \qquad\qquad\; \|\\ CH_3CH_2C\,CH_2CH_2CH_2CH_3\end{array}$$

e) $CH_3OCH_2CH_2OCH_3$

f)

$$\begin{array}{l}\qquad O\\ \qquad \|\\ HOC\,CH_2CH_2CH_3\end{array}$$

17.11

$$\begin{array}{l}\; O\\ \; \|\\ HC\,CH_2CH_3\end{array}$$

propanal

$$\begin{array}{l}\qquad\; O\\ \qquad\; \|\\ CH_3\,C\,CH_3\end{array}$$

acetona

$$\begin{array}{l}OH\\ \;|\\ \triangle\end{array}$$

ciclopropanal, e éteres cíclicos também são possíveis.

$$\overset{O}{\overset{\|}{\text{HOC}}}\text{CH}_2\text{CH}_3$$

17.13 $HOCCH_2CH_3$ (com =O no C) ácido propanóico $\quad$ CH_3OCCH_3 (com =O no C) acetato de metila

CH_3CH_2OCCH (com =O no C) Formiato de etila, mais alguns álcoois pouco comuns.

17.15 a) $CH_2{=}CHCH_3$ propeno $\quad$ b) CH_3CCH_3 (com =O no C central) acetona

c) $CH_2{=}C(CH_3)CH_3$ 2-metil propeno

d) $HCCH_2CH_2CH_3$ (com =O no C) butanal $\quad$ $HOCCH_2CH_2CH_3$ (com =O no C) ácido butanóico

17.17 a) $CH_3C(CH_3)(Cl)CH_3$ cloreto de t-butila

b) $CH_3CH_2C(CH_3)(Cl)CH_2CH_3$ 3-cloro-3-metilpentano

Capítulo 18

18.1 -14 kJ mol^{-1}

18.3 Mistura de $H_2PO_4^-$ e HPO_4^{2-}

18.5 a) $CH_2OHCHOHCH_2OH$; b) veja o texto 911; c) $CH_3COCOOH$; d) $CH_3CHOHCOOH$

18.7 a) $x = 2$; b) $y = 8$

18.9 Sub, reac, sub, dis, sub, ox-red, reac, elim, elim

18.11 a) $4{,}5 \times 10^{-3}(1{,}8 \times 10^{-5})$, $1{,}5 \times 10^{-10}(5{,}6 \times 10^{-9})$; b) o próton do COOH deixa um ácido positivamente carregado e o próton do NH_4^+ deixa um ácido neutro.

18.13 As cargas do íon duplo (zwitter ion) são removidas na proteína

18.15 O carbono é sp^2 deixando o orbital $2p_z$ em um sistema p.

18.17 Quatro

18.19 DNA:A, G, T, C; RNA:A, G, U, C

18.21 Purina

18.23 Tyr, Leu, Lys

18.25 Poly Phe

18.27 GGG, Pro; UGC, Thr

Capítulo 19

19.1 28,30 MeV, 7,07 MeV por núcleon (5,53 MeV)

19.3 $4{,}81 \times 10^{-12}$g

19.5 $2{,}11 \times 10^{-13}$cm, $3{,}94 \times 10^{-38}cm^3$ por partícula, $2{,}37 \times 10^{-14}cm^3\ mol^{-1}$

19.7 ^2H, ^7Li, ^{35}Cl têm momentos quadrupolares

19.9 a) $^{120}_{51}Sb \rightarrow {}^{120}_{50}Sn + {}^{0}_{+1}\beta$; b) $^{35}_{16}S \rightarrow {}^{35}_{17}Cl + {}^{0}_{-1}\beta$;
c) $^{230}_{90}Th \rightarrow {}^{226}_{88}Ra + {}^{4}_{2}\alpha$; d) $^{18}_{9}F \rightarrow {}^{18}_{8}O$

19.11 ${}^{1}_{0}n \rightarrow {}^{1}_{1}p + {}^{0}_{-1}\beta$, 0,78 MeV

19.13 sim.

19.15 0,511 MeV, 0.0024 nm

19.17 $1{,}55 \times 10^{-5}$ MeV, sim, sim.

19.19 $3{,}7 \times 10^{7}$ Bq = 10^{-3} Ci

19.21 34 min, $2{,}0 \times 10^{-2}$ min^{-1}

19.23 $1{,}5 \times 10^{4}$ anos

19.25 ${}^{3}_{1}H$, ${}^{10}_{5}B + {}^{1}_{0}n \rightarrow {}^{3}_{1}H + 2{}^{4}_{2}He$, ${}^{3}_{1}H \rightarrow {}^{3}_{2}He + {}^{0}_{-1}\beta$

19.27 a) 26,73 MeV; b) 23,8 MeV

■ Capítulo 20

20.1 a) Molecular; b) Metálico; c) Iônico; d) Covalente; e) Molecular; f) Iônico.

20.3 Cu^{+} = 0,96, Cu^{2+} = 0,04

20.5 $V = 16\sqrt{2}\,R^{3}$, 0,74

20.7 $\sqrt{6}\,R$, $(\sqrt{3} - \sqrt{2})R/\sqrt{2}$

20.9 53 pm

20.11 -773 kJ mol^{-1}

CONSTANTES FÍSICAS

Os valores CODATA de 1973 para constantes físicas usados neste texto são dados abaixo. Entretanto os valores CODATA de 1986 para constantes físicas* tornaram-se disponíveis quando a edição americana estava para ser impressa; estes novos valores estão listados entre colchetes, abaixo dos antigos. A incerteza nos últimos algarismos siganificativos é indicada pelos números entre parêntesis.

Número de Avogadro = N_A = 6,022045(310 x 10^{23} mol^{-1}
[6,0221367(36)]

Raio de Bohr = a_0 = 5,2917706(44) x 10^{-11} m
[5,29177249(24)]

Constante de Boltzmann = k = 1,380662(44) x 10^{-23} JK^{-1}
[1,380658(12)]

Carga eletrônica = e = 1,6021892(45) x 10^{-19} C
[1,60217733(49)]

Massa do elétron = m = 9,109534(47) x 10^{-31} kg
[9,1093897(54)]

Constante de Faraday = $\mathscr{F}$ = 9,648456(27) x 10^4 C mol^{-1}
[9,6485309(29)]

Constante dos gases = R = 8,31441(26) J $mol^{-1}K^{-1}$
[8,314510(70)]

(não SI) =8,20568(26) x 10^{-2} L atm $mol^{-1}K^{-1}$
[8,205783(69)]

Constante de Planck = h = 6,626176(36) x 10^{-34} Js.
[6,6260755(40)]

Constante de Rydberg = R_∞
= 1,097373177(83) x 10^7 m^{-1}
[1,0973731534(13)]

Velocidade da luz = c = 2,99792458(1) x 10^8 ms^{-1}
[2,99792458(exato)]

* E.R. Cohn e B. N. Taylor, CODATA Bulletin 63, November 1986.

TABELA PERIÓDICA DOS ELEMENTOS

1 **H** 1.00794	Número atômico Símbolo Peso atômico

IA 1	IIA 2	IIIB 3	IVB 4	VB 5	VIB 6	VIIB 7	VIIIB 8	 9	 10	IB 11	IIB 12	IIIA 13	IVA 14	VA 15	VIA 16	VIIA 17	 18
1 **H** 1,008																	2 **He** 4,003
3 **Li** 6,941	4 **Be** 9,012											5 **B** 10,81	6 **C** 12,01	7 **N** 14,01	8 **O** 16,00	9 **F** 19,00	10 **Ne** 20,18
11 **Na** 22,99	12 **Mg** 24,31											13 **Al** 26,98	14 **Si** 28,09	15 **P** 30,97	16 **S** 32,06	17 **Cl** 35,45	18 **Ar** 39,95
19 **K** 39,10	20 **Ca** 40,08	21 **Sc** 44,96	22 **Ti** 47,88	23 **V** 50,94	24 **Cr** 52,00	25 **Mn** 54,94	26 **Fe** 55,85	27 **Co** 58,93	28 **Ni** 58,70	29 **Cu** 63,55	30 **Zn** 65,38	31 **Ga** 69,72	32 **Ge** 72,59	33 **As** 74,92	34 **Se** 78,96	35 **Br** 79,90	36 **Kr** 83,80
37 **Rb** 85,47	38 **Sr** 87,62	39 **Y** 88,91	40 **Zr** 91,22	41 **Nb** 92,91	42 **Mo** 95,94	43 **Tc** (98)	44 **Ru** 101,1	45 **Rh** 102,9	46 **Pd** 106,4	47 **Ag** 107,9	48 **Cd** 112,4	49 **In** 114,8	50 **Sn** 118,7	51 **Sb** 121,8	52 **Te** 127,6	53 **I** 126,9	54 **Xe** 131,3
55 **Cs** 132,9	56 **Ba** 137,3	57 **La*** 138,9	72 **Hf** 178,5	73 **Ta** 180,9	74 **W** 183,9	75 **Re** 186,2	76 **Os** 190,2	77 **Ir** 192,2	78 **Pt** 195,1	79 **Au** 197,0	80 **Hg** 200,6	81 **Tl** 204,4	82 **Pb** 207,2	83 **Bi** 209,0	84 **Po** (209)	85 **At** (210)	86 **Rn** (222)
87 **Fr** (223)	88 **Ra** (226.0)	89 **Ac**** (227)	104 (261)	105 (262)	106 (263)	107	108	109									

*Lantanídios	58 **Ce** 140,1	59 **Pr** 140,9	60 **Nd** 144,2	61 **Pm** (145)	62 **Sm** 150,4	63 **Eu** 152,0	64 **Gd** 157,3	65 **Tb** 158,9	66 **Dy** 162,5	67 **Ho** 164,9	68 **Er** 167,3	69 **Tm** 168,9	70 **Yb** 173,0	71 **Lu** 175,0
**Actinídios	90 **Th** 232,0	91 **Pa** (231)	92 **U** 238,0	93 **Np** (237)	94 **Pu** (244)	95 **Am** (243)	96 **Cm** (247)	97 **Bk** (247)	98 **Cf** (251)	99 **Es** (252)	100 **Fm** (257)	101 **Md** (258)	102 **No** (259)	103 **Lr** (260)

PESOS ATÔMICOS PADRÕES 1983*

Elemento	Símbolo	Número Atômico	Peso Atômico	Elemento	Símbolo	Número Atômico	Peso Atômico
Actínio	Ac	89	(227)	Laurêncio	Lr	103	(260)
Alumínio	Al	13	26,98154	Lítio	Li	3	6,941
Amerício	Am	95	(243)	Lutécio	Lu	71	174,967
Antimônio	Sb	51	121,75	Magnésio	Mg	12	24,305
Argônio	Ar	18	39,948	Manganês	Mn	25	54,9380
Arsênio	As	33	74,9216	Mendelévio	Md	101	(258)
Astatínio	At	85	(210)	Mercúrio	Hg	80	200,59
Bário	Ba	56	137,33	Molibdênio	Mo	42	95,94
Berílio	Be	4	9,01218	Neodímio	Nd	60	144,24
Berquélio	Bk	97	(247)	Neônio	Ne	10	20,179
Bismuto	Bi	83	208,9804	Netúnio	Np	93	(237)
Boro	B	5	10,811	Nióbio	Nb	41	92,9064
Bromo	Br	35	79,904	Níquel	Ni	28	58,69
Cádmio	Cd	48	112,41	Nitrogênio	N	7	14,0067
Cálcio	Ca	20	40,078	Nobélio	No	102	(259)
Califórnio	Cf	98	(251)	Ósmio	Os	76	190,2
Carbono	C	6	12,011	Ouro	Au	79	196,9665
Cério	Ce	58	140,12	Oxigênio	O	8	15,9994
Césio	Cs	55	132,9054	Paládio	Pd	46	106,42
Chumbo	Pb	82	207,2	Platina	Pt	78	195,08
Cloro	Cl	17	35,453	Plutônio	Pu	94	(244)
Cobalto	Co	27	58,9332	Polônio	Po	84	(209)
Cobre	Cu	29	63,546	Potássio	K	19	39,0983
Criptônio	Kr	36	83,80	Praseodímio	Pr	59	140,9077
Crômio	Cr	24	51,9961	Prata	Ag	47	107,8682
Cúrio	Cm	96	(249)	Promécio	Pm	61	(145)
Disprósio	Dy	66	162,50	Protactínio	Pa	91	(231)
Einstênio	Es	99	(252)	Rádio	Ra	88	(226)
Enxofre	S	16	32,066	Radônio	Rn	86	(222)
Érbio	Er	68	167,26	Rênio	Re	75	186,207
Escândio	Sc	21	44,95591	Ródio	Rh	45	102,9055
Estanho	Sn	50	118,710	Rubídio	Rb	37	85,4678
Estrôncio	Sr	38	87,62	Rutênio	Ru	44	101,07
Európio	Eu	63	151,96	Samário	Sm	62	150,36
Férmio	Fm	100	(257)	Selênio	Se	34	78,96
Ferro	Fe	26	55,847	Silício	Si	14	28,0855
Flúor	F	9	18,998403	Sódio	Na	11	22,98977
Fósforo	P	15	30,97376	Tálio	Tl	81	204,383
Frâncio	Fr	87	(223)	Tântalo	Ta	73	180,9479
Gadolínio	Gd	64	157,25	Tecnécio	Tc	43	(99)
Gálio	Ga	31	69,723	Telúrio	Te	52	127,60
Germânio	Ge	32	72,59	Térbio	Tb	65	158,9254
Háfnio	Hf	72	178,49	Titânio	Ti	22	47,88
Hélio	He	2	4,002602	Tório	Th	90	232,0381
Hidrogênio	H	1	1,00794	Túlio	Tm	69	168,9342
Hólmio	Ho	67	164,9304	Tungstênio	W	74	183,85
Índio	In	49	114,82	Urânio	U	92	238,0289
Iodo	I	53	126,9045	Vanádio	V	23	50,9415
Irídio	Ir	77	192,22	Xenônio	Xe	54	131,29
Itérbio	Yb	70	173,04	Zinco	Zn	30	65,39
Ítrio	Y	39	88,9059	Zircônio	Zr	40	91,224
Lantânio	La	57	138,9055				

* Estes pesos atômicos possuem incertezas devido a variações na abundância dos isótopos. Para muitos elementos que não possuem isótopos estáveis foi dado apenas o número de massa do isótopo de meia-vida mais longa conhecida. Fonte: "Report of the Commission on Atomic Weights and Isotopic Abundances", *Pure and Applied Chemistry*, vol. 56, pág. 653-768(1984).

Índice

Abaixamento do ponto de congelamento, 68, 170-171, 225-226
Acetiletos, 388
Ácido carbônico, equilíbrio do, 131-133
Ácido cítrico, ciclo do, 485
Ácido desoxirribonucleico, composição do, 473
Ácido desoxirribonucleico, estrutura do, 493-495
Ácido desoxirribonucleico, replicação do, 495-497
Ácido desoxirribonucleico, síntese proteica do, 497-499
Ácido desoxirribonucleico, 475
Ácido fórmico, estrutura de Lewis do, 148-149
Ácido fosfórico, 404-405
Ácido fosforoso, 405
Ácido nítrico, 401
Ácido nitroso, 401
Ácido perclórico, 417
Ácido peroxidissulfúrico, 411
Ácido ribonucléico, composição do, 492
Ácido ribonucléico, estrutura do, 495
Ácido ribonucléico, síntese da proteína pelo, 497
Ácido ribonucléico, 476
Ácido sulfúrico, 411
Ácido sulfuroso, 411
Ácido, definição de, 110, 111
Ácido-base, mudança de pH durante titulações, 124,126
Ácido-base, propriedades de óxidos, 361, 362
Ácido-base, tabela de indicadores, 121
Ácidos carboxílicos, nomenclatura, 464-465
Ácidos e bases, conceito de Bronsted-Lowry, 110
Ácidos e bases, teoria de Lewis, 113, 147
Ácidos e bases, teoria de Arrhenius, 110
Ácidos graxos, oxidação dos, 480-481
Ácidos graxos, 479
Ácidos nucleicos, função biológica, 495-499
Ácidos nucleicos, 492
Açúcares, 481
Adenina, 493
Adenosina, fosfatos de, 476
ADP, 476
Agente oxidante, definição de, 168
Água, auto-ionização da, 114
Água, densidade do líquido, 365
Água, diagrama de fase para a, 60
Água, pressão de vapor da, 59
Água, propriedades do gelo, 365
Água, propriedades do solvente, 62
Água, clatratos, 365
Alcalino-terrosos, 375
Alcalinos, metais, 370, 375
Alcanos, 455
Alcenos, reações, 469
Alcenos, nomenclatura, 462, 463
Alcinos, 462
Álcoois, reatividade, 466-468
Álcoois, tipos de, 466
Álcoois, nomenclatura, 463
Álcool metílico, estrutura de Lewis, 147
Aldeídos, reatividade, 470
Aldeídos, nomenclatura, 464
Alfa-hélice, 490
Alótropo, definição de, 353
Alquila, radicais, 456, 457
Alumina, 384
Alumínio, íon hidreto, 384
Alumínio, íon, acidez, 384
Alumínio, metal, 384, 536
Alumínio, óxido, 384
Alumínio, haletos de, 384
Aluminotermia, 384
Amálgama, definição de, 450
Amido, 482
Aminas, definição de, 465
Aminoácidos, 465, 485-488
Aminoácidos, 485
Amônia, síntese da, 397
Amônia, complexos com Ag^+ e Cu^{2+}, 135-137
Amônia, cálculos de ligação para a, 327, 328
Anfóteros, definição de, 362
Angstrom, unidade, definição de, 274, 275
Ângulo de ligação, variações no, 160-162
Anidrase carbônica, 449
Ânion, definição de, 62
Ânodo, definição de, 187
Antifluoreto, estrutura do, 540
Antiligações, definição de, 163

Antimônio, 407
Aproximação do estado estacionário, 243, 245
Aromáticos, definição de, 463
Arrhenius, energia de ativação de, 249
Arrhenius, teoria de ácidos e bases de, 110
Arsênio, 406
Ativação, energia de, 248, 255-256
Atividade e energia livre, 94, 95
Atividade, definição de, 67
Atmosfera, unidade, definição da, 21
Átomo, modelo de Rutherford, 269-272
Átomo, configuração eletrônica, tabela, 292, 294
Átomo, números quânticos, 284-286, 290-294
Átomo, modelo de Bohr, 277
Aufbau, princípio de, 291
Autovalor em mecânica quântica, 33
Avogadro, Amadeo, 3
Avogadro, hipótese de, 3
Avogadro, número de, definição, 8
Avogrado, determinação do, 532, 533
Azeótropo, definição de, 76
Balanceamento detalhado, 247
Balanço de matéria, equação de, 122
Balmer, Johann, 273
Banda, estrutura de, 547
Bar, unidade, definição da, 21
Bário, metal, 1375-376, 536
Bário, óxido e hidróxido, 376-379
Bário, solubilidades dos sais, 377-379
Bário, carbonato de, 379
Barômetro, 21
Base, relação com a constante de equilíbrio dos ácidos, 115
Base, definição de,109-112
Bases, constante de equilíbrio das; definição, 113
Baterias, exemplos de, 190-191
Becquerel, definição de, 511
Bemzeno, energias de Huckel, 330-331
Benzeno, complexo de crômio, 439
Benzeno, 463
Berílio, óxido e hidróxido, 376-377
Berílio, íon, 377
Berílio, metal, 375-377
Berílio, solubilidade dos sais, 377-379
Berílio, haletos de, 377-378
Bicarbonato, desproporcionamento, 133,
Bimolecular, processo, 239
Bismuto, 406
Blenda de zinco ,estrutura da, 539
Blindagem da carga nuclear, 278, 290, 298, 302
Bohr, incorreções, 273-278
Bohr, átomo de, 273-278
Bohr, Niels, 273
Bohr, raio de; definição, 274
Boltzmann, constante de, 31
Boltzmann, distribuição da lei de, 544
Boranos, 381
Boratos, 381
Bórax, 381
Born-Haber, ciclo de, 373
Boro, energias de ionização elevadas, 379-381
Boro, haletos, 380
Boro, íon hidreto, 383
Boro, óxidos e boratos, 381-382
Boro, boranos, 381-384
Boyle, derivação da teoria cinética, 30-32
Boyle, lei de, 21-23
Bragg, W.L., 371, 530
Bragg-Slater, raio de; método de determinação, 370-372, 530
Bravais, retículos de, 533, 534
Bromo, pentafluoreto de, 419
Bromo. Ver Halogênios
Bronsted-Lowry, 116
Browniano, movimento, 52
Butadieno, método de Huckel, 327-331
Butano, conformações, 460
Cádmio, química do, 449
Cálcio, haletos, 377, 378
Cálcio, importância da hidratação do íon, 376, 377
Cálcio, metal, 375, 376, 536
Cálcio, óxido e hidróxido, 376, 377
Cálcio, solubilidade de sais, 377, 379
Cálcio, carbonato; estabilidade do, 379
Calor de fusão, 56-57
Calor de reação, 56
Calor específico, definição de, 4
Calor, de vaporização, 56-58
Calor, relação com a energia, 199
Calor, lei de Hess para o, 203
Camada de valência, repulsão do par eletrônico (RPEV), 155
Caminho livre médio, definição de, 44
Campo auto-consistente, cálculo para átomos, 301, 302
Campo cristalino, desdobramento do, 432,
Campo cristalino, teoria do, 430-436
Campo ligante, teoria do, 435-437
Cannizzaro, Stanislao, 4
Capacidade dos sólidos, 543-546
Capacidade de calor, definição de, 204-206
Capacidade, tabela de valores, 206
Captura eletrônica, processo de, 509
Carbetos, 388
Carbocátion, 162, 467-470
Carboidratos, metabolismo dos, 483-485
Carboidratos, 481, 483
Carbonato de cálcio, solubilidade em água, 134, 140-141
Carbonila, compostos orgânicos, 470-473
Carbonila, compostos inorgânicos de, 387-388
Carbonilborano, 387
Carbono, energias de ligação do, 387
Carbono, carbetos, 388
Carbono, óxidos, 387-388
Carbono, alótropos, 386-387
Carga formal, definição de, 149
Carga nuclear efetiva, 277-279, 290-292, 297-300
Carnot, dispositivo térmico de, 227
Catálise enzima, 257-259
Catálise por metais de transição, 439
Catálise heterogênea, 256-257
Catálise, 256

Catálise, 256-259
Catenação, definição de, 410
Cátion, definição de, 62
Catódicos, raios, 266
Cátodo, definição de, 187
Célula biológica, 475-476
Célula de combustível, 190-192
Célula galvânica, equação de Nernst para, 179-184
Célula galvânica, exemplos de, 173-174
Célula galvânica, potencial padrão para, 174-179
Célula galvânica, célula de reação para, 173-179-184
Célula unitária, 533
Celulose, 482
Centro-F, 541
Césio, hidratação iônica, 374
Césio, ligação iônica, 374
Césio, metal, 370, 536
Césio, óxidos, 372
Césio, haletos de, 373-374
Cetonas, reatividade, 470-473
Cetonas, nomenclatura, 464
Charles e Gay-Lussac, lei de, 22
Chumbo, química do, 385, 386, 391
Cicloalcanos, 460-461
Cicloalcanos, 460-461
Cicloexano, conformações, 461
Ciclopentadieno, complexos metálicos, 438-439
Ciclopentadieno, ânion; energias de Huckel para o, 331
Cinética de fotoelétrons ejetados, 272
Cinética química, leis de velocidade, 233
Cinética, energia; no átomo de Bohr, 274-275
Citocromos, 478
Citosina, 493
Clatratos de água, estrutura dos, 365
Clementi, E., 301
CLOA-OM. Ver Orbitais moleculares
Cloreto de césio, estrutura, 310
Cloro, dióxido de, 416
Cloro, trifluoreto de, 419
Cloro. Ver Halogênios
Cobalto, química do, 445-446
Cobre (II), íon; espectro aquoso, 427-428
Cobre, química de, 446-448
Cobre, amino-complexos de, 134-135
CODATA, 551
Código genético, 497-499
Códon, 498
Coeficiente de Atividade, definição, 94
Coeficiente estequiométrico, definição de, 9
Coenzima, 480
Complexo ativado, teoria, 253, 254
Complexo ativado, exemplos de, 242, 250, 253-254
Complexo de spin-alto, definição de, 434
Complexo de spin-baixo. definição de, 434
Compostos de coordenação,427-439
Compostos não-estequiométricos, 2-3
Compressibilidade, fator de; definição, 39
Comprimento de onda, definição de, 271
Concentração, unidades de, 52-54
Condutividade elétrica, tabela de valores para metais, 354
Condutividade térmica, cálculo para gases, 45, 47
Configuração eletrônica, tabela para átomos, 292-294
Conformação, anti-eclipsada versus eclipsada, 161
Conjugados, ácidos e bases; exemplos de, 112
Constante de dissociação dos ácidos, efeito da força iônica,128,129
Constante de dissociação dos ácidos, efeito da temperatura,128
Constante de dissociação dos ácidos, relação com a constante de equilíbrio da base, 115
Constante de dissociação dos ácidos, tabela de valores,112
Constante de dissociação dos ácidos, definição de, 111
Constante de velocidade, fator pré-exponencial, 236
Constantes críticas, definição, 43
Constantes de van der Waals, tabelas de valores, 39
Constantes físicas, valores das, 557
Conversão, fatores de, 552
Corrosão, 188-190
Coulomb, integral de; na teoria de Huckel, 328-331
Cristais iônicos, 525-526
Cristais metálicos, 527-528
Cristais moleculares, 526
Cristais, tamanhos e formas, 523-524
Cristais, rede covalente, 526
Cristal líquido, 522
Crômio, química do, 442
Cromóforo, definição de,322
Cúbico de corpo centrado, retículo, 536
Cúbico de face centrada, retículo, 535
Cúbico denso, empacotamento, 535
Cúprico, fluoreto; estrutura do, 447
Cuproso, íon; estabilidade do, 447
Curie, definição de, 571
Dalton, regra de máxima simplicidade, 1-2
Dalton, John, 1-2
Dalton, lei das pressões parciais de, 36
Datação radiométrica, 512-513
DeBroglie, L. 279
Debye, unidade; definição da, 152
Decaimento alfa, 509
Decaimento beta, 507-509
Decaimento do pósitron, 508
Decaimento gama, 509-511
Defeito Frenkel, 540-541
Defeitos em sólidos, 540-542
Definição de pK, 114
Definição de pOH, 114
Degenerado, definição de, 430
Desproporcionamento, definição de, 114
Diamagnético, definição de, 433
Diamante, 386, 387, 526
Diastereoisômeros, definição de, 459
Diatômicas, orbitais moleculares, 336-342

Diatômicas, energias de dissociação, 158-159
Diatômicas, moléculas; ligação em H_2, H_2^+ e He_2, 316-317
Diborano, 382
Dicromato, equilíbrio com cromato, 442
Difusão controlada, reações em solução, 251
Difusão, definição de, 33
Difusão, cálculo para gases, 45-47
Dímeros, exemplos de, 131-132
Dinitrogênio, pentóxido, 400
Dinitrogênio, tetróxido, 400
Dinitrogênio, trióxido, 400
Dinitrogênio, 396
Dióxido de carbono, solubilidade em água, 131, 132, 388
Dispositivo térmico, eficiência termodinâmica, 227-228
Dissociação, constantes de; tabela para os ácidos, 112
Dissociacão, energia de; tabela para ligações, 159
Distância de ligação, variações na, 160-162
Distorção Tetragonal, definição de, 435
Distribuição de probabilidade radial, definição de, 290
DNA. Ver Ácido desoxiribonucleico
Dose letal na radiação nuclear, 511
Dublete, estado; definição de, 292
Dulong e Petit, 7
Dupla hélice, 495
Dupla ligação, orbitais híbridos, 324
Dupla ligação; estrutura de Lewis, 148
Edson, pilha de, 446
EDTA, 428
Einstein, A., 279
EIPT-68, tabela de valores, 24
Elementos representativos, 370-391
Elementos, capacidade calorífica dos, 4
Elementos, compostos de gás nobre, 479-420
Elementos, dos álcoois, 468
Elementos, estados de oxidação, 356-357
Elementos, grupo IA, 307-375
Elementos, grupo IIA, 375-379
Elementos, grupo IIIA,379-385
Elementos, grupo IVA, 385-391
Elementos, grupo VA, 396-406
Elementos, grupo VIA, 407-412
Elementos, grupo VIIA, 412-419
Elementos, metais de transição, 425-451
Elementos, propriedades periódicas,353
Elementos, transuranianos, 512
Elementos, abundância no sistema solar, 516
Eletrodo de hidrogênio, 173-174, 176, 185
Eletrodos, tipos de, 173
Eletrólise, 176, 187-188
Eletrólito, exemplos de, 62
Elétron-volt, relação com os calores de formação, 300-363
Elétron-volt, 505-555
Elétrons, energias de ionização, 298
Elétrons, captura pelo núcleo, 508
Elétrons, densidade por raios-x, 532
Elétrons, descoberta dos, 266
Elétrons, determinação da carga dos, 268
Elétrons, número ímpar nos radicais, 142-144, 146
Elétrons, números quânticos para os átomos, 284-286
Elétrons, par isolado, 147, 155-158
Elétrons, pares compartilhados de Lewis, 145-147
Elétrons, razão carga-massa, 266-268
Elétrons, repulsão de pares, 155-158
Elétrons, spin dos, 278, 285, 295, 297
Elétrons, spin total, não-emparelhado, 161, 163, 296
Elétrons, spins emparelhados, 146, 291, 296
Elétrons, termo de repulsão, 155, 291, 301, 318
Elétrons, valência, 145
Elétrons, correlação nos átomos, 301
Elétrons, afinidade; definição de, 300
Eletroquímica, células de combustível, 190-192
Eletroquímica, células galvânicas, 173-178
Eletroquímica, concentração da célula, 180
Eletroquímica, corrosão, 188-190
Eletroquímica, eletrólise, 187-188
Eletroquímica, equação de Nernst, 178-192
Eletroquímica, potenciais de redução, 176, 178, 182-184
Eletroquímica, reações na célula, 173, 178, 182-184
Eletroquímica, titulações redox, 184-187
Eletroquímica, baterias, 190
Eliminação, reação de, 466
Embden-Meyerhof, 484
Empacotamento denso, estruturas relacionadas, 537
Empacotamento denso, sítio octaédrico, 537-539
Empacotamento denso, sítio tetraédrico, 537-540
Empacotamento denso, estruturas de, 534
Enantiômero, definição de, 459
Endotérmico, definição de, 56
Energética, bioquímica, 476-479
Energia de dissociação, definição de, 159-160
Energia de ligação dos núcleons, 506-507
Energia livre, padrão molar, valores da, 217
Energia livre, parcial molar, 219-221
Energia livre, parcial molar, valores da, 221
Energia livre, relação com trabalhos globais, 222-223
Energia livre, e equilíbrios, 92-95
Energia, bioquímica, 476
Energia, de ionização, 297-299
Energia, definição termodinâmica, 300
Energia, primeira lei da termodinâmica, 200-202
Energia, relação com a massa,504
Energia, rotacional e vibracional, 37-39
Energia, total do átomo, 298-300, 301-302
Energia, translacional, 31
Energia, de ativação, 36
Entalpia, cálculo com a utilização de valores padrão, 202-204
Entalpia, de formação, 205
Entalpia, de hidratação, 313, 370, 374, 376, 426
Entalpia, definição de, 201

Entalpia, dependência com relação à temperatura, 206-208
Entalpia, para mudanças de fase, 56-57
Entalpia, parcial molar, 221
Entalpia, de ativação, 252-256
Entropia, de ativação, 252
Entropia, definição de, 209-210
Entropia, dependência com relação à temperatura, 211-214
Entropia, e desordem, 61-62
Entropia, inibidores da, 259
Entropia, mudança no fluxo de calor, 211
Entropia, mudança nos gases ideais, 210-211
Entropia, parcial molar, tabela de valores, 221
Entropia, relação com estados microscópicos, 212
Entropia, absoluta, 213
Enxofre, haletos, 412
Enxofre, oxiácidos, 411
Enxofre, óxidos, 410
Enxofre, potenciais de redução, 412
Enxofre, sulfetos e polissulfetos, 410
Enxofre, alótropos, 410
Enzimática, catálisem 257-259
Equação de estado virial, para gases, 41
Equação de estado, definição de, 20
Equação de van der Waals, 39
Equação química, 8-10
Equação química, 8-9
Equilíbrio químico, exemplos de, 85-90
Equilíbrio, de ácidos polipróticos, 131-135
Equilíbrio, dependência com relação à temperatura, 223-225
Equilíbrio, determinação a partir da energia livre, 93, 94, 218-222
Equilíbrio, determinação a partir dos potenciais, 180-182
Equilíbrio, dos ácidos e bases fracos, 115-121
Equilíbrio, dos íons-complexos, 135-138
Equilíbrio, exemplos para gases, 96-100
Equilíbrio, método exato para, 122-124
Equilíbrio, para solubilidade, 104-110
Equilíbrio, unidades para a, 87-88
Equilíbrio, análise das características, 83-85
Equilíbrio, raciocínio termodinâmico, 196-197
Equilíbrio, do ácido carbônico, 131-135
Equilíbrio, cálculos de; precisão dos, 94-96
Equilíbrio, constante de; definição, 85
Equilíbrio, estado de, 57-58, 146
Equivalência, da titulação com AgCl, 108
Equivalência, ponto de; da titulação ácido-base, 124
Equivalentes-volts, definição de, 184
Escala de pH, 113-114
Espalhamento de partículas alfa, 269
Espectroscopia do grupo carbonila, 321
Espectroscopia atômica, 273
Espectroscopia de transferência de carga, 436
Estado fundamental, definição de, 285
Estanho, química do, 391
Estano, metal, 381
Estelares, reações nucleares, 516, 517
Estequiometria, exemplos para soluções, 64, 65
Estequiometria, história, 1
Estequiometria, 10,11
Estereoisômeros inorgânicos, 429
Estereoisômeros, 428-430, 458-460
Estereoquímica de complexos de metais, 428, 429
Ésteres, nomenclatura, 465
Estrôncio, haletos, 378
Estrôncio, metal, 376
Estrôncio, óxido e hidróxido, 376
Estrôncio, sais, solubilidade, 377
Estrôncio, carbonato de; estabilidade, 379
Estruturas ressonantes; estruturas de Lewis, 149
Etano, conformações, 459
Etapa determinante da velocidade, 241
Éteres coroa, ligação iônica, 374
Éteres, nomenclatura, 464
Evaporação, definição de, 53
EWENS-BASSETT, números de; definição, 430
Exotérmico, definição de, 56
Explosão, a partir de percloratos, 417
Explosão, a partir da reação em cadeia, 245-246
FAD, 478
Faraday, lei de; da eletrólise, 187-188
Faraday, unidade; definição da, 180
Fase, equilíbrios de, 53-61
Fase, mudanças de, 53
Fator estérico, 249
Fenômenos cooperativos, definição, 53
Fenômenos de transporte, 44
Férrico, íon; acidez do, 445
Ferro, reações em alto-forno, 444-445
Ferroceno, 438
Fissão nuclear, 513-514
Flavina adenina dinucleotídio, 478
Flúor. Ver Halogênios
Fluoreto de cálcio, solubilidade em água, 105
Fluoreto de cálcio, solubilidade com íon comum, 106, 108
Fluoreto, estrutura do, 538
Fock, V. 301
Forças intermoleculares, nos gases, 39-42
Formaldeído, orbitais moleculares do, 321
Formalidade, definição de, 63
Fórmula empírica, definição de, 11
Fosforescência, estado tripleto, 296
Fosforilação oxidativa, 478
Fósforo, alótropos, 403
Fotoelétrico, efeito, 272-273
Fóton, definição de, 272
Fração molar, definição de, 27
Freqüência, definição de, 271
Função de estado, definição de, 197
Funcão de onda radial, 286
Função de onda, equação da, 281
Função de onda, propriedades nodais da, 284
Função de onda, angular, 286
Fusão nuclear, 506, 514-515
Gálio, 385
Galvanizado, definição de, 449
Gás ideal, 36-38
Gases não-ideais, 38-44
Gases ideais, equação dos, 24-26

Gases ideais, equação dos, 24-26
Gases imperfeitos, 38-44
Gases não-ideais, 38-44
Gases nobres, compostos de, 419-420
Gases, constante dos, 26-27, 31-32
Gases, teoria cinética dos, 29-32
Gay-Lussac, lei de volume e temperatura de, 22
Geometria molecular, a partir de orbitais moleculares, 341-344
Geometria molecular, a partir de RPEV, 155-158
Geometria molecular, exemplos de, 153-155, 160-163
Germânio, purificação do, 385
Germânio, química do, 391
Germânio, ligação do; comparada ao carbono, 387
Gibbs, energia livre de; definição de, 215
Glauber, sal de, 78
Glicólise, 483
Glicose, 482
Glicosídica, ligação, 482
Gordura, 479
Gota de óleo, experimento da, 268-269
Grafite, 386-387, 526
Gray, definição de, 511
Grignard, reagente de, 471-472
Grupos funcionais, 463-465
Grupos funcionais, 463
Guanina, 493
Haletos de hidrogênio, 415-416
Haletos de hidrogênio, força ácida, 415-416
Haletos e oxialetos de fósforo, 405-406
Haletos, 414-415
Halogênios, potenciais de redução, 418
Halogênios, 413-415
Hamiltoniano, operador, 280
Hartree, D.R. 301
Hartree, unidade; definição da, 275
Hartree-Fock, método para átomos, 300-302
Heisenberg, W., 279-281
Hélio, energia dos elétrons no, 296-297, 301-302
Helmholtz, energia livre de; definição, 223
Henderson-Hasselbach, equação de, 126, 127
Henry, lei de, 65-67
Hertz, unidade; definição da, 271
Hess, lei de, 203
Hexacarbonilvanádio, 437
Hexagonal, empacotamento denso, 535
Hibridização, tabela para orbitais s e p, 323
Hibridização, definição de, 323
Hidratação, importância para os íons, 312, 313, 376, 377
Hidretos, propriedades dos, 362
Hidrocarbonetos insaturados, 461-463
Hidrocarbonetos, 455-463
Hidrocarbonetos, alcanos, 455-460
Hidrogênio, funções de onda, 273-278
Hidrogênio, números quânticos do, 284-286
Hidrogênio, átomo de; níveis de energia do, 275-276, 284
Hidrogênio, fluoreto de; 326, 327
Hidrogênio, íon; calor de hidratação, 372
Hidrogênio, peróxido de, 498
Hidrólise, definição de, 118
Hipoalogenosos, ácidos, 417
Hipofosforoso, ácido, 405
Hückel, orbitais de, 327-332
Hund, regra de; com relação ao spin, 296, 433
Incerteza de Heisenberg, 279-280
Incerteza, princípio da, 280
Indicadores de pH, 153-154
Índio, 385
Interalogênios, 418-419
Iodo, tetracloreto de, ânion, 419
Iodo. Ver Halogênios
Íon comum, efeito do, 105-108
Íon-complexo, equilíbrio, 134-138
Iônica, força; efeito sobre os equilíbrios, 95-96
Iônica, ligação, 308-313
Iônicos, raios; 310, 358-360
Ionização, constantes de; para ácidos, tabela de valores, 112
Íons, energia de hidratação dos, 312-313, 372
Íons, estabilidade em fase gasosa, 300-309
Íons, estabilidade em sólidos, 308-312
Íons, estabilidade em solução, 312-313
Íons, interação coulômbica nos, 308-312, 545-556
Irreversível, processo; calor e trabalho para, 208-209
Isoeletrônico, definição de, 146
Isomeria estrutural, definição, 428
Isomerização, velocidade de, 333, 334
Isomeros conformacionais, 459-460
Isômeros estruturais, 428-429, 56
Isômeros geométricos. Ver Estereoisômeros
Isômeros, conformacionais, 459-461
Isotermas, para liquefação, 42
Isotermas, para gases ideais, 22
Isótopos, massas de, 7
Isótpos, medidas utilizando, 518
Isotrópico, definição de, 52
IUPAC, 456
Joule, James, 199
Joule, unidade, 553
Kekulé, F.A., 140-145
Koopmans, T., 297
Krebs, ciclo de; do ácido cítrico, 484
Lantanídios, elementos, 439-440
Latimer, W.M., 372
Le Châtelier, princípio de; exemplo de uso do, 90-92, 217
Lei da ação das massas, história, 92-96
Lei de Coulomb, aplicada a íons, 150-151, 308-312, 555, 556
Lei de Coulomb, 555-556
Lei de Dulong e Petit, 4-5
Lei do equilíbrio químico, definição de, 86
Lennard-Jones, raios para átomos de gases nobres, 358
Lennard-Jones, constantes de, 42
Lewis, base de; presença de pares isolados, 147
Lewis, estruturas de, 145-151
Lewis, G.N., 145-147
Lewis, reação ácido-base de, 112
Ligação covalente, representação de Lewis, 145-

146
Ligação covalente, ilustrada para o H2+, 313, 317
Ligação integral, na teoria de Hückel, 328-331
Ligação, polarização de íons, 309-310, 556
Ligação, cálculos quantitativos, 325-328
Ligação, conceito de Lewis, 145-146
Ligação, em hidretos triatômicos, 343-346
Ligação, em moléculas diatômicas heteronucleares, 340-342
Ligação, em moléculas diatômicas mononucleares, 336-341
Ligação, em não-hidretos triatômicos, 346-349
Ligação, estrutura de Lewis, 145
Ligação, hibridização e, 321-326
Ligação, iônica, 308-313
Ligação, ligações p e RPEV, 157-158
Ligação, ligações múltiplas, 148, 149, 157, 158
Ligação, ligações sigma e RPEV, 157-158
Ligação, metálica, 546-548
Ligação, método da ligação de valência, 319
Ligação, método de Hückel, 327-331
Ligação, método de OM-CLOA, 317, 322-325, 331
Ligação, no H^{2+}, 313-317
Ligação, no H_3, 342-344
Ligação, polar versus apolar, 151
Ligação, covalencia ou polarização, 309-310
Ligante Bidentado, definição, 429
Ligante, definição de, 428
Lineweaver-Burk, gráfico de, 253
Linnett, J.W., 155
Lipídios, 478-482
Liquefação, isotermas para, 42-44
Líquidos, pressão de vapor dos, 54-58
Líquidos, teoria cinética dos, 52-54
Lítio e alumínio, hidreto de, 384
Lítio, óxidos, 372-373
Lítio, metal, 370-371, 536, 546-548
Lítio, haletos de, 373-374
Lowry-Bronsted, teoria dos ácidos e bases de, 110-112
Luz, natureza da, 271-272, 528
Luz, átomo de hidrogênio, 275-277
Madelung, constante de, 546
Magnésio, metal, 375-376, 536
Magnésio, óxido e hidróxido, 376-377
Magnésio, carbonato de; estabilidade, 379
Magnésio, haletos, 377-378
Magnésio, solubilidades dos sais, 377-378
Manganês, química do, 443-445
Markovnikov, regra de, 470
Massa atômica, valor em gramas e MeV, 506
Massa atômica, unidade de, definição, 504
Massa reduzida, em átomo de hidrogênio, 277
Massa, espectrometria de, 6-8
Massa-energia, relação, 504
Maxwell-Boltzmann, função de distribuição de, 35-37
Mecânica estatística, 196,215
Mecânica quântica aplicada a átomos, 284-291
Mecânica quântica para uma partícula na caixa, 282, 284
Mecânica quântica aplicada a moléculas, 280
Mecânica quântica, 280
Mecanismo de reação, 239-246
Mecanismos de reação, 239
Meia-vida, para os núcleos, 510-513
Meia-vida, para a reações de primeira e segunda ordem, 238
Mendeleev, D.,352
Menisco, 43
Mercúrio, poluição de alimentos por uso do, 450-451
Mercúrio, química do, 450-451
Mercuroso, íon; estabilidade do, 451
Metaestável, átomo, 296
Metais de transição, cores em água, 426
Metais de transição, elétrons não-emparelhados em, 434
Metais de transição, nomenclatura, 430
Metais de transição, propriedades magnéticas, 433
Metais de transição, carbonilas de, 437
Metais de transição, complexos de, 428
Metais de transição, configuração eletrônica, 433
Metais de transição, estereoquímica, 428
Metais de transição, íon de, 426
Metais de transição, propriedades gerais, 425
Metais de transição, teoria do campo cristalino, 431
Metais de transição, teoria do campo-ligante, 435
Metálica, ligação, 546-548
Metálicos, elementos; estrutura dos, 536
Metálicos, raios; tabela de valores, 374
Metano, cálculos de ligação para o, 327
Michaelis-Menton, equação de, 258-259
Millikan, R.A., 268
Mioglobina, 491
Mol, definição de, 7
Molalidade, definição de, 63
Molaridade, definição de, 63
Moléculas diatômicas, energias de dissociação das, 159-161
Moléculas diatômicas, geometria das, 153-155
Moléculas diatômicas, 158-159
Mols de reação, definição de, 10
Momento magnético, 432-434
Momento angular do spin, para o elétron, 278, 285, 295
Momento angular, números quânticos, 274
Momento de dipolo elétrico, 151-153
Momento de dipolo elétrico, tabela de valores, 152
Monodentado, ligante; definição, 428
Monóxido de carbono, carbonilas metálicas, 436-438
Moseley, H.G.J., 273
NADH, 477
Não-estequiométricos, compostos, 2-3
Não-ligantes, exemplos de, 161-163
Natureza elétrica da matéria, 266-269
Nernst, equação de; derivação da, 180-182, 223
Neutrino, 508

Nêutron, massa do, 504
Nicotinamida adenina dinucleotídio, 177
Níquel, química do, 446-447
Nitretos, 399
Nitretos, 399
Nitrogenase, 398-399
Nitrogênio, fixação do, 396-399
Nitrogênio, haletos e oxialetos, 402-403
Nitrogênio, potenciais de redução, 402
Nitrogênio, amônia, 396-398
Nitrogênio, dióxido de, 400
Níveis de energia, átomo de hidrogênio, 273-277, 284-291
Níveis de energia, átomo de lítio, 277-285
Níveis de energia, para a partícula numa caixa, 281-285
Níveis de energia, tabela de valores, 284
Níveis de energia, para moléculas diatômicas, 339,342
Níveis energéticos, diagrama para o átomo, 275, 278, 292
Nodo ou região nodal, definição de, 284
Nomenclatura orgânica, 456-465
Nomenclatura inorgânica, 430
Nuclear, fissão, 506-514
Nuclear, fusão, 506-516
Nuclear, reator; para geração de energia, 514
Nucleares, reações,513-514
Núcleon, 503
Núcleos estáveis, propriedades, 504
Núcleos radioativos, propriedades , 510
Núcleos, forma, 504
Núcleos, critérios de radioatividade, 507-510
Núcleos, forças internas, 506-507
Núcleos, massa, 504-506
Núcleos, modelo de camada, 507
Núcleos, raios, 503, 504
Núcleos, composição, 503
Nucleosídio, 493
Nucleotídio, 493
Número atômico, relação com a valência, 146-147
Número atômico, determinação do, 279
Número de coordenação, definição de, 428
Número quântico principal, 284
Números quânticos, para o átomo de hidrogênio, 284-285
Octaédrico, complexo, 428, 431, 443
Octeto incompleto, 150-156
Octeto, fundamento em termos de orbital molecular, 320-321
Octeto, expandido, 150-157, 323-324
Octeto, teoria do, 145-151
Ondas de interferência, 528-530
Ondas, eletromagnéticas, 528
Ópticos, isômeros; inorgânicos, 425-430
Orbitais híbridos, 322-326
Orbitais moleculares de carbolinas metálicas, 437
Orbitais atômicos, 286-291
Orbitais moleculares de moléculas diatômicas, 336-342
Orbitais moleculares deslocalizados, 321-331
Orbitais moleculares do H2+ , 313-317
Orbitais moleculares, CLOA, 317-321, 325-331, 335-349
Orbitais moleculares, ligantes e antiligantes, 317-321, 336-339
Orbitais não-ligantes, 320-321, 326-327
Orbitais, sigma e pi, 319-320
Orbital não-ligante, 320-327
Orbital, números quânticos, 284-291
Orbital, s, p, d, f, etc., 285-291
Orbital, definição de, 285
Ordem de uma reação, 235
Orgânicos, compostos, 455
Organometálicos, compostos, 438-439, 471-472
Ouro, química do, 448-449
Oxiácidos de fósforo, 404-405
Oxiácidos de halogênios, 418-419
Oxidação de alcenos, 470-471
Oxidação de aldeídos e cetonas, 472
Oxidação definição de, 168
Oxidação em sistemas bioquímicos, 477-479
Oxidação, de álcoois, 468
Oxidação, estado de; variação periódica, 356-357
.Óxido nítrico,399
Óxido nitroso, 399
Óxidos de fósforo, 403
Óxidos de halogênios, 416-417
Óxidos, solubilidade em água, 129-130
Óxidos, propriedades dos, 360-362
Oxigênio singleto, 409
Oxigênio, alótropos, 407-410
Oxovanádio (IV), íon, 442
Ozônio atmosférico, 409
Ozônio, 407-409
Par isolado, definição de, 147
Paramagnético, definição de, 433
Partícula alfa, espalhamento pelo núcleo, 269, 270
Partícula alfa, 505-508
Partícula beta, 505-509
Partícula na caixa, 281-285
Pascal, unidade; definição da, 21
Pauli, W., 291
Pauling, L., 310, 355, 390
Penetração de elétrons internos, 291-292
Pentaborano, 382-384
Pentacarbonilferro, 435
Peptídica, ligação, 486
Perclorato, explosões com, 417
Permanganato, íon, 444
Permissivade do vácuo, valores para a, 555
Peróxido de hidrogênio, 408-409
Peroxoborato, ânion, 381
Peso atômico, história do, 3-5
Peso fórmula, definição de, 8
Pesto atômico, determinação precisa, 5-8
Pirimidínicas, bases, 493
Pirólise, definição de, 446
Planck, constante de; definição, 272
Planck, Max, 271-272
Plasma, para fusão nuclear, 575
Polaridade, definição de, 62

Polarização, para íons, 309, 556
Poliéteres, para ligação iônicas, 374
Polipeptídio, 486
Polissulfetos, 412
Ponte de hidrogênio, 150,151
Ponto de ebulição, fundamento termodinâmico, 224-225
Ponto de ebulição, elevação do; 68-70
Ponto triplo para a água, 23, 60
Ponto triplo, definição de, 60
Pósitron, 505
Potássio, hidratação iônica, 371-373
Potássio, ligação iônica, 374-373
Potássio, metal, 370, 536
Potássio, óxidos, 373
Potássio, haletos de, 373-375
Potencial de redução, tabela de valores, 176, 178
Potencial químico, definição de, 219
Potencial, energia; no átomo de Bohr, 275
Prata, química da, 448
Prata, solubilidade com íon comum, 106
Prata, solubilidade em água, 105
Prata, amin-complexo, 186
Prata, cloreto de; solubilidade em amônia, 137
Pressão de vapor, dependência com relação à temperatura, 58
Pressão de vapor, tabela para a água, 59
Pressão de vapor, 55
Pressão osmótica, fundamento termodinâmico, 225-227
Pressão osmótica, 71, 73
Pressão parcial, lei de Dalton da, 26-27
Pressão, unidades de, 20
Princípio de Exclusão de Pauli, 291-296
Produto de solubilidade para óxidos e sulfetos, 130
Produto de solubilidade, tabela de valores, 104
Produto de solubilidade, definição de, 104
Proporções definidas, lei das, 2
Proporções equivalentes, lei das, 1-2
Proporções múltiplas, lei das, 1
Propriedades coligativas, fundamento termodinâmico, 224-227
Propriedades coligativas, definição de, 68
Propriedades periódicas, condutividade elétrica, 353-355
Propriedades periódicas; estados de oxidação, 356-357
Propriedades periódicas; raios iônicos, 358-360
Propriedades periódicas; volume atômico, 357-360
Proteína, estrutura quaternária, 492
Proteína, estrutura secundária, 490
Proteína, estrutura terciária, 492
Proteína, síntese, 497
Proteína, estrutura primária, 486
Proteína, 485
Próton, massa do, 505
Purínicas, bases, 493
Quelato, defininição de, 428
Quiralidade, definição de, 458
Rad, definição de, 511
Radiação, teoria clássica da, 272
Radical alila, 462
Radical, definição de, 143
Radical, alquila, 457
Rádio, sulfato de, solubilidade, 377
Rádio, radioatividade do, 371, 510
Radioatividade, lei da velocidade de decaimento, 511
Radioatividade, métodos de datação, 512-513
Radioatividade, núcleos típicos, 510
Radioatividade, 507-510
Raios atômicos, valores de Bragg-Slater, 371-372
Raios atômicos, 357-359
Raios gama, 510
Raios- X, difração de, 530
Raios- X, espectros de, 278
Raoult, desvios da, 74, 75
Raoult, lei de, 68
Reação ácido-base, 110
Reação em cadeia, exemplos de, 245
Reações de adição, de alcenos, 469, 470
Reações de adição, de aldeídos e cetonas, 471, 472
Redox, reação; balanceamento de equações para, 170-173, 185
Redox, titulação; mudança de potencial durante a, 185-187
Relações diagonais na tabela periódica, 352
Rem, definição de, 511
Replicação de DNA, 496
Repulsão elétron-elétron nos átomos, 290-292, 296-302
Reticulares, energias; cálculo das, 545-547
Retículo cristalino, determinação da, 373-374
Retículo cristalino, energia do; cálculo, 545-547
Retrodoação, 437
Reversibilidade microscópica, 246-247
RNA. Ver Ácido ribonucléico,
Roentgen, definição de, 511
Rubídio, ligação iônica, 374
Rubídio, metal, 370
Rubídio, óxidos, 372
Rubídio, haletos de, 373
Rutherford, E.R., 269, 513
Rutilo, estrutura do, 441
Rydberg, constante de; definição, 277
Sacarídeos, 482
Sais, produtos de solubilidade dos, 105
Sais, regras de solubilidade dos, 77
Sais, solubilidade, efeitos de temperatura, 77, 78
Sais, hidrólises de, 118
Sanduíche, compostos, 438
Sangue, cálculo do pH do, 132
Schottky, defeito de, 540
Schrodinger, E.,281
Schrodinger, equação de, 281
Selênio, química do, 413
Semi-reação, conceito, 169
Semi-reação, para balanceamento de equações, 169-173
Série espectroquímica, 432
SI, sistema de unidades, 553
Silanos, 389

Silanos, 389
Silicatos, 389
Silicatos, minerais, 389, 390
Silício, dióxido de, 388
Silício, purificação de, 385
Silício, ligação comparada à do carbono, 387
Silicones, 389
Singleto, estado de; definição, 297
Sistema, definição de, 197
Sistemas cristalinos, relação com os retículos de Bravais, 533
Slater, J.C. 371
Sódio, hidratação iônica, 371
Sódio, ligação iônica, 374, 375
Sódio, metal, 370, 536
Sódio, óxidos, 372
Sódio, carbonatos de; a partir do processo Solvay, 379
Sódio, cloreto de; estrutura, 310
Sódio, haletos de, 373, 374
Sólidos cristalinos, 522
Sólidos iônicos, 310, 373, 537
Sólidos policristalinos, 523
Sólidos iônicos; empacotamento NaCl vs. CsCl, 309-312, 545-547
Sólidos, amorfos, 522
Solubilidade de dois sais com íon comum, 108
Solubilidade de sais, cálculo de, 105, 110
Solubilidade, efeitos de temperatura na, 77
Solubilidade, regras para, 77
Solubilidade, variação com o tamanho do íon, 378
Solubilidade, definição de, 76
Soluções de líquidos voláteis, ideais, 73
Soluções de líquidos voláteis, não-ideais, 75
Soluções eletrolíticas, 62
Soluções iônicas, comportamento não-ideal, 74
Soluções ideais, exemplos de, 61-74
Soluções ideais, teoria das; exemplos de utilização, 67-74
Soluções não-ideais, exemplos de, 73-76
Soluções, tipos de, 60
Soluções, teoria das sol. ideais, 67-33
Soluções, unidades de concentração para, 63
Soluções, estados padrão para, 66
Soluções, propriedades ácido-base das, 110
Soluto, definição de, 61
Solvay, processo, 379
Solvente, definição de, 61
STOCK, números de; definição, 430
Substituição, reações de, 466-468
Sulfato, íon; estrutura de Lewis, 148
Sulfeto, precipitação do; exemplo de, 412
Sulfetos, solubilidade em água, 129
Superfície de energia potencial, para reações, 255
Superóxido, íon, 408
Tabela periódica, com base em orbitais eletrônicos, 292-296
Tálio, 385
Tampão, definição de, 119
Tampão, solução; cálculo de acidez, 118-129
Tampões, 127-140
Telúrio, química do, 413
Temperatura, escala Kelvin, 24
Temperatura, lei de Charles para a, 23
Temperatura, princípio de Le Châtelier, 92
Temperatura, escala Celsius de, 24
Teorema virial, aplicado a moléculas, 315
Teoria das colisões, fatores estéricos, 248-250
Teoria das colisões, 247-250
Teoria quântica, origens da, 271-279
Termodinâmica, primeira lei da, 200
Termodinâmica, segunda lei da, 209
Termodinâmica, terceira lei da, 213
Termodinâmica, exemplos de ciclos, 202
Tetraborano, 383
Tetracarbonilníquel, 436-446
Thomson, J.J., 267
Timina, 492
Tiossulfato, íon, 412
Titânio, química do, 440, 441
Titulação redox, 184
Titulação ácido-base, 124
Torr, unidade; definição da, 21
Trabalho, equivalência com calor, 199
Trabalho, definição de, 117
Trasferência de carga, espectro de, 436
Triatômicas, moléculas; orbitais moleculares de, 342
Trifluormetanosulfonato, substituindo perclorato, 418
Tripla, ligação; estrutura de Lewis, 148
Tripleto, estado de; definição, 296
Unidades atômicas para energia, definição, 275
Unidades atômicas, tabela de valores, 276
Unidades atômicas, para distância, definição, 275
Unimolecular, processo, 240
Uracila, 492
Valência dirigida, 153, 154
Valência, 142, 145
Valinomicina, ligação iônica, 375
Vanádio, química do, 441
Variável extensiva, definição de, 25
Variável intensiva, definição de, 25
Velocidade de reação, teoria do complexo ativado, 253, 254
Velocidade média, 46
Velocidade, determinação experimental, 236
Velocidade, lei de; equações diferenciais, 234
Viscosidade, cálculo para gases, 45
Volume atômico, 357-358
Volume molar, 25
Volume Molecular, valor de van der Waals para o, 39-40
Xenônio, compostos de, 419
Zinco, química do, 449
Zwitterion, definição de, 485